August Schenk

Handbuch der Botanik

Band 3

August Schenk

Handbuch der Botanik
Band 3

ISBN/EAN: 9783744700160

Hergestellt in Europa, USA, Kanada, Australien, Japan

Cover: Foto ©berggeist007 / pixelio.de

Weitere Bücher finden Sie auf **www.hansebooks.com**

HANDBUCH

DER

BOTANIK

HERAUSGEGEBEN

VON

PROFESSOR DR. A. SCHENK.

UNTER MITWIRKUNG

VON

PROF. DR. DETMER ZU JENA, PROF. DR. DRUDE ZU DRESDEN, DR. FALKENBERG ZU GÖTTINGEN, PROF. DR. A. B. FRANK ZU BERLIN, PROF. DR. GOEBEL ZU ROSTOCK, PROF. DR. HABERLANDT ZU GRAZ, DR. HERMANN MÜLLER (†), PROF. DR. PFITZER ZU HEIDELBERG, PROF. DR. SADEBECK ZU HAMBURG, DR. W. ZOPF ZU HALLE.

MIT 160 HOLZSCHNITTEN.

DRITTER BAND
ERSTE HÄLFTE.

BRESLAU,
VERLAG VON EDUARD TREWENDT.
1884.

Inhaltsverzeichniss.

I. Die Spaltpilze

von Dr. W. Zopf.

Abschnitt IV. Entwicklungsgeschichte und Systematik.

II. Vergleichende Entwicklungsgeschichte der Pflanzenorgane

von Prof. Dr. K. Goebel.

A. Allgemeiner Theil.

B. Specieller Theil.

I. Entwicklungsgeschichte des Sprosses.

II. Entwicklungsgeschichte des Sexualsprosses (der Blüthen).

III. Abtheilung. Entwicklungsgeschichte der Fortpflanzungsorgane.

Die Spaltpilze.

Von

Dr. W. Zopf,

Privatdocenten der Botanik an der Universität und der landwirthschaftlichen Hochschule zu Berlin.

Einleitung.

Stellung im Pflanzensystem — Vorkommen.

Die neuesten Untersuchungen an Spaltpilzen und Spaltalgen haben zu dem wichtigen Resultat geführt, dass beide Thallophytengruppen in ihrem gesammten Entwicklungsgange sowohl, als in der Morphologie der einzelnen Entwicklungsstadien eine ausserordentlich nahe Verwandtschaft zeigen, die eine Vereinigung beider Gruppen zu einer einzigen grossen Familie, der Familie der Spaltpflanzen, nicht bloss ermöglicht, sondern sogar als unabweissliche Forderung hinstellt.[1]) Gegenüber dieser morphologischen Einheitlichkeit aber macht sich eine durchgreifende Verschiedenheit beider Gruppen in physiologischer Beziehung bemerkbar: und diese liegt im Chlorophyllgehalt auf der einen, im Chlorophyllmangel auf der anderen Seite. Die Spaltalgen besitzen vermöge ihres Chlorophyllgehalts die Fähigkeit Kohlensäure zu assimiliren und sich auf diesem Wege das Material zum Aufbau der Zellen selbst zu bereiten. Den Spaltpilzen mangelt diese Fähigkeit; sie sind daher, wie die echten Pilze und die Thiere auf bereits vorgebildete organische Substanz, auf höhere Kohlenstoffverbindungen und Stickstoffverbindungen angewiesen, die sie in eigenthümlicher Weise zersetzen, in der Regel Gährungs- und Fäulnisserscheinungen hervorrufend.[2]) Solche Kohlenstoff- und Stickstoffverbindungen bieten sich nun den Spaltpilzen überall dar und zwar unter zweifacher Form; einmal in Gestalt von organisirten Körpern, von todten und lebenden thierischen und pflanzlichen Leibern und das andere Mal in unorganisirter Form, in Gestalt von Lösungen oder Infusionen. Gewisse Spaltpilze sind vorzugsweise oder ausschliesslich auf todte Organismen oder auf Lösungen angewiesen. Man pflegt sie als Saprophyten zu bezeichnen. Andere ziehen lebende Thier- und Pflanzenkörper vor: man pflegt sie Parasiten zu nennen.

---

[1]) Vergl. W. Zopf, Zur Morphologie der Spaltpflanzen. (Leipzig bei Veit u. Comp. 1882), wo man die wesentlichsten Züge der Affinität beider Gruppen gezeichnet findet. Vergl. ferner Cohn, Beitr. z. Biol. Band I. Heft II, Untersuchungen über Bacterien, pag. 184, Verwandtschaftsbeziehungen der Bacterien.

[2]) Es ist noch nicht lange her, dass man die Spaltpilze mit Ehrenberg und Dujardin für Thiere ansah und sie als Gruppe der *Vibrionia* zu den Infusorien stellte. Das Verdienst sie als Pflanzen erkannt zu haben gebührt Cohn (1853), der sie den Algen zureihte, bis Nägeli sie als »Spaltpilze« den Pilzen zuwies.

Als Saprophyten treten sie auf in stehenden oder auch fliessenden Gewässern, die einen gewissen Reichthum an organischen Substanzen aufweisen und daher als »Infusionen im Grossen« anzusprechen sind, wie z. B. Abwässer der Zuckerfabriken, wo sie auf dem Schlamm oft ausgedehnte weissliche Ueberzüge bilden; in Misttümpeln, an deren Oberfläche sie Kahmhäute bilden, in Cloaken, Brunnen, in Reservoiren und Röhren der Wasserleitungen, Drainirröhren etc., wo sie bei einem gewissen Eisengehalt des Wassers ochergelbe bis braune, in grösseren Massen Schlamm bildende Verunreinigungen darstellen. Bisweilen sieht man das Wasser von Teichen und Tümpeln, in denen Algen oder andere Pflanzen, Thiere etc. faulen, sich mehr oder minder intensiv blutroth färben, eine Erscheinung, die auch im Brackwasser der Küsten oft auf weite Strecken hin verfolgbar auftritt und die gleichfalls von Spaltpilzvegetationen herrührt.

Aber auch in »Infusionen im Kleinen« treten sie auf, mögen diese nun mit vegetabilischen oder animalischen Theilen künstlich hergestellt sein, so in Heuaufguss, Kartoffelinfusion, Fleischaufgüssen, desgleichen in Infusionen fleischiger Wurzeln, stickstoffreicher Samen (Bohnen, Erbsen) etc. Sie siedeln sich in unseren Getränken (Milch, Bier, Wein) an, wenn diese einige Zeit der Luft ausgesetzt werden und rufen in ihnen Trübungen hervor. Unsere Speisen (Gemüse, Fleisch, Eier, Conserven) müssen besonders geschützt werden, wenn sie nicht bald durch Spaltpilze verdorben werden sollen. Besonders reich sind auch die Excremente der Thiere an Spaltpilzen. In animalischen und vegetabilischen Leichen entwickeln sich diese Organismen in grösster Massenhaftigkeit.

Auch in den organische Reste enthaltenden Bodenschichten, sobald sich diese in hinreichend befeuchtetem Zustande befinden oder überfluthet werden, siedeln sich Spaltpilze an, und zwar um so reichlicher, je mehr der Boden durch organische Stoffe verunreinigt erscheint.

So lange alle die genannten festen und flüssigen Substrate befeuchtet oder vor dem Austrocknen geschützt sind, bleiben die Spaltpilze ihnen anhaftend. Sobald jedoch eine Austrocknung der Unterlage eintritt, werden die Zellen durch die Luftströmungen in die Atmosphäre geführt, von wo aus sie sich bei Windstille wieder herabsenken oder durch atmosphärische Niederschläge hernieder geführt werden.

Die Spaltpilze gelangen bei der Athmung und mit Speisen und Getränken in das menschliche und thierische Athmungs- und Verdauungssystem, oft in grossen Mengen, wie z. B. beim Genuss von altem Käse, saurer Milch, Sauerkraut etc. Im gesunden Magen kommen sie jedoch infolge des Säuregehalts desselben gar nicht oder nur schwach zur Entwicklung und werden mit den Excrementen endlich ausgestossen.

Viele Spaltpilze gewinnen parasitische Angriffskraft, die sie sowohl am menschlichen und thierischen, als auch am pflanzlichen Körper geltend machen. In den Organen von Thieren und Menschen, rufen sie meist schnelle Zersetzungen und damit die gefährlichsten Infections-Krankheiten (Milzbrand, Diphtheritis, Pocken, Rückfallstyphus, Blutvergiftung, Tuberculose, Hautkrankheiten, Geschlechtskrankheiten etc.) hervor. Sie werden von Körper zu Körper übertragen, besitzen also den Character von Contagien (Contagienpilzen).[1] Aber auch in vollkommen

[1]) Die schädliche Wirkung der Spaltpilze innerhalb des Körpers besteht darin, dass sie demselben die besten Nährstoffe und den Blutkörperchen den Sauerstoff entziehen, dass sie Zucker und die leichter zersetzbaren Verbindungen durch Gährwirkung zerstören und giftige Fäulnissproducte bilden (NÄGELI).

gesunden Organen fand man Spaltpilze vor, so z. B nach TIEGEL, BURDON SANDERSON und NENCKI in Muskeln, Leber, Pankreas, Milz, Speicheldrüsen, Hoden etc. Wahrscheinlich gelangen sie vom Darme aus in diese Körpertheile hinein. Es wird in den Organen keine Fäulniss hervorgerufen, so lange die normalen chemischen und physikalischen Vorgänge in den Zellen sich abspielen und damit das Aufkommen der Entwicklung der Spaltpilze verhindern. Nur da, wo die Concurrenz der thierischen Zellen zu schwach wird, tritt Vermehrung der Spaltpilze und damit Zersetzung ein.

Für Pilz-Wucherungen im menschlichen (und thierischen) Körper gebraucht man in der medicinischen Wissenschaft den Ausdruck »Mycosen« für Spaltpilz-Vegetationen die Bezeichnung »bacteritische Mycosen«.

Man darf mit NÄGELI annehmen, dass alle parasitisch im thierischen und pflanzlichen Körper auftretenden Spaltpilze aus gewöhnlichen unschädlichen, saprophytischen Spaltpilzen entstehen. Für einen Schizomyceten ist diese Annahme bereits wissenschaftlich sicher gestellt, nämlich für den Milzbrandpilz, der wie BUCHNER nachwies, von dem im Heuaufguss etc. lebenden Heupilz abstammt.

Die etwaige aus der höchst einfachen Organisation abzuleitende Vermuthung, es möchten die Spaltpilze erst in einer der jüngsten Erdepochen entstanden sein, erweist sich einer neuerdings gefundenen Thatsache gegenüber als nicht zutreffend. Es wurde nämlich vor einiger Zeit eine Entdeckung gemacht, zufolge deren Spaltpilze bereits zur Zeit der Steinkohlenperiode existirt haben müssen. Wie VAN TIEGHEM an Dünnschliffen verkieselter Coniferenwurzeln constatirte, kommen dort nämlich in der Rinde und dem die Gefässbündelelemente trennenden Zwischengewebe bisweilen Massen eines mit *Clostridium butyricum* der Form nach identischen Spaltpilzes vor, von dem noch alle characteristischen Entwicklungsstadien (isolirte Stäbchen, zu Fäden verbundene Stäbchen, die sporenbildenden spindeligen Zellen) erhalten sind. Das umgebende Gewebe zeigt deutliche Spuren von Zerstörung, wie sie noch heute in Coniferenwurzeln von jenem Spaltpilz hervorgerufen werden.[1])

Wie ich in Gemeinschaft mit Zahnarzt Dr. W. MILLER constatirt habe, kommen im Weinstein der Zähne ägyptischer Mumien durch die Kalkmasse geschützt, wohlerhaltene Spaltpilze vor, die mit unserer heutigen *Leptothrix buccalis* vollkommen identisch sind, sowohl nach der Form als nach den Dimensionen der Entwicklungszustände. Im Laufe von mehreren Jahrtausenden hat dieser Spaltpilz also keine merkliche Wandlung in seinen Formen erfahren.

Die Spaltpilze entstehen überall nur da, wo ihre Keime, seien es vegetative, seien es Dauerzustände (Sporen) vorhanden sind. Früher war man anderer Ansicht; man nahm an, dass gerade die Schizomyceten wegen ihrer Kleinheit und ihrer einfachen Organisation unmittelbar aus unorganisirter, also lebloser Materie entstehen könnten (durch die sogen. Urzeugung, spontane Entstehung, Archigenesis, Generatio spontanea, G. aequivoca). Man stützte sich hierbei vorzugsweise auf die Thatsache, dass sich in vollständig ausgekochten Nährflüssigkeiten, in die kein Keim aus der Luft gelangen konnte, dennoch häufig Spalt-

[1]) VAN TIEGHEM, Sur le ferment butyrique à l'époque de la houille. (Compt. rend. 29. Dec. 1879.) Nach COHN (Beiträge zur Physiologie der Phycochromaceen, MAX SCHULTZE's Archiv. Bd. III.) kommen als Einschlüsse des Carnalits von Stassfurt Fäden vor, welche mit Leptothrixartigen Spaltpilzen die grösste Aehnlichkeit haben. Doch ward ihre organische Natur noch nicht wissenschaftlich sicher gestellt.

pilzvegetationen einstellten. Durch die Siedehitze werden, so sagte man sich, alle Pflanzenkeime, also auch die Spaltpilzzellen getödtet, ergo können die sich in ausgekochten Flüssigkeiten entwickelnden Spaltpilze nicht aus Keimen entstanden sein; sie müssen sich unmittelbar aus den Substanzen der Nährflüssigkeit spontan entwickelt haben.

Die Praemisse, dass alle Spaltpilzkeime durch Siedehitze zu Grunde gehen, hat sich nun aber nach COHN's Untersuchungen in so fern als unhaltbar erwiesen, als nachweislich Dauersporen bei Siedetemperatur ihre Keimfähigkeit nicht einbüssen. Damit ist der Lehre von der Urzeugung ein wesentliches Argument entzogen, und die Möglichkeit der Lösung dieser Frage, welche von der modernen Naturanschauung nicht ohne Weiteres geleugnet werden kann, ins Unbestimmte hinaus geschoben.

Abschnitt I.

Morphologie.

I. Vegetative Zustände.

A. Formenkreis.

Die vegetativen Zustände der Spaltpilze treten in verschiedenen Formen auf, denen die bisherigen Spaltpilzsystematiker, namentlich COHN[1]) besondere Namen verliehen.[2])

Im Allgemeinen lassen sich diese Formen in vier Gruppen bringen: 1. Coccenformen, 2. Stäbchenformen, 3. Fadenformen, 4. Schraubenformen.

Die Coccen (Fig. 1, a b) besitzen kugelige oder ellipsoïdische Gestalt und sehr verschiedene, etwa zwischen 0,5 und 12 Mikr. schwankende Grösse. Die kleineren Coccenformen werden als Micrococcen, die grösseren als Macrococcen oder Monasformen bezeichnet.

Die Stäbchenformen (Fig. 1, c d e f) stellen cylindrische Zellen von gleichfalls sehr schwankenden Dimensionen dar. Kürzere dieser Formen pflegt man als Kurzstäbchen (Bacterien) (Fig. 1. c), längere als Bacillen oder Langstäbchen (Fig. 1, d) zu bezeichnen.[3]) (Mehr spindelige Stäbchen nennt man theils *Clostridium* (Fig. 1, e), theils *Rhabdomonas).*

Die Fadenformen sind entweder einfach (Fig. 1, g) und werden dann als *Leptothrix* unterschieden, zumal wenn sie dünnfädig erscheinen; oder mit *Tolypothrix*- oder *Scytonema*-artiger Pseudoverzweigung versehen (Fig. 1, o und Fig. 3), und solche Formen pflegt man *Cladothrix* zu nennen.

Unter der Bezeichnung Schraubenformen (Spirobacterien) versteht man theils Stäbchen-, theils Fadenformen, welche bald mehr, bald weniger korkzieherartig gewunden sind. Schrauben, mit relativ bedeutendem Durchmesser und grösserer Fadendicke heissen Spirillen (Fig. 1, k), oder, wenn sie Schwefel-

---

[1]) Vergl. COHN, Beitr. z. Biologie. Bd. I. Heft II.: Untersuchungen über Bacterien.

[2]) Diese Namen sind zum Theil überflüssiger Ballast, aber sie werden noch einige Zeit mitgeschleppt werden müssen, da sie in zahlreichen Schriften immer und immer wiederkehren und ihre Kenntniss für das Verständniss derselben nöthig ist.

[3]) In den Spaltpilzschriften COHN's u. A. werden bisweilen auch längere (bacillenartige) Stäbchen als »*Bacterium*« bezeichnet.

körner führen, Ophidomonaden. Schrauben mit ausgezogenen Windungen Vibrionen (Fig. 1, h i); sehr dünne Schrauben mit geringem Querdurchmesser und geringer Höhe der Windungen Spirochaeten (Fig. 1, n); bandartige, zugespitzte Schrauben (Fig. 1, m) Spiromonaden; flexile Schrauben mit haarflechtenartig umeinander sich flechtenden Windungen (Fig. 1, l) Spirulinen.

Nach der von COHN begründeten Theorie von der Constanz der Spaltpilzformen hat man anzunehmen, dass die oben bezeichneten Formen morphologisch volle Selbstständigkeit besitzen, d. h. unter den verschiedensten Ernährungsbedingungen nur immer ihresgleichen erzeugen, also zu einander nicht in genetische Beziehungen treten. So vermag z. B. irgend eine Micrococcusform nach COHN nur immer wieder Micrococcen zu erzeugen, nicht aber Stäbchen- oder Schraubenformen; so sollen ferner Spirillenformen nur immer wieder Spirillen, nicht etwa auch Stäbchen und Coccen bilden u. s. f.

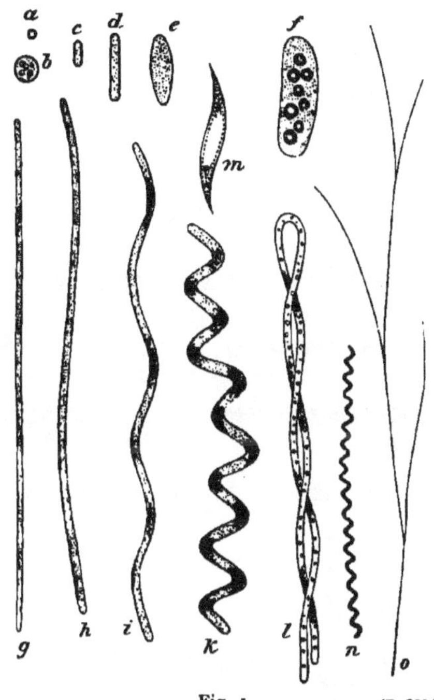

Fig. 1. (B. 288.)

a) Micrococce; b) Macrococce mit Schwefelkörnchen; Monasform; c) Bacteriumform; d) Bacillusform; e) Clostridiumform; f) Monasform (*Monas Okenii*) mit Schwefelkörnern; g) Leptothrixform; h i) Vibrioform; k) Spirillumformen; l) Spirulinenform (von *Beggiatoa alba;* mit Schwefelkörnchen); m) Spiromonasform; n) Spirochaeteform; o) Cladothrixform (m nach WARMING, alle übrigen nach der Natur).

Diese Theorie hat nur noch historischen Werth. Sie ist in neuester Zeit verdrängt worden durch die von BILLROTH (*Coccobacteria septica.* Berlin 1874) und NÄGELI (Die niederen Pilze in ihren Beziehungen zu den Infectionskrankheiten. München 1876) aufgestellte Lehre vom genetischen Zusammenhang der Spaltpilzformen. Diese Lehre besagt, dass die Spaltpilze, vielleicht mit wenigen Ausnahmen, befähigt sind, verschiedene den oben charakterisirten Vegetationsformen entsprechende Entwicklungs-Stadien zu durchlaufen. Nachdem durch CIENKOWSKI's Studien an gewissen Spaltpilzen[1]) (sowie durch NEELSEN's Untersuchung an dem Pilz der blauen Milch[2]) der genetische Zusammenhang von Coccen-, Stäbchen- und Leptothrixformen nachgewiesen war, wurde von mir selbst (l. c.) gezeigt, dass die höchst-entwickelten Spaltpilze (*Cladothrix*, *Beggiatoa*) nicht bloss jene Entwicklungsformen, sondern auch Schraubenformen in allen Modificationen (Spirillen, Spirochaeten, Vibrionen, Ophidomonaden zu bilden vermögen.[3]) Neuerdings wurde von BUCHNER[4]) auch für den Heupilz, Milzbrandpilz und die

[1]) Zur Morphologie der Bacterien. Petersburg 1876.

[2]) Studien über die blaue Milch in COHN, Beitr. zur Biologie. Bd. III.

[3]) Ueber den genetischen Zusammenhang von Spaltpilzformen. Sitzungsber. der Berliner Akademie. März 1881. und: Zur Morphologie der Spaltpflanzen. Leipzig 1882.

[4]) In NÄGELI's Untersuchungen über niedere Pilze.

Glycerinäthylbacterie ausser der Stäbchen- und Fadenform die Coccenform constatirt. Für die *Leptothrix buccalis* wies MILLER[1]) gleichfalls Coccen, Stäbchen und Schrauben nach.

Die Umwandlung der einen Spaltpilzform in die andere ist, wie NÄGELI[2]) zuerst betonte, im Allgemeinen abhängig von den Nährverhältnissen. Den Spaltpilzen durchaus analog verhalten sich, wie neuerdings vom Verfasser[3]) gezeigt wurde, in diesem Punkte die Spaltalgen. Ihre den Spaltpilzformen entsprechenden Entwicklungsstadien (Coccen-, Stäbchen-, Faden- und Schraubenformen) sind gleichfalls ein Product veränderter Ernährungsbedingungen.

Zum Zweck der Auffindung der verschiedenen Entwicklungsformen eines Spaltpilzes hat man den letzteren unter möglichst verschiedenen Ernährungsbedingungen (verschiedenen Nährmedien, verschiedenen Temperaturen etc.) zu cultiviren.

Der Entwicklungsgang der einfacher organisirten Spaltpilze, wie z. B. des Essigpilzes *(Bacterium aceti)* ist im Allgemeinen der, dass aus der Coccenform Kurzstäbchen, aus diesen Langstäbchen sich entwickeln. Bleiben letztere bei fortgesetzter Theilung an einander gereiht, so entstehen Fäden (Lepothrixform) (Fig. 2, 1). Die Langstäbchen derselben (Fig. 2, 2) theilen sich später wieder in Kurzstäbchen (Fig. 2, 3.) und diese in Coccen (Fig. 2, 4). Letztere erscheinen als Endproducte fortgesetzter Zweitheilung und werden daher auch als Gonidien bezeichnet.

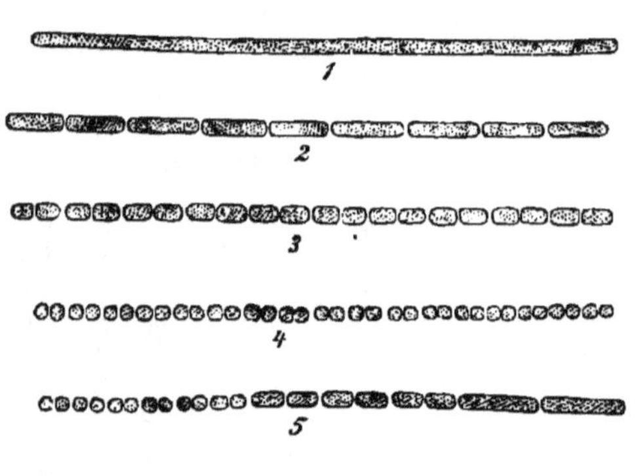

(B. 289.) Fig. 2.

700 : 1. Fadenzustände eines in Schlammaufgüssen lebenden Spaltpilzes *(Bacterium Merismopedioïdes* ZOPF) auf verschiedenen Stufen der Gliederung. 1. Scheinbar ungegliedert, 2. in Langstäbchen (Bacillen), 3. in Kurzstäbchen (Bacteriumform), 4. in Coccen, 5. in Langstäbchen, Kurzstäbchen und Coccen gegliedert.

Bemerkenswerth ist, dass die Fadenzustände häufig und meistens grade im Zustande kräftigster Vegetation, keine Spur von Gliederung (in Stäbchen resp. Coccen) zeigen, also scheinbar einzellig sind (Fig. 1, g—o.) (Fig. 2, 1). Doch wird in solchen Fällen die Structur nur undeutlich in Folge der Zartheit, sowie des geringen Lichtbrechungsvermögens und der gallertartigen Beschaffenheit der Scheidewände und überdies oft verdeckt durch eine zarte, weiter unten erwähnte Gallerthülle der Zellen. Anwendung von schwachen Säuren, Fuchsinlösung, Jodtinctur, Alkohol etc. macht indessen die Stäbchen- resp. Coccen-Gliederung der Fäden meist leicht sichtbar; ein- bis mehrtägige Cultur in Wasser führt gewöhnlich zu demselben Resultat.

Häufig lassen sich an ein und demselben Faden Coccen, Kurzstäbchen und Langstäbchen nachweisen (Fig. 2, 5); gewöhnlich weisen die Fäden aber nur

[1]) Der Einfluss der Microorganismen auf die Caries der menschlichen Zähne. (Archiv für experimentelle Pathologie. Bd. XVI. 1882).

[2]) Niedere Pilze. München 1877.

[3]) Zur Morphologie der Spaltpflanzen, Abschnitt II: Zur Morphologie der Spaltalgen.

die eine Entwicklungsform auf. Die Coccen bleiben mehr oder minder lange Zeit paarweis gelagert, sodass man ihren Ursprung aus je einem Kurzstäbchen erkennt (Fig. 2, 4), ebenso deutet die paarweise Lagerung der Kurzstäbchen meistens noch auf den Ursprung aus je einem Langstäbchen hin (Fig. 2, 3).

Aechte Verzweigung scheint bei Spaltpilzen niemals vorzukommen. Dagegen wurde Pseudoverzweigung im Charakter der *Scytonema*-artigen Spaltalgen (*Tolypothrix*, *Scytonema*) für *Cladothrix dichotoma* (Fig. 3) und *Cl. Forsteri* (COHN) constatirt. Sie kömmt, wie bei den genannten Algen, dadurch zu Stande, dass hie und da ein Stäbchen des bis dahin leptothrix-artigen einfachen Fadens sich seitlich etwas ausbiegt (Fig. 3, a b c) und nun neben dem Nachbarstäbchen vorbei durch fortgesetzte Zweitheilung weiter wächst (Fig. 3). — Eine Differenzirung der Zellen der Spaltpilzfäden in vegetative einerseits und steril werdende (Heterocysten) andererseits, wie sie bei den meisten Spaltalgen zu finden ist, kommt unter den bisher bekannten Spaltpilzen nicht vor.

Bei einer grossen Anzahl von Spaltpilzen, vielleicht gar bei allen, spricht sich an den Stäbchenformen sowohl, wie an den Fadenformen, selbst an den verzweigten, die Tendenz zu mehr oder minder starker spiraliger Krümmung aus. So entstehen die »Schraubenzustände« (Fig. 4). Bemerkenswerth ist, dass solche Zustände unter gewissen Verhältnissen sich wiederum zu strecken vermögen. Bisweilen lässt sich diese Streckung künstlich hervorrufen, so durch Eintrocknen, durch Anwendung von Reagentien (wie Picrinschwefelsäure, Fuchsinlösung) durch Cultur in blossem Wasser etc.[1])

Fig. 3. (B. 290.)

500 : 1. Mehrfach verzweigte Cladothrix-Pflanze in Stäbchen gegliedert. Bei a, b und c entstehen durch seitliche Ausbiegung eines Stäbchens neue Seitenzweige.

Die Entwicklungsgeschichte lehrt, dass die Krümmung gewöhnlicher Fäden zur Schraubenform ganz allmählich vor sich geht. Man kann dies z. B. beobachten, wenn man die fädigen Einschlüsse der sogen. *Zoogloea ramigera* längere Zeit continuirlich im Auge behält.

Die Schraubenformen zeigen, wie die geraden Stäbchen und Fäden, aus denen sie entstanden sind, häufig keine Spur von Gliederung (Fig. 4, B C). Daher nahm man bis in die neueste Zeit an, dass die Schraubenformen einzellig seien. Allein an längeren Schrauben lässt sich mit den oben angegebenen Mitteln die Gliederung in Stäbchen oder Coccen bestimmt nachweisen (Fig. 4, C E F). Nur die kurzen, durch Krümmung einzelliger Stäbchen entstehenden Schrauben sind natürlich einzellig.

---

[1]) Auch NÄGELI (Untersuchungen über niedere Pilze) hat gesehen, dass sich Schrauben zu mehr oder minder geraden Fäden streckten.

Die Krümmung zur Schraubenform erscheint an den Fäden bald als eine totale, bald als eine partielle. Im ersteren Fall kann die Intensität der Krümmung an verschiedenen Stellen desselben Fadens verschieden sein. So trägt sie unter Umständen an dem einen Fadenende Spirillumartigen, am anderen Vibrionenartigen; oder an dem einen Ende Spirochaeteartigen, am anderen Spirillumartigen Charakter u. s. w. Dazwischen können alle Uebergänge in der Krümmung vorhanden sein.

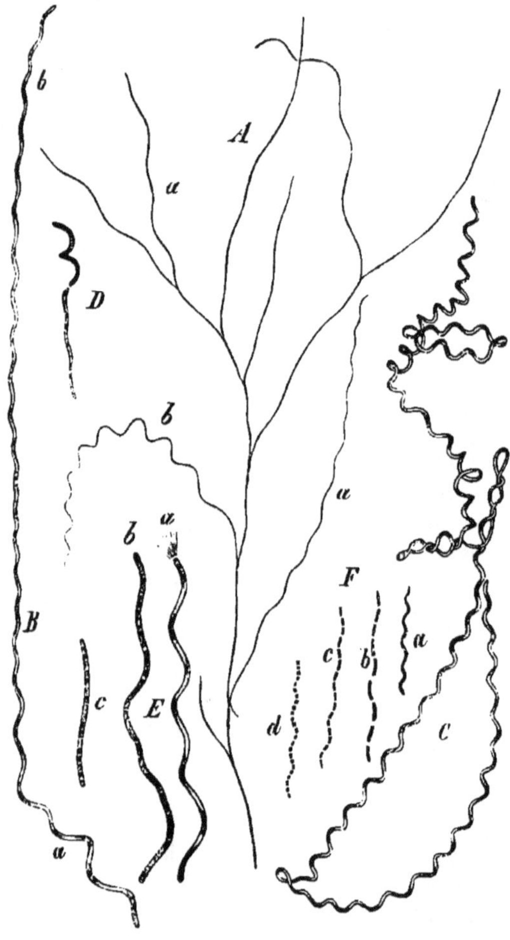

(B. 291.) Fig. 4.

Cladothrix dichotoma. A Verzweigte Pflanze, Zweige z. Th. vibrionenartig (a), z. Th. spirillenartig (b), schwach vergrössert. B Eine Schraube, deren eines Ende (a) spirillenartig, deren anderes (b) vibrionenartig erscheint. C Sehr langer, spirochaetenartiger Zweig. D Zweigstück, an einem Ende spirillen-, am andern vibrionenartig. E Schrauben mit Gliederung in Stäbchen (b) und Coccen (c); a ungegliedert. F Spirochaetenform, bei a ungegliedert, bei b in Langstäbchen, bei c in Kurzstäbchen, bei d in Coccen gegliedert.

An den Fäden der höchstentwickelten Spaltpilze *(Crenothrix, Beggiatoa, Cladothrix)* lässt sich, wie ich in der obengenannten Abhandlung nachwies, bereits ein deutlicher Gegensatz von Basis und Spitze nachweisen, am leichtesten an festsitzenden älteren Fäden. Er prägt sich bei den beiden erstgenannten Gattungen vorzugsweise in acropetaler Erweiterung der Fäden, bei letzterer in acropetaler Zweigbildung aus.

Bei jedem Spaltpilz treten Variationen bezüglich des Querdurchmessers und der Länge seiner Fäden auf. Sie bewegen sich aber nicht bei allen Schizomyceten in gleichen Grenzen. Am auffälligsten fand ich die Schwankungen in der Fadendicke bei *Crenothrix*, und Beggiatoen, wo sie zwischen 1 und 10—15 mikr. liegen können. Man hat solche Dimensionsunterschiede früher nicht gehörig beachtet und so geschah es z. B., dass man verschieden dicke und lange Fäden von *Beggiatoa alba* als besondere Arten unterschied.

Manche Spaltpilze, wie *Crenothrix* und *Beggiatoen*, lassen die Dicken- und Längen-Schwankungen in jeder Cultur erkennen, während bei anderen Spaltpilzen diese Momente erst dann deutlich hervortreten, wenn man die Pflanzen unter verschiedene Ernährungsbedingungen versetzt (so z. B. beim Heupilz).

Ausser den gewöhnlichen vegetativen Entwicklungszuständen von regelmässiger Form treten in den Spaltpilzculturen, bald spärlich, bald in grösster Massenhaftigkeit, abnorme, krankhafte Zustände von Coccen-, Stäbchen-, Leptothrix- und Schraubenformen auf. (Fig. 5.) Sie unterscheiden sich von normalen Entwicklungsstadien entweder nur durch auffällige Dimensionen oder durch eigenthümliche Gestaltveränderungen, die unter der Form von bauchigen, nicht selten eckig werdenden Anschwellungen erscheinen, oder durch beide Momente zugleich. Ueberdies besitzen sie einen mattglänzenden, oft etwas dunkeln plasmatischen Inhalt. Die Fähigkeit sich zu theilen oder Sporen zu bilden scheint ihnen vollständig abzugehen. Sie bezeichnen offenbar einen durch schlechte Ernährung bedingten Rückschritt resp. Stillstand in der Entwicklung und werden daher von Nägeli Involutionsformen genannt.

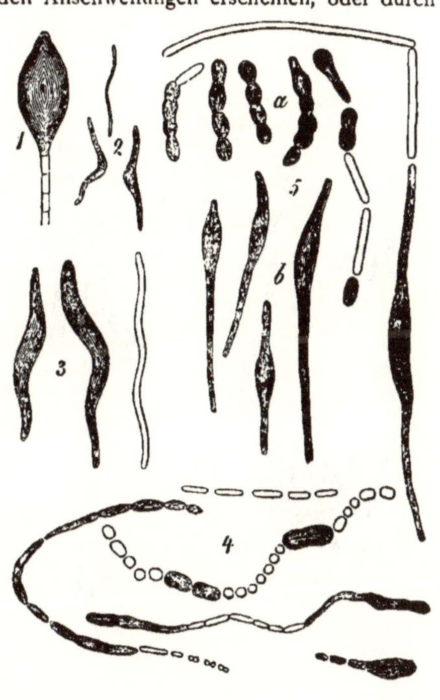

Fig. 5. (B. 292.)

Abnorme Entwicklungszustände (Involutionsformen) (die nicht schraffirten sind normale Formen. 1. 540:1, Fadenstück von *Crenothrix*, mit grosser hypertrophirter Endzelle. 2. 660:1, *Vibrio serpens* (nach Warming). 3. 660:1 *Vibrio Rugula* (nach Warming). 4. ca. 1000:1 *Bacterium aceti* mit deformirten Stäbchen und Coccen (theils nach der Natur, theils nach Hansen). 5. 1020:1 *Clostridium Polymyxa* (nach Prazmowski) a Coccen-, b Stäbchen-Deformationen.

In ausserordentlich grossen Mengen findet man diese Zustände, wie schon Hansen beobachtete, beim Essigpilz (*Bacterium aceti* und *B. Pastorianum*), wo sie fast auf jeder mit Bier angestellten Cultur auftreten, wenn deren Nährmaterialien sich zu erschöpfen beginnen. Die Stäbchen schwellen hier bald regelmässig, bald unregelmässig auf, so dass sie flaschenförmig, spindelig, bisquitförmig, knorrig etc. erscheinen; die Coccen schwellen gleichfalls stark auf (Fig. 5, 4). Auch bei anderen Spaltpilzen hat man sie beobachtet. So wies sie Cienkowski nach für *Cladothrix dichotoma*, der Verfasser für *Crenothrix polyspora* (Fig. 5, 1), Warming für eine Vibrioform (*Vibrio serpens* und *V. rugula*) (Fig. 5, 2. 3), Neelsen für *Bacterium cyanogenum* (Fuchs), Prazmowski für *Clostridium Polymyxa* (Fig. 5, 5), Buchner für den Heupilz (*Bacterium subtile* und den Milzbrandpilz.[1]) Aller Wahrscheinlichkeit nach ist jeder Spaltpilz für Bildung solcher gestaltlich auffallenden Involutionsformen befähigt.

---

[1]) Für die letzteren beiden Pilze werden die in Rede stehenden Formen am sichersten erlangt in Nährlösungen, deren Zuckergehalt im Verhältniss zu den N-haltigen Nährstoffen zu gross ist (Buchner).

B. Theilung und Fragmentbildung.[1])

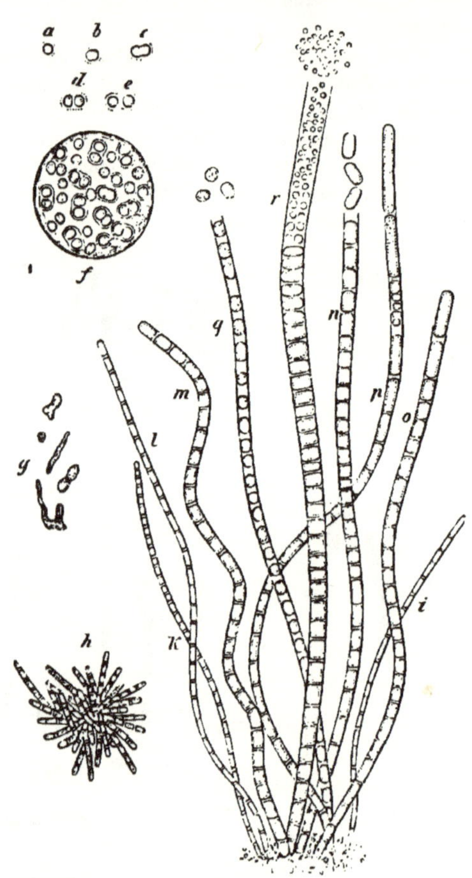

(B. 293.) Fig. 6.

Crenothrix Kühniana (RABENH.); a—c 600:1. Coccen in verschiedenen Stadien der Theilung; f 600:1 kleine rundliche (leider zu scharf contourirte) Coccen-Zoogloea; g nat. Gr., Zoogloeen von verschiedener Form; h 600:1 Colonie von kurzen, aus stäbchenförmigen Zellen bestehenden Fäden, durch Auskeimung eines Coccenhäufchens entstanden; i—r Fadenformen, z. Th. gerade, z. Th. spiralig gekrümmt (l m) von sehr wechselnder Dicke, mehr oder minder ausgesprochenem Gegensatz von Basis und Spitze, verschiedenen Theilungsstadien ihrer Glieder und Scheidenbildung. Der bescheidete Faden r zeigt am Grunde Kurzstäbchen, die weiter nach oben in niedrige Cylinderstücke getheilt sind. An der Spitze sieht man die durch Längstheilungen der Cylinderscheiben entstandenen Coccen.

Die vegetative Vermehrung der Spaltpilzzellen erfolgt durch Zweitheilung. Vor Eintritt dieses Processes streckt sich die Coccen- oder Stäbchenförmige Zelle etwas und inserirt eine Querwand, die sich in 2 Lamellen spaltet. Letztere runden sich früher oder später gegen einander mehr oder minder ab, und auf diesem Wege kommt eine Trennung der beiden Tochterzellen zu Stande. Daher der Name Spaltpilze Schizomyceten). In Zweitheilung begriffene Coccen an ihrer Semmelform leicht kenntlich, pflegt man häufig als Diplococcen zu bezeichnen.

Theilen sich die Coccen resp. Stäbchen fortgesetzt in demselben Sinne, und bleiben sie dabei vereinigt, so kommen Zellfäden (Leptothrix) zu Stande. Durch fortgesetzte Coccentheilung entstandene Fadenverbände findet man ihres rosenkranzförmigen Aussehens halber in den Spaltpilzschriften noch mit den überflüssigen Namen: *Torula, Streptococcus, Streptobacteria, Mycothrix* bezeichnet. Sie ähneln, namentlich wenn sie stark gekrümmt und mit Gallerthüllen versehen erscheinen, in hohem Grade den unter der Bezeichnung »*Nostoc*« bekannten Spaltalgenformen.

Bei manchen Spaltpilzen finden die Theilungen in den Zellen, wenigstens in manchen Zuständen, nach 2 oder selbst nach 3 Richtungen des Raumes

[1]) Vergl. ZOPF, Zur Morphologie der Spaltpflanzen, besonders den Abschnitt über *Cladothrix* und *Beggiatoa alba.*

statt. Im ersteren Falle entstehen flächenförmige, im letzteren körperliche Colonieen. So bilden die Coccen des an der Oberfläche von Schlamminfusionen auftretenden *Bacterium Merismopedioïdes* Merismopediumartige Täfelchen, die im Magen lebenden, als *Sarcina ventriculi* bekannten Coccen zierliche Packete von Würfelform.[1]) In den bereits zu Fäden gereihten Zellen finden Theilungen nach 2 und 3 Richtungen im Allgemeinen selten, d. h. nur bei den höchstentwickelsten Formen *Beggiatoa, Crenothrix* und *Cladothrix* statt, weil grade diese Spaltpilze durch relativ dicke Fäden ausgezeichnet sind. Am schönsten und klarsten sind die Verhältnisse bei *Crenothrix* (Fig. 9.). Dort treten in den stäbchenförmigen Zellen der älteren Fäden zunächst weitgehende Quertheilungen auf, durch welche die gestreckt-cylindrischen Glieder in immer kürzere, zuletzt ganz niedrig-cylindrische Scheiben zerlegt werden. (Fig. 6, p n o m r). In diesen Scheiben wird nun je eine mediane Längswand inserirt, welche den Discus in 2 Halbdiscen zerlegt, die sich ihrerseits durch eine auf der vorigen senkrecht stehende Wand theilen (Fig. 6, r). So wird jeder Discus in 4 Coccen zerlegt.

Alle Coccen, welche durch Theilung cylindrischer Zellen nach 1, 2 oder 3 Richtungen entstanden sind, zeigen anfänglich naturgemäss eckige Formen. Später erfahren sie eine starke Abrundung, die zur Kugel- oder Ellipsoïdform führt und trennen sich schliesslich.

Charakteristisch erscheint die Tendenz der Spaltpilzfäden, mögen sie nun dem schraubigen oder dem gewöhnlichen Typus angehören, sich zu fragmentiren, d. h. in mehrzellige bis einzellige Stücke zu zerknicken. So können riesige Mutterschrauben mit 50 und mehr Umgängen in ganz kurze, nur 1, ½ oder selbst nur ⅓ Umgang haltende Tochterschrauben zerfallen ein Vorgang, den man, oft innerhalb kürzester Frist, direkt beobachten kann. Die abgeknickten Stab- oder Schraubenstücke bleiben entweder ruhend oder sie gehen unmittelbar nach der Ablösung in den Schwärmzustand über.

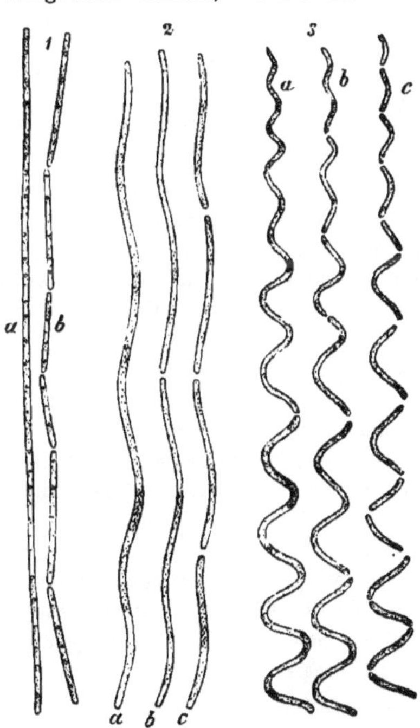

Fig. 7. (B. 294.)
1. Beggiatoenfaden, a vor, b während der Fragmentirung. 2. Vibrioartige Schraube, a vor, b c während der Fragmentirung. 3. Eine an dem einen Ende Spirillum- am anderen mehr Vibrioartige Schraube in verschiedenen Stadien der Fragmentirung.

Auch innerhalb der Scheide bescheideter Spaltalgen vollzieht sich diese Fragmentirung, und die Fragmente treten früher oder später aus der Scheide aus. (Die entsprechenden Zustände der Spaltalgen pflegt man Hormogonien zu nennen). Die Fragmentirung erfolgt gewöhnlich in der Weise, dass der gerade

[1]) Man vergleiche die für *Bacterium Merismopedioïdes* und für *Sarcina ventriculi* im speciellen Theile gegebenen Figuren.

oder schraubige Faden genau in der Mitte (infolge Abrundung der sich hier berührenden Zellen) abgeknickt (Fig. 7, 2 b, 3 a), die beiden Theilstücke wiederum genau in der Mitte einknicken u. s. f. Selten ist die Einknickung unregelmässiger auftretend. Der eigentliche Grund für die Fragmentirung freier Fäden dürfte wohl darin zu suchen sein, dass die Fäden flexil sind, und ihre Enden Bewegungen in verschiedenem Sinne machen, während die Mitte passiv bleibt. An längeren, festsitzenden Fäden knickt daher das Endstück gewöhnlich erst in der Mitte ab.

Die Fragmentirung darf als eine Art von Vermehrung angesehen werden; die frei gewordenen Stücke wachsen unter Umständen wiederum zu längeren Fäden heran.

C. Bestandtheile der Spaltpilzzelle.

1. Membran.

Die Spaltpilzzellen treten nie in Form von hautlosen Primordialzellen auf, auch nicht im Schwärmerzustande. Sie sind vielmehr stets mit Membran umkleidet.

a) Chemische und physikalische Beschaffenheit.

Die Membran der Spaltpilze besteht nicht, wie man vielleicht erwarten sollte, durchweg aus einem Kohlehydrat (Cellulose), sondern, wie Nencki und Schaffer zeigten, bei gewissen Arten, nämlich den Fäulniss-Spaltpilzen, aus einer eigenthümlichen Eiweisssubstanz, welche auch den Plasmaleib der Schizomyceten constituirt und den Namen Mycoproteïn führt. Dagegen wurde von Nägeli, Löw und Bunge für nicht fäulnisserregende Spaltpilze (z. B. den Essigpilz, *Mycoderma aceti* und Froschleichpilz *Leuconostoc mesenterioïdes)* nachgewiesen, dass hier die Membran aus Cellulose besteht.[1])

In gewissen Entwicklungsstadien kann die Membran Flexilität erlangen, in anderen erscheint sie starr. Ein ausgezeichnetes Beispiel hierfür bieten die Spirillen- und Spirochaeten-artigen Formen, namentlich die Spirochaeten des Sumpfwassers. Worauf jene Eigenschaften beruhen, ist noch nicht festgestellt.

b) Wachsthum.

Die Membran kann sich bei manchen Spaltpilzen verdicken und in Lamellen von verschiedener Dichtigkeit (verschiedenem Wassergehalt) differenziren. Bei fortgesetzter, zur Fadenbildung führender Theilung der Zellen betheiligt sich nur die innere Lamelle, die äussere wächst aber durch tangentiale Einlagerung neuer Micellen noch kürzere oder längere Zeit mit, bis sie schliesslich der Streckung der umschlossenen Zellen nicht mehr folgen kann, am Ende durchbrochen wird und nunmehr die gerade oder spiralig gekrümmte Zellreihe als lose Scheide umgiebt (Fig. 6, n o p q r). Infolge fortgesetzter Streckung und Theilung werden dann die oberen Zellen mechanisch aus der Scheide herausgeschoben (Fig. 6, n o p q), oder sie verlassen dieselbe sämmtlich in Folge einer gewissen Eigenbewegung, und so wird unter Umständen eine vollständige Entleerung der Scheide bewerkstelligt. Am ausgezeichnetsten lässt sich die Scheidenbildung bei den höchstentwickelten Spaltpilzen *(Cladothrix* und *Crenothrix,* Fig. 6, r)

---

[1]) Nencki, Beiträge zur Biologie der Spaltpilze. (Journ. für pract. Chemie. Neue Folge Bd. XIX und XX: Ueber die chemische Zusammensetzung der Fäulnissbacterien.) Nach Schützenberger und Destrem (Compt. rend. 88, pag. 384) ist auch die Membran der Hefezellen eiweisshaltig.

beobachten, wo sie eben so ausgeprägt erscheint, wie bei gewissen Phycochromaceen (Oscillarieen, Scytonemeen).

Die Verdickungsweise der Membran der Spaltpilzzellen ist immer eine allseitige, niemals eine ausgesprochen localisirte. Eine Cuticularisirung kommt an der Membran vegetativer Zustände nicht vor, wahrscheinlich auch nicht bei den Sporen. Die Spaltpilzmembranen zeigen im Allgemeinen starke Neigung zur Vergallertung, und zwar in allen Entwicklungsstadien. Hierauf beruht zu einem wesentlichen Theile die wichtige, später zu besprechende Zoogloeabildung.

c) Färbung.

Nach NÄGELI hat die gelbe, rothe, grüne, blaue etc. Färbung gewisser Spaltpilzzellen ihren Sitz in den Zellmembranen.[1]) Bekanntlich zeigen die Zellhäute vieler Spaltalgen eine ähnliche Erscheinung *(Sirosiphon, Gloeothece, Glococapsa* etc.). Die olivengrüne oder rostrothe bis schwarzbraune Färbung der Scheiden von *Crenothrix* und *Cladothrix* beruht auf der Einlagerung von Eisenoxydhydrat. Es ist dies meiner Auffassung nach ein rein mechanischer Process und nicht, wie COHN annimmt, durch die Lebensthätigkeit der Zellen bedingt; wie schon aus dem Umstande hervorgeht, dass bereits gänzlich entleerte Scheiden die Eisenfärbung nachträglich annehmen.

2. Inhalt.

a) Wesentliche Inhaltsbestandtheile.

Der Inhalt der Spaltpilzzellen ist homogenes Plasma, das bei den meisten Repräsentanten der Gruppe das Licht nur wenig stärker bricht, als Wasser, bei einigen aber (den Beggiatoen) ein grösseres Lichtbrechungsvermögen besitzt. Es besteht zum wesentlichen Theile aus dem vorhin genannten Mycoprotein. Mit Jod färbt es sich gelb. Dem Plasma sind meistens feinere oder gröbere Körnchen eingebettet, die wahrscheinlich aus Fett bestehen und von EHRENBERG, der die Spaltpilze bekanntlich zu den Thieren stellt, für Eier und Magenbläschen gehalten wurden. Vacuolenbildung ist in den Spaltpilzzellen selten und tritt, wie es scheint; nur bei den grösseren Formen (z. B. Monasformen, *Monas Okenii)* auf. Nach Kernen hat man in den Spaltpilzzellen bisher vergebens gesucht.

b) Accessorische Inhaltsbestandtheile.

1. Schwefel.

Im Inhalt der Zellen aller *Beggiatoen*-artigen Spaltpilze finden sich bekanntlich sehr stark lichtbrechende, daher glänzende und mit breitem schwarzen Contour versehene, rundliche Körner, die je nach der Grösse der Zellen zu 1 bis mehreren vorhanden sind und je nach dem Alter derselben geringere oder beträchtlichere Dimensionen aufweisen (Fig. 1, b f l und Fig. 3, 3. 8. 9. 10). Wie CRAMER zeigte und COHN bestätigte, bestehen diese so charakteristischen Einschlüsse aus reinem Schwefel. Sie lösen sich in einem Ueberschuss von absolutem Alkohol, in Kali und schwefligsaurem Natron in der Wärme, in Salpetersäure und chlorsaurem Kali bei gewöhnlicher Temperatur. Behandelt man Beggiatoenformen nach vorherigem Eintrocknen am Deckglas mit Schwefelkohlenstoff, so werden die Körnchen gleichfalls aufgelöst, wobei ein dünnes Häutchen zurückbleibt. Da sich die Einschlüsse gegen polarisirtes Licht doppeltbrechend verhalten, so müssen sie krystallinischer Natur sein.[2])

---

[1]) NÄGELI, Untersuchungen über niedere Pilze: Ernährung der Spaltpilze, pag. 20.

[2]) Sehr junge und dünne Beggiatoenfäden erscheinen meistens ganz schwefelfrei.

2. Stärkeartiger Stoff.

Im Zellinhalt einiger Spaltpilze hat man einen durch Jod sich bläuenden in gelöster Form vorhandenen Stoff aufgefunden, der vermuthlich eine stärkeähnliche Substanz darstellt. Zunächst von TRÉCUL für gewisse Entwicklungsstadien des Buttersäurepilzes *(Clostridium butyricum)* nachgewiesen, wurde er für *Sarcina ventriculi* von SURINGAR, für eine Form des Essigpilzes *(Bacterium Pastorianum* HANSEN) von HANSEN, für eine Spirillenform von VAN TIEGHEM angezeigt. Er findet sich übrigens auch bei der im Zahnschleim und cariösen Zähnen vorkommenden *Leptothrix buccalis*. Träte die Blaufärbung nur immer dann auf, wenn die Pilze in stärkeführenden Substraten lebten, so könnte man annehmen, dass die Stärke des Substrats in gelöster Form in die Zellen hineindiffundirt wäre, so aber kann die Reaction auch dann erfolgen, wenn das Substrat völlig stärkefrei ist. Die Pilze dürften also die Fähigkeit besitzen, aus gewissen Kohlehydraten sich selbst jenen stärkeartigen Stoff zu bereiten. Doch geschieht dies nicht an allen Individuen derselben Cultur gleichzeitig; ja man findet Fäden, deren eines Ende sich deutlich bläut, während die Zellen des anderen, auch nach wiederholtem Jodzusatz, völlig farblos bleiben (so namentlich bei *Leptothrix buccalis)*.

Wie PRAZMOWSKI für den Buttersäurepilz fand, kann das Auftreten des stärkeartigen Körpers in verschiedenen Entwicklungsstadien der Pflanze erfolgen. In schwach gährenden stärkereichen Substraten zeigt sich die Reaction schon sehr frühzeitig, an noch wachsenden uud sich theilenden Stäbchen: in stark gährenden stärkereichen Nährmedien aber in einer verhältnissmässig späten Entwicklungsperiode, erst kurz vor der Sporenbildung. Sie kann aber auch unter den nämlichen Verhältnissen ganz unterbleiben, und dann wird die Gährflüssigkeit selbst durch Jod blau gefärbt. Lässt dann die Gährung nach, so nimmt der Spaltpilz den stärkeartigen Stoff aus der Flüssigkeit wieder auf, und zeigt nun auch wieder die Jodreaction.

3. Farbstoffe.

Einige Spaltpilze enthalten in ihrem Plasma gelöste Pigmente. Hierher gehört z. B. die bald rosenrothe, bald pfirsichrothe, bald intensiv violette *Beggiatoa roseo-persicina*, deren mannichfaltige Entwicklungsformen einen von LANKASTER[1]) entdeckten purpurrothen Farbstoff enthalten, das Bacteriopurpurin. In Wasser, Alkohol, Chloroform, Ammoniak, Essigsäure und Schwefelsäure unlöslich wird er durch heissen Alkohol in eine braune, durch Chloroform in eine orangebraune Substanz umgewandelt. Auch spectroscopisch zeigt er charakteristische Merkmale (eine totale Absorption in Gelb zu beiden Seiten der Linie D; zwei schwächere Absorptionsstreifen in Grün in der Umgebung von b und E, sowie in Blau bei F; ausserdem eine gegen G stetig steigende Verdunkelung der stärker brechbaren Hälfte des Spectrums). Beim Absterben der Beggiatoenzellen färbt sich das Bacteriopurpurin gleichfalls in Braun um.

Obschon man mit COHN und SCHRÖTER annehmen muss, dass auch bei andern Pigment-Spaltpilzen der Inhalt tingirt sei, so ist doch die Möglichkeit nicht ausgeschlossen, dass die Färbungen bei manchen dieser Pilze der Membran angehören und erst neuerdings hat sich NÄGELI, wie bereits erwähnt, in diesem Sinne ausgesprochen.

---

1) On a peach coloured Bacterium. Quart. Journ. of micr. sc. Bd. XIII. pag. 408. 1873. E. KLEIN, Note on a pink coloured Spirillum. Quart. Journ. of micr. sc. Bd. XV. 1875.

D. Bewegungsorgane.[1])

Alle Spaltpilzformen, die langfädigen ausgenommen, sind unter gewissen Ernährungsbedingungen mit Cilien oder Geisseln ausgerüstet, welche als Locomotionsorgane fungiren und stets terminale oder polare, nie laterale Stellung einnehmen. Nach der Entdeckung dieser Organe durch Ehrenberg, der sie zunächst bei einer *Bacillus*-artigen Form nachwies, wurden dieselben von Cohn, Dallinger, Drysdale, Warming, Koch, Brefeld, Prazmowski, dem Verfasser u. A. in ihrem allgemeineren Vorkommen, nämlich für *Spirillen-*, *Ophidomonaden-*, *Spirochaeten-*, *Vibrio-*, *Monas-*, sowie für grössere und kleinere Stäbchen-, und Coccen-Formen nachgewiesen, theils auf gewöhnlichem Wege, theils unter Zuhilfenahme von Färbungsmethoden und der Mikrophotographie.[2])

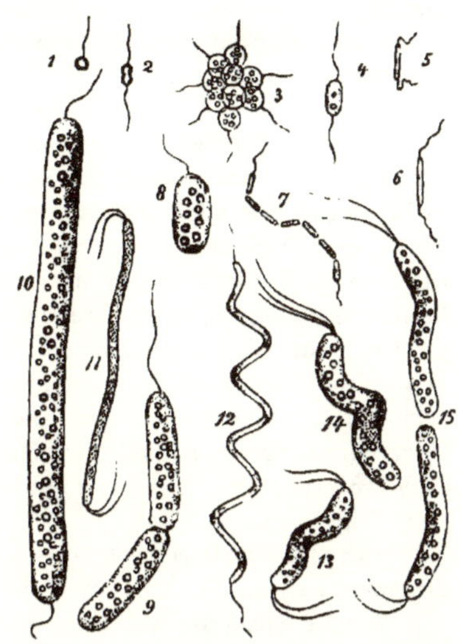

Fig. 8. (B. 295.)

Schwärmerbildung. 1. Micrococcenschwärmer mit 1 Cilie. 2. ein ebensolcher in Theilung, mit 2 Cilien. 3. Colonie schwärmender Macrococcen von *Beggiatoa roseo-persicina*. 4. Kurzstäbchenschwärmer derselben *Beggiatoa*. 5. 6. Bacillenartige Schwärmer nach Koch. 7. Schwärmende Bacillus-Kette vom Heupilz, die Endstäbchen mit je 1 Geissel (nach Brefeld). 8. Kurzstäbchenschwärmer von *Begg. roseo-pers.*, schwefelreich, mit 1 Cilie. 9. Langstäbchenschwärmer derselben Art in Theilung begriffen. 10. Sehr langer Stab, von *Begg. roseo-pers.* (nach Warming) an beiden Polen begeisselt. 11. An jedem Pole mit einem Geisselpaar versehener, vibrioartiger Schwärmer (nach Warming). 12. *Spirillum*-Form, an jedem Pole mit 1 Geissel. 13. dicker spirillumartiger Schwärmer an jedem Pole mit 1 Geisselpaar. 14. Schwefelreicher schraubiger Schwärmer *Ophidomonas*-Form) von *Begg. roseo-pers.* mit 3 Geisseln am Pole (nach Warming). 15. Ebensolcher Schwärmer an beiden Polen mit 1 Geisselpaar, in Theilung begriffen (nach Warming).

Die Geisselzahl beträgt im Minimum 1, im Maximum 4—6. Coccenformen (Fig. 8) besitzen nur 1 Cilie, erhalten aber im Stadium der Zweitheilung (Fig. 8, 2) (Diplococcen) an jedem Pole eine; die Stäbchen- und Schraubenformen in der Regel 1—2. (Fig. 8, 4, 5, 6, 8, 10, 12). Nach Warming und Koch sind gewisse, relativ grosse Spirillen-, Vibrionen- und Bacillen-artige Spaltpilzzustände sonderbarer Weise an dem einen oder beiden Polen mit je einem Geisselpaar ausgerüstet (Fig. 8, 11, 13, 15); ja Warming bildet für eine Spiralform der *Beggiatoa roseo-persicina (Ophidomonas sanguinea)* sogar 3 Geisseln an einem Pole ab! Sind beide Pole begeisselt, so kann also auch die Zahl 6 herauskommen. Obwohl sich die Existenz der Geisseln durch Strudel verräth, hat doch der Nachweis

[1]) Literatur: Cohn, Untersuchungen über Bacterien in Beitr. z. Biol. Bd. I. Heft II. — Ehrenberg, Die Infusionsthierchen. 1838, pag. 76. — Dallinger u. Drysdale, On the existence of Flagella in Bacterium Termo. The monthly microscopical journal. 1875, pag. 105. — Warming, Om nogle ved Danmarks Kyster levende Bacterier. 1876. Resumé. — Brefeld, Schimmelpilze. Heft IV, Bacillus subtilis. — Koch, Verfahren zur Untersuchung, zum Conserviren und Photographiren der Bacterien, in Beitr. z. Biol. Bd. II. Heft 3. — Neelsen, Studien über die blaue Milch, in Beitr. z. Biol. Bd. III. Heft 2. — van Tieghem, Sur les prétendus cils des Bactéries. Bull. de la Soc. bot. de France 1880. — Zopf, Zur Morphologie d. Spaltpflanzen.

[2]) Die van Tieghem'sche Annahme, dass Coccen nicht schwärmfähig werden könnten, ist unrichtig.

derselben, wenigstens bei den kleineren Spaltpilzformen, grosse Schwierigkeiten. Letztere liegen einmal in der ausserordentlichen Feinheit dieser Organe, sodann in der Schnelligkeit ihres Spiels und endlich in dem Umstande, dass sie mit der Substratsflüssigkeit gleiches oder selbst geringeres Lichtbrechungsvermögen besitzen. Alle diese Hindernisse lassen sich zwar durch Abtödtung mittelst Eintrocknen oder fixirender Reagentien und durch nachträgliche Färbung überwinden, indessen doch nur in den Fällen, wo während dieser Manipulationen die Cilie nicht eingezogen wird, was bei manchen Formen (gewissen Monasformen, Spirillen- und Vibrionenformen) regelmässig geschieht. Da wo die Fixirung gelingt, ist auch meist die Färbung mit concentrirter wässriger Lösung von Campecheholzextrakt möglich, durch welche die Cilien braun werden. Da die photographische Platte lichtempfindlicher ist, als die Netzhaut unseres Auges, so lassen sich fixirte Cilien auch schon im ungefärbten Zustande auf photographischem Wege nachweisen. Gewöhnlich sind die Schwärmer isolirt oder zu kürzeren oder längeren, bald geraden, bald gebrochenen Reihen vereinigt (Fig. 8, 7). Doch kommen auch *Volvox*-artige Schwärmercolonieen vor (z. B. bei *Beggiatoa roseo-persicina*) (Fig. 8, 3).

Manche Spaltpilze bilden überhaupt keine Schwärmerformen. So diejenige Varietät des Heupilzes, die man als Milzbrandpilz bezeichnet.

Manche Spaltpilze scheinen nur eine einzige Schwärmerform zu erzeugen; z. B. *Crenothrix Kühniana;* sie bildet nur Coccenschwärmer. Andere bilden zwei: Coccen- und Stäbchenschwärmer, noch andere nicht bloss diese beiden, sondern auch noch Spiralschwärmer. Dahin gehört z. B. *Beggiatoa alba, B. roseo-persicina* und *Cladothrix dichotoma.*

Was die morphologische Bedeutung der Cilie anlangt, so stellt dieselbe nach meiner Auffassung wahrscheinlich einen contractilen Plasmafaden dar, welcher von dem Plasmakörper der Zelle aus durch eine anzunehmende polare Oeffnung in der Membran hervorgetrieben wird und wiederum in den Plasmakörper eingezogen werden kann.[1]) Es würde demnach die Cilie das morphologische Homologon der Cilie der Flagellaten und Algenschwärmer sein.

Eine wesentlich andere, von VAN TIEGHEM geäusserte Ansicht geht dahin, dass die Cilien gallertige Membran-Verlängerungen sind, die keine contractile, sondern nur passive Bewegung besitzen. Die Schwärmbewegung soll nach ihm einer Contraction des plasmatischen Körpers der Zelle zuzuschreiben sein. V. T. stützt die erstere Ansicht auf die Beobachtung, dass die Cilien von *Clostridium butyricum* mit Kupferoxydammoniak Cellulosereaction zeigten.

Die Geisselbildung und Schwärmfähigkeit treten nur unter gewissen Bedingungen ein, dann nämlich, wenn es für die Zellen nöthig wird, aus tieferen Schichten des Nährmediums an die reichlicher Sauerstoff bietende Oberfläche zu gelangen. Hier angekommen, geben sie den Geisselzustand wieder auf.

Derselbe Spaltpilz, der unter gewissen Nährbedingungen schwärmfähig wird, bildet unter anderen niemals Geisselzustände. So gelangen die Zustände des doch sonst bekanntlich schwärmfähigen Heupilzes nach BUCHNER niemals zur Schwärmerstufe, wenn sie in einer 1 %, mit Mineralsalzen versehenen Asparaginlösung bei 25° C kultivirt werden.

---

[1]) Gründe für diese Ansicht findet man in meiner Arbeit über Spaltpflanzen (pag. 7) angegeben.

Ausser der durch Cilien vermittelten Eigenbewegung giebt es bei Spaltpilzen noch eine andere, nicht an besondere Bewegungsorgane gebundene.[1]) Sie gleicht im Wesentlichen der der Oscillarien und anderer Spaltalgen und kann sich bei den verschiedensten Entwicklungsformen: Stäbchen, Coccen-, Spirillen- und Fadenformen finden. Sitzen die Fäden noch fest, so beschreiben sie einen Kegelmantel oder machen pendelartige Bewegungen. Freie Fadenstücke und Stäbchen kriechen auf dem Substrat hin und her oder gleiten auf und an einander hin. Die Schraubenformen schrauben sich an anderen Gegenständen entlang; kommen 2 oder mehrere Schraubenfäden nebeneinander zu liegen, so schrauben sie sich an einander auf und ab oder zu Bündeln zusammen. Gewöhnlich besitzen die mit in Rede stehender Bewegung versehenen Zustände mehr oder minder auffallende Flexilität. Aus den Scheiden der *Crenothrix Kühniana* und der *Cladothrix dichotoma* treten die Coccen und Stäbchen, gleichfalls vermöge ihrer Gleitbewegung, aus, oft zu Reihen verbunden (und dann den Hormogonien der Spaltalgen entsprechend.) Das Auftreten der oscillarienartigen Bewegung ist, wie die Schwärmfähigkeit, an ganz bestimmte Substratsbeschaffenheit gebunden. Der Grad der Intensität dieser Bewegung scheint ebenfalls von den Ernährungsverhältnissen abhängig zu sein.

Längere Stab- oder Schraubenformen im Geissel tragenden Zustand nehmen in Momenten der Ruhe die Gleitbewegung an, um dann wieder zu schwärmen

Kleinere in Flüssigkeiten suspendirte Spaltpilzzellen zeigen unter dem Mikroscop eine durch Molekularkräfte verursachte Tanzbewegung[2]) (BROWN'sche Molekularbewegung), die der Anfänger nicht mit der Schwärmbewegung verwechseln darf.

II. Sporenbildung.[3])

Die neuere Spaltpilzforschung hat zu dem zuerst von COHN festgestellten wichtigen Resultate geführt, dass die Spaltpilze ausser der rein vegetativen Vermehrung durch Theilung noch eine Fortpflanzung durch besondere Organe (Dauerzellen, Sporen, Dauersporen) besitzen, welche den Dauersporen der übrigen niederen Thallophyten, der Algen und Pilze, morphologisch und physiologisch im Wesentlichen aequivalent sind. Dieser Entdeckung darf insofern eine gewisse Bedeutung beigemessen werden, als durch sie die frühere Unsicherheit in der Stellung der in Rede stehenden Organismen aufgehoben, insbesondere die Streitfrage erledigt wurde, ob die Spaltpilznatur mehr dem thierischen oder mehr dem pflanzlichen Charakter entspreche.

Das Wesen der Sporenbildung, soweit diese bis jetzt näher untersucht wurde, besteht darin, dass zunächst eine Contraction des Inhaltes der Spaltpilzzelle auf

[1]) Literatur: COHN, Beiträge zur Physiologie der Phycochromaceen und Florideen (MAX SCHULTZE's Archiv III). NÄGELI, Beitr. z. wissenschaftlichen Botanik. Heft II. (1860) pag. 88. Ortsbewegung frei schwimmender Zellen und Pflanzen. — KOCH, Die Aetiologie der Milzbrand-Krankheit, in Beitr. z. Biol. Bd. II. Heft II. — BREFELD, Ueber *Bacillus subtilis*, Schimmelpilze, Heft IV. — PRAZMOWSKI, Untersuchungen über die Entwicklungsgeschichte und Fermentwirkung einiger Bacterien-Arten. — VAN TIEGHEM, Leuconostoc mesenterioïdes, in Ann. des sc. Ser. 6. tom. 7. — BUCHNER, in NÄGELI's Untersuchungen über niedere Pilze, pag. 220. 271. — NEELSEN, Studien über die blaue Milch in Beitr. z. Biol. Bd. III. Heft 2.

[2]) NÄGELI, Untersuchungen über niedere Pilze: Ueber die Bewegungen kleinster Körperchen.

[3]) COHN, Untersuchungen über Bacterien in Beitr. z. Biol. Bd. II. Heft II.

einen möglichst kleinen Raum erfolgt, sodann die Masse sich verdichtet und abrundet, und endlich eine derbe, warscheinlich zweischichtige, stets glatt und farblos bleibende Membran abgeschieden wird. Die Sporenbildung trägt hiernach endogenen Charakter, ist also wesentlich verschieden von der der so nahe verwandten Spaltalgen, wo nach den bisherigen Untersuchungen stets nicht bloss der Inhalt, sondern auch die Membran der Mutterzelle bei der Sporenbildung betheiligt ist. Berücksichtigt man indessen die bereits erwähnte ausserordentliche Aehnlichkeit der Spaltpilze und Spaltalgen in vegetativer Beziehung, so liegt die Vermuthung nahe, dass man auch Spaltpilze mit spaltalgenartiger Dauersporenbildung antreffen wird, zumal die Zahl der bisher auf den Sporenbildungs-Prozess hin untersuchten Spaltpilze nur eine höchst geringe ist.[1])

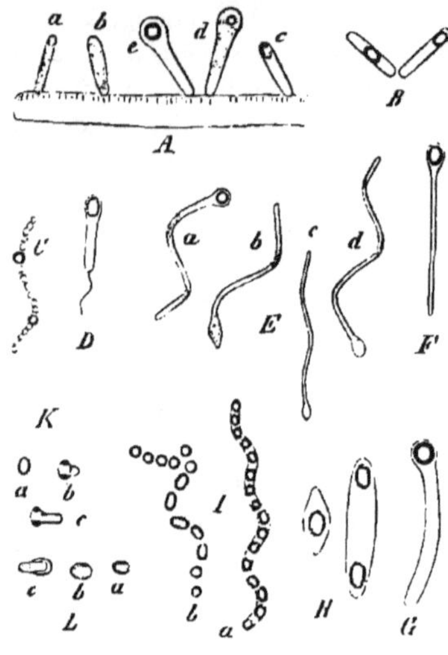

(B. 296.) Fig. 9.

Sporenbildung. A Stäbchen eines auf Diatomeen lebenden *Clostridium*-artigen Spaltpilzes, in verschiedenen Zuständen der Sporenbildung (Entwicklung nach den Buchstaben). B Sporenbildende Stäbchen des Heupilzes. C Coccenkette von *Leuconostoc mesenterioïdes* mit 2 Dauersporen (nach V. TIEGHEM). D Sporentragendes Stäbchen, noch mit Geissel versehen. E Sporenbildung in *Vibrio-* (c) und *Spirillum*-artigen (a b d) Formen eines Spaltpilzes. F Langer sporentragender Stab (sogen. Köpfchenbacterie). G *Vibrio*-Form mit Spore (nach PRAZMOWSKI). H *Clostridium*-förmige Stäbchen, das eine mit 2 Sporen (nach PRAZMOWSKI). I *Spirillum* mit vielen Dauersporen, b bereits in Zerfall begriffen. K Keimung der Spore des Heupilzes; Entwicklung nach den Buchstaben. Das Keimstäbchen senkrecht zur Sporenachse. L Keimung der Spore von *Clostridium butyricum* (Entwicklung nach den Buchstaben). Keimstäbchen in Richtung der Sporenachse.

Auf die Frage, ob die Dauersporenbildung bei allen Spaltpilzen an ein und dieselbe Entwicklungsform (etwa die Stäbchenform) gebunden sei, hat man mit nein zu antworten; denn bei dem einen Schizomyceten sind es Coccen *(Leuconostoc mesenterioïdes* (Fig. 9, C) bei anderen (z. B. *Bacterium subtile)* Stäbchen (B), bei noch anderen *(Vibrio Rugula)* Vibrionen (Fig. 9, E c, G) oder selbst Spirillenformen (Fig. 9, E a b d; I a). Doch erscheint die Sporenbildung vorherrschend an die Stäbchenform gebunden.

Die Frage, ob bei demselben Spaltpilz mehrere Entwicklungsformen die Fähigkeit zur Sporenbildung erlangen, darf bejaht werden. So bildet das auf gekochten Mohrrüben häufige *Bacterium tumescens* nach den Untersuchungen des Verfassers seine Dauersporen sowohl in Stäbchen, als auch in Coccen.

Bei manchen Spaltpilzen werden die für die Sporenbildung bestimmten Zellen gestaltlich so weit modificirt, dass sie zu den noch in vegetativer Vermehrung begriffenen in einen gewissen Gegensatz treten und so als Sporenmutterzellen leicht kenntlich werden. Ein Beispiel hierfür bietet der Buttersäurepilz *(Clostri-*

[1]) Man kennt die Sporenbildung nur bei folgenden Pilzen: *Bacterium subtile* (Heupilz u. Anthraxpilz) *B. cyanogenum, Clostridium butyricum* und *Polymyxa, Leuconostoc mesenterioïdes, Bacterium tumescens,* ferner für die Glycerinaethylbacterie, für *Vibrio Rugula, Bacillus Leprae, Bacterium Tuberculosis* Mir selbst sind noch andere Formen mit Sporenbildung bekannt.

dium butyricum), dessen Zellen schon lange vor Beginn der Sporenbildung sich strecken und, entweder im Aequator oder an einem Pole, relativ bedeutend aufschwellen, um im ersteren Falle spindelige oder citronenförmige (Fig. 9, H), im letzteren kaulquappenartige Gestalt (Fig. 9, A c d) anzunehmen. Bei anderen Spaltpilzen tritt eine locale Ausweitung der Zelle erst mit der die Sporenbildung einleitenden Plasmacontraction ein, bei noch anderen fehlt sie gänzlich. Längere oder kürzere Stäbchenzellen, welche ihre Spore in einer stark ausgeprägten Enderweiterung führen und daher stecknadelförmige Gestalt zeigen, findet man, namentlich in der medicinischen Spaltpilzliteratur, häufig als »Köpfchenbacterien« bezeichnet (Fig. 9, F).

Merkwürdigerweise thut die Anlage und Ausbildung der Spore der Schwärmfähigkeit der betreffenden Zelle in manchen Fällen keinerlei Eintrag.

Gewöhnlich bilden die Spaltpilzzellen nur je eine (Fig. 9, A e B—G) selten 2 (Fig. 9, H) oder gar mehrere Dauersporen. Das Plasma wird bei der Sporenbildung in kleineren Zellen bis auf $\frac{1}{3}$, in grösseren wie z. B. (Fig. 9, G) bis auf $\frac{1}{10}$ (und noch mehr) des ursprünglichen Volumens verdichtet (wobei wahrscheinlich eine Wasserabscheidung eintritt). Hieraus erklärt sich das auffallende Lichtbrechungsvermögen der Dauersporen, das man früher fälschlich auf einen Fettgehalt zurückführen wollte, sowie der charakteristische dunkle Contour (der über die geringe Dicke der eigentlichen Membran täuschen kann), beides wichtige äussere Erkennungszeichen für die Dauersporen. In Freiheit gelangen diese Organe dadurch, dass die Membran der Mutterzelle sich allmählich auflöst. Die Fähigkeit aller Spaltpilzzellen, ihre Membran zu vergallerten, geht auch den Dauersporen nicht ab. Der zarte »Lichthof«, der sie im isolirten Zustande umgiebt, ist nicht eine blos optische Erscheinung, sondern eine durch Quellung der äussersten Membranlamelle entstandene Gallerthülle, also substantieller Natur.

Das Hauptargument für die functionelle Bedeutung der in Rede stehenden Gebilde als »Sporen« liegt in der jetzt wissenschaftlich gesicherten Thatsache begründet, dass diese Gebilde keimen und zwar nach einem der Sporenkeimung anderer Kryptogamen durchaus analogen Modus. Es wurde dieses wichtige Factum zuerst durch Brefeld für den Heupilz *(Bacterium subtile)* klar gelegt und später von Prazmowski für den Buttersäurepilz *(Clostridium butyricum)* und von Buchner für den Milzbrandpilz bestätigt. Die Keimung wird eingeleitet dadurch, dass der Lichtglanz der Spore schwindet, und eine Aufschwellung derselben stattfindet, auf welche ein Zerreissen der Membran, entweder (wie bei dem letzteren Pilze und dem Milzbrandpilze) am Pole (Fig. 9, L), oder (wie bei ersterem) an einer im Aequator gelegenen Stelle erfolgt (Fig. 9 K). Durch die so gebildete Oeffnung tritt der Inhalt zunächst in Form einer kurzen Ausstülpung hervor, um bald darauf sich zum Stäbchen zu formen, das später der Sporenhaut gänzlich entschlüpft. Bei der Keimung einer von van Tieghem gefundenen Spirillenform *(Sp. amyliferum)* entsteht ein zunächst gerades Stäbchen, das aber später, indem es sich allmählich mehr und mehr krümmt und wächst, Spirillenform annimmt. Nach desselben Beobachters Angaben ist das Produkt der Sporenkeimung des Froschleichpilzes nicht ein Stäbchen, sondern eine Coccenzelle.

Die Keimfähigkeit ist unmittelbar nach der Reife der Sporen vorhanden.

Was die physiologische Ursache für den Eintritt des Sporenbildungs-Processes anlangt, so dürfte dieselbe in dem schliesslich eintretenden Mangel an Ernährungsmaterial zu suchen sein.

Die Sporen der Spaltpilze besitzen ein sehr geringes Volumen. So beträgt beispielsweise für den Heupilz ihre Länge etwa 0,0012, ihre Breite etwa 0,0006 Millim. Ihre Form ist entweder kugelig oder ellipsoïdisch.

III. Zoogloeenbildung.

A. Vorkommen und äussere Erscheinung.[1])

Wenn man Scheiben gekochter fleischiger Wurzeln (Zuckerrüben, Kohlrüben, Mohrrüben) gekochter Kartoffeln, Eier u. s. w. im feuchten Raume hält, so wird man nach einiger Zeit an den der Luft zugekehrten Flächen dieser Substrate farblose oder gefärbte Massen von Spaltpilzen auftreten sehen, welche Klümpchen, Häute oder Polster darstellen und gelatinöse Consistenz zeigen. Bereitet man sich ferner Infusionen mit gekochten Samen (Erbsen, Bohnen) fleischigen Wurzeln, Fleisch, Käse, stinkendem Schlamm, Excrementen u. s. w. oder lässt man Bier einige Zeit bei etwa 33° stehen, so werden sich an der Oberfläche der Flüssigkeiten gleichfalls sehr bald Spaltpilzmassen bemerkbar machen, die dünne irisirende Häutchen oder lappenartige Formen oder allmählich dicker werdende Decken repräsentiren und ebenfalls gelatinöser Natur sind.

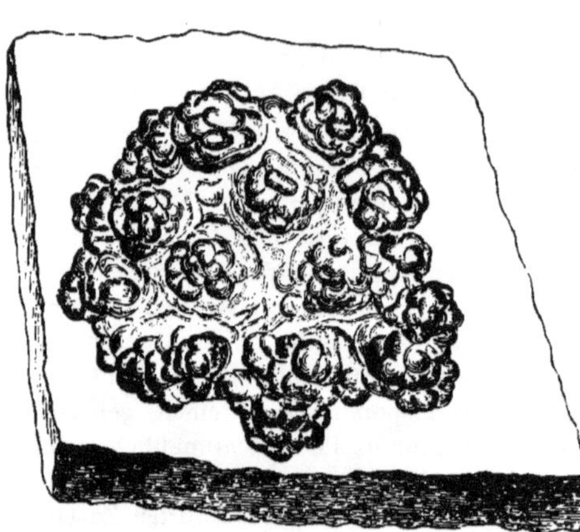

(B. 297.) Fig. 10.

Grosse *Zoogloea* von *Clostridium Polymyxa* auf einer Kohlrübenscheibe, eine dicke gelappte und gekräuselte Gallertmasse darstellend. (Nat. Grösse.)

Alle solche von Spaltpilzen hervorgerufenen Gallertbildungen, mögen sie nun Klümpchen, Polster oder lappige Formen, Häute etc. darstellen, pflegt man als »Zoogloeen-Zustände« zu bezeichnen.[2])

[1]) Literatur: W. ZOPF, Zur Morphologie der Spaltpflanzen; wo die Zoogloeenbildung von Cladothrix dichotoma, von Beggiatoa alba und insbesondere auch von B. roseo-persicina charakterisirt wird. Derselbe, Entwicklungsgeschichtliche Untersuchung über Crenothrix polyspora, die Ursache der Berliner Wassercalamität, wo man auf pag. 6 ff. die Entwicklungsgeschichte der Zoogloeaform dieses Spaltpilzes findet. Von älteren Arbeiten vergleiche: COHN, Untersuchungen über Bacterien, in Beitr. z. Biol. Bd. I, Heft II, pag. 141 und Nova Acta Ac. Car. Leop. XXIV. I, pag. 123. — Derselbe, Untersuchungen über Bacterien, II. Beitr. z. Biol. Bd. I, Heft III. (Ueber Ascococcus und Clathrocystis roseo-persicina). — RAY LANKASTER, On a peach-coloured Bacterium, Quart. Journ. of Microscop. Sc. vol. XIII, Ser. II, pag. 408. — WARMING, Observations sur quelques Bactéries, qui se rencontrent sur les côtes du Danemark. — PRAZMOWSKI, Untersuchungen über die Entwicklungsgeschichte und Fermentwirkung einiger Bacterien-Arten, pag. 44. — KOCH, Untersuchungen über Bacterien, in Beitr. z. Biol. Bd. II, Heft III. pag. 414. — CIENKOWSKI, Zur Morphologie der Bacterien. — Derselbe, Ueber die Gallertbildungen des Zuckerrübensaftes, Charkow 1878. — VAN TIEGHEM, Leuconostoc mesenterioïdes. Ann. des sc. Ser. 6. tome 7.

[2]) Minder gebräuchlich ist der von CIENKOWSKI eingeführte Ausdruck »Palmellen-Zustand«.

Für besonders massige Ausbildung der Zoogloea-Form führe ich als Beispiel ein *Clostridium* an, dessen Cultur auf Kohlrüben grosse, oft mehrere Centim. im Durchmesser haltende, dicke gekräuselte und gelappte Gallertmassen liefert. In Fig. 10 ist eine solche Zoogloea dargestellt.

In Bezug auf Massigkeit der Zoogloeen unübertroffen steht wohl der im Rübensaft der Zuckerfabriken nicht selten auftretende Nostoc-artige Spaltpilz *(Leuconostoc mesenterioïdes)* da, der mehr als fussgrosse Froschlaich-artig configurirte Gallerthaufen zu bilden vermag, die in der Zuckertechnik geradezu als »Froschlaich« bezeichnet werden.

B. Entstehung der Zoogloeen.

Die Genesis der Zoogloeenstöcke beruht in allen Fällen auf zwei wichtigen Momenten, von denen das eine in der Anhäufung von ruhenden Spaltpilzzellen liegt, das andere in der Tendenz derselben, ihre Membranen relativ stark zu vergallerten.

Was zunächst die Anhäufung betrifft, so kann dieselbe auf zwiefachem Wege erreicht werden. Einmal dadurch, dass eine einzige Zelle durch fortgesetzte Zweitheilung Generationen neuer Zellen erzeugt, welche nach dem Fadentypus, dem Flächentypus oder dem körperlichen Typus geordnet bleiben; anderseits aber in dem Wege, dass eine beliebige Zusammenlagerung von mehreren bis zahllosen Zellen stattfindet, die von ganz verschiedenen Mutterzellen abstammen können.

Die erste Form der Anhäufung lässt sich als Anhäufung durch Theilung die letztere als Anhäufung durch Apposition bezeichnen.

Letztere Form der Anhäufung kann auf verschiedenen Ursachen basiren. Sie wird häufig dadurch hervorgerufen, dass schwärmende Zellen, wenn sie im Begriff sind, in den Ruhezustand überzugehen, sich in dichten Schaaren zusammensetzen, was namentlich an festen Gegenständen, oder an der Oberfläche der Substrate geschieht, bald dadurch, dass Spaltpilzzellchen in gährenden oder faulenden Flüssigkeiten in Folge des Auftriebes von Gasblasen zusammengeschwemmt werden; bald sind es Erschütterungen durch Bewegungen der Luft oder durch kleine Thiere (Infusorien, Amoeben) verursacht, welche die Zellchen an der Oberfläche der Flüssigkeit oder im Innern derselben mit einander in nähere Berührung bringen. Die Ursachen der Anhäufung durch Apposition sind mithin meistens rein zufälliger, z. Th. mechanischer Art.

Lagern sich, wie das nur in absolut reinen Culturen geschehen kann, gleichnamige Spaltpilzformen zur Zoogloeenhaut neben einander, und entwickeln sich diese zu Specialzoogloeen, so resultirt eine aus gleichartigen Zoogloeen bestehende zusammengesetzte Zoogloea. Treten aber, wie man das in fast jedem der gewöhnlichen Aufgüsse beobachten kann, Formen ganz heterogener Spaltpilze zur Hautbildung zusammen, und entwickeln sich diese Formen später je nach ihrer eigenartigen Weise zu Special-Zoogloeen, so muss natürlich eine allgemeine Zoogloea resultiren, die aus ganz heterogenen Special-Zoogloeen zusammengesetzt erscheint, einem Gewand vergleichbar, das aus vielen ungleichartigen Flicken zusammengeflickt ward (Fig. 11, A a b c d).

Beobachtet man eine Nährflüssigkeit, in die Spaltpilze eingebracht wurden, so wird man gewöhnlich nach Verlauf von 24 Stunden, mitunter noch früher, mitunter auch später an der Oberfläche zahlreiche winzige Schüppchen bemerken, die noch völlig isolirt erscheinen. Dies sind kleine Zoogloeen. In dem Masse, als sie in die Fläche wachsen, nähern sie sich einander und treten schliesslich in Berührung, ein continuirliches dünnes und glattes Häutchen bildend, das häufig opalisirt. Wenn später eine so reiche Vermehrung der Zellchen und ihrer Gallert stattfindet, dass eine Vergrösserung der Haut in der Richtung des Flüssigkeits-Niveaus nicht mehr möglich ist, tritt eine Kräuselung der Häute ein.

(B. 298.) Fig. 11.

Diejenigen Zoogloeen, welche nach dem ersteren Anhäufungstypus entstehen, sind meist durch bestimmte, individualisirte Gestalt charakterisirt: Sie zeigen nämlich Kugel- (Fig. 11, E), Ei- (Fig. 11, B), Semmel- (Fig. 11, D), Netz- (Fig. 11, C), Schlauch-, Band-, Faden-, Strauch- (Fig. 11, F), Trauben-Form u. s. w. Die nach dem zweiten Typus entstandenen besitzen in der Regel die Form von Kahmhäuten (Fig. 11, A), wie sie an der Oberfläche von Infusionen aller Art so häufig anzutreffen sind, von unregelmässigen Klumpen, Lappen etc., können aber unter Umständen gleichfalls regelmässigere Formen (z. B. die Kugelform, Traubenform etc.) annehmen.

Eine durchaus scharfe Trennung beider Typen ist übrigens nicht möglich. Die Gallerthüllen der Zellen und Zellverbände sind anfangs getrennt, fliessen aber in manchen Fällen später vollständig zusammen, so dass die Einschlüsse in ein gemeinsames Gallertbett eingehüllt erscheinen (Fig. 11, G H). Liegen die Zellen eines Verbandes sehr dicht zusammen, so vergallerten nur die peripherischen Zellen merklich und zwar gewöhnlich nur an der Seite der freien Membran (Fig. 11 B.)[1])

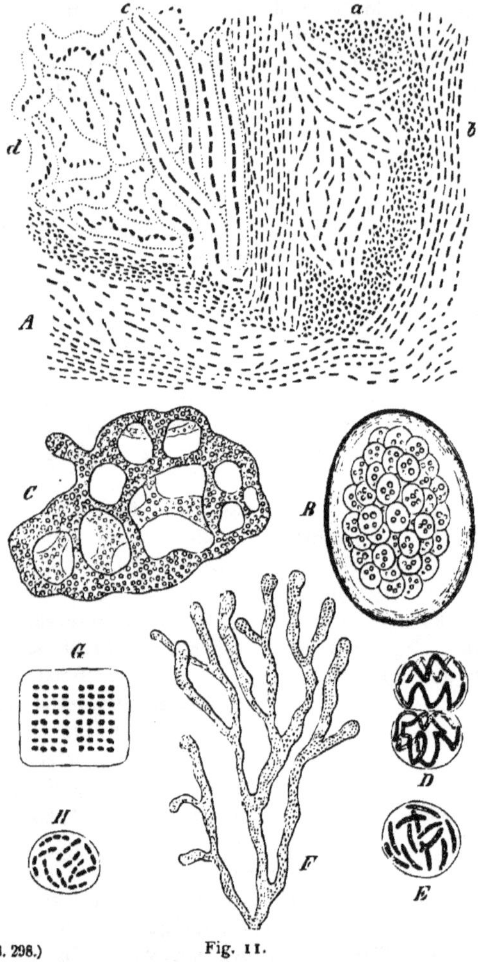

Wo die Zoogloeenbildung von einer Mutterzelle ausgeht, werden die Enkelzellen bisweilen mit ihren Specialhüllen in die Gallerthülle der Tochterzellen, und diese ihrerseits in die der Mutterzelle eingeschachtelt, in ähnlicher Weise wie es bei den Zoogloeencolonieen der Chroococcaceenartigen Spaltalgenformen, z. B. *Gloeothece*, *Gloeocapsa* geschieht. Indessen ist die Einschachtelung wegen der

[1]) Solche Formen finden sich z. B. bei *Beggiatoa rosea-persicina* und anderen Spaltpilzen. Man hat sie z. Th. unter dem Formgenus *Ascococcus* beschrieben.

Zartheit der Hüllencontouren meist nicht so deutlich, wie hier und kann später durch Zusammenfliessen der succedanen Hüllen sogar gänzlich verwischt werden.

Da die Membran, wie wir sehen, bei manchen Spaltpilzen (den Fäulnisserregern) aus Mycoproteïn, bei anderen dagegen (den Gährungserregern) aus Cellulose besteht, so muss natürlich auch die Gallert bei jenen Spaltpilzen Mycoproteïn-, bei letzteren Cellulosehaltig sein. In beiderlei Fällen aber besitzt sie grossen Wasserreichthum.

Für die Fälle, in denen die Gallertbildung in so intensiver Weise erfolgt, dass der Querdurchmesser der Hüllen den Querdurchmesser der Einschlüsse ums Vielfache (beim Froschlaichpilz ums 10 bis 20 fache) übertrifft, und die Gallerte Knorpelconsistenz zeigt, dürfte wohl mit Sicherheit anzunehmen sein, dass die Spaltpilzzelle fort und fort neue quellende Membranlamellen absondert.

Enthält das Nährmedium, in welchem sich Zoogloeen entwickeln, Eisen in Lösung, so lagert sich dasselbe in Form von Eisenoxydhydrat in die Gallertmasse ein, oder schlägt sich auf derselben nieder, olivengrüne oder rostrothe bis dunkelbraune Färbung bewirkend, die in stark schwefelwasserstoffhaltigen Flüssigkeiten durch Bildung von Schwefeleisen ins Schwarze übergehen kann.

Die Einschlüsse der Zoogloeen können allen möglichen Spaltpilzformen angehören. So giebt es eine *Coccen-*, eine Stäbchen-, *Vibrio-*, *Spirillum-*, *Ophidomonas-*, *Monas-Zoogloea* etc. Ausnahmsweise finden sich auch leptothrixartige Formen in zoogloeenartigen Vereinigungen, wie es z. B. beim Heupilz, bei *Crenothrix* und *Cladothrix dichotoma* der Fall.

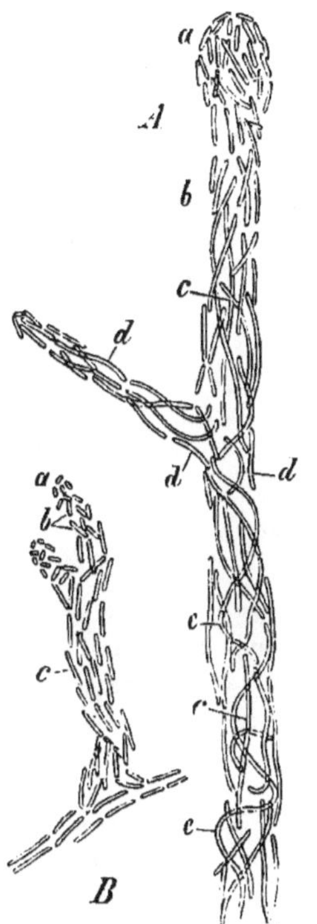

Fig. 12. (B. 299.)

A Ast einer baumförmigen Zoogloea von *Cladothrix dichotoma* mit Einschlüssen der verschiedensten Grösse und Form: a Kurzstäbchen, b Langstäbchen, c Leptothrixformen, d Vibrionenartige Stäbchen, e Spirillenartig gekrümmte Fäden; 540:1. B Ast derselben Zoogloea-Form, bei a mehr Coccenartige, bei b Kurzstäbchen- bei c Langstäbchenförmige Einschlüsse zeigend. 540:1.

Unter gewissen Ernährungsbedingungen schwärmen die kürzern Zoogloeen-Einschlüsse, mögen sie nun der Coccen-, Stäbchen- oder Schraubenform angehören, aus der Gallerte aus, oft so vollständig, dass letztere ganz leer zurückbleibt. Diesem Prozess geht eine starke Quellung der Gallerte voraus, die man meist auch künstlich hervorrufen kann, wenn man die Zoogloeen in Wasser bringt und sie mit dem Deckglas bedeckt. So z. B. zerfliessen unter diesen Bedingungen die Gallertcolonieen der *Beggiatoa roseo-persicina* ziemlich schnell.

Von der Thatsache, dass die verschiedensten Spaltpilzformen sich aus einander entwickeln, kann man sich namentlich auch an den Zoogloeeneinschlüssen überzeugen. Ihre Coccen entwickeln sich zu Kurzstäbchen, diese zu Langstäbchen und endlich durch Aneinanderreihung zu Fäden.

Stäbchen- und Fadenzustände der Zoogloeen lassen unter Umständen die Tendenz erkennen, sich allmählich zu krümmen und so Formen des Spiraltypus (Vibrionen, Spirillen) zu bilden. In dieser Beziehung sind namentlich die Zoogloeen von *Cladothrix* (die sogen. *Zoogloea ramigera)* (Fig. 12) und von *Beggiatoa roseo-persicina* instructiv. Die Stäbchen der Zoogloeen, mögen sie nun einzeln oder zu geraden oder gekrümmten Fäden verbunden sein, gehen schliesslich durch fortgesetzte Theilung in immer kleiner werdende Stücke zur Coccenbildung zurück.

Ausser den in dem vorstehenden morphologischen Abschnitt charakterisirten vegetativen und fructificativen Zuständen weisen die Spaltpilze keine weiteren Entwicklungsphasen auf. Die frühere Behauptung, dass Spaltpilze sich zu höheren, fadenbildenden Pilzen entwickeln könnten (HALLIER's polymorphistische Hypothese), ist längst als unhaltbar widerlegt worden.

Abschnitt II.

Physiologie.

I. Ernährung der Spaltpilze.[1])

1. Ernährung durch organische Verbindungen.

Wie bereits früher hervorgehoben, geht den Spaltpilzen wegen Mangel an Chlorophyll die Fähigkeit ab, sich das Baumaterial für ihre Zellen selbst zu produciren. Sie sind daher auf bereits vorgebildete organische Substanz angewiesen, und zwar theils auf Stickstoffverbindungen theils auf Kohlenstoffverbindungen.

Was zunächst die Quellen des Kohlenstoffs betrifft, so kann derselbe aus einer grossen Menge von organischen Verbindungen aufgenommen werden. Es ernähren bei Zutritt von Luft fast alle Kohlenstoffverbindungen, mögen sie sauer, neutral oder alkalisch sein. Nur müssen sie sich in Wasser lösen und dürfen nicht allzu giftige Eigenschaften besitzen. Verbindungen die an Kohlenstoff und Wasser reich, an Sauerstoff aber arm sind, ernähren nicht, weil sie ganz unlöslich oder doch schwer löslich sind. Die allzu sauren oder alkalischen Eigenschaften der Nährlösungen stumpft man durch (unorganische) Basen oder Säuren ab. Doch dürfen die Lösungen von nährenden Kohlenstoffverbindungen ziemlich alkalisch sein. Die Spaltpilze entnehmen auch aus denjenigen Kohlenstoffverbindungen, welche in concentrirterem Zustande giftig wirken, wie Alkohol, Essigsäure, Carbolsäure, Salicylsäure etc. nach hinreichender Verdünnung ihren Kohlenstoffbedarf. — Trotz ihrer nahen chemischen Verwandtschaft mit nährenden Substanzen können Kohlensäure, Cyan, Harnstoff, Ameisensäure, Oxalsäure und Oxamid nicht als Kohlenstoffquellen für Spaltpilze dienen.

Die verschiedenen Kohlenstoffverbindungen sind nicht alle gleich ernährungstüchtig, vielmehr zeigt sich in diesem Punkte eine grosse Verschiedenheit. Nach dem Grade ihres Nährwerthes ordnet NÄGELI die Kohlenstoffquellen in folgende (nur bedingte Gültigkeit beanspruchende) Reihe:

[1]) Vergl. NÄGELI, Untersuchungen über niedere Pilze: Ernährung der niederen Pilze durch Kohlenstoff- und Stickstoffverbindungen. COHN, Beiträge zur Biologie, Bd. I. Heft II, pag. 191; Ernährung der Bacterien. PASTEUR, Abhandlung über die Alkoholgährung (Ann. de Chim. et Phys. LVIII (1858), Deutsch von VICTOR GRIESMAYER. Augsburg 1871.

1. Die Zuckerarten.
2. Mannit; Glycerin; die Kohlenstoffgruppe im Leucin.
3. Weinsäure; Citronensäure; Bernsteinsäure; die Kohlenstoffgruppe im Asparagin.
4. Essigsäure; Aethylalkohol; Chinasäure.
5. Benzoësäure; Salicylsäure; die Kohlenstoffgruppe im Propylamin.
6. Die Kohlenstoffgruppe im Methylamin; Phenol (die günstigen Wirkungen der Gährthätigkeit der Zellen und die ungünstigen der Giftigkeit der Verbindungen sind hierbei ausgeschlossen gedacht).

Was ferner den Stickstoff betrifft, so kann derselbe aus allen Verbindungen angeeignet werden, die man als Amide oder Amine bezeichnet (Acetamid, Methylamin, Aethylamin, Propylamin, Asparagin, Leucin, Oxamid, Harnstoff); ferner die Ammoniaksalze (weinsaures, milchsaures, essigsaures, bernsteinsaures, salicylsaures, phosphorsaures Ammoniak etc.) und z. Th. auch salpetersaure Salze (z. B. salpetersaures Kali).

Freier Stickstoff aber kann als solcher nicht assimilirt werden, ebenso wenig der Stickstoff des Cyans und anderer Verbindungen, in denen er als Cyan enthalten ist. Am leichtesten wird der Stickstoff assimilirt, wenn er als NH_2 vorhanden ist. Besonders gut ernähren die Albuminate (Eiweissstoffe) doch müssen dieselben erst in eine diosmirende Form, in Peptone umgewandelt werden, was durch ein von den Spaltpilzzellen ausgeschiedenes Ferment (peptonisirendes Ferment) bewirkt wird. Die Spaltpilze vermögen (im Vergleich zu Schimmel- und Sprosspilzen) sehr energisch zu peptonisiren, doch müssen die Lösungen neutral oder alkalisch sein.

So wie die Kohlenstoff- und Stickstoffquellen für sich assimilationsfähig sind, so sind sie es auch, wenn man sie combinirt verwendet. Auch hier lässt sich etwa folgende von besser zu schlechter nährenden Substanzen fortschreitende Reihe aufstellen.[1])

1. Eiweiss (Pepton) und Zucker,
2. Leucin und Zucker,
3. weinsaures Ammoniak oder Salmiak und Zucker,
4. Eiweiss (Pepton),
5. Leucin,
6. weinsaures Ammoniak, bernsteinsaures Ammoniak, Asparagin,
7. essigsaures Ammoniak.

Combinirte Stickstoff- und Kohlenstoffquellen sind aber nicht für jeden Spaltpilz assimilationsfähig. So kann nach BUCHNER der Milzbrandpilz nur durch Eiweiss und Eiweisspeptone ernährt werden, während die als Heupilz bekannte Varietät desselben auch in Lösungen von Asparagin und Leucin etc. gedeiht.

2. Ernährung durch Mineralstoffe.[2])

Ausser den organischen Substanzen bedürfen die Spaltpilze wie die übrigen Pflanzen zu ihrer Ernährung anorganischer Verbindungen (Mineralsubstanzen) indessen in nur geringen Mengen. Sie können mit 4 Elementen auskommen:

[1]) Es sind hier wieder nur diejenigen Stoffe berücksichtigt, welche in grösserer Menge löslich sind, ohne giftig zu wirken, und ferner die Assimilation ohne Gährthätigkeit.

[2]) NÄGELI, Untersuchungen über niedere Pilze, pag. 52. — COHN, Untersuchungen über Bacterien in Beitr. z. Biol. Bd. I. Heft II: Ueber die Ernährung der Bacterien, pag. 191.

1. Schwefel, 2. Phosphor, 3. einem der Elemente: Kalium, Rubidium oder Caesium, 4. einem der Elemente: Calcium, Magnesium, Baryum oder Strontium (während die höheren Pflanzen Calcium und Magnesium zugleich und ausserdem noch Chlor, Eisen und Silicium bedürfen).

Was den Schwefel anbetrifft, so ist er nach NÄGELI als Bestandtheil der Eiweissstoffe den Spaltpilzzellen unentbehrlich. Entnommen wird er aus den Verbindungen der Schwefelsäure, der schwefligen und unterschwefligen Säure. Manche Spaltpilze (Beggiatoen) speichern, wie bereits erwähnt, Schwefel in grossen Massen, in Form von kleineren oder grösseren Körnchen in den Zellen auf.

Man wendet die Mineralsubstanzen in zweierlei Form an, entweder als Asche (von Hafer, Erbsen, Weizenkörnern, Tabak, Holz etc.) oder als Salzlösungen. Da aber die Asche sich oft langsam löst, so sind die Mineralsalze für die Bereitung der Nährflüssigkeit vorzuziehen.

Am zweckmässigsten bedient man sich nach NÄGELI für Spaltpilzculturen folgender Mischung von Mineralsalzen:

Dikaliumphosphat (K_2HPO_4)	0,1035	Grm.
Magnesiumsulfat ($MgSO_4$)	0,016	„
Kaliumsulfat (K_2SO_4)	0,013	„
Chlorcalcium ($CaCl_2$)	0,0055	„

auf 100 Ccm. Wasser und 1 Grm. weinsaures Ammoniak.[1])

oder

Dikaliumphosphat (K_2HPO_4)	0,1	Grm.
Magnesiumsulfat ($MgSO_4$)	0,02	„
Chlorcalcium ($CaCl_2$)	0,01	„

auf 100 Ccm. Wasser und 1 Grm. weinsaures Ammoniak.

Ist saure Reaction zulässig, so kann man statt Dikaliumphosphat das saure Phosphat (KH_2PO_4) verwenden.

Ist die Nährflüssigkeit Fleischextrakt, so brauchen Mineralstoffe nicht besonders zugesetzt werden, da sie bereits darin enthalten sind.[2])

Bei Anwendung von besseren kohlenstoff- und stickstoffhaltigen Nährsubstanzen erscheint es zweckmässig, die Mineralstoffe zu vermehren. Darum sind nach NÄGELI noch folgende Normalnährflüssigkeiten zu empfehlen:

K_2HPO_4	0,2	Grm.
$MgSO_4$	0,04	„
$CaCl_2$	0,02	„

auf 100 Ccm. Wasser und 1 Grm. Eiweisspepton (oder lösliches Eiweiss).

oder auf 100 Ccm. Wasser, 3 Grm. Rohrzucker und 1 Grm. weinsaures Ammoniak.[3])

Für manche Spaltpilze werden die beiden letztgenannten Normallösungen mit Vortheil in ihrer Concentration noch erhöht, für andere dagegen, besonders solche, die den lebenden Thierkörper bewohnen, empfiehlt es sich, die Lösung noch verdünnter zu halten (die in 100 Wasser enthaltenen Gewichtsmengen auf

[1]) Das weinsaure Ammoniak kann durch gleiche Mengen von essigsaurem oder milchsaurem, citronensaurem, bernsteinsaurem Ammoniak etc. oder von Asparagin, Leucin u. s. w. ersetzt werden.

[2]) 1 Grm. Fleischextrakt enthält im Mittel 0,2 Grm. Aschenbestandtheile.

[3]) Statt 1 Grm. weinsaurem Ammoniak kann die gleiche Menge eines anderen Ammoniaksalzes oder 0,5 Grm. salpetersaures Ammoniak oder 0,7 Asparagin oder 0,4 Harnstoff verwendet werden.

$\frac{2}{3}$ oder $\frac{1}{2}$ herabzusetzen. Die letztgenannten Nährflüssigkeiten sind nämlich äquivalent der Normallösung von 1 % LIEBIG'schem Fleischextrakt, diese aber erweist sich für die in Rede stehenden Spaltpilze weniger günstig als eine 0,5 % Lösung. Die COHN'sche »normale Bacterienflüssigkeit«

Saures phosphorsaures Kali (KH_2PO_4)	0,1 Grm.
Dreibasisch phosphorsaurer Kalk ($Ca_3P_2O_3$)	0,01 „
Schwefelsaure Magnesia ($MgSO_4$)	0,1 „

auf 100 Ccm. Wasser und 1 Grm. weinsaures Ammoniak (aus der MAYER'schen Lösung durch Weglassung der 15 Grm. Zucker entstanden), ist für Spaltpilzculturen nach NÄGELI wenig zu empfehlen.

Für manche Spaltpilze ist die Auswahl von Nährstoffen eine grössere, für andere eine geringere. Zu solchen wählerischen Spaltpilzen gehört nach BUCHNER der Heupilz. Während Fleischextraktlösung oder Heuaufguss immer ein sehr rasches Wachsthum dieser Pilze ermöglichen, wirken einfachere Verbindungen, z. B. weinsaures Ammoniak, nicht oder nur in äusserst geringem Grade ernährend. Solche wählerische Spaltpilze werden natürlich in der Concurrenz mit minder wählerischen eine Benachtheiligung erfahren.

3. Einfluss der Ernährungsweise auf die Formausbildung.[1])

Eines der Hauptergebnisse der neueren Spaltpilzforschung ist dies, dass verschiedene Ernährungsbedingungen im Allgemeinen modificirend auf Form und Dimensionen der Spaltpilze einwirken.

So bildet nach BUCHNER[2]) der Heupilz *(Bacterium subtile)*, wenn er in 5 %, schwach alkalischem Fleischextrakt cultivirt wird, dünne, nur 0,5 μ im Durchmesser haltende Fäden mit längeren 6—10 μ messenden Stäbchen; in einer neutralen Lösung von 0,1 % Fleischextrakt mit 5 % Zucker etwas dickere, 0,8 μ im Durchmesser haltende Fäden mit kürzeren, 4—6 μ messenden Stäbchen; in Heuaufguss (Heu mit vorwiegend holzigen Stengeltheilen) viel dickere, 1,0 μ im Durchmesser haltende Fäden mit längeren, im Minimum 12 μ messenden Stäbchen u. s. w. Selbst die Sporenform kann durch Veränderung des Nährsubstrates modificirt werden. Wie BUCHNER für den Milzbrandpilz zeigte, kommen bei Cultur desselben in Eigelb- und Fleischextraktlösungen mit Alkalizusatz ausserordentlich lange, stäbchenförmige Sporen zur Production, während die in Fleischextraktlösungen erzeugten ellipsoidisch erscheinen. Viel auffallender sind die Formwandlungen nach den Nährbedingungen bei den höchst entwickelten Spaltpilzen *(Beggiatoen, Cladothrix.)*

Nach meinen eigenen Beobachtungen[3]) bildet *Beggiatoa roseo-persicina* langfädige Zustände nur in an organischen Stoffen sehr reichen Medien. In solchen dagegen, die arm an organischer Substanz sind, werden in grossen Mengen Coccenresp. Stäbchen- als Zoogloeenform erzeugt. Aehnliches gilt für *B. alba*. In Schlammaufgüssen erhält man gewöhnlich nur gewöhnliche Fäden, in Algeninfusionen dagegen treten Ophidomonasartige Schrauben auf.

Aus der Einsicht, dass die Spaltpilze nach dem Substrat wandelbar in ihren Formen sind, folgt natürlich, dass man, um den Formenkreis eines Spaltpilzes

---

[1]) NÄGELI, Niedere Pilze. Derselbe, Untersuchungen über niedere Pilze. Vergl. auch die BUCHNER'schen Abhandlungen daselbst.

[2]) Beiträge z. Morphologie d. Spaltpilze, in NÄGELI: Untersuch. üb. nied. Pilze. pag. 210.

[3]) Zur Morphologie der Spaltpflanzen; *Beggiatoa alba*.

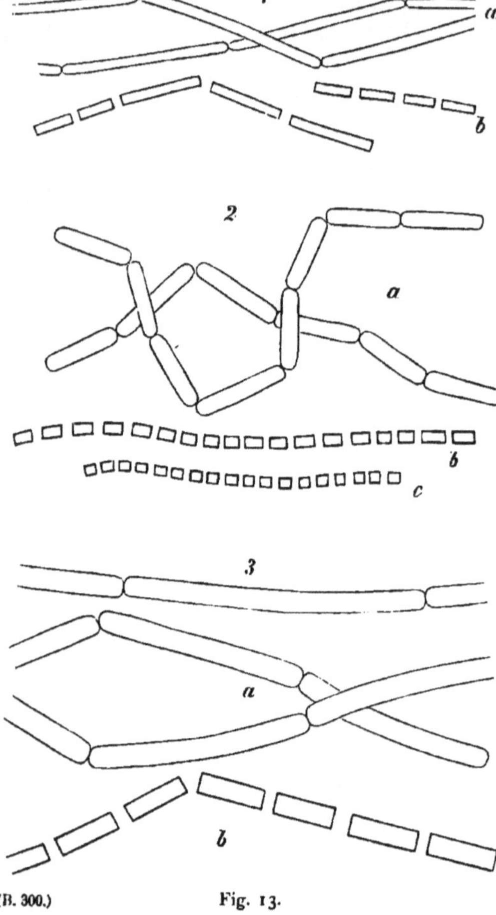

(B. 300.) Fig. 13.

4000 : 1. Der Heupilz unter verschiedenen Ernährungsbedingungen. 1. In 5% schwach alkalischem Fleischextrakt. Fäden dünn, langgliederig. a) frisch, b) mit Jod behandelt. 2. In einer neutralen Lösung von 0,1% Fleischextrakt mit 5% Zucker. Fäden dicker, Glieder kürzer als bei 1; a) frisch, b) mit Jod behandelt, Kurzstäbchen und Coccen zeigend; 3. In Heuaufguss, Fäden sehr dick und langgliederig, a) frisch, b) mit Jod behandelt (nach BUCHNER).

festzustellen, denselben unter möglichst verschiedenen Bedingungen zu kultiviren hat, eine Aufgabe, die eben nicht leicht zu lösen ist.

Auch auf die Ausbildung der Cilien scheint die Ernährungsart von Einfluss zu sein. Der Heupilz z. B. schreitet nach BUCHNER niemals zur Schwärmerstufe vor, wenn er in mit Mineralsalzen versehener 1% Asparaginlösung bei 25° C. cultivirt wird, während er, im Heuaufguss bei derselben Temperatur gezüchtet, immer die bekannten Stäbchenschwärmer hervorbringt.

4. Einfluss der Ernährungsweise auf die physiologischen Eigenschaften.

Auch auf die physiologischen Eigenschaften ist die Ernährungsweise bei allen Spaltpilzen von einem gewissen, meistens bedeutsamen Einfluss. Das ausgezeichnetste Beispiel bietet der Milzbrandpilz, dessen infectiöse Eigenschaften man nach BUCHNER durch Züchtung in gewissen Nährlösungen völlig verschwinden machen kann und der Heupilz, dem sich in besonderen Nährlösungen infectiöse Eigenschaften anzüchten lassen.

Manche der chromogenen Spaltpilze bilden nur unter gewissen Nährverhältnissen Farbstoffe, unter anderen nicht:

II. Wirkungen der Spaltpilze auf das Substrat.

Die Wirkungen der Spaltpilze auf ihre Nährböden bestehen im Allgemeinen darin, dass mehr oder minder complicirte chemische Verbindungen, insbesondere organische, eine Zerlegung erfahren in einfachere Verbindungen.

Je nach der Natur der Spaltpilze und je nach der Beschaffenheit des Substrates erleidet jener Prozess gewisse Modificationen und zeigt daher eine gewisse Mannigfaltigkeit.

Vor allen Dingen wohnt den Spaltpilzen die Fähigkeit inne, den hochwichtigen Prozess zu erregen den man als Fäulniss im eigentlichen Sinne bezeichnet (Fäulnisspilze, saprogene Spaltpilze). Letztere besteht darin, dass die im todten oder lebenden Thier- und Pflanzenkörper sich findenden complicirten stickstoffhaltigen Verbindungen (Proteïnkörper) zersetzt werden.[1]) Sie macht sich fast immer durch höchst widerliche Gerüche (Leichen, faule Eier etc.) bemerkbar; doch giebt es der Fäulniss analoge Zersetzungsformen, bei denen kein besonders eigenthümlicher, widriger, sondern nur ein rein ammoniakalischer Geruch hervortritt. Dahin gehört diejenige Fäulnissart, welche durch Heu- oder Milzbrandbacterien hervorgerufen wird.

Sowohl bei der eigentlichen Fäulniss als bei der letzterwähnten Fäulnissform bilden sich Stoffe, die auf den Thier- und Menschenkörper als chemische Gifte wirken, in ähnlicher Weise wie das putride Gift.

Die durch die Fäulniss gebildeten Fettsäuren, sowie gewisse Amidosäuren werden schliesslich durch bestimmte andere Formen von Spaltpilzen zu Kohlensäure, Wasser und Ammoniak verbrannt, und so die complicirten Verbindungen der Eiweissstoffe schliesslich in die einfachsten umgewandelt.

Eine andere bemerkenswerthe Fähigkeit gewisser Spaltpilze liegt darin, dass sie als Erreger sehr verschiedener Gährungformen fungiren:

1. Sie bewirken Milchsäuregährung, indem sie die Zuckerarten (wie Traubenzucker, Milchzucker) überführen in Milchsäure.[2]) (Milchsäurepilz). Hierauf beruht 1. das den Hausfrauen nur zu wohl bekannte Sauerwerden der Gemüse, Compots etc., überhaupt aller der Speisen, welche, wenn auch nur in äusserst minimalen Quantitäten, Zucker enthalten, was, wie bekannt, bei allen vegetabilischen Nahrungsmitteln der Fall ist. 2. das Sauerwerden der Milch, die bekanntlich 3—6% Milchzucker enthält. 3. die Bildung von Sauerteig. 4. das Sauerwerden des Bieres (sofern es nicht durch Essiggährung hervorgerufen wird.) 5. das Sauerwerden der Gurken etc. Auch im menschlichen Körper kann aus dem von vegetabilischer Nahrung her stammenden Zucker durch Spaltpilze Milchsäure erzeugt werden, so z. B. im Magen, namentlich wenn sein Inhalt in Folge krankhafter Affection nur wenig sauer oder neutral reagirt und so die Vegetation jener Organismen begünstigt.

2. Sie rufen Buttersäuregährung hervor, indem sie aus Glycerin, Mannit, Dextrin, Milchzucker, Stärke etc. Buttersäure bilden.[3]) (Buttersäurepilz = *Clostridium butyricum).* Ein derartiger Process vollzieht sich z. B. in der sauren Milch, wobei diese ranzigen Geschmack annimmt, sowie bei dem Reifen des Käses, des Sauerkohls und der sauren Gurken. Diese Nahrungsmittel,

---

[1]) Literatur: COHN, Untersuchungen über Bacterien in Beitr. z. Biol. Bd. I. Heft II., pag. 202: Ueber die Fermentwirkungen der Bacterien. — NENCKI, Ueber den chemischen Mechanismus der Fäulniss; Journ. f. pract. Chemie. Neue Folge, Bd. 17, 124. — Beiträge z. Biologie der Spaltpilze; ebenda, Bd. 19 und 20. — NÄGELI, Die niederen Pilze. — BUCHNER, Ueber die experimentelle Erzeugung des Milzbrandcontagiums aus den Heupilzen; in NÄGELI, Untersuchungen über niedere Pilze, pag. 141.

[2]) Doch wird hierbei nicht aller Zucker in Milchsäure umgesetzt; ein geringes Quantum erfährt eine andere Zersetzung, wie die Entwicklung von Kohlensäure beweist.

[3]) Nach NENCKI findet auch bei der Fäulniss der Proteïnsubstanzen bei Luftabschluss Buttersäurebildung statt.

anfangs durch Milchsäure rein sauer, gewinnen in Folge der Buttersäurebildung den bekannten eigenthümlichen Beigeschmack.

3. Sie sind fähig Essiggährung hervorzurufen und zwar dadurch, dass sie Alkohol zu Essigsäure oxydiren (Essigpilz, *Bacterium (Mycoderma) aceti)*. Es geschieht dies an der Oberfläche alkoholischer Flüssigkeiten (Bier, Wein, gegohrenen Fruchtsäften) wo sie eine Kahmhaut (Essigmutter) bilden. Auf diesen Gährungsprocess gründet sich die Schnellessigfabrikation, wie sie in Frankreich betrieben wird. (Den kahmhautbildenden Sprosspilzen wird von manchen Seiten irrthümlicher Weise gleichfalls Essiggährung zugeschrieben. Sie kommen häufig in Gemeinschaft mit dem Essiggährungs-Spaltpilze vor.)

Nach NENCKI entsteht Essigsäure auch als Nebenprodukt bei der Fäulniss der Proteïnsubstanzen bei Luftabschluss.

4. Sie erregen die schleimige Gährung (Gummi- oder Mannit-Gährung) indem sie Zucker in Gummi oder Mannit überführen (Pilz der schleimigen Gährung). Dieser Process spielt sich sowohl in ungegohrenen als in gegohrenen Getränken (Zuckerwasser, Zuckerrübensaft, Wein, Bier etc.) ab und bewirkt, dass die Flüssigkeiten schleimig, fadenziehend werden. Daher auch der Name »langer« Wein, »langes« Bier. Bisweilen tritt die Gummibildung so intensiv auf, dass die Flüssigkeit selbst aus der umgekehrten Flasche nicht herausfliesst. Wein- und Bierfabrikanten können durch den Process der Mannitgährung unter Umständen empfindliche Verluste zugefügt werden.

5. Gewisse Formen bewirken nach PASTEUR und VAN TIEGHEM die Ammoniakgährung, wobei der Harnstoff des Urins in kohlensaures Ammoniak umgewandelt wird[1]) *(Ascococcus Billrothii)*. Auch die dem Harnstoff verwandte Hippursäure kann nach VAN TIEGHEM durch Spaltpilze eine Zerlegung erfahren in Benzoësäure und Glycocoll.

6. Eine Reihe von Spaltpilzen (chromogene Spaltpilze oder Pigmentbacterien) bewirkt die sogenannten Farbstoffgährungen (Pigmentgährungen).[2]) Hierbei entstehen nämlich meist intensiv roth, gelb, grün, blau, violett, braun etc. erscheinende Pigmente. Nach NÄGELI gehören einige der Membran an, andere aber ohne Zweifel dem Inhalte, noch andere sind, wie es scheint, nicht an die Zellen gebunden. Ob die ersteren intracellulär entstehen und nachher durch die Membran durchgeschwitzt werden, oder ob sie ausserhalb der Spaltpilzzellen, durch deren Wirkung auf das Substrat entstehen, und dann erst den Zellen eingelagert werden, wurde bisher noch nicht sicher entschieden. Solche farbstofferzeugenden (chromogenen) Spaltpilzformen treten namentlich auf gekochten stärkemehlhaltigen Substraten (Kartoffelscheiben, Weissbrod, Hostien, Reis, Rüben), wenn diese feucht gehalten werden, auf eiweisshaltigen Körpern (gekochten Eiern) auf Excrementen der Säugethiere (Kaninchenkoth), auf Schlamm, sowie in der Milch blaue, rothe, gelbe Milch) in Nährlösungen, die mit Ammoniak-Salzen, mit Asparagin oder mit Harnstoff angestellt werden, u. s. w. auf. Interessant ist die Thatsache, dass die Pigment-Spaltpilze in den einen Substraten Farb-

[1]) COHN, Beiträge z. Biol. Bd. I., Heft III., pag. 145.

[2]) Literatur: SCHRÖTER, Ueber einige von Bacterien gebildete Pigmente, in COHN, Beitr. z. Biol. Bd. I., Heft II., — COHN, Untersuchungen über Bacterien, Beitr. z. Biol. Bd. I., Heft II., pag. 206 ff. — NÄGELI, Die niederen Pilze in ihren Beziehungen zu den Infectionskrankheiten, pag. 9. Derselbe, Untersuchungen über niedere Pilze, pag. 20. — NEELSEN, Studien über die blaue Milch. Beitr. z. Biol. Bd. III., Heft II. — GESSARD, De la pyocyanine et son microbe *(Micrococcus pyocyaneus)*.

stoffe bilden, in anderen dagegen nicht, auch wenn sie sich hier reichlich vermehren. Ein Beispiel bietet der Pilz der blauen Milch, der in Glycerin, Gummilösung, Zuckerlösung etc. niemals Blaufärbung bewirkt, trotzdem er daselbst üppig gedeiht. In ihrem chemischen und spectroscopischen Verhalten zeigen einige dieser Farbstoffe eine gewisse Verwandschaft mit Anilinfarben.

Wie FITZ[1]) zuerst fand und BUCHNER[2]) bestätigte, vermag die im Heuaufguss vorkommende Glycerin-Aethylbacterie das Glycerin zu Aethyl-Alkohol zu vergähren; eine andere, gleichfalls im Heuaufguss sich findende Bacterie vergährt das Glycerin zu Butylalkohol. Nach neueren Beobachtungen soll es ferner feststehen, dass gewisse Spaltpilze, ähnlich den Sprosspilzen, gewöhnlichen Alkohol bilden können.

Bei den Spaltpilzgährungen (Mannit-, Milchsäure-, Buttersäuregährung) wird übrigens in grösseren Mengen Kohlensäure entwickelt.

Bei Anwendung von Weinsäure als Nährgut wird nach PASTEUR von den Spaltpilzen (wie auch von den Spross- und Schimmelpilzen) die rechts drehende Modification aufgenommen, während die links drehende in der Flüssigkeit zurückbleibt.

Die so bedeutsame Frage, ob ein und derselbe Spaltpilz im Stande sei, unter verschiedenen Ernährungsbedingungen als Erreger so ganz heterogener Zersetzungsformen wie Gährung und Fäulniss zu fungiren, harrt zur Zeit noch ihrer vollen Lösung. Indessen wird sie voraussichtlich für manche Spaltpilze im negativen Sinne gelöst werden. Wenigstens steht für den Heupilz *(Bacterium subtile)* fest, dass er zwar Eiweisssubstanzen zersetzen, nicht aber auch Gährung bewirken kann. Gährung und Fäulniss pflegt man auch hin und wieder unter dem gemeinsamen Begriff »Hefenwirkungen« zusammenzufassen und die diese Processe hervorrufenden Spaltpilze dann als »Spalthefe« zu bezeichnen.

Früher hegte man mit TRAUBE und HOPPE-SEILER die Ansicht, die Gähr- und Fäulniss-Wirkungen der Spaltpilze wie der Sprosspilze seien zurückzuführen auf einen besonderen in den Spaltpilzzellen vorhandenen Stoff (ein »Ferment«), der auf das Gähr- und Fäulnissmaterial zersetzend wirke. So sprach man von einem Milchsäure-, einem Buttersäure-, einem Harngährungs-, einem Essig-Ferment etc. (Fermenttheorie). Nach NÄGELI's Untersuchungen und kritischen Betrachtungen aber verhält sich die Sache durchaus anders. In seiner wichtigen Theorie der Gährung führt jener Forscher aus, dass die Gährung (im weitesten Sinne) bewirkt wird, indem die Bewegungszustände (Schwingungen) der Moleküle, Atomgruppen und Atome der verschiedenen, das Plasma zusammensetzenden Verbindungen übertragen werden auf das Gährmaterial, wodurch das Gleichgewicht in dessen Molekülen gestört und dieselben zum Zerfallen gebracht werden. (Molekularphysiologische Theorie.[2]) Von Seiten der Fäulnissspaltpilze gelangen zwar wirklich Fermente (Enzyme) zur Ausscheidung, welche coagulirtes Albumin lösen, und für den im Rübensaft der Zuckerfabriken sich entwickelnden Froschlaichpilz *(Leuconostoc mesenterioides)* wurde gleichfalls festgestellt, dass er ein Ferment (Invertin) abscheidet, welches den Rohrzucker in Traubenzucker umwandelt (invertirt).

Manche Spaltpilze scheiden ein Ferment ab, welche Cellulose löst; manche

[1]) FITZ, Ueber Schizomyceten-Gährungen III. Bericht der deutschen chem. Gesellschaft. Bd. 9 (1878), pag. 49. — BUCHNER, Zur Morphologie der Spaltpilze in NÄGELI's Untersuchungen über niedere Pilze, pag. 220.

[2]) NÄGELI, Theorie der Gährung. Ein Beitrag zur Molecularphysiologie. München 1879.

ein Ferment, welches Stärke löst (z. B. der Buttersäurepilz).[1]) Allein diese Fermentbildung hat mit der Zersetzung des Nährmaterials, wie sie bei der Gährung und Fäulniss bewirkt wird, nichts zu thun. Sie hat bloss die Aufgabe, das Nährmaterial zu einem wirklichen, d. h. diosmirfähigen Nährmaterial zu machen, also für den Zersetzungsprocess durch die Spaltpilzzellen vorzubereiten.

Gährung und Fäulniss gehen nach NÄGELI theils innerhalb der Spaltpilzzellen, theils ausserhalb derselben vor sich, in deren nächster Umgebung.

Die Frage, an welche Entwicklungsformen die Fäulniss- und Gährungserscheinungen der Spaltpilze geknüpft sind, lässt sich wenigstens allgemein dahin beantworten, dass fast ausnahmslos die Schwärmzustände, sei es der Micrococcen, sei es der Stäbchen-, Vibrio- oder Spirillenform die fermentativ wirksamsten sind. Daher wird man überall da, wo Gährungs- oder Fäulnissprocesse sich im Stadium besonderer Intensität befinden, fast stets die eine oder die andere jener Formen in Menge schwärmend antreffen. Eine Ausnahme von dieser Regel bildet vielleicht die Essiggährung, bei der, wie es scheint, meist ruhende Formen (Micrococcen, Stäbchen- und Fadenformen) wirksam sind. Der Milzbrandpilz bildet, auch im Stadium intensivster Zersetzungswirkung, niemals Schwärmzustände.

Wie PFLÜGER[2]) nachwies, rufen gewisse Spaltpilze im Fleische der Seefische Zersetzungserscheinungen hervor, welche insofern von besonderem Interesse sind, als sie Phosphorescenz-Erscheinungen bedingen. Das Phänomen ist bekanntlich an faulenden Seefischen, namentlich an Schellfischen häufig zu beobachten, wo die leuchtenden Flecke meist an der Bauchseite und am Auge auftreten. Auch am Fleisch unserer Schlachtthiere rufen, wie NÜESCH zeigte, Micrococcen (»nebst hefeartig vergrösserten Zellen«) die nämliche Erscheinung hervor. Dass sie wirklich auf der Wirkung von Spaltpilzen beruht, lehrten die Uebertragungsversuche auf frisches Fleisch.[3]) (Vielleicht ist die »Oscillaria«, die MEYEN[4]) im atlantischen Ocean in grosser Menge phosphorescirend fand, auch ein Spaltpilz und zwar eine Beggiatoa.)

Die Zersetzung organischer Verbindungen ist jedoch nicht die einzige Wirkung der Spaltpilze: Man hat nachgewiesen, dass sie selbst anorganische Verbindungen zu zersetzen im Stande sind. Eine derartige Fähigkeit kommt z. B. den Beggiatoen zu. Bei ihrer Vegetation in schwefelhaltigen Wässern (besonders Fabrikwässern und Schwefelthermen) zerlegen sie anorganische Schwefel-Verbindungen, insbesondere schwefelsaures Natron, und bedingen dadurch die Entwicklung von Schwefelwasserstoff.[5])

Bei allen den genannten Zersetzungsprocessen erfolgt früher oder später die Bildung von Stoffen, welche die Zersetzungstüchtigkeit und Vermehrungsfähigkeit der betreffenden Spaltpilze zuerst vermindern und dann gänzlich aufheben, also wie Gifte wirken. Dieser Satz gilt so-

---

[1]) Vergl. auch ADOLF MAYER, Die Lehre von den chemischen Fermenten oder Enzymologie. Heidelberg 1882.

[2]) Archiv 1875.

[3]) Man vergl. auch LUDWIG, Pilzwirkung (Programm des Gymnasiums zu Greiz 1882.) Nach Mittheilungen LUDWIG's können die bei Fischen Phosphorescenz hervorbringenden Spaltpilze auch Phosphorescenz des Fleisches anderer Thiere bewirken.

[4]) Reise um die Erde. I, pag. 55.

[5]) Vergl. COHN, Untersuchungen über Bacterien (Beiträge zur Biologie. Bd. I. Heft III. pag. 173.)

wohl für die Fäulniss, wie für die Gährung und die Zerlegung anorganischer Verbindungen. So erzeugen z. B. die Fäulniss erregenden Formen Phenol, Indol, Scatol, Kresol, Phenylessigsäure, Phenylpropionsäure etc.; alle diese Körper verhindern schliesslich auch die Weiterentwicklung jener Formen. Ebenso wird die Vegetation des Essig-, Milchsäure-, Buttersäurepilzes etc. schliesslich durch Bildung von Essigsäure, resp. Milchsäure, Buttersäure u. s. w. gehemmt.[1])

Es ist daher von Wichtigkeit, der Anhäufung von Zersetzungsproducten in den Culturen vorzubeugen.

In der Regel hat die Spaltpilzvegetation Säurebildung zur Folge. Ausnahmen hiervon wurden von PASTEUR für den Harnpilz (*Micrococcus ureae*) von SCHRÖTER, COHN und NÄGELI für *Ascococcus Billrothii* sowie für Pilze der Pigmentgährungen constatirt, welche die ursprünglich saure Reaction des Substrats in eine alkalische umwandeln infolge der Entwicklung von Ammoniak.

Mit der Säurebildung durch Spaltpilze einerseits und der Abneigung gegen Säure andererseits steht in causalem Zusammenhang ein gewisses Successionsverhältniss in der Spaltpilz-, Sprosspilz und Schimmelpilzvegetation.

In neutraler oder sehr schwach alkalischer, Kohlehydrate oder Eiweiss enthaltender Nährlösung werden in der Regel zunächst die Spaltpilze zur Herrschaft gelangen. Erst später kommen die Sprosspilze und schliesslich die Schimmelpilze zur Geltung.

In säurehaltiger Nährflüssigkeit aber ist die Folge gewöhnlich eine andere. In Fruchtsäften, wie Most, verdünntem Pflaumendecoct etc., treten in der Regel zunächst Sprosspilze auf, welche Weingeist bilden, dann kahmhautbildende Spaltpilze, welche den Alkohol zu Essigsäure oxydiren, dann Sprosspilze der Kahmhaut, welche die Säure aufzehren und endlich Schimmelpilze. Es folgen hier also 4 Stadien der Pilzbildung aufeinander.

Ist das Nährsubstrat besonders säurereich, oder zu concentrirt, als dass sich Spross- oder Spaltpilze entwickeln könnten, so gelangen zunächst nur Schimmelpilze zur Entwicklung und erst später treten Sprosspilze und schliesslich Spaltpilze auf.

III. Verhalten gegen Temperaturen.[2])

Wie bei den übrigen Pflanzen wirkt auch bei Spaltpilzen eine Erhöhung der Temperatur im Allgemeinen begünstigend, ein Sinken derselben retardirend auf die Lebensprocesse. Im Ganzen und Grossen darf man sagen, dass sich die Temperatur des menschlichen Körpers für die Spaltpilzentwickrung nahezu am günstigsten erweist.

Wachsthum und Vermehrung schreiten vor, bis ein Maximum der Tempera-

[1]) WERNICH, Die aromatischen Fäulnissproducte in ihrer Einwirkung auf Spalt- und Sprosspilze. VIRCHOW's Archiv. Bd. 78 (1879), pag. 51. —

[2]) COHN, Untersuchungen über Bacterien in Beitr. z. Biol. Bd. I., Heft II., pag. 213: Verhalten der Bacterien zu extremen Temperaturen. — EIDAM, Einwirkung verschiedener Temperaturen und des Eintrocknens auf die Entwicklung von Bacterium Termo, in COHN, Beiträge z. Biol. Bd. I, Heft III. FRISCH, Ueber den Einfluss niederer Temperaturen auf die Lebensfähigkeit der Bacterien. Sitzungsber. d. k. k. Akad. d. Wissensch. in Wien. Bd. 75 u. Bd. 80 (auch in den medicin. Jahrbüchern. 1879. III. u. IV.). NÄGELI, die niederen Pilze, pag. 30. DELBRÜCK, Säuerung des Hefenguts (Zeitschrift für Spiritusindustrie 1881). BREFELD, Bacillus subtilis (Schimmelpilze, Heft IV.) BUCHNER, Desinfection von Kleidern und Effecten, an denen Milzbrandcontagium haftet (in NÄGELI, Untersuchungen über niedere Pilze, pag. 225).

tur erreicht ist und werden schon bei geringer Ueberschreitung desselben sistirt. Dieses Maximum liegt, wie auch NÄGELI besonders betont, für jeden Spalt pilz und für jede Function (bei übrigens gleichen Bedingungen) bei einem anderen Temperaturgrad.[1]) Sie schwankt ferner bei demselben Pilz und derselben Function je nach der chemischen Zusammensetzung, der Consistenz und sonstigen Beschaffenheit des Substrats, nach dem Mangel oder der Anwesenheit von Sauerstoff etc.[2]) Geht die Temperatur weiter und weiter über das Maximum hinaus, so werden die Lebensvorgänge schwächer und schwächer und erlöschen sodann (Wärmestarre); endlich werden die vegetativen Zellen gänzlich abgetödtet, und zwar im feuchten Zustande schneller als im trocknen.

Aus dem Zustande der Wärmestarre unter günstige Ernährungsbedingungen versetzt, erwachen sie wieder zu neuem Leben, und die vegetativen Zustände des Milzbrandpilzes behalten nach BUCHNER in neutralen oder schwach alkalischen Lösungen von 0,5% Fleischextrakt selbst bei 75—80° C. in der Dauer von 1½ St. gehalten noch immer ihre infectiösen Eigenschaften. Bei 90° C. wurden sie jedoch nach kurzer Einwirkung getödtet.

Mit dem Sinken der Temperatur werden die Lebensvorgänge gleichfalls allmählich schwächer und hören zuletzt auf (Kältestarre).[3]) Bei *Bact. Termo* tritt nach EIDAM die Kältestarre bei gewisser Ernährung von + 5° C. abwärts ein Nach HORVATH kann die genannte Spaltpilzform bis — 18° C. ertragen. Eingefrorene Spirillen begannen bei allmählicher Steigerung der Temperatur wieder ihre charakteristische Bewegungen anzunehmen. Nach eigenen Versuchen vertragen mit Gallertscheiden versehene *Crenothrix*-Fäden eine mehrwöchentliche Temperatur von — 8°R. gleichfalls ohne Schaden. Aehnliches gilt für den Pilz der blauen Milch (*Bacterium cyanogenum*) nach FUCHS und HAUBNER. Ja nach FRISCH halten manche Spaltpilze selbst eine kurz dauernde Abkühlung bis auf — 110° C. aus!

Veränderungen der Temperatur können bei manchen Spaltpilzen wesentliche Veränderungen in den physiologischen Eigenschaften bewirken. Als Beispiel möge der Milzbrandpilz dienen. Cultivirt man ihn nach BUCHNER in Fleischextrakt bei 25° C., so bleibt bei beliebig lange fortgesetzter Cultur die infectiöse Wirksamkeit die nämliche, die sie anfangs war. Züchtet man ihn aber in Fleischextrakt bei 36° C. (und gleichzeitig im Schüttelapparat), so wird eine allmähliche Abnahme der Infectionskraft herbeigeführt, die mit jeder Generation wächst. (Wenn auch hierbei jedenfalls die durch Schütteln bewirkte Sauerstoffzufuhr mit wirksam ist, so hängt doch ohne Zweifel jene Wirkung wesentlich von der Temperatur ab.) Veränderungen in der Temperatur bedingen auch vielfach Aenderungen in der Gestaltung der Zellen. So weiss man durch BUCHNER, dass die Erniedrigung der Temperatur bei gewissen Milzbrandculturen von 36° C. auf Zimmer-

---

[1]) So gedeiht z. B. der Pilz der blauen Milch in Milch am besten bei ca. 15° C.; der Essigpilz auf böhmischem Bier dagegen am besten bei ca. 33° C.; die Glycerinäthylbacterie in 2% Fleischextrakt mit 5% Glycerin am besten bei 36° C. u. s. w. Ueberlässt man nach DELBRÜCK eine Maische von 200 Grm. Trockenmalz auf 1000 Centim. Wasser einer Temperatur von 40° C., so entwickelt sich üppig der Buttersäurepilz; überlässt man sie einer Temperatur von 50°, der Milchsäurepilz.

[2]) Bei den meisten Temperaturangaben der Literatur sind diese Momente nicht berücksichtigt und die Angaben daher werthlos.

[3]) Man kann sich diese Eigenschaft zu Nutze machen, wenn es darauf ankommt, die Spaltpilze in Culturen anderer Pflanzen (z. B. Algen) in Nährlösungen oder Aufgüssen niederzuhalten.

temperatur die Production von krankhaften Zuständen (gewisse Involutionsformen, die durch sonderbare Form ausgezeichnet sind) zur Folge hat. Weitere Ermittelungen der Art und Weise wie die Temperaturveränderungen auf die Formbildung der Zellen der verschiedensten Spaltpilze einwirken, fehlen zur Zeit noch.

Nach PRAZMOWSKI's Angabe für den Heupilz, dass bei einer Erhöhung der Temperatur auf 40° C. sämmtliche Stäbchen in lebhafte Bewegungen übergiugen, hat es den Anschein, als ob eine Temperaturerhöhung auch auf die Ausbildung der Cilien von Einwirkung sein könne. Dass die Dauer des Kreislaufes der Entwicklung von der Spore wiederum zu Spore nach der Höhe der Temperatur gewissen Schwankungen unterliegen muss, folgt schon aus dem Eingangs dieses Abschnittes Gesagten. So vollzieht sich nach BREFELD der Entwicklungs-Cyclus vom Heupilz im Heuaufguss bei 24° C. in 24—30, bei 20° in 48 Stunden, bei 15° erst in 4—5 Tagen.

Dass auch der Eintritt der Sporenbildung von der Temperatur abhängig ist, geht z. B. aus den Versuchen KOCH's am Milzbrandpilz hervor. Es stellte sich dabei heraus, dass der Pilz in *Humor aqueus* cultivirt bei 35° C. seine Sporen schon innerhalb 20, bei 30° innerhalb 30, bei 18—20° erst innerhalb 2½—3 Tagen bildet. Bei 15° C. scheint diesem Pilz die Fähigkeit der Sporenbildung gänzlich abhanden zu kommen[1].)

Die Keimung der Dauersporen steht, wenigstens bei manchen Spaltpilzen, gleichfalls in Abhängigkeit von einem gewissen Wärmegrade. So z. B. hat man die Milzbrandsporen, um sie zur Keimung zu bringen, bei 35—37° C. zu halten, bei herabgesetzter Cultur keimen sie gar nicht. Sporen anderer Spaltpilze sind auch in dieser Richtung minder empfindlich.

Was sehr hohe Temperaturen betrifft, vermögen die vegetativen Spaltpilzzellen 100° C. wohl auch in dem Stadium nicht zu überstehen, wo sie mit dichten, derben Gallerthüllen überkleidet sind.

Dagegen besitzen eine gewisse Widerstandsfähigkeit gegen Siedhitze die Dauersporen. Für den Heupilz wenigstens ist diese wichtige Thatsache durch die Untersuchungen COHN's, BREFELD's, PRAZMOWSKI's und BUCHNER's vollkommen sicher gestellt.

Wahrscheinlich verhalten sich die Sporen mancher anderen Spaltpilze ebenso. Den Grund für solche Resistenz wird man ohne Zweifel zu suchen haben in der derben Consistenz der Sporenhaut. Doch ist zu beachten, dass die Milzbrandsporen, wie BUCHNER zeigte, bereits bei Siedetemperatur getödtet werden, wenn man dieselbe 4 Stunden hindurch erhält. Zur Abtödtung der Sporen des Heupilzes ist ein mindestens einstündiges Kochen bei 110°C. erforderlich. Da man nie wissen kann, ob nicht in einer zur Reincultur zu verwendenden Nährlösung Spaltpilzsporen fehlen, so hat man jede Nährlösung unter jener Bedingung spaltpilzfrei zu machen (zu sterilisiren), ein Verfahren, das sich natürlich auch auf die Glasgefässe und sonstigen Geräthschaften bezieht, die man übrigens im trockenen Zustande einer Temperatur von 120° C. aussetzt oder ausglüht, in Rücksicht auf den Umstand, dass im trockenen Zustande die Sporen eine noch höhere Temperatur aushalten, als im benetzten. Für die Tödtung der Milzbrand-

[1]) Andere Spaltpilze sind weniger empfindlich. So ein *Clostridium*, welches Diatomeen, besonders grosse Synedren bewohnt, also im Wasser lebt. Man findet die Sporenbildung noch immer im vollen Gange begriffen, wenn die seichten Tümpel, in denen der Pilz lebt, sich bereits mit Eis bedecken.

sporen im trockenen Zustande genügt nach BUCHNER übrigens schon eine 2½stündige Erhitzung auf 110° C. Die Temperatur ist ferner von Einfluss auf die Bildung und Wirksamkeit der Fermente *(Encymen)* der Spaltpilze[1]), wie sich das schon a priori erwarten lässt. Bei gewissen, noch unter dem Siedepunkt liegenden Temperaturen verlieren sie ihre Wirksamkeit, bei gewissen Wärmegraden werden sie am reichlichsten gebildet und sind am wirksamsten (encymotisches Wirkungsoptimum).

IV. Verhalten gegen Gase.

Es kommt vor Allem das Verhalten zum Sauerstoff in Betracht.[2])

Was den Process der eigentlichen Fäulniss betrifft, so ist es, wie NÄGELI und NENCKI zeigten, vollkommen gleichgültig, ob Sauerstoff-Zutritt oder Abschluss vorhanden. (Der Fäulnissprocess der Spaltpilze verhält sich also in dieser Beziehung analog der Alkoholgährung. Auch für die Gährthätigkeit der Hefe ist bekanntlich Sauerstoff-Zutritt oder Abschluss ein durchaus gleichgültiges Moment.) Anders liegt die Sache für die bereits oben erwähnte Fäulnissform, die vom Heu-Milzbrandpilz hervorgerufen wird. Sie steht durchaus in einem Abhängigkeitsverhältniss zum Sauerstoff.

Was sodann die Gährungsprocesse anlangt, so verlangen die Harnsäuregährung, die Gährung des Asparagins, die sogenannten Oxydationsgährungen (wie Essiggährung, Pigmentgährungen) entschieden Luftzutritt; wogegen gewisse andere Gährwirkungen, wie die Buttersäuregährung, die Mannitgährung, die Glyceringährung etc. bei einer gewissen Intensität auch ohne Gegenwart von freiem Sauerstoff vor sich gehen können. Doch begünstigt die letztere die Gährthätigkeit.

Man pflegt solche Spaltpilze und Spaltpilzformen, welche bei genügender Ernährung ohne freien Sauerstoff zu leben und Zersetzungsprocesse hervorzurufen befähigt sind, als anaërobie oder anaërophyte zu bezeichnen, im Gegensatz zu den des Sauerstoffs bedürftigen aërobien oder aërophyten Formen.

Nach ENGELMANN[3]) weisen die Schwärmzustände gewöhnlicher Fäulnissbacterien, namentlich kleinerer Formen, und vor allen Dingen gewisse Schraubenformen ein ausserordentlich grosses Sauerstoffbedürfniss auf. Es lässt sich dies schon constatiren, wenn man einen solche Schwärmzustände enthaltenden Tropfen mit dem Deckglas bedeckt. Die Schwärmer drängen sich dann in dichtem Gewimmel an dem Rande des Tropfens oder um zufällig eingeschlossene Luftblasen zusammen. Bringt man grüne, also Sauerstoff abscheidende Algen in den Tropfen, so sammeln sie sich gleichfalls um dieselben an und zwar im Miscrospectrum besonders da, wo die Maxima der Sauerstoffausscheidung liegen, d. h. zwischen den Spectrallinien B und C (im Roth) und bei F. (Fig. 14.) Bei Abschluss von Sauerstoff, wie er z. B. unter den gewöhnlichen Verhältnissen unter Deckglas hervorgerufen wird, geben sie ihre Bewegung auf.

---

[1]) Vergl. ADOLF MAYER, Die Lehre von den chemischen Fermenten oder Encymen, Heidelberg 1882, pag. 20: Ueber den Einfluss höherer Temperaturen auf die Encyme, und pag. 43, Resumé.

[2]) NÄGELI, Untersuchungen über niedere Pilze. — Derselbe, Theorie der Gährung. — NENCKI, Beiträge zur Biologie der Spaltpilze. Journ. f. pract. Chemie. Bd. 19 u. 20.

[3]) Zur Biologie der Schizomyceten. Untersuchungen aus dem physiologischen Laboratorium zu Utrecht 1881. Botanische Zeit. 1882. Derselbe, Ueber Sauerstoffausscheidung von Pflanzenzellen im Microspectrum. Ebenda 1882, pag. 191 ff.

Man kann daher die Schwärmzustände der Spaltpilze als ein empfindliches Reagens auf Sauerstoff benutzen.

Manche Spaltpilzformen (z. B. Spirillen) scheinen nach ENGELMANN's Untersuchungen nur eine gewisse Sauerstoffspannung zu ertragen, nämlich eine solche, welche geringer ist, als die des Sauerstoffs der atmosphärischen Luft. So lagern sich gewisse Spirillen unter Deckglas stets in einem gewissen Abstand vom Tropfenrande und ebenso in einem gewissen Abstand von Sauerstoff ausscheidenden grünen Zellen. Verringert man nun die Sauerstoffspannung (z. B. mittelst Durchleiten von Wasserstoff), so verringert sich der Abstand vom Tropfenrande; vergrössert man sie dagegen (mittelst Durchleiten von Sauerstoff), so vergrössert sich auch der Abstand der Spirillenzone vom Tropfenrande.

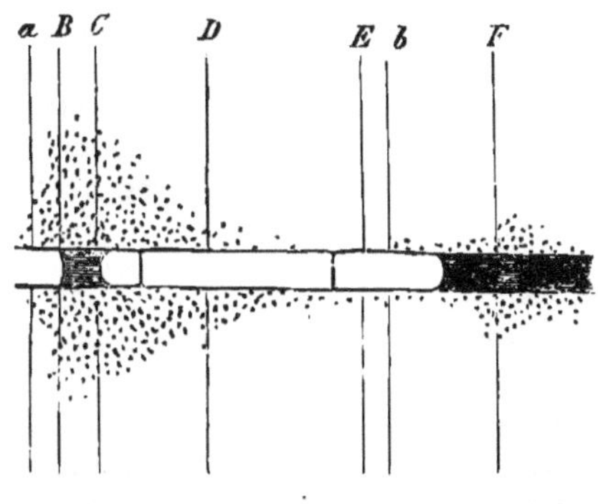

Fig. 14. (B. 301.)

Stück einer Cladophora mit schwärmenden Bacterien im Microspectrum von Sonnenlicht. Die Chlorophyllkörner, welche die Zellen sehr gleichmässig erfüllen, sind weggelassen, dagegen das Absorptionsband zwischen B und C und die zwischen b und F beginnende Absorption des violetten Endes angedeutet. 200:1. (Nach ENGELMANN.)

Manche Spaltpilze vermögen nach NÄGELI ihrem Substrat Sauerstoff zu entziehen.[1]) Wenn man eine Nährflüssigkeit, in welcher gährtüchtige Spaltpilze leben, mit Lakmus färbt, so wird dieselbe entfärbt (gelblich) und zwar um so schneller, je mehr der Luftzutritt gehemmt ist. Dass dies auf Entziehung von Sauerstoff beruht, lässt sich damit beweisen, dass durch Schütteln mit Luft die ursprüngliche Färbung wieder hergestellt wird. Der Desoxydationsprozess verläuft nun aber nicht etwa in der Weise, dass die Zellen den Farbstoff aufnehmen, ihm in ihrem Innern den Sauerstoff entziehen und dann als entfärbte Verbindung wieder ausscheiden (denn der Farbstoff kann zwar durch die lebende Membran, nicht aber durch den lebenden Plasmaschlauch hindurchdringen), sondern die Lakmusmoleküle werden ausserhalb der Spaltpilzzelle (und in deren Membran) reducirt.

Auch aus dem Blut vermögen die Spaltpilze Sauerstoff zu entnehmen, aber nicht direkt aus den Blutzellen erhalten sie ihn, sondern nach NÄGELI aus dem Blutplasma, aus welchem er durch Diffusion in die Spaltpilze hineingeht. (Erst wenn der Sauerstoff im Blutplasma sich verändert hat, tritt auch der Sauerstoff aus der lockeren Verbindung, in der er sich in den Blutkörperchen befindet, in die Flüssigkeit heraus.)

Die Formen des Essigpilzes *(Mycoderma aceti)* besitzen die Fähigkeit, Sauerstoff auf den Alkohol ihres Substrats zu übertragen (Oxydations-Gährung), während andere weingeistige Flüssigkeiten bewohnende Spaltpilze dies nicht vermögen.[2]) Während also die oben erwähnten Spaltpilze reducirend auf ihr Substrat wirken, übt der Essigpilz eine oxydirende Wirkung aus.

Dass erhöhte Zufuhr von Sauerstoff zu den Culturen unter Umständen die physiologischen Eigenschaften eines Spaltpilzes gänzlich verändern kann, lehren die Versuche BUCHNERS mit dem Milzbrandpilz, der bei solcher grösseren Sauer-

[1]) Theorie der Gährung, pag. 40.

[2]) NÄGELI, l. c. pag. 49.

stoffzufuhr (durch Schütteln im Schüttelapparate), wenn er gleichzeitig bei 36 gezüchtet wird, bezüglich seiner infectiösen Wirksamkeit in den successiven Generationen eine allmähliche Abnahme erfährt.

V. Verhalten zum Licht.

Die bisherige Annahme, dass gegenüber dem bedeutsamen Einfluss, den die Wärme auf das Wachsthum und die Zersetzungsprozesse der Spaltpilze ausübt, das Licht für diese Organismen, infolge des Chlorophyllmangels, völlig bedeutungslos sei, und nur gewisse Spaltpilzprodukte, soweit sie Pigmente darstellen, im Licht gewisse chemische und physikalische Veränderungen erführen,[1]) ist neuerdings von ENGELMANN[2]) als unhaltbar erwiesen worden. Er führte nämlich den Nachweis, dass bei einem gewissen Spaltpilz die Schwärmbewegungen durchaus vom Licht abhängig sind und im Dunkeln wieder erlöschen. Der belebende Einfluss des Lichtes beruht dabei nicht, wie bei grünen Zellen, auf Sauerstoffentwicklung. Er äussert sich ferner nicht momentan, sondern erst nach einer gewissen Zeit (Photokinetische Induction), die um so kürzer ist, je intensiver das Licht einwirkt aber auch im günstigsten Falle immer noch Sekunden dauert. Ebenso zeigte sich eine Nachwirkung des Lichts, die darin sich äussert, dass die Spaltpilzzellen im Dunkeln erst nach einiger Zeit ihre Bewegungen einstellen. Bei lange andauernder Einwirkung sehr gleichmässigen starken Lichtes kommen die meisten Spaltpilzzellen zur Ruhe oder suchen weniger helle Orte auf. Plötzliche Helligkeitsschwankungen (plötzliche Verdunkelung) haben zur Folge, dass die Zellen fast im nämlichen Moment eine Strecke weit zurückschiessen (Schreckbewegung), stillstehen und dann erst wieder die gewöhnliche Bewegung aufnehmen. Im Sonnenspectrum ist die Ansammlung der Zellen am stärksten im Ultraroth (das sichtbare Roth wird gemieden), nicht ganz so intensiv im Gelb; im Grün ist die Ansammlung schwach und nimmt durch's Gelbgrün und Blau nach dem Violett hin immer mehr ab.[3]) — Ich selbst habe wiederholt bestimmt beobachtet, dass in meinen Culturen der *Beggiatoa roseo-persicina*, der Belag, den die Coccen- und Stäbchenmassen an der Wandung der Glasgefässe bildeten, sich an der dem Licht zugewandten Seite merklich stärker entwickelte, als an den übrigen Stellen.

VI. Verhalten gegen Electricität.[4])

Nachdem bereits SCHIEL die Frage nach dem Verhalten der Spaltpilze gegen den electrischen Strom angeregt hatte, und zu dem Ergebniss gekommen war, »dass ein schwacher Strom genügt, um die Entwicklung der Bacterien zu hemmen,« nahmen COHN und MENDELSOHN die Frage neuerdings wieder auf und erhielten bei ausgedehnteren Untersuchungen andere Resultate.

---

[1]) So z. B. der rothe Farbstoff des Wunderblutes *(Micrococcus prodigiosus)*, der im Lichte Zersetzung erfährt.

[2]) *Bacterium photometricum.* Ein Beitrag zur vergleichenden Physiologie des Licht- und Farbensinnes. Untersuchungen aus dem physiol. Laborat. zu Utrecht. 1882. pag. 252 ff.

[3]) In Ermangelung eines Microspectralobjectivs kann man sich von der verschiedenen Empfindlichkeit der Bacterien in verschiedenen Farben des Spectrums durch gefärbte Gläser oder Flüssigkeiten überzeugen.

[4]) Literatur: SCHIEL, Elektrotherapeutische Studien. Deutsches Archiv für klinische Medicin. 1875. Bd. 15. pag. 190—194. COHN u. MENDELSOHN, Ueber Einwirkung des elektrischen Stromes auf die Vermehrung von Bacterien. (Beitr. z. Biol. Bd. III. Heft I. pag. 141—162.)

Letztere betreffen erstens die Einwirkung des galvanischen Stromes auf die Vermehrung der Bacterien in mineralischer Nährlösung, und wurden in folgenden Sätzen mitgetheilt.

1. Ein Element lässt, je nach der Stromstärke gar keine oder nur eine retardirende Einwirkung erkennen.

2. Eine Batterie von 2 kräftigen Elementen sterilisirt innerhalb 12—24 Stunden am + Pol die Nährlösung vollständig, so dass sich in ihr weder die der Stromwirkung ausgesetzten, noch auch nachträglich zugefügte Bacterien vermehren.

3. Am — Pol wird die Nährflüssigkeit nicht vollständig sterilisirt, aber sie wird nur in beschränktem Maasse für Ernährung und Vermehrung der Bacterien geeignet; die Schwärmbewegungen derselben werden nicht aufgehoben.

4. Weder am + Pol noch am — Pol werden die Bacterien durch die Stromwirkung zweier Elemente getödtet, denn in frische Nährlösung übertragen, vermehren sie sich in derselben völlig normal.

5. Die für Bacterien sterilisirte Nährflüssigkeit am + Pol gestattet noch reichliche Vermehrung von Kahm- und Mycelpilzen.

6. Eine Batterie von 5 kräftigen Elementen tödtet die in der Nährflüssigkeit vertheilten Bacterien innerhalb 24 Stunden vollständig, ein Tropfen dieser Flüssigkeit in frische Nährlösung übertragen, ruft deshalb keine Trübung in dieser hervor.

7. Die Nährflüssigkeit wird durch einen solchen Strom an beiden Polen sterilisirt, aufs Neue zugesetzte Bacterien vermehren sich daher nicht in derselben.

8. Die Einwirkung des constanten Stromes auf die Bacterien lässt sich durch die electrolytische Zersetzung der Nährflüssigkeit ausreichend erklären, welche um so vollständiger ist, je kräftiger und je länger der Strom auf die Flüssigkeit eingewirkt hat.

9. Bei möglichst vollständiger Zersetzung wird die Flüssigkeit am + Pol stark sauer, am — Pol stark alkalisch, bei schwächeren Strömen an letzterem nur schwach sauer oder neutral. Die alkalische Reaktion verschwindet nach einiger Zeit, da sie von einer flüchtigen Base (Ammoniak) herrührt.

10. Am — Pol findet reichliche Gasentwicklung statt, am + Pol wird solche nur bei sehr kräftigen Strömen bemerklich.

11. Am — Pol wird phosphorsaure Ammoniak-Magnesia ausgeschieden; in Folge dessen enthält die Flüssigkeit nach längerer Einwirkung sehr kräftiger Ströme am — Pol keine Phosphorsäure, am + Pol kein Ammoniak in Lösung, besitzt also nicht mehr die zur Ernährung und Vermehrung von Bacterien unentbehrlichen Nährstoffe vollständig; ausserdem scheint die freie Säure am + Pol unmittelbar tödtlich auf die Bacterien einzuwirken.

12. Eine specifische physiologische Einwirkung des constanten galvanischen Stromes ist bei relativ schwächeren Strömen nicht vorhanden, bei stärkeren wenigstens nicht nachweisbar. Die physiologisch so wirksamen Inductionsströme lassen auf die Vermehrung der Bacterien in mineralischer Nährlösung keine Einwirkung erkennen.

Die übrigen Resultate betrafen die Einwirkung des constanten galvanischen Stromes auf die Entwicklung von *Micrococcus prodigiosus* an der Oberfläche gekochter Kartoffeln.

13. Die Wirkungen werden bedingt einerseits durch die Stärke des Stromes, andererseits durch die Leitungswiderstände in der Kartoffel, welche mit der Entfernung der Elektroden wachsen.

14. Die Flüssigkeiten in der Kartoffel vertheilen sich so, dass durch die

ganze Tiefe derselben die eine Hälfte am + Pol stark sauer, die andere Hälfte am — Pol stark alkalisch wird, letzteres durch fixes Alkali. Die beiden, gleich — oder ungleich grossen Hälften stossen in der Mittellinie der Kartoffel mit scharfer Grenzlinie aneinander, die Grenzlinie ist neutral.

15. Beide Hälften unterscheiden sich durch ihre Färbung, sowie dadurch, dass die saure Hälfte an Flüssigkeit verarmt, die alkalische gallertartig quillt, durchscheinend bräunlich und feucht erscheint.

16. Sowohl die +, als die — Electrode verhindern die Vermehrung des *Micrococcus prodigiosus* in ihrer Umgebung und zwar an beiden Seiten, jedoch die + in bei weitem stärkeren Maasse.

Bei schwächerer Stromwirkung erscheint daher zu beiden Seiten der + Electrode ein mehr oder minder breiter, scharf begrenzter, farbloser Streifen, während zu beiden Seiten der — Electrode die Entwicklung des *Micrococcus* nur in einer ganz schmalen Zone unterbleibt, die übrige Fläche der alkalischen Hälfte aber sich mit dem rothen Ueberzuge bedeckt.

17. Je kräftiger die Stromwirkung, desto breiter wird an beiden Elektroden die Zone, wo sich der *Micrococcus* nicht vermehren kann; bei sehr kräftigen Strömen entwickelt sich der *Micrococcus* gar nicht, die zugeführten Keime werden getödtet und beide Kartoffelhälften mit Ausnahme der neutralen Grenzlinie für *Micrococcus* sterilisirt.

18. Die Einwirkungen des galvanischen Stromes auf die Vermehrung des *Micrococcus prodigiosus* lassen sich auf die electrolytischen Wirkungen des Stromes zurückführen.

VII. Verhalten gegen chemische Stoffe.

1. Verhalten gegen Säuren und Alkalien.[1])

Die Vegetationszustände der Spaltpilze lassen im Allgemeinen eine grosse Empfindlichkeit gegen Säuren erkennen. Manche Spaltpilze (wie z. B. der Milzbrandpilz) sind gänzlich unfähig selbst in sehr schwach sauren Lösungen zu wachsen, andere (wie der Heupilz) ertragen wenigstens eine bestimmte schwache Säuerung ohne Behinderung ihrer Wachsthums- und Zersetzungsthätigkeit. Sobald aber dieser Säuregrad überschritten wird, erfolgt auch hier eine Sistirung der Vegetation und der Zersetzungswirkungen, ja zuletzt völlige Abtödtung. Am allerempfindlichsten zeigen sich die Vegetationszustände gegen mineralische Säuren (Schwefel-, Salz-, Salpetersäure) und gegen die sogenannten Pflanzensäuren (Wein-, Citronensäure etc.) etwas minder sensibel sind sie gegen die Pilzsäuren (Butter-, Essig-, Milchsäure), die sie bei ihrer Vegetation selbst produciren. Doch darf auch hier eine bestimmte Grenze in der Concentration nicht überschritten werden, und darum ist es nöthig, der Anhäufung von Säuren in den Culturen frühzeitig vorzubeugen durch Zusatz kohlensaurer Alkalien (kohlens. Natron, kohlens. Kali, basisch phosphors. Natron) oder kohlensaurer alkalischer Erden (kohlens. Kalk).

Die Thatsache, dass die Spaltpilze den Säuren gegenüber Abneigung zeigen, lässt sich praktisch verwerthen, wenn es darauf ankommt, jene Pilze von Culturen anderer (z. B. der Hefe, der Schimmelpilze etc.) auszuschliessen (man braucht in diesem Falle nur eine natürlichsaure oder eine angesäuerte Nährlösung zu

[1]) Literatur: BREFELD, Ueber Bacillus subtilis; Schimmelpilze, Heft IV. NÄGELI, Niedere Pilze; Theorie der Gährung; Untersuchungen über niedere Pilze; an verschiedenen Orten. BUCHNER, ebenda, Erzeugung des Milzbrandcontagiums aus den Heupilzen.

verwenden, um des Ausschlusses der Spaltpilze ganz sicher zu sein);[1]) sie lässt sich ferner verwerthen für die Bekämpfung von Spaltpilzen, welche im menschlichen und thierischen Körper Gährwirkungen oder pathogene Wirkungen ausüben und endlich für die Conservirung gewisser Speisen und Getränke.

Auf der Abneigung gegen Säuren beruht auch die geringe Vermehrung der mit saurer Milch, Käse, sauren Gurken, Sauerkraut etc. oft massenhaft in den Körper eingeführten Spaltpilze im Magen, dessen Flüssigkeit bekanntlich $\frac{1}{2}$ % Salzsäure enthält.

Bei weitem widerstandsfähiger gegenüber den Säuren erweisen sich die fructificativen Organe. Selbst ziemlich starke Concentrationsgrade üben auf die Sporen keinen schädigenden Einfluss aus, während doch Sporen höherer Pilze, z. B. der Schimmelpilze, unter solchen Umständen baldige Abtödtung erfahren.

Gegen Alkalien zeigen sich die Spaltpilze minder empfindlich, ja Alkalinität des Substrats begünstigt in vielen Fällen ihre Entwickelung, und manche Spaltpilze, wie nach Buchner der Heupilz, können eine stark alkalische Reaction der Nährlösung noch ohne Behinderung des Wachsthums ertragen.

2. Verhalten gegen andere giftig wirkende Stoffe.

Die Frage, welche von den Stoffen, die auf den Thier- und Pflanzenkörper schädlich wirken, auch auf die Spaltpilze schädliche Wirkungen ausüben, ist insofern eine sehr wichtige, als es darauf ankommt die schädlichen Spaltpilze an ihren Brutstätten zu vernichten (Desinfection). Doch sind unsere Kenntnisse in dieser Beziehung noch mangelhaft.

Auffallend ist die Widerstandsfähigkeit der Sporen gegen starke Gifte, namentlich der Heupilzsporen. Sie werden nach Brefeld durch ziemlich starke Lösungen von schwefelsaurem Kupfer, welche man so erfolgreich gegen die Sporen der Brandpilze des Getreides anwendet, so wie von concentrirten Lösungen von Sublimat u. s. w. wenig angegriffen, dass sie nach Abtrennung dieser Gifte noch vollkommen keimfähig erscheinen. Nur wenn diese Gifte mit Siedehitze vereint zur Anwendung gelangen, erfahren die Sporen Abtödtung.

Wie bei den eigentlichen Pilzen und den höheren Pflanzen wirkt auch bei den Spaltpilzen eine über das Nährmaass hinausgehende Concentration der Nährstoffe als Gift. Da die Schimmelpilze eine viel höhere Concentration der Nährstofflösungen vertragen, als die Spaltpilze, so lässt sich auf diesem Wege gleichfalls eine Abhaltung der Spaltpilze von Schimmelculturen erreichen. Um Concentration der Spaltpilz-Nährlösungen durch Verdunstung zu verhüten, sind die Culturgefässe bedeckt zu halten.

Abschnitt III.

Methoden der Untersuchung.

I. Fragestellung.

Bei jeder genaueren Untersuchung irgend eines Spaltpilzes kommen etwa folgende morphologische und physiologische Fragen in Betracht.

1. In welchen Nährlösungen gedeiht der Pilz? (Welche sind für seine Ernährung am geeignetsten, welche am wenigsten geeignet. Gedeiht er in sauren Lösungen? etc.).

[1]) Vergleiche: Brefeld, Untersuchungen über Spaltpilze, in Sitz. d. Ges. nat. Fr. zu Berlin 1878. — Derselbe, Methoden zur Untersuchung d. Pilze (Schimmelpilze. Heft IV).

2. Welche Entwicklungsstadien durchläuft er in den verschiedenen Nährlösungen? Unter welchen Ernährungsbedingungen kommt die eine Entwicklungsform zur Ausbildung, unter welchen die andere? Bildet er Zoogloeen? Bildet er Sporen? In welchen Formen entstehen sie, in Stäbchen oder in Coccen oder beiden zugleich. Unter welchen Nährbedingungen werden sie gebildet. Welches ist der Modus der Auskeimung? Besitzt er Schwärmzustände; unter welchen Ernährungsbedingungen treten sie auf, welchen Formen gehören die Schwärmer an. Besitzt der Pilz abnorme Entwicklungsformen, und unter welchen Nährbedingungen?
3. Ruft er Gährung hervor oder nicht, bewirkt er Fäulniss?
4. Welches sind die Zersetzungsprodukte, die er in den verschiedenen Nährsubstraten bildet? Welche flüchtigen Stoffe werden bei der Zersetzung frei?
5. Wird ein Ferment von den Zellen ausgeschieden? Wie wirkt dasselbe auf geronnenes Eiweiss, Cellulose, Stärke, Rohrzucker?
6. Wie verhält sich der Pilz zum Sauerstoff der Luft?
7. Wie verhält er sich in den verschiedenen Nährsubstraten zur Temperatur? Bei welchem Wärmegrade gedeiht er in dieser oder jener Lösung am besten? Bei welcher Temperatur bildet er Sporen? Hat die Temperatur Einfluss auf die Keimung? Bei welcher Temperatur (nach oben oder nach unten hin) hört sein Wachsthum, seine Gährthätigkeit, Schwärmfähigkeit, Sporenbildung etc. auf?
8. Wie verhält er sich gegen Gifte?
9. Wie verhält er sich gegen Licht und Elektricität?[1])

Zur Lösung dieser Fragen wird die Anwendung besonderer Methoden nöthig, welche sich aus den in den früheren Kapiteln dargelegten morphologischen, physiologischen und biologischen Eigenschaften der Spaltpilze ergeben.

Wir haben gesehen, dass sich Keime von allen möglichen Spaltpilzen, sei es im vegetativen, sei es im Sporenzustande überall in der Luft befinden, dass sie namentlich allen festen Gegenständen anhaften und aus der Luft in Flüssigkeiten hineinfallen. Es müssen daher die Cultur-Gefässe und Nährlösungen zunächst von allen Spaltpilzkeimen sicher befreit (sterilisirt) werden. Es muss ferner der zu cultivirende Spaltpilz von anderen Spaltpilzen desselben Substrats sicher abgetrennt werden, sodass man vollkommen reines Aussaatmaterial erhält.

II. Methode der Sterilisirung der Züchtungsgefässe, der Nährlösung und der bei der Aussaat zu verwendenden Utensilien.

Zu Züchtungsgefässen eignen sich mit nicht zu weiter Mündung versehene Glasgefässe: Kolben, Probirröhrchen, kleine ERLENMEYER'sche Fläschchen, nach BUCHNER auch die sogen. Saftfläschchen.[2]) Man beschickt diese Gefässe mit der Nährlösung, verschliesst sie mit einem Wattepfropf und überbindet denselben noch mit doppeltem Fliesspapier oder einem Stück Leinwand. Sodann erhitzt man

---

[1]) Vergl. auch BUCHNER in NÄGELI's Untersuchungen über niedere Pilze. pag. 265.

[2]) Diese haben im erweitertem Theile 5 Centim. im Durchmesser. Sie sind aus dickem, schwer schmelzbarem Glase gefertigt und können so das oftmalige Erhitzen zum Zweck der Sterilisirung ohne Schaden ertragen.

das Ganze zur Befreiung von allen Pilzkeimen 1 Stunde auf 120° C.[1]) Die Utensilien, welche man zum Einbringen der Aussaat verwendet, werden am Besten durch Glühen sterilisirt. Das Einbringen muss schnell geschehen, damit nicht während desselben Keime aus der Luft in die Nährlösung gerathen.

III. Methoden zur Gewinnung reinen Aussaatmaterials.

1. KLEBS' Methode der fractionirten Cultur.[2])

Sie beruht auf der Einsicht, dass von zwei oder mehreren Spaltpilzen, die sich in einer Nährlösung befinden, schliesslich gewöhnlich einer den oder die anderen überwuchert oder gar vollständig aus der Cultur verdrängt, und besteht darin, dass man einen kleinen Theil *(fractio)* einer spaltpilzhaltigen Flüssigkeit überträgt in pilzfreie Nährlösung (A), von der geernteten Spaltpilzmasse wieder einen kleinen Theil in neue Nährlösung(B) bringt, u. s. f. Man erhält so in den meisten Fällen schliesslich einen oder den anderen der in der Ursprungsflüssigkeit enthaltenen Spaltpilze in vollkommener Reinheit, oft schon in der Cultur A, oft erst in B, oder C, D, E, F u. s. w.

Daher ist diese fractionirte Cultur überall zu empfehlen, wo es nicht darauf ankommt, einen ganz bestimmten Spaltpilz, sondern einen beliebigen aus der Urflüssigkeit zu isoliren.

2. NÄGELI's Verdünnungsmethode.[3])

Wenn man aus einem, zwei oder mehrere Spaltpitze enthaltenden Substrat eine ganz bestimmte Art rein erhalten will, so kann man mit Vortheil diese zweite, neuerdings auch von BUCHNER angewandte Methode in Anwendung bringen.

Sie setzt allerdings voraus, dass die rein zu züchtende Art oder Form in überwiegender Menge vorhanden ist, und besteht darin, dass man die spaltpilzhaltige Flüssigkeit soweit verdünnt, dass auf je ein Tropfen etwa eine einzige der gewünschten Formen (Stäbchen, Coccen, Sehrauben etc.) kommt. Bringt man nun in eine grössere Anzahl mit Nährlösung beschickter Gefässe je einen Tropfen, so kann man fast immer sicher sein, dass man in einigen der Gefässe die eine gewünschte Form erhält.

Beispiel nach NÄGELI: Aus faulem Harn, in welchem sich ausser Coccen noch Stäbchen befanden, sollten erstere rein erhalten werden. Ein Tropfen, welcher etwa 0,03 ccm fasste und nach Schätzung etwa 500,000 Pilze enthielt, wurde in 30 ccm pilzfreies Wasser gegeben. Aus dieser tausendfach verdünnten Flüssigkeit wurde, nachdem sie durch Schütteln wohlgemischt war, abermals ein Tropfen in 30 ccm Wasser eingetragen, und somit eine millionenfache Verdünnung hergestellt, in welcher je der 2. Tropfen (von 0,03 ccm durchschnittlich einen Pilz enthalten musste. Von 10 pilzfreien Gläsern, von denen jedes mit einem Tropfen inficirt wurde, blieben 4 ohne Vegetation, in 1 bildeten sich Stäbchen, und in 5 die gewünschten Coccen.

Will man von Spaltpilzen reines Aussaatmaterial gewinnen, die in thierischen oder pflanzlichen Organen vegetiren, so zerreibt man dieselben (z. B. durch den

---

[1]) Die Anwärmungszeit nicht angerechnet. Die Erhitzung geschieht im Dampfkessel. Für viele Culturen genügt es übrigens, die Glasgefässe bei 120° 1 Stunde im Trockenapparat oder auf dem Salzbade zu halten und dann die durch längere Zeit gekochte Nährlösung einzugiessen.

[2]) KLEBS, Archiv f. experimentelle Pathologie. Bd. I., pag. 46.

[3]) NÄGELI, Untersuchungen über niedere Pilze, Ernährung der niederen Pilze durch Kohlenstoff- und Stickstoffverbindungen, pag. 13. — BUCHNER ebenda; Ueber die experimentelle Erzeugung des Milzbrandcontagiums, pag. 144.

Buttersäurepilz faule Kartoffeln, Milzbrand-haltige Milz) in Wasser und verdünnt das Gemisch entsprechend, um in je 1 Tropfen etwa 1 Keim zu haben.

3. Brefeld's Methode der Gelatinecultur.[1])

Sie besteht darin, dass man je einen Tropfen Nährgelatine (d. i. Gelatine mit einer passenden Nährlösung gemischt) auf eine Anzahl ausgeglühter Objektträger bringt, sodann mittelst einer Nadel (z. B. einer Staarnadel) deren Spitze man vorher in spaltpilzhaltige Flüssigkeit getaucht hat, die Gelatine an einer Stelle ritzt und endlich das Präparat unter der Culturglocke sich selbst überlässt. War die Nadel mit einer hinreichend geringen Menge von Spaltpilzflüssigkeit benetzt, so kommt in jedem Impfstrich etwa eine Zelle zur Aussaat, die sich fortgesetzt vermehrend reines Aussaatmaterial für andere Culturen (Massenculturen) giebt.

Zur Erforschung gewisser entwicklungsgeschichtlicher Momente sind die neuerdings auch von Koch[2]) angewandten Gelatineculturen gleichfalls in vielen Fällen von Werth, zumal sie bis zu einem gewissen Grade die direkte Beobachtung der Entwicklung gestatten. Statt der Gelatine mit Nährlösung lässt sich in manchen Fällen (für Pilze z. B., die im thierischen Körper gedeihen) ein anderes erhärtendes durchsichtiges Substrat verwenden, nämlich das von Koch[3]) zuerst angewandte Serum von Rinder- oder Schafblut. Nachdem es möglichst rein gewonnen ist, füllt man es in Reagensgläschen, die, mit Wattepfropf verschlossen, etwa 6 Tage hindurch täglich 1 Stunde auf 58° C. erwärmt werden zum Zweck der Sterilisirung; dann folgt noch eine mehrstündige Erwärmung auf 65° C., die so lange dauert, bis es eben erstarrt ist. Es erscheint nunmehr als eine bernsteingelbe, vollkommen durchscheinende oder nur schwach opalescirende Masse.[4]) Dieses Substrat hat vor der Gelatine den Vorzug, dass es bei Brüttemperatur gehalten werden kann.[5]) Man impft es mit einer geringen Pilzmenge in gewöhnlicher Weise. Für direkte mikroskopische Beobachtung eignen sich am besten in flachen Glasschälchen oder hohl geschliffenen Glasklötzchen angestellte Culturen.

Ob man eine reine Spaltpilzcultur erzielt hat, lässt sich in den allermeisten Fällen schon makroskopisch feststellen. Die gewonnene Spaltpilzmasse, wenn sie rein ist, zeigt in ihrer ganzen Ausdehnung volle Gleichmässigkeit: gleichmässige Trübung der Flüssigkeit oder gleichmässige Deckenbildung an der Oberfläche, gleichmässige Wolkenbildung am Boden des Gefässes, gleichmässige Färbung bei Pigmente bildenden Spaltpilzen, gleichmässige Gallertmassenbildung u. s. w. Für eine Cultur, in der stürmische Gährung oder intensive Fäulniss vor sich geht, darf man gleichfalls bestimmt hoffen, vollkommen reines Material zu erhalten. In Fällen, wo man die Reinheit nach den genannten und ähnlichen Merkmalen nicht sicher beurtheilen kann, ist das Mikroscop zur Controle zu verwenden.

[1]) Brefeld, Methoden zur Untersuchung der Pilze. Abhandlung der med. phys. Gesellsch. Würzburg 1874. Derselbe, Methoden zur Untersuchung der Pilze. Landwirth. Jahrbücher IV. Heft I. — Derselbe, Culturmethoden zur Untersuchung der Pilze; Schimmelpilze Heft IV. pag. 15.

[2]) Koch, Zur Untersuchung von pathogenen Organismen. Mittheil. aus dem kaiserl. Gesundheitsamte 1881, pag. 18. Reincultur.

[3]) Die Aetiologie der Tuberculose. Berliner klinische Wochenschrift. April 1882.

[4]) Geht die Erhitzung über 75° C. hinaus oder dauert sie zu lange, so wird das Serum undurchsichtig.

[5]) Statt Blutserum lässt sich nach Koch auch Agar-Agar verwenden.

IV. Methoden der Präparation und der directen mikroskopischen Beobachtung.

Hat man durch die Züchtung reines Material erhalten, so kommt es darauf an, dasselbe mikroscopisch zu untersuchen. Solchen Untersuchungen stellen sich nur bei einigen höchst entwickelten grossen Spaltpilzen (z. B. *Crenothrix)* meist keine besonderen Schwierigkeiten entgegen; bei den minder hoch entwickelten sind sie jedoch oft ziemlich erheblich. Sie liegen nicht sowohl in der geringen Grösse der Formen, als auch ganz besonders in der Zartheit und dem schwachen Lichtbrechungsvermögen aller Zustände, in der damit verbundenen Undeutlichkeit der Zell-Contouren und der Structur der Fäden und endlich in der Beweglichkeit (Molecularbewegung, Gleitbewegung, Schwärmbewegung) der verschiedenen Stadien. Zur theilweisen Beseitigung dieser Hindernisse bedient man sich mit Erfolg zweier Methoden die man als Abtödtungs- oder Fixirungs-Methode und als Färbungs-Methode unterscheiden kann, und bald für sich, bald combinirt zur Anwendung bringt.)

Die Abtödtungs-Methode verfolgt als vorzugsweisen Zweck die Aufhebung der Beweglichkeit der Zustände. Sie kann in zweifacher Form zur Verwendung gelangen: als Eintrocknungs-Methode und als Abtödtung durch Reagentien.

Die von Koch[1]) eingeführte Eintrocknungs-Methode besteht darin, dass man etwas Spaltpilzmasse in einem Tropfen auf das Deckglas bringt, den Tropfen zu einer möglichst dünnen Schicht ausbreitet und dann mehr oder minder austrocknen lässt.

Man erreicht hierbei ausser der Fixirung zugleich eine Lagerung der Elemente in derselben Ebene.

Die Abtödtung auf chemischem Wege kann man bewerkstelligen mit 1% Ueberosmiumsäure, mit Pikrinschwefelsäure, sowie mit andern verdünnten Säuren (Salzsäure, Salpetersäure etc.) mit Jod, mit wässrigen oder alkoholischen Lösungen von Anilin-Farben (Fuchsin, Methylviolett etc.), mit Alkohol, erhitztem Glycerin u. s. w. (Nur wird bei dieser Methode die Molecularbewegung nicht aufgehoben.)

Durch das Eintrocknen wird die Form und Grösse mancher Spaltpilzformen nur wenig verändert, weil dieselben stets von einer zarten Gallerthülle umkleidet erscheinen. Ueberdies ruft Aufweichen mit Wasser oder verdünntem essigsaurem Kali in vielen Fällen annähernd die ursprüngliche Gestalt hervor. (Ausgenommen die Schraubenformen.) Um zu verhüten, dass die gegenseitige Lagerung der Spaltpilzelemente (z. B. in Zoogloeen) eine Veränderung erleidet und sich Schraubenformen modificiren, trocknet man entweder nicht zu stark ein, oder man wählt die Abtödtung auf chemischem Wege.

Die Färbungs-Methode, von Weigert[2]) eingeführt und von Koch und Ehrlich noch verbessert, hat insbesondere den Zweck die Membranen und Querwände, die sonst zu zart erscheinen, deutlicher zu machen und damit zugleich die Structur (Gliederung in Stäbchen resp. Coccen) hervortreten zu lassen.

Als Färbungsmittel verwendet man fast durchweg Anilinfarben (Fuchsin

---

[1]) Vergl. Koch, Verfahren zur Untersuchung, zum Photographiren und Conserviren der Baterien. Beiträge z. Biol. Bd. II.

[2]) Zur Technik der mikroscopischen Bacterien-Untersuchungen. Virch. Arch. Bd. 84. Heft II.

Methylviolett, Anilinbraun, Magdala, Vesuvin etc. insbesondere die ersten beiden Farben) aber auch Jod und Pikrinschwefelsäure.

Die Anilinfarben werden bald in wässriger, bald in alkoholischer Lösung gebraucht.

Man tingirt die Objecte entweder im lebenden Zustande, oder in der flachen Trockenschicht des Deckglases nach vorhergegangener Aufweichung. Stark verdünnte Anilinfarbenlösungen, unter Umständen mehreremale hinter einander angewandt, wirken am Besten).[1])

Zur Färbung der Gallerthülle der Spaltpilze, auf die Anilinfarben nicht tingirend wirken, kommt eine concentrirte wässrige Lösung von Campecheholzextrakt zur Verwendung.

Zum Zweck der Conservirung legt man mit Fuchsin oder Methylviolet gefärbte Präparate am Besten in concentrirtes essigsaures Kali oder in Canadabalsam (nicht in Glycerin, weil dieses den Farbstoff auszieht), mit Anilinbraun gefärbte in Glycerin, und stellt den Verschluss in der gewöhnlichen Weise her.[2])

Ein wichtiges Mittel zum Studium mancher Einzelheiten ist die Mikro-Photographie.[3]) Sie leistet namentlich für den Nachweis von Geisseln und wo es auf absolut genaue Lagerungsverhältnisse der Zellchen, feine Gliederung, absolut genaue Wiedergabe der Form und Dimensionen der Zellen, Vertheilung der Spaltpilze in thierischen Geweben etc. ankommt, mitunter gute Dienste, hat aber im Allgemeinen einen beschränkten Anwendungskreis, weil bekanntlich die zu photographirenden Theile alle genau in derselben Ebene liegen müssen, was meistens gar nicht zu erreichen ist und weil die Objecte vorher abgetödtet werden müssen, wodurch ihre feinere Structur mehr oder minder verändert wird. Eine mit Verständniss und Geschick ausgeführte Zeichnung wird der Photographie immer vorzuziehen sein, da sie mit Genauigkeit auch Vollständigkeit verbinden kann.

Zur continuirlichen Beobachtung der Entwickelung verschiedener Spaltpilzzustände: der Sporenkeimung, Theilung der vegetativen Zellen, Entwickelung derselben zu Fäden, Sporenbildung u. s. w. hat man mancherlei einfachere oder complicirtere Apparate empfohlen, die für manche Fälle sehr passend, für andere wieder unbrauchbar sind. So empfiehlt Brefeld[4]) die sogenannte Geissler'sche feuchte Kammer, ein Glasgefäss mit sehr dünnen, die Annäherung stärkster Systeme gestattenden planen Wänden, das nach beiden Seiten hin in Röhren ausgezogen ist.[5]) Man saugt die Sporen oder Stäbchen etc. enthaltende Nährflüssigkeit in den erweiterten Raum, überspült die planen Wände und lässt dann die Flüssigkeit ablaufen. Jene Wände werden in Folge dieser Manipulation mit einer Schicht von Nährlösung überzogen, die so dünn ist, dass die mit eingesogenen Spaltpilz-

---

[1]) Um Spaltpilze in thierischen Geweben nachzuweisen, härtet man zunächst das Material in Alcohol und färbt dann die mit dem Rasirmesser oder besser noch mit dem Microtom hergestellten Schnitte nach der eben besprochenen Weise. Genaueres über dieses Verfahren und über die Aufbewahrung der Schnitte findet man bei Koch: Untersuchungen über die Aetiologie der Wundinfectionskrankheiten, Leipzig 1878, wo auch auf den Nutzen des Abbe'schen Beleuchtungsapparates für die Auffindung der Spaltpilzformen hingewiesen wird.

[2]) Näheres bei Koch, l. c.

[3]) Neuerdings von Koch, Dallinger und Drysdal u. A. angewandt.

[4]) Schimmelpilze. Heft IV. Methoden zur Cultur der Pilze.

[5]) Wird nach Angabe von Recklinghausen u. Klebs (Archiv f. exp. Pathol. Bd. I. 1873. pag. 43) vom Glaskünstler Geissler in Berlin angefertigt.

zustände ohne ihre Lage zu verrücken der Wandung angeschmiegt bleiben und längere Zeit continuirlich beobachtet werden können. Mit Hülfe dieser Kammer haben BREFELD und ich z. B. die Sporenkeimung und die Entwickelung der Keimstäbchen zu leptothrixartigen Fäden beobachtet (wie sie von uns auf Taf. I des 4. Heftes der Schimmelpilze abgebildet sind), und der Apparat würde sich auch für Beobachtung an gewissen anderen Spaltpilzen eignen, allerdings nur für solche, die zu ihrer Entwickelung des Luftzutritts bedürfen. Für Spaltpilze, die Luftabschluss ertragen oder nöthig haben, genügt es dieselben im Nährtropfen unter dem dem Objectträger dicht aufliegenden, an den Rändern mit Wachs verschlossenen Deckglasse zu beobachten.[1]) Zur Beobachtung der Entwickelung bei verschiedenen Temperaturen bedient man sich des SCHULTZE'schen oder des STRICKER'schen heizbaren Objecttisches.[2]) An grösseren Zoogloeen lässt sich die Entwickelung der Einschüsse, vorausgesetzt, dass diese bei Luftzutritt vor sich geht, im hängenden Nährtropfen verfolgen. Für manche Spaltpilze eignet sich zur direkten Beobachtung auch die BREFELD-KOCH'sche Gelatinecultur auf dem Objectträger.

Ueber die Methoden zum Nachweis von Spaltpilzen in der Luft s. COHN, Beitr. z. Biol. Bd. III. Heft I.: Untersuchungen über die in der Luft suspendirten Bacterien. Vergl. ferner: PASTEUR, Mém. sur les corpuscules organisés, qui existent dans l'atmosphère. Journ. de Chim et de Phys. 1862. sér. III. tom. 64. — CUNNINGHAM-DOUGLAS, Microscopic examination of air. Calcutta. — COHN, Unsichtbare Feinde in der Luft. Versammlung deutscher Naturforscher u. Aerzte zu Breslau 1874. — MIQUEL, Les poussières organisées tenues en suspension dans l'atmosphère. Compt. rend. 1878. tom. 86. pag. 1552. — NÄGELI, Die niederen Pilze in ihren Beziehungen zu den Infectionskrankheiten.

Abschnitt IV.

Entwickelungsgeschichte und Systematik.

Eine Systematik im Sinne der anderen Pflanzengruppen ist für die Spaltpilze zur Zeit insofern nicht möglich, als es an einer entwickelungsgeschichtlichen Durcharbeitung des Gebietes noch gänzlich fehlt. Das bisher existirende System (das EHRENBERG-COHN'sche)[3]) konnte und wollte nur als eine willkürliche, lose Aneinanderreihung unvollständig bekannter Spaltpilze, also blosser Entwicklungszustände gelten. Es ist jetzt ein überwundener Standpunkt, denn die in neuerer Zeit entwickelungsgeschichtlich genauer untersuchten Spaltpilze lassen sich unter den COHN'schen Gattungen: *Micrococcus*, *Bacterium*, *Bacillus*, *Spirillum*, *Spirochaete*, *Vibrio*, *Leptothrix* etc. nicht unterbringen, insofern jeder von ihnen alle oder wenigstens einige der den COHN'schen Gattungsbegriffen entsprechenden Formen aufweist.

Da nun aber, namentlich für Diejenigen, welche sich eine Formenkenntniss der Spaltpilze erst erwerben wollen, eine Gruppirung des vorhandenen Materials zur leichteren Orientirung wünschenswerth oder gar nöthig erscheint, so möge hier

[1]) Vergl. über die feuchten Kammern auch GSCHEIDLEN, Physiologische Methodik, pag. 246.

[2]) Vergl. GSCHEIDLEN, l. c. pag. 249: Von den heizbaren Objecttischen.

[3]) Beiträge zur Biologie. Bd. I. Heft II. pag. 127 ff.: Untersuchungen über Bacterien.

eine der neueren Morphologie sich anschliessende Gruppirung versucht werden, die nach den obigen Bemerkungen selbstverständlich gleichfalls einen nur provisorischen Charakter beanspruchen kann.

Es kann nach den neuesten Untersuchungen an Spaltalgen und Spaltpilzen keinem Zweifel unterliegen, dass zwischen gewissen Repräsentanten beider Gruppen eine vollständige morphologische Homologie besteht. Diese Homologie könnte leicht darauf führen, schon jetzt die Spaltpilze als chlorophylllose Formen in das System der Spaltalgen einzureihen, wie es früher bereits von COHN, KIRCHNER[1]) und VAN TIEGHEM[2]) auf Grund einer viel geringeren Kenntniss der morphologischen Verwandtschaft geschehen ist. Allein so unabweislich auch eine solche Vereinigung erscheinen mag, so würde sie doch vorläufig verfrüht sein, da, wie die neueren Untersuchungen[3]) lehren, unsere Kenntniss von der Entwickelung der Spaltalgen noch mangelhaft ist und, im Zusammenhang hiermit, das bisherige Spaltalgensystem wahrscheinlich bei der Durcharbeitung seiner Repräsentanten nach den neueren Gesichtspunkten noch hier und da mehr oder minder erhebliche Modificationen erleiden dürfte.

Ich trenne im Folgenden die ungenauer bekannten Spaltpilze von den genauer untersuchten vollständig ab und bringe die letzteren in vier Gruppen:

1. Coccaceen. Sie besitzten nur die Coccen- und die durch Aneinanderreihung von Coccen entstehende Fadenform.
   Genus: *Leuconostoc.*
2. Bacteriaceen. Sie weisen 4 Entwickelungsformen auf: Coccen, Kurzstäbchen (Bacterien), Langstäbchen (Bacillen) und Fäden (Leptothrixform). Letztere besitzen keinen Gegensatz von Basis u. Spitze. Typische Schraubenformen fehlen.
   Genera: *Bacterium, Clostridium.*
3. Leptothricheen. Sie besitzen Coccen-, Stäbchen-, Fadenformen (welche einen Gegensatz von Basis und Spitze zeigen) und Schraubenformen.
   Genera: *Leptothrix, Beggiatoa, Crenothrix, Phragmidiothrix.*
4. Cladothricheen. Sie zeigen Coccen-, Stäbchen-, Faden- und Schraubenformen. Die Fadenform ist mit Pseudoverzweigungen versehen.
   Genus: *Cladothrix.*

I. Coccaceen.

Genus I. Leuconostoc. V. T.

Leuconostoc mesenterioïdes (CIENK.) — Froschlaichpilz — Pilz der Dextrangährung.[4])

Seine Entwickelung findet sowohl auf festen, als in flüssigen Nährsubstraten statt. Unter ersteren sind zu erwähnen rohe und gekochte Mohrrüben und

---

[1]) Kryptogamenflora von Schlesien, Algen.

[2]) Sur la gomme de sucrerie (Ann. sc. nat. sér. 6 t. 7. pag. 199).

[3]) ZOPF, Zur Morphologie der Spaltpflanzen. Leipzig 1882.

[4]) Literatur: CIENKOWSKI, Ueber die Gallertbildungen des Zuckerrüben aftes. Deutsches Resumé. — VAN TIEGHEM, Sur la gomme de sucrerie. Ann. des sc. nat. 6. série. tom. 7. pag. 180. — SCHEIBLER, Ueber die Natur der »Froschlaich« genannten Ablagerungen, ausgeschieden unter der Form von Gallert aus dem Safte der Rüben. (Vereinszeitschrift für Rübenzuckerindustrie. 1874.) — JUBERT, Sur les gommes de sucrerie (Journ. de fabricants de sucre. 1874.) — BORSCOW, Zur Frage über den gallertartigen Niederschlag der Rübenzuckerlösungen. (JUST's. Jahresbericht 1876. pag. 788.) — DURIN, Sur la transformation du sucre cristallisable en produits

Zuckerrübenscheiben, an deren Oberfläche der Pilz Gallertkuchen erzeugt, die mehrere Centimeter im Durchmesser und mehrere Millimeter Dicke erreichen können, dabei eine unregelmässig warzig configurirte Oberfläche und knorpelige Consistenz aufweisen.[1]) Von flüssigen Substraten, in denen der Organismus spontan auftritt, sind ausser den Infusionen, die mit Zuckerrüben und Mohrrüben angestellt werden, vor allen Dingen zu nennen der Rübensaft und die Melasse der Zuckerfabriken. Hier bildet er viel grössere, nicht kuchenförmige, sondern sich allseitig entwickelnde Gallertklumpen von froschlaichartigem Ansehen, die nicht selten grössere Bottiche gänzlich auszufüllen vermögen und den Zuckertechnikern als »Froschlaich« bekannt sind.

Aber auch in künstlichen Zuckerlösungen entwickelt er sich, in Traubenzucker- sowohl als in Rohrzuckerlösungen, wenn man ihm Stickstoff in Form von salpetersauren Alkalien und die mineralischen Elemente in Form von Phosphaten darbietet (und, wenn die Cultur längere Zeit erhalten werden soll, dem Nährmedium zur Neutralisirung der durch die Vegetation hervorgerufenen Säure etwas kohlensauren Kalk zusetzt). Traubenzucker dient der Pflanze direkt zur Nahrung. Rohrzucker dagegen nicht. Allein der Spaltpilz besitzt nach VAN TIEGHEM die Fähigkeit, sich auch den Rohrzucker mundgerecht zu machen, indem er ihn durch ein Ferment zu Traubenzucker umwandelt (invertirt), ein Prozess, der sich mit rapider Schnelligkeit vollzieht, wenn die Pflanze in grösserer Menge ausgesäet wurde.

Die Entwickelung des Pilzes geht unter Umständen äusserst schnell vor sich. So beobachtete DURIN, dass in einem Holzbottich, in dem Rübensaft gewesen, und an dessen Wänden trotz des Auswaschens eine dünne Lage von Spaltpilzschleim zurückgeblieben war, eine ohngefähr 50 Hectoliter betragende neutrale Lösung von Melasse mit 10$\%$ Zucker innerhalb 12 Stunden nach der Einbringung sich ihrer ganzen Ausdehnung nach in eine compacte Gallertmasse umgewandelt hatte, welche aus den Schleimklümpchen des Pilzes zusammengesetzt war.

Die Zuckermengen, die bei solch üppiger Vegetation von dem Pilz verbraucht werden, sind beträchtlich. Nach VAN TIEGHEM's Angaben werden bei Bildung von 40—45 Pfund Spaltpilzmasse 100 Pfund Zucker verbraucht. Die Zuckertechniker haben also allen Grund, den Froschlaichpilz zu fürchten.

Die von CIENKOWSKI verfolgte und von VAN TIEGHEM vervollständigte Entwickelungsgeschichte stellt sich, wenn wir die Spore zum Ausgangspunkt nehmen folgendermaassen dar: Die winzige, 1,8—2 µ im Durchmesser haltende Spore zeigt Kugel oder Ellipsoidform, eine derbe Membran und glänzenden Inhalt (Fig. 15, 1.). Bei der Keimung soll nach VAN TIEGHEM die äussere Membranschicht unregelmässig aufreissen und eine Mittellamelle zu einer dicken Gallerthülle aufquellen, während die Innenlamelle dem Plasma anliegend bleibt. Die Sporenkeimung führt also zur Bildung einer gallertumhüllten Coccenzelle (Fig. 15, 2). Letztere verlängert sich alsdann zur kurzen Stäbchenform, ihre Gallerthülle zum Ellipsoïd, und hierauf tritt eine Theilung des Stäbchens in 2 Coccen ein (Fig. 15, 3), die sich dann ihrerseits verlängern und theilen. (Fig. 15, 4.) Durch Fortsetzung dieses Prozesses kommt eine Coccenkette zu Stande mit cylindrischer

---

cellulosiques et sur le rôle probable du sucre dans la végétation. (Ann. des sc. 6 sér. t. III. pag. 266.)

[1]) Mit diesen Gallertstöcken dürfen nicht verwechselt werden ähnliche, von *Clostridium polymyxa*, von *Ascococcus Billrothii* und von *Bacterium tumescens* ZOPF auf demselben Substrat gebildete und bisweilen in Gesellschaft von *Leuconostoc* auftretende Gallertmassen.

oder ellipsoïdischer Hülle (Fig. 15, 4 5). Später, wenn Theilung und Vergallertung noch weiter gehen, krümmt sich die Coccenkette mehrfach und zerfällt in kürzere oder längere Stücke (Fig. 15, 6). Ob die Coccen aus den Hüllen ausschwärmen, ist noch nicht ermittelt.

In der Nährflüssigkeit werden eine so grosse Anzahl der oben beschriebenen kleinen Zoogloeen gebildet, dass sie sich schliesslich berühren und mit einander verkleben. Auf diesem Wege entstehen kleine Zoogloea-Ballen von etwa parenchymatischer Structur. (Fig. 15, 7.) Auch diese können später zusammentreten und grössere Klumpen bilden. Die Zusammenlagerung der kleinen und grösseren Klumpen erfährt besondere Beschleunigung, wenn auf das Nährmaterial Erschütterungen einwirken. Denn dadurch stossen die Zoogloeen aufeinander um sogleich aneinander zu adhäriren. Die irrthümliche Meinung, dass der Froschlaichpilz binnen sehr kurzer Zeit, z. B. innerhalb ½ Stunde, entstehen und sich zu grossen die Rübensaftbehälter erfüllenden Gallertmassen entwickeln könne, beruht einzig und allein auf dem Umstande, dass die kleinen, im isolirten Zustande dem blossen Auge völlig entgehenden Zoogloeen beim Schütteln, bei Stössen u. s. w. durch schnelle Vereinigung zu Klümpchen und zu grösseren compacten Massen fast augenblicklich in die Erscheinung treten.

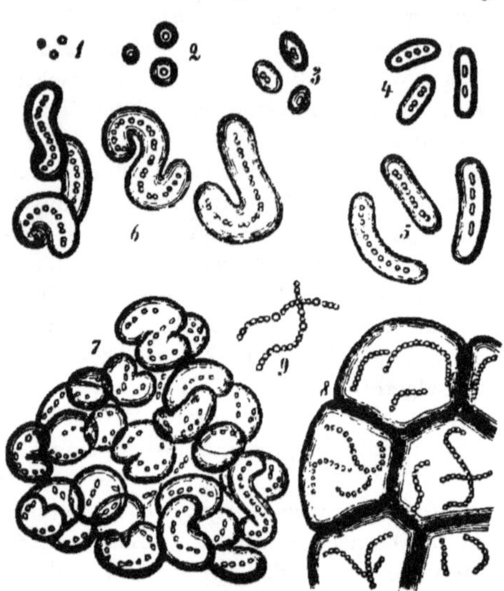

(B. 302.) Fig. 15.

Froschlaichpilz. (Nach van Tieghem und Cienkowski.) 1 Sporen. 2 Sporen nach der Auskeimung, mit stark vergallerteter Membran. 3 4 5 6 Successive Stadien der Coccentheilung und Vergallertung bis zu gekrümmten Formen. 7 Ein Glomerulus von kleinen Zoogloeen. 8 Durchschnitt durch ein älteres Stadium einer zusammengesetzten Zoogloea mit ziemlich langen torulaartigen Fäden. 9 Coccenketten von einzelnen Sporen unterbrochen, die sich vor den Coccen durch ihre Grösse auszeichnen.

Die Zoogloeamassen besitzen eine derartige knorpelähnliche Consistenz, dass man mittelst des Rasirmessers Querschnitte machen kann. Die Gallerte ist an sich vollkommen hyalin, wird aber in Rübensaft häufig durch oberflächliche Ablagerung fremder Substanzen grau bis schwärzlich. Behandlung mit einer wässrigen Lösung von Campecheholzextrakt hat Braunfärbung, Anwendung von Kupferoxydammoniak blaue Tinction zur Folge. Die chemische Formel der Substanz (die Scheibler Dextran nannte) ist $C^{12}H^{10}O^{10}$. Nach längerer Zeit zerfliesst die Gallert und die Coccen werden frei. In geeignete Nährlösung gebracht, produciren sie wieder neue Colonien.

Ausser diesen vegetativen Zuständen, die übrigens zu ihrer Entwicklung des Luftzutritts bedürfen, kennt man noch die von van Tieghem gefundene Dauersporenbildung.

Sie tritt ein in einem erschöpften oder für die Weiterentwicklung der Zoogloeen ungeeigneten Substrat, und zwar in der Weise, dass während die

Gallert sich erweicht, hie und da eine Zelle der Kette sich zunächst vergrössert, (Fig. 15, 9.) ihre Form beibehaltend. In dieser entsteht nun die Spore, welche jene ganz ausfüllt. Die Sporenmembran verschmilzt sodann mit der Membran der Mutterzelle und verdickt und cuticularisirt sich später, während ihr Inhalt starkes Lichtbrechungsvermögen annimmt. Nach der Auflösung der Gallerthülle werden die Sporen frei.

II. Bacteriaceen.

Gattung I. Bacterium.

1. *Bacterium aceti* (KÜTZ.) -- Essigpilz — Essigferment.[1])

Sein Entwicklungskreis umfasst nach HANSEN's und eigenen Beobachtungen: 1. die Micrococcusform, 2. die Kurzstäbchenform, 3. die Langstäbchenform, 4. die Leptothrixform, welche sämmtlich Zoogloeabildung in Form der Kahmhaut eingehen können. Die beiden erstgenannten Formen lassen sich an demselben Faden nachweisen (Fig. A a) und bilden überdies einen Schwärmzustand. Eingehendere Untersuchungen dürften aller Wahrscheinlichkeit nach zur Auffindung noch anderer Entwicklungsstadien führen, wenigstens einer Dauersporenbildung. Bemerkenswerth und für den Essigpilz fast geradezu charakteristisch erscheint der Umstand, dass die längeren Stäbchen sowohl, als die Fadenzustände häufig abnorme Gestalt annehmen, indem die cylindrische Form einer mehr oder minder bauchigen Aufschwellung weicht. Dabei verdickt sich die Membran meistens etwas, und der Inhalt erhält einen grauen Ton und matten Glanz. Solche Formen machen den Eindruck, als seien sie zu weiterer Entwicklung unfähig.[2])

Ihr genetischer Zusammenhang mit den normalen Stäbchen- und Micrococcen-Zuständen lässt sich oft, wie auch HANSEN zeigte, schon an demselben Faden nachweisen. (Fig. 16, B.)

In physiologischer Beziehung spielt der Essigpilz insofern eine bedeutsame Rolle, als er, wie PASTEUR entdeckte, den Alkohol in gegohrenen Getränken (unter- und obergährigen Bieren, Wein und anderen Fruchtsäften) zu Essigsäure zu oxydiren vermag, eine Fähigkeit, die man sonst bei keinem der niederen Pilze wieder antrifft.[3]) Der für diesen Oxydationsprozess nöthige Sauerstoff der Luft wird von den an der Oberfläche des Substrats vegetirenden Zellen auf letzteres übertragen. (Oxydations-Gährung.) Auf allen jenen Nährsubstraten bildet das Essigferment eine continuirliche Zoogloea von der Form einer Membran (Essigkahmhaut, Essighäutchen, Essigmutter), die bei längerer Cultur eine Dicke von 50 selbst 100 Millim. erreichen kann (und nicht zu verwechseln ist mit der Kahmhaut des Sprosspilzes *Saccharomyces mycoderma)*.

Auf die Fähigkeit des Pilzes Essigsäure zu bilden gründet sich die namentlich in Frankreich übliche Schnellessigfabrikation: Man lässt über grosse zusammengerollte und über einander geschichtete Holzspähne, die der Luft viele

---

[1]) Literatur: E. Chr. HANSEN, Meddelser fra Carlsberg — Laboratoriet; 2. Heft, 1879, u. das hierauf bezügliche Resumé: Contributions à la connaissance des organismes qui peuvent se trouver dans la bière et le moût de bière et y vivre. — PASTEUR, Etudes sur les vins; Comptes rends. 18. Jan. 1864. — COHN, Untersuchungen über Bacterien in Beiträge z. Biologie. Band I. Heft II, pag. 172. — NÄGELI, Theorie d. Gährung. pag. 49.

[2]) Man vergl. auch *Bacterium cyanogenum* in Bezug auf diese abnormen Zustände.

[3]) Die frühere Annahme, dass auch kahmhautbildende Sprosspilze den Weingeist zu Essigsäure verbrennen könnten, ist nach NÄGELI unhaltbar.

Berührungspunkte bieten, und mit der Essigmutter überzogen sind, eine mit etwas Zucker versetzte, verdünnte gegohrene Flüssigkeit (das sogen. Essiggut: Traubenwein, Obstwein, gegohrener Malzauszug, Bier, Branntwein) sickern. Der Zucker dient dazu, die Spaltpilze zu ernähren. Zur Fortsetzung des Prozesses ist als Nahrung nur etwas Essig nöthig. Im Allgemeinen wirkt nach HANSEN eine erhöhte Temperatur von 30—35° C. am günstigsten auf die Entwicklung des Pilzes. In untergährigen Bieren lässt er sich bei dieser Temperatur meist in vollkommener Reinheit erziehen und schon nach 2—3 Tagen ist in unbedeckten Gefässen eine schöne Kahmhaut gebildet.

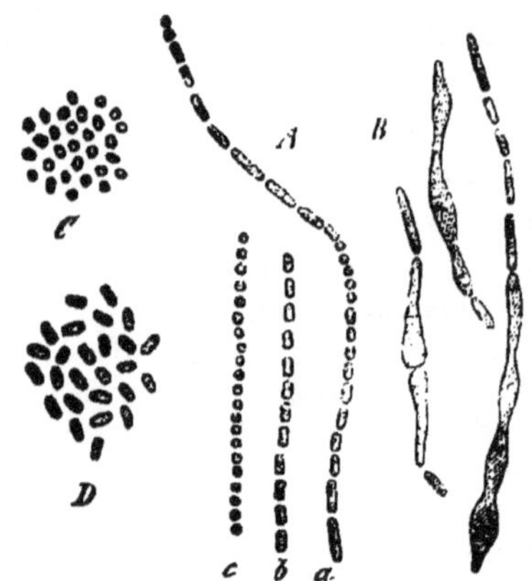

(B. 303.) Fig. 16.

Essigpilz. 900:1. A normale Fadenzustände, bei a in Langstäbchen, Kurzstäbchen und Coccen, bei b in Kurzstäbchen, die in Zweitheilung begriffen sind, bei c in Coccen gegliedert. B Fäden mit abnormen, stark bauchigen Gliedern (Involutionsformen). C Coccenhaufen, D Stäbchenhaufen. (N. d. Nat.)

Dem Essigpilz mangelt nach NÄGELI auch das Vermögen nicht, die Essigsäure schliesslich zu Kohlensäure und Wasser zu verbrennen, aber es macht sich dasselbe nur in geringem Maasse geltend, da in der Kahmhaut nur die unmittelbar an der Oberfläche gelegenen, also mit der Luft in Berührung stehenden Zellen dies thun können. Daher nimmt selbst während eines Jahres der Essiggehalt einer Essigpilz-Cultur nicht wesentlich ab.

Bemerkenswerth ist das Verhältniss in welchem Essigpilz und Spross-Kahmpilz bezüglich ihres Auftretens stehen. Während nämlich auf neutralen oder schwach sauren Flüssigkeiten (z. B. Bier) Essigpilz und Kahmpilz gleichzeitig sich einstellen, oder der Essigpilz dem Kahmpilz in der Entwicklung vorangeht, erscheint auf stärker sauren Flüssigkeiten (auf den meisten alkoholarmen Weinen) zunächst der Kahmpilz, und später erst, nachdem letzterer die Säure verzehrt hat, tritt *Bacterium aceti* auf, um Essigsäure zu bilden. Der Kahmpilz hat in diesem Falle die Function, dem Essigpilz den Boden zu bereiten.

2. *Bacterium Pastorianum* HANSEN.

Morphologisch mit der vorigen Art in allen Punkten völlige Uebereinstimmung darbietend verhält sich diese Species nach HANSEN (l. c.) in physiologischer Beziehung insofern durchaus anders, als sie in ihren Zellen eine stärkeartige, mit Jod sich bläuende Substanz aufspeichert. Der Pilz gedeiht sowohl in Bierwürze, wie in ober- und untergährigen Bieren, entwickelt sich aber in dem ersteren Substrat, sowie in Bieren, die relativ reich an Extrakt und arm an Alkohol sind, (Weissbier, süsses Doppelbier), leichter als *B. aceti.* In alkoholreichen untergährigen Bieren und im Weinessig, wo letzterer häufig auftritt, hat HANSEN das *B. Past.* sich nie spontan entwickeln sehen.

3. *Bacterium Fitzianum* ZOPF = Glycerinaethylbacterie.[1])

Sie kommt auf Pflanzentheilen, namentlich dem Heu vor, in Gesellschaft vom Heupilz, Buttersäurepilz u. a. Zu ihrer Gewinnung lässt man nach BUCHNER

[1]) FITZ, Ueber Schizomycetengährungen III. Berichte der deutschen chemischen Gesellschaft,

Heuaufguss ungekocht im Zimmer stehen. Von der sich nach einigen Tagen bildenden Decke, welche neben jenen Formen auch die FITZ'sche Bacterie enthält, trägt man eine kleine Menge in sterilisirte Lösung von 2% Fleischextrakt und 5% Glycerin unter Zusatz von etwa 10% kohlensaurem Kalk (zur Neutralisirung der bei der Gährung entstehenden Säuren) über. Bei 36° C. stellt sich lebhafte Gährung ein, bei welcher Aethylalkohol gebildet wird. Mehrfach fortgesetzte Uebertragung in dieselbe Nährlösung führt zur Reinkultur. Der Gährungsprozess verläuft so lebhaft, dass er bei 36° seinen Höhepunkt schon in 24 Stunden erreicht. Von Entwicklungsformen sind durch BUCHNER aufgefunden Coccen, Kurzstäbchen, Langstäbchen (a b c) und Fadenformen e. Zwischen den ersteren Formen finden sich allmähliche Uebergänge (a b). Die Stäbchen lassen die streng cylindrische Gestalt der Stäbchen anderer Bacteriaceen vermissen. Der Querdurchmesser der Formen beträgt etwa 1 mikr. In den Stäbchen entstehen bei Cultur in 0,5% Fleischextrakt Sporen von ellipsoïdischer Gestalt.

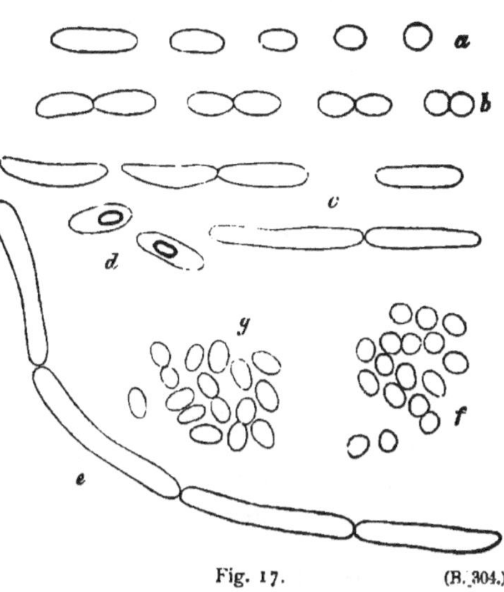

Fig. 17. (B. 304.)

Glycerinaethylbacterie. (Nach BUCHNER.) 4000 : 1. a, b Coccenform mit allen Uebergängen zur Kurz- und Langstäbchenform. c Langstäbchen mit z. Th. etwas verbogenen Enden. e Langstäbchen zu Fäden verbunden. f, g kugelige und ellipsoïdische Coccen. d dauersporentragende Stäbchen; a—b und c—f aus einer lebhaft gährenden Lösung von 2% Fleischextrakt und 5% Glycerin mit Zusatz von kohlensaurem Kalk, d Sporenbildung in 0,5% Fleischextraktlösung.

4. *Bacterium cyanogenum* (FUCHS) — Pilz der blauen Milch.[1])

Am bekanntesten und auffälligsten ist sein spontanes Auftreten in der Kuhmilch, wo er eine zur »Bläuung« dieses Nährmediums führende Gährung her-

---

Bd. 9. (1878.) pag. 49. BUCHNER, Beiträge zur Morphologie der Spaltpilze in NÄGELI's Untersuchungen über niedere Pilze. pag. 220.

[1]) Literatur: PARMENTIER und DEYEUX, Untersuchungen und Bemerkungen über die verschiedenen Arten der Milch. Aus dem Franz. von Dr. SCHERER. Jena 1800. — CHABERT et FROMAGE, D'une alteration du lait de vache, désignée sous le nom du lait bleu. Paris 1850. — HERMBSTAEDT, Ueber die rothe und blaue Milch. Leipzig 1833, in ERDMANN's Journ. für technische und oeconomische Chemie. Bd. 18. — STEINHOF, Ueber das Blauwerden der Milch, Neue Annalen der Mecklenb. landwirthsch. Gesellschaft. 1838. — FUCHS, Beiträge zur näheren Kenntniss der gesunden und fehlerhaften Milch der Hausthiere. — GURLT's u. HERWIG's Magazin für die gesammte Thierheilkunde. Bd. VII. 2. — GIELEN, Kur der blauen Milch der Kühe. Mag. f. ges. Thierheilk. Bd. 8. 2. — HAUBNER, Wissenschaftliche u. praktische Mittheilungen. Mag. f. d. ges. Thierheilk. Bd. 18. 1852. — MOSLER, Ueber blaue Milch und durch deren Genuss herbeigeführte Krankheiten, VIRCHOW's Archiv. Bd. 43. 1868. Die Hauptschrift über den Gegenstand ist: NEELSEN, Studien über die blaue Milch (in COHN, Beitr. z. Biolog. Bd. III. Heft II.) Man vergl. noch: SCHROETER, Ueber einige durch Bacterien gebildete Pigmente (Beitr.

vorruft. Häufiger denn anderwärts scheint nach NEELSEN dieses Phänomen in der norddeutschen Tiefebene, speciell im Küstengebiet der Ostsee aufzutreten. Es hält sich unter den gewöhnlichen wirthschaftlichen Verhältnissen, d. h. bei Aufbewahrung der Milch in Milchkammern, nur in der warmen Jahreszeit, um in den kälteren Monaten zu verschwinden. In kleinen Wirthschaften aber, wo die Aufbewahrung in warmen Räumen (Wohn- und Schlafstuben) erfolgt, kann die Erscheinung auch im Winter bestehen, und man kennt Fälle von vieljähriger ununterbrochener Dauer in derselben Wirthschaft. Die alte Ansicht, dass die Ursache der Bläuung in einer Erkrankung der Kühe zu suchen, oder auf den Genuss von gewissen Weidepflanzen zurückzuführen sei, die einen dem Indigo ähnlichen blauen Farbstoff enthalten, wurde zuerst von FUCHS widerlegt, durch den Nachweis, dass ein Organismus in der blauen Milch lebe und durch Impfung mit einem Tröpfchen solcher Milch in grossen Mengen frischer Milch der Bläuungsprozess künstlich hervorgerufen werden könne. HAUBNER, ERDMANN und NEELSEN bestätigten dieses Ergebniss und lehrten überdies andere Substrate kennen, auf denen sich der Pilz eben so gut entwickelt und gleichfalls Bläuung hervorruft. Dahin gehören: Kartoffeln, Reissbrei, Stärke, aus Bohnen dargestelltes Pflanzenkasein, Mandelmilch u. a. Sie zeigten andererseits, dass sich der Pilz auch auf Glycerin, Zuckerlösung, Gummilösung, Altheeschleim, Quittenschleim etc. überimpfen lässt, wo er gut gedeiht, indessen ohne Bläuung zu bewirken. Von hier aus auf Milch übergeimpft, ruft er widerum intensive Blaufärbung hervor.

Aus den Untersuchungen ERDMANN's und NEELSEN's ergibt sich, dass das Pigment in verwandtschaftlichen Beziehungen steht zu blauen Anilinfarben, sowohl hinsichtlich seines chemischen als auch seines spektroscopischen Verhaltens. Gegenüber von Licht, Luft und der Entwickelung fremder Organismen (wie z. B. *Oidium lactis)* in dem schliesslich sauer werdenden Substrat zeigt er sich unbeständig. Eine giftige Wirkung scheint der Genuss blauer Milch nicht zu äussern. Das eigentliche Material zur Bildung des Farbstoffes ist nach ERDMANN das Eiweiss, nach NEELSEN die Milchsäure, der Käsestoff ist nach ihm nur insofern bei der Farbenbildung betheiligt, als er bei seiner Zersetzung das nöthige Ammoniak liefert.

Der Farbstoff ist nicht an die Bacterien gebunden, sondern in dem Serum der Milch gelöst. Bedingung für seine Bildung ist Gegenwart von Sauerstoff, denn wenn man geimpfte Milch mit Oel bedeckt, erfolgt keine Bläuung.

Die Entwickelungsgeschichte bietet nach NEELSEN folgende Momente dar. Untersucht man geimpfte Milch kurz vor dem Blauwerden oder wenn eben erst ein bläulicher Schein entsteht, aber noch keine Gerinnung stattfindet, und die Reaction nur erst schwache Säurebildung anzeigt, so finden sich in der Milch constant kurze, 2,5—3,5 μ lange gerade oder gekrümmte Stäbchen, und zwar in grosser Anzahl. (Fig. 18, A.) Sie gehen ein Schwärmstadium ein und besitzen, nach ihrer Bewegungsart und den Strudeln zu schliessen, an jedem Pole eine Cilie. Die gekrümmten bewegen sich in Richtung einer Schraubenlinie und vermehren sich sammt den geraden reichlich durch Streckung und Theilung, zunächst immer wieder Stäbchen bildend. Später, wenn die Säuerung der Milch und gleichzeitig die Bläuung intensiver geworden, tritt die Schwärmfähigkeit

z. Biolog. Bd. I. Heft II.) und ERDMANN, Bildung von Anilinfarben aus Proteinkörpern (Journ. f. prakt. Chemie. Bd. 99. Heft 7 und 8.)

der Stäbchen zurück und die Tochterstäbchen bleiben in der Regel zu Fäden verbunden (Fig. 18, C.) Schliesslich theilen sich die Stäbchen in Micrococcen und stellen nunmehr die Torula-Form dar. (Fig. 18, D.) Mit der Bildung der Coccen ist der Entwickelungscyclus der Pflanze in der betreffenden Cultur zum Abschluss gekommen. Setzt man die Coccen in frische Milch, so wachsen sie wieder zu Stäbchen heran. Die Reihe der Generationen bis zur Coccenbildung wird etwa innerhalb 4—5 Tagen durchlaufen. Nach dieser Zeit findet man wenigstens die grosse Mehrzahl der Stäbchen in Micrococcen getheilt, und zugleich hat die Blaufärbung den höchsten Grad erreicht.

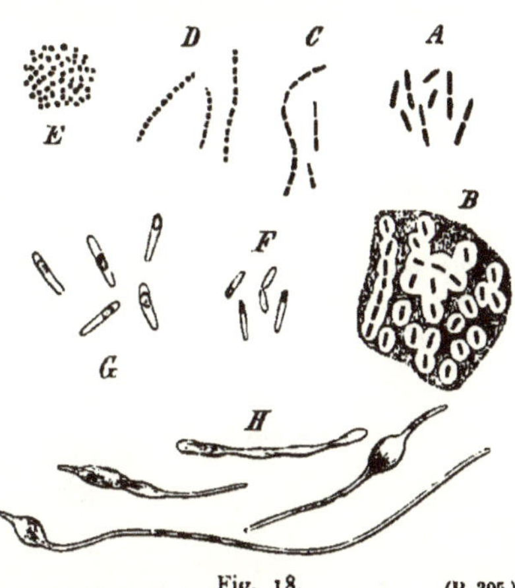

Fig. 18. (B. 305.)

Bacterium cyanogenum. A Schwärmende Stäbchen aus der blauen Milch. B Ruhende Stäbchen mit Gallerthülle, Zoogloeen bildend (aus blauer Milch). C Verbände von Kurzstäbchen aus blauer Milch. D Verbände von Coccen aus blauer Milch. E Schwärmende Coccen aus blauer Nährlösung. F Stäbchen mit beginnender Sporenbildung aus COHN'scher Nährlösung. G Stäbchen mit vollendeter Sporenbildung aus demselben Substrat. H Involutionsformen aus COHN'scher Lösung und *Kali nitricum*. Vergr. ca. 650:1. (Nach NEELSEN.)

Versetzt man die Stäbchenschwärme unter ungünstige Nährverhältnisse, so geben sie ihren Schwärmzustand auf und gehen eine verfrühte Coccenbildung ein. Man stellt solche ungünstigen Bedingungen z. B. durch Luftabschluss (Uebergiessen der blauen Milch mit Oel) oder durch Einbringen in eiweisslose Nährlösungen (z. B. Zuckerlösung, Gummilösung, Glycerin) her. Diese Coccen zeigen übrigens in Milch gebracht, normale Entwickelung.

Es wurde auch ein *Zoogloea*-Zustand beobachtet, wenn auch zunächst nur für die Stäbchenform.[1]) Er entsteht durch Zusammenlagerung der Stäbchen und Bildung einer dicken Gallerthülle an letzteren (Fig. 18, B), innerhalb deren sie sich theilen. Ein Zusammenfliessen der Membranen findet nicht statt. Nach starker Quellung der Gallert, wie man sie auch künstlich durch Wasserzusatz hervorrufen kann, gehen die Stäbchen in den Schwärmzustand über.

In der gewöhnlichen Milch kommt es nur zur Bildung der vegetativen Zustände. Die Fructification in Dauersporen erfolgt nach NEELSEN in stark verdünnter blauer Milch und in anderen Nährmedien, in denen der Pilz zwar entwickelungsfähig ist, aber niemals das blaue Pigment bildet. Zu solchen Nährsubstraten gehören die COHN'sche Lösung, Altheeschleim, Quittenschleim etc. Man erhält die Sporenbildung, sowohl wenn man diese Substrate mit Stäbchen, als auch wenn man sie mit Coccen impft. Schon nach 12 Stunden entsteht an dem Niveau der Medien eine dicke weisse Schicht, welche aus Stäbchen besteht, die 1½ bis 2 mal so lang sind, wie die der blauen Milch und Schwärmfähigkeit und Theilung zeigen. Nach 24 Stunden etwa sind die schwärmenden Stäbchen in Sporenbildung begriffen. Sie wird nach NEELSEN's nicht ganz klarer Darstellung eingeleitet dadurch, dass die Zellen am Ende etwas aufschwellen und

[1]) Jedenfalls giebt es bei diesem Pilz auch eine *Coccenzoogloea*.

das Plasma sich nach Bildung einer Vacuole z. Th. an der Spitze des Stäbchens sammelt und mit Membran umgiebt. Die Spore soll bei der Keimung sich zum Stäbchen verlängern, doch ist der Prozess noch genauer zu studiren.

5. *Bacterium merismopedioïdes* ZOPF.[1])

Dieser Pilz wurde im Aufguss von stinkenden Schlammmassen (aus der Panke zu Berlin) erhalten. Er bildet Fäden, deren Dicke nicht constant ist, sondern zwischen 1 und 1,5 mikr. schwankt. Sie zeigen Gliederung in Langstäbchen, dann in Kurzstäbchen und endlich in Coccen. Es ist klar, dass, da die Fäden verschiedenen Durchmesser zeigen, auch die Coccen entsprechend in der Grösse variiren müssen. Letztere werden durch gegenseitige Abrundung frei und gehen einen lebhaften Schwärmzustand ein. Zur Ruhe gelangt bilden sie an der Oberfläche des Wassers durch fortgesetzte Theilung nach einer Richtung des Raumes Haufen, welche ein oberflächliches Häutchen bilden, später durch Theilung nach 2 Richtungen des Raumes die höchst charakteristischen Tafel-Colonien, welche den Täfelchen eines *Merismopedia*-artigen Phycochromaceen-Zustandes morphologisch vollkommen ähnlich sehen. Diese Colonien, deren Entwicklung Fig. 18 D—J darstellt, bestehen mitunter aus 64×64 Zellen und darüber. Ihre Membranen vergallerten mit der Zeit. Bei dichter Lagerung der Colonien verschmelzen ihre Gallerthüllen mit einander und so entsteht eine continuirliche Tafelzoogloea, die stets an der Oberfläche des Wassers auftretend eine dünne Kahmhaut darstellt. Ich erhielt dieselbe meist in absoluter Reinheit.

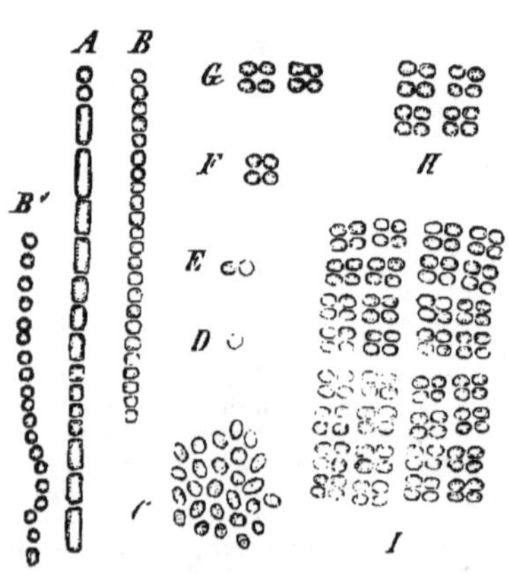

(B. 306.) Fig. 19.
900:1. **Bacterium merismopedioïdes.** A Ein Faden, welcher Langstäbchen, Kurzstäbchen und Coccen gleichzeitig zeigt. B Ein Faden, der bereits überall in Coccen getheilt erscheint. B' Ein Faden, dessen Coccen sich bereits verschieben und isoliren. C Isolirte Coccen eines solchen Fadens, zu einem unregelmässigen Häufchen vereinigt. D—H successive Zustände der Bildung von Tafel-Colonien. I Mittelgrosse Colonie, aus 32 Tetraden (Gruppen von je 4 Zellen) bestehend.

Die Coccen schwärmen unter geeigneten Nährverhältnissen (in frischem Schlammaufguss) aus den Tafelzoogloeen aus, und entwickeln sich wiederum zu Stäbchen und Fäden. Sporenbildung noch nicht bekannt.[2])

6. *Bacterium subtile* (EHRB.)[3]) Heupilz — Heubacterium.

A. Heupilz i. e. S.

Der Heupilz hat in der Natur eine grosse Verbreitung, da er überall auf den oberirdischen Theilen lebender und todter Pflanzen anzutreffen ist, nament-

[1]) Ueber *Bacterium merismopedioïdes* — Sitzungsberichte des Botanischen Vereins der Provinz Brandenburg. Juni 1882, mit 2 Mikrophotographieen (des Separatabzuges).

[2]) Die Coccenform ist ohne Zweifel identisch mit *Merismopedia hyalina* KÜTZING (Tab. phyc. V. Taf. 38. Fig. 1).

[3]) Literatur: COHN, Untersuchungen über Bacterien; Beiträge zur Biologie Bd. II. Heft 2. 1876. — BREFELD, Untersuchungen über Spaltpilze; Sitzungsber. d. Gesellsch. naturf. Freunde

lich auch auf dem Heu verkommt. Er wird von den herbivoren Thieren mit der Nahrung aufgenommen und findet sich daher reichlich auch in den Excrementen derselben. In Infusionen der genannten Substrate (Heu, Excremente) entwickelt er sich sehr üppig und bildet an der Oberfläche derselben eine Kahmhaut. Um den Pilz sicher und rein zu erhalten bedient man sich am besten folgender von ROBERTS und BUCHNER empfohlener Methode:

1. 4stündiges Verweilen des mit möglichst wenig Wasser übergossenen Heues bei 36° C.
2. Abgiessen des Extraktes (nicht Filtriren) und Verdünnung bis zum spec. Gewicht 1,004.
3. Einstündiges Kochen im mit Watte verschlossenen Kolben bei geringer Dampfentwicklung.
4. Stehenlassen des Aufgusses (500 ccm., nicht weniger) bei 36°.

Nach 28 Stunden wird meistens schon die Kahmhaut gebildet. Ist der Aufguss zu stark sauer, so muss er vor dem Kochen mit kohlensaurem Natron neutralisirt werden.

Von vegetativen Entwicklungszuständen kennt man die Coccen- Stäbchen und Fadenform. Ueberdies erzeugt der Heupilz Dauersporen.

Die Sporen (Fig. 20, F, a) sind ellipsoïdisch; 1,2 mikr. lang, 0,6 mikr. breit und wie alle Spaltpilzsporen stark lichtbrechend und mit einem zarten Gallerthofe versehen, der wie bei den vegetativen Formen eine gequollene Membranschicht repräsentirt. Bei der von BREFELD genau verfolgten Keimung schwellen sie unter Verlust ihres Lichtglanzes etwas an und zeigen zunächst an den beiden Polen eine schwache Dunkelung (F, b). Dann zerreisst die äussere Schicht der Haut (Exosporium) und die zarte Innenhaut stülpt sich erfüllt vom Sporeninhalt etwas heraus, um sich bald zum Kurzstäbchen zu formen (F, c d). Da die Zerreissung an einer äquatorialen Stelle der Sporenhaut erfolgt, so steht die Achse des Keimstäbchens senkrecht auf der Sporenachse. Das Keimstäbchen, nach seiner Bildung noch in der Sporenhaut stecken bleibend oder dieselbe verlassend, streckt sich und theilt sich alsbald durch eine Querwand in 2 Tochterstäbchen, die sich trennen oder in Verbindung bleiben

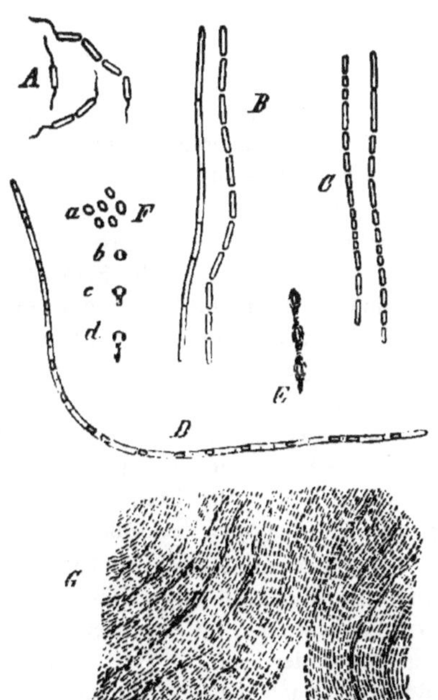

Fig. 20. (B. 307.)

Bacterium subtile. A Stäbchenschwärmer mit ihren Cilien. B Fadenzustände, in Langstäbchen gegliedert. C Fäden in Langstäbchen, Kurzstäbchen und Coccen gegliedert. D Faden, dessen Stäbchen Sporenbildung zeigen. E Sporen mit der vergallertenden Stäbchenmembran (zu stark schraffirt). F, a Sporen vor der Keimung, b, c, d Keimungsstadien. G Stück der kahmhautartigen Zoogloea. (A—F nach d. Nat. 600:1; G nach BREFELD, 200:1).

zu Berlin. 1878. Bot. Zeitung 1878. Derselbe. Bacillus subtilis. Schimmelpilze. Heft IV. — PRAZMOWSKI, Untersuchungen über die Entwicklungsgeschichte und Fermentwirkung einiger Bacteriumarten. Leipzig 1880. — BUCHNER, Ueber die experimentelle Erzeugung des Milzbrandes aus den Heupilzen. Beiträge zur Morphologie der Spaltpilze, in NÄGELI, Untersuchungen über niedere Pilze. München 1882.

und ihrerseits Zweitheilung eingehen u. s. f. Bald bleiben die Theilungsprodukte vereinigt zu kürzeren oder längeren Fäden (B, C), bald trennen sie sich theilweise, zickzackartig gebrochene Ketten darstellend, bald finden vollständige Trennungen statt. Man sieht den Fäden und gebrochenen Ketten oft noch lange die leere Haut der Spore anhängen, aus der sie hervorgingen.

In dem Zustande, wo der Pilz intensive Zersetzungswirkungen im Substrat äussert, kommt es theils gar nicht, theils vorübergehend zur Bildung langer Fäden. Möglichste Fragmentirung in längere mehrzellige Stücke oder gar einzellige Glieder ist hier die Regel. Es hängt dies zu einem wesentlichen Theile mit dem Umstande zusammen, dass die Stäbchenreihen und einzelnen Stäbchen den Schwärmzustand eingehen, der sich morphologisch in der Bildung von Cilien ausspricht. An kürzeren, gebrochenen oder nicht gebrochenen Zellreihen besitzen die Endstäbchen am freien Pole je eine Cilie (A); freie Stäbchen sind an jedem Pole mit einer Cilie ausgerüstet (A). Ob die schwärmenden Zustände nur bei der Stäbchenform auftreten, oder auch der Coccenform zukommen, ist noch nicht festgestellt.

Die Gegenwart von Schwärmstadien ist schon makroscopisch und zwar an der Trübung der Nährlösung zu erkennen. Die darauf folgende Klärung ist ein Anzeichen, dass die Stäbchen sich an der Oberfläche der Flüssigkeit ansammeln. Hier unmittelbar mit der Luft in Berührung kommen sie zur Ruhe und bilden durch fortgesetzte Theilung Fäden, welche sich in einer Ebene neben einander lagern, vergallerten und so eine kahmhautartige Zoogloea darstellen (G).

Die längern stäbchenförmigen Glieder gliedern sich in der Kahmhaut in kürzere Stäbchen und sodann, wie Buchner zeigte und ich selbst sah, in Coccen (Fig. 20, B u. C). Um letztere recht deutlich zu machen hat man sich der Reagentien (alkoholische Fuchsinlösung, Jodlösung etc.) zu bedienen.

In der Zoogloeahaut tritt bald die Bildung von Dauersporen auf, und zwar, soweit die bisherigen Untersuchungen reichen, nur in den längeren Stäbchen (D). Sie schreitet von den oberen Schichten der Haut nach den unteren hin vor. Der Modus der Sporenbildung ist der bekannte (siehe das Kapitel über Sporenbildung). Nach der Ausbildung der Sporen schrumpft die Haut der Mutterstäbchen, um zuletzt allmählich zu vergallerten (E). Die Kahmhaut sinkt jetzt in ihrer ganzen Ausdehnung oder in Fetzen zerreissend zu Boden.

Unter gewissen Bedingungen (s. weiter unten) erfolgt das Auftreten von abnorm gestalteten Zellen. Sie zeichnen sich entweder durch stärkere Rundung der Pole aus oder durch unregelmässige Ausbauchungen; bald erscheinen sie kurzbald lang-ellipsoïdisch, bald kugelig, bald im Aequator stark eingeschnürt oder besitzen ganz regellose Contouren. Dabei verdickt sich ihre Membran und ihr Inhalt nimmt einen fettartigen Glanz an.

Unter den Nährstoffen ist nach Buchner in erster Linie Eiweiss resp. Pepton zu nennen. Der Pilz producirt ein Ferment, welches coagulirtes Eiweiss zu lösen und in Pepton überzuführen im Stande ist. Wirft man Stücke gekochten Hühner-Eiweisses in eine Heupilzcultur, so werden dieselben nach einiger Zeit durchsichtig und zerfallen schliesslich vollständig. Die Zersetzung von Eiweiss durch *Bacterium subtile* hat Aehnlichkeit mit der eigentlichen Fäulniss, ist jedoch nicht mit ihr identisch, wie schon daraus hervorgeht, dass keine eigenthümlich-widrigen, sondern nur rein ammoniakalische

Gerüche bei diesem Prozess erzeugt werden. Für die Culturen verwendet man das Eiweiss am Besten in Form von Fleischextrakt. (1—5%.)

Auch gewisse einfachere krystallisirende Verbindungen vermag der Pilz nach Buchner noch zu assimiliren, wie Leucin, Asparagin, bernsteinsaures Ammoniak etc. Doch sagen diese Nährmittel dem Pilze wenig zu. Zuckerzusatz zu diesen, wie zum Fleischextrakt begünstigt das Wachsthum erheblich.[1])

Nach vielseitigen Versuchen Brefeld's, Prazmowski's und Buchner's darf es als sichergestellte Thatsache gelten, dass der Heupilz in Lösungen der verschiedensten Kohlehydrate keinerlei Gährung zu bewirken im Stande ist.[2])

Damit stimmt auch das von jenen Experimentatoren gefundene Ergebniss, dass der Heupilz zu seinem Wachsthum entschieden des Sauerstoffes bedarf (denn nur Gährungserreger können denselben. sobald sie ihre Gährwirkungen ausüben, entbehren). Bei Sauerstoffmangel geht der Pilz zu Grunde.

Der Einfluss der Ernährung auf die Formgestaltung tritt auch bei vorliegendem Pilze zu Tage.

So schwankt nach Buchner schon der makroscopische Charakter der Decke nach der Art des Aufgusses oder der künstlichen Nährlösung. Je nachdem die Bereitung eines Heuaufgusses mit heissem oder kaltem Wasser oder mit Wasser von einer mittleren Temperatur geschieht, ferner je nachdem man vorwiegend junge, grasartige, oder ältere, mehr holzige Stengeltheile verwendet, fällt die Kahmhaut verschieden aus, weil die Menge der gelösten Stoffe, nach diesen Zubereitungsarten differirt. Bald erscheint die Oberfläche der Haut völlig trocken, stark gerunzelt und mit dicht stehenden, tiefen Falten; bald ist sie schleimig, nass und vollständig glatt. Bald zeigt die Haut eine gewisse Consistenz, bald wird sie schon durch leise Erschütterung in Flocken aufgelöst. Auch die Farbe wechselt nach dem Substrat; sie ist hier mattweiss, dort grau oder gelblich, olivengrün, ja selbst braun bis schwarz. In wenig zusagenden Nährlösungen (Asparagin, Leucin etc.) erfolgt überhaupt keine Kahmhautbildung.

Aber auch der mikroscopische Charakter der Elemente des Pilzes wechselt nach der Art der Nährlösung und der Reaction desselben. Es erfahren nämlich nicht bloss die Dimensionen, sondern auch die Gestaltungsweise Aenderungen. Hier einige Beispiele nach Buchner:

1. 5% Fleischextract, alkalisch. Die Glieder der Fäden in der Kahmhaut dünn und lang, 0,5 mikr. breit, 6—10 mikr. lang. (Bei Jodzusatz kürzeste Glieder 1,5 mikr., längste 4,0 mikr. lang.
2. Heuaufguss (Heu mit vorwiegend holzigen Stengeltheilen 4 Stunden bei 36° C. extrahirt). Spec. Gew. des Extrakts 1,004. 24 Stunden bei 22° C. cultivirt. Die Glieder der Fäden doppelt so dick, wie bei 1, nämlich 1,0 mikr., 12 mikr. und darüber lang. (Bei Jodzusatz kürzer.)
3. Heuaufguss (Heu mit vorwiegend grasigen Theilen, 4 Stunden bei 36° C. extrahirt). Spec. Gew. 1,006. 24 Stunden bei 36° C. cultivirt. Breite der Glieder 0,9—1,0 mikr. Länge 2,0—5,0 mikr. Die Ellipsoidform der Stäbchen sehr häufig. (Bei Jodzusatz Zerfall in Glieder von 1,2—1,5 μ Länge.

---

[1]) So kann man z. B. verwenden 0,1% Fleischextrakt mit 5% Zucker oder 0,1% Asparagin mit 5% Zucker (und natürlich den nöthigen Mineralsalzen).

[2]) Die Cohn'sche Behauptung, er könne Buttersäure hervorrufen, sowie die von Fitz, dass er Glycerin zu Alkohol vergähren könne, müssen demnach fallen gelassen werden.

4. Fleischextrakt, 0,1% mit 5% Zucker, neutral. Glieder 0,8 mikr. breit, 4 bis 6 mikr. lang. (Bei Jodzusatz kürzeste Glieder nur 0,8 μ lang, ebenso breit.
5. 1% Fleischextrakt, schwach sauer. Breite der Glieder 0,7 mikr. Länge im Minimum 2,0, im Maximum 5,0 mikr. (Bei Jodzusatz kürzeste Glieder 1,6 mikr., längste 2,5 mikr. lang.

Auch auf die Bildung derjenigen unregelmässigen Formen, die man Involutionsformen nennt, und die beim allmählichen Absterben der Fäden entstehen, ist die Zusammensetzung der Nährlösung von Einfluss. Sie treten, wie bereits früher bemerkt, am frühzeitigsten auf, wenn der Zuckergehalt der stickstoffhaltigen Nährsubstanz gegenüber zu sehr überwiegt, so z. B. in einer Lösung von 0,1% Fleischextrakt mit 10% Zucker oder in einer Lösung von 0,1% Asparagin mit 10% Zucker.

Dass die Art der Nährlösung selbst auf die Cilienbildung von Einfluss sein kann, beweist der Umstand, dass dieselbe nach BUCHNER in 1% Asparaginlösung bei 25° C. gänzlich unterbleibt, während sie in Heuaufgüssen etc. bei derselben Temperatur regelmässig auftritt.

Von sonstigen physiologischen Eigenthümlichkeiten des Heupilzes ist zunächst hervorzuheben die Widerstandsfähigkeit der Sporen gegen äussere Einflüsse.

Wie schon COHN zeigte, und BREFELD, PRAZMOWSKI und BUCHNER bestätigten, werden die Heupilz-Sporen durch die Siedehitze nicht getödtet, und können dieselbe selbst mehrere Stunden ertragen, ohne ihre Keimkraft zu verlieren. Man benutzt diese Eigenschaft, um den im Heuaufguss sich findenden Pilz von anderen Spaltpilzen, welche nicht so widerstandsfähige Sporen bilden, zu isoliren.

Gegen Gifte, wie starke Lösungen von schwefelsaurem Kupfer, concentrirte Lösungen von Sublimat, von Carbolsäure sind nach BREFELD die Sporen, auch bei mehrtägiger Einwirkung dieser Reagentien, gleichfalls wenig empfindlich.

B. Milzbrandpilz.[1]) *Bacterium Anthracis* (COHN).

Unter den Krankheit erregenden Spaltpilzformen nimmt seit einigen Jahren wohl keiner ein grösseres Interesse in Anspruch, als der von POLLENDER entdeckte, von BRANELL, DAVAINE, BOLLINGER untersuchte und insbesondere von KOCH und BUCHNER morphologisch und physiologisch erforschte Milzbrandpilz ein.

Er ruft die höchst ansteckende Milzbrandkrankheit *(Anthrax)* hervor, der vorzugsweise Wiederkäuer (namentlich Rinder, Schafe, Hirsche und Rennthiere) sowie Nager (Mäuse, Kaninchen, Hasen etc., namentlich weisse Formen) leicht

[1]) Literatur: POLLENDER, Miscroscopische und microchemische Unters. des Milzbrandblutes. CASPER's Vierteljahrschrift f. gerichtl. Medicin. XIII. pag. 103. — DAVAINE, Comptes rendus LVII. LIX. etc. — BRANELL in VIRCHOW's Archiv XI. XIV. XXXVI. — BOLLINGER im Centralblatt f. d. medic. Wissenschaften von ROSENTHAL u. SENATOR. 1872. pag. 417. — KOCH, Die Aetiologie der Milzbrand-Krankheit, begründet auf die Entwickelungsgeschichte des *Bacillus Anthracis*, in COHN, Beiträge z. Biol. II. pag. 277. — Derselbe, Zur Aetiologie des Milzbrandes. Mittheilungen aus dem Gesundheitsamte. Berlin 1881. pag. 49. — PASTEUR et JOUBERT, Etude sur la maladie charbonneuse (Compt. rend. 1877. Bd. 84. pag. 900 ff.) C. DAVAINE, Observations sur la maladie charbonneuse (Compt. rend. 1877. Bd. 84. pag. 1322.) — TOUSSAINT, Sur les bactéridies charbonneuses. Daselbst. pag. 415. — BUCHNER, Ueber die experimentelle Erzeugung des Milzbrandcontagiums in NÄGELI, Untersuchungen über niedere Pilze. pag. 140. Vergl. auch die übrigen BUCHNER'schen Abhandlungen daselbst. — KOCH, Ueber die Milzbrandimpfung. Kassel 1882.

zum Opfer fallen, die aber auch auf andere Thiere, sowie auf den Menschen übertragen werden kann und hier die als *Pustula maligna* bekannte Krankheit hervorruft.[1])

Doch scheinen manche Thiere, wie z. B. Hunde und Vögel im Allgemeinen weniger, kaltblütige, wie z. B. Frösche, Fische fast ganz unempfänglich für Milzbrandinfection zu sein.[2])

Die Milzbrandkrankheit ist in erster Linie dadurch charakterisirt, dass die Milz von den Zuständen des Pilzes meist in auffallendem Maasse durchwuchert wird und dabei mehr oder minder stark aufschwillt. Ausserdem findet er sich reichlich im Blute, wo er sich üppig vermehrt, auch in der Lunge, Leber, Nieren und den Lymphdrüsen kommt er vor, nicht aber in den Muskeln und anderen sauerstoffarmen Geweben.

Seine eigentliche Heimath hat nach Koch der Milzbrandpilz nicht im Thierkörper, sondern ausserhalb desselben, wahrscheinlich auf und in faulenden pflanzlichen Theilen. Von hier aus gelangen seine Keime (besonders Sporen) auf lebende Pflanzen (Gräser etc.) und werden mit diesen von den Thieren verzehrt. Besonders reichlich scheint sich der Pilz an Orten zu entwickeln, welche öfter überschwemmt werden.

Um Reinculturen des Milzbrandpilzes zu erhalten, zerreisst man nach Buchner *Anthrax*-kranke Milz und verdünnt sie mit pilzfreiem Wasser soweit, dass auf einen nicht zu kleinen Raumtheil (z. B. 10 cmm) durchschnittlich ein Stäbchen kommt. Mit je einer solchen Menge inficirt man eine Anzahl von mit 0,5 % Fleischextrakt beschickten Kolben und hält sie bei Körpertemperatur. In einzelnen oder allen Gefässen stellt sich nach etwa 24 Stunden am Boden eine zarte leicht bewegliche Wolke von Fäden ein, während der übrige Theil der Flüssigkeit klar bleibt, als ein Zeichen, dass kein fremder Spaltpilz mit in die Lösung übertragen wurde.

Bezüglich der Morphologie der vegetativen Zustände stimmt der Milzbrandpilz mit dem Heupilz vollkommen überein, selbst bis auf die Involutionsformen. Er bildet nicht bloss Stäbchen, sondern auch Coccen.[3]) Ueberdies erfolgt die Dauersporenbildung in genau der gleichen Weise. Nur bezüglich der von Buchner verfolgten Keimung sowie in dem Mangel der Cilien macht sich ein Unterschied bemerkbar. Die Spore schwillt bei der Keimung stark auf, wobei ihre äussere Haut gallertig und dadurch undeutlich wird. Letztere reisst dann nicht im aequatorialen Theile, sondern am Pole, und der von der zarten Innenmembran umhüllte ellipsoïdische Inhalt streckt sich zum Stäbchen. Die

[1]) Es geschieht dies meist beim Schlachten milzbrandkranker Thiere, und beim späteren Bearbeiten von deren Häuten, Haaren etc., wenn frische Stäbchen oder Sporen in eine Wunde oder durch Einathmung in die Lunge gelangen.

[2]) Raubthiere und Vögel (Elstern, Krähen, Habichte etc.) holen sich den *Anthrax*, wenn sie von Milzbrandcadavern fressen. Ziemlich empfänglich für Milzbrand sind übrigens nach Oemler Sperlinge. Spinola hat auch an Gänsen, Enten und anderem Hausgeflügel die Krankheit beobachtet.

[3]) Wie besonders Fokker (Zur Bacterienfrage in Virchow's Archiv, Bd. 88, [1882] pag. 49) hervorhebt, finden sich in der Milz an regulärem Milzbrand zu Grunde gegangener Thiere ausser Lang- und Kurzstäbchen fast immer auch Coccen. In manchen typischen Milzbrandfällen ist nach Fokker das quantitative Verhältniss von Coccen und Stäbchen sehr schwankend. Bald enthält die Milz nur wenige Stäbchen oder gar keine, während in Leber und Blut reichliche Coccenbildung zu constatiren ist; bald sind im Blut und in der Milz massenhaft Stäbchen vorhanden, während Coccenbildung fehlt.

Achse desselben steht also nicht auf der Achse der Spore senkrecht, sondern fällt mit ihr zusammen (wie beim Buttersäurepilz).

Was die Ernährung des Milzbrandpilzes angeht, so scheint ihm fast nur Eiweiss und Pepton zu taugen, das man ihm am besten in Form von Liebigschem Fleischextrakt (0,5 %) bietet. Coagulirtes Eiweiss löst er zunächst durch ein Ferment, um es dann zu zersetzen und dieselbe Fäulnissform zu bewirken, die für den Heupilz bekannt und durch Abwesenheit widriger Gerüche charakterisirt ist. Zucker und andere Kohlehydrate bleiben nach BUCHNER auf das Wachsthum ohne wahrnehmbaren Einfluss.

In sauren Lösungen vermag der Pilz nicht zu gedeihen.

Wie der Heupilz bedarf er zu seinem Wachsthum des Sauerstoffes, daher vermehrt er sich nach BUCHNER im Körper nur innerhalb des Gefässsystems, im sauerstoffhaltigen Blute, nicht in den Muskeln und anderen sauerstoffarmen Geweben. Damit hängt auch der Umstand zusammen, dass bei der Milzbrandkrankheit entzündliche Prozesse in den Geweben fehlen.[1])

Auch bei dem Milzbrandpilze macht sich, wie BUCHNER zeigte, der Einfluss der Lebensbedingungen auf die Formgestaltung geltend. Namentlich wird der Breitedurchmesser fast bei jeder künstlichen Kultur grösser, als bei der Vegetation im Thierkörper. Zur Veranschaulichung des Gesagten diene Fig. 21; A stellt Material aus der Milz einer Maus, B in 2 % alkalischem Fleischextrakt gezüchtetes Material dar. Dort beträgt die Dicke der Glieder 0,8 mikr., hier 1,2—1,4 mikr.[2])

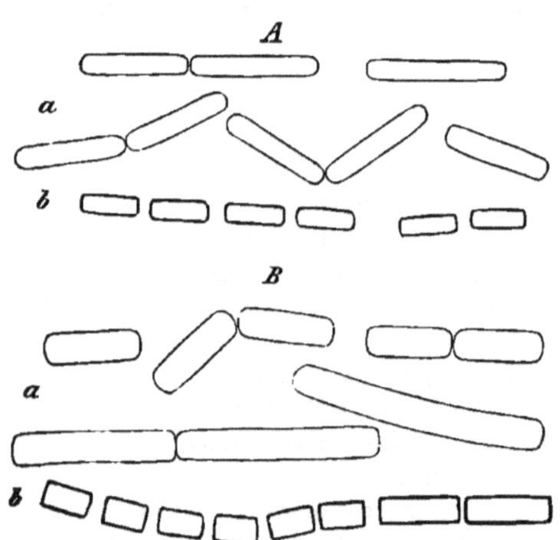

Fig. 21. (B. 308.)

Milzbrandpilz. A aus der Milz einer Maus. 4000:1. a im frischen Zustand; b bei Zusatz von Jodtinctur; B aus 2 % schwach alkalischem Fleischextrakt 4000:1. a frisch, b bei Jodzusatz. (Nach BUCHNER).

Eines der bedeutsamsten Resultate, die das Spaltpilzstudium der allerneuesten Zeit zu Tage gefördert hat, liegt in dem von BUCHNER geführten Nachweis, dass der Milz-

[1]) Namentlich ausgeprägt ist dieser Mangel nach BUCHNER beim Milzbrand kleinerer Thiere, (Mäuse, Kaninchen), wo meist kein anderer pathologischer Befund angetroffen wird, als die Schwellung der Milz. Aber auch die Haemorrhagien und serösen Transsudate, welche bei grösseren Thieren als charakteristisch gelten, sind nicht als Folgen entzündlicher Prozesse aufzufassen, sondern als Anzeichen einer bestimmten Veränderung der Gefässwände. Eine Ausnahme scheint der Milzbrandcarbunkel zu machen, bei dem entzündliche, ja sogar brandige Erscheinungen die Regel sind. Doch dürften hier nach BUCHNER andere Spaltpilze mitwirken.

[2]) Ob der Milzbrandpilz im Stande ist unter gewissen Ernährungsbedingungen vorwiegend Coccen zu bilden, weiss man nicht. Nach den Experimenten und Untersuchungen FOKKERS aber, der in mit typischem Milzbrandpilze erzeugten typischen Milzbrandfällen massenhafte Coccenbildung unter Zurücktreten der Stäbchenform beobachtete, dürfte die Frage im bejahenden Sinne entschieden werden.

brandpilz in den Heupilz umgezüchtet werden kann, und umgekehrt der unschädliche Heupilz in den infectiösen Milzbrandpilz.

Da diese Umzüchtungen mit durchaus fehlerfreien Methoden gewonnen sind, so darf man dem Ergebniss Vertrauen entgegenbringen. Die Umwandlung des Milzbrandpilzes in den Heupilz vollzieht sich auf dem kürzesten Wege, wenn man ihn bei 36 °C züchtet.

1. in Eiweissflüssigkeit mit Fleischextraktlösung (1 ccm. Eigelb mit 20 ccm. 1% Fleischextraktl.), der man etwas Alkali zusetzt.[1])

Die Pilze, die sonst am Grunde des Gefässes Wolken von Fäden bilden, sammeln sich dann merkwürdiger Weise an der Oberfläche und nehmen Eigenbewegungen an, die sie unter gewöhnlichen Culturverhältnissen nicht zeigen. Dabei nehmen die sich schliesslich bildenden Sporen eigenthümliche Gestalt an, indem sie meist eine ganz ausserordentliche Länge im Verhältniss zum Querdurchmesser erhalten, so dass sie wie Stäbchen aussehen. (Ihr Längsdurchmesser geht nämlich bis zum Fünffachen des Querdurchmessers). — Ueberimpfung:

2. in Eiweisslösung (Eigelb) ohne Zusatz von Alkali.

Auch hier vermehren sie sich stark an der Oberfläche. Das Wachsthum ist dabei ein ungemein rasches und schon nach 24 Stunden jedesmal auf dem Höhepunkt, die Sporenform dieselbe, wie bei 1. — Ueberimpfung:

3. in 1% Fleischextraktlösung. Die Nährlösung trübt sich durch Flocken. Es bildet sich eine lockere, schleimig aussehende Decke, die bei der leichtesten Erschütterung zu Boden sinkt. Die Sporen sind nicht mehr so lang gestreckt, wie in der Eiweiss-Cultur, sondern haben die gewöhnlichen Dimensionen des Heu-Milzbrandpilzes. — Ueberimpfung:

4. in Heuaufguss (nach der oben erwähnten Methode dargestellt), schwach sauer. Verhalten wie bei 3. Spärliches Wachsthum mit Randbildung. — Ueberimpfung:

5. auf weisse (für Milzbrand sehr empfindliche) Mäuse. Die Thiere zeigten sich niemals krank und blieben am Leben.

Aus diesen Experimenten folgt: 1. dass die Milzbrandbacterien in eine deckenbildende, mit Eigenbewegung begabte, also mit dem Heupilz morphologisch identische Bacterienform umgewandelt werden können.

2. dass diese Form gar keine oder doch stark geschwächte infectiöse Wirksamkeit zeigt, also auch physiologisch mit dem Heupilz übereinstimmt.

Auch die Züchtung des Milzbrandpilzes in Fleischextrakt bei erhöhter Sauerstoffzufuhr[2]) und bei 36° führte zu einer allmählichen Abnahme der infectiösen Wirksamkeit, die um so geringer wurde, je höher die Zahl der aufeinander folgenden Züchtungsgenerationen stieg, während der Pilz in Fleischextrakt ohne Schütteln bei 25° cultivirt auch bei beliebig lange fortgesetzter Züchtung seine infectiöse Wirksamkeit beibehielt.

Auch bei der eben erwähnten, Hunderte von Generationen hindurch fortgesetzten Cultur des Milzbrandpilzes in Fleischextrakt bei 36° im Schüttelapparate zeigte sich bereits die Tendenz zu der für den Heupilz charakteristischen Deckenbildung, und zwar darin, dass die Pilze an den höheren Theilen der Züchtungsgefässe einen Ueberzug bildeten. Die weiteren Züchtungen, die

[1]) Die Menge des Alkali ist 2 ccm. $\frac{1}{10}$ Normal-Natron-Lösung auf 20 ccm. der Fleischextrakt-Eigelbmischung.

[2]) Sie wird durch den Schüttelapparat bewerkstelligt.

bei Ruhe des Nährmediums vorgenommen wurden, ergaben nun sogar eine starke weissliche Deckenbildung; allein die Decken hatten noch nicht den Charakter der trocknen, meist gerunzelten, ziemlich festen Decke des Heupilzes, sondern zeigten noch ein glattes, schleimiges Ansehen und lockeres Gefüge, so dass bei geringer Erschütterung die Decken theilweis oder gänzlich in Flocken sich auflösten.

Bei weiterer Cultur aber in schwach saurem Heuaufguss, welche wiederum durch Hunderte von Generationen (bis zur 1500. Gen.) hindurch ausgeführt wurde, schritt der Pilz ganz allmählich auch zu der charakteristischen Deckenbildung des Heupilzes vor. Ausserdem stellte sich während der letzten Züchtungsreihen auch die Schwärmbewegung ein, wie sie den Heupilzzuständen bei gewisser Ernährung zukommt.

Einen weiteren wichtigen Beweis dafür, dass der Milzbrandpilz eine blosse infectiöse Form (Varietät) des Heupilzes darstellt, hat Buchner dadurch geliefert, dass es ihm mittelst exacter Methode gelang, den Heupilz in den Milzbrandpilz umzuzüchten.

Er erreichte dies durch Cultur des Heupilzes in thierischen Flüssigkeiten ausserhalb des Körpers zunächst im Eiereiweiss mit etwas Fleischextraktlösung, dann in Kaninchenblut (im Schüttelapparate bei Körpertemperatur.) Die Bildung der charakteristischen Heupilzdecke unterblieb hierbei schon von der ersten Blutcultur an, ein Zeichen, dass sich die Heupilznatur bereits geändert hatte. Mit dem gewonnenen Material wurden nun weisse Mäuse und Kaninchen inficirt, indem man in sporenhaltige Flüssigkeit getauchte und getrocknete Leinwandbändchen unter die Rückenhaut der Impfthiere brachte. Das Resultat war schliesslich in jedem einzelnen Falle ausgesprochener Milzbrand.

Das von Pasteur und Buchner erhaltene Resultat, dass der Milzbrandpilz durch fortgesetzte künstliche Cultur allmählich in seiner Fähigkeit der infectiösen Wirkung eine Abschwächung erfährt, darf — und in diesem Sinne spricht sich auch Koch auf Grund seiner Untersuchungen aus — als eine feststehende Thatsache betrachtet werden. Toussaint und Pasteur impften nun mit solchem geschwächtem Milzbrand-Material für Milzbrand empfängliche Thiere (Schafe, Rinder etc.), und es stellte sich dabei das Ergebniss heraus, dass diese Thiere geschützt (immun) wurden gegen Infectionen, die man mit nicht abgeschwächtem Milzbrande vornahm. Die Schwächung des Milzbrandes erreichte Pasteur in der Weise, dass er den Pilz in neutralisirter Bouillon bei 42—43° C. ungefähr 20 Tage lang züchtete. Er erhielt so ein stark geschwächtes Material, das er als erste, schwächste Lymphe *(premier vaccin)* verwandte. Sodann stellte er einen zweiten etwas weniger abgeschwächten Impfstoff (unter denselben Bedingungen nur mit kürzerer Zeitdauer der Cultur) her *(deuxième vaccin)*, mit der die bereits mit der ersten Lymphe geimpften Thiere zu grösserer Sicherheit der Immunität noch ein zweites Mal geimpft werden müssen.

Dass solche Impfungen mit abgeschwächtem Milzbrand thatsächlich Schutz gegen die Milzbrandkrankheit verleihen, ist zwar wahrscheinlich, aber durch die, wie Koch (l. c.) zeigte, unzuverlässigen Versuche Pasteur's nicht erwiesen.

Die Abschwächung der Milzbrandbacillen beruht nach Toussaint und Chaveau auf der Wirkung der höheren Temperatur und nach Koch wohl auch auf der Wirkung der Zersetzungsprodukte der Spaltpilzvegetation. Wie beide fanden, wird die Abschwächung von Milzbrandblut bei 50° C. in 20, bei 52° in 15, bei

55° in 10 Minuten erreicht. Ebenso wirkt Zusatz von Carbolsäure abschwächend auf die Virulenz.

Die spontane Infection durch Milzbrand kann ausser von Wunden der Körperoberfläche auch vom Darmkanal und von der Lunge aus erfolgen. Nach den BUCHNER'schen Einathmungs- und Fütterungsversuchen geht die Infection von der Lunge aus leichter vor sich, als vom Darmkanal.

7. *Bacterium acidi lactici* ZOPF = Milchsäurepilz, Milchsäureferment.

Am bekanntesten ist sein Vorkommen in der sauren Milch, im Sauerkraut, in sauren Gurken, in sauer gewordenen Gemüsen, in Branntweinmaischen, Biermaischen, überhaupt in Aufgüssen von Pflanzentheilen, welche in kleineren oder grösseren Mengen Zucker enthalten, in sauer gewordenen gegohrenen Flüssigkeiten z. B. Bier[1]), in altem Käse, in Zuckerlösungen etc. Man gewinnt ihn nach DELBRÜCK sicher und rein, wenn man sich eine Maische von 200 Grm. Trockenmalz und 1000 Grm. Wasser herstellt und diese bei 50° C. einige Zeit hält. Auch durch Zusatz von etwas altem Käse zu einer etwa 5° Zuckerlösung (mit den nöthigen Nährsalzen) und Cultur derselben bei 50° C. kann man ihn erhalten.

Er bildet nicht bloss Stäbchen- und Fadenformen, sondern auch Coccen. Sporenbildung blieb bisher unbekannt.

Physiologisch ist er dadurch interessant, dass er, wie PASTEUR entdeckte, die Milchsäuregährung hervorruft, indem er den Zucker der oben genannten Substrate in Milchsäure überführt, ein Process, für welchen Zutritt von freiem Sauerstoff nöthig ist und der am günstigsten bei etwa 50° C. verläuft. Im menschlichen Magen, namentlich bei kleinen Kindern, tritt dieser Prozess nach unmässigem Genuss von zuckerhaltigen Speisen oft ziemlich intensiv auf.

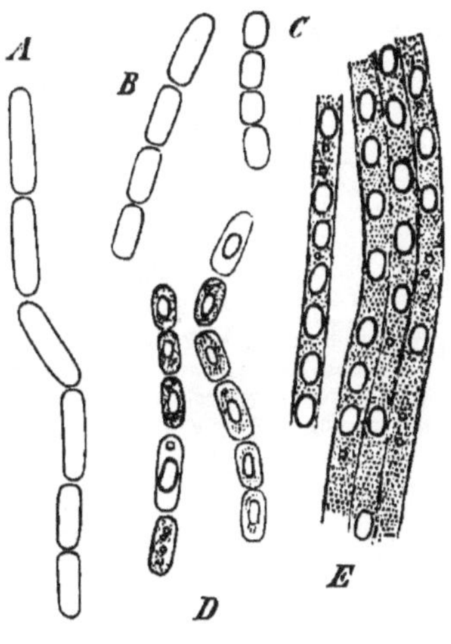

Fig. 22. (B. 309.)

Bacterium Ulna COHN. A Kette aus langen, B Kette aus kurzen Stäbchen, C aus Coccen bestehend. D Ketten von in der Sporenbildung begriffenen Kurz- und Langstäbchen. E Scheinbar ungegliederte Fäden mit fertigen Sporen. Vergr. 1020. (Nach PRAZMOWSKI.)

Von den Gährungstechnikern wird der Pilz bis zu einem gewissen Grade gehegt, weil die durch ihn bewirkte Säuerung des Hefengutes günstig auf das Wachsthum und die Gährthätigkeit der Hefe wirkt.

Um Milch vor dem Spaltpilz sicher zu schützen, hat man sie einige Zeit über den Kochpunkt hinaus zu erhitzen. Doch wird schon bei 100° C. gekochte Milch in der Regel nicht sauer, wenn die oberflächliche Gerinnungshaut, welche die Milch vom Sauerstoff der Luft abschliesst und gleichzeitig das Hineinfallen der Spaltpilzkeime verhindert, nicht Zerreissung erfährt. Zur Vernichtung des Milchsäurepilzes im Magen dürfte sich Zuführung von Säure (Salzsäure) am Besten empfehlen.

[1]) Sofern es nicht durch Essigbildung von Seiten des Essigpilzes sauer geworden.

8. *Bacterium Ulna* COHN.[1])

Kommt in faulenden Eiern vor und lässt sich im Aufgusse von gekochtem Hühnereiweiss züchten. Der Entwickelungsgang umfasst nach PRAZMOWSKI's Abbildungen Coccen (Fig. 22, C), Kurzstäbchen (B), Langstäbchen (A) und Fadenformen, von denen die ersteren jedenfalls schwärmfähig sind. Ihr Durchmesser beträgt 1,5—2,2 mikr. Ausserdem kennt man die Sporenbildung, die sowohl in den Kurzstäbchen (D) als in Langstäbchen D vor sich geht. Zur Zeit seiner intensivsten Zersetzungswirkungen, die mit der eigentlichen Fäulniss wegen des Mangels an widrigen Gerüchen nichts zu thun zu haben scheinen, durchsetzt er die Flüssigkeit gleichmässig, dieselbe trübend, dann ziehen sich die Entwickelungszustände in Form wolkiger Massen nach der Oberfläche des Infuses und bilden zuletzt eine dicke, aus langen ineinander gefilzten Bündeln von Fäden (E) bestehende Kahmhaut. In dieser erfolgt nach dem bekannten Modus die Bildung der 2,5—2,8 mikr. langen und über 1 mikr. breiten ellipsoïdischen Sporen, deren Keimung noch unbekannt ist.

Physiologisch scheint sich *B. Ulna* dem *B. subtile* ähnlich zu verhalten, d. h. er vermag wahrscheinlich keine Gährwirkungen auszuüben und ohne Sauerstoff nicht lebensfähig zu sein. Eiweisshaltige Nahrung sagt ihm offenbar besonders zu. Ueber sein sonstiges physiologisches Verhalten ist nichts bekannt.

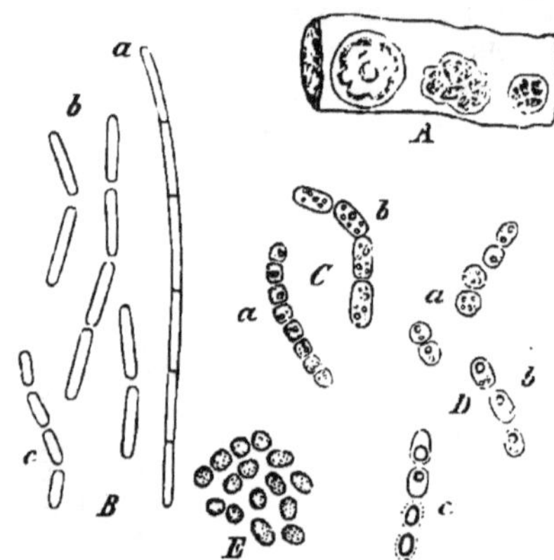

(B. 310.) Fig. 23.

Bacterium tumescens ZOPF. A ein Stück gekochter Mohrrübe mit 3 Zoogloeen in nat. Grösse. B vegetative Zustände aus einer jüngeren Zoogloea. a in Langstäbchen gegliederter Faden. b In Isolirung begriffene Langstäbchen. c Kette von Kurzstäbchen. C Fadenstücke, bei a in Coccen, bei b in Kurzstäbchen gegliedert, unmittelbar vor der Sporenbildung stehend, daher im Vergleich zu den vegetativen Zuständen stark aufgeschwollen und körnig. D Sporenbildung; Entwickelung nach den Buchstaben. E Haufe von Coccen.

9. *Bacterium tumescens* ZOPF.

Man erhält den Pilz mit Sicherheit, wenn man gekochte Mohrrübenscheiben bei gewöhnlicher Temperatur nicht allzufeucht hält. Nach wenigen Tagen erscheint er an der Oberfläche in Form kleiner, $\frac{1}{2}$ bis 1 Centimeter im Durchmesser haltenden, scheibenförmigen Gallertmassen, die eine ziemlich zähe, gefaltete Haut darstellen von weisslicher Färbung.

Untersucht man diese Haut, so lange sie noch fest ist, so bemerkt man, dass sie aus dicht gelagerten Stäbchenreihen (Fig. 23, B, a) besteht, die ausserordentlich stark vergallertet sind. Ein oder zwei Tage später zeigt die nämliche Zoogloea, von der man die erste Probe nahm, dass die Langstäbchen sich in Kurzstäbchen (B, c u. C, b) und in Coccen (C, a) gegliedert haben, überdies etwas aufgeschwollen sind (C). Die Aufschwellung nimmt später zu, so dass oft das Doppelte des ursprünglichen Durchmessers erreicht wird (D, a b). Dabei wird der ur-

[1]) Literatur: COHN, Untersuchungen über Bacterien, in Beitr. z. Biol. Bd. I. Heft 2. pag. 177. — PRAZMOWSKI, Untersuchungen über die Entwickelungsgeschichte und Fermentwirkung einiger Bacterien-Arten. Leipzig, 1880. pag. 20.

sprüngliche ganz homogene Inhalt deutlich körnig. Jetzt beginnt die Sporenbildung und zwar nicht bloss in den Coccen, sondern auch in den Kurzstäbchen, so dass hier ein Fall vorliegt, wo die Sporenbildung in zweien der Entwickelungsstadien vor sich geht (D, c).

Sie kommt in der Weise zu Stande, dass die Körnchen durch Zusammenfliessen grösser werden und schliesslich zu einem einzigen, stark lichtbrechenden sich vereinigen. Ihre Keimung wurde noch nicht beobachtet. Zur Zeit der Sporenbildung verflüssigt sich die Gallert etwas.

10. *Bacterium Tuberculosis* KOCH. Tuberkelpilz.[1])

Ruft nach KOCH's neuesten Untersuchungen die Tuberkelkrankheit (Tuberculose) von Menschen und Thieren (Rindern [hier Perlsucht genannt], Affen, Schweinen, Schafen, Kaninchen etc.) hervor, wobei meist kleinere oder grössere Knötchen *(tubercula)* auftreten und zwar in den verschiedensten Organen (Lunge, Darm, Gehirn, Milz, Leber, Nieren, Bronchialdrüsen etc.)

Von Entwicklungsstadien wurden von KOCH nur Stäbchenformen (Bacillen) und Dauersporen aufgefunden; doch bildet der Pilz ausser Lang- und Kurzstäbchen nach meinen Beobachtungen auch Coccen. Jene sind an allen Punkten, wo der tuberculöse Process in frischem Entstehen und in schnellem Fortschreiten begriffen ist, in reicher Anzahl vorhanden und bilden oft dicht zusammengedrängte Gruppen, welche im Innern der Zellen des befallenen Organs oder ausserhalb derselben liegen.

Sobald der Höhepunkt der Tuberkelbildung überschritten ist, treten sie an Anzahl zurück. Die Wucherung der Stäbchen in den Zellen giebt oft Veranlassung zur Bildung stark hypertrophirter Zellen des Gewebes, der sogen. Riesenzellen.

Die Auffindung der Stäbchen im Sputum und in den Organen macht bei ihrer Feinheit einige Schwierigkeit. Ueberwunden wird dieselbe durch ein von KOCH angewandtes Färbungsverfahren.

Man breitet ein wenig von Sputum auf das Deckglas aus und trocknet und erhitzt sodann dasselbe, hierauf legt man das Deckgläschen in eine Farblösung von folgender Zusammensetzung: 200 Ccm. destillirtes Wasser werden mit 1 Ccm. einer concentrirten alkoholischen Methylenblau-Lösung vermischt, umgeschüttelt und erhalten dann unter wiederholtem Schütteln noch einen Zusatz von 0,2 Ccm. einer 10 % Kalilauge. Die Mischung darf selbst nach tagelangem Stehen keinen Niederschlag geben. Die zu färbenden Objecte bleiben in derselben 20—24 Stunden. Durch Erwärmen der Lösung auf 40° C. im Wasserbade kann diese Zeit auf $\frac{1}{2}$ bis 1 Stunde abgekürzt werden. Die Deckgläschen werden hierauf mit einer concentrirten wässrigen Lösung von Vesuvin, welche vor jedesmaligem Gebrauch zu filtriren ist, übergossen und nach 1 bis 2 Minuten mit destillirtem Wasser abgespült. In Alkohol gehärtete Schnitte werden in ähnlicher Weise behandelt. Es zeigen sich dann alle Bestandtheile der Gewebe braun gefärbt, die Tuberkelstäbchen aber blau geblieben.

Auch Bildung von Sporen ist von KOCH constatirt worden, und zwar sollen sich in je einem Stäbchen meist 2—4 Sporen in gleichmässigen Abständen bilden.

KLEBS kultivirte die Tuberkelstäbchen auf Hühnereiweiss, KOCH auf Serum von Rinderblut (s. oben: Methoden der Reinkultur), und letzterer impfte mit ganz reinem Material verschiedene Thiere (Meerschweinchen, Mäuse, Ratten, Kaninchen, Katzen, Hunde). Der Erfolg war: Typische Tuberkulose.

---

[1]) KLEBS, Tuberculose (Prager med. Wochenschr. 1877. No. 29, 42, 43). — KOCH, Die Aetiologie der Tuberculose. (Berliner klinische Wochenschrift. April, 1882.)

11. *Bacterium ianthinum* ZOPF.

Ich erzog diesen Spaltpilz auf Stücken von Schweinsblase, die ich in stark spaltpilzhaltiges Wasser (aus der Panke in Berlin) legte, so zwar dass sie auf der Oberfläche schwammen. Es bildeten sich 1—10 Millim. im Durchmesser haltende Flecken von intensiv violetter Färbung. Sie bestanden aus längeren und kürzeren schwärmfähigen Stäbchen, die schliesslich in Coccen zerfielen. Das Pigment, ein schön violetter in Alkohol löslicher Farbstoff entsteht nur an der unbenetzten, mit der Luft in direkter Verbindung stehenden Oberfläche der Schweinsblase, nie an der von der Luft abgewandten Seite und nie an untergetauchten Schweinsblasenstücken. Bezüglich seines Sauerstoffbedürfnisses für die Pigmentbildung verhält sich *A. ianthinum* also wie alle anderen Pigmentpilze.

12. *Bacterium Zopfii* KURTH.[1])

Es wurde von KURTH im Darm von Hühnern und zwar im Inhalt der Wurmfortsätze aufgefunden. Von Entwicklungszuständen wurden beobachtet: Coccen-, Stäbchen- und Fadenformen. In festem Substrat, d. h. 2½ %, 1 % Fleischextrakt enthaltender Gelatine auf dem Objectträger bei 20° gezüchtet bilden die Stäbchen von der Impfstelle aus radiär verlaufende Fäden, die sich an vielen Stellen spiralig krümmen können, und zwar bald in regelmässigster, bald in minder regelmässiger Weise. Schliesslich werden gewöhnlich die spiraligen Windungen so zahlreich und so dicht, dass förmliche Schraubenknäuel von rundlicher Form entstehen.

In flüssigem Nährsubstrat bei 20° lösen sich die Stäbchen aus dem Verbande der Fäden, indem sie, ähnlich wie es von mir zuerst bei *Cladothrix* gesehen wurde, abknicken, um dann zu schwärmen. Bei Temperaturen über 35° hört die Schwärmbewegung allmählich auf; es wachsen sodann die Stäbchen zu kurzen, in der Flüssigkeit schwebenden Fäden aus.

Ist das Nährmaterial der Erschöpfung nahe, so wird der Zusammenhang der Stäbchen in den graden oder spiraligen Fäden gelöst, und nun erscheinen letztere deutlich gegliedert. Mit der vollständigen Ausnutzung des Nährbodens tritt der Zerfall in Coccen ein. Jedes Stäbchen theilt sich in zwei Coccen, die meist verbunden bleiben.

Bei ihrem Zerfall in Coccen bilden die nach Knäuelart mehr oder minder dicht zusammengedrängten Spiralumgänge des Fadens je nach der Grösse des Knäuels mehr oder minder voluminöse Coccen-Klumpen (Zoogloeen) von rundlicher Form, die häufig perlschnurartig aufgereiht erscheinen. In frische Nährlösung gebracht, wachsen die Coccen direkt wieder zu Stäbchen aus und können dabei Schwärmbewegung annehmen. Als bester Nährboden für den Pilz erwies sich 1—3 % Fleischextraktlösung, mit oder ohne Gelatinezusatz. In Rinderblut — Serum und in der von NÄGELI angegebenen Normal-Nährsalzlösung fand kein Wachsthum statt. In der Fleischextraktlösung erregt der Pilz eine Zersetzungsform, welche weder der Gährung noch der typischen Fäulniss entspricht, was mit dem Umstande zusammenhängt, dass er ohne Luftzutritt nicht zu wachsen vermag. Gegen äussere Einflüsse ist der Coccen-Zustand viel weniger empfindlich, als der Stäbchenzustand; Stäbchen bleiben im eingetrockneten Zustande nur 2—4 Tage lebensfähig, die Coccen dagegen 17—26 Tage. In erschöpfter Nährlösung aufbewahrt, hatten sie noch nach 82 Tagen ihre Keimfähigkeit behalten.

[1]) Berichte der deutschen botanischen Gesellschaft. Februar, 1883.

Versuche über etwaige infectiöse Wirkungen führten, an Kaninchen angestellt, zu negativen Resultaten.

Die Entwicklung des Pilzes geht in Gelatine-Culturen relativ schnell vor sich. Spätestens 24 Stunden nach der Impfung tritt die vom Impfstrich ausgehende Fadenbildung auf, nach weiteren 24 Stunden sind die Windungen in den Fäden ausgebildet; 6 Tage nach der Impfung ist überall an den Fäden Zerfall in Coccen eingetreten.

Gattung 2. Clostridium.

Das morphologische Characteristikum dieser Gattung besteht darin, dass die Stäbchenformen in dem Stadium, wo sie zur Sporenbildung vorschreiten, ihre cylindrische Gestalt aufgeben und Spindel- Ellipsoïd-, oder Kaulquappenform annehmen. Man kennt bisher zwei Arten:

1. *Clostridium butyricum* PRAZMOWSKI[1]) Buttersäurepilz.

Auftreten: Der Pilz hat eine weite Verbreitung in der Natur; er tritt besonders häufig auf in fleischigen Wurzeln, in den Knollen der Kartoffeln, wo er die bekannte »Nassfäule« hervorruft, im Sauerkraut, in den sauren Gurken, in Aufgüssen stickstoffreicher Samen (z. B. der Erbsen, Lupinen, Sonnenrose), in Malzmaischen, in Zuckerlösungen (beispielsweise auch im Rübensaft der Zuckerfabriken), in Dextrinlösungen, in Lösungen von milchsaurem Kalk, in altem Käse, in der Labflüssigkeit etc.

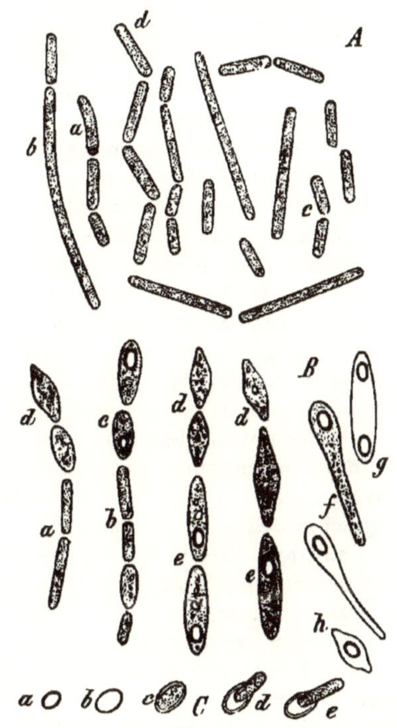

Fig. 24. (B. 311.)

Clostridium butyricum PRAZM. A vegetative Zustände; c Kurzstäbchen, d Langstäbchen, bei a u. b vibrionenartig gekrümmte Stäbchen und Fäden. B Dauersporenbildung; b, d Stäbchen vor, c, e während, f, g, h nach der Dauersporenbildung; c von ellipsoidisch, d u. h. von citronenförmiger, e, g von spindeliger, f von kaulquappenartiger Form. Bei a Stäbchen, die noch im vegetativen Zustande befindlich sind. C Keimung der Dauersporen; die Spore a schwillt an, b zeigt dann die Differenzirung der Membran in Exo- u. Endosporium c. Aus dem polaren Riss der Spore tritt der vom Endospor umgebene Inhalt in Form eines Kurzstäbchens heraus, d, das sich bei e bereits verlängert hat (nach PRAZMOMSKI).

Nach VAN TIEGHEM findet sich der Pilz auch in fossilen Coniferen der Steinkohlenperiode.

[1]) = *Vibrion butyrique* PASTEUR = *Amylobacter Clostridium* TRÉCUL = *Bacillus Amylobacter* VAN TIEGHEM = *Bacterium Navicula* REINKE und BERTHOLD. Literatur: TRÉCUL, Compt. rend. 1865. tom. LXI. u. 1867. tom. LXV; Ann. des sc. ser. V. tom. VII. 1867. VAN TIEGHEM, Sur le Bacillus Amylobacter et son rôle dans la putréfaction des tissus végétaux. Bull. de la Soc. bot. de France t. 24. 1877. — Ders. Sur la fermentation de la cellulose. Compt. rend. 1879. tom. LXXXVIII. — Ders. Identité du Bacillus Amylobacter et du Vibrion butyrique de PASTEUR. Compt. rend. t. LXXXIX. 1879. — PASTEUR, Compt. rend. LII. 1861, und Animalcules infusoires etc. Compt. rend. LII. 1861. — Etudes sur la bière. — PRAZMOWSKI, Untersuchungen über die Entwicklungsgeschichte und Fermentbildung einiger Bacterium-Arten. Leipzig, 1880. —

Was die Morphologie des Buttersäurepilzes anlangt, so kennt man bisher nur die Kurzstäbchen, Langstäbchen und die Fadenform (Fig. 24, A). Coccen sind bisher nicht beobachtet, aber ohne Zweifel vorhanden. Bisweilen sind Stäbchen und Fäden schwach vibrionenartig gekrümmt (A, b). (Involutionsformen der vegetativen Zustände kennt man noch nicht, obwohl sie auch bei diesem Pilze vorhanden sein werden.)

Zum Zweck der Sporenbildung, die sowohl in den kürzeren als in den längeren Stäbchen erfolgt, schwellen die Zellen in Folge reicher Ansammlung von Plasma mehr oder minder auffallend an (B, c d). Erfolgt diese Anschwellung mehr im äquatorialen Theile, was bei den kürzeren Stäbchen in der Regel der Fall, so entstehen spindelige, citronenartige oder ellipsoidische Formen, liegt sie mehr polar, so kommen keulenförmige oder kaulquappenartige Formen (B, f) zu Stande, die sehr auffallend sind. Die Zahl der Sporen beträgt gewöhnlich 1, selten 2 (B, g). Im letzteren Falle entspricht ihre Lage den beiden Polen, im ersteren ist dieselbe bald polar, bald äquatorial. Ihre Form ist die ellipsoïdische. Bei der Keimung (Fig. 24, C), der eine Aufschwellung der Spore vorangeht, wird, wie bei der Gattung Bacterium, das derbe Exosporium am Pole gesprengt und der Inhalt tritt umgeben vom Endosporium als kurzes Stäbchen hervor, das sich verlängert und dann theilt. Die Achse des Keimstäbchens fällt also mit der Längsachse der Spore zusammen.

Von physiologischen Eigenthümlichkeiten ist zunächst die hervorzuheben, dass der Spaltpilz Gährung zu erregen die Fähigkeit besitzt und zwar, wie PASTEUR entdeckte, FITZ und PRAZMOWSKI bestätigten, Buttersäure-Gährung. Es werden hierbei Buttersäure und von flüchtigen Produkten Kohlensäure und Wasserstoff gebildet. Ferner scheiden die Zellen ein Ferment ab, welches Cellulose und Stärke löst. Ein weiteres biologisches Charkteristicum liegt darin, dass, wie PASTEUR u. A. zeigten, die Pflanze ohne freien Sauerstoff der Luft existiren kann, ja der freie atmosphärische Sauerstoff auf dieselbe (wenigstens auf gewisse Stadien), gradezu als Gift wirkt. Auch Sporenbildung und Sporenkeimung gehen bei Luftabschluss vor sich und für den Keimungsprocess ist letzterer wahrscheinlich sogar Bedingung.

Eine weitere beachtenswerthe Eigenschaft ist die, dass die Zellen die von dem ausgeschiedenen Ferment gelöste Stärke des Substrats in ihren Inhalt aufnehmen können und sich dann mit Jod blau färben. Nach VAN TIEGHEM tritt die Stärkereaktion auch an in anderen, stärkefreien Nährsubstraten (wie Glycerin, Mannit, milchsaurem Kalk, Zuckerlösungen, cellulosehaltigen Stoffen etc.) gezogenem Material auf, wie auch FITZ und PRAZMOWSKI bestätigen.

Das Stadium der Jodfärbung stellt sich nach PRAZMOWSKI früher oder später ein, je nach der Energie, mit welcher die Gährung vor sich geht. In schwach gährenden, aber stärkereichen Substraten erscheint sie schon in einem sehr frühen Stadium, an noch wachsenden Stäbchen. Bei starker Gährung dagegen tritt sie, auch wenn das Substrat stärkereich ist, ziemlich spät, nämlich erst unmittelbar vor der Sporenbildung ein.

Die Temperatur ist auch bei diesem Spaltpilz auf die Entwicklung und Gährthätigkeit von Einfluss. Er wächst und gährt am üppigsten bei 35—40° C., bei 30° schon weniger gut. Auch die Sporenbildung geht bei höherer Tempe-

FITZ, Ueber Spaltpilzgährung. Berichte der Deutsch. chemischen Gesellschaft. Bd. XI. — REINKE u. BERTHOLD, Die Zersetzung der Kartoffel durch Pilze. Berlin, 1879.

[1]) Die sogen. Käsegährung schrieb man früher mit COHN fälschlich dem Heupilz zu.

ratur sehr schnell vor sich (in Dextrinlösung bei 30—35° z. B. in 10—18 Stunden, vom Beginn der Anschwellung der Stäbchen bis zur Ausbildung der Sporen gerechnet); für die Keimung erweist sich gleichfalls eine Wärme von 35—40° am günstigsten. Gegen höhere Temperaturen zeigen die Sporen weniger Resistenz, als *Bacterium subtile*. Der Buttersäurepilz kommt in zuckerhaltigen Pflanzentheilen, Gurken, Kohl, Gemüse etc. sowie im Käse spontan gewöhnlich erst dann zur Entwicklung, wenn der Zucker des Substrats von dem Milchsäurepilz, der wahrscheinlich nur eine Varietät des *Cl. butyricum* ist, zuvor in Milchsäure umgewandelt wurde. *Cl. butyricum* wandelt dann die Milchsäure in Buttersäure um. Das sogen. Reifen des Käses, wobei die weisse, fade und süsslich schmeckende Käsemasse ihren pikanten Geschmack und Geruch, ihr durchscheinendes Ansehen und gelbliche Färbung erhält, beruht auf diesem Prozess, ebenso die Bildung des Sauerkrauts und der sauren Gurken.

Da die Menge der Buttersäure, welche der Pilz erzeugt, schliesslich Wachsthum und Gährthätigkeit desselben bald hemmt, so fügt man der Cultur gleich beim Ansetzen etwas kohlensauren Kalk (in Form von Kreide) zu, um die Bildung von buttersaurem Kalk zu bewirken und so die Säure zu binden.

2. *Clostridium Polymyxa* Prazmowski.[1])

Auf gekochten Zuckerrüben und Kohlrüben bildet dieser Spaltpilz Gallertstöcke, welche knorpelige krause Massen von oft mehreren Centim. Durchmesser darstellen (Fig. 25), die eine gewisse Aehnlichkeit mit dem gleichfalls auf Zuckerrüben wachsenden *Leuconostoc mesenterioïdes* Cienk. und *Ascococcus Billrothii* Cohn darbieten, sodass sie makroskopisch leicht mit letzteren zu verwechseln sind.

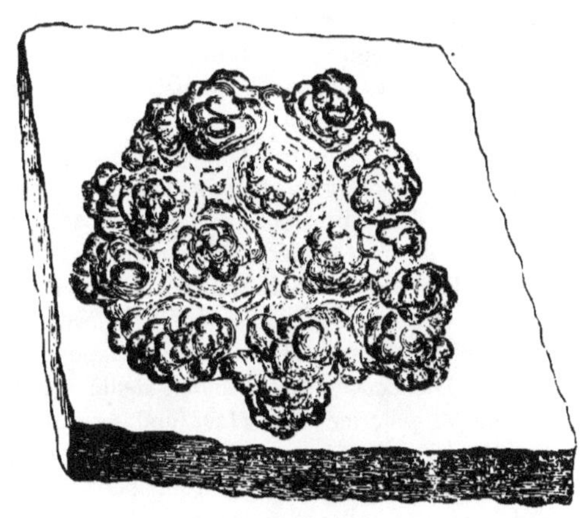

Fig. 25. (B. 312.)
Ein Rübenstück mit einer grossen Zoogloea von *Clostridium Polymyxa* (nat. Grösse).

In dieser Gallert sieht man Fäden liegen, welche aus längeren oder kürzeren Stäbchen bestehen. Wenn sie schliesslich zur Sporenbildung schreiten, so nehmen sie bezüglich der Form und der Art der Sporenbildung den Charakter von *Cl. butyricum* an. In zuckerhaltiger Nährlösung cultivirt, werden die Stäbchen schwärmfähig. Unter gewissen Ernährungsverhältnissen treten nach Prazmowski Involutionsformen in Form aufgeblähter Fäden, Stäbchen oder aufgeblähter Coccen (Fig. 5, 5 a b) auf. Letztere scheinen darauf hinzudeuten, dass der Pilz auch eine Coccenform besitzt. An der Oberfläche von Nährflüssigkeiten bildet der Pilz Zoogloeen in Form einer dicken Kahmhaut.

Seine physiologischen Eigenschaften betreffend, ist zunächst hervorzu-

[1]) Untersuchungen über die Entwicklungsgeschichte und Fermentbildung einiger Bacterien-Arten. Leipzig, 1880. pag. 37.

heben, dass er Gährwirkungen ausübt; doch kennt man die Gährprodukte zur Zeit noch nicht; man weiss nur, dass von flüchtigen Stoffen nur Kohlensäure und kein Wasserstoff entbunden wird. Zu seiner vegetativen Vermehrung und zur Sporenbildung bedarf er des atmosphärischen Sauerstoffes, doch kann er wie andere Gährungspilze nach eingetretener Vermehrung auch bei Luftabschluss seine Gährwirkungen äussern. Auch die übrigens genau wie bei *Cl. butyricum* erfolgende Keimung der Sporen erfordert Zutritt atmosphärischen Sauerstoffs.

In Dextrinlösung verläuft die Gährung ziemlich schwach, lebhafter in Aufgüssen von gekochten Kartoffeln oder Lupinensamen. Offenbar scheidet der Spaltpilz ein Ferment ab, welches wie das von *Cl. butyricum* Cellulose und Stärke zu lösen vermag. In Kartoffelaufguss cultivirt, lassen die Zellen bisweilen die gelöste Stärke andeutende Jodreaction erkennen, doch tritt sie nur schwach auf und stets nur in den bereits angeschwollenen Zellen vor der Fructification. Setzt man der Kartoffelcultur gelöste Stärke oder Amylodextrin zu, so tritt die Färbung stets auf. In stärkefreien Substraten dagegen bleibt sie stets aus.

III. Leptotricheen.

Genus I. Crenothrix.

Crenothrix Kühniana (RABENHORST)[1]) = Brunnenfaden.

Vorkommen: Der von KÜHN entdeckte und von COHN und mir untersuchte Brunnenfaden ist, als einer der häufigsten Wasserpilze, in allen kleineren oder grösseren stehenden oder fliessenden Gewässern zu finden, welche einen gewissen Reichthum an organischen Substanzen besitzen, wenn er auch im Allgemeinen nicht so gemein und massenhaft auftritt, wie die *Beggiatoa alba*. Er wurde beobachtet in den Quellen mancher Bäder, in Brunnen, Fabrikabflüssen, Reservoiren und Röhren der Wasserleitungen, wo er bisweilen sich so massig entwickelt, dass das Wasser zum Trinken und für manche Industriezweige gänzlich unbrauchbar wird,[2]) in Drainirröhren u. s. w. Auch in Teichen, See'n und Flüssen wurde er von mir aufgefunden.

Künstlich lässt er sich erziehen in Aufgüssen todter Algen und in Aufgüssen, die mit thierischen Substanzen (z. B. Schweinsblase) hergestellt sind.

Der Pilz weist von Entwickelungszuständen die Coccen-, Stäbchen- und Fadenform auf. Die Coccen (a—f) stellen kleine Kügelchen von 1—6 mikr. Durchmesser dar. Sie vergallerten ihre Haut und vermehren sich durch fortgesetzte Zweitheilung, wobei die Gallerthüllen der Tochterzellen zunächst in die Gallerthüllen der Mutterzellen eingeschachtelt bleiben, bis später diese Structur durch Verschmelzung der gallertigen Hüllen verwischt wird. Die durch Zweitheilung und Vergallertung entstehenden Zoogloen sind meistens unregelmässig, von Kugel-, Läppchen-, Fadenform u. s. w., bald mikroskopisch winzig, bald bis 1 Centim. und darüber im grössten Durchmesser haltend (Fig. 26, g). In den grossen Reservoiren Berlins wurden sie in so ungeheuren Massen erzeugt, dass sie über mehr als die Hälfte der daselbst abgelagerten, mehrere Fuss tiefen Schlammmassen ausmachten. Anfangs vollkommen farblos, nehmen die Colonien durch Einlagerung von Eisen-

[1]) COHN, Ueber den Brunnenfaden (*Crenothrix polyspora*). Beitr. zur Biol. Bd. I. Heft I. pag. 108. — ZOPF, Entwickelungsgeschichte über *Crenothrix polyspora*, die Ursache der Berliner Wassercalamität. Berlin, 1879. — Derselbe, Zur Morphologie der Spaltpflanzen. Leipzig, 1882.

[2]) In den Leitungen Berlins, Lille's und denen russischer Städte wurden dadurch schon grosse Calamitäten hervorgerufen. Die Pflanze ist aller Wahrscheinlichkeit nach ein Kosmopolit.

oxydhydrat ziegelrothe, olivengrüne oder dunkelbraune bis braunschwarze Färbung an, wodurch ihre Structur oft bis zur gänzlichen Unkenntlichkeit verdeckt wird.

In Sumpfwasser cultivirt wachsen die Coccen der Colonien zu Stäbchen aus, welche durch fortgesetzte Zweitheilung Fäden (Fig. 26, g) bilden, die nach allen Seiten hin von der Zoogloea ausstrahlen. In einem gewissen Altersstadium zeigen sie deutliche Scheidenbildung (Fig. 26, o—r), wodurch sie sich von den Fäden der *Beggiatoa* wesentlich unterscheiden. Auch in diese Scheiden lagert sich Eisenoxydhydrat ein, welches dieselben rostroth bis dunkelbraun färbt und auch hier die Structur der Fäden unkenntlich macht. Behandlung mit Salzsäure lässt die Gliederung aber leicht wieder hervortreten. Die braunen Flocken, durch welche *Crenothrix* in den Wasserleitungen so starke Verunreinigungen hervorruft, bestehen zumeist aus solchen mit eisenhaltiger Scheide versehenen Fäden. Lagern sich Eisenflöckchen in dichter unregelmässiger Weise auf, so erhalten die Fäden knorriges Ansehen und sind in diesem Zustande spröde und zerbrechlich. Innerhalb der Scheide gehen die Stäbchen durch fortgesetzte Quertheilung in etwa isodiametrische Stücke über, die sich abrunden und nun Coccen darstellen, die meist relativ gross sind (Macrococcen) (Fig. 26, q). An weitlumigen Fäden aber können die Quertheilungen noch weiter vorschreiten, so dass die isodiametrischen Glieder in ganz niedrige Cylinderscheiben zerlegt werden (Fig. 26, r). In letzteren

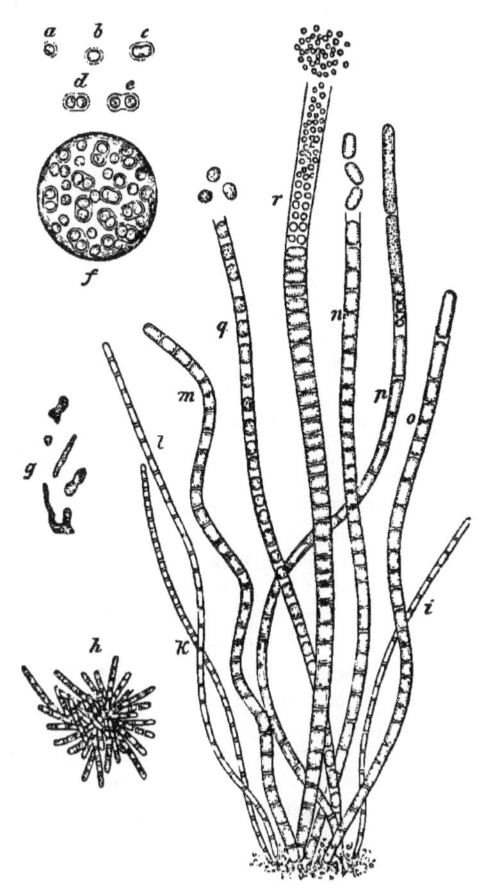

Fig. 26. (B. 313.)

Crenothrix Kühniana (Rabenh.); a—e 600:1. Coccen in verschiedenen Stadien der Theilung; f 600:1 kleine rundliche (leider zu scharf contourirte) Coccen-Zoogloea; g nat. Gr., Zoogloeen von verschiedener Form; h 600:1 Colonie von kurzen, aus stäbchenförmigen Zellen bestehenden Fäden, durch Auskeimung eines Coccenhäufchens entstanden; i—r Fadenformen, z. Th. gerade, z. Th. spiralig gekrümmt (l m) von sehr wechselnder Dicke, mehr oder minder ausgesprochenem Gegensatz von Basis und Spitze, verschiedenen Theilungsstadien ihrer Glieder und Scheidenbildung. Der bescheidete Faden r zeigt am Grunde Kurzstäbchen, die weiter nach oben in niedrige Cylinderstücke getheilt sind. An der Spitze sieht man die durch Längstheilungen der Cylinderscheiben entstandenen Coccen.

treten dann gewöhnlich noch parallel zur Achse des Fadens inserirte Längswände auf, wodurch jede cylindrische Scheibe in 2 resp. 4 kleine Coccen zerlegt wird (r). Es erfolgt also in solchen *Crenothrix*-Fäden eine Theilung der Glieder nach zwei resp. drei Richtungen des Raumes.

Die Coccenbildung schreitet im Allgemeinen in basipetaler Richtung vor, kann aber auch alle Theile des Fadens gleichzeitig ergreifen.

Durch die fortgesetzte Streckung und Theilung der Glieder innerhalb der Scheide wird ein solcher Druck gegen die Spitze der Scheide ausgeübt, dass dieselbe sich öffnet. Nun treten die Stäbchen resp. Coccen aus (n—r), z. T. mechanisch durch die weitere Streckung der im Faden zurückliegenden Zellen herausgeschoben, theils in Folge von Gleitbewegung, der die Wandung der Scheide als Stütze dient.[1]) Bisweilen kommt es vor, dass die Scheide frühzeitig vergallertet und die Coccen und Stäbchen in ihr liegen bleiben. Sie keimen dann, die vergallerte Scheide durchbrechend zu Stäbchen und Fäden aus und der ursprüngliche Faden erscheint nun in Folge der zahlreichen von ihm ausstrahlenden secundären Fäden wie ein Pinsel oder eine Bürste. Auch an diesen secundären Fäden lässt sich wie an den aus den Zoogloeen hervorgewachsenen der Gegensatz von Basis und Spitze, sofern er sich in der Erweiterung der Fäden nach dem freien Ende hin documentirt, deutlich erkennen. Ausser den gewöhnlichen Fäden kommen auch spiralig gekrümmte (m) und spirulinenartige vor.

Die geraden sowohl als die spiraligen Fadenformen fragmentiren sich leicht, sowohl im bescheideten, als im unbescheideten Zustande. Die Spiralfragmente gehen aber, soweit die Beobachtungen reichen, niemals in den Schwärmzustand über. Ein solcher ist bisher nur für die Coccenform constatirt.

Was die physiologischen Eigenschaften und Wirkungen der *Crenothrix* betrifft, so sind unsere Kenntnisse darüber noch sehr mangelhaft. Es liegt dies an der Schwierigkeit, den Pilz in künstlichen Nährlösungen zu züchten. Doch steht es fest, dass er zu seiner Entwickelung durchaus des Sauerstoffs der Luft bedarf. Unter ungünstigen Ernährungsverhältnissen producirt er durch auffällige Anschwellung charakterisirte Involutionsformen (Fig. 5, 1), die von COHN früher als Sporen angesprochen wurden. Eine eigentliche Sporenform ist bis jetzt nicht aufgefunden, wahrscheinlich auch gar nicht vorhanden, da der Spaltpilz in den mit sehr dicker Gallertscheide versehenen Fäden ein den Sporen aequivalentes Schutzmittel gegen starke Temperaturschwankungen besitzt. Es ist erwiesen, dass solche stark bescheideten Fäden das Einfrieren bei — 10° R. sehr wohl ertragen können.[2])

Genus II. Beggiatoa (TREVISAN).[3]).

Die Repräsentanten dieser Gattung dürfen als typische Hydrophyten angesprochen werden, denn sie werden überall in süssen sowohl, als salzigen Ge-

[1]) Die mit Coccen erfüllten Scheiden als »Sporangien« zu bezeichnen, wie es früher geschah, ist nach dem jetzigen Stande der Spaltpilzkenntniss nicht mehr angängig.

[2]) Nachträglich sei erwähnt, dass die von GIARD (Compt. rend. 1882) gemachten Bemerkungen über die Entwickelungsgeschichte der Pflanze, sofern sie von dem Vorstehenden abweichen, unrichtig sind.

[3]) Literatur: TREVISAN, Prospetto della Flora Euganea. CH. MORREN, Recherches sur la rubéfaction des eaux. Acad. roy. de Bruxelles. Tome 14, 1841. OERSTED, De regionibus marinis. 1844. — COHN, Hedwigia, 1863. No. 12, pag. 80 und 1865, no 6, pag. 81. Derselbe, Ueber die Entstehung des Travertins in den Wasserfällen von Tivoli (LEONHARD's Jahrbücher für Mineralogie, 1864. pag. 607. — Jahresbericht der schlesischen Gesellschaft für vaterl. Cultur.

wässern angetroffen, an Stellen, wo organische Körper, Thier- oder Pflanzentheile in Fäulniss übergehen. Besonders üppig entwickeln sie sich in fliessenden oder stehenden Gewässern, welche Kloakenwasser oder Abfälle der Fabriken aufnehmen, sowie in Schwefelthermen, und bilden daselbst auf Schlamm oder auf thierischen und pflanzlichen Körpern bald milchweisse oder graue, bald rosenrothe, purpurrothe bis violette Ueberzüge. Der sogen. weisse oder todte Grund des Meeres (z. B. der Kieler Bucht) ist nach ENGLER mit einem dichten weissen Filz von Beggiatoen überwebt und dehnt sich oft auf weite Strecken hin aus, auch an bis 3 Meter tiefen Stellen. Teiche und kleine Buchten des Meeres sieht man oft in ihrer ganzen Ausdehnung roth gefärbt.

Zum Zwecke der Gewinnung von Untersuchungsmaterial stellt man sich Infusionen von thierischen Theilen, z. B. Mehlwürmern, Schweinsblasenstückchen, faulenden Fischeiern (Froschlaich, Fleisch) oder von pflanzlichen wie abgestorbenen Algen (Spirogyren, Vaucherien, Cladophoren) mit Sumpfwasser oder gewöhnlichem Flusswasser her.

In ihren festsitzenden, bezüglich der Dicke sehr variablen und stets scheidenlosen Fäden lassen die Beggiatoen wie der Verfasser zeigte, deutlich einen Gegensatz von Basis und Spitze erkennen, indem sie sich nach oben allmählich etwas erweitern und am Grunde eine deutlichere Gliederung zeigen. Ausser geraden Fäden werden unter gewissen Nährverhältnissen spiralige gebildet: beiderlei Fäden zeigen starke Tendenz zur Fragmentirung. Spiralige Fragmente gehen, wie Verfasser darlegte, unter Umständen in den Schwärmzustand über und wurden früher als *Ophidomonas* beschrieben. In die Zellen der Beggiatoen wird wie CRAMER zeigte, Schwefel eingelagert in Form stark lichtbrechender, daher dunkel contourirter Körnchen. Durch dieses Moment sind die Beggiatoenzustände von den Zuständen anderer Spaltpilze leicht zu unterscheiden.[1])

Wie schon COHN vermuthete, können die Beggiatoen Schwefelverbindungen, vor allem schwefelsaures Natron, die besonders in Fabrikabwässern und Schwefelthermen reichlich vorhanden sind, zerlegen und so die reiche Entwicklung von Schwefelwasserstoff bedingen, ein Factum was LOTHAR MEYER zuerst experimentell sicher stellte. Das mit Schwefelwasserstoff geschwängerte Wasser der Fabrikabflüsse scheint, in die Flüsse geleitet, die Fische zu belästigen, resp. zu tödten; und der »todte« Grund des Meeres hat seinen Namen von den Fischern daher erhalten, weil solche Stellen von den Fischen gemieden werden.

Die Gleitbewegung und Flexilität der Fadenfragmente, der wir auch bei anderen Spaltpilzen begegnen, ist bei den Beggiatoen besonders auffallend. In

1874. — Beiträge zur Biologie I. Heft 3, pag. 172 ff. — Beiträge zur Physiologie der Phycochromaceen und Florideen in MAX SCHULTZE's Archiv, III. — CRAMER in CHR. MÜLLER's Chemisch-physikalische Beschreibung der Thermen von Baden in der Schweiz. Baden, 1870. — LANKASTER, On a Peach-coloured Bacterium. Bacterium rubescens. Quarterly Journal of microscop. science. New series vol. 13. 1873. Further Observations on a Peach-coloured Bacterium, ebenda vol. XVI. 1876. — WARMING, Om nogle ved Danmarks kyster levende Bacterier, in Videnskabl. Medd. fra d. naturh. Forening i Kjöbenhavn, 1875. (Französisches Resumé.) — ZOPF, Zur Morphologie der Spaltpflanzen. Leipzig, 1882. pag. 21 ff. — Vergl. auch LOTHAR MEYER, Chemische Untersuchung der Thermen zu Landeck in der Grafschaft Glatz. Journ. f. prakt. Chemie, XCI. u. WINTER, Die Pilze (in RABENH. Kryptog. Flora. pag. 57. ENGLER, Pilzvegetation des weissen oder todten Grundes in der Kieler Bucht (Bericht der Commission zur Erforschung deutscher Meere, 1881).

[1]) Genaueres über die Schwefelkörnchen s. pag. 13.

heissen Quellen findet man sie noch bei einer Temperatur von 55° C. und darüber in üppiger Entwicklung,[1]) ein Gleiches kann man beobachten an seichten stinkenden Fabrikabflüssen, wenn diese bereits mit einer Eisdecke überzogen sind. Hiernach besitzen die Pilze offenbar die Fähigkeit sich ziemlich extremen Temperaturen noch anzupassen.

1. *Beggiatoa alba* (VAUCH.).[2])

Sie repräsentirt den nächst *Cladothrix* gemeinsten Wasserspaltpilz. In auffälligen Mengen kann man sie beobachten in den Abflüssen der Fabriken, namentlich in den Abwässern der Zuckerfabriken, der Gerbereien etc. und in den Schwefelthermen. In oscillarienartiger Geselligkeit vorkommend überspinnen ihre Fäden unter ruhigen Verhältnissen die Schlammmassen oft auf weite Strecken hin mit einer mehr oder minder continuirlichen, milchweissen, weissgrauen oder schmutzig gelblich-weissen Decke (Barégine oder Glairine genannt und einen wesentlichen Theil des Badeschleims bildend).

Im angewachsenen Zustande findet man ihre Fäden an faulenden Algen und höheren Wasserpflanzen, an todten Insekten und ähnlichen Substraten. Solche angewachsene Fäden allein eignen sich für das Studium des Fadencharakters; die freien Fäden stellen blosse Fragmente vollständiger Fäden dar.

Beachtenswerth ist die Variabilität der Fäden bezüglich des Dickendurchmessers. Zwischen haarfeinen, jüngeren (höchstens 1 mikr. messenden) und sehr dicken älteren (von 5 mikr. Diameter und darüber), finden sich alle Mittelstufen, ein Factum, das man früher nicht beachtete und darum je nach der Fadendicke besondere Species unterschied.[3])

Auch der Schwefelgehalt der Fäden ist kein constanter. Junge dünne Fäden besitzen oft nur wenige (Fig. 27, d 4) oder nur ein einziges Schwefelkorn, ja sie können vollständig schwefelfrei sein; ältere dagegen sind meist schwefelreich, bald mit gröberen, bald mit feineren Körnchen dieser Substanz versehen (1 a 2). Doch vermisst man bisweilen auch an älteren Fäden und zwar an der Basis jede Schwefeleinlagerung.

Was die Struktur der Fäden betrifft, so lässt sich an festsitzenden Individuen eine Gliederung in Langstäbchen resp. Kurzstäbchen oder Coccen in der Regel schon ohne Eingreifen mit Reagentien constatiren, jedoch meistens nur am schmäleren basalen Theile der Fäden, zumal bei mangelndem Schwefelgehalt. (1 —d). In dem reichlicher Schwefel einlagernden Endtheile der Fäden fehlt fast durchweg jede Andeutung von Querwänden. Um auch hier den Nachweis der Gliederung führen zu können greift man am besten zu alkoholischen Anilinfarben-

[1]) Von dieser Beobachtung aus hat sich COHN zur Aufstellung der Hypothese veranlasst gesehen, dass die Beggiatoen (nebst den Oscillarien, die unter denselben Bedingungen noch sehr vermehrungsfähig sind) als die ersten pflanzlichen Bewohner des auf etwa 60° C. abgekühlten Urmeeres anzusprechen seien. Natürlicher erscheint dem Verfasser die Annahme, dass den Beggiatoen die Fähigkeit in heissem Wasser zu wachsen, nicht ursprünglich eigen war, sondern dass sie dieselbe allmählich durch Adaptation erlangt haben, indem sie von den unteren abgekühlten Stellen der Abflüsse heisser Gewässer aus nach der Quelle zuwanderten.

[2]) Vergl. ausser der angegebenen Literatur noch ENGLER, Pilzvegetation des weissen oder todten Grundes.

[3]) Solche nunmehr endlich fallen zu lassende Arten sind: *Beggiatoa nivea* RABENH., *B. leptomitiformis* MENEGH., *B. tigrina* RABENH., *B. marina* COHN. Vergl. WINTER: Die Pilze (RABENH. Kryptog. Flora, pag. 58.)

lösungen (Methylviolett, Fuchsin, Vesuvin), oder, wie ENGLER angiebt, zu erhitztem Glycerin, nach CRAMER auch zu schwefligsaurem Natron.

Bei der Theilung in isodiametrische Stücke (Coccen) bleiben nur die dünneren Fäden stehen (7). Die Coccen runden sich später soweit gegeneinader ab, dass sie sich trennen. In dickeren Fäden aber gehen die Theilungen noch einen Schritt weiter, was sich nur mittelst jener Reagentien feststellen lässt; die isodiametrischen Zellen theilen sich nämlich durch Querwände weiter in niedrige Scheibenstücke (Fig. 27, 8), und in diesen treten schliesslich unter Umständen nochmals Wände auf, aber diesmal senkrecht zu der vorigen Theilungsrichtung, aber parallel zur Längsachse des Fadens. So wird jede Scheibe in 2 Halbscheiben und schliesslich in 4 Quadranten zerlegt, die sich später zu kugeligen oder ellipsoidischen Coccen abrunden. Zur Zeit dieser Coccenbildung sind die Zellchen meist schwefelreich. Sie enthalten ein oder wenige grössere Schwefelkörnchen.

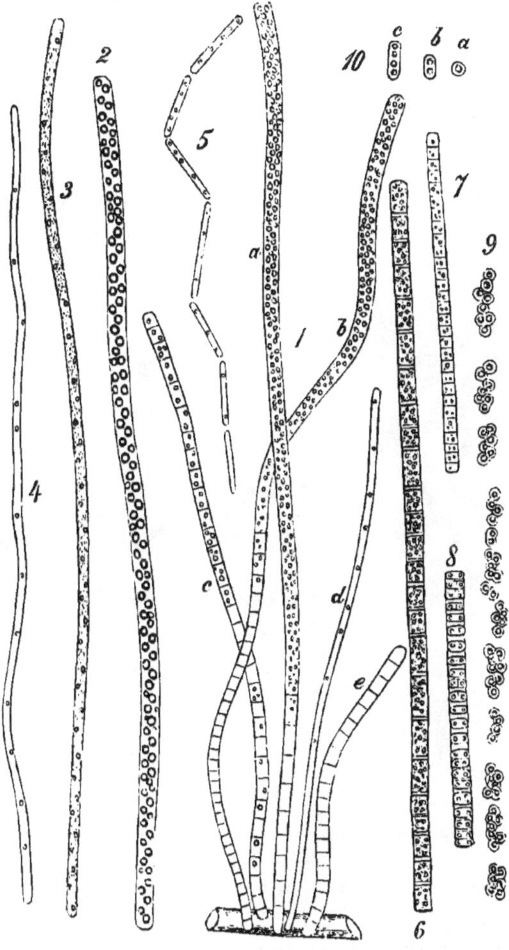

Fig. 27. (B. 314.)

Beggiatoa alba 1. (540 : 1). Gruppe festsitzender Fäden. a u. b mit deutlichem Gegensatz von Basis und Spitze, am Grunde deutliche Quertheilung in längere a und kürzere b Glieder zeigend und hier schwefelfrei. c Basales Fragment, Schwefelkörnchen spärlich. 2—5. (900 : 1). Fadenfragmente von verschiedener Dicke und verschiedenem Schwefelgehalt; 5 in lebhafter Fragmentirung begriffen. 6—8. (900 : 1), mit Methylviolettlösung behandelte Fäden, deutliche Gliederung in Längsstäbchen und Kurzstäbchen (6) in Coccen (7) in niedrige Scheiben und Coccen (8) zeigend. 9. (900 : 1), in Isolirung begriffene Coccen. 10. (900 : 1). Schwärmende Zustände (a Coccen, b c Stäbchen). (Nach der Natur).

Nach ihrer Ausbildung und Abrundung bleiben die Coccen noch längere oder kürzere Zeit bei einander liegen (9), bis sie sich schliesslich trennen. Unter gewissen Ernährungsverhältnissen gehen sie in den Schwärmzustand über, der sehr lebhaft ist, und setzen sich dann, zur Ruhe kommend in Gruppen an Algenfäden oder sonstige Gegenstände im Wasser fest, dieselben oft ganz überziehend und schwärzlich färbend. Sie vermehren sich durch fortgesetzte Zweitheilung, die auch schon beim Schwärmen zu constatiren ist und bilden kleinere oder grössere Zoogloeenhäufchen von unregelmässiger Form. Unter gewissen Verhältnissen wachsen sie zu Stäbchen (10 b), theils geraden, theils vibrionenartig gekrümmten aus, die gleichfalls ein Schwärmstadium eingehen können. Zur Ruhe gelangt wachsen sie zu Fäden aus.

Ausser allen diesen Entwicklungsverhältnissen wurde von mir der Umstand beobachtet, dass sich die Fäden entweder am terminalen Theile oder intercalar oder in ihrem ganzen Verlauf zur Spiralform krümmen können (Fig. 28, A—G). Die durch Abknickung frei gewordenen Spiralstücke erlangen unter besonderen Verhältnissen Schwärmfähigkeit. Ihre Schwärmbewegung wird durch Cilien vermittelt, die einzeln an jedem Pole auftreten und schon ohne Reagentien nachweisbar sind (E). Man hat die Schwärmschrauben früher unter dem Genus *Ophidomonas* beschrieben.

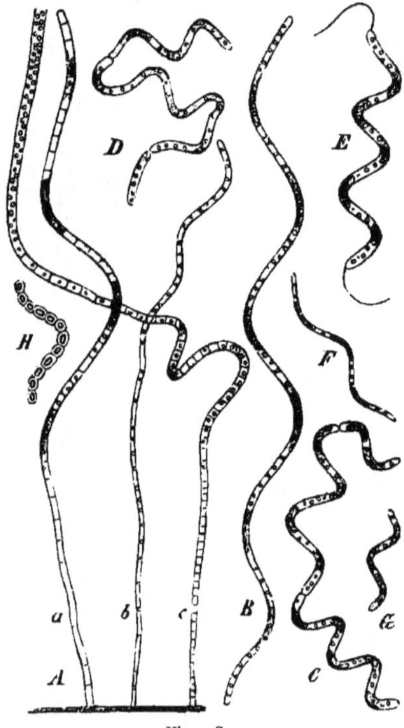

(B. 315.) Fig. 28.

Beggiatoa alba (540:1). A Gruppe festsitzender, partiell gewundener, an der Basis deutlich gegliederter Fäden. B Ein in seiner ganzen Ausdehnung spiralig gewundener Faden. C D Schraubenstücke, die sich von Fäden abgegliedert haben, unbeweglich und in der Fragmentirung begriffen. E Schrauben-Schwärmer von Spirillenform, an beiden Polen mit je einer Geissel versehen. F G dünnere und kleinere Schraubenformen. H eine Schraube, welche Gliederung zeigt.

Ihre Fadendicke wechselt wie die Fadendicke der Mutterfäden, von denen sie ihren Ursprung herleiten; eben so variabel ist ihr Schwefelgehalt und Durchmesser wie Höhe ihrer Windungen (B—G). Durch Fragmentirung (D) bilden sie Schraubenstücke, welche für sich weiter schwärmen können. Ihrem Ursprunge von gegliederten Beggiatoa-Fäden gemäss zeigen die Schraubenzustände die nämliche Gliederung in Stäbchen und Coccen (H), wie jene, doch ist dieselbe meistens schwierig und meistens nur mittelst Reagentien oder nach Cultur in Wasser nachweisbar, und so geschah es, dass man die Schrauben früher für einzellig hielt. Die gewöhnlichen geraden Fäden zeigen gleichfalls eine starke Tendenz zur Fragmentirung in längere oder kürzere Stücke (Fig. 27, 5), die je nach dem Schwefelgehalt der verschiedenen Stellen des Mutterfadens bald schwefelreich, bald schwefelarm, bald ganz schwefelfrei erscheinen (Fig. 27, 5) und in letzterem Falle vom Unkundigen für nicht zu *Begg. alba* gehörige Zustände gehalten werden können. Sie gehen, wie es scheint, niemals in den Schwärmzustand über.

Die geraden, wie die schraubigen (nicht im Schwärmzustande begriffenen) Fragmente zeigen grosse Flexilität und kriechende Bewegungen. Die flexilen Fäden machen sehr energische oft vielfach verschlungene Biegungen und erscheinen oft zierlich haarflechtenförmig (Spirulinenform Fig. 1, l).

Nächträglich sei hinzugefügt, dass ich an Material einer von *Begg. alba* nicht zu unterscheidenden *Beggiatoa* die mir von WARMING von der dänischen Küste gesandt wurde, beobachtete, wie schon die stäbchenförmigen Glieder der Fäden nach gegenseitiger Abrundung sich isoliren und in den Schwärmzustand übergehen können.

2. *Beggiatoa roseo-persicina* ZOPF.[1])

Sie tritt auf im süssen und salzigen Wasser an Stellen, wo vegetabilische oder thierische Theile im Faulen begriffen sind und versieht beiderlei Substrate mit rosenrothen, bluthrothen, violetten oder violettbraunen Ueberzügen. In schwimmenden Algenwatten (z. B. von *Vaucheria)* bildet sie oft ausgedehnte Nester. Wenn auch nicht so verbreitet wie *Beggiatoa alba* kommt sie doch häufig in grosser Massenhaftigkeit vor, so dass sie ganze Gräben, Sümpfe und grössere Teiche erfüllen kann, dieselben bluthroth färbend. An den Meeresküsten (z. B. von Dänemark) entwickelt sie sich zwischen den ausgeworfenen Zosteren-Massen gleichfalls in auffallender Menge.

Was die Morphologie der rothen *Beggiatoa* anlangt, so erzeugt sie dieselben Entwicklungsformen wie *B. alba*, nämlich: Coccen-, Stäbchen-, Faden- und Schraubenformen.

Die Fadenform stimmt in ihrem Bau so vollständig mit der von *B. alba* überein, dass sie sich im Grunde nur durch die rothe bis violette Färbung unterscheidet.

Dagegen entwickeln sich die in den Fäden gebildeten, durch Abrundung frei werdenden Coccen durch fortgesetzte Zweitheilung zu charakteristischen, eine grosse Mannigfaltigkeit in der Configuration zeigenden Zoogloeen.

Die bekannteste dieser Formen ist die früher als besondere Algenart *(Clathrocystis roseo-persicina)* von COHN beschriebene Netzform. Daneben kommen regelmässig kugelige, eiförmige, sowie unregelmässige Colonien von gelappter, verzweigter etc. Form vor. Dabei erscheinen die Colonien bald wenig, bald stark vergallertet. Die Coccen-Einschlüsse, anfangs klein, vergrössern sich später zu Macrococcen und werden schwefelreicher.

Aus den Coccen entwickeln sich in den Colonien unter gewissen Bedingungen Stäbchen, welche nicht selten vibrioartige Krümmung annehmen. Besondere Ernährungsverhältnisse vorausgesetzt, schwärmen sowohl die Coccen als die Stäbchen nach dem Zerfliessen der Gallerthülle aus.[2]) Die kürzeren Stäbchen wachsen zu längeren aus und bilden durch Aneinanderreihung Fäden.

---

[1]) Literatur: LANCASTER, On a Peach-coloured Bacterium — Bacterium rubescens. Quart. Journ. of microscop. science. New series, vol. 13 (1873). pag. 408. — Further Observations on a Peach- or Red-coloured Bacterium, ebenda vol. XVI. 1876. — WARMING, Om nogle ved Danmarks kyster levende Bacterier, in Vidensk. Medd. fra d. nat. Forening i Kjöbenhavn, 1875. (Resumé). — MORREN, Recherches sur la rubéfaction des eaux. Nouv. mém. de l'acad. roy. de Bruxelles. Tom. XIV. (1841). — WEISE, Monas Okenii. Bull. phys.-mathem. de St. Pétersbourg III. 1845. — COHN, Beiträge I., Heft III. — GIARD, Etude sur une bactérie chromogéne des eaux de rouissage du lin, Revue de sc. nat. Tome V. 1877. — W. ZOPF, Zur Morphologie der Spaltpflanzen. Leipzig, 1882. pag. 30. — WINTER, in RABH. Kryptogamen-Flora. pag. 48. unter Cohnia. Vergl. auch ENGLER l. c.

[2]) Die Coccen-, Stäbchen-, Vibrionen- sowie kürzere Fadenformen unterschied man früher als besondere Arten: *Bacterium sulfuratum, Merismopedia littoralis* u. *Reitenbachii, Monas vinosa, M. Warmingii, Monas erubescens, Bacterium rubescens, Monas Okenii, Spirillum violaceum, Monas gracilis, Rhabdomonas rosea* etc.

Wie bei *Beggiatoa alba* können auch bei vorliegender Species unter gewissen Ernährungsbedingungen die Fäden partielle oder totale Schraubenbildung zeigen, sowie die Schrauben sich abgliedern und schwärmfähig werden. Sie stellen in diesem Zustande die *Ophidomonas sanguinea* EHRENBERG's dar.

Physiologisch ist *B. rosea-persicina* durch die Bildung ihres rothen, im Inhalt befindlichen Farbstoffes, des Bacteriopurpurins bekannt.[1])

3. *Beggiatoa mirabilis* COHN.[2])

Sie lebt im Meerwasser wo ihre hyalinen Fäden den Schlamm sowohl als faulende Algen, Seegras und faulende Thierkörper mit einem weissen Ueberzuge versehen. An den dänischen und norwegischen Küsten ist sie nach WARMING eine ganz gemeine Erscheinung.

Ueber ihren Entwicklungsgang herrscht noch vollständige Unkenntniss. Von allen anderen Beggiatoen durch den bedeutenden Querdurchmesser bis etwa 30 mikr.) unterschieden zeigen die Fäden zunächst Gliederung in nahezu isodiametrische Stücke, dann in niedrige Cylinderscheiben. Da, wo Scheidewände nicht deutlich wahrzunehmen sind, deutet schon die Gruppirung der Schwefelkörnchen solche an. Wie COHN und WARMING wohl ganz richtig vermuthen, dürften die kugeligen rundlichen, oft in Zweitheilung begriffenen Zellen, welche man zwischen den Beggiatoenfäden umherrollen sieht und die genau denselben Inhalt haben, wie letztere, anzusprechen seien als isolirte Glieder der *Beggiatoa*, als Macrococcen (*Monas Mülleri* WARM). Ob Spiralschwärmer vorkommen ist noch nicht festgestellt.

Genus III. Phragmidiothrix. ENGLER.[3])

1. *Phragmidiothrix multiseptata* ENGLER.

Dieser Meeres-Spaltpilz, von ENGLER in der Kieler Bucht entdeckt, siedelt sich auf *Gammarus Locusta* an. Seine 3—6 mikr. dicken Fäden erscheinen durch Querwände in sehr niedrige Cylinderscheiben gegliedert, deren Höhe 4—6 mal geringer ist, als der Querdurchmesser. In diesen Scheiben können nun Längstheilungen nach 2 und mehreren Richtungen auftreten, durch welche sie zunächst in Halbscheiben, dann in Scheiben-Quadranten und endlich in noch kleinere Stücke verlegt werden, die sich schliesslich abrunden, Coccen darstellend, deren wahrscheinliche Isolirung noch nicht beobachtet wurde. Offenbar gehen aus diesen Coccen wieder zunächst sehr dünne, dann immer breiter werdende Fäden hervor.

Ausser durch die weitgehenden Theilungen charakterisirt sich *Phragmidiothrix* den Beggiatoen gegenüber durch den Schwefelmangel, Crenothrix gegenüber durch den Mangel einer Scheide. Jedenfalls hat man es mit einem höchst eigenartigen Spaltpilze zu thun, dessen Entwicklung eingehend studirt zu werden verdiente.

Genus IV. Leptothrix.

1. *Leptothrix buccalis* ROBIN = Pilz der Zahncaries.[4])

Bewohnt die Mundhöhle des Menschen und carnivorer, seltener phytophager Säugethiere, woselbst er als Saprophyt auf der Schleimhaut und im Zahnbelag

[1]) Vergl. das auf pag. 14 unter »Farbstoffe« Gesagte.

[2]) Hedwigia, 1865, pag. 81. — Beiträge zur Physiologie Phycochromaceen und Florideen (MAX SCHULTZE's Archiv, III. — WARMING, Om nogle ved Danmarks Kyster levende Bacterier. Resumé, pag. 15.

[3]) Ueber die Pilzvegetation des weissen oder todten Grundes in der Kieler Bucht.

[4]) Literatur: ROBIN, Histoire nat. des végét. parasit. pag. 345. — LEBER u. ROTTENSTEIN,

vegetirt, auch im Zahnstein zu finden ist. Unter gewissen Voraussetzungen indessen gewinnt er parasitische Angriffskraft auf die Zahngewebe und ruft in ihnen eine eigenthümliche Krankheit hervor, welche in einem Morsch- und Hohlwerden des Zahns ihren Ausdruck findet und als Zahnfäule oder Zahncaries *(Caries dentium)* allgemein bekannt ist. Wie Dr. W. MILLER mit mir nachwies, findet sich der Pilz auch im Weinstein der Zähne ägyptischer Mumien, wo er sich nach Auflösung des Kalkes durch Säuren leicht nachweisen lässt.

Er bildet in seinen Fäden Langstäbchen, Kurzstäbchen und endlich Coccen. Oft sind diese Formen gleichzeitig am selbigen Faden nachweisbar. Durch fortgesetzte Zweitheilung sich vermehrend und durch ihre gallertige Membran verbunden bleibend, formiren die Coccen Zoogloeen, welche unregelmässige Haufen darstellen. Wachsen solche Haufen wiederum zu Fäden aus, so bilden letztere ein strahliges Büschel.

Ein Gegensatz von Basis und Spitze lässt sich an solchen festsitzenden Fäden, die übrigens sehr verschiedene Durchmesser haben, leicht nachweisen. Fragmentirung der Fäden in längere und kürzere Stücke erfolgt natürlich auch hier. In manchen Fällen nehmen die Fäden, entweder an localisirten Stellen oder in ihrem ganzen Verlauf spiralige Krümmung an, und die Fragmente solcher Fäden stellen Spirillen-, Vibrionen- oder Spirochaeten-artige Formen dar. Letztere, bekanntlich im Munde sehr häufig und durch fortgesetzte Verlängerung und Fragmentirung ihre Zahl vermehrend, wurden bisher als *Spirochaete buccalis* bezeichnet.

Wie MILLER zeigte, geht der Pilz auch in die Zahngewebe hinein. Der Zahn besteht bekanntlich aus vier, einander concentrisch umgebenden Schichten: 1. dem Zahnbein (Dentine) (Fig. 29, I, D), welches den überwiegendsten Theil der Zahnmasse darstellt und dem Zahne die bekannte Form verleiht. Sein Gewebe wird durchzogen von Kanälchen (Dentinkanälchen), welche radiale Stellung zum Centrum des Zahnes zeigen und reich verzweigt sind. Dieses Gewebe ist ausserdem incrustirt mit Kalksalzen. 2. aus der vom Zahnbein umschlossenen Pulpa (I, P), welche aus Bindegewebe besteht, mit Nerven und Gefässen. An ihrem peripherischen Theile liegen die als Odontoblasten bezeichneten Zellen, deren Zweige (Fibrillen) in die Dentinkanälchen hineingesandt werden. 3. aus dem Schmelz (I, E), der das Zahnbein, soweit es aus der Alveole herausragt, mit einer dünnen Schicht überkleidet und durch Einlagerung von Fluorcalcium in seine prismatischen Zellen besondere Härte erlangt, und 4. aus der Cementschicht (I, c), welche den im Kiefer steckenden Theil des Zahnbeins (die Wurzeln) überzieht und aus Knochenkörperchen besteht.

Nach den Untersuchungen MILLER's liegt die Hauptbedingung für das Eindringen des Pilzes in der vorausgehenden Entkalkung des Schmelzes und Zahnbeins. Diese Entkalkung wird bewerkstelligt durch Säuren, welche sich bilden, wenn Speichel mit Speiseresten (Brod, Fleisch) in Berührung kommt, oder wenn im Mundbelag befindliche Spaltpilze Gährthätigkeit entwickeln. Da sich die Speisereste in den Interstitien der Zähne und (namentlich bei Backzähnen) auch an der Kaufläche, und zwar in Fissuren des Schmelzes festsetzen, so werden die Zähne zuerst an diesen Stellen entkalkt, und von hier aus erfolgt auch das Eindringen des Pilzes. Er wuchert in den Dentinekanälchen entlang,

---

Untersuchungen über Caries der Zähne. Berlin, 1867. — BAUME, Odontologische Forschungen, II. pag. 120—191. — W. MILLER, Der Einfluss von Microorganismen auf die Caries der menschlichen Zähne. (Archiv für experimentelle Pathologie. Bd. XVI. 1882).

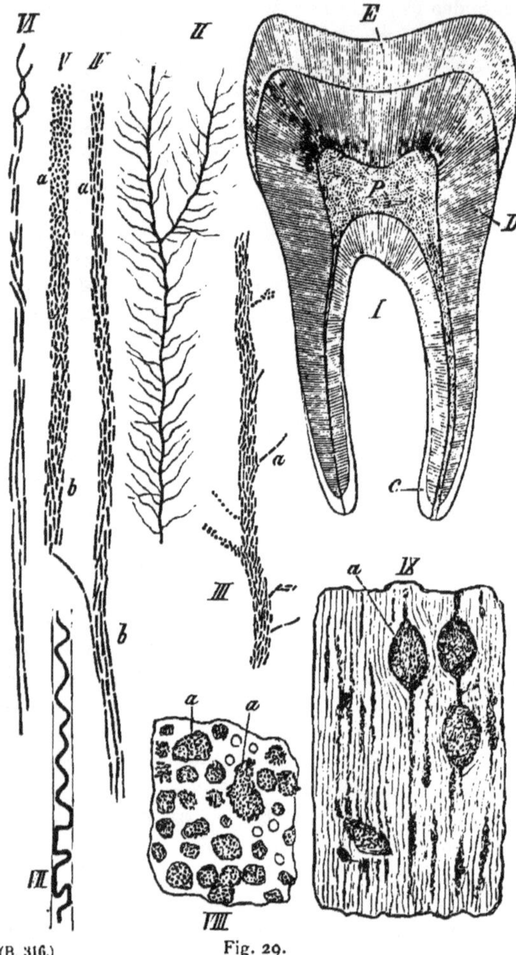

(B. 316.) Fig. 29.

I Zahn im Längsschnitt, schwach vergrössert. E Elfenbeinschicht, D Zahnbein (Dentine), P Pulpa, C Cementschicht. II Verzweigtes Zahnkanälchen (normal). III Stück eines verzweigten Zahnkanälchens mit Kurzstäbchen erfüllt; in den Seitenzweigen Kurzstäbchen und Coccen (z. B. bei a). IV Kanälchen, welches am Ende a Kurzstäbchen, weiter zurück Langstäbchen (b) enthält. V Kanälchen, das oben (a) mit Coccen, unten (b) mit Kurzstäbchen versehen. VI Kanälchen (dessen Wandung nicht gezeichnet), unten mit leptothrixartigen Fäden, oben mit Langstäbchen und schraubig gekrümmten Fäden. VII Spirillenartiger Faden, z. Th. unregelmässig und den Raumverhältnissen des Kanälchens sich accomodirend. VIII Querschnitt durch einen cariösen Zahn, die Kanälchen auf dem Durchschnitt zeigend. Sie sind bereits durch die Pilzwucherung erweitert, an einzelnen Stellen (a) schon verschmolzen. IX Längsschnitt durch krankes Zahnbein. a Stellen, wo sich grosse Massen des Spaltpilzes gebildet haben.

zerstört die Fibrillen und gelangt schliesslich bis in die Pulpa hinein, auch diese zerstörend. In den Dentinekanälchen, wie in der Pulpa bildet er Langstäbchen (IV, b), Kurzstäbchen (IV a, V b, III) und Coccen (V a), die *Leptothrix*-Form und Schrauben-Formen (VI, VII), also dieselben Zustände, wie im Zahnschleim. In der Höhlung des Zahnes und an den peripherischen Theilen desselben herrscht die *Leptothrix*-Form nebst Coccen vor, in den Kanälchen dagegen überwiegt die Coccen- und Stäbchenform. Oft sind die Stäbchen in der ganzen Ausdehnung der Dentinekanälchen vibrionenartig gebogen. Häufig treten die Coccen-, Stäbchen- und Fadenformen in zonenartiger Reihenfolge in den Kanälchen auf (IV, V VI). Die Stäbchen schieben sich selbst in die feinsten Verzweigungen der letzteren hinein III a), um auch hier schliesslich in Coccen zu zerfallen (III).

In den Dentinekanälchen und ihren Seitenzweigen erfolgt die Vermehrung der Stäbchen und namentlich der Coccenform durch fortgesetzte Zweitheilung bis zu dem Grade, dass die Kanälchen zunächst allseitig stark erweitert werden, später aber tritt eine mehr localisirte Wucherung der Pilzelemente derartig intensiv auf, dass grosse Klumpen derselben entstehen, welche das Gewebe unterbrechen. Man kann sich hiervon sowohl auf Längs- (IX) als auf Querschnitten

(VIII) des Zahnes überzeugen. Endlich werden die Wucherungen so gross, dass sie mit anderen sich berühren und verschmelzen (VIII a). Auf diesem Wege werden immer grössere Lücken im Zahnbein gebildet, und dasselbe erscheint nunmehr morsch, cariös.

Die Fibrillen der Dentinekanälchen sowie die Pulpa werden in starke Fäulniss versetzt, die sich in den bekannten üblen Gerüchen kundgiebt.

Die oben für *Bacterium Pastorianum* (HANSEN), *Clostridium butyricum* und *Polymyxa* angegebene Blaufärbung durch Jod kommt auch bei vorliegendem Pilze der Regel nach, wenn auch nicht immer vor.[1])

Es kann kaum einem Zweifel unterliegen, dass der ursprüngliche Vegetationsheerd des Pilzes ausserhalb der Mundhöhle zu suchen ist. Vielleicht führen wir ihn mit dem Wasser und mit den thierischen oder pflanzlichen Nahrungsmitteln ein.

IV. Cladothricheen.

Genus I. Cladothrix.

1. *Cladothrix dichotoma* COHN.[2]) Zweighaar.

Dieser gemeinste aller Wasserspaltpilze lebt in allen stehenden und fliessenden Gewässern, welche mehr oder minder reich an organischen Substanzen sind, und findet sich fast stets in Gesellschaft von Beggiatoen. In den Abwässern von Fabriken (besonders Zuckerfabriken), Gerbereien kommt er oft zu massenhafter Entwickelung, verunreinigt auch nicht selten die Wasserleitungen (namentlich in Russland) und füllt Bäche an stagnirenden Stellen oft total aus. Besonders auffallend für das Auge wird seine Vegetation, wenn die fädigen Zustände durch Eisenoxydhydrat Rostfarbe annehmen.

Künstlich erzieht man ihn in Aufgüssen von faulenden Algen und anderen Pflanzen, stinkenden Schlammmassen, Fischeiern, Fleisch, Insekten etc., die mit Fluss- oder Sumpfwasser angestellt werden.

Der Spaltpilz tritt an Algen und thierischen Substraten in Form kleiner 1—3 Millimeter hoher Räschen, sonst auch in schwimmenden Flöckchen auf.

Seine Entwickelung führt von der Coccenform aus zur Stäbchenform, von dieser zu feinen Fäden. Letztere sind anfangs einfach und wurden früher als besondere Art *(Leptothrix parasitica* KÜTZING oder (wenn sie durch Eisenoxydhydrat gefärbt sind) als *Leptothrix ochracea* KÜTZING) beschrieben. Später gehen sie nach Art gewisser Spaltalgen *(Tolypothrix)* Pseudoverzweigungen ein (Fig. 3), indem einzelne Stäbchen seitwärts ausbiegen (Fig. 3, a b c) und durch fortgesetzte Theilung sich zu Fäden verlängern. Bei ungestörter Vegetation erlangen die Zweigsysteme, die weder bei der Gruppe der Bacteriaceen, noch bei den Leptothricheen zu finden sind, ziemlich bedeutende Ausdehnung. Zunächst erscheinen die Fäden in Langstäbchen, später in Kurzstäbchen und endlich in Coccen gegliedert; doch hat man bisweilen zur Sichtbarmachung dieser Structur zu den früher erwähnten Abtödtungsmitteln zu greifen, besonders dann, wenn die in bekannter Weise sich bildende Scheide ziemliche Dicke erreicht und dabei

[1]) Bisweilen bahnt nach MILLER dem Zahnpilze ein *Saccharomyces Mycoderma*-artiger Sprosspilz den Weg, indem er, sich in das Zahngewebe einbohrend dasselbe entkalkt und durchlöchert.

[2]) COHN, Untersuchungen über Bacterien, in Beitr. z. Biol. Bd. I. Heft III. pag. 185. CIENKOWSKI, Zur Morphologie der Bacterien. Petersburg 1876. W. ZOPF, Zur Morphologie der Spaltpflanzen. I. Zur Morphologie der Spaltpilze. pag. 1 u. ff.

durch Eisenoxydhydrat gelbe, rostrothe, olivengrüne oder selbst dunkelbraune Färbung annimmt.

Die Glieder der Fäden wandern in der Regel aus der Scheide aus, entweder in Folge der Streckung und Theilung der weiter zurückliegenden Glieder herausgedrängt, oder in Folge ihrer Eigenbewegung. Sie treten entweder isolirt aus oder zu Reihen (Hormogonien) verbunden.

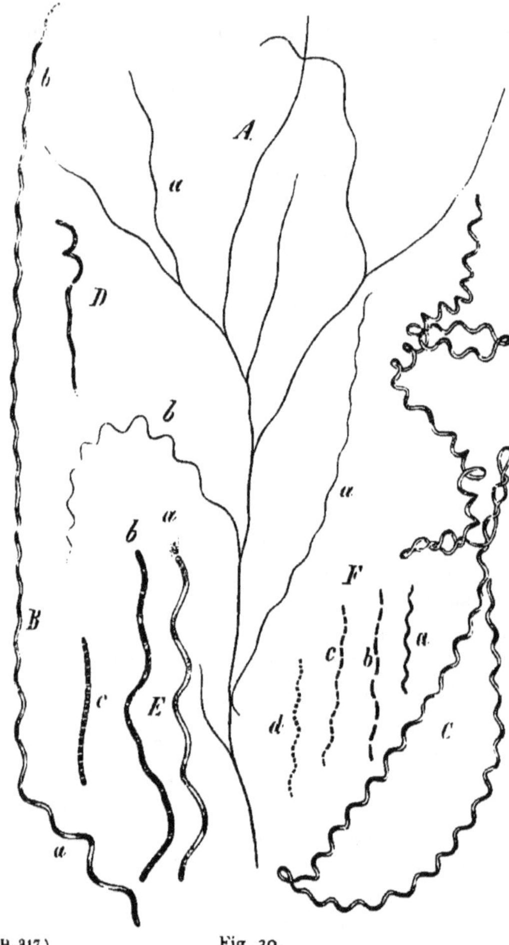

(B. 317) Fig. 30.

Cladothrix dichotoma. A Verzweigte Pflanze, Zweige z. Th. vibrionenartig (a), z. Th. spirillenartig (b), schwach vergrössert. B Eine Schraube, deren eines Ende (a) spirillenartig, deren anderes (b) vibrionenartig erscheint. C Sehr langer, spirochaetenartiger Zweig. D Zweigstück, an einem Ende spirillen-, am andern vibrionenartig. E Schrauben mit Gliederung in Stäbchen (b) und Coccen (c); a ungegliedert. F Spirochaetenform, bei a ungegliedert, bei b in Langstäbchen, bei c in Kurzstäbchen, bei d in Coccen gegliedert. (Gliederung bei E nicht gut wiedergegeben.)

Bisweilen keimen die Coccen noch in der Scheide liegend zu Stäbchen und sodann zu *Leptothrix*-Fäden aus, ähnlich wie bei *Crenothrix*. Unter gewissen Verhältnissen lösen sich Zweigstücke der Pflanze ab und nehmen eigenthümliche Gleitbewegungen an.

Unter gewissen anderen Bedingungen werden die abgeknickten Zweigstücke schwärmfähig![1]) Sie zeigen unmittelbar nach der Abknickung Cilien und schwärmen mittelst derselben äusserst lebhaft. Solche längere Stäbe zerknicken dann in kürzere, gleichfalls Schwärmbewegung annehmende.

Ausser den mit gewöhnlichen geraden Zweigen versehenen Individuen werden von dem Pilze solche Pflanzen gebildet, deren Zweige regelmässig spiralig gewundene Formen annehmen (Fig. 30, A). Solche Schrauben entsprechen theils der *Spirillum*- (Fig. 30, A b), theils der *Vibrio*- (A a), theils der *Spirochaete*-Form (C). Uebergänge von der einen zur andern finden sich oft an demselben Zweig (B, D).

Wie die Stücke gerader Zweige, können nun auch Stücke der Spiralzweige

[1]) Aehnliches von KURTH für *Bacterium Zopfii* beobachtet. s. d.

sich unter gewissen Verhältnissen abgliedern, um entweder blosse Gleitbewegungen oder aber durch Cilien vermittelte Schwärmbewegungen anzunehmen. Ihrem Charakter als Zweigstücke entsprechend weisen die abgelösten Schwärmschrauben Gliederung in Längstäbchen beziehungsweise Kurzstäbchen auf (E b) und gliedern sich schliesslich in Coccen (E c). Die Annahme der Einzelligkeit der Schraubenformen ist also auch für die *Cladothrix*-Schrauben hinfällig. Man gelangte zu dieser Annahme auf Grund des Umstandes, dass die Gliederung auf dem blossen optischen Wege schwierig oder gar nicht möglich ist; allein wenn man zu den früher dargelegten Methoden des Nachweises der Gliederung greift, insbesondere zu den Färbungsmitteln, macht dieser Nachweis keine besonderen Schwierigkeiten.

In den Entwickelungsgang von *Cladothrix dichotoma* gehört eine durch mehr oder minder regelmässig baumförmige Gestalt ausgezeichnete Zoogloeenform, die *Zoogloea ramigera* der Autoren (Fig. 11, F). Die Verzweigungsform ist eine bald regelmässig-, bald unregelmässig-dichotome. Bisweilen werden die Zweige nach dem Ende zu lappenförmig breit, bald erhält das Ganze mehr traubenartiges Ansehen.

Die Einschlüsse sind zunächst Coccen, später Kurzstäbchen, dann Langstäbchen, welche oft vibrionenartig gekrümmt erscheinen, dann leptothrixartige Fäden, welche theilweise spiralig gewunden sind, und endlich entsteht durch Verzweigung derselben wieder die typische Cladothrixform. Somit zeigt die Entwickelung der Zoogloeen-Einschlüsse dieselbe Formen-Mannigfaltigkeit, wie wir sie sonst bei *Cladothrix dichotoma* finden.

Die Entwickelung von Coccen zu Stäbchen, von Stäbchen zu Fadenformen etc. vollzieht sich unter bestimmten Ernährungsverhältnissen an allen Theilen der *Zoogloea* gleichzeitig, so dass die Colonie in ihrer ganzen Ausdehnung nur Coccen, nur Stäbchen, nur Fadenformen enthalten kann. Unter anderen Bedingungen findet man alle diese Zustände in derselben Colonie bei einander und zwar an den Enden der Zweige Coccen oder Kurzstäbchen, weiter zurück Langstäbchen und Vibrionen, dann Fadenformen und Schrauben (Fig. 12).

Bestimmte Substratsverhältnisse ermöglichen eine Quellung der *Zoogloea*-Gallert und ein Ausschwärmen der kürzeren Entwickelungsformen, resp. ein Auskriechen der längeren. In eisenhaltigem Wasser wird in die Membran der Zoogloeen Eisenoxydhydrat eingelagert, oft in so grosser Menge, dass die Bäumchen dunkelbraun erscheinen und ihre Einschlüsse gänzlich verdeckt werden.

2. *Cladothrix Foersteri* = *Streptothrix* F. Cohn.[1]

Bildet nach Cohn die eng verfilzten Pilzmassen (Concremente), welche Graefe 1855 in den Thränenkanälchen des menschlichen Auges auffand und die seitdem mehrfach, jedoch nicht häufig beobachtet wurden. Nach Cohn's Abbildung stellt der Spaltpilz eine typische *Cladothrix* dar, zeigt auch die Fähigkeit der Schraubenbildung an den Zweigen. Die Coccenmassen, Stäbchen und leptothrixartigen Fäden, welche Graefe, Waldeyer, Förster und Cohn auffanden, und die einige der Beobachter zu *Leptothrix buccalis* gehörig betrachten, gehören ohne Zweifel in den Entwickelungsgang der *Cladothrix Försteri*, wenn auch

[1]) Literatur: Cohn, Untersuchungen über Bacterien in Beitr. z. Biol. Bd. I. Heft III. pag. 186. Taf. 5. Fig. 7. Vergl. auch: Graefe, Archiv für Ophthalmologie. Bd. I, 284; Bd. II, 224. Derselbe, Ueber *Leptothrix* in den Thränenröhrchen, Archiv für Ophthalmologie. Bd. XV. I. pag. 324. — Foerster, Pilzmasse im unteren Thränenkanälchen, Archiv für Ophth. XV. I. pag. 318—23. Taf. III. Fig. 1.

der Nachweis erst noch zu erbringen ist. Es lässt sich erwarten, dass eine genaue Untersuchung und Züchtung des Pilzes grosse Aehnlichkeit mit *Cladothrix dichotoma* aufdecken wird.

3. *Sphaerotilus natans* (Kützing[1]).

Sie lebt im stehenden und fliessenden, durch organische Stoffe verunreinigten Gewässern, namentlich auch Fabrikabflüssen und tritt daselbst oft massenhaft und zwar meist in schwimmenden Flocken von weisser, gelblicher oder rostrother bis gelbbrauner Färbung auf. Ihre Entwicklung ist nur unzureichend bekannt.

Nach Eidam bildet der Pilz Fäden, welche sich mit einer Gallertscheide umhüllen. Die Zellen, aus denen die Fäden bestehen, sind zunächst stäbchenförmig und theilen sich später in Coccen, welche aus der Scheide austreten. Sie wachsen widerum zu Stäbchen und diese durch Aneinanderreihung zu Fäden heran. Wie es scheint, findet an letzteren eine Pseudozweigbildung ähnlich der *Cladothrix dichotoma* statt. Hiernach dürfte die Pflanze zu *Cladothrix* zu stellen sein. Das Plasma der Zellen soll nach Eidam schliesslich in eine grosse Anzahl kugelrunder kleiner Partien zerfallen, deren jede stark lichtbrechend wird und sich zur Spore abrundet, die rothe, später braune Färbung annimmt. Eidam sah sie zu Fäden auswachsen.

Unvollständig bekannte Spaltpilze.[2])

A. Solche, die man nur in der Schraubenform kennt.

1. *Vibrio Rugula* Müller[3]).

In Aufgüssen von pflanzlichen Theilen tritt der Pilz zunächst unter der Form ausserst dünner, schwach schraubig (vibrionenartig) gekrümmter Stäbchen auf (Fig. 31, B), welche zur Zeit ihrer Zersetzungsthätigkeit Schwärmfähigkeit besitzen und während oder nach Aufgeben dieses Zustandes zu gleichfalls vibrionenartige Krümmung besitzenden Fäden (A) auswachsen.

Im nächstfolgenden Stadium der Entwickelung schwellen die zur Ruhe gekommenen Stäbchen gleichmässig auf, und ihr Inhalt wird reicher, meist mit feiner Granulation (C). Darauf macht sich an je einem Pole eine kugelige Anschwellung bemerkbar (D), die den Stäbchen das Ansehen von Stecknadeln giebt und zugleich den Ort andeutet für den Eintritt der Sporenbildung. Letztere erfolgt durch Contraction des Plasmas in der kopfigen Ausbauchung der Zelle (E). Die Sporen zeigen Kugelform.

Was die physiologische Seite betrifft, so scheint der Spaltpilz in Aufgüssen von pflanzlichen Geweben (Kartoffelstücken, Wurzeltheilen) Gährwirkungen hervorzurufen und ein Ferment abzuscheiden, welches Cellulose löst. Weitere sichere Daten über sein physiologisches Verhalten fehlen noch.

---

[1]) Literatur: Kützing, in Linnaea VIII. 1833. pag. 385. Taf. 9. — Eidam, Ueber die Entwicklung von Sphaerotilus natans Kütz. (Jahresbericht d. schles. Gesellschaft für vaterländische Cultur. 1876. pag. 133.) — Winter, Die Pilze. (Rabenh. Kryptog.-Flora. pag. 66.)

[2]) Eine Anzahl hierher gehöriger Formen, die nicht sicher auffindbar und nicht definirbar sind (wie *Bact. Termo*, *Monas crepusculum*, *Micrococcus septicus*, *Spirillum volutans* etc.) habe ich absichtlich unberücksichtigt gelassen.

[3]) Prazmowski, Untersuchungen über die Entwickelungsgeschichte und Fermentwirkung einiger Bacterienarten. pag. 42.

2. *Spirochaete plicatilis* EHRENBERG.[1]) Sumpf-Spirochaete.

Sie lebt im Sumpfwasser des Binnenlandes wie der Meeresküsten und ist eine der gemeinsten Spaltpilzformen, die in Süsswasser fast stets in Gesellschaft von *Cladothrix dichotoma* auftritt, in deren Entwickelungsgang sie aller Wahrscheinlichkeit nach gehört. Man gewinnt die Form sicher und reichlich, wenn man Algen (Spirogyren, Vaucherien etc.) in Wasser faulen lässt. Sie stellt sehr dünne, zierliche und enge Spiral-Windungen zeigende Fäden dar (Fig. 32, C, D), welche einen Geisselzustand eingehen können, in welchem sie äusserst lebhafte Schwärmbewegungen ausführen. Die Cilien sind äusserst fein und ihre Gegenwart nur nach den Strudeln zu schliessen. Im Schwärmstadium erscheint die Schraube starr, zur Ruhe gekommen flexil, oft spirulinenartige Form annehmend.

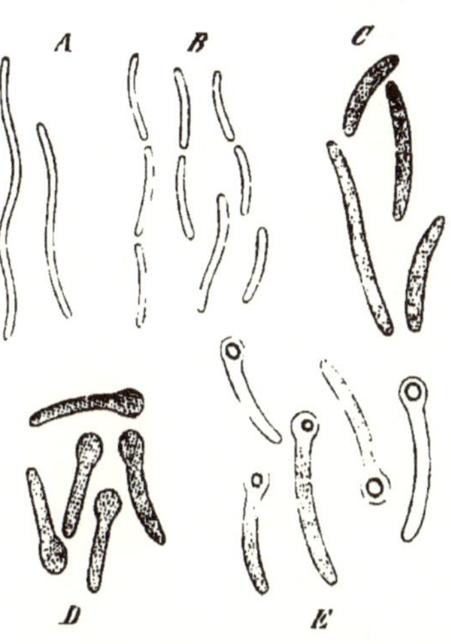

Fig. 31. (B. 318.)

Vibrio Rugula. A Fäden. B Stäbchen, schwach gekrümmt. C Angeschwollene Stäbchen, zur Sporenbildung sich vorbereitend. D An einem Pole kopfförmig ausgeweitete Stäbchen vor der Sporenbildung stehend. E Verschiedene Zustände der Sporenbildung. Vergr. 1020 mal. (Nach PRAZMOWSKI.)

Nach den bisherigen Auffassungen sollten die Schrauben einzellig sein; allein die Cultur lehrt, dass sie gegliedert erscheinen in gekrümmte Langstäbchen (32, E), die sich später in Kurzstäbchen (32, G) und schliesslich in Coccen (32, H) theilen. Anilinfärbungen am Deckglas getrockneter Spirochaeten lassen die Gliederung nur um so deutlicher hervortreten. Die Eckigkeit der Krümmungen deutet häufig auch bei noch vorhandener Bewegung die Gliederung bereits an. Schliesslich isoliren sich die Coccen. Ihre Weiterentwickelung ist noch unbekannt.

3. *Spirochaete Obermeieri* COHN.[2]) Pilz des Rückfallstyphus.

Der einzige bisher bekannte Entwickelungszustand stellt äusserst feine Fäden dar, welche in Bezug auf ihre engschraubige Form lebhaft an die Sumpfspirochaeten

[1]) Literatur: EHRENBERG, Die Infusionsthierchen als vollkommene Organismen. Leipzig, 1838. pag. 83. Tab. V. Fig. 10. — COHN, Untersuchungen über die Entwickelungsgeschichte der mikroskopischen Algen und Pilze. Nova Acta Ac. Leop. Carol. Vol. XXIV. 1853. pag. 125. — WARMING, Om nogle ved. Danmarks Kyster levende Bacteries. Vidensk. Meddels. Kjöbenhavn 1875. Franz. Resumé. pag. 21. Ueber ihren Bau vergl. ZOPF, Zur Morphologie der Spaltpflanzen. pag. 40, Tab. III., Fig. 31. 32.

[2]) Literatur: OBERMEIER, Vorkommen feinster, eigene Bewegung zeigender Fäden im Blut von Recurrenskranken. Med. Centr. Bl. XI. 10. 1873 (auch in Sitzung der Berliner Med. Ges. 26. März 1873; Berliner Klinische Wochenschrift 1873, pag. 152 und 391). — BIRCH HIRSCHFELD, Med. Jahrb. Bd. 166. Heft 2. pag. 211. — ENGEL, Ueber die OBERMEIER'schen Recurrens-Spirillen. Berl. Klin. Wochenschrift 1873. pag. 409. — BURDON SANDERSON, Report on recent researches on the Pathology of the Infective Processes: Report of the Med. Officer of the Privy Council and Local Government Board, New Series No. III. London, 1874. pag. 41. — COHN, Beiträge z. Biol. I, Heft III. pag. 196. — Vergl. auch KOCH's Photogramme in COHN, Beitr. z. Biologie II, Heft III; und Mittheilungen aus dem Reichsgesundheitsamt. 1881. Taf. IV.

erinnern (Fig. 32, A, B). Sie gehen einen äusserst lebhaften Schwärmzustand ein und erscheinen in diesem Stadium starr, an beiden Enden mit Geisseln versehen, die sich aber bisher nur durch die polaren Strudel nachweisen liessen. In der Ruhe zeigen sie oscillarienartige Gleitbewegungen, bilden spirulinenartige Schlingen und nehmen die verschiedensten Krümmungsformen an. Es kann nach der Analogie mit den Sumpfspirochaeten keinem Zweifel unterliegen, dass diese Spiralen Gliederung in Stäbchen besitzen, die schliesslich in Coccengliederung übergeht. Es kann ferner nicht zweifelhaft sein, dass sie zu gewöhnlichen Fadenformen in genetischen Beziehungen stehen. Man hat diese Formen bisher nur deshalb nicht gesehen, weil man mit der Idee von der Constanz der Arten an den Spaltpilz herantrat.

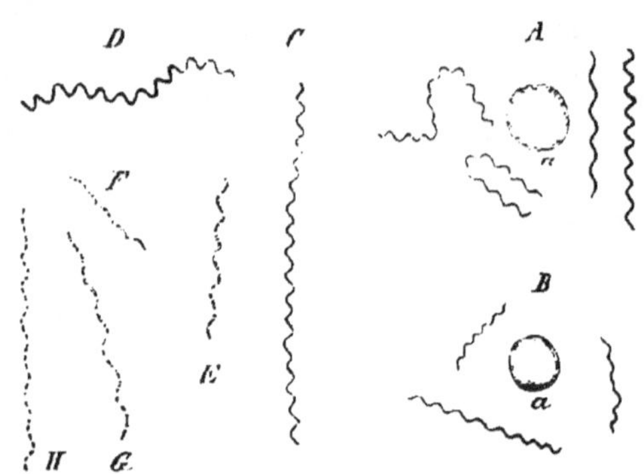

(B 319.) Fig. 32.

A **Spirochaete Obermeieri** lebend, 900:1. B Dieselbe nach Abtödtung durch Eintrocknen und Färbung. a Blutkörperchen (nach Koch); C—H **Spirochaete plicatilis** 540:1. C D lebend, C starr, D flexil. E F nach Behandlung mit Methylviolett, Gliederung in (gekrümmte) Stäbchen zeigend; G H nach Behandlung mit Fuchsin, bereits in Coccengliederung begriffen.

Biologisch ist dieser Organismus insofern von höchstem Interesse, als er nach Obermeier's Entdeckung beim Rückfallstyphus *(Febris recurrens)* in grösster Menge auftritt und zwar im Blut. Er ist nur während der Fieberzeit zu finden, nicht in den fieberlosen Zwischenzeiten oder kurz vor und nach der Krise. In der Leiche sind die Schraubenfäden gleichfalls nicht aufzufinden, offenbar, weil sie hier in Stäbchen resp. Coccen zerfallen sind oder Sporen gebildet haben.

Die Rolle, welche der Pilz bei der Krankheit spielt, ist noch in Dunkel gehüllt. Doch lässt sich mit Sicherheit annehmen, dass eine seiner Wirkungen in der Entziehung von Sauerstoff aus dem Blute besteht.

Wie Carter und Koch nachwiesen, lässt sich die Krankheit vom Menschen auch auf Affen übertragen; bei Mäusen, Kaninchen, Schafen, Schweinen waren die Impfungen Carter's erfolglos. Koch fand die Schrauben im Gehirn, der Lunge, Leber, den Nieren, der Milz, der Haut auf.

4. *Myconostoc gregarium* Cohn.[1])

Diese von Lankaster entdeckte Spaltpilzform ist offenbar nur der schraubig gekrümmte, also spirillen- oder spirochaetenartige, stark vergallertende Zustand

Photogr. 20. 21. 22. 23. 24. — Heydenreich, Klinische und mikroskopische Untersuchungen über den Parasiten des Rückfallstyphus. Berlin 1877. — Weigert, Bemerkungen über die Obermeyer'schen Recurrensfäden. (Deutsche med. Wochenschrift 1876.) — Cohn, Zur weiteren Kenntniss des *Febris recurrens* und der Spirochaeten. (Deutsche med. Wochenschrift. April 1879.)

[1]) Literatur: Lankaster, On a peach-coloured Bacterium in Quart. Journ. of Microsc. Science vol. 13. Ser. II. Taf. 22. Fig. 8 u. 9. — Cohn, Beiträge z. Biologie. Bd. I. Heft III. Untersuchungen über Bacterien. II. pag. 183. Taf. 5. Fig. 6. — Zopf, Zur Morphologie der Spaltpflanzen. pag. 57. Fig. 18—27. Tab. III.

eines fädigen Spaltpilzes und zwar, wie ich vermuthe, der Fadenstücke von *Cladothrix dichotoma*, in deren Gesellschaft sie sich stets in gewissen Aufgüssen (von Schlamm oder Algen) entwickelt. Sie dürfte sich zu *Cladothrix* verhalten, wie unter den Spaltalgen *Nostoc* zu *Tolypothrix*. Die Schraube krümmt sich zusammen und vergallertet stark, schliesslich fliessen die sich berührenden Grenzen der Hülle der einzelnen Windungen zusammen, nunmehr ein rundliches Gallertklümpchen darstellend, in das die Schraube eingebettet liegt. Wenn sich, wie es fast durchgängige Regel ist, die Schraube innerhalb der Gallert in 2 Hälften oder selbst 4 Stücke fragmentirt und diese Fragmente ihrerseits stark vergallerten, so gehen Doppelklümpchen (Fig. 11, D) oder Tetradenklümpchen hervor. Da wo die Gallerthüllen der Fragmente zusammenstossen, platten sie sich ab und so kommt zugleich eine Art von Einschnürung zu Stande. Wenn sich viele, oft hunderte solcher Zoogloeen zusammenlagern, so verkleben ihre Gallerthüllen und man findet eine zusammengesetzte *Zoogloea* vor. Anfangs scheinbar ungegliedert oder nur mit Färbungsmitteln die Gliederung zeigend, erscheinen die Schrauben später deutlich in längere gekrümmte Stäbchen gegliedert (Fig. 11, E), die sich dann in kurze gekrümmte Stäbchen (Fig. 11, H) und schliesslich in noch kürzere, coccenartige Stücke theilen. Die Lagerung der längeren oder kürzeren Theilzellen bleibt längere oder kürzere Zeit der spiraligen Form entsprechend, verwischt sich aber endlich gänzlich. Ueberdies lassen die gekrümmten Theilzellen häufig die Tendenz erkennen, sich gerade zu strecken. Die Gallert der Colonien quillt im Laufe der Cultur derart auf, dass sich die Colonien relativ bedeutend vergrössern und ihre bereits isolirten stäbchen- oder coccenförmigen Einschlüsse mehr und mehr auseinander rücken. Sie verlassen schliesslich die quellende Gallert, einen Schwärmzustand eingehend. Es lässt sich dies schon ohne direkte Beobachtung constatiren, da man nach einiger Zeit der Cultur die Zoogloenstöcke immer ärmer an Einschlüssen werden sieht.

Spirillum amyliferum VAN TIEGHEM.[1])

Lebt im Zukerrübensaft und bildet in seinen Gliedern je eine Spore. Unmittelbar vor der Sporenbildung färbt sich der Inhalt mit Jod blau, was auf Anwesenheit von Stärke hindeutet. Aus den Sporen sah VAN TIEGHEM gerade Stäbchen hervorkeimen, welche später zur Spirillenform heranwuchsen. Das Spirillum ruft im Zuckerrübensaft energische Gährung hervor.

B. Solche, von denen nur Coccen bekannt sind.

1. *Micrococcus pyocyaneus* GESSARD.[2]) Pilz des blauen Eiters.

Es ist bekannt, dass der Eiter mancher Wunden und die mit ihnen in Berührung gekommene Verbandwäsche eine blaue Färbung annehmen. Als Ursache dieser Erscheinung wurde von GESSARD neuerdings ein Spaltpilz ermittelt, der sich in einer Coccenform in jenem Substrat befindet. In sterilisirter Nährlösung cultivirt, färbt er diese schön blau, namentlich an der Oberfläche, der untere Theil der Flüssigkeit wird von dem Spaltpilz selbst wieder entfärbt (gelb gefärbt), nimmt aber durch Schütteln mit Luft die frühere Farbe an.

Das von den Coccen gebildete Pigment stellt einen chemisch wohl charak-

[1]) Développement du Spirillum amyliferum in Bull. de la soc. bot. de France. 1879. pag. 65.

[2]) Literatur: GESSARD, De la pyocyanine et de son microbe, Thèse inaugurale de la Faculté de médécine de Paris 1882. (Ref. im Biol. Centralbl. Dec. 1882). — GIRARD, Untersuchungen über den sogen. blauen Eiter (Chir. Centralbl. II., 50, 1875.)

terisirten Körper dar, das von FORDOS gefundene Pyocyanin. Aus Eiter und Verbandwäsche mit Chloroform extrahirt, lösst es sich in angesäuertem Wasser, dieses roth färbend. In neutraler Lösung erscheint es prachtvoll blau. Es krystallisirt in Chloroform in langen Nadeln, die sich bisweilen in Lamellen und Prismen auflösen. Unter Wirkung reducirender Stoffe färbt es sich gelb, röthet sich durch Säuren und bläut sich durch Basen, verhält sich also dem Lacmus analog. Aehnlich den Alkaloïden wird es gefällt durch Gold-, Platin- und Quecksilber-Chlorid, durch Phosphormolybdänsäure sowie Tannin und reducirt das Ferri- in Ferro-Cyankalium. Toxische Eigenschaften fehlen. (Neben dem Pyocyanin enthält der blaue Eiter noch eine andere färbende Substanz, das Pyoxanthor, ein Oxydationsprodukt des Pyocyanins).

Ob der *M. pyocyaneus* etwa identisch ist mit *M. cyaneus* (SCHRÖT), oder auch mit dem Pilz der blauen Milch, bleibt noch zu ermitteln. Mit ersterem findet sich im Eiter vergesellschaftet *M. chlorinus.*

2. *Ascococcus Billrothii* COHN.[1])

Man erhält den Pilz in schöner Vegetation, wenn man Scheiben gekochter fleischiger Wurzeln, wie Rüben, Zuckerrüben, Mohrrüben, Kohlrüben, einige Zeit wenig feucht hält. Er bildet daselbst Centimeter-grosse gerunzelte Zoogloeen von weisslicher oder grünlicher Färbung, welche mit denen von *Leuconostoc mesenterioïdes* und *Clostridium polymyxa* grosse habituelle Aehnlichkeit besitzen und leicht mit ihnen zu verwechseln sind. Bei der Bereitung des Zuckerrübensaftes gelangt der Pilz mit in diesen hinein und ruft hier eine schleimige Gährung hervor, durch welche ein Theil des Zuckers in gummiartige (?) Substanzen übergeführt und wahrscheinlich Buttersäure erzeugt wird. In 1 $\frac{0}{0}$ einer Lösung von saurem weinsaurem Ammoniak nebst den erforderlichen Nährsalzen gedeiht er gleichfalls sehr üppig und bildet hier an der Oberfläche eine dicke weisse Kahmhaut. Nach COHN soll er aus dem weinsauren Ammoniak gleichfalls Buttersäure erzeugen. Dabei verwandelt er die ursprünglich saure Reaction des Substrats in eine intensiv alkalische. Ueber die Entwicklung des Spaltpilzes fehlen noch genaue Untersuchungen. Man kennt nur einen vegetativen Zustand, die Coccenform, die durch Vergallertung Schleimklümpchen bildet, welche zu grösseren Ballen vereinigt sind (Fig. 33). Eine dicke Gallerthülle umgiebt das Ganze. Bei

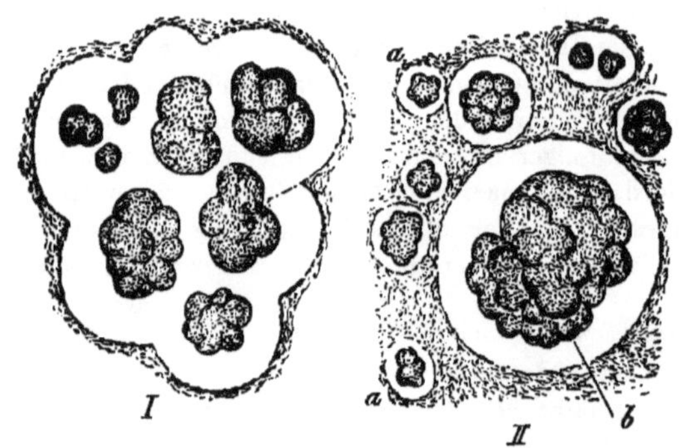

(B. 320.) Fig. 33.

Ascococcus Billrothii. I Eine grössere, zusammengesetzte Colonie der Coccen aus einer Lösung von weinsaurem Ammoniak, mit sehr dicker Gallerthülle, deren Einschnürungsstellen den Einzelcolonien entsprechen. II Einfache Colonien, a kleinere, b eine grössere, aus der gleichen Nährlösung. (Nach COHN.)

[1]) Beiträge zur Biologie I. Heft III. pag. 145. — CIENKOWSKI, Ueber die Gallertbildungen des Zuckerrübensaftes.

der auf weinsaurem Ammoniak wachsenden Form ist die Gallerthülle meist noch mächtiger entwickelt, als bei der Rübenform (Fig. 33).

3. Pilz der Hühnercholera.[1])

Er ruft bei Hausgeflügel (Hühnern, Puten, Gänsen, Enten) eine der gefährlichsten Krankheiten hervor, die als Typhoid oder Cholera bezeichnet wird und sich besonders durch starke Diarrhoee charakterisirt. Von Entwicklungsformen fand SEMMER Coccen und Stäbchen.

Gesunde Hühner, mit dem Darminhalt an Cholera gestorbener geimpft, gingen bei SEMMER's Versuchen in 8—21 Tagen zu Grunde. Nach Impfungen mit Blut an Cholera zu Grunde gegangener Hühner auf gesunde sah PERRONCITO den Tod sehr schnell, meist innerhalb 21—34 Stunden erfolgen.

PASTEUR erzog den Pilz in sterilisirter, mit Pottasche neutralisirter Hühnerbouillon und liess mit dem gewonnenen Material bestrichene Nahrungsmittel von Hühnern fressen. Die Thiere starben sämmtlich an der Cholera. Den gleichen Effect erzielten Impfungen gesunder Hühner mit je einem Tropfen des in Hühnerbouillon gezüchteten Materials. Die infectiöse Wirkung des Pilzes darf demnach als feststehend betrachtet werden. Bei einer länger dauernden Cultur des Pilzes in Hühnerbouillon wird nach PASTEUR deren Virulenz gemindert, was auf den Zutritt von Sauerstoff zurückzuführen sein soll. Impft man daher Hühner mit diesem Material, so sterben sie nicht, sondern bekommen die Krankheit in milderer (mitigirter) Form. Dadurch aber werden sie zugleich unempfänglich (immun) für fernere Infectionen mit dem gewöhnlichen Cholerapilze.

4. *Sarcina ventriculi* GOODSIR[2]) Packet-Spaltpilz.

Sie lebt auf festen pflanzlichen und thierischen Substraten, namentlich auf stärkehaltigen und eiweisshaltigen Nahrungsmitteln (z. B. gekochten Kartoffeln, Schinken, gekochten Eiern), kommt aber auch in Aufgüssen pflanzlicher und thierischer Theile vor, wo sie continuirliche gelbliche Kahmhäute bildet, während sie auf fester Unterlage in Form chromgelber trockener Häufchen auftritt.

PASTEUR erhielt den Pilz in Hefewasser, COHN in einer Lösung von 1 $\frac{0}{0}$ weinsaurem und 1 $\frac{0}{0}$ essigsaurem Ammoniak.

Mit den Nahrungsmitteln in den menschlichen und thierischen Verdauungskanal eingeführt, vermehrt sie sich auf der Mund-, Rachen- und Schlundkopf-

---

[1]) Literatur: SEMMER, Hühnerpest (Deutsche Zeitschrift für Thiermedicin u. vergl. Pathologie, 1878). — PERRONCITO, Ueber das epizootische Typhoïd der Hühner (Archiv für wissenschaftliche und praktische Thierheilkunde, 1879, pag. 22). — PASTEUR, Archives vétèrinaires Jahrg. V. No. 4. — ZÜRN, Die Krankheiten des Hausgeflügels. Weimar. 1882.

[2]) SURINGAR, De sarcina ventriculi. — Ders., La Sarcine, Archiv Nerl. 1866. — Ders. Ein Wort über den Zellenbau der Sarcina. Bot. Zeit. 1866. pag. 269. — PASTEUR, Ann. de Chem. et de Phys. LXIV. 1862. tab. II. fig. k. — LOSDORFER, Medicinische Jahrbücher. 1871. Heft 3. — VIRCHOW und COHNHEIM, in Virch Archiv. Bd. 10 u. 33. — SCHRÖTER, Ueber einige durch Bacterien gebildete Fermente u. COHN, Beitr. z. Biol. Bd. I. Heft II. pag. 139. — CONH, Untersuchungen über Bacterien, ebenda. Heft II. pag. 139. — Vergl. auch ROBIN, Histoire des végétaux parasites. pag. 331. — EBERTH, in VIRCHOW's Archiv 1858. Bd. XIII. pag. 522. — ZÜRN, Parasiten in und auf dem Körper der Haussäugethiere. 1874. pag. 222. — Ders., Die Krankheiten des Hausgeflügels. Weimar 1882. pag. 128. — M. HEIMER, Ueber Pneumonomycosis sarcinica (Deutsches Archiv f. klinische Medicin. 1877. Bd. 19. pag. 144. — WELCKER in HENLE u. PFEUFFER, Zeitschr. f. rationelle Medicin. Sér. E. Bd. V. — RABENHORST, Flora europaea algarum. II. pag. 59. (Merismopedia Urinae WELCKER.)

Schleimhaut, namentlich aber im krankhaft afficirten Magen (bei Krebs- und anderen Krankheiten, wie Magenerweiterung und chronischem Katarrh), daher im Erbrochenen oft in relativ grosser Menge, desgleichen im Darm von Menschen und Säugethieren, von wo sie aus mit den Excrementen ins Freie gelangt.

VIRCHOW, COHNHEIM und HEIMER fanden sie ferner in der Lunge bei croupöser Pneumonie, wohin sie jedenfalls beim Athmungsprocess gelangt. In den Gehirnventrikeln, selbst im Blut, auch in der Harnblase etc. kommt sie vor. Doch bleibt noch der Erweis zu bringen, dass die in diesen Organen gefundenen Formen auch wirklich mit der Magen-Sarcina identisch sind.

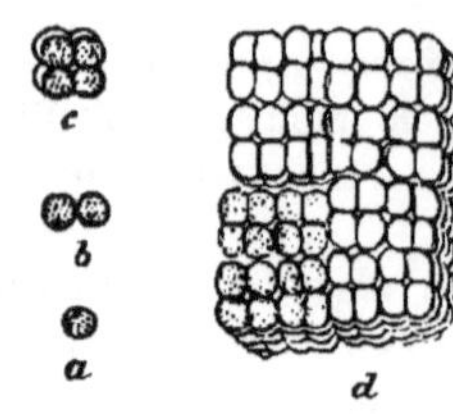

(B. 321.) Fig. 34.
Sarcina ventriculi. Aus dem Mageninhalt eines magenkranken Knaben, in verschiedenen Entwicklungsstadien. Entwicklung den Buchstaben entsprechend (nach der Natur).

Von Entwicklungsstadien kennt man bisher nur die Coccenform, andere Formen sind noch aufzufinden. Durch fortgesetzte Zweitheilung nach allen drei Richtungen des Raumes geht aus der Cocce eine sehr charakteristische Colonie von Würfel- oder Waarenballen-Form hervor (Fig. 34, d). Daher der Name Sarcina = Päckchen. Die einfachsten Packete enthalten 8, grössere 64×64 Zellen und darüber. Im isolirten Zustande erscheinen die Coccen kugelig bis ellipsoïdisch, im Verbande in Folge gegenseitigen Druckes eckig. Schwärmzustände sind unbekannt.

Durch dichte Aufeinanderhäufung der packetförmigen Colonien entstehen die oben erwähnten Klümpchen auf festen Substraten und durch eben so dichte Aneinanderlagerung in einer Ebene die Kahmhäute, die der Pilz an der Oberfläche von Pflanzeninfusionen entwickelt.

Sein Auftreten an der Oberfläche von festen und flüssigen Substraten kennzeichnet ihn als einen Pilz, der entschiedenes Sauerstoffbedürfniss besitzt.

In den Zellen wird ein schwaches gelbliches Pigment gebildet. Bisweilen soll der Inhalt mit Jod die Stärke-Reaction andeuten, die auf eine Aufnahme von Stärke in die Zellen hindeuten würde.[1]) Eine der Magen-Sarcina ähnliche Form wurde von mir in Sumpf-Wasser beobachtet.

Die im Darm des Hausgeflügels (Hühner, Puten), besonders im Blinddarm häufige Sarcinaform dürfte aller Wahrscheinlichkeit nach einem anderen Spaltpilz zugehören als die *Saccina ventriculi*. Ihre Colonien sind Täfelchen von meist äusserst regelmässiger quadratischer oder rechteckiger Form und entweder einschichtig (*Merismopedia*-Form), wie die Coccenform von *Bacterium Merismopedioïdes* ZOPF oder aus 8 zelligen Würfeln zusammengesetzt, also zweischichtig und bilden niemals Packete von der Form der Sarcina des Magens.

5. *Micrococcus Vaccinae* COHN [2])

Pilz der Pockenlymphe und der Pockenkrankheit. Man findet ihn in reiner und frischer Vaccine in grosser Menge in Form winziger (ca. 0,5 mikr. diam.), kugeliger, zu Rosenkranzfäden verbundener Zellchen sowie in den Kanälchen der Pockenhaut. Die Flöckchen, welche sich in der in Glascapillaren aufbewahrten Lymphe bilden, bestehen aus den durch fortgesetzte Zweitheilung der Coccen hervorgegangenen Zellreihen und Zellhaufen; andere Entwicklungszustände kennt man noch nicht. Durch die Impfung werden die Zellchen in den mensch-

[1]) Die Angabe, dass die Zellen Kerne besässen, beruht auf einem Irrthum.

[2]) VIRCHOW's Archiv 1872.

lichen Körper gebracht, wo sie sich stark vermehren und wie man sich vorzustellen hat, einen Virus absondern, der dem Körper gegen die Pockenkrankheit Immunität verleiht.

6. *Micrococcus bombycis* BÉCHAMP.[1])

Nach den Untersuchungen PASTEUR's ruft dieser Spaltpilz im südlichen Frankreich eine verderbliche, epidemischen Charakter tragende Krankheit der Seidenraupen (Schlaffsucht, *flaccidezza)* hervor, (die übrigens nichts mit der von einem andern Spaltpilze *(Nosema bombycis)* verursachten Gattinekrankheit zu thun hat). Die ovalen, höchstens 0,5 mikr. messenden Micrococcen entwickeln sich namentlich im Darmkanal der Thiere in grossen Massen in Kettenform und werden von anderen Spaltpilzformen, wie Stäbchen- und Vibrionenformen begleitet (die möglicherweise zu jenen in genetischen Beziehungen stehen).

7. *Micrococcus diphtheriticus* COHN.[2])

Man kennt bisher nur einen Entwicklungszustand, nämlich die häufig in rosenkranzartigen Verbänden auftretende, schwärmfähige Micrococcusform, welche winzige 0,35—1,1 Microm. messende ellipsoïdische Zellchen repräsentirt. Der Pilz spielt in pathologischer Beziehung insofern eine bedeutsame Rolle, als er nach der Entdeckung OERTELS als Erzeuger der *Diphtheritis* fungirt. Diese Krankheit tritt zunächst in der Regel in den Schleimhäuten der Trachea auf, weil die mit dem Athmungsprocesse aus der Luft eingeführten Keime zunächst auf diese gelangen müssen. Von dem Infektionsherde aus aber verbreitet er sich vermöge der raschen und massenhaften Vermehrung seiner Zellchen sowie der Schwärmfähigkeit derselben mit grosser Schnelligkeit radienartig über den ganzen Körper, indem er in den Lymphgefässen, zwischen den Maschen des Bindegewebes und der Fettzellen, in dem Muskelgewebe, in den Harnkanälchen und MALPIGHI'schen Kanälen der Nieren etc. weiter wuchert und namentlich auch im Blute unter steter Vermehrung weiter wandert. In den Gewebsinterstitien der erkrankten Organe wie an der Oberfläche derselben bildet er massige, nesterförmige Zellanhäufungen von Streifen-, Ballen- oder Cylinderform, in den Blutcapillaren Verstopfungen, welche Blutstauungen zur Folge haben. Wie die wichtigen OERTEL'schen Untersuchungen nachwiesen, erfahren alle Gewebstheile, welche von den Colonien des Parasiten durchwuchert und übersponnen werden, die Muskelfasern nicht ausgenommen, zuerst Degeneration, dann vollständige Zerstörung ihrer Zellen. Durch reiche Ausscheidung der Micrococcuszellen mit dem Harn wird ein allmählicher Heilungsprocess bewirkt. Wo der natürliche Standort des Pilzes in der freien Natur zu suchen sei, darüber fehlen noch Anhaltspunkte.

8. *Micrococcus Erysipelatis.*

Pilz der sogen. »Rose« *(Erysipelas)* des Menschen. Die Rose stellt bekanntlich eine Hautkrankheit dar, welche sich äusserlich durch Röthung und Anschwellung der Haut dokumentirt. Sie kann an den verschiedensten Stellen des Körpers auftreten, im Gesicht (Kopfrose) an den Extremitäten etc., namentlich auch um Wunden (Wunderysipel), und unter Umständen tödtlichen Verlauf nehmen.

---

[1]) BÉCHAMP in Compt. rend. tom. 64. 1867. — COHN, Beitr. z. Biol. I. Heft 3. pag. 201.

[2]) Literatur: OERTEL, Experimentelle Untersuchungen über Diphtherie, im Deutschen Archiv für klinische Medicin. VIII. 1871. — EBERTH, Die Diphtherie, in »Zur Kenntniss der bacteritischen Mykosen. Leipzig, 1872.

Die früheren Untersuchungen von RECKLINGHAUSEN und LANKOWSKY[1]), BILLROTH und EHRLICH[2]), TILLMANNS[3]), MAX WOLF[4]), KOCH[5]) stimmen darin überein, dass sich, wenn auch nicht constant, ein Spaltpilz in den kranken Stellen vorfindet, und zwar in der Coccenform. Er tritt besonders in den Lymphgefässen auf, wo er namentlich in den Randpartien des Erysipels durch fortgesetzte Zweitheilung Anhäufungen bildet. M. WOLF fand in Blutproben, die aus dem Erysipelrande entnommen waren, neben Coccen auch noch Stäbchenformen, und dieser Befund weist auf die schon a priori naheliegende Vermuthung, dass der Pilz ausser der Coccenform auch noch andere Entwicklungstadien producire, nur noch bestimmter hin.

Nachdem es vor Kurzem FEHLEISEN gelungen ist, die Coccen aus excidirten Hautstücken von Erysipelkranken rein zu züchten und durch Verimpfung solches reinen Materials am Menschen ein typisches Erysipel zu erzeugen, darf man den Pilz bestimmt als die Ursache der Rose ansprechen.

9. *M. ureae* COHN.

Harnpilz, Harnferment, Ferment der Ammoniakgährung. Er lebt im Harn und bildet aus kugeligen oder ellipsoïdischen etwa 1,25—2 μ messenden Zellchen bestehende Ketten, deren Elemente sich später verschieben und unregelmässige Häufchen bilden. Wie schon PASTEUR, sein Entdecker, vermuthete, und später VAN TIEGHEM zeigte, ruft er daselbst die sogen. Harngährung hervor, bei welcher Zersetzung des Harnstoffs und damit Bildung von kohlensaurem Ammoniak bewirkt wird, welches den Harn, der bekanntlich im frischen normalen Zustande schwach sauer reagirt, alkalisch macht. Auch in Culturen, die mit in Hefewasser gelöstem Harnstoff angestellt sind, wird nach VAN TIEGHEM binnen kurzer Zeit der gesammte Harnstoff durch den Pilz in kohlensaures Ammoniak umgewandelt. Ein mit *M. ureae* vielleicht identischer Micrococcus vermag, wie VAN TIEGHEM darlegte, Hippursäure in Benzoesäure und Glycocoll zu zerlegen.

Zu den zymogenen Micrococcen gehört auch eine Spaltpilzform, die in Wein, Bier, Rübensaft, Zuckerlösung etc. die schon oben erwähnte Gummigährung (schleimige Gährung oder Mannitgährung) hervorruft, und die nach PASTEUR's Vermuthung identisch sein soll mit dem Harnpilz. Sie bewirkt eine Umwandlung des Zuckers jener Flüssigkeiten in Gummi und macht dieselben »lang« (d. h. fadenziehend) und fade schmeckend. (Eine schleimige Gährung durch Spaltpilze verursacht, kommt auch in der Milch vor).

10. *Micrococcus prodigiosus* (EHRENBERG[6]). (Wunderblut, Hostienblut, Pilz der rothen Milch.)

Er stellt eine der bekanntesten und auffälligsten Spaltpilzformen dar. Am häufigsten ist sein Vorkommen auf stärkehaltigen Substraten, Weissbrod, Hos-

[1]) VIRCHOW's Archiv. Bd. 60. pag. 418.

[2]) LANGENBECK's Archiv. Bd. 20. pag. 418.

[3]) Verhandlungen der deutschen Gesellschaft für Chirurgie 1878. pag. 211.

[4]) VIRCHOW's Archiv. Bd. 81. pag. 193. — BAADER, Z. Aetiologie des Erysipels. (Schweiz. Naturf. Gesellsch. in Basel. 1875. pag. 314.)

[5]) Mittheilungen aus dem kaiserlichen Gesundheitsamte. 1881. pag. 38. Mit 10 Photogrammen auf Tafel I. und II.

[6]) Literatur: EHRENBERG, Berliner Akademie. Bericht 1839. — HERMBSTAEDT, Ueber die blaue und rothe Milch. Leipzig, 1833 (aus ERDMANN's Journ. für technische und ökonomische Chemie. Bd. 18. — SCHRÖTER, Ueber einige durch Bacterien gebildete Pigmente in COHN,

tien, gekochten Kartoffelscheiben, Mehlbrei, Reissbrei, Stärkekleister etc. wo er rosen- bis blutrothe tröpfchenförmige Zoogloeen bildet, die später zu einem continuirlichen Ueberzuge verschmelzen. Minder häufig erfolgt sein spontanes Auftreten auf gekochtem Hühnereiweiss und Fleisch. Auch die Milch dient bisweilen als Substrat und wird dann gleichfalls blutroth gefärbt (die sogen. rothe Milch), eine Erscheinung, die man früher theils auf Krankheitszustände der Kühe, theils auf den Genuss gewisser, einen rothen Farbstoff enthaltenden Pflanzen zurückführte.

Physiologisch gewinnt der Pilz insofern an Interesse, als seine winzigen Coccen einen blutrothen Farbstoff produciren. In Wasser unlöslich wird derselbe in Alkohol und Aether mit brennend rother Farbe gelöst. Durch Zusatz von Säuren geht der Ton in lebhaftes Carminroth, dann in Violett, durch Zusatz von Alkali in Gelb über. Mittelst der alkoholischen Tinktur lassen sich Wolle- und Seidenfäden intensiv färben, doch erfährt der Farbstoff im Licht baldige Zersetzung. Er hat, wie ERDMANN und SCHRÖTER zeigten, mit Anilinfarben, speciell mit Fuchsin, sowohl bezüglich seines chemischen, wie seines spectroscopischen Verhaltens, eine entfernte Aehnlichkeit.[1])

Die Coccen selbst sind farblos, und es scheint als ob das Pigment ausserhalb der Zellen im Substrat durch die Einwirkung des Pilzes entstehe. Die Pigmentbildung ist abhängig vom Luftzutritt, sie wird daher zuerst stets an der Oberfläche der Substrate beobachtet. Letzteres erlangt durch die Vegetation des Pilzes zunächst schwach saure, dann alkalische Eigenschaften; dabei zeigt sich ein unverkennbarer Trimethylamin-Geruch.

11. *Micrococcus aurantiacus* SCHRÖTER.[2])

Entwickelt sich, wie SCHRÖTER zeigte auf gekochten Kartoffelscheiben und gekochtem Hühner-Eiweiss in Form kleiner orangefarbener, später zusammenfliessender Tröpfchen. In Lösungen von Ammoniaksalzen, z. B. essigsaurem und weinsaurem Ammoniak cultivirt bilden die Coccen an der Oberfläche eine 2 bis 3 Millim. dicke goldgelbe Kahmhaut. Identisch mit dieser Form ist wahrscheinlich diejenige, welche COHN in Aufgüssen von gekocktem Hühnereiweiss erhielt und den Infuss in seiner ganzen Ausdehnung orangegelb färbte. Das Pigment ist in Wasser löslich.

12. *Micrococcus chlorinus* COHN.[3])

Man erhält den Pilz mitunter, wenn man gekochte Kartoffelscheiben oder gekochtes Hühnereiweiss auslegt. Hier werden von ihm gelbgrüne oder saftgrüne Schleimmassen erzeugt. In Aufgüssen von demselben Substrat sah COHN an der Oberfläche eine saftgrüne Kahmhaut sich bilden, von der aus die ganze Flüssigkeit sich schön gelbgrün färbte. Nachdem die gelbgrünen Micrococcenmassen sich auf dem Boden abgelagert hatten, behielt die Flüssigkeit ihre gelbgrüne Farbe. Durch Behandlung mit Säuren erfolgt Entfärbung. Das Pigment ist gleichfalls in Wasser löslich.

Beitr. z. Biol. Bd. I. Heft II. — COHN, Untersuchungen über Bacterien, daselbst. pag. 153. — WERNICH, Ueber Micrococcus prodigiosus in COHN, Beitr. III. Heft 1. — ERDMANN, Bildung von Anilinfarben aus Proteïnkörpern. (Journ. für pract. Chemie. Leipzig 1866.)

[1]) Der metallische, goldgrüne Glanz, den manche üppigen Culturen zeigen, erinnert gleichfalls an aufgetrocknetes Fuchsin.

[2]) SCHRÖTER, Ueber einige durch Bacterien gebildete Pigmente, in COHN, Beitr. z. Biol. Bd. I. Heft II. pag. 119. — COHN, l. c. pag. 154.

[3]) l. c. pag. 155.

13. *Micrococcus violaceus* SCHRÖTER.[1])

Findet sich bisweilen auf gekochten Kartoffelscheiben, wo er Schleimklümpchen von violetter Färbung hervorruft, die schliesslich zusammenfliessen.

14. *Micrococcus luteus* SCHRÖTER.[2])

Lebt gleichfalls auf gekochten Kartoffelstücken und tritt hier in Form hellgelber Tröpfchen auf. Der gelbe Farbstoff ist in Wasser unlöslich. Schwefelsäure und Alkalien verändern die Farbe nicht. (Vielleicht stellt dieser Spaltpilz die Coccenform von *Bacterium synxanthum* dar.)

C. Spaltpilze, von denen man nur die Stäbchenform kennt.

1. *Bacterium synxanthum* EHRENBERG.[3]) Pilz der gelben Milch.

Bewirkt das Gelbwerden gekochter Milch, findet sich aber auch auf festen Pflanzentheilen, z. B. gekochten Kartoffel-, Mohrrüben-, Kohlrübenscheiben etc., wo er kleine citronengelbe Zoogloeen bildet.

Von Entwickelungsstadien kennt man bisher nur die Stäbchenform.

Die anfangs neutrale Milch zeigt bald nach dem Einbringen des Pilzes schwach saure, später bei eintretender Gelbfärbung alkalische Reaction. Der gelbe Farbstoff findet sich ausserhalb der Spaltpilzzellen und wird durch Säuren entfärbt, durch Alkalien nicht, letztere rufen wieder eine Gelbfärbung des entfärbten Materials hervor. Eingetrocknet lässt sich das Pigment nicht in Alkohol und Aether, wohl aber in Wasser lösen. Nach SCHRÖTER dürfte der Farbstoff Aehnlichkeit mit gewissen gelben Anilinfarben besitzen, sowohl nach seinen spectroscopischen, als seinen gewöhnlichen Reactionen.

2. *Bacillus ruber* FRANK.[4])

Wurde auf gekochtem Reis beobachtet in Stäbchenform. Die Form bildet auf jenem Substrat ein ziegelrothes Pigment.

3. *Bacillus erythrosporus* COHN.[5])

Wurde in Fleischextrakt-Lösung, in faulender Eiweiss-Flüssigkeit und faulendem Fleischwasser aufgefunden, wo an der Oberfläche vom Pilze eine aus Stäbchen bestehende Kahmhaut gebildet wird. In den Stäbchen entstehen Sporen, die durch schmutzig rothe Färbung ausgezeichnet sind.

4. *Bacillus Leprae* HANSEN.[6])

Dieser Pilz wird, und gewiss mit Recht, als das Contagium des Aussatzes angesehen. Er tritt in den Zellen der Aussatzknoten auf, und sind daselbst nach HANSEN Coccen, Stäbchen und Fadenzustände vorhanden, die wahrscheinlich in genetischem Zusammenhang stehen. In den Stäbchen werden Sporen gebildet.

---

[1]) Ueber einige von Bacterien gebildete Pigmente. Beitr. z. Biol. Bd. I. Heft II. pag. 124.

[2]) l. c. pag. 11.

[3]) Literatur: EHRENBERG in Bericht über die Verhandlungen der Berliner Akademie. 1840. pag. 202. — FUCHS, Magazin für die gesammte Thierheilkunde. Bd. VII. pag. 194. — SCHRÖTER, Ueber einige durch Bacterien gebildete Pigmente. Beiträge zur Biologie. Bd. I. Heft II. pag. 120 und 126.

[4]) COHN, Beitr. z. Biol. Bd. I. Heft 3. pag. 181.

[5]) l. c. Bd. III. Heft I. pag. 128.

[6]) *Bacillus Leprae*, in VIRCHOW's Archiv. Bd. 79.

5. *Panhistophyton ovatum* LEBERT.[1])

Ruft gleichfalls eine Krankheit der Seidenraupen hervor, die unter dem Namen »Gattine« bekannt ist und namentlich in Frankreich und Italien epidemisch auftritt, grosse Verheerungen anrichtend. Der Pilz durchsetzt alle Organe der Raupe sowohl, wie der Puppe und des Schmetterlings, ja er tritt oft schon in den Eiern auf. Von Entwickelungsformen kennt man nur die im Mittel 2,5 mikr. dicken, etwa doppelt so langen Kurzstäbchen, die sich lebhaft durch Zweitheilung vermehren.[2]) Sie werden mit den Excrementen ins Freie befördert und verbreiten sich beim Austrocknen derselben in den Zuchträumen leicht weiter, auf noch gesunde Thiere übergehend.[3])

[1]) Literatur: LEBERT, Ueber die gegenwärtig herrschende Krankheit des Insekts der Seide (Jahresber. üb. die Wirksamkeit d. Vereins zur Beförderung des Seidenbaues der Prov. Brandenburg. 1856—57. pag. 28. — NÄGELI, Ueber *Nosema bombycis*. Botan. Zeit. 1857. pag. 760 u. Flora. 1857. pag. 684. Ueber die neue Krankheit der Seidenraupe und verwandte Organismen.

[2]) Diese Zellen wurden zuerst von CORNALIA beobachtet, der sie für eine Modification der Blutkörperchen oder für Psorospermien hielt.

[3]) Nicht zu verwechseln mit der Gattine ist die durch einen Schimmelpilz *(Botrytis Bassiana)* hervorgerufene unter dem Namen Muscardine bekannte Seidenraupenkrankheit.

Vergleichende Entwicklungsgeschichte der Pflanzenorgane

von

K. Goebel.

„Die neueste Zeit brachte uns mehr als einen Versuch, den Werth der Entwicklungsgeschichte als wissenschaftliche Methode herunterzusetzen; Versuche, die an die Feindseligkeit der Rheinschiffer gegen die Dampfboote erinnern. Auf jene Aeusserungen nach den beredten und schlagenden Darstellungen SCHLEIDEN's noch Weiteres zu erwidern, hiesse Wasser in's Meer tragen. Die Thatsachen mögen reden. Es sind etwa 20 Jahre, seit Phytotomen die durch ROBERT BROWN gebrochene Bahn in grösserer Anzahl zu betreten begonnen haben. Die Leistungen dieser 20 Jahre übertreffen intensiv wie extensiv die einer gleich langen beliebigen anderen Periode der Botanik in einem Verhältniss, für welches kaum ein Vergleich sich findet.«[1]) — Mehr als zwanzig Jahre sind seit dieser Aeusserung eines Forschers verflossen, dessen entwicklungsgeschichtliche Untersuchungen auf immer einen Markstein in der Geschichte der Botanik bilden werden, und noch immer sind die Meinungen über die Entwicklungsgeschichte und ihre Bedeutung für die Morphologie getheilt. Während sie von den einen so ausschliesslich betrieben wurde, dass eine entschiedene Vernachlässigung der Untersuchung der fertigen Zustände und eine Ueberschätzung des auf mikroskopischem Wege Ermittelten eintrat, ist sie andern, wenn entwicklungsgeschichtliche Thatsachen in ihr System nicht passen, auch heute noch »unklar und trügerisch.« — Eine Darstellung, wie sie im Folgenden versucht wird, hat deshalb vor Allem die Aufgabe, sich über den Standpunkt zu äussern, von dem sie ausgeht; ist es doch gerade die Aufgabe eines Handbuches im Gegensatz zu der mehr oder weniger dogmatischen Darstellung, wie sie in einem Lehrbuch in den Vordergrund zu treten hat, dem Leser die Wissenschaft gewissermaassen bei der Arbeit selbst zu zeigen, und auf die Verschiedenheit der Auffassungen hinzuweisen, was des Raumes wegen hier freilich nur in äusserster Kürze geschehen kann.

Auch die rein thatsächliche Darstellung der Entwicklungsgeschichte aber (mit Ausschluss der Zellenlehre) stösst auf Schwierigkeiten. Sie setzt vor Allem eine Kenntniss der fertigen Formen in ihren wichtigsten Zügen voraus, und sodann kann sie niemals Selbstzweck, sondern nur ein Hülfsmittel morphologischer Forschung sein, das aber nur in Verbindung mit den anderen Methoden der-

---

[1]) HOFMEISTER, Botan. Zeit. 1857. pag. 174.

selben, vor Allem der, welche man als »vergleichende Morphologie« zu bezeichnen pflegt, zu einem einigermaassen befriedigenden Ziele führen kann. Von diesem Ziele, tiefer in die Bedingungen der Pflanzengestaltung einzudringen, sind wir aber noch sehr weit entfernt. Was wir kennen ist eine Fülle von Formen, deren Mannigfaltigkeit wir zuweilen auf bestimmte Regeln zurückführen können, die sich aber nur auf die äusseren Gestaltungsverhältnisse zu beziehen pflegen. Daraus ergiebt sich, dass eine derartige Darstellung nicht in grossen Zügen eine Uebersicht über das Zustandekommen der Gestaltungsverhältnisse des Pflanzenkörpers geben kann. Diese Gestaltungsverhältnisse sind von einer Mannigfaltigkeit und Bildsamkeit, die uns nöthigt, uns auf die Beschäftigung mit den wichtigsten Vorgängen zu beschränken und das ihnen etwa Gemeinsame hervorzuheben. Die Heranziehung zahlreicher Einzeldaten ist dabei ebenso wenig zu vermeiden, wie in jeder anderen geschichtlichen Darstellung.

Wenn ich trotz der erwähnten Bedenken der freundlichen Aufforderung des Herrn Herausgebers dieses Handbuches gefolgt bin, so geschah dies, weil ich glaubte, dass im gegenwärtigen Zeitpunkt, in welchem in der Morphologie die Principienfragen an der Tagesordnung sind, ein Versuch wie der folgende vielleicht nicht ganz nutzlos sein werde. Auf irgend welche Vollständigkeit habe ich dabei nicht Bedacht genommen, mich dagegen dem Programme dieses Handbuches gemäss vielfach, auch wo dies nicht besonders hervorgehoben ist, auf eigene Untersuchungen gestützt. Ein Versuch, die so ungemein interessanten Erscheinungen der Sprossfolge mit hereinzuziehen, wurde bald aufgegeben. Die hierher gehörigen Thatsachen, deren Kenntniss wir namentlich IRMISCH's vorzüglichen Arbeiten verdanken, variiren selbst bei nahe verwandten Pflanzen in einem Grade, dass nur die Hervorhebung einer Anzahl interessanter Einzelfälle möglich gewesen wäre, dazu gehört aber, um anschaulich zu werden, eine Anzahl Abbildungen, welche die Grenzen der für das vorliegende Handbuch gewährten Zahl weit überschritten hätte, ebenso blieb, wie schon aus der Ueberschrift hervorgeht, die Zellenlehre ausgeschlossen, und wurden histiologische Daten nur insoweit herangezogen, als sie in Beziehung zur Organbildung stehen.

A. Allgemeiner Theil.

§ 1. Zur Geschichte. Die Entwicklungsgeschichte ist, wie die wissenschaftliche Botanik überhaupt, jungen Datum's. Doch verdanken wir schon MALPIGHI, dem Vater der Pflanzenanatomie Untersuchungen über die Entwicklung des Samens,[1]) welche für ihre Zeit vortrefflich waren, auch finden sich einige Andeutungen über die Entwicklung der Blätter, die er aber nicht am Vegetationspunkt, welchen erst C. FR. WOLFF auffand, untersuchte, sondern an den successiv sich entfaltenden Blättern der Knospen. Dass er wie CAESALPINI die Blätter aus der Rinde des Stengels entstehen liess (vergl. z. B. a. a. O. pag. 30 *»cortex additur a quo copiosa foliola erumpentia in gemmae corpusculum conglobantur)* zeigt eben, dass ihm die ersten Entwicklungsstadien von Blatt und Knospe überhaupt nicht bekannt waren, was er verfolgte, war wesentlich nur das Wachsthum schon angelegter Theile. Diese Thatsache war wesentlich mit eine der Entstehungsursachen, oder, wenn man will, der Gründe, für das Wiederaufleben der Evolutionstheorie, einer Theorie die auf botanischem Gebiete allerdings insofern wenig Schaden angerichtet hat, als die botanische Forschung zwischen MALPIGHI und

[1]) S. die Abhandlung de Seminum generatione in: Opera omnia, Londini. 1686, pag. 57.

WOLFF ohnehin eine sehr kümmerliche war,[1]) und sich anderen Aufgaben zugewendet hatte. Wir können diese Theorie aber hier schon deshalb nicht übergehen, weil die Principien, aus denen sie hervorging, auch heute noch keineswegs aus der botanischen Literatur verschwunden sind. Wenn BONNET[2]) sagt: »Sie haben nämlich die Zeit, wo die Theile eines Thieres zu existiren angefangen nach derjenigen beurtheilt, wo selbige sichtbar zu werden angefangen haben, gleich wenn Alles, was sie nicht sehen, nicht vorhanden wäre« so glaubt man einen der Sätze zu hören, die noch in unserer Zeit den »Genetikern« von Seiten mancher vergleichender Morphologen entgegengehalten werden. Wenn die Entwicklungsgeschichte nicht übereinstimmt mit bestimmten theoretischen Sätzen so können ja schon vor dem Sichtbarwerden der Organe bestimmte Veränderungen mit ihnen vor sich gegangen sein, der Augenschein selbst aber trügerisch sein.[3]) Das ist auch die Stütze der Evolutionstheorie. Nur geht sie noch weiter, und behauptet die Präexistenz des organischen Ganzen. Im Keime sind schon alle Organe vollständig vorhanden, eine Neubildung der letzteren findet also nicht statt, sondern nur Entfaltung und Wachsthum, wozu der Anstoss durch die Befruchtung gegeben wird. Jedes Samenkorn enthält, wie BONNET sagt, eine Pflanze im Kleinen, also auch die Anlagen der Blüthen, die an einer Tanne z. B. normal erst etwa im fünfzigsten Lebensjahre erscheinen. Da nämlich der Keim alle Theile des künftigen Gewächses enthält, so bekommt dasselbe keine Organe, die es zuvor nicht schon hatte, sondern die vorher unsichtbaren Organe fangen an, sichtbar zu werden (BONNET a. a. O. pag. 156). »Es kann sein, dass alle Keime einerlei Art ursprünglich in einander eingeschlossen gewesen und dass sie sich nur von Geschlecht zu Geschlecht in einer Progression entwickeln, welche die Geometrie zu bestimmen sucht. — Diese Hypothese der Einschliessung ist der schönste Sieg, den der Verstand über den Sinn erhalten hat, a. a. O. pag. 157. — Es ist lehrreich zu sehen, wie hartnäckig diese Theorie selbst den Erscheinungen der Bastardirung gegenüber, die zu ihrer Beseitigung allein schon hingereicht hätte, festgehalten wurde. Ihr thatsächlicher Ausgangspunkt auf botanischem Gebiete ist ein höchst einfacher. Untersucht man eine Knospe im Herbst, so findet man die Blätter, welche sie im nächsten Jahre entfalten wird, schon angelegt, bei unseren Holzgewächsen meist auch die Blüthen. Gegen das Innere der Knospe hin werden die Blattanlagen immer kleiner. Die Anwendung von Vergrösserungsgläsern zeigt aber noch solche, die dem blossen Auge nicht mehr deutlich wahrnehmbar sind, also, schloss man mit einem logischen Sprunge weiter, wird die Knospe auch alle in späteren Jahren noch aus ihr hervorgehenden Blätter in der Anlage erhalten, nur eben so klein, dass sie auch dem bewaffneten Auge nicht mehr wahrnehmbar sind, es giebt also keine Neubildung sondern nur Entfaltung.

Wie aber alle, selbst die falschen Theorien das Gute haben, dass sie solche,

---

[1]) Vergl. SACHS, Geschichte der Botanik. pag. 262.

[2]) BONNET, Betrachtungen über die Natur, übersetzt von TITIUS. Leipzig 1772.

[3]) Ein Beispiel genüge. Um die unbequeme Thatsache, dass der Vegetationspunkt der Inflorescenzen von *Urtica*, Boragineen etc. monopodial (nicht wie die Theorie es verlangt, sympodial) weiter wächst, nimmt ein neuerer Schriftsteller an »dass der Vegetationspunkt bereits mehrere consecutive Sprossanlagen in sich enthalte, deren Anlegung noch mehr beschleunigt worden, so dass eine Art Prolepsis der Sprossanlagen im Vegetationspunkte stattfindet« — ein Satz, den der auf dem Boden der Einschachtelungslehre stehende BONNET eben so gut hätte schreiben können.

die durch Schulmeinungen sich nicht imponiren lassen, zu erneuter Untersuchung der Thatsachen führen, so war es auch mit der Evolutionstheorie. Denn ihr verdanken wir die ersten, wirklich eingehenden und einschneidenden, in der Botanik aber erst zu einer späten Berühmtheit gelangten entwicklungsgeschichtlichen Untersuchungen von CASPAR FRIEDRICH WOLFF.[1]) Das Interesse, welches ihn bei seinen Untersuchungen leitete, ist, wie auf jeder Seite derselben hervortritt ein theoretisches, die Frage nach dem Wesen der »generatio« und der Nachweis der Unrichtigkeit der Evolutionstheorie, welche eine »Generatio« eine Neubildung, nicht kennt (pag. XII. *»qui igitur systemata praedelineationis tradunt, generationem non explicant, sed eam non dare affirmant«)*. An die Stelle dieser Theorie tritt die der »Epigenesis« eine Bezeichnung, die ausdrückt, dass bei der Entwicklung eine wirkliche Neubildung von Theilen stattfindet, eine Neuanlage von Organen an dem ursprünglich ungegliederten Keime.) Dies Resultat ergab sich schon aus seinen Untersuchungen über die Entwicklung des Blattes, welche er an der Bohne verfolgte, und der Blüthe. Er erkennt, dass das Vorhandensein von Blattanlagen in der Knospe, auf welches die Evolutionslehre sich stützte, denn doch nur ein eng begrenztes ist. Untersucht man nämlich eine Knospe genauer: *»donec tandem hoc modo introrsum et deorsum simul penetrando ad substantiam plantae interiorem pervenias, humidam, succis gravidam et nulla amplius folia tenentem«*, so gelangt man damit an die *»extremitas axeos trunci«* in der noch keine Gewebedifferenzirung vorhanden ist. Diese Endigung der Stamm- oder Zweigachse nennt er Vegetationspunkt, und an ihm entspringen Blattanlagen und Zellenzweige als *»propulsiones trunci.«* Damit war eine der fundamentalen Thatsachen in der Entwicklung der Pflanze klargelegt, und der auf unvollständigen Beobachtungen und angeblich philosophischen Betrachtungen beruhenden Evolutionstheorie der Boden unter den Füssen weggezogen. Das auch bei WOLFF sich findende, und oft in unleidlichster Weise sich geltend machende speculative Element,[3]) welches namentlich in dem Bestreben hervortritt die thatsächlichen Beobachtungen als Resultat allgemeiner (aber nur auf Spekulation gegründeter) Organisationsverhältnisse erscheinen zu lassen, kann der Bedeutung der durch ihn klar gelegten Thatsachen keinen Eintrag thun.

Der Weg, welchen WOLFF eingeschlagen hatte, blieb aber zunächst unbetreten, das Interesse wandte sich vor Allem der durch LINNÉ in neue Bahnen geleiteten Systematik zu, während auch die auf der Betrachtung der fertigen

[1]) Die Citate im Folgenden beziehen sich auf folgende Ausgabe: Theoria generationis, auctore D. CASPARO FRIDERICO WOLFF, editio nova Halae ad Salam, 1774. Die erste Ausgabe der »Theorie« ist WOLFF's berühmte Inauguraldissertation, welche am 28. Nov. 1759 vertheidigt wurde.

[2]) Man vergleiche damit was BONNET unter Epigenesis verstand (a. a. O. pag. 160) »Epigenesis: eine Lehrmeinung derjenigen, welche keine vorher gebildeten Keime annehmen sondern behaupten, das Thier werde in der That Stück vor Stück geboren und aneinandergesetzet und dies zwar mittelst der Vereinigung unterschiedlicher Partikelchen, die unter gewissen Verhältnissen zusammenkommen.« (!)

[3]) Speciell gilt das vom *succus nutritivus*, welcher vermöge der *vis essentialis* in der Pflanze sich bewegt. Oft ist es aber auch nur die Ausdrucksform die einen spekulativen Charakter hat. und jedenfalls geht WIGAND (Kritik und Geschichte der Lehre von der Metamorphose der Pflanzen 1846) viel zu weit, wenn er bei ihm fast »lauter Theoriensucht und Vorurtheil« findet (a. a. O. pag. 47). Das Bestreben, die Entwicklung der Pflanze aus physiologischen Gesichtspunkten zu verfolgen, welches bei WOLFF überall hervortritt, gereicht ihm meiner Ansicht nach nur zur Ehre, so unvollkommen auch die spekulative Grundlage dieser Bestrebungen war.

Organe beruhende Morphologie kaum über die schon vor LINNÉ errungene Stufe hinausging. Entwicklungsgeschichtlicher Voraussetzungen konnte man sich eben so wenig enthalten, wie später die vergleichende Morphologie, allein sie gingen über die Spekulation nicht hinaus, und diese war z. B. in der LINNÉ'schen Prolepsistheorie[1]) unglücklich genug. Dieselbe soll hier mit einigen Worten berührt werden, schon der Behauptung halber, die öfters aufgestellt wurde, dass sie der GOETHE'schen Metamorphosenlehre analog sei. Wir sehen dabei ganz ab von der LINNÉ'schen auf CAESALPINI'schen Anschauungen beruhenden Metamorphosenlehre, wonach die Rinde des Stammes sich in den Kelch, der Bast in die Corolle, das Holz in die Staubfäden, das Mark in das Pistill verwandeln soll und fassen nur die Prolepsistheorie selbst ins Auge. — Es ist eine bekannte Thatsache, dass der Kelch mancher abnormer Blüthen die Form von Stengelblättern annimmt, auch Blumenkrone und Staubfäden sind wie die Analogie der Blüthen mit Knospen schliessen lässt, Blätter, und ebenso ist der Fruchtknoten aus solchen zusammengesetzt, wie gefüllte Blumen vermuthen lassen. »Die Blüthe ist nun nach LINNÉ's Prolepsistheorie nichts, als das gleichzeitige Erscheinen von Blättern, die eigentlich den Knospenbildungen von sechs aufeinanderfolgenden Jahren angehören, so zwar, dass die Blätter der fürs zweite Jahr der Pflanze zur Entwicklung bestimmten Knospe zu Brakteen, die Blätter des dritten Jahres zum Kelch, die des vierten zur Corolle, die des fünften zu Staubfäden, die des sechsten Jahres zum Pistill werden (WIGAND a. a. O. pag. 29). Es würde uns zu weit führen, auf die Hülfshypothesen, welche nöthig sind, um diese Vorstellung den Thatsachen einigermaassen anzupassen, einzugehen, nur so viel sei betont, dass sie vollständig auf dem Boden der Einschachtelungslehre steht, und gerade das Bedürfniss, diese mit der Wahrnehmung zu vereinigen, dass ein Baum, der bei reichlicher Nahrung nur Blätter und Zweige trieb, in ein enges Gefäss eingesetzt, nun sofort zur Blüthe gelangte, scheint mir der Ausgangspunkt der Prolepsistheorie zu sein. Denn die Evolutionstheorie kann natürlich nur eine Einwirkung auf schon vorhandene Anlagen, nicht eine Veranlassung zur Neubildung von Organen in den oben erwähnten Fall annehmen.[2]) Auf der Evolutionstheorie beruht auch der Satz, der Same stelle die ganze Pflanze zusammengedrängt dar. Wir können somit in der Prolepsistheorie nicht den mindesten Fortschritt, sondern nur einen wunderlichen Auswuchs der Evolutionstheorie erkennen. Was uns an derselben am meisten wundert, ist nicht ihre Künstlichkeit und innere Unklarheit, sondern die Thatsache, dass eine Verfolgung der Blüthenbildung einer Gartenbohne, wie WOLFF sie unternommen hat, genügt hätte, die Unnatürlichkeit der ganzen Anschauung darzuthun. Es sind aber von jeher nicht falsch beobachtete Thatsachen gewesen, die den Fortschritt aufgehalten haben, sondern theoretische Vorstellungen.

§ 2. Die Metamorphosenlehre. Wir haben vorhin den Namen Metamor-

---

[1]) Eine ausführliche Darstellung derselben findet sich in WIGAND's oben genannter Abhandlung.

[2]) Was die Terminologie betrifft, so sagt schon MALPIGHI (a. a. O. pag. 41) »*eadem calycis natura quasi geminis contexta foliolis observatur in silarea et horminio*«, von den Blumenblättern sagt er (pag. 42) »*supra calycem a dilatata caule vel petiolo erumpunt floris praecipua ornamenta, folia scilicet.*« Er kennt auch die Mittelbildungen zwischen Staubfäden und Blumenblättern bei gefüllten Rosen »*frequenter prope staminum petiolos fit mixtura staminis et folii* (pag. 46). Es ist klar, dass die Bezeichnung des Kelches und der Blumenblätter auf der äusseren Aehnlichkeit beruht, welche sie mit den Blättern, zu denen M. auch die Schuppen zählt, haben.

phosenlehre genannt, und zu ihr führt auch der Weg von WOLFF aus, auf den wir aber bei derselben noch einmal zurückzukommen haben. Es ist ein wahrer Irrgarten, in welchen wir uns begeben, wenn wir uns mit ihr befassen. Mit Recht sagt WIGAND (a. a. O. pag. 129). »Da sehen wir vor Allem keinen bestimmten Ausgangspunkt der Bestrebungen; so oft der Gegenstand ergriffen worden, fast ebenso oft ist er von den verschiedenartigsten Seiten aufgefasst.« Und nicht nur der Gegenstand, auch die Behandlung desselben von Seiten früherer Schriftsteller ist auf die verschiedenste Weise behandelt worden. Soll ja doch selbst GOETHE's Metamorphosenlehre zu den Vorläufern der Descendenztheorie gehören! Ueberall handelt es sich bei der Metamorphosenlehre um Entwicklungsvorgänge und schon deshalb gehört dieselbe hierher, aber meist hat man es vorgezogen, die Entwicklung zu construiren, statt sie zu beobachten. Dabei handelte es sich ausschliesslich um die auffälligsten Pflanzenorgane, die Blätter, Wurzeln und Stengel blieben aus dem Spiele.[1]) Nun sehen wir an den Sprossachsen höherer Gewächse ausser den gewöhnlichen Laubblättern eine Anzahl seitlicher Bildungen, welche nicht Zweige sind, sondern theils als Schuppen die Knospen umhüllen, theils in der Blüthe in Form von Kelch, Blumenkrone und Fruchtknoten auftreten oder als »Deckblätter« die Blüthen schützen. Es gehört keine grosse Abstraktionskraft dazu, um auch die Schuppen und Blumenkronblätter als Blätter, wie die Laubblätter zu bezeichnen: sie haben eine ähnliche Stellung wie die Blätter, sind platt und fallen nach kurzer Zeit vom Stengel ab. Eine weitere Einsicht in ihre Natur ist damit nicht gewonnen, sondern eben nur ein genereller Namen, den, wie erwähnt, schon MALPIGHI und gewiss mancher vor ihm gebraucht haben. Es fragte sich nun, worin besteht das Gemeinsame aller dieser Gebilde und was sind ihre gegenseitigen Beziehungen? Diese Frage ist das Problem der Metamorphosenlehre.

Ihr Begründer ist ohne Zweifel WOLFF, denn er hat den ersten Versuch zu ihrer Lösung gemacht, während wir die Subsumtion von Bracteen, Kelch und Corolle unter den Begriff »Blatt« eben nur als eine Namenserweiterung betrachten, wie schon die Thatsache zeigt, dass MALPIGHI auch die »gamopetale» Corolle als *folium unicum*« auffasst, d. h. ein Gebilde, das Aehnlichkeit mit einem Blatte hat.

WOLFF's Metarmorphosenlehre (er gebraucht den Ausdruck Metamorphose übrigens nicht) hängt zusammen mit seiner Vorstellung über die »*Vegetatio languescens*«. Das Blühen der Pflanze ist eine Folge verminderten Nahrungszuflusses, die Blattbildung hört in Folge dessen auf, und an ihre Stelle tritt die Fruktification.[2]) (Vergl. a. a. O. § 95, pag. 55.) Die Folge dieser verminderten Nahrungszufuhr ist, dass die vorhandenen Anlagen (»*quaecumque excreta jam sunt paucius nutriuntur)*« schwächer ernährt werden. Man wird auf diesem Stadium der Pflanze Blätter finden, die mit weniger Verzweigungen als die Laubblätter versehen sind, andere bei denen die Ausbildung der Blattscheibe d. h. des an den Mittelnerven ansetzenden Theiles der Blattlamina, (den WOLFF durch Ausscheidung entstehen liess) unterbleibt, oder die des Blattstieles, einiger Blattrippen etc., und der Vegetationspunkt selbst wird an der Bildung neuer »*propul-*

---

[1]) E. MEYER hat es sogar versucht, auch die Wurzeln als Blattbildungen nachzuweisen!

[2]) Sicher liegt dieser Anschauung der Erfahrungssatz zu Grunde, dass Blüthen- und Laubblattbildung miteinander in Correlation stehen, indem bei allzu üppiger Laubbildung die Blüthenbildung unterdrückt erscheint (z. B. bei den Kugelakazien,) und andererseits eine Unterdrückung der Blüthenbildung eine stärkere Entwicklung der vegetativen Theile zur Folge hat (z. B. bei den baumförmig gezogenen Reseden.)

siones« gehindert. Mit anderen Worten es treten Hemmungsbildungen auf, die gradweise gegen die Spitze der Achse hin abgestuft sind (pag. 61). Ein wie man sieht, durchaus klarer und anschaulicher Gedanke. Den theoretischen Auseinandersetzungen folgt die »*historia floris*« die Entwicklungsgeschichte der Blüthe, welche WOLFF an *Vicia Faba* sorgfältig untersucht, auch mit Abbildungen erläutert hat, die freilich sehr rudimentär sind, namentlich MALPIGHI's klaren Zeichnungen gegenüber. Das Objekt der Untersuchung war kein günstiges, doch gelang es ihm zu constatiren, dass die in der fertigen Blüthe mit einander »verwachsenen« Kelchzipfel und Staubblätter als isolirte Organe angelegt und erst durch scheidenförmige Verlängerung ihrer Insertionszone mit einander vereinigt werden (vergl. z. B. pag. 65). Die Staubfäden hielt er allerdings zunächst für Axillarknospen der Kelchblätter, weil er die Anlagen der anfangs in der Entwicklung zurückbleibenden Blumenblätter übersah, ein Irrthum, den er aber später selbst berichtigte. Nach einem Citat bei KIRCHHOFF[1]) nennt er in einer späteren Arbeit[2]) die Antheren Blattmodificationen. Von den Kronenblättern hebt er die Blattnatur ausdrücklich hervor, ihre Färbung geht leichter und mehr als bei anderen Theilen vom Grünen ins Weisse, Gelbe etc. über, weil sie im Verhältniss zu ihrem Volumen eine grosse Oberfläche besitzen und so den Einwirkungen der Luft (d. h. wohl hauptsächlich des Lichts) und der Wärme *(aëris et caloris effectibus)* am meisten ausgesetzt sind (pag. 68).

Der Grundgedanke der ganzen Anschauung ist, wenn man sie des theoretisirenden Beiwerks entkleidet, klar genug.[3]) Die Pflanze producirt überhaupt nur Laubblattanlagen, deren Ausbildung aber unter bestimmten Umständen (beim Eintreten der *vegetatio languescens)* Hemmungen erfährt, die zu verschiedenen Modificationen führen. Lehrreich ist namentlich die Bemerkung über das Zustandekommen der Blumenblattfarben, welche zeigt, dass WOLFF als Organ, welche umgebildet wird, eben das Laubblatt betrachtet, und den Grund dieser Umbildung findet er nicht in einer »Kraft,« die er Metamorphose nennt[4]), sondern in geänderten Ernährungsverhältnissen. Dass Laubblätter, Kelchblätter und Blumenblätter dieselbe Entwicklung zeigen, ist leicht verständlich, wenn letztere modificirte, gehemmte Laubblätter sind. Das Pistill fasste er in seiner ersten Arbeit noch als ein »*ad modum vulgarem trunci*« ausgewachsenes *Punctum vegetationis* auf (pag. 45). Später sagt er:[5]) »In der ganzen Pflanze, deren Theile wir auf den ersten Blick als so ausserordentlich mannigfaltig bewundern, sehe ich nach gründlicher Betrachtung zuletzt nichts als Blätter und Stengel (die Wurzel zum Stengel gerechnet). Alle Theile der Pflanze ausser dem Stengel sind folglich nur modificirte Blätter. Bei der Aufstellung einer Generationstheorie der Pflanzen handelt es sich also zunächst darum, durch Versuche zu finden, auf welche Weise sich die gewöhnlichen Blätter bilden, d. h. wie die gewöhnliche Vegetation geschieht, durch welche Ursachen und Kräfte, — alsdann die Ursachen, Umstände und Bedingungen zu erforschen, welche in den oberen Theilen der Pflanze, wo die

---

[1]) KIRCHHOFF, Die Idee der Pflanzenmetamorphose bei WOLFF und GOETHE. Berlin. 1867.

[2]) Novi comm. acad. Petrop. XII. pag. 406.

[3]) Es wird derselbe indess z. B. bei KIRCHHOFF nicht hervorgehoben; wohl weil der Verf. (ebenso wie WIGAND u. A.) eine ganz andere Ansicht von der »Metamorphose« hat; auch ich fasste anfangs WOLFF's Darstellung in anderer Weise auf.

[4]) Er gebraucht die Bezeichnung überhaupt nicht.

[5]) Novi comment. Acad. Petropol. XII. 1766—1767. pag. 403. Die Stelle ist citirt bei WIGAND. pag. 38.

scheinbar neuen Erscheinungen und die scheinbar verschiedenen Organe auftreten, zu der bisherigen Vegetation hinzukommen, und dieselbe so bestimmen, dass statt der gewöhnlichen solche modificirte Blätter hervorgehen. So bin ich früher *(theoria generationis)* zu Werke gegangen; ich fand, dass, während je länger die Vegetation fortdauert, um so mehr Blätter erzeugt werden, dagegen von der allmählichen Abnahme und dem endlichen Verschwinden derselben alle jene Abänderungen abhängen, dass also die letzteren eigentlich nur in einem Mangel an Ausbildung beruhen.«[1])

Schleiden sagt einmal, es sei ein Unglück für die Botanik gewesen, dass nicht die Wolff'sche Metamorphosenlehre statt der Goethe'schen in die Wissenschaft eingeführt worden sei. Ich kann dem nur aus vollster Ueberzeugung beistimmen. Goethe's Verdienst wird dadurch nicht geschmälert, dass seine Lehre auf die Entwicklung der botanischen Morphologie vielfach einen so trübenden Einfluss geübt hat, immerhin aber ist sie die Quelle der Begriffsdichtung, welche in dichterischem Schwunge über den Wogengang und Wellenschlag der (als persönlich gedachten) Metamorphose sprach. Unabhängig von ihr hat sich dann erst wieder die von Wolff eingeleitete entwicklungsgeschichtliche Methode erhoben, im Gegensatz namentlich zu der Beschäftigung mit Missbildungen, welche für die Metamorphosenlehre von jeher eine Hauptstütze waren.

Wolff's Arbeiten waren Goethe, wie wir aus seinen anziehenden Schilderungen über die Geschichte seines botanischen Studiums wissen, unbekannt. Der Ausgangspunkt ist auch bei beiden ein ganz verschiedener, bei Wolff die Entwicklungsgeschichte, bei Goethe die Betrachtung der fertigen Pflanze.

Goethe[2]) hat in seinem berühmten Essai seine Maximen deutlich genug ausgesprochen. »Das nun das, was der Idee nach gleich ist, in der Erfahrung entweder als gleich oder als ähnlich, ja sogar als völlig ungleich erscheinen kann, darin besteht eigentlich das bewegliche Leben der Natur, das wir in unsern Blättern zu entwerfen denken.« (a. a. O. pag. 4), Blätter (i. e. Laubblätter) Kelch, Krone, Staubfäden sind in geheimer Verwandtschaft zu einander. Sie entwickeln sich nach einander und »gleichsam auseinander.« Die Metamorphose steigt »gleichsam auf einer geistigen Leiter, zum Gipfel der Natur, der Fortpflanzung durch zwei Geschlechter empor.« (Satz 6.) Es leuchtet in den angeführten Sätzen schon ein, dass es sich bei dieser Metamorphosenlehre um einen ganz andern Vorgang handelt, als bei der Wolff'schen. Die Metamorphose ist auf das Gebiet des Begriffes der Idee verlegt, nur auf diesem kann ja von einer »geistigen Leiter« die Rede sein. Nur so ist es verständlich, wenn wir lesen, dass im Verlauf der Blattbildung die Stengelblätter von ihrer Peripherie herein anfangen sich zusammenzuziehen. Ein einmal gebildetes Blatt kann sich ja natür-

---

[1]) Wigand meint a. a. O. pag. 60 »ein wissenschaftliches Princip der Identität der Blattorgane sei bei Wolff noch nicht durchgedrungen; ich denke die obigen kurzen Auseinandersetzungen und die Vergleichung mit der Goethe-Braun'schen Metamorphosenlehre wird das Gegentheil deutlich erweisen. — Dass es sich bei der ganzen Discussion ausschliesslich um die Samenpflanzen, speciell die Angiospermen handelt, braucht bei dem damaligen Stand der Botanik wohl kaum betont zu werden.

[2]) Morphologie, 36. Bd. der Cotta'schen Gesammtausgabe von 1869. — Die Frage ob Goethe später eine realere Auffassung der Metamorphose gewonnen habe, gehört nicht hierher. Jedenfalls sprechen übrigens die nachträglichen Bemerkungen zur Morphologie nicht dafür, wie z. B. die aus dem Jahre 1831 stammenden Bemerkungen über die Spiraltendenz in der Vegetation zeigen.

lich nicht zusammenziehen. Man kann aber eine Braktee begrifflich auf ein Laubblatt reduciren, wenn man von dem wirklichen Vorgange der Entwicklungsgeschichte absehend, sich dieselbe durch Zusammenziehung zu Stande gekommen denkt, Kelch und Krone bestehen ebenfalls aus Blättern, die häufig wie das Vorhandensein von freien Spitzen lehrt, mit einander verwachsen sind. (WOLFF hatte nach dem Obigen den Vorgang schon richtiger erkannt). Die »Verwandtschaft« der Kron- mit den Stengelblättern zeigt sich namentlich auch dadurch, dass auch Stengelblätter (wie bei der Gartentulpe), ganz oder theilweise den Charakter von Kronblättern annehmen können. Ein Staubwerkzeug aber entsteht, wie dies namentlich aus den Erscheinungen an gefüllten Blüthen gefolgert wird »wenn die Organe die wir bisher als Kronblätter sich ausbreiten gesehen, wieder in einem höchst zusammengezogenen und zugleich in einem höchst verfeinerten Zustand erscheinen. Die Zusammenziehung aber geschieht, wie in Satz 67 ausgeführt wird, durch Zusammenziehung der elastischen Spiralfasern, dadurch werden die Gefässbündel auf deren Ausbreitung nach GOETHE die Blattgestalt beruht, verkürzt und das Blatt wird schmäler. Auch die Früchte entstehen aus blattähnlichen Bildungen. Eine Hülse z. B. ist ein einfaches, zusammengeschlagenes an seinen Rändern verwachsenes Blatt.« Wir sind überzeugt, dass mit einiger Uebung es nicht schwer sei, sich auf diesem Wege die mannigfaltigen Gestaltungen der Blumen und Früchte zu erklären; nur wird freilich dazu erfordert, dass man mit jenen oben festgestellten Begriffen der Ausdehnung und Zusammenziehung, der Zusammendrängung und Anastomose wie mit algebraischen Formeln bequem zu operiren und sie da, wo sie hingehören, anzuwenden wisse (Satz 102). — Während WOLFF als Ursache der Blüthenbildung eine *vegetatio languescens* aufstellt, nimmt GOETHE bei der Bildung der Blüthenblattgebilde eine Verfeinerung der Säfte an. Als Zusammenfassung seiner Anschauung hebt er hervor (Satz 119), dass er versucht habe, die verschieden scheinenden Organe der sprossenden und blühenden Pflanze alle aus einem einzigen, dem Blatte zu erklären. Zur Verhütung eines Missverständnisses hebt er aber in dem folgenden Satze hervor, dass die Bezeichnung »Blatt« eigentlich eine mangelhafte sei, da man ein allgemeines Wort haben müsste, »wodurch wir dieses in so verschiedene Gestalten metamorphosirte Organe bezeichnen, und alle Erscheinungen seiner Gestalt damit vergleichen könnte. . . . . denn wir können eben so gut sagen, ein Staubwerkzeug sei ein zusammengezogenes Blumenblatt, als wir vom Blumenblatte sagen können, es sei ein Staubblatt im Zustand der Ausdehnung; ein Kelchblatt sei ein zusammengezogenes, einem gewissen Grade der Verfeinerung sich näherndes Stengelblatt als wir von einem Stengelblatt sagen können, es sei ein durch Zudringen roherer Säfte ausgedehntes Kelchblatt.« Diese Sätze zeigen doch wohl, dass es sich um eine Metamorphose, eine Umbildung dabei gar nicht handelt, sondern nur um eine Verallgemeinerung des Begriffes Blatt, der aber eben dadurch auch zu einem ziemlich unbestimmten wird. Gerade diese Auffassung aber war es, die in der Botanik weiter wirkte. A. BRAUN[1]) charakterisirt 1851 seinen und GOETHE's Standpunkt, indem er sagt: »die geistige Leiter, welche GOETHE in der Metamorphose der Pflanzen erblickt, ist ein sprechender Beweis seiner tieferen Auffassung derselben, denn dass, was den Bildungsprozess der Pflanze von einer Stufe zur andern leitet, was die Stufen zur Leiter vereinigt, was jede Stufe obgleich getrennt von der vorausgehenden, doch als Umwandlungs-

[1]) Verjüngung. pag. 64.

stufe derselben erkennen lässt, kann eben nur ein Inneres und Geistiges sein.« und nicht minder deutlich charakterisirt er zwanzig Jahre[1]) später den Standpunkt der Metamorphosenlehre, die nach ihm der Schlüssel zur Morphologie ist. Was dieselbe lehrt, ist »die stufenweise Umgestaltung der wesentlich gleichen Organe nach den verschiedenen Höhen der Entwicklung und den ihnen zugetheilten Aufgaben des Lebens (pag. 294). Wie aber die Wesensgleichheit zu verstehen ist, das erläutert BRAUN, indem er ausdrücklich erklärt, es sei eine verkehrte Auffassung der Metamorphosenlehre, wenn man das Laubblatt als den eigentlichen Typus des Blattes, die andern Blattformationen als »metamorphosirte« Blattgebilde betrachte (a. a. O.). Die Laubblätter sind vielmehr wie die aller andern Stufen Blätter, denen eine bestimmte Funktion zugetheilt ist. Das »Urblatt« ist eben so wenig ein sichtbares Ding, wie die Urpflanze, welche GOETHE sich zu gestalten suchte, man müsste denn darunter das erste Blatt der Pflanze verstehen etc.« Ich habe diesen Standpunkt früher bereits zu charakterisiren versucht.[2]) »Das Blatt ist für die Metamorphosenlehre eben ein Begriff, der nicht in einer einzelnen Form seinen Ausdruck und seine Realisirung findet, sondern eine ganze Anzahl von Formen umfasst, von deren Besonderheit abstrahirt worden ist, um zu dem allgemeinen Begriffe »Blatt« zu kommen. Eben so wenig wie man ein beliebiges Haus als das »Urhaus« bezeichnen kann, kann man auch nach (GOETHE's und) BRAUN's Auffassung eine beliebige Blattformation als das »Urblatt« bezeichnen.« Damit ist auch zugleich der principielle Irrthum der ganzen Anschauung, der mehr als jemand, der sich mit der Geschichte der Pflanzenmorphologie nicht beschäftigt hat, glauben würde hemmend auf deren Entwicklung wirkte, angedeutet. Erst abstrahirt man den Begriff Blatt, indem man die Function und Färbung etc. der Laubblätter, Kelchblätter, Staubfäden etc. als unwesentlich, ihre Stellung zum Stamm, ihr begrenztes Wachsthum als wesentlich und als Bestätigung dieser Wesensgleichheit das gelegentliche Auftreten von Blumenblättern an Stelle von Staubfäden von Laubblättern an Stelle von Kelchblättern etc. betrachtet; dann betrachtet man die Thatsache, dass der Allgemeinbegriff Blatt auf solche verschieden gestaltete Bildungen Anwendung findet als »Metamorphose« dieses als real gedachten Begriffs, der doch eben nichts ist als ein Wort, ein Namen, der aber als etwas Uebersinnliches aufgefasst wird, während alle Versuche, zu einem allgemein giltigen »Begriffe« des Blattes zu kommen fehlschlagen, wie unten auch näher darzulegen sein wird.

Neben dieser idealistischen Metamorphosenlehre hat sich eine andere Auffassung entwickelt, die je nach dem Standpunkte ihrer Vertreter mehr oder weniger Verwandtschaft mit derselben hat, ich will sie als Differenzirungstheorie bezeichnen. Sie kannte eine reale Umbildung, eine Metamorphose im Grunde ebensowenig wie die idealistische Metamorphosenlehre, und sucht nur den Begriff der Wesensgleichheit anders, namentlich entwicklungsgeschichtlich zu fassen. HANSTEIN steht noch auf dem Boden der ersteren Lehre wenn er sagt[3]) »Der Umstand ferner, dass alle diese (Blatt-) Formen an einem Sprosskörper von unten nach oben in der Entwicklung auf einander folgen, und dabei durch Formübergänge vielfach mit einander verknüpft sind, so dass die ursprüngliche Uebereinstimmung dieser morphologischen Natur um so heller in's Licht tritt, hat sie als Wandelformen eines und desselben organischen Typus erkennen lassen, welcher

[1]) A. BRAUN, Ueber die Gymnospermie der Cycadeen, Monatsber. der Berl. Akad. 1872.

[2]) Botan. Zeit. 1879, pag. 418.

[3]) Beiträge zur allgemeinen Morphologie der Pflanzen. 1882. pag. 30.

der Reihe nach sich in alle die einzelnen Formationen umgestaltet. Man bezeichnet diesen mehr theoretischen als thatsächlichen Vorgang als Blattwandlung oder Metamorphose des Blattes.« Also auch hier wieder etwas Unsichtbares, ein »Typus« der sich »verwandelt.«[1]) Der morphologisch (d. h. entwicklungsgeschichtlich) charakterisirbaren »Grundformen« der Pflanzenorgane sind es nach HANSTEIN nur wenige, der physiologischen Aufgaben aber viele, desshalb können die einzelnen »Grundformen« sehr verschiedenen Funktionen dienen. Ganz dieser Anschauung conform hat SCHMITZ[2]) die Behauptung aufgestellt, »und doch sind Stamina und Laubblätter nichts anderes als Phyllome, die zu verschiedenen physiologischen Zwecken verschieden ausgestattet, differenzirt sind, keineswegs sind aber die Stamina metamorphosirte Laubblätter. Stamina und Laubblätter sind nur aequivalent in ihrem Verhältniss zum ganzen Spross und zur tragenden Achse.« Auf demselben Standpunkt steht auch WIGAND (a. a. O. pag. 5). Die Entwicklungsgeschichte zeigt, dass die erste Anlage am Vegetationspunkt für Laubblätter, Kelchblätter, Blumenblätter, Staubblätter etc. dieselbe ist und erst im weiteren Verlaufe der Entwicklung die den betreffenden Organen eigenthümliche Gestaltung gewonnen wird. »So erkennen wir zunächst in den stets gleichen Rudimenten jene allen den verschiedenen Seitenorganen unterliegende Grundform, und gerade die Umbildung derselben zu den verschiedenen Formen, Blatt, Anthere etc. d. h. die Entwickelungsgeschichte dieser Organe selbst ist in der That als eine Metamorphose und zwar als eine reelle zu bezeichnen.« Dagegen verneint er ebenso wie die oben genannten Autoren eine Umwandlung des einen Gliedes der Reihe z. B. eines Laubblattes in ein anderes. Wir sehen also die Differenzirungstheorie setzt die Wesensgleichheit der Blattorgane in die Uebereinstimmung ihres Ursprungs, nimmt aber eine genetische Beziehung der einzelnen Glieder zu einander nicht an. Demgemäss hat trotz WIGAND's Bemerkung die »Metamorphose« hier keinen realen Sinn, denn die Uebereinstimmung der ersten Entstehung reicht zur Begründung der »Wesensgleichheit« offenbar nicht hin, ganz ähnlich wie die Blattorgane entstehen auch andere Theile der Pflanze am Vegetationspunkt. Woher kommt es, dass nicht nur die erste Anlage dieser Organe, sondern auch die Art und Weise ihrer späteren Ausbildung, welche beide Kelchblätter, Blumenblätter etc. trotz ihrer abweichenden Gestalt schon der rein sinnlichen Betrachtung als »Blätter« erscheinen lassen, gleich sind? Und sodann, woher wissen wir, dass die Anlagen jener Blattorgane »stets gleich« sind. Sie haben ähnliche Form, das ist Alles, aber sicher liegt doch schon in dem Höcker, als welcher ein Blumenblatt z. B. auftritt, die Ursache warum sich dasselbe zum Blumenblatt nicht zum Laubblatt ausbildet. Die Anlagen selbst schon können also keine gleichartigen Bildungen darstellen, und ebenso wenig werden wir im Sinne der HANSTEIN'schen Morphologie annehmen, dass die Pflanze an sich indifferente, in Bezug auf ihre Entstehung übereinstimmende Organe bilde, auf die nun ein in der Pflanze sitzender Bauplan die Funktionen vertheilt, ähnlich wie ein Baumeister dem einen Arbeiter diese, dem anderen jene Beschäftigung zuweist. Die Pflanze bildet vielmehr nur Organe bestimmter Funktion, diese aber hat sich im Laufe der Entwicklung vielfach geändert und mit ihr auch die Form. Eine solche reale Umbildung ist

---

[1]) E. KRAUSE, »Die botan. Systematik in ihrem Verhältniss zur Morphologie, Weimar 1866, pag. 107, nennt die Blumentheile sogar »verklärte Wiederholungen« der vegetativen Pflanzentheile.

[2]) SCHMITZ, Die Blüthenentwicklung der Piperaceen in HANSTEIN's botan. Abhandlungen. II. Band. 8. Heft. pag. 37.

entweder im Verlaufe der Einzelentwicklung noch kenntlich, also ontogenetisch nachweisbar, oder sie ist im Verlaufe der Stammesgeschichte (phylogenetisch) erfolgt, ontogenetisch aber nicht mehr verfolgbar.

Eine derartige reale Umbildung lässt sich nun in der That direkt nachweisen, es lässt sich entwicklungsgeschichtlich und experimentell zeigen, dass der wie wir sahen bestrittene Satz, dass ein Glied der Reihe z. B. das Laubblatt sich in ein anderes verwandelt, richtig ist. Für die »Niederblätter« (worunter man die Knospenschuppen und ähnliche Gebilde versteht) habe ich gezeigt, und es soll dies bei Besprechung der Blattentwicklung des Näheren dargethan werden, dass sie hervorgehen aus der jedesmaligen direkten Umbildung einer Laubblattanlage,[1]) eine Umbildung, die sich durch geeignete Eingriffe verhindern lässt, wodurch dann die betreffende Blattanlage veranlasst wird, sich wirklich zum Laubblatt auszubilden. Der Anwendung des für die Niederblätter gewonnenen Satzes auf die andern Blattorgane steht principiell demnach jedenfalls nichts entgegen, für die Hochblätter (d. h. Brakteen etc.), schon desshalb nicht, weil sie faktisch in vielen Fällen von den Niederblättern sich nur durch ihr Vorkommen in der Blüthenstandsregion unterscheiden. Allein auch für die Blattgebilde der Blüthe stelle ich denselben Satz auf. Gehen wir der Einfachheit halber aus von den Verhältnissen, wie sie bei den Farnen sich finden. Die sporangientragenden Blätter derselben, die Sporophylle, wie ich sie im Anschluss an SCHLEIDEN genannt habe, sind in manchen Fällen gewöhnliche Laubblätter, wie z. B. bei *Aspidium filix mas*. In andern weichen sie von den Laubblättern in mehr oder minder auffallender Weise ab, und das ist auch da der Fall, wo wie z. B. bei *Osmunda regalis* der eine Theil des Blattes steril, der andere fertil ist. Nehmen wir nun z. B. die Sporophylle von *Blechnum Spicant*, die sich von den fertilen Blättern unterscheiden durch ihre aufrechte Stellung und ihre schmäleren Fiederblättchen, anderer Differenzen nicht zu gedenken. Stimmen nun die beiden Blattbildungen nur »in ihrem Verhältniss zur Achse« oder nur in ihrer ersten Entstehung überein? Ich denke, jede unbefangene Betrachtung führt zu dem Schluss: die Sporophylle sind umgebildete Laubblätter, d. h. bestimmte Laubblattlagen werden durch das Auftreten der Sporangien zu einer abweichenden Ausbildung veranlasst, deren Grund zu suchen sein wird einerseits darin, dass zur Bildung der Sporangien Stoffe verbraucht werden, die sonst der Ausbildung des Blattes zu Gute gekommen wären, andererseits darin, dass die mit der Sporangienbildung verbundenen stofflichen Veränderungen einen gestaltbestimmenden Einfluss auf die Entwicklung der Laubblatt-Anlage ausüben. Will man einen Vergleich, so würde ich z. B. die sonderbare Formveränderung herbeiziehen, welche die Sprosse von *Euphorbia Cyparissias* unter dem Einfluss eines in ihnen schmarotzenden Aecidiumpilzes annehmen. Sie verlängern sich, ihre Farbe spielt in's Gelbliche, ihre Blätter bleiben kleiner und schmäler und der Spross gelangt nicht zum Blühen. Kein Zweifel, dass er ohne den Parasiten zu einer normalen Laubblattanlage geworden wäre, seine Formveränderung ist aber eingetreten in Folge von stofflichen, durch den Parasiten ausgeübten Einwirkungen. Ebenso kann man das Verhalten etiolirter Pflanzen

[1]) Dasselbe gilt gewiss auch für die verkümmerten Blätter mancher blattartig ausgebildeter Sprosse, z. B. die von *Bossiaea*. Innerhalb ein und derselben Gattung kommen cylindrische Sprosse mit normalen, und flache mit verkümmerten Blättern vor; die Verkümmerung der Laubblätter ist übrigens, wie unten gezeigt werden soll, ein bei Sprossen, deren Sprossachse die Funktion von Blättern übernimmt, ganz allgemeines Vorkommniss.

hier anziehen, welche unter dem Einflusse des Lichtmangels bestimmte Formveränderungen erfahren. Ganz ähnlich denke ich mir die Umbildung der Laubblätter zu Sporophyllen. Wir können diesen Vorgang auch in auffallender Weise sozusagen direkt verfolgen. *Botrychium Lunaria* hat bekanntlich einen vom sterilen Blattheil sehr auffallend verschiedenen fertilen, der als das unterste, nicht seitlich sondern median entspringende Fiederblatt des sterilen Blattes zu betrachten ist. Nun kommt es gelegentlich vor, dass auch auf den sonst sterilen Blattfiedern Sporangien auftreten, meist auf den untersten, gelegentlich auch auf den obersten Fiederblättchen. Sind es nur wenige Sporangien auf einer Blattfieder, so wird die Struktur der letzteren auch wenig verändert (vergl. Fig. 1, B und C),

Fig. 1. (B. 322.)

Botrychium Lunaria. Sterile Blattstiele, die ausnahmsweise an einzelnen Fiederblättchen Sporangien (Sp) producirt, und ganz oder theilweise die Gestalt des Sporophylls angenommen haben. f ist bei B und C der untere Theil des Sporophylls. Nat. Grösse.

sind deren mehr, so nehmen die Fiederblättchen theilweise die charakteristische Gestalt des fertilen Blatttheiles an, d. h. während das Assimilationsparenchym (das Mesophyll) nicht zur Ausbildung gelangt, verlängert sich der mittlere Theil des Blattes, an dem die Sporangien oder die schmalen sporangientragenden Seitenblättchen sitzen. Das Auftreten der Seitenfiedern (die an den sterilen Blattfiedern fehlen), ist insofern kein Novum, als auch die sterilen Blattfiedern in ihrem Jugendzustand, wie ich mich überzeugt habe, sehr rudimentäre[1]) Anlagen von Fiederblättchen zweiten Grades besitzen, die aber über den Zustand von kleinen Prominenzen nicht hinausgelangen, und auf derartige Blattfiedern bezogen mir als Crenaturen des Randes erscheinen — bei anderen *Botrychium*-Arten wie z. B.

[1]) Damit soll nicht behauptet sein, dass dies rückgebildete Fiederblättchen seien, sondern nur die Uebereinstimmung mit der Anlage der letzteren bei anderen Arten, z. B. *Botrychium rutaefolium* A. Br. Die auffallendste Reduktion in der Blattform findet sich bei *Botr. simplex* Hitch., bei welchem der sterile Blatttheil zuweilen ungetheilt ist.

B. matricariaefolium dagegen entwickeln sie sich bekanntlich. Man findet die mannigfaltigsten Mittelformen von Blattfiedern, die in ihrem unteren Theile noch halb vegetativ, oben als Sporophylle ausgebildet sind (z. B. Fig. 1, B) bis zu solchen, die ganz fertil sind. Ich habe Exemplare gesehen, bei welchen die beiden untersten Fiederblättchen des sterilen Blattes vollständig zu Sporophyllen mit wohl ausgebildeten Sporangien geworden waren und ROEPER[1]) hat einen Fall beschrieben, wo der ganze sterile Blattheil fertil geworden war, Sporangien trug und in seiner Ausbildung vollständig mit einem gewöhnlichen Sporophyll übereinstimmte. Man wird nicht behaupten wollen, der sterile Blattheil sei hier durch einen fertilen »ersetzt«, sondern wird zugeben müssen, dass hier eine wirkliche Umbildung eines Laubblattes zu einem charakteristisch gestalteten, von einem Laubblatt auffallend abweichenden Sporophyll eingetreten ist.[2]) Die Ursache dieser Umbildung liegt offenbar im Auftreten der Sporangien. Der Schluss ist ebenso naheliegend als berechtigt, dass dies auch beim normalen (d. h. gewöhnlichen) Sporophyll der Fall ist, d. h. dass auch dieses hervorgeht aus einem Laubblatttheil, der sich zum Laubblatt umbilden würde, wenn nicht das Auftreten der Sporangien das verhinderte und die Stoffe, in Anspruch nähme, die sonst zur Bildung des Blattparenchyms verwendet worden wären. Damit ist also eine reale Umbildung postulirt und die Wesensgleichheit von sterilem und fertilem Blatte nicht in die Entwicklungsgleichheit, sondern darin gesetzt, dass sie beide Laubblattanlagen sind. Fällt die Sporangienbildung weg, so muss sich das Sporophyll zum Laubblatte ausbilden. Das geschieht auch, wenngleich sehr selten. Man findet dann genau an der Stelle, wo das Sporophyll entspringt, ein gewöhnliches, dem andern sterilen Blatttheil gleichgestaltetes Laubblatt entspringen. Es ist das kein Rückschlag[3]), ein solcher wäre es allenfalls, wenn auf einem mit dem Laubblatte übereinstimmenden Blatte Sporangien sässen — obwohl ich die Nöthigung zu einer solchen Vorstellung nicht einsehe. Wir kommen bei der Blattentwicklung noch einmal auf diesen Punkt zurück. Hier sei nur hervorgehoben, dass was für die Sporophylle der Farne gilt, auch für die der Samenpflanzen (z. B. Staublätter und Fruchtblätter) anwendbar sein wird. Auch diese sind Sporophylle und unterscheiden sich von einem Laubblatt

---

[1]) ROEPER, Zur Systematik und Naturgeschichte der Ophioglosseae, Botan. Zeitung 1859. pag. 261.

[2]) Man wende nicht ein, das sei eine »Missbildung,« und das Heranziehen derselben stehe im Widerspruch zu dem unten über die Berechtigung der Benützung von Missbildungen in morphologischen Schlüssen Gesagten. Die betreffende Erscheinung zeigt vielmehr nur, dass das Auftreten von Sporangien bei *Botyrchium* nicht auf einen Blatttheil lokalisirt ist, ebenso wie dies bei *Osmunda regalis* der Fall ist. Gewöhnlich ist hier noch ein beträchtlicher, unterer Theil des Blattes, das in einem oberen Theile Sporophyll ist, steril. Man findet aber, wenn man Standorte untersucht wo, wie z. B. an einem Punkte an der Ostsee, die Pflanze massenhaft wächst, auch solche fertile Blätter, an denen nur wenige, zuweilen nur zwei untere Blattfiedern noch steril, (vergl. auch ROEPER, Flora Mecklenburgs, I. pag. 103), die anderen fertil sind, — eine Annäherung an das Verhalten von *Osmunda cinnamomea*, wo das fertile Blatt dies in allen seinen Theilen ist. Es wäre also thöricht, hier von Missbildung zu reden, wo es sich nur um ein constant gewordenes Verhältniss handelt. Uebrigens findet man bei *O. cinnamomea* auch häufig die schönsten Mittelformen zwischen sterilen und fertilen Blattformen.

[3]) Das oben Gesagte bleibt ebenso gültig, auch wenn man die, übrigens ziemlich in der Luft stehende Hypothese acceptirt, dass ursprünglich alle Farnblätter fertil gewesen sein müssen. Denn jedenfalls müssten sie dann fertile Laubblätter ähnlich wie die von *Aspidium* u. a. gewesen sein.

sehr häufig nicht mehr als ein Farnsporophyll (z. B. das von *Botrychium)* von einem Farnlaubblatt. Ein junges Staubblatt von *Pinus silvestris* z. B. ist faktisch auf einem gewissen Stadium ein grünes Laubblatt, später aber bringt die Sporangienbildung Veränderungen mit sich, die ein fertiges Staubblatt von einem Laubblatt weit zu trennen scheinen. Dasselbe gilt natürlich auch für die Blumenblätter, deren verschiedene Färbung und Textur, so wenig wir uns über die bedingenden Faktoren derselben Rechenschaft geben können, uns nicht abhalten kann, sie aus realer Umbildung einer Laubblattanlage hervorgegangen zu denken. Wir schliessen uns also der, im Grunde ziemlich inhaltlosen Differenzirungstheorie nicht an, sondern finden die Wesensgleichheit der Blattorgane darin, dass die Pflanze überhaupt nur einerlei Blätter anlegt, die Laubblätter, deren Ausbildung aber durch Einwirkungen,[1]) die im Verlaufe der Entwicklung auftreten vielfach modificirt wird. Ebenso wie eine Kartoffel nicht aus einem Sprosse sich bildet, der der Anlage nach mit einem Laubsprosse übereinstimmt, sondern aus einer wirklichen Laubsprossanlage, die man auch, unter bestimmten Umständen dazu veranlassen kann, sich zum Laubspross auszubilden,[2]) ebenso ferner wie es unzweifelhaft ist, dass die Spitzen eines mit Laubblättern versehenen, in den Boden eindringenden Circaeasprosses sich dort zu einem schuppige Niederblätter bildenden Ausläufer gestaltet, der mit einem Laubsprosse äusserlich wenig Aehnlichkeit hat, ebenso ist es eine Laubblattanlage, nicht ein »*Phyllom*« oder wie man sonst den Allgemeinbegriff bezeichnen mag, die sich in ein Niederblatt, Hochblatt, Staubblatt, Fruchtblatt etc. verwandelt, wobei oft charakteristische Neubildungen auftreten, die bei der Besprechung der Blattentwicklung geschildert werden sollen.

Unser Metamorphosenbegriff ist also zunächst ein ontogenetischer, allein er wird erweitert durch Annahme der Descendenztheorie, deren Vereinigung mit der oben erwähnten Differenzirungstheorie bezüglich der Organbildung mir kaum durchführbar erscheint. Um bei den Blättern zu bleiben, so haben wir allerdings in vielen Fällen Grund zu der Annahme, dass nicht nur im ontogenetischen, sondern auch im phylogenetischen Sinne eine Umbildung von Laubblattanlagen vorliegt. DARWIN hat in seiner bekannten Abhandlung über Kletterpflanzen eine Anzahl sehr schlagender hierher gehöriger Fälle von Rankenpflanzen namhaft gemacht, deren Ranken umgebildete Laubblätter oder Laubblatttheile sind in dem Sinne, dass die Vorfahren der betreffenden Pflanzen in der That an Stelle der Ranken Laubblätter oder Laubblatttheile producirten. Oder sind vielleicht, wie jene Differenzirungstheorie annimmt auch hier Ranke und Laubblatt nur in ihrem Verhältniss zum Stengel identisch? Ich denke die Antwort kann nicht zweifelhaft sein, ebensowenig wie bei den Schuppenblättern nicht grüner Parasiten und Saprophyten — beobachtet man doch bei der saprophytisch lebenden *Neottia* sogar gelegentlich ein grünes Laubblatt.

---

[1]) Und zwar kann es keinem Zweifel unterliegen, dass diese Einwirkungen stofflicher Natur sind (vergl. SACHS, Stoff und Form der Pflanzenorgane. Arb. d. bot. Inst. in Würzburg, Bd. II.) ganz ebenso wie diejenigen, welche parasitische Thiere auf Pflanzen ausüben.

[2]) Es geschieht das, wenn man die oberirdischen Sprosse abschneidet, ebenso aber bilden sich die Achselsprosse der oberirdischen Sprosse zuweilen knollig aus. So an etiolirten Pflanzen und an solchen, bei welchen die unterirdischen Triebe entfernt werden. In diesen Fällen handelt es sich doch sicher um Umbildung eines Laubsprosses, und dasselbe gilt für die unterirdischen Sprosse.

Wir sind bei den obigen Erörterungen ausgegangen von den höheren Pflanzen und haben deren Gliederung, namentlich die Blattbildung, als gegeben betrachtet. Ohne Zweifel ist auch diese Gliederung selbst nur eine im Verlaufe der Entwicklung herausgebildete, allein von ihr müssen wir zunächst ausgehen, da wir über ihre phylogenetische Entstehung nichts wissen. Uebrigens stossen wir bei den niederen Pflanzen genau auf dieselben Fragen, nur dass sie dort einfacher sich gestalten. Indess dürfte das Obige genügen, um den Unterschied der hier vertretenen Anschauung von der idealistischen sowohl als von der Differenzirungs-Metamorphosenlehre darzuthun. Dass das vom Blatte Gesagte auch vom Sprosse gilt, wurde oben schon hervorgehoben. Hier sei nur noch darauf hingewiesen, dass bei der Umbildung von ganzen Sprossen zu Fortpflanzungszwecken ganz ähnliche Differenzen auftreten, wie bei den Blättern. Ich erinnere hier nur an die Equiseten; bei den einen Arten z. B *Equisetum arvense* ist der Fruchtspross rein als solcher ausgebildet, er besitzt keine grünen Theile, ist also vegetativ nicht thätig, bei andern ist der Spross, wie das Blatt von *Osmunda* in seinem oberen Theile fertil, in seinem unteren vegetativ. Auch hier aber ist dies Verhältniss kein streng fixirtes, denn wir treffen zuweilen auch Fruchtsprosse von *Equisetum arvense*, welche in ihrem unteren Theile als Laubsprosse ausgebildet sind. Ganz Aehnliches wäre von den Compositen anzuführen, die bald wie *Taraxacum* einen blattlosen Inflorescenzschaft, bald wie *Petasites* einen mit Nieder- und Hochblättern (von denen erstere gelegentlich in Laubblätter übergehen), bald einen mit Laubblättern besetzten haben. Und um auch eine im System niedriger stehende Pflanze zu nennen, so trägt *Ectocarpus siliculosus* der Ostsee an einem und demselben Exemplar oft Aeste, die vollständig zu multilokulären Sporangien umgebildet sind, andere, an denen oberhalb und unterhalb der Sporangien noch vegetative Zellen sich befinden. — Die auffallendsten Beispiele von Umbildung finden sich, bei den, unten im Zusammenhang zu besprechenden Parasiten.

§ 3. Entwicklungsgeschichte und Teratologie.[1]) — Es wurde oben schon erwähnt, dass das von Wolff gegebene Beispiel zunächst keine Nachahmung fand. Und auch als man sich entwicklungsgeschichtlichen Untersuchungen wieder zuwandte, waren es zunächst hauptsächlich histiologische Fragen, namentlich die Entstehung der Zellen, welche das Interesse auf sich zogen, während die Organbildung, mit der wir es hier ausschliesslich zu thun haben, in den Hintergrund trat. Es würde zu weit führen, wenn wir die Anfänge entwicklungsgeschichtlicher Forschung auf diesem Gebiete hier verfolgen wollten: die Namen R. Brown, Mirbel, Mohl, Schleiden, Nägeli, welche hier bahnbrechend waren, sind ja bekannt genug; speciell Schleiden war es, welcher die Bedeutung der Entwicklungsgeschichte in nachdrücklichen, scharf pointirten Worten hervorhob und dadurch mehr gewirkt hat, als wenn er die Wissenschaft mit einer Anzahl von Einzeldaten bereichert hätte. Seine »Grundzüge der wissenschaftlichen Botanik« sind auch, abgesehen von ihrer historischen Bedeutung, heute noch ein Buch, dass man mit Genuss und Nutzen liest, obwohl die entwicklungsgeschichtlichen Untersuchungen, die er selbst angestellt hat, fast alle als verfehlt sich erwiesen haben.

---

[1]) Man vergl. die interessanten Auseinandersetzungen von Sachs über das Zustandekommen von Missbildungen durch Veränderung der materiellen Beschaffenheit der Organe in Arb. des Bot. Inst. in Würzburg. II. Bd. pag. 463. — Im Obigen ist die Frage zunächst nur vom entwicklungsgeschichtlichen Standpunkt aus betrachtet.

Durch die ganze Periode, von der wir hier sprechen, bis auf den heutigen Tag geht der Gegensatz der entwicklungsgeschichtlichen Untersuchungsmethode zu einer anderen, der teratologischen, d. h. derjenigen, welche ihre Schlüsse gründet auf das Auftreten von Missbildungen. Es ist unsere Aufgabe hier die Berechtigung dieser »teratologischen Methode« zu diskutiren.

Was ist eine Missbildung? Es lässt sich das eben so wenig in einer scharfen Definition aussprechen, wie die Charakteristik jeder organischen Bildung überhaupt. Denn wir können nicht angeben, wo das Normale aufhört, das Anormale anfängt, beide sind oft durch die sanftesten Uebergänge mit einander verbunden, und zudem wissen wir, dass das, was wir »normal« nennen, keineswegs eine konstante, sondern eine variable und deshalb nicht scharf fassbare Grösse ist. Wir befinden uns also zunächst der Schwierigkeit gegenüber, zu constatiren, was eine Missbildung, was eine Varietät ist, welch letztere man doch gewöhnlich nicht unter den ersteren Begriff rechnet. Man wird wohl die Differenz beider darin suchen müssen, dass man unter einer Missbildung eine starke Organveränderung, die sehr häufig, aber keineswegs immer, mit einer Funktionsstörung verbunden ist, versteht. So definirt z. B. DARWIN:[1]) »unter einer Missbildung versteht man nach meiner Meinung irgend eine beträchtliche Abweichung der Struktur, welche der Art meistens nachtheilig oder doch nicht nützlich ist.« — MOQUIN TANDON, der Verfasser eines der besten Bücher, das meiner Ansicht nach über Missbildungen im Pflanzenreich bis jetzt geschrieben wurde,[2]) sagt (a. a. O. pag. 18) »l'anomalie est toute modification extraordinaire dans la formation ou le développement des organes, indépendamment de toute influence sur la santé.« Es ist aber ganz unmöglich, Missbildungen und Krankheitserscheinungen auseinanderzuhalten, von Krankheit sprechen wir eben meist dann, wenn wir die Ursache der Missbildung kennen; die durch *Chermes Abietis*, eine Laus, verursachten Missbildungen der Fichtenknospen z. B. sind eine entschiedene Missbildung, zugleich aber auch eine krankhafte Erscheinung, welche aber auf die Gesundheit des Baumes nur dann von nachtheiligem Einfluss ist, wenn sie in grösserer Anzahl auftritt. Und ebenso kann es keinem Zweifel unterliegen, dass die Vergrünungen der Blüthen, diese Lieblingsdomäne der Teratologen, krankhafte Erscheinungen, Missgeburten sind, deren Entstehungsursachen wir aber in den allermeisten Fällen nicht kennen.

Was bei der einen Pflanze das Normale ist, werden wir bei einer andern als anormal zu bezeichnen oft nicht anstehen. Bei *Vicia Faba* kommt es gelegentlich vor, dass die Blätter fehlschlagen, die Stipulae aber (und zwar, wie ich gezeigt habe, in Folge dieses Fehlschlagens) sich sehr stark entwickeln. Kein Zweifel, dass das eine Missbildung ist. Sie ist aber der normale Zustand bei *Lathyrus Aphaca*, einer andern Papilionacee, bei welcher die fehlgeschlagenen Laubblätter im obern Stengeltheil zu Ranken umgebildet sind. Gelegentlich beobachtet man aber auch hier Pflanzen, die statt der verkümmerten ausgebildete Laubblätter besitzen (*»Lathyrus Aphaca unifoliatus«*). Es ist die letztgenannte Erscheinung gewiss als eine Rückschlagsbildung zu bezeichnen, die aber, wenn man von unserem heutigen, »normalen« *Lathyrus Aphaca* ausgeht, ebenso eine Missbildung ist, wie z. B. die Ausbildung von Aehrchen auf den sterilen, zu Borsten umgebildeten Zweigen von *Panicum italicum*.[3]) Eine Missbildung ist es

[1]) Entstehung der Arten. Deutsche Uebersetzung. 6. Aufl. pag. 63.

[2]) Éléments de tératologie végétale. Paris. 1841.

[3]) Das Vorkommen von *»Panicum italicum setis inflorescentiae spiculiferis«* ist öfters beschrieben worden. Man vergl. A. BRAUN, Monatsber. der Berl. Akad. 1875. pag. 258.

ferner, wenn bei manchen Gräsern, namentlich *Poa*-Arten unter Verkümmerung der Blüthen die Aehrchenachse zu einem vegetativen Spross auswächst, der sich von der Mutterpflanze späterhin ablöst.[1]) Wenn sich aber, wie dies bei *Poa alpina* und *Poa bulbosa* der Fall zu sein scheint, Racen gebildet haben, bei welchen diese Missbildung erblich ist, so ist sie bei ihnen zum normalen Zustand geworden, obwohl sie unter dem Einfluss äusserer Bedingungen enstanden ist und steht, wie die analoge Erscheinung, dass bei *Isoëtes lacustris* die Sporangien zuweilen durch vegetative Sprosse ersetzt werden. Wir könnten noch zahlreiche Beispiele zur Illustration des Satzes, dass die Definition dessen, was Missbildung zu nennen sei, keine allgemeine, durchgreifende sein kann, anführen. Am besten charakterisirbar sind noch die Missbildungen, die eine Functionsstörung der missbildeten Organe bedingen, also die Verkümmerung der Sexualorgane einer Blüthe oder die Umbildung von Sporophyllen (»Staubblättern« und »Fruchtblättern«) in Blumenblätter und Laubblätter. Jene Verkümmerung der Sexualorgane aber findet bekanntlich in den Randblüthen mancher Iuflorescenzen regelmässig statt,[2]) z. B. bei *Viburnum Opulus*, in der Kultur erfolgt sie auch bei den inneren Blüthen der Blüthendolde, ebenso wie die Umbildung der meisten Röhrenblüthen von *Dahlia* in Zungenblüthen.

Betrachten wir zunächst das Verhältniss der idealistischen Metamorphosenlehre, deren festeste Stütze und Ausgangspunkt die Teratologie war, zu derselben. Schon GOETHE[3]) hat unterschieden zwischen »fortschreitender« (oder vorschreitender) und »rückschreitender« Metamorphose. Erstere ist die regelmässige, im normalen Verlaufe der Vegetation stattfindende »von den ersten Samenblättern bis zur letzten Ausbildung der Frucht.« Eine rückschreitende Metamorphose aber finden wir, wenn sich eine »höhere« Metamorphosenstufe in eine »niedere« z. B. ein Staubfaden in ein Kronenblatt verwandelt. Diese Umbildung kann in sehr verschiedener Weise vor sich gehen. Figur 2 zeigt z. B. einen Fall *(Fuchsia)*, in welchem der fadenförmige Theil des Staubfadens, das Filament, unverändert geblieben ist, während sich der obere, die Pollensäcke (Mikrosporangien) tragende in eine blumenblattähnliche Ausbreitung verwandelt hat. In anderen Fällen, wie namentlich bei gefüllten Rosen wird auch das Filament blumenblattähnlich ausgebildet, andere Formen werden unten zu erwähnen sein. Welcher Schluss kann nun aus der Thatsache, dass Staubgefässe sich in anormalen Fällen blumenblattähnlich ausbilden, gezogen werden? Sicher ist, dass es verkehrt wäre, daraus zu folgern, ein Staubgefäss sei ein umgewandeltes Blumenblatt, weil sich eine Staubblattanlage in ein Blumenblatt verwandeln kann. Das geht schon daraus hervor, dass

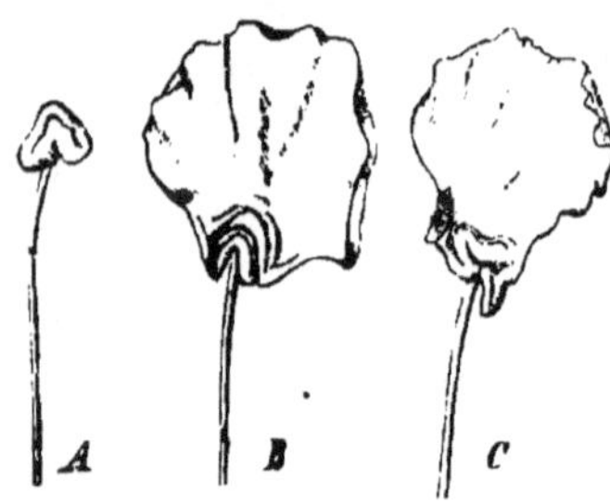

(B. 323.) Fig. 2.

Missbildete Staubgefässe von *Fuchsia*, deren oberer Theil sich in blumenblattartige Ausbreitungen verwandelt hat, während der untere (das Filament) unverändert geblieben ist. Bei A die schwächste, bei C die stärkste Veränderung. (Nach FRANK.)

---

[1]) GOEBEL, Bot. Zeit. 1880. pag. 822.

[2]) Bekanntlich ist damit eine Vergrösserung und lebhaftere Färbung der Blumenkrone verbunden, welche dazu dient die Infloreseenz für die, die Bestäubung vermittelnden Insekten auffälliger zu machen.

[3]) a. a. O. Einleitung. pag. 8. Satz 6.

man dann auch schliessen müsste, ein Laublatt sei ein umgewandeltes Blumenblatt, denn man findet in nicht seltenen Fällen, z. B. bei der Gartentulpe die der Blüthe nächststehenden Laubblätter in Blumenblätter verwandelt, wobei es auch hier, ebenso wie bei der Umbildung von Staubgefässen in Blumenblätter nicht schwer hält, alle Zwischenstufen aufzufinden. Oder ist, wie man dies in der That angenommen hat,[1]) gestützt auf die Uebergangsstufen zwischen Blumenblättern und Staubgefässen bei *Berberis*, *Nymphaea*, u. a., ferner auf die Thatsache, dass einige Pflanzen Varietäten erzeugen, bei denen die Blumenblätter durch Staubblätter ersetzt sind (z. B. *Capsella bursa pastoris var. decandra* — die vier Blumenblätter sind durch Staubgefässe ersetzt) — das Blumenblatt ein umgewandeltes steriles Staubblatt? Eine kurze Ueberlegung genügt, um auch diese Annahme zurückzuweisen; vielmehr können wir aus den angeführten Thatsachen eben nur den Schluss ziehen, dass zwischen Staubgefässen und Blumenblättern (und ebenso den Carpellen) eine innere Verwandtschaft bestehen müsse, welche wir oben damit zu begründen gesucht haben, dass wir beide für Umbildungen von Laubblattanlagen erklärt haben. Man hat nun die verschiedenen Missbildungsformen von Staubblättern dazu benützt, um zu eruiren, auf welche Weise das Zustandekommen der normalen Staubblätter zu erklären sei. Was diese Versuche betrifft, so leuchtet ein, dass sie für die Ontogenie des Staubblattes ganz überflüssig sind. Denn über die Bildungsgeschichte derselben belehrt uns die Entwicklungsgeschichte. Eine anormale Bildung der Staubblätter aber kann nur dann zu Stande kommen, wenn Einwirkungen auf eine Laubblattanlage sich geltend machen, die sie von der normalen Entwicklung ablenken. Sind jene Umbildungen aber vielleicht geeignet, uns als Basis phylogenetischer Schlüsse zu dienen, stellen sie Rückschläge dar, wie das Auftreten von Laubblättern an Stelle von Ranken bei *Lathyrus Aphaca*? Erinnern wir uns zunächst einer Thatsache, welche die ältere Metamorphosenlehre stets übersehen hat, der nämlich, dass wir an einem Staubblatt zwei Theile zu unterscheiden haben. Einmal das Staubblatt selbst, das Sporophyll, dessen Blattnatur eben so unzweifelhaft ist, als die des Sporophylls z. B. von *Lycopodium Selago*, welches auf seiner Basis ein Sporangium trägt. Das Staubblatt der Angiospermen nun trägt nicht ein, sondern vier Sporangien, welche seinen Geweben eingesenkt sind, die Pollensäcke, welche den zweiten, wichtigsten Theil desselben vorstellen.

Fig. 3. (B. 324.)
Abnorme Blüthe von *Primula chinensis*. Die Blumenblattanlagen haben sich zu Laubblättern ausgebildet. (Nach CRAMER.)

[1]) So z. B. DE CANDOLLE (théorie élémentaire de la botanique. II. Bd. 1819 »*mais les pétales ne peuvent être considérés que comme des étamines avortés et transformés*. (pag. 159.). — Für gewisse Fälle gilt dies gewiss auch in phylogenetischem Sinne. Manche Staminodien bei den Marantaceen sind »*petaloïd*« ausgebildet. Eine wirkliche Umbildung eines Staubblattes in ein Blumenblatt findet aber hierbei nicht mehr statt: sondern die Ausbildung der Pollensäcke unterbleibt und die Blattanlage wird zum Blumenblatt. Auch für manche Ranunculaceen (z. B. *Atragene* findet bekanntlich normal petaloide Umbildung von Staubblattanlagen statt; bei *Nymphaea* ein ganz allmählicher Uebergang zwischen Staub- und Blumenblättern: Die äusseren Staubblätter bestehen aus einem blumenblattähnlichen, Pollensäcke tragenden Blatte. Alle diese Uebergänge aber beweisen keineswegs, dass die Blumenblätter abortirte Staubblätter sind, vielmehr stellen beide Modificationen, Umbildungen, eines und desselben Organes, des **Laubblattes**, vor.

Die vollständigst missbildeten Staubblätter sind nun solche, bei denen die Pollensäcke (Sporangien) gar nicht mehr zur Ausbildung gelangen, ähnlich wie dies oben für das Sporophyll von *Botrychium* in einem Falle geschildert wurde. Es erscheinen dann die Staubblätter entweder als Laubblätter oder als Blumenblätter, letzteres dann, wenn auf die Staubblattanlage vor Anlage der Pollensäcke (Sporangien) die Faktoren einwirken, welche eine Laubblattanlage veranlassen, sich zum Blumenblatt auszubilden. In Mittelfällen erscheinen dann die Pollensäcke mehr oder minder vollständig ausgebildet, meist aber verzerrt. Besonderes Gewicht hat man solchen Staubblattmissbildungen beigelegt, welche ein »vierflügeliges« Blatt darstellen, d. h. ein solches, bei welchem längs des Mittelnerves je zwei Lamellen entspringen. Es unterliegt aber keiner Schwierigkeit, diese Erscheinung aus der normalen Entwicklungsgeschichte des Staubblattes zu erklären. Ein junges Staubblatt stellt vor dem Auftreten der Anlagen des sporenerzeugenden Gewebes einen vierkantigen Körper dar, in dessen vier Kanten sich dann das Archespor[1]) je eines Sporangiums differenzirt. Die vier Kanten wachsen nun in »vergrünten« Staubblättern zu kleinen Blättchen aus, eine Wachsthumserscheinung, die dem gewöhnlichen Zustand gegenüber eine durchaus abnorme ist, die sich aber in ähnlicher Weise gelegentlich auch bei vegetativen Blättern findet. Nichts wäre verfehlter, als jene Blättchen für Umwandlungsprodukte der Pollensäcke zu halten — diese haben sich gar nicht ausgebildet, oder es findet sich ein sehr reducirtes pollenerzeugendes Gewebe. Was also hier zu einem Laubblatt oder Laubblatttheil sich gestaltet, sind nicht die Pollensäcke sondern Theile des Sporophylls. Daraus ergiebt sich, dass wir es mit einer Rückschlagsbildung hier nicht zu thun haben können, ebensowenig als dann, wenn die Staubblattanlage zum einfachen Laub- oder Blumenblatt sich umbildet. Es hätte deshalb keinen Werth, wenn der Leser durch Anführung der Theorien, die auf diese Abnormitäten gebaut wurden, aufgehalten würde. Denn die Erfahrung zeigt, dass nicht diese Theorien sondern die Entwicklungsgeschichte uns über die Gestaltungsverhältnisse der Staubblätter Aufschluss gegeben haben. Dem unbefangenen Blicke kann nicht zweifelhaft sein, dass das Staubblatt einer Angiosperme homolog ist mit dem der Gymnospermen — die Missbildungstheorien, die für die Angiospermen aufgestellt wurden, können aber, wie hier nicht weiter ausgeführt werden kann, auf die Gymnospermen keine Anwendung finden. — Hier sei mit Bezug auf die vergrünten Staubblätter nur noch darauf aufmerksam gemacht, dass, wie schon ENGLER[2]) hervorgehoben hat, die Möglichkeit der Umwandlung der Staubblattanlage in eine einfache grüne oder blumenblattähnliche Blattspreite bei denjenigen Pflanzen länger vorhanden sein muss, bei welchen die Pollenmutterzellen sich erst auf einem relativ späten Entwicklungsstadium des Staubblattes ausbilden, als bei denjenigen, welche das Archespor schon relativ früh anlegen. Es kommt also bei der Umwandlung von Staubblattanlagen in Betracht erstens die Entwicklungsstufe, auf welcher die Staubblattanlage steht, zur Zeit wo sie den Antrieb zur Umwandlung — wenn dieser Ausdruck gestattet ist — erhält, und auf die Grösse dieses Antriebs.[3]) Je nach dem Auftreten dieser Faktoren erhalten

[1]) Die Bedeutung dieses Ausdrucks s. pag. 311 d. 1. Bandes und unten in dem Abschnitt über vergleichende Entwicklungsgeschichte der Sporangien.

[2]) Beiträge zur Kenntniss der Antherenbildung der Metaspermen. PRINGSHEIM's Jahrb. f. wiss. Bot. Bd. X. pag. 175 ff.

[3]) Dass derselbe in stofflichen Vorgängen zu suchen ist, geht schon aus der Thatsache der »Füllung« von Blumen bei der Gartenkultur hervor. Uebrigens ist zu berücksichtigen, dass alle

wir ein einfaches oder »vierflügeliges« Laub- oder Blumenblatt oder ein solches mit mehr oder weniger missgebildeten in ihrer Insertion verzerrten Pollensäcken.

In noch höherem Grade, als die vergrünten Staubblätter haben die vergrünten Samenknospen Anlass zu morphologischen Hypothesen gegeben. Die Thatsachen sind kurz folgende. Namentlich an kultivirten Pflanzen findet man nicht selten krankhaft veränderte Blüthen, bei welchen ein Theil oder alle Blattorgane der Blüthe laubblattähnlich ausgebildet sind. So z. B. bei *Aquilegia vulgaris*, *Reseda odorata*, *Alliaria officinalis* u. a. Der Grund zu dieser »Vergrünung« ist meistens unbekannt, in einigen Fällen ist sie, wie PEYRITSCH experimentell nachgewiesen hat, durch Insekten veranlasst, in andern dürfen wir wohl annehmen, dass durch Ernährungsverhältnisse die sexuelle Potenz geschwächt, die vegetative gesteigert ist. In diesen vergrünten Blüthen sind nun namentlich auch die Fruchtknoten mehr oder weniger verändert, man findet sie entweder nur vergrössert, aufgeblasen oder an Stelle jedes Fruchtblattes ein Laubblatt, wie dies z. B. bei *Trifolium repens* (Fig. 5) und in andern Fällen (z. B. bei gefüllten Kirschenblüthen) nicht selten ist. An so vollständig »vergrünten« Fruchtblättern findet man nun meist gar keine Samenknospen mehr, die Bildung derselben ist vollständig unterblieben. Bei *Alliaria officinalis* z. B. findet man auf der vollständigsten Vergrünungsstufe Kelchblätter, Staubblätter und Fruchtblätter vollständig in Laubblätter mit Knospen und Sprossen in den Achseln[1]) umgewandelt,

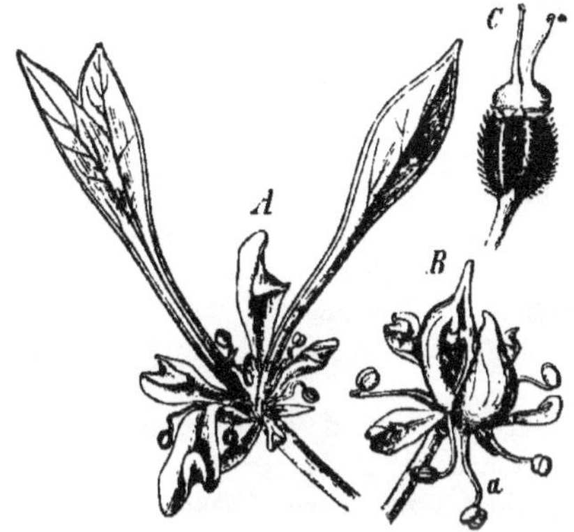

(B. 325.) Fig. 4.

Umbildung des (aus zwei Fruchtblättern zusammengesetzten) Fruchtknotens der Möhre (*Daucus Carota*) nach CRAMER. C ein normaler Fruchtknoten mit den beiden Griffeln, nach Entfernung der Blumenblätter; B der Fruchtknoten oberständig geworden, die beiden Fruchtblätter sind getrennt und sie tragen an ihren Rändern Samenknospen. A die Fruchtblattanlage zu grünen Laubblättern umgebildet.

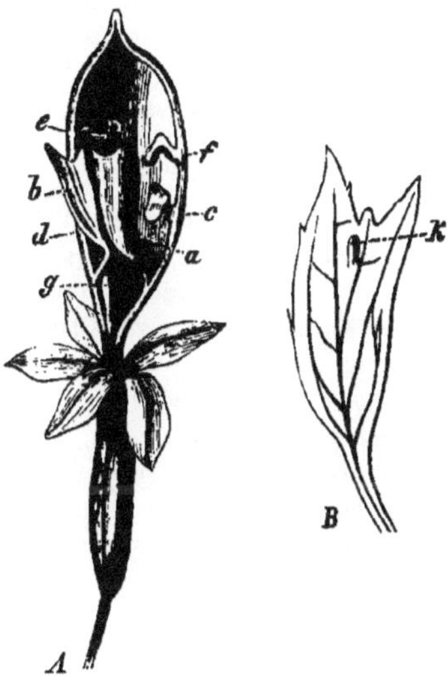

Fig. 5. (B. 326.)

Vergrünung der Blüthe von *Trifolium repens*. Nach CASPARY. A das Carpell (Fruchtblatt) ragt über den Kelch hervor, seine Ränder sind nicht verwachsen und tragen Samenknospen (a—g), die mehr oder weniger missbildet sind, die untersten zu Blättchen. B eine der am stärksten umgebildeten Samenknospen, welche ein grünes von Gefässbündeln durchzogenes Blättchen darstellt. K der verkümmerte *Nucellus* (Kern) des Sporangiums.

Theile der Blüthe offenbar mit einander in Correlation stehen, d. h. dass es der ganze Spross nicht die einzelnen Blätter für sich es sind, die bei der Blüthenbildung eine Umbildung erleiden.

[1]) Auch bei gefüllten Blüthen von *Spiraea* finde ich in den Achseln der Blumenblätter (nicht

an den Fruchtblättern keine Spur von Samenknospen mehr. Es hat sich eben schon ehe die letzteren angelegt waren, der Einfluss geltend gemacht, welcher die Blattanlagen der Blüthenknospen zur Vergrünung veranlasste. In andern Fällen minder vollständiger Vergrünung aber findet man im Fruchtknoten Bildungen, die offenbar aus abnormer Entwicklung der Samenknospen hervorgegangen sind. Und zwar treten eine ganze Anzahl verschiedener Missbildungsformen der Samenknospen auf. Die letzteren bestehen im normalen Zustand bekanntlich aus einem inneren Gewebekörper, dem Kern, neuerdings *nucellus* genannt, welcher den wichtigsten Theil der Samenknospe, den Embryosack, enthält, und von einer oder zwei häutigen Hüllen, den Integumenten, umgeben ist und dem Stiele oder *funiculus*, mittelst dessen die Samenknospe der *Placenta* aufsitzt. Die wichtigste Frage ist nun die, wie verhalten sich die einzelnen Theile der Samenknospe in dem Vergrünungsprocess? Hier ist zu constatiren, dass in allen Fällen die Vergrünung begleitet wird von einer Verkümmerung des Nucellus, also desjenigen Theiles, welcher überhaupt das Charakteristikum der Samenknospe ist, und das ausmacht, was sie von einer beliebigen ähnlichen Gestaltung unterscheidet. Dagegen erfahren die Integumente und oft auch der *Funiculus* eine vegetative Ausbildung, es können aus ihnen blättchenartige Gebilde hervorgehen.

Aus dem Gesagten ergiebt sich nun ohne Weiteres, dass wir in den vergrünten Samenknospen verkrüppelte, krankhaft veränderte Bildungen zu sehen haben. Nichts desto weniger werden in zahlreichen botanischen Abhandlungen diese Missgeburten als solche gepriesen, welche den besten Aufschluss über das Wesen der Samenknospe geben. Die Natur der Samenknospe an derartigen Verkrüppelungen, bei welchen gerade der wichtigste, den Sexualapparat producirende Theil verkümmert ist, studieren zu wollen, ist, wie nicht weiter ausgeführt zu werden braucht, unstatthaft. Wir können es also nur als einen Irrthum betrachten, wenn man derartige Missbildungen als Rückschlagsbildungen auffassen will und uns darüber wundern, dass die Behauptung aufgestellt werden konnte, ein Blättchen auf dem der verkümmerte Nucellus sitzt (unter welcher Form zuweilen die vergrünten Samenknospen auftreten, so in Fig. 6), sei genau homolog mit einem ein Sporangium resp. einen Sorus tragenden Fiederblättchen eines Farn. Als ob ein verkümmertes, in den bis jetzt bekannten Fällen auch nicht einmal einen Embryosack zeigendes Höckerchen mit einem Sporangium auch im Entferntesten etwas zu schaffen hätte! Doch es würde zu weit führen, den Irrwegen der Missbildungs-Logik hier noch weiter zu folgen;

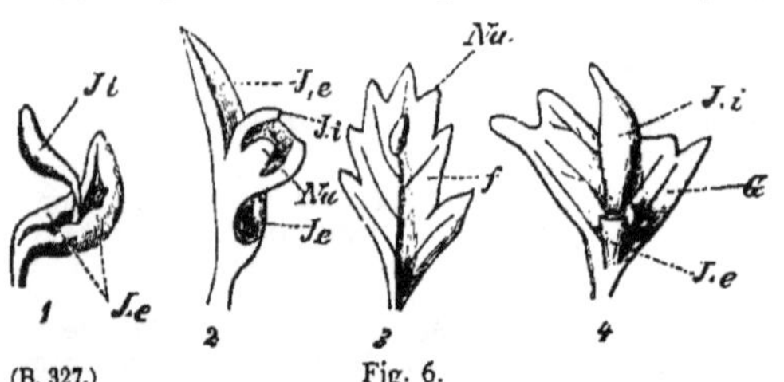

(B. 327.) Fig. 6.

1—3 Vergrünte Samenknospen von *Hesperis matronalis* nach CELAKOWSKY. 1 Eine »verlaubte« Samenknospe mit beiden Integumenten. J.e äusseres, J.i inneres Integument, beide krankhaft verändert. 2 Schematischer Durchschnitt durch eine ähnliche Samenknospe. Nu Nucellus. 3 Eine Samenknospenanlage, die vor Anlage des äusseren Integumentes verkümmert ist und den Nucellus auf der Fläche des »Ovularblättchens« in Form eines verkümmerten Höckers trägt. Fig. 4 Vergrünte Samenknospe von *Alliaria officinalis* nach VELENOWSKY, äusseres und inneres Integument vorhanden. G Die »Funicularspreite«.

zur Entwicklung gelangende) Sprossanlagen, gemäss der allgemeinen Regel, dass eine geschwächte Production von Sexualorganen gesteigerte vegetative Produktion zur Folge hat.

gehören sie doch auch einer Periode der Botanik an, die wir im Wesentlichen jetzt als eine abgeschlossene betrachten dürfen, obwohl selbstverständlich die Aeusserungen derselben aus der Literatur noch lange nicht verschwinden werden.

Hier sind zunächst noch einige der oben erwähnten Formverhältnisse vergrünter Samenknospen in's Auge zu fassen, deren Entstehung ein interessantes Problem bildet, dessen Lösung aber dadurch erschwert wird, dass es aus naheliegenden Gründen nur selten möglich sein wird, die Vergrünung von Samenknospen entwicklungsgeschichtlich zu untersuchen. Vor Allem ist hervorzuheben, dass die Samenknospenanlagen auf verschiedenen Stufen ihrer Entwicklung der Vergrünung unterliegen können, woraus dann natürlich auch verschiedene Vergrünungsstufen resultiren. In Fig. 6, 1, ist eine Samenknospe abgebildet, welche beide Integumente schon angelegt hatte. Das innere (J.i.), welches den Nucellus umschliesst, ist nur wenig verändert, dagegen entspringt es scheinbar auf einem Stiele aus dem kahnförmig gewordenen äusseren Integument, wie dies der schematische Längsschnitt (Fig. 6, 2) einer weniger tief veränderten Vergrünung zeigt. Dass die Vergrünung hier das äussere Integument ergreift, erklärt sich daraus, dass es (wie bei der weit überwiegenden Mehrzahl der Fälle) später angelegt wird, als das innere. Und dass der vom innern Integument umschlossene Nucellus, welcher wie die Entwicklung der normalen Samenknospe zeigt, stets terminal an derselben ist, zur Seite gedrängt erscheint und in der Fig. 6, 2 scheinbar aus der Fläche des geöffneten äusseren Integuments entspringt, kann uns ebenfalls nicht Wunder nehmen, denn wir wissen, dass ein ähnlicher Vorgang vielfach auch in der normalen Samenknospenentwicklung eintritt, indem auch hier bei Samenknospen mit massig entwickeltem Integument die vom Nucellus gebildete Spitze der Samenknospe s c h e i n b a r zur Seite gedrängt wird, so dass der Nucellus seitlich ausserhalb der von der Integumentanlage gebildeten Samenknospenspitze hervorzukommen scheint. In Fig. 6, 3 ist die Samenknospenanlage zu einem Blättchen geworden, welches, wie oben erwähnt, den Nucellus auf einer Fläche trägt. Das äussere Integument war hier beim Eintreten der Vergrünung noch nicht angelegt, das innere vielleicht eben erst angedeutet, der Funiculus hat sich ebenfalls blattartig ausgebildet und der Nucellus ist, indem der unterhalb desselben befindliche Theil der Samenknospe als Blättchen über ihn hinauswuchs, in seitliche Stellung gerathen. In Fig. 6, 4 endlich ist ein Fall abgebildet, wo äusseres und inneres Integument bereits angelegt waren, der untere Theil der Samenknospenanlage aber sich blattartig ausgebildet hat und über das äussere Integument hinausgewachsen ist. Endlich finden wir häufig auch die Samenknospe ersetzt durch ein einfaches Blättchen, d. h. die Vergrünung ist eingetreten zu einer Zeit, wo weder Integumente noch Nucellus (resp. Archespor) angelegt waren. Schon dies Endresultat hätte auch wieder zeigen können, wie wenig berechtigt es ist, die Vergrünungen als Rückschlagsbildungen aufzufassen: das Endresultat ist ein einfaches Blättchen, und es wäre absurd, dies als die primitivste phylogenetische Entwicklungsstufe aufzufassen, ebenso wenig als man dies thun kann, wenn der charakteristisch gestaltete sporangientragende Blatttheil einer *Aneimia* beim Unterbleiben der Sporangienbildung als vegetatives Blatt sich ausbildet; die Fortpflanzungsorgane auf deren Entstehung und Entwicklnng es uns in beiden Fällen ankommt, fehlen eben ganz, und in Verbindung und gewiss in causaler Verknüpfung damit[1]) treten dann be-

[1]) Für analoge Fälle habe ich eine solche Correlation früher schon wahrscheinlich zu machen gesucht (Bot. Zeit. 1880. pag. 821) so bei den Sporangienständen von *Selaginella*, bei

stimmte vegetative Erscheinungen auf. Weil ein Integument zu einem Blättchen wird, braucht es aber ebensowenig je ein solches gewesen zu sein, als die Zellgruppe in der Achsel dieses Integumentes, die sich bei Vergrünungen häufig an einem Spross entwickelt, jemals ein Spross gewesen ist. Um also die Gestaltsveränderungen bei der Vergrünung noch einmal zu charakterisiren, so erhalten wir Formen, welche der normalen Samenknospe noch einigermaassen ähnlich sehen, wenn die Vergrünung auf einem späten, solche, die abweichend gestaltet sind, wenn sie auf einem frühen Entwicklungsstadium der Samenknospenanlage eintritt.

Es ist also ganz natürlich, dass wir Mittelstufen zwischen normalen und »vergrünten« Samenknospen, zwischen normal und als Blumen-, resp. Laubblättern ausgebildeten Staubblättern finden. Derartige Mittelformen treffen wir auch sonst. So wurde oben erwähnt, dass man die normal zu Knospenschuppen sich ausbildenden Laubblattanlagen veranlassen kann, sich zu Laubblättern auszubilden, es geschieht dies im Allgemeinen dadurch, dass man eine erhöhte Stoffzufuhr zu diesen Blattanlagen herbeiführt. Geschieht dies ehe die Umbildung der Laubblattanlage zur Schuppe begonnen hat, so erhält man ein normales, gewöhnliches Laubblatt, hat aber die Umbildung schon begonnen, so resultiren Zwischenformen zwischen Laubblättern und Schuppen, d. h. Blattgebilde, deren sonst verkümmernde Spreite entwickelt ist, während der Blattgrund schon eine schuppenförmige Vergrösserung zeigt und der Blattstiel entweder gar nicht, oder doch weniger als bei einem normalen Laubblatt entwickelt ist. Die Analogie dieser Thatsache mit den bei »Vergrünungen« auftretenden Mittelformen liegt auf der Hand. Aehnliche Mittelformen existiren z. B. auch zwischen Schwimmblättern und Wasserblättern amphibischer Ranunkeln. Auch hier ist der Vorgang derselbe und auch hier lässt er sich, wie ich glaube, experimentell hervorrufen. Es kommt eben darauf an, in welchem Entwickelungsstadium eine Schwimmblattanlage den Anstoss zur Umbildung zum Wasserblatt erhält.

Und auch in der Blüthe selbst finden wir ähnliche Mittelstufen. So ist bei *Papaver orientale* die Erscheinung nicht selten, dass die Staubblätter sich in Fruchtblätter verwandeln. Diese Verwandlung ist entweder eine vollständige: das Staubblatt ist mit seinen Rändern verwachsen und umschliesst eine Anzahl von Samenknospen, besitzt auch eine vollständig ausgebildete Narbe, oder sie ist unvollständig, dann finden sich Mittelformen zwischen Staub- und Fruchtblättern, wie die in Fig. 7 abgebildeten, bei welchen auf einem noch mehr oder weniger normalen, mit Pollensäcken versehenen Staubblatt Samenknospen sitzen. Es ist klar, dass trotz dieser Mittelstufen Staub- und Fruchtblatt genetisch gar nichts mit einander zu thun haben, und dass es auch hier auf den Zeitpunkt ankommt, in welchem die Staubblattanlage den Anstoss zur Produktion von Samenknospen erhält, und Aehnliches findet sich bei *Sempervivum tectorum*. (Fig. 8.)

Die Ursachen dieser Missbildungen sind uns ebenso unbekannt, wie die der Vergrünungen. Um so willkommener ist jeder Beitrag zur Ermittelung derselben, wobei von vornherein im Auge zu behalten ist, dass diese Ursachen sehr verschiedene sein können.

Peyritsch[1]) hat in einer sehr dankenswerthen Arbeit auf experimentellem

---

welchen sich der Vegetationspunkt, der sonst verkümmert, weiter entwickelt, weil die Sporangien verkümmert waren, ferner bei der Durchwachsung von Blüthen, die besonders bei gefüllten Blüthen, also bei solchen, wo die Sexualorgane grösstentheils verkümmern, eintritt.

[1]) Zur Aetiologie der Chloranthien einiger *Arabis*-Arten. Pringsheim's Jahrb. für wissensch. Botanik. Bd. XIII. Heft 1.

Wege dargethan, dass bei *Arabis*-Arten Vergrünungen durch Blattläuse hervorgerufen werden. Die Vergrünungen sind verschieden je nach dem Entwicklungsgrade, in welchem sich die Blüthensprosse zur Zeit der Infection befanden, je nachdem

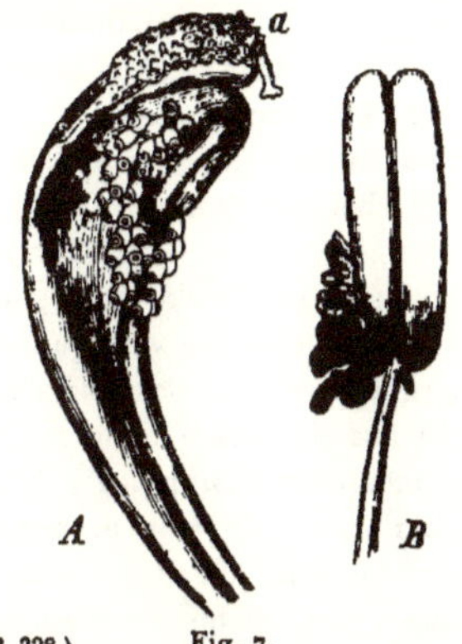

(B. 328.) Fig. 7.

Staubblätter von *Papaver orientale*, die theilweise sich in Fruchtblätter verwandelt haben. Bei B ist die Umwandlung weniger weit gegangen als bei A; die Anthere mit ihren Pollensäcken ist normal ausgebildet, nur am unteren Theil der Seitenfurchen finden sich eine Anzahl Samenknospen. Bei A ist die Umbildung weiter fortgeschritten, es sind an der Spitze bei a schon Narbenpapillen entstanden, die Pollensäcke bis auf einen geringen Rest zurückgedrängt. (Nach MOHL.)

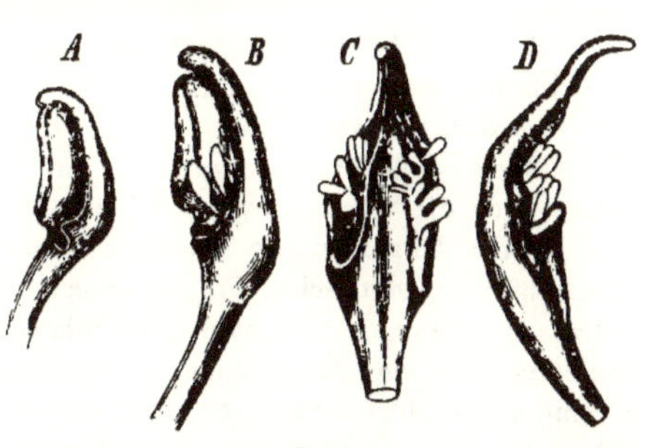

Fig. 8. (B. 329.)

Umwandlung der Staubblätter von *Sempervivum tectorum* in Fruchtblätter (nach MOHL). A—D stellen vier Formen verschiedenen Umbildungsgrades vor, wobei das Staubblatt allmählich breiter wird, die Form eines Fruchtblattes annimmt und an den Seitenfurchen der Antheren Samenknospen erscheinen. Bei A und B sind noch Pollensäcke vorhanden, bei C und D sind sie nicht mehr zur Entwicklung gelangt.

eine grössere oder geringere Anzahl von Thieren übertragen wurde und je nach der Empfindlichkeit der Pflanze. Aehnliches beobachtet man auch in Folge der Einwirkung von Pilzen. Vergrünte Blüthen (an denen aber die Integumente der Samenknospen ebenso wie die der erwähnten *Arabis*-Arten nicht blattartig missbildet waren) habe ich z. B. bei *Cakile maritima*, die von *Cystopus* befallen war, beobachtet. Es braucht aber durchaus nicht immer ein Parasit zu sein, welcher den Anstoss zu derartigen Umbildungen giebt, sondern auch andere stoffliche Vorgänge können dasselbe bewirken. Wir kennen dieselben freilich meist nicht. In einem Falle aber ist dies doch, wenn auch nicht mit absoluter Sicherheit möglich. Es sind dies die Fälle von durchwachsenen Fichtenzapfen. Derartige Zapfen, die ebenfalls zu phylo- und ontogenetischen Spekulationen benutzt worden sind, finden wir z. B. beschrieben von einer beschnittenen Fichtenhecke in Upsala, ferner von Fichten, welche an der oberen Baumgrenze wuchsen und deren Gipfel meist abgebrochen oder abgestorben waren. Die Autoren erwähnen diese Thatsache, ohne dieselbe zu der Durchwachsung in causale Beziehung zu setzen. Ich meine aber, es ist eine nahe liegende Annahme, dass die Wegnahme der Sprossgipfel die Ursache des Durchwachsens ist, indem die plastische Substanz, welche sonst den Sprossgipfeln zugeführt worden wäre nun in die Zapfenanlagen geführt wird und dort die erwähnten Erscheinungen hervorruft. Ohne Zweifel liesse sich das Durchwachsen auch experimentell hervorrufen, das ist aber, da an Fichtenstämmen die Zapfen meist hoch oben im Gipfel angelegt werden und dann erst deutlich sichtbar werden, wenn sämmtliche Theile schon angelegt sind, mit bedeutenden Schwierigkeiten verknüpft. Es ist aber eine solche experimentelle Behandlung nicht einmal nöthig, denn die oben hervorgehobenen Thatsachen genügen, wie ich glaube, vollständig. In anderen Fällen können Vergrünungs- und Durchwachsungserscheinungen natürlich auch andere Gründe haben. So eine Schwächung der Sexual-Organe und in Folge dessen eine stärkere Ausbildung der Vegetationsorgane. Ein solcher Fall wurde oben für *Selaginella Lyallii* beschrieben und das »Durchwachsen« der Sporangienähren auf das Fehlschlagen der Sporangien zurückgeführt. Eine Schwächung des Sexualvermögens tritt, wie auch DARWIN annimmt, besonders bei Culturpflanzen hervor. Bei gefülltem *Hibiscus Trionum* z. B. findet man nicht nur die Staubblätter sondern auch die Samenknospen in kleine Blumenblättchen verwandelt.

Dass die Teratologie in manchen Fällen uns Fingerzeige für die richtige Auffassung morphologischer Fragen geben kann, das soll gar nicht geleugnet werden. Diese Fragen sind aber doch relativ selten und nicht von hervorragender Bedeutung. Ob eine Missbildung auf Rückschlag beruht (wie z. B. das Auftreten des innern Staubblattkreises von *Iris)*, das geht nicht aus der Missbildung selbst sondern immer erst aus anderen Gründen der vergleichenden Morphologie hervor. Die bisherige Entwicklung der Teratologie aber muss als eine grösstentheils unbrauchbare, ihre Methode, vom Verbildeten auf das Normale zu schliessen, als eine verfehlte bezeichnet werden. Die Teratologie wird nichtsdestoweniger stets ein interessantes Gebiet der Botanik bleiben, aber ihre Aufgabe ist eine andere geworden. Dieselbe ist nicht die aus diesen »Offenbarungen der Natur« das herauszulesen, was die Entwicklungsgeschichte »mit Hebeln und mit Schrauben« derselben nicht abzwingt, sondern die, die Bedingungen des Zustandekommens der Missbildungen zu erklären. Dass dies möglich ist, das zeigen die Versuche mit den Stipeln der *Vicia Faba* (s. u.), die von PEYRITSCH mit *Arabis* angestellten, und derartige Fälle werden sich häufen.[1]) Als eine Ursache von Missbildungen muss auch die gesteigerte Energie betrachtet werden, mit welcher die Stoffzufuhr plastischer Substanzen in einem Vegetationspunkt erfolgt. Dies gilt z. B. für viele Fasciationen. Fasciirte Stengel sehen wir besonders häufig auftreten bei den Stockausschlägen und Wasserreisern, in Fällen also, wo bis dahin ruhenden Sprossanlagen nun plötzlich eine grosse Menge plastischer Substanz zugeführt wird. Auch bei einjährigen Pflanzen lassen sich Fasciationen hervorrufen. Entfernt man z. B. möglichst frühzeitig die Hauptachse der Keimpflanze von *Vicia Faba*, so werden dadurch die Axillarsprosse der Kotyledonen zu raschem Austreiben veranlasst, bei welchem man mannigfaltige Missbildungen, auch Fasciationen des Stengels beobachten kann,[2]) während bei normalem Verlauf die betreffenden Sprossanlagen sich langsamer aber normal entwickeln. Aehnlich beobachtet man z. B. bei gestutzten Ulmen, dass die austreibenden Zweige fasciiren oder ihre Blätter kräftig entwickeln. Namentlich erfahren die Stipulae oft eine enorme Vergrösserung, werden grün und bleiben persistent, während sie im normalen Verlauf der Vegetation bekanntlich trockenhäutig sind und bald nach Entfaltung des Blattes abfallen. Einen ähnlichen Effekt wie bei den erwähnten *Ulmus*-Sprossen beobachtet man auch bei den ersten Blättern der soeben erwähnten Axillarsprosse von *Vicia Faba*, welche durch Abschneiden des Hauptsprosses zum Austreiben veranlasst worden sind. Normal ist das erste Blatt eines solchen Sprosses ein Primordialblatt, d. h. viel einfacher geformt als ein normales

---

[1]) Interessante Beobachtungen auf zoologischem Gebiet, das von dem Irrgarten missbildeter Logik verschont geblieben ist, hat schon GEOFFROY ST. HILAIRE angestellt.

[2]) SACHS (Vorlesungen über Pflanzenphysiologie, pag. 613) hat hierauf für *Phaseolus multiflorus* zuerst aufmerksam gemacht.

Laubblatt, es besteht aus einer dreispitzigen grünen Platte, deren Mitteltheil der Anlage der Blattspreite, die Seitentheile aber denen der Nebenblätter entsprechen. Das Ganze ist, wie ich früher wahrscheinlich zu machen gesucht habe, als Hemmungsbildung einer Laubblattanlage zu betrachten, also als ein auf früher Entwicklungsstufe stehen gebliebenes und dann etwas verändertes Laubblatt. Dass das Primordialblatt sich zum Laubblatt entwickeln kann, zeigen die erwähnten Sprosse. Es treten dabei aber die mannigfaltigsten Mittel- und Missbildungsformen zwischen Primordial- und Laubblatt[1]) auf, welch' letzteres bei *Vicia Faba* in der unteren Stengelregion zwei Fiederblättchen und zwischen ihnen die verkümmerte Blattspitze zeigt. Man findet Primordialblätter, deren Spreitenanlage sich nur sehr vergrössert hat, andere, bei denen ein aber nicht sehr scharf abgegliedertes und in den Blattstiel übergehendes Fiederblättchen aufgetreten ist, oder es sind deren zwei, von denen aber eines meist grösser ist als das andere. Der Blattstiel ist gegen die Blattspreite meist nicht scharf abgesetzt, sondern breit und grün, andere wieder stellen vollkommene Laubblätter dar. Offenbar sind die erwähnten, aus einer grösseren Reihe herausgegriffenen Mittelformen auch hier bedingt durch das Entwicklungsstadium der Primordialblattanlage und die Grösse des auf sie eintretenden Antriebs, der hier wie bei *Ulmus* in gesteigerter Stoffzufuhr zu suchen ist — eine zwar allgemeine, aber wenigstens das Wesen der bedingenden Ursache andeutende Bezeichnung.

Derselbe Effect: reichliche und rasche Stoffzufuhr, welcher in den genannten Fällen durch Entfernung bestimmter Sprossanlagen und Ueberführung des für dieselben bestimmten Materials in andere Sprossanlagen herbeigeführt wird, kann natürlich auch direkt auf die ganze Pflanze ausgeübt werden. Bekannt ist ja, dass Fasciationen z. B. bei *Celosia cristata* sogar erblich sind, wenngleich keineswegs streng, da unter den Sämlingen immer manche in die Normalform zurückschlagen, Auch die eigenthümliche Blattbildung von *Lathyrus Aphaca* haben wir oben ja als eine erbliche Missbildung bezeichnet, und es leuchtet schon daraus hervor, wie interessant Untersuchungen über die Faktoren, welche das Zustandekommen von Missbildungen bedingen, sind. Die bisherige Teratologie hat freilich dazu beigetragen, die Missbildungen und deren Studium gründlich zu verleiden, denn häufig genug ist es gegangen wie A. DE ST. HILAIRE sagt:[2]) »*sans cette condition les monstruosités favoriseraient également tous les rêves de l'imagination, et comme disait M.* HENRI DE CASSINI *on verrait en elles tout ce qu'on voudrait y voir.*«

§ 4. »Die morphologische Dignität.« — In engem Zusammenhang mit der Metamorphosenlehre und theilweise auch mit der Behandlung der Teratologie steht die Frage nach dem morphologischen Werth, oder wie man sich auch ausdrückte, nach der »Dignität« oder »Würde« der Organe. Eine genauere Untersuchung zeigt, dass die so ungemein verschiedenen Functionen angepassten Organe der Pflanzen sich doch auf wenige Grundorgane zurückführen lassen, oder mit anderen Worten, dass, wie oben hervorgehoben wurde, ein und dasselbe Organ z. B. ein Laubblatt sich den verschiedensten Functionen anpassen und dabei seine Gestalt ändern kann. Und zwar fassen wir diesen Vorgang nicht als einen ideellen, begrifflichen, sondern als einen realen auf, wie oben bei Be-

[1]) Es ist die Entwicklung von Laubblättern aus Primordialblatt-Anlagen zugleich eine experimentelle Stütze der Ansicht, dass die Primordialblätter Hemmungsbildungen von Laubblättern seien.

[2]) Leçons de botanique, pag. 824.

sprechung der Metamorphosenlehre näher auseinandergesetzt wurde. Die morphologische Natur der Organe aber wird einerseits aus ihren Stellungsverhältnissen und dem Vergleich mit anderen, verwandten Formen, andererseits, und zwar vorzugsweise, aus der Entwicklungsgeschichte erkannt, denn auf die embryonalen Stadien eines Organs greift die Veränderung desselben meist noch nicht zurück.

Einige Beispiele mögen dies erläutern. Für die Blattgebilde wurden oben schon angeführt, dass Laubblattanlagen sich in Knospenschuppen, Brakteen, Sporophylle, Blumenblätter und Ranken umwandeln können, und bei Besprechung der Blattentwicklung werden diesen Formen noch andere hinzuzufügen sein.

Aehnliches gilt auch für andere Organe. Die Wurzeln z. B. sind bei den höheren Pflanzen d. h. den »Gefässkryptogamen«, Gymnospermen und Angiospermen bekanntlich annähernd cylindrische, gegen die Spitze verjüngte und mit einer Wurzelhaube versehene in den Boden eindringende Gebilde, welche die Function haben, einerseits die Pflanze im Boden zu befestigen, andererseits aus demselben Wasser und die in demselben gelösten Aschenbestandtheile aufzunehmen. Sie besitzen aber gewöhnlich kein Chlorophyll und nehmen an der Verzweigung des Vegetationskörpers nur insofern Theil, als sie neue Wurzeln nicht aber neue Sprosse erzeugen. Es giebt aber z. B. einige auf Bäumen lebende Orchideen, wie *Angraecum globulosum* u. a.[1]) deren Luftwurzeln nicht in den Boden eindringen, sondern die sonst den Blättern zukommende Function ausüben, sie sind grün, und in Folge dessen die Organe, in denen die Kohlensäurezersetzung vor sich geht, denn die Laubblätter selbst sind zu nicht grünen Schuppen verkümmert. Bei einigen Palmen sind die Wurzeln zu Dornen, bei manchen *Jussiaea*-Arten zu Schwimmorganen umgebildet, während sie bei anderen Wasserpflanzen vollständig verkümmern. Was die Sprossbildung betrifft, so finden wir dieselbe gelegentlich auf den Wurzeln einer grösseren Anzahl von Pflanzen auftreten, bei einer kleineren aber sind die Wurzeln gerade derjenige Theil des Vegetationskörpers, auf dem die normale, sonst am Stengelvegetationspunkt vor sich gehende Seitenzweigbildung stattfindet. So, wie wir aus Warming's interessanten Untersuchungen wissen, bei den Podostomeen, wo in einzelnen Fällen die Wurzeln auch die Gestalt eines breiten, flachen, den Steinen, auf denen die Pflanze wächst, dicht anliegenden Thallus haben, dessen Natur nur durch Verfolgung der Entwicklungsgeschichte erkannt wird. Endlich sind sogar Fälle bekannt, in denen die Wurzeln sich direkt in Sprosse umbilden, so bei *Neottia nidus avis* und *Anthurium longifolium*. —

Für die Umbildungsformen der Sprosse mag ein Beispiel genügen. Ein amerikanisches Gras, *Cenchrus*, besitzt kleine Blüthenknäuel, die von einer mit Stachelborsten besetzten Hülle umgeben sind, welche die beschreibende Botanik ihrer Gestalt wegen als Blatt bezeichnete. Die Entwicklungsgeschichte[2]) aber zeigt, dass die Hülle vielmehr zu Stande kommt durch eigenthümliche Verwachsung eines reich verzweigten Sprosssystemes, dessen einzelne Sprossachsen aber verkümmern, d. h. keine Blüthen und Blätter produciren, sondern zu Stachelborsten werden; durch Verkettung eines aus lauter rudimentären blattlosen Sprossen bestehenden Sprosssystemes kommt hier also eine blattähnliche, mit Stacheln besetzte Hülle zu Stande.

[1]) Nach Pfitzer, Grundzüge einer vergleichenden Morphologie der Orchideen (mir nur aus dem Referat im botan. Centralblatt, X. Bd., pag. 86. bekannt.

[2]) Beiträge zur Entwicklungsgeschichte einiger Inflorescenzen. Pringsheim's Jahrb. Bd. XIV. pag. 21.

Dieser Mannigfaltigkeit in der Aus- und Umbildung der Pflanzenorgane gegenüber machte sich das Bedürfniss fühlbar, die einzelnen Organkategorien von einander durch scharfe Definitionen abzugrenzen, wobei zunächst ausgegangen wurde von den »höheren« Pflanzen. Wurzel, Stengel, Blatt sind an denselben nicht erst durch die Botanik unterschieden worden, sondern Begriffe, die aus dem gewöhnlichen Leben herübergenommen sind und für welche die Botanik nur nach der wissenschaftlichen Begründung suchte. Sehen wir in welcher Weise dies versucht wurde. Was zunächst die Zahl der Organkategorien betrifft, so kamen zu den genannten meist noch die Haarbildungen. So unterscheidet HOFMEISTFR[1]) zwischen Achsengebilden, Blattgebilden und Haargebilden. Unter den Achsengebilden waren Stengel und Wurzel zusammengefasst, letztere als adventive Achsen charakterisirt. NÄGELI und SCHWENDENER[2]) unterscheiden zwischen Stamm, Blatt, Wurzel und Trichom, eine Unterscheidung die jedenfalls besser ist, als die HOFMEISTFR'sche, welche Wurzel und Stengel unter dem ganz unanschaulichen Namen der »Achsengebilde« zusammenfasst. Die Stammgebilde werden als Caulome, die Blätter als Phyllome, die Haare als »Trichome« bezeichnet. Auch SACHS[3]) hat früher dieselbe Eintheilung getroffen, und dazu noch die »Emergenzen« gefügt (a. a. O. pag. 164), Gebilde, welche den Trichomen nahe stehen, aber nicht wie sie aus Epidermiszellen hervorgegangen sind. Andere Termini werden im Verlaufe der Erörterung zu erwähnen sein. Für die »niedern« Pflanzen, Algen und Pilze, wurden andere Benennungen gebraucht: Den Vegetationskörper der einzelligen Pflanzen, ferner den aus gleichwerthigen Zellen bestehenden oder den zwar verzweigten, aber nur mit unter sich und dem Mutterorgan gleichwerthigen Verzweigungen ausgestatteten Vegetationskörper nennen NÄGELI und SCHWENDENER ein »Phytom« (a. a. O. pag. 594). Dahin gehören Diatomeen, Conjugaten, Nostocaceen etc. Endlich ist noch der Thallus zu erwähnen, worunter ein nicht in Stamm und Blatt gegliederter Spross zu verstehen ist,[4]) dem auch Wurzeln in dem morphologischen Sinne, in welchem wir diesen Ausdruck bei höheren Pflanzen gebrauchen, fehlen.

Wenden wir uns zu den höheren Pflanzen zurück, so fragt es sich zunächst, wie die bei denselben aufgestellten Organkategorien von einander sich unterscheiden. Hier ist es vor Allem ein allgemein anerkannter Grundsatz,[5]) dass anatomischer Bau und Function eines Organs für die Beurtheilung des morphologischen Werthes derselben ohne Bedeutung sind. Denn die Erfahrung zeigt einerseits, dass Organe, welche dieselbe physiologische Leistung auszuführen haben, in ihrem anatomischen Baue meist mit einander übereinstimmen, andererseits dass, wie die oben angeführten Beispiele zeigen, ein und dasselbe Organ

---

[1]) Allgemeine Morphologie der Gewächse. pag. 409.

[2]) NÄGELI und SCHWENDENER, Das Mikroskop. II. Auflage. pag. 494.

[3]) Lehrbuch der Botanik. IV. Aufl. pag. 153.

[4]) NÄGELI und SCHWENDENER sehen den Unterschied von Thallus resp. »Thallom« und »Phytom« darin, dass der erstere »Trichome« producirt. Zwischen Thallus und Phytom lassen sich aber keinerlei scharfe Grenzen ziehen. Der Autor der Bezeichnung Thallus (θάλλος, junger Zweig, Spross) ist, wie es scheint, ACHARIUS. Wenigstens sagt DE CANDOLLE (théorie élém. de bot. II. Ed. 1819, pag. 333) thallus; (ACH.) expansion, semblable à une tige ou à une feuille qui compose la plante des Lichens, la fructification exceptée, ou cormus des Lichens.

[5]) HOFMEISTER a. a. O. pag. 415. »Uebereinstimmungen oder Differenzen der äusseren Form, des inneren Baus, der Function sind nicht maasgebend für die Deutung eines gegebenen Gebildes als Achse, Blatt oder Haar.«

sich den verschiedensten Functionen anpassen kann. *Ruscus, Xylophyllum* und andere Pflanzen z. B. besitzen Zweige, die wie Blätter geformt und gebaut sind, während das einzige Laubblatt der Sprosse unserer *Juncus*-Arten z. B. *J. effusus, conglomeratus* u. a. in Ansehen und auch in anatomischer Structur so sehr einem sterilen nicht blüthentragenden Stengel gleicht (der bei den Binsen als Halm bezeichnet wird), dass es lange den Namen eines sterilen Halmes trug.[1]) Was nun zur Beurtheilung des morphologischen Werthes übrig bleibt, ist also zunächst die Entwicklungsgeschichte und dann der Vergleich mit anderen, verwandten Pflanzen, vielfach geben auch die Stellungsverhältnisse Anhaltspunkte an die Hand.

Stellt man die morphologischen Eigenschaften aller Blätter zusammen, so bleibt schliesslich nur die eine übrig, dass sie seitliche Bildungen am Stamme sind, denn wollte man z. B. definiren: die Blätter unterscheiden sich vom Stamme durch ihr begrenztes Wachsthum, so wäre das keine irgendwie scharfe Definition. Sehr viele Stengelgebilde haben ein sehr begrenztes Wachsthum, wie z. B. die Kurztriebe der Kiefern, andererseits giebt es Blätter, wie die von *Guarea* und einigen Farnkräutern, deren apikaler Vegetationspunkt mehrere Vegetationsperioden hindurch wächst. Ebenso verhält es sich mit anderen Kriterien. So betheiligen sich bei der Bildung der Seitenzweige meist mehr Gewebeschichten des Vegetationspunktes, als an der der Blätter, allein eine nähere Betrachtung zeigt, dass auch dies Merkmal nicht durchgreift, sondern nur ein Ausdruck der Thatsache ist, dass kräftig entwickelte Sprossungen am Vegetationspunkt auch von Anfang an mehr Substanz desselben zu ihrer Bildung beanspruchen, schwächere Sprosse also nur ebenso viel wie kräftige Blätter. Wenn HOFMEISTER meinte (a. a. O. pag. 414), ein vom Pflanzenkörper abgegliederter Theil, der im Zustand eines Vegetationspunkts befindlich ein Stengelgebilde aus sich hervorsprossen lässt, kann nicht ein Blattgebilde, sondern muss selbst ein Stengelgebilde sein, so wissen wir heute, dass vielmehr viele Achselsprossen auf der Basis ihrer noch »im Zustande des Vegetationspunktes« befindlichen Stützblätter entspringen, wir wissen, dass die sogen. Adventivsprosse auf den Blättern mancher Farnkräuter ebenfalls auf einem sehr frühen Entwicklungsstadium angelegt werden u. s. w. Und ebenso geht es mit den der Wachsthumsvertheilung in Stamm und Blatt entnommenen Kriterien.

Kurz, wenn man alle die Merkmale, die aufgestellt worden sind, um den Begriff des Blattes festzustellen, mustern, so sehen wir, dass das einzige allen Blättern gemeinsame Merkmal ihr Verhältniss zum Stengel ist. Wir kommen

[1]) So z. B. auch bei BRAUN, Verjüngung. pag. 119. Genaueres bei der Blattentwicklung. Die bei BRAUN a. a. O. gegebene Schilderung der »Grundorgane« der Pflanze ist eines der lehrreichsten Beispiele für die Begriffsdichtung der idealistischen Morphologie, welche Geltung gewann trotz DE CANDOLLE und SCHLEIDEN. Man vergl. z. B. die Schilderung des Stengels a. a. O. pag. 118: »Da nun die Pflanze ihr Leben nicht in der einzelnen Darstellung erschöpft, da diese vielmehr eine Stufe ist, über welche hinaus die Metamorphose in neuen Darstellungen fortschreitet, so muss auch ein Organ vorhanden sein, durch welches dieser Fortschritt vermittelt wird, in welchem das Leben sich der Befestigung der Stufe nicht hingiebt, nicht einseitig abschliesst, das vielmehr an sich haltend, der Entwicklung eine Zukunft bewahrt, über jede Darstellung, die noch nicht die letzte ist, sich erhebt, als lebendiger, stets erneuter und neue Radien aussendender Mittelpunkt, der seine Bedeutung als individuelles Bildungscentrum erst dann verliert, wenn die letzten und vollkommensten Darstellungen, die Ziel- und Schlussgebilde erreicht sind.« — D. h. mit anderen Worten: Die Blätter entstehen am Stengel, ein Erfahrungssatz, der in der citirten Erörterung nur dichterisch nicht wissenschaftlich umschrieben ist.

also zu dem Resultat: »Die morphologischen Begriffe Stamm und Blatt sind correlative Begriffe, eines ohne das andere ist nicht denkbar: Stamm ist nur, was Blätter trägt, Blatt ist nur, was an einem Achsengebilde seitlich in der (l. c.) genannten Weise entsteht.« (SACHS, Lehrbuch der Botanik. IV. Aufl.) pag. 160. Blatt und Stamm gehören also zusammen, und werden zusammen als Spross bezeichnet. Es giebt freilich auch Stengel, die keine Blätter bilden wie die erwähnten Stachelborsten von *Cenchrus*, ferner die kurzen grünen Zweigchen der Spargel, die aussehen wie Blätter, allein dies sind sicherlich rückgebildete Formen. Es ist eben überhaupt ein vergebliches Bemühen, irgend ein organisches Gebilde begrifflich definiren zu wollen, da die Natur nicht nach Begriffen Organe bildet. Was wir anstreben können, das ist nur: eine zweckmässige Nomenklatur des in der Natur Gegebenen und eine Erkenntniss der Umbildungen, welche stattgefunden haben. Wir können wohl innerhalb eines bestimmten Formenkreises z. B. der Moose, Farne oder Gymnospermen Unterscheidungsmerkmale von Stamm und Blatt aufstellen, suchen wir aber das den sämmtlichen Blattbildungen aller dieser Gruppen Gemeinsame herauszufinden, so schwinden die charakteristischen Merkmale immer mehr.

Wir kommen darauf unten noch zurück und wenden uns nun zu den Haaren oder »Trichomen.« Was die morphologische Natur der Haare betrifft, wie sie auf Stengeln, Blättern etc. in vielfacher Ausbildung sich finden, so stellte sich heraus, dass sie ganz allgemein bezüglich ihrer Anlage dadurch charakterisirt sind, dass sie entstehen durch Auswachsen Einer Epidermiszelle.[1]) Von hier ausgehend definirte man dann weiter: was aus einer Epidermiszelle hervorgeht, ist ein Trichom, also z. B. auch ein Farnsporangium, welches man zum Unterschied von den echten Haargebilden dann auch wohl als ein »metamorphosirtes Trichom« bezeichnete. Nun ist aber klar, dass mit einer solchen Bezeichnung nichts gewonnen ist als ein schwerfälliger Ausdruck. Denn dass beide Gebilde, Haare wie Sporangien, aus Epidermiszellen entstehen, das kann keinen Grund abgeben, sie in eine Klasse zu bringen, ebenso wenig als man alle Organe, die aus dem (von der Epidermis überwölbten) Periblem des Stammvegetationspunktes hervorhergehen in eine Klasse zusammenwirft. Es gehen aus der Epidermis (dem Dermatogen) ganz oder theilweise auch Blattgebilde hervor, wie das Perigon von *Ephedra* (nach STRASBURGER) und die Blätter von *Elodea* (theilweise). Unter Umständen ferner auch Sprosse, wie die Adventivsprosse auf abgeschnittenen Begoniablättern. Nach den übereinstimmenden Angaben von REGEL und HANSEN entstehen die Adventivsprosse aus der Epidermis, und zwar nach HANSEN sehr häufig (vielleicht immer) aus einer einzigen Epidermiszelle. Nach der üblichen Terminologie wären also diese Sprosse »Trichome« eine offenbar widersinnige Bezeichnung, da Sprosse und Trichome sehr verschiedene Dinge sind.

Trichome gehen aus der Epidermis hervor, das ist ein Erfahrungssatz, aber nach einer bekannten logischen Regel darf man diesen Satz nicht umkehren und sagen »was aus einer Epidermiszelle hervorgeht, ist ein Trichom.« Alle Pilze

[1]) Es giebt allerdings auch »innere Haare«, die nicht aus Epidermiszellen hervorgehen. Nach der üblichen Definition wären sie also keine »Trichome.« Trotzdem bezeichnet sie wohl Jedermann so, und das mit Grund, da sie in ihren Eigenschaften mit den Haaren, die aus der Epidermis hervorgehen, übereinstimmen. Dagegen pflegt man die ebenfalls aus der äussersten Zellschicht des Thallus entspringenden gegliederten Zellfäden in den Luftkammern von *Marchantia* nicht als »Trichome« zu bezeichnen, weil sie das Assimilationsgewebe vorstellen, also eine von der der gewöhnlichen Trichome abweichende Funktion haben.

besitzen kein Chlorophyll, aber nicht alle Pflanzen, welche kein Chlorophyll besitzen, sind Pilze. Es hat für uns also keine sachliche Bedeutung, wenn man ein Integument einer Samenknospe oder ein Farnsporangium als ein Trichom bezeichnet. Eine solche Bezeichnung hätte für uns einen greifbaren Werth nur dann, wenn eine wirkliche Umbildung eines Haares in ein Sporangium vorläge oder dieselbe phylogenetisch zu verstehen wäre. Diese Annahme ist natürlich eine unzulässige. Ein Sporangium ist ein Organ, welches Sporen producirt, das Organ kann bald im Gewebe eines Blattes oder eines Stengels versenkt sein, bald über dasselbe in Form einer kleinen Kapsel vorspringen. Ebenso bestellt ist es mit der »Dignität« der Samenknospen. Es wurde viel darüber diskutirt, ob dieselbe die morphologische Dignität einer Knospe, eines Blattes (resp. Blattheiles) oder Trichoms habe. Fragen wir uns, was das heissen soll, so kann der Sinn dieser Ausdrücke nur der sein: Stimmen die Samenknospen in ihrer Entstehung und Stellung mit Stengel-, Blatt- oder Haargebilden überein? Das ist aber eine Frage von sehr untergeordnetem Interesse. Denn wir wissen, dass die Antheridien einer und und derselben Moospflanze z. B. bald als Stengelendigung, bald an Stelle von Blättern, bald an Stelle von Haaren entstehen In den beiden letzteren Fällen also bald den »Werth« von Phyllomen, bald von Trichomen haben. Ebenso sind die Antheridien der Farne meist »Trichome« (im obigen Sinne) die der Marattaceen aber dem Gewebe eingesenkt, und von einer Hautschicht bedeckt. Das zeigt uns, dass die Entstehung und Stellung hier ganz irrelevant sind, denn ein Antheridium bleibt doch ein und dasselbe, scharf bestimmte Organ, es mag entstehen wo und wie es will. Die obige Fragestellung involvirt vielmehr einen Fehler schon deshalb, weil sie versucht die Samenknospen auf vegetative Organe zurückzuführen, mit welchen sie ja bezüglich des Ortes und der Art ihrer Entstehung übereinstimmen werden und müssen, ohne dass uns aber, wie schon die oben angeführten Beispiele zeigen, diese Uebereinstimmung einen tieferen Einblick in Bau und Natur (Homologie etc.) der Fortpflanzungsorgane gäbe. Da die Natur nun aber einmal Vegetations- und Fortpflanzungsorgane producirt und wir uns mit unseren Begriffseintheilungen an das Gegebene zu halten haben, so ist auch zwischen Vegetationsorganen und Fortpflanzungsorganen zu unterscheiden, denn die letzteren aus einer Umbildung der ersteren sich phylogenetisch entstanden zu denken, ist eine bei den höheren Pflanzen zu in sich widersprechenden Vorstellungen führende Anschauung. Die niederen Pflanzen zeigen uns, dass die Organe sexueller Reproduction schon bei sehr einfacher Gliederung des Vegetationskörpers vorhanden sind, und dann entsprechend der höheren vegetativen Gliederung auch selbst eine höhere Differenzirung erreichen. Da die Gliederung der Pflanze ursprünglich überhaupt nur eine vegetative ist, so müssen die Fortpflanzungsorgane natürlich zu ihrer Bildung vegetative Organe beanspruchen. Eine Eizelle von *Oedogonium* z. B. ist sicher eine umgebildete vegetative Fadenzelle; bei den höheren Pflanzen aber differenzirt sich die Eizelle im Innern eines Gewebekörpers. Eine Samenknospe der Samenpflanzen nimmt zu ihrer Bildung bald die Stengelspitze, bald den Seitentheil eines Blattes, bald die Fläche eines solchen in Anspruch. Dies alles zeigt uns, dass wir es hier mit Organen *sui generis* zu thun haben, zu deren Bildung verschiedene Theile des Vegetationskörpers verwendet werden. Es wird z. B. zur Bildung der Sporangien zweckmässig sein, dass dieselben an der Oberfläche stehen, da sie hier ihre Sporen am leichtesten aussäen können, und sie gehen denn auch meist aus Oberflächenzellen hervor. Haben wir aber dadurch eine tiefere Einsicht in den Bau, oder die Abstammung eines Sporangiums gewonnen, wenn wir es in dieselbe Kategorie wie ein Wollhaar stellen, oder es mit einem Stachel zusammen in die Kategorie der Emergenzen bringen? — Ehe wir indess die Organe klassificiren, ist noch auf eine weitere unberechtigte Anwendung morphologischer Begriffe hinzuweisen. Bei den niederen Pflanzen finden wir den Vegetationskörper nicht mehr in Blatt und Stamm gegliedert, er bildet z. B. bei dem Lebermoose *Metzgeria* eine bandförmige, gabelig verzweigte Gewebeplatte. Einen solchen Vegetationskörper der auch keine Wurzel (d. h. keine so wie die der höheren Pflanzen gebaute) besitzt, nennt man einen Thallus, oder ein Thallom. Es ist aber eine unzweckmässige und zur Verwischung jeder Begriffsbestimmung überhaupt führende Erweiterung dieses Begriffes wenn man die ursprünglich nur auf Vegetationskörper angewendete Bezeichnung verallgemeinert, und nun einen Embryo z. B. so lange er noch nicht in Stamm, Wurzel und Blatt gegliedert ist, ebenfalls als ein »Thallom« bezeichnet. Eben so gut könnte man dann auch ein Pollenkorn oder eine Spore als ein »Thallom« bezeichnen, auch jede Eizelle, denn es kann bei einem Embryo eines Farnkrautes doch keinen Unterschied ausmachen, ob er durch einige Zellwände gefächert ist oder nicht, d. h. also in letzterem Zustand von der unbefruchteten Eizelle äusserlich nur durch eine Membran, die ihn umhüllt, verschieden ist.

Die Charakteristik der Wurzeln schien insofern leichter, als man hier bei den höheren Pflanzen bestimmte anatomische Merkmale hat. Der Vegetationspunkt der Wurzeln ist bedeckt mit einer Hülle von Dauergewebe, der Wurzelhaube. Allein dies ist auch bei dem Sprossvegetationspunkte der Embryonen von *Araucaria imbricata* und *Cephalotaxus Fortunei*, wie STRASBURGER gezeigt hat, wenigstens eine Zeit lang der Fall. Wurzeln entstehen ferner endogen (allerdings werden auch hiervon Ausnahmen angegeben für *Neottia* von WARMING, für die erste Seitenwurzel des Embryo's von *Ruppia* von WILLE, für die Adventivsprosswurzeln von *Cardamine* von HANSEN). Auch endogen entstehende Sprosse kennen wir aber — freilich nicht viele, z. B. bei einigen Lebermoosen. Auch das Eindringen der Wurzeln in den Boden kann natürlich nicht als charakteristisches Merkmal derselben bezeichnet werden, denn auch viele Sprosse dringen in den Boden ein. Die mangelnde Blattbildung der Wurzeln ist jedenfalls noch das beste Merkmal derselben. — Allein auch ohne dies wird man nur in den seltensten Fällen darüber zweifelhaft sein, ob man es mit einer Wurzel oder einem Sprosse zu thun hat, und am Sprosse selbst wird man im vegetativen Theile bei dem jetzigen Stand unserer Kenntnisse kaum je schwanken, ob man einem Organe Blatt- oder Sprossnatur zuerkennen soll. Denn wir urtheilen nicht nach dem Merkmal, das wir von allen Blättern abstrahirt haben, wir erinnern uns nicht der möglichst genauen etwa existirenden Definition des Blattes, sondern wir kombiniren eine ganze Anzahl von Merkmalen, und zwar von solchen, welche der Blattbildung der Gruppe angehören, mit der wir es gerade zu thun haben.

SACHS hat neuerdings[1]), nachdem er constatirt hatte, dass es nicht möglich ist, durch einfache Definitionen organographische Begriffe erschöpfend klar zu legen, den Versuch solche Definitionen aufzustellen ganz fallen gelassen und einen andern Weg eingeschlagen. Er betrachtet die verschiedenen Organe zunächst da, wo sie ihre ganze Vollkommenheit, ihren typischen Charakter dar-

[1]) Vorlesungen über Pflanzenphysiologie, pag. 5.

bieten, und versucht dann festzustellen, welche Organe in andern Regionen des Pflanzenreichs mehr oder minder abgestuft dieselben wesentlichen Eigenschaften noch darbieten. Er stellt dabei die physiologischen Eigenschaften in den Vordergrund und theilt den Vegetationskörper der höheren Pflanzen in zwei Organkategorieen: Wurzel und Spross, eine Theilung, deren Naturgemässheit sich auch aus dem Obigen ergiebt, denn es wurde dort ausgeführt, dass Blatt und Stengel ein Ganzes bilden, und die Haare können als reine, so zu sagen, zufällige Anhangsgebilde nicht in Betracht kommen, wo es sich um die allgemeine Gliederung des Pflanzenkörpers handelt, ebensowenig als man am menschlichen Körper neben Kopf, Rumpf und Gliedmaassen auch noch die Haare als wesentliche Bestandtheile aufzählt. Als Wurzel bezeichnet SACHS denjenigen Theil der Pflanze, welcher auf oder in einem Substrat sich befestigend, als Haftorgan und im letzteren Falle zur Aufnahme der im Substrat enthaltenen Nahrung dient. Daraus folgt, dass auch die »wurzelähnlichen« Organe der Thallophyten und Muscineen als Wurzeln bezeichnet werden,[1]) welche man bisher Rhizoïden, Rhizinen u. s. w. nannte, Ausdrücke, welche andeuten sollen, dass jene sehr einfach gebauten Organe zwar dieselbe Funktion wie die Wurzeln, aber anderen Bau und Entstehung zeigen. »Der Spross dagegen, oder das System der Sprosse ist ursprünglich derjenige Theil, welcher ausserhalb des Substrates sich entfaltend die Pflanzensubstanz erzeugt, und ausserdem die Fortpflanzungsorgane, welche niemals an einer Wurzel auftreten, hervorbringt.« Als Spross wird also auch der Thallus (mit Ausschluss der Wurzeln) bezeichnet. Kein Zweifel, dass wir durch diese Bezeichnungsweise einen freieren Ueberblick über die Gesammtgestaltung der Pflanzenformen gewinnen, der zudem den Vortheil grosser Anschaulichkeit hat. Dass dabei genaue morphologische Forschungen nicht überflüssig werden, ist selbstverständlich, nur sollen diese nicht in die spanischen Stiefel von Definitionen eingeschnürt werden. Definitionen aber sollen die oben citirten Charakteristiken nicht sein, sondern sie heben nur die wichtigsten physiologischen Eigenschaften der genannten Theile hervor. Diese Theile treten bei den höchstentwickelten Pflanzen in grösster Vollkommenheit auf, welche SACHS als die typische Ausbildung derselben bezeichnet. Von diesen typischen Formen ausgehend treffen wir einmal umgebildete, metamorphosirte, oder rückgebildete, reducirte Formen, letzteres z. B. bei den Parasiten, und sodann bei einfacher gebauten Pflanzen einfacher gestaltete Organe, rudimentäre Wurzeln und Sprosse, die also von den zurückgebildeten scharf zu unterscheiden sind. Erwähnt sein mag noch, dass die Benennung der Organe nach ihrer physiologischen Bedeutung übereinstimmt mit dem Metamorphosenbegriff, wie er oben zu begründen versucht wurde. Wir gingen dort nicht aus von einem indifferenten »Phyllom« sondern von einem Laubblatt, also von einem Organ bestimmter Funktion, und haben die andere Blattbildung und zwar in realem Sinne als metamorphe Laubblätter betrachtet.

[1]) Wie dies z. B. schon von MOHL, Verm. Schriften, pag. 16, geschehen ist. Er sagt bei Beschreibung der Wurzeln der Laminarien: Man hat diese Anheftungsscheibe eine Wurzel genannt, allein dagegen wurde Widerspruch erhoben. Beide Parteien haben in ihrer Art Recht; in morphologischer Beziehung ist der Theil, welcher vom Anfangspunkt der ganzen Pflanze abwärts, in entgegengesetzter Richtung von dem nach oben und dem Lichte zugewendeten wächst, und die Pflanze anheftet, eine Wurzel, will man sie hingegen nicht mit dem Namen *radix* belegen, aus ähnlichen Gründen, mit denen man den Thallus nicht *caulis* heisst, so ist dagegen auch nichts einzuwenden, aber dennoch zu bemerken, dass diese Wurzel der Phanerogamenwurzel weit ähnlicher ist, als der Thallus dem Stengel der beblätterten Pflanzen.

Eine Charakteristik der Pflanzenorgane nur nach den Stellungsverhältnissen und der Art und Weise der Anlegung aber führt, wie oben nachzuweisen versucht wurde, zu Widersprüchen und oft nutzlosen Schematisirungen.

Die erwähnten Bezeichnungen geben uns die Gliederung des Vegetationskörpers, ausserdem kommen noch die Fortpflanzungsorgane in Betracht. Die typischen Vertreter derselben sind die Sporangien, welche ungeschlechtliche Sporen produciren und die Antheridien und Archegonien, in welchen die Sexualzellen sich bilden; (vergl. SACHS a. a. O. pag. 15). Von den zahlreichen Fällen, in welchen die Fortpflanzung zusammenfällt mit der Ablösung gewöhnlicher oder besonders zu diesem Zwecke gebildeter Sprosse (Brutknospen, etc.) sehen wir hierbei zunächst ab, sie können als eine besondere Art der Verzweigung aufgefasst werden.

Die Aufgabe der folgenden Darstellung wird es also sein einen kurzen Ueberblick zu geben über das was wir wissen von der Entwicklungsgeschichte:

I. Der Vegetationsorgane, und zwar
   a) des Sprosses
   b) der Wurzel.
II. Der Fortpflanzungsorgane
   a) der Sporangien
   b) der Sexualorgane (Archegonien und Antheridien).

Dabei ist das Hauptgewicht auf die höheren Pflanzen gelegt, da die entwicklungsgeschichtlichen Verhältnisse der Algen, Pilze, Moose und Gefässkryptogamen in andern Theilen dieses Handbuches ausführliche Berücksichtigung gefunden haben. — Vor dem Eingehen auf die Einzeldarstellung sind indess noch einige allgemeinere Fragen zu berühren.

§ 5. Entwicklungsgeschichte und vergleichende Morphologie. Oben schon wurde betont, dass neben der Entwicklungsgeschichte die vergleichende Morphologie das wichtigste Hilfsmittel der Organographie sei. Versuchen wir es nun, das Verhältniss beider Forschungsarten zu einander hier kurz zu erläutern und Rechenschaft darüber zu geben, wie es möglich war, dass beide oft zu ganz verschiedenen Resultaten gelangen. Die vergleichende Morphologie ist hervorgegangen aus der Beschäftigung mit dem natürlichen System, welches eine allseitige Vergleichung der sämmtlichen morphologischen Eigenschaften einer Gruppe fordert. Die Zusammengehörigkeit der Glieder einer Gruppe muss nun auf einer Gemeinsamkeit der Organisation beruhen. Dieses Gemeinsame, oder den »Typus« von welchem sämmtliche zusammengehörige Formen als abgeleitet betrachtet werden können, suchte man durch sorgfältige Vergleichung der morphologischen Eigenschaften der einzelnen Formen zu finden. Seit dem Auftreten der Descendenztheorie haben die Worte »Typus« und gemeinsame Organisation eine reale Bedeutung gewonnen, wir verstehen unter dem Typus die Stammform, unter der Gemeinsamkeit der Organisation die Gemeinsamkeit der Abstammung. Es wäre aber ein Irrthum zu glauben, dass durch die Descendenztheorie eine neue Forschungsmethode aufgekommen sei, die »phylogenetische.« Die »phylogenetische Methode« ist keine andere als die der vergleichenden Morphologie (mit specieller Verwerthung der Entwicklungsgeschichte) nur dass sie über die Begriffe mit denen sie operirt, sich in anderer Weise Rechenschaft giebt, als jene, dass sie sich nicht begnügt mit einer Ahnung des Zusammenhangs, sondern für die Worte »Typus« und »Gemeinsamkeit der Organisation« eine reale Basis fordert. Wenn nun von einer Stammform aus nach verschiedenen Richtungen hin divergente Reihen sich entwickelt haben, so müssen mit denselben bestimmte Veränderungen vor sich gegangen sein, Veränderungen auf deren Auftreten eben die Verschiedenheit der betreffenden Formen beruht. Die Entwicklungsgeschichte würde uns über das Zustandekommen dieser Abweichungen den sichersten Aufschluss geben, wenn dieselben im Verlaufe der Einzelentwicklung sich jedesmal vollziehen würden. Dies ist nun in der That vielfach, aber durchaus nicht immer der Fall. Wir kennen Beispiele in grösserer Zahl, in welche wir aus Gründen der vergleichenden Morphologie mit Nothwendigkeit zu der Annahme getrieben werden, dass bestimmte Organe fehlgeschlagen sind, so in Blüthen z. B. Staubblätter, oder Blumenblätter. Derartige fehlschlagende Organe sind auf frühen Entwicklungsstufen zuweilen noch wahrnehmbar wie z. B. der Kelch der Compositen, die Staubgefässe in den weiblichen Blüthen von *Zea*, der Fruchtknoten in den männlichen derselben Pflanze, zuweilen und zwar gar nicht selten tritt auch in den ersten Entwicklungsstadien keine Spur solcher fehlschlagender Organe auf. Nichtsdestoweniger können wir in solchen Fällen ein Fehlschlagen in phylogenetischem Sinne annehmen, wenn dasselbe durch die Verwandtschaftsverhältnisse nahe gelegt wird. Ebenso sind aber in der Einzelentwicklung zuweilen von Anfang an andere Vorgänge eingetreten, als wir sie nach Analogie der verwandten Formen erwarten sollten, und an derartige Fälle namentlich knüpfen sich Differenzen zwischen der vergleichenden Morphologie und der Entwicklungsgeschichte. Am besten wird das Verhältniss durch Anführung einiger Beispiele erläutert werden.

In den männlichen Blüthen der Cucurbitacee *Cyclanthera* finden wir eine eigenthümliche Ausbildung des männlichen Sexualapparates. Es findet sich nämlich im Grunde der Blumenkrone ein Gebilde, welches, wie die Entwicklungsgeschichte zeigt, aus der Spitze der Blüthenachse hervorgegangen ist, und in seiner Peripherie zwei ringförmige Pollenfächer trägt. Bei den andern Cucurbitaceen dagegen sind die Pollenfächer (Mikrosporangien) wie gewöhnlich, auf den Staubblättern, deren Ausbildung im einzelnen hier nicht in Betracht kommen kann, inserirt. Davon ausgehend nimmt nun die vergleichende Morphologie an,[1]) auch bei *Cyclanthera* liege eine »vollständige congenitale Verwachsung von fünf phyllomatischen Antheren« d. h. fünf Staubblättern vor. Suchen wir diese Annahme näher zu zergliedern. —

»Congenital verwachsen« sind die Staubblätter dann, wenn sie nicht als gesonderte Einzelanlagen am Blüthenvegetationspunkt, sondern in Form eines einheitlichen Ringwalles auftreten. Der Ausdruck hat also nur eine vergleichende Bedeutung, er sagt nur, während bei andern Cucurbitaceen das Androeceum in Form von fünf gesonderten Blattanlagen auftritt, erscheint es bei *Cyclanthera* in Form einer einheitlichen Anlage. Die Schwäche der Bezeichnung aber liegt eben darin, dass sie eine phylogenetische Vorstellung in die Ontogenie hineinträgt, dass sie sich die fünf Staubblattanlagen der Idee nach persistirend denkt, während sie in Wirklichkeit nicht mehr vorhanden sind, sondern durch eine einheitliche Anlage ersetzt werden. Es scheint als beruhe jene Annahme »congenitaler« Verwachsung, Spaltung etc. überhaupt im Grunde noch auf der Annahme einer Unveränderlichkeit der Art. Denn sie denkt sich in dem abgeänderten individuellen Entwicklungsgang der Idee nach wenigstens noch den der Stammform oder des Typus vorhanden, während uns die Entwicklungsgeschichte eben zeigt,

---

[1]) Vergl. z. B. EICHLER, Blüthendiagramme. I. pag. 312.

dass hier Veränderungen vor sich gegangen sind (»Fälschungen«, wenn man will), welche die ursprüngliche Bildung verwischt haben. Kehren wir zu *Cyclanthera* zurück, so muss jene Annahme der vergleichenden Morphologie noch weiter postuliren, dass die Wandpartien der sämmtlichen fünf »congenital verwachsenen« Staubblattanlagen nicht zur Ausbildung gekommen sind, denn sonst müssten die Pollenfächer in fünf (resp. bei dithecischen Antheren in 10) Abtheilungen getheilt sein, was sie in Wirklichkeit nach den Angaben in der Literatur (ich selbst hatte nicht Gelegenheit die Pflanze zu untersuchen) nicht sind. Wenn wir also versuchen, jener Annahme eine reale Bedeutung zu geben und sie mit der Entwicklungsgeschichte in Einklang zu bringen, so sagt sie uns: es ist anzunehmen, das *Cyclanthera* von einer Form abstammt, welche fünf Staubblätter besessen hat. Diese kommen aber bei der Gattung, wie wir sie jetzt kennen, nicht zur Ausbildung, sondern der Pollen bildet sich in zwei ringförmigen einer Anschwellung der Blüthenachse eingesenkten Fächern. Auf diese Weise wird das, was wir über die Entwicklung wirklich wissen, d. h. das Resultat der Einzelentwicklung auseinandergehalten von dem auf Analogie mit den verwandten Formen beruhenden Analogieschluss. Ein solcher aber ist überall mit im Spiel, wo es sich um »congenitale« Vorgänge handelt, für welche in der Besprechung der Blüthenentwicklung noch Beispiele anzuführen sein werden. Allein auch in der vegetativen Sphäre fehlen sie nicht ganz. Wir kennen Fälle, wo statt zweier Blätter nur ein einziges gebildet wird, zuweilen in der Weise, dass zwei Blätter angelegt werden, aber diese Anlage sehr früh dadurch unkenntlich gemacht werden, dass statt derselben sich nur eine Blattanlage entwickelt. So z. B. bei den Nebenblättern mancher *Galium*-Arten (z. B. *Galium palustre)* ferner am Kelch der Composite *Lagascea*[1]) etc. Auch in diesen Fällen liegt nicht eine »congenitale Verwachsung« zweier Blattanlagen, sondern Ersatz derselben durch eine einzige vor. — Es genüge kurz darauf hingewiesen zu haben, worin die Differenzen zwischen den Resultaten der Entwicklungsgeschichte und denen der vergleichenden Morphologie begründet sind. Wie ein Organ entsteht, das kann uns nur die Entwicklungsgeschichte zeigen, die selbstverständlich Täuschungen ebenso unterworfen ist, wie jede Untersuchungsmethode überhaupt, und auf Grund der Entwicklungsgeschichte werden wir auch die morphologischen Verhältnisse der fertigen Pflanze zu beurtheilen haben. Die vergleichende Morphologie aber zeigt uns auf Grund der Vergleichung blutsverwandter Pflanzen, dass die betreffenden Entwicklungsverhältnisse abgeleitete sein können, d. h. sich entfernen von denen der gemeinschaftlichen Stammform. Sie macht aber eine irrige Voraussetzung, wenn sie sich die Verhältnisse der Stammform immanent noch in der abgeleiteten denkt. Uebrigens braucht wohl kaum darauf hingewiesen zu werden, dass, da die vergleichende Morphologie es wesentlich mit Analogieschlüssen zu thun hat, schon hierin, wie auch die Erfahrung bestätigt, eine Quelle der Unsicherheit liegt. Entwicklungsgeschichte und vergleichende Morphologie müssen sich also gegenseitig ergänzen.

§ 6. Organbildung und Zellenanordnung. SCHLEIDEN, der sich um die Entwicklungsgeschichte bekanntlich sehr grosse Verdienste erworben hat, weniger durch eigene Untersuchungen, als durch Betonung der Bedeutung derselben für

[1]) Der Kelch wird fünfblättrig angelegt, zwei Blättchen »verwachsen« aber zu einem, welches oben oft noch zweispitzig ist, zuweilen bleiben sie auch getrennt (BUCHENAU, Bot. Zeit. 1871. pag. 357.)

die Morphologie, sagt bei Besprechung der Blattentwickelung:[1]) »Erst dann wird hier ein Fortschritt möglich sein, wenn wir den ganzen Bildungsprocess des Blattes in die Bildungsgeschichte seiner einzelnen Zellen aufgelöst haben.« Derselbe Gedanke ist noch vielfach sonst ausgesprochen worden, und fand seine Realisirung wenigstens für viele Thallophyten, Muscineen und Gefässkryptogamen durch die von NAEGELI begründete Fragestellung und genaue Praecision in der Untersuchung der Zelltheilungsfolgen. Zunächst ist klar, dass eine nähere Kenntniss über das Zustandekommen des zelligen Baues der Pflanzen auch für die Untersuchung der Organenentwicklung von grosser Bedeutung sein muss. Wissen wir doch, dass jede Pflanze ein Entwicklungsstadium durchläuft, in welchem sie aus einer einzigen Zelle besteht,[2]) sei diese nun eine Eizelle oder die ungeschlechtlich erzeugte Spore eines Mooses, Farnkrauts, einer Alge oder eines Pilzes. Allein nur bei wenigen Pflanzenabtheilungen besteht auch der fertige Vegetationskörper noch aus einer Zelle. Gewöhnlich ist vielmehr mit der Entwicklung aus dem einzelligen Zustand eine mehr oder weniger ausgiebige Zellvermehrung verbunden. Diese erfolgt ausschliesslich durch Zelltheilung, die in mehreren Modifikationen auftritt, deren Einzelnheiten hier nicht zu verfolgen sind. Was auch für die Organbildung wichtig ist, dass ist die Thatsache, dass neue Zellen nur aus schon vorhandenem hervorgehen. eine Neubildung von Zellen ausserhalb von Zellen also nicht stattfindet. Was von der ganzen Zelle gilt, das gilt eben auch von den einzelnen geformten Bestandtheilen derselben. Wir kennen von denselben speciell den Zellkern, und die Chlorophyllkörper. Es geht aus den neueren Untersuchungen hervor, dass die sämmtlichen Zellkerne, welche in den Zellen einer erwachsenen, vielzelligen Pflanze vorhanden sind, hervorgegangen sind aus der Theilung des Zellkerns der Eizelle, aus welcher die Pflanze sich entwickelt hat. Eine Neubildung von Zellkernsubstanz findet nicht statt, sondern nur Wachsthum und Theilung der schon vorhandenen. Es ist die Thatsache insofern von theoretischer Bedeutung für die Organbildung, als, wie es scheint, die Befruchtung hauptsächlich darauf beruht, dass dem Zellkern der Eizelle Substanz des männlichen Befruchtungselements, bei den Moosen und Farnen z. B. des Spermatozoïds zugeführt wird. Das Spermatozoïd aber besteht der Hauptsache nach aus Zellkernsubstanz, welche sich mit der des Kernes der Eizelle vereinigt. Da nun die sämmtlichen Kerne der erwachsenen Pflanze indirekt durch Theilung des Eikerns entstanden sind, so werden sie auch minimale Quantitäten der Substanz des Spermatozoïds enthalten, und folglich in ihrer Entwicklung von dieser beeinflusst werden. Es ist diese Kontinuität der Substanz, wie ich sie kurz bezeichnen möchte, bei der Beurtheilung der Faktoren, auf denen die Vererbung beruht, zu berücksichtigen. Diese Kontinuität der Substanz gilt aber nicht blos für die Zellkerne, sondern auch für andere geformte Inhaltsbestandtheile der Zellen. So die protoplasmatischen Grundlagen der Chlorophyllkörper: auch diese sind offenbar in der ganzen Pflanze hervorgegangen aus der Theilung der in der Eizelle vorhandenen Körper.

Untersuchen wir nun die Zellenanordnung in jugendlichen Organen, in denen intensive Zelltheilung stattfindet, also in Vegetationspunkten, Embryonen etc., so zeigt sich, dass die Richtungen der neu auftretenden Theilungswände keine willkürlichen sind, dass nicht jede einzelne Zelle ihr von den übrigen unabhängiges

[1]) Grundzüge der wiss. Botanik. 1. Aufl. II. Bd. pag. 167.

[2]) Die Fälle von Fortpflanzung der Ableger, durch Isolirung von Sprossen etc. werden hier absichtlich ausser Betracht gelassen, da sie nur sekundäre Modifikationen vorstellen.

Wachsthum besitzt, sondern, dass das Wachsthum und die demselben folgende Anordnung der Zellwände bedingt ist von dem Gesammtwachsthum des betreffenden Organes.[1]) Das letztere aber prägt sich am auffallendsten in der äusseren Form aus, welche der wachsende Zellkörper annimmt. Wir finden dem entsprechend auch, dass Querschnitte mit annähernd kreisförmigem Umriss durch ganz verschiedene Organe uns die nämlichen Zellnetze darbieten, dass ferner kugelige Haare uns eine ganz ähnliche Zellenanordnung zeigen mit jungen Embryonen derselben Form etc. Daraus geht hervor, dass der oben angeführte SCHLEIDEN'sche Satz auf einer Ueberschätzung der Bedeutung der zelligen Struktur und der Rolle, welche die einzelne Zelle beim Gesammtbau des Pflanzenkörpers spielt, beruht, ohnehin ist die in demselben enthaltene Forderung für die Samenpflanzen gar nicht mehr durchführbar. Die Zellenanordnung selbst aber ist demgemäss ein Problem, das in die Physiologie gehört, nicht in die Organographie, für welche letztere die Berücksichtigung der Zellnetze vielfach ein wichtiges, aber häufig sehr überschätztes Hilfsmittel ist. Sie wird z. B. von Nutzen sein, wo es sich darum handelt, die Vertheilung des Wachsthums oder verkümmerte Organe, die kaum mehr zur Anlage gelangen, nachzuweisen, Verwachsungen zu untersuchen oder zu verfolgen, wie von der Eizelle aus die Weiterbildung des Embryo erfolgt. Gerade in letzterer Hinsicht aber hat sich das Resultat ergeben, dass auch ein Eingehen auf die Zelltheilungsfolgen uns nicht nur Erkenntniss allgemeiner Entwicklungsregeln geführt hat. Und dasselbe gilt im Grunde auch von der Zellenanordnung in den Vegetationspunkten, auf welche hier noch kurz einzugehen ist, speciell insoweit, als dieselbe zur Organbildung am Vegetationspunkte in Beziehung steht oder gebracht wurde.

Es wurden zunächst zwei Kategeorien von Zellanordnungen in den Vegetationspunkten unterschieden: Vegetationspunkte mit Scheitelzelle und solche ohne Scheitelzelle. Der erstere Fall ist bei Thallophyten, Muscineen und Gefässkryptogamen weit verbreitet, wenngleich auch hier nicht der ausschliesslich vorkommende. Er ist dadurch charakterisirt, dass sämmtliche Zellen des Vegetationspunktes sich ihrer Abstammung nach auf eine einzige, am Scheitel desselben gelegene Zelle zurückführen lassen, es theilt sich die Scheitelzelle in bestimmter Reihenfolge in je zwei Theilzellen, von denen die eine, das Segment, den Vegetationspunktzellen hinzugefügt wird, und in den Gewebeaufbau desselben mit eintritt, während die andere den Charakter der Scheitelzelle behält, und nach einiger Zeit wieder ein Segment bildet. Es ist also die Scheitelzelle eigentlich nach jeder Theilung eine andere, da sie aber ihre Form dabei stetig beibehält, so spricht man von der Scheitelzelle als ob es immer ein und dieselbe wäre. Auf ihre verschiedene Form und Segmentirung kann hier nicht eingegangen werden, es genüge, auf einige Beispiele

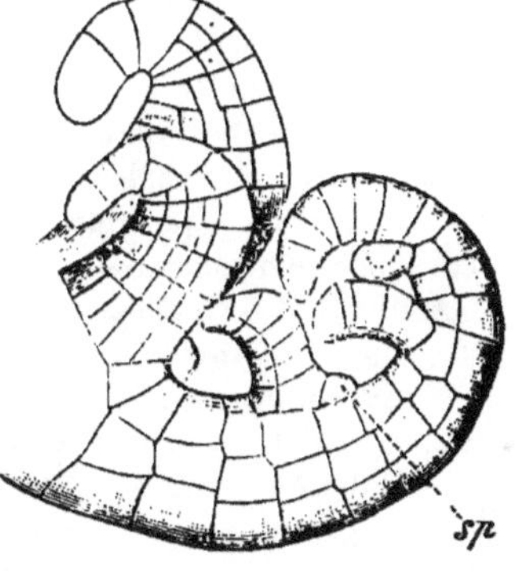

Fig. 9. (B. 330.)
Polyzonia jungermannoides. Der eingerollte Vegetationspunkt bildet zwei Reihen einschichtiger Blätter, bei sp eine Sprossanlage, die sich aus dem Blattgrunde entwickelt.

[1]) Vgl. HOFMEISTER, Lehre von der Pflanzenzelle, pag. 128 ff. und besonders die grundlegenden Abhandlungen von SACHS, über die Anordnung der Zellen in jüngsten Pflanzentheilen, und Ueber Zellenanordnung und Wachsthum, in Arbeiten des bot. Instituts in Würzburg, II. Bd.

hinzuweisen, wobei wir uns ausschliesslich an die Sprossvegetationspunkte halten, da die Zellenanordnung der Wurzelvegetationspunkte am zweckmässigsten bei Besprechung der Wurzelentwicklung erörtert wird.

Eine sehr einfache Zelltheilungsfolge findet z. B. statt im Vegetationspunkt der Floridee *Polyzonia jungermannoides*. Das Ende desselben wird eingenommen von der Scheitelzelle, von welcher durch Querwände Segmente abgeschnitten werden, welche annähernd die Form von Cylinderscheiben besitzen, und deren weitere Differenzirung nur darin besteht, dass sie durch einige Längswände getheilt werden und noch bedeutend in die Länge wachsen, aus diesen Segmenten nehmen, wie aus der Figur 9 ersichtlich ist, die Blätter (und auch die Haftwurzeln) ihren Ursprung.

Complicirter ist die Form und Theilungsweise der Scheitelzelle bei Muscineen und Gefässkryptogamen, bei welchen aus der Scheitelzelle der vielzellige Komplex des Vegetationspunktes hervorgeht. Als Beispiele diene hier *Equisetum*, von welcher Pflanze die Fig. 10 einen axilen Längsschnitt des Vegetationspunktes zeigt. Die Spitze desselben ist eingenommen von der grossen, dreiseitig pyramidalen Scheitelzelle, welche nach drei Seiten hin Segmente bildet; die Art und Weise, in welcher dies geschieht, erhellt aus der Vergleichung der Horizontalprojektion (Fig. 10 B) mit dem Längsschnitt (Fig. 10 A). In dem aus den Segmenten der Scheitelzelle hervorgegangenen Gewebe des Vegetationspunktes lassen sich zweierlei Wandrichtungen unterscheiden: solche, welche dem Umfang gleichsinnig verlaufen, perikline Wände (nach SACHS), und solche, die diese und deren Umfang (entweder verlängert gedacht oder direkt) annähernd rechtwinklig schneiden: antikline Wände. Diejenige peripherische Zellschicht, welche sich später zur Epidermis gestaltet, ist am Vegetationspunkt oberhalb der jüngsten Blattanlagen noch nicht vorhanden; es finden hier noch Theilungen durch perikline Wände statt. Auch sonst findet in den noch nicht in einzelne Gewebearten differenzirten Zellen des Vegetationspunktes keine Sonderung in bestimmte Schichten und Zonen statt, es lässt sich nur im Allgemeinen aussagen, dass aus den centralen Zellkomplexen das früh zerstörte Mark des Stengels, aus den peripherischen die Epidermis und das darunter liegende Gewebe, welchem die Gefässbündel eingebettet sind, hervorgehen.

Anders im Vegetationspunkt der Angiospermen. Nachdem man auch hier vielfach nach Scheitelzellen gesucht hatte, und zwar mit Ausnahme von vereinzelten widersprechenden Angaben, ohne Erfolg, wies HANSTEIN,[1]) in Uebereinstimmung mit den Angaben einiger früherer Autoren (namentlich SANIO) darauf hin, dass die Annahme einer Scheitelzelle am Vegetationspunkt der Angiospermen durch die ganze Configuration der Zellenanordnung ausgeschlossen sei. Wie die Figur 11 (von *Hippuris*) zeigt, verlaufen die Periklinen hier sehr regelmässig, sie erscheinen deutlich als Curven, der Vegetationspunkt erscheint geschichtet, auch die Antiklinen treten deutlich hervor, nur sind dieselben nicht so zu dem Auge auf den ersten Blick auffallenden Curven angeordnet, wie die Periklinen. Die periklinen Curven endigen aber am Scheitel nicht in eine Scheitelzelle, sondern in eine Zellgruppe. Als Unterschied von der Zellenanordnung bei Vegetationspunkten mit Scheitelzelle tritt vor Allem hervor, dass der ganze Vegetationspunkt, auch an seinem Scheitel überzogen ist von einer Zellschicht, deren Zellen sich nur durch Antiklinen, dagegen (einige Ausnahmefälle abgerechnet) nie durch Periklinen theilen. Verfolgt man diese Zellenschicht weiter nach unten, in die älteren

[1]) HANSTEIN, Die Scheitelzellgruppe im Vegetationspunkt der Phanerogamen. Bonn. 1868.

Sprosstheile, so findet man, dass sie übergeht in die Epidermis. Diese, aus lauter einander ähnlichen, in lebhafter Theilung begriffenen Zellen bestehende, den Vegetationspunkt überziehende Zellschicht hat HANSTEIN, weil aus ihr die Epidermis hervorgeht als »Dermatogen« bezeichnet, sie stellt also nichts anderes vor, als die junge Epidermis, die aber hier den Scheitel überzieht, im Gegensatz zu den Vegetationspunkten der Gefässpflanzen mit Scheitelzelle, bei denen sie erst unterhalb des Scheitels sich differenzirt. Am Gipfel des Dermatogens befindet sich nach HANSTEIN eine Zelle, oder eine Zellgruppe, welche die Ver-

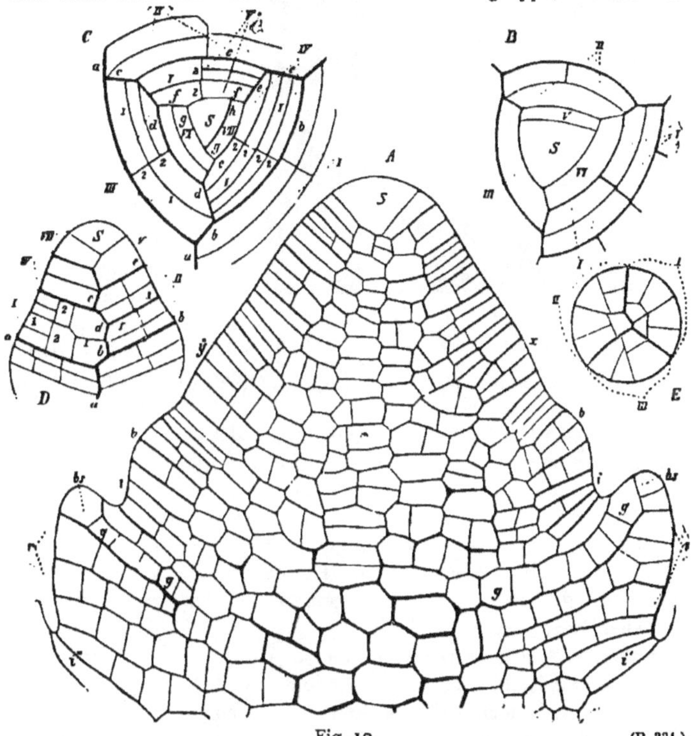

Fig. 10. (B. 331.)

A Längsschnitt des Stammendes einer unterirdischen Knospe von *Equisetum Telmateja* (nach SACHS) S Scheitelzelle, y erste Andeutung der Blattbildung, bb ein eben angelegter Blattringwall, rr Anlage des Rindengewebes der Internodien, gg Zellen, aus denen das Blattgewebe und dessen Gefässbündel hervorgeht. B Horizontalprojektion der Scheitelansicht eines Stammes von *Equisetum Telmateja*, S Scheitelzelle, I—V die auf einander folgenden Segmente, die älteren weiter getheilt.

mehrung der Dermatogenzellen einleitet. HANSTEIN bezeichnet sie als Initialgruppe, oder wo eine einzelne Zelle vorhanden ist, als Initiale. Mir scheint das Vorhandensein von solchen Dermatogen-Initialen übrigens keineswegs erwiesen zu sein, es wäre ja ebensogut möglich, dass die sämmtlichen Zellen des Dermatogens gewissermaassen passiv dem Wachsthum der unter ihnen befindlichen Vegetationspunktsubstanz folgen, und in dem Maasse, als sie wachsen sich theilen, wobei natürlich die Theilungsfähigkeit von oben nach unten abnimmt, ohne dass aber eine am Gipfel befindliche Initialgruppe sich von den weiter unten befindlichen Dermatogenzellen unterschiede. Konstruiren lässt sich eine solche Initiale ganz gut, wir dürfen uns nur z. B. den Vegetationspunkt eines *Equisetum*-Sprosses mitsammt der Scheitelzelle überzogen denken von einer Dermatogenschicht, diese endige in einer die Scheitelzelle überdeckenden, flachen dreikantigen Zelle, ähnlich wie sie als Segment in den Wurzelhauben der Equisetenwurzeln vorkommt (vgl. pag. 246 des I. Bds.) und sie werde durch Antiklinen, die jeweils einer ihrer drei Seitenwände parallel sind, getheilt. Dann ist das ganze Dermatogen allerdings auf eine solche Initiale zurückführbar, allein in Wirklichkeit ist eine derartige Zelle mit bestimmt charakterisirtem Theilungsmodus nirgends nachgewiesen, und die bei den Embryonen stattfindenden Bildungsvorgänge des Dermatogens sprechen, wie mir scheint, auch nicht für die Annahme einer Dermatogen-Initiale oder Initialgruppe am Scheitel.

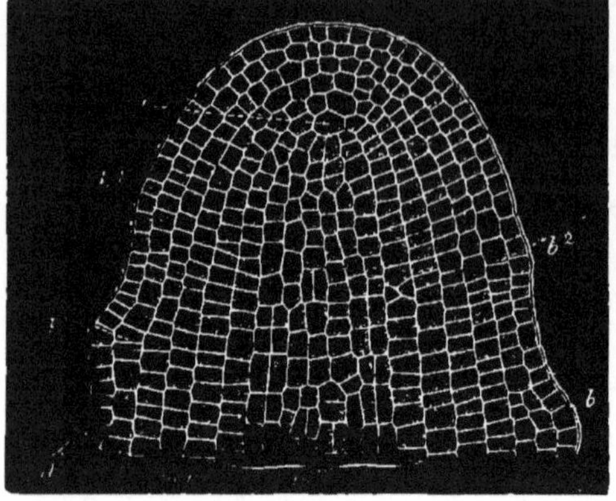

(B. 332.) Fig. 11.

Längsschnitt durch den Vegetationspunkt von *Hippuris vulgaris* (nach WARMING), d Dermatogen, per Periblem, pl Plerom; i Plerominitiale bei bb^1, b^2, b^3 Blattanlagen.

Wie dem nun auch sei, jedenfalls ist die ganze Epidermis früher am Scheitel der Angiospermen vorhanden, als irgend ein Organ, das am Vegetationspunkt gebildet wird. Das Innere des Vegetationspunktes finden wir erfüllt von einem Theilungsgewebe, aus dessen äusseren Zellschichten späterhin die Gefässbündelanlagen hervorgehen, diese mittlere, mit ihren Erzeugnissen das ganze Sprossinnere erfüllende und aufbauende »Meristemmasse« bezeichnet HANSTEIN als Plerom. Es endet, nahe dem Scheitel in eine Zellgruppe, oder auch nur in einige Zellen, welche die Bedeutung von »Kryptogamenscheitelzellen« haben, und die Hauptmasse des Sprossinnern erzeugen, sie werden von HANSTEIN, da sie ihrer örtlichen Lage wegen nicht die Benennung Scheitelzellen führen können, als »Initialen« bezeichnet. Zwischen Plerom und Dermatogen finden sich nun noch einige (1—7), das Plerom überwölbende mantelförmige Zellschichten, welche nach unten in die parenchymatische Rinde übergehen, das »Periblem,« dessen Meristemlagen durch Antiklinen getheilt werden (hier und da treten auch Periklinen auf), und welche ebenfalls in eine Initialgruppe endigen. Das »Periblem« ist es, in welchem die Seitenorgane, Blätter und Zweige angelegt werden; diese Anlagen derselben sind also von Anfang an von der Epidermis des Vegetationspunktes des Hauptsprosses überzogen, welche bei der Anlage einer Seitensprossung entsprechend mitwächst. Bei *Equisetum* ist dies, wie die Fig. 10 z. B. bei bs zeigt, nicht der Fall, und ebensowenig bei den Vegetationspunkten der Coniferen, bei welchen am Scheitel das Dermatogen ebenfalls nicht vorhanden ist.

Die eben erwähnte Sonderung der Theilungsgewebe im Vegetationspunkt ist aber, wie übrigens schon HANSTEIN hervorgehoben hat, keineswegs eine durchgreifende. Vor Allem sind Periblem und Plerom häufig genug nicht scharf von einander geschieden, z. B. in den Vegetationspunkten von *Digitalis* (nach WARMING), es findet sich hier unterhalb des Dermatogens ein unregelmässig angeordnetes Theilungsgewebe, in welchem Periblem und Plerom nicht zu unterscheiden sind. Auch wo das letztere weiter unten am Vegetationspunkt möglich wird, speciell dann, wenn man von dem Satze ausgeht, dass die äussersten Pleromschichten oder die äusserste Pleromschicht es sind, wo die Anlegung der Gefässbündel stattfindet), wird die Unterscheidung besonderer »Initialen« für beide Theilungsgewebe am Scheitel zweifelhaft oder unmöglich, es erscheinen dann die Periblemlagen, wie auch WARMING hervorhebt, einfach als die äussersten Pleromlagen. Das Wichtigste für uns aber ist die Thatsache, dass beim Auftreten von Blättern und Seitensprossen das »Plerom« der letzteren nicht eine Ausstülpung des Pleroms der Hauptachse ist, sondern sich erst nachträglich in der im Periblem des Vegetationspunktes der Hauptachse angelegten Blatt- oder Sprossanlage differenzirt, und es gilt dies, wie bei Besprechung der Embryoentwicklung gezeigt werden soll, auch für die erste Anlegung der Meristemschichten der Cotyledonen (vergl. z. B. *Capsella bursa pastoris)*. Uebrigens tritt die Sonderung von Dermatogen, Periblem und Plerom in manchen Embryonen schon sehr früh, in anderen dagegen erst relativ spät auf, und oft findet, wie oben erwähnt, eine scharfe Sonderung der beiden letzteren überhaupt nicht statt. Es ist ferner zu bemerken, dass aus dem Dermatogen nicht nur die Epidermis, sondern in manchen Fällen auch andere Gewebearten hervorgehen, so bei den Luftwurzeln der Orchideen eine zusammenhängende Schicht von luftführenden Tracheïden[1]), in den Blättern mancher Cyperaceen Bastfaserstränge, im Blüthenschafte von *Allium ursinum* Collenchym (vergl. HABERLANDT pag. 631 und 632 des II. Bandes dieses Handbuches).

Nach diesen Daten können wir die HANSTEIN'sche Lehre, wonach im Theilungsgewebe des angiospermen Vegetationspunkts von Anfang an drei verschiedene Gewebesysteme mit selbstständigem Wachsthum, deren jedes sich aus besonderen Initialen regenerirt, als eine durchgreifende nicht betrachten. Von Wichtigkeit für die Untersuchung der Organbildung am Vegetationspunkt der Angiospermen ist aber jedenfalls der Nachweis, dass die junge Epidermis vor dem Auftreten der Seitensprossungen am Vegetationspunkt vorhanden ist. Es ist hier nicht der Ort, die Beziehungen der Zellanordnung im Vegetationspunkt zur Vertheilung des Wachsthums in demselben zu erörtern.[2]) Es genüge zu bemerken, dass ein principieller Unterschied zwischen dem Wachsthum eines Vegetationspunktes mit und ohne Scheitelzelle nicht existirt. Eine grössere Anzahl von Fällen ist bekannt, in welchen der Vegetationspunkt Anfangs eine Scheitelzelle besitzt, während dieselbe in späteren Stadien durch eine Zellgruppe ersetzt wird, so z. B. bei manchen Farnblättern. Nach SACHS' Auffassung kommt eine Scheitelzelle dann zu Stande, wenn die Periklinen nicht bis in den Scheitel selbst hinaufreichen, so dass hier eine Lücke im Construktionssysteme der Zellwände entsteht, d. h. eine Zelle den Scheitel einnimmt, von welcher (wenn wir sie als persistirend denken) durch in regelmässiger Reihenfolge und Stellung auftretende Antiklinen Segmente abgeschnitten werden. Durch die weiteren Theilungen dieser Segmente aber wird dann gewöhnlich eine Zellenanordnung hergestellt, welche der von Vegetationspunkten ohne Scheitelzelle entspricht.

§ 7. Symmetrieverhältnisse.[3]) Die Kenntniss der Symmetrieverhältnisse

---

[1]) Vergl. DE BARY, Vergl. Anatomie pag. 237.

[2]) Es ist hierüber zu verweisen auf SACHS, Ueber die Anordnung der Zellen in jüngsten Pflanzentheilen, Arb. des botan. Instituts Würzburg, II. Bd.

[3]) MOHL, Ueber die Symmetrie der Pflanzen, verm. Schriften pag. 12; SACHS, Ueber orthotrope und plagiotrope Pflanzentheile, Arb. des Bot. Inst. in Würzburg, Bd. II. Derselbe, Vorlesungen über Pflanzenphysiologie, pag. 584 ff., GOEBEL, Ueber die Verzweigung dorsiventraler

der Pflanzenkörper ist bei der Verfolgung der Entwicklungsgeschichte der Pflanzenorgane von grosser Bedeutung. War es doch wesentlich die irrige Verallgemeinerung des bei den Samenpflanzen häufigsten (aber durchaus nicht allgemeinen) Symmetrieverhältnisses, welche zu irrigen Voraussetzungen über den Entwicklungsgang der Sprosse überhaupt (der sogen. »Spiraltheorie«) geführt hat.

Die ganze Pflanze sowohl, als jedes einzelne Organ kann entweder radiäre, symmetrische (»bilaterale«) oder dorsiventrale Ausbildung zeigen, und diese Bezeichnungen können sich beziehen sowohl auf den anatomischen Bau, als auf die Produktion seitlicher Organe. Auch hier fehlt es nicht an Uebergängen zwischen den einzelnen Symmetrieformen.

Unter radiären Organen, Sprossen, Wurzeln etc. verstehen wir solche, an denen keine vordere und hintere, keine rechte und linke Seite zu unterscheiden ist, sondern welche nach allen Richtungen hin im Wesentlichen gleich gebaut sind, resp. solche, welche auf allen Seiten gleichmässig und gleichartige Sprossungen tragen. Beispiele für radiäre Pflanzen bieten uns die Sprosse höherer Pflanzen, d. h. der Samenpflanzen in grosser Ausdehnung. Es ist hier der radiäre Typus vorherrschend, so sehr, dass die Vorstellung: neue Organe am Pflanzenkörper bilden sich in der Reihenfolge, dass eine die auf einander folgenden Sprossungen verbindende Linie den Stamm in einer Schraubenlinie umkreist (eine Lehre, welche den Inhalt der sogen. Spiraltheorie bildet, deren Einfluss auf allgemeinere morphologische Anschauungen hier nicht weiter erörtert werden soll) für allgemein gültig gehalten wurde. Radiär verzweigt sind ausser den Sprossen der Samenpflanzen mit »spiralig« stehenden Blättern auch diejenigen, deren Blätter in zwei oder mehrzähligen Quirlen stehen. Es tritt die radiäre Anordnung dann am Deutlichsten hervor, wenn man ein Diagramm der Stellungsverhältnisse entwirft, d. h. dieselben auf eine zur Längsachse des Sprosses etc. rechtwinklige Ebene projicirt. Man erkennt dann, dass sich ein solches Diagramm durch drei vier oder mehr Schnitte in Hälften theilen lässt, die einander spiegelbildlich ungefähr gleich sind, ohne dass aber in den meisten Fällen eine wirkliche Gleichheit stattfände, bei einem Spross mit »spiralig« gestellten Blättern schon deshalb nicht, weil die Blätter am Spross auf verschiedener Höhe stehen. Radiär ausgebildet sind mit wenigen Ausnahmen die aufrecht wachsenden (nach SACHS orthotropen) Sprosse, die Hauptwurzeln u. a. Auch einige Blätter, wie die Laubblätter von *Juncus*, welche ebenfalls orthotrop sind.

Unter symmetrischen, oder bilateralen Organen dagegen verstehen wir solche, welche eine vordere und hintere, eine rechte und eine linke unter sich jeweils gleiche Seiten haben. Symmetrisch ist also z. B. ein zweizeilig beblätterter Spross: er besitzt, rechtwinklig auf die Insertionsebene der Blätter gesehen eine rechte und eine linke unter sich gleiche, d. h. Blätter producirende Seite, und eine vordere und hintere, ebenfalls unter sich gleiche, nicht blattbildende Seite. Dorsiventral dagegen ist ein Spross, wenn er eine Bauchseite und eine Rückenseite besitzt, welche von einander verschieden sind, resp. verschiedenartige Organe produciren, während die rechte und die linke Seite solcher Sprosse, die Flanken, meist einander gleich sind. Bilaterale und dorsiventrale Organe dürfen also nicht mit einander verwechselt werden, ein zweizeilig beblätterter Spross, oder ein zweizeilig verzweigtes Blatt von *Bryopsis* (einer Alge aus der

---

Sprosse, Arb. des Bot. Inst. in Würzburg. Bd. II. pag. 553 ff., id. Beitr. zur Entwicklungsgesch. einiger Inflorescenzen, PRINGSHEIM's Jahrb. für wiss. Bot. Bd. XIV.

Abtheilung der Siphoneen) besitzen nicht zwei sich different verhaltende, sondern je zwei gleiche, einander gegenüberliegende Seiten. Allerdings zeigen die bilateralen und dorsiventralen Sprosse in vielen Fällen mit einander eine Verwandtschaft derart, dass wenn man sich die Rückenseite und die Bauchseite eines dorsiventralen Sprosses gleich ausgebildet denkt, ein bilateraler resultirt; allein auch aus radiären Sprossen können dorsiventrale hervorgehen: wir dürfen uns einen Spross mit schraubig gestellten Sprossungen nur halbirt denken, so erhalten wir eine mit Sprossungen (Blättern etc.) besetzte und eine nicht mit Sprossungen versehene Seite, das ganze Gebilde aber ist nicht durch einen Schnitt symmetrisch theilbar. Dass dies keine blosse Construktion ist, zeigen die Inflorescenzen mancher Papilionaceen, z. B. die von *Vicia Cracca,* welche eine blüthentragende Seite, auf welcher die Blüthen in Schrägzeilen (Parastichen) und eine blüthenleere Seite besitzen. Es ist ferner zu bemerken, dass aus lauter dorsiventralen Sprossen ein in seiner Gesammtheit radiäres Verzweigungssystem zusammengesetzt sein kann. So sind die Sprosse der Ulme sämmtlich, wenn auch nur schwach dorsiventral, wie das aus der Insertion der Blätter hervorgeht, die zweizeilig, aber nicht auf den Flanken der Sprosse, sondern der Oberseite derselben genähert stehen. Ein Ulmenstamm ist ein Sympodium, zusammengesetzt aus lauter solchen dorsiventralen oder wenn man will, bilateralen Sprossen, die aber da die Verzweigungsebenen der successiven Sprosse nicht zusammenfallen in ihrer Gesammtheit doch ein radiäres System darstellen. Dasselbe ist der Fall bei manchen Inflorescenzen, z. B. den walzenförmigen Blüthenständen von *Alopecurus* und *Phleum,* die man sich aus »spiraliger« Verzweigung hervorgegangen dachte. In Wirklichkeit aber sind sie gebildet von lauter dorsiventral-zweizeilig verzweigten Sprosssystemen, deren Verzweigungsebenen sich aber mit einander kreuzen, und so in ihrer Gesammtheit eine radiäre Inflorescenz hervorbringen, deren eigenthümlicher Habitus dadurch zu Stande kommt, dass sämmtliche Internodien kurz bleiben.[1])

Fassen wir nun speciell die dorsiventral verzweigten Sprosse ins Auge, so kann sich die Verschiedenheit von Rückenseite und Bauchseite der Sprosse entweder darin äussern, dass sie verschiedenartige Sprossungen produciren z. B. die Bauchseite Wurzeln, die Rückenseite Blätter, oder aber darin, dass überhaupt nur eine von beiden mit Sprossungen ausgestattet ist. Als Rückenseite bezeichnen wir dabei bei kriechenden, kletternden und schwimmenden Sprossen die Oberseite, die Unterseite als Bauchseite, während bei Inflorescenzen etc. die der Hauptachse zugewendete Seite den letzteren Namen führen mag.

Dorsiventrale Sprosse finden sich nun in merkwürdiger Uebereinstimmung der Organisation bei den einfachsten wie den höchst organisirten Formen. Einige Beispiele mögen genügen. Der kriechende Stamm der Siphonee *Caulerpa* bildet auf seiner Unterseite Wurzeln, auf seinen Flanken Zweige, auf seiner Rückenseite Blätter. Aehnlich verhält sich die Floridee *Herposiphonia,* bei welcher auf der Rückenseite zwei Reihen Blätter, auf den Flanken Seitensprosse, auf der Bauchseite Wurzeln stehen, Stellungsverhältnisse die wie ich a. a. O. gezeigt habe, genau übereinstimmen mit denjenigen, welche sich bei den Farnen *Marsilia* und *Pilularia* (auch einigen Hymenophylleen) finden. Es giebt unter den Farnkräutern nach PRANTL und KLEIN sogar Formen, welche nur eine einzige Blatt-

---

[1]) Beiträge zur Entwicklungsgeschichte einiger Inflorescenzen, PRINGSH. Jahrb. für wiss. Bot., XIV. Bd., pag. 6, Fig. 1. Taf I.

zeile auf der Rückenseite ihres kriechenden Stammes haben, so *Lygodium palmatum, Polypodium Heracleum* und *quercifolium*. Es geht schon aus dem Gesagten hervor, dass bei den genannten Pflanzen die Beziehungen von Blättern und Sprossen nicht die sind, dass die Sprosse in den Achseln der Blätter stehen, sondern »die Beziehungen von Blatt und Spross sind gewöhnlich der Gesammtsymmetrie des Sprosssystemes untergeordnet.« Bei *Lemna* und *Utricularia* spricht sich dies darin aus, dass die Seitensprosse auf der Rückenseite der Hauptachse, die Blätter bei *Utricularia (Lemna* ist blattlos) auf den Flanken stehen, und zwar bei *Utricularia* ohne bestimmte Beziehung zu den Blättern, nur selten trifft man solche, welche Sprosse in ihren Achseln haben. Wie verschieden übrigens die Stellungsverhältnisse sein können, geht daraus hervor, dass die dorsiventralen Sprosse der thallosen Jungermannieen die Geschlechtsorgane auf ihrer Rücken-, die Farnprothallien dagegen auf ihrer Bauchseite tragen, bei beiden aber ist es ausschliesslich die letztere Seite, welche die aus einfachen Zellen bestehenden Wurzeln producirt.

In all den bisher genannten Fällen steht die Dorsiventralität in Beziehung zu dem Substrate, welchem die Bauchseite der betreffenden Sprosse zugekehrt ist. Bei manchen Inflorescenzen dagegen steht dieselbe in Beziehung zu dem Mutterorgan, es sind diese Inflorescenzen fast ausschliesslich Seitensprosse, bei manchen Gräsern aber z. B. bei *Nardus* ist auch die Hauptachse selbst dorsiventral verzweigt; Andeutungen von einer Differenz von Rücken- und Bauchseite findet man auch bei den vegetativen Sprossen der Gräser, deren zweizeilig gestellte Blattanlagen einander auf der einen Seite mehr genähert sind, als auf der andern. Auch hier mag es genügen auf einige Beispiele hinzuweisen, und zu betonen, dass derartige Fälle früher unter dem Einflusse der Spiraltheorie durch Annahme von Verwachsungen, Verschiebungen etc. unhaltbaren Deutungen unterzogen wurden. Es wurde z. B. als ein Unterscheidungsmerkmal von Stamm- und Blattorganen aufgestellt, dass letztere zwei sich different ausbildende Seiten besitzen. Jene Annahmen von Verschiebungen etc. aber widerlegen sich dadurch, dass die Dorsiventralität der betreffenden Sprosse schon am Vegetationspunkt derselben, noch vor Auftreten von Seitensprossungen ausgeprägt zu sein pflegt.

Merkwürdige dorsiventrale Inflorescenzen bieten namentlich die Urticaceen: bei *Urtica dioïca* entstehen zwei Reihen von Inflorescenzzweigen auf der Rückenseite der Inflorescenzhauptachse, es kommt dadurch ein verzweigtes Inflorescenzachsengerüst zu Stande, das auf seiner Rückenseite Blüthenknäuel trägt, während die Blüthen von *Dorstenia* auf einer dichotom verzweigten kuchenförmigen gestielten Platte stehen. — In besonderer Ausdehnung finden sich dorsiventrale Inflorescenzen auch bei den Papilionaceen, bei welchen sie vielfach irrthümlicherweise mit den, hier ebenfalls vorkommenden einseitswendigen (in Wirklichkeit aber radiär ausgebildeten) verwechselt werden. Namentlich deutlich ist das Verhältniss bei *Vicia, Lathyrus, Orobus* zu sehen, wo die Blüthen auf der Bauchseite der Inflorescenzachse sich entwickeln, während dies Verhältniss in andern Fällen (z. B. *Anthyllis, Lotus, Hippocrepis* u. a.) mehr verdeckt ist. — Dorsiventrale Inflorescenzen sind auch die der entwicklungsgeschichtlich untersuchten Boragineen, die Blüthen stehen auf dem Rücken, die Blätter auf den Flanken, und ähnlich ist es bei manchen Solaneen, wie z. B. bei *Hyoscyamus*.[1])

---

[1]) Es sind die letztgenannten Inflorescenzen bekanntlich solche, welche gewönlich für Wickel, also cymöse, sympodiale Blüthenstände erklärt werden. Die Entwicklungsgeschichte steht dem aber, wie ich a. a. O. nachgewiesen habe, entgegen. Zugegeben, dass diese Inflorescenzen

Besonderes Interesse beanspruchen für uns nun noch die Fälle, wo im Verlaufe der Entwicklung die Symmetrieverhältnisse sich ändern, radiäre Sprosse also zu bilateralen oder dorsiventralen, bilaterale zu radiären oder dorsiventralen, dorsiventrale zu bilateralen oder radiären werden.

Der Fall, dass radiäre Sprosse zu bilateralen werden ist bei den Seitenzweigen unserer Holzpflanzen ein sehr verbreiteter, er wird zu Stande gebracht durch Drehungen, speciell der Blätter. Die Seitenzweige von *Deutzia scabra* u. a. bringen ihre in gekreuzten Paaren stehenden Blätter durch Internodiendrehung in zweizeilige Stellung und ebenso ist es bei Sprossen, welche spiralig stehende Blätter besitzen, z. B. *Spiraea*-Arten,[1]) ferner *Vaccinium Myrtillus*, wo die Blätter bei den im Boden kriechenden Sprossen nach $\frac{2}{5}$ oder $\frac{3}{8}$ stehen, wenn die Sprosse aber ans Licht treten sich nach $\frac{1}{2}$ ordnen (auch hier wohl durch Internodiendrehung). Es ist hier nicht näher zu erörtern, in welcher Beziehung zum Lichte diese Veränderungen stehen, bei den genannten Holzpflanzen treten die Torsionen durch welche die Medianebenen der Blätter in eine Ebene gestellt werden nach Frank auch bei Lichtabschluss ein. Aber in andern Fällen werden sie auch direkt durch die Stellung des Sprosses zu den einfallenden Lichtstrahlen hervorgerufen. So bei *Urtica dioïca*.[2]) Steht dieselbe dicht an einer Mauer, empfängt sie also nur von einer Seite Licht, so stellt sie durch Torsion der Internodien die Medianebenen ihrer in gekreuzten Paaren stehenden Blättern parallel der Mauerfläche, und junge Hauptsprosse von *Lonicera Xylosteum*, welche in dichtem Walde, also bei schwacher, von oben einfallender Beleuchtung wachsen, verhalten sich wie Seitensprosse von Exemplaren dieser Pflanze, d. h. sie wachsen schief aufsteigend und bringen durch Torsion ihrer Internodien die Flächen ihrer Blätter in eine Ebene.

Interessant sind besonders noch die Symmetrieverhältnisse einiger Moose, namentlich die von *Schistostega osmundacea*. Dieses kleine Laubmoos besitzt zweierlei Sprosse, welche verschiedene Ausbildung zeigen. Die sterilen, in ihrem äusseren Umriss einem Farnblatt gleichend, haben zweizeilige Blattstellung, sie sind also bilateral-symmetrisch, die Blätter der fertilen Sprosse dagegen sind spiralig gestellt, die Sprosse also radiär. Wie Leitgeb gezeigt hat, kommt auch bei den sterilen Sprossen die zweizeilige Blattstellung durch Verschiebung (Internodiendrehung) aus ursprünglich spiraliger zu Stande. Bei *Fissidens* dagegen ist die Blattstellung am Stämmchen schon am Scheitel selbst eine zweizeilige, allein die im Boden verborgenen Sprosse wachsen nach Hofmeister mit dreiseitiger Scheitelzelle (und besitzen dem entsprechend radiär gestellte Blattanlagen), auch die am Stamme entspringenden Aeste stimmen in dieser Beziehung mit den unterirdischen Sprossen überein, erst allmählich geht dann die Scheitelzelle in die Form einer

---

phylogenetisch aus Wickeln hervorgegangen sind, allein zunächst fragt es sich: was sind sie jetzt. Dass sie dorsiventral sind, wird sogar von den Vertheidigern der Wickeltheorie nicht mehr geleugnet, und zugegeben, dass die Stellungsverhältnisse früher unrichtig aufgefasst wurden. Es fragt sich also nur noch: sind sie Monopodien oder Sympodien? Darüber muss und kann allein die Entwicklungsgeschichte erklären, so gut wie überall, auch z. B. bei einer Ulme oder Linde, nur dass man nicht überall das Mikroskop dazu nöthig hat. Wer also an der Sympodienbildung festhalten will, weise diese nach — ich meinerseits würde mich freuen, dann eines Besseren belehrt zu werden.

[1]) Vergl. Frank, über die natürliche wagrechte Richtung von Pflanzentheilen, Leipzig 1870, und Hofmeister, Allg. Morphol., pag. 629.

[2]) Goebel, Botan. Zeit. 1880, pag. 843.

zweischneidigen über, und die zweizeilige Stellung der Blätter tritt etwa vom fünften an hervor — nur die Aeste von *Fissidens bryoïdes* haben von Anfang an eine zweischneidige Scheitelzelle und zweizeilig gestellte Blätter. Bei *Fissidens* wird also in den Sprossen der einmal inducirte Uebergang von der radiären Blattstellung in die zweizeilige (bilaterale) ein inhärenter, es verändert sich die Symmetrie des Vegetationspunktes selbst, bei *Schistostega* dagegen bleibt der Vegetationspunkt radiär — der Uebergang in die bilaterale Symmetrie vollzieht sich erst in den unterhalb des Vegetationspunkts gelegenen Partieen — eine Differenz, die sich auch sonst noch findet. Es ist übrigens klar, dass der Uebergang aus der radiären in die bilaterale Blattstellung bei den genannten Moosen in bestimmter Beziehung zum Lichte steht, die aber experimentell noch genauer zu präcisiren ist, sie gehören zu den von SACHS als plagiotrop bezeichneten Sprossen. Andere, dem Substrate angeschmiegt wachsende Moose behalten zwar die radiäre Blattstellung bei, verzweigen sich aber nur in einer Ebene, also bilateral, so *Neckera, Hypnum-* und *Thuidium*-Arten.

Uebergang von radiären in dorsiventrale Symmetrie findet ebenfalls nicht selten statt. So bei den Rhizomen von *Nuphar* und *Nymphaea*, welche im Schlamme horizontal oder schief aufsteigend wachsen. Die Blätter sind hier spiralig gestellt, die Endknospe aufrecht. Wurzeln entspringen nur aus der Unterseite des Rhizoms, und zwar aus den Blattbasen, die Blüthen aber stehen normal nur auf der Oberseite, selten auch auf der Unterseite. Die Differenz von Rücken- und Bauchseite zeigt sich bei *Nuphar* auch darin, dass auf der Unterseite die Blattnarben weit auseinandergerückt erscheinen, so dass dieselben von Blattnarben fast entblösst ist; bei einem mir vorliegenden dicken Rhizome von *Nymphaea alba* dagegen finde ich in dieser Beziehung Bauch- und Rückenseite kaum verschieden.

Auch die Seitenzweige der Coniferen sind der Anlage nach radiär, werden aber im Verlauf der Ausbildung bei manchen Formen, namentlich *Abies-* und *Thuja*-Arten dorsiventral. Es zeigt sich dies sowohl in der Stellung, als in der Ausbildung der Nadeln. Die erstere ist bei *Abies pectinata* eine verschiedene, je nach den Beleuchtungsverhältnissen. Bei den unteren Zweigen im Schluss stehender Bäume, oder bei jüngeren Exemplaren, die im Schatten älterer wachsen, sind die sämmtlichen Nadeln »gescheitelt«, d. h. sie sind durch Drehung an der Blattbasis so gestellt, dass sie ihre grüne (Ober-) Seite nach oben, dem Lichteinfalle zu, ihre weisse Unterseite nach unten kehren. Ein solcher Spross verhält sich dann wie ein *Marchantia*-Thallus: er besitzt eine von der Unterseite verschieden gebaute Oberseite. Dies zeigt sich auch in den Grössenverhältnissen der Blätter, die auf der Oberseite stehenden Blätter sind bedeutend kürzer, als die auf der Unterseite stehenden. Einige Messungen der Blattlänge mögen dies zeigen.

1. Blatt auf der Zweigunterseite, das seine Oberseite ohne Drehung der Blattbasis nach oben kehrt: 16 Millim.
2. Darauf folgendes Blatt auf der Flanke der Rückenseite genähert: 10,5 Millim.
3. Nächstes ganz auf der Oberseite inserirtes: 8 Millim.
4. Nächstes ganz auf der Unterseite inserirtes: 18 Millim.

Die Differenz beträgt also zuweilen mehr als das Doppelte, die kleinsten Blätter sind die am weitesten auf der Oberseite stehenden, die grössten die auf der Schattenseite stehenden, die aber in Wirklichkeit am Spross seitliche Stellung einnehmen. Die Blätter am aufrecht wachsenden Hauptspross dagegen sind alle gleich gross, mit ihnen verglichen haben die auf der Lichtseite stehenden Blätter an den Zweigen eine Hemmung in ihrer Ausbildung erlitten. Was hier erst im Verlaufe der Entwicklung zu Stande kommt, ist bei Selaginellasprossen von Anfang an vorhanden: wir finden an den vierzeilig beblätterten Sprossen zwei Reihen von grösseren »Unterblättern« und zwei auf der Lichtseite stehende Reihen kleinerer Oberblätter, nur trifft die Dorsiventralität hier das ganze plagiotrope Sprosssystem mit Ausnahme der sporangientragenden Sprosse, welche aufrecht wachsen, und deren vier Blattreihen aus Blättern gleicher Grösse gebildet werden, es sind diese fertilen Sprosse die Enden gewöhnlicher, vegetativer Sprosse, und man kann an ihnen z. B. bei *S. helvetica* den Uebergang von Anisophyllie in Isophyllie verfolgen. Auch bei Phanerogamen kommt solche habituelle Anisophyllie[1]) vor, auf welche hier nur hingewiesen sein mag, so bei *Goldfussia anisophylla, Centradenia rosea* und andern. Kehren wir zu *Abies pectinata* zurück, so ist noch zu bemerken, dass bei freistehenden, kräftiger Beleuchtung ausgetzten Zweigen die Nadeln nicht gescheitelt, ihre Fläche also nicht rechtwinklig zur Richtung der einfallenden Lichtstrahlen gestellt sind, sondern die Nadeln sind alle miteinander mehr oder minder steil gegen die Rückseite des Sprosses hin aufgerichtet, und die rückenständigen Nadeln zeigen dabei auch nicht selten auf ihrer Oberseite Wachsstreifen, welche aber nicht so stark entwickelt sind wie die auf der Unterseite. Die Anisophyllie tritt auch hier hervor, aber doch nicht so auffallend wie in dem obengenannten Falle, sie ist ohne Messung kaum wahrnehmbar. Einige Beispiele beliebig herausgegriffener rückenständiger (a) und bauchständiger (b) Nadeln mögen dies zeigen.

a	b
19 Millim.	22 Millim.
16 Millim.	21 Millim.

Zuweilen sind die Differenzen grösser, zuweilen auch kleiner. Die Beziehungen der Dorsiventralität zur Beleuchtung sind auch hier einleuchtend; das Kleinbleiben der rückenständigen Nadeln ist für den Spross vielleicht insofern vortheilhaft, als dadurch eine Verdeckung der seitenständigen Nadeln vermieden wird.[2]) In ähnlicher Weise findet sich mit Anisophyllie verbunden, aus radiärer Anordnung hervorgegangene Anisophyllie auch bei anderen *Abies*-Arten, z. B. *Abies canadensis*, und in dem Wesen nach ganz übereinstimmender Weise auch bei *Thuja*-Arten.[3]) An den Keimpflanzen derselben stehen die Blätter des Hauptstammes in viergliedrigen, alternirenden Quirlen, weiter aufwärts dagegen in dreigliedrigen Quirlen, und zwar stehen die ersten Blätter vom Stamme ab, wie die Nadeln anderer Coniferen z. B. die von *Juniperus* dies bei der herangewachsenen Pflanze thun. Die Seitensprosse

[1]) Vergl. darüber KNY, Bot. Zeit. 1873 pag. 435; WIESNER, Sitzungsb. d. K. Akad. d. Wissenschaften in Wien. 1868; GOEBEL, Ueber einige Fälle von habitueller Anisophyllie. Bot. Zeit. 1880, pag. 839.

[2]) Die Dorsiventralität der Seitentriebe wird nach FRANK im Momente des Austreibens durch die Lage zur Schwerkraft (und wie wir hinzufügen können, zum Muttersspross) inducirt, wenn die Aeste vor dem Oeffnen der Knospen so fixirt werden, dass letztere umgekehrt sind, so wird die nun oben liegende Unterseite des neuen Sprosses zur morphologischen Oberseite, und zwar auch bei Ausschluss des Lichtes. — Dass es nicht, wie FRANK sagt, allein die Schwerkraft ist, welche die Dorsiventralität inducirt, geht schon daraus hervor, dass, wenn man den Gipfel des Hauptstammes entfernt, der nächststehende Seitentrieb sich aufrichtet und seine austreibende Knospe dann radiär ausbildet.

[3]) Vergl. SACHS, Lehrbuch. IV. Aufl., pag. 213.

aber zeigen eine andere Anordnung, sie besitzen zweigliedrige alternirende Blattquirle, und zwar sind die Blätter bei den Seitensprossen der herangewachsenen Pflanze dem Zweige dicht angedrückt, und meist so gestellt, das die Ausbreitungsebene horizontal steht. Nur in den Achseln der seitenständigen Blätter dieser Sprosse treten Seitenzweige auf, es bilden sich also die ursprünglich radiär angelegten Sprosse bilateral aus, so dass sie bei oberflächlicher Betrachtung gefiederten Blättern nicht unähnlich erscheinen. In Wirklichkeit aber stimmen sie mit den Blättern auch darin überein, dass ihre Oberseite von der Unterseite different ausgebildet ist, die Sprosssysteme also dorsiventral sind. Wie bei den Blättern finden sich nämlich an den genannten Zweigsystemen von *Thuja occidentalis* Spaltöffnungen auf der Unterseite, chlorophyllreicheres Blattgewebe auf der Oberseite, die sich auch durch ihre stärkere, glänzende Cuticula von der mit dünnerer, matter Cuticula versehenen Unterseite unterscheidet. Hier ist es, wie Frank gezeigt hat, das Licht, welches aus den, aus radiären zu bilateralen gewordenen Organen die Dorsiventralität inducirt: sobald man solche Zweige in umgewendete Lage bringt, oder die Oberseite mit undurchsichtigem Stoff bedeckt, kehrt sich an den neu gebildeten Sprosstheilen die Dorsiventralität um.

Wir haben dem Gesagten zu Folge bei *Thuja* zugleich einen Fall vor uns, in welchem die bilaterale Symmetrie in die dorsiventrale übergeht. Derartige Fälle finden sich nicht selten. Die jungen Brutknospen von *Marchantia polymorpha* und *Lunularia* z. B. sind bilateral, gelangen sie aber zur Weiterentwicklung, so werden sie dorsiventral, und zwar ist es die Lage zum Licht, welche bestimmt, welche Seite zu der, eigenartig gebauten Oberund welche zur Unterseite wird, die Differenz beider Seiten geht aus einem Blicke auf Fig. 12 hervor: die Oberseite besitzt Spaltöffnungen und Luftkammern (Fig. 12 K) die Unterseite trägt schuppige Lamellen, welche den Vegetationspunkt bedecken (L, Fig. 12 I) und Wurzelschläuche. Die dem Lichte zugekehrte Seite der austreibenden Brutknospe

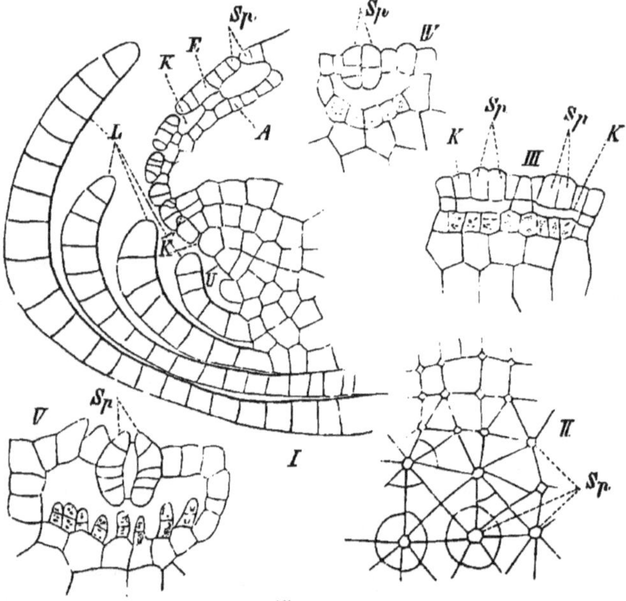

(B. 333.) Fig. 12.

I Längsschnitt durch einen Vegetationspunkt von *Fegatella conica*, L Lamellen der Unterseite, K Luftkammern, Sp Spaltöffnungen, V Scheitel, II junges Thallusstück von oben gesehen. III—V *Marchantia polymorpha*, Anlage der Luftkammern und Spaltöffnungen an einem jungen »Hute.« II nach Leitgeb, die andern nach der Natur.

(und ebenso der Keimpflanze) ist es, die zur Spaltöffnungs-Seite wird, auch wenn man auf Wasser schwimmend Brutknospen von unten beleuchtet.[1]) Die einmal inducirte Dorsiventralität scheint aber hier im Vegetationspunkt inhärent, also durch äussere Einflüsse nicht mehr umkehrbar zu sein. Anders ist es bei den Farnprothallien, deren Dorsiventralität sich darin äussert, dass Geschlechtsorgane und Wurzelschläuche auf der Unterseite, resp. auf der dem Lichte abgewendeten Seite entspringen, denn auch hier wird die Dorsiventralität bestimmt durch das Licht, ist aber auch an älteren Farnprothallien noch umkehrbar.

Auf andere Weise kommt bei manchen ursprünglich bilateral verzweigten Pflanzen eine dorsiventale Anordnung der Seitenorgane zu Stande. So werden bei manchen zweizeilig beblätterten *Monstera*-Arten die Blätter so verschoben, dass sie oft scheinbar nur eine Zeile auf der Rückseite des Stammes bilden, eine Verschiebung, bei welcher Torsionen der Stamminternodien hauptsächlich mitwirken. Aehnlich ist es bei den kriechenden Stämmen von *Acorus* und *Butomus*. Der von *Butomus umbellatus* z. B. hat eine aufrechte Endknospe, in welcher die Blätter zweizeilig stehen. Am niederliegenden Theile des Rhizoms aber stehen die Blätter auf der Rückenseite in zwei einander sehr genäherten Reihen, ähnlich wie z. B. bei *Herposiphonia* und *Pilularia*, die Bauchseite dagegen erscheint von Blattinsertionen ganz entblösst, sie trägt nur Wurzeln. Die Blätter haben hier also eine Verschiebung erfahren, welche die Seitenknospen nicht mitbetrifft, sie sind ursprünglich vor der Blattmitte inserirt, später stehen sie am unteren Rand des Blattes.

Dass bilaterale Sprosse auch in radiäre übergehen, ist bei der nahen Verwandtschaft, welche zwischen beiden Symmetrieverhältnissen besteht von vornherein zu erwarten. Es tritt dieser Vorgang ein, wenn ein Spross mit zweizeiliger Blattstellung in einen mit schraubiger Blattstellung übergeht, so z. B. bei Aloearten (SACHS, Lehrb., IV. Aufl. pag. 197).

Auch dorsiventrale Sprosse können in radiäre übergehen. So gehen die blattartig ausgebildeten, mit rudimentären Blättern besetzten Sprosse (Cladodien) von *Phyllocladus trichomanoïdes* bei kräftiger Ausbildung nicht selten an ihrer Spitze in mit radiär angeordneten Blättern besetzte Sprosse über,[2]) die schwach dorsiventral oder bilateral ausgebildeten Laubsprosse mancher Gräser (*Setaria Zea* ♀ etc.) bilden ihre Enden ebenfalls zu radiären Inflorescenzen aus.

In anderer Weise[3]) vollzieht sich der Uebergang eines dorsiventralen Sprosses in einen radiären bei manchen thallosen Lebermoosen und Flechten. Denkt man sich einen dorsiventralen Thallus eines Lebermooses z. B. einer *Marchantia* der Längsachse parallel zusammengerollt, so entsteht dadurch eine hohle, radiär gebaute Röhre, eine Construktion wie sie in ähnlicher Weise in der That bei den Stielen der Fruchtträger von *Marchantia polymorpha* sich findet, welche dann auch, nicht wie die dorsiventralen meist dem Substrat angeschmiegten vegetativen Sprosse plagiotrop, sondern orthotrop sind. Dasselbe Resultat muss man offenbar erhalten, wenn man einen *Marchantia*- oder *Metzgeria*-Thallus sich am einen Ende befestigt, am andern so gedreht denkt, dass der Thallus eine wendeltreppenartige Gestalt erhält: *mutatis mutandis* finden wir eine solche merk-

---

[1]) Vergl. ZIMMERMANN, Arb. d. bot. Inst. in Würzburg II, pag. 665.

[2]) ASKENASY, Botan.-morphol. Studien, 1872, pag. 17; GEYLER, Einige Bemerkungen über Phyllocladus, Abhandl. der SENCKENBERG'schen Gesellsch. zu Frankfurt a. M., XII. Bd., pag. 209.

[3]) Vergl. SACHS a. a. O. (Arbeiten, II. Bd., pag. 247.)

würdige Bildung denn in der That auch bei dem Lebermoose *Riella helicophylla* Fig. 13. Um eine Achse windet sich ein Flügel, der mit derselben eine Art von Wendeltreppe bildet. Die Pflanze wächst aufrecht, und ist an ihrem Grunde bewurzelt, der vorhin mit *Marchantia* gezogene Vergleich hinkt allerdings insofern sehr bedeutend, als die Achse nicht der Mittelrippe eines *Marchantia*-Thallus (dessen andere Hälfte fehlen würde) entspricht, sondern der Flügel ist eine Wucherung des Stämmchens (vergl. pag. 324 des II. Bdes. dieses Handb.).

(B. 334.) Fig. 13.
Riella helicophylla Habitusbild (aus Exploration scientifique de l'Algérie).

Es mögen die wenigen hier angeführten Beispiele für die Symmetrieverhältnisse der Pflanzenorgane genügen, zahlreiche andere liessen sich ihnen anreihen, allein die genannten werden hinreichen um zu zeigen, dass auch für die Entwicklungsgeschichte die Frage nach dem Zustandekommen der Symmetrieverhältnisse von grosser Bedeutung ist.

Nicht geringer ist diejenige, welche das gegenseitige Abhängigkeitsverhältniss der Organe unter einander, die »Correlation« derselben auf ihre Ausbildung hat. Wir stehen aber kaum am Anfang der Erkenntniss solcher Beziehungen, die wenigen Fälle, in welchen wir sie näher kennen, sollen im Verlaufe der Darstellung berührt werden, soweit sie zur Organbildung in Beziehung stehen.

§ 8. Formverhältnisse der Vegetationskörper. — Die einfachste Form des Vegetationskörpers ist, wenn wir uns hier zunächst ausschliesslich an die mit Chlorophyll versehenen Pflanzen halten, die einer einzigen Zelle, wie wir sie bei vielen »einzelligen« Algen antreffen. Von dieser Grundform aus wird eine höhere Gliederung des Vegetationskörpers in verschiedenen Richtungen hin auf verschiedene Weise erreicht. Bei den grünen Algen,[1]) den Chlorophyceen können wir in Bezug auf die Gliederung des Vegetationskörpers die Reihe der Fadenalgen, der Protococcaceen, Volvocineen und Siphoneen unterscheiden.

Der einfachste Fortschritt von der einzelligen Form des Vegetationskörpers ist der, dass die durch Theilung entstandenen Zellen sich nicht isoliren, sondern mit einander im Zusammenhang bleiben. Dies geschieht z. B. bei den Conjugaten. Neben einzelligen Formen finden wir hier sowohl bei Desmidieen als Zygnemeen solche, bei denen die einzelnen Zellen zu Fäden aneinander gereiht sind. Jede Zelle ist aber der anderen gleichwerthig, es ist keine Differenzirung der einzelnen Zellen eingetreten, und diese können sich auch ohne irgendwie zu leiden von einander trennen. Desto interessanter ist die Thatsache, dass die Zellen der Spirogyrafäden z. B. unter bestimmten Umständen die Fähigkeit haben Haftorgane zu bilden.[2]) Es geschieht dies, wenn man Spirogyren auf feuchtem Substrate kultivirt, ein Fall, der insofern von grossem Interesse ist, als er uns ein Beispiel für die Entstehung eines Organs direkt in Folge eines äusseren Reizes giebt, wofür als weiteres Beispiel die Haustorien von Cuscuta sich an-

---

[1]) Vergl. auch FALKENBERG's Darstellung der Algen im II. Bd. dieses Handbuchs.

[2]) DE BARY, Conjugaten, pag. 8.

führen lassen, die ebenfalls nur an den Stellen entstehen, wo der Parasit mit seiner Wirthpflanze in Berührung tritt. Derartige Haftorgane treten bei den Confervaceen (im engern Sinne) in grosser Verbreitung auf, da dieselben meist nicht frei flottiren wie die Conjugaten, sondern an Steinen etc. festsitzen. So z. B. bei *Ulothrix*, einer in Brunnentrögen, Bächen etc., sehr gemeinen Form. Der Basaltheil jedes Fadens ist hier als Haftorgan entwickelt, die hier gelegenen Zellen sind chlorophylllos und wie es scheint für Berührung reizbar, da sie sich dem Substrate dicht anschmiegen. Schon bei der Keimung der Sporen tritt die Scheidung in Basaltheil (Wurzeltheil) und Sprosstheil auf. Am höchsten gegliedert in der ganzen Confervaceenreihe aber sind die Charen. Sie besitzen einen aufrecht wachsenden in Knoten und Internodien gegliederten Spross, der an den Knoten wirtelig gestellte Sprossungen begrenzten Wachsthums, Blätter trägt, die sich von denen höherer Gewächse im Grunde nur durch äussere Formverhältnisse unterscheiden. Aus den unteren Knoten der Sprosse aber entspringen die Wurzeln, welche den Spross im Substrate befestigen, sie bestehen aus langen hyalinen, schief abwärts wachsenden, durch Querwände gegliederten Schläuchen. Auch hier findet gleich bei der Keimung die Sonderung von Wurzeltheil und Sprosstheil statt, im Scheiteltheil der keimenden Oospore[1]) wird nämlich eine kleine linsenförmige Zelle abgegrenzt, die sich durch eine Längswand in zwei Zellen theilt, von denen die eine zur Hauptwurzel, die andere zum primären Spross auswächst. Später entstehen dann, wie erwähnt aus den basalen Knoten der Sprosse neue Wurzeln, ganz ebenso wie man dies z. B. bei einer Maispflanze und andern Gräsern beobachten kann, welche sich aus den basalen Stengelknoten neu bewurzeln.

Auch die Gliederung des Vegetationskörpers der Siphoneen hat Wege eingeschlagen, die schliesslich zur Herstellung eines Pflanzenkörpers führen, dessen Gliederung mit dem höherer Pflanzen im Wesentlichen übereinstimmt, nur dass der ganze Vegetationskörper nur aus einem einzigen Schlauche besteht. Der oberirdische Theil ist im einfachsten Falle wie bei *Botrydium granulatum* eine kleine, grüne Blase, während der unterirdische Theil ein verzweigtes Wurzelsystem darstellt. Bei *Vaucheria* finden wir statt der grünen Blase lange, verzweigte Schläuche, während der Wurzeltheil verhältnissmässig viel weniger entwickelt ist, als bei *Botrydium*, und bei der höchst differenzirten Form endlich, bei *Caulerpa*, treffen wir einen cylindrischen, im Schlamme kriechenden Stamm, der auf seiner Unterseite Wurzeln, auf seiner Rückenseite blattartige Gebilde, auf seinen Flanken Seitensprossen trägt.

Ganz anders ist die Richtung, in welcher die Differenzirung des Vegetationskörpers bei Protococcaceen und Volvocineen vor sich gegangen ist. Auch hier finden wir einzellige Formen, unter den Protococcaceen die »Eremobien«, unter den Volvocineen z. B. *Chlamydomonas*. Bei anderen Formen derselben Reihen zeigt der Vegetationskörper eine Complicirung dadurch, dass er aus Zellkolonien oder Zellfamilien zu Stande kommt: bei den Protococcaceen durch Aneinanderlegen von ursprünglich getrennten Zellen, bei den Volvocineen durch Zelltheilung und eigenthümliche, hier nicht näher zu schildernde Wachsthumsvorgänge. Erwähnt seien nur für die Protococcaceen die zierlichen runden, aus einer Vielzahl von Zellen bestehenden Scheiben von *Pediastrum*, die sackartigen Netze von

[1]) Vergl. Fig. VIII. auf pag. 241 des 2. Bandes dieses Handbuches, die Wurzel ist dort mit p bezeichnet.

Hydrodictyon, für die Volvocineen die viereckigen Zellscheiben von *Gonium*, die im Wasser frei beweglichen Hohlkugeln von *Volvox*. Es lässt sich zeigen, dass auch innerhalb jeder dieser Reihen, welche offenbar nahe verwandt sind, ein Fortschritt vom Einfachen zum Complicirteren stattfindet, so dass z. B. bei *Volvox globator* die einzelnen Zellen eines Coenobiums einander nicht mehr gleichwerthig sind (was noch bei den ganz ähnlich gebauten Coenobien von *Eudorina* der Fall ist), wie die Erscheinungen bei der Fortpflanzung zeigen. Etwas Aehnliches, wie die Bildung eines Coenobiums kommt übrigens auch bei den Confervaceen vor, z. B. bei *Coleochaete scutata*. Hier hat der Vegetationskörper die Form einer rundlichen Scheibe, welche aus einzelnen, dicht mit einander verbundenen Zellfäden besteht, welche bei anderen Formen derselben Gattung deutlich von einander getrennt sind. Unter den Phaeophyceen findet sich eine ganz ähnliche Form des Vegetationskörpers bei der Gattung *Myrionema*. Im Uebrigen ist hier die Gliederung des Vegetationskörpers eine noch viel reichere und mannigfaltigere, als bei den grünen Algen, den Chlorophyceen. Als Ausgangspunkt können wir einfache Fadenalgen, wie sie die Gattung *Ectocarpus* bilden, nehmen. Der Vegetationspunkt ist hier meist ein interkalarer, bei kriechenden Fäden ein apikaler. Von hier aus ist nach zwei, resp. drei Richtungen hin eine Differenzirung des Vegetationskörpers eingetreten bei den Mesogloeaceen, den Cutlerien und Sphacelarien. Als Beispiel für die erste Abtheilung mag *Liebmannia Leveillei* gelten. Die Pflanze besteht aus verzweigten, cylindrischen Gliedern von 1 bis 3 Millim. Durchmesser. Ein Querschnitt durch den Vegetationskörper zeigt, dass derselbe nicht aus einem Zellgewebe, sondern aus einer Verflechtung von Zellfäden besteht. An dünneren Sprossen gelingt es, dieselben sämmtlich auf die Verzweigungen eines axilen Zellfadens, der an seinem oberen Ende ganz so beschaffen ist, wie ein *Ectocarpus*-Faden, zurückzuführen, der Vegetationspunkt ist auch hier nicht apikal, sondern überragt von einer Reihe von Zellen, welche ihr Wachsthum eingestellt haben, und von oben her absterben. Unterhalb des Vegetationspunktes entstehen entweder »Langtriebe« oder »Kurztriebe.« Jene erstgenannten, die Langtriebe, verzweigen sich wie die Hauptachse, nur sind alle Verzweigungen gegen die Peripherie hin gerichtet. Die Kurztriebe erreichen nur eine geringe Länge und stellen dann ihr Wachsthum ein. Ihre Zellen schwellen dabei kugelig an und sind hauptsächlich die Träger der Phycophaeinkörper, also Assimilationsorgane. Sie bilden dicht gedrängt das peripherische Gewebe der Sprosse und verzweigen sich aus ihren Basalzellen weiter, und zwar entstehen hier, soweit meine Beobachtungen reichen, nur wieder Kurztriebe, oder statt dieser Sporangien; andere Aeste, die an nicht näher bestimmten Stellen entstehen, wachsen abwärts und legen sich den Zellen der Haupt- und Nebenachsen an, umschlingen dieselben und dienen so dem Ganzen zur Festigung, ähnlich den »Berindungsfäden«, wie sie bei manchen *Ectocarpus*-Arten vorkommen, Zweige, welche mit den als Haftorgane ausgebildeten in Parallele zu setzen sind. Es ist hier also, *Ectocarpus* gegenüber eine bedeutende Differenzirung der Sprosse eingetreten, die dort alle gleichwerthig waren: ein centrales Achsensystem ist bei *Liebmannia* in Wachsthum und Funktion verschieden von einem peripherischen. In anderer Weise ist bei *Cutleria* der Vegetationskörper *Ectocarpus* gegenüber ein complicirterer. Der Thallus hat hier die Form von flachen verzweigten Bändern, die aus gewöhnlichem Zellgewebe bestehen. Die Betrachtung des Vegetationspunktes zeigt aber, dass hier eine Anzahl freier, von einander getrennter Zellfäden sich finden, welche ganz wie bei *Ectocarpus* gebaut sind, die aber weiter nach hinten mit einander zu einem Gewebe verwachsen.[1])

Aehnliches liesse sich auch noch von anderen Phaeosporeen anführen, hier mag nur noch auf eine andere Reihe derselben, die Fucaceenreihe aufmerksam gemacht sein, bei welcher in der Gattung *Sargassum* Formen sich finden, welche Blätter besitzen, die ganz wie die mancher höheren Pflanzen gestaltet sind. Hier genügt es, darauf hingewiesen zu haben, dass auch innerhalb der Verwandtschaftsgruppe der Phaeophyceen die Differenzirung des Vegetationskörpers nach verschiedenen Richtungen hin erfolgt ist. Und ebenso ist es bei der dritten Algengruppe, der der Florideen. Es finden sich hier Formen wie z. B. *Callithamnion*, welche aus verzweigten Zellreihen bestehen, solche deren Thallus zu Stande kommt durch Verflechtung (resp. Verschleimung der Zellwände) ursprünglich getrennter Zellfaden und solche, deren Vegetationskörper aus echtem, durch Zelltheilung entstandenem Gewebe besteht und die mannigfaltigsten Formen annimmt. Eine der merkwürdigsten ist die der *Polyzonia jungermannoïdes* (vergl. Fig. 9), welche ganz aussieht wie eine kleine *Jungermannia*. Sie besitzt zwei Reihen schief gestellter Blätter und auf der Bauchseite des kriechenden Stämmchens Wurzeln, die wie dies auch bei einzelnen Haftorganen anderer Florideen zu geschehen pflegt, durch Auswachsen einer Anzahl von Rindenzellen entstehen. Auf die Abbildung (Fig. 14) von *Plocamium* mag hingewiesen werden, weil sie zeigt, wie Sprosse hier zu Haftorganen umgebildet werden können, welche sehr viel Aehnlichkeit haben mit denen von *Ampelopsis* und mancher *Cissus*-Arten. Wie dort der Gipfel der

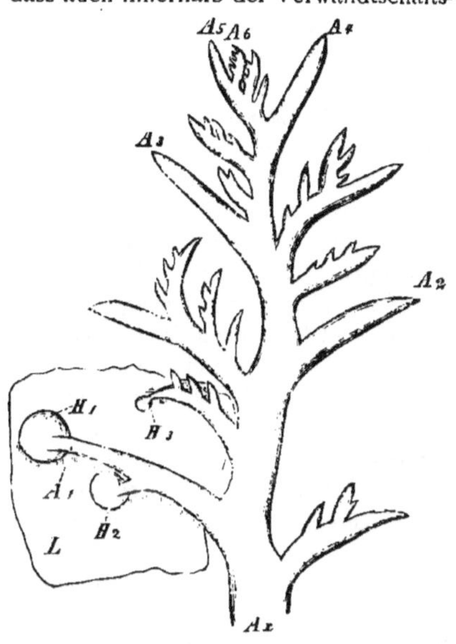

Fig. 14. (B. 335.)

Plocamium coccineum. Oberer Theil eines Sprosses. An den zwei unteren Zweigen links haben sich die Spitzen zu Haftscheiben (H_1, H_2, H_3) ausgebildet, welche einer flachen anderen Alge (L), von der nur ein Stück gezeichnet ist, dicht angepresst sind.

[1]) Eine andere Reihe führt von *Ectocarpus* aus zu den Sphacelarien (vergl. PRINGSHEIM, Ueber den Gang der morphologischen Differenzirung in der Sphacelarienreihe. Abhandl. der Berliner Akad. 1871). Während bei *Ectocarpus* alle Zweige gleichartig sind, hat *Cladostephus* wirtelig gestellte Blätter (oder Kurztriebe) und Haare. Die Früchte (Sporangien) erscheinen auf besonders modificirten »Fruchtblättern«, welche von den vegetativen Blättern in Zeit und Ort ihrer Anlage differiren, auch einfacher gebaut sind. Während also bei *Ectocarpus*-Arten Früchte und Haare nur modificirte Zweig-Theile sind, erscheinen sie bei Sphacelarienformen als selbständige Zweigformen, die Haare sind schon ganze für sich bestehende modificirte Zweige und die Früchte erscheinen auf besonderen Fruchtästen. Bei den niederen Formen der Reihe (*Halopteris, Stypocaulon* etc.) nehmen Kurz- und Langtriebe noch denselben Ursprung, und zeigen Uebergänge. Bei *Cladostephus* ist die Endverzweigung des Stammes, Blatt- und Haarbildung scharf getrennt, schon durch den verschiedenen Ursprungsort dieser Organe, die ganz unabhängig von einander erscheinen.

Ranken, so hat sich hier der Gipfel der Sprosse H_1, H_2, H_3 zur Haftscheibe[1]) verbreitet, mittelst welcher die Alge sich an einer andern flächenförmigen Alge festhält. Verfolgt man die einzelnen Verwandtschaftsreihen, so lassen sich oft die allmählichsten Uebergänge von einfachen zu complicirter organisirten Formen nachweisen.

Dasselbe wiederholt sich bei den Muscineen. Der Ausgangspunkt ist hier in der Lebermoosreihe[2]) ein bandförmiger, gabelig verzweigter Thallus, welcher mit einzelligen Wurzelschläuchen an dem Boden befestigt ist. Eine Differenzirung der Sprosse eines solchen Thallus tritt insofern ein, als bei manchen Formen diejenigen Zweige, welche Sexualorgane produciren, damit ihr Wachsthum abschliessen, bei *Aneura* sich ausserdem auch noch charakteristisch ausbilden. Bei *Blasia*, einer ebenfalls thallosen Form sehen wir zuerst Blätter auftreten. Sie liegen aber noch in der Ebene des platten Sprosses, so dass man sie früher auch einfach als Abschnitte desselben bezeichnet hat. Sie sind aber distinkte, im Vegetationspunkt gesondert angelegte Sprossungen begrenzten Wachsthums, die unbedenklich als Blätter bezeichnet werden können. *Fossombronia* bildet dann, wie früher geschildert, den Uebergang zu den »beblätterten Lebermoosen.« Blatt und Stengel sind hier schon scharf von einander geschieden, allein die Ausbildung der Sprosse selbst ist noch eine sehr einfache, diejenigen, welche weibliche Geschlechtsorgane tragen, schliessen damit ihr Wachsthum ab.

Bei den Laubmoosen sind die Gestaltungsverhältnisse des Vegetationskörpers fast eben so einfach, die Arbeitstheilung der verschiedenen Sprosse sogar noch einfacher als bei den thallosen Lebermoosen. Wir finden, dass ein Spross, der Geschlechtsorgane trägt, mit dem Auftreten derselben gewöhnlich sein Wachsthum abschliesst,[3]) ohne aber charakteristische Umbildungen zu erleiden (wie bei thallosen Lebermoosen, z. B. *Marchantia* und *Aneura*), der Schutz der Geschlechtsorgane, um welchen es sich dabei handelt, wird von den Blattorganen übernommen, die dann auch zu diesem Zwecke in den Antheridien und Archegonienständen besonders ausgebildet sind. Von den Muscineen an aufwärts bei Gefässkryptogamen und Samenpflanzen bleibt die Gliederung des Vegetationskörpers im Wesentlichen dieselbe, nur ist die Zahl der Um- und Rückbildungen[4]) hier noch eine viel mannigfaltigere. Wir finden Muscineen und Thallophyten gegenüber hier vor Allem die Wurzel in höherer Weise ausgebildet, hat sie hier doch, bei Pflanzen, deren Grösse die der Muscineen oft ein Vielfaches übertrifft und die meist Landbewohner sind, ganz andere Aufgaben zu erfüllen, als bei Thallophyten und Muscineen.

Was die Gliederung der Sprosse in Stamm und Blatt betrifft, so mag hier nur noch einmal darauf aufmerksam gemacht werden, dass die Erreichung einer höheren Gliederung in verschiedenen Verwandtschaftskreisen unabhängig, aber in analoger Weise vor sich gegangen ist. Wir sehen z. B. den aus einem querwandlosen Schlauche bestehenden Vegetationskörper der Caulerpen in Stamm,

---

[1]) Vergl. auch MAGNUS, Die botan. Ergebnisse der Nordseefahrt. Berlin 1874, pag. 69, wo der Vorgang des Näheren beschrieben ist.

[2]) Von der Seitenreihe der Marchantien wird hier abgesehen, vergl. betreffs derselben Bd. II. des Handb., pag. 326.

[3]) Ein solcher Spross verhält sich also ebenso wie eine einjährige phanerogame Pflanze.

[4]) Die letztere kann so weit gehen, dass der Vegetationskörper wieder die Form eines Thallus annimmt, wie bei den Lemnaceen, namentlich *Wolfia arrhiza*, wo weder Blätter noch Wurzeln, auch keine Gefässbündel in dem sehr kleinen Vegetationskörper vorhanden sind.

Wurzel und Blatt gegliedert, ebenso den von *Cladostephus*, mancher Phaeophyceen und Florideen, den der Lebermoose, der Farne, Phanerogamen etc. In keinem dieser Fälle aber können wir sagen, dass die Gliederung eine homologe sei. Lebermoose und Farne z. B. sind unzweifelhaft nahe verwandt, allein der Vegetationskörper eines beblätterten Lebermooses ist, wie wir wissen, nicht dem eines Farnkrauts, sondern dem eines thallosen Farnprothalliums homolog, die Erwerbung einer Gliederung in Stamm und Blatt kann also an der ungeschlechtlichen Generation der Farnkräuter ganz ebenso selbstständig, d. h. von einfachen, ungegliederten Formen aus fortschreitend vor sich gegangen sein, wie wir dies bei dem Vegetationskörper der ungeschlechtlichen Generation der Lebermoose schon deshalb annehmen können, weil wir hier eine ganze Anzahl von Uebergangsstufen zwischen thallosen und foliosen Formen kennen. Die Untersuchung darüber, wie eine höhere Gliederung im Pflanzenreich zu Stande gekommen ist, darf also ebenso wenig, wie man dies betreffs der Anordnung des natürlichen Systemes thun kann, in linearer Weise vor sich gehen, d. h. derart, dass man aus den verschiedenen Abtheilungen die Formen in eine annähernd continuirliche Reihe zusammenstellt, sondern sie muss für jede einzelne Abtheilung zunächst besonders geführt werden.[1]) — Was hier ganz im Allgemeinen für die Gliederung des Vegetationskörpers überhaupt, vor Allem für das Auftreten beblätterter Sprosse gesagt ist, das ist für besonders abweichende Formen des Vegetationskörpers seit lange bemerkt worden. Es sollen aber zunächst diese analogen Bildungen hier soweit sie bekannt sind, näher besprochen werden, wobei es sich natürlich nur um Hervorhebung einiger prägnanten Erscheinungen handeln kann, denn bei genauerer Beobachtung wird man fast in jedem Verwandtschaftskreise eine Anzahl analoger Bildungen auffinden können. Was das Zustandekommen derselben betrifft, so können sie einerseits dadurch entstehen, dass Pflanzen verschiedener Verwandtschaft sich denselben äusseren Lebensbedingungen in derselben Weise anpassen, andererseits aber treten sie auch in Fällen auf, wo wir eine direkte Beziehung zu äusseren Bedingungen nicht kennen.

Für die erste Kategorie ein auffallendes Beispiel liefern die Succulenten, von denen hier nur die Cactus-Form hervorgehoben sein mag, welche bekanntlich dadurch entsteht, dass die Blätter verkümmern, der Stamm aber eine fleischige Textur annimmt, durch diese Oberflächenverringerung wird die Verdunstung heruntergesetzt, eine Eigenschaft welche durch bestimmte anatomische Charaktere der Epidermis noch erhöht wird. Ausser den Cacteen können nun aber Pflanzen von ganz verschiedener Verwandtschaft dieselbe Form des Vegetationskörpers annehmen: so bestimmte *Euphorbia*- und *Mesembryanthemum*-Arten. Es würden diese, der Natur der Sache nach langsam wachsenden Pflanzen die von Thieren ihres Wassergehalts wegen begierig aufgesucht werden, längst ausgerottet sein, wenn sie nicht durch Stacheln geschützt wären. Zur Bildung der Stacheln, welche in kleinen Büscheln beisammenzustehen pflegen, sind aber bei der Cacteen-Form der drei genannten Familien ganz verschiedene Theile verwendet worden: bei den Cacteen sind die Stacheln umgewandelte Blattanlagen, bei den Euphorbien z. B. *E. trigona* umgewandelte Nebenblätter, bei den cacteenartigen *Mesembryanthemum*-Arten z. B. *M. stelligerum*, *radiatum*, wo die

---

[1]) Aus dem eben angeführten Gesichtspunkt erklärt es sich auch theilweise, warum eine allgemeine Definition des Blattes, die für alle Abtheilungen gelten soll, auf so grosse Schwierigkeiten stösst, denn das Blatt der Lebermoose z. B. ist dem der Farne analog nicht homolog.

Stacheln wie bei den Cacteen in Büscheln auf einem Polster stehen, sind dieselben einfache Haare, die aus einer Epidermiszelle hervorgehen.[1])

Merkwürdige Parallelbildungen sind ferner wie schon DARWIN hervorhebt[2]) die »Pollinarien«, vieler Orchideen und Asclepiadeen: in beiden weit auseinanderstehenden Familien bleiben die Pollenmassen einer Anthere mit einander vereinigt und sitzen einem Stiele, dem Klebstöckchen, auf, sie sind dazu bestimmt, von Insekten auf die Narben anderer Blühen transportirt zu werden.

Wir können hier ferner auf die Strukturübereinstimmung der Wasserpflanzen aus den verschiedensten Familien hinweisen, sie zeichnen sich alle aus durch Reduktion der Gefässbündel die bis zum völligen Verschwinden derselben geht, durch grosse Intercellularräume und viele durch fein zertheilte Blätter (Wasserranunkeln, *Hottonia*, *Myriophyllum* etc.) Die genannten Fälle sind solche, in welche nicht nahe mit einander verwandte Pflanzen unter dem Einflusse gleicher Lebensbedingungen analoge Gestalt- oder Strukturverhältnisse zeigen. Dahin dürfen wir auch die Thatsache rechnen dass bei zwei einander keineswegs nahe verwandten Moossarten *Leucobryum* und *Sphagnum* eine im Wesentlichen übereinstimmende Blattstruktur auftritt: eine Anzahl von Zellen verliert ihren Inhalt, erhält Löcher in der Wand und dient nun als Capillarapparat zur Wasseraufsaugung (vergl. Bd. II., pag 366 u. 393). Ferner finden wir in der Abtheilung der Glumifloren mehrmals unabhängig von einander die Erscheinung auftreten, dass ein Deckblatt sich zu einem harten krugförmigen Gebilde um die weibliche Blüthe zusammenschliesst. So bei dem »*Utriculus*« von *Carex*, dem »*Involucrum*« von *Coix*, während physiologisch gleichwerthige Bildungen in derselben Reihe auch auf ganz andere Weise zu Stande kommen können.[3]) Es giebt aber eine Anzahl von analogen oder Parallelbildungen, die wenigstens nach unseren jetzigen Kenntnissen rein morphologische, d. h. zu den äusseren Lebensbedingungen nicht in Beziehung stehende sind.

Hierher rechne ich z. B. die Thatsache, dass die Heterosporie d. h. die Bildung von nur Antheridien erzeugenden Mikrosporen und von nur Archegonien producirenden Makrosporen in den verschiedenen Verwandschaftskreisen der »Gefässkryptogamen« unabhängig von einander vor sich gegangen ist. Wir sehen heterospore Formen bei den Farnen (im engern Sinn), bei den Equisetinen, und den Lycopodinen, bei letzteren ist sogar (wie ich glaube), die Heterosporie zweimal aufgetreten, nämlich in der Unterabtheilung der Lycopodiaceen und in der der Ligulaten. Ob auch die Samenpflanzen von (ausgestorbenen) homosporen Formen oder von heterosporen abstammen, dafür haben wir keinen Anhaltspunkt und Spekulationen darüber würden in Folge dessen zwecklos sein.

Ferner sehen wir die Erscheinung, dass die Geschlechtsorgane durch Aushöhlung der Blüthenachse in eine becherförmige Bildung versenkt worden, unabhängig von einander bei den Lebermoosen, welche man als *Jungermanniae geocalyceae* bezeichnet (vergl. Bd. II., pag. 351 ds. Handbuchs) und bei Inflorescenzen und Blüthen der Samenpflanzen auftreten. Bezüglich der letzteren ist hier z. B. zu erinnern an die Inflorescenzen der Feige, welche aus einer becherförmigen Achse bestehen an deren Innenwand zahlreiche Blüthen sitzen, oder an die Bildung des unterständigen Fruchtknotens, der ebenfalls durch Hohlwerden

---

1) Vergl. DELBROUCK, Die Pflanzenstacheln, pag. 27 (HANSTEIN, Bot. Abhandl. 3. Band).

2) Entstehung der Arten. 6. Aufl., pag. 217.

3) Vergl. Zur Entwicklungsgesch. einiger Inflorescenzen. PRINGSH. Jahrb. XIV. Bd.

der Blüthenachse zu Stande kommt, Wachsthumsvorgänge, die denen bei der Bildung des »Fruchtsackes« der Geocalyceen, Jungermannieen analog sind. Als wichtigste Parallelbildung aber betrachten wir die oben hervorgehobene, dass die Gliederung des Vegetationskörpers in Stamm und Blatt in verschiedenen Verwandtschaftskreisen offenbar unabhängig von einander vor sich gegangen ist.

B. Specieller Theil.

I. Abtheilung:

Entwicklungsgeschichte des Sprosses.

1. Kapitel.

Entwicklungsgeschichte des Laubsprosses.

§ 1. Embryologie. — Die Aufgabe der Embryologie ganz im Allgemeinen gefasst, ist die Verfolgung derjenigen Vorgänge, durch welche aus der Keimzelle, sei dieselbe nun eine geschlechtlich oder ungeschlechtlich erzeugte Spore oder die befruchtete Eizelle der Samenpflanzen, der Vegetationskörper die Form gewinnt, die er bei der erwachsenen Pflanze hat. Bei den Samenpflanzen speciell bezeichnet man aber — wie ich glaube nicht mit Recht — die aus der Eizelle hervorgegangene junge Pflanze, resp. die Anlage derselben nur so lange als Embryo, als sie noch im Samen eingeschlossen ist, obwohl auch bei der Keimung häufig noch Embryonalstadien durchlaufen werden, wie dies z. B. auffallend hervortritt, wenn man die Keimung der Orchideen mit der anderer Monokotylen vergleicht.

Die Entwicklung der Keimzelle zum Vegetationskörper kann nun auf zweierlei Art vor sich gehen, entweder direkt, oder indirekt, es kann, wenn man einen besonderen Ausdruck dafür haben will, die Keimung eine homoblastische oder heteroblastische sein, beide Entwicklungsarten sind auch hier durch Uebergänge verbunden. Eine direkte oder homoblastische Keimung ist es z. B. wenn die Schwärmspore einer *Vaucheria* z. B. *Vaucheria secsilis* in einen grünen mit einem wurzelähnlichen Haftorgan versehenen Schlauch auswächst, also direkt die Form annimmt, welche der Vegetationskörper Zeitlebens hat. Eine direkte Keimung ist es ferner, wenn aus der befruchteten Eizelle eines Farnkrauts ein Embryo hervorgeht, dessen Organisation mit der der erwachsenen Pflanze im Wesentlichen übereinstimmt. Für die indirekte Keimung das auffallendste Beispiel bieten uns die Laubmoose aus deren Spore sich ein zunächst meist confervenähnlicher Vorkeim entwickelt, das Protonema (Fig. 15), an welchem dann erst als Seitenknospen die beblätterten Moosstämmchen entspringen, während bei dem Lebermoose *Radula* aus der keimenden Spore eine kuchenförmige Zellfläche hervorgeht, und erst aus einer Randzelle derselben das beblätterte Stämmchen. Die Thallophyten endlich bieten uns zahlreiche Beispiele indirekter oder heteroblastischer Keimung. So gehen aus der Keimung der Carposporen von *Lemanea* zunächst einfache Zellfäden, oder einschichtige kriechende Zellplatten hervor, an welchen sich dann als Seitenäste erst die komplicirt gebauten Thallusäste entwickeln, welche den Vegetationskörper der erwachsenen Pflanze bilden, und die Geschlechtsorgane tragen. Und noch auffallender ist die Keimung der befruchteten Eizellen (Oosporen) von *Cutleria* (vergl. Bd. II., pag. 215 des Handbuches). Die keimende Spore entwickelt sich hier zunächst zu einem keulenförmigen Zellkörper, (FALKENBERG, a. a. O. Fig. 8, VII.), an welchem später seitliche flache Aeste entstehen, welche ein ganz anderes Wachsthum zeigen,

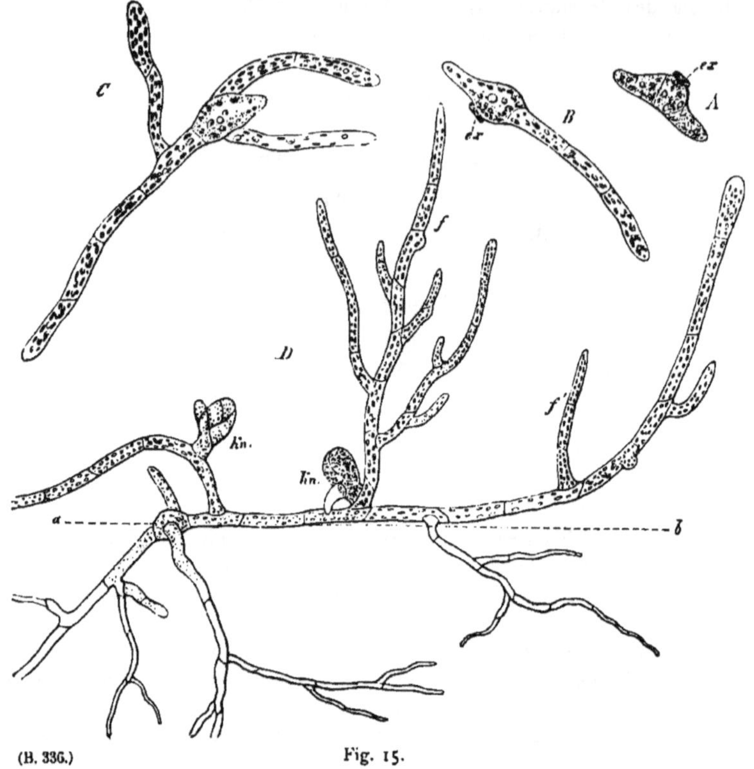

(B. 336.) Fig. 15.

Funaria hygrometrica, aus Sporenkeimung hervorgegangenes Protonema (nach MÜLLER-THURGAU A, B, C junges, D älteres Stadium, ab Bodenoberfläche. Kn sind zwei Anlagen beblätterter Moosstämmchen, welche sich am Protonema gebildet haben.

(kriechende Flachsprosse sind) als der die Geschlechtsorgane tragende Thallus, dessen Entwicklung aus den Flachsprossen hier noch nicht bekannt ist. Uebergangsformen zwischen direkter und indirekter Keimung werden vor Allem dann auftreten, wenn aus der keimenden Fortpflanzungszelle ein Gebilde hervorgeht, das zwar anders organisirt ist, als der definitive Vegetationskörper, aber allmählich in denselben übergeht. Dies findet z. B. statt bei den beblätterten (foliosen) Lebermoosen, deren Spore zunächst zu einem gegliederten Zellfaden auswächst, in dessen Endzelle die Anlage des beblätterten Sprosses gebildet wird, der aber zunächst nur zwei seitliche Blattreihen, und auch diese nur von sehr einfachem Baue besitzt, erst allmählich gewinnt er seine definitive Form (vergl. Bd. II., pag. 359). Und in noch einfacherer Weise findet derselbe Vorgang statt bei einigen thallosen Formen z. B. *Aneura*, wo aus der Sporenkeimung zunächst ein Schlauch hervorgeht, der sich durch Querwände fächert, nach einiger Zeit tritt in der Endzelle der Zellreihe eine zur Längsachse derselben geneigte Wand auf, der sich eine zweite, entgegengesetzt geneigte aufsetzt, und damit ist die Scheitelzelle, welche der erwachsenen *Aneura*-Pflanze eigen ist, gebildet. Vorkeim und Vegetationskörper der Pflanze sind also in diesen Fällen nicht scharf getrennt, sondern gehen in einander über.

Die Aufgabe der folgenden Darstellung ist die Embryologie der Samenpflanzen, ausgehend von der befruchteten Eizelle, während die Bildung der Eizelle selbst erst in einem späteren, die Entwicklung der Fortpflanzungszellen überhaupt besprechenden Abschnitt gegeben werden soll.

Für sämmtliche »Gefässpflanzen« von den Gefässkryptogamen aufwärts gilt der Satz, dass die Entwicklung des Embryo aus der befruchteten Eizelle eine in den wesentlichen Zügen gleich verlaufende ist. Ueberall sehen wir die befruchtete, mit einer Membran umgebene Eizelle zunächst durch Fächerung sich in einen kleinen Zellkörper, den Embryo, verwandeln und an diesem unabhängig von einander eine Stammknospe, eine Wurzel und ein, zwei oder mehr Blätter (die Cotyledonen) angelegt werden. Im Einzelnen kommen freilich bei den einzelnen Abtheilungen, ja auch innerhalb einer und derselben Abtheilung mehr oder minder weitgehende Differenzen vor.

Die Embryobildung der Gefässkryptogamen ist schon pag. 208 ff. I. Bd. dieses Handbuches ausführlich dargestellt. Es genügt also hier hervorzuheben, dass der Entwicklungsgang der ist, dass an dem wenigzelligen Embryo schon die Anlage der verschiedenen Organe wahrnehmbar ist, es theilt sich der annähernd kugelige Embryo in acht Octanten (wie viele anders ähnlich geformte Zellen) einer dieser Octanten wird verwendet zur Bildung der Stammknospe, zwei andere (resp. drei) zu der eines oder zweier Blätter, welche als Cotyledonen bezeichnet werden, weil sie unabhängig von der Stammknospe angelegt werden, ein weiterer liefert die erste Wurzel und aus dem Rest geht das umfangreiche Saugorgan, der Fuss hervor, mittelst dessen der Embryo aus dem Prothallium Nährstoffe an sich zieht. Die Fig. 16 mag dazu dienen an diese Verhältnisse hier kurz zu erinnern.

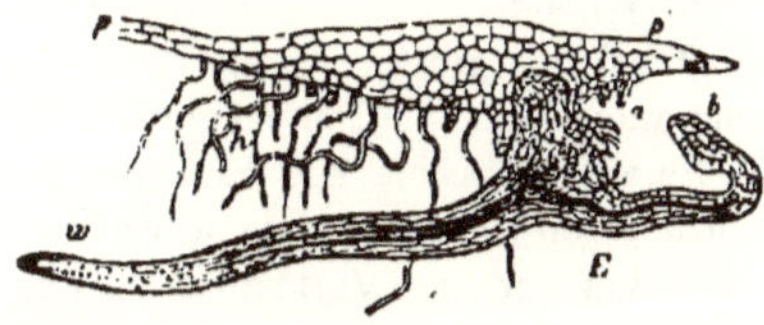

(B. 337.) Fig. 16.

Adiantum Capillus Veneris: E Embryo (junge Pflanze) welcher den Archegonienbauch, in welchem er entstanden ist, durchbrochen hat. Er hängt mit dem Prothallium nur noch durch das Saugorgan, den Fuss zusammen; w erste Wurzel, im Begriff in den Boden einzudringen, b Cotyledon p Prothallium mit unbefruchteten Archegonien (a) und Wurzeln h (nach SACHS).

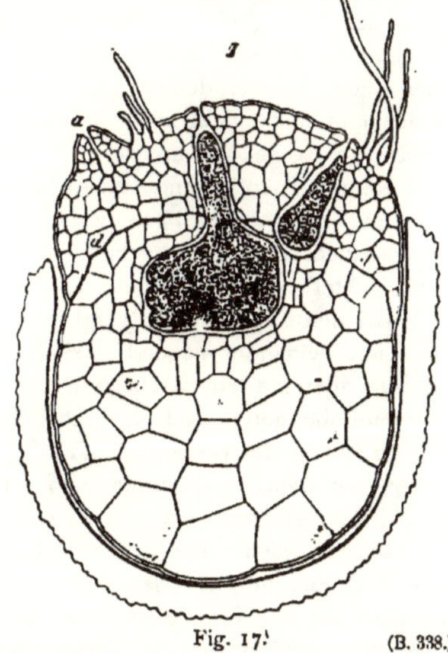

Fig. 17. (B. 338.)

Längsschnitt durch eine mit Prothalliumgewebe erfüllte Makrospore von *Selaginella Martensii.* Es haben sich zwei Embryonen entwickelt, die beide durch Streckung des Embryoträgers (e an dem Embryo rechts) aus dem Archegonienbauch in das Prothallium hinabgeschoben werden. a unbefruchtet gebliebenes Archegonium. — Nach PFEFFER.

Die meisten Anknüpfungspunkte an die Embryobildung der folgenden Abtheilung, die der Gymnospermen, bietet *Selaginella*. Der Embryo theilt sich durch die erste auftretende Wand in zwei Hälften, von denen die eine, obere den Embryoträger (E Fig. 17 in dem Embryo rechts) liefert, mittelst dessen der Embryo in das sekundäre Prothallium, welches die Makrospore erfüllt, hinabgeschoben wird, die andere den Embryo selbst bildet. Der letztere besitzt zwei Cotyledonen, welche denen mancher Dikotylen nicht unähnlich sind. Die Bildung eines Embryoträgers wiederholt sich bei den Gymnospermen und vielen Angiospermen. Merkwürdige Differenzen für die Embryobildung finden sich bei den Gymnospermen, von denen die Coniferen, welche am genauesten bekannt sind, hier angeführt sein mögen, und zwar zunächst bei der Hauptabtheilung derselben, den Araucariaceen, welche die Abietineen, Cupressineen u. a. als Unterabtheilungen umfassen.

Die Befruchtung der grossen Eizelle der Archegonien, die in den wesentlichen Zügen ihres Baues durchaus mit den Eizellen der Archegonien der Gefässkryptogamen übereinstimmen, findet hier nach Strasburger in der Weise statt, dass aus dem Pollenschlauch ein sphaerischer, zellenartiger Ballen in die Eizelle übertritt, und mit dem Kerne derselben verschmilzt. Der aus dieser Verschmelzung hervorgegangene Kern (»Keimkern«) wandert nun in den dem Halstheil des Archegoniums gegenüberliegenden Theil der grossen Eizelle und hier beginnt die Bildung des »Vorkeims«. Mit diesem vieldeutigen Namen, bezeichnet man hier wie bei den Angiospermen die Entwicklungsstufe des Embryos auf welcher es noch nicht zur deutlichen Abgrenzung von Embryoträger und Embryoanlage selbst gekommen ist. Es grenzt sich nun der zum Vorkeim werdende, den Keimkern enthaltende kleine untere Theil der Eizelle entweder sofort gegen den oberen grösseren Theil durch eine Wand ab (so bei den Cupressineen), oder es geschieht dies erst, nachdem der Kern sich einigemale getheilt hat, und um die Tochterkerne sich Zellen gebildet haben.

Bei den Cupressineen (vergl. Fig. 18.) zerfällt das untere Drittel der Eizelle in drei über einander liegende Zellen, von denen bei *Thuja occidentalis* nur die beiden oberen (dem Archegonienhals zugekehrten) in je vier Zellen zerfallen, während die untere sich zur Scheitelzelle der Embryoanlage constituirt. Durch die Streckung der oberen, den Embryoträger bildenden Zellen wird die Embryoanlage aus dem Archegonium heraus in das Prothallium geschoben. Hier bildet also jedes Archegonium nur einen Embryo, der anfangs mit zweischneidiger Scheitelzelle wächst, die sich aber bald verliert. — Bei *Juniperus* dagegen theilt sich auch die unterste der drei übereinander liegenden Zellen durch gekreuzte Längswände in vier Zellen, welche durch die Streckung der obern hervorgeschoben werden, die vier Zellen aber runden sich ab, trennen sich von einander und jede trägt an ihrem Ende eine Embryoanlage; hier gehen also aus einem Archegonium vier solche hervor, von denen jedoch nur eine zum Keim sich ausbildet. — Anders ist schon die erste Entstehung des Embryos der Abietineen: Der (aus Verschmelzung des Spermakerns mit dem Eikern hervorgegangene) Keimkern wandert auf den Grund der Eizelle, durch Theilung desselben entstehen zwei, dann vier Kerne, durch Plasmaanhäufung um dieselben bilden sich hier neben einander in einer Querebene liegend vier Zellen; diese theilen sich durch Querwände in drei über einanderliegende Etagen: die Zellen der zweiten Etage wachsen zu sehr langen, vielfach gebogenen Schläuchen aus, während die der oberen als Rosette im Archegonium stecken bleiben,[1]) die vier Zellen der untersten

[1]) Sie sind in Fig. 19, 1, nicht mehr wahrnehmbar.

Etage, welche durch jene Streckung in das Endosperm hinausgeschoben werden, theilen sich noch wiederholt und tragen so zur Verlängerung des Vorkeimfadens bei; dann trennen sich die vier Zellreihen des Vorkeims von einander, jede trägt

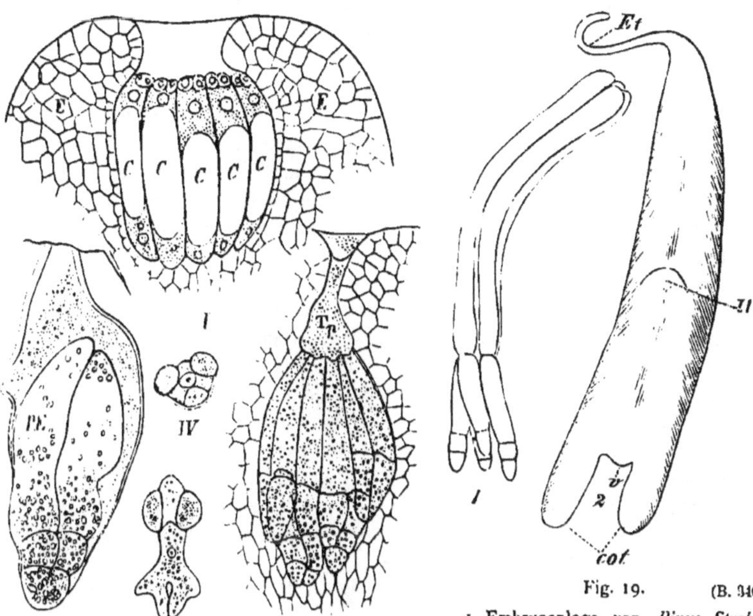

(B. 339.) Fig. 18.

(Nach STRASBURGER) I Längsschnitt durch den Scheitel einer Makrospore (Embryosacks) von *Callitris quadrivalvis*, es sind fünf befruchtungsfähige Archegonien getroffen (C, C), welche einen kurzen Halstheil besitzen, E das Prothallium (Endosperm). II Embryosackscheitel von *Juniperus virginiana* mit 6 durch den Pollenschlauch (Tp) befruchteten Archegonien, aus dem unteren Theile der Eizelle ist in jedem Archegonium eine Embryoanlage entstanden, die ursprünglich aus drei übereinander gelegenen Zellen besteht, die Zellen theilen sich später noch durch Längswände und die oberste Etage streckt sich zum Embryoträger (PE, Fig. III), welche einen weiter fortgeschrittenen Embryo derselben Pflanze zeigt).

Fig. 19. (B. 340.)

1 Embryoanlage von *Pinus Strobus* (nach HOFMEISTER) am 30. Juni. Sie ist in vier Zellreihen zerfallen, an der Spitze jeder derselben bildet sich eine Embryoanlage. (Vergr. 100). 2 Fast reifer Embryo von *Pinus Pumilio* im Längsschnitt (nach STRASBURGER) Vergr. 27. v Vegetationspunkt der Stammknospe, cot Cotyledonen; W Wurzel, Et Embryoträger.

eine Gipfelreihe, welche die Keimanlage so erzeugt, dass von vornherein die Existenz einer Scheitelzelle ausgeschlossen scheint (Fig. 19, 1). Es entstehen also auch bei den Abietineen aus einem Archegonium vier Keimanlagen; jedoch verhält sich *Picea vulgaris* in dieser Beziehung ähnlich wie *Juniperus*, indem die untere der drei primären Vorkeimzellen sich nicht spaltet und nur eine Keimanlage bildet. — Bei *Taxus baccata* besteht die Embryoanlage aus zwei oder drei Etagen, deren obere sich streckt und die Vorkeimschläuche bildet; die untere Etage besteht aus vier bis sechs Zellen, von denen jedoch schliesslich nur eine die Keimanlage erzeugt; ein Auseinanderweichen der Schläuche findet nicht statt. — Bei *Gingko*, wo die Keimentwicklung erst nach dem Abfallen der Samenknospe vom Baume beginnt, theilt sich zunächst der Kern der Eizelle, und durch wiederholte Theilung des Tochterkerns entsteht eine grössere Anzahl von frei im Protoplasma des Eies vertheilten Zellkernen. Wenn die definitive Anzahl derselben gebildet ist, umgeben sie sich mit Plasmastrahlen, es werden zwischen ihnen Zellwände gebildet, und das ganze Ei ist nun angefüllt von einem Gewebekörper, welcher den Embryo darstellt. In jedem Archegonium wird hier also nur ein Embryo gebildet, der Unterschied der Embryobildung von *Gingko* und der eines Farn ist der, dass bei den letzteren die Kerntheilung immer auch begleitet ist von Zelltheilung, d. h., dass eine Fächerung der befruchteten Eizelle erfolgt, während bei *Gingko* zunächst wie bei *Pinus* u. a. eine freie, nicht von Scheidewandbildung gefolgte Kerntheilung im Ei eintritt, und die so entstandenen Zellen erst später zu Zellbildungscentren werden. Ein eigentlicher Embryoträger kommt bei *Gingko* nicht zur Ausbildung, er wird dadurch angedeutet, dass die dem Archegonienhals zugekehrten Zellen zu kurzen Schläuchen auswachsen. Aehnlich wie bei *Gingko* beginnt die Embryobildung auch bei der *Gnetacee Ephedra*. Der Kern der befruchteten Eizelle theilt sich hier zunächst in zwei freie Tochterkerne, durch fortgesetzte Zweitheilung entstehen vier, dann acht Zellkerne. Nun erst findet Zellbildung um diese freien Kerne statt; sie umgeben sich mit Plasma, das strahlig um sie angeordnet ist, und sich mit einer Zellmembran umkleidet. Die einzelnen so gebildeten Zellen schliessen aber nicht wie bei *Gingko* zu einem Gewebe zusammen, sondern liegen frei in dem unverbrauchten Protoplasma der Eizelle. Jede der freien Keimzellen wächst dann zu einem Schlauche aus, der die Seitenwand des Archegoniums durchbricht, und an seiner Spitze eine kleine, plasmareiche Zelle abgrenzt, aus der der Embryo hervorgeht; von den in Mehrzahl angelegten Embryonen bringt es aber gewöhnlich nur einer zur vollständigen Entwicklung.

Wir finden also bei den Coniferen häufig die eigenthümliche Erscheinung, dass aus einer Eizelle mehrere Embryoanlagen hervorgehen können, indem die nach der Befruchtung im Ei gebildeten Zellen sich isoliren. Es lässt sich dieser Vorgang in allen Fällen als eine Theilung der ursprünglichen Embryonalanlage auffassen, eine Theilung die bei *Ephedra* schon vor sich geht, ehe die im Ei entstandenen Zellen zu einem Zellkörper sich zusammengeschlossen haben, bei den Abietineen auf einem etwas späteren Stadium, während sie in andern Fällen auch ganz unterbleibt. Es ist diese Theilung[1]) der Embryonalanlagen um so auffälliger, als sie zur Bildung mehrerer Embryonen trotzdem nicht führt, indem es in den normalen Fällen immer nur eine einzige Embryonalanlage ist, welche die andern verdrängend zur Weiterentwicklung gelangt. Und dies gilt auch für die Fälle, in denen eine weitere Ursache zur Polyembryonie darin gegeben ist, dass mehrere Archegonien eines Prothalliums befruchtet werden. Von den in das Prothallium (»Endosperm«) hinabwachsenden Embryonen bringt es nur einer zur Weiterentwicklung.

Viel weniger different als die Anlage des Embryo ist die Ausbildung desselben. Dieselbe findet überall (mit Ausnahme von *Gingko)* im Prothallium (= Endosperm) statt, in welches die Embryoanlagen durch die Verlängerung der Embryoträger (Suspensoren) hinabgedrängt werden, indem sie gleichzeitig das Gewebe des Prothallium resorbiren. Die junge, noch ungegliederte Keimanlage ist ein Zellkörper, in welchem sich der untere plasmareiche Theil, die Embryoanlage, auffällig von dem obern, dem Embryoträger unterscheidet. Bei

[1]) Vergleichen liesse sich dieselbe etwa mit dem bei vielen Thallophyten z. B. *Oedogonium* stattfindenden Verhältnisse, dass die Oospore (befruchtete Eizelle) sich in eine Anzahl Schwärmsporen theilt, aus deren jeder eine neue Pflanze hervorgeht.

Thuja beginnt die Differenzirung der Wurzel, wenn der inhaltreiche Theil der Keimanlage annähernd eine Länge von 0,4 Millim. erreicht hat. Sie erfolgt tief im Gewebe des Embryo's, etwa 0,15 Millim. unter dem Scheitel desselben. Die Bildung der Wurzel wird durch perikline Theilungen in einer Lage halbkugelförmig angeordneter Zellen eingeleitet, die allseitig vom Gewebe des Embryo umschlossen sind. Die Wurzel ist demgemäss gleich von Anfang an gegen den Embryoträger hin von zahlreichen Zellschichten bedeckt (Fig. 19, 2 W). Uebrigens sind die Vorgänge, welche die Zellenanordnung bei der Wurzelbildung bedingen noch nicht genau bekannt, auch lässt sich aus den Zeichnungen, die namentlich STRASBURGER darüber veröffentlicht hat, Genaueres nicht entnehmen, es geht aus denselben nur hervor, dass auch im Samen die charakteristische Struktur der Coniferenwurzel zu Stande kommt: ein »Plerom«cylinder umgeben von einem »Periblem«mantel, dessen äusserste Schichten die Wurzelhaube bilden.

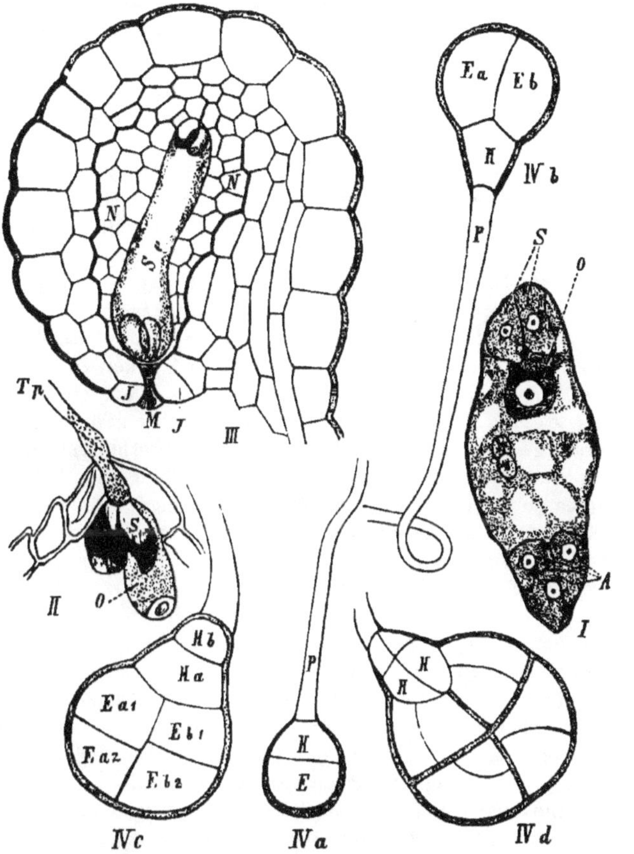

Fig. 20. (B. 341.)

I Embryosack aus der Samenknospe von *Triglochin palustre* (Vergr. 750), vor der Befruchtung. S Synergiden am Mikropyle-Ende des Embryosacks. O die unterhalb derselben inserirte Eizelle, A die drei Gegenfüsslerzellen (Antipoden) am andern Ende des Embryosacks, in der Mitte des Embryosacks zwei später zum Embryosackkern verschmelzende Zellkerne. II Befruchtung von *Funkia ovata* (Mikropyletheil des Embryosackes) Tp Pollenschlauch, O Eizelle. III. Optischer Längsschnitt durch die Samenknospe vom *Orobanche Hederae*, Se Embryosack in welchem von den je drei Zellen des Eiapparates und der Gegenfüsslerzellen nur zwei zu sehen sind. IVa bis IVd Embryoentwicklung von *Orobanche Hederae*, P Embryoträger, H Hypophyse, E erste Embryozelle, deren Theilungen mit Ea1, Eb1 u. s. w. bezeichnet sind. I nach FISCHER, II nach STRASBURGER, III und IV nach KOCH.

Als interessanter Specialfall möge hier noch die Thatsache erwähnt sein, dass, wie STRASBURGER nachgewiesen hat, bei *Cephalotaxus Fortunei* und *Araucaria brasiliensis* der Scheitel der Embryoanlage nicht zum Vegetationspunkte des Embryo wird, der letztere bildet sich vielmehr im Innern der Keimanlage, während der nur als Bohr- und Schutzorgan dienende ursprüngliche Scheitel abgeworfen wird.

Ein eigenthümliches, dem »Fuss« der Farnembryonen vergleichbares Saugorgan besitzen die Embryonen von *Gnetum Gnemon*[1]) und *Welwitschia mirabilis*. Es entwickelt sich während der Keimung als Auswuchs des hypokotylen Gliedes, und bleibt mit dem Endosperm in Berührung, während der grösste Theil des Embryo's aus demselben hervortritt, es erfüllt dieses Saugorgan schliesslich die ganze Endospermhöhle.

Lässt sich nach dem eben Gesagten für die Gymnospermen ein einheitlicher Typus für die Embryoentwicklung nicht nachweisen, so ist dies noch viel weniger für die Angiospermen der Fall. Es liegt hier bekanntlich die Eizelle nebst den beiden »Gehilfinnen« im vorderen, der Mikropyle zugekehrten Ende des Embryosackes (vergl. Fig. 20 I u. III), in welchem erst nach der Befruchtung die Endospermbildung beginnt. Was die Ausbildung des Embryo's betrifft, so war bis zu HANSTEIN's Untersuchung über »Die Entwicklung[2]) des Keimes der Monokotylen und Dikotylen« nur den ersten Stadien desselben das Interesse zugewandt. Vor Allem war es HOFMEISTER, welcher an einer grossen Anzahl von Pflanzen den Befruchtungsvorgang untersuchte, und die Unrichtigkeit der SCHLEIDEN-SCHACHT'schen Befruchtungstheorie, wonach der Embryo von dem in den Embryosack eingedrungenen Pollenschlauche gebildet werden sollte, nachwies. Die späteren Stadien der Embryoentwicklung, die Zelltheilungsfolge in demselben und ihre Beziehungen zu den Organanlagen wurden dabei höchstens gelegentlich, und dann meist nicht sehr exakt in Betracht gezogen. Dies geschah durch die erwähnte HANSTEIN'sche Arbeit die vor Allem das Ziel verfolgte, die Theorie vom Vorhandensein dreier gesonderter Meristemschichten im Vegetationspunkte der Samenpflanzen, des Dermatogens, Periblems, Pleroms auch an der Embryoentwicklung zu konstatiren, zu prüfen, wann eine Sonderung dieser Meristeme eintrete, und den vollständigen Zellenaufbau zunächst für die dikotylen und monokotylen Embryonen von der Theilung der Embryomutterzelle an Schritt für Schritt bis zur Fertigstellung ihrer Gliederung zu verfolgen (a. a. O. pag. 2). Die Untersuchung ergab einen Entwicklungsgang, der für Monokotylen und Dikotylen nicht ganz gleich, innerhalb jeder dieser beiden Abtheilungen aber doch im Wesentlichen constant erschien. Es bildet sich aus der befruchteten Eizelle zunächst ein »Vorkeim«.[3]) Eine oder zwei Endzellen desselben sind die Mutterzellen des Embryo, ihnen schliesst sich noch eine unter ihnen gelegene Zelle des Vorkeim's an, welche in der HANSTEIN'schen Embryologie eine grosse Rolle spielt, die Hypophyse. Der Embryo gestaltet sich zunächst zu einer Zellkugel, scheidet ein geschlossenes Hautgewebe ab und differenzirt dann in seinem Innern die verschiedenen Meristeme. Im oberen Theil des Embryo entstehen die Kotyledonen und die Stammknospe, im untern (der Mikropyle zugewandten) die Wurzelanlage. »Alles dies wird bei den

---

[1]) BOWER, the germination and embryology of Gnetum Gnemon. Quart. Journal micr. soc. Vol. XXII, 1882; Derselbe, on the germination and histology of the seedling of Welwitschia mirabilis. Quarterly journal etc., Vol. XXI 1882.

[2]) HANSTEIN, botan. Abhandl., I Bd.

[3]) Soll dieser Ausdruck einen bestimmten Sinn haben, so kann er nur für den noch nicht in Embryokörper und Embryoträger gegliederten Embryo gebraucht werden; einige Schriftsteller wenden den Ausdruck auch auf den Embryoträger an.

Dikotylen durch planmässig aufeinanderfolgende Zelltheilungen ausgeführt, welche ohne jeden Umweg, Zug für Zug scharf auf die innere und äussere Ausgestaltung loszielen. Bei den Monokotylen dagegen finden sich die Sonderschichten erst nach und nach aus grösseren nicht planmässig angelegten Zellhaufen durch wiederholte Theilungen zusammen, welche unregelmässig und allmählich aus indifferenten Richtungen in solche übergehen, die zum Ziele führen (a. a. O. pag. 69). Es mag hier gleich bemerkt sein, dass die dieser Aeusserung zu Grunde liegende Anschauung sich nicht bestätigt hat: auch das im Embryo auftretende Zellgerüste ist stets in bestimmter Beziehung zur äusseren Form, d. h. zum Gesammtwachsthum des Embryo und variirt also mit dem letzteren sehr bedeutend, so sehr, dass, wie unten näher darzulegen sein wird, eine bestimmte Regel für den Zellenaufbau des Embryo's überhaupt nicht gegeben werden kann. Ehe wir dazu übergehen, sind aber zunächst die beiden, vielerörten HANSTEIN'schen Typen: *Capsella bursa pastoris* für die Dikotylen, *Alisma Plantago* für die Monokotylen in ihrer Entwicklung näher darzustellen, da an sie als Vergleichsobjekte die embryologischen Untersuchungen wohl noch länger anknüpfen werden.

Die befruchtete Eizelle von *Capsella*[1]) streckt sich zunächst zu einem ziemlich langen Schlauche, der in seinem oberen, der Mikropyle abgekehrten Ende durch eine Anzahl von Querwänden abgetheilt wird. Aus der Endzelle dieser Zellreihe (des Vorkeims) geht der Embryo der Hauptsache nach hervor. HANSTEIN unterscheidet drei Stadien der Embryoentwicklung. Im ersten Stadium bildet sich der Embryo zur Kugelform um, ohne äussere Gliederung, während innen die verschiedenen Meristemschichten (Dermatogen, Periblem, Plerom) sich schon von einander gesondert haben. Im zweiten Stadium gliedert der Embryo sich in Wurzel, Stammtheil und Cotyledonen und im dritten wächst er in allen Theilen zur Keimreife heran. — Die Annahme der Kugelform seitens der Endzelle des Vorkeims ist nun mit der bei dieser Umfangsform gewöhnlichen Zelltheilung verknüpft, d. h. die Endzelle zerfällt in acht Kugeloctanten. Durch perikline Wände wird nun schon auf diesem Stadium die Anlage der Epidermis (»Dermatogen«) abgegrenzt, d. h. diejenigen Zellen, die sich von jetzt ab nur noch durch Antiklinen theilen, also von nun an eine einfache die Embryoanlage umgebende und ihrem Wachsthum folgende Zellschicht bilden. Durch die erste, in der Embryoanlage auftretende Querwand wird derselbe nach HANSTEIN, FAMINTZIN u. A. in zwei Theile, einen »kotylischen«, aus dem die Stammknospe und die Kotyledonen und einen hypokotylischen, aus dem das hypokotyle Glied und die Wurzel hervorgehen. Einen zwingenden Grund zu dieser Annahme, welche auch dem Schema Fig. 20, IV a, zu Grunde gelegt ist, vermag ich weder in HANSTEIN's noch in FAMINTZIN's Zeichnungen aufzufinden, doch ist ja die Thatsache an und für sich durchaus nicht unwahrscheinlich. Jedenfalls ist sie aber auch nicht von grosser Bedeutung, denn bei vielen andern Embryonen findet eine solche Sonderung in der That nicht statt.

Es hätte keinen Zweck, den Leser mit der Schilderung der weiterhin eintretenden Zelltheilungsfolgen (soweit sie bekannt sind) zu langweilen. Denn in der That bieten diese Zelltheilungen nichts dar, was man an ähnlich geformten anderen Organen nicht auch finden könnte. Der Querschnitt Fig. 21, 4, gilt z. B. auch vollständig für das Zellnetz, welches ein Querschnitt durch ein Sphacelarienstämmchen oder ein

[1]) Vergl. HANSTEIN a. a. O. pag. 5; WESTERMAIER, Flora, 1876, No. 31—33; FAMINTZIN, Embryologische Studien (Mém. de l'Acad. imp. des sc. de St. Petersb. VIIe sér. T. XXVI, No. 6o).

Moossporogonium liefert. Die Reihenfolge der Wände ist aus dem optischen Querschnitt Fig. 21, 4, zu ersehen: die stärker ausgezogenen sind die älteren; die schwächeren treten später auf. Es existiren um diese Zeit also dreierlei Zell-

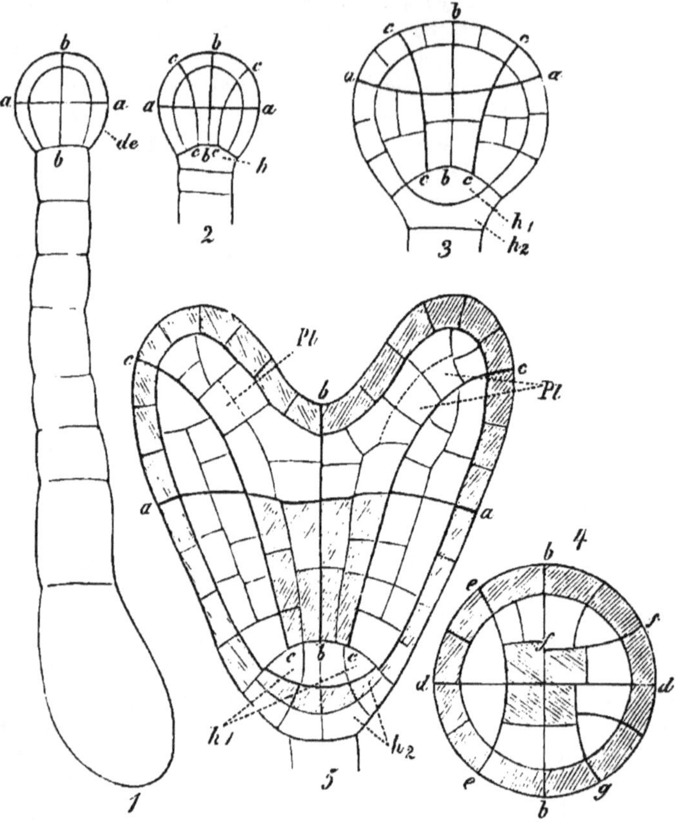

(B. 342.) Fig. 21.

Embryoentwicklung von *Capsella bursa pastoris* in schematischer Darstellung (mit Zugrundelegung von Zeichnungen HANSTEIN's und FAMINTZIN's). 1 Embryo mit langem Embryoträger, die Endzelle bildet den Haupttheil der Embryoanlage, sie hat sich in acht Kugeloctanten getheilt, a a, b b, die beiden sichtbaren Octantenwände. Durch Periklinen ist die Anlage des Dermatogen's gebildet. Die Zelle b giebt später die »Hypophyse« ab. Fig. 2 etwas ältere Embryoanlage (hier wie in den folgenden Figuren ist der Embryoträger nicht mehr gezeichnet), h die Hypophyse, c c zwei Antiklinien. 3 Weiteres Stadium, die »Hypophyse« hat sich in die Zelle h_1 und h_2 getheilt. Fig. 4 opt. Querschnitt durch die untere Hälfte eines etwa auf dem Entwicklungsstadium wie der in Fig. 3 abgebildet stehenden Embryo's. Dermatogen und Plerom sind schraffirt. Ebenso in Fig. 5, Längsschnitt durch einen Embryo, aus welchem die Kotyledonen und die Hauptwurzel angelegt sind. Pl das Plerom der Kotyledonen. Die Bezifferung der Wände ist in allen Figuren dieselbe, um die Veränderungen derselben zu zeigen; ihre Lage ist in der Natur durch Brechungen verdeckt.

komplexe: ein innerer, aus dem die Anlagen der Gefässbündel sich später differenziren, das »Plerom« ein mittlerer, das »Periblem« und eine äussere Zellschicht, das »Dermatogen.« Diese drei »Meristeme« sind auch im optischen Längsschnitt (Fig. 21, 5) deutlich erkennbar und nach den vorliegenden Angaben, namentlich denen FAMINTZIN's von Anfang an deutlich von einander gesondert. Wir legen aber auf diesen Umstand kein grosses Gewicht, einmal desshalb, weil nach dem oben (pag. 140) Mitgetheilten eine solche Sonderung in anderen Fällen im Sprossvegetationspunkt sich nicht findet, und zweitens darum, weil das »Plerom« der Kotyledonen wie die Fig. 21, 5, zeigt, nicht abstammt von dem des hypokotylen Gliedes, sondern ein sekundäres Differenzirungsprodukt innerhalb der Kotyledonenanlagen ist, es spalten sich die unter dem »Dermatogen« liegenden Zellen der Kotyledonenanlagen in »Periblem« und Pleromzellen, welche sich natürlich an die entsprechenden Meristeme des hypokotylen Gliedes ansetzen. Es wird diese Spaltung in der schematischen Figur 21, 5, durch die punktirten Linien angedeutet. Es zeigt diese Entstehung, dass zwischen Periblem und Plerom keineswegs von Anfang an eine scharfe Differenz vorhanden ist.

Die äusseren Veränderungen, welche der Embryo bis zur Anlage der Kotyledonen erfährt sind einfache. Sein anfangs halbkugelig gewölbter Scheitel flacht sich ab, später sprossen seitlich von der Mittellinie die beiden Kotyledonen hervor, wodurch der Embryo dann eine herzförmige Gestalt annimmt. Der Scheitel des Embryo's selbst, also der Stammvegetationspunkt tritt als gesonderter Hügel zwischen den Kotyledonen nicht hervor, es geschieht dies erst später bei der Keimung.

Unterdessen sind aber auch am unteren, dem Embryoträger angrenzenden Ende des Embryo's charakteristische Veränderungen vor sich gegangen. Kehren wir zu der durch Fig. 21, 1, repräsentirten Stufe zurück, so grenzt dem Embryo eine mit b bezeichnete Zelle an, die in den Aufbau desselben später mit eintritt. Sie theilt sich durch eine Querwand, die obere der beiden so entstandenen Zellen (h, Fig. 21, 2) wird von HANSTEIN als Hypophyse bezeichnet.

Sie erscheint als Abschluss des Embryo's nach unten hin, dadurch, dass beim weiteren Wachsthum desselben die unterste Querwand des Embryo uhrglasförmig gewölbt wird: eine Erscheinung, welche, wie SACHS gezeigt hat, bei zahlreichen kugeligen Organen z. B. den Antheridien der Characeen, vielen Haaren etc. sich findet, und die daraus resultirt, dass der rechtwinkelige Ansatz an die Aussenwand des Embryo's auch bei der stärkeren Wölbung der ersteren beibehalten wird. Die »Hypophyse« (eine wie die weitere Forschung gezeigt hat, mit Unrecht als ein charakteristischer Bestandtheil angesehene und benannte Zelle) zerfällt durch eine Antikline (Fig. 21, 3) in zwei übereinanderliegende Zellen (h u. h1) die beide zunächst durch Längswände gespalten werden. Die obere der beiden Zellen bildet den »Periblemabschluss« des Wurzelkörpers, die untere die Anlage der Wurzelhaube, welche sich an das Dermatogen anschliesst. Die weiteren Schichten der Wurzelhaube gehen aus der Spaltung der in Fig. 21, 5 schattirten Zellschicht hervor, so dass die Wurzelhaube hier als eine »Wucherung des Dermatogens« bezeichnet werden kann. Es bleibt der Vegetationspunkt der Wurzel überzogen von einer Zellschicht, die wie eine Korkcambiumschicht sich wiederholt in zwei Schichten spaltet: eine äussere, Wurzelhaubenschicht und eine innere, dem Wurzelkörper angrenzende, die denselben Vorgang wiederholt.

Vergleichen wir mit diesem für die Embryoentwicklung der Dikotylen gegebenen Beispiel das für die Monokotylen aufzustellende, *Alisma Plantago* entnommene, so ergeben sich nicht unwichtige Differenzen. Vor Allem in der Organanlage. Der Kotyledon der Monokotylen ist (mit Ausnahme der unten zu erwähnenden Fälle) keine seitliche Bildung am Embryo, sondern wird gebildet durch dessen Endstück, ist also apikal, der Stammvegetationspunkt dagegen wird seitlich angelegt. Die Zelltheilungsfolgen sind ebenfalls etwas anders, namentlich findet die Abscheidung des »Dermatogens« erst später statt. Es betheiligen sich am Aufbau des Embryo's wenn wir von dem dreizelligen Stadium (Fig. 22, 1) ausgehen, die Zellen l und r, aus l geht der Cotyledon, aus r Theile des Embryo's und Embryoträgers hervor, wie eine Vergleichung der Figuren zeigen

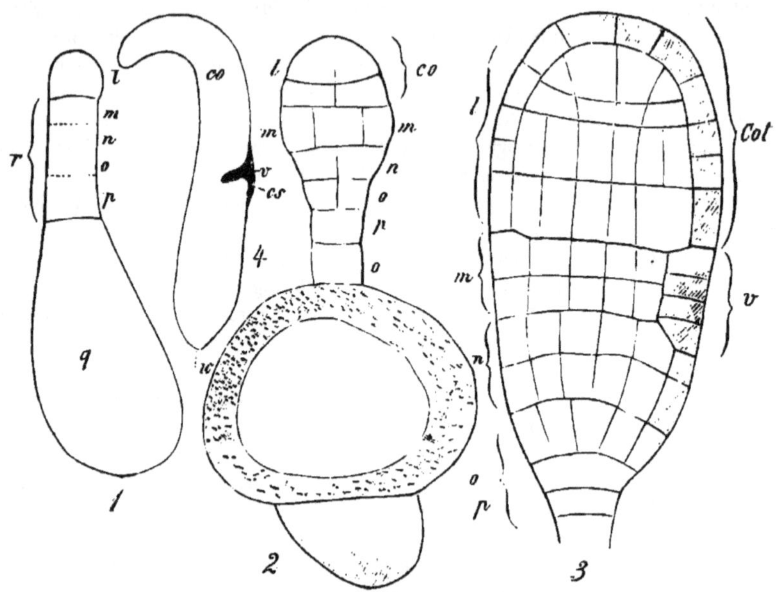

(B. 343.) Fig. 22.

Embryoentwicklung von *Alisma Plantago* schematisirt nach Hanstein und Famintzin. 1 Ein dreizelliger Embryo, bestehend aus den Zellen q, r, l. Die beiden oberen betheiligen sich am Aufbau des Embryo's, r auch an dem des Embryoträgers. 2 Aelterer Embryo, Dermatogen noch nicht abgeschieden, co Stück aus welchem der Kotyledon, m dasjenige, aus welchem die Stammknospe hervorgeht. Die unteren Zellen des Embryoträgers sind sehr angeschwollen. 3 Längsschnitt eines Embryos, an welchem Kotyledon (Cot) und Stammknospe (v) angelegt sind. Fig. 4 reifer Embryo, der Kotyledon ist terminal, cs die Kotyledonarscheide, die Stammknospe v liegt in der seitlichen Einbuchtung. w Hauptwurzel.

mag. In Fig. 21, 2, besteht der Embryo aus einer Anzahl theilweise durch Längswände getheilter Querscheiben, das Dermatogen wird erst später gebildet. Die weiteren Theilungen, die sich theilweise wenigstens ebenfalls aus den Figuren ergeben, mögen hier nicht berührt werden. Famintzin findet auch hier von Anfang an eine scharfe Sonderung der drei Meristeme. Auf einem mittleren Entwicklungsstadium, wie das in Fig. 21, 3 repräsentirte, besteht der Embryo aus einem ovoïden Körper. Das obere Stück desselben wächst zum Cotyledon aus, an dem mittleren Stück befindet sich seitlich rechts eine kleine Einbuchtung, welche die Lage des Stammvegetationspunktes bezeichnet, das untere Stück liefert das hypokotyle Glied und die Wurzel. Die dem Embryo angrenzende Hypophysenzelle liefert nach Hanstein in ähnlicher Weise wie bei *Capsella* den Wurzelabschluss.[1])

---

[1]) Nach Hegelmaier (Bot. Zeit. 1874) sollen bei verschiedenen Monokotylen (*Sparganium, Triticum, Pistia* etc.) auch die dem Kotyledon folgenden Blätter »relativ terminal« sein, d. h.

Die beiden hier geschilderten Beispiele wurden hervorgehoben, weil sie zu den übersichtlichen und bestuntersuchten gehören, und das für sie Festgestellte der Hauptsache nach auch in der That noch für eine grössere Anzahl anderer Pflanzen gilt. Sie sind aber weit davon entfernt, als allgemein gültige Schemata für die Embryoentwicklung der Mono- und Dikotyledonen gelten zu können, wofür sie zu halten man wenigstens eine Zeit lang geneigt war. Vielmehr haben ausgedehntere Untersuchungen, namentlich die HEGELMAIER's ergeben, dass in fast allen der oben kurz geschilderten Differenzirungsvorgänge bei andern Formen Abweichungen vorkommen. Was zunächst die uns hier vorzugsweise interessirende Art der Organanlegung betrifft, so wurde als Unterschied zwischen Mono- und Dikotylen hervorgehoben, dass bei ersteren der Kotyledon scheitelständig-terminal ist, während die beiden Kotyledonen der letzteren seitlich am oberen Ende des Embryo's hervorsprossen, wenn sie auch oft, wie bei *Capsella* den oberen Theil des Embryo's so sehr in Anspruch nehmen, dass die Stammknospe zwischen ihnen als gesonderter Höcker nicht erkennbar ist. Allein, wie SOLMS-LAUBACH[1]) gezeigt hat, giebt es auch monokotyle Embryonen, bei welchen der Kotyledon nicht terminal, sondern als seitliche Bildung am Embryo auftritt. Dies ist der Fall bei den Dioscoreaceen und einigen (vielleicht allen) Commelyneen. Der Stammvegetationspunkt nimmt wie bei den Dikotylen hier ursprünglich das Ende des Embryos ein, und wird erst später durch die Entwicklung des unterhalb resp. seitlich vom Stammvegetationspunkt entstehenden Cotyledon in seitenständige Lage gerückt. Es giebt übrigens auch Dikotylen, deren Embryo nur einen einzigen Kotyledon besitzt. So *Carum Bulbocastanum*, *Ranunculus Ficaria* u. a. Eine Annäherung an die Kotyledonarbildung der Monokotylen findet hier indess nicht statt, denn wie HEGELMAIER[2]) nachwies, kommt die »pseudomonokotyle« Form des Embryo's der erstgenannten Pflanze durch (nicht ganz vollständige) Verkümmerung des einen Keimblattes bei gewöhnlicher seitlicher Anlage des andern zu Stande. Der eine Kotyledon wird seitlich angelegt, rückt aber allmählich mehr und mehr in anscheinend terminale Stellung ein. Das Rudiment des zweiten Kotyledon tritt viel später auf und bleibt sehr klein, einmal aber fand HEGELMAIER auch einen mit zwei Keimblättern versehenen Embryo. Einen ähnlichen Vorgang dürfen wir wohl auch für *Ranunculus Ficaria* annehmen, umsomehr als man zahlreiche Fälle kennt, in welchen zwar zwei Kotyledonen vorhanden sind, aber der eine bedeutend kleiner ist als der andere. So bei *Trapa natans*,[3]) wo der eine Kotyledon klein und kaum sichtbar, der andere

ein gesonderter Stengelvegetationspunkt aus dem sie entspringen, noch nicht vorhanden sein, der letztere vielmehr bei *Triticum* (pag. 662 a. a. O.) an dem ersten Knospenblatt als Protuberanz aus dem dem Kotyledon zugekehrten Theile entstehen. Ich sehe eine Nöthigung zu einer solchen Annahme um so weniger ein, als auch bei Dikotylen der Vegetationspunkt zwischen den Kotyledonen anfangs nicht gesondert hervortritt, obwohl er der Anlage nach unzweifelhaft vorhanden ist, indem eine bestimmte Zellgruppe (oder auch eine einzige Zelle) Vegetationspunktcharakter besitzt. Dasselbe nehme ich für eine analoge Angabe KIENITZ-GERLOFF's für *Isoëtes lacustris* an. Bei *Pistia* ergiebt sich aus KUBIN's Untersuchungen das Vorhandensein des Stengelvegetationspunktes ohnedies, die Figuren desselben (Taf. 3 Fig. 8, 9, 10 d. HANSTEIN, Bot. Abhandl., III. Bd.) sind übrigens nicht gerade sehr klar, was übrigens für die Darstellung der meisten Zellnetze älterer, Durchschnitte erfordernder, Embryonen gilt.

[1]) H. Graf zu SOLMS-LAUBACH über monokotyle Embryonen mit scheitelbürtigem Vegetationspunkt. Bot. Zeit. 1878. pag. 65 ff.

[2]) Vergleichende Untersuchungen. pag. 138 ff.

[3]) DECANDOLLE, physiologie végétale. T. II. pag. 838.

gross und mit Reservestoffen angefüllt, bei *Cyclamen persicum, Citrus Aurantium, Abronia umbellata* u. a.[1]) DARWIN macht darauf aufmerksam, dass eine solche Ungleichheit der Kotyledonen sich da zu finden pflege, wo das hypokotyle Glied oder die Wurzel des Embryo's knollenförmig verdickt sind, dass also mit andern Worten hier eine Correlation zwischen dem Kleinbleiben des Kotyledon und dem Anschwellen der genannten Organe stattfinde. Wenn aber DARWIN vermuthet, der Vorgang sei der gewesen, dass das hypokotyle Glied (oder die Wurzel), »*first became from some cause thickened — in several instances apparently in correlation with the fleshy nature of the mature plant — so as to contain a store of nutriment sufficient for the seedling, and then that one or both cotyledons from being superfluous, decreased in size*« — (a. a. O. pag. 97 u. 98), so findet diese Ansicht wenigstens für *Carum Bulbocastanum*, dem einzigen genauer untersuchten Falle, in der Entwicklungsgeschichte, keine Stütze, sondern Widerlegung, denn die Verkümmerung des einen Kotyledons, der nach dem obigen sogar (wie viele verkümmernde Organe) verspätet auftritt, erfolgt zu einer Zeit, wo weder hypokotyles Glied noch Wurzel irgend welche nennenswerthe Ausbildung erfahren haben, also auch nicht hemmend auf die Entwicklung des einen Kotyledon einwirken können, Will man an dem Vorhandensein der genannten Correlation festhalten, so ist dieselbe also so zu fassen, dass die Verkümmerung des Kotyledon als Ursache der knolligen Verdickung der Wurzel anzusehen ist.[2]) Dass, bezüglich der angenommenen Wechselverhältnisse bei nahe verwandten Pflanzen keine Uebereinstimmung herrscht (was bei Correlationsverhältnissen übrigens häufig der Fall ist), das zeigt z. B. *Chaerophyllum bulbosum*, das seine Wurzel ebenfalls knollig verdickt, aber zwei wohlausgebildete Kotyledonen besitzt.

Auch die Wurzelbildung verläuft nicht immer in der geschilderten Weise mittelst der Bildung einer »Hypophyse.« Schon desshalb, weil in nicht seltenen Fällen ein Embryoträger und somit eine Hypophyse überhaupt gar nicht existirt, sondern die Eizelle in ihrer Totalität, wie bei den Farnen zur Embryobildung verwendet wird. So unter den Monokotylen bei *Pistia Stratiotes*[3]), *Listera ovata, Epipactis palustris, Cypripedium spectabile*[4]), *Tinnantia* und *Heterachtia*[5]), unter den Dikotylen *Corydalis cava*[6]). Die Thatsache, dass eine der oben erwähnten Species nahestehende andere Art derselben Gattung *(Coryd. ochroleuca)* einen Embryoträger besitzt, zeigt, wie wenig constant der Besitz eines solchen innerhalb ein und derselben Gattung ist. Und dass auch innerhalb einer grösseren Familie

[1]) Betreffs der letztgenannten Pflanzen s. DARWIN, the power of movements in plants pag. 78 und 95. Ueber Cyclamen: GRESSNER, Zur Keimungsgeschichte von Cyclamen, Botan. Zeit. 1874, pag. 837. — Der zweite Kotyledon ist hier im Samen nur der Anlage nach vorhanden, bei der Keimung erst entwickelt er sich zum zweiten grünen Blatt der Pflanze. — Dasselbe ist auch bei *Abronia umbellata* der Fall (IRMISCH, Flora 1856, pag. 692). Es liegt also bei diesen Pflanzen nur eine interessante zeitweilige Hemmung des einen Kotyledon vor.

[2]) Die Keimung von *Carum Bulbocastanum* hat IRMISCH geschildert; Beiträge zur vergl. Morphol. der Pflanzen II. *Carum Bulbocastanum* und *Chaerophyllum bulbosum* nach ihrer Keimung. — Uebrigens wird noch für eine Anzahl anderer Pflanzen »monokotyle Keimung« angegeben, ohne dass der Vorgang näher untersucht wäre, so z. B. *Berardia subacaulis, Centaurea Kerneriana, Synelesis aconitifolia.* Vergl. Bot. Zeit. 1878, pag. 367.

[3]) HEGELMAIER, Bot. Zeitung 1874, pag. 631. KUBIN, die Entwicklung von *Pistia Stratiotes* in HANSTEIN, Botan. Abhandl., 3. Bd.

[4]) TREUB, Notes sur l'embryogénie de quelques Orchidées, 1879.

[5]) SOLMS, a. a. O.

[6]) HEGELMAIER, a. a. O. pag. 113 ff.

Schwankungen vorkommen, zeigen z. B. die Leguminosen, über deren Embryoentwicklung neuerdings ausführliche Daten vorliegen.[1]) Die befruchtete Eizelle theilt sich, wie dies die Regel ist, zunächst durch eine Querwand. Die untere (dem Embryosack angeheftete) der beiden Zellen wird entweder zum Embryoträger oder zur Embryobildung mit verwendet. Letzteres ist der Fall bei den Mimoseen und einigen Hedysareen, die sich also den oben genannten Beispielen anschliessen. Auch bei denjenigen, die einen Embryoträger besitzen, ist er sehr verschieden ausgebildet. Bei einigen Gattungen besteht er nur aus drei oder vier über einander stehenden Zellen[1]) (z. B. *Soja, Trifolium*), bei den Vicieen aus zwei Paaren gekreuzter Zellen, von denen die am Scheitel gelegenen eine beträchtliche Länge erreichen und vielkernig werden;[2]) *Ononis* besitzt als Embryoträger eine Zellreihe von variabler Zahl, also ähnlich wie *Capsella; Lupinus* und *Cicer* Zellpaare in grösserer oder geringerer Zahl, wobei einige *Lupinus*-Arten die Eigenthümlichkeit zeigen, dass sich die Zellen des Embryoträgers schon frühe von einander trennen, so dass der Embryo dann frei an einem von der Mikropyle entfernten Ort im Embryosacke liegt[3]); bei *Medicago, Trigonella, Phaseolus* u. a. ist der Embryoträger ein vom Embryo entweder scharf abgesetzter oder in ihn übergehender Zellkörper *(Phaseolus)*, der bei *Cercis, Anthyllis, Cytisus* u. a. eine ovoïde oder abgerundete Form besitzt. Die Form eines vom Embryo nicht scharf abgesetzten Zellkörpers besitzt der Embryoträger z. B. auch bei *Geranium* (HEGELMAIER, Vergl. Unters.). Die Differenzirung der Wurzel geht hier also in einem vielzelligen Gewebekomplex, nicht einer ursprünglich einzelligen »Hypophyse« vor sich, und es ist klar, dass dieser Vorgang dabei einen anderen Habitus bieten wird.

Auch der Ursprung des Embryo's aus zwei (Embryomutterzelle und Hypophyse) oder mehr (meist drei) Zellen ist für die Dikotyledonen nicht constant. Die untersuchten Cruciferen[4]) folgen zwar dem Schema von *Capsella*, allein in andern Familien z. B. den Papaveraceen finden Differenzen statt. Ebensolche Differenzen finden statt in Bezug auf den Zeitpunkt der Abscheidung des Dermatogens und der Zellenanordnung. Diese letztere richtet sich nach dem Gesammtwachsthum und dies ist, wie ein Ueberblick über die untersuchten Fälle zeigt, ein recht verschiedenes, und das auch innerhalb ein und derselben Familie. Wir wissen im Grunde nicht viel mehr, als vor dem Beginn der mühsamen Untersuchungsreihen, nämlich dass ein Stück des Embryo, welches der Mikropyle zugekehrt ist, zur Wurzel wird, die Kotyledonen bei den Dikotylen seitliche Sprossungen des Embryo sind, während bei den Monokotylen der Kotyledon (aber nicht immer), apikal ist.

Einige der bis jetzt bekannten Abweichungen mögen auch hier erwähnt werden, namentlich insoweit sie in Beziehung zu biologischen Verhältnissen stehen. Es sind

---

[1]) GUIGNARD, recherches d'embryogénie végétale comparée ser. méme Légumineuses. Ann. d. scienc. nat. Botan. VIe sér. t. 12. 1882.

[2]) Vergl. HEGELMAIER, Ueber aus mehrkernigen Zellen aufgebaute Dikotyledonen-Keimträger. Bot. Zeit. 1880, pag. 497 ff.

[3]) STRASBURGER, Bemerkungen über vielkernige Zellen und die Embryogenie von *Lupinus*, Botan. Zeit. 1880; HEGELMAIER, zur Embryogenie und Endospermentwicklung von *Lupinus*. Ibid., pag. 68 ff.

[4]) Vergl. KNY, Bot. Wandtafeln *(Brassica)*; PRAZMOWSKI *(Camelina sativa)* in LÜRSSEN, medicin. pharmaceut. Bot. — Die dort gegebenen Zeichnungen sind durch die starken Brechungen äusserst uninstruktiv.

namentlich einige Wasserpflanzen und die Parasiten resp. manche Humusbewohner welche Abweichungen zeigen. Unter den ersteren zeichnet *Utricularia*,[1]) eine in erwachsenem Zustand gänzlich wurzellose, im Wasser schwimmende Pflanze sich dadurch aus, dass auch im Embryo eine Wurzel nicht angelegt wird. Diese dikotyle Gattung verhält sich also in dieser Beziehung ebenso wie die schwimmende Farngattung *Salvinia*, deren Embryo eine Wurzelanlage ebenfalls nicht besitzt. Dagegen besitzt der Embryo eine grössere Anzahl (11—13) spiralig angeordnete Blattanlagen an seinem Vegetationspunkt, von denen eine sich zu einer Blase (vergl. deren Entwicklung in dem Abschnitt über Blattentwicklung) gestaltet, die andern in die meist einfach (unverzweigt bleibenden) primären Blätter auswachsen. Als Kotyledonen kann man dieselben aber nicht bezeichnen — solche sind am *Utricularia*-Embryo überhaupt nicht vorhanden.[2])

Auch der Embryo einer monokotylen, im fertigen Zustand wurzelnden Pflanze der *Ruppia rostellata*[3]) legt eine Hauptwurzel nicht an, frühzeitig dagegen eine Nebenwurzel und zwar entsteht diese nach WILLE exogen, am Grunde der Kotyledonarscheide. Die Hauptwurzel wird nur durch einige Zelltheilungen angedeutet.

Einige andere Embryonen weichen durch die Entwicklung ihres Embryoträgers ab. Bei den Coniferen und Selaginellen hat der Embryoträger jedenfalls vor Allem die Aufgabe durch seine Verlängerung den Embryo in das mit Reservestoffen erfüllte Prothalliumgewebe zu bringen,[4]) das vom heranwachsenden Embryo grösstentheils resorbirt wird. Bei Monokotylen und Dikotylen hat die beträchtliche Verlängerung des Embryoträgers wahrscheinlich vielfach denselben Zweck, ausserdem aber geschieht, wie es scheint, die Aufnahme gelöster Stoffe oft gerade durch die Zellen des Embryoträgers, während die des Embryo selbst früh schon eine Cuticula besitzen, welche die Aufnahme gelöster Stoffe durch die Oberfläche des Embryos selbst erschwert. Man findet den jungen Embryo denn auch stets umgeben von einem, oft recht dichten Protoplasmaballen, von

[1]) WARMING, Bidrag til Kundsskben om Lentibulariaceae, Videnskab. Meddels. 1874; KAMIENSKI, Vergl. Unters. über die Entwicklungsgesch. der Utricul. Bot. Zeit. 1877, pag. 761.

[2]) Der Vegetationspunkt des Embryo's stellt nach KAMIÉNSKI sein Wachsthum früh ein, und der Hauptspross geht aus einer Anlage hervor, die nach dem genannten, mir etwas unklaren Aufsatz denselben »morphologischen Werth« wie die primären Blätter haben soll. Das ist aber eine contradictio in adjecto, es ist einfach widersinnig einen *Utricularia*-Spross als ein Blatt zu bezeichnen, wenn der letztere Ausdruck irgend welchen festen Sinn haben soll. Zudem ist nach Fig. 13 a. a. O. gar nicht ausgeschlossen, dass die Sprossanlage ein Axillarspross eines der primären Blätter ist. Die interessante Keimentwicklung der Utricularien verdient jedenfalls noch eine genauere Verfolgung.

[3]) WILLE, om Kimens udviklingshistorie hos *Ruppia rostellata og Zanichellia palustris*. Vidensk. Meddel. fra den naturh. Foren.) Kjobenhavn 1882.

[4]) Eigenthümliche Verhältnisse finden sich bei *Loranthus sphaerocarpus* (TREUB, Observ. sur les Loranthacées. Ann. du jard. bot. de Buitenzoorg. vol. II.). Der »Vorkeim« verlängert sich hier sehr bedeutend, so dass seine Spitze in das untere (Gegenfüssler) Ende des Embryosacks gelangt, wo das Endosperm lokalisirt ist. Dasselbe wird durchbrochen, und der Gipfel des Vorkeims gelangt in eine unterhalb des Embryosackes befindliche Gruppe von Collenchymzellen, in welcher die Endzellen des Vorkeims (Proembryo) die Embryoanlage bilden; diese wird aber später von dem Endosperm wieder umwachsen. Eine solche Umwachsung des Embryos durch das Endosperm kommt auch bei *Loranth. europaeus* vor (HOFMEISTER, Neue Beitr. in Abh. sächs. Ges. d. Wiss., 1859, pag. 544) allein eine Durchbrechung des Embryosackes scheint hier nicht stattzufinden, obwohl HOFMEISTER's Fig. 3, Taf. IV, a. a. O. vielleicht darauf hindeutet.

dem aus die Ernährung des Embryos erfolgt, während der Embryosack selbst durch Resorption des Nucellusgewebes sich das in demselben vorhandene Nährmaterial aneignet. Diese noch genauer zu untersuchende Funktion des Embryoträgers wird unterstützt durch möglichst grosse Oberflächenentwicklung desselben. Eine solche finden wir schon in der riesig angeschwollenen Embryoträgerzelle von *Alisma Plantago*, auffallend ferner bei *Galium*-Arten,[1]) wo die Zellen des Embryoträgers anschwellen und derselbe in Folge davon ein traubiges Ansehn erhält. Bekannt ist ferner das eigenthümliche Verhalten von *Tropaeolum*[2]). Endosperm wird hier im Embryosacke nicht, oder höchstens andeutungsweise gebildet, man findet den jungen Embryo auf einem langen Embryoträger frei in der Höhle des Embryosacks. Der Embryoträger bildet an seinem oberen Ende zwei Auswüchse, welche beide den Embryosack und die Mikropyle durchbrechen. Der eine steigt seitlich dicht an der Aussenfläche der Samenknospe zwischen dieser und der Fruchtknotenwand herab, und erreicht eine beträchtliche Länge, der andere aber bohrt sich in das Gewebe der Placenta ein und nimmt aus derselben zweifelsohne Nährmaterial auf, das dem Embryo zugeführt wird. Der andere lange Schenkel aber dient wohl, wie HEGELMAIER vermuthet, dazu, den Embryo in der Embryosackhöhle zu fixiren, bildet also gewissermaassen eine Verankerung des Embryos, wozu die beträchtliche Länge dieses Schenkels freilich nicht nöthig wäre. Wenn der Embryo eine gewisse Grösse erreicht hat sterben beide Schenkel ab.

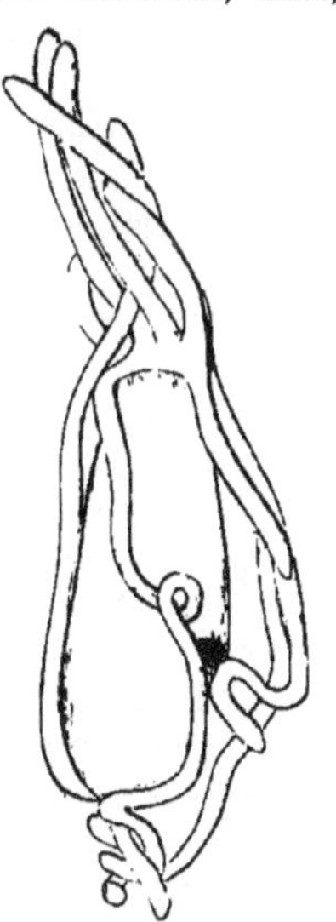

Fig. 23. (B. 344.)
Embryo von *Phalaenopsis grandiflora* (nach TREUB) mit hyphenähnlich ausgewachsenen Trägerzellen.

Auch für manche Orchideen ist es längst bekannt, dass der Embryoträger sich stark verlängert und den Embryosackscheitel durchbrechend in die Mikropyle hineinwächst. TREUB hat diesen Vorgang in seiner oben citirten Schrift des Näheren verfolgt.

Die einzelnen Gattungen verhalten sich bezüglich der Embryoträgerbildung wesentlich verschieden. Einige besitzen, wie oben erwähnt, einen Embryoträger überhaupt nicht, so *Listera ovata*, *Epipactis (palustris, latifolia)*, *Cypripedium spectabile*. Bei anderen dagegen gewinnt der Embryoträger eine eigenartige Entwicklung. Bei *Orchis* u. a. z. B. *Orchis latifolia* wächst er als gegliederter Zellfaden zur Mikropyle heraus, und in den Fruchtknoten hinein, wo er sich an den Funiculus und die Placenta anlegt, und den Zellen derselben Stoffe entzieht, die er dem Embryo zuführt. Der letztere selbst zeigt frühe eine dicke Cuticula auf seinen Aussenzellwänden, welche den Durchtritt gelöster Stoffe erschwert, die Zellen des Embryoträgers dagegen sind nicht oder nur wenig cuticularisirt. Wenn es somit auch nicht ausgeschlossen ist, dass der Embryo namentlich während der ersten Zeit seiner Entwicklung durch seine Oberfläche Stoffe, die aus den umgebenden Samenknospenzellen stammen (Endosperm wird bei allen Orchideen nicht gebildet) aufnimmt, so wird das Hauptmaterial doch jedenfalls durch den Embryoträger herbeigeschafft. Bei *Phajus Wallichii* und *Goodyera discolor* tritt der Embryoträger aus dem Exostom nicht heraus, bei *Epidendron ciliare* dagegen durchbohrt er seitlich das innere Integument. Besonders eigenthümlich gestaltet sich der Embryoträger bei *Phalaenopsis grandiflora* u. a. Die

[1]) Vergl. HOFMEISTER, Neuere Beobachtungen über die Embryobildung der Phanerogamen. PRINGSH. Jahrb. I., pag. 121.

[2]) Dasselbe ist vielfach beschrieben. Ich nenne hier nur: SCHACHT, Ueber die Entstehung des Keimes von *Tropaeolum majus*. Bot. Zeit. 1855, pag. 641 (Im Register des betr. Jahrganges übersehen.) HEGELMAIER, Vergl. Unters. pag. 156.

Zelle aus der der Embryoträger hervorgeht, theilt sich durch Längswände in mehrere nebeneinanderliegende Zellen. Jede derselben wächst zu einem zweiarmigen Schlauche aus (vergl. Fig. 23.) der eine, längere Schlaucharm wächst am Embryo hinab, der andere geht ins Exostom. Der Embryo ist in Folge dessen von hyphenähnlichen Schläuchen umwickelt. Dieselben führen ihm auch hier Nährmaterialien aus den Samenknospenzellen zu. Im reifen Samen sind die Schläuche, die aus dem Embryoträger hervorgingen, nicht mehr vorhanden, was mit dem letzteren allgemein der Fall zu sein pflegt. — Noch sonderbarer verhält sich *Stanhopea oculata*. Man findet hier zunächst einen Zellkörper, der durch Theilung der Eizelle entstanden ist. Von den Zellen derselben wachsen alle bis auf eine, aus der der Embryo hervorgeht, zu langen Schläuchen aus, von denen die einen ins Exostom eintreten, andere sich zwischen die Zellen der Samenknospe eindrängen.[1])

Die Samen der Orchideen sind sehr klein, und dementsprechend auch der Embryo. Er ist bei unseren einheimischen Formen ein eiförmiger Zellkörper, an welchem keine Gliederung in Kotyledon, Stammknospe und Wurzel eingetreten ist, auch die »Meristeme« nur insofern vorhanden sind, als eine (wie es scheint nicht immer scharf abgegrenzte) Dermatogenlage den Embryo überzieht. Dagegen hat TREUB in *Sobralia macrantha* eine Orchidee aufgefunden, bei welcher Kotyledon und Stammknospe im Embryo wenigstens andeutungsweise vorhanden sind. Die Anlage einer Hauptwurzel dagegen findet sich am Embryo nicht, und auch bei der Keimung[2]) tritt sie nicht auf, es schwillt der untere Theil des Embryos (der nicht in hypokotyles Glied und Wurzel differenzirt ist) knollig an, und befestigt sich in der Erde durch eine Vielzahl von Wurzelhaaren, während aus dem apikalen Theil der Kotyledon hervorgeht. So verhalten sich wenigstens die von PFITZER untersuchten epiphytischen Orchideen z. B. *Dendrochilum glumaceum*, und abweichende Angaben über Erdorchideenkeimung scheinen mir insofern nicht beweisend, als, wenn der apikale Kotyledon relativ klein, das untere Ende des Embryo dagegen gross und angeschwollen ist, leicht der Anschein entstehen kann, als entstände die Stammknospe terminal, wie das auch mehrfach angegeben ist. So wenig die Möglichkeit dieser Bildung namentlich im Hinblick auf das von den Dioscoreen etc. oben Erwähnte zu leugnen ist, so scheint es vorerst doch berechtigt, den Orchideenembryo als eine einfache Hemmungsbildung des gewöhnlichen monokotylen Embryo zu betrachten, dessen apikaler Theil sich weiterhin zum Kotyledon entwickelt.

Die Orchideen gehören zu den »Humusbewohnern.« Andere Pflanzen mit ähnlicher Lebensweise, vor Allem die Parasiten, zeigen eine ähnliche unvollständige Ausbildung des Embryo. Es kommt hier nicht darauf an, umfangreiche mit einer grossen Quantität aufgespeicherten Nährmateriales versehene Samen zu bilden, sondern möglichst zahlreiche, aber meist sehr kleine Samen, von denen allerdings nur wenige in günstige Keimungsbedingungen, bei Parasiten in die un-

---

[1]) Aehnliche Saugfortsätze scheinen sich nach einer Notiz HOFEMEISTER's (PRINGSH. Jahrb. Bd. I., pag. 108) auch beim Embryo der Ribesiaceen zu finden. — Physiologisch ähnliche Organe sind z. B. die dünnen Hyphenäste welche aus den ascogenen Hyphen in den Ascusfrüchten von *Penicillium* entspringen und das Hüllgewebe zum Besten der ascusbildenden Hyphenäste verzehren (cfr. BREFELD, Schimmelpilze, 2. Heft).

[2]) Dieselbe tritt bekanntlich nur selten ein, und ist deshalb auch das Objekt sehr vieler Beschreibungen gewesen. Vergl. z. B. IRMISCH in Beitr. zur Biologie und Morphologie der Orchideen. FABRE, de la germination des Ophrydées *(Ophrys apifera)* Ann. d. scienc. nat. IV. Sér., T. V. 1856. PFITZER, Verhandlungen des naturh. med. Vereins zu Heidelberg, N. F. II. Bd., pag. 27 ff. — Die neuerdings erschienene Abhandlung desselben Verf. ist mir hier nicht zugänglich. (»Grundzüge einer vergleich. Morphologie der Orchideen. Heidelberg 1881.)

mittelbare Nähe einer Nährpflanze, gelangen. Es ist mit dem Parasitismus eine Unvollständigkeit in der Ausbildung des Embryo übrigens nicht nothwendig verbunden, denn die parasitisch lebende, aber chlorophyllreiche Mistel entwickelt einen grossen und wohl ausgebildeten Embryo. — Auch bei der schmarotzenden *Cuscuta*[1]) ist der Embryo noch ziemlich gross und lang, allein die Hauptwurzel ist unvollständig ausgebildet. es fehlt gewissermaassen ein Stück der Wurzelspitze sammt der Wurzelhaube, die Wurzel erscheint nach unten hin nicht abgeschlossen. Sie bedarf einer höheren Ausbildung nicht, da sie bei der Keimung nur kurze Zeit in Funktion ist, so lange nämlich, bis es der Keimpflanze gelungen ist, eine Pflanze zu erreichen, auf welcher sie mittelst ihrer Saugorgane (Haustorien) sich befestigt, dann stirbt die Wurzel und der ganze untere Theil der Keimpflanze ab und dieselbe lebt auf ihrem Wirthe, ohne mit dem Boden in Berührung zu stehen.

Noch weniger ausgebildet ist der Embryo von Orobanche[2]) (Fig. 24). Der Embryo wird ganz wie ein gewöhnlicher dikotyler Keimling angelegt, bleibt aber auf einer frühen Stufe stehen und repräsentirt im reifen Samen nur einen ungegliederten Zellkörper. Aehnlich bei anderen Parasiten, Balanophoren und Rafflesiaceen.[3]). Der von *Monotropa* ist sogar nur neunzellig[4]), wie sich die Embryonen der letzgenannten Arten bei der Keimung verhalten, ist nicht bekannt, es ist dieser rudimentäre Zustand des Embryo aber nichts anderes als ein Stehenbleiben auf einem Stadium, das die normal weiter entwickelnden Embryonen vieler anderen dikotyler Pflanzen ebenfalls passiren, das nämlich, auf welchem der Embryo besteht aus acht Kugeloctanten und der »Hypophyse.«

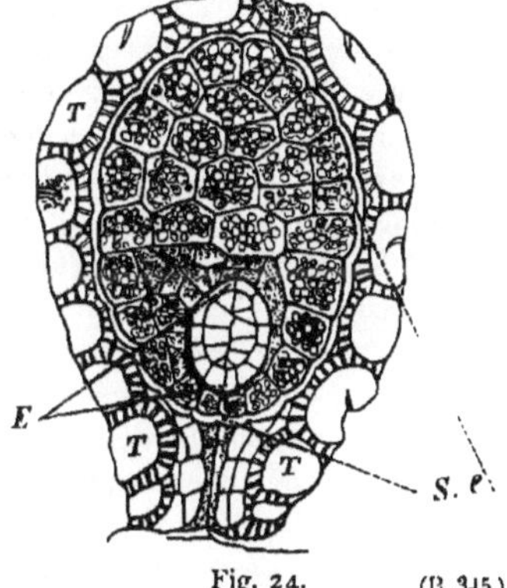

Fig. 24. (B. 345.)

Optischer Längsschnitt durch den reifen Samen von *Orobanche Hederae;* die Mikropyle nach unten gewendet. Se Wandung des Embryosackes, welcher alle übrigen Zellen des Nucellus verdrängt hat, er umschliesst das Endosperm, in diesem liegt der Embryo (E), T die Samenschale, hervorgegangen aus dem Integument (nach Koch.)

Es wird, wie oben erwähnt, die Bezeichnung Embryonalstudium beschränkt auf die Entwicklung, welche der Embryo innerhalb des Samens durchmacht. Es ist dazu aber eigentlich auch der Abschnitt zu rechnen, der zwischen der Entwicklung im Samen und dem Zeitpunkt der Keimung eintritt, bei welchem die Keimpflanze die Gestaltung der erwachsenen Pflanze, namentlich die für dieselbe charakteristische Blattform angenommen hat. Dass das Embryonalstadium hierbei nicht scharf abgegrenzt werden kann, ist klar, und in der Natur der Sache begründet. Hier ist nur noch darauf hinzuweisen, dass der Embryo im Samen bei verschiedenen (nicht parasitischen) Pflanzen einen sehr verschiedenen Entwicklungsgrad erlangt. Während er in vielen Fällen nur aus den Kotyledonen,

[1]) Koch, Unters. über d. Entw. d. Cuscuteen in Hanstein, botan. Abhandl. II. Bd. pag. 3.

[2]) Koch, über die Entwicklung d. Samens von Orobanche. Jahrb. f. wiss. Botan. Bd. XI.

[3]) Solms-Laubach, über den Bau der Samen in den Familien der Rafflesiaceen und Hydnoraceen. Bot. Zeit. 1874. pag. 337.

[4]) Koch, Die Entwicklung des Samens von Monotropa Hypopitys. Pringsheim's Jahrb. Bd. XIII.

dem Vegetationspunkt des Stammes, dem hypokotylen Glied und der Wurzel besteht, erreichen in anderen Fällen Stammknospe und Wurzel schon innerhalb des Samens eine Weiterentwicklung, erstere producirt (z. B. bei *Phaseolus*, *Ceratophyllum*, eine Anzahl Blätter, letztere (bei Gräsern wie *Coïx*, *Triticum*, ferner *Cucurbita* u. a. eine Anzahl von Nebenwurzeln, bilden also schon innerhalb des Samens Organe, die bei anderen erst bei der Keimung auftreten. Ebenso braucht hier nur im Vorübergehen daran erinnert zu werden, dass die einen Embryonen das Endosperm schon während ihrer Entwicklung im Samen, andere erst bei der Keimung aufzehren; und Analoges gilt für die Gewebedifferenzirung.

Stets aber bleibt die embryonale Beschaffenheit nur an zwei Stellen für längere Zeit erhalten, am Vegetationspunkte des Stammes und an dem der Wurzel. Die Hauptwurzel geht bei den Monokotylen bekanntlich früh zu Grunde — bei einigen Formen wird sie, wie oben erwähnt, überhaupt nicht gebildet und wahrscheinlich ist dies auch noch bei anderen (*Lemna* nach Hegelmaier) der Fall, bei anderen Pflanzen, wie z. B. den Coniferen dagegen bleibt der Vegetationspunkt der Hauptwurzel zeitlebens erhalten, und er ist dann vom Vegetationspunkt des Sprosses, von dem er im Samen nur durch das hypokotyle Glied getrennt war, wie die ganze Länge der Wurzel und des Hauptstammes entfernt. Die Vegetationspunkte sind diejenigen Regionen des Pflanzenkörpers, an welchem das Gewebe die embryonale Beschaffenheit beibehalten hat[1]), und an denen die Neubildungen von Organen, von Blättern und Zweigen am Sprossvegetationspunkt, Nebenwurzeln am Wurzelvegetationspunkt entstehen. Es leuchtet daraus ein, dass die Untersuchung der Vorgänge am Vegetationspunkt für die Entwicklungsgeschichte von der grössten Wichtigkeit ist — im Folgenden soll eine Darstellung derselben gegeben werden. — Ehe auf dieselbe eingegangen wird, sei hier nur noch bemerkt, dass nicht überall die Embryonen der Samen befruchteten Eizellen entstammen. Wie Strasburger gezeigt hat, findet in einigen Fällen die Bildung von Adventivembryonen statt, d. h. von solchen, die sich aus Zellen des dem Embryo angrenzenden Samenknospengewebes entwickeln, eine Thatsache, auf welche unten zurückzukommen sein wird.

§ 2. Der Vegetationspunkt. 1. Charakteristik der Vegetationspunkte.

Untersucht man die Sprosse einer höheren Pflanze in der Periode ihrer kräftigsten Entwicklung, so zeigt auch eine wenig eingehende Betrachtung eine wichtige Differenz von den höheren und den meisten niederen Thieren darin, dass an der Pflanze eine stetige Neubildung von Organen, Blättern, Zweigen etc. stattfindet. Die anatomische Untersuchung würde ergeben, dass ganz dasselbe auch für die Gewebeelemente gilt, dass auch sie durch Hinzufügung neuer Theile vermehrt werden, ohne dass ältere Gewebeelemente äusserlich zu Grunde gehen. Diese Neubildung von Organen und Gewebeelementen findet aber nicht an beliebigen Theilen der Pflanze, sondern in einer ganz bestimmten Region derselben statt, im Vegetationspunkt[1]), welcher gewöhnlich das Ende des Sprosses einnimmt.

---

[1]) Vergl. die Charakteristik bei Sachs, über die Anordnung der Zellen in jüngsten Pflanzentheilen. Arb. des botan. Instituts in Würzburg. II. Bd. pag. 103.

[1]) Warming (Forgreningsforshold etc. Résumé, pag. 1), hat den Begriff Vegetationspunkt viel enger gefasst. »Je ne comprends dans le point végétatif, que la ou les cellules dont la fonction spéciale est de fournir à la plante ou aux organes de la plante de nouvelles cellules, c'est à dire de travailler à sa croissance.« Diese Definition weicht aber wesentlich ab von dem seit Wolff unter dem Ausdruck Vegetationspunkt Verstandenen. Sie hat den Vortheil einer scharfen Umgrenzung, denn danach wäre der Vegetationspunkt nur von der Scheitelzelle, wo eine

Der Vegetationspunkt ist charakterisirt dadurch, dass er besteht aus embryonalem Gewebe, d. h. aus solchem, in welchem eine Differenzirung in verschiedenartige Gewebeelemente noch nicht eingetreten ist, die Zellen klein und dicht mit Protoplasma erfüllt sind und den Charakter eines Theilungsgewebes besitzen, sich also häufig theilen, aber langsam wachsen, und dass er die Stelle ist, wo die normale Neubildung von Organen am Pflanzenkörper erfolgt. Durch beide Charaktere ist der Vegetationspunkt scharf unterschieden von den Theilen des Sprosses, welche in den Dauerzustand übergegangen sind, deren Gewebeelemente sich nicht mehr theilen, nachdem sie eine bedeutende Streckung erfahren haben, und an denen eine normale Neubildung von Organen nicht stattfindet. Wie der Spross besitzt auch die Wurzel einen Vegetationspunkt und ebenso die Blätter, nur dass er an letzteren nur kurze Zeit thätig ist, und das ganze Blatt gewöhnlich bald aus dem embryonalen Stadium heraustritt.

2. Form und Lage des Vegetationspunktes. Bei den vegetativen Sprossen der Samenpflanzen nimmt der Vegetationspunkt wie erwähnt, gewöhnlich das Ende des Stengels ein, er liegt apikal an der äusserst kleinen, meist mit blossem Auge gar nicht wahrnehmbaren Stengelspitze. Die Form desselben variirt sehr; es ist bei den meisten Wasserpflanzen *(Elodea, Hippuris* etc.) der Vegetationspunkt ein schlanker Kegel, oder vielmehr ein parabaloïdähnlicher Körper (Fig. 11), bei den meisten Landpflanzen erhebt er sich zwischen den jüngsten Blattanlagen in Form einer sanft gewölbten Kuppe, bei einigen wie *Lycopodium Selago* ist die Wölbung so flach, dass der Vegetationspunkt zwischen den jüngsten Blattanlagen kaum mehr hervortritt, sondern das fast ebene Stengelende einnimmt. Aehnliche Differenzen finden sich auch bei niederen Pflanzen, von denen hier speciell die hervorgehoben sein mögen, welche ein sogenanntes Randwachsthum besitzen, d. h. solche, bei denen der Vegetationspunkt den Rand einer Scheibe oder eines bandförmigen Körpers einnimmt, wofür die runden Scheiben von *Coleochaete scutata* und die flachen, aber am Rande eingerollten Sprosse von *Padina Pavonia* als Beispiele dienen können. Ein Durchschnitt durch einen Thallus der letzteren Pflanze zeigt uns den Thallusrand schneckenförmig eingerollt, seine Spitze eingenommen von einer Zelle, in Wirklichkeit findet sich hier also eine Reihe nebeneinander liegender Zellen, welche den Thallusrand einnehmen. Eine derartige Einrollung oder Krümmung des Vegetationspuuktes ist auch sonst verbreitet, und zwar, wie ich früher gezeigt habe, namentlich bei dorsiventralen Sprossen. So bei den Algen *Herposiphonia* und *Polyzonia jungermannoïdes*, bei den Laubsprossen der Wasserpflanze *Utricularia* und den dorsiventalen Inflorescenzen der Boragineen. Die Einkrümmung beruht natürlich überall darauf, dass die convexen Partien rascher wachsen, als die concaven, und sie gleicht sich in den älteren Theilen, welche sich gerade strecken, wieder aus. Auch in anderer Beziehung pflegen sich Organisationsverhältnisse des Sprosses schon in den Formverhältnissen des Vegetationspunktes auszuprägen, eine Thatsache, die von Wichtigkeit ist, weil sie uns zeigt, das jene Organisationsverhältnisse in Eigenthümlichkeiten begründet sind, welche

solche vorhanden ist, oder von den HANSTEIN'schen »Initialen« gebildet (vergl. oben pag. 138 ff). Allein abgesehen davon, dass die Bestimmung dieser Initialen in vielen Fällen eine zweifelhafte ist, vermag ich die Zweckmässigkeit einer solchen Begrenzung nicht einzusehen. Scheitelzelle und Initialen haben ja schon ihre bestimmten Namen, während das Bedürfniss für den Vegetationspunkt (im WOLFF'schen Sinne) eine Bezeichnung zu haben, bestehen bleibt, obwohl wir wissen, dass eine scharfe Abgrenzung gegen die älteren Theile nicht möglich ist. —

schon auf die Substanz des Vegetationspunktes selbst einwirken, resp. in derselben ihren Sitz haben. So zeigt schon der Vegetationspunkt der dorsiventralen Inflorescenzen der Papilionaceen und Boragineen eine differente Ausbildung von Bauch- und Rückenseite, welche an der fertigen Inflorescenz auffallend hervortritt durch die Verschiedenheit in der Production von Blüthensprossen auf beiden Seiten[1]); ferner sind die Vegetationspunkte der Blüthen, die sich durch die einseitig fortschreitende Anlage ihrer Blattorgane auszeichnen, (Resedaceen, Papilionaceen, Begonia-Species, genaueres darüber in dem Abschnitt über Blüthenentwicklung), schon vor dem Auftreten von Seitensprossung abweichend von den Blüthen mit allseitig nach dem Vegetationspunkte hin fortschreitender Organanlegung gestaltet, sie sind nämlich nicht radiär, sondern symmetrisch geformt. Dass nicht überall die Symmetrieverhältnisse des fertigen Sprosses schon im Vegetationspunkt sichtbar sind, braucht nicht betont zu werden, denn es ist eine bekannte Thatsache, dass im Laufe der Entwicklung Form und Stellung der Organanlagen Veränderungen erleiden können, welche ein vom Anlage-Stadium differentes fertiges Stadium zur Folge haben. Beispiele für diesen Satz wird man namentlich auf dem Gebiete der Blüthenentwicklung mehrfach finden.

Hier findet sich auch häufig der in der vegetativen Region seltene Fall, dass der Vegetationspunkt becher- oder schüsselförmig vertieft ist, und aus der Innenfläche der Vertiefung die Blüthenblätter hervorsprossen, so z. B. bei den Blüthen der Compositen. Aehnliches findet sich auch bei Inflorescenzen, z. B. denen der Feigen, in welchen die Blüthen auf der Innenwand des becherförmigen Inflorescenzachsengebildes entstehen, in geringerem Maasse der Fall ist dasselbe bei *Digitalis parviflora*, wo der Inflorescenzvegetationspunkt nur eine seichte Einsenkung zeigt (Warming, forgrenings forhold Tab. IV. Fig. 21.) Auch bei den Muscineen und Thallophyten kommt eine ähnliche Aushöhlung (wenn wir diesen bildlichen Ausdruck gebrauchen wollen) vor, auf ihr beruht z. B. die Bildung der »Fruchtsäcke« der geocalyceen Jungermannien (vergl. Bd. II. pag. 351), welche aus den archegonientragenden Sprossen hervorgehen, und sehr häufig geschieht es, dass der Vegetationspunkt in einer Vertiefung liegt, deren Ränder von älteren Gewebepartieen gebildet werden, die ihn schützen. So bei den meisten Farnprothallien, den *Fucus*-Arten, *Pteris aquilina*, den Winterknospen der Tannen (bei welchen die Knospenschuppen auf einer becherförmigen, die Knospe umgebenden Wucherung des Stengels stehen) und in vielen anderen Fällen,

Der Uebergang des embryonalen, aus dem »Urmeristem« des Vegetationspunktes hervorgegangenen Gewebes in Dauergewebe erfolgt nicht immer in der Weise, dass dieser Uebergang in den Dauerzustand vom Vegetationspunkt aus der Entfernung umgekehrt proportional fortschreitet, vielmehr finden wir vielfach vom Vegetationspunkt entferntes Gewebe noch in embryonalem Zustand, während demselben näher gelegenes schon in den Dauerzustand übergegangen ist. So namentlich bei Sprossen, welche eine Gliederung in Knoten und Internodien zeigen, z. B. den Gräsern.[2]) In den Internodien derselben behält die über den Knoten gelegene Querzone den embryonalen Charakter sehr lange bei. Die

[1]) Aehnliches zeigen auch die Grasinflorescensen: die radiären von *Zea* und *Setaria* besitzen einen dicken, annähernd drehrunden Vegetationskegel, die dorsiventralen Inflorescenzvegetationspunkte zeigen meist eine flache Rücken- und eine gewölbte Bauchseite. So sehr auffallend bei *Nardus stricta* u. a. Vgl. Beitr. zur Entw. ein. Infl. Pringsheim, Jahrb. für wiss. Bot. XIV. Bd.

[2]) Vergl. die von Hofmeister, Allg. Morph. pag. 420 angeführten Beispiele und Literaturangaben.

Zellen bleiben klein und erweisen sich als Theilungsgewebe, während die oberen Theile des Internodiums schon lange in den Dauerzustand übergegangen sind. Es findet sich hier also eine interkalare Vegetationszone, an welcher jedoch eine Neubildung von Organen nicht stattfindet. In grösster Ausdehnung findet sich dies Verhältniss bei den Blättern der Samenpflanzen. Mit wenigen Ausnahmen (z. B. *Guarea*) geht hier der apikale Vegetationspunkt in Dauergewebe über, während der basale Theil des Blattes embryonalen Charakter behält, sich hier also ein »interkalarer Vegetationspunkt« befindet. Die Blattscheide von *Isoëtes* und den Gräsern z. B. wird angelegt als eine Querzone, die aus einer oder wenigen Zellanlagen besteht: aus dieser Querzone geht die ganze Blattscheide durch interkalares Wachsthum hervor. (Vergl. darüber den Abschnitt über Blattentwicklung.)

Während die interkalaren Vegetationszonen der oben genannten Sprossachsen solche sind, bei denen das Gewebe den Charakter eines embryonalen Theilungsgewebes behält, die Organanlage aber ausschliesslich an dem apikalen (primären) Vegetationspunkt stattfindet, kennen wir auch eine ganze Reihe von Sprossen, bei welchen der Vegetationspunkt dauernd interkalar liegt. So namentlich bei vielen Algen aus der Abtheilung der Phaeophyceen, sowohl bei einfachen, conferven-ähnlichen Formen derselben, wie den Ectocarpeen, als bei massig entwickelten wie den Laminarien. Bei den Ectocarpeen z. B. ist der Vegetationspunkt der Zellfäden überragt von Zellen, welche schon in den Dauerzustand übergegangen sind, und ihren Protoplasmainhalt grösstentheils verloren haben, während der Vegetationspunkt selbst gebildet wird von einer Anzahl (an den Hauptachsen etwa 10—12) niederer, scheibenförmiger dicht mit Protoplasma erfüllter Zellen, die als Theilungsgewebe funktioniren. Unterhalb des Vegetationspunktes werden auch hier neue Organanlagen, Seitenzweige, Sporangien etc. gebildet. Ein instruktives Beispiel für die interkalare Lage des Vegetationspunktes und das Zustandekommen derselben bildet eine andere mit den Ectocarpeen verwandte Alge die *Giraudia sphacelarioïdes*. Die Zweige derselben bestehen hier im Jugendstadium aus einer Zellreihe, deren unterste Zellen in den Dauerzustand übergehen, während die oberen Vegetationspunkt-Charakter behalten. Der Vegetationspunkt liegt hier also anfangs apikal. Nach einiger Zeit aber gehen die apikalen Zellen in den Dauerzustand über, was sich hier darin äussert, dass die sich durch Längswände in einen Gewebekomplex theilenden Zellen ausser einer Streckung weiter keine Veränderungen mehr erfahren. Dieser Process erstreckt sich allmählich auf den grössten Theil des Sprosses. Diese basale Region desselben aber behält ihren embryonalen Charakter, die Zellen derselben vermehren sich durch Zweitheilung und unterhalb derselben treten auch die Anlagen der Seitensprosse und der Wurzeln auf (vergl. Bot. Zeit. 1878 Taf. VII, Fig. 16). Schliesslich geht auch diese Region in den Dauerzustand über, indem die Zellen aufhören durch Quertheilung sich zu vermehren, sich strecken und dann durch Längswände theilen, so dass ein solcher Spross dann vollständig ausgewachsen ist. Auch grüne Algen, die sich ähnlich wie *Ectocarpus* verhalten sind bekannt, z. B. *Chaetophora* und bei den Samenpflanzen ist das Auftreten interkalarer organbildender Vegetationszonen ebenfalls nichts Seltenes, allein wie es scheint ausschliesslich auf die zum Zwecke der geschlechtlichen Fortpflanzung umgebildeten Sprosse oder Sprosssysteme, auf Blüthen und Inflorescenzen beschränkt. Von ersteren mögen hier die bekannten Blüthenbecher der Feigen genannt sein, welche ausgehöhlte Sprosse darstellen, deren Innenwand zahlreiche Blüthen entspringen, während die Mündung des Bechers verschlossen wird durch eine Anzahl Hüllblätter. Die junge Feigen-Inflorescenz besitzt einen schwach gewölbten Vegetationspunkt, der eine Anzahl von Blättern bildet. Dann verliert die apikale Partie den Vegetationspunkt-Charakter und wird flach, während an der Insertionsstelle der Blätter ein neuer interkalarer Vegetationspunkt auftritt (resp. die hier gelegene Partie Vegetationspunkt-Charakter erhält). Dadurch wird die Bildung des Blüthenbechers eingeleitet, es bildet sich eine, den ursprünglichen Vegetationspunkt umgebende Röhre, auf welcher die erst gebildeten Blätter sitzen. Die Blüthen treten zuerst auf dem Grunde des Bechers auf, dann auf der Innenfläche der Röhre in gegen den interkalaren Vegetationspunkt hin fortschreitender Reihenfolge.

Ganz ähnliche Vorgänge treffen wir bei der Entwicklung mancher Blüthen z. B. der der Rosaceen, bei welchen ebenfalls durch die Thätigkeit eines interkalaren Vegetationsgürtels eine becherförmige Achsenbildung zu Stande kommt (vergl. den Abschnitt über Blüthenentwicklung), hier wie in dem vorhin erwähnten Beispiele geht der Vegetationspunkt schliesslich in Dauergewebe über.

So verschiedenartig auch die Lage und Form der Vegetationspunkte ist, so übereinstimmend ist doch im Allgemeinen ihr Bau und ihre Bedeutung für die Gliederung des Pflanzenkörpers. Allein nicht alle Pflanzen besitzen einen Vegetationspunkt. Bei solchen einzelligen Algen, die sich durch Zweitheilung vermehren, leuchtet dies von selbst ein, und dasselbe ist der Fall bei manchen Zellreihen, z. B. denen der Conjugaten. Dieselben stellen nur Aneinanderreihungen einzelliger Formen vor, die Zellen verhalten sich alle gleich und vermehren sich durch Zweitheilung, eine Differenz zwischen Vegetationspunkt und Dauergewebe findet an einem solchen Faden nicht statt. Ebensowenig ist dies der Fall bei den Zellreihen der Gattung *Nostoc*, eine Differenzirung findet sich hier nur insofern, als zwischen die theilungsfähigen Zellen anscheinend regellos solche eingestreut sind, welche ihre Theilungsfähigkeit verloren haben und auch sonst charakteristischen Veränderungen unterliegen, die Grenzzellen oder Heterocysten (vergl. Bd. II., pag. 307 ff. dieses Handbuches). Demgemässs ist hier die Verzweigung, wo eine solche überhaupt stattfindet, wie z. B. bei der Gattung *Scy-*

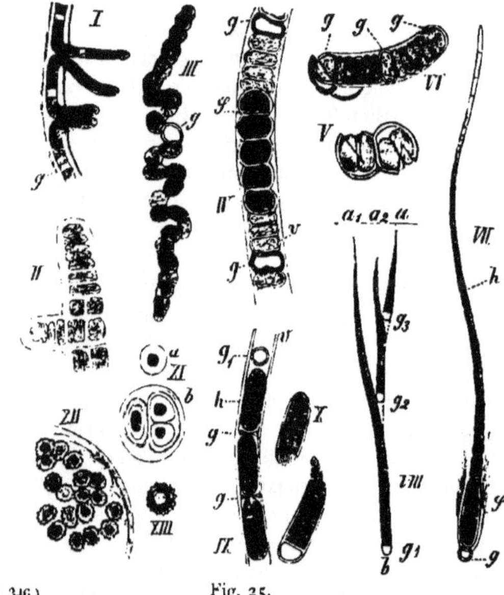

(B. 346.) Fig. 25.

Nostocaceen (aus Falkenberg, die Algen, Bd. II. dieses Handbuches). I Scheinastbildung von *Scytonema*. II Eine Nostocacee mit Vegetationspunkt und »echter« Verzweigung (*Stichonema ocellatum*). VIII Schematische Darstellung der Scheinastbildung einer Rivulariee, g hier wie in den anderen Figuren die Heterocysten (Figurenerkl. vergl. a. a. O. pag. 308.

tonema auch nicht lokalisirt: es wächst einfach eine Zelle, sich zur Zellreihe unter Theilungen verlängernd an der über ihr stehenden Fadenzelle (häufig einer Heterocyste) vorbei. Bei einigen anderen Nostocaceen z. B. *Stigonema* (Fig. 25, II) dagegen findet sich ein Vegetationspunkt, der in gewöhnlicher Weise Auszweigungen bildet. Auch bei den, grosse Gewebeplatten oder Säcke mit einschichtiger Wandung bildenden Ulva- und *Enteromorpha*-Arten scheinen sich alle Zellen gleich zu verhalten[1]), und ähnlich ist es wohl bei dem Wachsthum vieler Früchte, z. B. der Kürbisse, auch hier scheint ein »Vegetationspunkt« nicht zu existiren, sondern ein gleichmässiges Wachsthum der ganzen Frucht stattzufinden. Von analogen Fällen mögen noch die Placenten genannt sein, die aus gleichmässig embryonalem Gewebe bestehen, während an dem Vegetationskegel eines Sprosses oder einer Wurzel von der Spitze gegen die älteren Partien hin ein stetiges Abnehmen des embryonalen Charakters stattfindet.

3. Art der Organanlage am Vegetationspunkt. Zu den wichtigsten Merkmalen des Vegetationspunktes gehört nach dem Obigen das, dass er die Stelle ist, wo neue Glieder des Pflanzenkörpers angelegt werden. Der Vegetationspunkt des Sprosses ist die Stelle, wo neue Blätter und Seitensprossen angelegt werden und ebenso entstehen an der Wurzel Nebenwurzeln vom Vegetationspunkt aus. Man bezeichnet die Bildung von Seitensprossen am Sprossvegetationspunkt, die von Wurzeln am Wurzelvegetationspunkt, die von Blattfiedern als am Blattvegetationspunkt, also im Allgemeinen die Erzeugung gleichartiger Glieder als Verzweigung, wogegen man die von Ungleichartigen also z. B. die von Blättern, am Stammvegetationspunkt unter den Begriff der Neubildung zusammenfassen kann. Bei niederen Pflanzen, bei denen die Differenz der Glieder keine so scharfe ist, gehen beide Begriffe natürlich ineinander über. Der »normalen,« d. h. am Vegetationspunkt vor sich gehenden Gliederbildung steht die adventive gegenüber, d. h. die Entstehung von Sprossen und Wurzeln (denn Blätter entstehen stets nur an Vegetationspunkten), aus Pflanzentheilen, die nicht mehr im Zustand des Vegetationspunktes befindlich sind. Diese adventiven Bildungen sollen unten ausführlicher besprochen werden, hier sei nur hervorgehoben, dass es ein ganz vergebliches Bemühen wäre, zwischen normaler und adventiver Verzweigung scharfe, in eine Definition fassbare Grenzen ziehen zu wollen, es kommt bei der Unterscheidung beider wesentlich auch noch der Gesichtspunkt in Betracht, dass man meist die adventiven Sprosse als etwas für den Gesammthabitus des betreffenden Pflanzenkörpers Unwesentliches betrachtet.

Die Organanlage am Vegetationspunkt kann entweder eine »exogene« oder »endogene« sein. Im ersteren Falle betheiligt sich die äusserste Zellschicht an der Organbildung, sei es allein, oder zugleich mit tieferen Zelllagen. Im zweiten Falle geht die Organbildung, ohne Betheiligung der äussersten Zellschicht oder der äussersten Zellschichten vielmehr unter Durchbrechung derselben vor sich. Am Vegetationspunkt des Sprosses überwiegt bei Weitem die exogene Organbildung, an dem der Wurzel findet sie ausschliesslich endogen statt, und zwar in einer Gewebeschicht, welche von der ganzen Wurzelrinde bedeckt ist. Wir sehen an der Wurzel, deren Vegetationspunkt nicht wie der des Sprosses von Blattgebilden umhüllt und geschützt ist, das embryonale Gewebe einerseits geschützt durch die Wurzelhaube, andererseits dadurch, dass die peripherischen und centralen Gewebepartien früher schon in den Dauerzustand übergehen, noch ehe

[1]) Auch im Auftreten der Seitenzweige bei *Enteromorpha* scheint keinerlei bestimmte Reihenfolge zu bestehen.

die Bildung von Seitenorganen in der embryonal bleibenden Gewebeschicht begonnen hat.

Wenden wir uns zum Vegetationspunkt des Sprosses, so ist zunächst zu betonen, dass wir endogen angelegte Blätter nicht kennen, sondern nur endogen angelegte Seitensprosse. Solche finden sich bei einigen Algen und Lebermoosen. So bei *Vidalia volubilis*, *Rhytiphloea pinastroïdes* und *tinctoria*, *Amansia glomerata*, *multifida*, *Polyzonia elegans* und *Polyzonia incisa*[1]), ferner entstehen die Fruchtsprosse endogen (während die vegetativen Seitensprosse exogen entstehen) bei *Pollexfenia* und *Jeannerettia*. Es sind die genannten Gattungen Florideen, bei welchen eine Gewebedifferenzirung in der Weise stattfindet, dass jedes der durch Querwände von der Scheitelzelle abgeschnittenen Segmente sich in eine centrale und einige peripherische Zellen theilt, die erstere ist es nun in den genannten Fällen, von der die Seitensprossbildung ausgeht, die Seitensprossanlage muss sich dann also zwischen den peripherischen Zellen hindurchdrängen. Bei anderen nahe verwandten und ganz ähnlich gebauten Formen wie *Polyzonia jungermannoïdes* und der *Polysiphonia*-Arten[2]) dagegen ist die Sprossbildung eine exogene. Ferner finden wir endogene Sprossbildung angegeben für einige beblätterte Lebermoose (vergl. pag. 333 des II. Bandes dieses Handbuches, auch die Angabe über endogene Entstehung mancher Adventivsprosse von *Metzgeria)*. Nach Leitgeb entstehen nämlich aus Zellen, die unmittelbar unter der äussersten Zellschicht des Vegetationskegels liegen, die Flagellenäste von *Mastigobryum*, die Fruchtäste derselben Pflanze sowie die von *Lepidozia* und *Calypogeia*, ferner die Aeste von *Jungermannia bicuspidata*, während sonst die Zweigbildung in der gewöhnlichen exogenen Weise geschieht.

Auch bei den Equiseten hat man früher endogene Sprossbildung angenommen, womit diese unter den Gefässpflanzen isolirt gestanden wären. Es hat sich aber herausgestellt, dass die endogene Sprossbildung nur eine scheinbare ist, und auf einer frühzeitigen Umwallung der exogen angelegten Sprossmutterzelle beruht, der junge Spross durchbricht dann allerdings das ihn umgebende Gewebe, analoge Beispiele kennen wir auch von Samenpflanzen (Phanerogamen) so bei *Gleditschia sinensis*[3]), *triacanthos*. *Symphoricarpus vulgaris*. Die Sprosse werden (und zwar hier in Mehrzahl) normal in den Blattachseln angelegt, dann aber vom Rindengewebe ganz umwachsen, so dass sie dasselbe, wenn sie zur Entfaltung kommen, durchbrechen müssen. Und ähnlich ist es jedenfalls bei vielen der Ruheknospen unserer Holzpflanzen, die man als »schlafende« Augen bezeichnet.

Der Ursprungsort exogener Organanlagen am Vegetationspunkt ist ein sehr verschiedener Bald ist es eine Zelle der äussersten Zellschicht wie bei Moosen und Farnen, bald ein Complex von Aussenzellen, oder es entsteht eine aus dem Wachsthum von inneren, unter dem Dermatogen gelegenen Zellen hervorgehende Hervorwölbung, welche von der mitwachsenden äussersten Zellschicht, dem Der-

[1]) Vergl. Falkenberg, Ueber endogene Entstehung normaler Seitensprosse bei den Gattungen *Vidalia* und *Amansia*, Nachrichten der k. Gesellsch. der Wissensch. in Göttingen 1879, ders. ibid. Jahrg. 1879, No. 20, Ueber congenitale Verwachsung im Thallus der Pollexfenieen; Ambronn, Ueber die Art und Weise der Sprossbildung bei den Rhodomeleengattungen *Vidalia*, *Amansia* und *Polyzonia*. Sitz.-Ber. des bot. Ver. der Provinz Brandenburg; XXII. Jahrgang, 1880, und über einige Fälle von Bilateralität bei Florideen. Bot. Zeit. 1880.

[2]) Nägeli's Angaben über endogene Sprossbildung bei *Polysiphonia* haben sich nicht bestätigt (vergl. Zeitschr. f. wiss. Bot. IV. pag. 211.)

[3]) Vergl. Hansen, Vergl. Unters. über Adventivbildungen bei den Pflanzen; Abh. der Senkenberg. Ges. XII. Bd. pag. 147 ff.

matogen überzogen ist. Dies ist die Regel für alle Vegetationspunkte der Samenpflanzen, bei welchen ein »Dermatogen« deutlich zu unterscheiden ist, Sprosse und Blätter entstehen an ihnen fast ausnahmslos auf die angegebene Weise, d. h. durch Höckerbildung, welche beruht auf dem gesteigerten Wachsthum eines unter dem Dermatogen liegenden Zellencomplexes, dessen Wachsthum das Dermatogen folgt. Dieser Zellcomplex besteht bei manchen Blättern, z. B. denen von *Hippuris* (Fig. 11), *Potamogeton* u. a. aus Zellen der unmittelbar unter der Epidermis liegenden Schicht, bei anderen Blättern sind auch tiefer liegende Zellcomplexe beim Entstehen der Blattanlage betheiligt, Regel aber ist, dass zur Bildung von Blattanlagen weniger Zellschichten in Mitwirkung gezogen werden, als zu der von Seitenzweiganlagen.

Organanlagen können am Vegetationspunkt nicht nur lateral, sondern auch terminal angelegt werden. Derartige Fälle finden sich namentlich bei Sprossen, welche sexuelle Fortpflanzungsorgane produciren. So geht aus der Scheitelzelle eines Thalluszweiges von *Coleochaete scutata* und anderen Arten derselben Gattung ein Oogonium hervor, und dasselbe ist der Fall bei den archegonientragenden Sprossen der Laubmoose. Das erste Archegonium einer Archegoniengruppe geht aus der Scheitelzelle hervor: wie Fig. 26 zeigt, wölbt sich dieselbe über die jüngsten Blattanlagen hervor, und theilt sich durch eine Querwand in eine obere und eine untere Zelle, aus welch letzterer nun die Archegonienanlage sich entwickelt. Ebenso geht in den Antheridienständen von *Fontinalis* u. a. Laubmoosen, wie LEITGEB nachgewiesen hat, das erste Antheridium aus der Scheitelzelle hervor: sie hört auf blattbildende Segmente zu produciren, wölbt sich hervor, und wird zur Mutterzelle des Antheridiums. Auch das Makrosporangium von *Taxus* ist terminal an einem kleinen, mit zwei Vorblättern und einer Anzahl Schüppchen besetzten Sprosse, und in den Blüthen der Angiospermen ist es ein durchaus nicht seltenes Vorkommniss, dass die Makrosporangien (Samenknospen) aus dem Scheitel der Blüthenachse selbst hervorgehen, so z. B. bei Polygoneen, Piperaceen u. a. Es ist nur eine Differenz in der Ausdrucksweise, ob man in diesen Fällen sagt: der Scheitel der Blüthenachse verwandle sich in eine Samenknospe, oder es sei dieselbe eine Neubildung auf dem Blüthenachsenscheitel: das Wesentliche in beiden Fällen ist eben, dass der Blüthenvegetationspunkt als solcher zu existiren aufhört und in seiner Totalität zur Organbildung verwendet wird, ein Vorgang, der sich entweder allmählich, oder, wie bei den obengenannten Muscineen, in durch die Veränderung der Zellenanordnung charakterisirter Weise vollziehen kann.

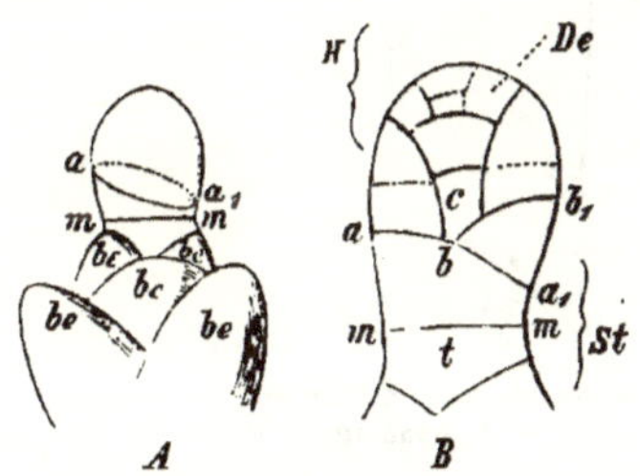

Fig. 26. (B. 347.)

A Stammspitze mit jungen Blattanlagen (be) von *Andreaea petrophila*, nach KÜHN. Aus der Scheitelzelle hat sich eine Archegonienanlage gebildet, die durch eine Querwand (mm) zunächst in eine untere und eine obere Zelle getheilt wird. Fig. B bringt die Weiterentwicklung des Archegoniums schematisirt.

Auch solche Fälle sind bekannt, in welchem der Blüthenvegetationspunkt zur Bildung eines Staubgefässes verwendet wird, so bei *Casuarina*, *Najas* u. a. bei Besprechung der Blüthenentwicklung zu diskutirenden Fällen. Man bezeichnet Staubgefässe, welche terminal am Blüthenvegetationspunkt entstehen je nach dem morphologischen Standpunkt, von welchem man ausgeht, als »pollenbildende

Caulome« oder als terminale Blätter. Terminale Blätter in der vegetativen Region kennt man nicht, es ist dies aber eben nur ein Erfahrungssatz, der durch die erste sicher konstatirte Ausnahme umgestossen würde, und sicher würde ein Laubblatt ein Laubblatt bleiben, auch wenn es terminal an einem Vegetationspunkt entstände, nur hört damit das letzte von der Entwicklungsgeschichte hergenommene Unterscheidungsmerkmal zwischen Blatt und Stamm auf. In der Blüthe aber wird, wie unten ausführlicher darzulegen sein wird, die Differenz von Blatt und Achse überhaupt vielfach verwischt, und andererseits wissen wir, dass die Sporangien (denn dies sind die Pollensäcke) bezüglich ihres Auftretens nicht an Blattorgane gebunden sind.

Es werden zur Stütze der Annahme terminaler Blätter auch Fälle angeführt, in denen ein Uebergang von seitlicher zu terminaler Organbildung stattfindet. Derartige Fälle finden sich in nicht seltenen Beispielen. In instruktiver Weise z. B. bei den Blüthen der Gräser. Ein Schema wird diesen Uebergang am besten erläutern. In Fig. 27 mögen A_1 A_1 A_2 einen Vegetationspunkt vorstellen, wobei es sich im Wesentlichen gleichbleibt, ob man sich darunter die grosse Scheitelzelle einer *Sphacelaria*, welcher die Figuren etwa entsprechen, denkt, oder den, von den Contouren umgrenzten Raum von einem Gerüste von Zellwänden ausgefüllt sein lässt, wie beim Vegetationspunkt der Angiospermen. Die Anlage eines Seitenastes werde dadurch eingeleitet, dass von der Scheitelzelle (wenn wir der Einfachheit halber diese zum Ausgangspunkt wählen), durch eine gebogene Wand ein Stück abgeschnitten wird, das nun zur Astanlage auswächst. Bei A ist diese Astanlage deutlich lateral, und es tritt dies um so deutlicher hervor, als, wenn dieselbe die durch die gestrichelte Contour angedeutete Grösse erreicht hat, auch die Sprossspitze selbst schon weiter gewachsen ist. In Fig. 27 A_1 greift die die Astanlage herausschneidende Wand dagegen bis an den Scheitel selbst hinauf. Hier kann unter Umständen die Ast- (oder Blatt-) etc. Anlage terminal erscheinen, dann nämlich, wenn sie sich kräftig entwickelt, während der nicht zur Astbildung verwendete Theil sein Wachsthum einstellt, oder sehr verlangsamt, er wird dann von dem Aste zur Seite gedrängt. Wächst dieser Theil der Scheitelzelle dagegen nach der Astanlage kräftig weiter, so erscheint dieselbe ebenso wie bei A lateral, nur dass sie von Anfang an ein grösseres Areal des Vegetationspunktes beansprucht. In Fig. A_2 endlich ist die Anlage wirklich terminal, wobei es gleichgiltig erscheint, ob man sich die Wand, welche die Organbildung einleitet schief, wie dies in der Figur geschehen ist, oder quergestellt denkt. Selbstverständlich kann auch die lateral angelegte Astanlage von A den Scheitel zur Seite drängen. Alle diese Fälle, zwischen denen man sich leicht noch weitere Zwischenstufen construiren kann, finden sich realisirt in den Aehrchen der Gräser.[1]). Die Blüthen sind lateral in den meisten Fällen, und die Endblüthe

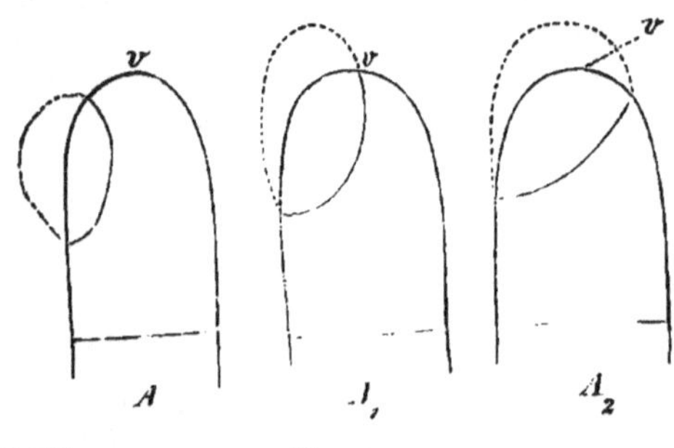

(B. 348.) Fig. 27.
Schema für den Uebergang von seitlicher in terminale Organanlage. V Vegetationspunkt.

[1]) Vergl. Zur Entwicklungsgeschichte einiger Inflorescenzen. PRINGSHEIM's Jahrb. f. wiss. Botan. Bd. XIV.

drängt den Aehrchenachselscheitel zur Seite, z. B. bei *Hordeum*, *Setaria*; die Blüthe von *Phalaris arundinaea* dagegen tritt unmittelbar am Scheitel selbst auf, sie ist von Anfang an am Ende der Aehrchen inserirt derart, dass der Scheitel der letzteren verflacht erscheint. Sie ist aber trotzdem nicht vollständig terminal, da nicht der ganze Scheitel zu ihrer Bildung verwendet wird, ein kleines Stück derselben bleibt übrig, und ist dann später, nachdem es noch etwas herangewachsen ist, als zur Seite gedrängtes Rudiment der Aehrchenachsenspitze kenntlich. Dieser Fall würde also mit Fig. 27 A_1 unseres Schemas übereinstimmen, bei anderen Gräsern wie *Anthoxanthum*, *Zea*, *Coix* sind die Blüthen wirklich terminal an der Aehrchenachse.

Es dürften diese Beispiele genügen, um zu zeigen, dass es Uebergänge von der normal seitlichen Organanlage zur terminalen am Vegetationspunkt giebt, und dass, wenn das nicht zur Organbildung verwendete Stück des Vegetationspunktes nach der Organanlegung sich langsam und wenig weiter entwickelt, es dann von Anfang an seitlich, die Organanlage aber terminal erscheinen wird; ob man die letztere dann terminal oder pseudoterminal nennen will, ist im Grunde ganz gleichgiltig, wenn man nur die Art und Weise der Organanlage selbst kennt, es giebt, wie oben gezeigt wurde, gewisse Fälle, die man unter die Kategorien terminal und lateral nicht ohne Weiteres subsumiren kann.

4. Entstehungsfolge der Organanlagen am Vegetationspunkt. Verfolgt man die Entstehungsfolge der Organanlagen z. B. der Blätter an dem Vegetationskegel einer dikotylen oder monokotylen Pflanze, so ergiebt sich, dass die jüngsten Organanlagen immer diejenigen sind, welche dem Vegetationspunkt zunächststehen. Die Entstehungsfolge ist also eine gegen den Scheitel hin gerichtete, eine Thatsache, welche man mit dem von NÄGELI und LEITGEB[1]) vorgeschlagenen Ausdruck »akropetal« bezeichnet. Diese Bezeichnung geht aus von dem bei den meisten Sprossen sich findenden Verhältniss, dass der Vegetationspunkt an der Spitze des Sprosses »apikal« liegt. Es ist dies zwar das häufigste, aber durchaus nicht allgemeine Vorkommen, es wurde oben ja eine ganze Reihe von Fällen angeführt, in denen der Vegetationspunkt interkalar, resp. basal liegt. Auch in diesen Fällen findet aber dieselbe Entstehungsfolge der Seitenorgane statt, auch hier stehen die jüngsten Organanlagen dem Vegetationspunkt am nächsten, bei interkalaren Vegetationspunkten können sie sogar nach zwei Richtungen hin entstehen, ähnlich wie vom Cambium der Dikotylen und Gymnospermen nach zwei Richtungen hin Zellen abgeschieden werden. Für solche Fälle passt der Ausdruck akropetal nicht, und ich habe deshalb die ganz allgemeine Bezeichnung der progressiven[2]) Entstehungsfolge vorgeschlagen, womit also ausgedrückt sein soll, dass neue Organanlagen gewöhnlich in gegen den Vegetationspunkt hin fortschreitender Reihenfolge entstehen, mag derselbe nun liegen, wo er will. Der progressiven Entstehungsfolge gegenüber steht die Bildung eingeschalteter, zwischen den vorhandenen auftretender Organanlagen, die interkalare Bildung von solchen.

Für beide Begriffe mögen einige Beispiele zur Erläuterung angeführt sein. Die progressive Entstehungsfolge bei apikalem Vegetationspunkt bedarf einer solchen nicht, wohl aber die bei interkalarem, resp. basalem Vegetationspunkt. Es wurden

[1]) Entstehung und Wachsthum der Wurzeln von C. NÄGELI und H. LEITGEB in Beitr. zur wissenschaftl. Botanik, IV. Heft, pag. 77. Anm. »akropetal *(sit venia verbo)* und basipetal, nach dem Scheitel oder nach der Basis hin sich bewegend.«

[2]) Arbeit. d. botan. Instituts zu Würzburg. II. Bd. pag. 390.

als hierhergehörig u. a. auch die Inflorescenzen von *Ficus* genannt. Der interkalare Vegetationspunkt, aus welchem der Blüthenbecher hervorgeht, hat die Gestalt eines Ringes. Oben auf dem Blüthenbecher sind die vor dem Auftreten des interkalaren Vegetationspunktes gebildeten Hüllblätter inserirt. Ausser diesen Blättern werden in der Röhre neue gebildet und zwar in gegen den Grund des Bechers fortschreitender Reihenfolge. In umgekehrter Richtung, aber ebenfalls gegen den interkalaren Vegetationspunkt hin fortschreitend, treten Blüthenanlagen auf, die ersten auf dem Grunde der becherförmigen Inflorescenzachse, die folgenden auf der Innenfläche derselben. In beiden Fällen ist die Entstehungsfolge dieselbe, nämlich eine progressive. Und ähnliches liesse sich auch von anderen Pflanzen mit interkalarem Vegetationspunkt anführen. So von den oben erwähnten Ectocarpeen (Fig. 28). An den Seitenzweigen von *Ectocarpus* liegt der Vegetationspunkt öfters basal: dann ist auch die Entstehungsfolge der Auszweigungen höheren Grades eine »basipetale«, die Hauptachsen dagegen haben einen interkalaren Vegetationspunkt, hier ist die Entstehungsfolge dann eine »akropetale.« Das Wesentliche in beiden Fällen wird aber durch die genannten Bezeichnungen offenbar nicht zum Ausdruck gebracht. Analoge Fälle liessen sich von manchen Blüthen anführen, wo die von der gewöhnlichen »akropetalen« Entstehungsfolge abweichende Anlegung der Blüthenblattgebilde ebenfalls auf das Vorhandensein interkalarer Vegetationszonen zurückzuführen ist. Auch bei den Blättern kommt bald »akropetale,« bald basipetale Reihenfolge der Auszweigungen vor, auch sind solche Fälle bekannt, in denen die Bildung der Seitenblättchen an einem Punkte des Blattes anhebt und von hier aus nach oben und unten fortschreitet. Gleiches

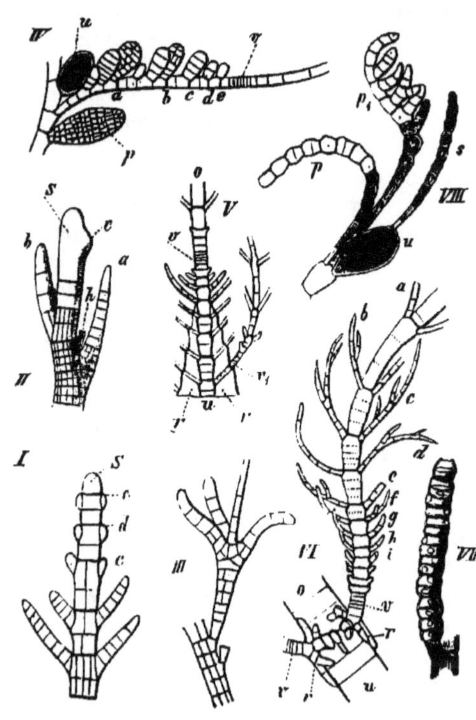

(B. 349.) Fig. 28.

Vegetationspunkte von Phaeophyceen (nach FALKENBERG) I. u. II. Sphacelariaceen (*Chaetopteris plumosa* und *Stypocaulon scoparium*) mit terminalem, von einer Scheitelzelle (S) eingenommenem Vegetationspunkt. Die Organanlage geschieht bei *Chaetopteris* in den Segmenten, bei *Sphacelaria* in der Scheitelzelle selbst. IV, V, VI Phaeosporen mit interkalarem Vegetationspunkt (v), welcher kenntlich ist an den schmalen, in lebhafter Theilung begriffenen Zellen. IV Sporangientragender Ast von *Ectocarpus elegans:* Die Sporangien entstehen in »akropetaler« Reihenfolge, einzelne werden aber interkalirt. V Längsschnitt durch eine Thallusspitze von *Desmarestia ligulata*, der Zellenfaden u o wird von einer (nur im Umriss wiedergegebenen) aus Verwachsung dünner Zellfäden entstandenen Rinde umgeben. Fig. VI Langtriebstück (u o) von *Arthrocladia villosa* mit zwei seitlichen Kurztrieben, nur von dem rechts stehenden ist ein grösseres Stück gezeichnet. v Vegetationspunkt derselben. Die Auszweigungen entstehen in »basipetaler« Reihenfolge.

gilt für die Entstehungsfolge der Samenknospen auf den Placenten. Es kommt bei diesen Sprossungen begrenzten Wachsthums offenbar darauf an, welche Partie den embryonalen Charakter zuerst verliert. Die jüngsten Organanlagen finden sich an den Theilen, welche den embryonalen Charakter am längsten behalten.

Ist so die Entwicklungsfolge gewöhnlich eine progressive, so ist sie doch nicht immer an allen Partien eines Sprossvegetationspunktes eine gleichmässige. Sehen wir ab von den eigentlich dorsiventralen Sprossen, so sind hier zu nennen einige Inflorescenzen und Blüthen, bei welchen die Entwicklungsfolge auf verschiedenen Seiten des Vegetationspunktes eine ungleichmässige ist. Indem bezüglich der Blüthen auf den Abschnitt über Blüthenentwicklung verwiesen wird, seien hier nur für den ersteren Fall, für die Inflorescenzen[1]) Beispiele genannt. Ein sehr auffallendes bieten die Inflorescenzen von *Trifolium pratense*, dem Wiesenklee. Die Anlegungsfolge der Blüthen prägt sich hier schon in der Aufblühfolge derselben aus. Die dem Tragblatte der Inflorescenz zunächst stehenden Blüthen blühen zuerst auf, sie werden auch zuerst angelegt. Die Inflorescenzachse ist auf der dem Tragblatt gegenüberliegenden Seite, der Bauchseite, schon ganz mit Blüthenanlagen bedeckt, während die gegenüberliegende Seite, die Rückenseite noch ganz blüthenleer ist. Erst allmählich bedeckt auch sie sich mit Blüthenanlagen. Die Differenz beider Seiten ist auch hier schon vor dem Auftreten von Blüthen am Inflorescenzvegetationspunkt ausgeprägt, indem beide eine verschiedene Gestalt haben. (Genaueres a. a. O.) Schon derartige Fälle zeigen, dass die früher herrschende Annahme: neue Organe am Pflanzenkörper (resp. am Stamm der Cormophyten, um den es sich fast ausschliesslich handelte), bilden sich in der Reihenfolge, dass eine die successiven Sprossungen verbindende Linie die Hauptachse in einer Schraubenlinie umkreist (—es ist diese Annahme die SCHIMPER-BRAUN'sche Spiraltheorie) der Begründung entbehrt[2]), wie dies auch schon aus dem Vorhandensein zahlreicher dorsiventral verzweigter Pflanzen hervorgeht.

Interkalirte Organanlagen sind bei den Thallophyten häufiger als bei den höheren Pflanzen. Bei zahlreichen Algen, z. B. den erwähnten *Ectocarpus*-Arten treten zwischen den progressiv entstandenen Auszweigungen neue, interkalirte auf (Fig. 28), je differenzirter aber der Pflanzenkörper wird, desto mehr wird auch die Regel der progressiven Organanlage festgehalten. Doch finden wir interkalirte Sprossanlagen z. B. bei den Samenpflanzen nicht selten bei den zu Reproduktionszwecken umgebildeten Sprossen, bei welchen das Auftreten der Organanlagen überhaupt vielfach ein anderes ist, als bei den vegetativen Sprossen. Interkalirung von Blüthenanlagen findet sich z. B. bei den höchst eigenthümlich ausgebildeten Inflorescenzen von *Dorstenia*[3]), welche platte »Kuchen« bilden auf deren Oberseite die Blüthen stehen. Zwischen den progressiv eingelegten Blüthen werden hier neue eingeschaltet ohne Regelmässigkeit, je nachdem durch das Wachsthum der Inflorescenzachse Raum geschafft wird. Und in eigenthümlicher Weise tritt ein analoger Vorgang bei den Inflorescenzen von *Typha* auf. Die Inflorescenz hat hier einen oberen Theil, welcher männliche, und einen unteren, welcher weibliche Blüthen trägt. Den letzteren findet man öfters, nachdem er schon mehrere Centim. lang geworden ist, und die männlichen Blüthen schon

[1]) Ueber die Verzweigung etc. pag. 405.

[2]) Ein Eingehen auf die Anordnung und das Zustandekommen der Stellungsverhältnisse im Einzelnen liegt ausserhalb des Planes dieser Arbeit.

[3]) Ueber die Verzweigung etc. pag. 381.

die Anlagen der einzelnen Staubblätter erkennen lassen, völlig frei von seitlichen Organen. Treten dann die letzteren auf, so entstehen sie von oben nach unten, also »basipetal«, ähnlich wie die Auszweigungen vieler Blätter. Der Unterschied den vegetativen Sprossen gegenüber besteht hier, wie in anderen Fällen darin, dass bei den ersteren der Vegetationspunkt in einer stetigen Vorwärtsbewegung begriffen ist, die Verhältnisse am Spross bleiben sich von den älteren Theilen gegen den Vegetationspunkt hin im Wesentlichen gleich, während Blüthen, Blätter, Inflorescenzen etc. Gebilde begrenzten Wachsthums sind, bestimmt nach kurzer Zeit in den Dauerzustand überzugehen, was nicht immer in gegen den Vegetationspunkt hin fortschreitender Reihenfolge geschieht. Weitere Beispiele für die Interkalirung werden bei Besprechung der Blüthenentwicklung angeführt werden.

Ehe auf die Art der Verzweigung näher eingegangen wird, ist hier noch hervorzuheben, dass nicht alle Verzweigung auf der Anlage von Seitensprossungen an einem Vegetationspunkt beruht. Wir sehen z. B. bei den Palmen grosse, »zusammengesetzte« Blätter der mannigfaltigsten Form, gefiederte, handförmig getheilte etc. auftreten, wir finden bei *Macrocystis*-Arten (Fig. 29) an einer strickartigen Achse zahlreiche charakteristisch geformte »Blätter« sitzen. Die Seitenblättchen eines gefiederten Palmblattes, ebenso die Blätter von *Macrocystis* werden aber nicht als gesonderte Sprossungen am Vegetationspunkt des Hauptblattes oder des *Macrocystis*-Thallus angelegt, sondern entstehen durch Zertheilung einer ursprünglich einheitlichen Fläche, eine Zertheilung, die nicht wie dies manchmal geschieht als eine Zerreissung betrachtet werden darf, sondern, wenigstens bei den Palmblättern auf einem — nicht grobmechanischen — Trennungsprozess, der oft mit dem Absterben bestimmter Partien verbunden ist, beruht.

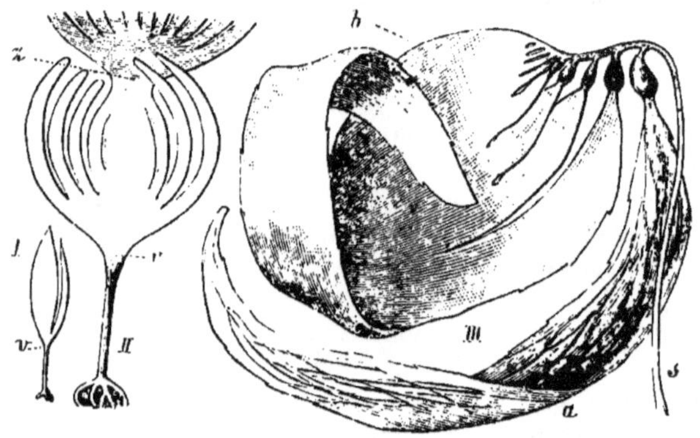

(B. 350.) Fig. 29.

I junges Exemplar, II älteres von *Laminaria Cloustoni*. Der flache obere Theil des Thallus ist ursprünglich eine einfache, zusammenhängende Zellfläche, welche sich später in einzelne Lappen spaltet. III Ungetheilte Thallusspitze von *Macrocystis pyrifera*. Durch successive auftretende Spalten bildet sie Stengel (s) und blattartige (b) Bildungen, die letzteren sind am Rande gezähnt und haben unten eine »Blase.« (I und II nach HARVEY, III nach HOOKER.)

5. Verzweigungsmodus. Es wurde oben als Eigenthümlichkeit des Vegetationspunktes hervorgehoben, dass von ihm die normale Organbildung ausgeht, die entweder eine Verzweigung, d. h. die Bildung gleichartiger Seitenorgane, also von Theilblättern an Blättern, von Seitenzweigen an Sprossen von Nebenwurzeln oder Wurzeln oder eine Neubildung, d. h. Produktion ungleichnamiger Organe, also z. B. von Blättern an Sprossvegetationspunkten ist. Hier haben wir es nur mit der ersten Kategorie, mit der Verzweigung zu thun, die hierbei stattfindenden Vorgänge lassen sich ganz allgemein behandeln,

gleichgiltig ob es sich um die Verzweigung thalloser Sprosse oder die von beblätterten Sprossen, Blättern oder Wurzeln handelt.

So mannigfaltig auch die weitere Ausbildung der Organsysteme ist, welche durch Verzweigung am Vegetationspunkt angelegt werden, so lässt sich die Art und Weise der letzteren doch auf zwei Kategorien zurückführen, welche, wie wohl kaum ausdrücklich betont zu werden braucht, durch Uebergänge mit einander verbunden sind, so dass eine scharfe Abgrenzung nicht möglich ist: die Verzweigung ist entweder eine dichotome oder eine seitliche. Bei der dichotomen (oder gabeligen) Verzweigung hört das Wachsthum des Scheitels in der bisherigen Richtung auf und wird übernommen von zwei in divergenten Richtungen weiterwachsenden Seitensprossen, zu deren Bildung meist der ganze bisherige Scheitel aufgebraucht wird;[1] bei der seitlichen Verzweigung dagegen treten die Auszweigungen unterhalb des in seiner bisherigen Richtung zunächst weiter wachsenden Scheitels auf.

a) Dichotome Verzweigung. Am übersichtlichsten ist die dichotome Verzweigung in dem Scheitel der seit Naegeli's Untersuchungen zu einem klassischen Beispiel gewordenen *Dictyota dichotoma*, einer Meeresalge, mit bandförmigem, gabelig verzweigtem Thallus, dessen Scheitel eingenommen wird von einer, durch zwei flach gewölbte Wände begrenzten Scheitelzelle, von welcher durch Antiklinen (Querwände) Segmente abgeschnitten werden (vergl. Fig. 30 A). Die Gabelung wird dadurch eingeleitet, dass in dieser Scheitelzelle eine sie halbirende, den gewölbten Wänden rechtwinklig aufgesetzte Theilungswand auftritt; jede der beiden so entstandenen Zellen ist nun die Scheitelzelle eines Gabelsprosses, an welcher sich nach einiger Zeit derselbe Vorgang wiederholt. In etwas anderer Weise wird dasselbe Resultat erzielt bei *Cladostephus*, dessen ziemlich hoch differenzirte cylindrische Sprosse in einer grossen Scheitelzelle endigen. Die Dichotomie erfolgt hier nicht durch eine symmetrisch halbirende Theilungswand der Scheitel-

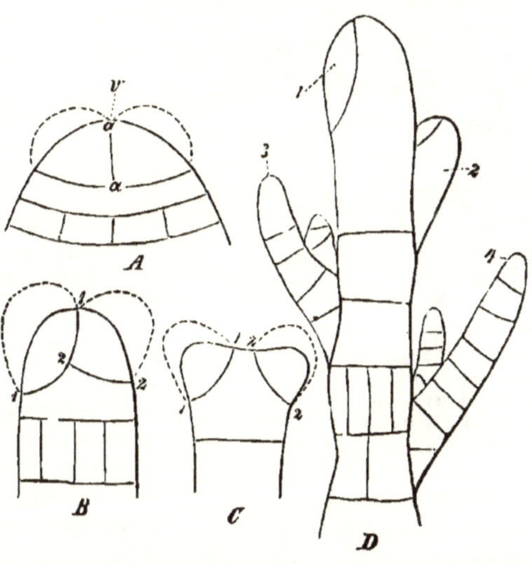

Fig. 30. (B. 351.)

A—C Schema für verschiedene Arten der Dichotomie (z. B. A. *Dictyota*, B, C *Cladostephus*, D *Halopteris filicina*, Sprossscheitel. Die Aeste werden in der Scheitelzelle selbst angelegt, die die Astanlage herausscheidende Wand reicht bis zum Scheitel selbst (B und D nach Pringsheim.)

[1]) Es kann sich dabei auch der bisherige Scheitel selbst wie ein Seitenspross verhalten, ohne dass er von dem Seitensprosse zur Seite gedrängt würde. So bei den thallosen Lebermoosen. Ebenso wie eine Dichotomie kann natürlich auch eine Polytomie entstehen. Was die Definition von Dichotomie betrifft, so scheint es mir ziemlichg leichgiltig, ob man diese oder jene Verzweigungsart unter diesem Begriff subsumiren will, oder nicht — die Hauptsache ist, dass man das Zustandekommen der Verzweigung und die Beziehungen derselben zum Gesammtaufbau des betreffenden Pflanzenkörpers kennt.

zelle, sondern durch Auftreten einer uhrglasförmig gebogenen Wand an der Spitze derselben (Fig. 30 B), der sich eine zweite entgegengesetzt gerichtete aufsetzt, die beiden so angelegten Zellen sind die Scheitelzellen je eines Gabelsprosses. Wäre die erstauftretende Wand etwas weiter nach unten gerückt, wie dies bei manchen Sphacelarieen (zu denen *Cladostephus* gehört) geschieht und würde die Scheitelzelle des Hauptsprosses in ihrer bisherigen Richtung weiter wachsen, so würde statt der gabeligen eine seitliche Verzweigung eintreten, wie in Fig. 30 D. Eine dichotome Verzweigung findet sich noch bei einer Anzahl anderer Thallophyten,

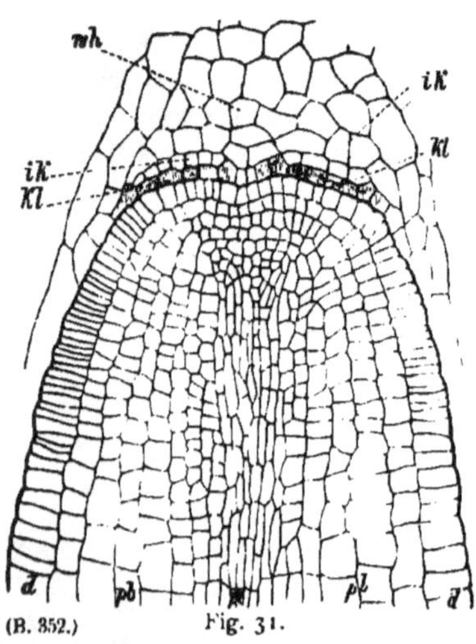

(B. 352.) Fig. 31.

Medianer Längsschnitt einer in Gabelung begriffenen Wurzel von *Lycopodium inundatum* in der Dichotomieebene. wh Wurzelhaube, kl Kalyptrogen, pl Plerom, pb Periblem. Vgr. 165. (Nach BRUCHMANN.)

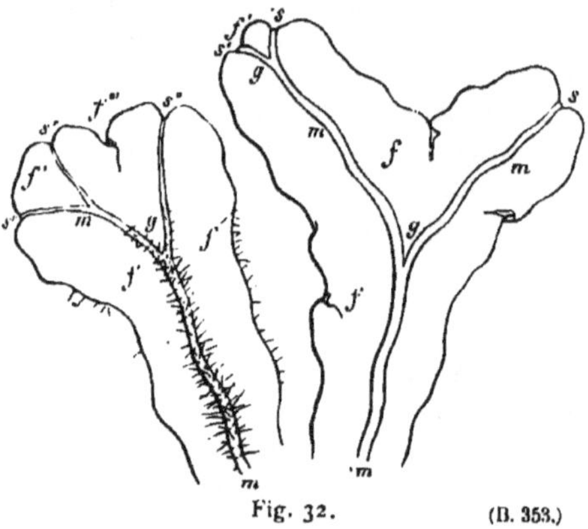

Fig. 32. (B. 353.)

Thallus von *Metzgeria furcata* (nach SACHS) etwa 10 mal vergr. Rechts von der Ober- (Rückseite) links von der Unter- (Bauch-) Seite aus gesehen. m Mittelnerv, s, s', s'' Scheitelregionen der Sprosse, f einschichtiger Theil des Thallus; f', f'', f''' Mittellappen der Gabelsprosse.

z. B. *Fucus*, bei höheren Pflanzen ist sie seltener. Ein exquisites Beispiel liefern die Wurzeln der Isoëten und Lycopodien; Fig. 31 zeigt einen medianen Längsschnitt einer in Gabelung begriffenen Wurzel von *Lycopodium inundatum* (vergl. Bd. I. pag. 250). Bezüglich der Einzelheiten derselben sei hier auf die Darstellung im 1. Bande dieses Handbuches verwiesen. Bei den Sprossen von *Lycopodium* ist die Verzweigung theils eine monopodiale, theils eine dichotomische, es finden sich hier Grenzfälle, die mehrfach die Anwendung der beiden Kategorien zweifelhaft machen, namentlich dann, wenn ein unterhalb des Scheitels, also seitlich angelegter Spross den Hauptspross zur Seite drängt, und eben so kräftig wie dieser sich entwickelt, ein bei den Selaginellen sehr häufiger Fall. Monopodial ist die Verzweigung z. B. bei den vegetativen Sprossen von *L. clavatum*, *annotinum* und *inundatum*; bei *L. clavatum* z. B. erscheint unterhalb des fortwachsenden Scheitels der Hauptachse die Zweiganlage als Protuberanz, welche bedeutend kleiner ist, als die Sprossspitze der Hauptachse. Am Aehrenstiel von *Lycopodium alpinum* dagegen tritt eine Gabelung auf; der Vegetationskegel wird durch zwei, rechts und links von ihm entstehende neue Vegetationspunkte verbreitert, und hört dann zu wachsen auf; es wird, während die beiden Seitensprosse gabelig fortwachsen, der Scheitel des Muttersprosses ganz unterdrückt, ein Fall also, der unserem Schema Fig. 30 C entspricht. Auch von hier aus lassen sich natürlich alle Uebergänge denken bis zu dem Falle, wo der Vegetationspunkt der Hautachse nach Anlegung zweier Seitenzweige verkümmert, und diese, obwohl seitlich angelegt, sich nun als Gabelzweige entwickeln, die aber dem Gesagten zu Folge nicht aus einer »echten« Gabelung hervorgegangen sind. Bei den Samenpflanzen scheint Dichotomie in der vegetativen Region nur sehr selten vorzukommen,[1]) wohl aber bei der Inflorescenz- und Blüthenentwicklung, eine wiederholte Dichotomie findet z. B. wie WARMING gezeigt hat, bei der Entwicklung der verzweigten Staubblätter von *Ricinus communis* statt, auch die Entwicklung der Inflorescenz von *Valeriana* dürfte auf Gabelung beruhen.

Eine eigenthümliche Form der Dichotomie, welche zum Schlusse hier noch erwähnt sein mag, findet sich bei den thallosen Lebermoosen, deren Vegetationskörper in manchen Fällen eine so ausgesprochen gabelige Verzweigung zeigt, dass darnach sogar Speciesbenennungen gebildet worden sind (*Metzgeria furcata* Fig. 32). Der nähere Vorgang wird durch die der Jungermanniee *Aneura multifida* entnommene Fig. 33 veranschaulicht. Der Vegetationspunkt derselben besitzt eine »zweischneidige« Scheitelzelle (v, v_1, v_2). Wenn sich der Scheitel zur Ver-

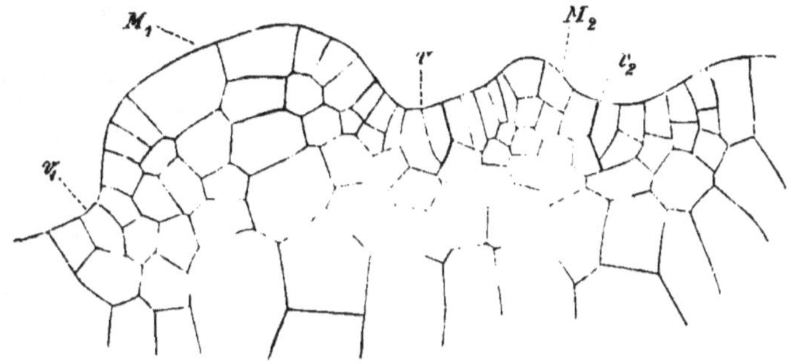

Fig. 33. (B. 354.)

Scheitel eines in Theilung resp. Verzweigung begriffenen Thallus von *Aneura multifida*. (Einstellung auf die Mittelebene) v, v_1, v_2 Scheitelzellen der betreffenden Sprosse. M_1 und M_2 Mittellappen.

zweigung anschickt, so verbreitert er sich zunächst, und dann bildet sich eine neue Scheitelzelle in der Nähe der alten, womit der Vegetationspunkt eines neuen Sprosses constituirt ist. Nun sprosst aus der Mitte des verbreiterten Vegetationspunktes, zwischen den beiden Scheitelzellen eine Gewebepartie hervor, der sogenannte Mittellappen (M_1, M_2 Fig. 33; f, f_1, f_2 Fig. 32), der nun die beiden neuen Scheitel von einander trennt. In Fig. 33 sind sogar drei Vegetationspunkte zu sehen, da der Spross sich kurz hinter einander zweimal gegabelt hat, der Mittellappen M_2 ist eben in der Bildung begriffen. Dieser Mittellappen vereinigt in sich die Anfänge der einander zugekehrten Seitenränder der beiden Tochtersprosse, welche bei weiterem Wachsthum sich von einander trennen. Wenn die Gabelsprosse länger werden, so erscheint der untere Theil des Mittellappens als einspringender Rand der Gabelungsstelle (vergl. *Metzgeria* Fig. 32), da die Gabelsprosse hier ihrer Entstehung nach zusammenhängen; ähnliche, nur etwas anders gestaltete Mittelstücke, durch welche die Gabelsprosse zusammenhängen, kommen übrigens auch in andern Fällen vor. Die thallosen Lebermoose[2]) bieten auch

[1]) Ein Beispiel bieten nach WARMING z. B. die Ranken von *Vitis vulpina*, ein Fall, der aber deutlich seine Beziehungen zur seitlichen, axillaren Verzweigung verräth, da einer der Rankenzweige ein Stützblatt hat.

[2]) Es ist klar, dass man die Dichotomie derselben auch als eine »unechte« auffassen könnte, insofern als nicht wie bei *Dictyota* u. a. die Scheitelzelle selbst sich in zwei gleichmässige, den

instruktive Beispiele dafür, in wie verschiedener Weise ein dichotom angelegtes Verzweigungssystem sich ausbilden kann. Bei *Metzgeria furcata* verhalten sich die beiden Gabelsprosse auch in ihrer weiteren Ausbildung annähernd gleich, *Metzgeria pubescens* besitzt eine Hauptachse mit Seitensprossen, die sich weniger entwickeln, als der Hauptspross, obwohl sie am Scheitel ganz ähnlich angelegt sind, wie die von *Metzgeria furcata*.

b) Die seitliche Verzweigung ist, wie oben hervorgehoben, durch vielfache Uebergänge mit der gabeligen verknüpft. Das Wesentliche derselben besteht darin, dass unterhalb des fortwachsenden Scheitels neue Auszweigungen hervortreten, deren Wachsthumsrichtung selbstverständlich mit der des primären Vegetationspunktes einen Winkel macht. Die von Pringsheim und Hofmeister[1]) vertretene Anschauung, dass jede in der Region des Vegetationspunktes erfolgte Anlegung seitlicher Achsen als eine Theilung der nackten, die jüngsten Blattanlagen überragenden Stengelspitze aufgefasst werden könne, ist in dieser Allgemeinheit durchaus unhaltbar, wie der Vorgang der axillären Verzweigung in der vegetativen Region der Sprosse der Samenpflanzen zeigt, sie ist nur insofern richtig, als es, wie oben wiederholt hervorgehoben wurde, allerdings Uebergänge von der Gabelung des Vegetationspunkts zur seitlichen Verzweigung derselben giebt. — Behält nun der Vegetationspunkt des Hauptsprosses (dasselbe gilt aber auch für die Verzweigung der Blätter, Wurzeln etc.) seine Wachsthumsrichtung bei, so erscheint er als Fussstück (Podium), auf welchem die Seitensprosse inserirt sind, oder als Monopodium, die Verzweigung heisst eine monopodiale im Gegensatz zur sympodialen. Diese kommt zu Stande, wenn der Gipfel des Hauptsprosses sein Wachsthum einstellt, und durch stärkeres Wachsthum eines Seitensprosses, der sich nun in die Verlängerung des unter dem Gipfel des Hauptsprosses liegenden Stückes derselben stellt, zur Seite gedrängt wird. Dieser Vorgang kann sich mehrmals wiederholen, man erhält dann einen scheinbar einheitlichen Hauptspross, an dem Seitensprosse entspringen, der Hauptspross ist aber in Wirklichkeit zusammengesetzt aus verschiedenen, ungleichwerthigen Stücken, er ist ein Sympodium. Sehr klare Beispiele dafür liefern einige Thallophyten, von welchen *Plocamium coccineum* (Fig. 14) als Beispiel hervorgehoben sein mag. Die scheinbar einheitliche Hauptachse Ax ist ein Sympodium. A_1 bezeichnet den Gipfel des ursprünglichen Haupttriebes, der aber seim Wachsthum eingestellt hat, und durch den Seitentrieb A_2 zur Seite gedrängt ist. Der oberste (der in einer Reihe stehenden) Aeste von Ax, A_3 drängt A_2 zur Seite, ebenso A_4 A_3, A_5 A_4 und A_5, welches jetzt noch den Abschluss des Sprosssystemes bildet, wird durch A_6 ersetzt werden. Die unteren Stücke aller dieser verschiedenen Sprosse setzen die sympodiale Achse Ax zusammen. Warum der jeweilige Hauptspross hier sein Wachsthum einstellt, dafür ist nicht der mindeste Grund bekannt.

Einen ganz ähnlichen Vorgang finden wir bei manchen Holzgewächsen, welche die Eigenthümlichkeit zeigen, dass der Gipfel des Hauptsprosses in jedem Jahre verkümmert. Der der Gipfelknospe nächststehende Seitentrieb übernimmt

Ausgangspunkt von zwei Gabelsprossen bildende Zellen theilt, sondern ein neuer Scheitel neben dem alten entsteht. Allein die alte Scheitelzelle selbst repräsentirt bei der Gabelung den Scheitel einer neuen Wachstumsrichtung und in Wirklichkeit sind also auch hier aus dem alten Scheitel zwei neue mit divergirenden Wachstumsrichtungen hervorgegangen, worin ich mit Sachs (Lehrbuch, IV. Aufl., Pag. 181. Anm.) das für die Dichotomie Wesentliches sehe.

[1]) Allg. Morphol. pag. 414, wo auch der betr. Passus aus Pringsheim citirt ist.

nun im nächsten Jahre die Eigenschaften einer Hauptachse: er stellt sich in die Verlängerung derselben und bildet sich eben so kräftig aus, wie sie. So ist es z. B. bei der Linde, deren Hauptstamm ein Sympodium darstellt, ferner bei Weiden, Hainbuchen, Kastanien u. a.[1]) Es wird in diesen Fällen die Sympodienbildung dadurch hervorgerufen, dass die Gipfelknospe ihr Wachsthum einstellt und verkümmert. Sie kann aber auch künstlich veranlasst werden. Zerstört man bei der Kiefer den Gipfeltrieb, so wird einer der obersten Wirteläste zum Gipfeltrieb, der sich in die Verlängerung der bisherigen Hauptachse stellt. In anderen Fällen findet das Wachsthum der Hauptachse ihren Abschluss durch Blüthen- oder Inflorescenzbildung, und der dem Gipfel nächststehende Seitentrieb übernimmt nun die Fortsetzung der Hauptachse. So sind z. B. die unterirdisch kriechenden Stämme (Rhizome) von *Convallaria multiflora* und *polygonatum* zusammengesetzt aus Sprossketten verschiedenen Alters, welche die aneinandergereihten hinteren Stücke von Sprossen vorstellen, deren oberer Theil über die Erde getreten war, Blüthen producirte und nun abstarb, während ein Seitentrieb sich in die Verlängerung der Rhizomachse stellte, um im nächsten Jahre ebenfalls zu blühen und einen das Rhizom fortsetzenden Seitentrieb zu produciren. Man findet kräftige Rhizome, die aus mehr als zehn an einander gereihten, successiven Jahrgängen angehörigen Sprossstücken bestehen.[2])

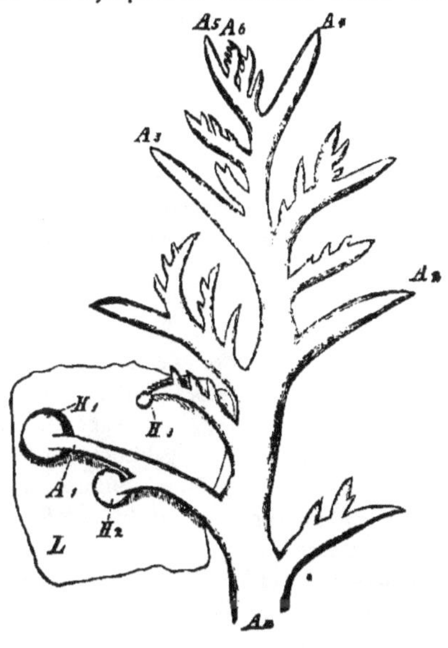

Fig. 34. (B. 355.)
Oberer Theil eines sympodialen Sprossensystems von *Plocamium coccineum*.

Für den Gesammthabitus der Pflanzen ist die Differenz von monopodialer und sympodialer Verzweigung gewöhnlich ganz gleichgiltig, es tritt meist erst bei eingehenderer Untersuchung hervor, mit welcher Verzweigungsart man es zu thun hat. Es ist übrigens klar, dass Sympodien auch aus dichotomer Verzweigung hervorgehen können, dann nämlich, wenn bei jeder Gabelung sich ein Ast stärker entwickelt, als der andere, es kommt dann eine sympodiale Achse zu Stande, an der die schwächeren Gabeläste als Seitensprosse erscheinen.

Auf die Besprechung der verschiedenen Ausbildungsformen der monopodial angelegten Verzweigungssysteme, Ausbildungsformen, die in zwei Kategorien, die der racemösen und cymösen Verzweigungen zerfallen, mag hier nicht näher eingegangen werden, da dieselben in jedem Lehrbuche ausführlich besprochen zu werden pflegen.

Dagegen erheischen die Beziehungen der Verzweigung der Sprosse zur Blattbildung hier noch eine Erwähnung.

---

[1]) Vgl. darüber: WIGAND, der Baum. pag. 136 ff.

[2]) Vgl. IRMISCH, Knollen und Zwiebelgewächse. pag. 179.

Bei radiär gebauten Sprossen höherer Pflanzen ist die Verzweigung meistens eine axilläre, d. h. die Seitensprosse stehen in den Achseln der Blätter. Die Beziehungen der Blätter zu ihren Achselsprossen sind namentlich durch WARMING's eingehende Untersuchungen klargelegt worden.[1]) In der vegetativen Region entsteht das Blatt in der Regel viel früher als seine Achselknospe. Es tritt dies besonders deutlich hervor bei Sprossen mit dekussirten Blättern, wie *Aesculus*, *Syringa*, *Lonicera* etc., man findet hier 1—4 Blattpaare oberhalb der Blätter, in deren Achsel die ersten Entwicklungstadien eines Achselsprosses sichtbar sind. Auch bei manchen Inflorescenzen (z. B. bei *Amorpha*, *Salix*) findet man die dem Vegetationspunkt nächsten Blätter noch ohne Achselknospen, allein häufiger ist in der Blüthenregion der Fall, dass die Achselknospen so früh nach Bildung ihrer Stützblätter sich entwickeln, dass sie die dem Vegetationspunkt am nächsten stehenden Seitensprossungen sind, also keine Blattanlagen über ihnen stehen, sei es nun, dass die Achselknospe unmittelbar nach ihrem Stützblatt (*Plantago*, *Orchis*, *Epipactis)* oder gleichzeitig mit diesem (Gramineen, *Cytisus Laburnum*, *Trifolium*, *Orchis mascula*. *Plantago)* oder vor ihm *(Brassica oleracea var. botrytis* und andere Cruciferen, Umbelliferen etc.) entstehen. Endlich kommt es auch vor, dass Seitenknospen gebildet werden, ohne dass von einem Stützblatte derselben auch nur eine Spur aufträte, so bei vielen Cruciferen, Compositen (wie *Inula)*, Gramineen wie *Secale cereale* (im oberen Theil der Inflorescenz) u. a. Es findet also in der Blüthenregion eine Beschleunigung in der Seitenspressbildung statt, welche vielfach verknüpft ist mit einer Reduktion in der Bildung der Stützblätter, welche bis zum völligen Verschwinden derselben geht. Diese Reduktion lässt sich oft an einer und derselben Inflorescenz von unten nach oben verfolgen, so bei den Gramineen. Die Stützblätter der Inflorescenzzweige sind hier im unteren Theile der Inflorescenz noch am meisten entwickelt, wenn sie auch über die Form von kurzen, scheidenartigen Primordialblättern oder Wülsten nicht hinausgehen, während sie im oberen Theile nur noch bei der ersten Anlegung der Seitenzweige wahrnehmbar sind, eine weitere Entwicklung aber nicht erreichen, oder, wie bei *Secale cereale* sogar ganz fehlen. Aehnliches gilt für *Sisymbrium*, wo ebenfalls die an der Basis der Inflorescenz noch stattfindende Stützblattbildung weiter hinauf vollständig erlischt. Ebenso haben die äusseren Blätter in den Dolden mancher Umbelliferen noch Stützblätter, die inneren nicht. Hier wie in anderen Fällen wird der Schutz der Blüthenknospen auf andere Weise erreicht, bei den Umbelliferen z. B. durch die dicht gedrängte Stellung derselben. Die Seitensprosse, welchen die Stützblätter fehlen, haben aber keine andere Entstehung als die, bei welchen jene vorhanden sind, sie entstehen nicht, wie dies früher theilweise angenommen wurde, durch Theilung des Vegetationspunktes der Hauptachse.

Der Ausdruck, ein Seitenspross stehe in der »Achsel« des Stützblattes giebt das Verhältniss beider nur in ganz allgemeiner Bezeichnung. Die genetischen Beziehungen dieser Organe sind ebenfalls von WARMING (a. a. O. pag. XIV ff.) genauer präcisirt worden. Es finden sich hier zwei Extreme. Die Achselsprosse können sich entweder ganz oder zum grössten Theil aus der Basis der Stützblätter entwickeln. *(Amorpha*, *Salix nigricans*, *Sedum Fabaria*, *Hippuris)*, oder das Stützblatt entsteht nach seiner Achselknospe und auf dieser, so jedenfalls

---

[1]) WARMING, forgreningsforhold hos Fanerogamerne (Vidensk. Selsk. Skr. 1872), pag. VIII des franz. Résumés.

in vielen Inflorescenzen, z. B. bei *Anthemis*, *Sisymbrium*, den Umbelliferen. In anderen Fällen (Inflorescenzen mehrerer Cruciferen, Gramineen, Papilionaceen etc.) geht das Stützblatt wenigstens grösstentheils aus der Basis der Achselknospe, die vor dem Stützblatt auftritt, hervor. es hat dann den Anschein, als theile sich eine am Vegetationspunkt der Hauptachse entstandene Organanlage in zwei Organe: Achselknospe und Stützblatt, in Wirklichkeit aber liegt hier weder eine »congenitale Verwachsung« von Achselknospe und Stützblatt, noch eine Theilung vor, sondern das Stützblatt entwickelt sich eben erst nach der Achselknospe, und aus derselben, wobei aber, da die Achselknospe selbstverständlich continuirlich in das Gewebe des Stammvegetationspunktes übergeht, auch Zellgruppen des letzteren (unterhalb der Achselknospe) sich noch an der Bildung des Stützblattes betheiligen können. Achselknospe und Stützblatt hängen also an ihrer Basis, anfänglich wenigstens, mehr oder weniger innig zusammen. Dieser Zusammenhang wird ein relativ unbedeutender sein, wenn die Achselknospe oberhalb des Stützblattes hauptsächlich aus dem Gewebe des Stengelvegetationspunktes allein entspringt, ein ausgedehnterer, wenn sich Gewebe des Stützblattes in grösserer Ausdehnung an der Bildung der Achselknospen betheiligt, oder das Stützblatt erst aus jener hervorsprosst. Ersteres ist z. B. der Fall bei der Seitensprossbildung von *Phaseolus multiflorus* (vergl. die Fig. 113 pag. 150 in SACHS, Lehrbuch der Botanik, IV. Aufl.) wo eine, unmittelbar über der Stützblattbasis gelegene Zellgruppe des Stammvegetationspunktes es ist, aus der der Seitenspross hervorgeht. Es zeigt sich die Thatsache, dass zwischen Achselspross und Stützblatt ein direkter Zusammenhang nicht nothwendig stattfinden muss, ferner auch darin, dass beide im fertigen Zustand oft durch ein bedeutendes Stengelstück der Hauptachse von einander getrennt sind, so dass es den Anschein gewinnt, als entspringe der betreffende Seitenspross ohne Stützblatt aus dem Hauptstengel. Es kommt diese sogenannte »Verschiebung« der Achselknospen dadurch zu Stande, dass die Geweberegion zwischen Stützblatt und Achselknospe nachträglich noch eine mehr oder weniger bedeutende Verlängerung erfährt. So ist es z. B. in den Inflorescenzen von *Sparganium ramosum*: die Inflorescenzzweige stehen im Jugendzustand der Inflorescenz dicht über ihren Stützblättern, im unteren Theile der fertigen Inflorescenz mehrere Centimeter weit oberhalb derselben. Dagegen wird ein »Hinaufwachsen des Deckblattes auf seinen Achselspross« stattfinden, wenn die dem Deckblatt und Achselspross gemeinsame Geweberegion an der Basis beider sich stark verlängert, und so Deckblatt und Achselspross emporhebt, wobei dann das Deckblatt natürlich ein Stück weit auf den Achselspross hinaufgerückt erscheint. Es werden durch diesen Vorgang scheinbar abweichende Insertionsverhältnisse der Seitensprosse erklärt, so z. B. bei *Thesium ebracteatum* und namentlich den Solaneen, bezüglich welcher hier nur auf die ausführliche Erörterung bei EICHLER, Blüthendiagramme, I. Bd. pag. 199, verwiesen werden kann, wo auch die entwicklungsgeschichtlichen Untersuchungen, namentlich die WARMING's, angeführt sind; auch auf die bekannte eigenthümliche Combination der Inflorescenzen von *Tilia* mit dem einen ihrer Vorblätter kann hier, da es an Raum mangelt, um diese Verhältnisse eingehender zu besprechen, nur hingewiesen sein. Andere Fälle von extraaxillärer Verzweigung, erklären sich durch das Zurseitedrängen des Gipfelsprosses durch einen axillären Seitenspross. Ein sehr leicht zu beobachtendes Beispiel dieser Art bieten die blühenden Phytolaccasprosse. Die älteren Inflorescenzen entspringen scheinbar extraaxillär, einem Blatte gegenüber aus dem Hauptspross, allein man überzeugt sich durch

Betrachtung des Sprossgipfels leicht, dass die Inflorescenzen terminal sind, und durch einen axillaren, dann scheinbar die Fortsetzung der Hauptachse bildenden Seitenspross zur Seite gedrängt werden, und ähnliche Beispiele liessen sich noch in Mehrzahl aufführen.

Gelingt es so, viele scheinbar abweichende Fälle von anscheinend extraaxillärer Verzweigung auf axilläre zurückzuführen, so sind wir doch nicht berechtigt, die axilläre Verzweigung als die einzig gesetzmässige zu betrachten, und alle von ihr abweichenden Verzweigungsarten durch Annahme von Verschiebungen etc. auf sie zurückzuführen. Schon bei radiären Sprossen existiren extraaxilläre Zweige, von denen aber nur einige Beispiele angeführt werden sollen. Mit zu den berühmtesten gehören die Ranken von *Vitis* und *Ampelopsis*, von denen es keinem Zweifel unterliegen kann, dass sie metamorphe Sprosse darstellen, wie dies schon aus dem Auftreten von Blättern und (zuweilen) Blüthen an ihnen hervorgeht. Die Ranken sind stets blattgegenständig, und zeigen eine ganz regelmässige Stellung in der Art, dass je auf zwei rankentragende Knoten ein rankenloser folgt. Um auch dies Verzweigungsverhältniss auf die axilläre Verzweigung zurückzuführen, wird vielfach angenommen, dass hier ein ähnliches Verhältniss vorliege, wie es oben für *Phytolacca* erwähnt wurde, dass nämlich die Ranken eigentlich die Sprossspitzen darstellen, welche durch einen kräftig sich entwickelnden axillären Seitenspross zur Seite gedrängt werden, in der Weise also, dass die ganze rankentragende Rebe ein Sympodium darstellt, bei welchem die jeweiligen zur Seite gedrängten Spitzen der relativen Hauptachsen zu Ranken umgebildet sind, ein Verhältniss, das wir direkt parallelisiren können mit dem oben für *Plocamium coccineum* geschilderten, wo die zur Seite gedrängten Hauptsprosse sich ebenfalls theilweise zu Haftorganen ausbilden (vergl. Fig. 34). Allein die Entwicklungsgeschichte die von zahlreichen Forschern untersucht ist[1]) führt zu einem andern Resultate. Sie zeigt, dass die Ranke nicht (wie es nach der eben angeführten Theorie zu erwarten stünde), bei ihrem Sichtbarwerden die Fortsetzung des darunter befindlichen Internodiums bildet, und erst nachträglich durch kräftigere Ausbildung des obersten Axillarsprosses (durch Uebergipfelung) zur Seite geworfen wird, sondern dass sie entweder gleich Anfangs die blattgegenständige Stellung des fertigen Zustandes hat (Nägeli und Schwendener, auch Warming für Ampelopsis) oder aber aus dem Achsenscheitel selbst durch ungleiche Theilung derselben hervorgeht, wobei der andere Theil die Rebe fortbildet (Prillieux, Warming für *Vitis vulpina*). Darnach sind also die Ranken extraaxilläre Zweige, die Rebe ein Monopodium[2]), wobei im Auge zu behalten

[1]) Vergl. Nägeli und Schwendener, Mikroskop, II. Aufl., pag. 617 und 618, Warming a. a O., weitere Literatur bei Eichler, Blüthendiagramme, II. pag. 375.

[2]) Eichler u. a. betrachten die Weinreben trotzdem als Sympodien, Eichler indem er annimmt, die Uebergipfelung sei »mehr oder minder« schon vollzogen, wenn die Theile äusserlich als Höcker sichtbar werden, und gestützt auf die Thatsache, dass alle Uebergänge von rein seitlicher Stellung der Seitenknospen am Vegetationspunkt der Hauptachse bis zu der Stellung sich finden, dass die Seitenknospen gleich bei ihrem Auftreten den Vegetationspunkt der Hauptachse zur Seite drängen. Derartige Fälle finden sich, wie oben erwähnt, instruktiv in den Aehrchen der Gräser, bei welchen Uebergänge von der seitlichen zur Terminalstellung der Blüthen sich finden, letztere ist z. B. rein ausgeprägt bei *Anthoxanthum*, wo der Aehrchenvegetationspunkt selbst zum Blüthenvegetationspunkt wird, während er in andern Fällen als zur Seite gedrängtes Spitzchen noch vorhanden ist. Wenn nun aber eine Theilung des ursprünglichen Vegetationspunktes in der Weise stattfindet, dass der grössere, kräftiger sich entwickelnde und die Verlängerung der

ist, dass geringfügige Wachsthumsänderungen dazu genügen, um aus dem ursprünglich sympodialen Wuchs einer Pflanze einen monopodialen hervorgehen zu lassen, eine Veränderung, die sich im Verlaufe der phylogenetischen Entwicklung auch bei *Vitis* vollzogen haben kann, nur dürfen wir auch hier nicht einen solchen phylogenetisch möglichen und wahrscheinlichen Vorgang uns als bei der Ontogenie jedesmal vollzogen denken. Zumal es an extraaxillären Knospen ja auch sonst nicht fehlt, von denen hier noch die aus dem hypocotylen Stengelgliede von *Euphorbia*, *Thesium* und *Linaria* hervortretenden genannt sein mögen. Dieselben wurden bei *Euphorbia* zuerst von ROEPER beschrieben, eine Zusammenstellung findet sich bei BRAUN, bot. Zeit. 1870, pag. 438 ff. Entwicklungsgeschichtliche Untersuchungen darüber sind mir nicht bekannt geworden, es fragt sich, ob diese Knospen, wie es scheint, als Adventivknospen zu betrachten sind, oder ob sie aus dem hypocotylen Gliede entspringen so lange es noch embryonale Beschaffenheit hat, auch an die gleich zu erwähnende Knospenbildung von *Aristolochia Sipho* u. a. könnte man dabei denken; Fragen, welche sich bei der Untersuchung keimender Euphorbiasamen unschwer werden entscheiden lassen.

Eigenthümlich und von dem gewöhnlichen Schema abweichend ist auch die Entstehung mehrerer Knospen in, resp. über einer Blattachsel. Hiermit sind natürlich nicht diejenigen gemeint, welche durch Verzweigung der ursprünglich einzigen Achselknospe entstanden sind. Das letztere ist z. B. der Fall bei *Cuscuta* (nach KOCH, Unters. über die Entw. der Cuscuteen in HANSTEIN's botan. Abhandl., Taf. 3 Fig. 22—24) und ein ähnlicher Vorgang ist von der einseitigen Theorie axillärer Verzweigung auch für andere Fälle angenommen worden. So stehen z. B. in den Blattachseln von *Aristolochia Clematitis* eine Anzahl von Blüthen in zickzackförmiger Anordnung in zwei Reihen, die ältesten am weitesten von der Blattachsel entfernt, bei *Aristolochia Sipho*, *Menispermum canadense*, oberhalb der Cotyledonen von *Juglans regia* und in anderen Fällen stehen dagegen die Seitenknospen in einer einfachen Reihe oberhalb eines Blattes. Die entwicklungsgeschichtliche Untersuchung[1]) von *Aristolochia Sipho* und *Clematitis* sowie von *Menispermum canadense* hat ergeben, dass diese Knospenreihen unabhängig von einander aus dem Stengelgewebe entspringen. »Die Thatsache ist einfach die, dass in der Blattachsel, wo sonst ein Spross sich befindet, das Gewebe des Stammvegetationspunktes eine Zeit lang im Zustand des Vegetationspunktes verharrt, und eine Anzahl von Knospen in progressiver Reihenfolge bildet.« Es entspringen die betreffenden Sprosse dann aus einem Gewebepolster, welches hervorgegangen ist, aus dem über der Blattbasis gelegenen interkalaren Stengelvegetationspunkt. Sehen wir ab von *Aristolochia Clematitis*, bei welcher die oberen der in Mehrzahl über einer Blattachsel vorhandenen Achselsprosse sich zu Blüthen, die unteren zu Laubsprossen ausbilden, so ist zu bemerken, dass

---

bisherigen Achse bildende Theil zur Blüthe wird, so ist diese eben terminal, bleibt ein Stück des Vegetationspunktes noch übrig, so ist es seitlich. Aehnliches gilt auch für die Weinreben; gewiss berechtigen uns Gründe der vergleichenden Morphologie sie für abgeleitet von einem ursprünglich sympodialen Wuchs zu erklären, ihr jetziges Wachsthum aber, an das wir uns zunächst zu halten haben, ist ein monopodiales. Fälle, bei denen die Ranken stark entwickelt und anscheinend terminal sind, sind für die vorliegende Frage nicht von Belang: sie zeigen zunächst nur, dass unter Umständen auch die Ranken, d. h. die Seitenzweige sich stärker entwickeln können, ein Verhalten, das dann mit dem von *Phytolacca* übereinstimmt.

[1]) Ueber die Verzweigung dorsiventraler Sprosse, Arb. des Bot. Inst. in Würzburg, Bd. II. pag. 391.

die meisten der in Mehrzahl angelegten Achselsprosse sich gewöhnlich nicht entfalten, sondern (bei den genannten Beispielen) nur der oberste, während die anderen zu Ruheknospen werden, und nur bei Verletzung der Hauptknospe austreiben. Bei *Juglans regia*[1]) z. B. findet man oberhalb der Blattachseln der Cotyledonen eine Anzahl (bis zu acht) Sprossanlagen übereinander, von welchen auch hier die oberste die kräftigste ist. Von allen diesen Sprossanlagen wächst aber gewöhnlich keine aus, sondern sie vertrocknen allmählich, und nach Verlauf weniger Jahre (nachdem die Achse etwas dicker geworden und die äusserste Rindenschicht abgestorben und oft zerspalten ist) findet sich keine Spur mehr von ihnen. Wenn aber der Endtrieb im ersten oder zweiten Jahre zerstört wird, dann pflegen eine oder einige der Sprossanlagen auszuwachsen. Ganz ähnlich verhält sich *Gymnocladus canadensis*, während die ebenfalls in Mehrzahl in den Blattachseln übereinanderstehenden Sprossanlagen von *Gleditschia sinensis* sich so verhalten, dass die oberste zu einem Dorne, die darauf folgende zum Laubspross wird, während die weiter unten stehenden Knospen entweder zu Laubknospen, oder (wenn sie erst an älteren Stammtheilen austreiben) ebenfalls zu Dornen werden[2]).

Bei einigen Monokotylen finden sich Fälle, in denen Sprossanlagen in Mehrzahl in einer Blattachsel nebeneinander stehen — sie entspringen wohl auch hier unabhängig von einander. Als Beispiel seien genannt *Allium nigrum* L. (IRMISCH, a. a. O.) und die Inflorescenzen der *Musa*-Arten, bei ersterer Pflanze finden sich über der Insertion eines der Zwiebelblätter 10—20 (und mehr) zwiebelförmige Seitensprosse, bei letzteren stehen in den Achseln der Brakteen Reihen von oft über 40 Blüthen. Nach einer Notiz von IRMISCH über *Musa Cavendishii* (a. a. O. pag. 10) hat es aber den Anschein, als ob hier die Knospen nicht unabhängig von einander in der Blattachsel (collateral) entstünden; IRMISCH fand nämlich in der Achsel einer Braktee einen Ast, auf dessen oberem Ende 8 weibliche Blüthen standen — eine entwicklungsgeschichtliche Untersuchung würde wohl diese Frage zum Austrag bringen. Es zeigen uns die genannten Beispiele, dass es eine unberechtigte Verallgemeinerung wäre, wenn wir Blatt und Achselspross, wie dies öfter geschehen ist, gewissermassen als ein Ganzes betrachten wollten, von welchem in der Entwicklung bald der eine, bald der andere Theil vorauseilt.

Dass zwischen Stützblatt und Achselspross nicht nothwendig immer die Beziehungen obwalten müssen, welche bei den radiären Samenpflanzen meist vorhanden sind, das zeigt einerseits die Verzweigung dorsiventraler Sprosse, andererseits die der radiären Moose und Gefässkryptogamen. Die letztere mag zunächst erwähnt werden. Von Blättern der Lebermoose ist nur eine radiäre Form bekannt: *Haplomitrium Hookeri*[3]). Die Stämmchen desselben sind immer reich verzweigt, die Zweige sind rings um den Stengel inserirt, und nach LEITGEB ohne bestimmte Beziehung zu den Blättern. Auch bei den Laubmoosen ist eine solche in dem Sinne wie bei den oben beschriebenen Samenpflanzen nicht vorhanden. Es entsteht hier bekanntlich aus jedem Segmente der dreiseitig-pyramidalen Scheitelzelle des Stämmchens ein Blatt; entwickelt sich ein Seitenzweig, so

[1]) Vergl. über dieselbe und andere hierhergehörige Pflanzen: IRMISCH, über einige Pflanzen, bei denen in der Achsel bestimmter Blätter eine ungewöhnlich grosse Anzahl von Sprossanlagen sich bildet, Abhandl. des naturw. Vereins zu Bremen, V. Bd.

[2]) Vergl. A. HANSEN in Abh. der Senckenb. naturf. Gesellsch. Bd. XII, pag. 169.

[3]) Vergl. Bd. II, pag. 337. Habitusbild bei GOTTSCHE, nova acta Vol. XX. pag. I. Tab. XIII. Fig. 1.

entsteht er aus dem untern Theil des Segmentes, dessen obere Partie zur Blattbildung verwendet worden ist. In Fig. 35 entspringt eine Astanlage bei r: die dort, unterhalb eines Blattes gelegene Aussenzelle des Stämmchens wird zur Ast-

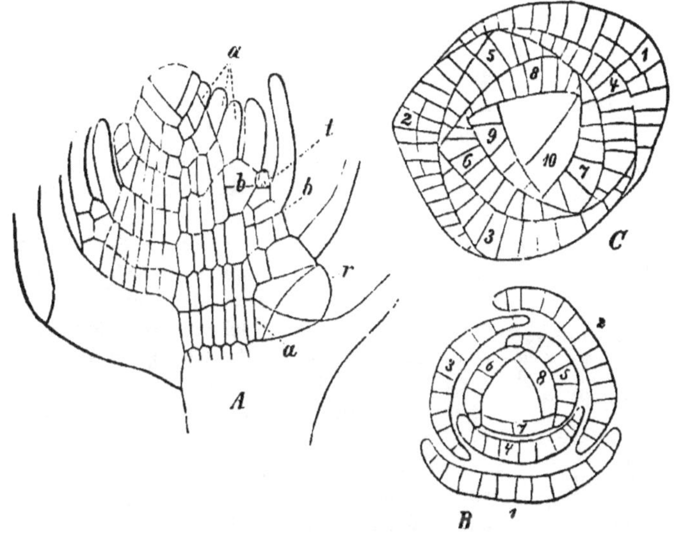

Fig. 35. (B. 356.)

A Längsschnitt durch eine Sprossspitze von *Fontinalis antipyretica* (nach LEITGEB). Der Scheitel wird eingenommen von einer »dreiseitig pyramidalen« Scheitelzelle, welche nach drei Richtungen hin Segmente bildet (vergl. den Querschnitt bei B). Aus jedem Segment geht ein Blatt hervor, bei r hat sich eine Astanlage gebildet. t Haar.

scheitelzelle. Die Astanlage steht bei *Fontinalis*, wo wie der Querschnitt Fig. 35 B zeigt, die Blattstellung eine dreizeilige ist, oberhalb des in derselben Reihe nach unten folgenden Blattes, bei andern Moosen dagegen pflegen die Aeste zwischen zwei Blättern zu stehen.

Uebrigens producirt durchaus nicht jedes Segment einen Seitenast. Bei *Sphagnum* z. B. kommt auf je vier Blüthen immer ein Ast; bei *Neckera*, *Thuidium*, *Hypnum* u. a. finden sich zahlreiche Arten mit regelmässig zweizeiligen Aesten, während die Blätter nach $\frac{2}{5}$ oder $\frac{3}{8}$ geordnet sind, ein Verhalten welches an das der *Thuja*-Arten erinnert, deren Aeste vierzeilig beblättert sind, allein nur die auf den Flanken stehenden Blätter, und auch diese nicht alle, produciren Achselsprosse.

Bei den radiären Farnen[1]) ist die Sprossanlage am Stammscheitel überhaupt selten. Sie fehlt ganz bei *Ceratopteris*, wo sie ersetzt ist durch reichliche Bildung blattbürtiger Knospen, ferner bei *Ophioglossum*[2]) und den Marattiaceen (mit Ausnahme von *Danaea*).

Zu den genannten Fällen gesellen sich die der Verzweigung dorsiventraler Sprosse, welche bereits früher (pag. 143) kurz erwähnt wurden. Die Verzweigung

[1]) Vergl. Bd. I, pag. 264 dieses Handb.

[2]) Bei *Botrychium* sind von ROEPER und HOLLE Seitenknospen am Stamme beobachtet worden, sie sind indess, wie es scheint, Adventivknospen.

ist bei ihnen meist keine axilläre, die Sprosse stehen zwar in der Nähe von Blättern, aber nicht in den Achseln derselben. So, um einige Beispiele »höherer« Pflanzen anzuführen, bei den heterosporen Filicineen. Die Seitensprosse stehen bei *Salvinia*. *Azolla*, *Pilularia* und *Marsilia* auf den Flanken der Stämmchen, die Blätter auf der Rückenseite derselben (mit Ausnahme der die Wurzel vertretenden Wasserblätter von *Salvinia*). Die Sprosse stehen am unteren Rande je eines Blattes, ganz ebenso wie bei der Floridee *Herposiphonia*. Umgekehrt stehen bei *Utricularia* und den Inflorescenzen der Boragineen die Sprosse oberhalb der Blätter, welche auf den Flanken inserirt sind, während die Seitensprosse auf der Rückenseite des Hauptsprosses stehen. Auch bei den dorsiventralen Sprossen, welche wie *Selaginella*[1]) sich in einer Ebene verzweigen, sind die Seitensprosse nicht axillär, sie stehen auf den Flanken des Stammes, wo keine Blätter sich befinden, da die zwei Reihen der Oberblätter höher, die der Unterblätter tiefer stehen. Nur nimmt der Seitenspross gleich bei seiner Entstehung ein so grosses Areal der Seitenfläche des Hauptstämmchens in Anspruch, dass er in der Achsel des ihm nächststehenden Unterblattes zu stehen scheint. Ebensowenig sind die Zweige der dorsiventralen foliosen Jungermannieen axillär: sie stehen vielmehr unter den Blättern auf den Flanken des Stammes oft an Stelle des unteren Blattlappens[2]) (Fig. 36).

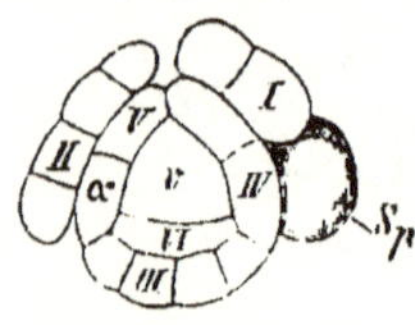

(B. 357.) Fig. 36. Scheitelansicht eines Sprosses von *Lepidozia reptans* (nach LEITGEB). Im ältesten Segment (I) ist in der unteren Hälfte eine Sprossanlage sichtbar (Sp), während sonst die untere Hälfte (α in Segment V) den unteren Blattlappen bildet. v Scheitelzelle.

Ueberblicken wir die angeführten Thatsachen, so zeigt sich, dass »das Gesetz« der axillären Verzweigung nur eine relativ beschränkte Giltigkeit hat, nämlich nur für die radiär verzweigten Samenpflanzen, und auch hier nicht ausnahmslos. Denn ausser den extraaxillär auftretenden Sprossen sind hier auch die zahlreichen Fälle zu nennen, in welchen in den Achseln der Blätter keine Axillarsprosse angelegt werden, wie ganz allgemein bei den Blattgebilden der Blüthen, den Knospenschuppen, den unteren Blättern des Jahrestriebes der Abietineen und Taxineen, den Hüllblättern mancher Inflorescenzen etc. HOFMEISTER hat den Beziehungen von Blatt- und Seitenspross einen treffenden Ausdruck gegeben, wenn er sagt (a. a. O. pag. 433) »Jene Versuche — (nicht axilläre Sprosse durch Annahme von Verschiebung und Verwachsung auf das axilläre Schema zurückzuführen) — werden ein Ende nehmen, wenn es allgemein erkannt ist, dass die beiden Wachsthumserscheinungen, deren eine zur Anlegung eines Zweiges, deren andere zur Anlegung eines Blattes führt, zwar häufig vergesellschaftet, nicht selten aber auch völlig getrennt auftreten«.

6. Verkümmerung. Ruhende Knospen. Es ist eine sehr verbreitete Erscheinung, dass am Vegetationspunkt mehr Zweiganlagen entstehen, als später zur Entfaltung kommen. Dieselben verkümmern entweder sofort, oder sie bleiben in einem entwicklungsfähigen Zustand auf früher Stufe der Entwicklung stehen. Den erstgenannten Vorgang treffen wir besonders bei den Inflorescenzen: einigermaassen reichblüthige Inflorescenzen wie z. B. die der Boragineen, vieler Labiaten, die von *Oenothera biennis* und viele andere zeigen ganz regelmässig, dass die

[1]) Vergl. Bot. Zeit. 1881, pag. 700.

[2]) Für »die morphologische Natur« des Seitensprosses ist diese Stellung natürlich ganz irrelevant, er hat desshalb, weil er an Stelle eines Blattlappens auftritt, doch keinerlei Verwandtschaft mit einem solchen.

letztgebildeten Blüthen nicht mehr zur Entfaltung gelangen, sondern verkümmern. Es ist dies bei den Inflorescenzen der Solaneen und Boragineen oft mit Blüthen der Fall, in welchen Kelch, Blumenkrone, Staub- und Fruchtblätter schon angelegt sind. In ausgedehntestem Maasstabe findet sich dieselbe Erscheinung konstant in den Inflorescenzen vieler Gräser.[1]) In den Aehrchen der Poaceen z. B. pflegen stets mehr Blüthen angelegt zu werden, als zur Entfaltung kommen, in den Inflorescenzen von *Coïx Lacrymae* verkümmert regelmässig der Endtheil der männlichen Inflorescenz, bei den weiblichen Inflorescenzen aber, wie ich nachgewiesen habe, sämmtliche Aehrchen, bis auf das weibliche, und auch in diesem gelangt nur die Endblüthe zur Entfaltung, in der aber die Staubblätter obwohl, wie es scheint, vollständig angelegt, doch regelmässig verkümmern. Und eine ähnliche Reduktion kann auch die männliche Inflorescenz erfahren. Die Aehrchen von *Setaria, Pennisetum* u. a. sind umgeben von einer aus Borsten bestehenden Hülle. Zweifelsohne sind, wie die Entwicklungsgeschichte zeigt, diese Borsten Inflorescenzzweige, an denen man auch zuweilen Blüthenrudimente wahrnimmt. Allein in den meisten der zahlreichen von mir untersuchten Borsten war keine Spur von Aehrenbildung an diesen Borsten wahrzunehmen[2]), und es zeigt dieser Umstand, dass ein scharfer Unterschied zwischen dem Fehlschlagen (der Verkümmerung) und dem gänzlichen Unterbleiben der Entwicklung von Sprossungen nicht zu machen ist. Wenn an einer *Setaria*-Borste im einen Falle ein fast vollständiges Aehrchen, im andern nur eine Andeutung der *Glumae*, im dritten gar kein Aehrchenrudiment angelegt wird, so sind diese drei Stadien doch offenbar nur dem Grade nach von einander verschieden. Und ähnliche Fälle lassen sich auch von Blattbildungen anführen. So giebt SCHMITZ[3]) an, dass sich bei *Artanthe Jamaicensis*, einer Piperacee, nur das median nach hinten stehende Staubblatt des zweiten Staubblattwirtels ausbildet, aber schmächtiger ist als die drei Staubblätter des äusseren Kreises. In einzelnen Blüthen war aber das genannte Staubblatt zwar als Höcker angelegt, kam aber nicht zur Ausbildung, schlug also fehl. Bisweilen aber unterblieb sogar die erste Anlegung eines solchen Höckers, ja sogar die ersten Zelltheilungen, wodurch die Bildung desselben sonst eingeleitet zu werden pflegte. SCHMITZ hat das völlige Unterbleiben der Anlegung eines Organs als Ablast gegenüber dem Verkümmern, dem Abortus bezeichnet, aber wie EICHLER (Blüthendiagramme I, 52) gewiss mit Recht hervorgehoben hat, ist eine wesentliche Differenz zwischen beiden Vorgängen nicht zu statuiren, die Annahme des Fehlschlagens eines Organs, sei dasselbe nun noch im rudimentären Zustand vorhanden oder nicht, wird immer durch Vergleichung gestützt werden müssen. Der Umstand, dass mit solchen Vergleichungen zuweilen der schnödeste Missbrauch getrieben worden ist, hindert daran nichts.

Nur wird man sich hüten müssen, alle verkümmernden Organe etwa als solche zu betrachten, die bei den Vorfahren der betreffenden Form entwickelt gewesen wären. Eine solche Anschauung wäre für die regelmässig verkümmernden Blüthen vieler Inflorescenzen rein in der Luft stehend. Wie ich an den Inflorescenzen der Gräser nachzuweisen gesucht habe, liegt hier vielmehr die Annahme nahe, dass die in einer Inflorescenz vorhandenen plastischen Materialien zwar

[1]) Beiträge zur Entwicklungsgeschichte einiger Inflorescenzen. PRINGSHEIM's Jahrbücher. Bd. XIV. pag. 1.

[2]) Man vergl. die entgegenstehenden Angaben in HOFMEISTER's allg. Morphologie, pag. 547.

[3]) SCHMITZ, Die Blüthenentwicklung der Piperaceen in HANSTEIN, Botan. Abhandl. II. Bd. 1. Heft. pag. 46.

zur Anlegung, nicht aber zur Entfaltung einer grösseren Anzahl von Organanlagen ausreichen, und das kann bei den betreffenden Formen von jeher der Fall gewesen sein, denn es ist ja eine ganz allgemeine Regel, dass viel mehr Organanlagen gebildet werden als zur Funktion gelangen, sei dies nun wie in den genannten Fällen durch frühzeitige Unterdrückung der Organanlagen selbst oder durch Zugrundegehen der fertig ausgebildeten Organanlagen.

Allein auch vegetative Sprossanlagen giebt es, die regelmässig fehlschlagen, sogar die gipfelständige Sprossknospe selbst unterliegt diesem Vorgang bei manchen Gewächsen regelmässig. So bei manchen Algen, wie *Plocamium*, bei welchem, wie aus der Figur 34 hervorgeht, ein sympodialer Wuchs zu Stande kommt, und ebenso bei manchen unserer Holzgewächse, wie der Linde und der Syringe. Bei letzterer schlägt die Gipfelknospe jedes Laubzweiges fehl (sofern sie nicht eine Inflorescenz bildet) und die Achselknospen des unter ihr stehenden Blattpaares wachsen im nächsten Jahre zu Sprossen aus. Kein Zweifel, dass hier ein Correlationsverhältniss zwischen der Gipfelknospe und den beiden Seitenknospen stattfindet; entfernt man frühzeitig genug die Seitenknospen, so entwickelt sich die sonst fehlschlagende Gipfelknospe und ähnlich mag es auch in anderen Fällen sein. Es ist das Stattfinden dieser Correlation aber ein weiterer Beleg für die oben ausgesprochene Ansicht über das Zustandekommen mancher Fehlschlagungen, denn es zeigt, dass die Gipfelknospe nicht *eo ipso* zum Fehlschlagen prädisponirt ist, sondern dass dasselbe offenbar erst durch verminderte Zufuhr plastischer Substanz (welche in die Seitenknospen wandert) veranlasst wird.

Anders verhält es sich mit den ruhenden Knospen. Sie büssen ihre Entwicklungsfähigkeit nicht ein, wenigstens zunächst nicht. Eine Grenze zwischen fehlschlagenden und ruhenden Knospen lässt sich aber auch hier nicht mit Schärfe ziehen. Der Vegetationspunkt der Kurztriebe der Kiefer *(Pinus silvestris)* sistirt seine Entwicklung nachdem er zwei Laubblätter producirt hat. Wird aber die Endknospe eines Kiefernzweiges entfernt oder beschädigt, so wird der Vegetationspunkt der obersten Kurztriebe zu neuer Thätigkeit angeregt, ihnen strömen die plastischen Substanzen nun zu und einer oder mehrere bilden nun unter günstigen Umständen einen Langtrieb. Während der Kurztrieb also normal verkümmert, verhält er sich unter bestimmten Umständen wie eine Ruheknospe. Wie lang der Vegetationspunkt des Kurztriebes diese Fähigkeit behält (wohl kaum länger als ein Jahr), ist mir nicht bekannt.

Normale Ruheknospen finden sich schon bei den Muscineen, sowohl bei thallosen als foliosen Formen. Unter ersteren sind hier *Symphyogyna* und *Umbraculum* zu nennen; Sprosse, die normal am Vegetationspunkt angelegt werden, können längere Zeit in einem Ruhezustand verharren, um sich dann entfernt vom Sprossscheitel weiter zu entwickeln. Unter den foliosen Lebermoosen besitzt *Lejeunia* solche Ruheknospen: die drei ersten Blätter eines Seitensprosses schliessen hier zu einer Hülle zusammen, welche den auf unbestimmte Zeit ruhenden Spross umgiebt, und erst bei dessen Weiterentwicklung durchbrochen wird. Bei Gefässkryptogamen kommen sie ebenfalls in Vielzahl vor, z. B. bei den Equiseten. An den unterirdischen Knoten bleiben die Zweiganlagen zum allergrössten Theile unentwickelt, es brechen aus ihnen aber Knospen hervor, wenn die unterirdischen Knoten aufstrebender Stämme dem Lichte ausgesetzt werden. Auch die Knospen an den oberirdischen Zweigen von *Equisetum hiemale* z. B. bilden sich gewöhnlich nur dann aus, wenn die Endknospe des Halmes beschädigt wird, es sprosst dann der nächst untere Knoten aus. In weitester Verbreitung finden sich die Ruheknospen endlich bei dikotylen Holzgewächsen, wo sie ebenfalls durch Verletzung der Endknospen zum Austreiben veranlasst werden können, auch unter bestimmten (ungünstigen) Ernährungsverhältnissen tritt ein Austreiben der zu »Wasserreisern« sich gestaltenden Ruheknospen ein. Ruheknospen sind es auch vielfach, aus deren Austrieben der »Stockausschlag« gefällter Bäume beruht, sie sind mehrfach verwechselt worden mit den unten zu besprechenden Adventivknospen, die sich auf Baumstümpfen ebenfalls häufig bilden, und dann aus dem Cambium (resp. aus dem von demselben erzeugten Callus) hervorgehen, wie man dies z. B. bei *Aesculus Hippocastanum* leicht beobachten kann. Erwähnt sein mag hier nur noch, dass die Ruheknospen häufig von der Rinde des Baumes umwallt werden (wie bei *Gleditschia sinensis*) und dann bei ihrem Austreiben dieselbe durchbrechen. Bei *Fagus silvatica, Sorbus Aucuparia* u. a. gehen aus diesen Ruheknospen eigenthümliche rundliche, unter der Rinde liegende Körper hervor, kleine, rundliche, vollständig von der Rinde des Hauptstammes umschlossene und mit dem Holzkörper desselben nicht mehr in Verbindung stehende Holzknöllchen.

Uebrigens lässt sich, wie oben schon angedeutet worden, zwischen Ruheknospen und Kurztrieben keine scharfe Grenze ziehen, die Kurztriebe bleiben nur auf einem späteren Stadium in ihrer Entwicklung stehen, als die Ruheknospen, können aber wie diese unter günstigen Umständen ebenfalls auswachsen. Die Kurztriebe[1]) (Brachyblasten HARTIG's) unterscheiden sich von den anderen Laubzweigen dadurch, dass sie viel kürzer sind als diese, meist unentwickelte Internodien besitzen und in der Regel keine Seitensprosse produciren, wohl aber sind sie es vorzugsweise bei manchen Bäumen, (z. B. Pomaceen), auf denen die Blüthen auftreten. Die bekanntesten derselben sind die Nadelbüschel der *Pinus*-Arten, deren Entwicklung auf ein Jahr beschränkt ist, während die Kurztriebe der Lärche (*Larix europaea* DC.) 4—6 Jahre hintereinander neue Blätter bilden, dann aber absterben, wenn sie nicht zu Langtrieben auswachsen, bei denjenigen Kurztrieben, die eine weibliche oder männliche Blüthe produciren, wird dadurch ihr Tod herbeigeführt. Es bleiben aber die durch Auswachsen der Kurztriebe entstandenen Langtriebe nach den Angaben von ARESCHOUG (a. a. O. pag. 71) kümmerlich, weniger dauerhaft und verzweigt als die normalen Langtriebe, ihre Aufgabe besteht wesentlich darin, männliche Blüthenkätzchen zu produciren. Immerhin aber geht aus dem Gesagten hervor, dass die Kurztriebe der Lärche nebenbei auch den Charakter von Ruheknospen haben — die Umstände, welche sie zum Auswachsen veranlassen, sind unbekannt.

7. Adventivknospen.[2]) Vielfach sind die aus der Rinde älterer Bäume hervorbrechenden Knospen, von denen wir Grund haben, sie als Ruheknospen zu betrachten, mit Adventivknospen verwechselt worden. Unter Adventivknospen verstehen wir hier im Gegensatz zu den »normalen« Knospen solche, die nicht am Vegetationspunkt, sondern direkt oder indirekt (durch Vermittlung eines Callus) aus schon in den Dauerzustand übergegangenen Gewebepartieen hervorgehen. Es ist nicht zu erwarten, dass diese Definition uns eine scharfe Grenzlinie zwischen normaler und adventiver Verzweigung ziehe. Adventivknospen

[1]) Vergl. über dieselben z. B. WIGAND, Der Baum, pag. 66 ff.; ARESCHOUG, Beitr. z. Biol. d. Holzgewächse, pag. 371.

[2]) HANSEN, vergl. Untersuchungen über Adventivbildungen bei den Pflanzen. Abhandl. der Senckenberg. naturf. Ges. Bd. XII.

sind z. B. auch solche, die aus Baumstümpfen an dem aus dem Cambium hervorgegangenen »Callus« entstehen, das Cambium aber ist kein Dauergewebe. Trotzdem werden wir diese Knospen als Adventivknospen betrachten, denn, wie schon im Worte liegt, liegt im Begriffe des Adventiven auch das dem normalen Aufbau überhaupt Fremde, neu hinzugekommene. Das Auftreten von Knospen auf Wurzeln wird ebenfalls als Bildung von Adventivknospen bezeichnet — bei den Podostemoneen aber ist es die normale Sprossbildung überhaupt. Kurz, hier wie in anderen Fällen ist es ein vergebliches Bemühen, die Mannigfaltigkeit der Entwicklung in Begriffe und Definitionen abgrenzen zu wollen.

Bildung von Adventivknospen findet bei Thallophyten, Muscineen und Gefässpflanzen in reichlichster Weise statt, theils als Regenerationserscheinung bei Verletzung des Vegetationspunktes oder auf abgeschnittenen Pflanzentheilen, theils ohne bestimmbare äussere Ursache. Sie entstehen aus Oberflächenzellen des Randes oder der Mittelrippe bei der Floridee *Delesseria*, aus den Achseln der jüngeren Quirlblätter von überwinterten oder abgeschnittenen Charasprossen, aus den hyphenartig ausgewachsenen Zellen im Gewebe der *Fucus*-Arten (also hier endogen) etc. Bei manchen thallosen Lebermoosen, wie namentlich *Metzgeria furcata* sind sie ungemein häufig, sie entspringen hier gewöhnlich aus einzelnen Zellen des Randes, seltener aus der Mittelrippe. Gewöhnlich entstehen sie auch hier aus Oberflächenzellen, nach LEITGEB finden sich aber auch endogen angelegte Sprossungen, die sich auf eine, unmittelbar unter der oberflächlichen Zellschicht gelegene Innenzelle zurückführen lassen; der aus derselben hervorgehende Spross durchbricht dann seine Hülle. Auch bei foliosen Lebermoosen finden sich auf der Bauchseite des Stämmchens exogen und endogen angelegte, bei *Lophocolea bidentata* bilden sich auf den Blättern Adventivsprosse. Bei den Laubmoosen ist die Adventivsprossbildung aus Stämmchen und Blättern eine indirekte, indem sie stets durch Protonema vermittelt wird. Bei vielen Farnen finden sie sich auf der Blattfläche, oder wie bei *Aspidium filix mas* auf dem Blattstiele (vergl. Bd I. pag. 267 dieses Handbuches) bei manchen derselben kann man zweifelhaft sein, ob man die Bezeichnung »adventiv« noch auf sie anwenden kann, da sie schon sehr frühzeitig auf dem Blatte entstehen — sie sind sämmtlich exogener Entstehung. Bei *Ophioglossum* finden sich Adventivknospen auch auf den Wurzeln, sie sind es nach HOFMEISTER, durch welche *Ophioglossum pedunculosum* perennirt, während der gesammte Spross nachdem er die fertilen Blätter producirt hat, abstirbt, ähnlich wie dies bei manchen Phanerogamen der Fall ist. Von den Adventiv-Bildungen der letzteren sollen hier nur einige als Beispiele genannt werden, deren Entwicklung näher untersucht ist. Sie finden sich hier normal namentlich auf Blättern und Wurzeln. Das bekannteste Vorkommen ist das von *Bryophyllum calycinum*, bei welchem die Adventivsprosse in den Kerben des Blattrandes angelegt werden, hier wie bei allen Adventivsprosse bildenden Blättern entstehen sie exogen, sie entwickeln sich aber, solange das Blatt an der Pflanze sitzt, nicht weiter.

Bei *Cardamine pratensis* (vergl. HANSEN a. a. O.) finden sich die Adventivsprosse auf der Blattfläche an der Gabelung der Nerven. Sie entstehen als exogen angelegte Höcker, an denen auch bald Wurzeln auftreten, die aber abweichend von dem sonstigen Verhalten ebenfalls exogen angelegt werden (ebenso auch die Adventivwurzeln, die hier, wie bei *Nasturtium officinale* und *sylvestre* in den Blattachseln der Pflanzen entspringen, während die entsprechenden Wurzeln anderer Wasser- und Sumpfpflanzen die gewöhnliche endogene Entstehung zeigen, so z. B. *Veronica Beccabunga*. *Polygonum amphibium* u. a.) Auch bei der Aroidee *Atherurus ternatus* bilden sich normal auf den Blättern je zwei knollenförmige Adventivsprosse, der eine auf dem Blattstiele, der andere an dem Vereinigungspunkt der drei Theilblättchen auf der Blattfläche.[1])

Die erwähnten Adventivsprosse von Phanerogamen werden angelegt, so lange die Blätter noch im Zusammenhang mit der Mutterpflanze sind. Sehr viele Pflanzen aber sind dadurch ausgezeichnet, dass an ihren Blättern Adventivsprosse sich erst bilden, wenn sie von der Mutterpflanze abgelöst und unter günstigen Umständen kultivirt werden, eine Eigenthümlichkeit, deren sich die gärtnerische Praxis vielfach zur Vermehrung der Pflanzen bedient. Es bildet sich bei abgeschnittenen, feucht gehaltenen Blättern oder Sprossen an der Schnittfläche zunächst, ehe adventive Sprosse und Wurzeln auftreten eine Gewebewucherung, welche als Callus bezeichnet wird. Es betheiligen sich an der Bildung desselben die sämmtlichen wachsthumsfähigen[2]) Gewebeelemente der Schnittfläche, auch wenn sie schon in den Dauerzustand übergegangen waren, es wird durch den Callus die Wundfläche mit bildungsfähigem Gewebe überzogen, das entweder nur zur Gewebe-regeneration dient, oder auch der Ausgangspunkt von Spross- und Wurzelbildung, nicht selten auch nur der letzteren allein, ist.

Aus dem Callus des Blattstecklings von *Achimenes* z. B. gehen exogen angelegte Sprossanlagen hervor, auch Wurzeln, diese aber entstehen endogen. Auch bei *Begonia*- Blattstecklingen[3]) entstehen zahlreiche Adventivsprosse aus dem Callus, ausserdem aber treten sie auch auf der Blattfläche auf, und zwar entstehen sie hier merkwürdigerweise ausschliesslich aus der Epidermis, aus einer oder wenigen Zellen. Der Ort der Adventivsprossbildung ist dabei insofern ein bestimmter, als am unverletzten, abgeschnittenen Blatt die Adventivsprosse an der Vereinigunsstelle der Hauptnerven des Blattes an der Grenze zwischen Blattbasis und Stiel auftreten, dagegen kann man auch an andern Stellen des Blattes Sprossbildung hervorrufen, wenn man die Blattnerven durchschneidet; dann entstehen theils in der Nähe des Schnittes, theils entfernter von demselben auf der ganzen Länge der Blattnerven zahlreiche Adventivsprosse. Die Wurzeln treten hier zunächst unabhängig von den Sprossen auf, erst später entwickeln diese selbst auch Adventivwurzeln.

Auch auf den Wurzeln treten Adventivsprosse in zahlreichen Fällen auf, so z. B. bei *Anemone silvestris*. Man findet hier auf den Wurzeln oft lange Reihen endogen angelegter Adventivsprosse verschiedener Entwicklung und es beruht auf dieser Eigenthümlichkeit vorzugsweise der gesellige Wuchs dieser Pflanze[4]). Warming hat eine Liste gegeben[5]) aus der hervorgeht, dass Adventivsprossbildung auf Wurzeln bei einer ganzen Reihe von Holzpflanzen und Kräutern vorkommt. Am auffallendsten ist dieselbe wie schon erwähnt bei den Podostemoneen, bei welchen in progressiver Reihenfolge auf den Wurzeln Sprosse auftreten (vergl. die Entwicklungsgeschichte der Wurzeln).

---

[1]) Analoge Vorkommnisse (Bildung von Adventivsprossen auf Blättern) mögen hier noch von *Malaxis paludosa* und *Drosera* erwähnt sein.

[2]) Bastfasern, Gefässe, Tracheïden und andere Gewebeelemente, deren Protoplasmakörper verschwunden ist, sind natürlich davon ausgeschlossen, die Epidermis aber nicht (nach Hansen).

[3]) Vergl. Regel, Die Vermehrung der Begoniaceen aus ihren Blättern. Jen. Zeitschr. für Naturw. 1876.

[4]) Ueber die Sprossverhältnisse derselben vergl. Irmisch, Ueber einige Ranunculaceen, Bot. Zeit. 1857, pag. 1.

[5]) Warming, smaa biologiske og morfologiske Bidrag in Botanisk tidskrift, 1877.

§ 3. Blattentwicklung. Zur Geschichte. Schon bei MALPIGHI[1]) finden sich, wie oben kurz erwähnt wurde, Angaben über die Entwicklungsgeschichte des Blattes. Nachdem er in ausgezeichneter Weise die successiven Formveränderungen geschildert hat, welche die aufeinanderfolgenden Knospenschuppen der austreibenden Knospen die »*folia caduca*« darbieten, untersucht er auch die Entwicklung der »*folia stabilia*«, der Laubblätter. Den Vegetationspunkt unterscheidet er noch nicht von den jüngsten Blattanlagen. Er fasst seine Untersuchungen dahin zusammen (a. a. O., pag. 30) *Naturae pariter methodus in producendis stabilibus foliis mirabilis est. Primo enim costula seu petiolus, carinae instar humore turgidus cum appensis fibrulis manifestatur e quibus probabiliter sacculorum seu utriculorum transversalium membranulae pendent* (d. h. die Nebenrippen mit der Blattlamina) *ut in animalium primaeva delineatione observatur. Patent autem deducto novo alimento, quia complicata sacculorum moles, subintrante succo, turget et ita folii latitudinem et laxitatem conciliat.*«

Tiefer eindringend waren die Untersuchungen von C. F. WOLFF[2]). Er erkannte, dass die Blätter entspringen an der über die jüngsten Blattanlagen hervorragenden Spitze des Stengels, in welcher noch keine Gewebegliederung wahrnehmbar ist. Hier, am Vegetationspunkt (»*ne omni momento opus sit, largam descriptionem instituere, liceat vocare haec loca generatim puncta vegetationis vel superficies vegetationis)* entstehen die Blätter durch Ausscheidung des »*succus nutritivus*«, dessen Austreten hier nicht durch Epidermis oder Rinde gehemmt wird. Er erkennt die »akropetale« Anordnung der Blätter, unterscheidet zwischen Anlegungs- und Ausbildungsstadium, und weist nach, dass getheilte Blätter durch Verzweigung ursprünglich einfacher Anlagen entstehen. Die Mittelrippe lässt er zuerst entstehen, an ihr entsteht durch Ausscheidung ein heller Rand, die Blattlamina, an welcher nun durch neue Ausscheidung die foliola entspringen.

Die nun folgenden, einem viel späteren Zeitraum angehörigen Untersuchungen beschäftigen sich vor Allem mit der Frage, ob das Wachsthum des Blattes von oben nach unten (basipetal) oder von unten nach oben (akropetal, erfolge. Hierher gehören abgesehen von Spekulationen ohne eigene Untersuchungen, wie sie bei DE CANDOLLE (Organographie, I. pag. 354) u. a. sich finden, die Arbeiten von STEINHEIL, MERCKLIN, SCHLEIDEN, NÄGELI, TRÉCUL u. a. STEINHEIL[3]) findet das Blatt wachse von oben nach unten, die Spitze sei also der älteste Theil, bei den zusammengesetzten Blättern aber (a. a. O., pag. 288) seien die obersten Blättchen die jüngsten. SCHLEIDEN's Behauptung[4]), dass sich das Blatt gleichsam aus der Achse hervorschiebe, die Spitze sein ältester, die Basis sein jüngster Theil sei, regte zu lebhafter Discussion an. Während MERCKLIN[5]) SCHLEIDEN's unglückliche Theorie durch eine Reihe von Untersuchungen zu stützen suchte, trat NÄGELI[6]) derselben entgegen. SCHLEIDEN's Forderung (a. a. O., pag. 167) den Bildungsprocess des Blattes in die Bildungsgeschichte seiner einzelnen Zellen aufzulösen, realisirend, wendete er sich an die niederen Gewächse, Algen und Moose, deren einfachere Organisation eine Untersuchung der Zellfolge gestattete. Dass das Blatt hier nicht aus der Achse hervorgeschoben wird, sondern aus einer einzigen Oberflächenzelle entsteht, lässt SCHLEIDEN's Theorie, wenigstens für die untersuchten Fälle als unhaltbar erscheinen. NÄGELI zeigte, dass »1. die »peripherische Zellenbildung« (d. h. die an der Spitze und am Rande) von oben nach unten fortschreite, dass also die Basis des Blattes zuerst, die Spitze desselben zuletzt angelegt werde; 2. dass die auf die peripherische Zellbildung folgende allseitige (interkalare) Zellenbildung bald zuerst am Grunde, bald zuerst am Scheitel, bald gleichzeitig am ganzen Blatte aufhöre;

---

1) *Marcelli Malpighii* opera omnia Londini 1686.

2) Theoria generationis in der oben angeführten Ausgabe.

3) Observations sur le mode d'accroissement des feuilles. Ann. des scienc. nat. Ser. 2. t. VIII. 1837.

4) Grundzüge der wiss. Bot. II. pag. 167. In sonderbarer Form findet sich derselbe Gedanke auch bei NAUDIN, Ann. des scienc. nat. Ser. 2. 1842, t. XVIII. (résumé de quelques observations sur les développement des organes appendiculaires).

5) C. E. v. MERCKLIN, Zur Entwicklungsgeschichte der Blattgestalten. Jena 1846.

6) NÄGELI, Ueber Wachstum und Begriff des Blattes. Zeitschr. für wissensch. Botan. 3. u. 4. Heft (1846). pag. 153.

3. dass die Zellenausdehnung ebenfalls entweder von oben nach unten oder von unten nach oben fortschreite, oder überall gleichzeitig eintrete.« Von Phanerogamenblättern wurden *Utricularia*, *Astragalus*, *Myriophyllum* untersucht und gezeigt, dass bei letzterer Pflanze die Seitenblättchen in basipetaler Reihenfolge angelegt werden. Es besitzt das Blatt hiernach also ursprünglich einen apikalen Vegetationspunkt, er kann aber längst in Dauergewebe übergegangen sein, während am basalen Theil noch Zellbilduug reichlich stattfindet, indem das Gewebe hier embryonalen (Vegetationspunkt-) Charakter behält. Eingehend wird das Blattwachsthum der Phanerogamen in einer späteren Arbeit an *Aralia spinosa* erörtert.[1])

TRÉCUL's[2]) ausgedehnte Untersuchungen, die sich aber nicht mit der Zellbildung befassen, brachten eine reiche Menge werthvoller Thatsachen, aus denen zunächst hervorgeht, dass der Vorgang der Blattgestaltung bei verschiedenen Pflanzen, sogar derselben Gattung, ein sehr verschiedener sein kann, die Entwicklung der Seitenglieder z. B. bald in akro- bald in basipetaler Reihenfolge stattfindet, oder sogar von einem Punkte aus nach beiden Seiten hin fortschreitet. Sein Irrthum, dass die Blattscheide zuerst entstehe, ist später durch EICHLER berichtigt worden, unzweifelhaft ist die Basis des Blattes sein ältester Theil[3]), allein aus der Blattanlage gestaltet sich die Blattscheide erst viel später hervor, wie man z. B. an jedem Grasblatt sehen kann. Die Basis des Blattes gewinnt nämlich nicht sofort den Charakter der Blattscheide, sondern erst durch interkalares Wachsthum wird die letztere aus dem Basaltheil des Blattes aufgebaut. — Eine Klarlegung dieser Verhältnisse und Berichtigungen und Erweiterung der Angaben TRÉCUL's findet sich in EICHLER's werthvoller Dissertation »Zur Entwicklung des Blattes mit besonderer Berücksichtigung der Nebenblattbildungen«, Marburg 1861. — In HOFMEISTER's Morphologie wird namentlich die Vertheilung des Wachsthums im Blatte ausführlich erörtert, auch über die Entwicklung ein (freilich nicht gerade sehr eingehender) Ueberblick gegeben. — Seither sind einige Einzelheiten, die soweit sie von Interesse sind, unten erwähnt werden, hinzugekommen. Eine Verwendung der entwickelungsgeschichtlichen Thatsachen zur allgemeinen Morphologie des Blattes, und speciell zu einer Klarlegung der Metamorphosenlehre habe ich in dem Aufsatze »Beitr. zur Morphologie und Physiologie des Blattes«[4]) zu geben versucht.

Wie in der Uebersicht über die allgemeinen Gestaltungsverhältnisse des Vegetationskörpers der Pflanzen gezeigt wurde, finden sich schon bei den Thallophyten zahlreiche Fälle, die wir unter dem Begriff der Blattbildung subsumiren können. Es entstehen nämlich an den Sprossachsen seitliche Auswüchse begrenzten Wachsthums, deren Existenz meist auch eine kürzere als die der Sprossachse ist, und deren Hauptaufgabe in der Assimilation des Kohlenstoffs besteht, ohne dass ihnen dieselbe ausschliesslich übertragen wäre. Dahin gehören z. B. die fiederig gestellten Ausstülpungen an den Sprossachsen der Siphonee *Bryopsis*, welche nach Abschluss ihrer Entwicklung von der Hauptachse abfallen, nachdem sie durch einen Gallertpfropf von dem Lumen derselben abgetrennt sind. Man findet an der Hauptachse dann später die Stellen, wo die Blättchen gewesen sind, in Form von Blattnarben. Zahlreiche andere Beispiele lassen sich von andern Chlorophyceen und Florideen anfügen, erwähnt sein mag von den letzteren die früher geschilderte *Polyzonia* (Fig. 9), von den ersteren die bekannten Verhältnisse bei den Charen, wo die Blätter in wirteliger Stellung auf den Stammknoten sitzen, sie erfahren eine anatomische Gliederung, welche der der Sprossachse gleicht, und tragen auch (wenngleich nicht alle) in ihren Achseln

[1]) Wachsthumsgesch. des Blattes von *Aralia spinosa* (Pflanzenphysiol. Unters., pag. 88).

[2]) TRÉCUL, mémoire sur la formation des feuilles. Ann. d. sc. nat. Ser. III. t. 20. pag. 235 ff.

[3]) Es genügt, sich der von NÄGELI gegebenen Entwicklungsgeschichte des Moosblattes zu erinnern: die ältesten Segmente der Blattscheitelzelle bilden die Blattbasis, die jüngsten die Blattspitze.

[4]) Bot. Zeit. 1880.

Sprosse. Es sind die Blätter der Charen mit ihrer Gliederung in Knoten und (berindete) Internodialzellen jedenfalls complicirter gebaut, als die der beblätterten Lebermoose, die nur aus einer einfachen Zellplatte bestehen, die nicht einmal durch einen Mittelnerv abgetheilt ist. Aehnliche einfache Blattformen finden wir auch bei manchen Laubmoosen, oder wenigstens in bestimmten Alterstadien derselben. Was den Blättern an Grösse abgeht, wird hier wie in anderen Fällen, z. B. den *Thuja*-Arten durch die Menge derselben ersetzt. Ein Fortschritt in dem Blattbau den Lebermoosen gegenüber liegt in dem Auftreten eines gewöhnlich mehrschichtigen Mittelnerven, der einerseits vermöge seiner verdickten, mechanisch wirksamen Zellen als wirkliche Blattrippe, welche das Blatt aussteift, dient, andererseits in seinen nicht verdickten Zellen wohl die Funktion hat, die im Blatte gewonnenen assimilirten Stoffe dem Stamme zuzuleiten. Wie relativ complicirt das Blatt hier werden kann, zeigt z. B. *Polytrichum* (Fig. 37), hier nimmt der Mittelnerv (wie aus vergleichenden Untersuchungen hervorgeht) fast die ganze Blattfläche ein, die eigentliche, einschichtige Blattlamina ist am Grunde des Blattes zwar als ziemlich umfangreiche Blattscheide entwickelt, im oberen Theil aber, aus welchem der Querschnitt Fig. 37 entnommen ist, dagegen nur durch einen schmalen, in der Figur (oben) nur drei Zellreihen breiten Saum repräsentirt. Dafür hat aber der Mittelnerv auf seiner Oberfläche eine Anzahl von auf dem Blatte rechtwinklig stehender, dasselbe der Länge nach durchziehender Lamellen entwickelt, welche in ihren Zellen reichlich Chloropyll enthalten, und so die Funktion übernehmen, die sonst der Blattlamina zukommt. — Wenden wir uns zu den Gefässkryptogamen, so finden wir bei den Lycopodien Blätter, die nicht viel grösser sind als die der Laubmoose und ebenfalls den Stamm bedecken, doch aber schon eine höhere anatomische Ausbildung besitzen, sie sind mehrschichtig, von einem Gefässbündel durchzogen, und besitzen Spaltöffnungen, die denen der Muscineen noch ganz abgehen, während dieselben z. B. an den Sporogonien dieser Abtheilung vorkommen. — Bei den Farnkräutern dagegen erscheint das Blatt schon in seiner höchsten Vollendung, in oft riesigen Dimensionen in mannigfaltiger Verzweigung

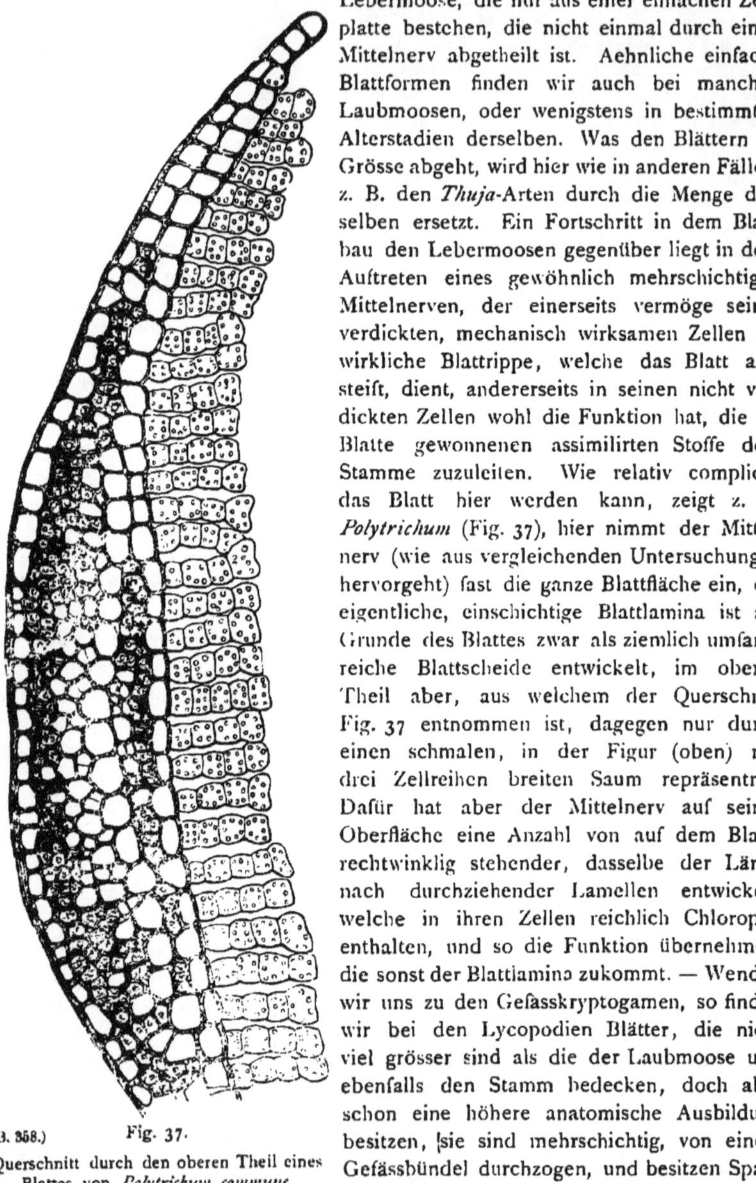

(B. 358.) Fig. 37.
Querschnitt durch den oberen Theil eines Blattes von *Polytrichum commune*.

und seine Spreite durchzogen von vielfach verästelten Gefässbündeln. In mannigfacher Variation bleibt diese Blattform von nun an durch die Gymnospermen hindurch bis zu den Samenpflanzen die herrschende: wir finden das Blatt gewöhnlich gegliedert in einen (kürzeren oder längeren, zuweilen auch ganz fehlenden) Blattstiel und eine Blattspreite, die einfach oder verzweigt und von einem Netze von Gefässbündeln, deren letzte Aeste im Blattgewebe blind endigen, durchzogen ist.

Fassen wir nun die Blattentwicklung näher ins Auge, so werden wir uns

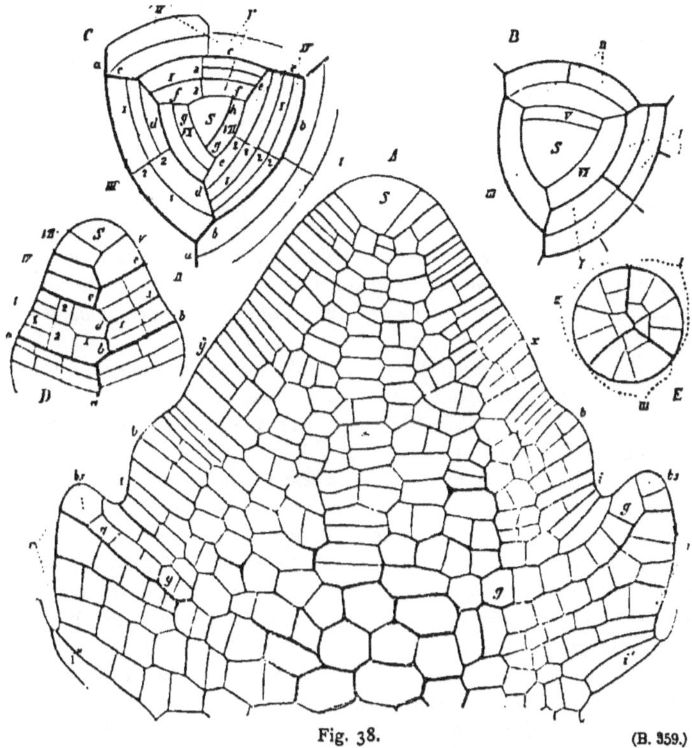

Fig. 38. (B. 359.)

A Längsschnitt durch den Gipfel einer unterirdischen Knospe von *Equisetum Telmateja* (nach SACHS), S Scheitelzelle. Die Blattanlagen gehen aus Oberflächenzellen des Vegetationspunktes hervor, die sich aber noch durch perikline Wände theilen. Bei x und y erste Andeutung der Blattanlagen, welche am Vegetationspunkt als Ringwall erscheinen. Nicht alle Zellen, die sich zur Blattanlage hervorwölben, werden bei deren weiterer Entwicklung verwendet, sondern nur die beiden obersten Zelllagen: aus dem unteren (rr) geht ein Theil der Stammrinde hervor.

zunächst mit dem Blattwachsthum im Allgemeinen, seinem Verhältniss zur Sprossachse, und endlich mit der Formentwicklung des einzelnen Blattes, und mit der Um- und Rückbildung, welcher die Blätter bei bestimmten Pflanzenformen unterliegen, zu befassen haben.

1. Das Blattwachsthum im Allgemeinen. Hier ist zunächst hervorzuheben, dass die Blätter immer als seitliche Protuberanzen am Vegetationspunkt der Sprossachse (pag. 176 ff.) entstehen.[1]) Niemals geht ein Blatt aus einem nicht mehr im Zustand des Vegetationspunktes befindlichen, also nicht mehr aus embryonalem

[1]) Bezüglich »terminaler« Blätter vergl. die Entwicklungsgeschichte der Blüthen.

Gewebe bestehenden Stengeltheil hervor. Der Satz, dass die Blattanlage immer eine seitliche Bildung an einem Stengelvegetationspunkt sei, gilt aber nur für das postembryonale Wachsthum. Die ersten Blätter, die an dem Embryo der Gefässpflanzen (Gefässkryptogamen und Samenpflanzen) angelegt werden (in Ein- oder Mehrzahl), die Cotyledonen, entstehen unabhängig von dem Stammvegetationspunkt, der gleichzeitig mit ihnen an der vorher ungegliederten Embryonalanlage angelegt wird. (Vergl. den Abschnitt über Embryonalentwicklung). Während die Wurzeln in der weit überwiegenden Mehrzahl der Fälle dadurch ausgezeichnet sind, dass sie endogen entstehen, also immer äussere Gewebeschichten durchbrechen müssen, ist das Blatt immer exogener Entstehung, die Oberfläche des Vegetationspunktes geht direkt in die Blattanlage über. Die letztere entsteht bei den Moosen und Farnen aus einer einzigen Oberflächenzelle des Stengelvegetationspunktes, die sich zur Mutter- und Scheitelzelle des Blattes gestaltet, bei Ophioglosseen, Schachtelhalmen, Lycopodien dagegen ist es eine Gruppe von Oberflächenzellen, welche der Blattanlage ihren Ursprung giebt (Fig. 38 A). Es sind dies indess Pflanzen, bei welchen eine junge Epidermis (Dermatogen) am Stengelvegetationspunkt von dem darunterliegenden Gewebe noch nicht gesondert ist. Bei den Samenpflanzen, bei welchen dies der Fall ist, tritt die Blattanlage, wenigstens in den bis jetzt bekannten Fällen immer als Höcker auf, der von der Hautschicht überzogen ist, an dessen Bildung sich aber auch tiefer gelegene Zellschichten des Stammvegetationspunktes (des Periblem's) betheiligen. Der einzige als Ausnahme hierherzuziehende Fall wäre etwa das Perianth von *Ephedra.* Es entsteht nach STRASBURGER (Coniferen, pag. 133) aus Epidermiszellen. Dass dies bei den Laubblättern nicht geschieht, beruht darauf, dass zur Bildung von grösseren, dem Stengel mit breiter Basis aufsitzenden Organen immer auch eine grössere Anzahl von Gewebeschichten des Stammvegetationspunktes verwendet werden. Bei manchen Wasserpflanzen *(Hippuris, Potamogeton* u. a.) ist es nur die äusserste Periblemschicht, die sich bei der Anlegung des Blattes betheiligt, in anderen Fällen treten dazu noch die dritte und vierte. Bei *Elodea* ist das Periblem nur in der Mittellinie der Blattanlage bei der Bildung derselben betheiligt, die Hauptmasse des Blattes wird vom Dermatogen allein gebildet (die in der Literatur sich findende Angabe, dass die *Elodea*-Blätter ausschliesslich Dermatogenerzeugnisse seien, beruht auf einem Irrthum, entsprungen aus der Betrachtung nicht durch die Mittellinie des Blattes geführter Schnitte). Aehnlich bildet sich auch die Spatha von *Vallisneria* nach WARMING grösstentheils aus dem Dermatogen (Forgreningsforhold etc. pag. VII. d. französ. Résumé's). Wir können also, wenn wir zunächst die Cormophyten ins Auge fassen, die Blätter bezeichnen als hervorgegangen aus der Rindensubstanz des Stammvegetationspunktes. Die Richtigkeit dieser Bezeichnung wird dadurch ferner erwiesen, dass in der That der untere Theil von Blattanlagen sehr häufig mit in den Aufbau der Stengelrinde eingeht, wie dies die verschiedensten Beispiele zeigen. Sehr auffallend z. B. die Laubmoose. Dieselben besitzen einen Vegetationspunkt, der mit einer dreiseitig-pyramidalen Scheitelzelle endigt. Diese liefert drei Reihen von Segmenten, aus jedem Segment geht eine Blattanlage hervor, welche die ganze freie Oberfläche des Segmentes in Anspruch nimmt (a a Fig. 39.) Der Vegetationspunkt ist also ganz bedeckt mit Blattanlagen, zwischen denen eine freie Stengeloberfläche nicht zu sehen ist. Diese kommt erst dadurch zu Stande, dass von der papillenförmigen Blattanlage durch die »Blattwand« b unten ein Stück abgeschnitten wird, das nun zum Aufbau der Stammrinde dient. Ganz ähnlich ist es bei den Equiseten, wo indes die Blattanlage schon eine vielzellige Protuberanz, aus Oberflächenzellen des Stengels hervorgegangen, darstellt. Die jüngste

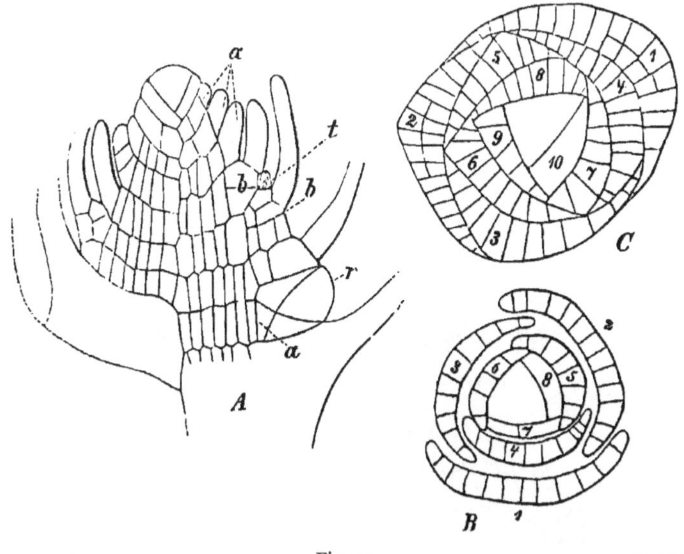

Fig. 39. (B. 360.)

A Längsschnitt durch eine Sprossspitze von *Fontinalis antipyretica* (nach LEITGEB). Aus jedem Segmente geht ein Blatt hervor, das Segment wird zunächst durch eine Perikline (»die Blattwand«) a in eine innere und eine äussere Zelle zerlegt, aus ersterem geht die Hauptmasse des Stengelgewebes, aus letzterem Blatt und Stammrinde hervor. Die letztere wird von der Basis der Blattanlage abgetrennt durch die Antikline b, die »Basilarwand« (vergl. Bd. II. pag. 372 ff.

Blattanlage in Fig. 40 ist b'. Sie stellt einen gewölbten Höcker dar. Allein nur die eine Hälfte derselben, nur die zwei obersten Zellreihen desselben (im medianen Längsschnitt) werden zur Bildung eines Scheidenblattes verwendet, der ganze untere, mit rs bezeichnete Theil dagegen geht in der Bildung der Stammrinde auf. Die Vergleichung mit den weiter unten stehenden Blattanlagen b'' und b''' zeigt dies aufs deutlichste, der obere Theil derselben ist schon zu einer schmalen Lamelle ausgewachsen, während die unteren Theile o'' und v''' schon deutlich als Theile der Stammrinde erscheinen. Anders, wenn aus der Blattanlage ein Sporangienträger (Sporophyll) wird. Dann wird die ganze Blattanlage zur Bildung des Sporophylls verwendet, eine asymmetrische Entwicklung derselben wie bei der vegetativen Region findet also nicht statt. Ein ganz ähnlicher Vorgang, wie der eben für *Equisetum* geschilderte, liesse sich noch für eine ganze Anzahl von Pflanzen anführen. Sehr auffallend tritt er z. B. hervor bei den *Pinus*-Arten. Der Hauptstamm trägt hier in erwachsenem Zustand normal nur Schuppen-(Nieder-) Blätter. Unterhalb jedes dieser Blätter verläuft auf der Stammoberfläche ein Längswulst von Rindengewebe, das sogen. Blattkissen, dessen Ursprung auf die Blattbasis zurückzuführen ist, ganz ähnlich wie bei *Equisetum*, nur dass die Differenzirung bei *Pinus* erst später eintritt. Principiell die nämlichen Vorgänge finden wir, wie schon HOFMEISTER hervorgehoben hat[1]), auch bei manchen Thallo-

[1]) Morphol. pag. 520.

phyten, von denen wieder *Chara* das prägnanteste Beispiel liefert. Auch hier nämlich findet eine »Berindung« der Stengeloberfläche von den Blattbasen aus statt, und zwar in der Weise, dass aus dem Basilarknoten jedes Blattes ein »Rindenlappen« nach oben und einer nach unten, über die Internodialzelle des Stammes hinwächst, so dass das Stämmchen von einer aus den dicht sich berührenden Rindenlappen gebildeten Rinde überzogen wird.

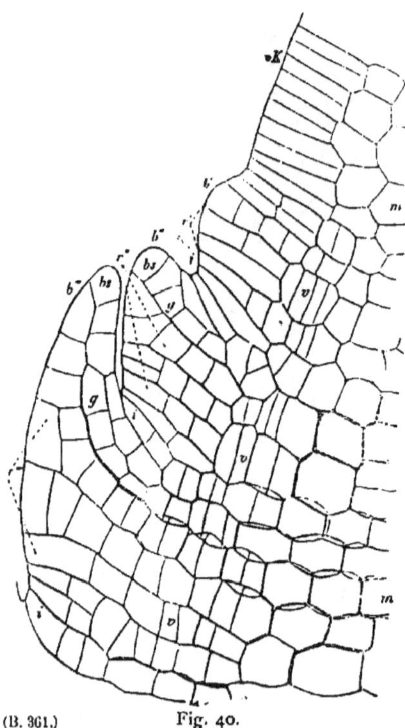

(B. 361.) Fig. 40.

Equisetum Telmateja, linke Hälfte eines radialen Längsschnittes unterhalb des Scheitels einer unterirdischen Knospe (im September); vK unterer Theil des Vegetationskegels; b', b'', b''' Blätter, bs deren Scheitelzellen; r', r'', r''' Rindengewebe der entsprechenden Internodien; m, m Mark; gg Zellschicht, aus welcher das Gefässbündel des Blattzipfels entsteht (nach SACHS).

Diese anatomischen Thatsachen bestätigen also die aus den Beobachtungen der am Vegetationspunkt stattfindenden Vorgänge gewonnene Anschauung, dass die Blätter Auswüchse der Rindensubstanz des Stammvegetationspunktes sind. Nicht selten sehen wir diese Rindensubstanz auch Auswüchse bilden, die zu wenig individualisirt sind, um als Blätter bezeichnet werden zu können. So besitzt z. B. *Ammobium alatum* an der Stengelbasis eine Rosette wohlentwickelter einfacher Blätter, am blühenden Stengel aber erscheinen dieselben sehr reducirt, ihre Funktion wird ersetzt durch breite Lamellen, welche als »Flügel« an den Kanten des Stengels sitzen. Bei *Symphytum*, *Carduus*-Arten u. a. sind ebenfalls solche Auswüchse des Stengels vorhanden, die sich aber hier direkt an die Blätter ansetzen (*»folia decurrentia«*) ein Ausdruck, der den hierbei stattfindenden, übrigens entwicklungsgeschichtlich noch näher zu untersuchenden Vorgang nicht präcis bezeichnet. Und in zahlreichen anderen Fällen, wie bei den Cacteen und anderen »Fettpflanzen« findet Blattbildung überhaupt nicht statt, sondern die Rindensubstanz des Stengels ist als assimilirendes Gewebe ausgebildet.

Es erhellt aus dem Gesagten, dass die Gewebeschichten des Blattes in die des Stammes direkt übergehen. Von der Epidermis leuchtet es ohne Weiteres ein, dass die der Blattanlage die direkte Fortsetzung der Stengelepidermis ist. Wo, wie bei den Angiospermen schon am Vegetationspunkt die Epidermis differenzirt ist, baucht sich dieselbe beim Hervortreten eines Blatthöckers entsprechend aus, indem sie mitwachsend die Blattanlage überzieht. Ebenso ist das (oder die) in das Blatt eintretende Gefässbündel immer in Communication mit dem Stammgefässbündel, in einer Weise, deren Darstellung Aufgabe der Anatomie ist.

Dies sind die örtlichen Beziehungen des Blattes zur Sprossachse. Was die allgemeinen Wachsthumsverhältnisse des Blattes betrifft, so unterscheidet es sich von den Stammorganen bekanntlich vor Allem meistens dadurch, dass das Wachsthum ein frühe begrenztes ist. Dafür ist das Wachsthum ein rascheres als das des Stengeltheils, welcher das betreffende Blatt trägt, die Blätter wachsen über die Stengelspitze hinaus, und bilden dieselbe einhüllend eine Knospe. Durch Streckung der Internodien werden successiv die älteren Blätter von der Knospe entfernt, nachdem sie sich meist schon vorher entfaltet haben. Zur Zeit der Entfaltung ist das Gewebe des Blattes bei den Samenpflanzen (Gymnospermen und Angiospermen) meist schon in den Dauerzustand übergegangen, Theilungen finden in den Zellen nicht mehr statt, wohl aber noch bedeutende Volumvergrösserung. An Ausnahmen fehlt es auch hier nicht. So besitzten *Guarea*[1]) und andere Meliaceen gefiederte Blätter, die nach ihrer Entfaltung noch fortwachsen, der gemeinsame Blattstiel erscheint dann mit einer Knospe beschlossen, aus welcher noch längere Zeit hindurch in akropetaler Folge neue Fiederblättchen hervorgehen. Was hier Ausnahme ist, das ist bei den Farnen Regel. Hier wächst das Blatt auch, nachdem es in seinem unteren Theile entfaltet ist, an seiner Spitze weiter, und bildet hier eventuell neue Fiederblättchen. In excessiver Weise findet dieses Weiterwachsen bei einigen (ob allen?) Gleichenien[2]) statt, da es hier mehrere Vegetationsperioden hindurch andauert. Die eingerollte Blattspitze bildet dabei zur Ruhezeit scheinbar eine Knospe in einer Gabeltheilung des Blattes, um sich dann später weiter zu entwickeln. Die am Ende einer Vegetationsperiode gebildeten Seitenblättchen sollen sogar kleiner sein, als die andern, also ganz ähnlich wie auch die Sprosse der Holzpflanzen gegen das Ende der Vegetationsperiode hin verkümmerte Blattformen zu erzeugen pflegen. Es giebt also Blätter[3]) die in ihrer Entwicklungsfähigkeit den Sprossachsen wenig nachgeben. Der gewöhnliche Fall ist aber der oben erwähnte. Anfangs allerdings findet überall die lebhafteste Neubildung an der Spitze der Blattanlage statt, der Vegetationspunkt derselben ist ein apikaler. Bei *Chara* z. B. entsteht die Blattanlage, indem sich eine Aussenzelle des Stammknotens hervorwölbt, und zur Blattscheitelzelle wird. Anfangs eine Papille darstellend wächst sie zu einem annähend cylindrischen Schlauche heran, der sich nun durch, in der Richtung von unten nach oben auftretende Querwände gliedert. Auch die Bildung der Blattknoten findet in akropetaler Richtung statt, der Vegetationspunkt behält hier dauernd, wie bei den Farnen seine apikale Lage bei, und nach dem Aufhören der Segmentbildung findet nur noch eine Volumvergrösserung aller angelegten Theile statt. Aehnlich ist es bei manchen Moosen. Die Blattanlage (vergl. Fig. 39) ist auch hier eine Zelle, die sich zur Blattscheitelzelle gestaltet. Diese bildet zwei in der Blattebene gelegene Segmentreihen, aus denen das Gewebe des (mit Ausnahme der Mittelrippe einschichtigen) Blattes hervorgeht. Bei *Mnium punctatum*[4]) *Hedw.* schreitet auch die weitere Ausbildung des Blattes von unten nach oben vor, in andern Fällen, wie bei *Sphagnum* findet das Umgekehrte statt: nach Beendigung des Spitzenwachsthums schreitet der Differenzirungsprocess, durch welchen die eigenthümliche Struktur des Sphagnumblattes eingeleitet wird[5]),

[1]) Vergl. SCHACHT, Beiträge zur Anat. und Phys. der Gew., pag. 23. — SCHACHT hält das Guareablatt irrthümlicherweise für einen Zweig.

[2]) Vergl. BRAUN, Verjüngung, pag. 125.

[3]) Dass die früher gemachten Einwendungen gegen die Blattnatur der Farnblätter heut vollständig antiquirt erscheinen, braucht wohl kaum betont zu werden.

[4]) NÄGELI, Pflanzenphysiolog. Untersuchungen I, pag. 84.

[5]) Vergl. II. Bd. dieses Handbuches, pag. 393.

von oben nach unten vor (vergl. NÄGELI, a. a. O.) es treten also zuerst an der Blattspitze die Theilungen auf, durch welche die Sonderung der Blattzellen in rhombische, ihren Inhalt verlierende und in langgestreckte, chlorophyllführende Zellen vollzogen wird. Bei *Polytrichum*, *Catharinea*, *Fissidens* u. a. findet sich dicht über der Blattbasis ein interkalarer Vegetationspunkt, aus dessen Thätigkeit der grösste Theil des Blattes hervorgeht[1]).

Nur wenig von dem oben erwähnten verschieden ist die Wachsthumsvertheilung in den jungen Blättern der Samenpflanzen (mit den oben erwähnten Ausnahmen). Auch hier bildet sich, nachdem der primäre, an der Spitze gelegene Vegetationspunkt seine Thätigkeit eingestellt hat, an der Blattbasis ein neuer Vegetationspunkt, oder mit andern Worten, während ursprünglich die ganze Blattanlage aus embryonalem Gewebe besteht, und an der Spitze (bei der Mehrzahl der Blätter) die Anlage der Verzweigungen des Blattes stattfindet, verliert späterhin das Gewebe der Blattspitze am frühesten seinen embryonalen Charakter, während die Blattbasis ihn beibehält. Beispiele für diesen Satz werden unten bei der Besprechung der Formentwicklung des Blattes anzuführen sein. Hier mag hervorgehoben werden, dass bei den mit einem Blattstiel versehenen Dicotylenblättern der Blattstiel sich immer erst nach der Blattlamina bildet, er verdankt seine Entstehung eben der Thätigkeit des an der Blattbasis gelegenen Vegetationspunktes. Dass auch bei vielen Sprossachsen interkalare Vegetationspunkte vorkommen, wurde oben schon hervorgehoben. Als Beispiel für dies interkalare Wachsthum der Blattbasis mögen z. B. die Blattscheiden der Gräser genannt werden, deren Wachsthum ausschliesslich auf der Thätigkeit eines interkalaren Vegetationspunktes beruht. An einem jungen Blatte von *Glyceria spectabilis* betrug die Länge der Blattlamina 4 Millim., die der Blattscheide 0,1 Millim. Am erwachsenen Blatte dagegen erreicht die Blattscheide eine Länge von ca. 30 Centim.

2. Formentwicklung des Blattes. Die Form, unter welcher die Blattanlagen am Vegetationspunkte der Sprossachsen zuerst sichtbar werden, ist entweder die eines Höckers oder die eines Wulstes. Beide Fälle sind natürlich nur graduell verschieden, und im ersteren findet späterhin auch noch ein Breitenwachsthum der Blattbasis statt, so dass die Blattanlage wie im letzteren Falle mit breiter Basis dem Stengelvegetationspunkte aufsitzt. Allein auch der Fall kommt, wie es scheint, vor, dass zur Bildung einer Blattanlage, oder zur Bildung der gemeinschaftlichen Basis, auf welcher mehrere Blätter auftreten, sich das Aussengewebe des Stengelvegetationspunktes in Form eines ringförmigen Walles erhebt. So (nach EICHLER) bei der Blattbildung der Platane. Sehr häufig ist diese Entstehungsart bei wirtelig gestellten Blättern: es treten dann nicht die einzelnen Blattanlagen gesondert auf, sondern es bildet sich zuerst ein Ringwulst, aus dem dann die Spitzen der einzelnen Blattanlagen erst hervortreten. So bei den Blattscheiden der Equiseten, den zweigliedrigen, mit eigenthümlichen Stipularbildungen versehenen Blattwirteln von *Galium*, manchen Blumenkronen etc. Gewöhnlich bleiben die zwischen den einzelnen Blattanlagen gelegenen Partieen des gemeinsamen Ringwalls so früh in der Entwicklung zurück, dass sie beim fertigen Blattwirtel nicht zu sehen sind; bei *Equisetum* dagegen gestaltet sich die Blattbasis zur »Scheide« der die, einzelnen Blattanlagen entsprechenden, Zähne aufsitzen, und auf der blattartigen Entwicklung der zwischen den zwei Blattanlagen gelegenen Theile des

---

[1]) HOFMEISTER, Vergl. Unters. pag. 64; LORENTZ, Moosstudien pag. 10.

Blattringwalls beruht offenbar die Form der »*folia connata*« z. B. bei *Lonicera Caprifolium* u. a. In vielen Fällen, wo später die einzelne Blattanlage den Stengelvegetationspunkt ringförmig umfasst, ist dies indess nicht schon bei der ersten Anlage des Blattes der Fall. So z. B. bei den Gräsern mit geschlossener Scheide, als deren Beispiel *Glyceria spectabilis* unten näher behandelt werden soll. Hier entsteht die Blattanlage zuerst als halbseitiger Wulst am Stengelvegetationspunkt, bald aber greift sie auf die andere Seite über, so dass sie nun also ringförmig den Vegetationspunkt umfasst. Aus der anfangs nur in Form eines niedrigen Wulstes den Vegetationspunkt umfassenden Partie der Blattanlage geht später die Blattscheide durch interkalares Wachsthum hervor, während die Blattspreite aus dem zuerst angelegten Theile, der stets auch über die Blattbasis einseitig hervorragt, sich entwickelt.

Die Scheidung der Blattanlage in einen Spreitentheil und einen Basaltheil ist indess nicht überall schon mit der ersten Anlegung des Blattes gegeben. Vielmehr finden wir in allen untersuchten Fällen die Blattanlage zuerst in Form eines aus embryonalem Gewebe bestehenden ungegliederten Zäpfchens oder Blättchens. Wir bezeichnen es in diesem Zustand mit EICHLER (a. a. O. pag. 7) als Primordialblatt, womit zugleich die Unrichtigkeit des TRÉCUL'schen Satzes »*la gaîne précède la lame*« gegeben ist — die Blattscheide wird vor der Blattlamina angelegt, — ein Satz, dessen Nichtzutreffen aus der ganzen folgenden Darstellung hervorgehen wird. Das Primordialblatt gliedert sich fernerhin in zwei Theile, die aber nicht etwa scharf von einander markirt sind, sondern sich nur durch den Antheil unterscheiden, den sie am ferneren Wachsthum der Blattanlage nehmen. Der dem Stengelvegetationspunkt aufsitzende Theil der Blattanlage, der Blattgrund, nimmt nämlich an der weiteren Differenzirung der Blattanlage keinen Antheil, oder doch nur insofern, als auch hier bei vielen Pflanzen zu beiden Seiten der Blattanlage je ein Auswuchs hervorgeht, diese beiden Sprossungen des Blattgrundes werden als Nebenblätter oder Stipulae bezeichnet. In vielen Fällen gewinnt der Blattgrund eine scheidenförmige Ausbildung, so namentlich bei den Gräsern. Der über dem Blattgrund gelegene Theil der Blattanlage, das »Oberblatt« ist derjenige, aus welchem die Blattspreite hervorgeht, ist dieselbe im fertigen Zustand gegliedert (also z. B. gefiedert) oder getheilt, so kommt dies durch Verzweigung des Oberblattes zu Stande. Der Blattstiel ist überall erst späterer Entstehung, er wird zwischen Oberblatt und Blattgrund eingeschoben, d. h. er entsteht aus der zwischen beiden gelegenen Partie der Blattanlage, welche die Eigenschaften eines interkalaren Vegetationspunktes erhält. Dass in vielen Fällen Blattstiele überhaupt nicht gebildet werden, braucht wohl kaum betont zu werden.

Bei stiellosen ungegliederten Blättern wie denen der Laubmoose, der Lycopodiaceen und der meisten Coniferen ist die Entwicklung des Blattes natürlich eine sehr einfache und besteht im Wesentlichen nur in unbedeutenden Form- und Grössenveränderungen der Blattanlage, auf die hier nicht eingegangen zu werden braucht. Da, wo bei den Coniferen, wie z. B. bei *Gingko biloba*, Blätter vorkommen, die deutlich in Blattspreite und Blattstiel gegliedert sind, schliesst auch der Entwicklungsgang sich dem oben kurz skizzirten an. An der Blattanlage von *Gingko*[1]) zeigt sich früher schon die symmetrische Theilung der Blattspreite, ähnlich wie dies z. B. auch bei den Blättern von *Utricularia* der Fall ist. Der Stiel tritt auch hier erst nach der Blattlamina auf, von welch letzterer

[1]) Vergl. TRÉCUL, a. a. O. pag. 178—183.

noch die eigenthümliche schneckenförmige Einrollung jeder ihrer beiden Hälften zu erwähnen ist.

Besonderes Interesse unter den Coniferenblättern bieten die eigenthümlichen »Doppelnadeln« von *Sciadopitys*.[1]) Sie stehen in den Achseln kleiner Schuppen am Stamme, nehmen also dieselbe Stellung ein, wie die Kurztriebe von *Pinus*. Auf die Thatsache gestützt, dass die Nadeln von zwei vollkommen von einander getrennten Gefässbündeln durchzogen sind, welche von dem für die Coniferenblätter eigenthümlichen »Transfusionsgewebe« umschlossen sind, sprach MOHL die Ansicht aus, es seien diese Nadeln aus der Verwachsung der beiden ersten Blätter eines im Uebrigen verkümmernden Achselsprosses der Schuppe entstanden. Die von STRASBURGER mitgetheilte Entwicklungsgeschichte dieser Gebilde ist sehr eigenthümlich, bedarf aber, wie ich glaube, noch erneuter, namentlich histiologischer Prüfung. Es entsteht in der Achsel der Schuppen eine Achselknospenanlage, welche früh schon einen deutlichen medianen Einschnitt am Scheitel zeigt, der auch an der fertigen »Doppelnadel« noch erkennbar ist. Nach STRASBURGER's Darstellung ist dieses ganze Gebilde als Anlage der Doppelnadel zu betrachten: es wächst, nachdem das Scheitelwachsthum frühe aufgehört hat, wie andere Nadeln an seiner Basis. Es ginge also der Scheitel des Achselsprosses hier in die Bildung der Nadeln auf, die letzteren aber wachsen nicht gesondert, sondern durch interkalares Wachsthum ihrer gemeinsamen Basis. Kein Zweifel, dass das Gebilde einer Kurztriebanlage von *Pinus* entspricht, an der nur zwei Blattanlagen angelegt werden. Allein die Deutung der Doppelnadel als aus zwei verwachsenen »Blättern« gebildet, erscheint mir keineswegs zweifellos, obwohl STRASBURGER auch bei *Pinus sylvestris* und *P. Pumilio* Doppelnadeln gefunden hat. Wir kennen deren Zustandekommen nicht, sie können recht gut durch wirkliche Verwachsung zweier Nadeln, wobei aber der Vegetationspunkt des Kurztriebes an der Basis zurückbleibt, die Nadeln mit einer zugewendeten Seitenkante verschmelzen, entstanden sein. Bei *Sciadopitys* geht aber der Haupttheil der Nadel aus dem unterhalb des Vegetationspunktes der Achselknospe befindlichen Theile der letzteren selbst hervor. Dies ist ein in der vegetativen Region sonst ohne Beispiel dastehender Fall, und nach der gewöhnlichen Terminologie haben wir also die Doppelnadel von *Sciadopitys* vielmehr als einen blattähnlichen Zweig, ein Cladodium, aufzufassen, das an seiner Anlage die Spitzen zweier Nadeln als kleine Spitzen trägt, trotz der anatomischen Thatsachen, welche insofern nicht sehr schwer ins Gewicht fallen, als wir Cladodien, die in ihrem Baue mit den Blättern übereinstimmen, auch sonst kennen. An der Bezeichnung liegt aber im Grunde nicht viel, denn Thatsache bleibt in beiden Fällen, dass aus dem Achselspross ein Gebilde hervorgeht, dass in seinem Baue übereinstimmt mit zwei an einer Seitenkante miteinander vereinigten Blättern.

Von den Gnetaceen seien hier noch die eigenthümlichen Blätter von *Welwitschia mirabilis* erwähnt. Die erwachsene Pflanze besitzt überhaupt nur zwei Laubblätter. Es sind dies die ersten auf die Kotyledonen folgenden und mit ihnen gekreuzten, sie werden aber sehr lang, indem sie an ihrer Basis ständig nachwachsen.

Die Blätter der Cycadeen, welche in einigen Beziehungen (z. B. Fiederung, eingerollte Knospenlage der Fiederblättchen) mit denen der Farne übereinstimmen, entwickeln sich anders als die Farnblätter. Während diese durch ihr dauerndes Spitzenwachsthum ausgezeichnet sind, und demgemäss auch die Fiederblättchen (wo solche vorhanden sind, manche Farnblätter sind bekanntlich ungegliedert, andere wie es scheint dichotom verzweigt) in streng akropetaler Reihenfolge auftreten, ist dies bei den untersuchten Cycadeen[2]) nicht der Fall, vielmehr stimmen dieselben mit der Blattentwicklung der Angiospermen überein. Die erste Anlage der Blätter erfolgt wie bei den letzteren unter der Epidermis, die Fiederblättchen aber entstehen bei *Ceratozamia* in basipetaler Richtung, bei *Cycas*, wie

---

[1]) MOHL, Morphol. Betrachtungen des Blattes von *Sciadopitys*, Botan. Zeit. 1871, pag. 101; STRASBURGER, Die Coniferen und die Gnetaceen. pag. 382 ff.

[2]) WARMING, récherches et remarques sur les Cycadées, pag. 7 d. Sep.-Abdr.

es scheint von der Blattmitte aus nach oben und unten fortschreitend, im letzteren Falle also ebenso, wie dies unten z. B. von *Achillea Millefolium* u. a. zu erwähnen sein wird.

Die Monokotyledonen besitzen meist einfache Blätter mit ungegliederter Blattspreite und entbehren sehr häufig einen Blattstiel[1]), der dann ersetzt wird durch eine Blattscheide, so z. B. bei den Gräsern, von denen die oben erwähnte *Glyceria spectabilis* als Beispiel für die Blattentwicklung dienen mag.

Das ausgebildete Blatt besteht aus einer Blattscheide, die allseitig geschlossen ist, und (in einem Einzelfall) eine Länge von 30 Ctm. besitzt und aus einer Blattlamina. Entfernt man die erwachsenen Blätter, so zeigt sich, dass bei den noch nicht ausgewachsenen das Verhältniss von Scheide und Spreite ein ganz anderes ist, so z. B. Spreite: 30 Millim., Scheide: 0,5 Millim.; Spreite 4 Millim. Scheide — (approximativ) — 0,1 Millim. Die Scheide erreicht ihre beträchtliche Grösse also erst durch die Thätigkeit eines interkalaren Vegetationspunktes. Die jüngste Blattanlage an dem massigen Vegetationskegel hat die Form eines Wulstes, der aber noch nicht ganz um den Vegetationspunkt herumgreift[2]), erst bei dem zweitjüngsten Blatte gewinnt die Blattanlage die Form eines kreisförmigen Walles, dessen eine Seite, die, an der die Lamina entsteht, von Anfang an etwas höher ist als die gegenüberliegende. Diese Seite wächst stärker während der stengelumfassende Blattgrund sich durch interkalares Wachsthum zur Blattscheide aus-

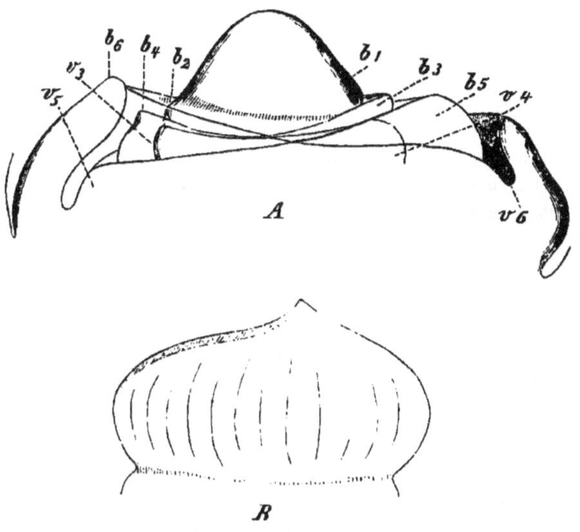

Fig. 41. (B. 362.)

Glyceria spectabilis. A Vegetationspunkt mit sechs Blattanlagen b^1—b^6 mit ihren Scheidentheilen v_1—v_6, B ältere Blattanlage, die Scheide ist noch sehr kurz.

---

[1]) Es ist klar, und wird auch aus dem Folgenden hervorgehen, dass zwischen Blattstiel und Blattscheide irgend welche scharfe Grenze nicht zu ziehen ist. Bei vielen Pflanzen mit gestielten Blättern z. B. Ranunculaceen geht der Blattstiel allmählich in die Blattscheide über, oder der Stiel ist »scheidenförmig« wie bei manchen Umbelliferen. Wenn statt der Stielbildung Scheidenbildung eintritt, beruht dies darauf, dass die betreffende Zone über dem Blattgrunde sich nicht so sehr verschmälert, d. h. in ihrem Breitenwachsthum nicht so sehr zurückgeblieben ist, wie dies bei der Entwicklung von Blättern mit deutlich abgesetztem Stiel der Fall ist.

[2]) Die entgegenstehenden Angaben TRÉCUL's: »*un bourrelet non interrompu entoure aussi l'axe au debut de la feuille*« a. a. O. pag. 287 und EICHLER's sind also nicht zutreffend, und schon aus diesem Grunde kann die Blattscheide nicht früher angelegt sein als die Blattspreite.

bildet. Der Blattgrund ist aber anfangs sehr klein und gewinnt, wie erwähnt, erst durch interkalares Wachsthum seine Ausbildung zur Blattscheide. Von derselben scharf abgesetzt erscheint er erst nach dem Auftreten der Ligula, jenes hyalinen, hier mehrschichtigen Häutchens, das an der Grenze von Blattspreite und Blattscheide bei den Gräsern inserirt ist und wie mir scheint, wenigstens bei *Glyceria* eine Wucherung der Epidermis darstellt. Dass die eben geschilderte Blattentwicklung nicht so aufgefasst werden kann, wie TRÉCUL wollte, dass nämlich zuerst die Blattscheide sich bilde, ist klar. Die Blattanlage besitzt vielmehr anfangs weder Spreiten- noch Scheidentheil, der erstere wächst nicht aus dem letzteren hervor, sondern beide differenziren sich erst im weiteren Verlaufe der Entwicklung. Was die Blattscheide betrifft, die später eine Röhre darstellt, so mag hier noch darauf hingewiesen sein, dass dieselbe nicht etwa als durch Verwachsung der Ränder einer ursprünglich offenen Scheideanlage zu Stande gekommen zu denken ist, wie dies conform früheren Anschauungen auch SCHLEIDEN, der derartigen »Fiktionen« sonst so abhold war, wollte.[1]) Vielmehr kommt die geschlossene Blattscheide dadurch zu Stande, das das Achsengewebe in Form eines Ringwalles sich über die Oberfläche des Vegetationspunktes erhebt, und dieser Ringwall dann später zu der Blattscheidenröhre auswächst, während bei Gräsern mit »offener« Blattscheide das Wachsthum der letzteren ein ähnliches ist wie das der Lamina von *Glyceria*, nur dass die Scheide später sich nicht ausbreitet, sondern dem Internodium dicht anliegt.

Aehnliche Blattformen (wobei nur die Blattscheide nicht ganz übereinstimmt) wie die Gräser, besitzen eine ganze Anzahl anderer Monokotylen, und wir dürfen annehmen, dass denselben auch eine, mit der geschilderten übereinstimmende Blattentwicklung zukommt.

Auch Monokotylenblätter, die im fertigen Zustand von denen der Gräser oder Liliaceen auffallend abweichen, wie z. B. die der *Allium*-Arten, kommen durch relativ geringfügige Modificationen des oben geschilderten Entwicklungsganges zu Stande. Vor Allem ist hervorzuheben, dass die Höhlungen, welche sich im Innern der Blätter mancher *Allium*-Arten (z. B. *Allium fistulosum*) finden, sekundärer Natur sind, erst später durch Vertrocknen und Auseinanderzerren des inneren Gewebes der Lamina entstehen (also »rhexigene« Hohlräume darstellen), ganz auf dieselbe Weise also, wie die centralen Hohlräume in manchen Stengeln, z. B. denen der Umbelliferen. Das Blatt von *Allium Schoenoprasum* wird, wie das der Gräser als ein den Vegetationspunkt früh umfassender Ringwall angelegt, dessen basaler Theil sich dann später zu der (unten) geschlossenen Blattscheide gestaltet. Das Oberblatt aber erfährt schon früh ein im Querschnitt allseitig annähernd gleichmässiges Wachsthum und gewinnt so annähernd kegelförmige Gestalt. B in Fig. 42 zeigt ein weiter vorgeschrittenes Stadium. Hier hat sich die kegelförmige Blattlamina aufgerichtet, und die Blattscheide umfasst den Vegetationspunkt mit den nächst jüngeren Blattanlagen. Sie ist aber nur an einer kleinen Stelle offen, und dies ist die einzige Communikation des Vegetationspunktes mit der Atmosphäre, resp. mit den ebenfalls nach aussen geöffneten Zwischenräumen zwischen den andern, älteren Blättern. Wie die Form des Blattes in B aus den in A zu Stande kommt, ist ohne weitere Beschreibung leicht ersichtlich, ebenso, dass die Blattlamina oben geschlossen sein muss. Andere *Allium*-Arten haben an Stelle der rundlichen Scheidenöffnung einen Längsspalt.

---

[1]) Grundzüge II. pag. 185.

Ganz ähnlich wie die geschilderten *Allium*-Blätter entwickeln sich offenbar auch die eigenthümlichen, radiär gebauten und ganz wie »sterile Halme« aussehenden Blätter mancher *Juncus*-Arten, deren Blattnatur man bei sorgfältiger Betrachtung ihrer Basis, wo die kleine Blattscheide sich befindet, erkennt.

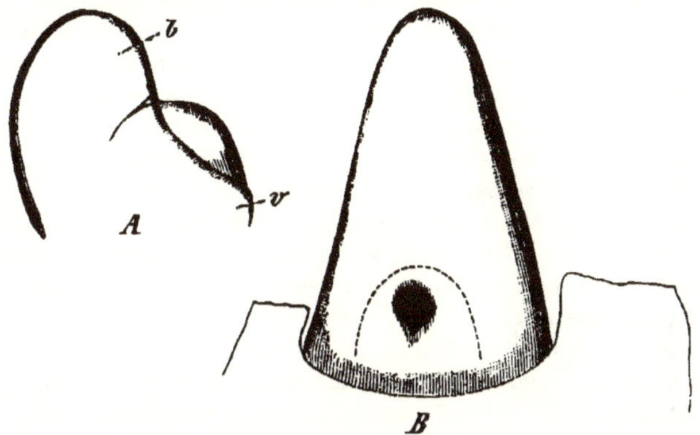

Fig. 42. (B. 363.)

Allium Schoenoprasum. Blattentwicklung. A Vegetationspunkt mit Blattanlage (b) die Blattspreite derselben hat sich schon bedeutend verdickt (sie erhält später annähernd kreisförmigen Querschnitt). Die Blattscheide (v) ist noch kurz, rechts ist der vom Blatt umfasste Spross-Vegetationspunkt. B älteres Blatt von vorn gesehen: Die Blattscheide ist unten geschlossen und umfasst den Vegetationspunkt mit den nächst jüngeren Blattanlagen (von denen eine angedeutet ist), so dass nur eine rundliche Oeffnung nach aussen führt.

Etwas abweichender ist die Blattentwicklung von *Iris*.[1]) Die *Iris*-Arten besitzen bekanntlich »schwertförmige« Blätter, d. h. die Blätter sind nicht dorsiventral gebaut, derart dass sie eine der Lichtseite zugekehrte Ober- und eine von ihr verschieden gebaute Unterseite besitzen, sondern die Blattspreite ist vertikal gestellt, und besitzt, wie dies auch bei andern ebenso orientirten Blättern (z. B. den Blättern erwachsener Pflanzen von *Eucalyptus globulus* etc.) der Fall ist, zwei gleich gebaute Seiten. Die Blattanlage hat auch hier dieselbe Form wie die oben beschriebenen, und ist auch hier bei ihrem Sichtbarwerden noch nicht stengelumfassend (Fig. 43 A b_1), was sie indess bald darauf wird (Fig. 43 A b_2). Das Primordialblatt wächst nun heran wie eine gewöhnliche Blattanlage. Ihr Scheitel, in der Fig. mit a bezeichnet, wird sonst zur Spitze der Blattlamina. Am *Iris*-Blatte aber liegt er später (vergl. Fig. 43 B) an der Stelle, wo die Blattspreite in die Blattscheide übergeht. Diese »Verschiebung« erklärt sich aus der Entwicklungsgeschichte. Die Blattanlage erfährt bald (b_3 in Fig. 43 A) ein starkes Flächenwachsthum, und erhält in Folge davon eine kahn- oder kapuzenförmige Gestalt. Auf ihrem Rücken ist das Flächenwachsthum am stärksten. Hier behält eine Stelle den Charakter des Vegetationspunktes (s in b_4 Fig. 43 A), es bildet sich eine Hervorstülpung, die Anlage der »schwertförmigen« Lamina. Dieselbe ist aber nur da hohl, wo sie in die Scheide übergeht, in ihrem übrigen Hauptheile von Anfang an eine

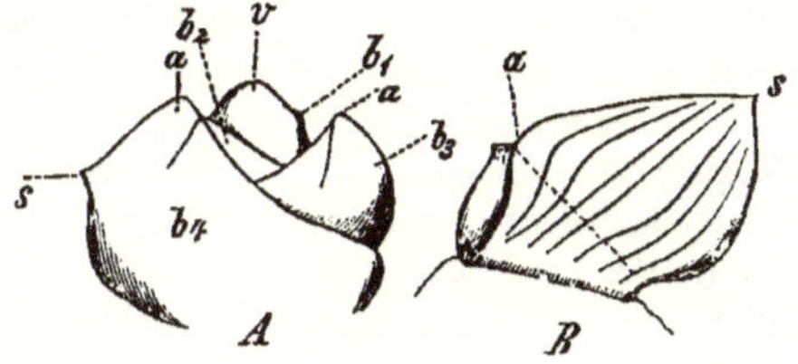

Fig. 43. (B. 364.)

Iris variegata, Blattentwicklung. v Stengelvegetationspunkt $b_1—b_4$ Blätter, S Scheitel der Blattlamina, a Ende der Blattscheide.

[1]) Vergl. Trécul, a. a. O. pag. 286. Comptes rendus T. XI. pag. 1047; Goebel, Botan. Zeit. 1881. pag. 96.

solide Gewebeplatte. Es sind an der Blattanlage jetzt also zwei Scheitel, der ursprüngliche a und der neue s. Bald erhält die Laminaranlage aber wirklich terminale Stellung. Den Uebergang dazu veranschaulicht das grössere Blatt in Fig. 43 B; wo der Blattgrund (der sich später zur Blattscheide entwickelt) von der Laminaranlage durch eine gestrichelte Linie abgegrenzt ist. Die Spreitenanlage hat zwar noch seitliche Stellung, ihre Mittellinie ist aber schon um ca 45° gehoben, der ursprüngliche Scheitel a dagegen nimmt seitliche Stellung ein.[1])

Eine Verzweigung der Blattlamina, wie sie bei den Dikotylen so häufig ist, kommt bei den Monokotylen, wie es scheint nur gewissen Aroïdeen (*Arum*, *Sauromatum* u. a., welche eine genauere Untersuchung verdienen) zu. So bei Arten von *Anthurium*, wo nach Engler eine dichotome Verzweigung der Blattlamina vorliegen soll. Nähere Angaben darüber existiren nicht. Die gegliederten Blätter vieler Palmen, der *Monstera*- und *Pothos*-Arten dagegen entstehen auf ganz andere Weise, als die gegliederten Blätter der Dikotylen. Es handelt sich hier nämlich nicht um eine Verzweigung der Blattlamina, sondern um eigenthümliche, näher zu schildernde Vorgänge. *Monstera*- und *Philodendron*-Arten haben Blätter[2]), die einen gebuchteten Rand besitzen und ausserdem auf der Blattfläche zwischen den Hauptnerven an verschieden grossen Stellen scharf umschriebene Löcher zeigen. Die Einbuchtungen sowohl als die Löcher entstehen auf dieselbe Weise, nämlich durch Absterben bestimmter Gewebepartien der jungen, einfachen, d. h. nicht gegliederten Blattlamina. Dies-Absterben geschieht bei *Philodendron pertusum* sehr frühe[3]), bei Blättern, die etwa eine Länge von 8 Millim., eine Breite von 1 Millim. erreicht haben. Das an nicht näher bestimmten Stellen gelegene aus gleichartigen Zellen bestehende Gewebe in Form scharf abgegrenzter Flecke bräunt sich, während die angrenzenden Zellen sich tangential zum Rande der absterbenden Schuppen theilen, so dass das Gewebe hier ein peridermartiges Aussehen erhält. Bei weiterem Breitenwachsthum des Blattes trennt sich die Schuppe glatt von dem übrigen Blattgewebe. Die äussersten Zellen des Randes der nach der Entfernung des abgestorbenen Gewebes entstandenen Loches entwickeln sich dann zu einer sekundären Epidermis[4]), die aber in allen Eigenschaften vollständig mit der primären Epidermis übereinstimmt, ein Vorgang, der auch insofern von Interesse ist, als er ein Beispiel für die Regeneration der Epidermis aus einem nicht dem Dermatogen angehörigen Gewebe liefert. Bei Verletzungen der Oberfläche von Blättern dagegen findet nicht Regeneration der Epidermis, sondern Verschluss der Wunde durch Korkbildung statt.

Ein ähnlicher Vorgang wie bei *Monstera*, nur in grösserem Maasstabe findet sich bei *Ouvirandra fenestralis*. Am fertigen Blatte ist das Gewebe zwischen den gitterförmig angeordneten Blattnerven fast vollständig verschwunden, auch hier in Folge eines allmählich eintretenden, aber nicht mit Bräunung verbundenen Ab-

---

[1]) Es erhellt aus der angeführten Entwicklungsgeschichte die Haltlosigkeit der früher zur »Erklärung« des *Iris*-Blattes aufgestellten Hypothese, wonach dasselbe gefaltet und mit seinen Rändern verwachsen sein sollte.

[2]) Trécul, ann. des sciences nat. 4. Sér. t. I. pag. 39; F. Schwarz, über die Entstehung der Löcher und Einbuchtungen an dem Blatte von *Philodendron pertusum* Schott, Sitz. Ber. d. Wien. Akad. d. Wiss. LXXVII. Bd. 1. Abth. 1878.

[3]) Bei *Pothos repens* erfolgt die Durchlöchernng nach Trécul erst am entfalteten Blatte und beginnt an jeder Durchlöcherungsstelle mit dem Auftreten einer Luftlücke im Blattparenchym, worauf das dieselbe nach beiden Blattseiten begrenzende Gewebe zerreisst.

[4]) Vergl. auch Haberlandt, Bd. II. dieses Handbuches, pag. 592.

sterbens des betreffenden Gewebes. Es geschieht dies hier jedoch erst, nachdem das Blatt aus dem Knospenzustand hervorgetreten ist. Die biologische Bedeutung des geschilderten Vorganges ist in beiden Fällen noch ganz dunkel.

Die Palmen besitzen theils gefiederte, theils zusammenhängende, nur am Rande fächerförmig eingeschnittene Blätter. Die Gliederung der Blattspreite beruht hier indess nicht auf einer Verzweigung derselben, sondern erfolgt durch Theilung der Spreite in bestimmte Abschnitte, eine Theilung, welche verbunden ist mit dem Absterben der die einzelnen Blattabschnitte ursprünglich verbindenden Streifen[1]), ein Vorgang, welcher in Parallele gesetzt werden kann, mit dem oben für *Monstera* Geschilderten. Die Entwicklungsgeschichte ist selbst für die wenigen Arten, bei denen sie untersucht ist, nur lückenhaft bekannt, wie die Vergleichung der folgenden, auf Untersuchung von *Chamaerops humilis* (»*macrocarpa*«) und *Phoenix reclinata* beruhenden Angaben mit denen MOHL's und TRÉCUL's zeigen werden.

Junge Blätter der erwähnten *Chamaerops*-Art zeigen auf beiden Seiten der Blattfläche eine Anzahl paralleler Längswülste; die Längswülste der einen Blattfläche alterniren mit denen der andern. Dies ist die erste Andeutung der Längsfaltung des Blattes, die an etwas älteren Blättern (Fig. 44) im Querschnitt deutlich hervortritt. Das Blatt theilt sich später an seiner Spitze in so viele Lappen als Falten vorhanden sind: jeder der Wülste auf der Unterseite des Blattes bezeichnet die Stelle eines Mittelnerven der Blattabschnitte, die sich von einander trennen, indem ein Gewebestreifen der auf der Blattoberseite gelegenen Falten abstirbt. Die Falten gingen übrigens in den von mir untersuchten Blättern nicht bis zum oberen Blattrande, und ich vermuthe desshalb, dass auch der Blattrand und die Blattspitze absterben, wie dies bei *Phoenix* z. B. mit dem Blattrande sicher der Fall ist. Das Eigenthümlichste an den Blattanlagen ist, dass die Blattflächen beiderseits nicht

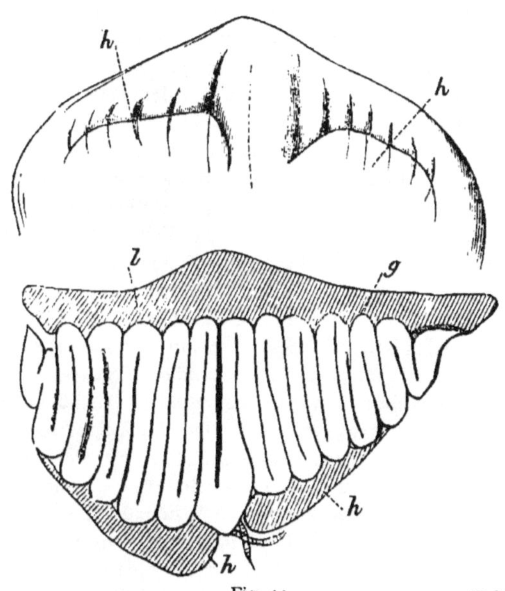

Fig. 44. (B. 365.)

Chamaerops macrocarpa. Oben Ansicht eines jungen Blattes von unten, die Blattfläche ist gefaltet, zwei Schuppen (h h) bedecken einen Theil derselben. Unten Querschnitt durch ein junges Blatt. Die Blattoberseite ist bedeckt von der Schuppe l, welche rechts (bei g) theilweise mit der Blattlamina verwachsen ist.

[1]) Vergl. DE CANDOLLE, organographie végét., pag. 304 (wo aber der Vorgang als ein Zerreissen aufgefasst wird, was erst secundär geschieht). MOHL, de palmarum structura (1831) pag. XXIV., die dort gemachten Angaben sind berichtigt in den vermischten Schriften, pag. 177. TRÉCUL a. a. O., pag. 280 (MOHL's Angaben gegenüber nichts wesentlich Neues). HOFMEISTER, Allgem. Morphol., pag. 532 (*Caryota urens*).

frei, sondern von einer, aus einer ganzen Anzahl von Zellschichten bestehenden, Hülle bedeckt sind, welche abpräparirt werden kann, aber namentlich im untern Theile der Blattfläche auch mit derselben verwachsen kann (vergl. die punktirten Linien in Fig. 46 unten). Diese Hülle des jungen Blattes besteht aus einer Schuppe, welche sich auf der Grenze zwischen Blattstiel und Blattfläche bildet und über die Vorderseite des jungen Blattes hinaufwächst, und aus zwei aus der Hinterfläche der Blattanlage sich entwickelnden Schuppen die an ihrer Basis zusammenhängen[1]), sie lassen, wie der Querschnitt Fig. 44 zeigt, die Mittellinie des Blattes frei. Die vordere dieser Schuppen ist die sogenannte »Ligula« die ebenso wie die Hülle der hinteren Blattfläche später vertrocknet und abfällt. Die Spuren dieser sonderbaren Gebilde erkennt man auch am fertigen Blatte leicht an einem gebräunten Saume, der sich beiderseits am Grunde der Blattlamina findet. Eine solche merkwürdige Umhüllung des Blattes in seinen Jugendstadien kommt nicht allen Palmen zu, findet sich aber in eigenthümlicher Weise auch bei *Phoenix*. Nach Trécul sollen sich hier die Blättchen in einer durchsichtigen Substanz von gelatinösem Aussehen bilden, welche zu der Haut wird, welche die Blattoberfläche, wie schon Mohl festgestellt hatte, überzieht — was durchaus unrichtig ist. Ein Querschnitt durch den oberen Theil eines jungen Blattes von *Phoenix* (Fig. 45, 2) giebt ein ganz ähnliches Bild wie der von *Chamaerops*, nur hat man sich die untere Blatthülle wegzudenken, während die obere so vollständig mit dem gefalteten Blatte verschmolzen ist, dass hier keine gesonderte Endigung der Falten mehr erkennbar sind, vielmehr eine kontinuirliche, oder doch nur an wenigen Stellen unterbrochene Haut die obere Blattfläche bildet, in welche sich die Falten direkt fortsetzen. Indem die gemeinsame, die Fiedern oben verbindende Haut sich späterhin ablöst, werden die einzelnen Fiedern frei. Es verlaufen hier, im Unterschiede von *Chamaerops* in der sich ablösenden Haut Gefässbündel. Die Ablösung ist hier übrigens kein rein mechanischer Prozess, wie ihn de Candolle z. B. sich vorstellte, sondern es ist eine Trennung von lebendem Gewebe durch Auseinanderweichen von Zellen, die überall, wo nicht gerade ein Bastbündel an der Trennungsstelle liegt, glatt vor sich geht (wahrscheinlich durch Spaltung der Zellhäute), und allmählich erfolgt, derart, dass die Blattfiedern mit der sich ablösenden Gewebemasse schliesslich nur noch durch einen engen Isthmus zusammenhängen. Das sich ablösende Gewebe ist früh schon kenntlich, namentlich durch seine zahlreichen luftführenden Intercellularräume, welche es von dem übrigen Blattgewebe unterscheiden. Es mag bemerkt werden, dass hier wie bei *Chamaerops* die durch Trennung frei gewordenen Ränder der Theilblättchen von einer Epidermis überzogen sind, die sich von der andern Blattepidermis nicht unterscheidet, Spaltöffnungen habe ich hier indess nicht angetroffen. Untersucht man nun ganz junge Blätter von *Phoenix*, so erkennt man, dass die Fiedern keineswegs von Anfang an oben miteinander zusammenhängen, sondern als freie Falten der Lamina angelegt werden[2]) (Fig. 45, 3). Die letztere erscheint als flossenähnlicher Anhang der breiten, massigen Anlage der Blattrhachis. Die Falten sind hier, wie wohl bei allen Palmen mit gefiederten Blättern nicht Längs- sondern Querfalten, nur am Ende finden sich einige Längsfalten. Sie verlaufen nicht bis zum Blattrande: derselbe stirbt später ab. Die Haut, welche die Falten auf der Ober-

---

[1]) Trécul hat die Laminaranlage p seiner Fig. 24 für die Anlage der hintern Hüllhäute angesehen, wesshalb seine Darstellung unrichtig ist.

[2]) Mohl's Anschauung, dass eine Spaltung der Blattfläche stattfinde ist nicht zutreffend.

seite des Blattes später verbindet, ist auf diesem Stadium also noch nicht vorhanden, die früheren Beobachter hatten nur ältere Zustände vor sich. Woher nun diese »Haut« stammt, habe ich, wegen Mangels an Material nicht feststellen können, sie kann durch innige Verwachsung der oberen Theile der Blattfalten, oder durch Verwachsung derselben mit dem eingeschlagenen Blattrande resp. einer Wucherung desselben, oder durch Verwachsung mit einer von der Blattbasis her sich entwickelnden Schuppe entstehen etc. — Es kommt darauf am Ende nicht viel an, die Hauptsache ist, der im Obigen geführte

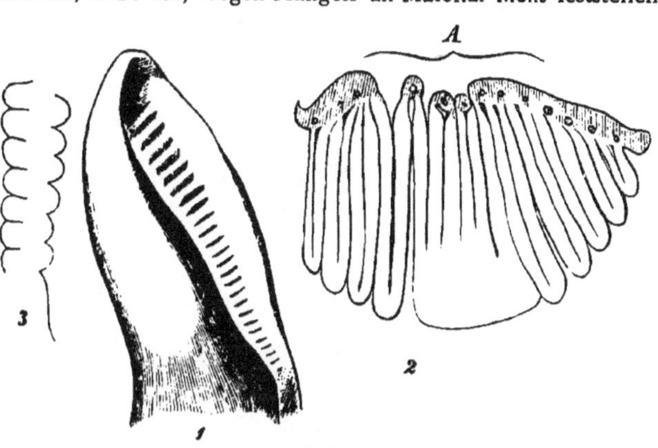

Fig. 45. (B. 366.)
Phoenix reclinata. 1 Junges Blatt von unten seitlich gesehen. Die Blätterrippe ist sehr dick, an sie setzt sich flossenähnlich die Blattspreite an, welche eine Anzahl von schief zur Mittelrippe verlaufender Falten zeigt. Diese sind aber wie der Längsschnitt durch die Lamina, Fig. 3 zeigt, frei von einander, während sie in dem Querschnitt Fig. 2 durch die schraffirte Gewebemasse, die sich später loslöst und die an einzelnen Stellen getrennt ist, bedeckt sind.

Nachweis, dass die Haut jedenfalls ein sekundäres Produkt, die Gliederung der Blattlamina aber ursprünglich eine mit den anderen Palmen übereinstimmende ist. Die vertrocknete Haut löst sich in einzelnen braunen Längsstreifen ab. — Die Jugendblätter auch derjenigen Palmen, welche gefiederte Blätter besitzen, sind übrigens ungetheilt, wie das ja auch jedes der späteren Blätter in seinem Jugendstadium ist, und man findet alle Uebergangsstadien von den ungetheilten zu den getheilten Blättern. Bei einer jungen mir vorliegenden Keimpflanze einer (unbestimmten) Phoenixart sind die drei untersten Blätter (denen wohl noch einige andere vorhergingen) ungetheilt, der Blattstiel setzt sich als Mittelrippe ein kurzes Stück in die Blattlamina hinein fort, die letztere ist gefaltet, und die Falten setzen sich in schiefem Winkel an die Mittelrippe an. Am vierten Blatt hat sich unten e i n e Blattfieder vom Blattgewebe abgetrennt, am fünften sechs, zugleich ist die Mittelrippe grösser, die Faltungen des Blattes schärfer geworden. Noch am achten Blatte, welches zwölf Fiederblättchen besitzt, bildet das ungetheilte Stück der Blattlamina das grosse Endstück des Blattes.

In dem Winkel, welchen die Fiederblättchen nach oben mit der Mittelrippe des Blattes machen, befindet sich ein Gewebewulst, der hier offenbar eine ähnliche Rolle spielt, wie das Gewebepolster an der Basis der Inflorescenzäste vieler Gräser, er wirkt als Schwellgewebe, welches den Fiederblättchen eine solche Richtung giebt, dass der vorher sehr spitze Winkel, welchen sie mit der Blattmittelrippe machten, sich nun einem rechten annähert.

Eine viel reichere Formenmannigfaltigkeit der Blätter findet sich bei den D i k o t y l e n. Speciell ist es die Gliederung der B l a t t s p r e i t e, mit welcher wir uns hier zu beschäftigen haben. Dieselbe ist wie bekannt, von ungemeiner Verschiedenheit: bald beschränkt sie sich auf Einschnitte im Blattrande, bald gehen diese Einschnitte tiefer gegen die Blattmitte, bald endlich entstehen wirkliche, an einer gemeinsamen Mittelrippe oder an dem Blattstiel befestigte Theilblättchen. Die Entwicklungsgeschichte zeigt nun, dass alle diese Verhältnisse zu Stande kommen durch Verzweigung der ursprünglich einfachen, ungegliederten Blattspreite und sie zeigt ferner, dass aus wesentlich gleicher Anlage durch verschiedene Wachsthumsprocesse im fertigen Zustand sehr von einander abweichende Blattformen resultiren können.[1]) Ein auffallendes Beispiel für diesen Satz wird unten in der Blattentwicklung von *Hydrocotyle* zu schildern sein, aus der sich ergiebt, dass das Blatt im Embryonalstadium relativ viel reicher gegliedert ist, als im fertigen Zustand, und dass diese Embryonal-Gliederung übereinstimmt mit der, welche andere Umbelliferenblätter auch im fertigen Zustand besitzen. — Hier mag nur auf einige minder auffallende Beispiele hingewiesen sein. Ob die Auszweigungen einer Blattlamina als Blattzähne, Blattzipfel oder Theilblättchen des Blattes erscheinen, das hängt lediglich ab von dem relativen Wachsthum der Auszweigungen einerseits und der Blattlamina andererseits. Sind sie beide nicht sehr verschieden, so wird ein Blatt mit tiefen Einschnitten zu Stande kommen. Ist das Wachsthum der Lamina ein das der Auszweigungen weit überwiegendes, so werden die letzteren nur als Zähne[2]), Kerben etc. am Rande erscheinen, im umgekehrten Falle aber erscheint die Hauptachse des Blattes, die ursprüngliche Blattlamina, nur als Träger der Theilblättchen und ist dann der Hauptsache nach nur eingenommen von einer stark ausgebildeten Blattrippe; sie erscheint dann als »Spindel« des Blattes, wie z. B. bei den gefiederten Blättern der Leguminosen.[3]) Dabei kann dann ihre Spitze selbst in Form eines Blättchens ausgebildet sein, dann bezeichnet die beschreibende Botanik das Blatt als unpaarig gefiedert, oder sie endigt in Form eines unscheinbaren Spitzchens zwischen dem letzten Fiederpaare, dann ist das Blatt paarig gefiedert. Untersuchen wir aber die Jugendstadien beider, so findet sich, dass sie bei paarig- wie bei unpaarig gefiederten Blättern dieselben sind: In beiden Fällen sehen wir das letzte Fieder-

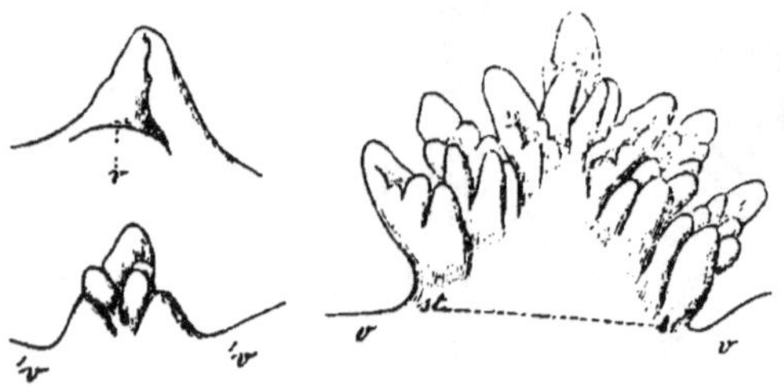

(B. 367.) Fig. 46.
Anthriscus silvestris, Blattentwicklung. v Blattgrund, in der Fig. oben links der Stengelvegetationspunkt. Der Blattstiel entwickelt sich aus der in Fig. rechts mit st bezeichneten Zone.

[1]) Dasselbe Verhältniss trifft auch für manche Verzweigungssysteme von Sprossen zu, auf ihm beruht z. B. der Hauptsache nach die grosse Mannigfaltigkeit in der Formausbildung der Grasinflorescenzen (vergl. GOEBEL, Beiträge zur Entwicklungsgeschichte einiger Inflorescenzen, in PRINGSHEIM's Jahrb. f. wiss. Bot. Bd. XIV).

[2]) Sehr häufig sind die Blattzähne im Knospenstadium als Harz- oder schleimabsondernde Organe ausgebildet (auch die Blattspitze selbst, so bei *Prunus*-Arten, *Cydonia*, *Pinus* u. a. Bei anderen Pflanzen (*Ilex*, *Carduus* etc.) sind sie zu Stacheln ausgebildet. Ob die Nektardrüsen am Blattstiele von *Prunus avium* als umgebildete Blattzähne aufzufassen sind, scheint mir noch fraglich. Vergl. REINKE in PRINGSH. Jahrb. X. pag. 119 ff.

[3]) Ursprünglich aber sind die Seitenglieder eines Blattes einander dicht genähert und werden erst durch Streckung und stielartige Verlängerung der zwischen ihnen gelegenen Abschnitte der Blattlamina voneinander entfernt. Es findet hier also ein ähnliches Verhältniss statt, wie bei der Bildung des Blattstieles, der auch erst nachträglich zwischen Blattgrund und Oberblatt durch Streckung der betreffenden Partie eingeschaltet wird.

paar überragt von der Blattspitze, die grösser ist als das unter ihr stehende Paar von Seitenblättchen. In einem Falle aber bleibt die Blattspitze im frühen Stadium ihrer Entwicklung stehen, sie verkümmert zu einem kleinen Spitzchen und das Blatt wird dann ein »paarig gefiedertes«, im anderen aber entwickelt sie sich kräftig weiter und erscheint dann im fertigen Zustand als Endblättchen des »unpaarig gefiederten« Blattes.[1]) — Ein »gefiedertes« und ein fingerförmiges Blatt sind ferner in erwachsenem Zustand von auffallend verschiedenem Habitus: im letzteren Falle finden wir eine Anzahl von Theilblättchen, die von einem gemeinsamen,

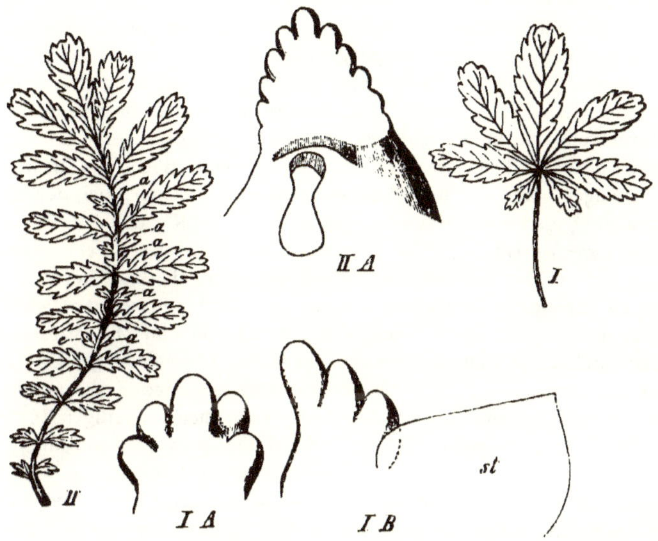

Fig. 47. (B. 368.)

I *Potentilla reptans*, gefingertes Blatt, bei I A und I B jüngere Entwicklungsstadien desselben. A in Ober-, B in Seitenansicht, st Stipula. II *Potentilla anserina*, gefiedertes Blatt, eine Anzahl von Fiederblättchen sind bedeutend kleiner als die andern (a); II A Junges Blatt, die Fiedern entstehen in »basipetaler« Reihenfolge. Auf der Innenfläche des Blattes hat sich ein Querwall erhoben (»Axillarstipula«).

dicht über dem Blattstiel gelegenen Insertionspunkte ausstrahlen (Fig. 47 I), im ersten aber sitzen die Theilblättchen einander paarweise gegenüber auf einer verlängerten Spindel (Fig. 47 II), deren mehr oder minder lange Zwischenstücke die einzelnen Fiederpaare von einander trennen. Aber die Jugendstadien beider Blattformen sind im Wesentlichen doch auch dieselben, Fiederblättchen wie Theilblättchen des fingerförmigen Blattes erscheinen als Auszweigungen der Lamina von ganz ähnlicher Form und Stellung (vergl. Fig. 47 I und II). Allein beim gefiederten Blatte streckt sich die Hauptachse des Blattes (die Blattlamina), an den Stellen zwischen den Insertionen der Theilblätter und in Folge dessen rücken die letzteren auseinander, im anderen Falle unterbleibt die Streckung, und die herangewachsenen Theilblätter strahlen scheinbar vom gemeinsamen

[1]) Gelegentlich aber kann sich die sonst verkümmernde Blattspitze ausbilden, so in einem Falle bei *Vicia Faba*, wo die Fiederblättchen nicht zur Entwicklung gelangt waren, das Blattende aber sich zu einem grossen breiten Blatte ausgebildet hatte. Gewöhnlich sind bei den unteren Blättern von *Vicia Faba* nur zwei Fiederblättchen vorhanden, nicht selten tritt ein drittes und viertes auf.

Mittelpunkt aus, z. B. beim Blatt von *Aesculus Hippocastanum*. Wir werden uns aber nach Kenntniss des erwähnten Entwicklungsganges nicht wundern, wenn an Pflanzen mit gewöhnlich fingerförmig verzweigten Blättern gelegentlich auch gefiederte auftreten: es genügt dazu eine einfache Streckung der Blattspindel, und in der That ist ein derartiges Vorkommen auch bei *Aesculus Hippocastanum* beobachtet worden. Ebenso leuchtet aus dem Gesagten ein, dass sehr geringe Wachsthumsdifferenzen dahin führen können, aus der Anlage eines gefiederten Blattes ein »fingerförmiges« zu machen. Die letztere Blattform kommt z. B. der *Potentilla reptans* u. a. zu, während viele andere Potentillen gefiederte Blätter besitzen, die Differenz ist aber, wie erwähnt, eben nur in einem bestimmten Entwicklungszustand, in dem fertigen, vorhanden.

Schon oben wurde bei Besprechung der paarig und unpaarig gefiederten Blätter darauf hingewiesen, dass durch Zurückbleiben bestimmter Blatttheile im Verlaufe der Entwicklung bestimmte Differenzen in der Blattform herbeigeführt werden. Derartige Fälle sind keineswegs selten, zwei Beispiele mögen als Illustration desselben genügen. So die unterbrochen gefiederten Blätter, bei denen kleinere Blättchen mit grösseren abwechseln, wie z. B. bei der Kartoffel, *Agrimonia*-Arten, *Potentilla anserina* (Fig. 47 II a a) u. a. Diese Differenz ist erst eine im Verlaufe der Entwicklung entstandene; ursprünglich sind die Blättchen wie beim gewöhnlichen gefiederten Blatte von gleicher oder doch annähernd gleicher Grösse, die Differenz tritt erst im Verlaufe der Entwicklung ein. Ebenso ist es z. B. bei dem durch seine Blattbewegungen bekannten *Desmodium gyrans*. Das Blatt hat hier die Form eines Kleeblattes, besteht also aus einem End- und zwei Seitenblättchen. Diese Seitenblättchen aber sind gewöhnlich im fertigen Zustand rudimentär ausgebildet, während für das Embryonalstadium wohl ein ähnliches Verhalten wie das oben erwähnte angenommen werden darf.[1])

Indem wir nun auf die Formentwicklung des Dikotylenblattes näher eingehen, soll im Folgenden zuerst die Entwicklung des Blattes, dann die der Anhangsgebilde, wie sie sich bei vielen Dikotylenblättern aus dem Blattgrunde entwickeln, und schliesslich die Entwicklung der abgeleiteten Blattformen geschildert werden.

Der Entwicklungsgang der Blattanlage ist auch hier der, dass das Primordialblatt sich in Blattgrund und Blattspreite differenzirt, zwischen beiden wird sodann der Blattstiel eingeschoben, oft nachdem die Blattspreite in allen ihren Theilen schon vollständig angelegt ist, zuweilen aber auch früher, immer aber erst, nachdem die Blattspreite selbst schon deutlich erkennbar ist. Die Anlage der Blattspreite selbst ist bei verschiedenen Pflanzen von verschiedener Form, entweder erscheint sie dick und auf der Bauchseite gewölbt, und die dünne Blattlamina erscheint dann auch bei weiterem Flächenwachsthum als hyaliner Rand (*Liriodendron*, *Ficus* etc.), während sich in der mittleren dicken Partie der Mittelnerv differenzirt oder die Blattlamina ist gleich anfangs eine relativ dünne Platte, welche durch Dickenwachsthum bestimmter Partien dann die hervorspringenden Rippen bilden, in welchen die Gefässbündel verlaufen. Und zwar entsteht zuerst der Mittelnerv, an den sich dann die Seitennerven ansetzen. Auf die Lage, welche die junge Blattspreite einnimmt, soll hier nicht näher eingegangen werden. Erwähnt sei nur, dass dieselbe, wenigstens in den mir bekannten Fällen nie eine ebene Platte darstellt, sondern entweder dem Vegetationspunkt sich dicht anlegt oder in mannigfacher Weise eingeschlagen und gefaltet ist.

[1]) Vergl. über die Blattformen von *Desmodium* auch DARWIN's power of movements, pag. 362—364.

Es wurde oben schon erwähnt, dass die Gliederung der Blattspreite, worunter wir sowohl die Bildung zusammengesetzter (z. B. gefiederter) getheilter oder am Rande eingeschnittener Blätter verstehen, zu Stande kommt durch Verzweigung der Blattanlage. Diese Verzweigung ist, in den untersuchten Fällen immer eine monopodiale, selten eine gabelige[1]) wie bei *Utricularia*. Die Auszweigungen erster Ordnung können ihrerseits wieder verzweigt sein u. s. w. Die Entstehungsfolge der Verzweigungen der Lamina ist nun eine sehr verschiedene, eine Thatsache, die bei andern Vegetationsflächen mit begrenztem Wachsthum, wie z. B. den Placenten wiederkehrt. Fassen wir zunächst nur die Verzweigungen erster Ordnung in's Auge, so ist dieselbe entweder eine akropetale, von unten nach oben aufsteigende, wobei also die obersten Auszweigungen der Lamina die jüngsten sind, so z. B. bei sehr vielen Umbelliferen mit zusammengesetzten Blättern (Fig. 46), wahrscheinlich allen Papilionaceen mit echt gefiederten Blättern, ferner bei *Ailanthus glandulosa, Spiraea Lindleyana, sorbifolia* etc.[2]) Oder die Entstehungsfolge ist eine basipetale: *Myriophyllum, Ceratophyllum, Rosa canina, Potentilla reptans, anserina* (Fig. 47) und wahrscheinlich alle Potentillen mit zusammengesetzten und getheilten Blättern, *Spiraea lobata, Helleborus foetidus* etc. Die Anlegungsfolge ist also wie die citirten *Spiraea*-Arten zeigen, nicht einmal innerhalb ein- und derselben Gattung eine constante. Die basipetal entstandenen Verzweigungen erster Ordnung sind, wenn überhaupt, bei den genannten Pflanzen auch basipetal verzweigt, können aber auch akropetal weiter verzweigt sein, wie dies bei den untersuchten *Acer*-Arten *(A. platanoides* und *Pseudoplatanus)* der Fall ist.

Ein merkwürdiger Verzweigungsmodus ist endlich der, wo an einer Stelle des Blattes die Verzweigung auftritt, und von hier aus nach oben und unten fortschreitet (divergent nach EICHLER). So bei manchen Compositen, an dem Blatte von *Achillea Millefolium* z. B. ist es leicht, sich mit aller Evidenz von dem Vorhandensein dieser Verzweigungsart zu überzeugen. Man sieht zuerst etwas über der Hälfte der Spreitenanlage zwei einander annähernd gegenüberstehende Auszweigungen auftreten, und von hier aus dann nach oben und unten neue Auszweigungen folgen. Auch für diesen Modus finden sich Analogieen bei den Placenten[3]).

---

[1]) Bezüglich der Blattentwicklung der Farne, deren Verzweigung nach HOFMEISTER durch oft wiederholte Dichotomie zu Stande kommen sollte vergl. Bd. I. pag. 269 ff. Die von SACHS als sympodial verzweigt betrachteten Blätter von *Helleborus* und *Rubus* sind monopodial verzweigt, wie es sich mit den sonderbaren dort angeführten Blattformen einiger Aroideen *(Amorphophallus, Sauromatum)* verhält, ist näher festzustellen. — Eine Dichotomie im strengen Sinne des Wortes findet auch bei *Utricularia* nicht statt: der obere Blattlappen entsteht etwas vor dem untern.

[2]) Vergl. die Zusammenstellung bei EICHLER l. c. pag. 18.

[3]) EICHLER unterscheidet noch weitere Verzweigungsarten: eine simultane, wo die Glieder sich zwischen Basis und Spitze gleichzeitig entwickeln: hier werden aber nur Palmen aufgeführt, bei denen eine Verzweigung der Lamina überhaupt nicht stattfindet. Ferner die ternirende: wobei nur zwei einander gegenüberstehende Seitenglieder gebildet werden, was natürlich sowohl bei basipetaler als bei akropetaler Anlage der Fall sein kann, wesshalb EICHLER diesen Fall zu einer besonderen Kategorie macht, was mir aber nicht nothwendig zu sein scheint. Endlich die cyklische Verzweigung, wie sie bei schildförmigen Blättern sich findet (s. unten). Diese ist aber nur eine Modifikation der basipetalen. Die parallele Verzweigung EICHLER's, wobei die Innenfläche des Oberblattes an der Gliederbildung theilnehmen soll, in der Weise, dass auf beiden Seiten der Medianlinie Vertikalreihen von Blattreihen entstehen *(Ferula Ferulago, Libanotis, Foeniculum)* existirt, soweit meine Untersuchungen reichen, nicht. Die »Vertikalreihen« die auf

Die sämmtlichen Verzweigungen, deren Entstehungsfolge eben besprochen wurde, entstehen aus dem Rande des Blattes, eine Ausnahme bilden nur die unten zu besprechenden schildförmigen Blätter. Es hat zwar, wenn man ein junges Blatt in der Rückenseite betrachtet, nicht selten den Anschein, als ob aus der Blattoberseite Auszweigungen entsprängen, allein man überzeugt sich in diesen Fällen, dass dieser Anschein dadurch zu Stande kommt, dass die betreffenden, Auszweigungen producirenden Blattheile concav vertieft sind, so dass also die Ränder, aus denen die Auszweigungen entspringen nach oben sehen (vergl. die Anm. und Fig. 46). Die letzteren sind dabei allerdings nicht selten der Blattoberseite genähert, allein eine wirkliche Betheiligung der letzteren bei der Bildung seitlicher Organe habe ich, im Gegensatz zu EICHLER's Angaben nirgends konstatiren können. Es würde der Nachweis eines derartigen Vorganges nicht unerwünscht sein, um ihn zur Vergleichung mit Vorgängen heranziehen zu können, wie sie im Androeceum mancher Blüthen sich abspielen. Dass die Verzweigung der Blattlamina keine für die einzelne Pflanze konstante ist, braucht kaum betont zu werden. Sehr viele Pflanzen bringen in der Jugend unverzweigte Blätter hervor, die mit zunehmendem Alter eine immer reichere Gliederung gewinnen. Andererseits produciren auch Pflanzen mit gewöhnlich unverzweigten Blättern gelegentliche Varietäten oder nur einzelne Aeste mit gegliederten Blättern (z. B. *Fagus silvatica)* oder an einfach gefiederten Blättern treten statt einfacher Fiederblättchen gefiederte Theilblättchen auf (gelegentlich bei *Gleditschia* u. a.) Inwiefern die Verzweigung (bei den Wasserpflanzen) durch äussere Verhältnisse bestimmt sind, darauf wird anderwärts einzugehen sein.

Nicht nur das »Oberblatt« d. h. die Anlage der Blattspreite ist zur Produktion von seitlichen Organen befähigt, sondern auch der Blattgrund. Die Sprossungen desselben erscheinen im fertigen Zustand als Anhängsel der Blattbasis, die oft von den untersten Sprossungen der Blattspreite sich nur wenig unterscheiden, und als »Nebenblätter« oder Stipulae bezeichnet werden. Diese Nebenblätter fehlen den Monokotylen[1]), und finden sich auch bei den Dikotylen nur an gestielten Blättern. Es sind die Stipeln Schutzorgane einerseits für die Blattspreite des betreffenden Blattes selbst, die langsamer heranwachsend als die Stipeln oft zwischen den letzteren verborgen ist, andererseits für die Stammknospe. Demgemäss ist ihre Lebensdauer oft eine viel kürzere als die des Blattes an dem sie stehen: sie fallen bei vielen Bäumen z. B. *Fagus, Quercus* nach der Entfaltung des Blattes ab, bei andern Pflanzen, wie bei den Leguminosen (sehr gross und blattähnlich sind sie z. B. bei der Erbse, auch bei den *Viola*-Arten) dagegen sind sie wie die übrigen Theile des Blattes grün und unterstützen dieselben in der Assimilationsthätigkeit, und bleiben dem entsprechend auch so lange frisch als das übrige Blatt. Dasselbe geschieht da, wo die Stipeln Anhängsel an dem verlängerten Blattgrunde darstellen, wie z. B. den Rosen. Bei *Lathyrus*

---

der Blattfläche stehen, sind nämlich nichts anderes als die nach der Rückenseite des Blattes zu eingefalteten Blattränder.

[1]) Wenigstens sind mir keine derartige Fällen bekannt. Die Ranken von *Smilax* sind wohl theilweise als ungebildete Stipulae betrachtet worden (MOHL, MIRBEL, TRÉCUL, A. BRAUN u. a.) während andere, z. B. DE CANDOLLE, sie für umgebildete Seitenblättchen halten. Für beide Meinungen lassen sich schlagende Gründe nicht anführen, ebenso berechtigt erscheint es, sie als automorphe d. h. als Neubildungen, nicht als Umbildungen früherer Organe zu betrachten. Uebrigens verweise ich auf die eingehende Discussion dieser Frage bei DELPINO, Contribuzioni alla Storia dello sviluppo del regno vegetale I Smilacee, Genova 1880. pag. 19 ff.

Aphaca, wo die Blattspreite selbst verkümmert, resp. sich zu einer fadenförmigen Ranke ausbildet, sind die Stipeln sogar die einzigen Assimilationsorgane. Sie sind auch hier mächtiger entwickelt, als bei den ersten von der Keimpflanze producirten Blättern, bei welchen die Blattspreite noch nicht verkümmert ist. Wie ich nachgewiesen habe[1]) ist diese Vergrösserung der Stipeln als eine direkte Folge der Verkümmerung der Spreite aufzufassen, gemäss einem weit verbreiteten gegenseitigen Abhängigkeitsverhältniss (Correlation) der einzelnen Organe einer Pflanze, wobei das Zurückbleiben oder die Verkümmerung eines Organs mit einer ausgiebigeren Entwicklung eines anderen verbunden ist. Denselben Effekt kann man künstich z. B. bei *Vicia Faba* hervorrufen. Entfernt man möglichst frühzeitig die Blattspreiten, so findet eine relativ sehr bedeutende Vergrösserung der zu diesem Blatte gehörigen Nebenblätter statt, einige Zahlen mögen als Beispiele dienen. Von zwei in einem Topfe aus gleichschweren Samen erwachsenen Pflanzen wurden der einen die Blätter gelassen, bei der andern die Blattspreiten möglichst bald exstirpirt. Gemessen wurde, da die Stipulae eines Blattes gewöhnlich von derselben Grösse sind, je eine Stipula. Die Fläche der Stipulae betrug

	bei der ersten Pflanze	bei der zweiten
1. Blatt	141 □ Millim.	239 □ Millim.
2. Blatt	172 „ „	501 „ „
3. Blatt	165 „ „	920 „ „

Ein derartiges Abhängigkeitsverhältniss findet aber nicht bei allen Pflanzen, z. B. nicht bei *Phaseolus multiflorus* statt. Es ist aber offenbar auf dasselbe Princip der Correlation zurückzuführen, dass, wie ich dies an dem oben erwähnten Blatte von *Vicia Faba* beobachtete, der sonst verkümmernde Endtheil des Blattes (der als kleines Spitzchen zwischen den zwei grossen Fiederblättchen steht) sich zu einer grossen Blattfläche gestaltet, wenn die beiden Fiederblättchen — aus unbekannten Ursachen — fehlschlagen. Es kann kaum einem Zweifel unterliegen, dass man dasselbe Resultat auch erhielte, wenn man früh genug die Anlagen der Fiederblättchen entfernen würde, ebenso wie man die normal verkümmernde Endknospe der Sprosse von *Syringa* zur Entwicklung veranlassen kann, wenn man die obersten Seitenknospen entfernt.

Die sämmtlichen Laubblätter derjenigen Pflanzen, welche mit Nebenblättern versehen sind, pflegen solche zu besitzen, mit Ausnahme der Kotyledonen[2]). Indess gilt auch dieser Satz nicht ausnahmslos: *Tropaeolum majus*[3]) besitzt Stipeln nur an den beiden ersten, anf die Kotyledonen folgenden Blättern, die folgenden entbehren dieselben, eine Thatsache, die ich als ein Beispiel für die unten zu besprechende Erscheinung betrachte, dass die Primärblätter oft Eigenschaften besitzen, die einst denen der ganzen Pflanze zukamen. *Tropaeolum* stammt meiner Ansicht nach von einer früher mit Nebenblättern versehenen Form ab, die verwandten Geraniaceen besitzen ja solche auch in der That an sämmtlichen Blättern.

Was die Stellung der Stipulae betrifft, so unterscheidet die beschreibende Botanik zwischen »stipulae axillares« und »stipulae laterales«. Letztere, die gewöhnlichste Form, sind seitlich am Grunde des Blattstiels inserirt, erstere stehen

[1]) Beiträge zur Morphologie und Physiologie des Blattes, Bot. Zeit. 1880.

[2]) Dass die im Wesentlichen als Schutzorgane funktionirenden Stipeln an den Kotyledonen, die von der Samenschale umschlossen sind, überflüssig sind, ist klar, jedoch scheinen einige Pflanzen auch an den Kotyledonen Nebenblätter zu besitzen. So *Thelygonum Cynocrambe*.

[3]) Irmisch, Flora 1856, pag. 691.

in der Blattachsel als eine einheitliche Gewebeplatte. Die Entwicklungsgeschichte zeigt indess, dass die unten näher zu besprechenden Axillarstipeln nur eine sekundäre Modifikation der Lateralstipeln darstellen. Während nämlich die seitenständigen Stipulae dadurch entstehen, dass der Rand des Blattgrundes zu beiden Seiten der Insertion des Oberblattes blattartig auswächst, betheiligt sich bei den Axillarstipeln auch die an der Grenze zwischen Blattgrund und Oberblatt gelegene Zone, welche auswachsend die beiden seitlichen Sprossungen mit einander vereinigt. Zeigt der Blattgrund nach Anlegung von Lateralstipeln noch ein beträchtliches Wachsthum, so verlaufen die Lateral-Stipulae in den scheidenförmig erweiterten Blattgrund, wie z. B. bei den Blättern von *Rosa*, ein Verhalten, das die beschreibende Botanik früher mit dem (auf irriger Voraussetzung beruhenden) Namen der »Stipulae adnatae« bezeichnete.

Die zeitliche Entstehung[1]) der Stipulae ist keine fest bestimmte, sie erfolgt aber immer erst nach der Differenzirung des Primordialblattes in Blattgrund und Oberblatt, entweder vor oder nach Anlegung der Glieder erster Ordnung an der Spreitenanlage. Dieser Satz ist für das Verständniss mancher Knospenschuppen *(Quercus* etc.) wichtig, weil aus ihm hervorgeht, dass überall, da wo Stipulae vorhanden sind, auch eine Spreitenanlage vorhanden sein muss, die aber bei den genannten Knospenschuppen auf sehr frühem Stadium schon verkümmern kann. Auch bei den Stipulen ist Verkümmerung nicht selten. Ein wahrscheinlich hierher gehöriger Fall totaler Verkümmerung (bei *Tropaeolum)* wurde oben schon angeführt. In andern Fällen sind die Stipulen noch als kleine Zähnchen vorhanden, z. B. *Coronilla varia*, in noch andern erleiden sie unten zu besprechende Umbildungen. Hier sind zunächst einige Fälle zu erwähnen, bei denen keine Umbildung der Nebenblätter, sondern nur Modifikationen in ihrem Entwicklungsgange stattfinden. Eine der häufigst vorkommenden ist die der Verwachsung der Stipulae, wie man sie an gegenständigen Blättern z. B. bei *Humulus Lupulus* und in geringerem Grade auch bei andern verwandten Pflanzen wie *Urtica dioïca* zu beobachten Gelegenheit hat. Hier sind die beiden einander nahestehenden Stipulae der einander gegenüberstehenden Blätter eines Blattpaares bald vollständig frei, bald findet man sie an ihrer Basis mehr oder weniger weit hinauf vereinigt, so dass sie selbst ein scheinbar einheitliches Blättchen darstellen können, dessen Natur aber aus den beiden Zipfeln am Ende leicht erhellt. Die Anlagen der Stipulae erscheinen hier jedenfalls getrennt, es liegt aber keine wirkliche Verwachsung vor, bei der sich die ursprünglich freien, benachbarten Ränder mit einander vereinigen, sondern es beruht, wie so häufig in derartigen Fällen, die Vereinigung auf einem gesteigerten Wachsthum der gemeinschaftlichen Insertionszone der beiden Stipularanlagen. Eine ähnliche Verwachsung findet sich auch bei manchen Geraniaceen etc. und, in auffallender und bedeutend modificirter Form auch bei vielen Rubiaceen. Bei verschiedenen ausländischen Rubiaceen sind die Nebenblätter vollständig miteinander »verwachsen«, aber doch von den grossen Laubblättern, zu denen sie gehören, auffallend verschieden. Bei der einheimischen Abtheilung der Stellaten dagegen sind äusserlich die Blätter und Nebenblätter einander vollständig gleich, und bilden scheinbar zusammen einen vier- bis achtgliedrigen Winkel, in dem man die eigentlichen Blätter nur daran erkennt, dass sie Knospen in ihren Achseln haben[2]). Die

[1]) Vergl. EICHLER, a. a. O., pag. 26.

[2]) Dies erkannte schon DE CANDOLLE, Organographie, pag. 349. — Was hier als Regel vorkommt (Uebereinstimmung der Stipula mit Laubblättern) findet sich bei den unteren Blättern

Richtigkeit dieser, schon durch den Vergleich mit verwandten Formen nahegelegten Anschauung ergiebt sich auch aus der Entwicklungsgeschichte[1]) (vergl. Fig. 48). Betrachtet man einen Vegetationspunkt von oben, so sieht man die Anlage des »Blattwirtels« in Form eines Ringwalles über die Oberfläche desselben hervortreten. Die Blattanlagen treten an zwei einander opponirten Stellen des Ringwalles bald durch stärkeres Wachsthum hervor, und es zeigt eine solche Scheitelansicht leicht, dass die Blattstellung eine zweigliedrig decussirte ist. Die Weiterentwicklung ist bei den einzelnen Arten verschieden, am einfachsten bei denjenigen mit sechsblättrigen Wirteln, wie sie bei *Galium Mollugo* (wo gewöhnlich 8 Blätter in einem Wirtel vorhanden sind) und häufiger bei *Galium uliginosum* vorkommen. Die Stipulae erscheinen hier nach Anlage der Blätter, indem sie aus dem Rande der ringförmigen Anlage zwischen den Laubblättern entspringen (Fig. 48, A) und nun allmählich zu gleicher Form und Grösse wie die eigentlichen Blattanlagen heranwachsen. Zuweilen (regelmässig bei bestimmten Arten) entstehen zwischen zwei Blattanlagen auch mehr als zwei Nebenblätter, so dass der »Wirtel« dann also mehr als sechsgliedrig wird. — Andrerseits kommen Minderzahlen vor. Bei *Galium palustre* z. B. finden sich in den Scheinquirlen vier gleichgestaltete, einnervige Blättchen, die sich nur dadurch von einander unterscheiden, dass nur zwei, einander opponirte, Axillarsprosse haben. Nach Eichler soll hier eine echte Verwachsung ursprünglich getrennter Glieder vorliegen, jedes der beiden Nebenblätter also aus zwei ursprünglich getrennten Anlagen entstanden sein. Ich finde indess, dass dies bei *Galium palustre* nicht oder doch nur sehr selten der Fall ist, man findet allerdings zuweilen den Rand der Nebenblattanlage ausgebuchtet oder wenigstens verbreitet, resp. schräg abgestutzt, (Fig. 48 B st_2a bei a) und ist gewiss berechtigt, dies als Andeutung für die Anlage zweier Stipulae zu betrachten, allein öfter sah ich eine solche Andeutung nicht, sondern die Nebenblattanlage erscheint gleich einheitlich. Wir haben es also hier mit einem, der namentlich bei Blüthen so häufigen Fälle von »Fälschung« der Entwicklungsgeschichte zu thun, welche in der Einleitung erwähnt wurden. Es ist in der That an die Stelle der beiden Stipularanlagen hier eine Neubildung, das Auftreten eines einzigen Blättchens getreten. Die vergleichende Morphologie würde hier wohl von einer »congenitalen Verwachsung« sprechen, was eine unnöthige Umschreibung der Thatsache wäre, dass, wo andere *Galium*-Arten zwei Stipulae haben, hier von Anfang an nur eine einzige vorhanden ist.

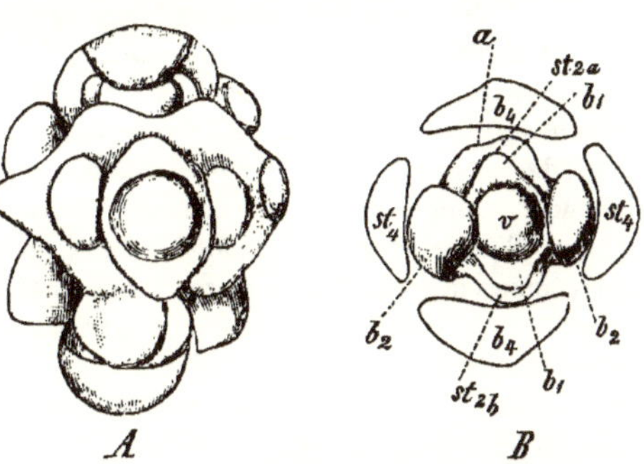

Fig. 48. (B. 369.)

A Oberansicht des Vegetationspunktes eines Sprosses von *Galium uliginosum* mit »sechsgliedrigen« d. h. aus zwei (mit Achselsprossen versehenen) Blättern und vier Nebenblättern bestehenden Blattquirlen. B Oberansicht eines Vegetationspunktes von *G. palustre* mit »vierzähligen« Blattquirlen b_1, b_2, b_4 die Blätter, st_1, st_2 etc. die Nebenblätter.

von *Tropaeolum minus* zuweilen als Monstrosität: sie können sich alle oder theilweise als schildförmige Blättchen ausbilden (Irmisch, Flora 1856, pag. 692).

[1]) Wie zuerst Eichler nachwies a. a. O., pag. 31, mit dessen Angaben meine Resultate aber nicht überall übereinstimmen.

Bei zerstreut stehenden Blättern können die Stipulae eines Blattes auch auf der dem Blatte entgegengesetzten Seite mit einander verwachsen, so z. B. bei *Trifolium montanum*, *Astragalus Cicer* u. a.

Auch die »Axillarstipeln« sind wie erwähnt nur eine sekundäre Modification der seitenständigen, wobei es überdies nicht an Uebergangsformen zwischen den beiden Arten fehlt, wie denn auch beide Arten innerhalb ein- und derselben Familie an ein und derselben Pflanze vorkommen. Zu den Axillarstipeln gehören z. B. die »Tuten« der *Polygonum*-Blätter, welche eine, am Grunde des Blattes stehende häutige Röhre darstellen. So auch bei den *Rheum*-Arten. Bei den oberen Blättern von *Rheum undulatum* gegen die Blüthenstandsregion hin aber findet man an den Blättern freie, seitenständige Stipulae. Schon diese Thatsache lässt auf die oben erwähnte genetische Beziehung zwischen den beiden Arten von Nebenblättern schliessen. Die Axillarstipel von *Melianthus* etc. entsteht auf die Weise, dass an der oberen Grenze der Blattzone sich ein Transversalwulst bildet, welcher nun die beiden seitlichen Ausbreitungen des Blattgrundes vereinigt und mit denselben heranwächst (vergl. auch Fig. 47 II A von *Potentilla anserina*). Ganz derselbe Vorgang findet vielfach da statt, wo keine eigentlichen Stipulae, sondern nur ein scheidiger, den Vegetationspunkt ganz umhüllender Blattgrund gebildet worden. Die Jugendstadien eines Blattes von *Melianthus major* und von *Potentilla anserina* z. B. stimmen vollständig überein, nur dass bei ersteren das Oberblatt seine Seitenglieder in akropetaler, bei letzteren in basipetaler Richtung entwickelt. Später aber finden wir bei der ersteren Pflanze eine mächtig entwickelte Axillarstipel, bei letzteren nur einen scheidigen, oben durch den Querwulst verbundenen Blattgrund. Bei *Melianthus* findet sich am fertigen Blatte eine freie Axillarstipel, bei andern Pflanzen z. B. *Ficus elastica* etc. verwachsen die Ränder derselben miteinander zu einer »Tute«, die dann von dem sich entfaltenden nächst jüngeren Blatte gesprengt werden muss. Diese gesprengte Tute bleibt bei den Polygoneen in Form einer den Stengel rings umfassenden Scheide erhalten. In der Knospe ist sie vollständig geschlossen und bedeckt den Vegetationspunkt, da die oberen Ränder der durch Betheiligung der Vorderseite des Blattgrundes ringförmigen Stipularbildung mit einander verwachsen. Eichler bezeichnet die besprochenen Stipularbildungen, weil hier nicht nur die seitlichen Particen des Blattgrundes, sondern die ganze Peripherie derselben an der Nebenblattbildung Antheil nehmen als »totale Stipularbildung), auf die enge Verknüpfung derselben mit der Lateralstipularbildung, die oben hervorgehoben wurde, mag hier noch einmal hingewiesen sein,

Bildungen, die mit den Axillarstipeln vollständig übereinstimmen finden sich auch bei Monokotyledonen. So bei den *Potamogeton*-Arten. Das Blatt besitzt zuerst nur eine den Stengel beinahe ganz umfassende gegen die Lamina scharf abgegliederte Scheide. Später tritt dann auf der Innenfläche des Blattes, da wo die Ränder der Blattscheide sich ansetzen, eine Wucherung auf, von den beiden Seiten nach innen fortschreitend, welche die beiden Seitentheile der Blattscheide miteinander verbindet. Von der Tute der Polygoneen unterscheidet sich die der *Potamogeton*-Arten, welche bei *P. natans* z. B. sehr lang wird, und die Endknospe umschliesst dadurch, dass sie auf einer Seite offen ist. Bei ungestielt bleibenden Blättern, wie denen von *P. perfoliatum*, steht die Axillarstipel in der Blattachsel. Nicht damit zu verwechseln sind die Schuppen, die in den Achseln der Blätter von *Elodea*, *Stratiotes*, *Acorus*, *Hydrocharis* etc. (auch über der Axillarstipel bei *P. perfoliatum*) auftreten. Diese ligulaähnlichen *(»squamulae intravaginales«)* Bildungen gehören in den von mir untersuchten Fällen überhaupt nicht dem Blatt an, sondern entspringen aus der Stammoberfläche unmittelbar oberhalb der Blattinsertion. Es sind also Emergenzen resp. »Trichome« des Stammes. In besonders merkwürdigen Ausbildungen treten sie bei *Gunnera scabra*[1]) auf. Die »Stipulae« stehen hier in grosser Anzahl in den Blattachseln, sie erreichen eine Grösse von 6—7 Centim. und besitzen einen breiten Mittelnerv, von dem aus Seitennerven in die Seitenlacinien abgehen. Diese »Stipulae« dienen zugleich als Knospenschuppen, im Herbste, wenn die Pflanze ihre Blätter verliert, bilden sie, dachziegelartig zusammenschliessend und durch ausgesonderten Schleim verklebt die Hülle der Winterknospe.

Während die Bildung von Nebenblättern eine sehr verbreitete ist, sind die als »Stipellen« bezeichneten Gebilde nur auf wenige Formen beschränkt, die Entwicklungsgeschichte derselben ist aber nicht ohne Interesse. Es sind darunter blattartige Ausbreitungen am Grunde von Theilblättchen eines zusammengesetzten Blattes zu verstehen, sie finden sich z. B. bei *Robinia*- und *Thalictrum*-Arten. Am bekanntesten sind sie wohl bei der Gartenbohne, wo sie als spitze Zähne an der Mitte oder am Grunde jedes der drei Theilblätter stehen. Vielleicht können sie hier als rudimentäre Fiederblättchen betrachtet werden, denn sie entstehen am Grunde eines jeden Theilblattes, relativ spät, nachdem dessen Ausbildung schon ziemlich weit vorgeschritten ist. Anders bei *Thalictrum*, das übrigens auch nicht in allen Arten die erwähnten Bildungen besitzt (vergl. die Liste bei EICHLER a. a. O. pag. 49). Bei *Th. aquilegifolium* stehen sie in Vierzahl am Grunde aller Verästelungen des Blattstieles je zwei auf dem Rücken und zwei auf der Vorderseite, häufig finden zwischen denselben Verwachsungen statt. Das Blatt ist aus dreizählig verzweigten Theilblättchen zusammengesetzt, die Stipellen entstehen paarweise, je eine Anlage auf dem Rücken, die andere auf der Bauchseite des Blattes, da, wo die Seitenblättchen erster Ordnung von der Rhachis abgehen. Die vier (da die Theilblätter einander gegenüber stehen und jedes zwei Stipellen hat) an den Verzweigungsstellen des Blattes stehenden Stipellen verwachsen nicht selten miteinander.

Was die »morphologische Natur« der Stipellen betrifft, so ist darüber nur das zu bemerken, dass ihr Vorhandensein zeigt, dass auch andere Stellen der Blattanlage als der Rand zur Hervorbringung von blattartigen Sprossungen befähigt sind. Diese entspringen meist dem Blattgrund als Stipulae, zuweilen sind aber auch bestimmte Stellen der Blattfläche befähigt, Aussprossungen, die Stipellen zu bilden, wie bei *Thalictrum*, während sie bei *Phaseolus*, wie erwähnt, vielleicht als rudimentäre Seitenblättchen betrachtet werden können, und noch mehr gilt dies für die *Robinia*-Arten (z. B. *Pseud-Acacia*, *hispida*, *viscosa* u. a., wo sich Stipellen in Gestalt kleiner Zähnchen, je eines unterhalb des kurzen Stieles eines Fiederblättchens oder an der Rhachis zerstreut finden, sie sind gelegentlich zu Blättchen entwickelt. Sie entstehen nach den Fiederblättchen aus der Rhachis des Blattes selbst, wie ja rudimentäre Organe häufig auch verspätet angelegt werden.

5. Abgeleitete Blattformen. Der oben geschilderte Entwicklungsgang ist derjenige, wie er der Mehrzahl der Blätter zukommt. Bei vielen treten aber im Verlauf der Entwicklung Modificationen ein, von denen einige der wichtigsten hier noch hervorgehoben sein mögen.

Eine relativ unbedeutende Modification der gewöhnlichen Blattentwicklung ist diejenige, welche zur Bildung der »schildförmigen« Blätter führt, Blattformen

[1]) Vergl. REINKE, Morphol. Abhndl. pag. 78 ff.

also die wie z. B. diejenigen von *Tropaeolum, Nelumbium, Umbilicus; Hydrocotyle, Lupinus, Ricinus* dadurch ausgezeichnet sind, dass die Blattfläche sich nicht direkt in den Blattstiel fortsetzt, sondern der letztere auf der Unterseite der Lamina sich ansetzt (vergl. Fig. 49). Es tritt hier genau dieselbe Erscheinung auf, wie bei der »totalen Stipularbildung«, die nämlich, dass auch hier eine Zone auf der Rückenseite des Blattes, hier natürlich des Oberblattes, dicht an der Stielinsertion sich an der Spreitenbildung betheiligt, so dass die Spreite über den Stiel hinauswächst.[1]) Anfangs aber zeigen die schildförmigen Blätter durchaus die gewöhnliche Entwicklung, erst später tritt die erwähnte Aenderung ein. Dass hier also kein neuer Entwicklungsmodus, sondern nur eine sekundäre Modification des gewöhnlichen Entwicklungsganges vorliegt, das geht auch daraus hervor, dass ein und dieselbe Pflanze schildförmige und nicht schildförmige Blätter produciren kann. So z. B. *Umbilicus pendulinus*, bei welchen ich nicht selten beobachtet habe, dass bei den untersten Blättern die Lamina sich direkt an den Blattstiel ansetzt, was bei den Primärblättern von Pflanzen mit derartigen Blättern überhaupt wohl die Regel ist. Es ist auch die »Schildform« der Blätter auf die verschiedensten Verwandtschaftskreise in gelegentlichem Vorkommen vertheilt.

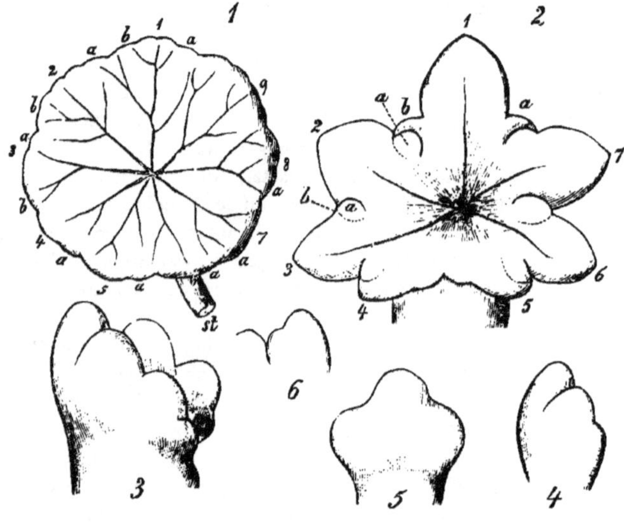

(B. 370.) Fig. 49.

Hydrocotyle vulgaris, Blattentwicklung. 1 ein fertiges, »schildförmiges« Blatt. st Blattstiel. 2 junges Blatt vergrössert. 3—6 successiv jüngere Entwicklungsstadien. 3, 4, 6 von der Seite, 5 von der Vorderfläche.

Als Beispiel für die Entwicklungsgeschichte der in Rede stehenden Blätter diene die des Blattes der Umbellifere *Hydrocotyle vulgaris*, einer Pflanze, deren Hauptstamm auf feuchtem Boden kriecht, während die Blattstiele negativ geotropisch sind und die Blattflächen annähernd rechtwinklig zu ihnen, also horizontal, stehen. Die ersten Entwicklungsstadien stimmen mit denen anderer Umbelliferen-Blätter überein. Das Oberblatt setzt sich also auch hier in den Blattgrund direkt fort, die Entwicklung der Seitenglieder erster Ordnung erfolgt in absteigender Folge (Fig. 49 3—6), wofür mir bei den Umbelliferen kein weiteres Beispiel bekannt ist; indess wird auf diesen Umstand auch kein Gewicht zu legen sein, da die Entwicklungsfolge anderwärts *(Spiraea)* ja nicht einmal innerhalb

[1]) Auf demselben Wachsthumsvorgang beruht die Bildung von Staubblättern mit »versatilen« Antheren, wie sie z. B. viele Monokotylen besitzen.

ein und derselben Gattung constant ist (pag. 227). In dem in Fig. 49, 3, reproducirten Stadium ist das Blatt noch nicht schildförmig, wohl aber macht die Blattfläche (die in der Fig. gefaltet ist) mit dem massig erscheinenden Blattstiel einen schiefen Winkel. Nun wächst die zwischen den untersten Blattlappen gelegene, dicht an den Stiel angrenzende Partie des Oberblattes, der jungen Blattspreite, ebenfalls flächenförmig aus, dadurch sind die untersten Blattlappen mit einander vereinigt und die Schildform des Blattes eingeleitet. Der untere, dem Blattstiel nähere Theil der Blattfläche ist aber anfangs viel kleiner als der obere, der Stiel also unsymmetrisch inserirt. Erst später gleicht sich dies durch stärkeres Wachsthum der unteren Partie wieder aus, so dass beim fertigen Blatt (Fig. 49, 1) der Stiel annähernd in der Mitte der Blattspreite inserirt ist, und von hier aus strahlen auch die Blattnerven. Die Glieder erster Ordnung des Blattes verzweigen sich noch weiter, indem sie an ihrer Basis je ein Seitenblättchen bilden (Fig. 49 2). Am fertigen Blatte aber ist davon kaum noch etwas zu erkennen: Die Gliederung des Blattes spricht sich nur durch seichte Kerben am Blattrande aus, deren gegenseitiges Verhältniss (in der Fig. durch die Bezifferung angedeutet) indess an den meisten Blättern ohne Kenntniss der Entwicklungsgeschichte nicht mehr erkennbar ist. Vergleicht man Fig. 49, 1 mit Fig. 49, 2, so erhellt ohne Weiteres, dass das Blatt in seinem früheren Entwicklungsstadium eine relativ reichere Gliederung besass, als im fertigen Zustand, also in dieser Beziehung übereinstimmt mit anderen verwandten Formen, deren Blatt auch im fertigen Zustand eine meist reiche Gliederung zeigt. Bei *Hydrocotyle* wird dieselbe verwischt, indem die Seitenblättchen nach ihrer Anlegung nur noch sehr wenig wachsen, während die Blattfläche selbst sich noch beträchtlich vergrössert.

Mit dem eben Geschilderten stimmen der Hauptsache nach wohl sämmtliche schildförmige Blätter überein. So *Nelumbium luteum* und *Umbilicus pendulinus, Tropaeolum*[1]) etc. Ueberall finden wir anfangs Uebereinstimmung mit der gewöhnlichen Blattform, und bei gegliederten Blättern basipetale Anlegung der Glieder, sodann Auftreten der Wucherung aus der Rückenseite des Blattes; auch der Umstand, dass das Blatt in der Jugend reicher gegliedert ist als später, wiederholt sich z. B. bei *Tropaeolum* und *Umbilicus*, ein Umstand, der meiner Meinung neben anderen Momenten durchaus dafür spricht, dass die Schildform der Blätter der betreffenden Gewächse erst eine relativ spät erworbene ist, während die Vorfahren derselben noch die gewöhnliche Blattform besassen. Dass bei *Podophyllum peltatum* wie Trécul angiebt (ich hatte leider keine Gelegenheit diese Pflanze zu untersuchen), die Seitenblätter nicht basipetal, sondern simultan entstehen, ist von keinem grossen Belang. — Bleibt die primäre Blattfläche sehr klein, so strahlen scheinbar vom Blattstiele aus eine Anzahl kreisförmig gestellter Seitenblättchen wie bei *Lupinus*, die Entwicklung ist hier aber dieselbe basipetale Anlage der Seitenglieder, Auftreten eines Querwulstes auf der unteren Grenze der Lamina etc. Bei den vierblätterigen *Oxalis*-Arten bilden sich zuerst drei Blättchen, wie z. B. bei den dreiblätterigen *Trifolium*-Arten, das vierte entsteht zwischen den beiden unteren Seitenblättchen, entspringt also ebenfalls aus der Rückenseite der Blattfläche, während bei *Oxalis lasiandra* (nach Trécul) sich hier wie bei *Lupinus* ein transversaler Wulst bildet, aus dem eine grössere Anzahl neuer Theilblättchen hervorgehen. Im Allgemeinen wiederholt sich hier also überall derselbe Vorgang bei dem eben nur die Betheiligung eines Stückes Rückenfläche der Blattlamina dem gewöhnlichen Verhalten gegen-

[1]) Trécul, a. a. O. pag. 261.

über das neue ist. — Wie auf der Oberseite des Blattes, so können übrigens auch auf der Unterseite desselben eine Neubildung auftreten, welche eine schildförmige Gestalt des Blattes veranlasst. So bei den Staubblättern der meisten Cupressineen[1]) den Deckblättern mancher Piperaceen[2]), z. B. *Peperomia* u. a.

Ein ähnlicher Vorgang, wie bei der Bildung schildförmiger Blätter liegt der Entwicklung der sonderbaren Blattbildungen zu Grunde, welche sich bei einigen

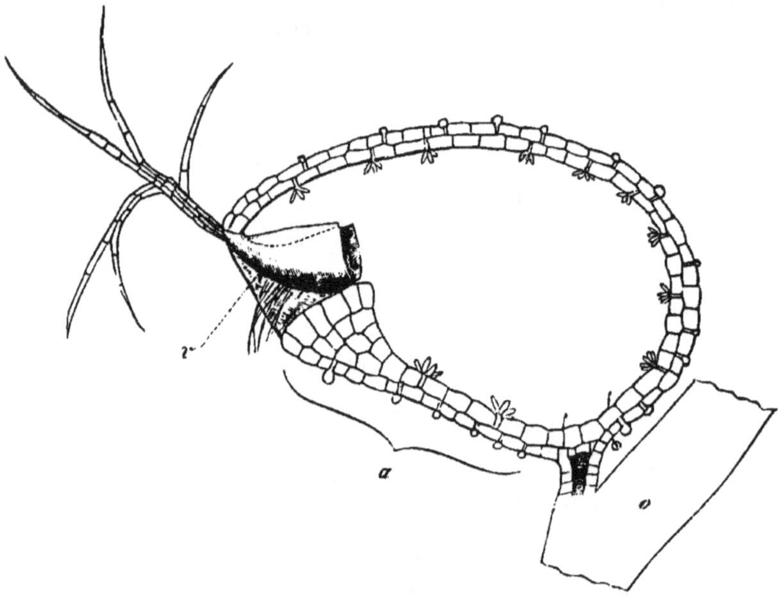

(B. 371.) Fig. 50.

Längsschnitt durch eine »Blase« von *Utricularia vulgaris*. Links der Eingang in dieselbe, welche durch die Klappe v verschlossen ist. a Theil der Blasenwand, welcher aus dem Querwulste a Fig. 51 hervorgegangen ist. Die Blasenwand ist ursprünglich dreischichtig, die Mittelschicht wird aber später resorbirt.

insektivoren Pflanzen finden.[3]) Von einigen Formen soll dieselbe im Folgenden geschildert werden.

1. Utricularia. An den fiederförmig verzweigten Blättern (nicht Zweigen, wie DRUDE a. a. O. pag. 134 schreibt) sitzen zahlreiche plattgedrückte Schläuche (Fig. 50), welche an einer Seite offen, hier aber mit einer Klappe (v Fig. 50), verschlossen sind, welche mit ihrem freien Ende unter einem vorspringenden Wulste des unteren Randes der Oeffnung aufliegt, sodass kleineren Insekten zwar ein Eindringen in den Schlauch, nicht aber ein Herauskommen aus demselben möglich ist. Die Entwicklungsgeschichte zeigt, dass diese Schläuche, von denen die Pflanze ihren Namen hat, umgewandelte Blattfiedern, zuweilen, wie bei den Keimpflanzen, auch umgewandelte ganze Blätter sind. Es ergiebt sich dies schon aus ihrer Stellung (Fig. 51, 1) sowie daraus, dass die Umwandlung nicht selten unter-

[1]) GOEBEL, Beiträge etc. Bot. Zeit. 1881. pag. 702.

[2]) SCHMITZ, Die Blüthenentwicklung der Piperaceen in HANSTEIN's botan. Abhandl. II. Bd. I. Heft.

[3]) Ueber die fertigen Verhältnisse vergl. DRUDE's Abhandl. über insektenfressende Pflanzen im 1. Bd. dieses Handbuches.

bleibt, und man dann an ihrer Stelle ein einfaches, kleines Fiederblättchen findet. Und dasselbe Resultat ergiebt die Entwicklungsgeschichte. Es erscheint die Schlauchanlage in Form eines kleinen Zäpfchens, das gewöhnlich die Stelle des untersten Fiederblättchens eines Blattstiels erster Ordnung einnimmt. Auf der Rückenfläche des Blättchens erscheint nun zunächst ein Querwulst, welcher später den unteren Theil (a Fig. 50) der Schlauchwandung bildet. Hinter demselben entsteht (durch gesteigertes Flächenwachsthum) eine Vertiefung, die sich vergrössert, indem gleichzeitig der Querwulst in die Höhe wächst. Der oberhalb des letzteren gelegene Theil des Blättchens wächst auf seiner Hinterseite stärker als auf seiner Vorderseite und krümmt seine Spitze in Folge dessen dem Querwulst zu (Fig. 51 3). Dadurch wird die ursprüngliche offene Mündung der hinter diesem liegenden Gewebe verengert, sie erscheint in Fig. 50, 5, noch als breitgezogener Spalt. Schliesslich aber wird die Mündung ganz verschlossen, indem der obere Blättchentheil über die Innenseite des Querwulstes hinauswächst, und sich später dann zur Klappe gestaltet, welche den Eingang zur Blase, deren weitere Gestaltveränderungen hier nicht in Betracht kommen, verschliesst. Das Auftreten dieses Querwulstes stimmt ganz überein mit den Vorgängen bei der Bildung schildförmiger Blätter, nur kommt bei *Utricularia* noch die eigenthümliche Einkrümmung des oberen Blatttheiles hinzu.

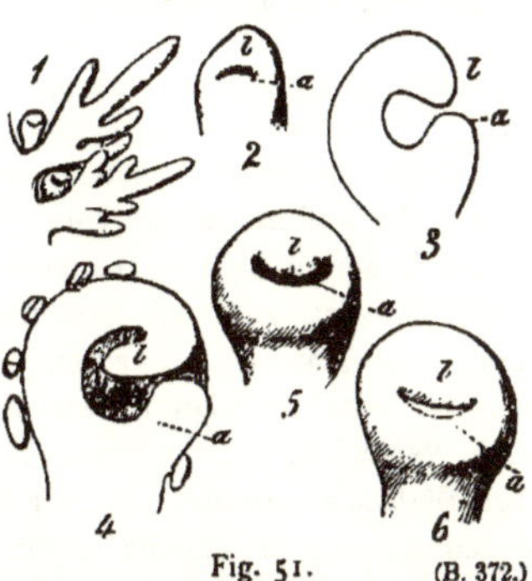

Fig. 51. (B. 372.)

Utricularia vulgaris. 1 Theil des gefiederten Blattes, an jeder Seitenfieder an der Basis statt eines Fiederblättchens ein junger Utriculus, etwas mehr der Bauchseite des Blattes genähert. 2 Ein junger Utriculus von der Oberseite, auf derselben hat sich die wulstige Erhöhung, a gebildet, hinter welcher die Blattfläche schon eine Vertiefung zeigt. 3 Optischer Durchschnitt eines jungen Utriculus. a die wallartige Erhebung, die bedeutend herangewachsen ist, l die Blattlamina, die sich convex gegen a krümmt, 5 eine 3 entsprechende Flächenansicht. Die Mündung des Utriculus ist noch nicht verschlossen, sondern durch einen breiten Spalt gebildet. 4 Etwas älteres Stadium halbirt, der obere Blatttheil hat sich über a hereingeschlagen, und bildet so die Verschlussklappe. 6 ein wenig jüngeres Stadium in Flächenansicht.

Die hier mitgetheilten Untersuchungsresultate stehen im Widerspruch zu denen PRINGSHEIM's (Monatsber. d. Berl. Akad. 1869 pag. 104). Nach ihm soll der Schlauch ein metamorphositer Spross sein, und dies sowohl aus der Entwicklungsgeschichte als den Stellungsverhältnissen hervorgehen. Was die erstere betrifft, so ist deren Deutung bei PRINGSHEIM begründet auf der habituellen Aehnlichkeit mit den Anlagen schmächtiger Sprosse, die allerdings den Blasenanlagen ziemlich gleichen. Sie besitzen, wie alle *Utricularia*-Sprosse einen eingekrümmten Vegetationspunkt, und PRINGSHEIM fasst demgemäss auch das eingekrümmte Blattende als Vegetationspunkt eines Sprosses auf, an welchem Blattanlagen entstehen sollen. Diese sind aber nicht vorhanden, es sind vielmehr die, die Vertiefung begrenzenden Seitenränder des Blattes. Die Wucherung fasst PRINGSHEM als Vegetationskegel eines Tochtersprosses auf, der später mit dem primären Vegetationskegel zur Bildung des Ventils verwachsen soll. Eine solche Verwachsung findet nicht statt, sondern das Ventil wird von dem eingekrümmten oberen Blatttheil gebildet. In PRINGSHEIM's Fig. 6 a a fehlt die untere Contour derselben, deshalb sieht es so aus, als ob statt einer Klappe ein Trichter vorhanden sei. Dass sekundäre Schläuche an einem Schlauch entstehen können, beweist die Sprossnatur derselben ebenfalls nicht, es sind diese sekundären Schläuche dann eben sekundäre Blattfiedern, wie sie an den nicht metamorphosirteu vegetativen Blattstrahlen regelmässig auftreten. Dass statt des Schlauches auch ein Spross auftreten kann, ist ebenfalls kein Beweis. Denn blattbürtige Sprosse sind bei den Utricularien überhaupt keine Seltenheit, sie stehen aber nicht genau an der Stelle eines Fiederblättchens (resp. Schlauches). Dasselbe gilt für die von PRINGSHEIM als weitere Stütze seiner Ansicht aufgestellten blattachselständigen Schläuche. Auch ich habe dieselben nicht selten beobachtet, aber wo ich sie untersuchte, stets einen Vegetationskegel (eine Sprossanlage) gefunden, an dem die Schläuche als Blattanlagen entstehen, sie stellen hier also ganze, umgewandelte Blätter vor (wie bei der Keimpflanze) die in Einzahl oder Mehrzahl direkt in der Blattachsel zu stehen scheinen, weil der Vegetationspunkt des sie erzeugenden Achselsprosses nach ihrer Bildung verkümmert. Zudem stimmen, wie im Folgenden gezeigt werden soll, die Entwicklungsvorgänge der *Utricularia*-Schläuche ganz mit denen überein, die an anderen insektivoren Pflanzen sich an unzweifelhaften Blättern vollziehen.

Ganz ähnliche Vorgänge sind es, durch welche die sonderbaren Kannen und Schläuche anderer insektivorer Pflanzen zu Stande kommen. Bei *Cephalotus follicularis*[1]) finden sich in der grundständigen Blattrosette zweierlei Blätter; die einen flach, länglich elliptisch fast nervenlos, die anderen stellen Schläuche dar, die aus einer Kanne und einem einseitig an der Mündung derselben befestigten Deckel bestehen. Die Entwicklung ist die, dass unter dem Gipfel der Blattanlage eine Vertiefung auftritt, deren Ränder gebildet werden einerseits durch einen auf der Blatt-Rückenseite auftretenden Querwall (wie bei *Utricularia*), andererseits durch den etwas concav gegen denselben gekrümmten oberen Blatttheil. Der Querwall wächst also hier zum Deckel aus, während die Kanne aus dem concav gekrümmten oberen Blatttheil hervorgeht, der Schlauch biegt sich dann später auf dem Blattstiel zurück. Der Schlauch bildet sich also hier durch Einstülpung der Blattoberseite, während der Deckel an der Grenze des Schlauches und Stieles aus der Blattoberseite hervorwächst, ganz wie der untere Rand der Schlauchöffnung von *Utricularia*.

Ganz ähnlich entwickelt sich auch die Kanne von *Nepenthes*.[2]) Die mit einem Deckel versehenen Kannen stehen hier bekanntlich auf einem langen Stiele, welcher die Fortsetzung der Mittelrippe des Blattes bildet. Ich halte indes das, was man hier als »Blattspreite« bezeichnet für einen verbreiterten, blattartigen Blattstiel, wie wir ihn gerade ebenso auch bei *Dionaea* und in vielen anderen Fällen finden (jedenfalls ist es unrichtig, wenn Drude den Deckel als die Blattlamina auffasst a. a. O. pag. 137). Der Deckel ist nur das obere Ende der Blattlamina, die Kanne stellt aber ebenfalls einen Theil derselben dar, der eine Rand derselben wird aber von der wallartigen Wucherung der Blattspreite gebildet wie bei *Utricularia*. Denken wir uns die Schläuche der letzteren beträchtlich vergrössert, die Klappe nicht über die Innenseite der Mündung eingeschlagen, sondern die breite Oeffnung als Deckel verschliessend, so erhalten wir die Kanne von *Nepenthes*. Der Stiel, auf dem dieselbe steht, ist zur Zeit, wo die Kanne in allen ihren Theilen der Hauptsache nach angelegt ist, kaum angedeutet, er wird zwischen die Kanne und den blattartig ausgebildeten Blattstiel eingeschoben, ganz ähnlich wie allgemein der Blattstiel zwischen Blattgrund und Blattspreite und entsteht also durch interkalares Wachsthum des oberen Theiles des Blattstieles.

Wir kommen sonach zu der Folgerung, dass die Entwicklung der eigenthümlichen Blattformen der genannten Insektivoren im Grunde überall dieselbe ist, dass es eigenthümliche Parallelbildungen sind, und dass die dabei auftretenden Vorgänge sich an die bei der Entwicklung schildförmiger Blätter anschliessen. Es handelt sich meiner Ansicht nach überall um Modificationen von Blattspreiten. Bei *Nepenthes* kann man darüber zweifelhaft sein, vielleicht würde die Untersuchung der Primärblätter an Keimpflanzen instructive Aufschlüsse ergeben.

[1]) Vergl. Eichler, Jahrb. d. botan. Gartens in Berlin. Bd. I.

[2]) Vergl. Hooker, transactions of the Linnean society. XXII.

Statt einer auf einer rankenförmigen Verlängerung stehenden Kanne findet man an den *Nepenthes*-Blättern häufig auch nur eine Ranke, mittelst deren die Pflanze klettern kann[1]), übrigens auch dann, wenn an der Spitze der Ranke (des verlängerten Blattstieles) eine Kanne sich befindet. *Nepenthes* leitet dadurch über zur Besprechung derjenigen Blattmodificationen, die sich bei Schling- und Kletterpflanzen finden, Modificationen übrigens, deren Entwicklungsgeschichte (in ontogenetischem Sinne) eine sehr einfache ist. Sie bestehen meist darin, dass die Blattlamina selbst oder ihre Seitenglieder statt sich blattartig, also zu Flächen zu entwickeln zu dünnen fadenförmigen mit Reizbarkeit für Berührung ausgestatteten Organen, welche Stützen umschlingen, zu Ranken sich umbilden. Am bekanntesten sind sie wohl von vielen Leguminosen z. B. der Erbse, wo das Ende der Blattlamina und die obersten Fiederblättchen sich zu Ranken umbilden. Nicht selten findet man, dass von den obersten Blattfiedern das eine als Blättchen, das ihm gegenüberstehende als Ranke ausgebildet ist. Als besonders interessant mag hier der Fall von *Corydalis claviculata*, den Darwin[2]) näher beschrieben hat, angeführt sein, weil diese Pflanze im Verlaufe ihrer Entwicklung eine allmähliche Umbildung der Blatt- in Rankenorgane zeigt. Im Jugendstadium trägt die Pflanze gewöhnliche Blätter, deren sämmtliche Theilblättchen also auch wirklich als Blättchen ausgebildet sind[3]) (das Blatt ist doppelt gefiedert). Bei den auf diese Blätter weiter nach oben folgenden ist die obere Partie des Blattes, resp. der Blattspindel dünner und länger als der untere Theil. Die Fiedern der Theilblättchen, welche an diesem rankenartig verlängerten Theile sitzen, sind an Grösse sehr reducirt, oft fast bis zur Unkenntlichkeit verkümmert, wobei übrigens alle Zwischenstufen bis zu den normalen Blättchen sich finden. Nicht selten ist auch an allen endständigen Theilblättchen des Blattes jede Spur von Fiederblättchen verschwunden, und die ersteren erscheinen dann als vollkommene Ranken. Aehnliche Fälle werden unten bei Besprechung der Primärblätter zu erwähnen sein.

Auch die »Ranken« der Cucurbitaceen[4]) gehören in die Kategorie der metamorphosirten Blätter, wie aus der Entwicklungsgeschichte sowohl, als den bei *Cucurbita maxima* von mir beobachteten Wachsthumsverhältnissen hervorgeht. Die »Ranken« des Gartenkürbisses bestehen aus einem Stiele und einer Anzahl vom Gipfel desselben ausstrahlender Arme. Letztere stehen am Stiele spiralig, nicht selten tritt diese Spiralstellung durch Streckung der Internodien des Stieles hervor, und man findet dann einzelne Ranken an der Basis des Stieles. Jeder »Rankenarm« ist ein umgewandeltes Blatt[5]), der Rankenträger aber die Sprossachse, welche die Ranken trägt. An den von mir beobachteten Rankenträgern, wie ich die zusammengesetzte Ranke nennen will, hatte jeder Rankenarm eine Axillarknospe, die sich auch nicht selten zur Blüthe entwickelte, und in einzelnen Fällen waren die Rankenträger zu Sprossen geworden, an welchen die Ranken nach oben hin in Blätter übergingen, oft in der Art, dass nur die eine Hälfte der Blattlamina aus-

---

1) Vergl. Darwin, Kletterpflanzen (Uebersetzung). pag. 62.

2) Kletterpflanzen. pag. 94.

3) Auch bei *Pisum sativum* und wohl allen analog sich verhaltenden Papilionaceen sind die Spitzen der jüngsten Blätter noch nicht zu Ranken umgebildet, dies geschieht erst bei den weiter oben stehenden.

4) Bezüglich der umfangreichen Literatur verweise ich auf Eichler, Blüthendiagramme I. pag. 303 ff., besonders aber auf Warming forgreningsforhold hos fanerogamerne. (Die von Eichler acceptirte Vorblatttheorie ist nach dem Folgenden nicht haltbar). Von neuerer Literatur nenne ich: Dutailly, recherches anat. et organogéniques sur les Cucurbitacées et les Passiflorées. (Assoc. franc. pour l'av. des scienc. congrès de Montpellier 1879). —

5) Es wird an demselben zuweilen im Jugendzustand noch eine Lamina angedeutet, die aber so schmal bleibt, dass sie an der fertigen Ranke meist nicht mehr zu sehen ist.

gebildet war, während die andere fehlte und der Mitteltheil des Blattes sich über die Blattlamina hinaus in Form einer kleinen Ranke verlängerte. Gewöhnlich aber bleibt der Vegetationspunkt der Sprossachse, an der die Ranken inserirt sind, nach Anlegung derselben stehen und dieselben strahlen dann scheinbar von einem Punkte aus. Dass der Rankenträger sammt Ranke nicht als »Vorblatt« aufgefasst werden kann, ist klar. Spiralig stehende Sprossungen an einem Blatte kennen wir nicht, und ausserdem lässt sich damit auch der Aufbau der fertigen Ranke in Fällen wie der oben beschriebene, absolut nicht in Einklang bringen. — Die eigenartige Stellung des Rankenträgers ist hier nicht näher zu erörtern, hervorgehoben sei nur dass sie ein (stützblattloser) Seitenspross des Blattaxillarsprosses zu sein scheint. Wo wie z. B. bei *Bryonia* nicht Rankenträger, sondern einfache Ranken vorkommen, da stellt die Ranke das umgewandelte Blatt eines Sprosses dar, der gewöhnlich nicht zur Entwicklung gelangt, der Anlage nach aber wohl immer vorhanden ist,[1]) und wenn er wirklich zur Entwicklung gelangt, für den Axillarspross der Ranke gehalten wurde.

An einer im Topfe kultivirten, kümmerlich entwickelten Pflanze von *Cucurbita maxima*, welche demselben Samen entstammte wie die sehr kräftig entwickelten Gartenexemplare, denen die oben beschriebenen blüthentragenden Rankenträger entnommen waren, traten statt der Rankenträger einfache Ranken wie bei *Bryonia* auf: das einzige zur Ranke umgewandelte Blatt des sonst verkümmernden Rankenträgers.

Uebrigens bin ich durchaus nicht der Ansicht, dass die Ranken der Cucurbitaceen überall analoge Gebilde (aus Umwandlung desselben Organs, also nach dem Obigen eines Blattes) sein müssen. Darwin a. a. O. pag. 98 theilt den bemerkenswerthen von Holland beobachteten Fall mit, wo auf einer Gurke einer »der kurzen Stacheln auf der Frucht« in eine lange gerollte Ranke ausgewachsen war also eine Emergenz« ohne Blattcharakter sich in eine Ranke verwandelt hatte.

Es genügt aber das oben Mitgetheilte jedenfalls, um zu zeigen, dass bei den von mir untersuchten Exemplaren der Rankenträger ein Spross war. Naudin's bei *Cucurbita Pepo* beobachtete Missbildungen stehen damit nur scheinbar im Widerspruch. Sie sind nämlich, wie ich glaube — soweit das nach den Abbildnngen zu beurtheilen möglich ist, — anders aufzufassen, als Naudin es gethan hat. Er fasst die von ihm beschriebenen Fälle als Umbildung eines Rankenträgers in ein Blatt auf, dessen Hauptnerven den Ranken entsprechen sollen. Nach den Abbildungen Fig. 1 bis 5 a. a. O. Pl. 1 hat er aber nur gesehen, dass einzelne Rankenarme entweder halbseitig oder ganz als Blättchen sich entwickelt haben, welche dem Rankenträger (dessen Spitze bei Fig. 1 a abortirt), theilweise angewachsen sind. Meiner Ansicht nach hat er also im Grunde denselben Fall vor sich gehabt, wie ich; nur dass keine Achselknospen der Rankenarme entwickelt waren und seine Deutung der Stellung der Rankenarme widerspricht.

Dass übrigens durchaus nicht alle Ranken Blattgebilde sind, braucht wohl kaum hervorgehoben zu werden; es genügt an die oben erwähnten Ranken des Weinstocks zu erinnern, welchen Sprossnatur zukommt.

Bei den insektivoren Pflanzen wurden oben schon Fälle angeführt (*Dionaea, Aldrovanda, Nepenthes*) in welchen der Blattstiel Form und Funktion einer Blattspreite in geringerem oder grösserem Maasse annimmt (auffallend z. B. bei *Nepenthes*), während die Blattlamina als Insekten-Fangorgan ausgebildet ist. Die Thatsache, dass der Blattstiel als Blattlamina ausgebildet ist, findet sich nun auch in Fällen wo die Blattspreite ganz verkümmert also auf andere Weise ihren normalen Funktionen entzogen wird, als bei *Dionaea, Nepenthes* etc. Derartige

[1]) Derartige Fälle, dass eine Sprossachse ganz oder beinahe spurlos verkümmert, während ihre Seitenorgane mehr oder minder mächtig entwickelt und dann scheinbar allein vorhanden sind, sind nicht selten. So z. B. bei den oben erwähnten »axillären« Schläuchen von *Utricularia*, bei den Stachelbüscheln der Cacteen, welche aus einer total verkümmernden Sprossanlage in der Achsel eines oft nur durch eine kleine Anschwellung des Stengels angedeuteten Blattes entspringen. In weniger auffallendem Maasse ist dasselbe der Fall bei den Kurztrieben der Coniferen. — Bezüglich der Entwicklung der Cucurbitaceenranken sind namentlich Warming's Angaben zu vergleichen (Forgreningsforhold, pag. XIX.)

Blätter wurden als Phyllodien bezeichnet. Ihre bekanntesten Vertreter sind die der neuholländischen Acacien, bei welchen der Blattstiel in der Vertikalebene flächenförmig entwickelt, die Spreite ganz verkümmert, resp. auf einem so frühen Stadium ihrer Entwicklung stehen geblieben ist, dass sie nur noch als kleines, ungegliedertes Spitzchen am Ende des Phyllodium's erscheint. Die Entwicklungsgeschichte des letzteren würde aus dem angegebenen Grunde über seine Natur keinen Aufschluss gegeben haben, wenn nicht die Blattformen, die an der Keimpflanze auftreten, uns über das Zustandekommen der Phyllodien Auskunft geben würden. Es treten nämlich an der Keimpflanze zuerst doppeltgefiederte mit cylindrischem Blattstiel versehene Blätter auf, wie sie andere Acacien zeitlebens besitzen, bei den weiter folgenden Blättern verbreitert sich allmählich der Blattstiel rechtwinklig zur Blattfläche, während die Fiederblättchen an Zahl abnehmen, bis sie bei den oberen Blättern ganz verschwunden sind, und nur der verbreiterte Blattstiel als Phyllodium noch übrig ist. Einige Acacienarten z. B. *Acacia heterophylla* tragen übrigens beide Blattarten unter einander. — Aehnliche Phyllodien kommen auch sonst vor z. B. bei *Oxalis bupleurifolia*,[1]) wo man übrigens die verkümmerte Lamina auf dem Phyllodium noch nachweisen kann. Die Blätter von *Bupleurum* selbst dagegen, die man ebenfalls als Phyllodien bezeichnet hat, rechne ich, wenigstens in ontogenetischem Sinne nicht hierher, wenn auch nach DE CANDOLLE's Angaben bei *Bupleurum difforme* ähnliche Verschiedenheiten vorkommen sollen, wie bei den mit Phyllodien versehenen Acacien, indem die Pflanze in ihrer Jugend Blätter mit gegliederten Blattspreiten trägt wie andere Umbelliferen, in späterem Alter die für die *Bupleurum*-Arten bekannte einfache Blattform. Denn es ist nicht einzusehen, warum nicht eine solche Blattform auch dadurch zu Stande kommen sollte, dass die Bildung eines Blattstieles überhaupt unterbleibt und das (vom Blattgrund in Folge dessen nicht scharf abgetrennte) Oberblatt von Anfang an die erwähnte, einfache Form annimmt, die ja übereinstimmen kann mit Formverhältnissen des Blattsticles resp. der Blattscheide verwandter Pflanzen.[2])

[1]) Vergl. DE CANDOLLE, Organogr. végét. pag. 283 des I. Bandes. Als Abbildung wird daselbst citirt: ST. HILAIRE, Fl. bras. pl. 23. Man findet an ein und demselben Exemplare dieser Pflanze Phyllodien, welchen die drei Theilblättchen der Blattlamina noch aufsitzen, und solche bei denen sie (schon sehr frühzeitig) abgefallen sind — angelegt werden sie wohl überall. Und Aehnliches gilt wohl für »*Oxalis rusciformis*« — (deren Verhältniss zu *O. bupleurifolia* mir unbekannt ist). Nach HILDEBRAND (Flora 1875, pag. 325) finden sich hier ebenfalls Uebergänge von Blättern an deren phyllodienartig ausgebildetem Blattstiel die dreitheilige Blattlamina (deren Theilblättchen aber früh abfallen), vollständig vorhanden ist bis zu ihrer »vollständigen Abwesenheit.« (Leider fehlen entwicklungsgeschichtliche Angaben; unrichtig ist jedenfalls, dass zuweilen nur die Stielchen der Theilblättchen angelegt werden, denn wenn diese da sind, muss auch die Spreite derselben vorhanden sein.)

[2]) So hat man irrigerweise auch die Blätter von *Ranunculus Lingua*, *Flammula* etc. als Phyllodien bezeichnet, weil sie nicht wie die der übrigen Ranunculaceen gegliederte, sondern langgestreckte Platten sind. Sie stellen aber sicherlich keine Phyllodien dar, wie schon die Keimungsgeschichte zeigt. Die Primärblätter stimmen, wenigstens bei *R. flammula* mit denen anderer Ranunculaceen z. B. *R. arvensis* nach IRMISCH's Abbildungen überein (Bot. Zeit. 1857, Taf. II.). Sie sind oval und zeigen Andeutungen einer Gliederung, wie sie andern Ranunculaceen zukommt, während die erwachsenen Blätter lanzettlich, lineal und gewöhnlich ganzrandig sind, die weiter oben stehenden Blätter aber zeigen, dass die Gliederung der Blattlamina allmählich verschwindet, während dieselbe schmäler wird. Dasselbe Resultat ergab mir auch die Untersuchung der Blattentwicklung von *R. Lingua;* es existirt keine verkümmernde Spreitenanlage. — Ebenso unbegründet wie die Annahme das Blatt der genannten *Ranunculus*-Arten sei ein

Man hat überhaupt alles Mögliche früher für Phyllodien gehalten, so eine Anzahl der unten zu erwähnenden Primärblätter, ferner die Knospenschuppen (die im Folgenden besprochen werden sollen) eine Anzahl von Hochblättern etc.; wir begrenzen die Bezeichnung, damit sie keine verwaschene wird, auf Grund der Entwicklungsgeschichte aber auf Fälle wie die oben genannten. Auf die Hochblätter komme ich unten zurück. Ein einfaches, aber instruktives Beispiel für den oben besprochenen Satz mag hier indess gleich hervorgehoben sein. Die oberen Laubblätter von *Doronicum Pardalianches*[1]) haben in der, Fig. 52, 1, dargestellten Form eine ovale Lamina und einen Blattstiel, der in einen breiten Blattgrund übergeht. Weiter nach oben stehende Blätter zeigen successive die in den Figuren 2, 3, 4, 5 wiedergegebenen Umrisse und Nervatur, bis man zu den schmalen Involucralblättern gelangt. Die Erklärung dafür folgt sehr einfach aus der Entwicklungsgeschichte. ROSSMANN meint in dem Endfalle haben Stiel und Spreite zur Bildung des Involucralblattes »gleichförmig beigetragen« sie sind für ihn implicite auch noch im Blatt 6 u. 7 vorhanden. Die Sache ist aber die, dass die Blattanlage auf einer immer früheren Stufe ihrer Entwicklung stehen bleibt.

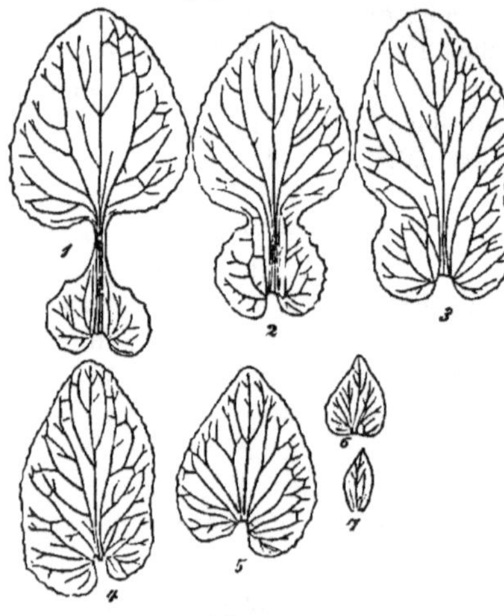

(B. 373.) Fig. 52.

Doronicum Pardalianches nach ROSSMANN. Blattformen (verkl.) welche den Uebergang von der Laubblatt- in die Hochblattregion darstellen, der Reihenfolge nach beziffert. 6 und 7 gehören dem Involucrum der Inflorescenz an.

In Fig. 52, 2, ist dies auf dem Stadium geschehen, wo Blattspreite und Blattgrund schon deutlich von einander gesondert sind, die zwischen ihnen gelegene Region aber wächst nicht mehr zum Blattstiel aus, Blattspreite und Blattgrund müssen deshalb am fertigen Blatte in einander übergehen. In Fig. 52, 3, haben wir ein Blatt vor uns, das sich eben in Blattspreite und Blattgrund zu sondern beginnt, in Fig. 52, 4, ist diese Differenzirung schon nicht mehr eingetreten, nur sehr schwach angedeutet, in den folgenden Figuren endlich gar nicht mehr vorhanden. Das Primordialblatt entwickelt sich ohne Gliederung in Blattspreite und Blattstiel zu einem kleinen Blättchen. Nehmen wir die Reihenfolge der Figuren rückwärts und denken uns die Nervatur weg, so erhalten wir annähernd die Entwicklungsgeschichte des Blattes Fig. 52, 1. Es erhellt daraus, dass die auf dem Boden der idealistischen Metamorphosenlehre stehende ROSSMANN'sche Auffassung unrichtig ist. Analoges gilt auch für andere Fälle wie z. B. die oft citirten *Helleborus (foetidus, niger* und andere Arten), bei welchem ebenfalls ein Uebergang von den Laubblättern zu den »Hochblättern« stattfindet. Es folgen hier am blühenden Spross auf das letzte Laublatt resp. Niederblatt (es wechseln

Phyllodium ist natürlich ROSSMANN's (Ueber die Spreitenformen einiger Ranunculaceen, Giessen 1858, pag. 14) Anschauung »auch bei diesen einfachen Spreiten müsse man einen Mediantheil und zwei Lateraltheile unterscheiden, aber letztere seien ihrer ganzen Länge nach mit dem Mediantheil verwachsen.«

[1]) Vergl. ROSSMANN, Beiträge zur Kenntniss der Phyllomorphose. I. pag. 47 ff.

am nicht blühenden Sprosse Laub- und Niederblätter regelmässig mit einander ab, vergl. z. B. die schematische Figur 2, Taf. I. bei für *Hell. niger*, bei BRAUN, Individuum)[1]) eine Anzahl von Uebergangsstufen zwischen Laub- und Hochblättern, die untersten derselben unterscheiden sich von den Laubblättern nur dadurch, dass kein Blattstiel vorhanden ist, sondern die in bekannter Weise verzweigte Blattspreite dem sehr entwickelten Blattgrund aufsitzt (es besass der letztere bei dem untersten derartigen Blatte von *Helleborus foetidus* eine Länge von 6, eine Breite von 3 Centim.). An den weiter oben stehenden Blättern nimmt die Gliederung der Spreite immer mehr ab, man findet statt 7 Theilblättchen fünf, dann drei, wobei die beiden seitlichen scheinbar wie Stipulae dem sehr erweiterten Blattgrund aufsitzen (ein solches Blatt gleicht, von den Grössendimensionen abgesehen, sehr einem Primärblatte von *Vicia Faba* oder den oberen Knospenschuppen von *Aesculus, Fraxinus* etc., von denen unten nachgewiesen werden soll, dass sie mit Sicherheit als umgebildete Blattanlagen betrachtet werden können.) Schwinden auch noch die beiden letzten Theilblättchen, so erhält man die eigentlichen, ovalen Hochblätter, bei denen eine Grenze zwischen Blattspreite und Blattgrund nicht mehr zu ziehen ist. Auch hier fasse ich diese Blattbildungen als (ontogenetische) Umbildungen von Laubblattanlagen auf, und führe die verschiedenen Formen derselben auf den verschiedenen Zeitpunkt zurück, in welchem die Laubblattanlagen den Antrieb zur Umbildung zum Hochblatt erhalten haben. Es ist, wie aus dem Gesagten hervorgeht, damit eine Hemmung der Spreitenentwicklung, das Unterbleiben der Blattstielbildung und eine gesteigerte Entwicklung des Blattgrundes verbunden, bis endlich die Umbildung auf so früher Entwicklungsstufe erfolgt, dass zwischen Oberblatt und Blattgrund nicht mehr zu unterscheiden ist. Parallel mit der äusseren Gestaltsveränderung der genannten »Hochblätter« geht auch eine allmähliche Umänderung der grünen Färbung in eine gelblichgrüne.

Die in Rede stehenden Blätter von *Helleborus* wurden als »Hochblätter« bezeichnet, eine von K. SCHIMPER in die Morphologie eingeführte Benennung, welche uns zu den übrigen hier zu berücksichtigenden Blattbildungen überführt, welche die wichtigsten, weil am häufigsten vorkommenden metamorphen Blattbildungen überhaupt darstellen.

Ausser den gewöhnlichen Blättern, den Laubblättern wurden noch die Niederblätter[2]), die Hochblätter und die Blattbildungen in der Blüthe (Kelch-, Kronen-, Staub- und Fruchtblätter) unterschieden. Genetische Beziehungen zwischen diesen Blattbildungen wurden aber keineswegs statuirt, sondern die Verknüpfung war eine rein begriffliche, alle diese Blattformationen fallen unter den Allgemeinbegriff Blatt der »im regelmässigen Wechsel und Fallen der Metamorphose in successiven Aufschwüngen« derselben seine Realisirung findet. Die Anfänge einer naturgemässeren Auffassung, wie sie sich bei DE CANDOLLE finden, wurde durch diese Begriffsdichtung verdrängt, die sich unmittelbar an GOETHE's Metamorphosenlehre anschloss (vergl. die Einleitung § 2).

Was nun zunächst die Niederblätter betrifft, so versteht man darunter die Schuppen und Scheidenblätter von Knospen aller Art, die auch als Knospenschuppen, Tegmente etc. bezeichnet werden, ferner die Blattbildungen an unter-

[1]) Von Uebergangsblättern zwischen Laub- und Hochblättern ist dort nur ein einziges (U) gezeichnet; an einem mir vorliegendem Exemplar von *Helleborus foetidus* zähle ich deren neun.

[2]) C. SCHIMPER, Beschreibung des *Symphytum Zeyheri* S. 44 ff. BRAUN, Verjüngung, pag. 69.

irdischen Ausläufern, Zwiebeln und Knollen. Sie haben meist die Gestalt von Schuppen, die mit breiter Basis dem Stengel ansitzen, und sind vielfach als Schutzorgane ausgebildet, und als solche namentlich bei den Winterknospen unserer Holzgewächse von zäher, lederiger Consistenz. Es mag gleich bemerkt werden, dass zwischen »Niederblättern« und »Hochblättern«, d. h. den in der Blüthenstandsregion stehenden Blätter, die meist als Brakteen, Hüllblätter etc. ausgebildet sind, eine scharfe Grenze höchstens bezüglich der Stellung gezogen werden kann, die äusseren Gestaltungsverhältnisse beider aber stimmen meist überein, auch in den Stellungsverhältnissen findet übrigens oft ein direkter Uebergang von »Niederblättern« in Hochblätter statt. Die Blüthentrauben von *Prunus Padus* z. B. entstehen aus überwinternden Knospen. Das unterste Stützblatt dieser Inflorescenzen[1]) ist entweder ein Laubblatt, oder ein Blatt, das im Wesentlichen die Gestalt der obersten Knospenschuppen dieser Pflanze hat, d. h. (wie unten noch näher dargethan werden soll) auf einem sehr entwickelten Blattgrund eine verkümmerte Laminaranlage trägt. Die weiter nach oben folgenden Brakteen sind dann einfache, häutige Schuppen. Eine Grenze zwischen Hochblättern und Niederblättern existirt in dem angezogenen Falle also nicht und ähnliches kommt auch anderwärts vor. Gewöhnlich aber sind Hochblatt- und Niederblattregion der Sprossachse getrennt durch die Laubblattregion.

Die Niederblätter sind nun[2]), in den meisten Fällen nichts Anderes als modificirte Laubblätter, und zwar entstehen sie aus den Laubblattanlagen entweder derart, dass die Blattspreite auf einem früheren oder späteren Stadium ihrer Entwicklung verkümmert, der Blattgrund dagegen sich zu der häutigen Schuppe entwickelt, oder es wird zur Bildung des Niederblattes die ganze Blattanlage, also das Primordialblatt vor seiner Sonderung in Blattspreite und Blattstiel verwandt. Eine andere Kategorie von Niederblättern und zwar ausschliesslich von Knospenschuppen wird von Nebenblättern gebildet[3]), deren zugehörige Blattspreite aber gewöhnlich schon auf einem frühen Entwicklungsstadium verkümmert. Vorhanden sein aber muss sie der Anlage nach immer, wie das aus den oben mitgetheilten entwicklungsgeschichtlichen Verhältnissen hervorgeht, und es ist demgemäss auch gelungen sie z. B. bei der Eiche nachzuweisen. Die (von der beschreibenden Botanik übersehenen) Laminaranlagen stehen als kleines, ungestieltes Spitzchen zwischen den zwei zu jeder Laminaranlage gehörigen Nebenblättern. Bei andern Pflanzen dagegen findet eine Verkümmerung von Laminaranlagen, deren Stipulae sich als Knospenschuppen ausbilden, nicht oder doch nur in viel geringerem Grade statt. So bei verschiedenen *Alnus*-Arten (*glutinosa, incana, pubescens* TAUSCH). Die Stipulae des untersten Laubblattes der Knospe sind hier nur wenig verändert und unterscheiden sich von denen der folgenden Blätter (die nicht als Knospenschuppen ausgebildet sind), nur durch ihre derbere Konsistenz und ihre längere Dauer, die zugehörige Laminaranlage aber ist völlig ausgebildet und gelangt auch meist zur Entfaltung; es fehlt

---

[1]) Gelegentlich kommen Laubblätter als Stützblätter auch weiter oben in der Inflorescenz, als Stützblätter der 3., 4. etc. Blüthe vor, während die weiter unten stehenden Brakteen Hochblätter sind. Auch Uebergangsformen zwischen beiden finden sich. (Vergl. auch ROSSMANN, Phyllomorphose, pag. 29. Was dort als Verwachsung der Stipulae mit dem Blattgrund bezeichnet wird, beruht auf Förderung des Blattgrundes.)

[2]) GOEBEL, Beiträge zur Morphologie des Blattes, Bot. Zeit. 1880.

[3]) Vergl. auch DÖLL, Zur Erklärung der Laubknospen der Amentaceen, Beigabe zur rheinischen Flora 1848.

somit nicht an Uebergangsstufen zu dem vorhin besprochenen Falle. — Durchaus nicht alle Pflanzen übrigens, deren Blätter mit Nebenblättern ausgerüstet sind, benützen dieselben zu Knospenschuppen. Die letzteren entstehen bei den *Prunus*-Arten z. B. aus dem Blattgrund, bei *Salix* sind die Knospen von einer Hülle umgeben, welche aus Verwachsung der Vorblätter der Knospe enstanden ist[1]). — Einige, ebenfalls nordische Winter ertragende Pflanzen wie *Juniperus*[2]), *Viburnum Opulus*, *Rhamnus Frangula* endlich benutzen überhaupt keine eigens zu diesem Zwecke umgebildete Organe, sondern schützen ihre Knospen auf andere Weise, bei den erwähnten Laubbäumen hauptsächlich durch einen dichten, die Knospen überziehenden Filz. Dieser fehlt übrigens auch Knospen nicht, die ausserdem von Knospenschuppen geschützt sind. *Aesculus Hippocastanum* z. B. besitzt derbe, dazu noch mit einem klebrigen Stoffe überzogene (lackirte) Knospenschuppen. Die von ihnen umschlossenen Laubblätter, Inflorescenzen etc., sind aber zudem noch mit einem dichten Haarpelz überzogen, mit dem alle Zwischenräume in der Knospe ausgefüllt sind, und dessen Hauptnutzen wie bei den Haarbekleidungen der Thiere auch hier jedenfalls darin besteht, ein schlechter Wärmeleiter zu sein. — Wir finden bezüglich des Vorhandenseins oder Nichtvorhandenseins von Knospenschuppen übrigens innerhalb ein und derselben Gattung Differenzen, z. B. bei *Podocarpus*, eine Thatsache, die dadurch verständlich wird, dass die Knospenschuppen secundäre, erst im Verlauf der Entwicklung aus Umbildung von Laubblattorganen entstandene Gebilde sind. Vielleicht ist in dieser Beziehung bei manchen Bäumen, die aus europäischem Klima in ein wärmeres versetzt wurden, ein Rückschlag eingetreten, welcher dahin führt, dass die Bildung von Knospenschuppen unterbleibt. Unser europäischer Kirschbaum ist in Ceylon, wie A. DE CANDOLLE[3]) anführt, ein immergrüner Baum geworden. Da immergrüne Gewächse keine Knospenschuppen zu besitzen pflegen[4]), so wäre es interessant zu erfahren, wie sich die immergrünen Kirschbäume in dieser Beziehung verhalten.

---

[1]) Der Vorgang ist näher zu untersuchen. Vergl. HOFMEISTER, Allg. Morphol., pag. 507.

[2]) Bei *Juniperus* und einigen andern Coniferen sind die im Herbste gebildeten Blätter nur durch ihre geringere Grösse von den im Sommer gebildeten unterschieden, ebenso bei *Lycopodium: Lyc. clavatum* zeigt dabei die Eigenthümlichkeit, dass Sprosse begrenzten Wachsthums besondere Winterknospen bilden, indem die kleinbleibenden Blätter auf einem besonderen Ringwulst emporgehoben werden, der als Scheide die Endknospe umgiebt. (HEGELMAIER, Zur Morphol. der Gatt. Lycopod. Botan. Zeit. 1872.) Ganz ähnliche Knospenbildung, wobei die Knospenschuppen auf einer becherförmigen Wucherung der Achse stehend die Endknospe mit den Blattanlagen für das nächste Jahr umgiebt, findet sich übrigens bei *Abies excelsa* (vergl. SCHACHT, Beiträge zur Anatomie und Physiol. pag. 185 ff.)

[3]) Géographie botanique raisonnée.

[4]) Es kommen aber auch hier Differenzen innerhalb ein und derselben Gattung vor. *Pyrola secunda* z. B. besitzt Knospenschuppen, *P. chlorantha* nicht. Auch von den immergrünen Coniferen besitzen viele Knospenschuppen (*Abies*, *Pinus*-Arten). — Auf das Verhalten einiger Wasserpflanzen resp. Sumpfpflanzen mag hier noch hingewiesen werden. Es sind dies die, welche sog. »hibernacula« bilden, d. h. dicht von Blättern umhüllte Knospen, welche nach Absterben der übrigen Pflanze übrig bleiben und bei *Utricularia*, *Myriophyllum* etc. auf den Grund des Wassers sinken, bei *Drosera* von Torfmoos, in welchem die Pflanze zu wachsen pflegt, umwachsen werden. Diese Blätter sind gewöhnliche Laubblätter, die aber auf einer bestimmten Stufe der Entwicklung stehen bleiben und dicht zusammenschliessen. Sie unterscheiden sich aber von analogen Bildungen von *Juniperus*, *Lycopodium* etc. dadurch, dass sie sich im nächsten Jahre weiter entwickeln.

Die aus Umbildung von Laubblattanlagen entstandenen Knospenschuppen sind, wie erwähnt, entweder aus dem Primordialblatte, der Blattspreite oder dem Blattgrunde hervorgegangen. Ersteres ist vielfach der Fall bei den Monokotyledonen. Die Seitenknospen von *Glyceria spectabilis* z. B., deren Laubblattentwickelung oben besprochen wurde, sind umhüllt von einem, scheinbar ganz geschlossenen, oben aber mit einer engen Mündung versehenen Blattgebilde, das bei der Streckung der Knospe (die zu einem Ausläufer wird) dann später durchbrochen wird. Diese Niederblattbildung kam dadurch zu Stande, dass das ringförmige Primordialblatt statt sich in Stiel und Blattgrund zu gliedern, in seinem ganzen Umfang (es umfasst, wie erwähnt, ringförmig die Achse), gleichförmig auswuchs, und nun dachförmig die Knospe umhüllt. Es fehlt nicht an Uebergangsstufen von diesem Niederblatt zu den Laubblättern, die später sich entwickeln, Uebergangsstufen, die mit einer wenig entwickelten Blattspreite versehen sind. Bei manchen anderen Monokotyledonen stimmen die Niederblätter mit den Blattscheiden der Laubblätter in ihrem Aussehen überein, z. B. *Galanthus*, sie für spreitenlose Blattscheiden zu erklären, wäre aber nach dem Obigen ein ungenauer Ausdruck. Nicht damit zu verwechseln sind natürlich die Fälle, in denen die Schuppenblätter nichts anderes sind, als die Basaltheile von Laubblättern, deren Blattlamina abgefallen ist, was z. B. für die äusseren Schuppenblätter der Zwiebel von *Lilium bulbiferum* gilt[1]).

Bei den dikotylen Holzgewächsen beginnt die Umbildung zum Niederblatt erst auf einer späteren Entwickelungsstufe der Laubblattanlage, und dann wird entweder die Laminaranlage oder der Blattgrund zum Niederblatte ausgebildet, immer aber geschieht dies zu einer Zeit, wo der, nach dem Obigen erst später auftretende Blattstiel der Laubblattanlage noch nicht vorhanden ist.

Aus der Umbildung der Blattlamina gehen z. B. die Knospenschuppen von *Syringa vulgaris* hervor, ebenso bei einigen anderen Oleaceen (z. B. *Ligustrum* und *Forsythia*), während *Fraxinus* zu den Pflanzen gehört, welche die Knospenschuppen aus dem Blattgrund unter Verkümmerung der Blattspreite entwickeln. Dieser Fall mag an einigen Beispielen erläutert werden.

Betrachtet man im Frühjahr eine austreibende Knospe von *Acer Pseudoplatanus*, so findet man als unterste Knospenschuppen kleine, von breitem Grunde nach oben verschmälerte und mit einem kleinen schwarzen Spitzchen (L Fig. 53 7 A) endigende Gebilde. Die derb-lederartigen Schuppen werden von sehr schwach entwickelten Gefässbündeln durchzogen. Die weiter nach oben stehenden Knospenschuppen sind grösser, saftig und an ihrer Spitze findet man zuweilen eine kleine Blattlamina. Auch das schwarze Spitzchen der untersten Knospenschuppen erweist sich bei näherer Untersuchung (Fig. 53 7 B) als eine verkümmerte Blattlamina, die der Knospenschuppe aufsitzt. Vergleicht man die in der Figur 53 7) abgebildete Knospenschuppe mit einer jungen Laubblattanlage zur Zeit vor der Stielbildung, so springt die Uebereinstimmung der beiden Gebilde in die Augen. Die Knospenschuppe stellt den Blattgrund dar, der hier nur beträchtlich stärker entwickelt ist, als am Laubblatt, die Blattspreite verkümmert, sie hat schon zwei Seitenglieder angelegt, (deren Entwicklung am Laubblatt in basipetaler Folge vor sich geht); würde die Laubblattanlage sich zu einem Laubblatt weiter entwickeln, so ginge die Anlegung der Seitenglieder der Blattlamina noch weiter und zwischen Spreite und Blattgrund würde durch Verlängerung der oberen Partie des letzteren der Blattstiel eingeschoben. Der Uebergang von den

[1]) Vergl. IRMISCH, Knollen- und Zwiebelgewächse pag. 82 ff.

Schuppenblättern zu den auf dieselben folgenden Laubblättern ist übrigens ein plötzlicher: auf das letzte grosse Schuppenblatt folgt direkt das erste Laubblatt.

Prunus Padus besitzt Blätter, die, wie dies in dem Verwandtschaftskreise der Rosaceen allgemein der Fall ist, mit Nebenblättern versehen sind. Diese sind hier aber nicht, wie irriger Weise behauptet wurde, an den Knospen zu Knospenschuppen ausgebildet, sondern die Knospenschuppen gehen auch hier aus dem Blattgrunde hervor. Interessant ist hier der allmähliche Uebergang von den äusseren kleinen Knospenschuppen (den Seitenknospen) zu den inneren, grösseren.

Die Mittellinie der Schuppen ist durchzogen von einem Strange gestreckter, cambiformähnlicher Zellen, der aber weder Gefässe noch Tracheiden enthält. Solche finden sich erst in den weiter oben stehenden Schuppen (z. B. Fig. 53 3) zuers sehr klein und in geringer Anzahl, später mehr entwickelt. Und zwar sind es jetzt drei Stränge, ein medianer und zwei seitliche (Fig. 53 2) welche die Schuppe durchziehen. Dieselbe endet wie die von *Acer* in ein Spitzchen (L), welches die verkümmerte Laminaranlage darstellt. Bei Schuppen, wie die in Fig. 53, 2, abgebildete, findet man rechts und links von dieser verkümmerten Spreitenanlage eine Einkerbung (s. Fig. 53 2) die erste Andeutung der Stipulae. Diese finden sich bei den untersten Knospenschuppen noch nicht: diese sind hervorgegangen aus der Umbildung von Laubblattanlagen, deren Blattgrund noch keine Nebenblätter angelegt hatte. Die weiter oben stehenden Blattanlagen dagegen erleiden die Umbildung erst auf einem späteren Stadium, wo die Stipulae schon angelegt, und mehr oder weniger weit entwickelt sind. Die Fig. 53, 3, stellt eine Knospenschuppe dar, bei welcher dies der Fall ist. Der Blattgrund, welcher die Knospenschuppe bildet, ist hier sehr entwickelt, von den drei ihn durchziehenden Gefässbündeln gehen Aeste in den erweiterten Blattgrund ab. Diese Aeste finden sich in dem sehr wenig entwickelten Blattgrund des Laubblattes nicht, eine Thatsache, die insofern von principiellem Interesse ist, als sie uns zeigt, dass das Auftreten von Gefässbündeln in morphologischen Fragen immer ein sekundäres Moment ist. Wo ein Organ sich etwas umfangreicher entwickelt, da treten auch die entsprechenden Gefässbündel in dasselbe ein, es wäre aber verfehlt von der Gefässbündelvertheilung aus, wie dies vielfach geschehen ist, Rückschlüsse auf die Natur des betreffenden Organs machen zu

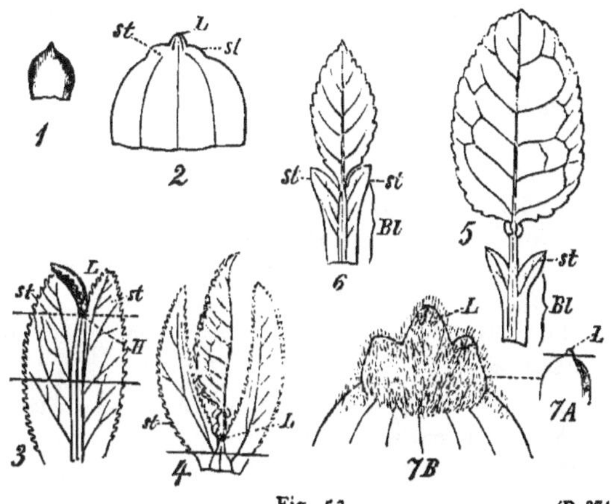

Fig. 53. (B. 374.)

1—6 *Prunus Padus*. 1 und 2 Knospenschuppen, 2 schwach vergrössert, L verkümmernde Anlage der Blattspreite. st Anlagen der Stipulae, die auf dem erweiterten, zur Schuppe entwickelten Blattgrunde sitzen. 3 Eine der obersten Schuppen einer sich entfaltenden Knospe, die drei Gefässbündel, welche den Blattgrund durchziehen, haben sich verzweigt. st Stipulae. 4 junges Laubblatt, 5, 6 Mittelstufen zwischen Laubblättern und Knospenschuppen (betr. der Entstehung derselben s. den Text). 7 Knospenschuppe von *Acer Pseudoplatanus*. L die verkümmernde Spreitenanlage bei A in nat. Grösse.

wollen. In der Fig. 53, 4, ist zum Vergleich mit den Knospenschuppen ein junges Laubblatt abgebildet, dessen Stiel noch kurz ist. Auch hier treten vom Stamm in den Blattgrund drei Gefässbündel ein, von denen jedes der beiden seitlichen einen Ast in die betreffende Stipula abgibt, durch den Querstrich ist die betreffende Stelle in der Knospenschupe angedeutet.

Bei solchen Holzgewächsen, welche Endknospen besitzen, ist der Uebergang von den Laubblättern zu den Niederblättern (den Knospenschuppen) gewöhnlich kein unvermittelter. Bei der Rosskastanie z. B. ist die Lamina des letzten, der beschuppten Knospe vorausgehenden Blattes oft auf ein Theilblättchen und die Rudimente von zwei anderen reducirt, ähnlich bei *Juglans regia*[1]), den *Acer*-Arten etc. Auch bei *Prunus Padus* sind bei den ersten Knospenschuppen die Laminaranlagen grösser, der Blattgrund kleiner als bei den folgenden. Ich erwähne hier den Umstand, weil er in gleicher Weise auch bei solchen Pflanzen vorkommt, die keine Knospenschuppen bilden, z. B. *Lycopodium*-Arten, *Juniperus*, *Araucaria*[2]). Auch hier sind die gegen das Ende der Vegetationsperiode hin gebildeten Blätter kleiner, und stimmen also insofern mit den Mittelformen zwischen Laubblättern und Knospenschuppen an den erwähnten Bäumen überein. Wir können uns vorstellen, dass ursprünglich alle Gewächse keine Knospenschuppen besassen, sondern nur verkümmerte oder kümmerliche Laubblätter bei abnehmender Vegetationskraft hervorbrachten, und dass durch sehr einfache Wachsthumsvorgänge aus diesen Verkümmerungsformen dann die Knospenschuppen entstanden.

Dass die Knospenschuppen aus Laubblattanlagen hervorgegangen sind, lässt sich nicht nur auf vergleichend-entwicklungsgeschichtlichem Wege, wie das oben geschehen ist, nachweisen, sondern auch experimentell. Man kann nämlich die sonst im gewöhnlichen Verlaufe der Entwicklung zu Knospenschuppen werdenden Laubblattanlagen veranlassen, wirklich zu Laubblättern zu werden. Es geschieht dies, wenn man die für das nächste Jahr nach ihrer Bildung zum Austreiben bestimmten Knospen nöthigt, schon in demselben Jahre auszutreiben und zwar zu einer Zeit, wo die Knospenschuppen noch in der Anlegung begriffen sind. Dieser Effekt wird erreicht, indem man einen jungen Spross entweder entgipfelt oder entlaubt. In beiden Fällen (betreffs der Einzelheiten vergl. a. a. O.) werden dadurch die Seitenknospen zum Austreiben veranlasst und entwickeln nun keine Schuppenblätter, sondern Laubblätter mit vollständig entwickelter, wohl ausgebildeter Blattspreite, Blattstiel und einem Blattgrunde, der ebenfalls vollständig mit dem der gewöhnlichen Laubblätter übereinstimmt. Es fehlt aber auch nicht an Mittelstufen zwischen Laub- und Niederblättern. Solche Mittelstufen sind in der Fig 53, 5 und 6, dargestellt. Fig. 6 zeichnet sich dadurch aus, dass es einen erweiterten Blattgrund mit klein gebliebenen Nebenblättern (st), keinen Blattstiel und eine zwar nicht sehr grosse, aber doch ganz normal ausgebildete Blattspreite trägt. Fig. 53, 5, dagegen nähert sich, wie ohne weitere Beschreibung erhellt, schon viel mehr einem normalen Laubblatt, von dem es nur durch die stärkere Entwicklung des Blattgrundes differirt. Diese beiden Blattbildungen wären bei ungestörter Vegetation zu kleinen Knospenschuppen, wie die in

---

[1]) Vergl. das Nähere a. a. O. pag. 775.

[2]) So auch bei *Isoëtes lacustris*. Bei den terrestrischen *Isoëtes*-Arten (*J. hystrix*, *Duriaei* finden sich echte Knospenschuppen, die gebildet werden aus dem verhärteten Scheidenteil (Blattgrund), während die Lamina verkümmert.

Fig. 53, 1, abgebildete, oben beschriebene, geworden. Sie sind veranlasst worden, sich zu Laubblättern zu entwickeln, zu einer Zeit, wo die Laubblattanlage schon begonnen hatte, sich zur Knospenschuppe durch Erweiterung des Blattgrundes auszubilden, ein Verhältniss, das, wenn einmal vorhanden, nicht mehr rückgängig gemacht werden kann, sondern durch die verstärkte Stoffzufuhr, welche das Austreiben der Knospe veranlasst, zunächst noch gesteigert wird. So ist es bei dem in Fig. 53, 6, abgebildeten Blatte, wo der Blattgrund ganz übereinstimmt mit der Knospenschuppe Fig. 53, 3, obwohl letztere eine der obersten Knospenschuppen einer normal austreibenden Knospe, letztere aber das unterste Blatt einer künstlich zum Austreiben veranlassten Knospe ist. Die Gestaltungsursachen dürfen wir wohl in beiden Fällen als dieselben betrachten. Die ersten Knospenschuppen werden schon sehr frühe angelegt, zu einer Zeit (Anfang April), wo die Reservestoffe der Hauptsache nach wohl als Material für die Wachsthumsvorgänge, welche beim Austreiben der im vorigen Jahre schon vollständig angelegten Knospen stattfinden, aufgebraucht sind. Die später entstandenen Knospenschuppen und die von ihnen umhüllten Laubblätter werden zu einer Zeit angelegt, wo die entfalteten Laubblätter des betreffenden Sprosses schon in Assimilationsthätigkeit gewesen sind. Selbstverständlich ist dieser Umstand nur ein Moment, der bei Untersuchung der hier stattfindenden Gestaltungsverhältnisse zu berücksichtigen ist, nicht aber eine Erklärung für dieselben. Was hier für *Prunus Padus* geschildert wurde, gilt auch für andere untersuchte Pflanzen, z. B. *Aesculus*, *Acer*, auch für die, deren Knospenschuppen aus Stipulis verkümmerter Laubblätter gebildet werden, wie *Quercus, Fagus*, u. a. Es finden übrigens betreffs der Zeit der Bildung der Knospenschuppen und der Laubblätter Differenzen bei den einzelnen Bäumen statt, welche noch eine genauere Untersuchung verdienen. Bei den meisten Bäumen, z. B. unseren Coniferen, *Prunus Padus* u. a. sind die im Laufe einer Vegetationsperiode entfalteten Blätter ausschliesslich solche, deren Anlagen in der Knospe schon vorhanden waren. Bei der Tanne z. B. bilden sich die Knospenschuppen noch während der Verlängerung des heurigen Triebes (Ende Mai oder Anfang Juni), die Bildung der Laubblätter dagegen beginnt erst dann, wenn das Längenwachsthum des Triebes beendigt ist. Es findet somit hier eine strenge Periodicität statt, die übrigens keineswegs bei allen Bäumen sich findet; manche nähern sich dem Verhalten der Kräuter, d. h. es werden Blätter noch in derselben Vegetationsperiode entfaltet, in der sie gebildet werden[1]).

Sind es bei den Knospenschuppen »innere« Ursachen, welche die Entstehung derselben aus Laubblattanlagen bewirken, so sind bei manchen Rhizomniederblättchen äussere Verhältnisse für die erwähnte Umwandlung massgebend. So z. B. bei den in die Erde eindringenden Stolonen von *Circaea*, die, wenn sie genöthigt werden, am Lichte zu wachsen, statt Niederblättern kleine Laubblätter bilden. In anderen Fällen dagegen bilden sich auch hier die Niederblätter aus »inneren« Ursachen aus, wenigstens entstehen sie, gleichviel ob der betreffende Spross am Lichte oder im Boden wächst, z. B. bei *Adoxa*.

Eine besondere Erwähnung verdienen hier noch diejenigen Coniferen, bei welchen der Hauptstamm nicht Niederblätter im Wechsel mit Laubblättern, sondern nur Niederblätter bildet. So ist es bei den *Pinus*-Arten. Nur in der ersten Jugend trägt die Hauptachse der Keimpflanze Laubblätter (»Nadeln«)

---

[1]) Vergl. über die Nadelhölzer, SCHACHT, Beitr. zur Anatomie u. Physiologie der Gewächse pag. 182.

später nur noch die häutigen Schuppen, in deren Achseln dann die blättertragenden Kurztriebe (Nadelbüschel) stehen. Dass die Schuppen auch hier umgewandelte Laubblätter sind, lässt sich schon aus anatomischen Daten folgern (s. a. a. O.) aber auch experimentell lässt sich zeigen, dass hier eine »reelle Metamorphose« vorliegt, und auch hier kann man durch geeignete Eingriffe Mittelformen zwischen Laub- und Schuppenblättern erhalten[1]).

Als Hochblätter werden die Brakteen und Vorblätter, die Involucral-Blätter von Blüthen und Blüthenständen, die Spelzen und Spreublätter, welche die Blüthen begleiten bezeichnet.[2]) Es wurde oben schon darauf hingewiesen, dass sie vielfach ganz mit den Niederblättern übereinstimmen, und wie diese betrachten wir sie als umgebildete Laubblattanlagen. Was die Bracteen betrifft, so sind dieselben häufig von den Laubblättern überhaupt nicht unterschieden, oder nur durch ihre einfachere Gliederung. Sie stimmen in letzterer Beziehung dann häufig überein mit den auf die Kotyledonen folgenden ersten Laubblättern, die ebenfalls von den folgenden Blättern sich durch ihre einfachere Gliederung unterscheiden. Wie bei den Niederblättern können wir auch bei den Hochblättern solche unterscheiden, die aus den Nebenblättern, deren Blattspreite verkümmert ist, bestehen (also analog den Knospenschuppen von Cupuliferen), solche die aus Umbildung der Blattlamina oder des Blattgrundes unter Verkümmerung der Blattlamina hervorgegangen sind und endlich solche, bei welchen die Umbildung der Laubblattanlage auf einem Stadium erfolgte, wo Blattgrund und Blattspreite noch nicht von einander differenzirt waren. Nicht selten finden sich Hochblätter der beiden letztgenannten Kategorieen an ein und derselben Pflanze von unten nach oben aufeinander folgend.

Hochblätter, welche von Nebenblättern, deren Blattspreite verkümmert ist, gebildet werden, finden sich z. B. an den Inflorescenzen von *Humulus Lupulus*. Die Blätter, in deren Achseln die weiblichen Blüthenkätzchen stehen, zeigen von oben nach unten eine allmähliche Abnahme der Blattspreite, bis dieselbe im oberen Inflorescenztheil so früh verkümmert, dass sie scheinbar gar nicht mehr vorhanden ist. Gelegentlich gelangt sie übrigens zur Entwicklung, und ihre Anlage ist stets zwischen den Nebenblättern nachzuweisen.

Als Beispiel für aus Spreitenbildung hervorgegangene Hochblätter seien die *Myriophyllum*-Arten genannt. Die Deckblätter unterscheiden sich hier von den Laubblättern im Grunde nur durch geringere Grösse; sie sind Hemmungsbildungen der ersteren.

Hochblätter der dritten Kategorie sind sehr häufig. Es wurden oben schon die unteren Deckblätter der Blüthentrauben von *Prunus Padus* genannt (an welchen man oft dieselben Uebergänge zu den Laubblättern wie bei den Knospenschuppen findet) ebenso die unteren Hochblätter von *Helleborus* u. a. Hierher gehören auch die Stützblätter in der Blüthenstandsregion vieler Umbelliferen z. B. *Laserpitium latifolium*. Der Blattgrund ist hier sehr stark entwickelt und trägt auf seinem Scheitel die verkümmerte Lamina meist in Form eines kleinen, schwarzen Spitzchens, ähnlich wie bei vielen Niederblättern. Aehnlich verhalten sich z. B. die Hüllblätter der Maiskolben, ferner die Sporophylle von *Lycopodium*: Bei einigen *Lycopodium*-Arten sind sie wirkliche Laubblätter

[1]) Bei *Pinus silvestris* und *Pinus Strobus* nachgewiesen. Man findet derartige Bildungen auch im Freien bei Bäumen, deren Gipfelknospen durch Insekten oder Frühlingsfröste beschädigt werden.

[2]) Vergl. die Definition bei A. Braun, Verjüngung. pag. 67.

(*L. Selago*) bei anderen (z. B. *L. clavatum*) unterscheiden sie sich von diesen durch ihre gelbliche Färbung und ihren scheidig erweiterten Blattgrund, ebenso wie dies bei den Deckschuppen der Coniferenzapfen der Fall ist. Es ist bei *Larix europaea* z. B. sehr leicht zu verfolgen wie von oben nach unten am Zapfen der Blattgrund scheidig erweitert, die Blattspreite aber reducirt wird, bis sie bei den obersten Deckschuppen nur noch als kleines Spitzchen erscheint. — In sehr vielen Fällen aber ist an den Hochblättern Blattgrund und Blattspreite nicht mehr auf die homologen Theile der vorhergehenden Laubblätter zurückzuführen. Die Umbildung ist vielmehr zu einer Zeit erfolgt, an welcher die betreffende Differenzirung am Primordialblatt noch nicht eingetreten war. So bei den oberen Hüllblättern von *Helleborus*, die oben erwähnt wurden (pag. 242), Hochblätter, die man irriger Weise als »Phyllodien« bezeichnet hat; ferner an denen von *Doronicum Pardalianches* (Fig. 52) und in vielen anderen Fällen. Auch von ihnen aber stellen wir den Satz auf, dass sie umgebildete Laubblattanlagen seien.

Dass dieselbe Anschauung auch auf die Blattgebilde der Blüthe anzuwenden sei, wurde schon in der Einleitung nachzuweisen versucht. Die Kelchblätter unterscheiden sich in sehr vielen Fällen von den ihnen vorangehenden Hochblättern nur in untergeordneten Punkten. Was die Kronblätter betrifft, so mag hier nur darauf aufmerksam gemacht sein, dass Blattorgane verschiedenster Art blumenblattähnliche Färbung und Form annehmen können. So bei der Gartentulpe die der Blüthe nächststehenden, von ihr aber oft durch Internodien von mehreren Centim. Länge getrennten Laubblätter. Bei den Marantaceen sind es Staubblätter, die unter Verkümmerung der Pollensäcke sich in Blumenblätter umwandeln, und denselben Vorgang kennen wir noch von anderen Fällen, z. B. manchen Clematideen, während er in gefüllten Blüthen sehr häufig ist. Bei manchen Labiaten (*Salvia splendens, Lavandula Stoechas*) haben Brakteen, bei manchen Aroïdeen andere als »Spatha« bezeichnete Hochblätter Blumenblattfärbung (z. B. *Richardia aethiopica*) sehr häufig trifft dieselbe die Kelchblätter z. B. (von den Monokotylen ganz abgesehen) bei den Clematideen. Kurz, es geht daraus hervor, dass uns die abweichende Färbung der Blumenkronenblätter ebensowenig wie ihre Form davon abhalten kann, auch sie als umgebildete Laubblattanlagen[1]) zu betrachten. Was die Sporophylle (Staub- und Fruchtblätter) betrifft, so genügt es auf das in der Einleitung über dieselben Gesagte zu verweisen. Eine ausführliche Darstellung wird im nächsten Abschnitte gegeben werden.

Kehren wir zu Nieder- und Hochblättern zurück, so sind dieselben also einerseits Hemmungsbildungen von Laubblättern, allein sie kommen nicht auf die Weise zu Stande, dass eine Laubblattanlage auf einem bestimmten Entwicklungsstadium einfach stehen bleibt, sondern auf dieses Stehenbleiben folgt nun gewöhnlich eine, von der gewöhnlichen Entwicklung abweichende Weiterentwicklung, sei es des Blattgrundes, des Ober- oder des Primordialblattes. Diese beiden Faktoren sind wohl auseinander zu halten, einerseits die Identität mit der Laubblattanlage bis zu einem gewissen Entwicklungsstadium, und dann die Divergenz der Entwicklung von hier aus. Besonders deutlich tritt die letztere auch hervor bei den Mittelstufen zwischen Knospenschuppen und Laubblättern, die sich bei den oben erwähnten Versuchen ergeben haben.

Primärblätter. — Solche Hemmungsbildungen, deren von der normalen Entwicklung der Laubblätter divergente Weiterentwicklung aber oft einfach nur in einer

[1]) In phylogenetischem Sinne trifft dies dem Obigen zufolge nicht allgemein direkt zu (z. B. Marantaceen), wohl aber im ontogenetischen.

Vergrösserung der auf einer bestimmten Entwicklungsstufe stehen gebliebenen Blattanlage besteht, finden sich nun nach meiner Auffassung namentlich auch unter den Primärblättern, die in Folgendem besprochen werden sollen.

Es ist eine weitverbreitete, aber durchaus nicht allgemeine Erscheinung, dass die Keimpflanzen andere, und zwar meist einfachere Gestaltungsverhältnisse zeigen als die herangewachsene Pflanze. Es spricht sich dies namentlich in der Form der ersten Blätter (Primärblätter) aus: An solchen Pflanzen, deren Blätter verkümmern oder umgebildet sind, sehen wir bei den Keimpflanzen vielfach reicher gegliederte und vollständiger entwickelte Blattformen auftreten. Bei nicht wenigen Formen aber sind schon die ersten, auf die Kotyledonen folgenden Blätter metamorphe, speciell Niederblätter. So z. B. bei *Adoxa moschatellina, Arum maculatum* u. a. Bei letzterer Pflanze ist gewöhnlich erst das sechste Blatt der Keimpflanze ein Laubblatt, und es tritt im ersten Jahre der Keimung die Pflanze überhaupt nicht über den Boden.[1]) Von den Kotyledonen können wir zunächst ganz absehen; bekanntlich unterscheiden sie sich von den folgenden Blättern meist dadurch, dass sie einfach, nicht gegliedert, und häufig nur als Reservestoffbehälter ausgebildet sind, während sie in anderen Fällen (z. B. *Tilia)* eine ähnliche Gliederung wie die Laubblätter zeigen. — Die auf die Kotyledonen folgenden Blätter bezeichnen wir, wenn sie von denen der erwachsenen Pflanzen abweichen im Gegensatz zu den letzteren, den »Folgeblättern« als »Primärblätter«.[2])

Ich schildere im Folgenden eine Anzahl der wichtigsteu hierhergehörigen Erscheinungen[3]) aus den verschiedenen Klassen, um dann die Frage zu untersuchen, inwieweit gemeinsame Erscheinungen hier sich nachweisen lassen und speciell inwieweit dieselben etwa phylogenetisch verwerthbar sind.

1. Von besonderem Interesse sind die Keimungserscheinungen der Lebermoose.[3]) Der Marchantieen-Thallus unterscheidet sich von dem der thallosen Lebermoose einerseits durch seinen complicirteren anatomischen Bau, vor allem seine eigenthümliche von Athemöffnungen durchbohrte Epidermis und durch die breiten Schuppen, die in zwei Reihen auf der Thallusunterseite stehen. Statt ihrer finden wir bei den thallosen Jungermannien Keulenpapillen, welche Schleim absondern. Geradeso verhält sich auch die *Marchantia*-Keimpflanze. Sie besitzt keine Epidermis auf der Oberseite, keine Schuppen auf der Unterseite, sondern statt der letzteren keulenartige, ein- oder mehrzellige Papillen. Auch die foliosen Lebermoose gewinnen erst allmählich ihre definitive Form (vergl. a. a. O. pag. 359). Es treten an der Keimpflanze zunächst nur die beiden seitlichen Blattreihen auf, auch diese zuerst sehr einfach als kurze Zellreihen, erst später gewinnen die Seitenblätter die definitive Form, ohne übrigens Anfangs die charakteristische Zweitheilung zu zeigen, welche den Blättern dieser Pflanzen, wenigstens der Anlage nach zukommt. Die ventrale Blattreihe, die der Amphigastrien tritt erst nach der seitlichen auf. Da wir nun Uebergangsformen von thallosen zu foliosen Jungermannieen kennen, wie *Blasia* und *Fossombronia* die

---

[1]) Ueber die Keimung von *Arum maculatum* vergl. IRMISCH, Morphol. Beobachtungen an einigen Gewächsen aus den nat. Familien der Melanthaceen, Irideen und Aroïdeen (Sep.-Abdr. aus dem 1. Bd. d. Abhdl. der nat. Ver. für Sachsen u. Thüringen in Halle. pag. 15.

[2]) Theilweise (auch oben, pag. 124 und 125) als Primordialblätter bezeichnet, was aber zu Verwechslungen mit dem »Primordialblatt« bei der Einzelentwickluug des Blattes führen könnte.

[3]) Und zwar ohne Beschränkung auf die Besprechung der Blattbildung allein.

[4]) Vergl. die Darstellung derselben in meiner Bearbeitung der Muscineen, Bd. II. dies. Handbuchs.

nur seitliche Blattreihen haben (über deren Insertion s. a. a. O.) statt der Amphigastrien aber auf ihrer Ventralseite Keulenpapillen wie die thallosen Lebermoose oder kleine Schüppchen, so sind wir, wie ich glaube, berechtigt zu sagen, dass hier in der That der Keimungsprozess die Phylogenie dieser Pflanzen wiederholt, d. h. dass die seitlichen Blattreihen (was schon LEITGEB betont hat), phylogenetisch älter sind, als die Amphigastrien, wie sie denn auch bei der Keimung zuerst auftreten; ferner, dass die einfachen Blattformen der Keimpflanzen dieser foliosen Lebermoose in ihrer Organisation denen nahestehen, welche einfachere Formen wie *Fossombronia* zeitlebens besitzen. Für die Marchantieen ergiebt sich eine analoge Schlussfolgerung von selbst. Dass sie von Formen abstammen, welche thallosen Jungermannien sehr ähnlich waren, ist mir kaum zweifelhaft.

2. Aehnliche Erscheinungen treffen wir auch bei Laubmoosen. Die erstgebildeten Blätter sind hier einfacher gebaut, als die folgenden, kleiner und ohne Mittelnerv, auch wo ein solcher in relativ hoher Ausbildung bei den folgenden Blättern vorhanden ist. Besonders auffallend aber ist diese Erscheinung, auf die ich bereits früher hingewiesen habe (a. a. O. pag. 388) bei solchen Moosen, deren Blätter »abgeleitet« d. h. im Laufe der Entwicklung verändert, anders geformt als die der übrigen sind. Solche Blattformen besitzen z. B. *Fissidens*, *Polytrichum*, *Leucobryum*, *Sphagnum*. Die beiden letzteren sind an feuchte Lokalitäten angepasst und besitzen eine merkwürdige Blattstructur, vor Allem inhaltslose, mit durchlöcherten Membranen versehene Zellen, die als Capillarapparate wirken, wie die Poren eines Schwammes. *Fissidens* zeichnet sich aus durch einen sonderbaren, flügelförmigen Auswuchs des Blattnerven, der scheinbar das ganze Blatt darstellt, *Polytrichum* durch die mächtige Entwicklung des Mittelnerven, welcher mit Lamellen von chlorophyllhaltigem Gewebe besetzt ist (vergl. Fig. 37). Alle diese Moose nun haben das Gemeinsame, dass die ersten Blätter der Keimpflanze diese Differenzirungserscheinungen noch nicht zeigen, vielmehr übereinstimmen mit dem Baue gewöhnlicher Moosblätter, deren Blattzellen (abgesehen vom Rande und dem Mittelnerven mancher Formen) ausschliesslich der Assimilation dienen. Dass jene Moosformen mit eigenartiger Blattausbildung abstammen von solchen mit gewöhnlichen Blättern ist aber auch hier eine wohl kaum zu umgehende Annahme.

3. Bei den Gefässkryptogamen, speciell den Farnen, tritt die besprochene Erscheinung sehr regelmässig, und in grosser Mannigfaltigkeit auf. Am übersichtlichsten und für unsere Darstellung am klarsten findet sie sich bei *Marsilia*, deren Primärblätter HANSTEIN und A. BRAUN geschildert haben, ohne übrigens auf deren Verhältniss zu den Folgeblättern einzugehen. Die Fig. 54, 1—6, stellt die an einer Keimpflanze von *Marsilia Ernesti* successive aufgetretenen Blätter dar. In Fig. 54, 1, ist das erste Blatt (der Kotyledon), von pfriemenförmiger Gestalt, nur von einem Nerven durchzogen. Die folgenden Blätter erweitern sich allmählich in ihrem apikalen Theil zu einer ovalen Lamina, welche in Fig. 54, 5, zweigetheilt erscheint, während in Fig. 54, 6, zwischen den zwei seitlichen Zipfeln noch zwei mittlere hervortreten. Die Folgeblätter unterscheiden sich von Fig. 54, 6, nur dadurch, dass die vier Theilblättchen in ihrer Insertionsstelle einander mehr genähert sind und scheinbar von einem Punkte ausstrahlen.

Die Entwicklungsgeschichte eines solchen Folgeblattes zeigt, dass dasselbe anfänglich kegelförmige Gestalt hat. Dann wird die Spitze des Blattes durch das Wachsthum der Randzellen dreieckig, dann dreilappig: es sprossen unterhalb des Endtheiles des Blattes die Anlagen zweier Theilblättchen hervor, und derselbe Vorgang wiederholt sich an dem ersteren, so dass die vier Theilblättchen des Blattes in ähnlicher Weise angelegt werden, wie die der anderen Farne (Polypodiaceen etc.) Die Entwicklungsgeschichte der Primärblätter ist nicht bekannt, HANSTEIN giebt von denselben nur an, dass im Unterschied von den Folgeblättern hier die Spreite zuerst angelegt werde, der Stiel erst nachfolge, eine nicht sehr schwerwiegende Differenz. Die Formentwicklung der Primärblattspreite aber erfolgt, wie ich vermuthe, in derselben Weise, wie bei den Folgeblättern. Fig. 54, 1, würde dem ersten Stadium der Blattanlage, 2—3 dem entsprechen, auf welchem sich die Spreite zu verbreitern beginnt. Fig. 54, 5, wäre eine Folgeblatt-Anlage nach Anlage zweier Seitenblättchen, wobei aber der Endtheil des Blattes nicht mehr zu erkennen ist; gelegentlich kommen dreitheilige Primordialblätter vor, hier wäre dann der Mitteltheil des Blattes entwickelt, in Fig. 6 aber wären alle Theilblättchen angelegt, nur anders gestellt als bei den Folgeblättern. Eine derartige Auffassung, welche durch die Verfolgung der Entwicklungsgeschichte der Primordialblätter ihre Bestätigung oder Widerlegung finden muss, scheint mir wahrscheinlicher, als die A. BRAUN's, welcher sich das *Marsilia*-Blatt als durch doppelte Zweitheilung zu Stande gekommen denkt (a. a. O. pag. 688), eine Auffassung, die wie ich glaube in der Entwicklungsgeschichte keine Stütze findet.

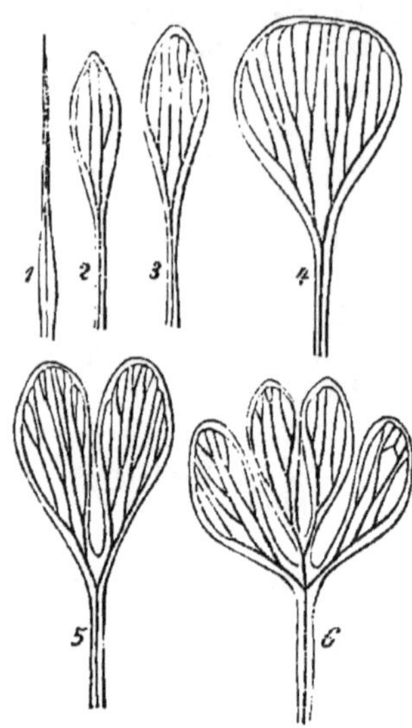

(B. 375.) Fig. 54.
Primärblätter von *Marsilia Ernesti*, nach A. BRAUN (nach der Altersfolge nummerirt).

Die Zahl der »Primärblätter« hängt, wie A. BRAUN in seiner zweiten Mittheilung[1]) angiebt, mit der Tiefe des Wassers, in welcher die Keimung stattfindet, zusammen; in tiefem Wasser bilden sich mehr Primärblätter, also ein Fall ähnlich wie der unten zu schildernde von *Sagittaria*, wo ich ebenfalls nachgewiesen habe, dass die Primärblätter als Hemmungsbildungen der Laubblätter betrachtet werden können und als solche betrachte ich auch die *Marsilia*-Primordialblätter.

Auch bei den homosporen Farnen findet gewöhnlich ein ganz allmählicher Uebergang von den kleinen, ungegliederten Primärblättern zu den Folgeblättern statt. So z. B. bei *Ceratopteris thalictroïdes*[3]). Das erste Blatt (Kotyledon) ist nur wenige Millim. lang, spatelförmig und in den kurzen Stiel allmählich verschmälert; es wird nur von einem ungetheilten Gefässbündel durchzogen. Das zweite Blatt ist etwas grösser und besitzt einen gegabelten Nerven, sonst stimmt es mit dem ersten überein. Die folgenden Blätter nehmen immer mehr an Umfang zu, erhalten gerundet rhombische Form, reicher verzweigte Blattnerven und

[1]) Nachträgliche Mittheilungen über die Gattungen *Marsilia* und *Pilularia*. Monatsber. der Berl. Akad. Aug. 1872.

[2]) An mehreren *Marsilia*-Arten (z. B. *M. elata)* habe ich übrigens gabelige Verzweigung der Theilblättchen gelegentlich gefunden.

[3]) L. KNY, Die Entwicklung der Parkeriaceen, dargestellt an *Ceratopteris thalictroïdes*. Nova acta Acad. Leop. Carol. Bd. 37, pag. 42.

eine schärfere Trennung von Stiel und Spreite. Beim fünften Blatte treten die ersten Andeutungen von Fiederung auf in Form seichter Einbuchtungen am oberen Theil des Blattes. Diese Einbuchtungen werden bei den folgenden Blättern rasch tiefer und nehmen von unten nach oben an Zahl zu, bis dann allmählich die definitive Blattform erreicht ist, bei welcher die primäre Blattspreite nur noch als stielartige »Spindel« der Seitenblättchen erscheint.

4. Auch die Coniferen bieten interessante Beispiele für das besprochene Verhalten. So ist von den *Pinus*-Arten bekannt, und auch oben schon erwähnt, dass der Hauptstamm und seine Aeste nur Schuppenblätter besitzen, in deren Achsel dann die beblätterten Kurztriebe sitzen. Die Keimpflanze dagegen besitzt gewöhnliche, in Nadelform ausgebildete Laubblätter, und zwar bei *Pinus silvestris*[1]), im ersten Jahre nur solche. Im zweiten Jahre stehen an der Basis der austreibenden Knospe noch Laubblätter, die aber weiter gegen oben hin allmählich in Schuppen übergehen, die dann in ihrer Achsel die bekannten zweiblättrigen Kurztriebe tragen. Dass die Kiefer von Formen abstammt, welche an ihrem Hauptstamm durchgehends (mit Ausnahme der letzten, die Winterknospen einhüllenden Blattbildungen) Laubblätter besass, wie z. B. die *Abies*-Arten, scheint mir unzweifelhaft, um so mehr als man künstlich statt der Schuppen Laubblätter auch an älteren Stammtheilen produciren kann, was sowohl bei *P. silvestris*, als bei *P. Strobus* (den einzigen von mir darauf untersuchten Arten) gelang. Dass die Achselknospen der verkümmerten Laubblätter (der Schuppen) schon in demselben Jahre, in dem sie angelegt werden, auch ihre Blätter enfalten, das ist eine direkte Folge der Verkümmerung der Laubblätter des Hauptstammes. Eine solche Verkümmerung wirkt ähnlich wie ein Abschneiden der Laubblätter, was, wie oben erwähnt wurde, ein Austreiben der Achselknospen zur Folge hat. Aehnlich finden wir z. B. bei *Berberis* in der Achsel der zu Dornen werdenden Laubblätter in demselben Jahre einen beblätterten Trieb auftreten. Ganz ähnlich wie *Pinus* verhält sich bei der Keimung auch *Sciadopitys*, welche später statt der Kurztriebe die eigenthümlichen Doppelnadeln trägt, (vergl. pag. 216 und die dort angeführte Literatur). An der Keimpflanze folgen auf die beiden lineal-lanzettförmigen Kotyledonen die dem ersten (sehr verkürzten) Jahrestriebe angehörenden Laubblätter. Diese aber sind einfach, mit ungetheilter Spitze und einfachem Gefässbündel. Schon der nächste Jahrestrieb lässt seine Blätter (wie *Pinus*) zu Schuppen verkümmern und entwickelt in deren Achseln (in seinem oberen Theile) die Doppelnadeln mit ausgerandeter Spitze und zwei Gefässbündeln.

Von den übrigen Coniferen mit abstehenden Nadeln weichen die *Thuja*-, *Biota*- und manche *Juniperus*-Arten auffallend ab dadurch, dass sie kleine, aber desto zahlreichere der Astoberfläche dicht anliegende, schuppenförmige, flache Blätter besitzen. Diese treten aber auch erst im Verlaufe der Entwicklung auf. Die Keimpflanzen besitzen abstehende Nadeln, ganz ähnlich wie z. B. *Juniperus communis* sie zeitlebens hat. Wenn man von der Keimpflanze in diesem Stadium Ableger macht, so behalten dieselben die Jugend-Blattform bei, und wachsen zu Bäumen heran, denen man die Zusammengehörigkeit mit *Thuja*- und *Cupressus*-Arten nicht mehr ansehen würde. Sie werden in den Gärten unter dem Namen

[1]) Vergl. z. B. HARTIG, Naturgeschichte der forstlichen Kulturpflanzen, pag. 55. — Die *Pinus*-Arten verhalten sich übrigens in dieser Beziehung verschieden. Bei der Pinie z. B. trägt die Hauptachse an den fünf oder mehr als fünf ersten Jahrgängen einfache Nadeln und ebenso wie die Hauptachse verhalten sich auch die den betreffenden Jahrestrieben entspringenden Seitensprosse.

Retinispora cultivirt. Dass auch hier die Jugendblattform übereinstimmt mit der definitiven Blattform der muthmasslichen Vorfahren, braucht wohl kaum betont zu werden, um so mehr, als bei *Juniperus* manche Arten, z. B. *Jun. communis* zeitlebens nadelförmige, abstehende Nadeln besitzen, und auch bei den später mit anliegenden, schuppenförmigen Blättern versehenen nicht selten einzelne Zweige die Jugendblattform produciren, also in die ursprünglichen Blattform zurückschlagen. Auch finden sich Mittelformen zwischen den beiden Blattarten, welche man namentlich an den Keimpflanzen verfolgen kann.

Die *Phyllocladus*-Arten[1]) zeichnen sich aus durch blattähnlich ausgebildete Zweige (Cladodien), welche in den Achseln schuppenförmiger, kleiner, bald vertrocknender und braun werdender Blätter stehen, die aber ursprünglich noch grün sind (eine Mittelstufe zwischen dem gewöhnlichen Verhalten und dem von *Pinus*, wo die Blätter am Hauptstamm gleich anfangs als braune Schuppen auftreten), also auch nichts anderes als umgebildete Laubblattanlagen sind. Die ersten Blätter der ersten Jahrestriebe der Keimpflanze und dann auch wieder ein Theil der im zweiten Jahre entwickelten dagegen sind flache, grüne Nadeln. Am Ende der Triebe sind sie viel kürzer, schon am dritten Jahrestrieb aber den schuppenartigen Blättern älterer Exemplare viel ähnlicher, gehen also allmählich in diese über. Auch die Cladodien gewinnen erst allmählich ihre auffallend blattähnliche Gestalt, gehen übrigens an ihrer Spitze gelegentlich wieder in cylindrische, mit spiralig gestellten Blättern besetzte Zweige über.

5. Bei vielen Angiospermen liegt die Frage nach der Bedeutung der Jugendform der Blätter weniger einfach. Bei einer Anzahl von Pflanzen, die im fertigen Zustande von ihren Verwandten sehr abweichen, in ihrer Jugendform dagegen mit denselben übereinstimmen, werden wir allerdings geneigt sein, bei den Keimungserscheinungen eine Wiederholung der Ontogenie in der Phylogenie anzunehmen. Einige Beispiele mögen das erläutern. Eines der auffallendsten wurde oben schon erwähnt, das der neuholländischen Acacien, welche als definitive Blattform Phyllodien besitzen, während die Keimpflanze zuerst doppelt gefiederte Blätter mit rundlichem Blattstiel besitzt, der dann allmählich Phyllodienform annimmt, während die Spreite verkümmert. Auf andere Weise wird derselbe Zweck, die Bildung auf beiden Seiten gleichgebauter Blattgebilde erreicht bei einer andern australischen Pflanze, bei welcher die Differenz zwischen den Jugendblättern und den späterhin auftretenden deshalb eine sehr auffallende ist, weil die Folgeblätter erst spät auftreten. Es sind dies die *Eucalyptus*-Arten, speciell der uns am besten bekannte, in Süd-Europa vielfach kultivierte und eine Zeitlang als Universal-Panacee gepriesene *Eucalyptus Globulus*. Die junge Pflanze trägt auf ihren vierkantigen Zweigen ovale, dekussirt stehende, sitzende Blätter, die wie gewöhnlich dorsiventral gebaut sind. Erst wenn die Pflanze eine Höhe von 5—6 Meter erreicht hat (was natürlich sehr variiren kann), entwickelt sie an rundlichen Zweigen zerstreut stehende, messerförmige, hängende und sich in die Vertikalebene stellende Blätter, deren beide Seiten gleich gebaut sind, wie sie ja auch dieselbe Stellung am Lichte haben. Zwischenformen zwischen beiden Blattformen sind übrigens in der Uebergangsregion nicht selten.

Die Rankenpflanzen deren Keimung mir bekannt ist, entwickeln Primärblätter, welche keine Ranken besitzen. Das Ende der Blattlamina von *Cobaea scandens*, welches bei älteren Pflanzen zu der ausserordentlich schönen Ranke entwickelt ist, ist bei den Primärblättern in Form eines breiten Endblättchens

[1]) H. Th. Geyler, einige Bemerkungen üb. *Phyllocladus*. Abh. er Senckenb. Gesellschaft. Bd. XII.

entwickelt.[1]) Besonders bemerkenswerth ist bei den Ranken von *Cobaea* ihre Verzweigung, die sich an dem vegetativen Blatttheile, aus dem sie entstanden sind, nicht findet. Es ist dies ein Beispiel für die Weiterbildung eines abgeleiteten Organes, die einzelnen Rankenzweige können also nicht als metamorphosirte Blatttheile bezeichnet werden, sondern sind Neubildungen. Es mag auf diesen Gesichtspunkt hier aufmerksam gemacht sein, da er auch auf analoge Organe Anwendung findet.

Auch die rankentragenden Papilionaceen sind in der Jugend rankenlos. Als ein auch sonst merkwürdiges Beispiel sei *Lathyrus Aphaca* erwähnt, dessen eigenthümliche Stipularausbildung oben schon berührt wurde. Die ganze Blattlamina hat sich hier zur Ranke umgebildet. An den Keimpflanzen erscheinen nach den (hypogaeischen) Cotyledonen zuerst einige der einfachen Primärblätter, wie sie bei Papilionaceen sehr verbreitet sind: zuerst gewöhnlich eine nicht, oder nur andeutungsweise gegliederte, dann mehrere dreispitzige grüne Schuppen, die mittlere Spitze entspricht der Blattlamina, die beiden seitlichen den Nebenblättern. Darauf folgen Laubblätter mit je zwei Fiederblättchen und unsymmetrischen Nebenblättern. Die folgenden Blätter lassen die Blattlamina verkümmern, sie erscheint als kleines Spitzchen zwischen den bedeutend vergrösserten und symmetrisch gewordenen Nebenblättern. Dann erst folgen Blätter, deren Lamina zur Ranke umgebildet ist. Sind nun jene rudimentären Gebilde nach den Laubblättern rudimentäre Laubblätter oder rudimentäre Ranken? Dass *Lathyrus Aphaca* ursprünglich gefiederte Laubblätter, wie die meisten anderen Lathyrusarten besessen hat, ist mit grosser Wahrscheinlichkeit anzunehmen, besonders da solche Laubblätter bei der Keimung noch auftreten. Die auf diese Primärblätter folgenden rudimentären, nicht als Ranken ausgebildeten Blätter bieten einige Schwierigkeit. Ich glaube aber, das Vorkommen derselben wird verständlich durch die Annahme, dass das Rudimentärwerden der Blätter (welches die Vergrösserung der Nebenblätter zur direkten Folge hatte) erst eintrat, nachdem *Lathyrus Aphaca* schon eine Rankenpflanze geworden war. Jene auf die Primärblätter folgenden verkümmerten Blätter wären dann also die Rudimente nicht rankentragender Blätter, ähnlich, wie sie an den Keimpflanzen anderer rankentragender Papilionaceen auftreten. Denken wir uns z. B. bei der Erbse die Fiederblättchen verkümmert, die Blattspindel reducirt, so werden statt der oberen Blätter einfache Ranken, statt der auf die Primärblätter folgenden nicht rankentragenden nur Rudimente (wie bei *Lathyrus Aphaca)* vorhanden sein.

Die Keimpflanze von *Lathyrus Nissolia,* einer mit rankenlosen, einfachen, ungegliederten Blättern versehenen Art, zeigt nicht, wie *Lathyrus Aphaca* auch nach den ersten schuppenförmigen Primärblättern gefiederte Laubblätter, sondern die ersten derselben sind schon lineallanzettlich und ungefiedert, mit rudimentären Nebenblättern versehen[2]). Für DARWIN's Hypothese (Kletterpflanzen

---

[1]) Vergl. DE CANDOLLE, Organographie, pl. 54, fig. 2.

[2]) IRMISCH, Bemerkungen über einige Pflanzen der deutschen Flora. Flora 1855, pag. 628 ff. Vergl. dort auch die eigenthümlichen Verhältnisse von *Lathyrus Ochrus,* die ich aber anders auffasse, als IRMISCH. Die ersten Laubblätter sind ungetheilt, lanzettlich, dann treten welche mit Einschnitten an der Spitze (Andeutung von Verzweigung) auf. Die Folgenden haben an der Spitze eine kurze Ranke, dann solche mit drei Ranken, die seitlichen (aus Umwandlung von Fiederblättchen hervorgegangen) werden bei höher stehenden Blättern wieder durch Fiederblättchen ersetzt. Die breite Fläche kann aber, vielleicht auch nicht, als Blattstiel, sondern als

pag. 154), wonach diese Art von einer ursprünglich windenden Pflanze abstammen soll, welche dann zum Blattkletterer wurde, dann die Verzweigung der Ranken einbüsste, schliesslich auch deren Rotationsvermögen und Reizbarkeit, worauf die Ranke wieder blattartig wurde, scheinen mir derzeit keinerlei positive Anhaltspunkte vorzuliegen (DARWIN nimmt sogar noch eine zweimalige Veränderung in der Ausbildung der Nebenblätter an). Die Gattung *Orobus* (zu welcher *Lathyrus Nissolia* und *L. Aphaca* mehrfach gestellt werden) besitzt eine ganze Anzahl nicht mit Ranken versehener Pflanzen, z. B. *Orobus vernus, tuberosus* u. a., von welchen *Lathyrus* (resp. *Orobus) Nissolia* in derselben Weise abweicht, wie *Ranunculus Lingua* von anderen Ranunculusarten mit gegliederten Blättern. Es scheint daher nicht geboten, den *L. Nissolia* von einer Rankenpflanze abzuleiten.

Dagegen erscheint es wahrscheinlich, dass die letzteren von Pflanzen abstammen, deren Blätter zwar zum Klettern benützt wurden, aber ihre Funktion und Form als Assimilationsorgane noch nicht eingebüsst hatten. Derartige Pflanzen, welche mit nicht modificirten Blättern klettern, kennen wir ja eine ganze Anzahl. So z. B. *Clematis Viticella, Tropaeolum*-Arten mit für Berührung empfindlichen und zum Klettern benützten Blattstielen. Das Beispiel von *Corydalis claviculata* (vergl. DARWIN a. a. O. pag. 93) wurde oben schon berührt: der Uebergang von einem Blattkletterer zu einem Rankenkletterer wird hier im Verlauf der Entwicklung ein und derselben Pflanze vollzogen.

Dasselbe wie für die mit Phyllodien und die mit Blattranken versehenen Pflanzen gilt auch für diejenigen, deren Sprosse blattähnlich verbreitert, als »Phyllocladien« ausgebildet sind[1]). Einige Beispiele mögen dies darthun.

Carmichaelia australis ist in der Jugend eine typische Leguminose, mit zwei elliptischen Cotyledonen und bis zu fünf zusammengesetzten, dreizähligen, resp. gefiederten Laubblättern. An den ganz flach werdenden Stengeln dagegen erscheinen dann »an Stelle der Laubblätter« (d. h. nach meiner Auffassung als Umwandlungs- resp. Hemmungsprodukte derselben) nur kleine Schuppen; die Funktion der Blätter wird übernommen von den blattähnlich gewordenen Sprossachsen.

Aehnlich *Bossiaea rufa*. Die Hauptachse der Keimpflanze besitzt eine Anzahl gestielter, ovaler Blätter und ist nicht verbreitert, sie verkümmert später, während aus den Achseln der Cotyledonen und unterhalb derselben Zweige hervortreten, welche allmählich zu Phyllocladien sich ausbilden. An diesen flachen Sprossen sind von den Blättern nur die kleinen, spitzen Stipulae übrig, deren Spreitenanlage verkümmert ist (die Angabe HILDEBRAND's »von den Blattspreiten ist nichts vorhanden«, ist sicher irrig). Andere *Bossiaea*-Arten besitzen übrigens flache Zweige mit wohlausgebildeten Blättern *(B. heterophylla)* oder, wie *B. microphylla*, cylindrische Zweige mit zahlreichen Laubblättern (ASKENASY a. a. O. pag. 4) es finden sich also in einer Gattung alle Uebergangsstufen.

Auch *Colletia spinosa*, deren Dornsprosse späterhin nur hinfällige Blätter tragen, besitzt an der Keimpflanze Laubblätter, ebenso *Ulex europaeus*, wo sie im erwachsenen Zustand in Dornen verwandelt sind. Die Keimpflanze besitzt (von den ersten Primärblättern abgesehen) dreizählige Laubblätter wie andere Genisteen. An den höher stehenden Blättern werden die seitlichen Theilblättchen immer schmäler und kommen zuletzt gar nicht mehr zur Ausbildung. Das einfach lineal gewordene Blatt aber gestaltet sich allmählich zum Dorne um; auch aus den Zweigen entwickeln sich Dorne.

Andere hierhergehörige Pflanzen, wie z. B. die Polygonee *Mühlenbeckia platyclada* dürften sich bei der Keimung ähnlich verhalten: wenigstens treten an den Stecklingen Zweige auf, deren

---

Blattspreite aufgefasst werden. Es fehlt hier wie in anderen Fällen an vergleichenden Untersuchungen über die Formentwicklung bei der Keimung eines grösseren Verwandtschaftskreises.

[1]) ASKENASY, Botan. morphol. Studien. 1872. pag. 5. — HILDEBRAND, Ueber die Jugendzustände solcher Pflanzen, welche im Alter von ihren Verwandten abweichen. Flora. 1875. Nr. 20 u. 21.

Stengel nur wenig verbreitert ist und pfeilförmige Blätter trägt. Von diesen Sprossen aus finden sich dann alle Uebergänge zu den verbreiterten Stengeln mit rudimentären Blättern.

Auch die »schildförmigen« Blätter wurden oben als abgeleitete bezeichnet und darauf hingewiesen, dass bei der Keimung, wie es scheint, häufig die gewöhnliche, nicht schildförmige Blattform auftritt, z. B. bei *Hydrocotyle vulgaris.* Allgemein gilt dies freilich durchaus nicht: bei *Tropaeolum majus* sind schon die ersten, auf die Kotyledonen folgenden Blätter schildförmig, wenngleich nicht so stark wie die folgenden, und bei *Umbilicus (Cotyledon) horizontalis* Guss. sind sogar schon die Cotyledonen schildförmig[1]).

Auch die abgeleiteten (metamorphen) Blätter der insektivoren Pflanzen pflegen nicht gleich bei der Keimung aufzutreten. An den Jugendblättern von *Drosera rotundifolia*[2]) z. B. fehlen ganz die auf der Blattoberseite stehenden gestielten Drüsen (Tentakeln), nur die randständigen sind vorhanden, sie können als umgewandelte Blattzähne oder Theilblättchen aufgefasst werden, wie sie so häufig vorkommen. Auf dem zweiten Blatte erscheint auch auf der Oberseite eine Anzahl (2—4) Tentakeln, bis sie dann allmählich, unter gleichzeitiger Vermehrung der Zahl der randständigen bei den folgenden Blättern die ganze Blattoberseite bedecken. — Es stimmen also die Primärblätter von *Drosera* z. B. mit denen von *Dionaea* darin überein, dass sie nur randständige (bei *Drosera* zu Tentakeln umgewandelte) Blattzähne besitzen, in welchen wir vielleicht eine Annäherung an die ursprüngliche Blattform sehen dürfen, ebenso wie bei *Drosera capensis*[3]), deren erste Blätter mit denen von *Dr. rotundifolia* übereinstimmen, während die folgenden von ihnen abweichen.

Es liessen sich leicht noch andere Beispiele analoger Keimungsvorgänge anderer Pflanzen mit abgeleiteten Blättern anführen, hier sei nur noch eines genannt, welches zeigt, dass die Uebereinstimmung der Jugendstadien mit verwandten Formen bei solchen Pflanzen, die im fertigen Zustand von den letzteren abweichen, nicht auf die Blattformen beschränkt ist.

Es ist dies der merkwürdige Keimungsvorgang von *Rhipsalis Cassytha.*[4]) Die Rhipsalideen unterscheiden sich bekanntlich von den meisten übrigen Cacteen durch ihre langen, dünnen, cylindrischen Stämme, die hinfällige Schuppenblätter tragen. Sie wachsen epiphytisch auf Bäumen. Die Keimpflanzen von *Rh. Cassytha* entwickeln ihre epikotyle Achse zu einem Sprosse, welcher durchaus übereinstimmt mit einem vierkantigen, auf den Kanten Stachelbüschel tragenden Cereusspross. Man hat auch aus anderen Gründen Ursache, die Rhipsalideen von den Cereiden phylogenetisch abzuleiten, eine Annahme, die in den besprochenen Keimungserscheinungen ihre Stütze findet. Die charakteristischen Rhipsalissprosse entstehen als Seitenzweige an der Keimachse. Voechting[5]) fand an einem alten Exemplare der *Rh. paradoxa* einen Spross, der vier grade Zeilen hatte, auf denen Stachelbüschel sitzen, eine Erscheinung, die man mit dem genannten Autor als Rückschlagsbildung aufzufassen berechtigt ist, ebenso wie die oben von *Juniperus, Phyllocladus* etc. angeführten Erscheinungen.

---

[1]) Irmisch, Bot. Zeit. 1860. pag. 89.

[2]) Nitschcke, Wachsthumsverhältnisse des rundblätterigen Sonnenthaus. Bot. Zeit. 1860. pag. 57 ff. Taf. II, Fig. 1, daselbst weitere Lit.

[3]) Darwin, power of movements. pag. 414.

[4]) Th. Irmisch, Ueber die Keimpflanzen von *Rhipsalis Cassytha* und deren Weiterbildung. Bot. Zeit. 1876.

[5]) Beiträge zur Morphologie und Anatomie der Rhipsalideen. Pringsh. Jahrb. Bd. IX. S. 421.

Andrerseits aber sind die Fälle auch nicht selten, wo abgeleitete Blattformen gleich bei der Keimung auftreten. So sind die Blätter der Cacteen auch an den Keimpflanzen, soweit mir bekannt, rudimentäre Schuppen, während wir allen Grund zu der Annahme haben, dass die Cacteen früher normale, grüne, assimilirende Laubblätter besassen, wie sie ja der Gattung *Peireskia* jetzt noch zukommen. Auch *Ruscus*, das später seine Zweige blattähnlich (zu Cladodien) entwickelt, producirt bei der Keimung keine Laubblätter, sondern nur Schuppen. (Vergl. DE CANDOLLE, organogr. végét. tab. 49. Fig. 1.) Es bilden sich zunächst einige Scheidenblätter; dann die Schuppen, in deren Achseln die Cladodien stehen. Und schon der Keimspross von *Casuarina equisetifolia* hat seine sonderbare, equisetenähnliche Gestalt (vergl. a. a. O. tab. 53. fig. 2). Bei der merkwürdigen Keimung von *Utricularia* tritt ausser einer Anzahl (6—12) einfacher primärer Blätter an die Stelle eines derselben ein Schlauch auf, der als aus Umwandlung eines der Blätter hervorgegangen zu betrachten ist. Eine Wiederholung der Phylogenie in der Ontogenie findet in den eben erwähnten Fällen also nicht statt.

Was die Pflanzen mit gewöhnlichen, nicht abgeleiteten Blattformen betrifft, so beginnt die Keimpflanze entweder sogleich mit der definitiven Blattform, oder sie producirt zuerst einfachere Blätter. Ersteres ist der Fall z. B. bei manchen Leguminosen, wie der Zimmeracacie (*Acacia Lophantha*), *Cassia*-Arten und noch einer ganzen Anzahl anderer Pflanzen. — Eine sehr häufige Erscheinung ist es indess, dass die Primärblätter einfacher geformt sind als die folgenden, wobei häufig ein stufenweiser Uebergang von den ersteren zu den letzteren stattfindet. Für diese einfachen Primärblätter gilt, soweit ich die Erscheinung kenne, ausnahmslos der Satz, dass sie nichts anderes sind als Formen, welche auch die später auftretenden Blätter in ihrer Entwicklung durchlaufen, also gewissermassen Hemmungsstadien der Laubblätter, die aber oft mächtig entwickelt sind. Die Primärblätter stellen also Laubblätter dar, die auf einer bestimmten Entwicklungsstufe stehen geblieben sind, von hier aus aber ebenso nicht selten dann eine eigenartige Entwicklung erfahren haben, wie wir dies oben bei den Knospenschuppen sahen, bei welchen der Blattgrund der stehengebliebenen Laubblattanlage ebenfalls zu einer Entwicklung gelangt, die er beim Laubblatt nicht hat.

In manchen Fällen sind die Differenzen zwischen Primär- und Folgeblättern sehr einfache. Bei der Keimung von *Ranunculus arvensis* sehen wir[1]) als erstes Blatt auf den Cotyledon ein an der Spitze dreispaltiges Blättchen erscheinen, die Blattlamina hat also rechts und links je ein Seitenglied erzeugt. Das folgende Blatt ist schon etwas complicirter, es ist fünftheilig, d. h. die Verzweigung ist (wohl in basipetaler Richtung) weiter gegangen. Die weiter nach oben folgenden Blätter unterscheiden sich im Grunde nur dadurch von den ersten, dass sie tiefer eingeschnitten sind. Dass auch das fünftheilige Blatt dreitheilig war, ehe es sich weiter verzweigte, ist klar, und ausserdem kann bei kräftig entwickelten Keimpflanzen auch gleich das erste Blatt fünftheilig sein. Bei den dreiblättrigen *Trifolium*-Arten ist das Primärblatt unverzweigt, also einblättrig, eine Form, welche die Blätter von *Ononis Natrix* sehr lange beibehalten, bis schliesslich dreizählige auftreten. Grössere Differenzen zeigen z. B. die Primärblätter anderer Papilionaceen, wie *Vicia Faba*, *Lathyrus*-Arten etc. Das erste auf die Cotyledonen folgende Blatt ist von sehr einfacher Form: es sitzt mit breiter Basis dem Stengel auf und endigt oben in drei Lappen, von denen der mittlere der Blattlamina entspricht, die beiden seitlichen den Neben-

[1]) Vergl. z. B. die Abbildungen bei ROSSMANN, Phyllomorphose, Taf. I.

blättern. Es ist dies eine Laubblattanlage, stehen geblieben zur Zeit, wo die Stipulae angelegt waren, die Blattspreite aber noch keine Gliederung erfahren hatte[1]). Dasselbe beobachtet man auch in anderen Fällen. An den Sprossen z. B., welche auf abgeschnittenen Wurzelstücken von *Ailanthus glandulosa* entstehen (aus dem Cambium resp. Callus), ist die Blattentwicklung eine ähnliche, wie bei den Keimpflanzen: zuerst bilden sich bleiche, ungegliederte Schuppen, die nach oben allmählich in das reicher gegliederte Blatt übergehen und ebenso ist es bei vielen Adventivsprossen. Derartige Erscheinungen phylogenetisch aufzufassen, dazu liegt glaube ich, kein Grund vor, ich sehe in jenen einfachen Primärblättern nur Hemmungsbildungen, deren Ursachen in Eigenthümlichkeiten des Wachsthums oder der Zusammensetzung embryonaler Sprosse liegt.

Eigenartige Formen nehmen die Primärblätter bei manchen Wasserpflanzen an. So bei *Sagittaria sagittaefolia*[2]). Die Primärblätter der aus den überwinternden Knollen entspringenden Pflanzen haben die Gestalt eines breiten Bandes (Fig. 55, 1), das sich oft (in tiefem Wasser) zu bedeutender Länge (über ½ M.) entwickelt, und im Wasser fliessend einem *Vallisneria*-Blatt zuweilen täuschend ähnlich sieht (s. *Sag. vallisnerifolia* Cosson et Germain in Grenier et Godron Flore *de France III.* p. 167, bei Rostock sehr häufig). DE CANDOLLE hatte diese Blätter irrigerweise für ein Phyllodium, wie bei den neuholländischen Acacien gehalten. Dass dem nicht so ist, sieht man, wenn man die Reihenfolge der Blätter in nicht zu seichtem Wasser wachsender Pflanzen beobachtet. (Vergl. Fig. 55, 1—5). Es treten nach den bandförmigen Blättern solche auf, die an dem apikalen Ende eine geringe Verbreiterung zeigen (Fig. 55, 2). Diese Verbreiterung vergrössert sich bei den nun folgenden Blättern, sie erscheint eiförmig (Fig. 55, 3). Endlich erscheint der breite Endtheil schärfer gegen den unteren, schmäleren, abgesetzt, er erscheint deutlich als Blattlamina, der letztere als Stiel. Die Blattlamina hat aber zunächst noch stumpfe Enden (Fig. 55, 4), erst später erhält sie die bekannte Pfeilform (Fig. 55, 5). Bei Pflanzen, die in tieferem (auch in ganz ruhig fliessendem) oder in rasch strömendem Wasser wachsen, unterbleibt aber das Auftreten von Blättern mit pfeilförmiger Lamina, die über das Wasser treten, nicht selten vollständig. Die sämmtlichen Blätter

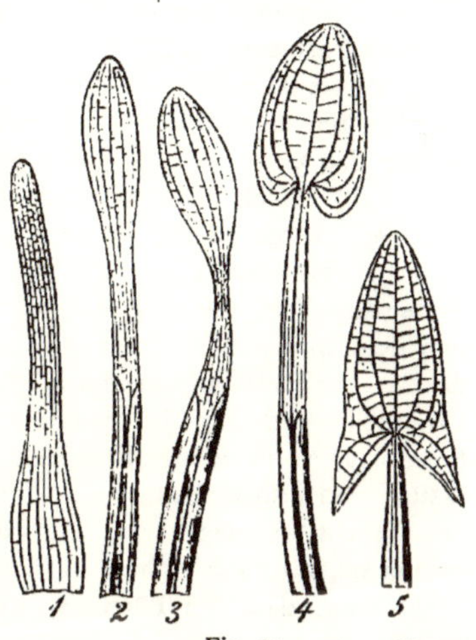

Fig. 55. (B. 376.)
Sagittaria sagittaefolia. Blattformen an einer, aus einer austreibenden Knolle entstandenen Pflanze, nach der Reihenfolge beziffert.

[1]) Die Richtigkeit meiner Auffassung findet auch daran eine Stütze, dass diejenigen Vicien, welche unterirdische Ausläufer besitzen, wie z. B. *Lathyrus tuberosus*, an denselben ganz ähnliche Niederblätter (die sicher Hemmungsbildungen von Laubblättern sind,) hervorbringen, wie die Primordialblätter von *Vicia Faba* etc. Dass man derartige Primordialblätter (an Seitensprossen der Cotyledonen und der untersten Blätter) veranlassen kann, sich zu Laubblättern zu entwickeln, dann nämlich, wenn man den Hauptspross früh genug entfernt, wurde in der Einleitung mitgetheilt (pag. 125). Es ist dies, wie ich glaube, ein experimenteller Beweis für die Richtigkeit meiner Auffassung der Primordialblätter als Hemmungsbildungen.

[2]) Beitr. zur Morphol. und Physiol. des Blattes. Bot. Zeit. 1880 pag. 833 ff.

der Pflanze bleiben fluthend, *Vallisneria* ähnlich (was, wie oben angedeutet, zur Aufstellung einer besonderen Art *S. vallisnerifolia* geführt, auch zu Verwechslungen mit *Vallisneria* Anlass gegeben hat). In diesem Zustand kann die Pflanze sogar zum Blühen gelangen, aber jedenfalls nur selten, gewöhnlich bleibt sie steril, wie dies ja auch bei anderen, in zu tiefem Wasser wachsenden Wasserpflanzen (*Hippuris*, *Limosella* etc.) der Fall zu sein pflegt; eine Erscheinung, die ich als bedingt durch die in diesem Fall eintretende Massenproduktion von Blattsubstanz betrachten möchte. — Untersucht man nun die Entwicklungsgeschichte eines der pfeilförmigen Laubblätter, so ergiebt sich, dass die in den Fig. 55, 1—4 dargestellten Blattformen zugleich denjenigen Entwicklungsstadien entsprechen, welche das einzelne, mit pfeilförmiger Lamina und Blattstiel versehene Blatt durchläuft. Sieht man von dem, in beiden Fällen gleichbleibenden scheidenförmigen Blattgrund ab, so ist das Oberblatt zunächst ebenfalls bandförmig, im Kleinen den Umriss der Fig. 55, 1, nachahmend. Dann schwillt das obere Ende desselben eiförmig an, die schmale Zone zwischen der Laminaranlage und dem Blattgrund entwickelt sich dann später zum Blattstiel. Später nimmt die Blattlamina dann successive die Formen an, welche in den Fig. 55, 2—5, dargestellt sind. Zu jeder Primärblattform giebt es also eine entsprechende Entwicklungsstufe in der Entwicklung des Laubblattes, die ersten bandförmigen Blätter sind also diejenigen, wo das Oberblatt noch bandförmig, der Blattstiel noch nicht angelegt war. Auf dieser Formstufe ist die Blattanlage stehen geblieben und hat sich nun zu beträchtlicher Grösse entwickelt. Es kann keine Frage sein, dass bei Pflanzen, die n u r bandförmige Blätter besitzen, solche Blätter, die normal zu pfeilförmigen geworden wären, sich bandförmig entwickelt haben. Machen wir, davon ausgehend, einen Analogieschluss auf die erst auftretenden Blätter, so erscheinen auch sie als eigenartig entwickelte Hemmungsbildungen, deren Auftreten, wie sich aus dem Gesagten ergiebt, mit äusseren Verhältnissen, vor allem mit der Wassertiefe in direktem Zusammenhange steht. Dass die Pflanze früher überhaupt nur einfache, *Vallisneria* ähnliche Blätter besessen habe, das ist zwar möglich, aber positive Anhaltspunkte dafür haben wir auch nicht. Aehnliche Erscheinungen habe ich übrigens auch bei der Keimung von *Alisma Plantago* beobachtet.

H e t e r o p h y l l i e d e r W a s s e r p f l a n z e n. Es führt uns die Betrachtung der Blattformen dieser Wasserpflanzen zur Erwähnung der merkwürdigen heteromorphen Blattbildung, wie wir sie bei anderen Wasserpflanzen treffen, nur dass es sich hier meist nicht um die Verschiedenheit von Primär- und Folgeblättern handelt, sondern um Verschiedenheiten, wie sie in Folge verschiedener äusserer Wachsthumsbedingungen auftreten. *Sagittaria* macht zu diesen Fällen den Uebergang dadurch, dass, wie erwähnt wurde, unter bestimmten Bedingungen die Primärblätter dauernd beibehalten werden. Zunächst ist hier eine Anzahl von Pflanzen zu nennen, die die Fähigkeit haben, Schwimmblätter zu entwickeln. Unter Schwimmblättern versteht man meist ziemlich langgestielte Blätter, deren Lamina auf der Wasseroberfläche schwimmt, wie dies bei vielen Wasserpflanzen, z. B. *Hydrocharis*, *Cabomba*, *Nymphaea* der Fall ist. Bei festgewurzelten Pflanzen richtet sich die Länge des Stieles meist nach der Höhe des Wasserniveaus, steigt dasselbe, so verlängert sich der (noch wachsthumsfähige) Stiel, bis er die Lamina wieder auf die Wasseroberfläche gebracht hat. Bei *Nymphaea* und *Nuphar* wächst er in seichtem Wasser übrigens nicht selten auch über den Wasserspiegel hervor. Die Blattlamina der Schwimmblätter ist dadurch ausgezeichnet, dass nur auf der

Blattoberseite Spaltöffnungen entwickelt sind. Solche Schwimmblätter besitzt auch *Sagittaria:* es sind das die auf die ersten Blätter folgenden mit ovalen Spreiten versehenen Blätter. Der allmähliche Uebergang der Primärblätter dieser Pflanze in die Folgeblätter ist auch im anatomischen Baue ausgesprochen[1]). Die ersten schwimmenden Blätter, die nach den untergetauchten erscheinen, haben auf ihrer Unterseite keine Spaltöffnungen, auf der Oberseite aber sogar bedeutend mehr, als die Oberseite der Luftblätter. Die nächstfolgenden schwimmenden Blätter besitzen auch auf der Blattunterseite Spaltöffnungen, auf der Oberseite entsprechend weniger, bis sich dann das normale Verhältniss bei den pfeilförmigen, durch den Blattstiel über die Wasserfläche emporgehobenen Blättern einstellt. — Dass Schwimmblättern Spaltöffnungen auf der Unterseite des Blattes, welches dem Wasser aufliegt, von keinem Nutzen sein würden, ist klar. Es ist aber bis jetzt ein äusserer Faktor nicht zu erkennen, der bewirkt, dass in Fällen, wie die folgenden, die Spaltöffnungen, welche doch entstehen, ehe das Blatt auf den Wasserspiegel gelangt, bewirken könnten, auch an »Vererbung« ist in diesen Fällen ja nicht zu denken.

Zu diesen Pflanzen gehört *Marsilia quadrifolia*[2]), ein Farn, der an feuchten zeitweise überschwemmten Lokalitäten am Rande von Teichen etc. lebt. Nach den Primärblättern treten Schwimmblätter auf, deren Spreite sich auf das Wasser legt. Auf die Schwimmblätter folgen normal, d. h. wenn das Wasser nicht zu tief ist, Luftblätter, welche aber schon hervortreten, wenn die Pflanze noch in seichtem Wasser steht. Geräth die Pflanze aber in tieferes Wasser, so entwickelt sie Schwimmblätter, die Stiele verlängern sich, bis die Spreite die Wasseroberfläche erreicht. Während nun die Luftblätter[3]) auf der Blattober- wie Unterseite Spaltöffnungen besitzen, haben die Schwimmblätter dieselben nur auf der Oberseite, dafür aber hier desto zahlreicher. Erwähnt sein mag, dass ein Blatt, das einmal als Luftblatt angelegt ist, sich nicht zum Schwimmblatt auszubilden vermag, sondern, wenn man die Pflanze ins Wasser versenkt, zu Grunde geht. Die Pflanze gedeiht übrigens auch in tiefem Wasser ganz gut, bildet aber keine Fortpflanzungsorgane, wohl weil sie alle Baustoffe zur Erhaltung des Vegetationskörpers braucht. Aehnlich ist es bei anderen Marsilien-Arten. *Polygonum amphibium* kommt in einer Wasser- und einer Landform vor. Von einer Stelle, wo sie lange als Landform vegetirt hatten, wurden Sprosse ins Wasser gesetzt: die beblätterten Sprosse gingen zu Grunde, es entwickelten sich aber neue, welche Schwimmblätter trugen, deren Spaltöffnungen vertheilt sind wie die auf dem Marsiliablatt.

Solche Pflanzen, welche eine Land- und Wasserform besitzen, giebt es nun

---

[1]) Vergl. HILDEBRANDT, Schwimmblätter von *Marsilia.* Bot. Zeit. 1870. REINHARDT, bot. Jahresber. 1879 pag. 30.

[2]) A. BRAUN, Monatsber. der Berl. Akad. 11. Aug. 1870. — Wie BRAUN a. a. O. ausführt, waren die Schwimmblätter schon sehr lange bekannt. Vergl. auch HILDEBRANDT a. a. O.

[3]) Spaltöffnungen kommen übrigens nach BRAUN und HANSTEIN auch auf dem ganz untergetauchten Cotyledon vor, ähnlich wie bei *Ranunculus aquatilis.* Es liegt auch bei *Marsilia*, die jetzt periodisch austrocknenden Lokalitäten angepasst ist, der Schluss nahe, dass sie von einer Landform abstammt, was bei *Ranunculus* ja kaum zweifelhaft sein kann. Andere Marsilien, wie z. B. *Marsilia trichopus* bringen keine echten Schwimmblätter hervor, und auch Arten, welche, in der Jugend Schwimmblätter besitzen, haben nicht immer wie *M. quadrifolia* die Fähigkeit bei Versetzung in tieferes Wasser echte Schwimmblätter, die auf der Unterseite keine Spaltöffnungen haben, zu erzeugen. (Vergl. BRAUN, Monatsber. 1872. pag. 647.)

eine ganze Anzahl, aus der einige Beispiele angeführt sein mögen. Die Landformen zeichnen sich den Wasserformen gegenüber meist durch gedrungeneren Wuchs, kleinere Intercellularräume und stärkere Entwicklung der mechanisch wirkenden Zellformen aus. Die Blätter der Wasserformen haben das Bestreben, einen möglichst grossen Theil ihrer Oberfläche in Contact einerseits mit dem Wasser, welches Gase, namentlich Kohlensäure absorbirt hat, andererseits mit den lufthaltigen Intercellularräumen zu bringen. Die Blätter sind desshalb meist fein vertheilt oder besitzen grosse Intercellularräume. Land- und Wasserformen besitzen z. B. *Hottonia* und *Hippuris*. Spaltöffnungen finden sich auch an den Wasserblättern von *Hottonia*, ein Anzeichen dafür, dass diese Pflanze, wie jedenfalls manche andere, ursprünglich eine Landpflanze war, und erst später dem Wasserstandort, der ja in vielen Beziehungen vortheilhaft ist (z. B. Schutz gegen manche Thiere, geringere Anzahl von Concurrenten) angepasst hat. Uebrigens vermögen wohl alle Wasserpflanzen an der Luft, wenn dieselbe nur gehörig feucht ist, zu wachsen, anderenfalls gehen sie durch Transpiration, welche durch eine wenig entwickelte Cuticula kaum gehemmt wird, bald zu Grunde. *Elodea canadensis* z. B. habe ich in Erde unter Glasglocke mit gut entwickelten Sprossen gezogen, ebenso *Hydrocharis*.

Ein besonderes Interesse durch die Vielgestaltigkeit ihrer Blattformen beanspruchen die Wasserranunkeln[1]) (*Ranunculus*, Section *Batrachium* DE CANDOLLE's). Nur wenige Wasserhahnenfüsse (*Ranunculus caenosus* GUSS., *hederaceus* L., *R. divaricatus* LAM., *R. longirostris* GODR., haben an der ganzen Achse gleichgestaltete Blätter. Bei den meisten treten sie in zwei Modificationen auf: Schwimmblätter mit flacher, am Rande etwas gelappter Lamina und in feine Zipfel zertheilte Wasserblätter, zwischen beiden fehlt es übrigens nicht an Uebergangsformen, auch kommen die Schwimmblätter nicht an allen Exemplaren vor, sondern pflegen zu fehlen, wenn die Pflanze fluthet. Selten sind sie bei *R. fluitans*. Ausserdem besitzen die erwähnten Ranunkeln und ebenso die mit nur einerlei Blättern versehenen (*R. hederaceus* etc.) auch Landformen, die Blätter derselben sind bei *R. aquatilis* z. B. den zerschlitzten Wasserblättern ähnlich, nur die Zipfel etwas breiter. Spaltöffnungen finden sich auch auf den Wasserblättern[2]), sie sind aber auf den Landblättern viel häufiger, besonders auf der Blattoberseite, auch die Cotyledonen von Samen, die man im Wasser keimen lässt, besitzen Spaltöffnungen. Die Entwicklungsgeschichte vom Wasser- und Landblatt ist eine zeitlang ganz übereinstimmend, erst später bleibt das Wasserblatt auf einer gewissen Stufe der Gewebedifferenzirung stehen, es bildet keine Spaltöffnungen und gleicht in seinem Baue einem jungen Laubblatte. Ob eine Blattanlage sich zum Wasser- oder Landblatt entwickeln soll, das hängt nur von äusseren Einflüssen ab, hat sie sich aber einmal zu der einen Funktion ausgebildet, so ist das Blatt der andern nicht mehr fähig, ein Landblatt geht also im Wasser zu Grunde und umgekehrt. Dass sich in den Epidermiszellen der Wasserblätter, wie das bei Wasserpflanzen ganz allgemein ist, Chlorophyllfarbstoff bildet, möchte ich dem geminderten Lichtzutritt zuschreiben. — Was die Schwimmblätter von *R. aquatilis* betrifft, so weichen sie in ihrer Gestalt nach dem oben Erwähnten von der der

[1]) Vergl. ROSSMANN, Beiträge zur Kenntniss der Wasserhahnenfüsse, Giessen 1854; ASKENASY, Ueber den Einfluss des Wachsthumsmediums auf die Form der Pflanzen. Bot. Zeit. 1870.

[2]) ASKENASY, a. a. O. pag. 255. Sie finden sich in geringer Zahl an der Spitze der Blattzipfel, das Gewebe stirbt hier aber bald ab, sodass die Spaltöffnungen, die wir hier wohl als rudimentäre Organe zu betrachten haben, der Beobachtung wieder entschwinden.

Wasser- und Luftblätter beträchtlich ab. Sie sind den (terminalen) Blüthen opponirt, die Knospen, welche aus ihrer Achsel entspringen, setzen den Stamm fort. Diese Blätter, die wir mit ASKENASY kurz als Gegenblätter bezeichnen wollen, sind von nierenförmigem Umriss und dreilappig. Die ersten Entwicklungsstadien stimmen vollständig mit denen der gewöhnlichen Blätter überein und unter Umständen kann eine Schwimmblattanlage auch zu einem gewöhnlichen Blatte werden. Der Unterschied in der Weiterentwicklung besteht vor allem in dem viel grösseren Flächenwachsthum der Gegenblätter und dem Unterbleiben der reichen Verzweigung, so dass die Gliederung des Blattes eine viel geringere ist. Wie schon oben erwähnt, kommt *R. aquatilis* auch ganz ohne Schwimmblätter vor, die »Gegenblätter« haben in diesem Falle die Form gewöhnlicher Land-, resp. Wasserblätter, und bei blühenden Landpflanzen ist dies immer der Fall. Zwischenformen treten dann ein, wenn Pflanzen, welche bereits typische Gegen-(Schwimm-)blätter zu bilden begonnen hatten, entweder in zu tiefes Wasser zu stehen kommen oder genöthigt werden, im Trockenen zu wachsen, aber auch unter anderen, nicht immer genau präcisirbaren Bedingungen. Die Uebergangsformen sind solche nicht nur in Bezug auf die äussere Gestaltung, sondern auch auf den anatomischen Bau. Vergleichen wir nun die Wasserranunkeln mit anderen Ranunculaceen, so kann, wie auch ASKENASY annimmt, es kaum einem Zweifel unterliegen, dass dieselben abstammen von terrestrischen Arten. Keimt z. B. *Ranunculus sceleratus*, eine terrestrische, aber feuchte Lokalitäten liebende Form, in seichtem Wasser, so bildet er Schwimmblätter von der Form wie unter den Wasserranunkeln, z. B. *R. hederaefolius* sie zeitlebens besitzt. Später aber erhebt sich der blüthentragende Spross aus dem Wasser und bildet gewöhnliche Blätter, die an nicht im Wasser keimenden Pflanzen sofort auftreten. Die »Gegenblätter« von *R. aquatilis* haben die, auch bei dieser Art als ursprünglich anzusehende Form behalten, und diese Form ist besonders dazu geeignet, die Blüthe auf dem Wasserspiegel, über den sie emporwächst, einigermaassen zu fixiren und vor dem Umfallen zu schützen. Die anderen Blätter aber sind für das Leben im Wasser angepasst, und wie erwähnt, haben auch die Wasserblätter die Fähigkeit, unter Umständen diese Form anzunehmen. Sie ist bei den gewöhnlichen Blättern so constant geworden, dass sie auch bei Cultur im Trockenen beibehalten wird, wie wir denn bei vielen »amphibischen« Pflanzen sehen, dass sie auch in ihrer Landform die Eigenschaften (grosse Intercellularräume etc.), die sie befähigen als Wasserpflanzen zu wachsen, theilweise beibehalten.

Landformen von Wasserpflanzen sind ausser den oben erwähnten noch bekannt für *Callitriche*-Arten[1]), *Hippuris* etc. Wasserformen für Landpflanzen für *Veronica Anagallis*, *Sagittaria* (s. o.) etc. Von einer ganzen Anzahl anderer Wasserpflanzen aber kennt man keine Landformen. So für *Potamogeton*-Arten, *Najas*, *Zanichellia* etc., die meisten dieser Pflanzen können, wie oben erwähnt, wenn sie hinreichend gegen Verdunstung geschützt sind, wohl auch ausserhalb des Wassers wachsen. *Isoëtes lacustris* z. B. ziehe ich auf diese Weise seit $\frac{5}{4}$ Jahren als Landpflanze.

---

1) *Callitriche autumnalis* besitzt an der Blattspitze des jungen Blattes eine Gruppe von 3 bis 8 Spaltöffnungen, die bald zu Grunde gehen und am ausgewachsenen Blatte nicht mehr vorhanden sind (BORODIN, Ueber den Bau d. Blattspitze einiger Wasserpflanzen. Bot. Zeit. 1870, pag. 841). Am Wasserblatt von *Hottonia* finde ich Spaltöffnungen in gar nicht seltener Zahl, REINHARDT (Bot. Jahresber. 1879, pag. 31), giebt nur eine einzige an, die Exemplare verhalten sich also wie es scheint, verschieden.

Eine ähnliche Differenz zwischen Schwimm- und Wasserblättern wie bei *R. aquatilis* findet sich auch bei anderen Pflanzen. Sehr auffällig z. B. bei *Cabomba* (vergl. z. B. die Abbildung von *Cabomba caroliniana* bei LE MAOUT et DECAISNE, traité général de botanique descriptive, pag. 414 der 2. Aufl.). Die Schwimmblätter sind hier schildförmig, ungegliedert, die untergetauchten sind ähnlich wie bei den Wasserranunkeln in zahlreich feine Zipfel zertheilt. Es wäre interessant zu erfahren, inwieweit die beiden Blattformen in den ersten Stadien ihrer Entwicklung miteinander übereinstimmen. Bei *Salvinia natans*, dem bekannten schwimmenden Farnkraut findet sich eine ähnliche Differenz in der Ausbildung der Blätter. Die Schwimmblätter sind oval, ungestielt, die Wasserblätter in viele Zipfel zerspalten. Die Entwicklung von Schwimm- und Wasserblatt stimmt hier in den ersten Stadien überein, während aber die ersteren unverzweigt bleiben, tritt bei den letzteren eine reichliche Verzweigung ein.[1])

Ausser den genannten Umbildungsformen der Laubblätter ist namentlich noch die Verdornung derselben nicht selten; ihr successives Auftreten wurde oben von *Ulex europaeus* erwähnt, ebenso sanft abgestufte Uebergänge finden sich auch bei *Berberis vulgaris*, bei welchen aus den Laubblättern schliesslich verzweigte, meist dreitheilige Dornen hervorgehen. Man kann an den successiven Blättern eines Sprosses beobachten, wie die Fläche der Blattspreite immer mehr reducirt wird, während die Blattzipfel verdornen. Dass an den Keimpflanzen gewöhnliche Laubblätter auftreten, braucht kaum bemerkt zu werden. Auch bei den Cacteen z. B sind die Blätter in Dornen umgewandelt, ihre Entwicklung soll unten besprochen werden.

Aehnliche Umbildungen wie die Laubblätter treffen oft auch die Nebenblätter. Sie werden zu Dornen bei *Capparis spinosa*, *Robinia*-, *Euphorbia*-. (z. B. *E. splendens*) und *Acacia*-Arten.

DELBROUCK (die Pflanzenstacheln in HANSTEIN's botan. Abhandl. Bd. II., Heft 4) will für einige *Acacia*-Arten, z. B. *A. armata* die Nebenblatt-Natur der Dornen zugeben, für andere (*A. horrida* und *acanthocarpa*) nicht; und zwar deshalb, weil die — ebenso wie bei anderen Arten gestellten — Dornen, resp. Stacheln, hier »Trichome« seien, welche erst entstehen, nachdem das Blatt im Wesentlichen schon seine definitive Gestalt erreicht hat. — Es scheint mir dies aber kein triftiger Grund zu sein, denn rudimentäre Organe, wie sie die verdornten Stipulae der *Acacia*-Arten ja sind, treten häufig verspätet auf, und es scheint mir zudem nicht zweifelhaft, dass diese Organe bei allen *Acacia*-Arten homologer Natur sind.

Grössenverhältnisse und Vertheilung. Es erübrigt noch, dem oben über die Blattentwicklung mitgetheilten einige Angaben einmal über die Grössenverhältnisse der während einer Vegetationsperiode gebildeten Blätter und sodann über die Vertheilung derselben am Sprosse beizufügen.

In Bezug auf die Grössendimensionen der Laubblätter lässt sich im Allgemeinen sagen, dass die im Anfang der Vegetationsperiode gebildeten oder (bei Bäumen) entfalteten die kleinsten sind, dass darauf eine Zunahme der Grössenentwicklung bis zu einem Maximum erfolgt, von wo an die Blattgrösse wieder sinkt, bis die Blattbildung, sei es durch Blüthen oder durch Winterknospenbildung beschlossen wird. Bei Pflanzen, welche Wurzelrosetten bilden, kann das Maximum der Grössenentwicklung des Blattes natürlich innerhalb dieser Wurzelrosetten liegen.[2]) Uebrigens findet ein solch regelmässiger Gang durchaus nicht in allen

[1]) Auch die Blätter einiger Landpflanzen werden, wenn sie im Wasser wachsen, tief eingeschnitten. So die von *Lycopus europaeus* (IRMISCH, die Keimung etc. der Labiaten in Abhdl. der Nat. Ges. zu Halle, 3. Bd. pag. 66). Die im Wasser wachsenden Blätter sind gefiedert (resp. tief fiederspaltig), während die sonstigen Blätter nur gezähnt, die unteren am Grunde fiederspaltig sind Hier liegt also eine direkte Beeinflussung der Blattausbildung durch das Wachsthumsmedium vor.

[2]) Vergl. A. BRAUN, Verjüngung. pag. 75.

Fällen statt. Namentlich bei manchen Kurztrieben findet nicht eine allmähliche Abnahme in der Grössenentwicklung des Blattes statt, sondern ein plötzliches Aufhören derselben, nachdem der Höhepunkt erreicht ist. Ein instructives Beispiel liefern z. B. die Sprosse von *Juncus*[1]), welches zugleich zeigt, wie verschieden der Grad der Ausbildung der einzelnen Theile des Blattes, Scheide und Spreite an einem und demselben Sprosse sein kann (ein Blattstiel findet sich hier nicht). An der Basis des Stengels der Triebe findet man bei *Juncus conglomeratus* z. B. sechs Schuppenblätter in zunehmender Grösse, die im wesentlichen wie bei allen Monokotylen, Blattscheiden mit verkümmerter Lamina, resp. Primärblättern, an denen die Lamina noch nicht ausgebildet ist, entsprechen. Die verkümmerte Lamina ist übrigens an dem innersten (oft auch dem vorhergehenden) Schuppenblatte in Form einer pfriemlichen Spitze, auf der das Schuppenblatt fast ausschliesslich bildenden, mehrere Centim. langen Blattscheide kenntlich. Auf dieses Schuppenblatt folgt plötzlich das grosse stielrunde Laubblatt, das ganz aussieht wie ein blattloser Stengel, es besitzt einen äusserst kurzen, mit blossem Auge gar nicht wahrnehmbaren Scheidentheil, in welchem der nach Bildung des einzigen Laubblattes verkümmernde Vegetationspunkt sitzt, an welchem ich bei *J. conglomeratus* stets auch noch die Andeutung zu einem weiteren, nie zur Ausbildung gelangenden Blatte fand.

Ein solcher *Juncus*-Spross, der in der Achsel seines zweiten (häufig auch des dritten) Schuppenblattes einen sich ebenso verhaltenden neuen Spross erzeugt, verhält sich also gerade so wie eine sich entfaltende Winterknospe eines Laubbaumes, z. B. *Prunus avium*, wenn man sich bei der letzteren alle Laubblätter bis auf das unterste mitsammt dem Vegetationspunkte verkümmert denkt. Es ergiebt sich aus dem Gesagten, wie verschieden bei den einzelnen Sprossen auch die aufeinanderfolgenden Blattmodificationen sind. Die blühenden *Juncus*-Sprosse z. B. besitzen ebenfalls nur ein, aber auf langem Internodium stehendes Laubblatt, dessen Basis die Inflorescenz scheidenförmig umfasst.

Es sind dies also Sprosse, die alle Blattformationen (Niederblätter, Laubblätter, Hochblätter) besitzen, mit Ausnahme der Blüthenblätter, die sie ebenfalls besitzen würden, wenn eine Terminalblüthe vorhanden wäre. Eine solche findet sich z. B. bei dem, vielfach als instruktives Beispiel für die Ausbildung der Blattformation benützten *Helleborus niger*[2]). Auf die Cotyledonen folgen hier die primären Laubblätter. Dann in regelmässigem Wechsel Niederblätter und Laubblätter, bis der Spross nach einigen Jahren (bei BRAUN, a. a. O., sind 7 angenommen) soweit erstarkt ist, dass er zur Blüthe gelangt. Dabei treten Hochblätter auf als Brakteen der Seitenblüthen, und auch Uebergangsbildungen zwischen Laub- und Hochblättern (vergl. pag. 242.) und nach ihnen die Blüthenblätter. Je nachdem in einem Sprosssystem also die Funktionen vertheilt sind, sind auch die Blattbildungen an den Sprossen modificirt. Sie finden sich entweder wie in dem oben genannten Falle alle an einem Spross, der also zuerst rein vegetativ ist und dann zum Blüthenspross sich gestaltet, oder die vegetative Ausbildung und die Blüthenbildung sind auf besondere Sprosse vertheilt. Der Hauptspross vieler Bäume z. B. wächst unbegrenzt weiter und bildet abwechselnd Laub- und Niederblätter (Knospenschuppen), während Seitensprosse zu Blüthen oder Inflorescenzen sich umgestalten.

---

1) IRMISCH, Botan. Zeit. 1855. pag. 57.

2) Vergl. BRAUN, Individuum (Abhandl. der Berl. Akad. 1853, pag. 98 ff.; Taf. I. Fig. 2.

Der unter der Erde kriechende Hauptspross von *Paris* dagegen bildet überhaupt nur Niederblätter, und die Laubblätter und Blüthen erscheinen auf Seitensprossen begrenzten Wachsthums, ähnlich wie dies bei den Kiefern in späteren Jahren der Fall ist. Es würde zu weit führen, die grosse Mannigfaltigkeit, die hier sich findet, an einer grösseren Anzahl von Beispielen auszuführen, nur das mag hier noch betont sein, dass auch die Vertheilung der Blattformen auf die Sprosse keine ganz constante ist, es sei hier nur erinnert an das oben über die Inflorescenzen von *Prunus Padus*, *Petasites* etc. Gesagte.

Die Blattbildung der Parasiten endlich, bei welchen bekanntlich häufig grüne Laubblätter ganz fehlen, wie z. B. bei *Orobanche*, soll in einem besonderen, den Parasitismus behandelnden Abschnitt besprochen werden.

§ 4. Metamorphe Sprossformen. — Schon im Verlaufe der Darstellung der Blattentwicklung wurde darauf hingewiesen, dass metamorphe, abgeleitete Blätter sich gewöhnlich nicht isolirt an den Sprossen finden, sondern dass mit der Umbildung der Blätter eine Umbildung des ganzen Sprosses gewöhnlich verknüpft ist. Wir erhalten z. B. Niederblattsprosse, welche mit Niederblättern besetzt sind, und entweder als unterirdische Stämme (*Paris quadrifolia*), oder Ausläufer (*Circaea* und viele andere) im Boden kriechen oder zu Reservestoffbehältern anschwellen wie bei der Kartoffel, *Helianthus tuberosus* u. a. Die Formentwicklung derartiger Sprosse ist eine so einfache, dass sie hier keine Besprechung erheischt. Von grösserem Interesse sind diejenigen Sprossformen, bei welchen der Spross meist unter Verkümmerung oder Reduction der Laubblätter deren Function, oft auch deren Form übernimmt, diejenigen, welche sich ebenfalls unter Verkümmerung der Blätter in Dornen resp. Stacheln umbilden, die Sprosse, welche Wurzelfunction übernehmen und endlich als die wichtigsten diejenigen, welche als Träger der Fortpflanzungsorgane bestimmten, bei den verschiedenen Abtheilungen, wechselnden Umbildungen unterliegen. Sprosse der letzteren Art, d. h. solche, die als Träger der geschlechtlichen Fortpflanzungsorgane in den vegetativen Sprossen gegenüber differenter Weise ausgebildet sind, bezeichnen wir ganz allgemein als Blüthen; die Entwicklung derselben wird den Gegenstand des folgenden Abschnittes bilden.

1. Phyllocladien. Eine zahlreiche Reihe von Mittelstufen führt von den gewöhnlichen vegetativen Sprossen zu denjenigen, welche unter Verkümmerung oder Reduction der Blätter die Function derselben übernommen haben. Es wurde oben schon hervorgehoben, dass in manchen Fällen (*Symphytum*, *Carduus* u. a.) blattähnliche, aber nicht vom Stengel abgegliederte Auswüchse desselben die Function der Blätter unterstützen. Eine Reduction der letzteren findet in den genannten Fällen nicht statt. Bei *Genista sagittalis* L. z. B. ist dies schon der Fall: hier übertrifft die grüne, häutige Fläche, welche durch die Verbreiterung der Stengelinternodien gebildet wird, jedenfalls bei weitem die Gesammtfläche der kleinen, ungegliederten Blätter. Die Stengel sind hier aber noch scharf in Internodien gegliedert, die Knoten, an welchen die Blätter entspringen, sind nicht »geflügelt«, unterhalb jedes Blattes aber ist das Internodium durch zwei, der Blattfläche gleichsinnig verlaufende »Flügel« verbreitert. Von hier aus ist nur ein kleiner Schritt zu solchen Formen, deren Blätter verkümmern, während der Stengel flach und oft blattähnlich ausgebildet ist. Derartige Formen finden sich in verschiedenen Verwandtschaftskreisen so unter den Leguminosen bei *Bossiaea*-Arten, *Carmichaelia australis*, unter den Smilaceen bei *Ruscus*, den Polygoneen bei *Mühlenbeckia*, den Euphorbiaceen bei *Phyllanthus*, den Coniferen bei *Phyllo-*

cladus etc. Die interessanten Keimungserscheinungen von einigen dieser Formen sind oben schon besprochen worden, es erübrigt also nur noch, die im Allgemeinen sehr einfache Entwicklungsgeschichte dieser blattartigen Sprosse (»Phyllocladien«) hier anzuführen, soweit sie derzeit bekannt ist.[1])

1. *Phyllocladus.* Die *Phyllocladus*-Arten sind Bäume geringer Höhe oder Sträucher, welche in Neuseeland, Tasmanien etc. einheimisch sind. Sie besitzen cylindrische Hauptachsen mit spiralig gestellten Blättern, die klein und schuppenartig sind, bald vertrocknen und abfallen. In den Achseln derselben entwickeln sich flache, blattartige in ihrem Umrisse an Farnblätter erinnernde Zweige, die ihrerseits wieder verzweigt sind, aber in einer Ebene, einzelne dieser Verzweigungen bilden sich zu Blüthen aus. Es lassen die blattartigen Zweige eine Differenz im Baue der Ober- und Unterseite (wie die meisten Blätter) erkennen, letztere besitzt weit mehr Spaltöffnungen als erstere, auch hat die Oberseite unter der Epidermis ein Pallisadengewebe, welches der Unterseite fehlt. (Ganz mit diesen Phyllocladien übereinstimmend im Habitus wie im Bau verhalten sich die, ebenfalls gefiederten Blättern ähnlichen Zweigsysteme von *Thuja*, bei welchen aber die Blätter noch vorhanden, dem Zweige angedrückt sind.) Es ist indess die Phyllocladien-Natur dieser Zweige hier noch nicht fixirt, denn die kräftigeren derselben gehen an ihrer Spitze wieder in radiäre, cylindrische Triebe über, während diejenigen, bei welchen dies nicht der Fall ist, ohne Zweifel bald vom Stamme abfallen, ebenso wie die Kurztriebe von *Pinus* und diejenigen Kurztriebe von *Larix* etc., welche nicht in Langtriebe übergehen.

2. *Ruscus.* Die *Ruscus*-Arten mit blattartig ausgebildeten Zweigen (*R. aculeatus, hypoglossum, hypophyllum* u. a.) besitzen einen unterirdischen Wurzelstock, aus dem alljährlich im Frühjahr spargelähnliche Sprosse über den Boden treten. Diese Sprosse besitzen zu unterst eine Anzahl scheidenförmiger, relativ ansehnlicher, an der Spitze gewöhnlich grün gefärbter Blätter. ASKENASY (a. a. O., pag. 22) hat bei *R. racemosus* die interessante Anomalie beobachtet, dass auf diese scheidenförmigen Niederblätter zuweilen einige Blätter mit langem Stiele und eiförmiger, grüner Spreite folgten, die etwa wie *Convallaria*-Blätter aussehen: eine Erscheinung, welche wir wohl als Rückschlag auf die Blattform, welche *Ruscus* ursprünglich, vor dem Auftreten der Phyllocladienbildung besass, betrachten dürfen. Gewöhnlich aber streckt sich der Stengel oberhalb der Scheidenblätter und producirt dann eine Anzahl kleiner, dünnhäutiger, bald abfallender Schuppen, in deren Achseln die blattähnlichen Zweige stehen.[2]) Auch die Sprossspitze selbst bildet sich gewöhnlich blattartig aus. Die sämmtlichen Theile eines *Ruscus*-Sprosses sind schon angelegt, wenn er sich im Frühjahr über den Boden erhebt. Auf diesen flachen Zweigen stehen auch gewöhnlich die Blüthen, resp. die wenigblüthigen Inflorescenzen. Bei *R. androgynus* an den Kanten, bei den übrigen auf einer der Flächen, und zwar bei *R. aculeatus* und *hypoglossum* auf der Oberseite, bei *R. hypophyllum* auf der Unterseite. Sie stehen in der Achsel eines Blattes, des einzigen, welches die flachen Zweige überhaupt besitzen, es sprosst schon früh aus dem blattartigen Zweige hervor, der ähnlich wie andere Zweige angelegt wird. Dieses Stützblatt vertrocknet bei *R. aculeatus* u. a. früh, während es bei *R. hypoglossum* grösser und lederartig ist, und in seinem Bau mit dem flachen Zweige übereinstimmt, was erwähnt sein mag, weil diese Thatsache zu unrichtigen Deutungen Veranlassung gegeben hat. Die flachen Zweige von *R. aculeatus* und *R. racemosus* stellen sich übrigens nicht so, dass sie eine Fläche nach oben, eine nach unten kehren, sondern sie machen eine Drehung von 90° und kehren dem Sprosse, an dem sie stehen, die scharfe Kante zu, also ähnlich wie die Phyllodien der neuholländischen Acacien. Doch dürfte dies nach Beleuchtungsverhältnissen wechseln.

3. *Asparagus.* Während die *Ruscus*-Zweige wenigstens noch ein Blatt produciren, ist dies bei den kleinen, nadelförmigen *Asparagus*-Zweigen nicht mehr der Fall. Hier stehen in den Achseln der Niederblätter der Sprosse Büschel von nadelförmigen Zweigen (in Doppelwickeln, vergl. das Diagramm bei EICHLER, Blüthendiagramme I, pag. 149 und die dort angeführte Literatur). Der mittlere Zweig vermag in einen beblätterten Ast auszuwachsen, rechts und links

---

[1]) Vergl. SCHACHT, Beitrag zur Entwicklungsgeschichte flächenartiger Stammorgane. Flora 1853. pag. 457 ff. ASKENASY, Botan. morpholog. Studien. Frankfurt 1872. pag. 3 ff. GEYLER a. a. O. STRASBURGER, Die Coniferen und Gnetaceen (*Phyllocladus*). pag. 391 ff.

[2]) Bei *Ruscus aculeatus* und *racemosus* stehen dieselben erst an Nebenachsen.

von demselben steht gewöhnlich eine Blüthe. Auch Deckblätter treten bei diesen metamorphen nadelförmigen blattlosen Sprossen nicht auf, nur an den Blüthen sind sie zuweilen in rudimentärer Entwicklung vorhanden.

4. Papilionaceen. Bei den Papilionaceen sind platte, bandartige Stengel, bekannt in der Gattung *Bossiaea* und *Carmichaelia*. Bei *Bossiaea* finden wir innerhalb ein und derselben Gattung alle Uebergänge von den normalen bis zu der in Rede stehenden metamorphen Sprossform; *Bossiaea microphylla* hat cylindrische Zweige und zahlreiche flache Blätter, also die gewöhnliche Sprossform; *B. heterophylla* besitzt flache Zweige aber mit wohlausgebildeten Blättern, während *Bossiaea ensata* R. Br. flache Sprosse mit verkümmernden Blättern zeigt. Der Hauptstamm und die stärkeren Zweige sind hier wie bei *Carmichaelia australis* cylindrisch; die flache Gestalt der Zweige geht durch secundäres Dickenwachsthum allmählich in die cylindrische über; bei *Carmichaelia* aber fallen die sehr flachen Zweige gewöhnlich ohne sich zu verdicken ab. Der Vegetationspunkt der flachen Zweige hat übrigens die gewöhnliche Form, also annähernd kreisförmigen Querschnitt, erst unterhalb desselben beginnt die Abflachung.

5. *Mühlenbeckia platyclada*. Ganz ähnlich wie die genannten Papilionaceen verhält sich eine Polygonee, *Mühlenbeckia*, sie besitzt flache Stengel, welche bei einer Breite von ca. ½ Centim. oft nur 2 Millim. dick sind. Neben diesen flachen Zweigen finden sich solche von mehr kreisförmigem Querschnitt, welche das dauernde Sprossgerüste bilden, während die flachen Zweige eine kürzere Lebensdauer haben. Neben Blättern mit vollkommen entwickelter Spreite finden sich solche, die sehr reducirt sind, und im fertigen Zustand oft kaum mehr erkannt werden können.

6. *Phyllanthus*. Als letztes Beispiel diene eine Euphorbiacee. *Phyllanthus* besitzt einen cylindrischen Stamm und cylindrische Aeste mit spiralig gestellten, schuppenförmigen Blättern, in deren Achseln die blattähnlichen Zweige stehen. Nach Schacht (a. a. O. pag. 461) finden sich solche bei *Ph. cernua* nicht, und hier sind auch die Laubblätter entwickelt. An den blattähnlichen Sprossen stehen am Rande häutige Blättchen, in deren Achseln die Blüthensprosse stehen. Es nehmen die blattähnlichen Sprosse eine annähernd horizontale Stellung ein, und werden später abgeworfen.

2. Cacteenform. Andere Euphorbiaceen (z. B. *Euphorbia trigona*) lassen ihre Blätter zwar ebenfalls verkümmern, und werfen dieselben frühzeitig ab, bilden aber keine blattähnlichen, sondern cactusähnliche, fleischige Sprosse. Die Blätter bei *E. trigona* sind verkümmert, ihre Nebenblätter zu Stacheln ausgebildet[1]). Die genannte *Euphorbia* hat den »Cacteenhabitus«. Auch bei den Cacteen (mit Ausnahme von *Peireskia*) verkümmern die Blätter, während die Sprossachsen entweder eine kugelige, säulen- oder blattförmige Ausbildung erfahren. Die Blattanlagen sind noch in Form von bald abfallenden Schuppen vorhanden. Die in der Achsel derselben stehende Sprossanlage aber entwickelt sich in weitaus den meisten Fällen nicht, sondern producirt eine Anzahl von Stacheln[2]). Diese sind, wie schon das von Kauffmann beobachtete Vorkommen von Mittelformen zwischen Stacheln und Laubblättern andeutet, umgewandelte Laubblätter, mit welchen sie auch in ihrer Anlage ganz übereinstimmen. Sie treten zuerst auf der, der Hauptachse abgewendeten Seite des Achselknospenvegetationspunktes und stehen hier auch immer in grösserer Zahl als auf der entgegengesetzten Seite. Bei *Opuntia*, *Cereus* und verwandten Formen entwickelt sich die Knospe, welche die Stacheln trägt, im nächsten Jahre weiter, bildet zuerst Stacheln und dann Laubblätter. Bei *Mammillaria* u. a. ist dies nicht der Fall, die stacheltragende Achselknospe stellt hier ihr Wachsthum für immer ein. Aus dem unteren Theile derselben

---

1) Ueber die Entwicklung derselben vergl. Delbrouck, Die Pflanzenstacheln in Hanstein, bot. Abh. Bd. 2. Heft IV. pag. 78.

2) Delbrouck a. a. O. pag. 78. Die dort citirte Abhandlung von Kauffmann über die Entwicklung der Cacteenstacheln ist mir nicht zugänglich. — Gelegentliche Untersuchungen an *Phyllocactus* haben mich zu denselben Resultaten geführt wie Delbrouck.

aber entwickelt sich ein umfangreicher Höcker, der ein sternförmiges Stachelbüschel trägt. Dies Stachelbüschel hat an seiner Basis ein resistentes Gewebe, durch welches die einzelnen Stacheln fest mit einander verkittet werden.

3. Dornsprosse und Ranken. Mit den genannten Sprossen stimmen diejenigen, welche zu Dornen sich umgestalten, insofern überein, als auch sie ihre Blätter verkümmern lassen. Ohnehin fehlt es nicht an Mittelstufen zwischen solchen Sprossen, welche die Funktion der Laubblätter übernehmen, und solchen, die sich zu Dornen ausbilden: Bei manchen ist dies gleichzeitig der Fall. So enden die blattartigen Sprossen von *Ruscus aculeatus* in einen Dorn, und dasselbe ist bei den sonderbaren flachen Sprossen von *Colletia* der Fall. Es fehlt auch hier nicht an Uebergangsformen von normalen Laubsprossen zu Stacheln. Diese finden sich z. B. bei den Pomaceen und Amygdaleen[1]). Die Dornzweige von *Crataegus Oxyacantha* z. B. bilden, ehe sie ihr Wachsthum durch Verdornung ihrer Spitze abschliessen, zuerst einige rudimentäre Laubblätter, die aber bald abfallen, und besitzen an ihrer Basis ein paar Knospen, die im nächsten Jahre zu Kurztrieben auswachsen. Auch andere Zweige (Areschoug's »falsche Kurzzweige«) verdornen, nachdem sie einige Laubblätter producirt haben, deren Achselknospen im nächsten Jahre auswachsen. Schneidet man den Spross, an dem ein normal zum Dorne werdender Crataegustrieb als Seitenzweig steht, rechtzeitig ab, so kann man dadurch den letzteren nöthigen, sich zum Laubtriebe statt zum Dorne auszubilden, und denselben Effekt hat bekanntlich die Kultur bei *Pyrus Malus* und anderen Pomaceen. Wie an den Phyllocladien, wird also auch an den zu Dornen umgewandelten Sprossen die Laubblattbildung rudimentär, bei manchen zu Dornen umgewandelten Sprossen fehlt sogar die Blattbildung vollständig, ähnlich wie bei den nadelförmigen Zweigen von *Asparagus*. Dasselbe gilt für die zu Ranken umgewandelten Sprosse. Bei manchen, wie bei denen von *Vitis* treten noch sehr reducirte Blattgebilde (bei *Vitis* nicht selten auch ein Laubblatt) auf, andere wie die von *Passiflora* entbehren der Blattbildung vollständig.

4. Wurzelähnliche Sprosse. Sprosse, die anscheinend die Funktion von Wurzeln übernommen haben, finden sich in verschiedenen Verwandtschaftskreisen. Selbstverständlich meinen wir darunter nicht die im Boden kriechenden Rhizome, welche entweder selbst mit ihrem Ende nach einiger Zeit über den Boden treten, oder Achselsprosse bilden, welche sich so verhalten. Die Anführung von Beispielen wird am besten diese wurzelähnlichen Sprosse charakterisiren, welche durch Uebergänge mit gewöhnlichen Rhizomsprossen verbunden sind.

Haplomitrium Hookeri, das einzige, beblätterte, aufrecht wachsende Lebermoos besitzt im Unterschiede von den anderen Angehörigen dieser Abtheilung keine Wurzeln (Rhizoïden) ihre Funktionen werden aber (wahrscheinlich) übernommen von den wurzelähnlichen Zweigen, an welchen die Blattbildung kaum angedeutet ist. Neben diesen kommen andere anfangs ebenfalls im Boden wachsende Zweige vor, an deren Spitze sich aber kurze Blättchen befinden, und die später über den Boden treten. Aehnliche wurzelartige Sprosse besitzen auch andere beblätterte Lebermoose[2]), z. B. *Sendtnera Sauteriana*. An denselben sind die Blätter häufig so verkümmert, dass eine Blattfläche gar nicht mehr gebildet wird und nur eine wulstige Hervorragung von Zellen, die sämmtlich zu Wurzeln (Rhizoïden) auswachsen, die Stellen ihrer Anlegung andeutet.

---

[1]) Vergl. z. B. Delbrouck a. a. O. pag. 97. Areschoug, Beiträge zur Biologie der Holzgewächse. Lund, 1871 (Lunds Universitets Arsskrift, T. XII).

[2]) Leitgeb, Unters. über die Lebermoose. III. Heft.

Dieselben Verhältnisse wie bei *Haplomitrium* treffen wir auch bei der sonderbaren *Lycopodiacee Psilotum*. Wie *Haplomitrium* ist *Psilotum* wurzellos, die Funktionen der Wurzeln sind auf unterirdische Sprosse übergegangen. Diese kommen hier auch in ganz ähnlichen Modifikationen vor; die einen meist oberflächlich liegenden besitzen an der Spitze eine Anzahl kleiner, chlorophylloser Blattanlagen, und treten später über die Erde. Die anderen, schmächtiger ausgebildet, liegen tiefer in der Erde, von Blättern ist an ihnen mit blossem Auge nichts zu sehen, die Blattanlagen bestehen nämlich nur aus wenigen Zellen. Sprosse der letzteren Art können aber (wie dies wohl auch bei *Haplomitrium* der Fall ist) in die der ersteren übergehen. — Auch für manche Hymenophylleen werden solche wurzelartige Sprosse angegeben, die aber noch genauer zu untersuchen sind.

Wurzellose Samenpflanzen sind zwar ebenfalls einige bekannt *(Wolffia arrhiza, Utricularia* etc.) allein diese sind ausschliesslich schwimmende Wasserpflanzen, bei welchen wurzelähnliche Sprosse demgemäss nicht vorkommen.

Wir übergehen die vielfachen, weniger wichtigen, mehr oder weniger metamorphosirten, sonst noch vorkommenden Sprosse, und wenden uns zu den häufigsten und wichtigsten derselben, den Blüthen.

II. Kapitel.

Entwicklungsgeschichte des Sexualsprosses (der Blüthen).

§ 1. Blüthenbildung im Allgemeinen; Blüthenentwicklung der Gymnospermen. Als »Blüthe« im weitesten Sinne haben wir oben einen Sexualorgane tragenden und in Verbindung damit mehr oder weniger umgestalteten Spross bezeichnet. Ein solcher Sexualspross kann in seinen Formverhältnissen mit einem vegetativen Spross entweder ganz übereinstimmen, oder von demselben in verschiedenem Grade abweichen. Beispiele dafür liessen sich schon von den Thallophyten in Mehrzahl anführen, es lässt sich zeigen, wie in den einzelnen Reihen ganz allmählich eine Differenzirung in Bau und Ausbildung der Sexualsprosse gegenüber den vegetativen eintritt (vergl. z. B. das auf pag. 153 über die Sphacelarien-Reihe Angeführte). Dasselbe gilt für die Muscineen. Bei den Lebermoosen z. B. stehen die Sexualorgane auf gewöhnlichen, später vegetativ weiter wachsenden Sprossen, bei *Riccia;* auf wenig modificirten Thalluszweigen, welche aber ausschliesslich Sexualsprosse sind, bei *Ancura,* während bei *Marchantia* Sprosssysteme als Träger der Geschlechtsorgane auftreten und dabei einen sehr eigenartigen Charakter annehmen. Es ist aber auch bei den gestielten Scheiben dieser Pflanzen unschwer zu erkennen, dass sie nur modificirte Vegetationsorgane sind, deren Bau sie der Hauptsache nach noch vollständig zeigen.

Bei den heterosporen Gefässkryptogamen greift die Sexualdifferenz schon auf die Sporen und Sporangien zurück, und wir können dementsprechend auch die Sporangienstände dieser Pflanzen als »Blüthen« bezeichnen, um so mehr, als sie in der That das Prototyp der Blüthen der Samenpflanzen sind. Es sind auch hier deutlich umgebildete Laubsprosse, die sich zu »Blüthen« gestalten. So sitzen bei *Isoëtes* die Sporangien auf der Basis gewöhnlicher Laubblätter. Der Spross, der sie trägt, ist aber nicht ein Sexualspross, sondern wächst später vegetativ weiter, ein Fall, der sich bei den weiblichen Blüthen von *Cycas* wiederholt, nur dass hier die Sexualorgane (die sporangientragenden Blätter, welche wir ganz allgemein als Sporophylle bezeichnen wollen) den Laubblättern gegenüber tiefgreifende Veränderungen erlitten haben.

Meist sind es Blätter der Sexualsprosse, welche, wie in dem eben erwähnten Falle als Träger der Sporangien auftreten, doch können die letzteren wie *Selaginella* zeigt, auch aus der Sprossachse entspringen. Bei den Samenpflanzen werden die den Sporangien homologen Organe als »Pollensäcke« und »Samenknospen« bezeichnet, eine Terminologie, welche in der historischen Entwicklung unserer Kenntnisse begründet ist.

Aus demselben Grunde haben auch die Ursprungsstellen der Sporangien und Samenknospen eine verschiedene Nomenklatur erhalten. Die Ursprungsstellen der Samenknospen werden als Placenten bezeichnet. Viele Farnsporangien z. B. sitzen einem Gewebepolster auf, dieses führt den Namen »Receptaculum,« bei den Hymenophylleen aber, wo die Sporangien an dem verlängerten Blattnerven sitzen, heisst derselbe »Columella« und ebenso wurde auch die Verlängerung des Blattzipfels genannt, an welchem die Sporangien von *Salvinia* sitzen. »Receptaculum,« »Columella« und Placenta der Samenknospen sind aber offenbar analoge Bildungen und es ist eine ganz unnöthige, nur die Uebersicht erschwerende Complication der Terminologie, wenn man die verschiedenen Benennungen beibehält. Im Folgenden soll daher die Ursprungsstätte sämmtlicher Sporangien überhaupt als Placenta bezeichnet werden, wobei bemerkt sein mag, dass meiner Ansicht nach für die Anwendung einer solchen Bezeichnung nur da ein Bedürfniss vorhanden ist, wo die Sporangien auf einer besonders abgegliederten, in Form eines Trägers hervortretenden Ursprungsstätte sitzen. Vielfach nämlich entspringen die Sporangien auch direkt aus dem Stamm- oder Blattgewebe.

Direkt aus dem Sporophyll entspringen z. B. die Sporangien des Farnkrautes *Ceratopteris*, die Makrosporangien (Samenknospen) von *Butomus*, während die von *Taxus*, *Polygonum*, *Peperomia* etc. das Ende einer Sprossachse einnehmen. In all den genannten Fällen ist nach unserer Terminologie eine Placenta nicht vorhanden.

Mit Ausnahme von *Psilotum* und *Selaginella* stellen die Placenten der Gefässkryptogamen, soweit bekannt, Wucherungen der Oberflächenzellen[1]) des Blattes vor, sie bilden bei *Marattia* und *Angiopteris* Längswülste, denen die Sporangien aufsitzen, bei vielen Polypodiaceen sind es rundliche Höcker. Bei den Hymenophyllen dagegen wird die Placenta gebildet von der Verlängerung eines Blattnerven, der über das Blatt hinauswächst. Die Sporangien sind hier um die Placenta herum allseitig vertheilt, und ebenso ist es bei *Salvinia*, wo der Blattzipfel eines Wasserblattes zur Placenta auswächst, aus welcher die Sporangien ebenfalls allseitig vertheilt hervorsprossen. Schon bei den Farnen finden sich also in der Placentenentwicklung bedeutende Differenzen: in den gewöhnlichen Fällen einfache Wucherungen der Oberfläche, in der letztgenannten Neubildungen von anderem Charakter.

Bei den übrigen »Gefässkryptogamen« findet sich eine Placenta in dem oben gebrauchten Sinne nicht. Sie fehlt auch den Samenknospen (Makrosporangien) tragenden Fruchtblättern der Cycadeen, bei welchen die Samenknospen frei am Rande, an Stelle von Fiederblättchen sitzen. Während bei *Cycas*, wie oben erwähnt, die Fruchtblätter im Wechsel mit Laubblättern und Knospenschuppen am

[1]) Dies gilt auch für die scheinbar so abweichend gebauten »Sporenfrüchte« der Marsiliaceen. Die Placenten befinden sich hier in Einsenkungen der Oberfläche des fertilen Blatttheiles, deren Mündung aber später verwächst, so dass die Sporangien im Innern von Höhlungen zu entspringen scheinen. Vergl. meinen Aufsatz »Ueber die Frucht von *Pilularia*,« Botan. Zeit. 1882, pag. 771, und die Angaben Russow's in dessen vergl. Untersuchungen.

Hauptstamme auftreten, sind sie bei den anderen Cycadeengattungen auf einer, ihr Wachsthum damit abschliessenden Sprossachse zu einer zapfenförmigen Blüthe vereinigt, deren Fruchtblätter eine viel weiter gehende Umbildung als die von *Cycas* erlitten haben, sie zeigen nicht mehr die Anlage von Fiederblättchen, sondern sind schildförmige gestielte Bildungen. Ihnen ähnlich sind die Sporophylle (Staubblätter) der männlichen Blüthen[1]), hier finden wir aber noch Placentarbildungen ganz ähnlich denjenigen, welche bei manchen Farnen auftreten. An dem jungen Staubblatte von *Zamia muricata* z. B. bildet sich zunächst rechts und links an seinem Grunde je ein Lappen, welchen man vielleicht als ein rudimentäres Fiederblättchen betrachten kann, und auf diesen seitlichen Ausbreitungen entstehen die Placenten als halbkugelige Höcker, deren jeder zwei Mikrosporangien (Pollensäcke) trägt, auf deren Entwicklung bei Besprechung der Sporangienentwicklung zurückzukommen ist.

Die männlichen Blüthen der Coniferen[2]) besitzen solche Placentarbildungen nicht, es sitzen hier die Mikrosporangien der Unterseite des Staubblattes als kleine Kapseln, wie bei den Cupressineen, lange, herabhängende Wülste wie bei den Araucarien auf, oder sie sind in das Gewebe des Staubblattes eingesenkt, wie bei den Abietineen. Die männliche Blüthe besteht hier also aus einer mit Sporophyllen besetzten Sprossachse. Die Sporophylle selbst tragen die Mikrosporangien (2, 3, 4 oder mehr) meist auf der Unterseite stimmen in ihrer Anlage ganz mit Laubblättern überein, weichen aber im fertigen Zustand von denselben oft beträchtlich ab, ähnlich wie dies ja auch bei denen der Farne häufig der Fall ist. So ist bei *Gingko* der Spreitentheil des Staubblattes sehr reducirt, am fertigen Staubblatt nur in Form eines kleinen Knötchens noch wahrnehmbar; bei den Cupressineen pflegt das Staubblatt auf seiner Unterseite eine, dem Indusium der Farne vergleichbare, die Mikrosporangien in ihrer Jugend bedeckende Wucherung zu bilden und wird dadurch schildförmig, während bei *Taxus* die Sporangien wie bei *Equisetum* rings um das Sporophyll vertheilt sind, das Assimilationsparenchym aber überall ganz oder grösstentheils fehlt.

Die kleinen Formverschiedenheiten fallen indess wenig ins Gewicht dem merkwürdigen Verhalten der weiblichen Blüthen gegenüber. Einfache Ausbildung derselben treffen wir noch bei den Araucarien: die Samenknospen sind in Ein- oder Mehrzahl auf der Oberseite der Sporophylle inserirt, welche an einer Spindel stehen und mit derselben die weiblichen Blüthenzapfen zusammensetzen. Eine weibliche Blüthe von *Dammara* z. B. construirt man im Wesentlichen richtig, wenn man sich die Sporangien einer *Lycopodium*-Sporangiumähre durch Samenknospen ersetzt denkt. Eine Complication tritt bei anderen Formen insofern ein als auf dem Sporophyll oberhalb der Samenknospen ein Auswuchs entsteht, der bald nur als häutiger Saum (wie bei *Cunninghamia)*, bald als massive, aber von dem Sporophyll (der »Samenschuppe«) nicht abgegliederte Wucherung wie bei den Cupressineen, bald als schuppenförmige Bildung auftritt, wie z. B. bei *Cryptomeria japonica*. Die Samenknospen stehen in dem erwähnten Falle entweder auf der Zapfenschuppe oder wie bei den Cupressineen auf einer kleinen placen-

[1]) Ueber die Blüthenentwicklung der Cycadeen ist zu vergleichen: WARMING, bidrag til Cycadernes naturhistoire. Overs. over de Kgl. d. Vidensk. Selsk. For. 1879; TREUB, Récherches sur les Cycadées. ann. du jard. bot. de Buitenzoorg. 1881. II. Bd.

[2]) STRASBURGER, Die Coniferen und Gnetaceen. Jena, 1872. Ders., Die Angiospermen und die Gymnospermen. Jena, 1879. Vergl. die Darstellung und weitere Literaturangaben in GOEBEL, Grundzüge der Systematik etc. pag. 357 ff.

taren Wucherung in der Achsel derselben. Am eigenthümlichsten aber ausgebildet ist die Placenta bei den Abietineen, wo sie in Form einer, die eigentlichen Zapfenschuppen verdeckenden und überragenden Bildung auftritt. Die Zapfen, welche als weibliche Blüthen zu betrachten sind, werden also gebildet von einer Spindel, an welcher rings zahlreiche, grosse Schuppen sitzen, welche auf ihrer Oberseite je zwei Samen tragen. Diese Schuppen, die Samenschuppen, entsprechen aber nicht den samentragenden Schuppen z. B. von *Damara*. Untersucht man nämlich die Zapfen z. B. der Kiefer oder der Fichte genauer, so findet man unterhalb jeder Samenschuppe eine kleine Schuppe, die Deckschuppe, aus deren Achsel, resp. deren Basis die Samenschuppe entspringt. Ueber das Verhältniss beider klärt die Entwicklungsgeschichte auf (Fig. 56). Sie mag an der Tanne geschildert werden[1]). Die Knospe, aus der ein weiblicher Blüthenzapfen hervorgeht, unterscheidet sich anfangs nur wenig von einer Laubknospe. Sie steht in der Achsel eines Laubblattes (einer »Nadel«) auf der Oberseite eines Zweiges und ist, wie die Knospen, die sich im nächsten Frühjahr zu neuen Trieben entfalten, mit Knospenschuppen bedeckt. Wie die Laubknospe erzeugt der von den Knospenschuppen umschlossene dicke Vegetationskegel eine Anzahl von Blattanlagen. Diese Blattanlagen, deren Jugendstadien ganz mit denen der Laubblätter (»Nadeln«) übereinstimmen, bilden sich aber nicht zu Laubblättern, sondern zu den oben erwähnten Deckschuppen (d Fig. 56) aus, die ziemlich klein bleiben. Nach einiger Zeit (Anfang Oktober) findet man auf der Basis jeder Schuppe eine halbkugelige Anschwellung (p Fig. 56). Dies ist die Anlage der Samenschuppe auf welcher später die Samenknospen entspringen. Würde die Samenschuppe auf diesem Zustande verharren, so würde ohne Weiteres in die Augen springen, dass sie nichts anderes ist als eine Placentarbildung, die ganz übereinstimmen würde mit den Placentarhöckern mancher Farnkräuter oder denjenigen, auf welchen die Mikrosporangien der Cycadeen entspringen. Statt dessen aber bildet sich die Placenta hier, wenn die Weiterentwicklung im Mai des nächsten Jahres beginnt

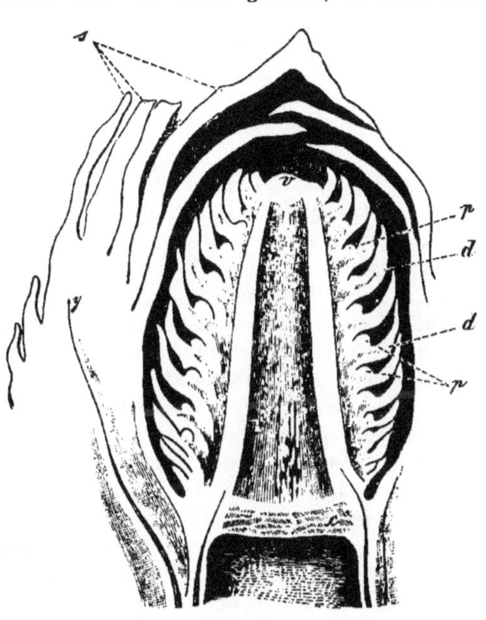

Fig. 56. (B. 377.)

Längsschnitt durch eine junge weibliche Blüthe von *Abies pectinata* (nach SCHACHT) am 6. Nvbr. In der Achsel der Deckschuppen (d) haben sich die Anlagen der Samenschuppen (= Placenten) p gebildet. s Knospendeckschuppen, unter deren Schutz die Blüthenanlage überwintert, sie stehen auf einer becherförmigen Achsenwucherung (Cupularbildung), wie sie auch an den Laubknospen der Tanne regelmässig auftritt. x das Gewebe, welches im Marke die Grenze zwischen dem Stengelglied des vorigen Jahres und dem Blüthenzapfen bildet.

[1]) Man vergl. die freilich nicht ganz zutreffende Schilderung bei SCHACHT, Beiträge zur Anat. und Physiol. der Gew. pag. 182. ff.

zu der schuppenförmigen Bildung aus, welche viel grösser wird, als die Deckschuppe, und die letztere ganz verdeckt. Auf der Basis der Samenschuppe entspringen die Samenknospen, welche anfangs aufrecht stehen, später so umgelegt werden, dass ihre Mikropyle nach unten, gegen die Zapfenspindel hin gerichtet ist. Die eigenthümliche Ausbildung steht hier in Beziehung zur Bestäubung[1]), die aber bei den verschiedenen Arten schon deshalb eine verschiedene ist, weil die Samenschuppen zur Bestäubungszeit nicht überall das gleiche Verhältniss zur Deckschuppe zeigen. Bei den *Pinus*-Arten sind die Samenschuppen um diese Zeit schon viel grösser als die Deckschuppen; sie leiten die Pollenkörner an ihren Bestimmungsort, die letzteren gleiten nämlich an den aufgerichteten Samenschuppen zu beiden Seiten ihres mittleren Kieles hinab und gelangen so an die Mikropyle der Samenknospe, während bei *Abies excelsa*, *Larix* etc., wo die Samenschuppen zur Bestäubungszeit noch kleiner sind als die Deckschuppen, die letzteren die Leitungswege für die Pollenkörner bilden, während die Samenschuppen nur eine sekundäre Rolle dabei spielen: auf dem letzten Theil des Weges die Pollenkörner veranlassen zu den Samenknospen hinabzugleiten. Nach der Befruchtung aber vergrössern sich die Samenschuppen sehr bedeutend und schliessen die Samen dicht ein: erfüllen also hier denselben Zweck, den die erst nach der Befruchtung auftretende Wucherung der Cupressineendeckschuppe hat. In den beiden Funktionen: einerseits die Samenknospen zu schützen und andererseits die Leitung der Pollenschläuche zu den ersteren zu sichern stimmen die Samenschuppen mit den Fruchtknoten der Angiospermen überein, mit denen sie aber morphologisch nichts zu thun haben.

Uebrigens ist zu bemerken, dass die Samenschuppen mit den Deckschuppen zwar überall an ihrer Basis zusammenhängen, dass sie aber nicht überall als Excrescenzen der Deckschuppen aufgefasst werden können. Wenigstens für *Pinus Pumilio* zeigen STRASBURGER's Angaben und Zeichnungen (Coniferen, Tafel V. Fig. 4 u. 5, pag. 50), dass die Samenschuppen in der Achsel der Deckschuppen entspringen, also auch das Gewebe der Blüthenachse an ihrer Bildung theilnimmt, worüber wir uns um so weniger verwundern können, als bei den Cupressineen die Placentar-Wucherung ja ebenfalls in den Achseln der Deckschuppen steht. Zu demselben Resultate gelangte auch ich bei Untersuchung von Zapfen von *Pinus Pumilio* im Mai. Ohne Zweifel betheiligen sich, diesen älteren Stadien nach zu urtheilen, neben dem Gewebe der Deckschuppenbasis auch Zellen der Blüthenachse, die über der Blattinsertion liegen. Es ist die Stellung der Placenten hier eine ganz ähnliche, wie die der Achselsprosse, die ja bald ausschliesslich auf der Blattbasis, bald in dem Winkel zwischen Deckblatt und Stengelvegetationspunkt entspringen.[2]) Diese Thatsache, sowie diejenige, dass im Verwandtschaftskreis der Lycopodinen bei *Lycopodium* die Sporangien an der Blattbasis, bei *Selaginella* oberhalb derselben aus der Sprossachse entspringen, zeigt uns, dass wir derartigen kleinen Ursprungsdifferenzen kein Gewicht beilegen dürfen.

Es hat die Samenschuppe bei *Pinus* anfangs die Form eines abgerundeten und abgeflachten queren Walles, dessen Vegetationspunkt in der Mitte als kleine Erhöhung sichtbar ist. Die Spitze der Samenschuppe wird aber später durch das überwiegende Wachsthum der der Deckschuppe zugekehrten Seite auf die Innenseite (Oberseite) der Samenschuppe verschoben. Sie

---

[1]) Vergl. STRASBURGER, Coniferen. pag. 268 ff.

[2]) Von einigen Morphologen wird die Samenschuppe in der That auch für einen metamorphen Achselspross gehalten.

bildet schliesslich einen gestreckten, der Oberseite der Samenschuppe aufsitzenden Kiel. Frühe schon tritt seitlich von demselben je eine Samenknospe auf. Allmählich gewinnt dann die Samenschuppe ihre bedeutende, diejenige der Deckschuppe weit übertreffende Grösse. Sie erhält auch ein besonderes, von dem der Deckschuppe getrenntes Gefässbündelsystem, während jene kleineren Auswüchse z. B. auf der Deckschuppe von *Araucaria* nur einen Ast von dem in die Schuppe eintretenden Bündel erhalten. — Vergleichen wir also die männlichen und weiblichen Blüthen der Abietineen, so entsprechen den Staubblättern der männlichen Blüthen die Deckschuppen der weiblichen Blüthenzapfen, während die Samenschuppen der letzteren eigenartig entwickelte Placentarbildungen sind.

Es ist hier nicht der Ort, die Blüthenbildung der Coniferen ausführlich zu besprechen, es sei hier nur noch erwähnt, dass bei den Taxineen die weiblichen Blüthen meist nicht die Zapfenform der oben besprochenen Beispiele besitzen, in der Gattung *Taxus* selbst wird die weibliche Blüthe gebildet aus einem einzigen Makrosporangium (Samenknospe), das den Abschluss eines kleinen Sprosses bildet, welcher unterhalb der Samenknospe mit einer Anzahl Schüppchen besetzt ist. Es ist das eine Blüthenform, welche von den Sporangienständen der Gefässkryptogamen viel mehr abweicht, als die oben erwähnten Formen.

§ 2. Blüthenentwicklung der Angiospermen. So verschieden nach dem im vorigen Paragraphen Mitgetheilten die Blüthengestaltung der Gymnospermen ist, so wenig tritt uns doch in derselben eine wesentliche Differenz den Sporangienständen der Gefässkryptogamen gegenüber entgegen. Anders bei den Angiospermen, bei welchen die Blüthen eine viel mannigfaltigere, eigenartigere und bei den einzelnen Formenkreisen viel grössere Differenzen bietende Ausbildung erfahren. Die Untersuchung derselben hat auch hier auszugehen von den »typischen« Fällen, d. h. denjenigen, in welchen die Blüthenbildung in ihrer grössten Vollkommenheit auftritt. Daran schliessen sich dann vereinfachte Gebilde an, auf welche die den vollkommneren entnommene Definition nicht mehr passt. Halten wir uns aber zunächst an die letzteren, so finden wir den zur Blüthe umgestalteten Spross ausgestattet mit »Sporophyllen«, d. h. den Trägern der Mikrosporangien oder Pollensäcke, den Staubblättern, und denen, welche die Makrosporangien oder Samenknospen einschliessen, den Fruchtblättern oder Carpellen. Die letzteren bilden durch »Verwachsung der Ränder einer oder mehrerer Fruchtblattanlagen« im Gegensatz zu den Gymnospermen, ein Gehäuse (den Fruchtknoten), welches die Samenknospen einschliesst, dessen Besitz die Angiospermen (»Bedecktsamigen«) am augenfälligsten von den Gymnospermen (den »Nacktsamigen«) unterscheidet. In einer typischen Blüthe finden sich ausser den Sporophyllen unterhalb derselben noch Blattgebilde, welche ganz allgemein als »Perigon« bezeichnet werden können. Es ist dasselbe bei einer normalen Dikotylen-Blüthe, zusammengesetzt aus einem äusseren, aus grün gefärbten Blättern bestehenden Blattwirtel, dem Kelch, dessen hauptsächliche Funktion der Schutz der jungen Blüthenknospe ist, und einem inneren, der Blumenkrone, deren lebhafte nicht grüne (gelbe, rothe, blaue etc.) Färbung die Blüthen für die die Bestäubung vermittelnden Insekten auffällig macht.

Bei vielen Blüthen fehlt aber das Perigon ganz und sind nur Staub- und Fruchtblätter oder nur eine dieser Formationen vorhanden, und auch von diesen oft nur ein einziges Blattgebilde; so z. B. bei den weiblichen Blüthen von *Arum maculatum* nur ein Fruchtblatt, bei den männlichen von *Callitriche* nur ein Staubblatt (Fig. 57).

Indem wir die eben kurz angedeuteten allgemeinen Bauverhältnisse der Blüthen als bekannt voraussetzen, gehen wir über zu der Entwicklung derselben.

Die Eigenthümlichkeiten der Blüthenentwicklung sind darauf zurückzuführen, dass die Blüthe ein Spross ist, der in normalen Fällen sein Wachsthum abschliesst. In Folge davon spielt hier der Vegetationspunkt selbst eine ganz andere Rolle, als bei der vegetativen Sprossbildung, er ist häufig nicht nur wie dort als Erzeuger und Träger der Seitenorgane von Bedeutung, sondern wird mit in die Blüthengestaltung selbst hereingezogen. Er vertieft sich z. B. in vielen Fällen schüsselförmig, oder höhlt sich aus und bildet die Wand unterständiger Fruchtknoten etc. Oder falls eine solche Gestaltveränderung nicht eintritt, so kommt es doch sehr häufig vor, dass der Vegetationspunkt zur Bildung der Sporophylle so verbraucht wird, dass er in der Mitte der Blüthe nicht mehr gesondert hervortritt, sondern die Lage desselben nur noch geometrisch bezeichnet werden kann. In einigen Fällen ist selbst dies nicht mehr möglich, dann nämlich, wenn zur Bildung eines einzelnen Staub- oder Fruchtblattes der ganze Vegetationspunkt verbraucht wird, also eine sogenannte terminale Anthere resp. Fruchtblatt zur Entwicklung gelangt, die nichts anderes ist als die Fortsetzung der Blüthenachse selbst (vgl. Fig. 57).

So ist es nach MAGNUS bei *Najas* und *Zanichellia*, deren männliche Blüthen ein einziges, genau die Verlängerung der Blüthenachse bildendes Staubblatt besitzen, und ähnlich verhält sich nach KAUFFMANN *Casuarina*. Wenn EICHLER hier sich gegen die axile Natur der Anthere ausspricht, »um so mehr als schon die auf Rücken- und Bauchseite differente Ausbildung der Anthere deutlich auf die Blattnatur hinweist«, so ist dies kein stichhaltiger Grund, da wie aus meinen Untersuchungen hervorgeht, zahlreiche Achsenorgane eine differente Ausbildung von Rücken- und Bauchseite zeigen, oder mit anderen Worten dorsiventral sind.

Man hat auch sonst vielfach derartig entstehende Antheren als Stengelorgane betrachtet, und wenn man will, kann man dies ja auch thun, da auf den Namen am Ende sehr wenig ankommt. Die Terminalstellung allein berechtigt uns dazu aber noch nicht. Denn der Satz, dass Blattgebilde stets seitlich am Vegetationspunkt entstehen, ist nichts weiter als ein Erfahrungssatz, der in der vegetativen Region allerdings überall zutrifft, soweit man bis jetzt darüber unterrichtet ist. Irgend welche aus einer tieferen Einsicht in die Natur der Blattbildung begründete Erklärung dieses Erfahrungssatzes besitzen wir nicht, und seine Allgemeinheit hört desshalb in dem Augenblicke auf, wo mit Sicherheit eine entgegenstehende Beobachtung gemacht wird. Solche finden wir nun bei den Blüthen, zumal mit allen Uebergangsbildungen von seitlicher zu terminaler Stellung. Z. B. bei den Centrolepideen. Nach HIERONYMUS besitzt *Brizula* männliche Blüthen mit nur je einem terminalen Staubblatt. *Centrolepis* dagegen besitzt Zwitterblüthen, die aus einem Staubblatt und einem Carpell bestehen, das eine Staubblatt beansprucht aber zu seiner Bildung soviel Areal des Vegetationspunktes, dass dieser auf die Seite des Staubblattes gerückt erscheint. Von hier aus ist nur noch ein kleiner Schritt zu der völligen Inanspruchnahme des Vegetationspunktes durch die Staubblattbildung. Es ist dabei auf die pag. 183 und 184 gegebenen Ausführungen zu verweisen, und daran zu erinnern, dass ja auch in anderen Fällen der Vegetationspunkt selbst zur Bildung von Organen verwendet wird. Das erste Antheridium in einem Antheridienstande von *Fontinalis* ist terminal, die anderen entstehen unterhalb desselben, also seitlich, unterscheiden sich aber in nichts von dem ersten. Bei der Blüthenbildung aber tritt, wie namentlich die Entwicklungsgeschichte des Fruchtknotens zeigt, die Differenzirung von Sprossachse und Blatt überhaupt vielfach zurück, die plastische Masse des Vegetationspunktes selbst erfährt bestimmte Formveränderungen, die sonst von Ausgliederungen des Vegetationspunktes übernommen werden. Die Differenz in der Auffassung dieser Verhältnisse rührt meist von einer Differenz der Fragestellung her. In phylogenetischem Sinne kann man — obwohl Sporangien wie bei *Psilotum* und *Selaginella* ja auch auf Sprossachsen auftreten können — auch die terminalen Antheren als »Blätter« bezeichnen, in ontogenetischem Sinne wird die Frage gegenstandslos, wenn man zugiebt, dass soweit unsere gegenwärtigen Hilfsmittel reichen, die Differenzirung von Stengel und Blatt in der Blüthe vielfach unkenntlich wird. Von Interesse ist uns in diesem Sinne eben das »Wie« des Vorgangs, der Name aber von untergeordneter Bedeutung, Sache der Zweckmässigkeit und Convention. Je nach dem Gesichtspunkt, den man in letzterer

Beziehung in den Vordergrund stellt, mag man also die terminalen Antheren »Phyllome« oder »Caulome« nennen [1]).

Derartige Fälle bilden indess bei weitem nur die Minderzahl, gewöhnlich sehen wir die Blüthenblätter (Perigon und Sporophylle) wie beim vegetativen Spross als Seitensprossungen am Vegetationspunkt auftreten.

Eine andere Schwierigkeit für die Abgrenzung des Begriffes Blüthe liegt darin, dass es vielfach Blüthenstände giebt, welche Einzelblüthen in ihrem Habitus oder ihrer ganzen Ausbildung gleichen. So werden z. B. die Blüthenköpfe der Compositen im gewöhnlichen Leben als Blüthen bezeichnet, und sie sind dies auch im biologischen Sinn, was am deutlichsten bei den Formen hervortritt, deren Randblüthen strahlenförmig ausgebildet sind, und so Blumenblättern gleichen, während die unscheinbaren »röhrenförmigen« Blumenkronen der Scheibenblüthen nur wenig hervortreten. Ist es hier nur die oberflächliche Betrachtung, welche einen solchen Blüthenstand für eine Blüthe halten kann, so geht in andern Fällen die Uebereinstimmung beider Bildungen viel weiter, dann nämlich, wenn die Einzelblüthen einer solchen Inflorescenz sehr reducirt sind. So stehen auf dem flachen, dorsiventralen Blüthenkolben von *Zostera* auf einer Seite abwechselnd eine Anzahl von Staubblättern und Fruchtblättern, und wenn man nur diese Form selbst ins Auge fasst, so wäre sie, trotz der eigenthümlichen Stellung der Staub- und Fruchtblätter als »Blüthe« zu bezeichnen. Der Vergleich mit verwandten Formen zeigt uns aber, dass die »Blüthenkolben« von *Zostera* vielmehr als Inflorescenzen zu betrachten sind, deren männliche Blüthen je auf ein Staubblatt, die weiblichen je auf ein Fruchtblatt reducirt sind.

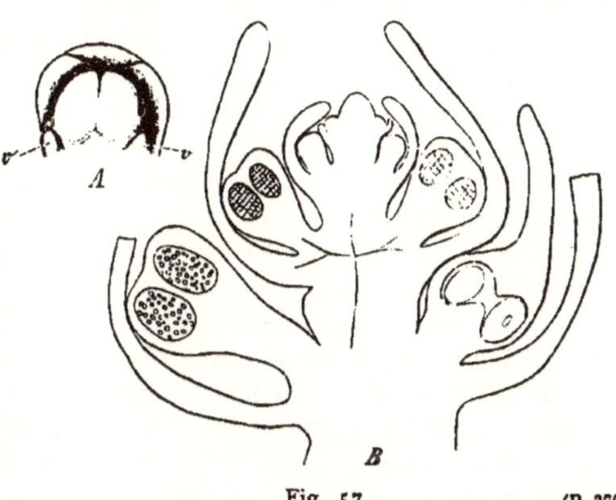

Fig. 57. (B. 378.

Callitriche verna. A männliche Blüthe (nur aus einem Staubblatt bestehend) mit ihrem Deckblatt von innen (der Inflorescenzachse aus) v Vorblätter derselben. B Längsschnitt durch eine Inflorescenz rechts unten eine weibliche Blüthe, die Achselsprosse der Inflorescenz werden zu einem »Staubblatt«.

Noch blüthenähnlicher sind die Theilinflorescenzen von *Euphorbia*, welche man als »Cyathium« bezeichnet, sie wurden früher (und theilweise noch jetzt) für Blüthen gehalten, mit denen sie auch im Habitus ganz übereinstimmen. Denn man findet im Innern einer aus fünf nach Art einer gamopetalen Corolle »verwachsenen« Blättern gebildeten perigonähnlichen Hülle zahlreiche, in fünf, den freien Blattspitzen des »Perigons« opponirte Bündel angeordnete Staubblätter und einen oberständigen gestielten aus drei Fruchtblättern gebildeten Fruchtknoten. Entwicklungs-

---

[1]) Dass der hier vertretene Standpunkt sehr wesentlich abweicht von dem Hanstein's (Beiträge zur allgemeinen Morphologie der Pflanzen, pag. 90 ff.) geht schon aus dem im allgemeinen Theile über die Metamorphosenlehre Gesagten hervor, obwohl ich mich dem Satze »das Bestreben jedes Organ der Blüthe (oder der Pflanze überhaupt) einem dieser Begriffe (Thallom, Phyllom etc.) unterzuordnen, kann sich nur auf die irrige Voraussetzung stützen, dass die Pflanzennatur ihre Organe nur nach begrifflich trennbaren und bestimmbaren Kategorieen schaffe und schaffen könne« (a. a. O. pag. 91) von anderen Erwägungen ausgehend anschliesse.

geschichte[1]) wie Vergleich mit andern Pflanzen dieser Familie ergeben, dass dies Gebilde als eine Inflorescenz zu bezeichnen ist. Die erstere zeigt, dass die das Involucrum der Inflorescenz zusammensetzenden Blattanlagen succedan entstehen, und gleichzeitig mit jedem eine Staubblattanlage, ganz ähnlich wie in vielen andern Fällen Deckblatt und Achselspross als einheitliche Bildung angelegt werden (vergl. pag. 194 ff.), aus welcher dann erst später die beiden, an ihrer Basis zusammenhängenden Anlagen gesondert hervortreten. Die Staubblattanlagen innerhalb jeder Gruppe stehen in zickzackförmiger Anordnung, indem je eine am Grunde der nächst älteren entspringt.[2]) Demgemäss erscheint es am Natürlichsten, jedes einzelne *Euphorbia*-Staubblatt als reducirte männliche Blüthe aufzufassen, den »oberständigen« Fruchtknoten als weibliche Blüthe und das »Perigon« als Involucrum der Inflorescenz.[3])

Den oben erwähnten Beispielen von abweichender oder zweifelhafter Blüthenbildung liessen sich leicht noch weitere anreihen, sie bilden aber immerhin bei weitem die Minderzahl gegenüber den »normalen« Fällen. In diesen erscheint der Blüthenvegetationspunkt meist als flach gewölbter Hügel, dessen unterer Theil sich zum Blüthenstiele streckt. Auf dem oberen, breiteren Theile der Blüthenanlage treten die Blattgebilde derselben hervor. Die Reihenfolge derselben soll zunächst erörtert werden.

Vielfach, z. B. bei den Blüthen der meisten Monokotyledonen, den acyklischen Blüthen und vielen andern ist dieselbe die gewöhnliche »progressive« oder »akropetale«. Es treten zuerst die Kelch-, dann die Kronen-, Staub- und Fruchtblätter auf, die Blüthenachse selbst bleibt dabei verkürzt,[4]) es bilden sich keine Internodien zwischen den einzelnen Blattwirteln (resp. bei acyklischen Blüthen, Blättern); in Folge davon treten die Niveau-Differenzen in der Insertion der Blüthen-Blattgebilde wenig hervor, die jüngsten derselben erscheinen gewöhnlich als die innersten, nicht wie am Laubspross als die höchsten. Anders natürlich, wenn sich die Blüthenachse schlank kegelförmig erhebt, wie bei vielen Ranunculaceen (sehr auffallend z. B. bei *Myosurus*). Mit dieser Anlegungsfolge stimmt die Ausbildungsfolge der angelegten Organe meist nicht überein. Namentlich ist es ein sehr gewöhnliches Vorkommen, dass die Blumenblätter in ihrem Wachsthum hinter den Staubblättern anfangs zurückbleiben, so dass es bei ungenauer Betrachtung den Anschein hat, als wären jene noch gar nicht vorhanden. Bei *Erodium cicutarium* z. B. sind die Blumenblätter, wenn die Staubblattanlagen schon ziemliche Entwicklung erreicht haben, noch kaum wahrnehmbare Höcker. Kurz vor dem Aufblühen zeigen die Blumenblattanlagen dann ein rasches Wachsthum, das sie ihrer definitiven Grösse entgegenführt.

Erfolgt dies Zurückbleiben auf einem sehr frühen Stadium, so werden die Anlagen noch gar nicht als Höcker wahrnehmbar, wohl aber durch Untersuchung der Zellenanordnung nachweisbar sein. Es ist möglich, dass hierauf Störungen in der »akropetalen« Anlegungsfolge zurückzuführen sind, wie sie z. B. KÖHNE für *Cuphea*[5]) beschrieben hat. Es entstehen hier zuerst

[1]) Dieselbe ist besonders eingehend von WARMING untersucht worden, vergl. die Abhandlung desselben über Pollen bildende Phyllome und Caulome, pag. 34 ff. und die dort citirte Literatur (HANSTEIN, bot. Abh. II, 2).

[2]) Hier, wie in manchen andern Fällen ist dies freilich, namentlich bei den später auftretenden Staubblattanlagen kaum mit Sicherheit festzustellen, und die Möglichkeit, dass die Staubblätter auf einem gemeinsamen Podium entstehen, ist nicht ausgeschlossen (wie dies z. B. bei den *Aristolochia*-Blüthen der Fall ist, die in Mehrzahl in einer Blattachsel stehen.)

[3]) Die zwischen den Gruppen männlicher Blüthen stehenden häutigen Schuppen lassen wir hier unberücksichtigt.

[4]) Bei einigen Capparideen u. a. ist das Gynaeceum lang gestielt, hier hat sich die Region der Blüthenachse zwischen Gynaeceum und Androeceum zu einem Internodium gestreckt.

[5]) KÖHNE, Bemerkungen über die Gattung Cuphea. Bot. Zeit. 1873.

die Kelchblätter (— in absteigender Richtung, umgekehrt wie bei den gleich zu erwähnenden Papilionaceen —) dann die beiden Fruchtblätter, der innere, der äussere Staubblattkreis und dann erst die Blumenblätter. — Andererseits zeigen uns aber auch zahlreiche Beispiele, dass die akropetale Organanlage durchaus nicht immer festgehalten wird, so bei den unten zu erwähnenden Cistineen und Cacteen und es ist schon *a priori* wahrscheinlich, dass von dem Zurückbleiben der Blumenblattanlagen bis zu der Thatsache, dass sie wirklich später angelegt werden, als die Staubblätter, alle Uebergangsstufen sich finden werden.

Eine Modifikation der progressiven Entwicklung findet sich in solchen Fällen, in denen die Anlegung der Blüthenblattgebilde nicht nach allen Seiten hin gleichmässig fortschreitet, sondern von einer Kante der Blüthenachse hin gegen die entgegengesetzte, ein Verhalten, das sich auch bei manchen Inflorescenzen (z. B. *Trifolium pratense)* findet. In den Blüthen kann dies entweder bei sämmtlichen oder nur bei einzelnen Blattkreisen der Fall sein.[1]) Beispiele für das erstgenannte Verhalten sind nur für Seitenblüthen bekannt.

In den genauer untersuchten Fällen macht sich diese symmetrische, nicht radiäre Entwicklungsfolge schon in der Gestalt des Blüthenvegetationspunktes geltend, so z. B. bei *Reseda*. Während bei Blüthen mit allseitig gegen die Spitze hin fortschreitender Organanlage der Vegetationspunkt auch schon vor der Anlage der Blattgebilde nach allen Seiten hin gleichgeformt, d. h. radiär ist, hat er bei *Reseda* und in andern Fällen symmetrische Gestalt, er ist auf der der Inflorescenzachse zugewendeten Seite höher als auf der ihr abgewendeten. Diesem Bau entspricht auch die Entwicklungsfolge der Kelch- und Kronenblätter.[2]) Die ersten Kelchblätter treten auf der der Inflorescenzachse zugewendeten Seite auf, ihnen folgen nach vorne hin fortschreitend die weiteren Kelchblattanlagen und ebenso ist es mit den Kronen- und Staubblättern (und zwar tritt das erste Staubblatt schon auf, noch ehe die sämmtlichen Kronenblätter gebildet sind), auf die Anordnung der letzteren wird unten noch zurückzukommen sein.

Eine ähnliche ungleichseitige Entwicklungsfolge finden wir bei den Papilionaceenblüthen,[3]) nur dass hier umgekehrt die Entwicklung von vorn nach hinten, gegen die Inflorescenzachse hin fortschreitet. Es liegt hier aber wie es scheint, nur eine ungleichseitige Entwicklung vor, wobei aber die tiefer stehenden Blattkreise doch immer früher entstehen, als die höher stehenden, indess dürften von letztterem Verhalten wohl auch hier schon Ausnahmen sich finden; jedenfalls kennen wir derartige Vorkommnisse, von dem oben erwähnten bei *Reseda* abgesehen, noch bei andern Pflanzen, wie den Lentibularieen.[4]) Wir finden auch hier schon vor dem Auftreten der Blattgebilde eine Förderung der einen Seite des Blüthenvegetationspunktes auftreten, und auf dieser Seite treten auch Kelchblätter, Kronenblätter und Staubblätter von *Pinguicula vulgaris* zuerst auf, während auf der andern Seite die Kelchblattanlagen noch nicht sichtbar sind. Auch bei *Utricularia*

---

[1]) Letzteres gilt z. B. für die Entwicklung des Kelches von *Symphoricarpus*. Nach PAYER's Figuren ist (entgegen den Angaben im Text) die Reihenfolge die, dass zuerst das dem Tragblatt gegenüberstehende Kelchblatt, dann von hier aus fortschreitend die seitlichen entstehen (Taf. 128, Fig. 3, 4, 5); ähnlich ist es nach BUCHENAU bei dem Hüllkelch von *Lagascea*. Ferner erscheinen nach PAYER u. HOFMEISTER bei *Begonia*-Arten, z. B. *Begonia xanthina* HOOK. (vergl. die Fig. 87 in HOFMEISTER, Allg. Morphologie) die Staubblattanlagen viel früher auf einer Seite der Blüthenachse als auf der andern.

[2]) Vergl. PAYER a. a. O. pag. 193. Taf. 39; GOEBEL, Botan. Zeit. 1882. pag. 388 ff.

[3]) Vergl. PAYER a. a. O. pag. 517. HOFMEISTER, Allg. Morphol. pag. 464. FRANK, Ueber Entwicklung einiger Blüthen in PRINGSHEIM's Jahrbüchern X. pag. 205 ff.

[4]) BUCHENAU, Morphol. Studien an deutschen Lentibularieen. Bot. Zeit. 1865.

entsteht der obere Theil der Blumenkrone erst nach der Anlegung der (in Zweizahl auf der geförderten Seite gebildeten) Staubblätter.

Eine andere sehr häufige Formänderung des Vegetationspunktes ist die, dass er ganz oder theilweise becherförmig wird. Letzteres ist der Fall z. B. bei vielen Rosaceen. Nach Anlage der Kelchblätter erhebt sich die Insertionszone derselben wallartig, es bildet sich um die Mitte des Blüthenbodens ein Ringwall, dessen Basis Vegetationspunkt-Charakter trägt, auf dem nun Kron- und Staubblätter entstehen, während die Fruchtblätter auf einer centralen Erhebung des Blüthenvegetationspunktes hervorsprossen. Die Entwicklungsfolge schreitet also in einer Blüthe von *Rubus* z. B. in zwei differenten Richtungen vor: einerseits entstehen neue Staubblattanlagen in gegen den Grund des peripherischen Ringwalles fortschreitender Reihenfolge, andererseits neue Fruchtblattanlagen gegen den Scheitel der Blüthenachse hin. Wir haben hier also zwei Zonen der Blüthenachse, welche Vegetationspunkt-Charakter tragen, und dadurch unterscheidet sich eine derartige Blüthe z. B. von der einer Composite, bei welcher sich der Blüthenvegetationspunkt ebenfalls becherartig vertieft, die Entwicklungsfolge der Blattorgane aber die gewöhnliche ist, obwohl der Ausdruck »acropetal« auch hier eigentlich nicht zutreffend ist, da der Blüthenvegetationspunkt hier die tiefste Stelle des Bechers einnimmt. — War es bei den Rosaceen ein intercalarer Vegetationspunkt unterhalb der Kelch- und Kronenblätter, auf dessen Auftreten die scheinbar geänderte Reihenfolge im Auftreten des Blüthenblattgebildes beruht, so ist es in andern Fällen ein oberhalb der Kelch- (und Kronenblätter) liegender intercalarer Vegetationsgürtel, der in die Erscheinung tritt. So bei Cistineen und Cacteen. Bei ersteren (vergl. Fig. 58, 1) sind die erst auftretenden Staubblattanlagen von den Kelch- und Blumenblattanlagen durch einen ziemlich breiten Gürtel des Blüthenvegetationspunktes getrennt, der sich nun in nach unten absteigender Reihenfolge mit Staubblattanlagen bedeckt, und ähnlich verhalten sich die Cacteen[1]) (Fig. 59), während es bei andern Pflanzen nur bestimmte, oft besonders individualisirte Zonen des Blüthenbodens sind, welche Staubblattanlagen produciren, eine Thatsache, auf welche unten, bei Besprechung der »zusammengesetzten Staubblätter« noch zurückzukommen sein wird.

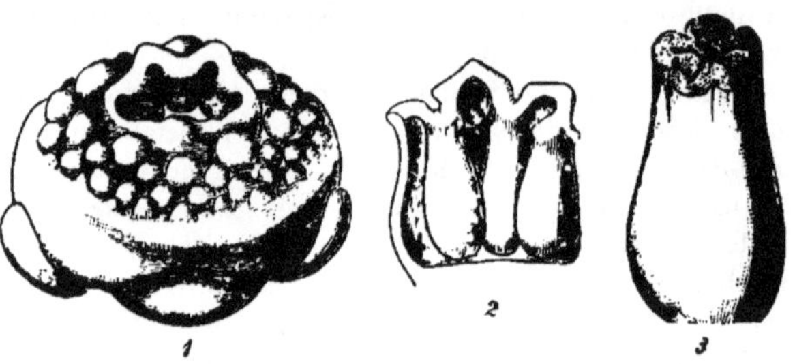

(B. 379.) Fig. 58.
Blüthenentwicklung von *Cistus populifolius* (nach PAYER). Bei 1 eine Blüthenknospe, welche die absteigende Entwicklungsfolge der Staubblätter zeigt, die ersten entstehen unmittelbar unterhalb des, die höchste Stelle einnehmenden Fruchtknotens. 2 Halbirter Fruchtknotenbecher. 3 Fruchtknoten.

Hier, wo wir es nur mit den allgemeinsten Entwicklungsvorgängen der Blüthenanlagen zu thun haben, sind noch die Veränderungen, welche in den Symmetrieverhältnissen derselben auftreten, zu erwähnen.

[1]) Es bildet sich bei *Epiphyllum truncatum* unterhalb der Fruchtblattanlagen zunächst ein (aus zahlreichen Staubblättern bestehender Staubblattkreis, dem sich in absteigender Folge weitere anschliessen.

Wir finden bei den Blüthen dieselben Symmetrieverhältnisse, wie sie oben (pag. 142) für die Pflanzen ganz allgemein geschildert wurden, können also auch hier zwischen radiärer, symmetrischer (bilateraler) und dorsiventraler Ausbildung unterscheiden. Besonderheiten treten bei der Blüthe nur insofern auf, als die Blüthen-Blattgebilde häufig alle auf annähernd gleicher Höhe stehen, und so bei dorsiventralen Blüthen, wie z. B. denen der Labiaten, die Differenz von Rücken- und Bauchseite weniger hervortritt, als an Sprossen mit gestreckten Internodien. Dorsiventrale, aber durch einen Schnitt in zwei spiegelbildlich ähnliche Hälften theilbare Blüthen bezeichnet man ebenso wie die symmetrischen, vielfach auch als »zygomorphe« (A. BRAUN). Hier kommen die Symmetrieverhältnisse nur insofern in Betracht, als sie im Laufe der Entwicklung sich ändern, ein Fall, der ungemein häufig ist. Nur wenige Blüthen sind nämlich von Anfang an zygomorph, wenn wir diesen Ausdruck der Kürze halber hier adoptiren wollen, angelegt. So die der oben erwähnten Resedaceen und Papilionaceen, bei welchen, wie wir sahen, schon der Vegetationspunkt eine zygomorphe (dorsiventrale) Ausbildung zeigt. Bei sehr vielen andern geht die radiäre Symmetrie im Verlaufe der Entwicklung in die dorsiventrale über. Es kann dies geschehen dadurch, dass an Blüthen, deren sämmtliche Organe radiär angeordnet sind, eine verschiedene Ausbildung derselben eintritt, oder dadurch, dass die inneren Blütentheile in anderer Anzahl angelegt oder ausgebildet werden, als die äusseren, oft genug finden wir auch beide Vorgänge combinirt, dann aber gewöhnlich in der Weise, dass daraus eine zygomorphe Blüthe resultirt, oder mit andern Worten, die Symmetrieverhältnisse der einzelnen Blüthenkreise ändern sich nicht unabhängig von einander. Es tritt dies klar hervor, wenn man eine grössere Anzahl von Blüthendiagrammen vergleicht, wie sie z. B. in EICHLER's bekanntem Werke sich finden; die Blüthe einer *Labiate* z. B. zeigt, dass die den Kelch und die zweilippige Blumenkrone symmetrisch theilende Ebene auch das Androeceum symmetrisch schneidet, obwohl ein Glied derselben abortirt ist, es ist gerade das in die Symmetrieebene fallende Staubblatt.

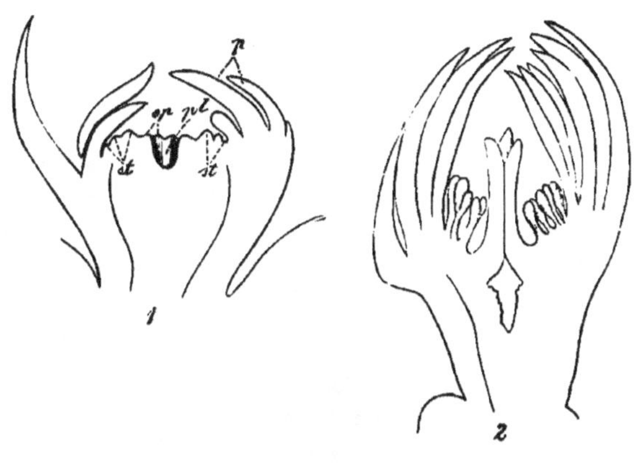

Fig. 59. (B. 380.)

Epiphyllum truncatum, Blüthenlängsschnitte. 1 Junge, 2 fast fertige Blüthe, cp Fruchtblätter, pl Placenta, st Staubblätter, sie entstehen in absteigender Reihenfolge.

Einige Beispiele für das oben Angeführte mögen zur Erläuterung genügen. Die Blüthen von *Commelina* bestehen wie die der meisten Monocotylen aus fünf dreizähligen Quirlen, eine radiäre Anordnung, welche eine symmetrische Theilung durch drei verschiedene Schnittrichtungen gestattet. Es bilden sich aber bei *Commelina* (vergl. das Diagramm bei EICHLER, a. a. O. I. pag. 141, Fig. 70B) von den sechs Staubblättern nur die drei schräg vorderen wirklich aus, die drei hinteren sind steril und weichen auch durch ihre kreuzförmig-vierlappigen Antheren von den vorderen fruchtbaren ab. In Folge dessen ist nur eine symmetrisch theilende Ebene möglich, die radiär angelegte Blüthe hat sich (dorsiventral)-zygomorph ausgebildet, und in Verbindung damit zeigt das in die Symmetrieebene fallende innere Staubblatt, also das mittlere der beiden fruchtbaren, eine andere Ausbildung, als die beiden andern, namentlich besitzt es ein breites Connectiv. Von dem Sterilwerden bis zu gänzlicher Verkümmerung führen natürlich auch hier alle Stufen, und wenn in einer sonst radiär gebauten *Orchis*-Blüthe nur ein einziges Staubblatt angelegt wird, so sind wir berechtigt, dies als letztes Glied eines 6zähligen Androeceums der Stammform zu betrachten. Bei weitem das häufigste Vorkommniss ist aber das, dass in einer sonst radiären Blüthe die Anzahl der Fruchtblätter geringer ist als die der übrigen Blattwirtel. Sie beträgt in fünfzähligen Blüthen z. B. häufig zwei und ändert dadurch in je nach den Einzelfällen verschiedener Weise die Gesammtsymmetrie der Blüthen. Ihren augenfälligsten Ausdruck aber findet die letztere in der Ausbildung der Blüthenhülle, speciell der Blumenkrone. Es geht aus der radiär fünfzählig angelegten Blumenkrone z. B. der Labiaten eine zweilippige,[1]) der mancher Compositenblüthen eine zungenförmig-»aufgeschlitzte«, der von *Viola* eine solche hervor, bei welcher ein Blüthenblatt einen Sporn besitzt, und derartige Fälle finden sich in Vielzahl, sie stehen stets in ganz bestimmter Beziehung zu der Blüthenbestäubung durch Insekten (vergl. die Abhandlung von H. MÜLLER im I. Band dieses Handb.)

Nicht selten findet man bei Pflanzen mit sonst zygomorphen Blüthen einzelne oder alle der letzteren radiär ausgebildet (als »Pelorien«), so namentlich wenn an einem Blüthenstande der sonst nur seitliche, zygomorphe Blüthen producirt, Endblüthen zur Ausbildung kommen. Allein auch Seitenblüthen können pelorische Ausbildung erfahren. Am längsten bekannt sind dieselben von *Linaria:* die fünf Kronenblätter sind bei den Pelorien alle gleich ausgebildet, meist alle fünf mit einem Sporne versehen, die Staubblätter, von denen sonst eines verkümmert, die vier andern didynam ausgebildet sind, sind alle fünf von gleicher Grösse. Es darf diese Pelorienbildung, wie schon DARWIN bemerkt (das Variiren der Thiere und Pflanzen II. pag. 66, 2. Aufl. der deutschen Uebersetzung) nicht als eine Rückschlagsbildung angesehen werden. Die Stammform der Linarien besass, wie wir annehmen dürfen fünf ungespornte Petala, ähnlich wie *Verbascum.* Die radiäre Ausbildung der Blüthen aber wird uns durch die Entwicklungsgeschichte verständlich: sie ist zu Stande gekommen durch das Verharren auf dem Symmetrieverhältniss der (radiären) Blüthenanlage. Man kennt übrigens auch »Pelorien« mit weniger als fünf Spornen. Andere Pelorien mögen als Rückschlagsbildungen betrachtet werden: so das von DARWIN erwähnte *Galeobdolon luteum* mit fünf gleichen Kronenblättern und fünf gleichen Staubblättern; übrigens sind bei den Labiaten auch vier und sechszählige Pelorien keine Seltenheit.[2])

Wir haben bei Besprechung der einzelnen Blattgebilde der Blüthe auf analoge Fragen specieller noch zurückzukommen und wenden uns nun zu den einzelnen Blattkreisen der Blüthe selbst.

---

[1]) Es ist eine interessante Erscheinung, dass ganz allmähliche Uebergangsstufen von radiären zu zygomorphen Blüthen führen. Letztere sind bei den Scrophularineen bekanntlich sehr verbreitet. Für *Verbascum* werden radiäre angegeben, ich finde aber bei *V. nigrum* deutlich eine wenn auch schwache Zygomorphie darin ausgeprägt, dass der untere Blumenkronenzipfel breiter und länger ist als die beiden oberen, worin sich eine »Tendenz« zur Zweilippigkeit, wie wir sie bei andern Scrophularineen treffen, kundgiebt. — Derartige Thatsachen sind bei der Frage nach dem phylogenetischen Zustandekommen ausgeprägt zygomorpher Blüthen zu berücksichtigen.

[2]) Vergl. PEYRITSCH, Die Pelorien der Labiaten, Sitzungsber. d. Wien. Akad. 1869 u. 1872. Weitere Fälle z. B bei MOQUIN-TANDON, tératolog. végét. pag. 183 ff.

I. Entwicklung des Kelches.

Die Kelchblätter sind diejenigen Blattgebilde der Blüthe, welche zuerst auftreten und in Folge dessen vom Blüthenscheitel am weitesten entfernt sind. Ihre Anlagen entstehen wie gewöhnliche Blattanlagen am Vegetationspunkt, am Auffallendsten tritt dies da hervor, wo dieselben in spiraliger Anordnung stehen, wie z. B. bei den Cacteen, wo ein ganz allmählicher Uebergang von den Kelch- zu den Kronenblättern stattfindet.

Allein auch wo die Kelchblätter wie bei sehr vielen Blüthen in einem fünfzähligen Wirtel stehen, entstehen sie gewöhnlich nicht gleichzeitig, sondern die Reihenfolge ihrer Entstehung ist so, als ob sie in einer Spirale mit der Divergenz 2/5 stünden. Wir legen auf diesen Umstand übrigens kein grosses Gewicht,[1]) zumal bei ein und derselben Pflanze vierzählige und fünfzählige Blüthen vorkommen, so z. B. bei *Prunus spinosa* und andern Rosaceen, bei *Potentilla Tormentilla*, wo vierzählige Blüthen die Regel sind, findet man dagegen häufig fünfzählige Blüthen. Die vierzähligen Kelche aber entstehen, soweit dies bekannt ist, in der Weise, dass je zwei sich kreuzende Paare von Kelchblättern gleichzeitig gebildet werden, diesen vier Kelchblättern alterniren dann die Kronenblätter z. B. bei der erwähnten *Potentilla Tormentilla*, wir betrachten auch hier einen solchen viergliedrigen Wirtel als ein Ganzes, dessen Glieder nur ungleichzeitig entstehen. Bei den Cruciferen dagegen nimmt man einen aus zwei gekreuzten Blattpaaren bestehenden Kelch an.[2]) Die Kelchblätter wachsen nach ihrer Anlage rasch, und hüllen die junge Blüthenknospe ein. Bei vielen Pflanzen sind die einzelnen Kelchblätter nicht frei, sondern der Kelch bildet eine Röhre an welcher die Zusammensetzung aus verschiedenen Blattanlagen noch an der Zahl der freien Zipfel, welche sich am obern Rande der Kelchröhre finden, erkennbar ist. Der Vorgang ist aber hier nicht der, dass, wie man früher annahm, eine Verwachsung ursprünglich freier Kelchblätter stattfindet, sondern wie schon C. Fr. Wolff vor mehr als 100 Jahren richtig erkannte, dass die ursprünglich als getrennte Blattanlagen vorhandenen Kelchblätter auf gemeinsamer Basis emporgehoben werden, ein Vorgang, der sich in der Blüthenentwicklung noch vielfach wiederholt.

Modificationen in der Kelchentwicklung finden sich da, wo der Kelch rudimentär ist, wie bei vielen Umbelliferen. Er wird dann nämlich nach den Angaben von Sieler[3]) verspätet, erst nach den Blumenblättern oder nach den

[1]) Auf die Erörterung der hier sich anknüpfenden Fragen einzugehen, ist, da dieselbe eine weitläufige sein müsste, unthunlich, umsomehr, als sie nur specielles Interesse bieten. Man vergl. die Einleitung zu Eichler's Blüthendiagrammen. Hier mag nur bemerkt sein, dass die ungleichzeitige Entstehung der Glieder eines Wirtels eine weitverbreitete Erscheinung ist, so z. B. bei den »Blättchen« der Characeen (vergl. Bd. II. pag. 242) und in vielen andern Fällen wo unzweifelhafte Wirtel vorliegen. Die Frage, ob die Wirtel »niedergedrückte Spiralen« seien, ist für mich übrigens eine gegenstandslose, da ich die Spiraltheorie überhaupt für beseitigt halte.

[2]) Die Blumenkrone alternirt mit demselben bekanntlich in »Diagonalstellung«. Dasselbe Verhalten treffen wir auch sonst, so folgt auf die zwei Cotyledonen von *Cupressus Lawsoniana* ein zweigliedriger Blattwirtel, auf diesen ein viergliedriger mit den vorhergehenden Blattpaaren diagonal gekreuzter.

[3]) Th. Sieler, Beiträge zur Entwicklungsgeschichte des Blüthenstands und der Blüthe bei den Umbelliferen. Bot. Zeit. 1870. — Bei *Eryngium maritimum*, das einen gut entwickelten Kelch besitzt, treten die Kelchblattanlagen vor den Blumenblättern auf (ob alle?); eine bestimmte Reihenfolge konnte ich nicht ermitteln.

Staubblättern angelegt. Es ist eine allgemeine Regel, dass Organe, welche im Verkümmern begriffen sind, auch verspätet angelegt werden, resp. zu der Zeit, wo die andern kräftig heranwachsenden Organe sichtbar werden, in der Entwicklung noch so zurück sind, dass sie nicht über den Blüthenboden deutlich hervortreten. Aehnliches findet sich auch in anderen Fällen z. B. bei den Stellaten, wo nach PAYER die Kelchblätter erst nach den Staubblättern zunächst als Ringwulst angelegt werden, ferner bei den Valerianeen, Dipsaceen etc. In letzterem Falle können wir die Verspätung in der Anlage des Kelches und die kümmerliche Ausbildung desselben als eine Correlationserscheinung auffassen,[1]) hervorgerufen dadurch, dass jede Blüthe noch von einer besondern Hülle, einem Involucrum umschlossen ist, welches die Funktionen des Kelches übernimmt. Auf ein ähnliches Verhältniss ist wohl die Verkümmerung des Kelches bei den meisten Compositen zurückzuführen. Die Blüthen bedürfen hier eines besondern Schutzes durch den Kelch nicht, da sie auf dem Blüthenboden dicht gedrängt stehen[2]) und die ganze Inflorescenz von einem aus Hochblättern gebildeten Involucrum umhüllt ist. An Stelle des Kelches finden wir nun aber bei vielen Compositen einen Kranz von haarförmigen, schuppen- oder borstenförmigen Gebilden, welcher als Pappus bezeichnet wird. Ueber die Bedeutung dieser Pappuskörper hat sich nun ein Streit erhoben, darüber nämlich ob dieser Pappus selbst als Kelch zu betrachten sei oder nicht. Dass die Vorfahren der Compositen einen Kelch besessen haben, kann nicht zweifelhaft sein, zumal wenn man die nahe verwandten Calyceraceen berücksichtigt, unter welchen z. B. die genauer untersuchte *Acicarpha*[3]) fünf regelmässig gestellte mit den Kronenblättern alternirende Kelchblätter besitzt, welche bei der einen der untersuchten Arten später *(A. tribuloïdes)*, bei den andern früher als die Kronenblätter entstehen.

Nach WARMING's gründlichen Untersuchungen[4]) verhält sich bei den Compositen die Sache so, dass (etwa mit Ausnahme von *Xanthium* und *Ambrosinia)* der Kelch bei den Compositen repräsentirt wird durch einen unterhalb der Krone auftretenden Ringwulst, was ja auch das erste Stadium eines Stellatenkelches ist. Würde die Entwicklung normal weitergehen, so entstünden an den fünf Ecken des Ringwulstes die fünf Kelchblattanlagen.[5]) Dies ist aber bei vielen Gattungen nicht der Fall. Bei *Lampsana*, *Bellis*, *Matricaria*-Arten u. a. finden wir nur das Kelchrudiment in Form eines Ringwulstes, bei andern entwickeln sich auf letzterem Haare, welche bei der Samenverbreitung als Flugapparat dienen *(Senecio, Lactuca, Tragopogon)*, während

---

[1]) Die Kelchblätter sind hier meist in Form von Borsten noch vorhanden, z. B. bei *Scabiosa*. Bei *Scab. australis* geht die Verkümmerung noch weiter: die vier Kelchblätter werden hier zwar angelegt, gelangen aber nicht zur Weiterentwicklung, und sind im fertigen Zustand nicht mehr wahrnehmbar. Die schützende Funktion des Kelches wird hier von dem oben erwähnten Involucrum übernommen, dessen Bedeutung mir noch nicht definitiv aufgeklärt erscheint: es entsteht in Form von vier gesonderten, später durch Wachsthum der Insertionszone vereinigten Anlagen (vergl. BUCHENAU, Ueber Blüthenentw. einiger Dipsaceen etc. Abh. der Senckenb. Ges. I. pag. 106 ff). — Eine ähnliche Correlation findet sich auch bei den geocalyceen Jungermannien (vergl. Bd. I. pag. 351). Das sonst zum Schutze der Archegonien dienende »Perianthium« ist bei diesen, ein »Pseudoperianthium« besitzenden Formen rudimentär.

[2]) Man hat das Verkümmern des Kelches hier wohl auch mit dem »Drucke« in Verbindung gebracht, welchem die Blüthenanlagen ausgesetzt sein sollen — eine Ansicht, welche einer näheren Begründung durchaus entbehrt.

[3]) BUCHENAU, Ueber Blüthenentwicklung bei den Compositen. Botan. Zeit. 1872.

[4]) WARMING, Die Blüthe der Compositen. 1876 (HANSTEIN, botan. Abhandl. III. Bd. 2. Heft). Daselbst weitere Literatur.

[5]) Auf dasselbe kommt es heraus, wenn sie zuerst isolirt entstehen, dann durch einen Ringwulst vereinigt werden.

bei *Tanacetum, Pyrethrum, Ammobium* etc. der Kelchsaum nur in einen trichomatischen Rand ausläuft. Bei *Lappa* trägt der Kelchsaum zahlreiche ohne erkennbare Ordnung auf dem Rande der Vorder- und Rückenseite stehende Borsten. Dagegen finden sich auch Gattungen wie *Gaillardia, Xeranthemum,* wo fünf mit den Kronenblättern alternirende Kelchzipfel ausgebildet sind. Zwischen ihnen finden sich aber auch hier schon zuweilen andere Zipfel, und solche treten nur bei einer Anzahl von Gattungen in grosser Zahl auf, da wo sie Platz finden. So bei *Hieracium, Cirsium* u. a. Dabei findet die regelmässige Stellung der den Kelchblättern als homolog zu betrachtenden Zipfel zuweilen statt, zuweilen auch nicht, und man könnte hier auch die sämmtlichen Pappuszipfel als Neubildungen auf dem Kelchsaum betrachten, ähnlich wie die Haare von *Taraxacum* etc. Indess kann die Rückbildung des Kelches und sein Ersatz durch Pappuskörper [1]) ja auch in verschiedener Weise bei verschiedenen Gattungen vor sich gegangen sein. Zwischen den Pappuskörpern aber, welche als »Trichome« und denen die als »Emergenzen« angelegt werden, finden sich alle Uebergänge.

Aehnliches wie für die Compositen gilt für die Valerianeen.[2]) Bei *Centranthus Calcitrapa* z. B. entsteht die Anlage des Kelches als niedriger Wulst erst, wenn in der Blüthenknospe der Griffel angelegt wird. Es bilden sich hier auf diesem Kelchwulst eine grössere Anzahl (15—18) von auf gleicher Höhe stehenden Anlagen, die auch dadurch interessant sind, dass ihr weiteres Wachsthum erst nach dem Abfallen der Blumenkrone erfolgt, sie bilden die Strahlen der Federkrone, welche der Fruchtverbreitung dient. Ueber die Auffassung derselben gilt dasselbe für die Pappuskörper der Compositen.

Diesen Fällen von Reduktion des Kelches stehen andere gegenüber, wo der Kelch verstärkt ist durch einen Aussenkelch. Ein solcher findet sich z. B. bei den Potentilleen in der Form, dass mit fünf grossen Kelchblättern fünf kleinere etwas tiefer stehende alterniren, die auch später als die ersteren entstehen. Man hat an Gartenerdbeeren Gelegenheit, alle Uebergangsstufen von den einfachen Blättchen des Aussenkelches zu je einem Paare zu beobachten, und schliesst daraus, dass jedes Blättchen des Aussenkelches an der Stelle zweier Stipularblättchen steht, ähnlich wie dies bei manchen Galiumarten der Fall ist. Die Aussenkelchblättchen der Potentilleen entstehen, soweit die Untersuchung reicht, in Form einfacher Anlagen[3]); nur zweimal habe ich bei *Potentilla Tormentilla* eine zweispaltige Aussenkelchblattanlage gefunden, die also einer »Verwachsung« zweier Stipulae entspricht.

Auch die Malvaceen haben einen, bei der Gattung *Malva* aus drei Blättern gebildeten »Aussenkelch«. Nach Payer soll derselbe von einem Blatte und dessen beiden Nebenblättern gebildet werden; dies trifft aber nach meinen Wahrnehmungen an *Malva silvestris* und *M. rotundifolia* nicht zu: zwei der Blätter hängen an der Basis zuweilen zusammen, allein die Entwicklungsgeschichte zeigt, dass sie unabhängig von einander entstehen, man hat es also hier, wie schon Eichler vermuthete, mit einem aus Hochblättern gebildeten Involucrum zu thun.

Es mag an diesen Beispielen für Hüll- und Aussenkelche genügen, und zunächst noch darauf hingewiesen werden, dass der Besitz eines Kelches zuweilen nicht allen Angehörigen einer Familie zukommt, ohne dass man bei denen, welchen er fehlt, von einer Verkümmerung sprechen

---

[1]) Der Ansicht Warming's (a. a. O. pag. 128) einige der Blätter (resp. Pappuskörper) entsprechen den Blättern selbst oder den Endtheilen derselben, andere entsprechen Seitentheilen, Stipeln oder Lacinien der Blätter, kann ich mich, was den zweiten Theil dieses Satzes betrifft nicht anschliessen, sondern halte die Pappuskörper ebenso wie die Pappushaare von *Taraxacum* für Neubildungen auf dem Kelchwulst, von denen diejenigen, welche die Stelle der Kelchblätter einnehmen als Umbildungen der ersteren betrachtet werden können. — Beispiele, dass ein Blatt durch zahlreichere kleinere Blattanlagen ersetzt wird, werden unten noch anzuführen sein.

[2]) Buchenau, über die Blüthenentwicklung einiger Dipsaceen, Valerianeen und Compositen. Abh. der Senckenb. Ges. I. 106 ff.

könnte. So bei einigen Ranunculaceen. Die Gattung *Ranunculus* selbst besitzt einen fünfzähligen Kelch und eine damit alternirende Blumenkrone bei der Mehrzahl der Species; *Ranunculus Ficaria* ist dreizählig, gelegentlich beobachtet man indess auch einen vier und fünfzähligen Kelch. *Anemone Hepatica* besitzt ebenfalls einen »Kelch«, der aus drei mit den ersten Blumenblättern alternirenden Blättern besteht[1]). Vergleicht man damit die andern Anemone-Arten, so zeigt sich, dass der »Kelch« von *A. Hepatica* homolog ist dem aus drei Blättern gebildeten, durch ein mehr oder weniger langes Internodium von der einfachen Blüthenhülle getrennten »Involucrum«. Dasselbe wird bei *Anemone nemorosa, ranunculoïdes* u. a. gebildet durch drei vollständig ausgebildete Laubblätter, deren Stiel nur etwas verkürzt ist. Von hier aus findet sich dann eine Reihe, wenn man eine grössere Anzahl Formen vergleicht, fast lückenlos verbundener Uebergangsstufen bis zu den einfachen, ungegliederten »Kelch-« (richtiger »Involucral-«) Blättchen von *A. Hepatica*. Nur ein Fall, der von *A. stellata* sei hervorgehoben, weil die Ausbildung der Involucralblätter hier keine constante ist. Zahlreiche Exemplare der (wild wachsenden) Pflanze zeigen das Involucrum aus einfachen ovalen Hochblättern (Fig. 60, 4) zusammengesetzt, das Involucrum unterscheidet sich also von dem der *A. Hepatica* nur dadurch, dass es nicht direkt unterhalb der Blüthe steht. Bei anderen Exemplaren findet man an der Spitze der Involucralblätter Andeutungen einer Gliederung, welche bei manchen Exemplaren bis zu dem in Fig. 60, 1, 2 und 3 dargestellten Grade geht, wobei man deutlich erkennt, dass der obere, gegliederte Theil des Involucralblattes dem Spreitentheil eines Laubblattes entspricht, dass also nach dem oben über die Blattentwicklung Mitgetheilten, diese Hochblätter Umbildungsformen von Laubblättern vorstellen. Die Umbildung, welche mit einer scheidenförmigen Erweiterung des Blattgrundes verknüpft ist, erfolgt auf verschiedenen Entwicklungsstadien der Blattanlage, nicht selten so früh, dass noch keine Gliederung des »Oberblattes« eingetreten ist, im letzteren Falle erhält man dann die *Hepatica*-Form der Involucralblätter. *Anemone Hepatica* (zu deren dreigliedrigem Kelche nicht selten wie bei *R. Ficaria* 1—2 Blätter hinzutreten) ist also ein Beispiel für die Entstehung eines Kelches aus einem Involucrum.

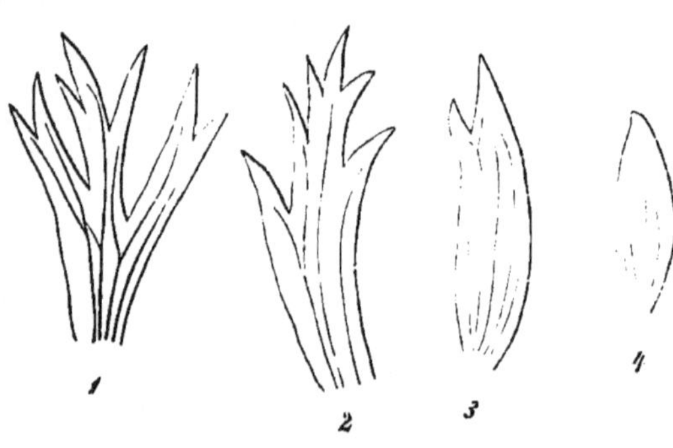

(B. 381.) Fig. 60.
Anemone stellata. Involucral-Blätter verschiedener Ausbildung.

Aehnliche Uebergangsformen findet man übrigens gelegentlich (aber selten) auch bei den Kelchblättern von *Ranunculus Ficaria*, ferner sehr elegant bei *Trollius europaeus*, wo der Uebergang von Laubblatt- und Blumenkronen-(resp. Kelch-)blatt sich, abgesehen davon, dass man häufig an den unteren Blumenblättern Andeutungen der den Laubblättern eigenen Gliederung findet, auch dadurch manifestirt, dass die Färbung theilweise noch grün bleibt.

II. Entwicklung der Blumenkrone.

Kelch und Blumenkrone sind, wie aus dem oben für die Ranunculaceen Erwähnten hervorgeht, correlative Begriffe. Von einer Blumenkrone kann man eben nur dann sprechen, wenn ein Kelch vorhanden ist. Nicht die von der der Laubblätter abweichende Färbung bildet also das charakteristische Kennzeichen

[1]) So nach der z. B. von EICHLER vertretenen Auffassung, deren Richtigkeit mir hier wie bei anderen Ranunculaceen, vorerst zweifelhaft ist; ich vermuthe eine acyklische Anordnung bei den genannten Formen (*R. Ficaria, Anemone* u. a.)

der Blumenkrone, sondern die Stellung innerhalb der Blüthe. Bei einer ganzen Anzahl von Pflanzen kennen wir Blattgebilde, welche die Blüthe begleiten und die Färbung oft auch die Form von Blumenblättern haben, allein nicht als solche zu bezeichnen sind, weil sie nicht zur Blüthe gehören. So sind die Deckblätter der Blüthen von *Aponogeton distachyus*, einer blumenblattlosen resp. mit einer sehr reducirten (zweiblättrigen) Blumenkrone versehenen Monokotyle rein weiss gefärbt, bei unseren ebenfalls blumenblattlosen Chrysospleniumarten aber sind die der Blüthe benachbarten Laubblätter gelb, oft in ihrer ganzen Ausdehnung, die Funktion, die unscheinbaren Blüthen (resp. Blüthenstände) für die blüthenbesuchenden Insekten auffällig zu machen, wird hier von den blumenblattähnlichen Laubblättern übernommen. Dafür, dass auch Staubblattanlagen regelmässig oder nur in Form monströser Umbildung sich zu Blumenblättern ausbilden, wurden oben schon Beispiele angeführt, und auch daran sei hier erinnert, dass bei acyklisch gebauten Blüthen die Abgrenzung von Blumenkrone und Kelch oft unmöglich ist, weil beide eben ganz allmählich in einander übergehen, die äusseren Blüthenhüllblätter grün, die inneren blumenblattartig gefärbt sind, wie bei vielen Cacteen.

II. Entwicklung der Blumenkrone (Corolle).

Für die Schilderung der Entwicklungsfolge der Blumenkronenblätter kommen hier nur die cyklischen Blüthen, bei welchen die Blumenkronenblätter einen mit den Kelchblättern alternirenden Wirtel bilden, in Betracht, denn für diejenigen Blüthen, bei welchen Kelch- und Blumenblätter schraubig angeordnet sind, versteht sich die Entwicklungsfolge der letzteren von selbst. Bei cyklischen Blüthen stellen sich die Kronenblätter *(petala)* genau in die Zwischenräume der Kelchblätter. Im Gegensatz zu der successiven Entstehung der Kelchblätter pflegen aber die Anlagen der Petala gleichzeitig sichtbar zu werden — ein Umstand, der von Payer sogar als ein allgemeines Unterscheidungsmerkmal von Kelch und Blumenkrone benutzt wurde. Es trifft indess durchaus nicht überall zu. Bei den meisten Umbelliferen z. B. ist die Anlegung der Blumenkronenblätter eine ungleichzeitige und ähnlich ist es auch in anderen Fällen, wenn gleich das oben erwähnte Verhalten das häufigste ist. Selten besteht die Blumenkrone aus mehr als einem Blattwirtel, bei den Fumariaceen z. B. wird sie durch zwei miteinander gekreuzte zweizählige Wirtel gebildet, bei *Loranthus* durch zwei alternirende dreizählige.

Die mannigfaltigen Formverschiedenheiten, in welchen die Blumenkronenblätter auftreten, können hier nicht erörtert werden. Es genügt auf eigenthümliche Fälle wie *Aconitum* hinzuweisen, wo die lebhaft gefärbten scheinbar die Blumenkrone bildenden Blattgebilde wie der Vergleich mit verwandten Formen zeigt, vielmehr den Kelch darstellen, während die Blumenkrone gewöhnlich nur in Form zweier sehr eigenthümlich ausgebildeter Nektarien auftritt.

Die auffallendsten Formen der Blumenkronen finden sich da, wo die Blumenblätter nicht isolirt sind, sondern nur noch als Spitzen einer röhren-, glocken-, krug- etc. förmigen einheitlichen Blumenkrone erscheinen. Diese gamopetalen Blumenkronen entstehen ebenso wie die entsprechenden Kelchgebilde dadurch, dass die ursprünglich isolirt angelegten Petala auf einer ringförmigen Sprossung emporgehoben werden, oder aber es entsteht (wie dies ja auch bei wirtelig gestellten Laubblättern der Fall ist) zuerst eine ringförmige Gewebezone, auf welcher dann erst die einzelnen Blumenblattanlagen auftreten. So bei *Cucurbita*[1]) u. a. Welch

[1]) Reuter, Beitrag zur Entwicklgesch. der Bl. Bot. Zeit. 1876.

wunderbare Formen dabei entstehen können, das zeigt z. B. die Blüthe von *Ceropegeia elegans*. Hier hat die Blumenkrone die Form eines oben geschlossenen, nach unten hin in eine Röhre verschmälerten Trichters, der entstanden ist, indem die fünf ursprünglich freien Blumenblattanlagen an der Spitze vollständig verwachsen sind.[1]) Ein Insektenbesuch wäre hier unmöglich, wenn nicht an der Seitenwand des Trichters fünf Stücke der Blumenkrone sich von dem Gewebeverband trennten und wie eine Jalousiedecke nach oben schlügen, dadurch werden fünf über 1 Centim. breite Eingänge in die Blumenkrone hergestellt, in die aber, da über jeden ein Dach hergespannt ist, kein Regen eindringen kann: wohl eine der merkwürdigsten der gerade hier so zahlreichen Anpassungen. Denn überall steht die Form der Blumenkrone in engster Beziehung zu der Insektenthätigkeit bei den Blüthen[2]), die Entwicklungsgeschichte aber zeigt, wie Blumenkronen, welche im fertigen Zustand auffallend von einander unterschieden sind, doch aus einer und derselben Anlage durch im Grunde unbedeutende Wachsthumsdifferenzen hervorgehen können. Die zungenförmigen und röhrenförmigen Blüthen der Compositen z. B. sind im fertigen Zustand sehr verschieden. Ihre Anlagen aber stimmen vollständig überein: fünf freie Blattanlagen, die später auf einer röhrenförmigen Basis emporgehoben werden. Bei den zungenförmig werdenden Blüthen aber stellt ein Punkt der Blumenkronenröhre zwischen zwei Petalis sein Wachsthum sehr früh ein. Indem die anderen Partien weiter wachsen, entsteht eine Blumenkronenröhre, welche auf einer Seite, eben von dem erwähnten Punkte aus, aufgeschlitzt ist. Indem sie sich später flach ausbreitet, erhält man die bekannte Zungenform. Solche Zungenblüthen mit fünf Zacken, welche den fünf Blumenblattanlagen entsprechen, finden sich z. B. bei *Taraxacum officinale*. Bei *Calendula* und in anderen Fällen sind die Strahlenblüthen dreizackig: hier bleibt nämlich die Partie der Blumenkronenröhre unterhalb zwei Zipfeln derselben sehr im Wachsthum zurück, nur die andere Hälfte entwickelt sich, in Folge davon ist die Fläche der Strahlblüthen nur von der Partie der Blumenkronenröhre gebildet, die unterhalb dreier Petalaanlagen liegt.[3]) Von hier aus ist nur ein kleiner Schritt zur Bildung zweilippiger Corollen, wie sie sich in unvollkommener Form z. B. bei den Randblüthen von *Centaurea Cyanus*, in vollkommenerer bei der Unterabtheilung der Labiatifloren z. B bei *Nassavia* finden. Derselbe Vorgang, der zur Bildung der Zungenblüthen von *Calendula* führt, ist auch hier eingetreten, nur später, nachdem die Corollenröhre schon eine ziemliche Länge erreicht hat. Dann ist die Partie derselben unter zwei benachbarten Zipfeln im Wachsthum zurückgeblieben, während die unter den drei anderen weiterwuchs, so dass eine breite dreispaltige Oberlippe und eine aus zwei Zipfeln bestehende Unterlippe resultiren. In Fällen wie der von *Calendula* erkennt man die zwei im Wachsthum zurückgebliebenen Zipfel dagegen im fertigen Zustand kaum mehr, sie sind durch das Wachsthum der anderen Corollenpartien verzogen. Es braucht kaum bemerkt zu werden, dass es ein ähnlicher Vorgang ist, auf dem die Bildung anderer

[1]) Die Verwachsung geht an der Spitze soweit, dass die letztere von einem Gewebekörper gebildet wird, in welchem die Verwachsungsstellen nicht mehr erkennbar sind.

[2]) Vergl. die Abhandl. von H. MÜLLER im 1. Bd. dieses Handbuches.

[3]) Uebergangsformen zwischen Zungen- und Röhrenblüthen finden sich bei der Gartenform von *Dahlia variabilis* und in anderen Fällen vor, vergl. z. B. die Abbildungen von H. MÜLLER, Alpenblumen, pag. 44, für *Senecio carniolicus*. Als die phylogenetisch älteren dürfen wir wohl die Röhrenblüthen betrachten, aus denen sich ja, wie die »gefüllten« Gartenformen vieler Compositen (z. B. der erwähnten *Dahlia*) zeigen, auch durch Kultur Zungenblüthen erzielen lassen.

Lippenblumen, wie der der Labiaten beruht. Nur ist das Wachsthum der einzelnen Blumenkronenpartien noch ein ungleichmässigeres. Die zwei Blumenblattanlagen, welche die Oberlippe liefern (resp. deren Ende einnehmen), wachsen nämlich hier sehr früh schon so vereint, als ob sie ein einziges Blatt wären, man findet an dem Ende der Oberlippe nur noch eine z. B. bei *Lamium* seichte Ausrandung. Dem entspricht wie beiläufig bemerkt sein mag, auch die Stellung der Staubblattanlagen. Es treten deren hier nur vier auf. Diese sind aber nach den Figuren von PAYER bei *Stachys recta,* von SACHS bei *Lamium album* und meinen eigenen Wahrnehmungen nicht so gestellt, dass für das, zwischen den beiden die Oberlippe bildenden Blumenblattanlagen ein leerer Platz übrig bliebe, sondern sie stehen in einem vierzähligen Wirtel, mit annähernd gleichen Abständen. Die beiden früh gemeinsam wachsenden Petalaanlagen werden hier, wenn der Ausdruck erlaubt ist, für ein Blatt gerechnet, es ist ein ähnlicher Vorgang der Ersetzung zweier Blattanlagen durch eine einzige, wie er oben für die Stipulae von *Galium palustre,* für den Kelch von *Lagascea* (vergl. pag. 135) etc.[1]) geschildert wurde. Nur ist bei den Labiaten das Auftreten zweier geordneter Blattanlagen noch wahrnehmbar (— ob auch in Fällen wie z. B. *Mentha?),* während dies bei *Galium* nur selten der Fall ist, und ebenso bei den Plantagineen, wo man aus Gründen der Vergleichung Ursache zu der Annahme einer Fünfzähligkeit der Blüthen hat (das hintere Kelchblatt wäre dabei unterdrückt, die zwei hinteren Corollenblätter durch eines ersetzt). Ebenso ist es bei *Veronica,* wo die bedeutendere Grösse des einen der fünf Blumenkronenblätter darauf hindeutet, dass dasselbe als Ersatz für zwei Blumenblätter zu betrachten ist. In anderen Fällen wie bei manchen Rosaceen dagegen findet, wie oben erwähnt, ein Wechsel zwischen vier- und fünfzähligen Blüthen statt, ohne dass man zur Erklärung desselben Gründe wie die eben erwähnten herbeiziehen dürfte, man findet bei *Prunus spinosa* z. B. auch 6, 7 und 8zählige Blüthen, was zeigt, dass hier eine einfache Schwankung in den Zahlenverhältnissen vorliegt.

Die gamopetale Corolle, deren Entwicklung im Vorstehenden kurz geschildert wurde, kam zu Stande durch Emporheben der Blattanlagen e i n e s Blumenblattwirtels auf röhrenförmiger Zone. Bei manchen Monokotylen wie z. B. der Hyacinthe werden z w e i mit einander alternirende dreigliederige Blattkreise ebenso auf gemeinschaftlicher röhrenförmiger Basis emporgehoben. Dieser Fall kehrt wieder, da, wo die Staubblätter »mit der Blumenkronenröhre verwachsen« und dann scheinbar aus der Innenfläche der Blumenkrone entspringen, so z. B. bei den Primulaceen, Boragineen u. a. Auch hier aber liegt der Fall so, dass Staubblattanlagen und Blumenblattanlagen ursprünglich getrennt, frei von einander angelegt wurden, und dann die ringförmige Insertionszone des Blüthenbodens, auf welcher die beiden Blattkreise stehen röhrenförmig emporwachsend sie beide zusammen in die Höhe hob. Die Stellungsverhältnisse der Corolle zum Androeceum sollen bei der Besprechung der Entwicklung des letzteren erwähnt werden, hier möge noch kurz auf die »ligularen Auswüchse« auf der Innenseite der Corollenblätter hingewiesen werden, wie sie z. B. bei *Lychnis* u. a. sich finden, wo sie auch mit einem besonderen Namen als »Nebenkrone« bezeichnet werden. Die

[1]) Die Oberlippe des Kelches von *Utricularia* wird nach BUCHENAU (morphol. Studien an deutschen Lentibularien. Botan. Zeit. 1865, pag. 94), niemals dreitheilig angelegt, obwohl dies schon nach der Analogie mit *Pinguicula* zu erwarten wäre. Hier sind also drei Blattanlagen durch eine einzige ersetzt. Die Unterlippe des Kelches dagegen entsteht aus zwei getrennten, später an ihrer basalen Insertionszone gemeinsam wachsenden Blattanlagen.

eigenthümliche Ausbildungsform mancher Blumenblätter, wie z. B. die Spornbildung an denselben bedarf kaum der Erwähnung, es kommt diese Bildung durch gesteigertes Flächenwachsthum einer Partie des Blumenblattes zu Stande, die der zu röhrenförmigen Nektarien umgebildeten Petala von *Helleborus* aber erfolgt auf ganz ähnliche Weise wie die Bildung »schildförmiger« Blätter. Vergl. oben pag. 233 ff. und PAYER, a. a. O. Taf. 57, Fig. 51—55.

Zahlreiche Pflanzen sind aber auch apetal, d. h. besitzen keine Blumenkrone. In manchen Fällen ist dies auf eine Verarmung, also eine Unterdrückung der Blumenkrone zurückzuführen, wie z. B. in dem Verwandtschaftskreise der Caryophylleen, wo selbst Formen, die gewöhnlich eine Blumenkrone besitzen, gelegentlich apetal vorkommen, wie z. B. *Alsine, Spergularia.*

In anderen Fällen aber betrachte ich mit EICHLER[1]) dies Verhältniss als ein ursprüngliches, und zwar sowohl bei Mono- als bei Dikotylen. Einen für die Frage nach der Entstehung der Blüthenhüllblätter interessanten Fall, welcher zeigt, dass die Bildung derselben bei verschiedenen Formen auf verschiedene Weise vor sich gegangen sein kann, bieten die Potameen. Die Gattung *Potamogeton* selbst besitzt ein Perigon, das aus vier breiten kelchblattähnlichen, den vier Staubblättern gegenüberstehenden Schuppen gebildet wird. Die Entwicklungsgeschichte[2]) zeigt auch, dass dieselben vor den Antheren in zwei zweigliederigen Wirteln entstehen. In derselben Folge erscheint dann hinter jeder Perigonblattanlage eine Staubblattanlage. HEGELMAIER, der die Entwicklungsgeschichte dieser Blüthen zuerst mitgetheilt hat, zieht daraus, meiner Ansicht nach mit allem Recht, den Schluss, dass hier ein Perigon vorliegt, dessen Blätter mit den vor ihnen stehenden Staubblättern zusammenhängen. Untersucht man die nun verwandte Gattung *Ruppia*[3]), die nur zwei Antheren in der Blüthe besitzt, so zeigt sich, dass hier die Perigonblätter erst nach den Antheren angelegt werden und zwar aus dem Connectiv derselben hervorsprossen, sie erscheinen als kleine Schüppchen. Bei *Potamogeton* sehe ich nun eine Weiterentwicklung[4]) des bei *Ruppia* angebahnten Verhältnisses. Wie ein Organ, das zum Verkümmern neigt, verspätet angelegt wird, so kann auch ein kräftig entwickeltes Organ früher in die Erscheinung treten, bei *Potamogeton* also ehe die betreffende Anthere deutlich vom Blüthenvegetationspunkt gesondert ist. Es liegt also bei *Potamogeton* ein Fall vor, wo Connectivschuppen sich zum Perigon entwickelt haben. Andere Blüthen desselben Verwandtschaftskreises z. B. die von *Zostera* besitzen kein Perigon, ich finde aber hier das Connectiv der Antheren auffallend blattartig verbreitert.

Perigonlose Blüthen finden sich zumeist bei solchen Pflanzen, bei welchen die Inflorescenzen durch besondere Hüllen, bei vielen Monokotylen z. B. durch eine Spatha geschützt sind.[5]). Es erfordert hier bei jedem einzelnen Verwandtschaftskreis die Frage, ob die Apetalie ursprünglich oder durch Verkümmerung entstanden sei, eine gesonderte auf sorgfältiger Vergleichung aller Formen be-

---

[1]) Blüthendiagramme. II. Th. pag. 1.

[2]) HEGELMAIER, Ueber die Entwicklung der Blüthentheile von Potamogeton. Bot. Zeit. 1870. pag. 282 ff. Meine eigenen Untersuchung. führten zu demselben Resultate wie die HEGELMAIER's.

[3]) Zur Untersuchung diente *Ruppia rostellata.*

[4]) *Ruppia Potamogeton* gegenüber als rückgebildete Form aufzufassen, ist schon deshalb nicht thunlich, weil es dann schwer erklärbar wäre, dass die verspätet auftretende Perigonblattanlage aus dem Connectiv des Staubblattes statt aus seinem Grunde hervorsprosse.

[5]) Bei manchen Araceen z. B. der bekannten Zimmerpflanze *Richardia aethiopica* nimmt die Spatha Blumenblattfärbung an.

ruhende Untersuchung, denn a priori kann man in einem Verwandtschaftskreise, wo wie z. B. bei den Araceen perigonlose und perigonbesitzende Formen vorkommen, jede der beiden Kategorien als die phylogenetisch ältere betrachten.

Eine ähnliche Entstehung der Petala wie bei *Potamogeton* findet sich nun auch bei den dikotylen Familien, so bei den Primulaceen.[1]) Die Staubblätter sind hier den Kronenblättern superponirt. Staubblatt und Blumenkrone stehen in genetischem Zusammenhang, allein wie ich glaube, doch nicht in der Weise, wie bei *Potamogeton*. Nach Anlage der Kelchblätter entsteht nach PFEFFER am ganzen Umfang der Blüthenachse ein Ringwall, dessen zwischen je zwei Kelchblättern liegende Partien im Wachsthum ein wenig gefördert sind, und bald zu fünf mit den Kelchblättern alternirenden Höckern werden. Diese Höcker sind Blattprimordien, deren apikaler Theil ohne Aenderung der Wachsthumsrichtung zum Staubgefässe wird, während sich die Blumenblätter am Grunde der Aussenseite der Höcker als Auszweigung bilden, und zwar erst dann, wenn die Primordien beträchtliche Grösse erreichen (PFEFFER a. a. O.). Man könnte hier übrigens den selbstständigen Ursprung der Blumenkronenblätter ganz gut dadurch retten, dass man annimmt, die basale Partie, aus der die Blumenblätter (welche verspätet angelegt werden), entspringen, sei nichts anderes als der Ringwall von Blüthenachsengewebe, auf dem die Primordien ja jedenfalls stehen. Die Blumenblattanlagen entspringen dann also nicht den Staubblattanlagen, sondern einer Blumenblatt- und Staubblattanlagen gemeinsamen Zone des Blüthenbodens. Verschiedene Figuren PFEFFER's scheinen mir eine solche Auffassung nahezulegen, z. B. Fig. 1, Taf. XIX., auch entspringen die Fruchtblätter, resp. die ringförmige Fruchtknotenanlage ganz nahe am Grunde der Innenseite des von den Staubblattanlagen gekrönten Ringwalls (vergl. PFEFFER, Taf. XX. Fig. 2, 3, 4). Ich meine also, wenn die Staubblätter auf einem gemeinsamen Ringwall emporgehoben[2]), die ihnen gegenüberstehenden Petala verspätet angelegt werden, so müssen Längs schnitte solche Bilder geben, wie sie PFEFFER's eingehende Untersuchung darbietet. Eine »congenitale Verwachsung« von Staub- und Kronenblattanlagen aber existirt hier wie überall, für mich nicht, da ich diesen ganzen Begriff für einen verfehlten halte, denn er ist nichts weiter als eine Umschreibung des Thatbestandes, dass Staub- und Kronenblattanlagen (nach der PFEFFER'schen Annahme) als einheitliche Primordien von Anfang erscheinen. Uebrigens soll die Auffassung, dass die Blumenblätter hier Sprossungen der Laubblätter seien — wenn man nur die Entwicklungsgeschichte ins Auge fasst — gar nicht als unthunlich hingestellt werden, wir haben ja den Fall von *Potamogeton* und *Ruppia*, ferner bei den Gefässkryptogamen den von *Ophioglossum*, wo eine Blattanlage sich ebenfalls in einer fertilen, sporangientragenden und einem sterilen Theil (hier ein Laubblatt) theilt.

Aehnliche Angaben wie die von PFEFFER sind von anderen Autoren auch für andere Pflanzen gemacht worden[3]), welche den Primulaceen oder nahestehenden Familien angehören. Umgekehrt

[1]) Vergl. PFEFFER, Zur Blüthenentwicklung der Primulaceen und Ampelideen. PRINGSHEIM's Jahrb. für wiss. Bot. XIII. Bd. pag. 194 ff. Daselbst weitere Literatur.

[2]) Man denke z. B. die Staubblätter der Compositen seien den Blumenblattanlagen opponirt. Die Blüthenachse wird hier bekanntlich hohl, und auf dem Rande entstehen die Blumenblattanlagen. Treten diese Staubblattanlagen nun am Grunde der Blumenblattanlagen auf, nachdem die ersteren schon eine ziemliche Höhe erreicht haben, so werden sie im Längsschnitt aus der Basis der Blumenblattanlagen zu entspringen scheinen. In Wirklichkeit aber entstehen sie doch unterhalb der Blumenblätter aus der ausgehöhlten Blüthenachse.

[3]) So für die Primulacee Cyclamen von GRESSNER, Zur Keimungsgeschichte von *Cyclamen*,

soll dagegen bei den Onagrarieen nach BARCIANU[1]) der eine Staubblattkreis z. B. bei *Epilobium* aus den Blumenblattanlagen hervorsprossen. Für mich unterliegt es aber nach BARCIANU's Figuren und Schilderungen gar keinem Zweifel, dass die Staubblattanlagen des inneren Kreises nicht aus den Blumenblattanlagen, sondern dicht unterhalb derselben aus der Innenfläche der hohlgewordenen Blüthenachse hervorsprossen, da die Petala, wie sonst auch häufig genug im Wachsthum zurückbleiben, so sieht es dann später aus, als seien Petalum und unter ihm stehendes Staubblatt aus einem Primordium hervorgegangen — ein Fall, der um so auffallender wäre, als die äusseren Staubblätter ganz wie gewöhnlich als gesonderte Höcker entstehen. Dasselbe nehmen wir also auf Grund der Entwicklungsgeschichte auch für die inneren an, und wenn wir dieselben im fertigen Zustand mit den Blumenkronenblättern verwachsen sehen, so geschieht das wie gewöhnlich in derartigen Fällen durch interkalares Wachsthum der gemeinsamen Insertionszone.

Ein gemeinsames Primordium für Staub- und Perigonblätter findet sich dagegen bei *Viscum album.* Ein Längsschnitt durch die fertigen Blüthen zeigt uns hier in die Perigonblätter eingesenkt eine Anzahl von Mikrosporangien (Pollensäcken). Freie Antheren kommen hier gar nicht zur Entwicklung, und auch in jüngeren Stadien ist von denselben nichts zu sehen. Wenigstens giebt HOFMEISTER an[2]) »es differenziren sich unter der oberen Fläche der Perigonblätter einzelne Zellgruppen zu Pollenmutterzellen; neue Blattorgane werden fortan nicht mehr in der männlichen Blüthenknospe angelegt.[3]) Wie EICHLER bemerkt (a. a. O. II. pag. 554) individualisiren sich bei verschiedenen Arten von *Viscum* selbst, und in nächstverwandten Gattungen wie *Eremolepis*, *Phoradendron* etc. Staubblätter und Perigonblätter so vollkommen, dass sie oft nur an der Basis einen schwachen Zusammenhang zeigen, wobei zugleich das Staubblatt die gewöhnliche Form dieses Organs zeigt. Ich nehme aber nach den bis jetzt bekannten, weiterer Prüfung bedürftigen, entwicklungsgeschichtlichen Daten bei *Viscum album* nicht eine sehr innige Verwachsung der beiden Blattgebilde an, denn dies ist eine rein auf Vergleichung beruhende Ausdrucksweise, sondern ein Fertilwerden der Perigonblätter. Wie wir z. B. bei *Botrychium Lunaria* nicht selten sehen, dass auch an dem sonst sterilen Blattheil Sporangien auftreten, so meine ich, ist es auch bei *Viscum album.* Das Staubblatt ist hier gar nicht gebildet worden (vielleicht wenn man die Zellanordnung untersucht noch in Spuren erkennbar), dagegen sind die Sporangien auf den Perigonblättern selbst aufgetreten. Gestützt wird diese Auffassung, welche jedenfalls den Vorzug hat, sich den bis jetzt bekannten Thatsachen eng anzuschmiegen, durch die Erscheinungen, die unten von dem Fruchtknoten der Loranthaceen zu berichten sein werden, wobei nicht zu vergessen ist, dass wir es bei dem parasitisch lebenden *Viscum album* mit Rückbildungen zu thun haben, wie sie bei Parasiten so häufig auftreten.

III. Entwicklungsgeschichte des Androeceums.

Im Androeceum haben wir es mit Blattgebilden zu thun, welche die Träger der Mikrosporangien, also Sporophylle sind. Hier haben wir nur die Entwicklungsgeschichte dieser Sporophylle selbst, nicht aber die der Sporangien zu verfolgen,

---

Bot. Zeit. 1874. pag. 837; für Plumbagineen von REUTHER, Beiträge zur Entwicklungsgeschichte der Blüthen. Bot. Zeit. 1876. pag. 420.

[1]) Untersuchungen über die Blüthenentwicklung der Onagraceen, in SCHENK und LÜRSSEN, Mittheilungen. II. pag. 81.

[2]) HOFMEISTER, Neue Beiträge zur Kenntniss der Embryobildung der Phanerogamen. Abhandl. der K. Sächs. Gesellsch. d. Wiss. 1859, Mathemat.-physikal. Klasse. 4. Bd. pag. 555.

[3]) Diese Zellgruppen gehen, wie ich vermuthe, hervor aus Theilung je einer einzigen Archesporzelle.

die letztere ist bei der vergleichenden Entwicklungsgeschichte der Sporangien zu besprechen.

Die Entwicklungsgeschichte des Androeceums ist eine sehr einfache in den Fällen, in welchen das Androeceum aus einem mit den Kronblättern alternirenden Wirtel besteht (den »Haplostemonen« EICHLER's, z. B. Labiatifloren, Compositen u. a.) oder spiralig angeordnet ist, wie bei den Ranunculaceen etc. Im ersteren Fall treten normal nach den fünf Kronenblättern fünf mit ihnen alternirende Staubblattanlagen auf, von denen aber einzelne verkümmern oder ganz fehlen können. Ein in die letzte Kategorie gehöriger Fall wurde oben schon für die Labiaten aufgeführt, und noch weiter geht die Verkümmerung (im phylogenetischen Sinne) bei den Scrophularineen, bei welchen interessante Uebergangsstufen sich finden. Während z. B. bei *Verbascum nigrum* alle fünf Staubblätter vorhanden sind, ist das hintere Staubblatt unfruchtbar bei *Pentstemon*, es fehlt ganz bei andern, und durch ähnliche Uebergänge gelangt man zu dem Vorhandensein von nur zwei Staubblättern bei *Veronica, Anticharis* u. a. (Man vergl. die Zusammenstellung bei EICHLER, a. a. O. I. pag. 211 u. 212.)

Bei spiralig-angeordnetem Androeceum versteht sich die Reihenfolge der Ausbildung ebenfalls von selbst. — Keiner weiteren Erwähnung bedarf auch der Fall, dass mit dem mit den Kronblättern alternirenden Staubblattwirtel ein weiterer, gleichzähliger Staubblattwirtel alternirt wie bei *Styrax officinalis* (PAYER, Taf. 152, Fig. 1—19) und manchen Caryophylleen. Nennen wir die über den Kronenblättern stehenden Staubblätter die Kronstamina, die über den Kelchblättern stehenden die Kelchstamina, so bilden also in dem eben erwähnten Falle die Kelchstamina den äusseren, die Kronstamina den inneren Staubblattkreis. In einer grösseren Anzahl von Fällen ist das Verhalten aber umgekehrt, es liegt eine regelrechte Alternation der einzelnen Blüthenquirle wie im ersten Fall nicht vor, sondern die Kronstamina bilden den äussern, die Kelchstamina den innern Staubblattkreis. So sich verhaltende Blüthen werden mit dem nicht gerade sehr schönen Namen der »Obdiplostemonen« bezeichnet (vergl. EICHLER, I. pag. 335). Die entwicklungsgeschichtlichen Angaben über diesen Fall, mit denen wir es hier allein zu thun haben, sind widersprechend, und die ganze Frage verdient daher eine nochmalige umfassende Untersuchung. PAYER, HOFMEISTER, SACHS u. a. finden, dass bei Geraniaceen, Oxalideen und anderen hierhergehörigen Pflanzen die Kelchstamina zuerst entstehen, und dann der mit ihnen alternirende aber tiefer stehende Wirtel der Kronstamina auftritt. Nach FRANK[1]) dagegen würden die Kronstamina bei *Geranium sanguineum* und *Oxalis stricta* zuerst entstehen, dann die Kelchstamina. Die gewöhnliche Regel der Alternation wäre also hier gestört, allein wir wissen auch in andern Fällen, dass diese Staubblätter vor den Kronenblättern auftreten, so z. B. bei den oben erwähnten Primulaceen und Plumbagineen, ferner den Ampelideen und Rhamneen. In vielen Fällen aber stehen Kelch- und Kronstaubfäden auch auf gleicher Höhe; nehmen wir nach den vorliegenden Angaben PAYER's u. a. an, die Kelchstamina entstehen zuerst, so würden also dann die Kronstamina zwischen die Kelchstamina eingeschaltet, interponirt. Eine solche Einschaltung kommt zweifelsohne vor. So z. B.

[1]) Ueber die Entwicklung einiger Blüthen. PRINGSH. Jahrb. Bd. X. pag. 204 ff. Für die ebenfalls obdiplostemonen Sterculiaceen (c. l.) hat schon PAYER die frühere Entstehung der Kronstamina angegeben (a. a. O. Taf. 9, Fig. 1—15) für *Lasiopetalum corylifolium*. Die Kelchstamina sind hier allerdings reducirt, und man kann dies mit EICHLER mit ihrem späteren Auftreten in Verbindung setzen.

bei den Sapindaceen (incl. *Acer*). Die Blüthen sind hier fünfzählig und bei manchen *Acer*-Arten, z. B. *A. rubrum* ist dies auch mit dem Androeceum der Fall. Bei andern *Acer*-Arten aber z. B. *Acer Pseudoplatanus* hat es dabei nicht sein Bewenden. Wir finden hier in der Endblüthe der Blüthentraube zehn, in den Seitenblüthen gewöhnlich acht Staubblätter. Die vergleichende Morphologie (s. EICHLER, II. pag. 350 u. 361) erklärt dies Verhalten daraus, dass hier zwei mit einander alternirende fünfgliedrige Staubblattkreise vorliegen, von dem innern derselben, welcher vollständig nur in den Endblüthen auftritt, sollen in den Seitenblüthen immer zwei Staubblätter verkümmern. Dagegen spricht aber schon die Thatsache, dass man in den Seitenblüthen an den Stellen, wo die nicht angelegten Staubblätter stehen sollten, von Anfang an keine Lücken findet, sondern dass die Staubblätter sofort dicht zusammenschliessen. Die entwicklungsgeschichtlichen Angaben über das Zustandekommen dieser Stellung sind widersprechend, und zwar wie ich glaube mit Recht, indem der Vorgang nicht immer derselbe ist. Nach PAYER (Taf. 27, Fig. 1—3) entstehen nämlich bei *Acer tartaricum* zuerst fünf Staubblätter, die aber mit den Kronblättern nicht genau alterniren, so dass zwischen dreien grössere Lücken vorhanden sind. Diese Lücken werden ausgefüllt durch die jetzt auftretenden drei weiteren Staubblätter. Nach BUCHENAU[1]) dagegen treten bei *Acer Pseudoplatanus* die acht Staubblätter gleichzeitig auf und theilen sich in die Peripherie des Blüthenbodens. Ich finde bei *Acer Pseudoplatanus*, dass beides stattfinden kann, dass also entweder zuerst fünf Staubblätter auftreten, die andern drei aber in den grösseren Lücken sehr frühe schon eingeschaltet werden, aber als Höcker, die bedeutend kleiner sind als die ersten fünf Staubblattanlagen, so dass also eine wirkliche Interponirung hier stattfindet; in andern Fällen dagegen erscheinen die acht Staubblattanlagen anscheinend gleichzeitig und in gleicher Grösse, womit natürlich nicht ausgeschlossen ist, dass eine genauere histiologische Untersuchung auch hier das frühere Auftreten der fünf Staubblätter ergeben könnte. Die beiden Vorkommnisse würden sich dann dadurch unterscheiden, dass im letzteren Fall die Interponirung noch früher erfolgt als im ersten. Jedenfalls scheint es naturgemässer, kein Fehlschlagen hier anzunehmen,[2]) zumal bei andern Sapindaceen wie z. B. *Aesculus* eine vollständige Interponirung überhaupt sich nicht findet (Gipfelblüthen fehlen hier), sondern in allen Blüthen nur sechs oder sieben Staubblätter vorhanden sind, wobei nach PAYER's Angaben über *Pavia macrostachya* das interponirte Staubblatt deutlich später auftritt, als die ersten fünf Staubblätter, und zwar an einem Platze, wo zwei der letzteren durch Wachsthum des Blüthenbodens etwas auseinandergerückt sind. Sehr deutliche Beispiele für Interponirung von Staubblättern liefern nach DUCHARTRE[3]) manche Nyctagineen. Während einige Gattungen dieser Familie fünf Staubblätter besitzen wie *Mirabilis*, *Abronia* etc. hat *Bougainvillea* deren acht. Es entstehen zuerst fünf grössere Staubblattanlagen, welche mit den Kronenblättern alterniren. Bald aber schieben sich zwei oder drei andere Staubblattanlagen zwischen sie ein, drei von den grösseren Staubblatt-

---

[1]) BUCHENAU, Morpholog. Bemerkungen über einige Acerineen. Bot. Zeit. 1861. pag. 37 ff.

[2]) Der Fall von *Acer*, und ganz analog der von *Tropaeolum*, auf den hier nicht eingegangen werden kann, liesse sich auch so auffassen: Je zwei Staubblattpaare entstehen wie z. B. bei *Potentilla* im Anschluss an ein Petalum, das fünfte zwischen zwei Petalis. Dadurch sind drei grössere Lücken geschaffen, in welche drei weitere Staubblattanlagen interponirt werden.

[3]) DUCHARTRE, Observations sur l'organogénie florale et sur l'embryogénie des Nyctaginées. Ann. d. scienc. nat. série 3 t. 9 1848. pag. 163 ff.

anlagen alterniren dann noch mit den Kronenblättern, die andern nicht, sie sind durch das Wachsthum des zwischen ihnen gelegenen Blüthenbodenstückes von einander entfernt worden, und hier treten dann die neuen Staubblattanlagen auf.

Es ist klar, dass die eben besprochene Interponirung von Staubblättern ein von der Bildung alternirender Quirle nur graduell verschiedener Vorgang ist, bei der gewöhnlichen Alternation rücken aber die erstgebildeten Staubblätter nicht so weit auseinander wie im zweiten Fall: die neu entstehenden Staubblattanlagen stellen sich vor die Lücke zwischen je zwei der älteren, nicht in dieselbe. Weitere Beispiele für Interposition werden unten bei Besprechung der Blüthenentwicklung der Rosaceen aufzuführen sein. Hier ist zunächst noch eine Annahme zu erörtern, die in vielen Fällen zur Erklärung der Thatsache, dass das Androeceum aus mehr Gliedern gebildet wird als das Perianthium, zu erörtern — die Theorie des Dédoublements.

Der Urheber der Dedoublementstheorie ist MOQUIN-TANDON, oder vielmehr, wie derselbe in seinem »essai sur les Dédoublements ou multiplication des végétaux«, Paris et Montpellier 1826, hervorhebt, DUNAL. Später wurde derselbe Begriff als Chorise bezeichnet, ein Name, der ebenfalls von DUNAL herrührt, welcher auch der Autor des Ausdrucks Carpell ist (vergl. über diese Terminologie: MOQUIN-TANDON, éléments de tératologie végétale. Paris 1841. pag. 335 ff.). Die deutschen Autoren unterscheiden zwischen »Spaltung« (im engeren Sinne) und eigentlichem Dédoublement oder Chorise: wenn die aus einem gemeinsamen Primordium hervorgegangenen Theile als Hälften eines Ganzen erscheinen, so spricht man von Spaltung, hat jedes derselben die Beschaffenheit eines ganzen Blattorganes, von Dédoublement oder Chorise.[1]) — Die ursprüngliche Definition MOQUIN-TANDON's lautete (a. a. O. pag. 8): *»ainsi lorsqu' à la place d'une étamine, qui existe ordinairement dans une symmetrie organique,*[2]) *on trouve plusieurs étamines celles ci sont plusieurs par dédoublement ou par multiplication«*. Haben wir nun ein Recht zu einer solchen Annahme? — Sie beruht zunächst rein auf einer Vergleichung. Man kann ebenso gut sagen, wenn eine Frau Zwillinge gebiert, so ist das ein Dédoublement, weil man dann an Stelle eines Kindes zwei vorfindet. Es fragt sich aber, wenn der Ausdruck einen greifbaren Sinn haben soll: sind die Zwillinge entstanden durch Spaltung einer Embryonalanlage oder durch Befruchtung und Weiterentwicklung zweier unabhängig von einander entstandener Eier? Es ist klar, dass nur die Entwicklungsgeschichte darüber Auskunft geb[illegible] welches der wirkliche Vorgang ist. Unter Dédoublement versteht MOQUIN-TANDON auch [illegible]le, in denen man heutzutage von verzweigten Staubblättern spricht, z. B. *Hypericum*, übrigens zählt er zu den Fällen, in welchen Dédoublement stattfinde, auch die Ranunculaceen, Anonaceen, überhaupt alle Pflanzen mit vielen Staubblättern. Dasjenige Dédoublement, welches dem heutzutage mit diesem Worte verbundenen Sinne entspricht, ist das *»dédoublement complet mais simple«*, die durch Dedoublement entstandenen Organe stehen dabei entweder auf einer Linie nebeneinander oder stehen in mehreren Phalangen um das Gynaeceum wie bei *Hypericum*. Ersteres ist z. B. der Fall bei *Alisma Plantago »six étamines opposées deux à deux à chacun des trois pétales et produites par le dedoublement de trois étamines chacun à deux«*. Untersuchen wir nun aber diesen Fall genauer, so zeigt die Entwicklungsgeschichte[3]) keineswegs, dass zwei Staubblattanlagen aus Spaltung einer ursprünglich einfachen hervorgegangen sind, sondern im Gegentheil, dass die beiden angeblichen Spaltstücke vollständig von einander getrennt, und zwar durch eine Ecke des Blüthenbodens von einander gesondert entstehen. Ja sagt man, dann ist das Dédoublement eben »congenital«. Mit andern Worten, wir beruhigen uns über die Thatsache, dass an Stelle einer Organanlage zwei vollständig unabhängige entstehen, damit, dass wir diese Thatsache mit zwei Worten umschreiben, die auch nichts weiter besagen, als dass von einer Spaltung resp. Verzweigung von

[1]) Vergl. z. B. EICHLER, Blüthendiagramme I. pag. 5.

[2]) Darunter versteht er mit DE CANDOLLE das, was man jetzt mit den Ausdrücken »Bauplan, Typus« etc. bezeichnet.

[3]) Vergl. BUCHENAU, Ueber die Blüthenentwicklung von *Alisma* und *Butomus*. Flora 1857. pag. 241. — GOEBEL, Beiträge etc. Bot. Zeit. 1882.

Anfang an nichts zu sehen ist, aber von manchen für eine »Erklärung« angesehen werden. Wer consequenter ist, erklärt, dass das »congenitale Dedoublement« denn doch ein wirkliches sein könne, da unsere Untersuchungsmethoden, was ja gewiss richtig ist, unvollkommen seien, und die Spaltung sehr früh stattfinde. In vielen Fällen ist aber, wie sich aus der ganzen Configuration der betreffenden Blüthen, auch z. B. der von *Alisma* ergiebt, dieser Einwand ganz unstichhaltig, und zudem ist die allgemeine Anschauung, aus der er geflossen ist, keine solche, die uns veranlassen könnte, sie um allen Preis festzuhalten. Es lässt sich nämlich für eine Anzahl von Fällen zeigen, dass der Ersatz eines Staubblatts durch zwei oder mehr durchaus nicht auf Spaltung beruht, sondern zusammenhängt mit Wachsthumsverhältnissen des Blüthenbodens und Schwankungen in der Grösse der Organanlagen. So bei den Rosaceen, wie unten näher ausgeführt werden soll. Eine »Erklärung« ist auch hiermit nicht geliefert, sondern nur eine der Bedingungen oder begleitenden Umstände klargelegt, unter denen die betreffende Erscheinung auftritt, eine Erklärung besitzen wir über die Ursachen derartiger Wachsthumsverhältnisse überhaupt nicht, auch die Thatsache, dass gewöhnlich Alternation stattfindet, ist nur eine Erfahrungsthatsache, über deren Grund wir nichts wissen.

Damit soll das Vorkommen von Verdopplung gar nicht geleugnet werden, warum sollten Staubblattanlagen sich nicht ebenso gut dichotomiren oder sonst verzweigen können wie andere Organanlagen? Nur ein »congenitales Dedoublement« existirt für mich nicht, sondern wo man Verdopplung annimmt, muss sie auch nachgewiesen werden, so gut das eben bei unseren gegenwärtigen Hilfsmitteln geht. Es findet sich solche Verdopplung in der That auch z. B. bei *Phytolacca*, wahrscheinlich auch den Cruciferen. Das Vorkommen von Staubblättern, die in ihrem unteren Theile einfach, oben in zwei Filamente gespalten sind, beweist für eine Verdopplung zunächst gar nichts. MOQUIN-TANDON und andere nach ihm haben darin in manchen Fällen allerdings ein »dédoublement incomplet« gesehen, wobei die gemeinsame Basis den Theil des Organs repräsentirt, der sich nicht gespalten hat. Allein der Vorgang kann ebenso gut auf einer Verwachsung beruhen, wie ich dies für gelegentliche Vorkommnisse bei *Crataegus Oxyacantha* nachgewiesen habe. Staubblätter, welche nicht einmal demselben Wirtel angehören, verwachsen hier so, dass sie ein gemeinsames Basalstück haben (vergl. Fig. 13, Taf. V. Bot. Zeit. 1882).

Ein elegantes Beispiel für Verzweigung gewöhnlich einfacher Staubblattanlagen hat dagegen EICHLER[1]) für die gefüllten Blüthen von *Petunia* aufgefunden. Die wie bei der normalen Blüthe als einfache Höcker auftretenden Staubblattanlagen verzweigen sich hier in verschiedener Weise bei der Füllung in zwei oder mehrere besondere Höcker, welche zu den bei der Füllung auftretenden Blattgebilden werden. Was hier in abnormer Weise vorkommt, das kann sicher in andern Fällen normal sein. Nur erfordert eben jeder einzelne Fall auch sorgfältige Prüfung, denn es kann auf ganz verschiedenen Vorgängen beruhen, wenn bei einer Blüthe an Stelle einer Staubblattanlage deren zwei oder mehr auftreten, und es heisst von vornherein den Weg zu weiterer Forschung abschneiden, wenn man sich überall mit der Annahme einer Verdopplung beruhigt.

Auch an andern Blattgebilden treten Erscheinungen auf, die hier im Anschlusse besprochen sein mögen, nämlich der Ersatz einer einfachen Blattanlage durch deren mehrere. Ein sehr anschauliches Beispiel habe ich für die Hüllblätter, welche an den kolbigen Inflorescenzen unserer *Typha*-Arten stehen, beschrieben. Diese Hüllblätter sind zweizeilig gestellt. Gegen das Ende der Inflorescenzachse hin treten Hüllblätter auf, die tief gespalten sind. So z. B. das in Fig. 61 mit 3 bezeichnete Hüllblatt. Das rechts stehende Theilstück desselben steht schon vollständig isolirt, noch weiter oben bei 5 sind drei vollständig isolirte Blattanlagen aufgetreten. Diese Blattanlagen bleiben auch weiterhin so klein, dass sie im fertigen Zustand nicht mehr hervortreten, resp. unter den Blüthen versteckt sind. Hier liegt also ein Uebergang vom einheitlichen Organ

[1]) Einige Bemerkungen über den Bau der Cruciferenblüthe und das Dédoublement. Flora 1869.

zum gespaltenen bis zum Ersatz durch mehrere getrennte Organe vor. Es wäre nur eine Wortumschreibung, wenn man sagen wollte, das die letzteren tragende gemeinsame Basalstück sei nicht zur Ausbildung gelangt. Der Vorgang ist vielmehr offenbar der, dass gegen das Ende der Inflorescenzachse hin eine, wenn wir uns mit C. FR. WOLF ausdrücken wollen, »*vegetatio languescens*« stattfindet, eine Schwächung in der Anlage der Vegetationsorgane.[1]) Folge derselben ist Isolirtwachsen einzelner Partieen der Blattanlage, dass die Zone des Inflorescenz-Vegetationspunkts, welche sonst in ihrer Totalität zur Blattanlage auswuchs, nur an einzelnen Stellen noch einige Höcker hervortreibt, während in den Zwischenpartieen das Auswachsen unterbleibt. Es ist mir nicht wahrscheinlich, dass »Dedoublements«-Erscheinungen in Blüthen auf einen analogen Vorgang zurückgeführt werden können. Wohl aber findet er sich, wie WARMING[2]) in seiner ausgezeichneten Abhandlung über die Blüthenentwicklung der Compositen gezeigt hat, auch bei andern Hochblättern, und zwar bei den Stützblättern (Brakteen) in den Compositeninflorescenzen. So z. B. bei *Xeranthemum macrophyllum* (a. a. O. pag. 10). Die Blätter des Involucrums gehen hier wie in andern Fällen ganz allmählich in die Stützblätter der Blüthen über. Die äusseren der letzteren sind ungetheilt, die weiter nach innen stehenden zeigen Neigung sich in zwei zu theilen, man findet solche, die halb gespalten sind, dann solche, die zum Grunde getheilt sind, so dass anscheinend zwei völlig selbständige Blättchen vor jeder Blüthe stehen; endlich werden auch diese getheilt, und statt eines Blattes an jeder Blüthe steht eine Anzahl schmal lineare oder bisweilen fast borstenähnliche Blattzipfel, die hyalin oder nur wenig grün sind. Bei einer Anzahl anderer Cynareen findet man nun Blüthen, die von Spreuborsten umgeben sind, welche in grösster Zahl und in (für uns) grösster Unordnung die Zwischenräume zwischen den Blüthen ausfüllen, so bei *Cirsium, Carduus, Centaurea.* Uebergänge zwischen den Involucralblättern und diesen Borstenbildungen kennen wir aber nicht. Das die Borsten an Stelle der Brakteen getreten sind, ist zweifellos, aber wir können sie nicht als »die am weitesten fortgeschrittene Stufe von der Zertheilung der Brakteen betrachten« (WARMING, a. a. O. pag. 11) sondern als Ersatz derselben, als eine Neubildung, die an die Stelle derselben getreten ist.

Fig. 61. (B. 382.) Oberes Ende einer jungen, noch blüthenleeren Inflorescenzachse von *Typha angustifolia*. 1 und 2 untere Enden der zweizeilig stehenden Hüllblätter, bei 3 und 5 sind statt eines Blattes mehrere aufgetreten.

Es liegt nahe die Spreuborsten der Compositen mit den Schuppen zu ver-

[1]) Ein weiteres Beispiel möge diese Ansicht stützen. Die *gluma inferior* der *Lolium*-Aehrchen schlägt bekanntlich gewöhnlich fehl. Bei *Lolium temulentum* fand ich sie (wie auch andere Autoren) in zahlreichen Fällen, namentlich an den unteren Blüthen einer Inflorescenz entwickelt. Selten aber in Form eines ganzen Blattes, viel häufiger fanden sich statt desselben zwei rudimentäre durch einen breiten Zwischenraum von einander getrennte Blättchen, deren eines zuweilen ebenfalls verkümmert. Auch an Uebergängen zu ungetheilten Spelzen (solche mit tiefem Einschnitt etc.) fehlt es nicht. Da die weit getrennten, die untere *gluma* vertretenden Blättchen höchst wahrscheinlich auch gesondert angelegt werden, so schliesst sich dieser Fall ganz dem obigen an.

[2]) WARMING, Die Blüthe der Compositen. Bonn 1876. (Botan. Abhandl. herausg. von HANSTEIN. III. Bd. 2. Heft).

gleichen, welche in ähnlicher Unregelmässigkeit zwischen den männlichen *Typha*-Blüthen auftreten. Möglich dass auch hier früher Bracteen gestanden haben, die durch jene zahlreichen Schüppchen ersetzt werden. Bei den Compositen wenigstens wissen wir, dass diesen Ersatzbildungen der Bracteen auch eine bestimmte Function beim Ausstreuen der Samen zukommt: sie funktioniren als Widerlager für den sich ausbreitenden Pappus und dienen so dazu die Früchte mit emporzuheben.

Ueberblicken wir das oben Gesagte speciell betreffs der Giltigkeit einer Annahme von Dédoublement im Androeceum, so ist als Princip für das folgende festzuhalten, dass der Begriff Dedoublement in so vagem Sinne, wie ihn MOQUIN-TANDON und viele andere nach ihm gebraucht haben, nicht festgehalten werden kann. sondern dass es zur Begründung desselben nicht nur des einfachen Nachweises, dass an Stelle eines Organs mehrere stehen, bedarf, sondern einer entwicklungsgeschichtlichen Begründung.

Eine solche ist nun zunächst für manche Fälle leicht zu liefern, in denen schon der fertige Zustand uns Anhaltspunkte dafür an die Hand gibt. In den Blüthen von *Adoxa* z. B. sind (in den fünfzähligen Seitenblüthen) scheinbar 10 Staubblätter vorhanden, welche paarweise mit den Kronenblättern alterniren, allein nur einfächerige (im reifen Zustand) Antheren besitzen. Die Entwicklungsgeschichte zeigt, dass hier in der That eine Spaltung ursprünglich einfacher Staubblattanlagen vorliegt (PAYER, Taf. 86), jede Hälfte entwickelt sich gewissermaassen zu einem halben, nur eine Theca besitzenden Staubblatt. Und Aehnliches wissen wir noch von einer Anzahl anderer Fälle, z. B. den Malvaceen, wo jedes einzelne Staubblatt sich ebenfalls in zwei, einfächerige Antheren bildende Hälften spaltet, anderer Beispiele nicht zu gedenken.

Davon verschieden sind die Fälle, in welchen insofern eine wirkliche Verdoppelung, nicht eine Spaltung stattfindet, als die beiden Hälften zu vollständigen, wie gewöhnlich zweifächerigen Antheren werden. Beispiele dafür bieten PAYER's Angaben für *Phytolacca* und *Rumex*. Alternirend mit den Perigonblättern treten bei *Phytolacca* zunächst einfache Höcker auf, die sich dann in zwei Theile spalten, deren jeder zu einem vollständigen Staubblatt sich entwickelt, und dieser Vorgang wiederholt sich bei *Phytolacca icosandra* sogar noch einmal bei einem zweiten Staubblattwirtel. Bei *Rumex*, wo sich das Androeceum aus sechs äusseren und drei inneren Staubblättern zusammensetzt, sind die äusseren aus Spaltung je einer ursprünglich einheitlichen Anlage hervorgegangen. Auch bei den Cruciferen entstehen die vier langen Staubblätter nach EICHLER aus Verdopplung von je zwei mit den kürzeren Staubblättern alternirenden Primordien, doch ist hier die Verdopplung nicht zweifellos nachzuweisen, und die Analogie mit den verwandten Papaveraceen,[1]) liesse hier auch die Annahme von zwei Paaren, nicht aus einer einzigen Anlage hervorgegangenen Staubblättern zulässig erscheinen.

Zwischen »Dédoublement« und Verzweigung einer Staubblattanlage besteht kein principieller Unterschied. Das zeigen schon Fälle wie der von *Ricinus*. Die ursprünglich einfache Staubblattanlage gabelt sich hier wiederholt, die gemeinsamen Fussstücke der so entstandenen Verzweigungssysteme strecken sich

---

[1]) Vergl. BENECKE, Zur Kenntniss des Diagramms der *Papaveraceae* und *Rhoeadinae*. ENGLER's Jahrb. II. pag. 373. Bei *Chelidonium* z. B. folgt auf die beiden ersten, mit einander alternirenden vierzähligen Staubblattkreise ein achtzähliger, bei Papaver treten öfters statt eines Staubblattes zwei auf, wie bei den unten zu erwähnenden Rosaceen etc. Andere Thatsachen aber sprechen für die EICHLER'sche Auffassung.

zu bedeutender Länge, so dass das fertige Staubblatt einen bäumchenförmigen Habitus besitzt. Zwischen den letzten (Connectiv-) Gabelzweigen findet man hinfällige kleine Schüppchen, eine Erscheinung, die sich auch bei gabelig verzweigten Sprossen wiederholt, sie können vielleicht mit den »Stipellen« verglichen werden, welche wir oben von den Blättern von *Thalictrum* u. a. erwähnt haben.

Eine seitliche Verzweigung der Staubblattanlagen findet sich nach PAYER und EICHLER bei vielen Fumariaceen.[1]) Das Androeceum besteht hier (mit Ausnahme von *Hypecoum)* aus zwei mit den innern Blumenkronenblättern alternirenden Bündeln von je drei Staubblättern, von denen die seitlichen, ähnlich wie die Staubblätter von *Adoxa*, nur einfache Staubbeutel besitzen, während das mittlere einen normalen zweifächerigen Staubbeutel hat. Das Androeceum tritt in Form von zwei langgestreckten Primordien in die Erscheinung, aus denen sich dann das mittlere und die beiden seitlichen Staubblätter herausbilden. Ebenso beginnen die Blüthen von *Hypecoum;* allein nachdem die beiden seitlichen Staubblattanlagen in jedem Bündel entstanden sind, vereinigen sich die beiden einander benachbarten seitlichen Staubblattanlagen der beiden Primordien und wachsen nun miteinander zu einem einzigen Staubblatt heran, so dass man vier Paare von vollständigen Staubblättern erhält. Dieser merkwürdige Vorgang steht in der vegetativen Region nicht ohne Beispiel da, er findet sein Analogon erstens an der mehrfach citirten Nebenblattentwicklung von *Galium palustre*, andererseits an den Vorgängen wie sie bei Bildung der Axillarstipeln vorkommen. Auch bei Bildung der Axillarstipeln lösen sich die Seitentheile des Blattes gewissermaassen von der Blattfläche ab, und werden durch die auf der Blattfläche auftretende Sprossung mit einander vereinigt. Erfolgt dieser Vorgang nahe an der Blattbasis wie bei *Potamogeton perfoliatum* so ist diese »Ablösung« ein sehr auffallender Vorgang. Eine solche Ablösung (die in beiden Fällen natürlich nicht in Folge eines mechanischen Processes vor sich geht, sondern auf bestimmten, leicht zu construirenden Wachsthumsvorgängen beruht) findet sich nun auch bei *Hypecoum*, combinirt mit dem in der vegetativen Region nicht seltenen Vorkommniss, dass zwei ursprünglich getrennte Blattanlagen zu einer einzigen »verwachsen.«

Reichere Verzweigung der Staubblattanlagen treffen wir bei manchen Myrtaceen, von denen *Calothamnus* gewöhnlich als Beispiel angeführt zu werden pflegt, das Staubblatt ist hier fiederig verzweigt, und jedes Fiederblättchen trägt einen Staubbeutel, während die Laubblätter der Myrtaceen einfach, unverzweigt sind.

Nicht alle Myrtaceen besitzen indess solche »verzweigte Staubblätter«. Bei manchen sind die Staubblätter gleichmässig vertheilt, bei andern in Gruppen (Adelphieen) gesondert. Es liegt wie ich glaube kein Grund vor, bei *Myrtus*, *Callistemon* u. a. verzweigte Staubblätter anzunehmen; sondern die einzelnen Staubblattanlagen (vergl. PAYER, a. a. O., Taf. 98) entstehen wie bei *Punica Granatum* (a. a. O., Taf. 99) auf der Innenfläche der ausgehöhlten Blüthenachse selbständig. Sie bedecken dieselbe aber nicht ganz sondern lassen die Streifen zwischen den Petalis (deren Anlegung noch näher zu untersuchen ist) frei, dadurch entstehen Gruppen von oft mit einander an ihren Basaltheilen vereinigten Staubblättern; oft wie bei den Lecythideen erstreckt sich diese Vereinigung auch auf sämmtliche Staubblätter. Bei andern Arten wie bei *Calothamnus* können sich dann die Partien der Blüthenachse, auf der die Staubblattanlagen sitzen zu blattartigen Trägern, resp. verzweigten Blättern entwickelt haben. Es frägt sich hier wie in andern Fällen eben, ob die Adelphieen nicht aus einem polyandrischen Androeceum ab-

[1]) Vergl. PAYER, a. a. O.; EICHLER, Ueber den Blüthenbau der Fumariaceen. Flora 1865 u. Blüthendiagramme. II. pag. 195 ff.

zuleiten sind,[1]) der Name (ob man von verzweigten Staubblättern oder von Parcellenbildung auf dem Blüthenvegetationspunkt spricht), thut nichts zur Sache. Als weiteres Beispiel (für solche verzweigte Staubblätter) seien die Tiliaceen genannt (Fig. 62). Die Blüthen sind fünfzählig; nach dem Auftreten der fünf Blumenblattanlagen wird der gewölbte Blüthenvegetationspunkt durch fünf über die Kelchblätter fallende Furchen in fünf Partien abgegrenzt: Die Anlagen (»Primordien«) ebensovieler sich später verzweigender Staubblätter. Die Verzweigung erfolgt hier an den Rändern dieser Staubblattanlagen, und zwar in absteigender Reihenfolge (Fig. 62), später aber tritt auch vor den Kelchblättern, also zwischen den oben erwähnten Primordien eine Staubblattanlage auf, die sich ebenfalls verzweigen kann (st_1 Fig. 62). (Vergl. die Abbildungen bei PAYER, a. a. O., Taf. 4, Fig. 16—19). In der fertigen Blüthe tritt desshalb die Entstehung des Androeceums nicht mehr deutlich hervor, weil der Träger der Staubblätter sehr kurz bleibt. — Aehnlich findet man in den Blüthen mancher *Hypericum*-Arten nach dem Auftreten der Petala über denselben fünf grosse Primordien, welche durch Thäler der Blüthenachse von einander getrennt sind, bei andern Arten finden sich in der sonst fünfzähligen Blüthe nur drei solcher Primordien. Auf diesen letzteren findet die Bildung der Staubblätter ausschliesslich statt und die Staubblattbildung wird deshalb als eine Verzweigung dieser Primordien aufgefasst. In der fertigen Blüthe findet man die Staubblätter ihrer Entstehung entsprechend in fünf (resp. in drei) Bündel gesondert. Bei andern Hypericaceen wie *Brathys prolifica* (PAYER, a. a. O., Taf. 1. Fig. 19—25) ist nun der Vorgang aber der, dass die Blüthenachse ebenfalls fünf über den Petalis stehende, durch Vertiefungen von einander getrennte Primordien bildet, allein die Staubblätter treten auf jenen Erhöhungen der Blüthenachse zwar vorzugsweise, d. h. zuerst, aber nicht ausschliesslich auf, sondern auch in den Thälern der Blüthenachse findet Staubblattbildung statt. Und Aehnliches gilt z. B. für die Loasaceen.[2]) Demgemäss können wir jene »Primordien« auch anders, d. h. nicht als Staubblattanlagen betrachten, die dann auf ihrem Rücken Auszweigungen, die zu Theilstaubblättern werden, produciren, sondern bezeichnen sie nur als Stellen der Blüthenachse, an denen die Staubblattbildung bei manchen Hypericaceen localisirt ist, und zwar bei Formen, die wir solchen wie *Brathys* gegenüber[3]) als verarmte bezeichnen können, da bei *Brathys* die ganze Blüthenachse noch mit Staubblättern bedeckt ist. Bei manchen *Hypericum*-Arten z. B. *Hypericum aegyptiacum* (vergl. MOQUIN-TANDON, a. a. O., Fig. 3. Taf. 1) geht die Entwicklung der Blüthenachsenprimordien, auf denen die Staubblätter stehen so weit, dass

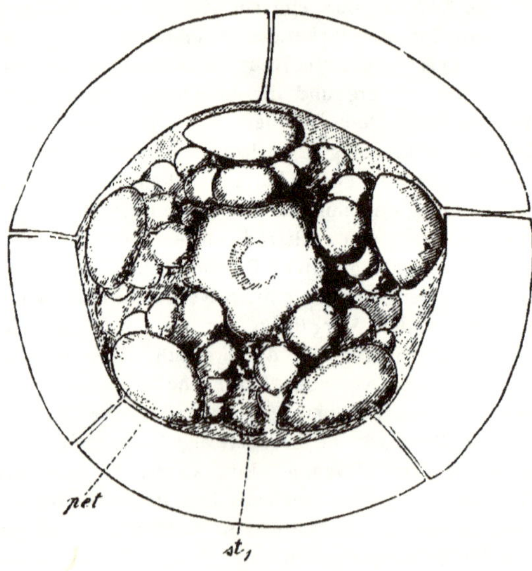

(B. 383.) Fig. 62.

Tilia ulmifolia SCOP., Oberansicht einer Blüthenknospe, deren Kelchblätter abgeschnitten sind. Vor jedem Blumenblatt hat sich eine Staubblattanlage gebildet, die, sich an ihren Rändern verzweigend, eine Anzahl Seiten-Staubblätter in absteigender Folge bildet. st_1 Anlage des episepalen Staubblattes.

[1]) Oder umgekehrt ob das Androeceum nicht durch immer weitergehende Reducirung der einzelnen fiederförmig verzweigten Staubblattträger zu einem echt polyandrischen geworden ist,

[2]) Vergl. GOEBEL, Beiträge etc. III. Bot. Zeit. 1882. pag. 574 ff.

[3]) Ob dies auch in phylogenetischem Sinne gelten kann, ist natürlich ganz unsicher.

dieselben sich als blattartige Träger erheben, welche die Staubblätter tragen. Bei unsern einheimischen *Hypericum*-Arten halten die Staubblätter, ihrer Entstehung entsprechend, nur in Bündel zusammen, wobei die Basaltheile der Staubblätter vielfach mit einander zusammenhängen. Jedes einzelne Staubblatt ist uns also hier eine selbständige Bildung. Dass die Entwicklung der Staubblätter in absteigender Richtung stattfindet, kann uns an dieser Annahme nicht hindern, denn es ist dies ein sehr häufiges Vorkommniss bei den Blüthen, das auch da auftritt, wo der Gedanke an zusammengesetzte Staubblätter ganz ausgeschlossen ist. Man hat ihn freilich auch hier zuweilen anzuwenden gesucht, wie z. B. bei den Cistineen (Fig. 58).

Die Entwicklungsfolge der Staubblätter ist wie die Fig. 58 zeigt, eine absteigende: die Blüthenachse behält hier am längsten in ihrer basalen Region embryonalen oder Vegetationspunktcharakter, die Staubblattentstehung ist deshalb nach unten, nicht nach oben hin gerichtet, die Staubblätter alterniren aber regelmässig miteinander, soweit nicht nach unten, wo der stärker gewölbte Blüthenboden mehr Raum bietet, höhere Zahlen auftreten. Der Versuch, hier eine Anzahl von mit einander verschmolzenen Staubblattprimordien, die sich dann in basipetaler Richtung verzweigen, zu sehen, muss als ein künstlicher aufgegeben werden. Dagegen können wir uns nach dem Obigen sehr gut denken, wie aus einer Blüthe von *Cistus* eine solche wie bei *Androsaemum* und anderen Hypericaceen hervorgehen kann: der Blüthenboden furchte sich durch eine Anzahl von tieferen (im Wachsthum zurückbleibenden) Stellen und nur auf den erhöhten treten weiterhin die Staubblattanlagen auf, ein Entwicklungsgang, der in manchen Fällen dann zur Bildung wirklicher verzweigter Staubblätter geführt hat (*Calothamnus* u. a. Myrtaceen, *Hypericum aegyptiacum* u. a.). Oder umgekehrt, es treten statt auf Primordien die Staubblätter direkt auf dem Blüthenboden in grosser Zahl auf.

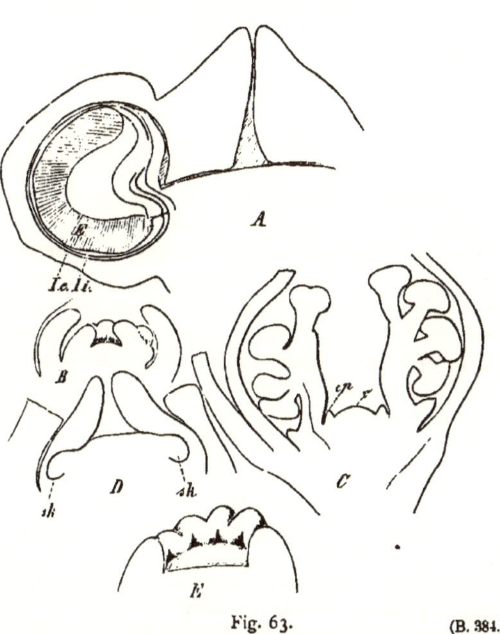

Fig. 63. (B. 384.)

Blüthenlängsschnitte von *Malva sylvestris;* das Androeceum ist nur in B und C gezeichnet, die Einzelstaubblätter entspringen aus einer das Blüthencentrum umgebenden Röhre, die bei B noch sehr kurz ist.

Verzweigung von Staubblattanlagen wird auch angenommen für die Malvaceen[1]), bei

[1]) Vergl. PAYER, a. a. O., Taf. 6, 7, 8., FRANK in PRINGSHEIM's Jahrb. X. Bd. pag. 204 ff.), SCHROETER, Sitzber. d. bot. Ver. der Provinz Brandenburg 1881. Daselbst weitere Literatur. — In Folge der Verzögerung des Druckes wird es mir möglich, noch die eben erschienene ausführlichere Abhandlung SCHROETER's zu berücksichtigen (Beitr. zur Kenntniss des Malvaceenandroeceums. Jahrb. d. Kgl. bot. Gartens in Berlin, II. Bd.). SCHROETER gelangt dort auf Grund von Untersuchungen an *Sida Napaea* und *Hibiscus vesicarius* zu der Ansicht, dass das Malvaceenandroeceum hervorgehe aus fünf epipetalen Staubblättern. Jede der Anlagen theilt sich in zwei nebeneinander liegende ungleich grosse Höcker, von denen der ursprünglich kleinere epipetale sich stärker entwickelt. Durch centrifugale Verzweigung geht aus jedem der 10 Höcker eine Anzahl Staubblattanlagen hervor. Die beobachteten Thatsachen stimmen ganz mit dem oben kurz Mitgetheilten, wo eine Deutung des Gesehenen aus anderwärts zu erörternden Gründen vermieden ist.

welchen eine Complication dadurch eintritt, dass einerseits die sämmtlichen Staubblätter mit einander »verwachsen,« d. h. wie z. B. bei *Althaea* auf gemeinschaftlich emporwachsender Basis emporgehoben werden, andererseits dadurch, dass das Filament jedes Staubblattes tief gespalten ist. Hält man an der Annahme verzweigter Staubblätter fest, so sind dieselben bei den Malvaceen den Kronenblättern opponirt (Hofmeister's und Sachs's gegentheilige Ansicht kann ich nicht mehr als zutreffend betrachten). Bei *Malva rotundifolia* findet nach Anlegung der (zunächst klein bleibenden) Blumenblätter auf dem gewölbten Blumenboden die Anlegung von fünf durch seichte Furchen getrennter »Primordien« statt. Jedes derselben liegt über einem Kronenblatt und zeigt ebenfalls eine seichte Vertiefung auf seiner Mitte. Zuerst treten fünf Staubblätter auf, dieselben stehen aber nicht vor der Mitte der Petala, sondern fallen über den einen Rand derselben und zwar wenn ein Staubblatt über dem rechten Rand des betreffenden Blumenblattes steht, so ist dies auch bei allen anderen der Fall. Dann entstehen fünf in den Zwischenräumen zwischen den ersten und etwas tiefer stehende Stamina und so weiter, auf jedem epipetalen Primordium entstehen zwei Reihen von Staubblattanlagen. Die andern Malvaceen weichen davon, wie es scheint, nur wenig ab, wenigstens finde ich, dass Payer's Figuren sich mit dem von mir an *M. rotundifolia* und *sylvestris* Beobachteten leicht vereinigen lassen; die ersten Staubblätter eines Primordiums mögen wohl anderwärts gleichzeitig paarweise nebeneinander auftreten.

Die Annahme verzweigter Staubblätter oder des Dédoublements von Staubblattanlagen ist aber auch in Fällen gemacht worden, in denen sie sicher unberechtigt ist. Auf einige derselben *(Alisma, Cistus)* ist oben schon kurz hingewiesen worden, die instructivsten Verhältnisse aber finden sich bei den Rosaceen.[1]) Eine junge Blüthenknospe eines *Geum*, einer Rose u. s. w. zeigt die gewöhnliche Form dieser Organe: einen breiten, gewölbten Vegetationspunkt, an dem die Kelchblätter in der gewöhnlichen Reihenfolge auftreten. Dann aber vor oder nach der Anlegung der fünf mit den Kelchblättern alternirenden Kronenblätter erhebt sich die peripherische Blüthenachsenzone in Form eines Ringwalls oder Bechers, welcher den mittleren Theil der Blüthenachse, auf dem die Carpelle entstehen, umgiebt. Auf der Innenwand dieses Bechers sprossen die Staubblattanlagen hervor, in nach unten absteigender Reihenfolge, da der Blüthenachsenbecher mit einem interkalaren Vegetationspunkt wächst. Die Zahl der Staubblattanlagen ist nun eine sehr variable, nicht nur bei den verschiedenen Gattungen und Arten, sondern auch bei ein und derselben Art, je nach der Grösse der Staubblattanlagen und je nach den Wachsthumsverhältnissen des Blüthenbodens kurz vor ihrer Entstehung. Es steigt die Zahl der Staubblattanlagen, wenn entweder ihre Grösse abnimmt oder die Blüthenbodenzone, auf der sie entstehen, kurz vor ihrer Anlage an Grösse zunimmt. Je nach dem früheren oder späteren Eintreffen eines der beiden genannten Faktoren erhält man zunächst entweder fünf mit den Blumenblättern alternirende Staubblattanlagen oder es treten sofort nach dem fünfzähligen Blumenblattkreise 10 Staubblätter auf.

Ersteres ist der Fall in der Gattung *Agrimonia*. Nach Anlegung der fünf Petala treten fünf a[illegible]nd grosse, mit ihnen alternirende Staubblattanlagen auf, welche den Raum zwischen den fünf Staubblattanlagen ausfüllen. Während nun bei *Agr. pilosa* auf den ersten fünfzähligen Staubblattkreis ein zweiter, mit ihm alternirender folgt (der aber häufig unvollständig ausgebildet ist), nimmt bei anderen Arten derselben Gattung die Grösse der Staubblattanlagen nach Anlegung des ersten Wirtels derselben ab, und auf den ersten fünfzähligen Staubblattkreis folgt ein zweiter, zehnzähliger. Die Glieder desselben schliessen sich paarweise denen des ersten an. Wie a. a. O. näher nachgewiesen ist, lässt sich dies Verhalten nicht auf Dédoublement zurückführen. Es findet dabei ein

[1]) Beitr. z. Morphol. und Physiol. des Blattes. Bot. Zeit. 1882. pag. 353 ff.

Schwanken in der Zahl der Staubblätter statt: *Agr. Eupatoria* z. B. besitzt Blüthen, welche 20, und solche, die nur fünf Staubblätter besitzen, und in zahlreichen Fällen schwankt die Anzahl der Staubblätter zwischen diesen Extremen. Es richtet sich dieselbe offenbar nach Ernährungsverhältnissen[1]), und haben wir keinen Grund die vollständigst ausgestatteten Blüthen als die typischen, d. h. also phylogenetisch älteren zu betrachten, wie das auch der Vergleich mit andern Arten zeigt, sondern können aus dem Angeführten nur schliessen, dass hier eine Constanz in den Zahlen der Staubblätter von Anfang an nicht geherrscht hat.

Aehnliche Verhältnisse finden sich bei andern Rosaceen, nur tritt hier die Grössenabnahme der Organe und dementsprechend die Vermehrung in der Anzahl der Staubblätter schon im ersten Staminalkreise ein. Wir sehen also auf die fünf Petala zehn Staubblätter folgen (Fig. 64), die im Allgemeinen so vertheilt sind, dass zwischen je zweien beim Auftreten derselben die gleiche Entfernung besteht. Diese Raumverhältnisse bleiben so bei einer Anzahl von Fällen, z. B. vielen Potentillen; mit dem ersten 10zähligen Staubblattkreis alternirt ein zweiter, in manchen Fällen noch ein dritter 10zähliger. Anders bei *Rubus*, von welchem *Rubus Idaeus* als Beispiel erwähnt sein mag. Auch hier haben die ersten

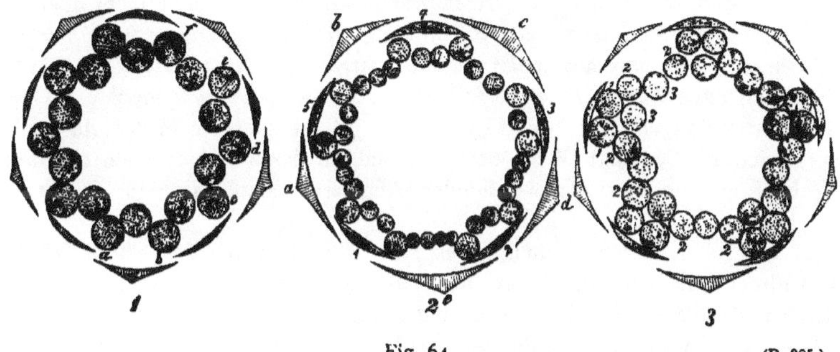

Fig. 64. (B. 385.)

Diagramme für die Staubblattstellung einiger Rosaceen. 1 *Potentilla*-Arten, 2 *Rubus Idaeus* (nur die äusseren Staubblätter gezeichnet), 3 *Potentilla fruticosa.*

10 Staubblätter bei ihrer Entstehung annähernd alle gleichen Abstand von einander. Sehr früh aber wird diese Anordnung verändert, indem die vor den Kelchblättern gelegenen Zonen des Blüthenbodens ein beträchtliches Wachsthum erfahren, so dass der Abstand der Staubblätter hier beträchtlich grösser wird, als vor den Blumenblättern. Je nach der Ausgiebigkeit dieses Wachsthums findet man selten eine, gewöhnlich zwei Staubblattanlagen vor den Kelchblättern auftreten. Auch diese können durch weiteres Wachsthum der Blüthenzone wieder auseinander gerückt werden und dann werden zwischen ihnen alsbald weitere Staubblätter eingeschaltet, gewöhnlich eines, je nach der Grösse des Raumes und der Staubblattanlagen auch zwei. Dabei ist, wie das Diagramm Fig. 64, 2, zeigt nicht einmal innerhalb ein und derselben Blüthe die Gleichmässigkeit gewahrt. Auch vor jedem Kronenblatt treten zwei, selten nur ein Staubblatt auf, meist gleichzeitig, oft aber auch eines derselben früher und etwas höher als das andere, so dass zur Annahme eines Dédoublement hier nicht geschritten werden kann. Die weiteren Staubblattanlagen stellen sich dann in die Lücken der vorhandenen.

[1]) Auf Waldboden, an Wegen etc. hat *Agrimonia Eupatoria* z. B. gewöhnlich weniger Staubblätter, als wenn sie in Gartenboden wächst, und auch im letzteren Falle pflegen die obersten Blüthen der Blüthentrauben weniger Staubblätter als die unteren zu besitzen.

Bei anderen Rosaceen (betreffs welcher ich auf die citirte Abhandlung verweise) finden ähnliche Schwankungen in der Zahl der Staubblattanlagen je nach den Raumverhältnissen statt, von Interesse ist dabei, dass Stellungsverhältnisse, die bei der einen Form gelegentlich auftauchen, bei anderen nahezu constant vorkommen. So finden wir z. B. bei *Potentilla nepalensis* gelegentlich zwei Staubblattanlagen statt einer vor einem Kronenblatt, ein Verhältniss, welches bei *Rubus* dann fast constant sich findet. Ganz ähnliche Stellungsverhältnisse wie die Staubblätter der Rosaceenblüthen zeigen übrigens auch andere Organanlagen: so die Stacheln, welche auf der Aussenseite der *Agrimonia*-Receptacula stehen, die Pappuskörper mancher Compositen u. a.

Die Annahme eines Dédoublements ist also für Fälle wie die oben angeführten unstatthaft, und sie ist dies sicher noch für eine Anzahl anderer Pflanzen bei welchen die Staubblätter zahlreicher als die Blumenblätter sind. Ich habe a. a. O. auf die Loasaceen, auf *Citrus* und *Tetragonia* hingewiesen. Bei *Citrus* z. B. ist ein Staminalkreis vorhanden, dessen Gliederzahl eine wechselnde ist, aber immer die des Perianths um ein Vielfaches übertrifft. Es treten zunächst fünf alternipetale Staubblätter auf, an diese schliessen sich ziemlich genau seitlich je zwei andere an, und zwischen diesen treten wie bei *Rubus* zwei oder mehr oder auch nur ein weiteres Staubblatt auf. Es stimmt der Staminalkreis von *Citrus* also ganz überein mit dem äussersten Staubblattkreis von *Rubus Idaeus*. Aehnlich verhält sich auch *Tetragonia expansa*. Auch *Asarum europaeum* möchte ich nach PAYER's Abbildungen (Taf. 109, Fig. 14 und 15) in dieselbe Kategorie stellen, wenn gleich die Art und Weise der Staubblattentwicklung hier noch controvers ist (über die von PAYER abweichenden Angaben BAILLON's vergl. EICHLFR II. pag. 527).

In den oben beschriebenen Fällen war wenigstens bei den ersten Gliedern des Androeceums eine bestimmte Beziehung zu der Corolle zu erkennen. In anderen Fällen fällt auch diese weg, und zwar dann, wenn die Staubblätter nicht im Anschluss an die Corollenblätter, sondern entfernt von denselben auftreten, so bei *Reseda*. Die Staubblätter stehen hier nicht in unmittelbarer Nähe der Petala, sondern auf einer Erhebung der Blüthenachse über denselben und in Folge dessen fallen auch die räumlichen Beziehungen zwischen Staub- und Kronenblättern fort, die Stellung der Staubblätter wird hier nur durch ihre gegenseitigen Beziehungen unter sich geregelt. Ihre Zahl ist keine constante, sie besetzen aber immer vollständig den ihnen zu Gebote stehenden Raum. (vergl. a. a. O. und PAYER, Taf. 39).

Endlich ist hier noch derjenigen Veränderungen zu gedenken, welche nach Anlage des Androeceum mit demselben vor sich gehen. Sie bestehen abgesehen von Verkümmerungen u. dergl. besonders in »Verwachsungen,« die hier wie bei Kelch und Corolle auf einem gemeinsamen Wachsthum der Insertionszone zu beruhen pflegt. Diese »Verwachsung« kann das ganze Androeceum betreffen, wie bei manchen *Acacia*-Arten, z. B. *Acacia Julibrissin*, wo dann also die sämmtlichen, verschiedenen Kreisen angehörigen Staubblätter an ihrer Basis miteinander vereinigt erscheinen oder bei vielen Papilionaceen, bei denen die Staubblätter[1]) in eine Röhre »verwachsen« sind. In anderen Fällen trifft die Verwachsung nur einzelne Theile wie bei denjenigen Papilionaceen, bei denen neun Staubblätter

[1]) Sie gehören scheinbar, indem sie auf gleicher Höhe stehen, einem einzigen Kreise an, allein die Entwicklungsgeschichte zeigt deutlich die Zusammensetzung aus zwei alternirenden fünfgliederigen Kreisen.

verwachsen, das zehnte frei ist. Ueberall werden die Staubblattanlagen gesondert angelegt und erst nachher mit gemeinsamer Basis emporgehoben. Eine echte Verwachsung tritt also auch hier nicht auf, und zweifelsohne wird die Bezeichnung der Verwachsung in manchen Fällen angewandt, wo wohl ein anderer Vorgang vorliegt. Bei den Malvaceen z. B. bezeichnet man das Androeceum als aus zu einer Röhre verwachsenen Staubblättern gebildet, die einzelnen Staubblätter sind, wie schon oben erwähnt, in zwei Schenkel gespalten, deren jeder einen Staubbeutel trägt. Die Entwicklungsgeschichte dieser Blüthen wurde oben (pag. 303) schon besprochen; die Röhre, aus der die Einzelstaubblätter entspringen, kommt auch hier durch das Wachsthum der Insertionszone derselben zu Stande, man findet frühe schon das Centrum der Blüthen von einem Ringwall umgeben, der die einzelnen Staubblattanlagen dann emporhebt. Auf die Verwachsung des Androeceum mit dem Gynaeceum, wie sie z. B. bei den Orchideen sich findet, sei hier nur hingewiesen.

IV. Entwicklungsgeschichte des Gynaeceums.

Die Fruchtknoten- und Placentenbildung ist sehr vielfach eine crux interpretum gewesen[1]). Vor Allem darum, weil man fast immer bestrebt war, das Schema der vegetativen Gliederung auch in die Blüthenbildung hineinzutragen. Verfolgen wir aber die letztere vorurtheilsfrei, so findet sich, dass hier vielfache Abkürzungen der Entwicklung vorkommen, für welche wir in der Entwicklungsgeschichte der Vegetationsorgane keine Beispiele haben, dass vor Allem die scharfe Abgliederung der Blattgebilde vom Stengelvegetationspunkt hier vielfach unterbleibt. Es ist diese Thatsache mitbedingt dadurch, dass das Gynaeceum das Schlussgebilde der Blüthe darstellt, der Blüthenvegetationspunkt stellt mit der Bildung des Gynaeceums normaler Weise sein Wachsthum ein, und wird in den Aufbau desselben vielfach mit hineingezogen. Trotzdem hat man versucht, durch weitgehende Annahmen von Verwachsungen die Einheit der Vorgänge in beiden Fällen zu retten. Eine weitere Quelle der Complikation war die ängstliche Unterscheidung darüber, was in dem weiblichen Geschlechtsapparat, dem Gynaeceum, axil, was appendiculär sei, d. h. welche Theile des Gynaeceums vom Achsengewebe des Vegetationspunktes direkt, welche von den Fruchtblättern (Carpellen) gebildet werden.

Man vergass dabei dass ja die Carpelle selbst, welche unzweifelhafte Blattgebilde darstellen, entwicklungsgeschichtlich auch nichts anderes sind, als Ausgliederungen des Blüthenvegetationspunktes, Auswüchse der peripherischen Partien desselben, und dass also zwischen Achsengewebe und Carpell nur ein relativer Unterschied besteht, der verwischt werden kann, wenn die Entwicklung einfachere Wege einschlägt. Zu welch sonderbaren Theorien das Bestreben, axile und appendiculäre Theile des Fruchtknotens zu trennen, geführt hat, das erhellt z. B. aus dem zusammenfassenden Abschnitte PAYER's über die Bildung des Pistilles[2]): er gelangte zu der, in dieser Allgemeinheit leicht zu widerlegenden Ansicht, »*je vais montrer, que dans tout pistil il y a une partie axile qui porte les ovules et une partie appendiculaire*«. Nach ihm sind gerade die Fälle, in welchen eine sogenannte axile Placenta auftritt, wie z. B. bei den Primulaceen (darüber s. u.), die klaren, von denen auszugehen ist. Andere finden, dass im Gegentheil die

[1]) Ausser der citirten entwicklungsgeschichtlichen Literatur ist zu vergleichen: CELAKOVSKY, vergl. Darstellung der Placenten in den Fruchtknoten der Phanerogamen. (Abh. der k. böhm. Ges. d. Wiss. VI. Folge. 8. Bd. 1876.

[2]) Organogénie comparée de la fleur. pag. 728 ff.

Fälle die klarsten seien, in welchen die Samenknospen aus den Carpellrändern entspringen, und suchen ihnen den Ursprung aus einem Fruchtblatt nun überall zu vindiciren, selbst da, wo die direkte Beobachtung zeigt, dass die Samenknospen direkt aus der verlängerten Blüthenachse entspringen, wie z. B. bei den Primulaceen. Man war nämlich vielfach der Ansicht, der »morphologische Werth« der Samenknospen sei ein anderer, wenn dieselben aus dem Blüthenvegetationspunkt selbst entspringen, als wenn sie blattbürtig seien, und da man mit vollem Rechte von dem Satze ausging, dass es unberechtigt sei, einem bei allen Samenpflanzen doch überall unzweifelhaft homologen Organe wie der Samenknospe verschiedene »morphologische Werthe« zuzuerkennen, so glaubte man der Samenknospe auch überall einen blattbürtigen Ursprung vindiciren zu müssen. Für uns ist, wie schon in der Einleitung erwähnt, die Stellung eines Organes für »seine morphologische Natur« überhaupt nicht maassgebend. Wir wissen, dass die Samenknospe einem Sporangium homolog ist und ein Sporangium in ein und demselben Verwandtschaftskreise, dem der Lycopodiaceen, bald wie bei Lycopodium aus der Basis des fertilen Blattes, bald, wie bei *Selaginella* oberhalb eines Blattes aus dem Stengelvegetationspunkt entspringen kann. Wir haben also kein Interesse, den Samenknospen überall einen blattbürtigen Ursprung zu retten und wenden uns nun zur Schilderung der Thatsachen selbst[1]).

Hier ist zunächst hervorzuheben, dass das Gynaeceum immer im Centrum der Blüthe steht, also unter allen Umständen den apikalen Theil des Blüthenvegetationspunktes einnimmt, mag derselbe nun kegelförmig gewölbt, flach ausgebreitet oder eingesenkt sein. Der Blüthenvegetationspunkt wird von der Bildung des Gynaeceums oft so in Anspruch genommen, dass er gar nicht mehr gesondert hervortritt, wie dies z. B. die Ansicht einer jungen Blüthe von *Acer Pseudoplatanus* zeigt; man findet zwischen den beiden Fruchtblättern nur noch einen schmalen Strich, der die Stelle des Blüthenvegetationspunktes bezeichnet. In anderen Fällen aber wird nur ein relativ geringer Theil des Blüthenvegetationspunktes zur Gynaeceumbildung verbraucht, und derselbe ist dann auf jüngeren Entwicklungsstadien noch in Mitte des Gynaeceum erkennbar (Fig. 63, *Malva)*.

Das letztere besteht stets aus einem oder mehreren Gehäusen, welche die Samenknospen umschliessen, dem resp. den Fruchtknoten, welcher sich gewöhnlich in einen kürzeren oder längeren Theil, welcher die Pollenschläuche leitet, den Griffel *(stylus)* verlängert, und in einem etwas angeschwollenen oder ausgebreiteten mit Papillen versehenen, zur Aufnahme der Pollenkörner bestimmten Theile der Narbe endigt. Wir nennen den Fruchtknoten monomer, wenn er nur aus einem, polymer, wenn er aus mehreren Carpellen zusammengesetzt ist, apokarp ist das Gynaeceum, wenn die einzelnen dasselbe zusammensetzenden Fruchtblätter nicht mit einander verwachsen (hierher gehören selbstverständlich alle monomeren Fruchtknoten), sondern jedes für sich ein Fruchtgehäuse bildet, synkarp dagegen ist es, wenn zwei oder mehrere Carpelle zur Bildung eines Fruchtknotens sich vereinigen.

Es erscheint zweckmässig, den oberständigen Fruchtknoten, der in der Mitte der Blüthe oberhalb des Androeceums inserirt ist, gesondert von dem unterständigen zu behandeln, obwohl Uebergangsformen zwischen beiden vorkommen,

---

[1]) Dieselbe beruht theils auf zahlreichen, eigenen Untersuchungen, theils auf den Angaben PAYER's, a. a. O. Was PAYER's Organogénie betrifft, so stimme ich mit CELAKOVSKY darin überein, dass der Text mehrfach nicht auf derselben Höhe steht, wie das in den unübertrefflichen Tafeln niedergelegte Beobachtungsmaterial.

und innerhalb einer und derselben Familie oberständige und unterständige Fruchtknoten sich finden können. Im monomeren Gynaeceum wird der Fruchtknoten selbstverständlich nur von einem Carpell gebildet, im polymeren können die Carpelle entweder frei oder miteinander verwachsen sein, also ein oder mehrere Früchte entstehen.

A. Oberständiges Gynaeceum.

1. Apokarpe Fruchtknotenbildung.

Den einfachsten Fall bietet die Bildung eines Fruchtknotens aus einem einzigen Fruchtblatt (Sporophyll = Carpell), das ursprünglich offen, später mit den Rändern verwächst, und die Samenknospen an den verwachsenen Rändern trägt So ist es z. B. bei den Papilionaceen. Das einzige Fruchtblatt entsteht hier, noch bevor sämmtliche Staubblätter angelegt sind, in Form eines die eine Seite der Blüthenachse umfassenden Hufeisens, allmählich aber umfasst die Carpell-anlage den ganzen Achsenscheitel (wie z. B. die Anlage eines Grasblattes, s. p. 217) Das Wachstum ist aber immer auf der Seite das geförderte, wo ursprünglich schon die höchste Erhebung war. Auf einem späteren Stadium[1]) finden wir das Carpell in einer Form, welche Payer treffend mit der eines auf einer Seite aufgeschlitzten Sackes vergleicht: die Spalte wird gebildet von den einander genäherten aber noch nicht verwachsenen Rändern. Die Samenknospen sprossen aus diesen Blatträndern hervor, bilden also im Fruchtknoten zwei, der Mittellinie des Fruchtblattes gegenüberliegende Reihen, und indem die Ränder später vollständig mit einander verwachsen, entsteht das bei den Papilionaceen als Schote bezeichnete Fruchtgehäuse, welches ursprünglich einfächerig ist, und nur bei wenigen Arten durch leistenförmige Wucherungen der Carpell-Innenseite in Längs- *(Astragalus)* oder Querfächer *(Cassia fistula)* getheilt wird, eine Erscheinung, welche auch in anderen Fruchtknoten nicht selten ist.

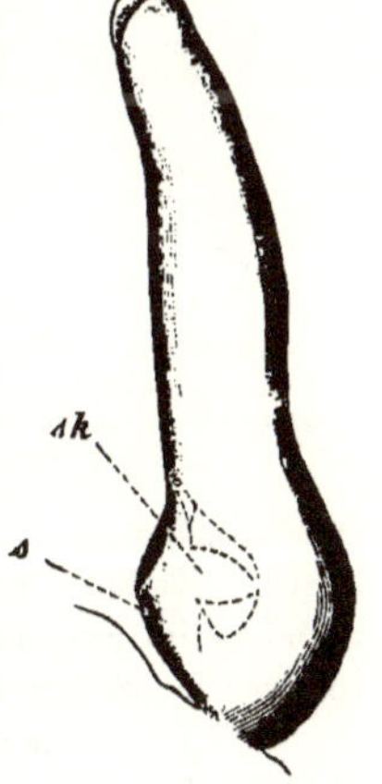

Fig. 65. (B. 386.) Carpell mit Samenknospe (sk) von *Geum urbanum* s die »Sohle« desselben. Die Samenknospe entspringt nahe dem Rande, oberhalb der »Sohle«.

Zahlreiche monomere Fruchtknoten finden sich bei vielen Rosaceen und Ranunculaceen. Bei den ersteren, von denen die Unterabtheilung der Dryadeen hier etwas näher ins Auge gefasst werden soll, sind die Blüthen perigynisch, d. h. die Kelch-, Kronen- und Staubblätter stehen auf einer becherförmigen Blüthenachsenzone, welche den oberen kuppelförmig gewölbten Theil der Blüthenachse umgiebt, welcher die Carpelle trägt. Die Carpelle entstehen auf der letzteren in Vielzahl und zwar treten die ersten derselben z. B. bei den *Rubus*-Arten auf, ehe die Staubblätter auf der becherförmigen Blüthenachsenzone alle angelegt sind. Ein einzelnes Carpell von *Geum*[2]), *Rosa* etc., hat anfangs die Form eines halbkugeligen Höckers, der bei weiterem Wachsthum sich abflacht, ganz wie eine gewöhnliche Blattanlage. Die Oberfläche wird concav, die Ränder nähern sich, und zugleich findet eine bedeutende Verlängerung statt, die Ränder schliessen sich dann wie im vorigen Fall zusammen (Payer, Fig. 15, Tab. 100). Gleichzeitig aber erhebt

[1]) Als Untersuchungsmaterial wurde *Vicia Faba* benützt.

[2]) Vergl. ausser Payer, Taf. 100 ff. auch Warming, de l'ovule Ann. d. scienc. nat. 6. ser. bot. tome V. pag. 181 ff.

sich auch die basale Partie der Oberseite des Blattes, ähnlich wie wir dies oben für die Bildung der schildförmigen Blätter geschildert haben. Das jugendliche Carpell ist also an seiner Basis geschlossen, dadurch dass hier das Blattgewebe sich erhebt (Fig. 65), an seiner Oberseite aber wird es durch die Verwachsung der Blattränder geschlossen. Wir nennen den unteren, das Carpell auf diese Weise abschliessenden nicht durch Verwachsung der Carpellränder entstandenen Theil die Sohle desselben. (s. Fig. 65.) Der obere Theil des jungen, sackförmigen Carpelles verlängert sich zu Griffel und Narbe, der untere wird zum Fruchtknoten.

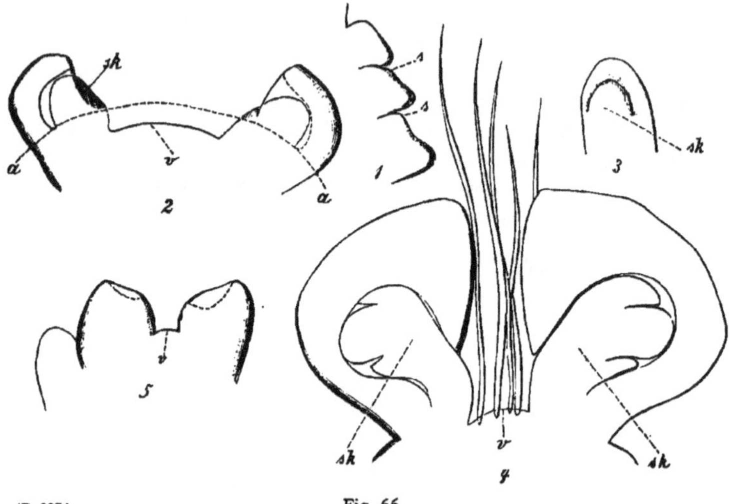

(B. 387.) Fig. 66.

Fruchtknotenbildung von *Ranunculus*. 1—4, *R. sardous*. 1, 2, 4 Längsschnitte durch das Gynaeceum verschieden alter Blüthen, 2 und 4 zeigen die unmittelbar unterhalb des Blüthenvegetationspunktes (v) inserirten Carpelle. sk Samenknospe, s »Sohle« der Carpelle. 3 ein Carpell mit Samenknospe von der Oberseite. 5 Längsschnitt durch die Spitze des Gynaeceums von *Ran. Ficaria;* an den Carpellen hat die »Sohlen«-Bildung begonnen.

Die Betheiligung des Gewebes der Carpelloberseite an der Bildung des Fruchtknotens, wodurch derselbe die Kapuzenform (Fig. 65) erhält, ist ein nicht unwichtiger im Folgenden öfters wiederkehrender Faktor. Die Samenknospen entspringen nahe dem Rande aus der Oberfläche des Carpells, bei Rosa in Zweizahl, unmittelbar oberhalb des unteren, sackförmigen Theiles des Fruchtknotens. Bei *Geum* verkümmert von den zwei Samenknospen regelmässig eine schon frühe, häufig aber wird nur eine einzige angelegt (Fig. 65), und diese steht dann unmittelbar oberhalb der unteren Endigung des Spaltes[1]), Bei anderen Rosifloren z. B. *Pirus communis* finden sich Uebergänge zur Bildung des unterständigen Fruchtknoten, auf welche unten zurückzukommen ist.

Die Vorgänge, welche bei der Entwicklung des Gynaeceums der Ranunculaceen stattfinden, schliessen sich den oben geschilderten an. Die Carpelle von *Ranunculus*, *Myosurus*, *Anemone* stehen in Vielzahl in spiraliger Anordnung auf

[1]) Ebenso wie der fertile Blatttheil von *Botrychium* und *Ophioglossum* nicht seitlich am sterilen, sondern auf der Oberfläche desselben entspringt, während bei *Ophioglossum palmatum*, wo mehrere fertile Theilblättchen vorhanden sind, die Stellung derselben die gewöhnliche seitliche ist.

dem konischen Blüthenvegetationspunkt. Sie produciren hier nur je eine Samenknospe. Das Carpell wird wie bei *Rosa* auf seiner Oberfläche concav (vergl. Fig. 66, 5, von *Ran. Ficaria*), dann wird es kapuzenförmig und die ursprünglich freien Ränder nähern sich, um später zu verwachsen. Dicht unterhalb der Stelle, wo die Verwachsung beginnt, entspringt die Samenknospe, bei *Ranunculus* scheinbar (im Längsschnitt) aus der Achsel des Carpells, in Wirklichkeit aber, wie dies namentlich *Anemone* zeigt, auf dessen Fläche und zwar eben aus der »Sohle« des Carpells, genau unterhalb der Mitte des von den beiden zusammengewölbten Carpellrändern begrenzten Spaltes. Ist die Samenknospe von der Carpellsohle nicht deutlich abgegrenzt, so erscheint sie im Längsschnitt als die direkte Verlängerung derselben, und es sieht so aus, als wäre die Samenknospe achselständig. Andere Ranunculaceen, wie *Clematis calycina* (PAYER, a. a. O., Taf. 58, Fig. 18 u. 19) besitzen ausser dieser medianen Samenknospe noch je zwei weitere an jedem Carpellrand: ein Uebergang zu dem unten zu erwähnenden Verhalten von *Helleborus*. Die kapuzenförmige Aushöhlung oder Sohlenbildung des Fruchtblattes beruht genau auf demselben Vorgang wie die Bildung der gespornten Petala von *Delphinium* (vergl. PAYER, Organog. Pl. 55, Fig. 20—27), auch dort concave Aushöhlung der Oberseite, verbunden mit dem Auftreten eines Querwulstes an der Basis des Petalums, genau so wie die Bildung der Schläuche von *Utricularia* oder der zu Nektarien umgebildeten Petala von *Helleborus*. Bei letzterer Gattung finden wir die Carpellentwicklung und die Samenknospenbildung in ganz ähnlicher Weise verlaufen, wie bei den Papilionaceen, es finden sich zahlreiche, in zwei den verwachsenen Rändern genäherten Reihen angeordnete Samenknospen.

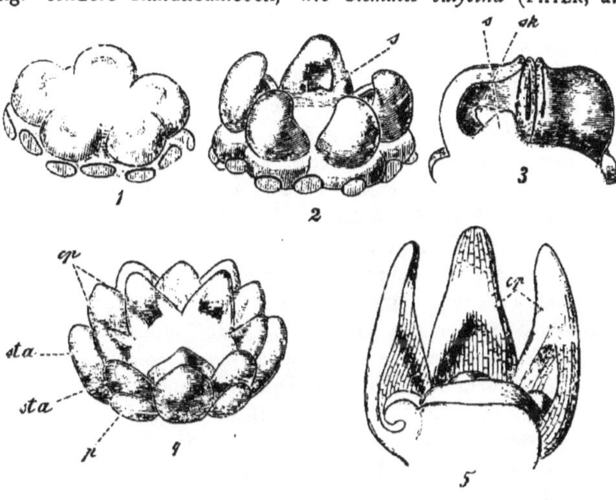

Fig. 67. (B. 388.)

(Nach PAYER) 1—3 *Ailanthus glandulosa*, Fruchtknotenentwicklung, bei s Sohle der Fruchtblätter, sk Samenknospe. 4 und 5 *Coriaria myrtifolia*: die Samenknospen (sk) entspringen wie bei *Ailanthus* vor der Mitte der Fruchtblätter, eine »Sohle« ist hier aber nicht wahrzunehmen.

Mit mehr Recht, als bei den Ranunculaceen kann man bei einigen andern apokarpen Gynaeceen von Samenknospen sprechen, welche in der Achsel des Carpells aus der Blüthenachse entspringen. Die Fig. 67 giebt dafür zwei sehr instructive Beispiele. Bei beiden, bei *Ailanthus* wie bei *Coriaria* werden unterhalb des breiten, abgeflachten Vegetationspunktes fünf Carpelle frei von einander angelegt. Die Carpelle von *Ailanthus* nun zeigen eine ganz ähnliche Kapuzenbildung wie die von *Ranunculus*, wie dies namentlich in Fig. 67, 2, an dem hinteren Carpelle zu sehen ist. Bei s ist die Carpellsohle, oberhalb derselben ein breiter, viereckiger Spalt, der später durch Verwachsung der Ränder geschlossen wird (Fig. 67, 3). Dass (ähnlich wie bei den Papilionaceencarpellen) der Spalt sich nicht bis zur Carpellspitze fortsetzt, beruht nicht darauf, dass hier ein der Sohlenbildung analoger Process eintritt, sondern auf starkem Flächenwachsthum unterhalb der Carpellspitze. Das Carpell sitzt hier aber der Blüthenachse mit breiterer Basis auf, als bei *Ranunculus*, in Folge davon sieht es auf einem Längsschnitte so aus, als ob die Carpellsohle (s. Fig. 3) eine Sprossung der Blüthenachse selbst sei. Der Vorgang ist aber offenbar ein ganz ähnlicher wie bei *Ranunculus*, nur dass eben die Trennung zwischen Carpell und Blüthenvegetationspunkt eine weniger scharfe ist. Bei *Coriaria* dagegen sehen wir die Carpellsohle gar nicht mehr vorhanden: die Samenknospe entspringt, wie Fig. 67, 5, zeigt, vor der Mitte des Fruchtblattes aus dem Blüthenvegetationspunkte selbst. Wie die Carpellsohle verlaufen würde, wenn sie vorhanden wäre, ist durch die Punktirung an dem Carpelle links angedeutet. Es wäre dann die Carpellsohle auf der der Blüthenachse zugekehrten Seite mit letzterer verwachsen, und die Samenknospe hätte einen ähnlichen Ursprung, wie die von *Ranunculus sardous*. Wir brauchen uns in der Fig. 66, 2, von *Ranunculus sardous* nur zu denken, der Blüthenvegetationspunkt erstrecke sich bis zu der gestrichelten Contour, so haben wir einen ähnlichen Fall wie bei *Coriaria:* es würde dann den Anschein gewinnen, als ob die Samenknospen in den Achseln der Carpelle entsprängen, weil die »Sohlen« der letzteren sich nicht vom Blüthenvegetationspunkt getrennt haben oder vielmehr überhaupt nicht zur Ausbildung gekommen sind. Es kann aber nicht als eine zutreffende Bezeichnung gelten, wenn einige Morphologen in diesem Falle die »Sohle« des Carpells mit der Blüthenachse »congenital« verwachsen oder verschmolzen sein oder an derselben »hinauflaufen« lassen. Sie ist eben überhaupt nicht zur Ausbildung gekommen, wir sind bis jetzt nicht im Stande, nachzuweisen, dass das der »Sohle« in Fig. 67, 5, entsprechende Gewebe eine andere Beschaffenheit hat — obwohl dies ja ganz wohl denkbar wäre — als das des Vegetationspunkts.[1]) Ein mit dem Vegetationspunkt der Blüthe gleichartiger, nicht von ihm abgegliederter Theil aber gehört eben dem Vegetationspunkt selbst an. Dabei kann in den verschiedensten Abstufungen das Unterbleiben selbständiger Ausgliederung am Vegetationspunkt erfolgen. Es wurde bei Besprechung der Blattentwicklung darauf aufmerksam gemacht (pag. 211), dass die Rindensubstanz des Stengels häufig aus den basalen Theilen von Blattanlagen gebildet werde, eine Thatsache, die darauf hinweist, dass ein ängstliches Auseinanderhalten dessen, was dem Blatte und was dem Stengelvegetationspunkt angehört, zu unfruchtbaren Ergebnissen führen muss. Aehnlich verhält es sich in der Blüthe, wo wie mehrmals betont wurde, die Trennung von Blatt und Stengel ohnehin, namentlich im Gynaeceum eine weniger scharfe wird. Der Streit über den achsen- oder blattbürtigen Ursprung der Samenknospen aber verliert eben damit seine Bedeutung und sein Interesse, zumal der Ursprungsort der Samenknospe für die Frage nach dem »morphologischen Werth« derselben für uns nicht ins Gewicht fällt. Phylogenetisch aber können wir uns ganz gut denken, wie aus einer *Ranunculus*-Placentation die von *Ailanthus* und schliesslich *Coriaria* wird, der letztere Modus findet sich übrigens auch bei synkarpen Gynaeceen verbreitet. Denken wir uns die Samenknospe ebenso entspringend wie bei *Coriaria*, aber das Gynaeceum monomer, und den Blüthenvegetationspunkt zur

[1]) In diesem Falle würde die eben berührte Auffassung natürlich nicht blos eine formal vergleichende, sondern eine reale Bedeutung haben.

Bildung der Samenknospe ganz aufgebraucht, so wird die letztere terminal am Blüthenvegetationspunkt angelegt. So ist es z. B. bei den Gräsern. Das Carpell erscheint hier (ebenso wie das Laubblatt der Gräser, vergl. pag. 217) zunächst als ein den (Blüthen)-Vegetationspunkt einseitig, dann allseitig umfassender Ringwall. Die einzige Samenknospe geht hier aus dem Blüthenvegetationspunkt selbst hervor (ist eine terminale Neubildung auf demselben) sie wird aber später gewöhnlich auf die Seitenwand des Carpells verschoben.

Als weiteres Beispiel für derartige Lagenveränderungen der Samenknospe (die sich namentlich auch im unterständigen Fruchtknoten häufig finden) sei hier die Resedacee *Astrocarpus sesamoïdes* genannt (Payer, a. a. O., Taf. 40). Das apokarpe Gynaeceum besteht aus 6 Carpellen, in deren jedem eine Samenknospe nahe der Carpellbasis aus der Innenfläche desselben entspringt. Die Carpellsohle entwickelt sich hier kaum, wohl aber wächst der basale Theil des Fruchtblattes unterhalb der Samenknospeninsertion hier stark, so dass die fertige Samenknospe dann aus der Mitte der Innenfläche des fertigen Carpells entspringt. Eine derartige Insertion der Samenknospe gehört zu den Seltenheiten, indess finden wir bei der Nymphaeacee (Unterabtheilung der Cabombeen) *Brasenia* die Samenknospen auf der Mittellinie der Fruchtblätter befestigt (Eichler, Blüthendiagramme, II. pag. 177) und bei *Butomus* finden wir sie ebenfalls auf der Carpellfläche, nur die Mittellinie freilassend.

Uebrigens braucht bei monomeren, nur eine Samenknospe producirenden Gynaeceen die erstere durchaus nicht immer terminal zur Blüthenachse zu sein. Würde bei *Geum*, dessen Carpellentwicklung oben besprochen wurde, das Gynaeceum auf ein Carpell reducirt, das nahe dem Blüthenvegetationspunkt angelegt wird, so dass eine Achsenspitze nach dem Auftreten des Carpells überhaupt nicht mehr erkennbar ist, so kommt eine Fruchtknotenbildung zu Stande, ganz ähnlich der von *Sanguisorba officinalis* (Payer, Taf. 103, Fig. 28—44). Der Blüthenvegetationspunkt ist hier in solcher Ausdehnung zur Carpellbildung verwendet worden, dass die Spitze desselben nicht mehr gesondert hervortritt. Die Samenknospe entsteht aber ganz ähnlich wie bei *Geum* an der Carpellsohle.

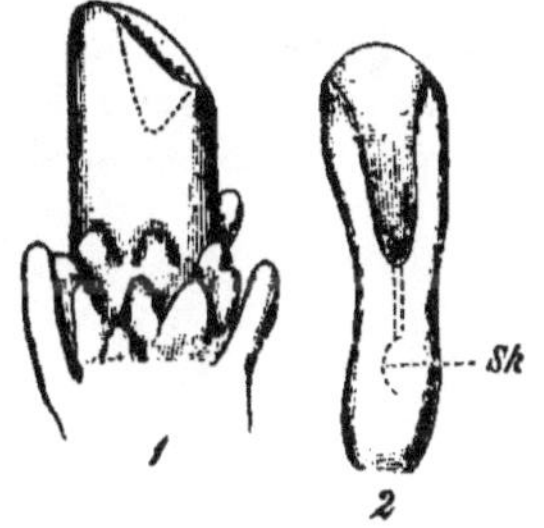

Fig. 68. (B 389.)
Weibliche Blüthen von *Typha angustifolia*. Sie bestehen aus einem einzigen Fruchtblatt mit einer Samenknospe (Sk), 1 eine junge Blüthe, an der Basis umgeben von einem Borstenkranze, der Blüthenvegetationspunkt ist nicht mehr erkennbar.

Von andern analogen Fällen seien hier nur die Laurineen und Thymeleen genannt (Payer, Taf. 96) und als besonders deutliches Beispiel *Typha* (Fig. 68). Die weibliche Blüthe besteht nur aus einem Carpell, das an seiner Basis mit einer Anzahl von Borsten besetzt ist (vergl. Fig. 67, 1). Die weibliche Blüthe hat zunächst die Gestalt eines annähernd cylindrischen oben mit einer halbkugligen Wölbung abschliessenden Zapfens. Das Carpell wird angelegt, indem die Spitze der Blüthenanlage sich kraterförmig vertieft, 'die eine Seite des Randes wächst stärker und bildet später die lange Narbe, der untere geschlossene Theil des Fruchtknotens producirt eine wandständige Samenknospe (sk Fig. 68, 2).

Wenn oben mehrfach (z. B. bei Papilionaceen und Rosaceen) von einer »Aushöhlung« der ursprünglich als halbkugeliger Höcker auftretenden Carpellanlage gesprochen wurde, so ist dies natürlich nur eine Bezeichnung für den äusseren Vorgang der Gestaltänderung, welche durch die verschiedene Wachsthumsvertheilung in den einzelnen Partien der Fruchtblattanlage zu Stande kommt. In andern Fällen, wie bei den Papilionaceen hat die Fruchtblattanlage anfangs nicht annähernd halbkugelige, sondern abgeflachte, meist hufeisenförmige Gestalt, eine Differenz, die auch bei der vegetativen Blattentwicklung auftritt, und der wir eine weitergehende Bedeutung durchaus nicht beilegen.

Ueberblicken wir speciell die Placentation bei den apokarpen Gynaeceen, so finden wir Samenknospen

a) randständig — bei den Papilionaceen,

b) nahe dem Rande aus der Carpellfläche entspringend bei *Helleborus, Delphinium* u. a.,

c) flächenbürtig bei *Butomus, Astrocarpus*,

d) aus der Carpellsohle entspringend: *Ranunculus*. Uebergänge zu diesem Modus von b resp. c aus bei den Rosaceen,

d) in der Achsel des Carpells aus der Blüthenachse: Beispiel *Coriaria*,

e) terminal aus dem Blüthenvegetationspunkt: Gräser.

In verschiedenen Familien finden sich neben Formen mit apokarpen Gynaeceen solche mit synkarpen, oder mit Uebergängen zwischen beiden. Es lassen sich zunächst zwei Kategorien synkarper Gynaeceum-Entwicklung unterscheiden: solche, die mit, und solche, die ohne Betheiligung der Blüthenachsenspitze zu Stande kommen. Dass beide Kategorien auch hier nicht scharf trennbar sind, zeigt sich schon in der Thatsache, dass in ein und demselben Fruchtknoten die untere Partie nach dem zweiten, die obere nach dem ersten Modus zu Stande kommen kann. Im Folgenden handelt es sich bei der grossen Mannigfaltigkeit der hier stattfindenden Vorgänge nur um Hervorhebung einiger Beispiele.

2. Synkarpe Fruchtknotenbildung.

a) Ohne Betheiligung der Blüthenachsenspitze.

α) Mit parietaler Placentation.

Einen sehr einfachen Fall zeigt die Ranunculacee *Garidella nigellastrum* (vergl. Payer, a. a. O. und unsere Fig. 69).

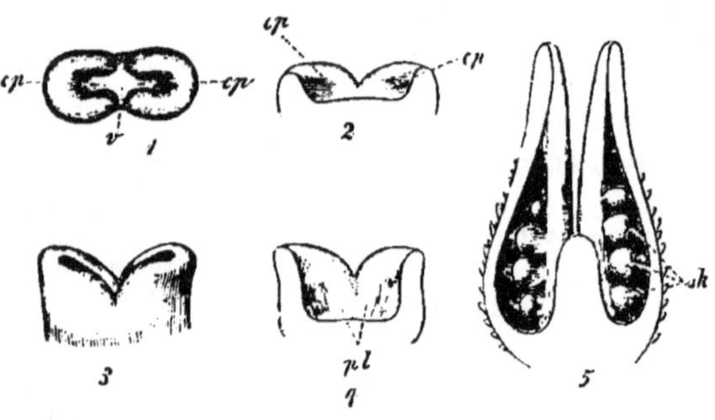

(B. 390.) Fig. 69.

Fruchtknotenentwicklung von *Garidella nigellastrum* nach Payer. 1 in Oberansicht, die beiden Fruchtblattanlagen sind hufeisenförmig, v Blüthenvegetationspunkt. 2 Längsschnitt durch den jungen Fruchtknoten. 3 Aussenansicht eines etwas älteren, die beiden Fruchtblätter sind an ihrer Basis »verwachsen«. 4 Längsschnitt eines 3 entsprechenden Stadiums, pl Placenta. 5 Längsschnitt durch einen älteren Fruchtknoten.

Wie Fig. 69 zeigt, sind die Carpelle nur in ihrem unteren Theile mit einander vereinigt, im oberen aber frei. Sie wurden als distinkte hufeisenförmige Wülste angelegt, nach einiger Zeit aber auf gemeinsamer becherförmiger Basis emporgehoben, so dass also das Gynaeceum jetzt die Form eines die Blüthenachse umgebenden Bechers besitzt, der sich nach oben hin in die beiden Carpelle theilt. Die Placenten werden auch hier durch die angeschwollenen Ränder der Fruchtblätter gebildet, und diese Ränder verlaufen selbst über den becherförmigen Theil (Fig. 69, 5) als getrennte Wülste.

In analoger Weise findet sich derselbe Vorgang nun in einer Vielzahl von Fällen, nur dass häufig in der Placentenbildung eine Vereinfachung in der Weise auftritt, dass statt der beiden, den Carpellrändern entsprechenden Placentenwülste auf der Innenseite des Fruchtknotenbechers nur je ein einziger Placentarwulst an der betreffenden Stelle auftritt. Auf diesen Placentarwülsten stehen dann häufig die Samenknospen in Vielzahl, so dass es ganz unmöglich ist, dieselben als aus den Randtheilen eines Fruchtblattes entsprossen zu betrachten. Die Placentarwülste wachsen nicht selten so sehr als Leisten gegen das Centrum des Fruchtknotens hin, dass der letztere dadurch mehrfächerig wird.

Einige Beispiele, bei welchen wir also ausschliesslich von der erwähnten Art der Placentation ausgehen, mögen das Gesagte erläutern. Die Carpelle von *Cistus populifolius* (Fig. 70), werden angelegt in Form von Querwülsten, die einander zwar ziemlich genähert sind, aber anfangs doch nicht unter sich zusammenhängen.

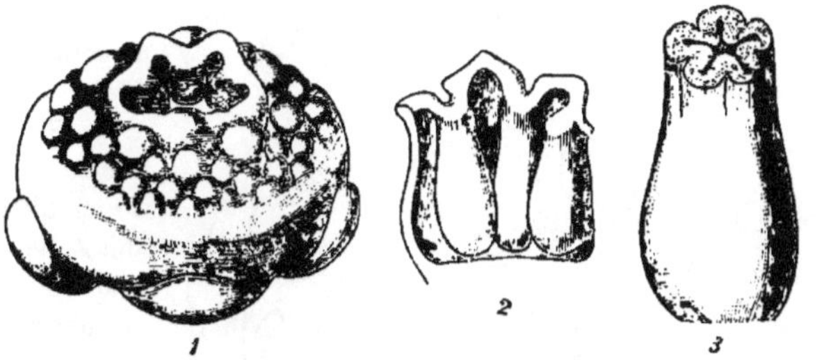

1 2 3

Fig. 70. (B. 391.)

Cistus populifolius (nach PAYER), 1. Blüthe seitlich von oben; der Fruchtknotenbecher mit 5 Placentawülsten ist angelegt, unterhalb derselben zahlreiche Staubblätter. 2 Halbirter Fruchtknotenbecher mit Placentawülsten vor Anlage der Samenknospen. 3 Fruchtknoten zur Zeit der Samenknospenanlegung, der obere Theil desselben wird später zum Griffel.

In Fig. 70, I, sehen wir den Fruchtknoten schon in Becherform mit fünf ausspringenden Kanten, deren Spitzen der Mitte der Fruchtblattanlagen entsprechen, welche schon auf gemeinschaftlicher ringförmiger Basis emporgehoben worden sind. An derjenigen Stelle des offenen Fruchtknotenbechers, welcher der Trennungslinie zwischen je zwei Carpellanlagen entspricht, sehen wir je einen auf der Innenwand des Fruchtknotenbechers verlaufenden dicken Längswulst auftreten: die Placenten.[1]) Die freien, die Ecken des Fruchtknotenbechers oben abschliessenden Carpellränder wachsen nun in manchen Fällen z. B. *Reseda, Hypericum*-Arten zu eben so vielen Griffeln aus, indem sich die Ränder aneinanderlegen und so die Griffelröhre bilden. Wir haben dann also eine Fruchtknotenhöhlung, auf welche mehrere distinkte Griffel zuführen. Bei *Cistus* ist dies nicht der Fall, hier wird die Griffelröhre gebildet durch starke Verlängerung des oberen Theiles des Fruchtknotenbechers. Dass derselbe seinen Anfang genommen hat mit der Bildung von fünf distinkten Fruchtblättern lässt sich äusserlich nur noch an dem Vorhandensein von fünf Narben erkennen (Fig. 70, 3). Die Placenten dringen als Leisten bis in die Mitte des Fruchtknotens hin vor und tragen jederseits zwei Reihen von Samenknospen, der Fruchtknoten wird dadurch unvollkommen fünffächerig.

Eine andere Lage der Placentenwülste, als die angegebene d. h. an der

[1]) Dieselben brauchen in derartigen Fällen nicht nothwendig als Sprossungen der Innenseite des Fruchtknotenbechers betrachtet zu werden, sondern können gleich anfangs mit demselben emporwachsen; ohne Zweifel kommen beide Fälle vor, bei *Cistus* aber setzen sich nach den PAYER'schen Abbildungen die Placenten nicht auf den Grund des Fruchtknotenbechers fort.

Stelle, welche der Verwachsungsstelle der Fruchtblätter entsprechen würde, wenn der Fruchtknotenbecher aus Verwachsung ursprünglicher freier Fruchtblätter zu Stande käme, ist für Fruchtknoten dieser Art nicht bekannt. *A priori* wäre es ja auch ganz gut denkbar, dass die Placenten z. B. auf der Mittellinie der Fruchtblätter entstünden, wie wir ja wissen, dass Samenknospen in einigen Fällen auf der Mittellinie der Fruchtblätter auftreten. Derartige Angaben existiren auch für die Placenten, allein sie beruhen, wie wir mit Sicherheit annehmen dürfen, auf Irrthum, ebenso wie die Anschauung, dass die Placenten »vollständige unabhängige aber mit den Fruchtknoten verwachsene Gebilde« sein sollen, wie HUISGEN[1]) dies für *Reseda luteola* und die Cruciferen angiebt. In der That genügen successive Querschnitte durch den Fruchtknoten von *Reseda luteola* um den Irrthum zu beseitigen oder schon ein einziger Schnitt, wie der in Fig. 71, A, abgebildete, welcher an der Stelle geführt ist, wo sich von dem Fruchtknotenbecher die freien Theile der einzelnen Fruchtblätter trennen. An der mit A bezeichneten Stelle sieht man die Ränder zweier benachbarter Fruchtblätter frei ausgebildet (ein weiter oben geführter Schnitt zeigt drei isolirte Fruchtblätter der Querschnitt eines jeden ist wie in Fig. 71, B). Die beiden freien Ränder gehen nach unten continuirlich über in die Placenta und wir sehen, dass dieselbe hier somit eigentlich zusammengesetzt ist aus Gewebetheilen, welche den beiden Carpellrändern entsprechen, und die Vorsprünge rr bilden und einem Mittelstück, welches aus dem Achsengewebe[2]) zwischen den Carpellen hervorgegangen ist (a Fig. 71). Die freien Carpelltheile selbst können in ihrem unteren Theile ebenfalls noch Samenknospen tragen, wie die beiden Querschnitte, namentlich Fig. 71, B, zeigen. Es stimmt also das Bild, welches ein fertiger oder nahezu fertiger Fruchtknoten von *Reseda luteola* oder auch von *Cistus* giebt, vollständig überein mit der Entwicklungsgeschichte, welche uns zeigt, dass der becherförmige Theil des Fruchtknotens durch interkalares Wachsthum der Insertionszone der Carpelle zu Stande gekommen ist. Die Placenten entstehen an dem Theile des Fruchtknotenbechers, welcher der Verbindungszone zwischen je zwei Carpellen entspricht, es hat sich das Vegetationspunktgewebe hier aber nicht in freie Blattränder und ein zwischen ihnen gelegenes Achsenstück differenzirt, sondern die Placenta erscheint als einheitliche Bildung. Unrichtig aber wäre es zu sagen, sie entstehe durch Verwachsung der Blattränder, oder sie wie HUISGEN

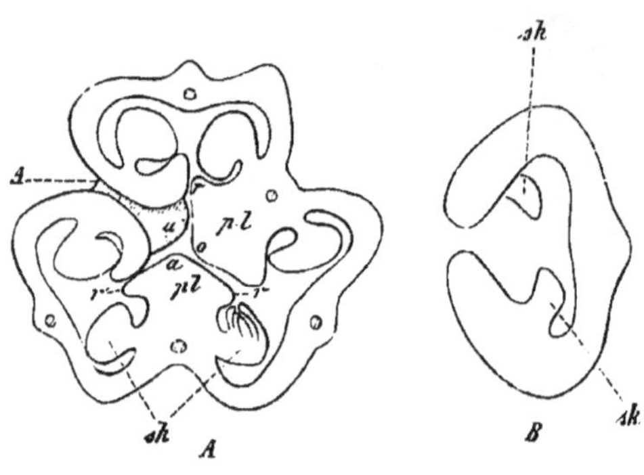

(B. 392.) Fig. 71.

Reseda luteola, Fruchtknotenquerschnitte. A an der Grenze zwischen Fruchtknotenbecher und den freien Theilen der Fruchtblätter; bei A sieht man die Ränder zweier aneinander grenzender Fruchtblätter oben frei, unten durch das schraffirte Gewebe a vereinigt. pl Placenten, r Rand der Fruchtblätter, sk Samenknospen. B Querschnitt durch den freien Theil eines Fruchtblattes. Dasselbe trägt auf seiner Innenfläche (Oberseite) zwei junge Samenknospen (stärker vergr. als A).

[1]) HUISGEN, Untersuchungen über die Entwicklung der Placenten. Bonn 1873 (Dissertation.)

[2]) Dass damit nicht etwa statuirt werden soll, dass die Placenten »axiler Natur« seien braucht nach dem oben Gesagten wohl kaum betont zu werden.

als selbständige mit den Carpellen gleichwerthige »Blasteme« zu betrachten. Ebensowenig Berechtigung hat dies bei den Cruciferen, wo sie von HUISGEN[1]) ebenfalls als ein innerer mit den Carpellen alternirender Blattkreis aufgefasst werden, während sie der gewöhnlichen Auffassung zu Folge als aus je zwei eingeschlagenen Rändern der Fruchtblätter verwachsen betrachtet werden.

Ein Querschnitt durch einen Cruciferenfruchtknoten, z. B. den von *Sinapis arvensis* (Fig. 72), zeigt den Fruchtknoten abgetheilt durch eine Scheidewand, an der aber unschwer zu erkennen ist, dass sie hervorgegangen ist aus der Verwachsung zweier in der Mitte des Fruchtknotens einander berührenden Sprossungen, nämlich eben der Placenten (Fig. 72, 4). Der Fruchtknoten vor Anlegung der Samenknospen hat einen elliptischen Querschnitt, die Placenten treten als breite Wülste hervor, auch hier an der Vereinigungsstelle der beiden Fruchtblätter, ein freier Rand der letzteren wird aber weder jetzt noch später ausgebildet. Treten doch die Fruchtblattanlagen selbst, hier, wenn überhaupt so jedenfalls nur sehr kurze Zeit als freie, gesonderte Bildungen hervor, denn sie werden sehr früh schon auf gemeinschaftlicher Basis emporgehoben. Hier wie bei *Reseda* stehen die Samenknospen übrigens nicht am Rande der Placenten, sondern an deren Grund. Ursprünglich ist allerdings das erstere der Fall, dann aber findet eine Verlängerung des mittleren Theiles der Placenten statt, welche im Centrum des Fruchtknotens zusammenstossend und hier mit einander verwachsend die Scheidewand desselben darstellen,[2]) wie dies aus der Vergleichung der Figuren 1, 2, 3, 4 in Fig. 72, hervorgeht.

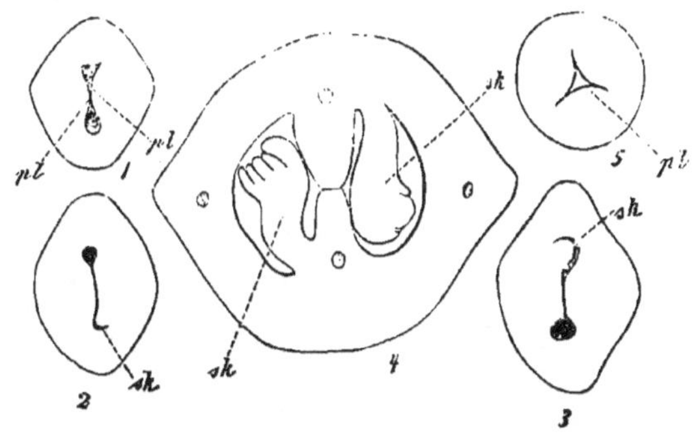

Fig. 72. (B. 393.)

1—4 Fruchtknotenquerschnitte verschiedener Entwicklung von *Sinapis arvensis*. sk Samenknospen, die Placenten in der Mitte mit einander zu einer Scheidewand verwachsen. 5 Querschnitt durch einen jungen Fruchtknoten von *Viola tricolor*. pl Placenta.

Ebensowenig können wir der Meinung beipflichten, dass die Placentarleisten bei *Viola* auf der Mitte der Carpelle verlaufen — es liegt gar kein Grund vor, ihnen hier eine andere Stellung zu vindiciren, als in den oben betrachteten Fällen (vergl. den Querschnitt Fig. 72, 5).

Nur als eine geringe Modification des besprochenen Typus der Fruchtknotenentwicklung können wir es betrachten, wenn die Fruchtblätter bei dem Sichtbarwerden der Fruchtknotenanlage nicht als gesonderte Sprossungen sichtbar sind, sondern der Fruchtknoten gleich in Form eines einheitlichen Ringwalles auftritt. Wir wissen ja auch von der vegetativen Blattentwicklung, ferner der Blumen-

[1]) a. a. O., pag. 14. — Vergl. ausser der Darstellung PAYER's (Taf. 44) besonders EICHLER, Ueber den Blüthenbau der Fumariaceen, Cruciferen und einiger Cappariden, Flora 1865. Meine Beobachtungen über die Carpellentwicklung stimmen mit denen EICHLER's ganz überein.

[2]) Nicht bei allen Cruciferen findet sich eine solche Abtheilung des Fruchtknotens, bei *Selenia* bleibt die Scheidewand in der Mitte unterbrochen, bei den Isatideen unterbleibt die Scheidewandbildung überhaupt.

krone von *Cucurbita* etc., dass als erste Anlage eines Blattwirtels vielfach zuerst eine ringförmige Erhebung des Stengelvegetationspunktes auftritt, auf der dann erst die einzelnen Blattanlagen hervortreten. Eine solche einheitliche Anlage des Fruchtknotens findet sich z. B. bei *Viola*, manchen Papaveraceen etc.

β) Mit basaler Placentation.

Es wird unten bei Besprechung der Griffelentwicklung noch darauf hinzuweisen sein, dass vielfach die Placenten nicht in ihrer ganzen Ausdehnung Samenknospen tragen. Bei den Geraniaceen z. B. entsteht ein Fruchtknotenbecher, an dessen Bildung sich fünf Fruchtblätter betheiligen ganz in der gewöhnlichen Weise mit fünf Parietalplacenten. Jede derselben trägt nur an ihrem unteren Theil zwei Samenknospen (Fig. 73, C), im Griffeltheile des Fruchtknotens dagegen verwachsen

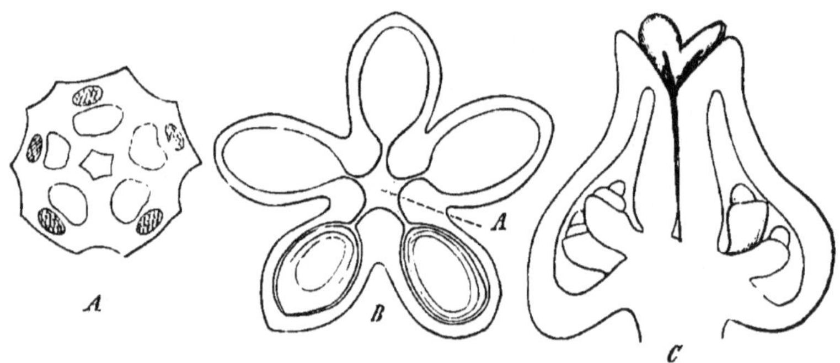

(B. 394.) Fig. 73.
Erodium cicutarium. A Querschnitt durch den Griffelkanal, B durch den unteren, samenknospen tragenden Theil des Fruchtknotens, C Längsschnitt eines jungen Fruchtknotens.

die fünf Placenten mit einander (Fig. 73, A). Endlich finden wir auch beim synkarpen Fruchtknoten ebenso wie beim apokarpen den Fall, dass auf jedes Fruchtblatt nur eine Samenknospe kommt.[1]) Als Beispiel diene *Malva*. Bei *Malva sylvestris* (Fig. 74) entstehen die Carpelle nach Anlage der Staubblattröhre als kleine Protuberanzen am Rande des flach gewölbten Blüthenvegetationspunktes. Vor der Mitte jedes Carpells bildet sich eine Vertiefung (Fig. 74, E), und der Carpellmitte gegenüber entspringt aus dem Blüthenvegetationspunkt die Samenknospe (Fig. 74, B). Bei der derselben Familie angehörigen *Kitaibelia* dagegen ist der Vorgang ein ähnlicher wie bei *Ailanthus* (PAYER, Taf. 8, Fig. 19): es erhebt sich das Blüthenachsengewebe vor jedem Carpell zur »Sohle« und trägt die Samenknospe. Die Differenzen von *Ailanthus* und *Coriaria* bestehen eben nur in der synkarpen Ausbildung des Malvaceen-Gynaeceums. Bei anderen Malvaceen wie *Hibiscus* ist die Placentation parietal, ebenso bei *Pavonia*. Die Differenz der Placentation erscheint aber nicht sehr gross, wenn man *Malva* als eine Form betrachtet, bei welcher eine Carpellarsohle nicht zur Ausbildung kam, bei *Kitaibelia* ist dies andeutungsweise noch der Fall, und zwischen Carpellen mit sohlenbürtigen Samenknospen zu solchen, bei denen die letzteren aus Parietalplacenten entspringen, besteht ohnehin keine wesentliche Differenz, oft genug kommt in einem und demselben Carpell beides vor.

[1]) Bei *Fumaria*, wo EICHLER für den aus zwei Fruchtblättern gebildeten Fruchtknoten nur eine Samenknospe angiebt, ist dies nur scheinbar der Fall (Blütendiagr. II. p. 196): drei andere verkümmern regelmässig.

Wäre der Blüthenvegetationspunkt von *Malva*, an welchem die Samenknospen entspringen, in Form einer Placenta ausgebildet, so würde dieser Fall in die nun folgende Kategorie gehören, so aber schliesst sich das besprochene Verhalten doch noch den andern eben geschilderten Fällen an, in denen der Blüthenboden nur insofern in die Fruchtknotenbildung eintritt, als eine ringförmige Zone desselben die Carpellanlagen emporhebt.

b) Synkarpe Fruchtknotenbildung unter Betheiligung der Blüthenachsenspitze.

Es finden sich zunächst Fälle, die dem vorigen sich noch anschliessen. So z. B. bei den Pyrolaceen. Die Anlage des Fruchtknotenbechers geschieht conform den oben beschriebenen Fällen: die Placenten erscheinen als Anschwellungen der Innenwand desselben, der Vereinigungsstelle zweier Fruchtblätter entsprechend. Dann aber bildet sich vor der Mitte jedes Fruchtblattes eine Vertiefung d. h. der Theil des Blüthenvegetationspunktes, an welchem sich die Placenten ansetzen, wächst nun mit dem interkalar in die Höhe wachsenden Fruchtknoten gemeinsam[1]), und die Placentenanschwellungen setzen sich auch über diesen Theil der Blüthenachse fort. So kommt es, dass der Querschnitt eines solchen Fruchtknotens ganz verschiedene Bilder gewährt, je nach der Höhe, in welcher man ihn führt. Je nach der Höhenregion des Fruchtknotens, durch welchen man den Querschnitt legt, erhält man ein Bild, das fünf Parietalplacenten zeigt, oder eins bei welchen die Placenten durch eine Mittelsäule vereinigt sind — anderer kleiner Differenzen nicht zu gedenken. Auch in sehr vielen anderen Fällen kommt es vor, dass die Placenten im oberen Theil des Fruchtknotens wandständig, im unteren mit der Blüthenachse vereinigt sind (z. B. Solaneen). Oben wo die Placenten frei, nicht mit dem Gewebe der Blüthenachse vereinigt sind, erscheint der Fruchtknoten einfächerig, unten aber in vier Fächer abgetheilt dadurch, dass die Placenten hier im Zusammenhang mit dem Gewebe des Blüthenvegetationspunktes blieben.

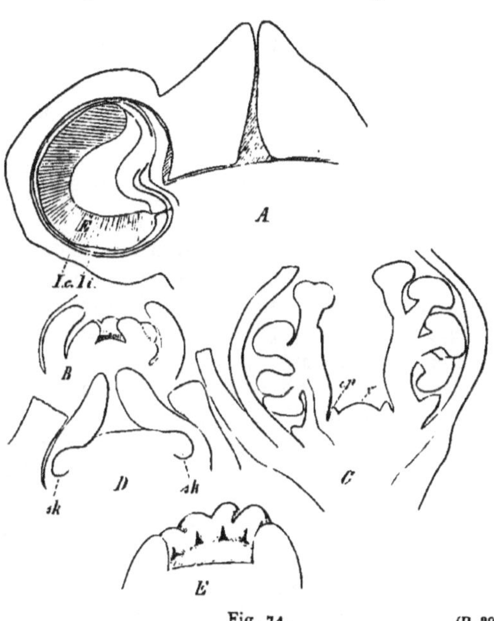

Fig. 74. (B. 395.)

Malva silvestris. A Fruchtknotenlängsschnitt mit Embryo- (E) haltiger Samenknospe. B junge Blüthe, an welcher die Carpelle noch nicht angelegt sind, im Längsschnitt; die den Blüthenvegetationspunkt umgebende Röhre trägt die Staubblätter. C ältere Blüthen mit Carpellanlagen (cp) v Blüthenvegetationspunkt. D in den Achseln der Carpelle sind Samenknospen aufgetreten. E Gynaeceum mit Blüthenvegetationspunkt halbirt.

Was hier erst im Verlaufe der Entwicklung geschieht, d. h. das Vereint-

[1]) So hat natürlich auch Payer es gemeint, wenn er bei Beschreibung der Fruchtknotenentwicklung von *Erica* von Aushöhlungen spricht. Huisgen's Correctur (a. a. O. pag. 20) ist deshalb ebenso überflüssig als unpassend.

wachsen von Blüthenvegetationspunkt und Placenten, das tritt in andern Blüthen von Anfang auf.

Ein Querschnitt durch den Fruchtknoten einer Solanee, z. B. *Hyoscyamus* oder *Nicotiana* (Fig. 75) zeigt uns einen zweifächerigen Fruchtknoten, die Placenten sind breite Wülste, welche beiderseits an der Scheidewand, welche den Fruchtknoten in zwei Fächer abtheilt, entspringen. Eine derartige Placentation kann zu Stande gekommen sein dadurch, dass zwei wandständige Placentarleisten bis in die Mitte des Fruchtknotens vorgedrungen sind und dort mit einander verwachsen, wie dies in der Fig. 75, A, durch die gestrichelte Contour angedeutet ist. Der Umstand, dass die Placenten in ihrem oberen Theil von *Nicotiana* (dies Verhalten ist auch sonst häufig, es findet sich z. B. auch bei *Papaver*) zweitheilig sind, scheint die erwähnte Deutung zu unterstützen. Verfolgt man aber die Entwicklung so zeigt sich, dass ein anderer Vorgang stattfindet. Die beiden Carpelle entstehen als hufeisenförmige Sprossungen (anderwärts als Ringwall), welche die Achsenspitze umgeben, und welche später durch interkalares Wachsthum ihrer Insertionszone emporgehoben werden. Ein Längsschnitt durch einen jungen Fruchtknoten zeigt, dass der Blüthenvegetationspunkt zwischen den Carpellen flach ist. Dann aber entsteht vor der Mitte eines jeden Carpelles eine grubenförmige Vertiefung, dadurch, dass die Mittelregion des Blüthenvegetationspunktes ein gesteigertes Wachsthum zeigt. Durch zwei Leisten hängt er mit den Carpellen zusammen; je nach der Richtung, in welcher man einen Längsschnitt führt, sieht man die Blüthenachse frei in die Fruchtknotenhöhle vorspringen oder mit dem Carpellgewebe verbunden. Die Placenten entstehen als Anschwellungen der Fruchtknotenscheidewand. Anders ausgedrückt ist der Sachverhalt also der, dass die Stellen der Fruchtknotenanlage, an welchen in den oben beschriebenen Fällen die wandständigen Placentarleisten sich befanden, sich hier nicht von dem Blüthenvegetationspunkt trennen, sondern dass das Gewebe desselben gemeinschaftlich mit jenen, den Verwachsungsstellen der Fruchtblätter entsprechenden Theilen des Fruchtknotenbechers emporwachsen. Der Griffel wird hier wie gewöhnlich von dem oberen Theile des Fruchtknotenbechers allein gebildet. Es ist klar, dass die Blüthenachse an der Placentenbildung direkt Antheil nimmt, und zwar einfach dadurch, dass sie mit dem Fruchtknotenbecher und an zwei Stellen in Verbindung mit demselben emporwächst. Analoge Verhältnisse, den Placenten verwandt, zeigen uns die Boragineen, manche Scrophularieen[1]) u. a.

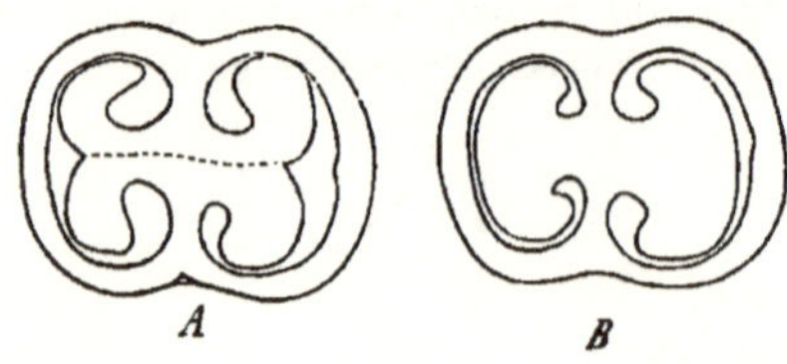

(B. 396.) Fig. 75.
Nicotiana latissima. A Querschnitt durch den oberen, B durch den unteren Theil eines Fruchtknotens.

Bei einer Mehrzahl von Fruchtblättern ist der Vorgang ein ganz ähnlicher, wie der von *Hyoscyamus* und *Nicotiana* geschilderte. Ein Beispiel, welches eine Uebergangsform zu dem Typus liefert, bei welchem die Placenten wandständig an einem Fruchtknotenbecher sind, der durch Emporheben ursprünglich getrennt entstandener Fruchtblattanlagen entstand liefert z. B. *Oxalis*.[2]) Die fünf Fruchtblätter entstehen

[1]) Als günstiges Untersuchungsobjekt seien hier namentlich die *Pedicularis*-Arten genannt.

[2]) Für *Oxalis lasiandra* giebt HOFMEISTER (Flora 1861, pag. 409) eine wesentlich andere Fruchtknotenstruktur an, nämlich Uebereinstimmung mit dem oben erwähnten Fruchtknotenbau von *Geranium*, *Erodium* etc. Bei *Oxalis stricta*, der einzigen mir zu Gebote stehenden Form,

hier in einem Wirtel, die breite abgeflachte Achsenspitze umgebend. Jedes Fruchtblatt ist von dem anderen ursprünglich durch eine relativ breite Blüthenachsenzone getrennt. Die Fruchtblätter gewinnen zunächst Hufeisenform, statt dass sie aber auf einer becherförmig werdenden Insertionszone emporgehoben werden, ist der Vorgang vielmehr der, dass vor jedem Fruchtblatt in der Blüthenachse eine Aushöhlung entsteht, resp. dass der mittlere Theil des Blüthenvegetationspunktes mit emporwächst. Es entsteht so ein fünffächeriger Fruchtknoten, bei welchem die oberen freien Theile der Fruchtblätter die Griffel bilden. Ein Querschnitt durch den unteren Theil, den eigentlichen Fruchtknoten, zeigt also eine mittlere Partie, an welche die Ränder der Carpelle sich ansetzen, sie bleiben aber mit dieser mittleren Partie vereinigt und an den Stellen der Mittelsäule, wo die Carpellränder sich ansetzen, verlaufen in jedem Fache zwei Längsleisten: die Placenten. Ohne Zweifel entsprechen diese letzteren je einem Randtheile eines Fruchtblattes, das sich nur eben von dem Gewebe des Blüthenvegetationspunkt nicht getrennt hat. Ganz ähnlich ist der Vorgang bei *Impatiens* und in anderen Fällen.

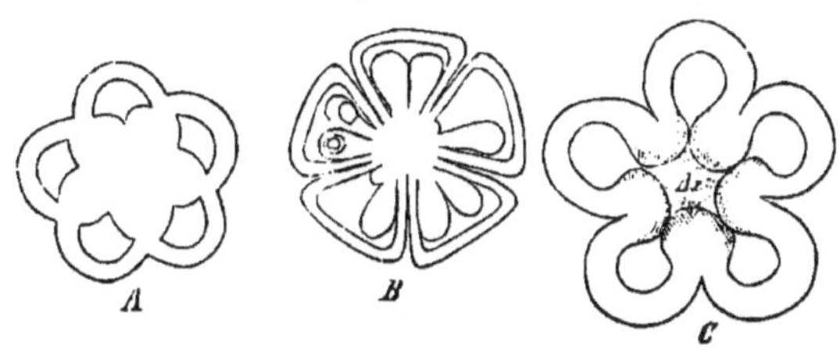

Fig. 76. (B. 397.)
Querschnitte durch den Fruchtknoten von *Oxalis stricta*. A junger Fruchtknoten vor Anlage der Samenknospen. B älterer Fruchtknoten, in dessen Fächern je zwei Reihen Samenknospen sich befinden. C Querschnitt durch den oberen Theil eines Fruchtknotens etwas älter als A, die Ränder der Fruchtblätter setzen sich dem Blüthenvegetationspunkt (Ax) an, mit welchem sie weiter unten ganz vereinigt bleiben.

Eine weitere Vereinfachung ist die, dass die Carpelle nicht mehr als freie Blattanlagen angelegt werden, und die einzelnen Fächer eines mehrfächerigen Fruchtknoten, wie es z. B. der von *Oxalis* ist, nicht mehr durch die beiden, von einander getrennten Seitenwandungen der Carpelle (vergl. Fig. 76, B) getrennt werden, sondern dass diese Scheidewände von Anfang an einfach sind, wie die von *Nicotiana*. Es geschieht dies dadurch, dass vor jedem Carpell eine Grube entsteht — die Anlage eines der späterhin auftretenden Fruchtknotenfächer — Diese Gruben vertiefen sich und sind von einander getrennt durch eine einfache Scheidewand: Gewebe des Blüthenvegetationspunktes, das sich nicht in zwei Carpellwände gesondert hat. Es ist klar, dass auch dieser Fall vom vorigen nicht scharf zu trennen ist, man braucht sich nur zu denken, dass die Aussenwand jedes Fruchtknotenfaches ein sehr gesteigertes Flächenwachsthum erfahre, während das zwischen zwei Fruchtknotenfächern liegende Gewebe des Vegetationspunktes sehr wenig wächst, so erhält man ein mit dem vorher geschilderten analoges Verhalten der Fruchtknotenbildung. Besonders klar wird dies hervortreten, wenn man die Fruchtknotenbildung der Caryophylleen mit der von *Oxalis* vergleicht. Als Beispiel diene *Malachium aquaticum*. (Fig. 77, 1—5.) Die Carpelle werden hier ursprünglich als kleine, unter sich freie Höcker angelegt, die aber später nur durch ein schmales Stück Blüthenachse von einander getrennt sind. Vor jedem Carpell entsteht nun eine Vertiefung in dem Blüthenvegetationspunkt, welche

lässt sich die Abwesenheit des von HOFMEISTER angegebenen axilen bis zum Niveau des unteren Endes der Fruchtknotenfächer reichenden Kanales unschwer constatiren.

zum Fruchtknotenfach wird. Das zwischen zwei Fächern liegende, ursprünglich sehr schmale Stück der Blüthenachse wächst auch bei der Vergrösserung des Fruchtknotens mit und bildet so die Scheidewand zwischen je zwei Fächern. Das centrale Stück der Blüthenachse, an welches sich die Scheidewände des Fruchtknotens ansetzen, wächst anfangs stärker, als die Fruchtblätter selbst, und ragt in Folge dessen über dieselben hervor. (Fig. 77, 1.) Erst später überwächst die Fruchtknotenwand die Blüthenachse, zu einem Zeitpunkt, wo die oberen Samenknospen schon angelegt sind (Fig. 77, 4), die Scheidewände setzen sich als Leisten auf die Wand dieses kurzen Fruchtknotenbechers fort, der aber keinen Griffel bildet, sondern seine fünf Vorsprünge (N Fig. 77, 5) sofort zu Narben auswachsen lässt. (Vgl. den Längsschnitt von *Melandryum* Fig. 77, 6.) Die Samenknospen stehen in jedem Fach in zwei Reihen: an den Stellen, wo die Blattränder der Carpelle sich an die Blüthenachse ansetzen würden, wenn freie Carpellränder vorhanden wären. Die Samenknospen stehen hier also an der Blüthenachse selbst, trotzdem werden wir darin keinen irgendwie wesentlichen Unterschied gegenüber anderen Placentations-Arten constatiren. Später schwinden die Scheidewände, die Zellen derselben werden gelockert, beim weiteren Breitenwachsthum auseinandergezogen, der Rest der Trennungswand vertrocknet und man erkennt an der Innenwand des fertigen Fruchtknotens nur noch die Stellen, wo sich die Scheidewände ansetzten[1]).

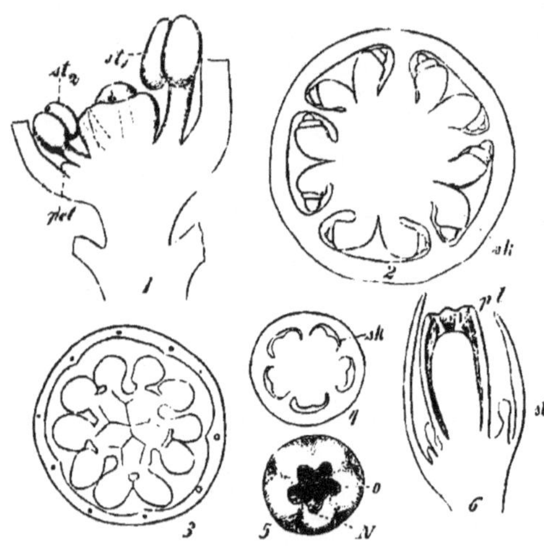

(B. 398.) Fig. 77.

1—5 *Malachium aquaticum*. 1 Blüthenlängsschnitt, st_1 Staubblatt des ersten, st_2 des zweiten Kreises, der Fruchtknoten ist noch überragt von dem Blüthenvegetationspunkt. 2 Querschnitt durch einen Fruchtknoten, derselbe ist fünffächerig, wird aber, wie Fig. 3 (der Querschnitt eines älteren Fruchtknotens) mit scheinbar freier Placentation einfächerig; die Scheidewände sind auseinandergezogen worden, und bis auf kleine Reste verschwunden. Fig. 4 Querschnitt durch einen jungen Fruchtknoten, die Samenknospen werden eben erst angelegt. 5 Oberansicht eines jungen Fruchtknotens, N Stelle eines Fruchtblattes, die sich zur Narbe entwickeln wird. 6 Längsschnitt durch eine weibliche Blüthe von *Melandryum album*. Die Placenten setzen sich im Fruchtknotenbecher noch eine Strecke weit auf die Innenwand hinauf fort. st verkümmerte Staubblätter.

[1]) Es ist also das Vorkommen einer »freien« Centralplacenta hier wie bei anderen Caryophylleen (*Melandryum album* z. B. verhält sich im Wesentlichen ebenso wie *Malachium*) nur ein sekundäres, durch Schwinden der Scheidewände veranlasstes. Die Angaben ROHRBACH's (Morphologie der Gattung *Silene*. Inauguraldissertation, Berlin. 1868) über die Entwicklung des Fruchtknotens von *Silene* (pag. 33. a. a. O.), wonach das Mittelsäulchen von *Silene* durch Verwachsung von 6 Blatträndern entstehen soll, kann ich, wenigstens für *Silene pendula* (und andere Arten werden sich wohl ähnlich verhalten) nicht bestätigen. Die Fruchtblätter entstehen zu dreien dicht unter der Spitze des ziemlich hoch gewölbten Blüthenvegetationspunktes. Vor jedem Fruchtblatte sieht man nun eine Grube auftreten, die Oberfläche des Blüthenvegetationspunktes, also abgetheilt durch drei Leisten: die Anlagen der von Anfang an einfachen (nicht wie ROHRBACH angiebt,

War die mit den Carpellen gleichzeitig emporwachsende Blüthenachse in den vorhin beschriebenen Fällen mit den Carpellen im Zusammenhang, so fehlt ein solcher vollständig in anderen Fällen, wo sich vielmehr die Blüthenachse frei im Innern des Fruchtknotenbechers erhebt, wie bei den Primulaceen und Lentibularieen. Die Samenknospen stehen bei diesen auf der Verlängerung der Blüthenachse, welche desshalb als freie Centralplacenta bezeichnet wird. Denken wir uns in dem Fruchtknoten von *Malachium aquaticum* die Scheidewände weg, die in der That ja später auch verschwinden, so erhält man ebenfalls eine freie Centralplacenta. Die der Primulaceen unterscheidet sich aber von der im reifen Fruchtknoten von *Malachium* stehenden, auch abgesehen von den Scheidewänden, dadurch, dass an ihr die Samenknospen in spiraliger Anordnung, nicht wie bei *Malachium* in je zwei Längsreihen, welche den Carpellrändern entsprechen, stehen.

Endlich kennt man eine Anzahl von Fällen, in denen die in den Fruchtknoten hineinragende Achsenspitze statt zu einer freien Centralplacenta, zur Bildung einer terminalen Samenknospe verwendet wird, ähnlich, wie dies auch bei Fruchtknoten, welche aus einem Carpell gebildet werden, geschieht. Solche terminale Samenknospen finden sich z. B. bei den Polygoneen, Amarantaceen Chenopodiaceen. Man hat in diesen Fällen den Vorgang auch so auszudrücken gesucht, die Samenknospe sei eine Neubildung (*»une création nouvelle«* WARMING a. a. O. pag. 188) auf der Achsenspitze, denn selbstverständlich muss die Anordnung der Zellen theilweise eine andere werden, wenn aus der Achsenspitze eine Samenknospe wird. Es scheint mir aber von keinem Belang und nur eine Differenz im Ausdruck zu sein, ob man sagt, die Achsenspitze wandle sich in eine Samenknospe um, oder es entstehe auf ihr als terminale Neubildung eine Samenknospe. Denn beides besagt doch nur soviel, dass die Achsenspitze vollständig zur Samenknospenbildung verbraucht wird; dass dabei die charakteristischen Veränderungen vor sich gehen müssen, welche eine Samenknospe von einem vegetativen Organ unterscheiden, ist klar, und ebenso ist zu erwarten, dass diese Veränderungen oft mit charakteristischen Aenderungen in der Zellenanordnung verknüpft sein werden.

Es geht aus dem ganzen Gange der obigen Darstellung hervor, dass sie die Meinung, die Samenknospen seien überall Dependenzen der Fruchtblätter, nicht theilt, wohl aber die nahen Beziehungen der verschiedenen Placentations-Arten anerkennt. Wenn man aber die freie Centralplacenta der Primulaceen, Lentibularieen u. a. als aus dem Blüthenvegetationspunkte und den mit demselben verschmolzenen (oder an denselben »hinauflaufenden«) Ventraltheilen der Carpelle zusammengesetzt betrachtet, so können wir darin zunächst nur eine Abstraktion sehen, nicht aber eine Bezeichnung für den wirklich stattfindenden Vorgang. Als solche würde sie, wie in den oben erwähnten Fällen (*Malva, Coriaria*) nur dann gelten können, wenn der Nachweis geführt würde, dass die »verschmolzenen Ventraltheile der Carpelle« sich von der Substanz des Blüthen-

---

durch Verschmelzung der eingebogenen Fruchtblattränder entstandenen) Scheidewände des Fruchtknotens. Auf Querschnitten älterer Blüthen sieht man scheinbar die Verwachsungsstellen der Placenten, wovon aber hier nicht die Rede sein kann, es ist die Zone, in der sich auch die Gefässbündel differenziren. Häufig laufen die Placenten (resp. die einfachen Scheidewände) noch ein Stück weit auf die Innenfläche des freien, oberen, becherförmigen Theiles des Fruchtknotens hinauf, wie bei *Melandryum* (Fig. 76, 6); ein Querschnitt durch diese Partie zeigt dann natürlich freie, nicht verwachsene, samenknospentragende Placenten. Es finden sich demnach, falls das für *Silene pendula* Angegebene auch für andere *Silene*-Arten gelten sollte, keineswegs solche Differenzen in der Fruchtknotenbildung der Caryophylleen, wie man bisher annahm. Die Zerstörung der Fruchtknotenscheidewände ist übrigens sehr verbreitet, nur erfolgt sie gewöhnlich erst in einem späteren Stadium, z. B. bei *Digitalis purpurea*.

vegetationspunktes, wenn auch nicht formal — durch gesonderte Ausbildung — doch materiell, durch die Beschaffenheit dieses Gewebes unterscheiden. Dieselbe Erwägung gilt für den unterständigen Fruchtknoten.

B. Unterständiges Gynaecum.

Im unterständigen Fruchtknoten wiederholen sich, was die Placentation und Fächerung des Fruchtknotens betrifft, die bei dem oberständigen Fruchtknoten geschilderten Verhältnisse. Es ist vor Allem die Entstehung der Fruchtknotenhöhlung, welche hier von Interesse ist. Dieselbe wird durchgehends gebildet durch die Aushöhlung der Blüthenachse selbst, von welcher sich der untere Theil der Fruchtblätter nicht abgliedert. In sehr auffallendem Grade tritt dies hervor bei den Cacteen z. B. *Epiphyllum truncatum*. Die Hüllblätter (Kelch und Blumenkrone) der Blüthe entstehen hier in schraubiger Anordnung an dem Blüthenvegetationspunkt. Noch ehe dieselben alle angelegt sind, bemerkt man auf dem vorher flach gewölbten Blüthenvegetationspunkt eine kraterförmige Vertiefung[1]). Dem Rande dieses Kraters entsprossen die Carpelle, welche nachher zu den Griffeln auswachsen, während die Fruchtknotenhöhle dadurch gebildet wird, dass die Vertiefung der Blüthenachse immer mehr fortschreitet. Die Placenten entstehen als Wülste an den Stellen des Fruchtknotenbechers, welcher die Verlängerung der Vereinigungsstellen zweier Carpelle bilden. Im Grunde ist dieser Fall also derselbe wie der, wo diese Carpellanlagen auf einer ringförmigen Zone emporgehoben werden, nur trennt sich hier an dem unterständigen Fruchtknoten die äussere Wand des Fruchtknotenbechers nicht von dem übrigen Achsengewebe[2]).

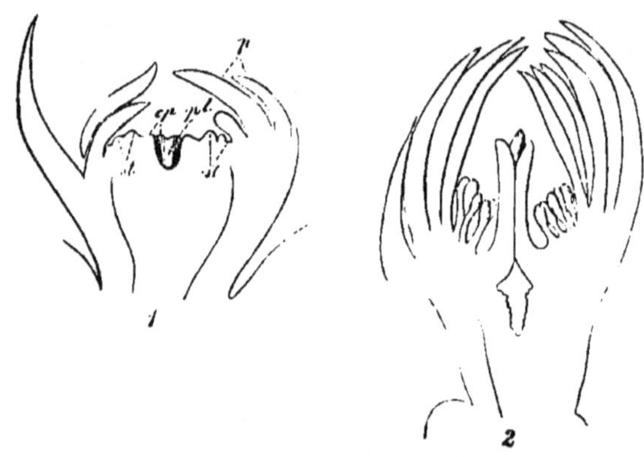

(B. 399.) Fig. 78.

Epiphyllum truncatum (hort.) Blüthenlängsschnitte 1 durch eine jüngere, 2 eine ältere Blüthe, bei der sämmtliche Blüthenteile im Wesentlichen angelegt sind. cp Carpelle, pl Placenta, bei 2 stehen Samenknospen (in Form kleiner Höcker) auf den Placenten.

Derselbe Vorgang wiederholt sich nun im Grunde bei allen unterständigen Fruchtknoten. So z. B. bei denen der Umbelliferen. Die Carpelle entstehen hier als zwei halbkreisförmige Anlagen an der Mündung der ausgehöhlten Blüthenachse. Die Samenknospen stehen nahe der Basis des Fruchtknotenbechers, aber deutlich auf der Wand derselben, und zwar so, dass jedes Fruchtblatt zwei trägt. Die beiden Samenknospen entspringen, wie Oberansichten zeigen, den Carpellrändern, die aber von dem Gewebe des Blüthenvegetationspunktes sich nicht trennen.

---

[1]) Die Staubblätter entstehen in vielgliedrigen Wirteln in absteigender Reihenfolge.

[2]) Anders ausgedrückt ist der Vorgang der: bei Bildung der oberständigen, becherförmigen Fruchtknotenanlage erhebt sich nur das Gewebe des Blüthenvegetationspunktes, dem die Carpellanlagen inserirt sind, bei Bildung des unterständigen Fruchtknotens das gesammte peripherische Gewebe des Blüthenvegetationspunktes. Hier wie beim oberständigen Fruchtknoten kommt eine becherförmige Bildung, in welche die Samenknospen eingeschlossen sind, zu Stande. Eine wesentliche Differenz zwischen beiden Vorgängen existirt nicht.

Indem vor jedem Fruchtblatte eine Vertiefung entsteht, werden die beiden Samenknospen jedes Carpells in die Höhe gehoben, es wird so der Fruchtknoten ähnlich wie der der Solaneen etc. durch eine Mittelsäule in zwei Fächer abgetheilt. In jedem Fache verkümmert eine Samenknospe, die nach oben gerichtet ist, während die nach unten gekehrte sich kräftig entwickelt. Fast dasselbe Bild wird man (— von der Verschiedenheit in der Zahl der Samenknospen abgesehen —) erhalten, wenn man sich zwei *Ranunculus*-Pistille mit ihren »Sohlen« dicht verwachsen denkt (nur dass dann die in Fig. 79, 2, mit A bezeichnete Aussenwand des Fruchtknotens von einem Stück der Carpellwandung und nicht von der hohlgewordenen Blüthenachse gebildet wäre). Es ist aber meiner Ansicht nach eine ganz müssige Frage, ob die Scheidewand eine Sprossung der Blüthenachse oder der Carpelle (Sohlen derselben) ist. Denn da die Blüthenachse in dem Fruchtknotenfach überhaupt kein besonderes Carpellblatt bildet, sondern direkt zu der Fruchtknotenhöhle sich gestaltet, so ist klar, dass Sprossungen irgend welcher Art eben auch nur an diesem, nicht in Achse und Blatt differenzirten Gebilde auftreten können. Die freien Theile der Fruchtblätter bilden hier nur die Griffel.

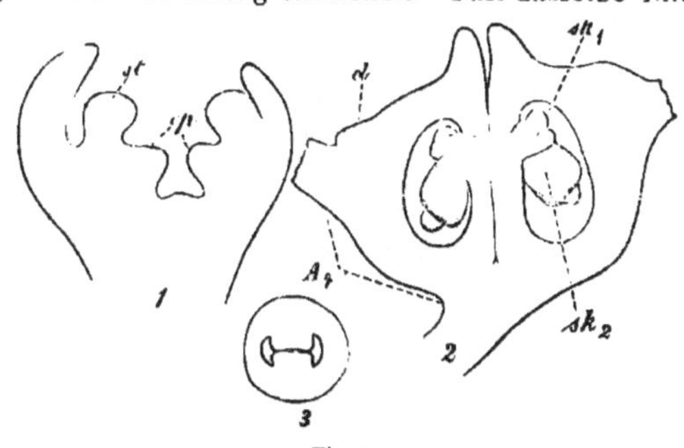

Fig. 79. (B. 400.)

1 Längsschnitt durch eine junge Blüthe von *Eryngium maritimum*, st Staubblätter, cp Carpelle, 2 und 3 *Angelica silvestris*, 2 Längsschnitt, in jedem Fache befinden sich zwei Samenknospen, von welchen die eine, aufwärts gerichtete (sk_1 in dem Fache rechts) verkümmert. d Discus, 3 Querschnitt eines jungen Fruchtknoten; die Samenknospen sind wandständig und entspringen an den Stellen, welche den »verwachsenen« Rändern entsprechen würden. Sie werden später emporgehoben.

Einen ganz ähnlichen Fall finden wir bei den Oenothereen. Auch hier entsteht der unterständige Fruchtknoten durch Aushöhlung der Blüthenachse. Wir haben bei *Oenothera* im unterständigen Fruchtknoten denselben Process vor uns, wie bei *Monotropa* im oberständigen. Es treten alternirend mit den Carpellen im Grunde des Fruchtknotenbechers vier Höcker auf, oder mit andern Worten, es bildet sich vor jedem Fruchtblatt eine Aushöhlung. Sowohl der über dem Blüthenvegetationspunkt gelegene Theil des Fruchtknotenbechers als der unterhalb desselben gelegene wachsen nun in die Höhe. Die Folge davon ist, dass im unteren Theil der Fruchtknoten vierfächerig, im oberen einfächerig ist, dass in letzterem die Placenten von den Vereinigungsstellen der Fruchtblätter aus ins Innere hervorragen, in ersterem die Winkel der Scheidewände, welche durch das mit emporgewachsene Gewebe des Vegetationspunktes vereinigt sind, bekleiden.

Instructiv sind die Verhältnisse bei der ebenfalls zu den Oenothereen gehörigen *Trapa natans*. Hier findet sich keine Parietal-Placenta, sondern die Blüthenachse erhebt sich im Grunde des Fruchtknotenbechers zur Centralplacenta, an der zwei, den stärkeren der vier Carpellanlagen (die zwei andern mit diesen gekreuzten verkümmern), gegenüberstehenden Samenknospen entstehen. Später aber entsteht vor jedem dieser zwei Carpelle eine Grube, in welche die Samenknospe hineinwächst und der Fruchtknoten wird so in seinem untern Theile zweifächerig — freilich ist es mir nicht unwahrscheinlich, dass eine Nachuntersuchung ergeben wird, dass diese Trennungswände des unteren Fruchtknotentheils schon von Anfang an vorhanden sind.

Endlich kann sich auch im unterständigen Fruchtknoten die Blüthenachse zu einer freien, nicht durch Gewebelamellen mit dem Fruchtknotenbecher verbundenen Centralplacenta erheben, wie bei der Primulacee *Samolus*. Oder es bildet sich im Fruchtknotenbecher nur eine Samenknospe aus, welche grundständig bleibt und neben dem Blüthenvegetationspunkte entsteht, so die der Compositen, oder welche wie bei den Dipsaceen und Valerianeen wandständig gebildet wird und dann bei weiterem Wachsthum des Fruchtknotenbechers in dessen obere Region zu stehen kommt. Es müssen die hier kurz angeführten Beispiele genügen, da eine ausführliche Erörterung viel zu weit führen würde.

Die Erscheinungen der Placentation sind also im unterständigen Fruchtknoten ganz übereinstimmend mit denen im oberständigen, an Uebergängen zwischen beiden fehlt es ja auch ohnehin nicht. Einen Uebergang von perigynischen zu epigynischen Blüthen bietet z. B. die Gattung *Pirus*.

Fassen wir speciell das über die Placentation Gesagte zusammen, so ist nochmals vor Allem hervorzuheben, dass wir der Streitfrage, ob die Placenten carpell- oder achsenbürtig seien, irgend welche Bedeutung nicht beilegen können, und zwar aus dem Grunde, weil in der Blüthe sehr häufig das Achsengewebe vom Carpellgewebe sich nicht sondert, und es nur ein Wortstreit wäre, ob man eine solche als eine nicht in Carpell (Blatt-) und Achse gesonderte Sprossung, als ein Achsengebilde (was sie für die direkte Beobachtung ohne Zweifel ist), oder als ein Verwachsungsprodukt von Blatt und Achse auffassen will. Was sich nicht von einander gesondert hat als verwachsen zu bezeichnen, das ist eine Begriffsbestimmung, welche in vielen Fällen den Vergleich mit verwandten Formen, bei welchen eine solche Trennung stattfindet, erleichtert, von der man aber nie vergessen sollte, dass sie nur eine Hilfsvorstellung unseres Verstandes ist, die sich mit den realen Vorgängen vielfach durchaus nicht deckt. Ein Blüthenvegetationspunkt ist, wie die Verfolgung der Entwicklungsgeschichte zeigt, ein ausserordentlich plastisches Gebilde. Bei der Fruchtknotenbildung kommt es vor allem darauf an, Höhlungen zu schaffen, in welchen die Samenknospen geborgen sind und die nöthigen Leitungswege für die Pollenschläuche. Dieses Ziel wird selbst bei verwandten Formen auf verschiedene Weise erreicht. Bei den Malvaceen z. B. sind die Placenten deutlich Parietalleisten des Fruchtknotenbechers, bei *Hibiscus*, bei *Malva* entspringen die Samenknospen ebenso deutlich aus dem Blüthenvegetationspunkt; wir haben Zwischenformen, wie *Sphaeralcea*, welche zeigen, dass der letztere Fall als eine Vereinfachung des ersteren betrachtet werden kann, dass die einzige Samenknospe eines Fruchtknotenfaches bei *Malva* aus einer reicher mit Samenknospen ausgestatteten Form, die auf parietalen Placenten eines mit »Sohlenbildung« versehenen Carpelles inserirt waren, dadurch entstanden sein kann, dass nur eine einzige Samenknospe übrig blieb und die Sohle des Carpells von der Achse sich nicht trennte oder mit andern Worten überhaupt nicht ausgebildet wurde. Wir sehen nämlich, dass die bei *Hibiscus* in zwei, den Carpellrändern entsprechende Wülste getrennten Placentarleisten bei *Abelmoschus* an ihrer Basis verbunden sind, so dass sie Hufeisenform haben, dass bei *Sphaeralcea* statt der bei *Abelmoschus* noch zahlreichen Samenknospen nur drei, eine mittlere und zwei seitliche sich entwickeln und zugleich vor jedem Carpell eine kleine Einsenkung auftritt. Bleibt nun nur noch die mittlere dieser Samenknospen übrig, und sondert sich der Placentartheil von der Blüthenachse nicht mehr ab, so erhalten wir eine ganz ähnliche Stellung wie die von *Malva*.[1]) All diese phylogenetischen Erwägungen hindern aber nicht, dass *de facto* heutzutage die Samenknospen von *Malva* aus der Blüthenachse selbst in der Achsel der Carpelle entspringen, da die Entwicklung eine abgekürzte ist. Für die morphologische Natur der Samenknospe ergiebt sich aus alledem, dass ihr Ursprungsort ein irrelevanter ist. Hier mögen noch einige Fälle abgeleiteter Fruchtknotenbildungen erwähnt werden.

Eine nur geringe Abweichung bilden diejenigen Fruchtknoten, welche ganz oder theilweise durch secundäre Wände abgetheilt werden, d. h. solche, welche weder von den Carpellrändern noch von den Placenten oder dem Achsengewebe gebildet werden, sondern secundäre Wucherungen vorstellen, welche den Innenflächen der Carpelle entspringen. Das bekannteste Beispiel dafür bieten die Fruchtknoten der Labiaten und Boragineen,[2]) welche ursprünglich zweifächerig, später durch zwei, den Mittellinien der Carpelle entspringende Wucherungen in vier Abtheilungen (Clausen) getheilt werden, deren jede einen Samen umschliesst. Aehnliche, aber nicht ganz zum Fruchtknotencentrum vordringende Leisten finden sich bei *Linum*, wo durch dieselben also eine nicht ganz vollständige Trennung des Fruchtknotens in 10 Fächer bewerkstelligt wird.

Eine andere Abweichung von der gewöhnlichen Form besteht in Verschiebungen, welche die Placenten nachträglich erleiden, ein Fall, der sich bei einigen *Mesembryanthemum*- und Melastomaceen-Arten und *Punica Granatum* findet und von den ersteren kurz beschrieben sein mag. Die Placenten scheinen hier im fertigen Zustand auf den Wandungen der Fruchtknoten und zwar speciell auf den Mittelnerven der Fruchtblätter zu stehen. Dies ist indess nur eine secundäre Erscheinung: ursprünglich stehen die Placenten den Fruchtblättern gegenüber (sie sind mit der Blüthenachse vereinigt). Dann aber findet gewissermaassen eine Umstülpung derselben statt, sie werden zuerst horizontal gestellt und dann auf die Aussenseite des Fruchtknotens gerückt.

Viel tiefer greifender sind die Abänderungen, welche im Fruchtknoten von Schmarotzerpflanzen aufgetreten sind. Als Beispiel für dieselben mögen hier nur die Loranthaceen genannt sein, deren lange verkannter Fruchtknotenbau durch Treub's[3]) schöne Untersuchungen neuerdings aufgeklärt worden ist. Bei *Loranthus sphaerocarpus* erhebt sich am Grunde der Fruchtknotenhöhle eine freie Centralplacenta,[4]) die einige sehr rudimentäre, integumentlose Samenknospen hervorbringt und später vollständig mit der Innenfläche des Fruchtknotens verwächst, so dass die Embryosäcke dann scheinbar einem, den Fruchtknoten erfüllenden Gewebe eingebettet sind. Viel weiter geht die Reduction bei *Viscum articulatum* und *Loranthus pentandrus:* es werden hier eine Centralplacenta und — wenn auch noch so rudimentäre — Samenknospen an derselben gar nicht mehr ausgebildet. *Viscum articulatum* besitzt einen Fruchtknoten, gebildet aus zwei Fruchtblättern, welche so enge aneinander schliessen, dass nur eine enge Spalte zwischen ihnen

---

[1]) Vergl. die Fig. auf Taf. 6 u. 7 in Payer's Organogogénie de la fleur.

[2]) Auch der Fruchtknoten von *Datura* ist bekanntlich vier- (zuweilen auch 6)-fächerig, obwohl er nur von zwei Fruchtblättern gebildet wird. Ich kann aber nicht finden, dass von den Carpellmitten aus je eine falsche Scheidewand entspränge, sondern finde, dass die Placenten frühzeitig mit der Carpellwand verwachsen. Die Scheidewand gehört also den Placenten zu.

[3]) Treub, Observations sur les Loranthacées. Annales du jardin botanique de Buitenzorg. vol. II. pag. 54. vol. III. pag. 1 ff. — Die älteren Angaben Hofmeister's (Abh. d. kön. sächs. Ges. d. Wiss. Bd. VI) werden dadurch ergänzt und berichtigt.

[4]) Das Verhältniss ist also analog dem der Santalaceen, wo an einer Centralplacenta ebenfalls rudimentäre Samenknospen sich finden.

bleibt. Da wo diese Spalte aufhört, also am Grunde des Fruchtknotens, gehen aus einigen plasmareichen Zellen, die nebeneinander liegen, oder durch Parenchymzellen getrennt sind, mehrere Embryosäcke hervor, von denen aber nur einer zur Weiterentwicklung gelangt. Vergleicht man dies (in ähnlicher Weise bei *Loranthus pentandrus* vorkommende) Verhalten mit dem von *Lor. sphaerocarpus*, so werden wir kaum zweifelhaft darüber sein können, dass es durch Reduction aus jenem entstanden ist. Placenta und Samenknospen sind dann aber nicht »congenital« mit dem Fruchtknotengewebe verwachsen, sondern eben überhaupt nicht zur Ausbildung gekommen, wie die Pollenmutterzellen von *Cyclanthera* (vergl. pag. 134) sich nicht in besonders ausgestalteten Pollensäcken, sondern in einer ringförmigen Anschwellung der Blüthenachse differenziren, so auch die Embryosackmutterzellen der genannten Loranthaceen nicht in Samenknospen, sondern im Blüthengewebe unterhalb des Fruchtknotens. (Vergl. den Abschnitt über Parasiten.)

Wie es bei den Staubblättern ein häufiges Vorkommniss ist, dass einzelne derselben verkümmern, und dann in der fertigen Blüthe gar nicht mehr oder als »Staminodien« wahrnehmbar sind, so ist auch das Fehlschlagen von Fruchtblättern eine nicht seltene, in verschiedenen Abstufungen vorkommende Erscheinung. So bei den Caprifoliaceen. Bei *Symphoricarpus racemosa* ist der Fruchtknoten aus vier Fruchtblättern zusammengesetzt; davon verkümmern ganz regelmässig zwei einander gegenüberstehende Fruchtknotenfächer, in denen zahlreiche Samenknospen angelegt werden, während die beiden andern, welche je nur e i n e Samenknospe enthalten, sich entwickeln. In dem dreifächerig angelegten Fruchtknoten von *Viburnum* verkümmern zwei Fächer so vollständig, dass auch Samenknospen in ihnen nicht angelegt werden, sie erscheinen am fertigen Fruchtknoten nur noch als Striemen auf dessen Aussenseite. — Der Fall von *Rhus* wurde oben schon erwähnt. Von den drei angelegten Fruchtblättern entwickelt sich nur eines vollständig und umschliesst eine Samenknospe, die beiden andern bleiben steril. Analoge Beispiele finden sich auch bei den Valerianeen.

Der unterständige Fruchtknoten wird bei *Valeriana*, *Valerianella* u. a. mit drei Fruchtblättern angelegt, welche bei *Valerianella*[1]) drei Parietalplacenten bilden. Allein nur an zweien derselben werden Samenknospen angelegt und zwar an einer Placenta zwei, an der andern nur eine, so dass also in jedem der drei durch die Placenten gebildeten Fächer eine Samenknospe liegt. Von diesen entwickelt sich nur eine der zu zweien an einer Placenta stehenden, die beiden andern verkümmern. Es werden dann die Fruchtknotenfächer durch das oben mehrfach beschriebene interkalare Wachsthum vertieft und so die fertile Samenknospe, die anfangs auf dem Grunde des Fruchtknotenbechers stand, emporgehoben. Der Fruchtknoten von *Valerianella* zeigt also zwei sterile, sehr verkümmerte Samenknospen einschliessende Fächer und ein fertiles Fach. Der von *Valeriana* ist scheinbar einfächerig. Man könnte zwar an fertigen Blüthen zu der Ansicht gelangen, es seien noch zwei Fruchtknotenfächer vorhanden, die aber bei weitem weniger tief sind als der fertile, allein diese scheinbaren Fächer (für solche wurden sie z. B. von HOFMEISTER erklärt) entstehen durch Auflösung einer Zellgruppe, sind also ursprünglich gar nicht hohl, sondern stellen lysigene Drüsen dar. Dasselbe Schicksal, welches die Fruchtknotenfächer von *Valerianella* vor der Fertigstellung des Fruchtknotens trifft, haben in manchen andern Fällen vollkommen angelegte, mit, wie es scheint befruchtungsfähigen, Samenknospen ausgestattete Fruchtknotenfächer dadurch, dass nur in einem Fruchtknotenfach sich eine Samenknospe in Folge der Befruchtung entwickelt, während die andern mit sammt den Fächern, in denen sie sitzen, verkümmern. Es genüge das Beispiel

[1]) Untersucht an *V. sphaerocarpa* und *hamata*.

der Eiche;[1]) der Fruchtknoten der in seinem obern Theile einfächerig (mit drei Parietal-Placenten), in seinem untern dreifächerig ist, erscheint bei der Reife von dem einen grossen Samen vollständig ausgefüllt, der allein zur Entwicklung gelangt ist.

Entwicklung von Griffel und Narbe.

Das Gehäuse, in welches die Samenknospen eingeschlossen sind, dient nicht nur zur Umhüllung und zum Schutze derselben, es bildet auch die Leitungswege für die Pollenschläuche und das Empfängnissorgan für die Pollenkörner. Ersteres ist die Funktion des Griffels, letzteres die der Narbe. Die Entwicklungsgeschichte dieser Gebilde ist im Allgemeinen eine sehr einfache. Der Griffel ist bisweilen kaum angedeutet. Beim monomeren Fruchtknoten bildet der obere, samenlose Theil des Fruchtknotens den Griffel, dessen Ende als Narbe ausgebildet ist. Es ist der erstere eine solide Gewebemasse z. B bei *Ranunculus auricomus*, während man bei *Helleborus* auf dem Querschnitt leicht die beiden zusammengefalteten (aber nicht an ihren Rändern verwachsenen) Hälften des Fruchtblattes erkennt, zwischen denen eine enge, mit Leitgewebe ausgekleidete Falte verläuft. Beim polymeren Fruchtknoten kommt der Griffel durch Verlängerung des oberen, nicht mit Samenknospen versehenen Theiles des Fruchtknotenbechers zu Stande, in welchem also die Placenten noch als Längswülste verlaufen, während die freien Theile der Fruchtblätter häufig, wie z. B. bei *Fritillaria imperialis* und anderen Liliaceen die Narben bilden. Ein Blick auf die Fig. 80, welche successive Querschnitte durch den Fruchtknoten dieser Pflanze darstellt, zeigt das ohne Weiteres. Nur eine kleine Modification dieser Bildung ist es, wenn die Placenten im Griffel der Geraniaceen[2]) so mit einander verwachsen, dass dadurch der Fruchtknoten in 6 Kanäle (einen mittleren und fünf seitliche) abgetheilt wird (Fig. 81). Im Jugendzustand des Fruchtknotens sieht man deutlich, dass die Placenten sich bilden wie gewöhnliche Parietalplacenten. Sie verwachsen mit einander erst später, aber so innig dass Verwachsungsstellen bei *Erodium* z. B. im fertigen Zustand nicht mehr wahrnehmbar sind, während sie im untern Theile des Fruchtknotens frei bleiben (Fig. 81 A u. B). Die Narben werden auch hier

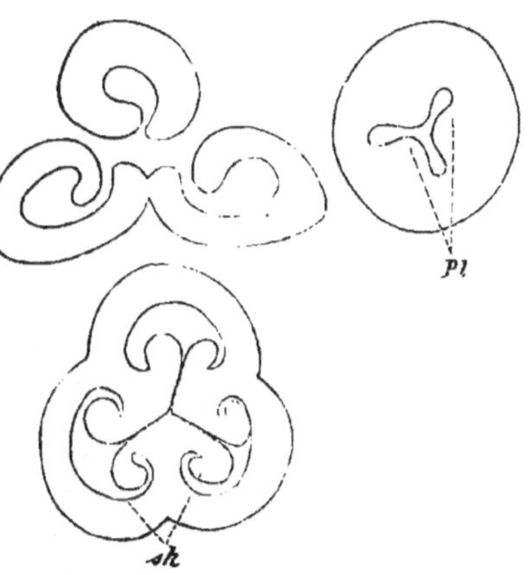

Fig. 80. (B. 401.)

Successive Querschnitte durch den Fruchtknoten von *Fritillaria imperialis*. Links oben Querschnitt durch den obersten Theil der Griffelröhre, resp. durch die Narben, von denen eine ganz frei, die andern hier noch mit ihren Rändern vereinigt sind. Rechts Querschnitt durch die Griffelröhre (Pl sterile Placenten) unten Querschnitt durch den die Samenknospen (sk) tragenden Theil des Fruchtknotens.

[1]) Vergl. SCHACHT, Beiträge zur Anat. und Physiol. der Gew., pag. 33 ff.

[2]) Meine Untersuchungen über die Entwicklung des Pistilles von *Erodium cicutarium* stimmen ganz überein mit den Angaben HOFMEISTER's (Ueber den Bau des Pistills der Geraniaceen, Flora 1864, pag. 401 ff.), welcher die Unrichtigkeit der auch von PAYER getheilten Auffassung nachwies, dass fünf geschlossene, der Länge nach verwachsene Griffel vorhanden seien und die Samenknospen aus der Blüthenachse entspringen.

von den freien Spitzen der Fruchtblätter gebildet. Zur Griffel- und Narbenbildung können selbst solche Fruchtblätter beitragen, deren Fruchtknotentheil verkümmert. So ist es z. B. bei *Rhus* (PAYER, a. a. O., Taf. 19), wo drei Fruchtblätter angelegt werden, aber nur eines derselben eine Samenknospe umschliesst, die beiden andern bilden aber ihre oberen Theile ebenfalls zu Griffeln und Narben aus, obwohl dieselben häufig kleiner bleiben als die entsprechenden Theile des bevorzugten Fruchtblattes.

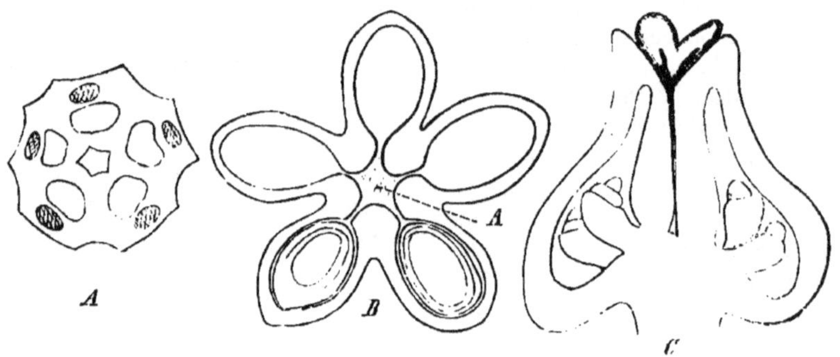

(B. 402.) Fig. 81.

Erodium cicutarium. A Querschnitt durch den Griffel, B durch den unteren samenknospentragenden Theil des Fruchtknotens, C Längsschnitt eines jungen Fruchtknotens.

In den genannten und zahlreichen andern Fällen werden die Narben gebildet von den apikalen, freien Theilen der Fruchtblätter. In nicht seltenen Fällen aber findet die Bildung der Narben auch durch Auswachsen der über den Placenten gelegenen Theile der Fruchtknotenanlage statt, es bilden sich »Commissuralnarben«.[1]) So bei den Cruciferen, einigen Papaveraceen u. a. ich kann es aber für keine treffende Bezeichnung halten, wenn PAYER die Narben hier als Verlängerung der Placenten bezeichnet.

Bei den Papaveraceen finden sich neben gewöhnlicher Narbenbildung auch Commissuralnarben: *Eschholzia* hat beides vereinigt. Sowohl die Gipfel der Fruchtblätter, als die zwischen ihnen liegenden, den Placenten superponirten Theile des Fruchtknotenbechers wachsen zu Narben aus.

Eigenthümlich ist die Narbenbildung in der Gattung *Papaver* selbst. Es findet sich hier bekanntlich auf dem Fruchtknoten eine vielstrahlige Scheibe, vom Habitus einer stark vergrösserten *Marchantia*-Antheridienscheibe. Jeder Strahl ist einer der messerförmigen Placenten superponirt und zeigt auf seiner Oberfläche eine mit Narbenpapillen ausgekleidete Rinne. Es kommt dies Gebilde zu Stande dadurch, dass jedes der den Fruchtknoten zusammensetzenden Fruchtblätter an seiner Spitze eine dreieckige Narbenwucherung bildet. Die einander zugekehrten Seitentheile zweier benachbarter Fruchtblätter verwachsen mit einander zu einer der Narbenstrahlen, deren Rinne den Rest der Verwachsungsstelle und zugleich den eigentlichen stigmatösen Theil der Narbenscheibe darstellt.

Anhang: Metamorphe Blüthen.

Die Blüthen, welche metamorphe Laubsprosse sind, können ihrerseits wieder Umbildungen erfahren, welche sie ihrem ursprünglichen Zwecke, der Produktion

[1]) Derartige Commissuralgebilde finden sich auch sonst, z. B. an dem Kelche einiger *Campanula*-Arten, wie *C. medium*, wo aus den Kelchbuchten Blattzipfel hervorsprossen.

von Sexualorganen, entfremden. Sehen wir dabei ab von den sterilen Randblüthen mancher *Viburnum*-Arten etc., von den bei Kulturpflanzen auftretenden Monstrositäten, so können vielleicht als umgebildete Blüthenanlagen, wenigstens in phylogenetischem Sinne die Zwiebelchen betrachtet werden, welche sich in der Inflorescenz mancher *Allium*-Arten finden.

Dagegen sind sicher umgebildete Blüthen vorhanden bei *Trifolium subterraneum.*[1]) Der Blüthenstand dieser Pflanze dringt in den Boden ein. Um ihn gegen Losreissen aus diesem zu schützen, bilden die schon während des Blühens der normalen Blüthen vorhandenen oberen Blüthenanlagen sich zu eigenthümlichen hackenförmigen Organen um, die als Widerhacken den Blüthenstand im Boden festhalten. An den untersten dieser metamorphosirten Blüthen existiren noch alle fünf Kelchzipfel, während alle übrigen Blüthentheile verkümmert sind. Je weiter nach oben die Blüthen stehen, desto weniger werden auch die Kelchzipfel ausgebildet und desto kürzer werden sie, die obersten Blüthen stellen nur kurze, dicke, kegelförmige, etwas gekrümmte Körper ohne Spur von Blättern vor. Während die normalen Blüthen fast keine Stielbildung besitzen, ist der Stiel bei den umgebildeten Blüthen 2—4 Millim. lang. Es liegt hier ein ganz ähnlicher Fall vor, wie er oben für die Blattbildung nachgewiesen wurde: Hemmung der Organanlage auf verschiedenem Entwicklungsstadium und dann Umbildung nach einer andern Richtung hin. Es zählt der Fall von *Trifolium subterraneum* gewiss zu den interessantesten Umbildungen, welche wir kennen.

Als metamorphe Blüthen können wir auch die sogenannten »gefüllten«[2]) betrachten, die selten bei freiwachsenden, häufig bei Gartenpflanzen auftreten. Dass nicht alle als »gefüllt« von den Gärtnern bezeichnete Blüthen im botanischen Sinne dies sind, braucht kaum hervorgehoben zu werden. Als »gefüllte« bezeichnen die Gärtner z. B. auch die Inflorescenzen der Compositen (Abtheilung der Corymbiferen), bei welchen sich Röhrenblüthen unter dem Einflusse der Cultur in Strahlen- (Zungen-) blüthen verwandelt haben. Dies ist der Fall z. B. bei *Helianthus annuus*, *Zinnia elegans*, *Bellis perennis*, *Calendula*, *Dahlia* u. a. Es geschieht diese Umwandlung der Blumenkrone auch hier wie bei den normal vorhandenen Strahlblüthen auf Kosten der männlichen Sexualorgane: bei Untersuchung »gefüllter« Inflorescenzen von *Bellis perennis* fand ich nicht einmal mehr Spuren von Staubblättern. Es giebt übrigens auch Compositen, bei denen die Füllung nur auf Vergrösserung der die Röhrenform beibehaltenden Scheibenblüthen beruht; derartige Varietäten werden z. B. von *Bellis perennis* kultivirt. Die Vergrösserung der Corolle erfolgt auch hier auf Kosten der Staubblätter, wie wir ja umgekehrt eine Verminderung der Laubblattsubstanz beim Auftreten von Sporangien (Pollensäcken etc.) eintreten sehen. Es beruht die Füllung der Blüthen auf verschiedenen Vorgängen, von denen einige hier hervorgehoben sein mögen.

1. Umbildung der Kelchblätter zu Kronenblättern findet sich z. B. bei den Gartenbalsaminen, oft mit allen Uebergangsstufen und verbunden mit anderen Füllungserscheinungen.
2. Ein ungemein häufiger Fall ist, dass sich die Staubblätter zu Kronen-

---

[1]) Warming, Botan. Centralblatt. Bd. XIV. pag. 157.

[2]) Im Folgenden gebe ich nur einen kurzen Ueberblick über die bisher von mir untersuchten Formen und verweise im Uebrigen auf eine ausführliche mit Abbildungen versehene später erscheinende Abhandlung.

blättern umbilden. Es geschieht dies entweder in der Weise, dass eine Staubblattanlage sich in ein Blumenblatt umwandelt, ganz oder theilweise, oder dass sich die Staubblattanlage spaltet, resp. verzweigt (dedoublirt) in eine Anzahl von Theilstücken, die entweder alle zu Blumenblättern oder theilweise zu Blumenblättern, theilweise zu Staubblättern resp. zu Mittelformen zwischen beiden werden.

a) Der erstere Fall tritt namentlich ein bei Blüthen mit zahlreichen Staubblättern, von denen eine kleinere oder grössere Zahl die genannte Umbildung erfährt. Man findet sehr häufig in Blüthen von *Philadelphus coronarius* ein Staubblatt petaloid ausgebildet, bei anderen fast alle. Ferner zeigt die Entwicklungsgeschichte derjenigen *Aquilegia*- und *Rosa*-Arten, die ich untersucht, dass es sich bei der Füllung um solche einfache Umbildungen handelt. Dasselbe gilt wohl auch für die gefüllten Ranunkeln; ferner für gefüllte *Potentilla fruticosa*, deren Entwicklungsgeschichte ich untersuchte. Bei *Ran. auricomus* beobachtete ich sogar Blüthen, bei welchen auf die Petala zunächst Staubblätter, dann zu Blumenblättern umgebildete Staubblätter folgten.

b) In den genannten Fällen ist eine Vermehrung der Zahl der Blüthenblattgebilde mit der Füllung nicht verbunden. Eine solche Vermehrung tritt aber sehr häufig ein entweder durch Spaltung vorhandener Anlagen oder durch Neubildung von solchen. Der erste Entwicklungsmodus findet sich bei zahlreichen gefüllten Blüthen. Ich constatirte ihn bei *Petunia hybrida* und *Primula sinensis*[1]), ferner bei allen darauf untersuchten Caryophylleen wie *Dianthus Caryophyllus, D. barbatus, D. chinensis, Silene Viscaria, S. nutans*. Es ist bekannt, welch grosse Menge von Blumenblättern bei »gut« gefüllten Gartennelken sich finden (bei einer nicht sehr stark gefüllten Blüthe zählte ich 48), diese alle sind mit Ausnahme der fünf normal vorhandenen Petala aus Spaltung der zehn Staubblattanlagen hervorgegangen.[2]) Diese Spaltung erfolgt nach verschiedenen Richtungen hin und je nach der Stärke der Füllung in stärkerem oder schwächerem Grade. Bei schwach gefüllten Blüthen von *Dianthus barbatus* z. B. findet kein Dédoublement statt: die äusseren Staubblätter wandelten sich in Petala um, die anderen zeigten Mittelstufen zwischen Staub- und Blumenblatt. Bei stärker gefüllten Blüthen dagegen tritt die erwähnte Spaltung

[1]) Bei diesen Pflanzen hat schon Eichler die Füllung auf Dédoublement der Staubblattanlagen zurückgeführt.

[2]) Der Fruchtknoten war bei den meisten von mir untersuchten Gartennelken intakt geblieben, bei einigen war auch er in die Missbildung hineingezogen, die Narben petaloid ausgebildet, die Samenknospen theilweise ebenfalls in Blumenblättchen umgewandelt. In anderen Fällen dagegen waren die Samenknospen theilweise verkümmert oder gar nicht vorhanden, und es bildete der Blüthenvegetationspunkt innerhalb des Fruchtknotens neue Blattgebilde: den Ansatz einer Blüthe mit neuem Fruchtknoten. Man wird also je nach der Stärke der Füllung verschiedene Entwicklung bei ein und derselben Pflanze erhalten. Von anderen Caryophylleen erwähne ich hier noch *Melandryum album* und *Lychnis chalcedonica*. Im ersteren Falle bildete sich an der Blüthenachse eine grosse Masse von Blumenblättern aus (ähnlich wie bei *Cheiranthus*), die zum grössten Theil als unabhängige Anlagen am Blüthenvegetationspunkt entstanden (von einem Fruchtknotenrudiment war nichts zu sehen). Es werden übrigens auch bei ungefülltem *M. album* keine Fruchtblattanlagen in den männlichen Blüthen gebildet, man findet über den Staubblättern nur das borstenförmig verlängerte Blüthenachsenende. Ebenso verhält sich bei der Füllung *Lychnis chalcedonica*.

ein, die inneren dem Fruchtknoten benachbarten Spaltstücke sind häufig als Staubblätter ausgebildet. Bei *Althaea rosea* spalten sich die zwei Reihen Staubblattanlagen vor jedem Blumenblatt in zahlreiche theils zu Blumenblättern, theils zu Staubblättern werdende Stücke, auch bei *Hibiscus syriacus* ist der Vorgang ein ähnlicher.

Bei *Petunia hybrida* kommt in den von mir untersuchten Fällen zu der Spaltung (resp. Verzweigung) der fünf Staubblattanlagen noch die Bildung neuer Blattanlagen aus dem Blüthenvegetationspunkt. Statt des Fruchtknotens findet man in den erwähnten Fällen ein Bündel Staubblätter (deren Zahl in der ganzen Blüthe eine vermehrte ist, da sehr häufig einzelne Spaltstücke der normalen Staubblattanlagen zu vollständigen Staubblättern sich ausbilden), von denen einzelne gelegentlich ebenfalls petaloide Umbildung zeigen. Die äusseren dieser Staubblätter, die am Grunde röhrig zusammenzuhalten pflegen, gehen hervor aus Spaltung und Umbildung der beiden Fruchtblattanlagen (betreffs der Zwischenstufen vergl. die ausführl. Abh.), die inneren aber sind Neubildungen am weiter wachsenden Blüthenvegetationspunkt. Zahlreiche, gelegentlich dédoublirende Blattanlagen bilden nach Anlegung der normalen die gefüllten Blüthen von *Cheiranthus*, und auch die Vermehrung der Blattzahl in den Blüthen gefüllter Tulpen dürfen wir wohl auf diesen Vorgang zurückführen. Als Beispiel sei eine Blüthe angeführt, welche 27 vollständig ausgebildete Blumenblätter, 8 Staubblätter, einen aus 4 Fruchtblättern gebildeten Fruchtknoten und 13 Mittelbildungen zwischen Staub- und Blumenblättern besass. Bekannt ist, dass die Umwandlung hier nicht selten auch die Fruchtblätter ergreift: man findet Carpelle, die frei von einander an dem einen Rande petaloid ausgebildet sind, an dem andern Samenknospen (zuweilen auch Pollensäcke) tragen.

In eigenthümlicher Weise treten neue Blattanlagen in den Blüthen einiger gefüllter Oenotheren auf. Untersucht wurden dieselben von *Fuchsia* und *Clarkia puchella*. Nach Anlegung der Petala und Staubblätter sprossen bei der letzteren Pflanze an der Basis der Petala, welche schon die Gestalt von lanzettlichen Platten gewonnen haben, neue Blattanlagen hervor, die sich theils zu Blumenblättern, theils zu Staubblättern, theils zu Mittelformen zwischen beiden gestalten, während die eigentlichen Staubblätter ganz intakt bleiben. An den einzelnen so entstandenen Anlagen kann sich derselbe Prozess wiederholen, sie können sich weiter verzweigen. An stark gefüllten Blüthen treten aber auch wirklich neue, von den normalen unabhängige Blumenblattanlagen auf. Hervorgehoben sei hier nur die auch in einigen anderen Fällen zu beobachtende Thatsache, dass Mittelformen zwischen Blumen- und Staubblättern an Gebilden auftreten, welche in der normalen Blüthe gar nicht vorhanden sind. Es mögen die oben angeführten Beispiele für das Zustandekommen der Füllung genügen. Bekanntlich tritt diese monströse Umbildung namentlich bei Gartenpflanzen, gelegentlich auch bei Freilandpflanzen (*Ran. bulbosus*, *Anemone hepatica* u. a.) auf. Die bedingenden Ursachen kennen wir nicht. Wir wissen nur, dass die Füllung häufig verbunden ist mit einer Schwächung des Sexual-Vermögens, und finden es daher begreiflich, dass namentlich Bastardpflanzen — und das sind ja die meisten unserer Zierpflanzen (die gewöhnlich nur monströse Bildungen sind) — zur Füllung neigen. Andererseits wird in gefüllten Petunien viel mehr Pollen producirt als in ungefüllten, nur keine Samenknospen (in den untersuchten Fällen und bei den erwähnten Tulpen ist die Zahl der Staub- wie der Fruchtblätter vermehrt, und Samen werden hier wie bei den Nelken producirt; die Beschaffenheit derselben im Vergleich zu denen nicht gefüllter Blüthen bedarf aber noch näherer Untersuchung). Als Zusammenfassung der Füllungserscheinung können wir, mit Anwendung eines bildlichen Ausdruckes sagen: die Füllung beruht auf einer »Tendenz« eine grössere Anzahl Blumenblätter hervorzubringen. Dieser wird bald durch ganz oder theilweise erfolgende Umwandlung vorhandener Organanlagen, durch Spaltung derselben oder durch völlige Neubildung genügt.

Es wurde schon in der Einleitung zu der Besprechung der Blüthenentwicklung erwähnt, dass die Umbildung zum Zwecke der geschlechtlichen Fortpflanzung nicht nur Einzelsprosse, sondern auch Sprosssysteme trifft. Es wäre hier an die Entwicklungsgeschichte der Blüthen also die der Blüthenstände oder Inflorescenzen anzuschliessen, die in der That von der vegetativer Sprosse vielfach abweicht. Abgesehen davon, dass mit der Blüthenbildung häufig ein anderer Verzweigungsmodus als in der vegetativen Region eintritt, namentlich dann, wenn die Blüthen Terminalblüthen sind, finden wir häufig auch eine eigenartige äussere Ausbildung der Inflorescenzen. Es genüge hier zu erinnern an die becherförmig ausgehöhlten Blüthenstände der Feigen, an die sonderbaren Blüthenkuchen der *Dorstenia*-Arten u. a. Der Raum erlaubt indess ein näheres Eingehen auf diese Verhältnisse nicht, nur ein Vorkommniss sei hier, weil es auch bei Einzelblüthen sich findet, erwähnt, die sogen. Cupularbildung. In typischer Form treffen wir sie bei den weiblichen Blüthen der Eichen. Die junge Frucht ist anfangs bekanntlich eingeschlossen in ein becherförmiges Gebilde, die Cupula, die mit Schuppen dicht besetzt ist, an der reifen Frucht treffen wir sie nur noch an der Basis. Die Entwicklung der Cupula ist von SCHACHT[1]) und HOFMEISTER[2]) untersucht worden. Man findet am Grunde junger weiblichen Blüthen einen Ringwulst von Zellgewebe, unterhalb desselben stehen noch einige Hochblätter. Der Ringwulst entwickelt sich zu einer schüsselförmigen Krause, die auf ihrer Innenseite in absteigender Reihenfolge eine Anzahl von Schuppen producirt; späterhin aber wird die Cupula gleichsam umgestülpt, die Schuppen kommen auf ihre Aussenseite zu stehen. Aehnlich verhalten sich *Fagus*,[3]) wo die Cupula eine Inflorescenz einschliesst und *Castanea*,[4]) nur entwickeln sich die Anhangsgebilde der Cupula in diesen Fällen von vornherein auf der Aussenseite derselben. Wir können demnach die Ansicht mancher Autoren nicht theilen, dass die Cupula der genannten Pflanzen aus Vorblättern verwachsen sei,[5]) umsoweniger als wir auch an vegetativen Sprossen ganz ähnliche Gebilde antreffen. So sind die Winterknospen der Tanne umgeben von einer becherförmigen Achsenwucherung, auf der die Knospenschuppen stehen,[6]) eine Wucherung, die mit einer Cupula grosse Aehnlichkeit hat. Dass gesonderte Organanlagen mit einander zu einer Cupula vereinigt werden, kommt ebenfalls vor: so ist es bei *Cenchrus*[7]) ein Verzweigungssystem borstenförmiger,

---

[1]) Beitr. zur Anat. u. Physiol. pag. 35.

[2]) Allgemeine Morphologie. pag. 465. HOFMEISTER nimmt auf pag. 466 die Priorität SCHACHT gegenüber in Anspruch.

[3]) SCHACHT, a. a. O. pag. 89.

[4]) BAILLON, nach dem Referat im bot. Jahresb. 1879. pag. 78.

[5]) Ob die Schuppen der Eichen-Cupula als Blättchen oder »Emergenzen« zu betrachten sind, bleibe hier dahingestellt, wahrscheinlich das letztere.

[6]) Abbildungen bei SCHACHT, a. a. O. pag. 185. SACHS, Vorlesungen über Pflanzenphysiologie. pag. 53, vergl. auch unsere Fig. 56.

[7]) Vergl. Beitr. zur Entwicklungsgesch. einiger Inflorescenzen. PRINGSH. Jahrb. XIV. Bd. pag. 21 ff.

blattloser Achsen, dessen Theile mit einander so vereinigt werden, dass sie dann später aus der Aussenfläche einer Cupula (die nach hinten offen ist) ganz ähnlich entspringen wie die Stacheln aus einer *Castanea*-Cupula. Und bei einem andern Grase wird die vierarmige eine Theilinflorescenz umgebende Cupula durch »Verwachsung« der Glumae von vier Aehrchen gebildet *(Antephora elegans)*, bei *Coïx* ist es ein verwachsenes, später zu einer steinharten Bildung werdendes Deckblatt, welches die weiblichen Inflorescenzen umschliesst. Also selbst bei Pflanzen ein und derselben Familie sehen wir, wie schon oben hervorgehoben wurde, diese Umhüllungen der Inflorescenzen auf die verschiedenste Weise gebildet, auf welche, das muss eben die Entwicklungsgeschichte zeigen.

Drittes Kapitel.

Entwicklung der Anhangsgebilde.[1])

Die Entwicklungsgeschichte der Anhangsgebilde (der Haare, Stacheln etc.) mag hier im Anschluss an die des Sprosses kurz besprochen werden, obwohl dieselben keineswegs auf den Spross beschränkt sind. Wir finden sie vielmehr auch auf der Wurzel, allein doch nicht in so mannigfacher Form und Ausbildung wie auf dem Sprosse.

Uebrigens ist die Einleitung betreffs der Abgrenzung des Begriffs der hier behandelten Gebilde zu vergleichen und hier nur noch zu betonen, dass von der Besprechung selbstverständlich diejenigen Dornen, Stacheln etc. ausgeschlossen sind, welche umgebildete Sprosse, Blätter, Nebenblätter oder Blattzähne sind. Dass hier wie überall Fälle sich finden, welche zweifelhafter Natur sind, ist nicht zu verwundern. Dahin gehören z. B. die Stacheln, welche auf der Aussenseite der Receptacula der *Agrimonia*-Arten stehen. Die ersten fünf Stacheln alterniren mit den Kelchblättern, nehmen also die Stellung ein, welche bei verwandten Formen der »stipulare Aussenkelch« hat, d. h. die fünf mit den Kelchblättern alternirenden Blättchen, welche die vergleichende Morphologie als aus je zwei Nebenblättern verwachsen betrachtet.[2]) Würde bei *Agrimonia* nur ein einziger, fünfzähliger Borstenkreis vorhanden sein, so würde derselbe sicherlich dieselbe Deutung erfahren, wie der Calyculus der Potentilleen. Da aber ausser jenen ersten fünf Borsten noch eine ganze Anzahl ihnen vollständig gleicher gegen den Grund des Receptaculums hin entstehen, so begnügt man sich, auch die ersten einfach als »Emergenzen« zu bezeichnen, welche aber trotzdem phylogenetisch einen andern Ursprung haben können (d. h. aus einem Calyculus hervorgegangen sind), als die unteren, die vielleicht erst später sich entwickelten, und jedenfalls für die Aussäung der Früchte von Nutzen sind.

Die Anhangsgebilde sind nach ihrer Entwicklungsgeschichte in zwei Kate-

---

[1]) Literatur: Die ältere Literatur ist in ausgedehnter Weise zusammengestellt in der Abhandlung von WEISS, Die Pflanzenhaare in KARSTEN, botan. Untersuchungen, Berlin 1867, ebenso bei DELBROUCK, Die Pflanzenstacheln (HANSTEIN, botan. Abhandl. II. Bd. 4. Heft). Vergl. ausserdem RAUTER, Zur Entwicklungsgeschichte einiger Trichomgebilde. Wien 1870. WARMING, sur la différence entre les trichomes et les épiblastemes d'un ordre plus élevé (»Videnskabelige Meddelelser« No. 10—12) 1872; UHLWORM, Beiträge zur Entwicklungsgeschichte der Trichome. 1873; SUCKOW, Ueber Pflanzenstacheln. 1873; DE BARY, vergl. Anatomie. 1877, pag. 58 ff.

[2]) Correcter wäre der Ausdruck, dass die zwei Nebenblätter durch ein, von Anfang einfaches Organ ersetzt sind, wie bei *Galium palustre* s. o.

gorien abgetheilt worden: in Trichome, d. h. solche, die aus der Epidermis hervorgehen, und in Emergenzen, d. h. solche, an deren Bildung sich auch Schichten des Periblems betheiligen. Dieser Entstehung gemäss treten in die Emergenzen dann auch nicht selten Gefässbündeläste ein, wie dies z. B. bei den Borsten auf den Blättern von *Drosera*, den Stacheln auf den Früchten von *Datura Stramonium, Aesculus Hippocastanum* u. a. der Fall ist. Dass auch die Trennung von Trichomen und Emergenzen nur eine künstliche, einen Faktor in der Organisation derselben, nämlich die Entstehung, berücksichtigende ist, braucht wohl kaum hervorgehoben zu werden. Wissen wir doch, dass z. B. die Stacheln der untersuchten *Rubus*-Arten *(R. caesius, idaeus, Hofmeisteri)* aus Epidermiszellen hervorgehen (also »Trichome«) sind, während bei der Bildung der ganz ähnlichen Stacheln der Rosen das hypodermale Gewebe sich betheiligt, diese Stacheln also unter die Emergenzen einzureihen sind. Um einen analogen Fall zu nennen, so entsteht bei manchen Samenknospen das eine Integument aus der Epidermis, das andere unter Betheiligung des darunterliegenden Gewebes.

Besonders aber ist hier wieder darauf hinzuweisen,[1]) dass es keinen Gewinn bringt, wenn man definirt, »was aus der Epidermis hervorgeht, ist ein Trichom«, denn in diesem Falle müsste man mit diesem Namen auch die Sporangien der Farnkräuter (die, welche ich die leptosporangiaten genannt habe) bezeichnen,[2]) was, wenn die morphologischen Eintheilungen überhaupt noch einen greifbaren Sinn haben sollen, unthunlich ist, denn es leuchtet ein, dass ein Haar und ein Farnsporangium mit einander kein einziges Moment gemeinsam haben, als eben die Art und Weise ihrer Entstehung. Ist aber diese maassgebend, dann sind alle Blätter z. B. als Emergenzen zu bezeichnen, da zwischen Entstehungs-Ort und -Art eines Blattes und einer Emergenz irgend welcher Unterschied nicht besteht. Vielmehr kann die obige Eintheilung nur in dem Sinne gefasst werden, dass von den gewöhnlich als Schuppen,[3]) Stacheln, Warzen etc. bezeichneten Anhangsgebilden die einen ihrer Entstehung nach als Trichome, die andern als Emergenzen bezeichnet werden, womit aber, da irgend ein Unterschied in Wesen und Function bei ihnen nicht besteht, nichts gewonnen ist, als ein kurzer, die Entstehung bezeichnender Ausdruck.

Den Entstehungs- resp. Anlegungs-Modus theilen die Emergenzen mit andern Organen z. B. vielen Blättern, die sich ja auch häufig in Stacheln (oder wenn man will, Dornen) umbilden. Während man nun nur solche Stacheln als Emergenzen bezeichnet, die nicht aus der Umbildung eines Blattes, eines Theilblättchens oder Nebenblattes etc. hervorgegangen sind, ist man bei anderen Organen geneigt, sie allgemein aus der Umbildung anderer Organe entstanden zu denken. So bei den Ranken, die ja vielfach auch nichts anderes darstellen, als umgebildete Blätter (resp. Blatttheile) oder Sprosse. Es ist aber nicht einzusehen, warum eine

---

1) Vergl. den allgem. Theil. pag. 129.

2) Das ist auch vielfach geschehen. So spricht z. B. RAUTER (a. a. O. pag. 1) von der Entwicklungsgeschichte »der bei vielen Kryptogamen in Fortpflanzungsorgane metamorphosirten Haargebilde«. Es ist klar, dass dies phylogenetisch gar keinen Sinn hat, und ebensowenig streng genommen ontogenetisch. Denn eine »Metamorphose« findet keineswegs statt, sondern Antheridien, Sporangien etc. der Farne entwickeln sich wie die (von ihnen *toto coelo* verschiedenen Haare) aus Oberflächenzellen. Indess keineswegs immer. An einschichtigen Prothallien haben die flächenständigen Antheridien übrigens gar keine andere Wahl.

3) Genauer als Haut- oder Oberflächenschuppen zu bezeichnen, welche mit den Schuppen der Knospen etc. natürlich nicht verwechselt werden dürfen.

Ranke nicht eben so gut automorph (d. h. nicht als Umbildung eines anderen Organes) sollte auftreten können, wie ein Stachel, und eine derartige Annahme ist für die Ranken von *Smilax* z. B. vorerst noch die wahrscheinlichste. Es sind diese Ranken bei den ersten Blättern eines austreibenden Sprosses und der Keimpflanze von *Smilax aspera* noch nicht vorhanden, sie entwickeln sich erst bei den folgenden Blättern. In die Kategorie der »Emergenzen«, die aber nach dem Obigen eigentlich eine negative ist, d. h. verschiedenartige Organe umfasst, die nicht metamorphe Sprosse, Blätter und Wurzeln sind und nicht aus dem Dermatogen entspringen, gehören wahrscheinlich auch die interessanten Haftorgane der Podostemeen, deren Entwicklung von WARMING[1]) untersucht worden ist. Es sind diese Haftorgane (von WARMING Hapteren genannt) je nach der Entfernung vom Substrat lang und (vor der Anheftung) kegelförmig oder (wenn sie dem Substrate sehr genähert entstehen) kurz, breit und scheibenförmig. Sie besitzen einen apikalen Vegetationspunkt, entstehen exogen und sind nur aus Parenchym gebildet. Wenn sie mit ihrer Spitze das Substrat berühren, so flachen sie sich ab, schmiegen sich demselben dicht an, und bilden an der Anhaftungsstelle Wurzelhaare. WARMING war früher geneigt, diese »Hapteren« als stark umgebildete Wurzeln zu betrachten, ähnlich denen, mittelst deren *Cuscuta* sich an seiner Nährpflanze befestigt, hat aber in dem letztcitirten Aufsatze diese Ansicht zurückgezogen. Wie oben gezeigt wurde (pag. 133 Fig. 14) können ja sogar die Spitzen von Sprossen sich in Haftorgane umbilden, wir wissen ferner, dass dieselben sich an einzelligen, gewöhnlich frei schwimmenden Algen unter bestimmten Umständen bilden können (an Spirogyrazellen, die auf feuchter Erde, Torf etc. kultivirt werden), und es ist desshalb durchaus zulässig, auch die Haftorgane der Podostemeen als automorphe Gebilde zu betrachten.

Am häufigsten und in den mannigfaltigsten Formen treten die Trichome auf, welche durch Ausstülpung einer einzigen Oberhautzelle angelegt werden. Theilt sich diese Zelle schon früh durch eine oder mehrere Längswände (vergl. Fig. 82, 3) so kann man bei diesem Stadium zweifelhaft sein, ob ein oder mehrere Zellen an der Trichombildung sich betheiligen, indess ist für den letzteren Fall ein sicheres Beispiel nicht bekannt[2]). Bleibt die Trichomanlage auf dieser ersten Stufe einer Epidermiszellenausstülpung stehen, so resultirt eine kleine Papille, wie sie z. B. an vielen Blumenblättern auftritt, deren sammtartiger Glanz auf dem Vorhandensein einer Vielzahl solcher Papillen beruht. In zahlreichen anderen Fällen aber zeigt die Haarpapille noch ein intensives Wachsthum, sie wird zum einzelligen Borstenhaar (mit verdickter, oft mit Kieselsäure imprägnirter Wand, vergl. Fig. 82, 2) oder einem »Wollhaar« (mit dünner Wand und statt des geschwundenen Zellinhalts mit Luft erfüllt) oder sie erweitert sich am Ende zu einem Köpfchen, wie viele Narbenpapillen, oder endlich das Wachsthum findet nicht rechtwinklig auf die Epidermis, sondern quer zu derselben statt, woraus Formen, wie Fig. 82, 6 resultiren. — In anderen Fällen ist das Wachsthum der Haaranlage von Zell-

---

[1]) WARMING, Familien *Podostemeae* 1. und 2. Abh. (Vidensk. Selsk. Skr. 6. Raecke 1881 u. 1882) ferner: Botanische Notizen, bot. Zeit. 1883 Nr. 12.

[2]) HOFMEISTER (allg. Morpholog. pag. 514) führt als Beispiel für die Bildung eines Haares aus zwei Oberhautzellen die Staubfadenhaare der Centaureen an. Wie RAUTER (a. a. O. Taf. IV. Fig. 26—27) zeigt, liegt aber nur eine frühzeitig eintretende Längstheilung der Haarmutterzelle vor. Uebrigens halte ich den ein- oder mehrzelligen Ursprung der Haare für gänzlich irrelevant, zumal die Epidermiszellen zur Zeit der Haarbildungen selbst noch in Theilungen begriffen zu sein pflegen. Auch können Gewebe-Elemente, z. B. die aus dem Cambium von *Dracaena* entstehenden Gefässbündel bald aus einer, bald aus mehreren Zellen hervorgehen.

theilungen begleitet und bei vielen bleibt das Haar nicht einfach, sondern verzweigt sich. Es würde zu weit führen, derartige Formen hier genauer zu beschreiben, ihre Entwicklung ist in den oben genannten Arbeiten dargestellt. — Die Insertionsstelle des Haares zeigt häufig einen besonderen Wachsthumsmodus, es bildet sich der Theil des Haares, mit welchem es in der Epidermis befestigt ist, zum Fuss oder Fussgestell aus. Und zwar geschieht dies entweder durch die Differenzirung des basalen Theiles des Haares selbst, oder unter Mitwirkung der dem Haare benachbarten Zellen der Epidermis, oder des unter der Haarinsertion gelegenen Gewebes. In beiden Fällen ist der Effekt offenbar derselbe, nämlich die Verstärkung des Basaltheiles des Haares, und es erscheint von keiner grossen Bedeutung, wie dieselbe zu Stande kommt. In Fig. 82, 1 ist z. B. ein Haar abgebildet, das auf einer kleinen, durch die Zellen aa gebildeten Erhebung steht. Es ist in diesem Zustand kaum möglich zu entscheiden, ob die Zellen bb Epidermiszellen, die Zellen aa hervorgewölbte Periblemzellen sind, oder ob diese ganze Zellgruppe durch Theilung der Basalzelle des Haares zu Stande kam. Das letztere ist hier der Fall, in anderen Beispielen erhält man aber fast identische Bilder, wo das »Fussgestell« des Haares in der That durch eine Anschwellung des unter der Haarinsertion liegenden Gewebes gebildet wird. Dieses Fussgestell erreicht oft eine beträchtliche Entwicklung, es kann sich zu einem Stachel ausbilden.

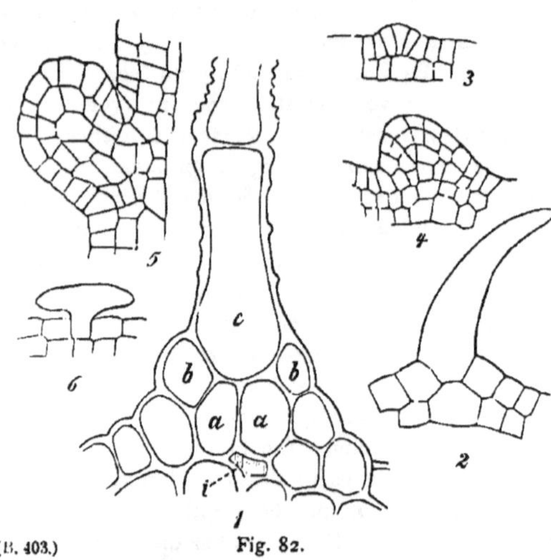

(B. 403.) Fig. 82.

1 Unterer Theil eines Knotenhaars von *Lamium album* auf dem Querschnitt des Stengels (nach RAUTER) 2 Junger Stachel von *Galium Aparine,* 3 und 4 Stachelentwicklung von *Rubus fruticosus,* 6 Junger Stachel von *Cornus mas* (2—6 nach DELBROUCK). — Die Zellen aa und bb in 1 sind aus Theilung der Basalzelle des Haares entstanden.

So z. B. bei *Solanum robustum* (DELBROUCK, a. a. O. Taf. 2., pag. 69). Hier bildet sich zuerst ein durch Querwände gegliedertes Haar und unterhalb desselben dann ein schlanker (aus dem Periblem hervorgegangener) Stachel. Das Haar wird abgeworfen noch ehe der Stachel seine definitive Grösse erreicht hat. In minder auffallendem Grade kehrt derselbe Vorgang wieder in einer Vielzahl von Fällen z. B. den (einzelligen) Stachelborsten von *Symphytum officinale.* (DELBROUCK, Fig. 66), *Urtica urens* und *dioica, Cajophora lateritia* (DE BARY, a. a. O. Fig. 21 B. u. A.). Es finden sich alle Uebergänge von einer leichten, unterhalb des Haares auftretenden Protuberanz bis zur Bildung einer scharf abgegliederten Emergenz wie in dem für *Solanum robustum* angeführten Falle. — Wie die Zellen unter der Haarinsertion, so betheiligen sich auch die Zellen neben derselben, also die benachbarten Epidermiszellen nicht selten an dem Aufbau des Haares, indem sie die Basis derselben umwachsen, so dass dieselbe im fertigen Zustande dann in einer Scheide steckt, wie dies z. B. bei den bekannten Brennhaaren von *Urtica* und *Cajophora* der Fall ist. Was die Form des Haares selbst, seine Gliederung in Zellen, seine Verzweigung und physiologische Leistung betrifft, so ist bezüglich derselben auf die angeführten Abhandlungen zu verweisen, besonders auf DE BARY's eingehende Darstellung. Erwähnt mag werden, dass nach RAUTER das Wachsthum des Haares in akropetaler oder basipetaler Richtung oder interkalar erfolgt. Diejenigen Haare, die sich zu kleinen Zellflächen entwickeln, haben häufig besondere Namen erhalten. So z. B. abgesehen von den verschiedenen Schuppen wie sie auf Blättern vorkommen, den Spreuschuppen der Farne, besonders die Ligulae der Selaginellen und Isoëten. Beide entstehen aus einer Oberhautzelle und wachsen dann zu Zellflächen heran. Die »Ligula« der Gräser, jener häutige Saum, der die Grenze zwischen Scheide und Spreite bezeichnet, dagegen entsteht natürlich aus einer Zellreihe[1]), und zwar, wie es mir nach einer gelegentlichen Beobachtung an *Glyceria spectabilis* scheint, wenigstens in einigen Fällen, aus dem Dermatogen. Derartige Ligularbildungen finden sich z. B. auch an Blüthentheilen wie z. B. die »Nebenkrone« der Narcissen und Silenen zeigt, ferner entspringen sie auch aus der Sprossachse selbst, wie bei den oben citirten Wasserpflanzen.

Anhangsgebilde der besprochenen Art können auf Wurzeln, Stengeln und Blättern auftreten, die wichtigsten derselben sind ohne Zweifel die Wurzelhaare. Emergenzen scheinen auf der Wurzel höchst selten vorzukommen; es liegt für das Auftreten dieser Gebilde, die in oberirdischen Theilen meist als Schutzorgane (Stacheln etc.) entwickelt sind, auf der Wurzel kein Grund vor. Die Wurzelhaare treten ohne Zweifel im Allgemeinen in akropetaler Reihenfolge auf, obgleich Interkalirungen gewiss auch hier vorkommen. Bei anderen Haargebilden resp. Emergenzen wird eine bestimmte Reihenfolge des Auftretens gewöhnlich nicht eingehalten, ihre Entstehungsfolge richtet sich eben nach dem Zustande des Pflanzentheils, aus dem sie entspringen. So entstehen z. B. die Borstenhaare an den Spelzen von *Lappago racemosa* in basipetaler Reihenfolge, der Ausbildung des Blattes entsprechend. Es hängt diese Regellosigkeit in der Entwicklungsfolge damit zusammen, dass Trichome und Emergenzen wie erwähnt nur selten direkt aus dem Vegetationspunkt ihren Ursprung nehmen, sondern an älteren, nicht mehr aus embryonalem Gewebe bestehenden Theilen, seien es Blätter oder die Stengeloberfläche, entstehen. HOEMEISTER hatte diese Thatsache mit zur Charakteristik der Haargebilde benützt (a. a. O. pag. 411) »die zeitigst auftretenden Haargebilde sprossen aus der Achse erst nach dem Hervorwachsen und unterhalb der Einfügungsstelle des jüngsten Blattes hervor.« Dieser Satz ist aber schon bei *Utricularia*, wo die jüngsten Haare sogar ziemlich weit oberhalb der jüngsten Blattanlagen stehen, unrichtig. Die Existenz der Haargebilde ist häufig eine viel kürzere als die der Organe, denen sie entspringen. Manche Blätter sind in der Knospe von einem dichten, schützenden Haarfilz überzogen, den sie nach der Entfaltung, nachdem ihre Epidermis erstarkt ist, verlieren. So z. B. die von *Aesculus Hippocastanum*. Wie hier, so pflegen auch sonst die Haare im Knospenstadium der betreffenden Organe vollständig ausgebildet zu sein. Indes kommen auch während oder nach der Entfaltung auf den Blättern verschiedener Holzpflanzen Haare zur Anlegung[2]) (auf der Blattunterseite, an den Seiten oder in den Winkeln der Nerven), bei einigen Pflanzen bilden die

---

[1]) Ebenso nach HOFMEISTER die Ligula der Selaginellen.

[2]) HÖHNEL, Ueber die nachträgliche Entstehung von Trichomen an Laubblättern. Bot. Zeit. 1882. pag. 145 ff.

Blätter in der Knospe sogar keine Haare (*Prunus serotina, Pr. Padus, Rhamnus infectoria*): Diese treten bei *Pr. serotina* z. B. erst auf, wenn das Blatt eine Länge von 5—6 Centim. erreicht hat.

II. Abteilung.

Entwicklungsgeschichte der Wurzel.

Wie oben, pag. 132, ausgeführt wurde, dehnen wir den Begriff »Wurzel« weiter aus, als dies gewöhnlich geschieht, indem wir mit SACHS darunter auch die »wurzelähnlichen« Organe der Thallophyten, die »Rhizoïden, Rhizinen« derselben und der Moose verstehen, da hiermit eine wesentliche Vereinfachung der Terminologie erzielt wird. Es beruht diese Bezeichnung wesentlich auf der gleichen physiologischen Funktion der betreffenden Gebilde, die Thatsache, dass wir bei Thallophyten und Moosen keine Organe antreffen, welche den Wurzeln der Gefässpflanzen (Gefässkryptogamen und Samenpflanzen) morphologisch entsprechen, wird dadurch nicht tangirt. Den »Wurzeln« der Thallophyten morphologisch entsprechende Organe treffen wir, wenn wir von den Wurzelhaaren, welche einen integrirenden Bestandtheil der Wurzeln der meisten Landpflanzen bilden, absehen, allerdings gelegentlich auch bei »höheren« Pflanzen. Der Embryo der Orchideen (vergl. pag. 173 und 174) ist wurzellos. Er befestigt sich bei der Keimung, indem sein unterer Theil knollig anschwillt, und eine Anzahl von »Wurzelhaaren« producirt, die den Keimling im Boden fixiren.[1]) Diese »Wurzelhaare« entsprechen offenbar bezüglich ihrer Entstehung und Funktion den Wurzelschläuchen, welche auf der Bauchseite eines Lebermoosthallus hervortreten, und in analoger Weise sehen wir manche Stecklinge, ehe sie Wurzeln bilden, durch solche Wurzelhaare befestigt. In den beiden erwähnten Fällen[2]) bilden sich aber echte Wurzeln im ferneren Verlaufe der Entwicklung, es giebt indess unter den Gefässpflanzen auch solche, die wurzellos sind. Speciell gilt dies für schwimmende Wasserpflanzen, bei welchen die Nothwendigkeit eines Organs, das sie im Boden befestigt, und aus demselben ihnen Wasser und darin gelöste Salze zuführt, fortfällt. Und zwar tritt diese Reduction des Wurzelsystems in verschiedenem Maassstabe auf, sie geht in extremen Fällen so weit, dass zu keiner Zeit, nicht einmal am Embryo die Anlegung einer Wurzel stattfindet. So ist es z. B. bei *Salvinia, Wolfia arrhiza, Utricularia*, Pflanzen also aus sehr verschiedenen Verwandtschaftskreisen, dem der Gefässkryptogamen, Monokotylen und Dikotylen. Andere Wasserpflanzen trifft man zwar gewöhnlich wurzellos an, sie sind aber unter bestimmten Umständen festgewurzelt. So *Ceratophyllum*, von dem man häufig angegeben findet, es sei wurzellos. Indess giebt SCHENK an:[3])

---

[1]) Ganz ähnlich verhält sich die merkwürdige Podostemacee *Castelnavia princeps*, deren Kenntniss wir WARMING's Untersuchungen verdanken. Wurzeln fand WARMING an dem Vegetationskörper dieser dikotylen Wasserpflanze keine, und auch bei der Keimung tritt keine auf, sondern das hypokotyle Glied bedeckt sich mit Wurzelhaaren, welche den Keimling am Substrat befestigen.

[2]) Bei den Orchideen unterbleibt, wie es scheint, bei einigen Formen die Wurzelbildung ganz: so bei *Epipogon* und *Corallorhiza*. Das mit Schuppen besetzte Rhizom der letzteren trägt Büschel von Wurzelhaaren.

[3]) SCHENK, Flora der Umgebung von Würzburg. Regensburg, 1848, pag. 62. In Uebereinstimmung damit giebt DUVAL JOUVE (nach dem Referat im bot. Jahresber. 1878, pag. 447) an, dass sich die Winterknospen von *Ceratophyllum* »bisweilen« durch einige Wurzeln im Schlamm befestigen. *Myriophyllum*, das zuweilen auch als wurzellos bezeichnet wird, ist dies in normalem

»die Pflanze *(Ceratophyllum demersum)* wurzelt wie *Myriophyllum* durch Nebenwurzeln auf dem Boden der Gewässer und ist keineswegs wurzellos.« Die wurzellosen, freischwimmenden Exemplare sind also eigentlich als losgerissene zu betrachten, sie gedeihen aber trotzdem ganz gut und wachsen weiter. Wie sich die Wurzeln der Parasiten verhalten, das wird bei der Gesammtbesprechung derselben zu erwähnen sein.

§ 1. Charakteristik der Wurzeln, Wachsthum derselben. Fassen wir ausschliesslich die Wurzeln der Gefässpflanzen ins Auge, so sind es abgesehen von anatomischen Verhältnissen namentlich zwei Charaktere, die sie von den Sprossen unterscheiden: der Besitz einer Wurzelhaube und der Mangel der Blattbildung. Beide Charaktere sind, wie oben (pag. 134) schon hervorgehoben wurde, allerdings keine scharfen, allgemein gültigen Trennungsmerkmale: wir kennen Sprossanlagen (wie die Embryonen von *Cephalotaxus Fortunei* und *Araucaria imbricata)*, deren Vegetationspunkt, ehe er Blätter producirt von einer Kappe von Dauergewebe bedeckt ist, und andererseits Wurzeln, die ihre Wurzelhaube abstreifen. So die älteren Wurzeln des schwimmenden heterosporen Wasserfarn's *Azolla caroliniana.*[1]) Aehnlich verhalten sich auch einige phanerogame Wasserpflanzen. Z. B. *Hydrocharis.*[2]) Die am Stämmchen gebildeten Adventivwurzeln besitzen anfangs eine Wurzelhaube, die aber verloren geht, wenn die Wurzel etwa 10 Centim. Länge erreicht hat. Damit ist auch das Spitzenwachsthum der Wurzel beendigt, und die Epidermis der Wurzelspitze producirt nun ebenfalls Wurzelhaare, wie bei *Azolla.* Das gleiche gilt auch für *Pistia Stratiotes*,[3]) und namentlich für die unten anzuführenden metamorphen Wurzeln, die sich wie die von *Ficaria* zu Knollen, oder wie die einiger Palmen u. a. zu Dornen umbilden, oder wie die mancher Parasiten zu Saugorganen werden, auch bei den Podostemoneen finden sich analoge Fälle.

Sogar solche Wurzeln sind bekannt, die von Anfang an keine Wurzelhaube besitzen. So die kleinen Würzelchen, welche an den grösseren Wurzeln von *Aesculus Hippocastanum* sich finden.[4]) Sie entstehen endogen, wie gewöhnliche Seitenwurzeln und stimmen mit solchen auch in ihrem inneren Bau überein, haben aber keine Wurzelhaube. Sie sterben entweder bald ab, oder wachsen nach KLEIN weiter und bilden dann eine Haube. — Die ebenfalls nur kurze Zeit

---

Zustand nicht, sondern wird gewöhnlich festgewurzelt getroffen und abgerissene Sprosse bewurzeln sich leicht wieder. Analoge Fälle finden wir übrigens auch bei den Moosen: die *Sphagna* bilden in ihrer Jugend einige Wurzeln (»Rhizoïden«) später sind sie wurzellos. Von *Ceratophyllum* sagt SCHLEIDEN (Linnaea 1838, pag. 345) dass bei der Keimung die Pflanze sich nicht durch Wurzeln befestige. Das Radicularende schiebt sich bei der Keimung aus der Samenschale hervor und richtet sich nach unten, »die *Radicula* dagegen bleibt fortwährend ein grünes Zäpfchen und entwickelt sich gar nicht weiter.« — Eine genauere Untersuchung des Vorgangs ist mir nicht bekannt.

[1]) Vergl. WESTERMAIER und AMBRONN, Verh. des bot. Ver. der Prov. Brandenburg 1880, pag. 58. Die Scheitelzelle und die jüngsten Segmente derselben wachsen dabei zu Haaren aus. Die haubenlose Wurzel hat dann einen ähnlichen Habitus (und wohl auch eine ähnliche Funktion) wie die Zipfel der Wasserblätter der verwandten *Salvinia*, welche wurzellos ist.

[2]) JANCZEWSKI, recherches sur le développement des racines dans les Phanérogames. Ann. des scienc. nat. V. Sér. t. XX. 1874, pag. 167.

[3]) Vergl. auch JÖRGENSEN, Ueber haubenlose Wurzeln. Bot. Centralblatt 2. Bd., pag. 635, wo angegeben wird, dass die Wurzeln der Bromeliaceen, die anfangs, so lange sie im Stengel fortwachsen, eine Wurzelhaube besitzen, dieselbe nach dem Hervortreten verlieren.

[4]) KLEIN, Botan. Centralblatt. Bd. 1, pag. 23.

funktionirende Hauptwurzel des Keimlings der bekannten Schmarotzerpflanze *Cuscuta*[1]) ist zeitlebens haubenlos. Sie hat nur die Aufgabe die Keimpflanze im Boden zu fixiren und ihr im ersten Entwicklungsstadium Wasser zuzuführen. Sie beginnt meist schon zwei Tage nach der Keimung abzusterben, und mit ihr natürlich die ganze Keimpflanze, falls sie bis dahin nicht eine Nährpflanze gefunden hat, auf welcher sie schmarotzen kann. Wie andere, unter bestimmten Lebensbedingungen nutzlos gewordene Organe wird also die Wurzelhaube in einigen Fällen im Laufe der Entwicklung abgestreift, in andern gelangt sie gar nicht mehr zur Entwicklung. Uebrigens sind hierfür noch unten, bei Besprechung der metamorphen Wurzeln anzuführende Fälle zu vergleichen.

Hier genügt es, darauf hingewiesen zu haben, dass der Besitz einer Wurzelhaube eben auch kein absolutes Merkmal der Wurzeln ist, sondern nur den »typisch« gebauten derselben zukommt.

Die Erkenntniss, dass die typischen Wurzeln ganz allgemein eine Wurzelhaube besitzen, ist erst jüngeren Datums. Noch in DE CANDOLLE's physiologie végétale (1832) herrscht die unklare Vorstellung von den »*spongioles*« welche die Wurzelspitzen bedecken sollen. So pag. 41 a. a. O. »la succion des racines s'exécute par des points spéciaux qu'on nomme spongioles, qui sont composés d'un tissu cellulaire très fin et toujours nouveau, puisque les racines s'allongent sans cesse par leur extrémité.« Wurzelhaube und Wurzelvegetationspunkt sind hier also vollständig confundirt, und die Bedeutung der Haube ganz verkannt. Die letztere pflegte man dann als Eigenthümlichkeit der Wurzeln einiger Wasserpflanzen hervorzuheben, bei denen sie besonders leicht sichtbar ist, so *Lemna* nnd *Pistia* (SCHLEIDEN, Grundzüge. 1. Aufl. 1843. pag. 120).

TRÉCUL[2]) ist wohl der erste gewesen, welcher das Vorkommen der Wurzelhaube bei einer grösseren, verschiedenen Verwandtschaftskreisen angehörigen Anzahl von Pflanzen nachwies, was alle nachfolgenden Untersuchungen bestätigt haben.

Es giebt indess nach den oben angeführten Beispielen auch haubenlose Wurzeln und dass andererseits die Fähigkeit der Sprosse zur Blattbildung ebensowenig eine durchgreifende ist, wurde früher an verschiedenen Beispielen dargethan. Es genüge hier zu erinnern an die wurzelähnlichen, mit verkümmernden Blattanlagen versehenen Sprosse von *Haplomitrium*, *Sendtnera* und *Psilotum* (pag. 271), an die vollständig blattlosen Büschel-Zweige von *Asparagus* und die Stachelborsten von *Setaria*, *Pennisetum* und *Cenchrus*, von denen die der erstgenannten Kategorie ja auch in ihrem Habitus mit den Wurzeln übereinstimmen.

Noch wurzelähnlicher sind die sogenannten »Wurzelträger« mancher *Selaginella*-Arten (*S. Martensii*, *Kraussiana* u. a.)[3]). Sie entspringen an den Stellen, wo die (scheinbaren) Gabelungen stattfinden und wachsen nach abwärts. Endogen an ihrer Spitze werden schon frühe einige Wurzeln angelegt, die aber erst dann sich entwickeln, wenn der Wurzelträger in die Erde eindringt, oder in sehr feuchter Luft sich befindet. Der Vegetationspunkt des Wurzelträgers stellt dann sein Wachsthum ein. Wie PFEFFER[4]) beschrieben hat,

---

[1]) Vergl. KOCH, Unters. über die Entwickl. der Cuscuteen, HANSTEIN, botan. Abhandl. II., 3.

[2]) TRÉCUL, Recherches sur l'origine des racines. Ann. des scienc. nat. 3. série, t. 6. 1846.

[3]) NÄGELI und LEITGEB, Entstehung und Wachsthum der Wurzeln. pag. 124. (Beiträge zur wiss. Botanik von C. NÄGELI. IV. Heft.

[4]) PFEFFER, Die Entwicklung des Keimes der Gattung *Selaginella* in HANSTEIN, Bot. Abh. I. 4. 1871. pag. 67. — Bei anderen *Selaginella*-Arten (z. B. *S. laevigata* und *S. cuspidata*) entspringen echte Wurzeln an den unteren Gabelungsstellen des Stammes, an den oberen Wurzelträger, während *S. denticulata*, *helvetica* u. a. solche überhaupt nicht besitzen. Es lässt sich wohl kaum mit Sicherheit entscheiden, ob die »Wurzelträger« als metamorphe Sprosse oder hauben-

findet man diese Wurzelträger zuweilen in beblätterte Sprosse umgebildet, besonders dann, wenn die über den Wurzelträgern stehenden beiden Gabelsprosse weggebrochen waren. Wir haben in diesem Falle (obwohl er experimentell noch weiter zu untersuchen ist), jedenfalls Recht zu der Annahme, dass das Abbrechen der Sprossanlagen eine erhöhte Zufuhr plastischer Substanzen (wenn man diesen allgemeinen, unsere Unkenntniss derselben bezeichnenden Ausdruck gestatten will) in die Wurzelträgeranlagen bewirkt und dieselben zum Austreiben veranlasst hat. Dass derselbe Vorgang auch an unverletzten Sprossen eintritt, ist kein Grund gegen die Annahme einer solchen Correlation: denn dieselben Vorgänge können sich ja auch am unverletzten Sprosse abspielen, die bei der Verletzung veranlasst werden. — Die Frage, ob die Wurzelträger als metamorphe, blattlose Sprosse oder als Wurzeln ohne Haube zu betrachten seien (mit denen sie im Habitus übereinstimmen), bleibt vorerst zweifelhaft. Im letzteren Fall würde eine Umwandlung von Wurzeln in Sprosse nach dem oben Angeführten nicht selten stattfinden. Derartige Fälle sind nun in der That von anderen Pflanzen bekannt. Sehen wir von zweifelhaften Angaben ab, so sind hier zwei Monokotylen, *Neottia nidus avis*[1]) und *Anthurium longifolium* zu nennen. Bei der erstgenannten Pflanze findet man nicht selten, dass einzelne Wurzeln an ihrer Spitze in Sprosse übergehen, indem sie die Wurzelhaube verlieren und neue Blätter bilden. Der Vorgang des Verschwindens der Wurzelhaube ist zwar noch nicht genauer bekannt, es kann aber dennoch keinem Zweifel unterliegen, dass wirklich sich die Wurzelspitze in eine Sprossspitze verwandelt. Und dasselbe gilt für *Anthurium longifolium*[2]), nur dass die Sprossbildung hier (wenigstens bei den allein darauf untersuchten kultivirten Exemplaren) seltener auftritt als bei *Neottia*. Es bildet sich aus der Wurzelspitze ein Spross, der zunächst einige Schuppen-, dann Laubblätter producirt, und später zu einer selbstständigen Pflanze wird.

Es ist kaum zu bezweifeln, dass die Umwandlung von Wurzeln in Sprosse noch mehr verbreitet ist.[3]) VAN TIEGHEM[4]) giebt sie z. B. auch für *Ophioglossum vulgatum* an. Auf den Wurzeln dieser Pflanze entstehen sehr häufig Adventivsprosse, es ist dies die einzig sicher nachgewiesene Vermehrungsart dieser Pflanze, da die Sporenkeimung wenigstens bis jetzt nicht bekannt ist. Ausser diesen Adventivsprossen kommt aber nach dem genannten Autor auch noch die Umbildung der Wurzel- in eine Sprossspitze vor: Die Wurzelspitze krümmt sich aufwärts, rundet sich halbkugelig ab, verliert ihre Haube und wird zu einer Sprossanlage, während

---

lose Wurzeln zu betrachten sind, Analogiegründe sprechen für letzteres. Auf die Thatsache, dass der Gefässcylinder des Wurzelträgers von *S. Kraussiana* sich centrifugal entwickelt (NÄGELI, a. a. O. pag. 126), also von dem Entwicklungsgang der Wurzeln darin abweicht, möchte ich um so weniger Gewicht legen, als bei *S. Martensii* die Primordialgefässe an der Peripherie des Gefässstranges liegen. Dass die Gefässstränge der Wurzelträger sich bei der Gabelung derselben ganz ähnlich verhalten wie die der Wurzeln, hat VAN TIEGHEM des Näheren dargelegt (Ann. des sciences nat. 5. sér. t. XIII. pag. 96 ff.

[2]) Vergl. WARMING, om rödderner hos *Neottia nidus avis* (wo die ältere Literatur angegeben ist), in Vidensk, Medd. fra den naturh. Foren. i Kjöbenh. 1874. No. 1—2.

[3]) GOEBEL, Ueber Wurzelsprosse von *Antherium longifolium*. Bot. Zeit. 1878. pag. 645.

[4]) VAN TIEGHEM, a. a. O. pag. 111.

[5]) Nach einem Citat von PFEFFER (a. a. O. pag. 75) hat KARSTEN angegeben, dass er aus einer Wurzelspitze von *Dioscorea* einen beblätterten Spross aus der Spitze einer Seitenwurzel eine gefüllte Balsamine hervorgehen sah (KARSTEN, Vegetationsorgane der Palmen, pag. 113, Flora, 1861. pag. 232). Die Angaben von VAUCHER (hist. phys. vol. IV. pag. 232) über *Tamus communis* sind viel zu unbestimmt, als dass sich daraus entnehmen liesse, ob hier ein analoges Verhalten wie bei *Neottia* und *Anthurium* vorliegt.

eine neu entstandene Wurzel in der Richtung der alten weiterwächst. Die Angaben VAN TIEGHEM's sind aber so wenig eingehend, dass mir seine Auffassung noch einigermaassen zweifelhaft erscheint.

Es genügt, hier noch auf die bekannten anatomischen Differenzen von Wurzel und Stengel hinzuweisen. Was nun die Haupteigenthümlichkeit der Wurzel, die Wurzelhaube betrifft, so haben zahlreiche mühsame Arbeiten der letzten Jahre die Entwicklung derselben klarzulegen gesucht. Das werthvolle, hierbei zu Tage geförderte Material, das übrigens in mehr als einer Beziehung noch kritischer Durcharbeitung bedarf, ist zwar für die Lehre von der Zellenanordnung sehr wichtig, organographisch aber von sehr geringer Bedeutung. Denn selbst bei nahe verwandten Pflanzen finden sich Differenzen in der Vertheilung der Meristeme in der Wurzelspitze. Ich begnüge mich deshalb, hier auf Grund der wichtigsten vorliegenden Abhandlungen[1]) kurz die gewonnenen Resultate anzuführen.

Da die Wurzelhaube ihre äusseren Zellschichten successive verbraucht (meist unter Verschleimung der Zellmembranen, wodurch die Wurzelspitze schlüpfrig wird, und so sich ihr Eindringen in den Boden erleichtert), so ist klar, dass an der Grenze von Wurzelhaube und Wurzelkörper ein Theilungsgewebe vorhanden sein muss, aus welchem die Wurzelhaube ständig regenerirt wird. In der Wurzelspitze selbst lassen sich meist wie beim Spross Dermatogen, Periblem und Plerom[2]) unterscheiden, über deren Verhältniss pag. 140 ff. zu vergleichen ist. Es fragt sich in welchem Verhältniss das die Wurzelhaube erzeugende Meristem (das »Kalyptrogen«) zu den genannten Meristemen steht. Es lassen sich hier zunächst zweierlei Kategorien unterscheiden: bei der ersten ist das Kalyptrogen von den Wurzelmeristemen (wie sie kurz genannt sein mögen), ganz unabhängig, bei der zweiten ist dies nicht der Fall.

A) Monokotylen.

1. Die junge Epidermis (Dermatogen) überzieht, wie beim Spross der Angiospermen, die ganze Wurzelspitze und bildet die Grenze gegen das »Kalyptrogen.« Dieser Fall findet sich nur bei einigen Monokotylen mit hinfälliger Wurzelhaube und begrenztem Spitzenwachsthum, den Wasserpflanzen *Pistia Stratiotes* und *Hydrocharis*. Es ist dieser Fall principiell nicht unterschieden von dem folgenden.

2. Auch hier ist ein von der jungen Epidermis unabhängiges Kalyptrogen vorhanden, der Unterschied vom vorigen Fall liegt nur darin, dass wenn man die Epidermis von den älteren Theilen aus nach der Spitze hin verfolgt, dieselbe sich an der Wurzelspitze in einem Theilungsgewebe verliert, aus welchem Epidermis und Periblem (Rinde) hervorgehen. Mit andern Worten, es wird die Epidermis hier also später differenzirt als im ersten Fall. Hierher gehören eine Anzahl monokotyler Familien. So die untersuchten Gramineen (vergl. Fig. 83 rechts), Cyperaceen,

[1]) Von demselben seien, ausser den oben angeführten Abhandlungen von JANCZEWSKI und HANSTEIN's embryologischen Untersuchungen noch genannt: REINKE, Unters. üb. Wachsthumsgesch. und Morphol. der Phanerogamenwurzel (HANSTEIN's Abh. Bd. I.); HOLLE, Ueber den Vegetationsp. d. Angiospermenwurzel; Bot. Zeit. 1876; TREUB, Le meristème prime de la racine des Monokot. Leyde 1876 (nicht gesehen), ERIKSSON, Ueber das Urmeristem der Dikotylenwurzeln (PRINGSH. Jahrber. XI. pag. 380), FLAHAULT, recherches sur l'acroissement terminale de la racine chez les Phanérogames (Ann. d. scienc. nat. 6. Sér. t. VI.), SCHWENDENER, Ueber das Scheitelwachsthum der Phanerogamenwurzeln. Sitz. Ber. d. Berliner Akad. 1882.

[2]) Es ist hier nicht der Ort, die Frage nach der Selbständigkeit dieser »Meristeme« zu erörtern. Namentlich SCHWENDENER (Ueber das Scheitelwachsthum der Phanerogamenwurzeln Sitzber. d. Berl. Akad. 1882), hat neuerdings die Selbständigkeit des »Plerom« angefochten, wozu auch die Abbildungen anderer Autoren mehrfach Anlass gaben. Es fehlt aber an Beobachtungsreihen zur Entscheidung dieser Frage, für welche sich eine allgemein gültige Lösung wohl auch nicht ergeben wird. Für einige Fälle z. B. *Heleocharis* wird eine Scheitelzelle angegeben, hier hätten also Plerom, Periblem und Dermatogen eine gemeinsame Initiale, aus der aber nicht wie bei Filicineen und Equisetineen auch die Wurzelhaube hervorgeht.

Juncaceen, Cannaceen, Zingiberaceen, *Sagittaria*, *Vallisneria*, *Stratiotes aloides* u. a. Die Wurzelspitze hätte hier also, wenn wir der Ansicht von der Getrenntheit von Dermatogen Periblem, Plerom folgen, drei Meristeme: 1. Calyptrogen, 2. Dermatogen-Periblem (gemeinsam) 3. Plerom.

3. Die Initialen von Wurzelhaube und Periblem sind an der Wurzelspitze nicht gesondert, sondern gehen aus einem gemeinschaftlichen Meristem hervor. So z.B. einige Liliaceen, einige Aroïdeen u.a. Die Epidermis steht aber nach FLAHAULT auch hier in keinem genetischen Zusammenhang zur Wurzelhaube. Offenbar sind 2 und 3 nicht immer scharf geschieden, und kann eine Wurzel, die im Embryo die Anordnung von 2 zeigt, später in die von 3 übergehen.

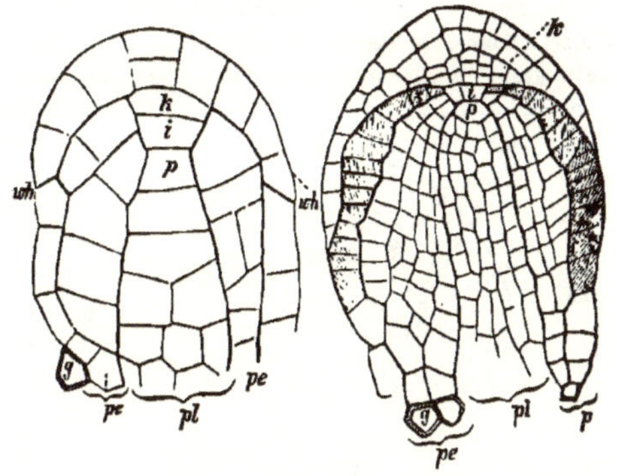

Fig. 83. (B. 404.)

Rechts Längsschnitt durch eine Nebenwurzel von *Oryza sativa*. Die Epidermis ist schraffirt und reicht nicht bis zum Wurzelscheitel, wo die für Epidermis und Periblem gemeinsame Initiale i liegt. Die Wurzelhaube besitzt ein von der Epidermis unabhängiges Meristem, das Kalyptrogen (k) pl Plerom, p dessen Initiale, g Gefässe der Mutterwurzel.

B. Dikotylen.

A. *Helianthus*-Typus. Geht man der älteren Epidermis gegen die Wurzelspitze hin nach, so findet man die Epidermis durch perikline Wände gespalten in eine Anzahl Zellschichten, deren äusserste der Wurzelhaube angehören, während die innerste die junge Epidermis darstellt. Auf dem Wurzelscheitel findet sich mit anderen Worten ein Bildungsgewebe, aus dem Epidermis und Wurzelhaube hervorgehen, das »Dermatokalyptrogen« ERIKSON's (Fig. 84). Es kommt ganz auf dasselbe heraus, ob man die Wurzelhaube hier aus einer wiederholten Spaltung des Dermatogens hervorgehen lässt oder letzteres als die innerste Schicht der Wurzelhaube betrachtet, oder das beide erzeugende Theilungsgewebe mit einem indifferenten Namen bezeichnet. Da theilweise schon differenzirte Epidermiszellen sich an der Wurzelhaubenbildung ebenfalls betheiligen, so ist die alte HANSTEIN'sche Auffassung die Wurzelhaube sei hier ein Produkt der Epidermis, wohl die einfachste. Es gehören hierher eine grosse Anzahl Dikotylen, so z. B. Compositen (*Helianthus*), Cruciferen (*Raphanus sat.*, *Brassica*, *Sinapis*), Solaneen etc.

Hier finden sich also drei »Meristeme:« Dermato-Kalyptrogen (resp. Dermatogen), Periblem, Plerom.

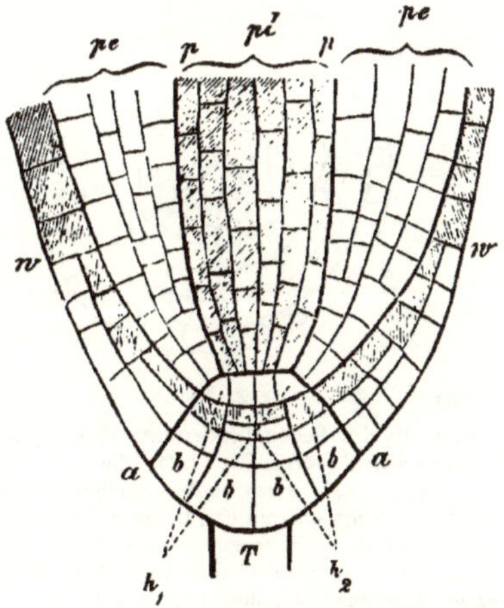

Fig. 84. (B. 405.)

Schematischer Längsschnitt durch das Wurzelende eines Embryos von *Capsella bursa pastoris*. Dermatogen und Plerom sind schraffirt. Das zwischen dem Embryoträger (T) und dem schraffirten Dermatogen (resp. Dermatokalyptrogen gelegene) Gewebe ist die Wurzelhaube.

B. Verfolgt man die Epidermis nach oben, so findet man wie im vorigen Falle perikline Spaltungen derselben. Allein die Epidermis ist gegen das »Periblem« nicht scharf abgegrenzt. Die Wurzelhaube entspringt also nicht aus einem Dermato-Kalyptrogen, sondern am Wurzelscheitel findet sich ein Bildungsgewebe, das dem Wurzelkörper und der Wurzelhaube gemeinsam ist. Es lassen sich zwei Fälle nach den Angaben der Autoren unterscheiden:

1. Neben dem für primäre Rinde (Periblem), Epidermis (Dermatogen) und Haube gemein-

samen Bildungsgewebe (Meristem) findet sich noch ein gesondertes Plerom (nach ERIKSON's Aufzählung bei einigen Malvaceen z. B. *Lavatera pallescens)*, Proteaceen, Pomaceen etc.

2. Ein gesondertes »Plerom« ist nicht vorhanden, die sämmtlichen Componenten der Wurzel (Haube, Epidermis, primäre Rinde und Centralcylinder), entstehen also aus einem gemeinsamen Theilungsgewebe. Hierher gehören namentlich eine grössere Anzahl Papilionaceen *(Vicia sativa, Pisum sativum* u. a.). Umbelliferen, Euphorbiaceen etc. Ob 1 und 2 in der That verschieden sind, das bedarf meiner Ansicht nach noch genauerer Untersuchungen. Dass das »Plerom« von den andern Meristemen nicht so scharf gesondert ist, wie vielfach behauptet wurde, geht z. B. schon aus ERIKSON's Zeichnungen hervor [1]) vergl. z. B. a. a. O. Taf. XVIII. Fig. 1., es fehlt aber auch an dem Nachweis eines genetischen Zusammenhangs beider.

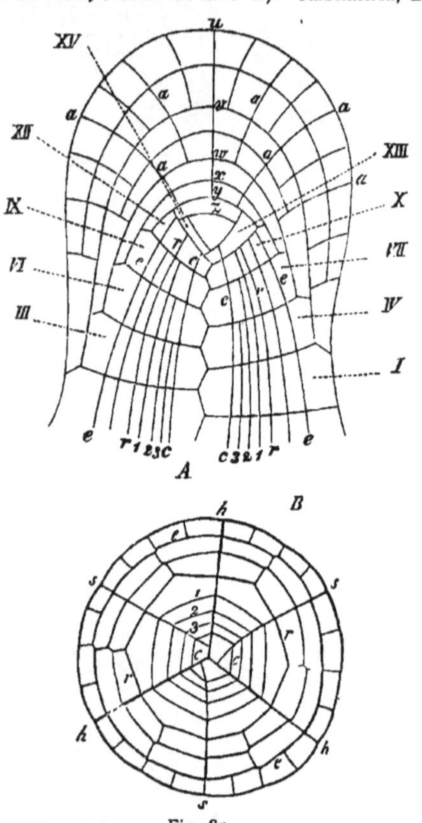

(B. 406.) Fig. 85.

Schema für das Scheitelwachsthum einer Farn- und Equisetenwurzel (vergl. SADEBECK, die Gefässkryptogamen, Bd.I. p.246 dieses Handb.). A axilerLängsschn., B Querschnitt am unteren Ende von A I—XV die auf einander folgenden Segmente v, w, x, y, z Periklinen, welche die aufeinander folgenden Wurzelhaubenkappen abtrennen, die jüngste derselben ist zwischen y und z. aa Antiklinen der Wurzelhaube, ee die die Epidermis, cc die das Plerom begrenzenden Periklinen, rr Grenze der äusseren und der inneren Rinde.

C. Gymnospermentypus (welcher auch eine Anzahl Angiospermen mit einschliesst, z. B. *Acacia, Mimosa, Caesalpinia, Lupinus*). Es sind hier an der Bildung der Wurzelhaube entweder nur das Periblem allein *(Acacia, Mimosa, Caesalpinia, Lupinus)* betheiligt, oder Epidermis und Periblem (Gymnospermen und nach FLAHAULT *Gymnocladus canadensis, Juglans regia* u. a.). Die Epidermis zeigt hier also ähnliche perikline Zerklüftungen [2]) wie beim *Helianthus*-Typus, allein unterhalb derselben liegt ein Meristem, das der Wurzelhaube und dem Periblem gemeinsam ist, während das Plerom nach Angabe der Autoren selbständig ist. Indem bezüglich der weiteren Ausführungen auf die genannten Abhandlungen verwiesen wird, ist noch zu bemerken, dass die oben aufgeführten »Typen« nicht etwa scharf von einander abgegrenzt sind, sondern innerhalb ein und derselben Familie und auch wohl in den verschiedenen Entwicklungsstadien ein und derselben Wurzel zwei verschiedene »Typen« auftreten können. Organographisch sind dieselben, wie schon erwähnt, von sehr geringer Wichtigkeit, das Interesse, das sich an sie knüpft, ist das der Zellanordnungsprobleme.

Zum Schlusse sei hier noch an das Wurzelwachsthum der Gefässkryptogamen erinnert, wie NÄGELI und LEITGEB es nachgewiesen haben. Hier besitzt die Wurzel eine »dreiseitig pyramidale« Scheitelzelle (vergl. Fig. 85), welche nach drei Richtungen hin Segmente durch Antiklinen abgliedert, aus

[1]) Es tritt dies namentlich dann hervor (auch an manchen Fignren JANCZEWESKI's), wenn man sich die dicken Contouren, durch welche Periblem und Plerom von einander abgegrenzt zu werden pflegen, hinwegdenkt.

[2]) Sie sind — nach eigner Untersuchung — besonders deutlich bei *Biota orientalis*.

denen sich der Wurzelkörper aufbaut, nach Vollendung einer solchen Segmentbildungsperiode wird aber durch eine Perikline eine tafelförmige Zelle (z) der Wurzelhaube beigefügt, die sich nun weiter durch Anti- und Periklinen fächert. »Dermatogen«, »Periblem«, und »Plerom« haben hier also eine gemeinsame Initiale, nämlich eben die Wurzelscheitelzelle.

Gehen wir von der Wurzelspitze, deren Zellenanordnung in dem Obigen geschildert wurde, nach hinten, so gelangen wir an die in Streckung begriffene Region des Wurzelkörpers. Sie ist aber viel kürzer, als die entsprechende Region am Sprosse, bei kräftigen Hauptwurzeln erreicht sie nach SACHS[1]) eine Länge von 8—10, bei Seitenwurzeln oft nur von 2—3 Millim. An dem auf diese Region folgenden, frisch ausgewachsenen Theile stehen die Wurzelhaare, einfache Ausstülpungen der Epidermiszellen der Wurzeln, die nur wenigen Wurzeln fehlen[2]), namentlich einer Anzahl von Wasser- und Sumpfpflanzen (z. B. *Butomus umbellatus, Hippuris vulgaris, Lemna*-Arten, *Menyanthes trifoliata, Pistia Stratiotes* u. a.), ausserdem bei einer Anzahl Coniferen (z. B. *Abies excelsa, Pinus silvestris, Biota orientalis, Thuja occidentalis* u. a.), bei einigen monokotylen Knollenpflanzen wie *Crocus sativus*, einigen Schmarotzern und Humusbewohnern, wie *Monotropa, Neottia, Orobanche ramosa*. Es sind die genannten Pflanzen solche, welche entweder Wasser reichlich zur Verfügung haben, wie die Wasser- und Sumpfpflanzen, oder solche, bei denen die oberirdischen Theile keine sehr intensive Wasserverdunstung unterhalten, wie die Coniferen mit lederartigen Blättern (andere wie *Taxus* bilden indess zahlreiche Wurzelhaare), bei *Crocus* sind die oberirdischen Theile wenig umfangreich und von kurzer Dauer, und bei den Schmarotzerpflanzen und Humusbewohnern sind die Blätter, welche bei andern Pflanzen am meisten transpiriren, meist zu kleinen Schuppen verkümmert. Bei einer grösseren Anzahl von Pflanzen, die normal Wurzelhaare besitzen, unterbleibt übrigens deren Bildung, wenn man die Wurzeln in Wasser kultivirt. So bei *Allium Cepa, Zea Mays, Cucurbita Pepo, Phaseolus communis, Pisum sativum* u. a.

Schliesslich sei hier noch an die merkwürdige und wichtige Thatsache erinnert, dass die Wurzeln sehr vielfach in ihren ausgewachsenen Theilungen eine Verkürzung von 10, oft 25% der ursprünglichen Länge erfahren, welche in der parenchymatischen Rinde vor sich geht und an den Querrunzeln der äusseren Rinde leicht erkennbar ist. Es wird durch diese Verkürzung bei manchen Keimpflanzen der hypokotyle Stengel bis zu den Cotyledonen in den Boden hinuntergezogen, über welchen er sich vorher erhoben hatte[3]).

Regeneration des Vegetationspunktes. Eine Eigenthümlichkeit einer Anzahl darauf untersuchter Wurzeln, die für Sprosse nicht in gleicher Weise bekannt ist, ist es, dass sie im Stande sind, unter bestimmten Umständen ihre Spitze, d. h. ihren Vegetationspunkt zu regeneriren. Es wurde zuerst von CIESIELSKI[4]) beobachtet, dass an Wurzeln, deren Spitze abgeschnitten wurde, nach einiger Zeit eine neue Wurzelspitze auftrat, die hierbei stattfindenden Entwicklungsvorgänge wurden von PRANTL näher untersucht[5]). Eine vollkommene Regeneration (mit Betheiligung aller Gewebesysteme) tritt dann ein, wenn der die Wurzelspitze entfernende

[1]) Vorlesungen über Pflanzenphysiologie. pag. 24, s. a. a. O.

[2]) Vergl. die eben erschienene Abhandlung von FR. SCHWARZ: Die Wurzelhaare der Pflanzen. (Arbeiten des bot. Inst. in Tübingen. II. Bd.).

[3]) Vergl. die Darstellung und die Literaturangaben bei SACHS, Vorlesungen über Pflanzenphysiologie. pag. 27 und 701.

[4]) Unters. über die Abwärtskrümmung der Wurzel in COHN's Beiträgen zur Biol. I. Bd. 2. Heft, Breslau, 1872.

[5]) Unters. über die Regeneration des Vegetationspunktes an Angiospermenwurzeln. Arbeiten des bot. Instituts in Würzburg. I. 546 ff.

Schnitt etwa da geführt wird, wo die bogige Anordnung der Zellen in die gerade übergeht, (vergl. Fig. 82, die Stelle, wo die Periklinen als — annähernd — gerade Linien verlaufen). Nach etwa 24 Stunden wachsen die der Schnittfläche angrenzenden Zellen sämmtlicher Gewebe aus, es bildet sich ein die Wundfläche bedeckender Gewebecomplex, ein Callus, der aus fast gleichartigem Gewebe besteht. Nach weiteren 24 Stunden wird eine neue Epidermis und eine neue, provisorische Wurzelhaube angelegt. Die Epidermis bildet sich in einer Zone des aus Rindengewebe hervorgegangenen Callus, indem in jeder Längsreihe des Calluszellgewebes eine Zelle ihre Aussenwand in der für Epidermiszellen charakteristischen Weise verdickt, einen dichteren Inhalt annimmt, und sich von nun an nicht mehr durch perikline, sondern nur durch antikline Wände theilt. Alles dasjenige Callusgewebe, welches ausserhalb der neugebildeten Epidermis liegt, wird zur provisorischen Wurzelhaube. Unter der Epidermis werden dann bogig angeordnete Rindenzellreihen hergestellt, die sich den vorhandenen anschliessen, und ähnlich wird der »Plerom«-Körper nach oben ergänzt. Das ausserhalb der Epidermis, deren Ausbildung gegen den Scheitel (resp. das Centrum hin) fortschreitet, liegende Gewebe wird zur Wurzelhaube, und es hat sich so schliesslich ein vollständiger Wurzelvegetationspunkt regenerirt, so vollständig, dass die Wurzel ihrem Baue nach dann ganz identisch ist mit einer ungestört weitergewachsenen. — Wird die Wurzelspitze weiter nach rückwärts abgeschnitten, so wird das Längenwachsthum der Wurzeln sistirt. Der Callus bildet sich hier nur aus dem Gewebe des Gefässbündelkörpers. Die neue Spitze bricht dann aus der Wundfläche hervor. Schneidet man noch mehr von der Wurzelspitze ab (genaue Ortsbestimmungen lassen sich natürlich kaum geben), so tritt überhaupt keine Regeneration ein, sondern es wird nur aus dem Rindengewebe ein Callus gebildet, welcher die Wunde verschliesst. Vielfach aber stellt sich bei Wurzeln, deren Wurzelspitzen verloren gegangen sind, eine Nebenwurzel in die Wachsthumsrichtung der Hauptwurzel und setzt so dieselbe »sympodial« fort, wie Analoges ja auch bei Sprossen sehr häufig geschieht. —

Bei andern Samenpflanzen *(Pisum, Vicia)* werden ganz entsprechende Regenerationsvorgänge beobachtet, wie die eben von *Zea Mays* kurz geschilderten. Besonders häufig scheinen sie nach WARMING auch bei den Podostemoneen vorzukommen. Hervorzuheben ist noch, dass die Epidermis sich im Callus differenzirt, nicht etwa in dem von der alten Epidermis gelieferten Gewebe (an welche sie sich anschliesst), sondern in dem von dem Rindengewebe ausgegangenen Callus. Aehnlich zeigt auch die Anlegung der Wurzel am Embryo, dass die Wurzelepidermis zwar an die des Stämmchens sich anschliesst, aber einen andern Ursprung hat, als dieselbe.

§ 2. Anlegung der Wurzeln. 1. Am Embryo. Wir können hier Entstehung und Wachsthum der Wurzeln für das bei der Besprechung der Embryobildung früher (pag. 165 ff.) vorgeführte Beispiel, der *Capsella bursa pastoris* ziemlich lückenlos verfolgen. Es handelt sich nur darum nachzuweisen wie aus Fig. 84, Fig. 86, 5, zu Stande kommt, welche ein älteres Stadium des Wurzelendes des Keimes im Längsschnitt darstellt. Das Wurzelende des Keimes differenzirt sich hier relativ spät, erst nachdem der obere, die Cotyledonen, den Sprossvegetationspunkt und das hypokotyle Glied liefernde Theil des Embryo's schon ein durch zahlreiche Zellwände gefächerter Gewebekomplex geworden ist, tritt in der »Hypophyse« die Perikline auf, welche dieselbe in zwei Zellen, h_1 und h_2 theilt (Fig. 86, 3). Aus h_1 gehen wie die Vergleichung mit Fig. 84, und Fig. 86, 5, zeigt, die »Peribleminitialen« hervor (deren Verhältniss zu denen des Pleroms hier unerörtert bleiben mag) h_2 aber theilt sich wie Fig. 83, 5, zeigt durch eine zweite Perikline. Die schraffirte Zellschicht stellt das Dermatogen der Wurzel vor, der unter derselben liegende Theil von h_2 (der ebenso wie die andern aus der Hypophyse hervorgegangenen Zellen durch einige Antiklinen zerklüftet ist) die erste Schicht der Wurzelhaube, sie ist in Fig. 84 mit b, b bezeichnet, und ist also streng genommen kein Produkt des Wurzeldermatogens. Das letztere behält auf dem Scheitel der Wurzel den Charakter eines Theilungsgewebes, das sich, wie Fig. 86 zeigt, durch perikline Wände spaltet, gelegentlich ist dies auch bei älteren Dermatogen- resp. Epidermiszellen der Fall, und wir können also hier, wie oben erwähnt, die Wurzelhaube als ein Produkt des Dermatogens betrachten. Die Grenze zwischen Wurzel und hypokotylem Glied am Embryo können wir darin finden, das die Epidermis der Wurzel von der Wurzelhaube bedeckt ist

Für *Alisma* hatte HANSTEIN einen ganz dem eben von *Capsella* geschilderten

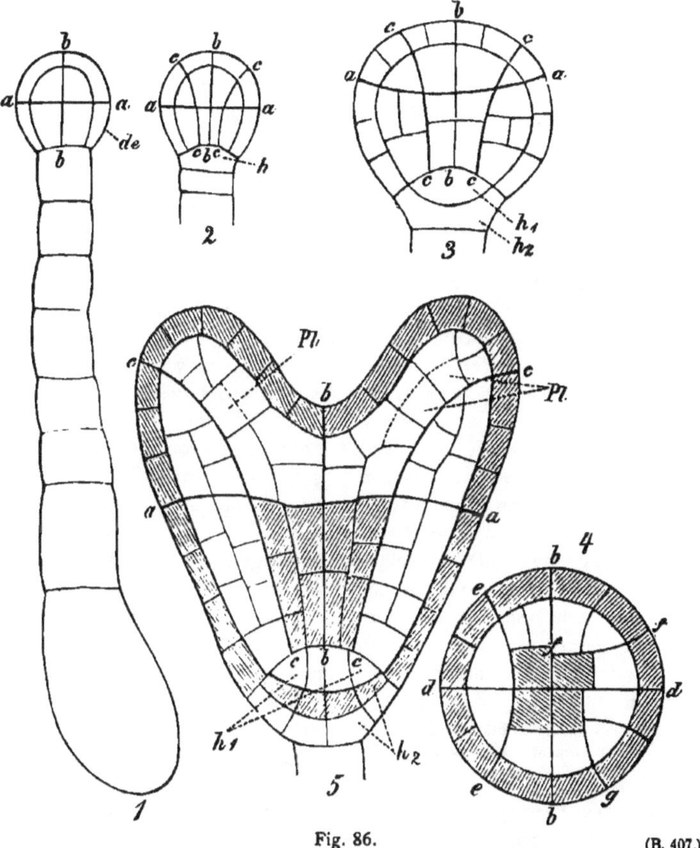

Fig. 86. (B. 407.)

Embryoentwicklung von *Capsella bursa pastoris* in schematischer Darstellung (vergl. pag. 348).

entsprechenden Entwicklungsgang der Wurzel angegeben. Nach FLAHAULT's Darstellung aber kommt der Wurzelspitze des fertigen Embryo's von *Alisma* der oben erwähnte Bau zu, bei welchem ein von der Epidermis unabhängiges Kalyptrogen existirt. In wieweit dies Verhältniss gleich bei der Wurzelanlage zu Stande kommt, bleibt näher zu untersuchen.

Complicirter gestaltet sich die Wurzelanlage am Keim natürlich dann, wenn dieselbe auf einem noch späteren Stadium erfolgt, und im Innern eines vielzelligen Gewebekörpers vor sich geht, wie bei den Gymnospermen, Gramineen u. a. Die hierbei auftretenden Aenderungen der Zellenanordnung sind noch keineswegs klargelegt; jedenfalls tritt hierbei vielfach der Umstand ein, dass Antiklinen des Keimes später zu Periklinen der Wurzel werden. Für die Gramineen sei hier nur noch erwähnt, dass der unterhalb der Wurzelanlage (gegen die Mikropyle hin) liegende Theil des Embryo's von der heranwachsenden Wurzel nicht wie sonst zerstört wird, sondern mitwachsend die Wurzel als Wurzelscheide *(coleorhiza)* umhüllt bis er bei der Keimung von der Wurzel durchbrochen wird. Die Wurzelepidermis geht bei den Gräsern hervor aus inneren Gewebeschichten des Embryo's. Die bei der Wurzelanlegung am Embryo stattfindenden Vorgänge stimmen offenbar der Hauptsache nach überein mit denjenigen bei der Bildung von Nebenwurzeln an einer Hauptwurzel. Die am Embryo gebildete Wurzel (»Pfahlwurzel« oder primäre Wurzel) ist ausgezeichnet nur durch ihre Stellung (sie bildet bei der Keimung die Fortsetzung des hypokotylen Gliedes) und wenigstens bei vielen Gymnospermen und Dikotylen dadurch, dass sie von allen Wurzeln sich am kräftigsten entwickelt, während sie bei den Monokotylen gewöhnlich früh zu Grunde geht.

2. Bildung von Neben- und Adventivwurzeln. Wurzeln können abgesehen von der normalen Wurzelverzweigung sowohl auf Sprossachsen als Blättern entstehen. Manche Pflanzen mit kriechendem Stamme wie *Aspidium filix mas* und *Nuphar luteum* sind sogar ausschliesslich mit Wurzeln versehen, welche aus den Basaltheilen der Blätter entspringen. In allen diesen Fällen erfolgt die Anlage der Seiten- und der Adventivwurzeln endogen, wie ja auch die Wurzelanlage am Embryo endogen entsteht, da sie entweder (wie z. B. bei den Coniferen) tief im Gewebe des Embryo's oder doch unterhalb des Embryoträgers angelegt wird. Neuerdings sind einige Ausnahmen von der endogenen Entwicklungsweise der Wurzeln bekannt geworden. Exogen entstehen nach WARMING[1]) die Wurzeln am Stamme von *Neottia nidus avis*. Sie werden angelegt in der dritten und vierten Periblemlage, während aus der ersten und zweiten, wie es scheint die Wurzelhaube hervorgeht. Die Epidermis funktionirt eine Zeitlang als äusserste Schicht derselben und stirbt dann ab.[2]) Exogen entstehen ferner nach HANSEN[3]) die Wurzeln an der Basis der Adventivsprosse und die Adventivwurzeln in den Blattachseln von *Cardamine pratensis*, *Nasturtium officinale* und *silvestre*, während die Adventivwurzeln anderer Wasser- und Sumpfpflanzen (z. B. *Veronica Beccabunga*, *Polygonum amphibium*, *Ranunculus fluitans)* in der gewöhnlichen Weise endogen angelegt werden. Für die Keimwurzel von *Ruppia rostellata* giebt WILLE (vergl. oben pag. 172) ebenfalls exogene Anlegung an. Auch das Merkmal der endogenen Anlegung ist somit, wie aus den angeführten Daten hervorgeht, kein durchgreifendes, wenngleich es für die grosse Mehrzahl der Fälle giltig ist.

a) Der Entstehungsort der Seitenwurzeln[4]) an einer (relativen) Haupt-

[1]) WARMING, om rödderne hos *Neottia Nidus avis* L. Vidensk. Medd. fra den naturhist. For. i Kjöbenhavn 1874, Nr. 1—2.

[2]) Es erfolgt dies nach WARMING's Figur 9, Taf. IV. a. a. O., so früh, zu einer Zeit, wo die Wurzel noch ein kleiner Höcker ist, dass man aus diesem Grunde hier die endogene Entstehung der Wurzel durch die Annahme retten könnte, die Epidermis nehme an der Wurzelbildung keinen Antheil, sondern würde von der Wurzelanlage nur gedehnt bis sie abstirbt, also sehr allmählich durchbrochen.

[3]) HANSEN, Vergl. Untersuchungen über Adventivbildungen bei Pflanzen. Abh. der Senckenb. Ges. XII. Bd. pag. 159.

[4]) Vergl. NÄGELI und LEITGEB, Ueber Entstehung und Wachsthum der Wurzeln, a. a. O. Was die Terminologie betrifft, so bezeichne ich die durch Verzweigung einer Wurzel entstehenden Wurzeln als Nebenwurzeln oder Seitenwurzeln, alle anderen als adventive, auch wenn sie ganz constant z. B. an Stämmen auftreten und schon im Vegetationspunkt angelegt werden.

wurzel ist ein fest bestimmter. Sehen wir ab von den Wurzelgabelungen, wie sie bei Lycopodinen vorkommen, so findet die Anlegung von Nebenwurzeln immer statt am Umfang des axilen Gefässbündelkörpers der Wurzel (»des Plerom's). Derselbe ist umgeben von einer einfachen Gewebeschicht, dem Pericambium, welchem nach aussen die innerste Rinden- (Periblem-)schicht angrenzt, die gewöhnlich als »Schutzscheide« oder Endodermis eine eigenartige Ausbildung erfährt.[1]) In diesem Pericambium, werden bei den Samenpflanzen die Seitenwurzeln angelegt, bei den Gefässkryptogamen dagegen in der innersten Rindenschicht. Und zwar geht die Wurzelanlage bei den letzteren hervor aus einer einzigen Zelle, während sich bei den Samenpflanzen stets eine Mehrzahl von Zellen an der Seitenwurzelbildung betheiligt. Diese Zellgruppe des Pericambiums liegt gewöhnlich einer der Gefässgruppen des axilen Stranges gegenüber, darauf beruht es, dass man die Seitenwurzeln gewöhnlich in so viele Längsreihen angeordnet findet, als der Wurzelgefässstrang Gefässgruppen besitzt. Bei einigen Pflanzen stehen die Nebenwurzelanlagen auch zwischen zwei Gefässtheilen des axilen Stranges, also vor einem Siebröhrentheile desselben. So bei Umbelliferen und Araliaceen, wo das Pericambium vor den Gefässplatten durch Oelgänge unterbrochen ist, ferner bei den Gramineen, wo die äussersten Gefässe jeder Gefässgruppe direkt an das Pericambium anzugrenzen pflegen, also hier ebenfalls eine Lücke in dem Pericambium vorhanden ist. Selten geht aber der Wurzelkörper einer Nebenwurzel allein aus dem Pericambium hervor (so bei *Alisma* und *Sagittaria)*[2]), die innerste Rindenschicht betheiligt sich gewöhnlich an der Wurzelhaubenbildung.

Nur ein Beispiel mag hier angeführt sein, das der Wurzelverzweigung von *Oryza sativa*[3]). Die Wurzelanlagen entstehen aus Pericambiumzellen, welche zwischen zwei Gefässgruppen (g, g, Fig. 88) liegen. Es sind im Längsschnitt der Wurzelanlage (Querschnitt der Hauptwurzel) gewöhnlich drei Pericambiumzellen, eine mittlere und zwei seitliche, die an der Wurzelanlage theilnehmen, es ist eine mittlere Zelle, wie der Querschnitt einer solchen Wurzelanlage zeigt, von etwa 6 peripherischen umgeben. Ausserdem aber nehmen auch noch Zellen der innersten Periblemlage (Rinde) an der Wurzelbildung theil, und zwar zwei seitliche angrenzende n, n, und zwei die Wurzelanlage bedeckende (Fig. 87). Aus dieser Anlage gehen folgende Bestandtheile der Wurzel hervor: aus der mittleren Zellreihe (pl, Fig. 87, 88) das »Plerom«, die Periblеminitiale, das Kalyptrogen. Aus den seitlichen Zellreihen: ein Theil des Periblems (vor dem Auftreten der Initiale) und ein Stück der Epidermis; aus den Zellen m, m: die primäre Wurzelhaube und aus den Zellen nn ein Stück primäre Epidermis. Es folgt daraus, dass die einzelnen »Meristeme« hier keineswegs einen gesonderten Ursprung haben, sondern auf recht verschiedenartige Weise zu Stande kommen.

Kehren wir zur Wurzelanlage zurück, so wölben sich die drei Pericambiumzellen nach aussen, sie verlaufen als am Scheitel der Wurzelanlage auseinandergebogene Antiklinen. Später aber wird der untere Theil derselben Zellwände zu Periklinen der jungen Wurzelanlage, z. B. die beiden Wände, welche in Fig. 87 (rechts) die mittlere Zellreihe einschliessen, sind die Periklinen, welche in Fig. 88 das Plerom begrenzen. Ein solches »Periklinwerden« von Antiklinen

[1]) Vergl. DE BARY, Vergl. Anatomie, pag. 129.

[2]) JANCZEWSKI, recherches sur le développement des radicelles dans les Phanérogames. Ann. des scienc. nat. V. sér. t. 20. pag. 208—233.

[3]) Vergl. NÄGELI und LEITGEB, a. a. O., das Folgende auf Grund eigener Untersuchung.

kommt, wie mir eine grössere Reihe vergleichender Untersuchungen gezeigt hat, bei der Anlegung von Nebenwurzeln an Hauptwurzeln, und von Hauptwurzeln an Embryonen sehr häufig vor und ist bei der Frage nach den hier-

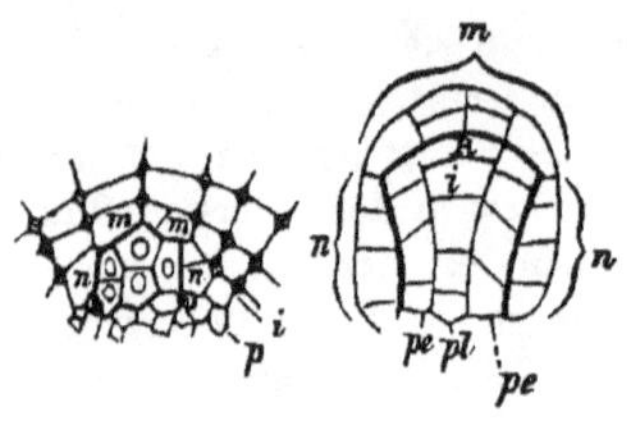

(B. 408.) Fig. 87.

Anlegung der Nebenwurzeln von *Oryza sativa* (nach NÄGELI und LEITGEB). Links junges Stadium, auf einem Querschnitt der Mutterwurzel. Die Nebenwurzel entspringt aus dem Pericambium p, in den Zellen desselben, welche die Wurzel anlegen sind zur Verdeutlichung die Zellkerne gezeichnet nn, mm Zellen der Rinde, die an der Wurzelbildung theilnehmen. Rechts älteres Stadium der Nebenwurzel im Längsschnitt, pe, pl, pe, die drei Zellreihen, aus denen Periblem und Plerom hervorgehen. k (in der Fig. irrthümlich R) Zelle, die zur Bildung der Wurzelhaube mit verwendet wird.

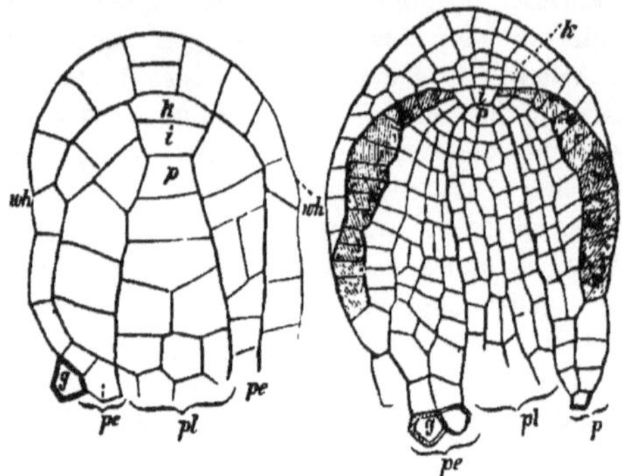

Fig. 88. (B. 409.)

Längsschnitte durch Nebenwurzeln von *Oryza sativa*. Links jüngeres Stadium, rechts älteres, das aber die Rinde der Mutterwurzel noch nicht durchbrochen hat. wh Wurzelhaube, k Kalyptrogen. g Gefässe der Mutterwurzel, e Periblem, p Pleromininitiale.

bei stattfindenden Wachsthumsvorgängen besonders zu berücksichtigen. Es theilen sich die Zellreihen durch Querwände und die Zellen m m und n n folgen dem Wachsthum der Wurzelanlage. Durch perikline Spaltung bilden die Zellen mm die primäre Wurzelhaube. Die mittlere Zellreihe wächst am stärksten, ihre Endzelle ist, wie Fig. 88 zeigt, verbreitert. Schon auf dem in Fig. 87 rechts dargestellten oder auf einem späteren Stadium wird von der mittleren Zellreihe eine Zelle abgegrenzt, die der Wurzelhaube hinzugefügt wird und aus der nun das »Kalyptrogen« derselben hervorgeht. Die unter dieser Zelle liegende (Fig. 88 links) ist die Initiale des Periblems. Sie theilt sich durch Antiklinen und fügt dadurch dem »Periblem« am Scheitel neue Zellen hinzu, die sich nun namentlich durch Periklinen zerklüften. Und zwar wird von diesem Segment der Peribleminitiale gewöhnlich schon durch die erste, perikline Theilung eine Epidermiszelle abgesondert. Eine Theilung der »Initiale« oder wenn man will, Periblem-Scheitelzelle[1]) durch Querwände konnte ich nicht beobachten, vielmehr sah ich immer unterhalb derselben eine »Plerominitiale«, deren Theilungsmodus nicht festgestellt wurde, aber häufig deutlich als durch nach entgegengesetzten Richtungen schief geneigte Wände vor sich gehend erkennbar war. Dass in längeren Zwischenräumen doch vielleicht von der Peribleminitiale eine Zelle dem Plerom hinzugefügt wird, ist natürlich ja immerhin möglich, die direkte Beobachtung aber zeigte davon, wie erwähnt, nichts. Aus den Zellen m m, die sich periklin und antiklin zerklüften, gehen die ersten Lagen der Wurzelhaube hervor, während die Zellen nn sich durch Querwände fächern und sich deutlich an die Wurzelepidermis anschliessen[2]). Ein

[1]) In einigen Fällen schienen es zwei Initialen zu sein, wie sie auch sonst angegeben werden. Möglich, dass das mit der Dicke der Wurzel wechselt.

[2]) Gelegentlich spalten sie sich auch durch perikline Wände, und tragen so zur Verstärkung des Periblems bei.

andere Parthie derselben geht durch Abspaltung entweder aus dem primären oder dem durch die Initialen erzeugten Periblem hervor.

Etwas verwickelter gestalten sich natürlich die Verhältnisse, wenn eine grössere Anzahl von Zellreihen an der Nebenwurzelbildung theilnimmt, wie z. B. bei *Zea Mays*[1]). Immerhin aber sind die Verhältnisse ganz analog, sie zeigen uns, dass den Ursprungsdifferenzen der »Meristeme« offenbar kein grosses Gewicht beizulegen ist, dass der Zusammenhang dieser Meristeme bei der jungen Wurzelanlage ein anderer sein kann, als bei der älteren (wo das »Kalyptrogen« z. B. von dem Periblem und Plerom ganz unabhängig ist) und dass endlich die Differenz von den Gefässkryptogamen, wo die Wurzelanlage aus der innersten Rindenschicht hervorgeht, insofern keine sehr grosse ist, als auch bei den Samenpflanzen, wie das geschilderte Beispiel zeigt, die innerste Rindenschicht an der Wurzelbildung sich betheiligt. Wir sehen ferner, dass an der fertigen Wurzel zwar die Initialen der Haube, des Rindenkörpers (incl. Epidermis) und des Centralcylinders (Plerom) von einander unabhängig sind, dass sie aber auf einem gewissen Stadium der Wurzel in einem genetischen Verhältniss zu einander stehen, nicht unähnlich dem, wie es in der Wurzelspitze der Gefässkryptogamen stattfindet. Alles das deutet darauf hin, dass die Differenzen der Zellanordnung in der Wurzel im Grunde recht wenig Bedeutung haben.

Es durchbrechen die Seitenwurzeln die Rindenschichten der Mutterwurzel gewöhnlich relativ spät. Die Wurzeln von *Nuphar* z. B. findet man auf eine Strecke von 10 und mehr Centim. oberhalb der Wurzelspitze frei von Nebenwurzeln. Die erste Bildung der Wurzelanlagen findet in den von Nägeli und Leitgeb untersuchten Fällen nahe an der Scheitelregion der Wurzel statt, zu einer Zeit, wo die für die ersten Gefässe bestimmten Zellen sich noch nicht von den übrigen unterscheiden lassen. Für *Polygonum Fagopyrum* giebt Janczewski an (a. a. O. pag. 219), dass die Nebenwurzeln nahe dem Wurzelvegetationspunkt in dem noch von der Wurzelhaube bedeckten Gewebe entstehen, das noch keine verholzten Gefässe besitzt, auch bei *Pistia* entstehen die Nebenwurzeln einem noch nicht verholzten Gefässe gegenüber. Jedenfalls sind zur Zeit der Nebenwurzelanlegung die Zellen des Rindengewebes der Wurzel vielfach schon in den Dauerzustand übergegangen und sind zwischen denselben Intercellularräume aufgetreten.

b) Adventivwurzeln.

Wurzeln werden aber nicht nur im Vegetationspunkt, sondern auch in dem des Sprosses in nicht seltenen Fällen angelegt. Namentlich gilt dies für Gefässkryptogamen, wie die Fig. 89 für *Marattia* zeigt. Die nahe der Stammspitze entstandenen Wurzeln wachsen im Innern des kurzen knollenförmigen Stammes hinab, bis sie aus demselben hervortreten, und in die Erde eindringen. In noch auffallenderer Weise findet ein solches Hinabwachsen der Wurzeln im Stammgewebe einiger *Lycopodium*-Arten (*L. Phlegmaria*, *L. Selago*, *L. aloïfolium* u. a.) statt. Von Phanerogamen, die sich bezüglich des Anlegungsortes von Wurzeln ähnlich verhalten, seien hier genannt *Gunnera* und *Nuphar*. Von ersterer giebt Reinke[2]) z. B. an, dass die »Beiwurzeln« schon sehr frühzeitig in der Gipfelknospe, gar nicht weit unter dem Vegetationspunkt angelegt worden, in der Nähe von Gefässbündelanlagen. Und ebenso entstehen die aus der Basis der Blätter

---

[1]) Die von Janczewski (a. a. O. Taf. 18, Fig. 5 etc.) vorgenommene Abgrenzung von »Periblem« und »Plerom« halte ich nicht für richtig.

[2]) Reinke, Morphol. Abhandl. pag. 62.

von *Nuphar* hervorgehenden Wurzeln schon sehr früh, wahrscheinlich noch ehe das Blattgewebe in den Dauerzustand übergegangen ist. Auch die Haftwurzeln des Epheus[1]) entstehen nahe der Stammspitze an der Seite der Gefässbündel und zwar aus der Cambialregion derselben unter Betheiligung der angrenzenden Parenchymzellen. Aehnlichen Entstehungsort zeigen die Wurzeln der Blattstecklinge von *Begonia*, bei den Zweigstecklingen können die Adventivwurzeln auch aus dem Interfascicular-Cambium[2]) entspringen, während bei *Veronica Beccabunga* z. B. ihr Ursprungsort eine dem Pericambium der Wurzeln entsprechende, das geschlossene Gefässbündel umgebende Zellschicht ist, bei Stecklingen von *Achimenes grandis, Peperomia* der Callus, ein aus Dauergewebe entstandenes Theilungsgewebe. Ein interessanter hierher gehöriger Fall ist namentlich auch der der Wurzelbildung aus einem interkalaren Vegetationspunkt, wie DRUDE ihn für *Neottia nidus avis* nachgewiesen hat (vgl. Bd. I., pag. 607) vergl. Fig. 90. Wurzeln, die aus älteren, im Dauerzustand befindlichen Pflanzentheilen entspringen, sind also doch vielfach in Theilungsgeweben, Vegetationspunkt, Cambium, Callus etc. angelegt worden. Auch bei den Monokotylen, bei welchen die Adventivwurzeln des Stammes bekanntlich eine sehr wichtige Rolle spielen, werden dieselben schon relativ früh und zwar nach MANGIN in einem Theilungsgewebe angelegt, das die Fortsetzung des Pericambiums der Wurzel ist.[3])

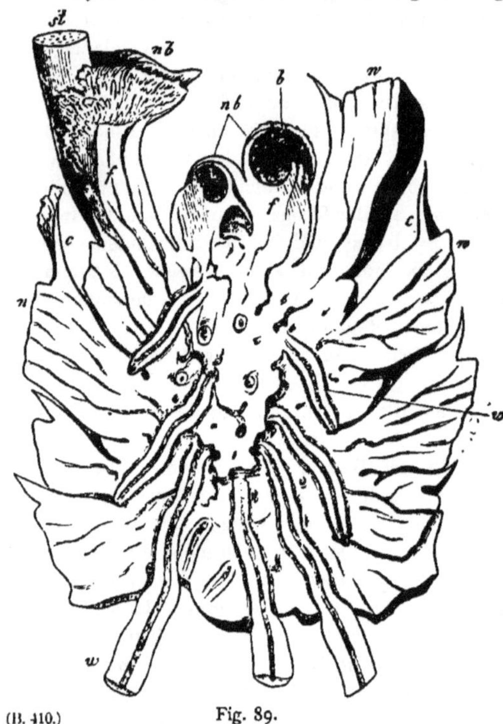

(B. 410.) Fig. 89.

Senkrechter Längsschnitt des Stammes einer jungen *Angiopteris erecta*; oben die jüngsten Blätter (b) noch ganz in Nebenblätter nb eingewickelt; st Stiel eines entfalteten Blattes mit seiner Stipula nb; n überall die Blattnarben auf den Fussstücken ff, von denen die Blattstiele sich abgegliedert haben, ww die Wurzeln (natürl. Grösse). Nach SACHS.

Wie es »Ruheknospen« giebt, d. h. Sprossanlagen, die ohne sich zu entfalten,

---

1) Vergl. REGEL, Jenaische Zeitschr. f. Naturw. X. 1876. pag. 468.

2) Auch sonst ist der Ursprung von Wurzeln aus Cambium offenbar nicht selten, er wird z. B. von BLOCH (Unters. über die Verzweigung fleischiger Phanerogamen-Wurzeln, Diss. 1880) für die Nebenwurzeln zweiten Grades von *Daucus Carota, Beta vulgaris* etc. nachgewiesen), während die Nebenwurzeln ersten Grades wie gewöhnlich im Pericambium angelegt werden.

3) L. MANGIN, origine et insertion des racines adventives et modifications corrélatives de la tige chez les Monocotylédones. Ann. des scienc. nat. VI. sér. I. 14. 1882. pag. 216. — Ein näheres Eingehen auf die in unserer Abhandlung mitgetheilten Thatsachen würde hier zu weit führen.

längere Zeit in einem entwicklungsfähigen Zustand verharren, und nur unter besonderen Umständen sich weiter entwickeln, so sind auch für einige Fälle latente Wurzelanlagen bekannt. Wir können hierher kaum zählen die Entwicklungshemmung von normal vorhandenen Wurzelanlagen unter ungünstigen äusseren Bedingungen, wie sie beim Epheu stattfindet, wenn er ohne Unterlage kultivirt wird. Dagegen findet man bei den Weiden[1]) z. B. unter der Rinde latente Wurzelanlagen, namentlich zu beiden Seiten der Achselknospen einzeln oder wie bei *Salix vitellina, pruinosa* u. a. zu mehreren. Diese Wurzelanlagen entwickeln sich an den Weidenstecklingen, während der normalen Vegetation jedenfalls aber nur höchst selten. Ueber die Zeit ihrer Anlegung ist nichts bekannt, wahrscheinlich aber erfolgt dieselbe schon früh, wenigstens giebt VOECHTING für 3—4 Monate alte Zweige von *Sal. viminalis, pruinosa* u. a. dieselben an. Ohne Zweifel finden sie sich auch noch bei anderen Holzpflanzen und Aehnliches findet sich z. B. bei *Equisetum*, wo jede Seitenknospe eine Adventivwurzel anlegt, die aber an den oberirdischen Theilen gewöhnlich nicht zur Entwicklung gelangt. Die letztere kann aber durch Feuchtigkeit und Dunkelheit hervorgerufen werden.

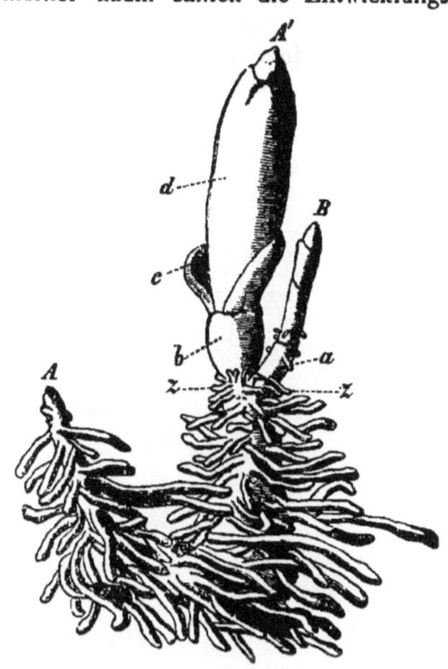

Fig. 90. (B. 411.)
Neottia nidus avis (nach DRUDE). Ganze Pflanze in Winterruhe (nat. Grösse) A' Gipfelknospe der Hauptachse. A älterer, absterbender Theil derselben. zz interkalarer Vegetationsgürtel, aus welchem neue Wurzeln in progressiver Reihenfolge hervortreten.

§ 3. Metamorphe Wurzeln. Wie Blätter und Sprosse, so unterliegen auch die Wurzeln der Gefässpflanzen Umbildungen oft sehr auffälliger Art. Der Wechsel in der Funktion ist aber nicht immer mit einer Gestaltveränderung verbunden, sondern äussert sich häufig nur in einer differenten anatomischen Ausbildung.

1. Eine Anzahl von Wurzeln ergrünen bei Lichtzutritt (so z. B. die von *Menyanthes, Mirabilis Jalappa* u. a.), während dies bei andern, normal ebenfalls in der Erde wachsenden nicht der Fall ist. Die Wurzeln der epiphytischen Pflanzen enthalten in ihrem Rindenparenchym wohl immer Chlorophyll. Es sind, wie schon oben (pag. 126) erwähnt wurde, bei *Angraecum globulosum* diese grünen Wurzeln die einzigen Assimilationsorgane, da die Blätter zu nicht grünen Schuppen verkümmert sind. Es sei hier auch noch an die aus luftführenden Tracheïden bestehende Hülle erinnert, welche die Oberfläche der Luftwurzeln epiphytischer Orchideen und mancher Aroïdeen überzieht. Sie geht aus dem Dermatogen hervor,[2]) und dient zur Aufsaugung von Feuchtigkeit.

In noch auffallenderer Form finden wir die Wurzeln als Assimilationsorgane

---

[1]) TRÉCUL, a. a. O.; VOECHTING, Ueber Organbildung im Pflanzenreich I. pag. 24.
[2]) S. DE BARY, Vergl. Anatomie pag. 237 und die dort angeführte weitere Literatur.

ausgebildet bei manchen Podostemaceen,[1]) den oben schon mehrfach erwähnten höchst eigenartig organisirten dikotylen Wasserpflanzen, die an Steinen angeheftet in Flüssen wachsen. Die Wurzelausbildung ist bei den einzelnen untersuchten Gattungen eine verschiedene. *Podostemon Ceratophyllum* z. B. besitzt kriechende mit wenig Chlorophyll versehene Wurzeln, die eine, wenn auch nicht stark entwickelte Wurzelhaube besitzen und namentlich dadurch merkwürdig sind, dass sie normal und in grosser Anzahl kräftige (endogen angelegte) Laubsprosse erzeugen, deren jüngste nicht weit vom Wurzelvegetationspunkt entfernt sind. Die

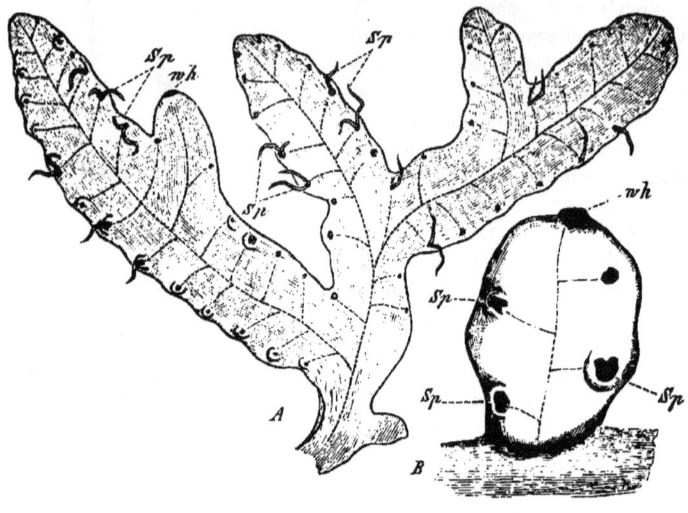

(B. 412.) Fig. 91.

Metamorphe Wurzeln von *Dicraea algaeformis* (nach WARMING, vergr.). A verzweigte Wurzeln, die eine Anzahl Sprosse mit einigen Blättern producirt haben (Sp) B junge Wurzel, vergr. Wh Wurzelhaube, sie hat vier endogene Sprossanlagen gebildet (Sp) von denen drei die Rinde durchbrochen haben.

eigenthümlichen Haftorgane (»Hapteren«) dieser Wurzeln wurden oben bei Besprechung der Emergenzentwicklung schon erwähnt. Aehnlich wie die Wurzeln verhalten sich auch die von *Tristicha hypnoïdes*, die aber keine Wurzelhauben besitzen.[2]) Die bisher erwähnten Abweichungen sind solche, die im obigen auch theilweise für Wurzeln anderer Pflanzen angegeben wurden. Sprossbildung auf Wurzeln z. B. ist eine sehr häufige Erscheinung, wenngleich sie wohl nirgends auffallender als bei den genannten Podostemaceen hervortritt. Andere Podostemaceen, namentlich die *Dicraea*-Arten dagegen besitzen sehr auffallend veränderte Wurzeln. Es kommen die letzteren bei *Dicraea elongata* und *D. algaeformis* in zweierlei Modificationen vor. Die einen breiten sich auf der Unterlage kriechend aus und sind dort durch Wurzelhaare und Hapteren angeheftet, die andern dagegen wachsen aufrecht, sie flottiren frei im Wasser,

[1]) WARMING, Familien Podostemacee forste Abh.: vidensk. selsk. Skr. 6 Raekke, Afd. II. 1, 1881; II. Afh. ibid. 6. Raekke, Afd. II. 3, 1882.

[2]) CARIO, Anatom. Unters. der *Tristicha hypnoïdes*, Bot. Zeit. 1881, pag. 24 ff. — CARIO bezeichnete die Wurzeln ihrer Haubenlosigkeit wegen als Thallus, es kann aber nach WARMING's Untersuchungen kein Zweifel mehr sein, dass dieselben wirklich Wurzeln sind.

ähnlich wie viele an ihrer Basis angeheftete Meeresalgen (Fig. 91.) Diese Wurzeln produciren auch hier in progressiver (akropetaler) Reihenfolge Laubsprossanlagen, welche endogen, aber weit von dem centralen Wurzelcylinder (mit dem sie erst später in Gewebecommunication treten) entfernt angelegt werden. Diese Sprosse erreichen aber nur eine geringe Ausbildung und treten in ihrer Bedeutung für die Assimilation jedenfalls weit zurück gegen die reichlich mit Chlorophyll versehenen Wurzeln. Diese haben offenbar ein begrenztes Wachsthum, im Gegensatz zu den dem Substrat angeschmiegten nicht metamorphen Wurzeln. Sie sind bei *D. elongata* rund, bei *D. algaeformis* dagegen platt, bandförmig, im Aussehen einem Laubblatt ähnlich (Fig. 91). Die Wurzelhaube ist nur wenig entwickelt und offenbar rudimentär. Die Blattähnlichkeit dieser sonderbaren Wurzeln von *D. algaeformis* wird noch erhöht dadurch, dass zuweilen auf der einen Seite dieser Blatt-Wurzeln (welche ein Analogon der Phyllocladien darstellen, da wie bei den letzteren die Sprossachse, hier die Wurzelachse blattförmig gestaltet ist), ein dem Pallisaden-Parenchym ähnliches Gewebe sich entwickelt. Die Wurzeln weichen hier also in Gestalt, Wachsthumsrichtung und Funktion vollständig von dem gewöhnlichen Verhalten ab — ihre Ausbildung ist um so auffallender, als in derselben Familie eine wahrscheinlich ganz wurzellose Pflanze, *Castelnavia princeps*, sich findet. Es entsteht hier, durch eigenthümliche Verschmelzung mehrerer Sprossgenerationen ein flaches, thallusähnliches Gebilde, das mit »Hapteren« und Wurzelhaaren am Substrate befestigt ist. Betreffs *Hydrobryum*, das einen Thallus besitzt, der auf seiner ganzen Oberseite endogen stehende Seitensprosse producirt und mit grosser Wahrscheinlichkeit als eine metamorphe Wurzel zu betrachten ist (vergl. WARMING, a. a. O. II., pag. 76 des Sep.-Abd.).

2. Schwimm-Wurzeln. Die Eigenthümlichkeit aufrecht (vertikal), zu wachsen theilen mit den metamorphen Wurzeln von *Dicraea* die Schwimm-Wurzeln einiger *Jussiaea*-Arten.[1]) Es umfasst diese Onagrarieengattung sowohl terrestrische als Wasser- (resp. Sumpf-)pflanzen. Von den letzteren sei *J. repens* hier erwähnt. Die Pflanze wächst meist schwimmend im Wasser, derart, dass die Blätter und Blüthen über den Wasserspiegel treten. Sie besitzt zweierlei resp. dreierlei Wurzeln. Normale fadenförmige, verzweigte[2]) bis 40 Centim. lange Wurzeln, die in den Boden eindringen können Von diesen zu den Schwimm-Wurzeln wird der Uebergang gemacht durch Wurzeln, die zwar ebenfalls, wie die vorigen verzweigt sind, deren Achse aber nicht dünn, sondern angeschwollen schwammig ist. Diese Wurzeln (aa und bb Fig. 92) flottiren oder sind festgewurzelt. Alle Wurzeln stehen an den Knoten der Sprosse, theilweise in den Blattachseln. Hier finden sich auch die Schwimmwurzeln, in zwei wenig verschiedenen Modificationen. Die auf dem Rhizom stehenden erheben sich vom Grunde des Wassers aufrecht in einer Länge von 10—14 Centim.; ihre Länge wechselt nach der Tiefe des Wassers, dessen Oberfläche sie zu erreichen suchen (Fig. 92, dd). Es sind cylindrische, oben zugespitzte Körper, deren Rindengewebe grosse Intercellularräume enthält, so dass dies Gewebe eine schwammige Textur erhält. Die Wurzelhaube ist bei jungen Wurzeln noch vorhanden, aber wenig entwickelt, und die Vermuthung liegt nahe, dass sie bei älteren Schwimm-Wurzeln, die ein begrenztes

[1]) CH. MARTINS, Mémoire sur les racines aérifères ou vessies natatoires des espèces aquatiques du genre *Jussiaea*. (mém. de l'acad. des sciens. de Montpellier tom. VI. pag. 353, 1866.)

[2]) Die unverzweigten, welche MARTINS als besondere Kategorie aufzählt, sind doch wohl nur Jugendzustände von verzweigten.

Wachsthum besitzen, verschwindet. Von diesen Schwimmwurzeln nur wenig verschieden sind die an den Knoten der flottirenden Zweige vorkommenden. Selten

(B. 413.) Fig. 92.

Habitusbild (verkleinert) von *Jussiaea repens* nach MARTINS, a unverzweigte, b verzweigte gewöhnliche Wurzeln, c etwas angeschwollene Wurzeln, d und v Schwimmwurzeln.

sind diese Schwimmwurzeln, verzweigt und gelegentlich bilden sich auch Nebenwurzeln der gewöhnlichen Wurzeln als Schwimmwurzeln aus.

Die Funktion dieser letzteren besteht offenbar wie die der Blasen von

Utricularia,[1]) der schwammig angeschwollenen Blattstiele von *Pontederia crassipes* u. a. darin, mittelst ihres Luftgehaltes der Pflanze als Schwimmmittel zu dienen, welche in dem besprochenen Falle wahrscheinlich auch hauptsächlich der nicht festgewurzelten Pflanze es ermöglichen, ihre Blatt- und Blüthensprosse über das Wasser zu erheben. Wächst die *Jussiaea* im Trocknen so werden keine Schwimmwurzeln gebildet.

3. Dorn-Wurzeln. Wie Blätter und Sprossen so können auch Wurzeln zu Dornen umgebildet werden. Beispiele dafür sind für Monokotylen und Dikotylen bekannt.

Unter ersteren seien genannt die Palmen *Acanthorhiza*[2]) und *Iriartea*. Die erstere besitzt in der unteren Stammregion normale, in den Boden eindringende Wurzeln, in der oberen bilden sich schwächere, deren Wurzelhaube verloren geht, während die Zellmembranen mit Ausnahme der Siebröhren verholzen und die Zellen der äusseren Rinde sklerenchymatische Struktur annehmen. Bei *Iriartea* sind es Nebenwurzeln, die zu kleinen Stachelspitzen verdornen (vergl. Bd. I., pag. 663).

Von den Dikotylen ist nur ein hierhergehöriges Beispiel bekannt: das der merkwürdigen *Rubiacee Myrmecodia*, welche von Treub[3]) neuerdings eingehend untersucht worden ist. Die Dornen, welche auf der Aussenseite der Knolle und den schildförmigen Erhebungen des Stammes, welche die Blätter tragen, stehen, sind metamorphe Wurzeln, die ihre Wurzelhaube ebenfalls verlieren.

Ebenso kommen auch Wurzeln vor, die wie manche metamorphe Sprosse und Blätter als Ranken functioniren (*Cirrhus radicalis* Mohl). Mohl[4]) hat derartige Wurzeln für einige Lycopodiaceen, und namentlich für *Vanilla aromatica* beschrieben (a. a. O. pag. 49). Bei der Vanille entspringt auf jeder Seite des Blattes aus dem Stengel eine einfache oder ästige Luftwurzel, ähnlich den Wurzeln von *Cactus, Pothos, Caladium* u. a. Diese Wurzeln erreichen oft die Länge von einem Fusse und darüber, hängen gerade gegen die Erde herab, wenn der Zweig, aus dem sie entspringen, frei in die Luft hinaushängt, dringen, wenn er um einen Baumstamm geschlungen ist, in die Ritzen desselben ein und winden sich, wenn sie mit einer dünnen Stütze in Berührung kommen, als Ranke um dieselbe. Treub[5]) hat diese Angaben neuerdings bestätigt, und einige Melastomaceen hinzugefügt, die sich ähnlich verhalten, so *Medinilla radicans, Dissochaeta sp.* Bei der letzteren Pflanze scheinen die betreffenden Wurzeln nur als Ranken zu functioniren. Nach Fritz Müller[6]) winden auch die abwärts

[1]) Dieselben sind ausserdem bekanntlich auch als Insektenfallen thätig. — Besonders auffallend sind auch die Schwimmorgane der Mimosee *Desmanthus natans:* Stamminternodien nehmen hier eine ähnliche schwammige Beschaffenheit an, wie bei *Jussiaea* die Wurzeln. Die letzteren sind bei *Desmanthus* nicht verändert, sie hängen frei ins Wasser herab. (Vergl. Rosanoff, bot. Zeit. 1872.) — Kultivirt man *Pontederia* als Sumpfpflanze, so sind die Blattstiele viel weniger aufgetrieben.

[2]) Friedrich, Ueber eine Eigenthümlichkeit der Luftwurzeln von *Acanthorhiza aculeata*. Acta horti Petropolitani. pars VII. 1881 (nur aus Ref. bekannt). Vergl. auch Russow, über *Pandanus odoratissimus* in dessen vergl. Unters. pag. 53, 54.

[3]) Annales du jardin botanique de Buitenzorg. Vol. III. 1883. pag. 129. — Daselbst weitere Literatur.

[4]) Mohl, Ueber den Bau und das Winden der Ranken und Schlingpflanzen 1827. pag. 48 und 49.

[5]) Treub, a. a. O. pag. 177 ff.

[6]) Citirt bei Darwin, Kletterpflanzen. (Uebersetz.) pag. 144.

wachsenden Luftwurzeln von *Philodendron*-Arten um dicke Bäume, und einige merkwürdige parasitische Loranthaceen[1]), *Strutanthus*- und *Phtirusa*-Arten, besitzen hakenförmig eingekrümmte »Greifwurzeln,« die, wenn sie auf einen Zweig treffen, sich um denselben wickeln und sich mit Haustorien (s. u.) an ihm befestigen.

Eine weitere Kategorie metamorpher Wurzeln sind die zu Reservestoffbehältern umgestalteten, was sowohl bei Haupt- als Nebenwurzeln der Fall sein kann. Wie bei den Schwimmwurzeln findet eine eigenthümliche Ausbildung des Rindenparenchyms statt (in welchem Reservestoffe abgelagert werden) und in Verbindung mit dieser abnormen Entwicklung oft eigenthümliche Dickenwachsthumsvorgänge eintreten. Es gehören hierher eine Anzahl »Rüben,« so die von *Daucus carota*, *Apium graveolens*, *Beta vulgaris* u. a., während der Rettich eine Anschwellung des hypokotylen Stengelgliedes darstellt. Von knollenförmigen Wurzeln seien genannt die von *Ranunculus Ficaria*, welche ihre Wurzelhaube, noch ehe sie ausgewachsen sind, verlieren und die unserer Erdorchideen.

Eine normal vor sich gehende Umbildung erleiden die Wurzeln der Gymnospermen und der dikotylen Holzpflanzen durch das sekundäre Dickenwachsthum ihrer älteren Partieen. Die charakteristische Struktur der Wurzel wird dadurch verwischt, und ihr anatomischer Bau dem des Stammes genähert, wenngleich kleinere Differenzen auch zwischen Wurzel- und Stammholz sich finden.

§ 4. Entwicklungsperiode der Wurzeln. — Zum Schluss der Erörterung über Wurzelentwicklung soll hier, so weit die vorliegenden Materialien[2]) es gestatten, die Frage beantwortet werden, wie sich die Entwicklungsperiode der Wurzeln zu den oberirdischen Pflanzentheilen verhält.

Es ist eine unschwer zu constatirende und leicht zu verstehende Thatsache, dass bei der Keimung der Samen die Entwicklung des Wurzelsystems der des Sprosses vorauseilt. Aehnlich ist es auch bei vielen Zwiebeln und Knollenpflanzen: bei *Ranunculus Ficaria* werden die Wurzeln für die im nächsten Frühjahr austreibenden Sprosse schon Ende Juni angelegt, an den Zwiebeln von *Fritillaria imperialis* treten sie im August zu Tage, während andere Zwiebeln ihre Wurzeln erst im Jahre des Austreibens selbst, aber vor den Blättern treiben,

Analoges gilt für die Bäume. Es lassen sich hier im Allgemeinen zwei Perioden der Wurzelbildung unterscheiden: die eine im Herbst, die andere im Frühjahr, vor dem Austreiben der Blätter. Beide sind durch winterlichen Stillstand getrennt, der hier aber nicht, wie bei den Sprossen als eine Ruheperiode, sondern nur als eine durch das Sinken der Temperatur veranlasste Hemmung zu betrachten ist: bei mildem Wetter findet auch im Winter offenbar Entwicklung und Wachsthum von Wurzeln statt. Bei *Tilia europaea* z. B. findet im August, September und Oktober eine fortwährende Ausbildung des Wurzelsystems statt, die eintretende Kälte unterbricht dieselbe; im December waren, entsprechend dem milden Winter wieder neue Wurzeln erschienen. Die Periode stärksten Wachsthums fiel in den April, vor dem Erscheinen der Blätter und Blüthen. Selbstverständlich finden sich Differenzen bei den einzelnen Bäumen. Bei der Eiche z. B. findet im Frühjahr kein starkes Wurzelwachsthum statt, erst im Juni zeigen sich neue Wurzelfasern, und die Periode stärksten Wachsthums fällt in den Oktober.

[1]) Eichler, Loranthaceae, Flora brasiliensis fasc. 4. pag. 10.

[2]) Besonders Resa, Ueber die Periode der Wurzelentwicklung. Leipzig 1871 (Dissert.).

Ein periodisches Absterben der Würzelchen (letzten Wurzelverzweigungen) ist bis jetzt nur für *Aesculus Hippocastanum* von RESA angegeben, findet sich aber vielleicht auch noch in andern Fällen.

Anhang zur Entwicklungsgeschichte der Vegetationsorgane.

Die Parasiten.[1])

Die Entwicklung des Vegetationskörpers sowohl, als der Blüthen der Parasiten und der mit ihnen in vieler Beziehung übereinstimmenden Humusbewohner oder Saprophyten ist in vielen Beziehungen eine so eigenthümliche, dass sie hier in ihren wichtigsten Zügen am besten gesondert zur Darstellung gelangt.

Es fehlt nicht an Uebergangsstufen von Pflanzen, die in ihren chlorophyllhaltigen Organen Kohlenstoff assimiliren und aus dem Boden anorganisches Nährmaterial aufnehmen, zu solchen, welche ihr gesammtes organisches Baumaterial lebenden Organismen als Schmarotzer entnehmen oder todtes organisches Material aufzunehmen im Stande sind. Es genüge, was die Parasiten betrifft, zu erinnern an die unten zu schildernden Rhinanthaceen, unter denen z. B. *Rhinanthus*, *Melampyrum* u. a. scheinbar selbständig lebende, mit normalen grünen Blättern und einem Wurzelsystem versehene Pflanzen sind, von denen sich aber bei näherer Untersuchung herausgestellt hat, dass sie mittelst kleiner Wurzelauswüchse auf den Wurzeln anderer Pflanzen schmarotzen. In demselben Verwandtschaftskreis dagegen ist eine andere Form, *Lathraea*, ein vollständiger Parasit, der keine Laubblätter mehr besitzt, und dessen Sprosse nur zum Zweck der Samenproduktion über die Erde treten. Ganz ähnliche Uebergangsformen finden wir auch bei den Saprophyten. Wir haben Grund zu der Annahme, die freilich zunächst nur ein Analogieschluss ist, dass unsere gewöhnlichen Erdorchideen *Orchis, Ophrys* etc. theilweise Humusbewohner sind, also organisches Material aus dem Boden aufzunehmen vermögen, auf welches sie aber ebensowenig wie die schmarotzenden *Rinanthus* etc. ganz angewiesen sind, da sie chlorophyllhaltige Laubblätter besitzen. Andere Orchideen dagegen sind vollständige Humusbewohner, wie *Neottia, Corallorhiza, Epipogon,* ihre schuppenförmigen Blätter enthalten kein, oder wie bei *Neottia* doch nur Spuren von Chlorophyll. Analoge Thatsachen liessen sich auch von anderen Verwandtschaftskreisen anführen. Hier genüge es hervorzuheben — was eine freilich selbstverständliche Folgerung ist — dass alle parasitischen und saprophytischen Pflanzen abstammen müssen von chlorophyllhaltigen, selbständig lebenden Organismen. Nur braucht die Abstammung natürlich keine direkte zu sein, da auch die zu Parasiten oder Saprophyten gewordenen Pflanzen ihrerseits den Ausgangspunkt zur Entwicklung differenter Formen bilden können.

Wir treffen demgemäss auch in verschiedenen Familien Parasiten und Saprophyten an, ebenso wie z. B. die Schling- und Rankenpflanzen auf verschiedene Familien vertheilt sind, und oft nur eine, oder einige wenige Pflanzen einer Familie dieser Kategorie angehören. So steht z. B. *Mutisia* unter den Compositen als Rankenpflanze isolirt, ähnlich wie die parasitisch lebende *Cassytha* unter

---

[1]) Wie in den früheren Abschnitten berücksichtigt die Darstellung auch hier vor Allem die Samenpflanzen und zieht die Thallophyten nur zum Vergleiche heran, eine vollständige Mittheilung alles Bekannten ist hier so wenig wie in den früheren Abschnitten beabsichtigt.

den Laurineen. Einige Beispiele mögen die Vertheilung der Parasiten und Saprophyten unter die verschiedenen Verwandtschaftskreise erläutern.

Für die Thallophyten genügt der Hinweis auf die grosse Abtheilung der Pilze, die ausschliesslich aus parasitischen und saprophytischen Formen gebildet wird und nicht selten kann auch ein und derselbe Pilz sowohl als Parasit wie als Saprophyt leben. Von Moosen und Gefässkryptogamen kennen wir keine Parasiten, von manchen derselben (von Moosen seien z. B. *Tetraphis* und *Splachnum*, von Gefässkryptogamen *Psilotum* genannt) ist es wohl wahrscheinlich, dass sie auch organische Stoffe aus dem Boden aufnehmen, allein positive Anhaltspunkte dafür fehlen und jedenfalls sind die genannten Formen im Stande, in ihren chlorophyllhaltigen Organen die Kohlensäure zu zersetzen.

Auch von den Gymnospermen ist kein hierhergehöriges Faktum bekannt, denn die Thatsache, dass, wie GÖPPERT nachgewiesen hat, die Wurzeln benachbart wachsender Tannen vielfach mit einander im Zusammenhang stehen und deshalb ein Tannenstumpf auf Kosten des ihm von benachbarten Bäumen zugeführten Nährmateriales überwallen kann, lässt sich nicht hierher ziehen. Unter den Monokotylen wurden oben schon die Orchideen als Humusbewohner genannt, ihnen entsprechen unter den Dikotylen die Pyrolaceen, unter denen auch die chlorophyllhaltigen Formen Humusbewohner zu sein scheinen, jedenfalls aber gilt dies von der chlorophyllhaltigen *Monotropa*. Von Schmarotzern seien genannt die Rhinanthaceen (s. o.), *Cuscuta* unter den Convolvulaceen, *Orobanche* unter den Gesneriaceen, *Cassytha* unter den Laurineen. Eine grössere Anzahl von mit einander verwandten Schmarotzerpflanzen bilden Gruppen »*incertae sedis*« so die Loranthaceen, Santalaceen, Balanophoreen, Rafflesieen, Hydnoreen.

Die Differenz zwischen der gewöhnlichen selbständigen und der parasitischen Lebensweise wird weniger auffallend erscheinen, wenn wir uns erinnern, dass auch die selbständig lebenden Pflanzen im Keimstadium auf Kosten der von der Mutterpflanze gelieferten Nährmaterialien leben, seien dieselben nun in den Cotyledonen oder im Endosperm aufgespeichert. Besonders im letzteren Falle wird die Analogie mit den Parasiten in einigen Fällen dann auffallend, wenn die Keimpflanze besondere Saugorgane, Haustorien, ausbildet, mittelst deren sie die im Endosperm aufgespeicherten Stoffe an sich zieht, ebenso wie die Parasiten mittelst solcher Saugorgane organische Baustoffe der Nährpflanze entnehmen. So ist bei den Palmen der Cotyledon als Saugorgan verwendet: er bleibt im Samen stecken und saugt, während der übrige Theil der Keimpflanze hervortritt, das Endosperm aus, er schwillt zu diesem Zwecke z. B. bei der Cocos-Nuss zu einem grossen, rübenförmigen Körper an. Wahrscheinlich ist auch die eigenthümliche schildchenförmige Bildung des Grasembryo's, das sogen. Scutellum, nichts anderes als der eigenthümlich ausgebildete Cotyledon. Jedenfalls ist das Scutellum ebenfalls ein Saugorgan, welches dem Embryo die Nährstoffe des Endosperm zuführt.

Haustorien anderer Art haben wir oben bei der Besprechung der Embryoentwicklung namentlich für die Embryonen der Orchideen kennen gelernt (pag. 173). Der sehr kleine Samen bildet dort kein Endosperm, der Embryo ist desshalb veranlasst, von weiterer Entfernung her Nährstoffe zu beziehen und bildet desshalb namentlich den Embryoträger zum Saugorgan um, der oft ähnlich wie ein Pilzfaden sich ausbreitet. Indem ich auf die oben gegebene Schilderung verweise, sei hier nur noch an die papillösen Haustorien des Embryoträgers der *Galium*-Arten erinnert.

Auch der Embryosack selbst bildet solche Haustorien zuweilen aus. Er verdrängt das von den Integumenten der Samenknospe umschlossene Gewebe mehr oder weniger vollständig und bildet zu diesem Zwecke oft blinddarmähnliche Aussackungen namentlich bei den Scrophularineen, Aussackungen, die ebenfalls nichts anderes sind als im Samenknospengewebe wuchernde Haustorien.

Auch die Embryonen der Archegoniaten leben entweder zeitlebens (wie bei den Moosen) oder wenigstens einige Zeit (wie bei den Gefässkryptogamen) und den Coniferen auf Kosten der geschlechtlichen Generation. Die Stoffüberführung aus derselben in den Embryo wird in manchen Fällen nicht durch besondere Organe vermittelt (z. B. *Riccia)*, in anderen bohrt sich der untere Theil des Embryo's als Saugorgan oft tief in das Gewebe des archegonientragenden Sprosses ein (z. B. *Sphagnum)* oder es bilden sich auch besondere Haustorien. So wachsen aus dem Basaltheil des Embryos der Anthoceroteen Schläuche (Haustorien) in das Gewebe der Mutterpflanze hinein, der gegenüber der Embryo also wie ein Schmarotzer sich verhält; bei den Farnen tritt das Saugorgan des Embryo's in Form eines Gewebekörpers auf, mittelst dessen der Embryo, auch wenn er den Archegoniumscheitel schon gesprengt hat, in dem Archegoniumbauchtheil noch festsitzt, das Haustorium wird hier als »Fuss« bezeichnet (Fig. 93), es findet sich in analoger Form auch noch bei einigen Gymnospermen-Embryonen. So bei *Welwitschia*, wo das Saugorgan eine Anschwellung des hypokotylen Gliedes darstellt.

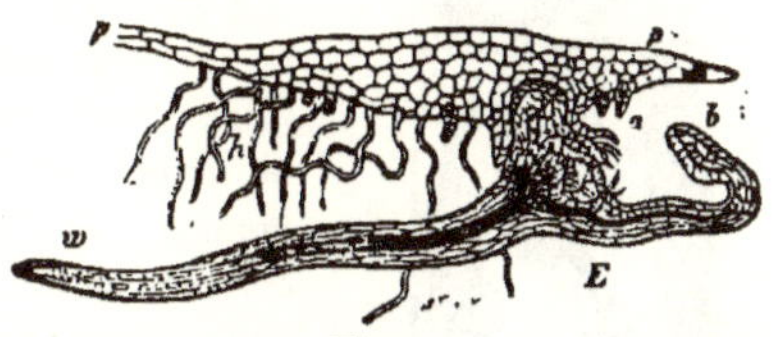

Fig. 93. (B. 414.)
Embryo von *Adiantum Capillus Veneris*, welcher den Archegonienbauch durchbrochen hat, aber mittelst des Haustoriums (des »Fusses«) noch am Prothallium (p) festsitzt, w Wurzel, b erstes Blatt der Keimpflanze.

Die parasitischen Pilze, deren Mycelium direkt das Gewebe der Nährpflanze (resp. des befallenen Thierkörpers) durchwuchert, zeigen keine besonderen Haustorien. Dieselben treten auf an Mycelien, die auf der Oberfläche der Nährpflanze wachsen (wie bei den Erysipheen), oder in den Intercellularräumen derselben. Ein ausgezeichnetes Beispiel für den eben erwähnten Fall bieten die Peronosporeen[1]) (Fig, 94). Die denselben nahe verwandten, aber saprophytisch lebenden Saprolegnieen mögen hier desshalb genannt sein, weil sie zeigen, dass der Besitz der Haustorien nicht auf die Parasiten beschränkt ist.. Sie wachsen besonders häufig auf todten, im Wasser liegenden Insekten, die sie in dichtem Rasen bedecken. Die ungeschlechtliche Fortpflanzung geschieht durch Schwärmsporen. Die keimende auf ein geeignetes Substrat gelangte Schwärmspore treibt einen Keimschlauch, dessen eines Ende in das Substrat eindringt, und dort dünne Verzweigungen treibt, die als Wurzeln funktioniren. Das entgegengesetzte Ende des Keimschlauches wächst vom Substrat weg und verzweigt sich, an diesen Zweigen treten dann später die Fortpflanzungsorgane auf. Von den unteren derselben aber entspringen dünne Zweige, die ebenfalls in das Substrat eindringen (»Senker«) und der Nährstoffentnahme aus demselben dienen. Das ganze Gebilde verhält sich ähnlich wie ein Baum, der ausser seinem primären Wurzelsystem noch Luftwurzeln treibt, die von den Aesten herunter in die Erde wachsen. —

[1]) Vergl. die Darstellung und die Literaturangaben für diesen und den folgenden Fall in GOEBEL, Grundzüge der Systematik etc. pag. 101 ff.

Bei phanerogamen Saprophyten kommen derartige Haustorialgebilde nicht vor, wenn man nicht etwa die — gewöhnlich sehr spärlichen — Wurzeln derselben mit den genannten Organen in Parallele setzen will.

Die vorstehende Erörterung ging aus von dem Satze, dass bei der Keimbildung vielfach Vorgänge auftreten, die den am Vegetationskörper der Parasiten stattfindenden entsprechen. Ehe auf die Untersuchung der letzteren eingegangen wird, ist hier nur das Verhältniss von Symbiose[1]) und Parasitismus zu erwähnen, denn in manchen Fällen ist es unentschieden, ob das Zusammenleben zweier Pflanzen als Symbiose, oder als Parasitismus, wobei also die eine Pflanze bezüglich ihrer Nährstoffaufnahme auf die andere angewiesen ist, zu beweisen. Es ist z. B. wahrscheinlich, dass die in Hohlräumen des Gewebes von *Gunnera* lebenden Nostoccolonien dem Gewebe Nährstoffe entziehen, und dasselbe findet auch in anderen Fällen vielleicht statt. Man findet Nostoc-Colonien z. B. regelmässig in dem Thallus von *Anthoceros*. Die beweglichen Fadenstücke (Hormogonien) des auf feuchter Erde überall verbreiteten Nostoc dringen in die Schleimspalten, die sich auf der Thallusunterseite von *Anthoceros* einfinden, und siedeln sich dort an. (Vergl. Bd. II, pag. 360.) Es ist dieser Fall hier desshalb anzuführen, weil die Einwanderung des *Nostoc* hier bestimmte Entwicklungsvorgänge in der Wirthspflanze hervorruft. Die Schleimhöhle wird grösser und ihre Wandseiten wachsen zu Schläuchen aus, die in die Gallertmasse, in welche die Nostoccolonie eingebettet ist, hineinwachsen. Es muss zweifelhaft bleiben, ob *Nostoc* hier nur ein »Raumparasit« ist, d. h. einen geschützten Raum zu seiner Entwicklung sucht oder ob er dem *Anthoceros*-Thallus Stoffe entzieht; auch wissen wir nicht, ob das Gewebe des letzteren nicht vielleicht der Nostoc-Gallerte Wasser entziehen kann; also von der Einwanderung der *Alge* unter Umständen Vortheil zieht. Analoges gilt für die a. a. O. ebenfalls erwähnte Lebermoosgattung *Blasia*, in deren »Blattohren« man fast regelmässig Nostoccolonien trifft. Die nicht inficirten Blattohren dagegen sterben früh ab — es ist also klar, dass *Nostoc* hier auf seine Wirthspflanze eine ganz bestimmte Einwirkung ausüben muss, deren Natur wir aber nicht kennen. Bei einer Chlorophycee, dem *Phyllosiphon Arisari*, welche in den Intercellularräumen des Blattes der Aroidee *Arisarum* lebt, ist dagegen der Parasitismus schon daraus zu entnehmen, dass sie die Blattzelle zum Absterben bringt. Es zeigt dies Beispiel, ebenso wie die oben angeführten Rhinanthaceen, dass auch grüne Pflanzen — die es eigentlich »nicht nöthig hätten« — schmarotzen.

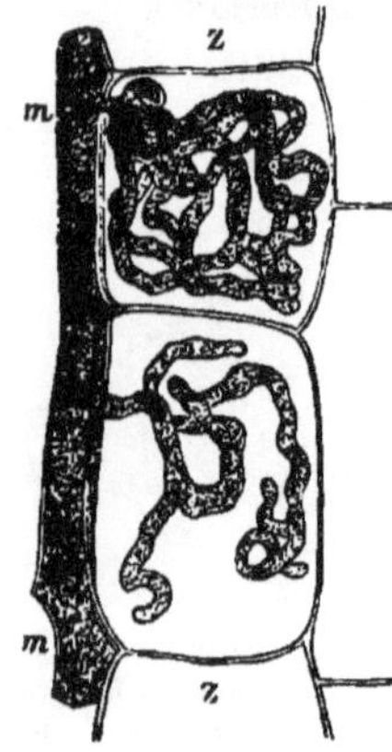

(B. 415.) Fig. 94.
Stück eines Mycel-Fadens von *Peronospora calotheca*, welcher in dem Gewebe von *Asperula odorata* schmarotzt. (Nach DE BARY.) Das Mycel (m) wuchert in den Intercellularräumen und sendet durch die Zellmembranen hindurch Saugfortsätze in Form verzweigter Ketten Schläuche in die Zellen hinein.

Es ist nicht unsere Aufgabe die Erscheinungen der Symbiose hier darzustellen, da dieselben für die Organentwicklung wenig bieten. Es sind in den beiden oben angeführten Beispielen Organe, die sonst anderweitigen Zwecken dienen, welche durch das Eindringen von *Nostoc* verändert werden, bei *Anthoceros* Schleimspalten, bei *Blasia* die Blattohren, die im Wesentlichen ebenfalls Schleimorgane

---

[1]) Unter »Symbiose« wird das Zusammenleben zweier nicht derselben Art angehörigen Organismen verstanden. Vergl. namentlich DE BARY, Die Erscheinung der Symbiose.

sind. Ob auch die eigenthümlichen Höhlungen in den Azollablättern[1]), in welchen man in den bisher untersuchten Fällen stets die Nostocacee *Anabaena* fand, ursprünglich bestimmten, derzeit unbekannten Funktionen dient oder nur zum Zwecke der Aufnahme von *Anabaena* gebildet wird, lässt sich derzeit nicht entscheiden.

§ 1. Rückbildung der Organe von Parasiten und Saprophyten. — 1. Vegetationsorgane.

Bei Parasiten wie bei Humusbewohnern treten bestimmte Rückbildungserscheinungen auf, die sich einmal auf den Vegetationskörper und dann namentlich auf die Samenbildung beziehen.

Bei einer Pflanze, die ihre Baustoffe vollständig entweder als Parasit oder als Saprophyt bezieht, fällt die wichtigste Funktion der chlorophyllhaltigen Laubblätter, die bei den selbständig lebenden höheren Pflanzen vorzugsweise der Assimilation des Kohlenstoffs und der damit in Verbindung stehenden Transpiration dienen weg. Es sind dann auch bei typischen Parasiten und Saprophyten die Blätter zu kleinen Schuppen verkümmert, die nur als Schutzorgane für die Endknospe des Sprosses oder für die Blüthen dienen und demgemäss ist auch ihre Gewebegliederung eine viel einfachere als die der typischen Laubblätter. Die Schuppenblätter am Rhizom von *Epipogon* z. B. (einer saprophytischen Orchidee) bestehen (nach SCHACHT[2]) aus drei Zellschichten und besitzen weder Gefässbündel noch Spaltöffnungen und ebenso verhalten sich die kleinen Schuppenblätter der parasitischen *Cuscuta;* auch hier findet sich im Blatte keine Spur von einem Gefässbündel. Andere Parasiten und Saprophyten besitzen höher differenzirte Blätter, die Schuppenblätter von *Monotropa* z. B. haben reducirte Gefässbündel, die grünen Laubblätter der halb-parasitischen Rhinanthaceen aber besitzen den gewöhnlichen Bau. Der Reduction der Blätter entspricht natürlich auch eine Reduction in der anatomischen Ausbildung des Stammes, namentlich im Bau der Gefässbündel, die bei den meisten Parasiten und Saprophyten keine grosse Entwicklung erfahren.

Bezüglich der Bewurzelung verhalten sich Parasiten und Saprophyten verschieden. Bei den Parasiten kommen, in den genauer untersuchten Fällen im Boden wachsende Wurzeln, z. B. bei *Cuscuta* und *Orobanche* vor, bei beiden sind sie aber reducirt; sie besitzen keine Wurzelhaube; die nur kurze Zeit functionirende Wurzel von *Cuscuta* hat auch kein Gefässbündel, sondern statt desselben wird die Wurzel nur von einem Strange gestreckter Zellen durchzogen. Bei den meisten andern direkt auf ihrer Nährpflanze keimenden Parasiten, z. B. *Viscum*, sind die Wurzeln nur in metamorpher Form vorhanden, oft sin ddieselben so umgebildet, dass über die Natur derselben Ungewissheit herrscht. Der Beleg dafür wird unten bei Besprechung der Einzelentwicklung einiger Parasiten gegeben werden.

Von den Saprophyten sind einige ganz wurzellos wie *Epipogon*[3]) und *Corallorhiza*[4]), die Funktion der Wurzeln wird ersetzt durch Wurzelhaare *(sit venia verbo!)*, die auf den unterirdischen Sprossen entspringen, bei *Corallorhiza* sind dieselben in Büschel vereinigt, bei *Epipogon* unregelmässig vertheilt. Es ist fast mit Sicher-

---

[1]) Vergl. STRASBURGER, Ueber *Azolla*, Jena 1873. Die Höhlungen sind Einsenkungen der Blattoberfläche, ähnlich wie die Luftkammern des *Marchantia*-Thallus.

[2]) SCHACHT, Ueber die Fortpflanzung der deutschen Orchideen durch Knospen. Beitr. zur Anat. und Physiol. der Gewächse. pag. 115 ff.

[3]) Vergl. SCHACHT, a. a. O., pag. 123 ff. IRMISCH, Beitr. zur Morphol. u. Biol. der Orchid. pag. 50, 51.

[4]) IRMISCH, Beitr. zur Morphol. etc. pag. 58.

heit anzunehmen, dass die Pflanzen auch bei der Keimung keine Wurzeln entwickeln, also ebenso vollständig wurzellos sind, wie das oben (pag. 172) für einige Wasserpflanzen angegeben wurde. Andere saprophytische Orchideen dagegen, wie *Neottia*, besitzen Wurzeln, und dasselbe gilt für diejenigen Erdorchideen, die grüne Laubblätter besitzen. Bei *Monotropa*[1]) wird sogar der ganze Vegetationskörper durch das Wurzelsystem dargestellt, es besteht aus verzweigten, nach allen Richtungen in der Erde kriechenden Wurzeln. Endogen an denselben entstehen die Blüthensprosse, und zwar wie die Nebenwurzeln im Pericambium. Die Wurzelspitzen sind mit einer rasch sich entwickelnden Wurzelhaube versehen, die Sprosse an den Wurzeln entstehen, wie es scheint, im Allgemeinen in progressiver Reihenfolge. Während die Sprosse nach der Blüthezeit absterben, perennirt das Wurzelsystem, und lässt in der nächsten Vegetationsperiode wieder neue Blüthensprosse hervortreten. Die Keimung von *Monotropa* ist bis jetzt unbekannt, vielleicht verläuft dieselbe aber ähnlich wie die unten zu schildernde von *Orobanche*, einer Schmarotzerpflanze, bei welcher ebenfalls die Blüthensprosse endogen an einem Wurzelgebilde entstehen, während ein Keimspross gewöhnlich gar nicht zur Ausbildung gelangt. Biologisch verhält sich *Monotropa* ganz ähnlich wie z. B. die saprophytischen Hutpilze, bei denen der Vegetationskörper von dem, einem Wurzelsystem entsprechenden, im Substrate verborgenen Mycelium gebildet wird, an dem über den Boden tretende Fruchtkörper gebildet werden, und ganz ebenso verläuft auch die Entwicklung derjenigen Schmarotzer, deren Vegetationskörper ganz in ihrer Nährpflanze (»intramatrikal«) wuchert, wie der der Peronosporeen, Rafflesiaceen u. a.

2. Blüthen- und Embryobildung.

Besonders charakteristisch für die Parasiten und Saprophyten ist ihre Samen- und Fruchtbildung. Wir finden meistens, dass kleine, aber sehr zahlreiche Samen gebildet werden, die einen sehr reducirten, auf einem frühen Entwicklungsstadium, vor der Bildung von Cotyledonen und Wurzel stehen gebliebenen Embryo enthalten. Es wird also bei der Bildung des einzelnen Samens an Material gespart, dagegen eine desto grössere Menge derselben producirt, eine Einrichtung, die bei den Parasiten, namentlich den an gewisse Nährpflanzen gebundenen, die Wahrscheinlichkeit des Auffindens einer solchen erhöht, für die sich aber bei saprophytischen Pflanzen, wie Orchideen oder *Monotropa*, schwerlich ein Grund wird angeben lassen. Es keimen die Samen derselben wie bekannt nur selten, möglich ist es also, dass ganz bestimmte Bedingungen vorhanden sein müssen, um die Keimung der Samen zu ermöglichen, ähnlich wie die *Orobanche*-Samen nur im Contakt mit einer Nährwurzel keimen. Die von einigen früheren Autoren gemachten Angaben, dass die Keimpflanzen der Orchideen anfangs parasitisch leben, scheint mir durchaus unwahrscheinlich, sie findet in den seither bekannt gewordenen Keimungsgeschichten keinen Anhaltspunkt. — Die chlorophyllbesitzenden Halbparasiten *(Viscum, Rhinanthus)*, dagegen besitzen wohlausgebildete

---

[1]) SCHACHT, Zur Entwicklungsgeschichte der *Monotropa Hypopitys* in Beitr. zur Anat. und Phys. pag. 54—65. — Anatomische Details bei KAMIENSKI, Die Vegetationsorgane der *Monotropa Hypopitys*. Bot. Zeit. 1881, pag. 457. Es wird von dem letztgenannten Autor angegeben, dass die Wurzelenden von *Monotropa* dicht umgeben seien von der Myceliumschicht eines Pilzes, der höchst wahrscheinlich bei der Nährstoffaufnahme des Saprophyten eine Rolle spielt, aber in das Gewebe desselben nicht eindringt. Im Rindengewebe saprophytischer Orchideen findet man auch regelmässig Pilze, die vielleicht eine ähnliche Rolle spielen.

Embryonen, in der Fruchtbildung dagegen zeigen die Loranthaceen, denen *Viscum* angehört, Eigenthümlichkeiten, welche bei vollständig parasitisch lebenden Pflanzen, wie den Balanophoreen, ihr Analogon finden, es werden aber bei den Loranthaceen (denen sich die Santalaceen ganz anschliessen) keine kleinen Samen, sondern relativ ansehnliche Früchte gebildet. — Die Erscheinungen der Blüthen- und Fruchtbildung der Parasiten und Saprophyten sind so merkwürdig, dass es geboten erscheint, dieselben an einigen Beispielen auszuführen.

I. Saprophyten. 1. Orchideen. Auch bei den mit Laubblättern versehenen Orchideen macht sich, wie schon bei der Besprechung der Embryobildung (pag. 174) hervorgehoben wurde, eine Reduction des Embryo's geltend, der ein ungegliederter, auf einem frühen Entwicklungsstadium stehen gebliebener Gewebekörper ist.[1]) Auch die Samenknospe, die im Uebrigen normal gebaut ist und zwei Integumente besitzt, zeigt insofern eine geringe Ausbildung, als sie sehr klein bleibt und der Nucellus nur aus einer axilen Zellreihe und einer dieselbe umhüllenden Zellschicht besteht.

2. Ganz ähnlich verhalten sich die Pyrolaceen, von denen die chlorophylllose *Monotropa* sicher, die mit Laubblättern versehenen *Pyrola*-Formen höchst wahrscheinlich Humusbewohner sind. Der Embryo von *Pyrola rotundifolia* bleibt nach HOFMEISTER[2]) acht- bis sechzehnzellig, der von *Monotropa* nach KOCH fünf- bis neunzellig. Die Samenknospen von *Pyrola* und *Monotropa* sind gleichgestaltet, klein und mit einem Integument versehen.

II. Parasiten. 1. Rhinanthaceen. Dass die chlorophyllführenden halbschmarotzenden Rhinanthaceen durch den Parasitismus keine Veränderung ihrer Organe erleiden, wurde oben schon hervorgehoben. Dem entspricht auch die ganz normale Samenbildung aus wohl entwickeltem Embryo, auch der Embryo von *Lathraea squamaria*[3]) ist zwar klein, aber vollständig ausgebildet: er besitzt ein Wurzelende und zwei Cotyledon-Anlagen, obwohl die Schuppenwurz ein chlorophyllloser Schmarotzer ist.

2. Bei den Orobanchen[4]) ist die Blüthe und Samenknospe normal gebaut, der Embryo (vergl. Fig. 24), ein ungegliederter, aber ganz nach Art anderer dikotyler Embryonen jugendlichen Entwicklungsstadiums aufgebauter Zellkörper.

3. Schon weiter geht die Reduction bei den Santalaceen.[5]) Es findet sich z. B. bei *Thesium* in der Blüthe eine freie Centralplacenta, welche drei nackte, integumentlose Samenknospen trägt, der Embryo dagegen ist hier normal ausgebildet, und besitzt also die Anlage einer Wurzel und zweier Cotyledonen.[6]) Es entwickelt sich von den drei Samenknospen nur eine weiter. Angaben über die Fruchtentwicklung sind mir nicht bekannt, sie dürfte einige Analogie mit den unten zu besprechenden Verhältnissen bei den Loranthaceen bieten. Nach dem Reifestadium zu urtheilen, verdrängt der Samen die Placenta, resp. er drängt sie

[1]) Es ist diese Reduction des Embryo's aus Analogiegründen mit ein Anhaltspunkt dafür, dass die Orchideen theilweise als Humusbewohner leben, wofür auch die geringe Ausbildung des Wurzelsystems spricht.

[2]) Neue Beiträge zur Kenntniss der Embryobildung der Phanerog. Abh. der Sächs. Ges. d. Wiss. VI. Bd. 1859, pag. 634.

[3]) SOLMS, de Lathraeae generis positione systematica, Dissert. Berlin 1865, pag. 18.

[4]) KOCH, Ueber die Entwicklung des Samens von *Orobanche*, PRINGSH. Jahrb. Bd. XI.

[5]) HOFMEISTER, a. a. O., pag. 563.

[6]) Abbildung eines Fruchtlängsschnittes z. B. LE MAOUT et DECAISNE, traité gén. de bot. descr., pag. 485.

und die nicht zur Entwicklung gelangenden Samenknospen zur Seite, füllt die Fruchthöhle aus und verwächst wahrscheinlich mit der Innenwand des Fruchtknotens. Jedenfalls wird die Umhüllung des Samens, da eine Samenschale hier nicht vorhanden ist, von der Fruchtknotenwand übernommen. Und denselben Process sehen wir auch bei den Loranthaceen und Balanophoreen vor sich gehen. Der Embryo von *Thesium* ist normal ausgebildet.

4. Die Bildung der weiblichen Blüthen[1]) einiger Loranthaceen ist, nach den Schilderungen von TREUB oben schon besprochen worden (pag. 327). Die Verhältnisse sind ganz ähnlich wie bei den Santalaceen: eine freie Centralplacenta mit nackten, reducirten Samenknospen. So z. B. bei *Loranthus sphaerocarpus*, wo die Centralplacenta aber so früh schon mit der Fruchtknoten-Innenwand verwächst, dass die Embryosäcke dann scheinbar einem den Fruchtknoten erfüllenden Gewebe eingebettet sind. Viel weiter noch geht die Reduction bei dem oben ebenfalls angeführten *Viscum articulatum:* Samenknospen werden hier gar nicht mehr ausgebildet, sondern auf dem Grunde des Fruchtknotens werden einige plasmareiche, nebeneinander liegende oder durch Parenchymzellen getrennte plasmareiche Zellen zu Embryosackmutterzellen. Wie die Vergleichung mit *Loranthus sphaerocarpus* nahelegt, ist das letztere Verhalten als aus dem ersten hervorgegangen zu betrachten: Placenta und Samenknospe sind aber gar nicht mehr zur Ausbildung gelangt.

Der Embryo der Loranthaceen dagegen ist wie der der Santalaceen vollständig ausgebildet.

5. Bei den Balanophoreen[2]) findet sich die Reduction des Embryo's und der Samenknospe vereinigt, der erstere ist also ein ungegliederter Zellkörper, die Samenknospe ist ohne Integumente. Ganz ähnliche Verhältnisse wie bei *Loranthus sphaerocarpus* treffen wir z. B. bei *Scybalium fungiforme*: eine Centralplacenta mit zwei nackten Samenknospen verwächst mit der Innenfläche der Fruchtknotenhöhle; die Fruchtknotenwand ist dreischichtig, die mittlere Schicht bildet sich zur Fruchtschale aus. Hier wie bei den Loranthaceen fallen Frucht und Samen also eigentlich zusammen. Aehnlich verhält sich *Lophophytum mirabile*, wo EICHLER (Taf. 14 a. a. O.) auch die (für *Scybalium* fehlende, aber, wie kaum zu bezweifeln ist, ganz ähnlich verlaufende) Entwicklungsgeschichte der weiblichen Blüthen verfolgen konnte. Bei *Helosis* findet sich nach den übereinstimmenden Angaben EICHLER'S und HOFMEISTERS eine aus der Blüthenachsenspitze hervorgehende integumentlose Samenknospe, die bei der Reife die Fruchtknotenhöhle ganz ausfüllt, und von einer durch die zweite Zellschicht (von aussen) der Fruchtknotenwand gelieferte Schale umhüllt wird. Aehnlich sind offenbar auch die Verhältnisse bei *Langsdorffia*, nur dass hier, wie es scheint, die Samenknospe sehr früh schon mit der Innenfläche der Fruchtknotenwand verwächst. Bei

[1]) Auch die männlichen Blüthen besitzen bei *Viscum* einen eigenthümlichen Bau. Die Pollensäcke befinden sich hier nicht auf besondern Staubblättern, sondern sind den Perigonblättern eingesenkt, da bei nahe verwandten Gattungen (*Eremolepis, Phoradendron* etc.) ausgebildete, nur am Grunde mit den Perigonblättern verwachsene Staubblätter vorhanden sind, so nimmt die vergleichende Morphologie auch bei *Viscum* eine innige Verwachsung von Staub- und Perigonblatt an. Vergl. EICHLER, Blüthendiagr. II. 554.

[2]) HOFMEISTER a. a. O., EICHLER, Balanophoreae in Flora brasiliensis fasc. XLVII. Daselbst weitere Literatur, vergl. auch Blüthendiagramme, II. pag. 543. Die Blüthen sind bei der grossen Mehrzahl diklin, die männlichen gewöhnlich mit einem dreiblättrigen Perigon und 2—3 den Abschnitten desselben superponirten, normal gebauten Staubblättern versehen.

Balanophora ist die wenigzellige Samenknospe nach HOFMEISTER wandständig, sie geht aus einer Zelle hervor. Der Fruchtknoten hat hier eine auffallende habituelle Aehnlichkeit mit einem Archegonium, ob er, wie bei den übrigen genauer bekannten Balanophoreen aus zwei Fruchtblättern gebildet wird, bleibe dahingestellt. Der Embryo der genannten Balanophoreen besteht aus einem kleinen, ungegliederten Zellkörper mit kurzem Embryoträger. Er ist in das Endosperm eingebettet; wie er sich bei der Keimung entwickelt, ist auch hier nicht bekannt. Bei *Cynomorium* hat die Samenknospe ein dickes Integument, auch der Embryo erreicht, wie es scheint, eine höhere Ausbildung, als in den genannten Fällen.

6. Auch bei den Rafflesiaceen[1]) ist die Samenknospe mit einem, bei *Pilostyles* sogar mit zwei Integumenten versehen. Der Embryo ist ein, meist wenigzelliger, einem kurzen Embryoträger aufsitzender Zellkörper.

7. Von den Hydnoreen mag hier ebenfalls nur die Gestaltung der Samenknopse kurz erwähnt sein. Bei *Hydnora Johannis* und *H. africana* ist die Samenknospe atrop und mit einem dicken

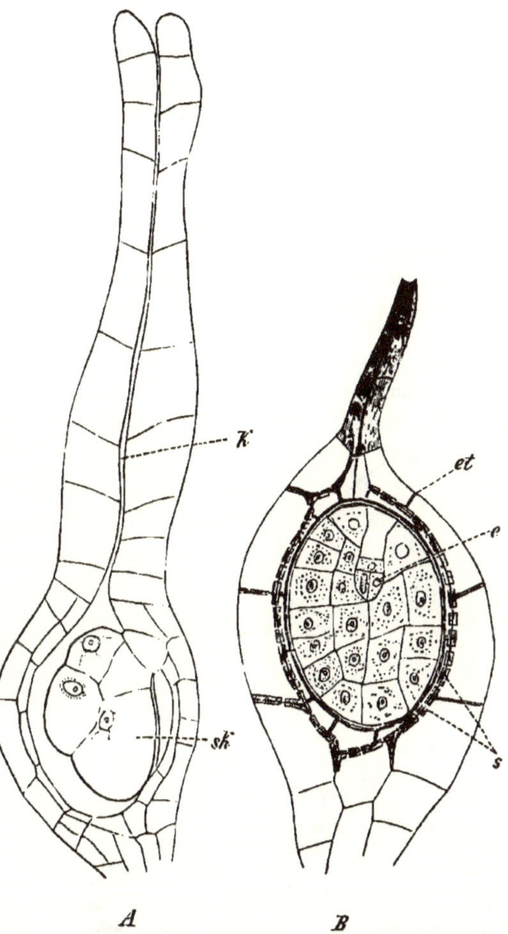

Fig. 95. (B. 416.)
(Nach HOFMEISTER.) A Längsdurchschnitt eines jungen Fruchtknotens von *Balanophora involucrata* mit wenigzelliger, wandständiger Samenknospe (sk) k Griffelkanal. B Reifer Fruchtknoten von *Balanophora dioïca* im axilen Längsschnitt e der am Embryoträger (et) hängende Embryo, er ist im Endosperm eingebettet. Der dasselbe einschliessende Embryosack hat das wenig umfangreiche Gewebe der Samenknospe verdrängt und füllt die Fruchtknotenhöhle aus; die Zellen der Fruchtknotenwand (namentlich die inneren) gestalten sich durch Verdickung ihrer Wände — die aber keine gleichmässige ist — zur Fruchtschale s. Oben der zu Grunde gegangene Griffelkanal.

[1]) SOLMS-LAUBACH, Ueber den Bau der Samen in den Familien der *Rafflesiaceae* und *Hydnoraceae*. Bot. Zeit. 1874. Die Blüthenbildung der Rafflesiaceen kann hier nicht in Kürze erörtert werden. Die Angabe, dass bei *Brugmansia* die Samenknospen in Intercellularräumen des anfangs soliden Fruchtknotens auftreten (SOLMS, Bot. Zeit. 1876, pag. 481 ff.) scheint mir noch weiterer Prüfung bedürftig.

Integumente versehen. Bei *Prosopanche Burmeisteri*[1]) dagegen sind die Samenknospen von den Placenten nicht differenzirt. Die Placenten haben die Form von Platten, die in den Innenraum des Fruchtknotens vorspringen. Mit blossem Auge erscheinen dieselben mit etwas erhabenen weissen Punkten dicht besetzt, diese Punkte sind die Stellen, an denen sich die Samenknospen befinden. Man findet auf einem Durchschnitt durch dieselben dem Placentengewebe eingesenkt, einen Embryosack, der umgeben ist an seiner Spitze von einer einfachen, weiter unten von mehreren Zellagen, ausgezeichnet durch dichten Inhalt und grosse Zellkerne. Wie dieses ganze Gebilde aufzufassen ist, muss zunächst zweifelhaft bleiben, am wahrscheinlichsten aber erscheint es mir, dass nicht ein der Placenta eingesenkter Embryosack die Samenknospe darstellt, sondern dass frühe schon die nackte Samenknospe vom Placentagewebe umwallt wird und innig mit demselben verwächst.

§ 2. Organentwicklung der Parasiten. — 1. Einen einfachen Fall von Parasitismus zeigen die (— ob alle? —) Rhinanthaceen, wo er von Decaisne entdeckt wurde[2]). Es ist eine bekannte Erfahrung, dass Topf-Aussaaten von *Pedicularis-*, *Euphrasia-* und *Rhinanthus*-Arten bald zu Grunde gehen, wenn nicht andere Pflanzen sich in demselben Topfe befinden. Ebenso sterben vom Freien in den Garten verpflanzte Exemplare gewöhnlich rasch ab. Untersucht man das Wurzelsystem näher, so zeigt sich, dass die Wurzeln an Wurzeln anderer Pflanzen festhängen und zwar mittelst besonderer Haftorgane, der Haustorien. Ein und dasselbe *Rhinanthus*-Exemplar kann Wurzeln verschiedener Pflanzen, von Monokotylen wie von Dikotylen befallen. Macht man durch den Anheftungspunkt einen Durchschnitt, so zeigt sich, dass das Haustorium aus zwei Theilen besteht (Fig. 96 A u. B): einer Anheftungsfläche, welche die Nährwurzel umfasst, und derselben dicht aufliegt, ähnlich wie der Sattel dem Pferde, und einem

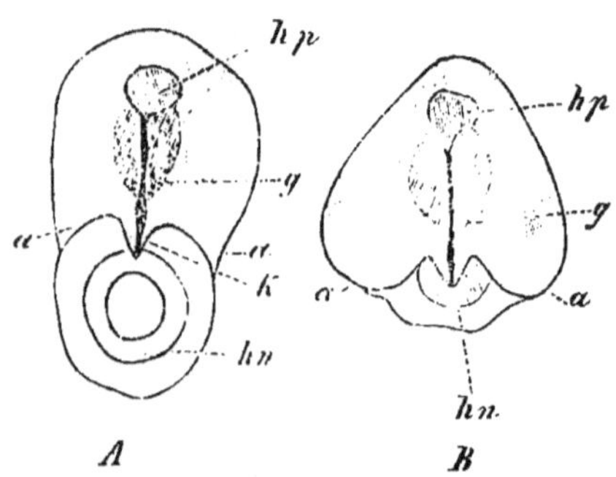

(B. 417.) Fig. 96.

Rhinanthus minor nach Solms-Laubach. A Querschnitt durch eine Dikotylenwurzel, welcher das im Längsschnitt getroffene Haustorium von *Rhinanthus* oben aufsitzt. Das Haustorium ist schraffirt, hn Holzkörper der Nährwurzel, hp Holzkörper der Wurzel des Parasiten, a Ansatzfläche des Haustoriums, k Saugfortsatz desselben, g Gefässstrang. B Querschnitt durch eine Monokotylenwurzel mit aufsitzendem Haustorium. Der Saugfortsatz des letzteren ist tief in den Gefässstrang der Nährwurzel eingedrungen.

Saugfortsatz, dem Haustorialkern, der in das Gewebe der Nährwurzel eindringt. Bei Dikotylenwurzeln wächst er durch die primäre und sekundäre Rinde bis zum Holz, bei monokotylen spaltet er die Endodermis des axilen Gefässstranges und dringt in denselben ein. Die Anatomie des Haustoriums ist in der citirten Ab-

---

[1]) de Bary, *Prosopanche Burmeisteri*, eine neue Hydnoree aus Süd-Amerika. Abhandl. der naturforsch. Ges. zu Halle. Bd. X.

[2]) Decaisne, Sur le parasitisme des Rhinanthacées (Ann. d. scienc. nat. Bot. Sec. t. VIII. — Kunze giebt an (Bot. Zeit. 1848), dass *Pedicularis comosa* und *P. sudetica* im Leipziger Garten ohne Nährpflanzen aus Samen erzogen wurden. Das beweist natürlich noch keineswegs, dass sie nicht ebenfalls die Fähigkeit haben, zu schmarotzen. Man kann die insektenfressende *Drosera* ja auch ohne Fleischnahrung kultiviren, trotzdem die letztere in der Natur regelmässig stattfindet.

handlung von SOLMS-LAUBACH mit grösster Ausführlichkeit geschildert; hier sei davon nur soviel erwähnt, dass die Mittelregion des Haustoriums (incl. des Saugfortsatzes) durchzogen wird von einem Gefässstrang, der sich einerseits an den Gefässkörper der betreffenden Rhinanthaceenwurzel, andererseits an den der Nährwurzel anlegt. Es ist klar, dass vermittelst dieser Haustorien die *Rhinanthus*-Wurzeln schmarotzen, und dass sie ihren Nährpflanzen nachtheilig werden, ergiebt sich schon aus dem kümmerlichen Gedeihen derselben im Umkreis einer grösseren Anzahl *Rhinanthus, Pedicularis*-Arten etc.

Die Entwicklung dieser Haustorien ist nur für eine chlorophylllose Rhinanthaceenform, die *Lathraea squamaria* einigermaassen bekannt[1]). Die mit eigenthümlich gebauten Schuppen versehenen nichtblühenden Sprosse sind hier im Boden verborgen, nur die Inflorescenzen treten hervor. Die Sprosse sind mit Wurzeln versehen', und an diesen bilden sich die Haustorien, welche in die Wurzeln von Waldbäumen, namentlich des Haselstrauches eindringen. Das erste Anzeichen für die Bildung eines Haustoriums ist die Produktion eines dichten Haarknäuels an einer Stelle der*Lathraea*-Wurzel. Wie KRAUSE vermuthet, entstehen die Haare in Folge eines Reizes, den eine fremde Wurzel an der Berührungsstelle mit einer *Lathraea*-Wurzel auf dieselbe ausübt, und sie dienen wahrscheinlich dazu, die *Lathraea*-Wurzel provisorisch an die Nährwurzel anzuheften. Das Haustorium entsteht nach dem genannten Autor exogen, als Emergenz des Rindenparenchyms, es legt sich der Nährwurzel an und durchbricht die Rindenschichten derselben. Die Gefässe im Haustorium werden erst gebildet, nachdem dasselbe fast seine normale Grösse erreicht hat, und dann gehen auch die oben erwähnten, wahrscheinlich provisorische Anheftungsorgane vorstellenden, Haare zu Grunde.

2. Es stimmt der eben angegebene, weiterer Untersuchung noch bedürftige Entwicklungsgang des Haustoriums überein mit dem von SOLMS früher für die *Thesium*-Haustorien geschilderten. Die *Thesium*-Arten verhalten sich ganz wie die genannten Rhinanthaceen, auch sie besitzen ein Wurzelsystem, welches theilweise vermittelst Haustorien auf anderen Wurzeln schmarotzt. Auch hier entsteht das Haustorium nach Art einer Emergenz, also exogen, trifft es eine Nährwurzel, so heftet es sich derselben an, erfolgt keine Befestigung, so wird die Anlage durch interkalares Wachsthum zu einem kurzen, hakig gekrümmten Körper mit axilem Gefässbündel, der, wenn er keine Wurzel erreicht, verkümmert. Obwohl wir nach dem in dem Abschnitt über Wurzelentwicklung Angeführten auch exogen entstehende Wurzeln kennen, sind die Haustorien der Rhinanthaceen und der genannten Santalacee *(Thesium)* doch nicht als metamorphe Wurzeln zu betrachten, da es doch auffällig wäre, dass sie so ganz anders entstehen, als die normalen Nebenwurzeln der betreffenden Pflanzen.

Die Rhinanthaceen bieten ein Beispiel dafür, dass innerhalb ein und derselben natürlichen Familie ein verschiedener Grad von Parasitismus vorkommt. *Rhinanthus, Euphrasia, Pedicularis, Bartsia* u. a. sind nur theilweise Schmarotzer, sie besitzen grüne Laubsprosse, die also die Fähigkeit haben, die atmosphärische Kohlensäure zu assimiliren; zu gleicher Zeit schmarotzen sie aber vermittelst der wurzelständigen Haustorien auf anderen Pflanzen. *Lathraea* dagegen ist chlorophylllos, muss also ihren gesammten Bedarf an organischen Baustoffen ihren

[1]) H. KRAUSE, Beiträge zur Anatomie der Vegetationsorgane von *Lathraea squamaria*, L. — Dissertation, Breslau 1879. Vergl. SOLMS-LAUBACH, de Lathraeae generis positione systematica, Dissert. Berlin 1865.

Nährpflanzen entnehmen. Die Keimung der chlorophyllhaltigen Rhinanthaceen erfolgt offenbar (wie die von *Thesium*[1]) ganz wie die anderer chlorophyllhaltiger Pflanzen, nur dass an den Wurzeln bald Haustorien auftreten. Der Chlorophyllgehalt scheint allerdings bei *Rhinanthus* und den *Thesium*-Arten vielfach ein verminderter zu sein, da dieselben oft ein gelbliches Aussehen haben, es wäre das eine gewisse Annäherung an das Verhalten der chlorophylllosen *Lathraea*.

3. Viel weiter geht der Parasitismus einer Convolvulacee, der *Cuscuta*[2]): nur kurze Zeit ist der Keimling im Boden eingewurzelt, die ganze übrige Periode seines Lebens verbringt er auf oberirdischen Pflanzentheilen schmarotzend. Die Entwicklungsgeschichte dieser merkwürdigen und sehr eingehend untersuchten Pflanze soll im Folgenden von der Keimung ausgehend kurz dargestellt werden.

Der Embryo ist, wie oben schon erwähnt wurde, dadurch merkwürdig, dass das Wurzelende desselben keine Wurzelhaube hat, es fehlt sogar der ganze Periblemabschluss des Wurzelkörpers. Auch Cotyledonen sind keine vorhanden, oder doch nur andeutungsweise. Es tritt bei der Keimung wie gewöhnlich, zunächst das Wurzelende des Embryos aus der Samenschale hervor, und dringt in den Boden ein. Die Wurzel lebt aber nur kurze Zeit, da sie nur den Zweck hat, den fadenförmigen Keimling vorläufig im Boden zu fixiren, und Wasser aus demselben herbeizuschaffen. Das Stämmchen nutirt, wenn es auf eine lebende Pflanze gelangt, umschlingt es dieselbe. Es findet hiebei das höchst merkwürdige schon von MOHL constatirte und von KOCH bestätigte Verhalten statt, dass *Cuscuta* im Keimstadium todte Stützen (sowohl aus organischem als aus anorganischem Material) nicht umschlingt, eine Eigenthümlichkeit, die wie kaum hervorgehoben zu werden braucht, bei nicht-parasitischen Schling- und Rankenpflanzen sich nicht findet, die aber dem chlorophylllosen *Cuscuta*-Keimling jedenfalls von Vortheil ist, da er beim Umschlingen einer todten Stütze eben so zu Grunde gehen würde, als wenn er eine Stütze überhaupt nicht erreicht hätte. Dagegen findet auf einem späteren Stadium, wenn *Cuscuta* schon lebende Pflanzen befallen hat, unter Umständen auch ein Umschlingen todter Stützen statt. Die Art, wie *Cuscuta* eine Nährpflanze umschlingt, stimmt weder mit dem Schlingen der Schling- noch mit dem der Rankenpflanzen ganz überein. Sie windet (im Gegensatz zu den Schlingpflanzen), auch um horizontale und nach abwärts geneigte Stützen, und windet um dieselbe abwechselnd in engen und losen Windungen. An den ersteren treten die Haustorien auf, mittelst deren die *Cuscuta* auf den Nährpflanzen schmarotzt, und zwar giebt ein auf die Stammtheile des Parasiten ausgeübter Reiz den Anlass zur Entstehung dieser Saugorgane, wie KOCH im Anschluss an MOHL näher dargelegt hat. *Cuscuta*-Keimlinge z. B., die keine Stütze erreichen, bilden auch nie Haustorien, und die letzteren treten immer nur auf der Innenseite der Windungen, also im Contakt mit der Nährpflanze auf[3]).

An dem Haustorium sind, wie bei den Rhinanthaceen zu unterscheiden, der eigentliche, in die Nährpflanze eindringende Haustorialkern oder der Saugfortsatz und die Ansatzfläche. Die Entwicklung derselben ergiebt sich aus Fig. 97 A und B, welche *Cuscuta Epilinum* entnommen sind. Es finden sich am Stengel der Cuscutapflanze hier vier Rinden-Zellschichten. Die Ansatzfläche wird durch

---

1) Vergl. über die Keimung von *Thesium* IRMISCH, Flora 1853, pag. 521.

2) MOHL, Ueber den Bau und das Winden der Ranken und Schlingpflanzen. Tübingen 1827; KOCH, die Klee- und Flachsseide. Heidelberg 1880. Daselbst weitere Lit.

3) Betreffs der »sterilen Haustorien« vergl. KOCH, a. a. O. pag. 54.

die Epidermis und die unter ihr liegende erste Rindenlage, deren Zellen wachsen und sich periklin theilen, gebildet. Der Haustorialkern bildet sich namentlich aus Zellen der zweiten, aber auch tieferen Rindenlagen. An seiner Spitze stehen langgestreckte »Initialen« (g in Fig. 97), dieselben wachsen gegen die Nährpflanze hin, durchbrechen die Ansatzfläche und die Epidermis des Nährstengels und gelangen so in das Gewebe des letzteren. Dort zeigt das Haustorium ein sehr merkwürdiges Verhalten: Sobald der Haustorialkern in die Rinde der Nährpflanze eingedrungen ist, beginnen die »Initialen« desselben ein selbständiges Wachsthum, sie wachsen zu Schläuchen aus, die wie ein Pilzmycel das Gewebe der Nährpflanze nach allen Richtungen durchwuchern. Im Centrum des Haustorialkerns beginnt nach einiger Zeit Gefäss- oder vielmehr Tracheidenbildung, es bildet sich ein den Haustorialkern durchziehender Tracheidenstrang, der sich an das Gefässbündel des Cuscutastämmchens ansetzt.

Was die »morphologische Bedeutung« des Cuscutahaustoriums betrifft, so ist dieselbe nicht leicht festzustellen. Es kann sich aber wohl nur um die Frage handeln, ob man die Haustorien als Organe *sui generis*[1]) oder als stark metamorphe Wurzeln betrachten soll. KOCH meint (a. a. O. pag. 52), ihrem Bau, wie ihrer Anlage nach stimmen sie mit den Wurzeln nicht im

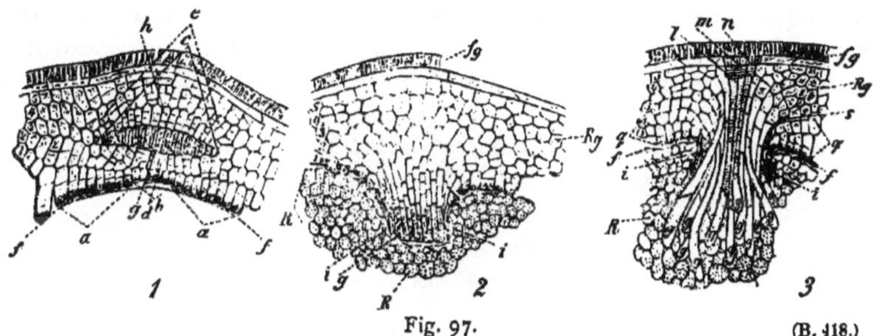

Fig. 97. (B. 418.)

Entwicklung des Haustoriums von *Cuscuta Epilinum* (nach KOCH), auf Längsschnitten durch das Haustorium (Querschnitten durch die Nährpflanze — Flachs — von deren Gewebe nur bei 2 und 3 ein Stück gezeichnet ist). Von dem Gefässbündel des Cuscutasprosses ist je nur das äusserste Gefäss (oben) gezeichnet. a Aussenfläche des Haustoriums, c und e die Rindenzellen, aus denen der Haustorialkern hervorgeht, g die Initialen desselben, welche in der Fig. 3 zu Schläuchen ausgewachsen sind. Die mit d bezeichnete Rindenschicht wird vom Haustorialkern durchbrochen. Rg in Fig. 2 Rindengewebe der *Cuscuta*, R Rinde der Nährpflanze. Bei i in Fig. 2 in den Flachsstengel eingedrückte Reste der Epidermis und Rindenlage der *Cuscuta*, l, m, n Tracheiden des Haustorialkerns.

Entferntesten überein. Dass aber bei der Haustorienbildung mehrere Zellschichten betheiligt sind, kann insofern nicht sehr schwer ins Gewicht fallen, als auch bei der Wurzelbildung nach dem Obigen (pag. 352) sich häufig zwei, gelegentlich wohl auch mehr Zellschichten betheiligen Wie die sterilen Haustorien zeigen, lassen sich die »Initialen« des Haustorialkernes auch als Plerominitialen desselben auffassen, die nur unter gewöhnlichen Umständen das Periblem etc. durchbrechen. Dass keine Wurzelhaube gebildet wird, kann ja schon aus Analogie mit der Keimwurzel nicht befremden. Ich meine also, dass das Cuscutahaustorium als eine metamorphe Nebenwurzel betrachtet werden k a n n, obwohl zwingende Gründe für eine solche Anschauung sich nicht anführen lassen, es sei hier aber noch an die *Neottia*-Adventivwurzeln erinnert, die ebenfalls nicht unter, sondern inmitten des Rindengewebes und wahrscheinlich aus mehreren Zellschichten sich bilden. —

[1]) Wenn man sie den »Emergenzen« zurechnete, so wäre das nach dem Obigen aber nur eine Subsummirung unter eine rein entwicklungsgeschichtliche, sehr verschiedenartige Organe umfassende Kategorie, die eben deshalb nur sehr geringe Bedeutung hat.

Der einzelne, selbständig wuchernde Haustorialfaden geht unter Vereinigung seiner Zellmembran mit derjenigen einer Zelle der Nährpflanze durch dieselbe hindurch, ohne sie zunächst zu tödten. Erst wenn die Entwicklung der Schmarotzerpflanze bis zu einem gewissen Grade gesteigert ist, treten pathologische Erscheinungen in der Nährpflanze auf. Stark verdickte, verholzte und lufterfüllte Zellen der letzteren werden von den Haustorialfäden übrigens gewöhnlich umgangen, die Bastfasern z. B. werden nicht durchbohrt, sondern aus dem Gewebeverband isolirt. Bei sehr saftreichen Pflanzen beobachtete SCHACHT knollenartige Anschwellungen an den von Parasiten befallenen Pflanzen, so bei einigen *Malva*- und *Solanum*-Arten. Erwähnt sei noch, dass aus jedem abgerissenen Cuscutasprossstück (wenn es nicht zu klein ist) ein neuer Infektionsheerd auf einer Nährpflanze sich entwickeln kann. Die Sprossbildung ist eine sehr reichliche, auch endogene Adventivsprosse finden sich bei einigen Arten, dieselben werden in der Nähe der Haustorien gebildet. —

Die anatomische Gliederung ist eine sehr einfache: In den zu kleinen Schuppen verkümmerten Blättern findet man keine Andeutung von der Differenzirung eines Gefässbündels. In der Keimwurzel (der einzigen zur Ausbildung gelangenden) entstehen, entsprechend ihrer ephemeren Existenz, weder Tracheiden noch Holzfasern, es findet sich nur ein aus gestreckten Zellen bestehender, die Wurzel durchziehender Strang. Auch Wurzelhaare besitzt sie nicht[1]). Auf den Bau des Stammes kann hier nicht näher eingegangen werden. Bemerkt sein mag nur, dass derselbe kein sekundäres Dickenwachsthum zeigt und vereinzelte Spaltöffnungen besitzt[2]).

4. *Orobanche* besitzt, wie schon früher hervorgehoben wurde, einen ungegliederten Embryo (Fig. 24), die Entwicklung desselben bei der Keimung ist durch CASPARY[3]) und neuerdings durch KOCH[4]) sehr eingehend untersucht worden. Schon VAUCHER[4]) hatte die merkwürdige Thatsache beobachtet, dass die *Orobanche*-Samen nur im Contact mit der Wurzel einer Nährpflanze keimen.[5]) Diese Beobachtung wurde von KOCH bestätigt — die Samen können monatelang in feuchter Erde liegen, ohne ihre Keimfähigkeit einzubüssen, sie keimen wenn nachträglich eine Nährpflanze beigepflanzt wird. Aus dem ungegliederten Embryo, an welchem nur der Lage nach ein Stammende und ein Wurzelende unterschieden werden kann, entwickelt sich ein fadenförmiger Keimling, der eine durchschnittliche Länge von 1 Millim. erreicht, und selbstverständlich auf Kosten des Endosperms wächst. Das Wurzelende entwickelt auch bei der Keimung keine Wurzelhaube, trifft es gegen die Nährwurzel, so dringt es in dieselbe ein, dringt bis zum Gefässkörper der Nährwurzeln vor und bildet so das primäre

---

1) Andeutungen davon scheinen aber zuweilen vorhanden zu sein. Vergl. KOCH a. a. O, Taf. VIII, Fig. 5.

2) Ueber die, den Abbildungen nach im Habitus mit *Cuscuta* übereinstimmende Laurinee *Cassytha* vergl. POULSEN, Ueber den morphologischen Werth des Haustoriums von Cassytha und Cuscuta. Flora, 1877 pag. 507. Das Haustorium scheint mit dem von *Thesium* übereinzustimmen.

3) CASPARY, Ueber Samen und Keimung der Orobanchen. Flora, 1854.

4) KOCH, Untersuchungen über die Entwicklung der Orobanchen (vorläufige Mittheilung). Ber. der deutschen botan. Gesellsch. I. Bd. 1883. pag. 188.

5) VAUCHER, hist. physiol. III. 550. »elles naissent de graines très-petites qui ne se développent que lorsqu'elles sont en contact avec les racines des plantes sur lesquelles elles vivent.« — Die früheren Angaben desselben Autors (in der Monographie des Orobanches) lasse ich hier absichtlich unberücksichtigt, da die hist. phys. später erschienen ist.

Haustorium. Es treten im Keimling nun auch Gefässbündel auf, die sich an den Gefässkörper der Nährwurzel anlegen, auch die übrigen Gewebe des Haustoriums schliessen sich eng an die gleichnamigen der Nährpflanze an, also Epidermis an Epidermis, Parenchym an Parenchym, Siebröhren an Siebröhren, so dass sich der Parasit wie ein Ast der Nährpflanze verhält. Die befallene Wurzel der letzteren bildet um die Basis der Keimpflanze eine Wucherung, in welche hinein die letztere Auswüchse treibt, die mit dem primären Haustorium übereinstimmen;

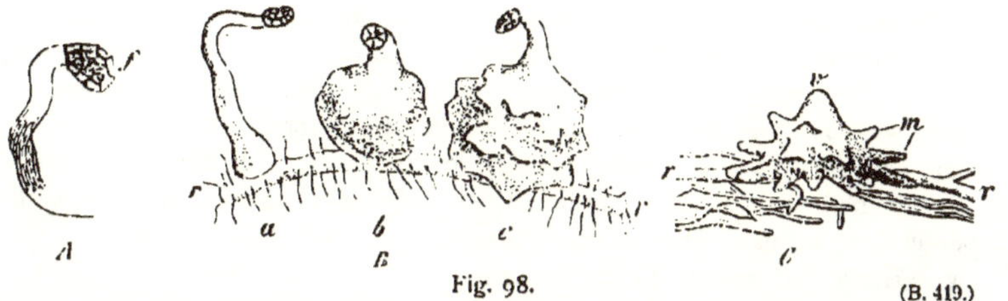

Fig. 98. (B. 419.)

(Nach CASPARY.) Keimung von *Orobanche ramosa*. A Freier Keimling, f das von der Samenschale bedeckte Stammende. B Drei junge Pflänzchen verschiedener Entwicklung auf einer Nährwurzel (r). Das am weitesten rechts stehende zeigt die Anlagen von Nebenwurzeln als Protuberanzen, es ist ebenso wie das mittlere mit der Nährwurzel schon verwachsen, während das links stehende erst die Rinde der letzteren durchbrochen hat und sein Radicularende anschwellen lässt. C älteres Stadium einer Keimpflanze mit Nebenwurzeln (m), sie sitzt mehreren Nährwurzeln auf, v Stammende des Keimlings.

»der junge Parasit sitzt, etwa wie ein starker Zahn, mit seinen Wurzeln in der Achsenwucherung seiner Nährwurzeln.« Der ausserhalb desselben befindliche (»extramatricale«) Theil der Keimpflanze zeigt unterdessen ebenfalls weitere Wachsthumsvorgänge. Das Stammende des Keimlings entwickelt sich aber nur selten weiter und wird zum Niederblätter und Blüthen erzeugenden Sprosse, gewöhnlich bleibt es auf seiner niederen Ausbildungsstufe stehen und dient nur als Saugorgan, welches die im Endosperm enthaltenen Reservestoffe dem Wurzelende zuführt. Der der Nährwurzel aufsitzende Theil des letzteren schwillt knollenförmig an, während das nicht verdickte Stammende des Keimfadens abstirbt. Die Blüthensprosse und Wurzeln entstehen an diesem knollenförmigen Basalstück. Die einzelnen Species verhalten sich bezüglich der Wurzelbildung nicht gleich: *O. rubens* z. B. besitzt sehr zahlreiche Wurzeln, *O. epithymum* fast gar keine. Die Wurzeln entstehen nahe an der Oberfläche der Knolle, sie besitzen keine Wurzelhaube, sie haben hauptsächlich die Aufgabe neue Contaktpunkte mit einer Nährwurzel herzustellen. Es geschieht dies, indem sie sich der Wurzel fest anlegen, und eine Zellgruppe in die Nährwurzel einwachsen lassen, wodurch die »secundären« Haustorien hergestellt sind, die im Allgemeinen den primären entsprechen, aber, wie es scheint, nicht wie diese aus Umbildung einer Wurzel hervorgehen, sondern einen ähnlichen Charakter haben, wie die der Rhinanthaceen. Auch die Sprossanlagen entstehen endogen an der Knolle, welche zu dieser Zeit schon eine verkorkte, also nicht mehr entwicklungsfähige Epidermis hat. Die Sprossanlagen, welche aus der Knolle hervorgetreten sind, werden durch die, nicht lange funktionirenden Schuppenblätter, welche sie bilden geschützt, sie entwickeln sich nach und nach zu Blüthenständen, deren Zahl offenbar von der Kräftigkeit der sie erzeugenden Knolle abhängt, sie gelangen bei den von KOCH untersuchten Arten auf die sich die obige Schilderung hauptsächlich bezieht, wenn sie mit ihren Nährpflanzen gleichzeitig ausgesät werden bei *Orob. ramosa* meist nach 2½, bei *Or. speciosa* nach 3 Monaten zur Blüthe. Es sind die Orobanchen ebensowenig wie die parasitischen Rhinanthaceen auf eine Nährpflanze beschränkt, *O. ramosa*, die gewöhnlich auf Hanf schmarotzt, wurde z. B. von KOCH auch auf *Vicia Faba* kultivirt. Inwieweit die grosse Variabilität der Orobanchen mit dem Schmarotzen auf verschiedenen Nährpflanzen zusammenhängt ist näher zu untersuchen.[1]) Bei den einjährigen Orobanchen stirbt, wie es scheint, die Pflanze mit der Fruchtreife ab. Auch bei den mehrjährigen ist die sprosserzeugende Knolle wie es scheint monokarpisch,[2]) aber es bilden sich von dem primären Haustorium aus Gewebewucherungen, die sich in Mittel- und Innenrinde der Nährwurzel verbreiten, und auch ähnlich wie *Viscum* senkerähnliche Gewebeplatten nach innen bilden. Aus diesem »intramatrikalen Thallus« entspringen dann seitliche Blüthensprosse, welche die bedeckende Rinde sprengen; es gleicht derselbe also dem Vegetationskörper einiger unten zu erwähnender Loranthaceen und Rafflesiaceen.

5. *Viscum* und andere Loranthaceen.

Die Fruchtbildung der Loranthaceen ist, soweit sie genauer verfolgt ist, oben kurz geschildert worden. Für *Viscum album* liegen bis jetzt nur HOFMEISTER's ältere Untersuchungen vor, aus denen hervorzugehen scheint, dass hier eine ähnliche Reduktion stattfindet wie bei *Loranthus sphaerocarpus*.

Die reife Frucht ist eine Beere,[3]) die einen oder mehrere Embryonen enthält. Die Früchte werden von Vögeln verbreitet, und zwar in der Mehrzahl der Fälle jedenfalls nicht dadurch, dass die unverdaulichen »Samen« (der Embryo und das Endosperm) mit den Excrementen abgehen, sondern dadurch, dass die Vögel[4]) (Drosseln) die Samen, die mit einer klebrigen Substanz *(Viscin)* überzogen sind, nicht fressen, sondern an Baumästen mit dem Schnabel abputzen. Bei der Keimung des durch das Viscin an die Rinde angeklebten Samens tritt das Wurzelende des Embryos unter starker Verlängerung des hypokotylen Gliedes aus dem Samen heraus, und heftet sich der Nährpflanze an. Es geschieht dies, in welcher Lage auch die Samen der Nährpflanze angeheftet sein mag[5]) dadurch, dass das hypokotyle Glied stark negativ heliotropisch ist, sich also stets nach der dunklen Zweigoberfläche hinkrümmt. Das Wurzelende verbreitet sich auf der Zweigoberfläche zu einem scheibenartigen Köpfchen, welches der ersteren

---

[1]) Vergl. die Bemerkungen von VAUCHER, a. a. O.

[2]) Vergl. SOLMS-LAUBACH, Das Haustorium der Loranthaceen etc. Abh. der naturf. Ges. zu Halle. Bd XIII. Heft 3 pag. 270.

[3]) Ueber die Keimung vergl. PITRA, Ueber die Anheftungsweise einiger phanerogamen Parasiten an ihre Nährpflanze. Bot. Zeit. 1861, pag. 53 ff., SCHACHT a. a. O.

[4]) Ohne Beihilfe derselben würden, wie PITRA hervorhebt, nur wenige Samen an die Zweige angeheftet werden, da das viscinhaltige Gewebe der Früchte von dem dünnen, glatten Epikarp bedeckt ist, welches erst entfernt werden muss. — Bei *Myzodendron*, das auf Buchen im antarktischen Amerika schmarotzt, wird die Anheftung der Samen nicht durch Viscin, sondern durch Borsten bewirkt, die sich wie Ranken um den Nährzweig schlingen und so die Samen an demselben befestigen (vergl. LE MAOUT et DECAISNE, traité général, pag. 484).

[5]) Die Misteln wachsen also z. B. auf der Unterseite von Baumästen abwärts. Ihre Sprosse scheinen gar nicht geotropisch zu sein. Bekanntlich kommt die Mistel auf einer grösseren Anzahl von Bäumen vor, auf Tannen, Fichten, Linden, Apfelbäumen etc. Am seltensten wohl auf Eichen. Auch die anderen parasitischen Loranthaceen sind bis jetzt nur auf Dikotylen und Nadelhölzern gefunden worden. — Einige Loranthaceen *(Nuytsia, Atkinsonia* etc.) sollen auch in der Erde wachsen.

dicht anhaftet. »Der Längsschnitt desselben zeigt jetzt eine centrale, protoplasmareiche Meristemmasse, die durch Streifen zerdrückter Zellen von einer äusseren parenchymatischen Rindenschicht getrennt wird; seine gesammte (aus der Umbildung des Wurzelendes hervorgegangene) Ansatzfläche besteht aus stark verlängerten Epidermiszellen. Jetzt wird in der Achse des Köpfchens aus einem Theile des Centralmeristems ein konisches, meristematisches Würzelchen gebildet, welches die Epidermis der Ansatzfläche durchbrechend, in die Rinde des Nähr-

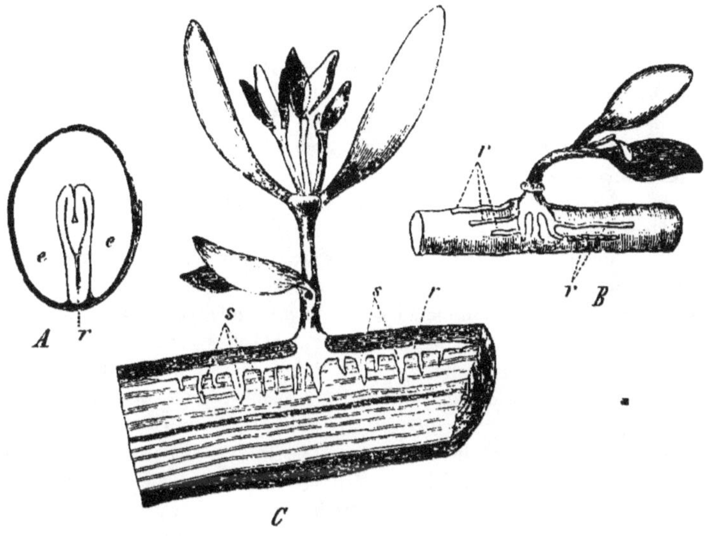

Fig. 99. (B. 420.)

Viscum album. A Längsschnitt eines Samens. Der mit zwei Cotyledonen versehene Embryo ist vom Endosperm (weiss gelassen und mit e bezeichnet) umschlossen, mit Ausnahme des Wurzelendes (nach SOLMS-LAUBACH). B Keimpflanze im zweiten Jahre auf einem Tannenzweige, dessen Rinde sorgfältig entfernt wurde, um den Verlauf der Rindenwurzeln (r) zu zeigen. C Mistelpflanze im dritten Jahre auf einem Tannenzweige. Die Rindenwurzeln verlaufen zwischen Rinde und Holz des Zweiges, die Senker (s) gehen rechtwinklig in dasselbe hinein. B und C nach SCHACHT.

zweigs eindringt (SOLMS, a. a. O. pag. 614 und 615).[1]) Im ersten Jahre dringt diese Wurzel bis auf den Holzkörper des Nährzweiges vor und verbindet sich fest mit demselben, sie dringt aber nicht in denselben ein, sondern wird nur bei weiterem Dickenwachsthum von den neugebildeten Holzlagen umlagert, so dass sie dann später mehrere Jahresringe durchsetzt. Untersucht man eine ältere Mistelpflanze, so findet man vom Mittelstock derselben ausgehend in der secundären Rinde des Nährzweiges eingebettet eine Anzahl grüner Stränge die sogen. Rindenwurzeln des Parasiten. Die ersten derselben sprossen als wahrscheinlich exogene Seitenzweige aus dem Keimwürzelchen hervor. Die Rindenwurzeln sind sehr einfach gebaut, sie bestehen aus einem centralen, von Rindenparenchym umgebenen Gefässbündel. Eine scharf differenzirte Epidermis besitzen sie nicht, die äussersten Parenchymzellen sind nur etwas kleiner als die übrigen,

---

[1]) Die Keimung findet nach SCHACHT (Beiträge etc.) auch auf feuchter Erde statt, der Keimling geht aber hier zu Grunde. Durch starke Borke kann der Wurzelfortsatz nicht eindringen.

und haften dem umgebenden Gewebe fest an. Ihr Vegetationspunkt besteht aus einem ordnungslosen grosszelligen Meristem, dessen oberflächliche Elemente zu Haaren auswachsen, so dass dadurch die ganze Wurzelspitze das Aussehen eines Pinsels erhält. Da die Wurzelspitze in keiner Verbindung mit dem Gewebe des Nährzweiges steht, so scheint diese Struktur nur den Zweck des Schutzes der Spitze beim Vordringen im Gewebe zu haben, es scheint mir deshalb ganz berechtigt zu sein,[1]) wenn man das die Spitze der Rindenwurzeln bedeckende Gewebe mit einer Wurzelhaube vergleicht, obwohl von einer Meristem-Anordnung wie in der Wurzel nicht parasitischer Pflanzen (eine Anordnung übrigens, die nach dem oben pag. 344 ff. Mitgetheilten eine sehr wechselnde ist), nichts zu sehen ist. An diesen Rindenwurzeln entspringen im Alter, oder wenn der Spross von dem sie ausgehen, entfernt wird, zahlreiche Adventivknospen, die zu neuen Mistelstämmchen auswachsen. Ausserdem aber entstehen auf ihrer unteren (dem Holze des Nährzweiges zugewendeten) Seite die sogen. Senker. Es sind dieselben keilförmige, oft viele Jahresringe (nach einem von Schacht angeführten Beispiele bei der Tanne 70) durchsetzende Auswüchse der Rindenwurzeln. Sie dringen aber nicht activ ins Holz ein, sondern werden von demselben umwallt. Sie folgen auf eine merkwürdige Weise dem Dickenwachsthum des Nährzweiges. Auf der innerhalb der Cambiumzone des letzteren gelegenen Partie des Senkers findet sich nämlich ein (meist unregelmässig entwickeltes) Theilungsgewebe, durch dessen Thätigkeit das (in Bezug auf den Nährzweig radiale) Längenwachsthum des Senkers fast ausschliesslich stattfindet. Wenn dieses Meristem in Dauergewebe übergeht, so stirbt der betreffende Senker ab, und damit auch das Gewebe des Nährzweiges an dieser Stelle. Die Senker werden schon nahe der Spitze der Rindenwurzeln angelegt, und dringen dann bis auf das Holz vor, die Endelemente der unregelmässigen Gefässreihen des Senkers setzen sich mit den Gefässen des Nährzweiges (bei dikotylen Bäumen) in direkte Verbindung, bei den Coniferen legen sie sich an die gehöft getüpfelten Tracheiden an, so dass auch hier die gleichnamigen Gewebelemente der Parasiten und der Nährpflanze mit einander in Verbindung stehen.

Von besonderem Interesse ist noch die von Pitra ermittelte Thatsache (a. a. O. pag. 58), dass die eben angeführte Entwicklung des Parasiten auch erfolgt, wenn durch irgend welche Einflüsse die Endknospe der Keimpflanze zu Grunde gegangen ist. Die Rindenwurzeln wachsen dann im Gewebe der Nährpflanze einige Jahre fort, ohne auf der Oberfläche desselben Sprosse zu entfalten, erst später bilden sich dann am Grunde der Keimscheibe Knospen aus, die zu Sprossen auswachsen.

Was die »morphologische Natur« von Senkern und Rindenwurzeln der Mistel betrifft, so ist es derzeit wohl kaum möglich, darüber eine bestimmte Aussage zu machen. Solms sieht in den Ernährungsorganen der phanerogamen Parasiten durchweg »gleichartige und denen der Thallophyten durchaus analoge Thallusgebilde«, und glaubt, dass sie weder Wurzeln noch Stämme sein können, da sie der in der Cormophytenreihe vorhandenen typischen Gliederung des Vegetationskörpers entbehren. — Was die Bezeichnung der Ernährungsorgane als »Thallus« betrifft, so ist darüber pag. 137 zu vergleichen, sie gründet sich meiner Ansicht nach auf eine historisch nicht berechtigte Ausdehnung des Begriffs »Thallus«, dessen Anwendung bei extremen Parasitenformen wie dem unten zu erwähnenden *Pilostyles* aus Zweckmässigkeitsgründen gewiss berechtigt ist, aber bei *Thesium*, *Viscum* etc. zu Widersprüchen führt. Es scheint mir keineswegs ausgeschlossen, dass die Ernährungsorgane der Parasiten ganz ungleichartige Gebilde vor-

---

[1]) Auch nachdem Solms-Laubach seine Annahme einer Wurzelhaube zurückgezogen hat.

stellen, die von *Viscum* z. B. können vielleicht als stark metamorphe Wurzeln betrachtet werden[1]), wie das »primäre« Haustorium von *Orobanche* es z. B. ist. Es ist in den früheren Abschnitten mehrfach hervorgehoben worden, wie stark und den Charakter eines Organs oft ganz verwischend die Umbildungen desselben sein können — es sei hier nur an die Podostemoneen erinnert, wo ebenfalls ein »Thallus« vorkommt, der aber das eine Mal eine metamorphe Wurzel, das andere Mal ein metamorphes Sprosssystem darstellt. — Die Ansicht, dass die Haustorien der Mistel stark metamorphosirte Wurzeln seien, wird namentlich auch durch einige tropische Loranthaceen gestützt[2]). Bei *Oryctanthus*-Arten entspringen Saugwurzeln (wie die *bdallorhizae* EICHLER's hier kurz genannt sein mögen) aus der Basis des Parasiten ausserhalb der Nährpflanze und zwar endogen. Sie besitzen keine Wurzelhaube und kriechen auf der Oberfläche der Nährpflanze nach allen Richtungen umher, mit ziemlich gleichen Distanzen bilden sie auf ihrer Unterseite Haustorien, die ähnlich wie der an der Anheftungsscheibe des Embryos gebildete in die Nährpflanze eindringen. Oberhalb der Haustorien können an diesen Saugwurzeln Adventivknospen entspringen. Andere Loranthaceen besitzen die oben schon erwähnten »Greifwurzeln« (pag. 360), die an nicht näher bestimmbaren Stellen der Sprosse entspringen, anfangs frei in die Luft wachsen, eine hakenförmig gekrümmte Spitze besitzen, mit der sie einen Nährzweig fassen können, den sie dann wie eine Ranke umwickeln[3]), sie befestigen sich an demselben, ähnlich wie ein Cuscutaspross mit Haustorien. — Bei *Struthanthus complexus* endlich, der einen schlingenden Stengel besitzt, entspringen die Saugwurzeln an den Berührungsstellen mit dem Nährzweig und bilden ein oder mehrere Haustorien.

Es würde zu weit führen, das Verhalten dieser Haustorien zu ihrem Nährzweig hier zu erörtern. Erwähnt sei nur, dass, während die von *Viscum* befallenen Aeste nur eine Anschwellung zeigen, andere Loranthaceen (auch *Loranthus europaeus*) oft umfangreiche Auswüchse des Nährzweiges an der Basis des Haustoriums (»Holzrosen«) hervorrufen.

Arceuthobium Oxycedri bildet den Uebergang von *Viscum album* zu einigen anderen Parasitenformen. Die Laubsprosse sind hier nicht wie bei *Viscum* holzig und ausdauernd, sondern krautartig und jedenfalls von beschränkter Lebensdauer. Die ein bis zwei Zoll langen Stämmchen bedecken die Zweige von *Juniperus Oxycedrus* oft in dichten Rasen. Es entstehen die Sprosse auf den Rindenwurzeln. Die letzteren bilden ein vielverschlungenes Geflecht gefässdurchzogener Gewebestränge, dessen Aeste am Ende in Büschel von einander kreuzenden fadenartigen Strängen auslaufen, von denen die Senker als senkrecht gegen das Nährholz gerichtete Zweige entspringen. Die Rindenwurzeln besitzen also keine compakte Spitze, sondern lösen sich in myceliumartige Zellstränge auf. Die einfachsten dieser Zellstränge bestehen nur aus einer Zellreihe, aus der dann in den älteren Partieen durch Zelltheilung ein Gewebestrang hervorgehen kann. — Die Keimung von *Arceuthobium Oxycedri* ist nicht bekannt, wahrscheinlich aber verläuft sie ähnlich wie die von *Viscum*.

6. Ganz ähnlich wie *A. Oxycedri* verhält sich unter den Rafflesiaceen *Pilostyles aethiopica*, welche auf den Zweigen einer *Caesalpinee*, der *Berlinia paniculata* schmarotzt. Auch hier finden sich in der sekundären Rinde des Wirthes verlaufend Stränge, die ohne bestimmte Gestalt sind, und von denen schmale, plattenförmige Aeste abgehen, die radial gegen den Holzkörper wachsend, von

---

1) Auch EICHLER *(Flora brasiliensis fascic. 44. Loranthaceae)* sagt: (pag. 9) *»affinitatem autem quam proximam absque dubio cum radice habet — et nil forsitan est nisi radix ad opus parasiticum adaptata.* — SOLMS dagegen fasst die sämmtlichen intramatrikalen Theile auf als den einzigen Saugfortsatz eines einzigen terminalen Haustoriums, der hochentwickelt und durchaus in eigenartiger Weise gegliedert sei.

2) Cfr. EICHLER a. a. O.; über die anatom. Verhältnisse der Haustorien. SOLMS, Das Haustorium der Loranthaceen etc. Abh. der naturf. Ges. zu Halle, Bd. XIII, Heft 3.

3) Dies schliesst EICHLER aus seinen Beobachtungen an getrocknetem Material.

diesem allmählich als »Senker« umschlossen werden. Laubsprosse finden sich hier wie bei allen Rafflesien nicht, die einzigen Sprosse, welche als Adventivknospen im Innern des »thallodischen Vegetationskörpers« entstehen und durch die Rinde des Nährzweiges hervorbrechen, sind die Blüthenknospen, ähnlich wie am Mycel eines endophytischen Pilzes z. B. einer *Peronospora* die Fruchtträger (hier die Conidienträger) entspringen und über die Oberfläche der Nährpflanze hervortreten.

Bei einer anderen *Pilostyles*-Art, dem *Pilostyles Hausknechti*[1]) geht die Reduktion des intramatrikalen Vegetationskörpers noch viel weiter. Es schmarotzt diese Rafflesiacee auf *Astragalus*-Arten, die Blüthensprosse derselben treten auf den Basalstücken der Blätter zu Tage. Auf jungen Entwicklungsstadien zeigt sich, dass die Blüthenknospen einer polsterförmigen, unregelmässig begrenzten, in fester und enger Verbindung mit dem Gewebe des *Astragalus*-Blattes stehenden Gewebe-

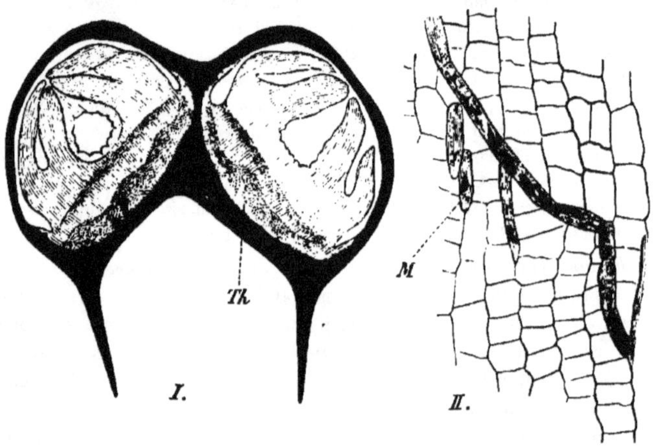

(B. 421.) Fig. 100.

Pilostyles Hausknechti nach SOLMS. I. Querschnitt durch den Blattgrund von *Astragalus leioclados* mit zwei Blüthenanlagen von *Pilostyles*. Das Gewebe der Nährpflanze ist dunkel gehalten. Th Floralpolster, aus welchem die Blüthen entspringen. II Längsschnitt durch das Mark eines *Astragalus*-Sprosses, in welchem der aus einzelnen Zellreihen (M) bestehende Vegetationskörper des Parasiten wächst.

masse des Parasiten aufsitzen, dem Floralpolster. (Vergl. Fig. 100) Derartige Floralpolster finden sich regelmässig zwei in dem Blatte, wo sie zur Entwicklung gelangen, nach der Blüthezeit gehen dieselben zu Grunde. Der intramatrikale Vegetationskörper des Parasiten, der diese »Floralpolster« erzeugt, besteht aus einfachen Zellsträngen (Fig. 100), die SOLMS ihrer Aehnlichkeit mit einem Pilzmycelium halber auch direkt als Mycelium bezeichnet. Dasselbe ist hauptsächlich im Marke des *Astragalus*-Sprosses verbreitet, seine Aeste dringen aber auch in die Gefässbündel, durchsetzen die Markstrahlen, verbreiten sich in Form unregelmässig geschlängelter Fäden in der Rinde und schliessen sich endlich irgendwie an die jungen Floralpolster an. Es gelingt mit Leichtigkeit, dies Mycelium bis in den Vegetationspunkt zu verfolgen; in einer Region, in welcher noch kaum die Scheidung von Rinde und Mark erfolgt ist, ist es reichlich vorhanden. —

[1]) SOLMS-LAUBACH, Ueber den Thallus von *Pilostyles Hausknechtii*. Bot. Zeit. 1874. Nr. 4 und 5.

Es konnte sogar mit Bestimmtheit bis unter die äussersten Zelllagen des Scheitels verfolgt werden. (SOLMS, a. a. O. pag. 68). Die Floralpolster entstehen aus diesem Mycelium, indem in ein Blatt bald nach dessen Entstehung Mycelfäden eintreten, in seiner Basis anschwellen, und durch Theilung ihr Ende in ein Nest unregelmässig polyedrischer Zellen verwandeln, das später zum Floralpolster anschwillt. Endogen, wie es scheint, entsteht auf demselben die Blüthenknospe.

Andererseits lässt sich an *Pilostyles aethiopica* auch *Cytinus Hypocistis* anschliessen, dessen Vegetationskörper zwischen Rinde und Holz von *Cistus*-Wurzeln vegetirt, und einen Hohlcylinder darstellt. Er besitzt eine Meristemplatte, mittelst welcher er in die Dicke wächst, dieselbe läuft auch jederseits in den äussersten Rand des Vegetationskörpers aus und vermittelt so auch dessen Längenwachsthum. Am Rande besitzt das *Cytinus*-Polster schmale und breite Vorsprünge. Diese heben das Cambium des Nährzweiges ab und machen also an den betreffenden Stellen normale Holzbildung unmöglich, während in den Buchten zwischen diesen Vorsprüngen dieselbe weiter geht. Da auch die Vorsprünge der Parasiten ein Dickenwachsthum besitzen, so entstehen abwechselnde Leisten von Parasitengewebe und Nährwurzelholz, die des letzteren werden isolirt, indem die Gewebeleisten des Parasiten nach und nach sich verbreiternd zusammenstossen. Da gleichzeitig auch das abgehobene Cambium der Nährwurzel auf der Oberfläche des Parasiten Holz ablagert, so ist klar wie komplicirte Wechsellagerungen von Nährwurzelholz und Parasitengewebe entstehen müssen. Dieselben können hier nur kurz angedeutet, bezüglich der Einzelnheiten muss auf die SOLMS'sche Abhandlung in PRINGSHEIM's Jahrbüchern verwiesen werden. Die Blüthensprosse von *Cytinus* werden endogen in dem Meristem des Vegetationskörpers angelegt.

7. Während die Blüthensprosse bei den Rafflesiaceen auf Gewebemassen des Thallus angelegt werden, die im Innern der Nährpflanze liegen, bilden sich bei den Balanophoreen[1]) eigenthümliche, die Rinde der Nährpflanze durchbrechende Knollen an dem intramatricalen Thallus des Parasiten. An diesen Knollen entstehen die Blüthensprosse endogen, entweder direkt oder auf eigenthümlichen, meist cylindrischen im Boden kriechenden Auswüchsen derselben. Die *Balanophora*-Knollen sind durchzogen von Gefässsträngen, welche aber nicht der Knolle, sondern der Nährwurzel angehören, welcher diese aufsitzt. Die junge *Balanophora*-Knolle steht an dem Orte, wo sie die Rinde der Nährwurzel durchbrach in direkter Verbindung mit dem Holze derselben. Hier ist das Wachsthum ein besonders intensives, es bildet sich eine von Zellgruppen des Parasiten durchlagerte Callusmasse. Von ihr gehen die die Knolle durchziehenden Gefässstränge aus: ursprünglich Ausstrahlungen der basalen Gewebemasse, deren Zellen dann grossentheils in Gefässe resp. Tracheiden sich verwandeln. —

Es werden die angeführten Beispiele genügen, um zu zeigen, dass unter dem Einfluss des Parasitismus die Organbildung in der merkwürdigsten Weise reducirt wird. Wie bei den thierischen Parasiten, so sehen wir auch bei den pflanzlichen eine Verkümmerung der bei der parasitischen Lebensweise unütz gewordenen Organe eintreten. Die Sprossbildung typischer Parasiten beschränkt sich auf die Bildung von Blüthen oder Inflorescenzen, der Vegetationskörper aber ist in den extremsten Fällen wie dem oben von *Pilostyles Hausknechtii* beschriebenen so sehr reducirt, dass er mit dem der Pilze eine habituelle Aehnlichkeit hat und denn auch direkt als »Mycelium« bezeichnet worden ist.

Es wurde bei Besprechung der Loranthaceen darauf hingewiesen, dass man den intramatrikalen Vegetationskörper der Parasiten entweder als Weiterentwicklung der Haustorienbildung, wie sie uns in einfachster Weise bei *Rhinanthus*, *Thesium* etc. entgegentritt auffassen, oder aber demselben bei den verschiedenen

1) SOLMS-LAUBACH a. a. O. (Ueber die Haustorien der Loranthaceen etc.).

Formen einen verschiedenen Ursprung (bei *Viscum* z. B. aus der Rückbildung von Wurzeln) zuschreiben kann, eine definitive Entscheidung darüber ist derzeit wohl kaum möglich.

Besonders eigenthümlich sind die Rückbildungserscheinungen an den Samen, welche bald (wie bei Loranthaceen und Santalaceen) nur die Samenknospen, bald wie bei Orchideen, Pyrolaceen nur den Embryo, bald wie Balanophoreen, Rafflesiaceen etc. beide treffen. Erinnern wir uns noch der eigenthümlichen Reizbarkeitserscheinungen, die namentlich bei der Keimung auftreten und den Zweck haben, das Auffinden einer Nährpflanze für den Parasiten zu sichern — (des negativen Heliotropismus des hypokotylen Gliedes von *Viscum*, des fehlenden Geotropismus bei demselben, der Unfähigkeit von *Cuscuta*, im Keimstadium todte Stützen zu umschlingen, der Entstehung ihrer Haustorien an den Berührungsstellen mit der Nährpflanze, der Eigenthümlichkeit der *Orobanche*-Samen nur im Contact mit der Nährpflanze zu keimen — so werden die phanerogamen Parasiten gewiss als eine der merkwürdigsten Bildungen des Gewächsreiches erscheinen.

III. Abtheilung.

Entwicklungsgeschichte der Fortpflanzungsorgane.

1. Kapitel.

Entwicklungsgeschichte der Sporangien.

Das Verständniss des Entwicklungsganges der Samenpflanzen ist bedingt durch die Kenntniss desjenigen der »Gefässkryptogamen.« Die Fortpflanzung derselben erfolgt durch Sporen: einzellige von der Mutterpflanze sich ablösende Gebilde. Aus der Keimung der Sporen geht die unscheinbare Geschlechtsgeneration, das Prothallium hervor, welches (bei den »homosporen« Gefässkryptogamen) männliche und weibliche Geschlechtsorgane, Antheridien und Archegonien producirt, während bei einer Anzahl anderer, in verschiedenen Verwandtschaftskreisen auftretender Formen die Sporen sich auffallend verschieden verhalten: Die einen sind klein, sie werden deshalb als Mikrosporen bezeichnet und bilden neben einem sehr reducirten männlichen Prothallium nur männliche Geschlechtsorgane, während die grossen Makrosporen auf einem gewöhnlich ebenfalls nur zu geringer Entwicklung gelangenden Prothallium nur Archegonien produciren. Es genüge an diese allbekannten Thatsachen hier kurz zu erinnern.

Die Organe, in welchen die Sporen gebildet werden, heissen Sporangien. Wo Mikro- und Makrosporangien vorhanden sind, werden dieselben in besonderen Sporangien ausgebildet, welche dementsprechend die Bezeichnung Mikro- und Makrosporangien führen. Auf Grund von HOFMEISTER's[1]) »vergleichenden Untersuchungen« hat sich die Erkenntniss Bahn gebrochen, dass auch bei den Samenpflanzen Mikro- und Makrosporen sich finden; nur führen sie von früher her andere Namen, die Mikrospore wird als »Pollenkorn«, die Makrospore als »Embryosack« bezeichnet. Es müssen folglich auch die Bildungsstätten derselben als Mikro- und Makrosporangien bezeichnet werden. Und dass diese Bezeichnung

---

[1]) Vergleichende Untersuchungen der Keimung, Entfaltung und Fruchtbildung höherer Kryptogamen (Moose, Farne, Rhizokarpeen und Lycopodiaceen) und der Samenbildung der Coniferen von WILHELM HOFMEISTER. Leipzig 1851.

eine begründete, auf der Uebereinstimmung der ganzen Organisation, wie sie sich im Bau und der Entwicklung dieser Organe ausspricht, begründete ist, das haben die Untersuchungen der letzten Jahre immer deutlicher gezeigt. Den Nachweis dafür sucht die folgende Darstellung zu führen, welche dem Gesagten zu Folge auszugehen hat von den Sporangien der »Gefässkryptogamen.«

§ 1. **Bau der Sporangien.** Untersuchen wir ein Sporangium auf einem mittleren Entwicklungsstadium, d. h. kurz vor den Vorbereitungen zur Sporenentwicklung, so finden wir es aus folgenden Theilen zusammengesetzt: der aus

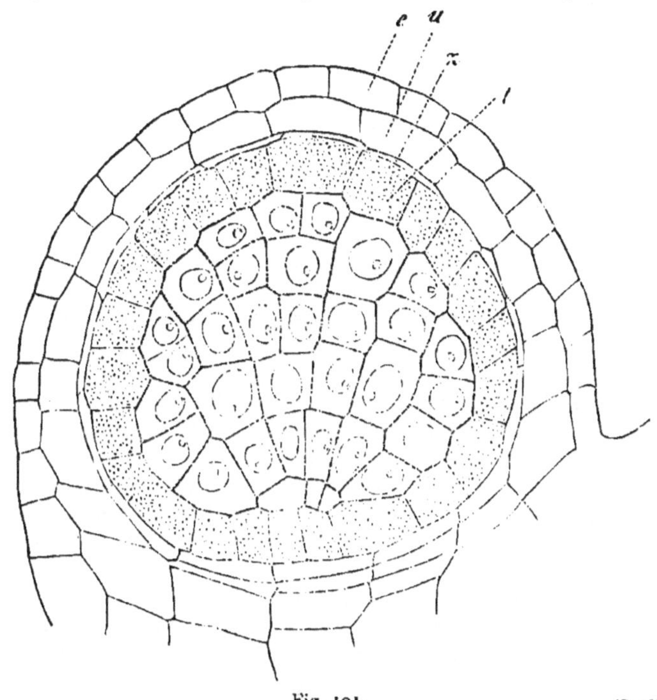

Fig. 101. (B. 422.)

Querschnitt durch ein Antherenfach (Pollensack) von *Symphytum officinale*. In den Zellen des sporogenen Zellkomplexes sind die grossen Zellkerne angedeutet, die Zellen der Tapetenschicht (t) sind punktirt. Die Antherenwand besteht aus drei Zellschichten: der Epidermis (e) einer mittleren Schicht (u), deren Zellen späterhin ihre Wand durch Spiralfasern verdicken und der inneren Schicht, welche schon beinahe ganz zusammengedrückt ist. Die Zellen des sporogenen Complexes sind aus Theilung einiger weniger Mutterzellen hervorgegangen.

einer (je nach den Einzelfällen verschiedenen) Zahl von Zellschichten zusammengesetzten Wand[1]), einem inneren Gewebe, dessen Zellen dicht mit Protoplasma erfüllt sind und sich später zu Sporenmutterzellen gestalten — es soll als **sporogener Zellkomplex** bezeichnet werden — und einer oder mehreren Zellschichten von charakteristischem Aussehen, welche den sporogenen Zellkomplex umhüllen. Diese Hüllzellen zwischen sporogenem Zellkomplex und Sporangienwand werden als **Tapetenzellen**, ihre Gesammtheit wohl auch als Tapete be-

[1]) Ist die Sporangienwand mehrschichtig, so bezeichnen wir im Folgenden die unter der äussersten Schicht derselben liegenden Zellen als **Schichtzellen** (abgekürzt für Wandschichtzellen).

zeichnet. Ihre Zellen besitzen ebenfalls einen dichten Protoplasmagehalt, sie werden im Verlaufe der Entwicklung aufgelöst, seltener zerdrückt, die Sporenmutterzellen isoliren sich und runden sich ab, sie nehmen nach STRASBURGER Protoplasmabestandtheile, welche von den aufgelösten Tapetenzellen stammen, auf, und ausserdem spielt das von den Tapetenzellen stammende Protoplasma auch noch eine Rolle bei der Membranbildung der Sporen, eine Funktion, die aber wahrscheinlich nicht die einzige ist, welche den Tapetenzellen zukommt, denn es ist sehr wohl denkbar, dass sie auch schon vor ihrer Auflösung bei der Stoffzufuhr zu dem wachsenden sporogenen Zellkomplex von Bedeutung sind. Sie bilden gewissermaassen den provisorischen Ablagerungsort für die Substanzen, welche den Sporen später zu Gute kommen sollen, sie gewinnen diese Substanzen theilweise durch Zerstörung (Zusammendrücken) von Zellen der Wandschichten. Die Wand der Sporangien erfährt, wenn sich das Sporangium dem Reifezustand nähert, bestimmte Veränderungen, die mit der Sporenaussaat in Beziehung stehen, und unten noch näher erörtert werden sollen.

§ 2. Form der Sporangien. Die eben beschriebenen Gebilde sind von sehr verschiedener äusserer Gestaltung und Stellung. Sie haben bei den meisten Farnen die Form kleiner, dem Sporophyll aufsitzender Kapseln, ebenso bei den Lycopodieen und manchen Coniferen. Die »Pollensäcke« der Cycadeen und Cupressineen z. B. gleichen genau den Sporangienkapseln der Farne und Lycopodiumarten. In anderen Fällen wie bei *Ophioglossum* und den Pollensäcken vieler Samenpflanzen[1]) sind die Sporangien dagegen dem Gewebe des Sporophylls oder (wie bei *Psilotum)* einem Zweigende eingesenkt, sie stimmen aber in ihrer Entwicklung ebenso mit den erstgenannten Sporangienformen überein, wie z. B. die dem Gewebe eingesenkten Archegonien von *Anthoceros* mit denen der frei über dasselbe hervortretenden. — Die Stellung der Sporangien oder die Placentation ist oben besonders besprochen worden; hier genüge es hervorzuheben, dass die Sporangien ihren Ursprung ausschliesslich aus solchen Pflanzentheilen nehmen, die im Zustand des Vegetationspunktes befindlich sind, eine adventive Entstehung aus älteren Gewebetheilen ist für dieselbe nirgends bekannt.

§ 3. Entwicklung der Sporangien. Der wichtigste Bestandtheil der Sporangien ist der sporogene Zellkomplex. Die Entwicklungsgeschichte hat ergeben, dass die Anlage desselben schon auf einer sehr frühen Stufe der Entwicklung kenntlich ist und zwar besteht dieselbe in einer Zelle, Zellreihe oder Zellschicht, welche durch ihren Inhalt von dem anderen Gewebe des Sporangiums (Anlage der Sporangienwand, der Tapetenzelle und des Sporangiumstieles) sich unterscheidet. Ich habe diese Zelle, Zellreihe oder Zellschicht, welche durch Wachsthum und dem entsprechende Zelltheilungen sich im weiteren Verlaufe der Entwicklung zu dem sporogenen Zellkomplex umgestaltet, als Archesporium bezeichnet.[2]) Der Ursprung der Tapetenzellen ist ein wechselnder: sie stammen

[1]) Dass dies nicht allgemein der Fall ist, zeigt z. B. Fig. 101 nur, dass die Pollensäcke (Mikrosporangien) hier nicht die Form von rundlichen gestielten Kapseln, sondern von langgezogenen Wülsten haben, was im Querschnitt natürlich nicht hervortritt.

[2]) Beiträge zur vergleichenden Entwicklungsgeschichte der Sporangien I. u. II. Botan. Zeit. 1880 u. 1881. — Den Hauptnachdruck lege ich nicht darauf, dass das Archespor grade überall eine Zellreihe oder Zellschicht zu sein braucht, sondern auf den in den genannten Abhandlungen geführten Nachweis der Homologie in der Entwicklung der ganzen Reihe der Sporangien. Dass das sporogene Gewebe (im Gegensatz zu früheren Angaben) sich überall auf ein Archespor zurückführen lässt, betrachte ich als Folge einer frühzeitig eintretenden stofflichen Differenz in der

bald vom Archespor, bald von der Wandschicht, bald von dem unter dem Archespor liegenden Gewebe ab.

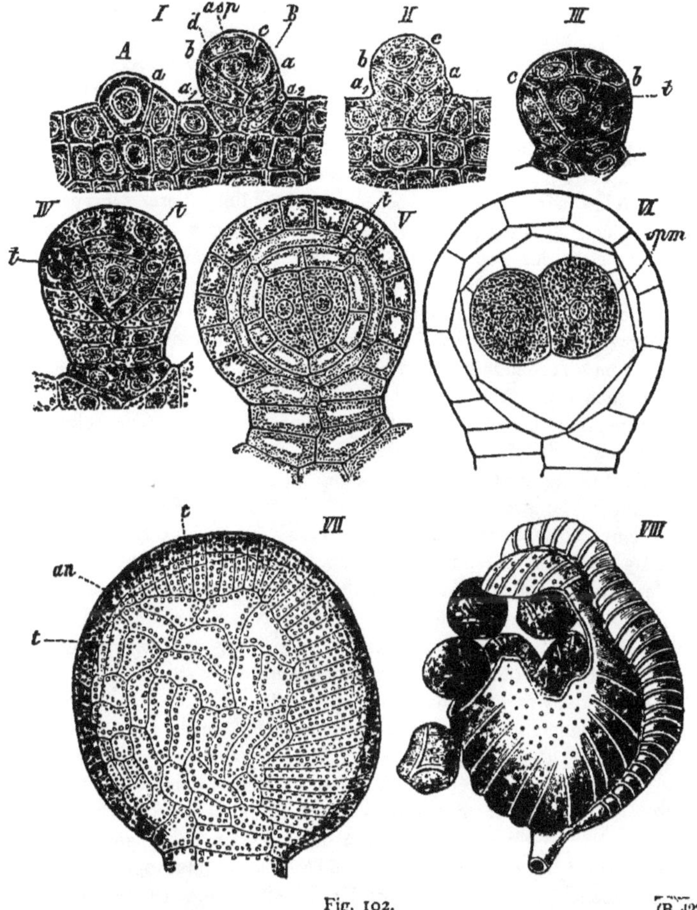

Fig. 102. (B. 423.)

Sporangienentwicklung von *Ceratopteris thalictroides* (I—VI nach KNY, VIII nach HOOKER), a, b, c die drei ersten Theilungswände der Sporangienmutterzelle a_1 und a_2 in der dem Sporangienstiele angehörigen Partie auftretende Wände, asp Archespor, t Tapetenzellen, spm Sporenmutterzellen (aus SADEBECK, die Gefässkryptogamen).

Die Darstellung der Entwicklungsgeschichte im Einzelnen hat auszugehen von den Sporangienformen, welche wir als die ursprünglichen, d. h. in diesem

---

Sporangienanlage. Möglich, dass dieselbe sich zuweilen auch in anderer Weise vollzieht, als durch das Auftreten eines Archespors der genannten Form. Ehe mit Sicherheit das Gegentheil erwiesen ist, werden wir aber berechtigt sein, auch in solchen Fällen, wo wie bei den Makrosporangien der Cycadeen ein Archespor noch nicht nachgewiesen ist, eine Unvollständigkeit in den entwicklungsgeschichtlichen Angaben anzunehmen. Da die Differenzirung sich innerhalb der Sporangienanlage erst allmählich vollzieht, so ist selbstverständlich das Archespor selbst schwieriger aufzufinden als der aus ihm hervorgegangene sporogene Zellkomplex (vergl. auch unten bei Besprechung der Mikrosporangienentwicklung der Angiospermen).

Falle als die phylogenetisch älteren betrachten können, also denen der Gefässkryptogamen. Da eine eingehende Schilderung derselben sich schon an anderer Stelle dieses Handbuches (in SADEBECK's Abhandlung über die Gefässkryptogamen Bd. I. pag. 311 ff.) findet, so können wir uns hier mit der Hervorhebung einzelner Beispiele, die für den Vergleich mit den Sporangienformen der Samenpflanzen als Ausgangspunkt dienen sollen, und zugleich die wichtigsten Verschiedenheiten in dieser Reihe zum Ausdruck bringen, begnügen.

Am längsten bekannt ist die Sporangienentwicklung bei den leptosporangiaten Farnen[1]) (d. h. den Filicineen mit Ausschluss der Marattiaceen und Ophioglosseen). Und zwar finden wir hier schon bei einer Abtheilung dieser Gruppe das Auftreten der zweierlei Sporangienformen, der Mikrosporangien und Makrosporangien. Die Entwicklung beider Sporangienformen ist bis zu einem gewissen Zeitpunkt vollkommen dieselbe: die Differenz tritt erst ein bei der Sporenerzeugung. Schon diese Thatsache deutet darauf hin, dass wir uns das Auftreten von zweierlei Sporen, Mikro- und Makrosporen (die »Heterosporie«) hervorgegangen zu denken haben aus dem Vorhandensein von einerlei Sporen, der Homosporie, ein Schluss, der noch durch eine Anzahl anderer Thatsachen nahe gelegt wird.

Die Sporangien der Farne gehen hervor aus Oberflächenzellen (vergl. Fig. 102). Lassen wir die Bildung des Stieles ausser Acht, so ist der Vorgang der, dass die annähernd halbkuglige Zelle, aus der die Sporangienkapsel sich entwickelt, durch vier successive Wände sich theilt in vier planconvexe Wandungszellen und eine tetraedrische Innenzelle, welch letztere das Archespor ist (asp Fig. 102, I B). Vom Archespor werden noch vier tafelförmige Segmente: die Anlagen der Tapetenzellen — abgeschnitten (t Fig. 102, IV), die sich noch einmal durch perikline Wände spalten, so dass das Archespor von zwei Lagen von Tapetenzellen umhüllt ist (Fig. 102 V), welche sich durch ihren dichteren Inhalt äusserlich von den Wandungszellen unterscheiden.

Aus dem Archespor geht der sporogene Zellkomplex hervor, dessen Zellenzahl bei den Sporangien verschiedener Arten verschieden ist, bei *Ceratopteris* sind es nur vier Zellen, deren jede dann vier Sporen producirt, die Tapetenzellen werden später aufgelöst, der innere Raum des Sporangiums dadurch und durch das Flächenwachsthum der äusseren Wandschicht bedeutend erweitert, so dass der Complex der Mutterzellen ganz frei in der das Sporangium erfüllenden »Flüssigkeit« (einer schaumigen, hauptsächlich aus dem Protoplasma der aufgelösten Tapetenzellen und der Quellung der Mittellamellen der Zellen des sporogenen Zellenkomplexes hervorgegangenen Substanz) schwimmt. Was die Ausbildung der Sporen selbst betrifft, so sei hier nur hervorgehoben, dass ganz allgemein aus einer Mutterzelle durch Theilung vier Sporen hervorgehen. Ganz analog verläuft die Sporangienentwicklung auch bei den anderen Farnen, auch bei den heterosporen Abtheilungen derselben, den Salviniaceen und Marsiliaceen. Die Mikrosporangien der beiden letzteren entwickeln sich ganz wie die Sporangien der homosporen Formen, nur die Makrosporangien weichen ab, indem hier von allen Sporen nur eine unter Verdrängung aller übrigen zur Entwicklung gelangt und beträchtliche Grösse erreicht.

[1]) Vergl. GOEBEL, Grundzüge der Systematik etc. pag. 214. Das Sporangium geht bei denselben aus einer Epidermiszelle des Sporophylls hervor, bei den eusporangiaten Farnen aus einer Zellgruppe, die Sporangienwand der letzteren ist vor der Reife mehrschichtig, bei den »Leptosporangiaten« einschichtig. Im reifen Sporangium der Eusporangiaten sind nicht selten alle Wandschichten bis auf die äusserste zerstört.

Dass die Entstehung der Sporangien aus Oberflächenzellen des Blattes keine Berechtigung dazu giebt, ihnen den »morphologischen Werth« von »Trichomen« zuzuschreiben, ist oben schon mehrfach betont worden. Hier sei im Anschluss an das über die Stellung der Samenknospen Mitgetheilte nur noch einmal daran erinnert, dass auch die Farnsporangien sehr verschiedene Stellungsverhältnisse zeigen. Sie entspringen auf der Blattunterseite bei den Polypodiaceen u. a.; bei den Schizaeaceen sind sie ursprünglich randständig (ohne dass man sie aber etwa als metamorphe Fiederblättchen auffassen könnte) bei *Salvinia* stehen sie an einem Blattzipfel ringsum vertheilt, ebenso bei den Hymenophylleen auf einer Blattnervenverlängerung. Bei *Osmunda regalis* stehen die Sporangien auf der Oberseite und Unterseite der fertilen Blattfiedern; ausserdem ist auch das Ende der fertilen Fiedern von einem (in Ausnahmefällen zwei) Sporangium eingenommen; sind auf einem wenig modificirten Laubblattheile (vergl. pag. 112) nur eine relativ kleine Anzahl von Sporangien vorhanden, so sitzen sie auf der Unterseite desselben[1]).

Die (auch von SADEBECK reproducirten vergl. Bd. I. pag. 326c) Angaben PRANTL's[2]) entsprechen dem Sachverhalt nicht. Nach PRANTL sollen die Sori das Ende gewisser fiedrig angeordneten Nerven einnehmen, ähnlich wie das bei den Hymenophyllaceen der Fall ist. »Der Unterschied liegt aber darin, dass hier das Indusium vollständig fehlt, sowie dass stets ein den Scheitel des Receptaculums einnehmendes Sporangium vorhanden ist, das bei den Hymenophyllaceen nur selten zur Entwicklung gelangt.« In der That handelt es sich aber keineswegs um ein Receptaculum, und die Sporangien sitzen auch nicht auf »fiederig angeordneten Nerven«, sondern ein Receptaculum ist gar nicht vorhanden. Was PRANTL für dasselbe gehalten hat, ist vielmehr ein Fiederblättchen; die Verzweigung der fertilen Blattheile ist ganz wie bei *Botrychium* eine reichere als die der sterilen, die Entwicklungsgeschichte zeigt deutlich, dass aus den (im sterilen Blatttheil einfach bleibenden) fertilen Fiederblättchen die Anlagen von Blattfiedern höherer Ordnung hervortreten, welche aber in Folge des Auftretens der Sporangien zu nur sehr geringer Entwicklung gelangen, und wenn man nur die fertigen Zustände vor Augen hat, zu der PRANTL'schen Hypothese führen können, da sie mit Sporangien vollständig bedeckt sind. Es geht aus dem Gesagten hervor, dass die Analogie mit den Hymenophylleen fallen zu lassen ist, ein Sorus existirt bei *Osmunda* überhaupt nicht.

Bezüglich der Sporangienentwicklung sei auf die Fig. verwiesen. Fig. 103 zeigt, dass ein dem der andern Filicineen gleichgestaltetes Archespor vorhanden ist[3]). Es fragt sich, ob das Sporangium auch hier aus einer Zelle hervorgeht; die jüngsten von mir untersuchten Stadien lassen eine sichere Entscheidung darüber nicht zu (vergl. Fig. 103 A. u. B.), da sie auch einen mehrzelligen Ursprung anzunehmen gestatten. Wäre das Letztere der Fall, so würden die Osmundaceen den Uebergang bilden zwischen den »leptosporangiaten« und den »eusporangiaten« Farnen; aus Analogiegründen mit den übrigen Farnen liegt es näher auch für *Osmunda* einen einzelligen Ursprung der Sporangien zu vermuthen.

---

1) Es sei hier daran erinnert, dass auch bei den Angiospermen die Makrosporangien (Samenknospen) bald auf dem Fruchtblattrand, bald auf dessen Fläche stehen. Die Stellung auf der Fruchtblattunterseite ist der Natur der Sache nach ausgeschlossen.

2) Bemerkungen über die Verwandtschaftsverhältnisse der Gefässkryptogamen und den Ursprung der Phanerogamen. Verh. der physikal.-med. Gesellsch. zu Würzburg. Bd. X. S.-A. — PRANTL's Auffassung mag dadurch veranlasst sein, dass die rudimentären Fiederblättchen von einem einfach bleibenden oder wiederholt gegabelten Nerven durchzogen sind.

3) Wie schon PRANTL in einer kurzen Notiz angegeben hat (Bot. Zeit. 1877, pag. 64.) — Die Anlegung der Sporangien erfolgt gegen Ende des Sommers, vor der Entfaltung, noch im September trifft man übrigens sehr jugendliche Stadien. Da nach der citirten Notiz PRANTL später eine ausführliche Darstellung der Sporangienentwicklung von *Osmunda* zu geben beabsichtigt, so wurde oben ein Eingehen in die Details unterlassen.

Denselben Entwicklungsgang, wie er für die leptosporangiaten Farne soeben kurz geschildert wurde, zeigen auch die Sporangien der übrigen Gefässkryptogamen in den wesentlichsten Punkten, die Differenzen beziehen sich namentlich auf die Zellenanordnung, die schon bei der ersten Anlage des Sporangiums eine andere ist, als bei den leptosporangiaten Farnen. Es seien von diesen Formen hier zwei Beispiele berührt, eine Form mit freien Sporangien *(Selaginella)* und eine mit

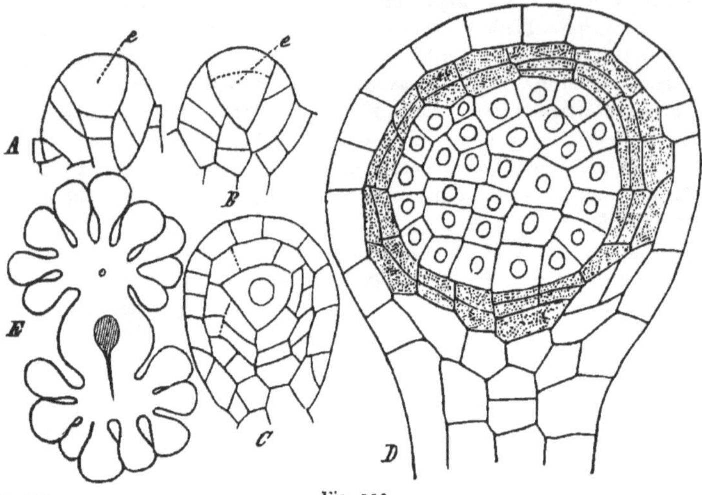

(B. 424.) Fig. 103.

Sporangienentwicklung von *Osmunda regalis* (im September), A, B junge Stadien, aus der grossen Zelle e geht durch Auftreten einer Perikline (welche in Fig. B angedeutet ist), das Archespor hervor. In C ist dasselbe schon von Tapetenzellen umhüllt, in D in einen umfangreichen sporogenen Zellkomplex getheilt. Die Tapetenzellen bilden theilweise eine dreifache Lage um den letzteren, sie sind hier nach einem andern Präparate derselben Entwicklungsstufe eingezeichnet, da sie in dem betr. Sporangienlängsschnitt nicht ganz deutlich waren. E Querschnitt durch eine fertile Pinna, auf den Seitenfiedern sitzen die Sporangien sowohl auf der Ober- als der Unterseite.

eingesenkten *(Ophioglossum)*, beide sollen als Vergleichsobjekte mit der Sporangienentwicklung der Samenpflanzen dienen.

Die Sporangien von *Selaginella* entstehen aus Oberflächenzellen des Sprossvegetationspunktes, welche unmittelbar über einer Blattinsertion liegen. Die Fig. 104 zeigt zwei verschieden alte Entwicklungsstadien im axilen Längsschnitt. Die mittlere Zellreihe des Sporangienhöckers wächst stärker, als die peripherischen, die Querwände der letzteren haben in Fig. 104 A einen schiefen Verlauf angenommen, wie er sich auch in dem »Nucellus« vieler Angiospermen-Samenknospen findet (vergl. Fig. 104 C, rechts). Die unter der Epidermis gelegene Zelle[1]) ist das Archespor, aus demselben geht der sporogene Zellenkomplex des in Fig. 104 B abgebildeten Stadiums hervor, sehen wir von der Zelle t in A, welche von dem Archespor durch eine Querwand abgetrennt ist und die erste Tapetenzelle darstellt ab, so hat das Bild, welches das junge Sporangium bietet (wie die Vergleichung mit der darunter stehenden Abbildung des Längsschnittes durch den Nucellus von *Cuphea Zimapanii* zeigt) die grösste Aehnlichkeit

[1]) Vielleicht ist es auch eine Zellreihe, worüber natürlich der Längsschnitt nicht entscheiden kann.

mit dem eines Längsschnittes durch den jungen Nucellus mancher Angiospermensamenknospen. Die nach aussen gelegenen Tapetenzellen werden vom Archespor abgegeben, die unteren von den angrenzenden Zellen. Bei den *Lycopodium*-Arten dagegen stammen die oberen Tapetenzellen von der Wand ab, die sich periklin spaltet, eine Differenz, die uns zeigt, dass dem Ursprung der Tapetenzellen kein grosses Gewicht beizulegen ist. Auch bei *Selaginella* spaltet sich übrigens die Sporangienwand und wird so zweischichtig (Fig. 104 B). Jede der Zellen des fertigen sporogenen Complexes wird zur Sporenmutterzelle, die sich aus dem Gewebeverband mit den übrigen isolirt, abrundet und in vier Sporen theilt. Dieselben kommen aber nur in den Mikrosporangien in grösserer Zahl zur Entwicklung: in den Makrosporangien verdrängt eine Sporenmutterzelle alle übrigen, so dass nur vier Sporen in jedem Makrosporangium sich finden. In den Mikrosporangien dagegen bilden sich sehr zahlreiche Mikrosporen. Allein auch hier scheinen nicht alle Sporenmutterzellen zur Entwicklung zu gelangen, sondern einzelne von den andern verdrängt und getödtet zu werden. Wenigstens finde ich in den Mikrosporangien von *Selag. helvetica* und *denticulata* stets auch abortirte Sporenmutterzellen. Damit mag es zusammenhängen, dass die Tapetenzellen bei vielen *Selaginella*-Arten viel später aufgelöst werden, als dies sonst der Fall ist, bei *S. denticulata* z. B. in den Mikrosporangien erst wenn die Sporen ihre definitive Form schon erreicht haben, bei *S. spinulosa* früher, bei andern (vergl. SACHS, Lehrbuch, IV. Aufl. pag. 472, unten) scheinen sie sogar ganz erhalten zu bleiben. Die Funktion derselben, Material für die Entwicklung der Pollenmutterzellen zu liefern, wird durch die abortirenden Sporenmutterzellen vielleicht unterstützt.

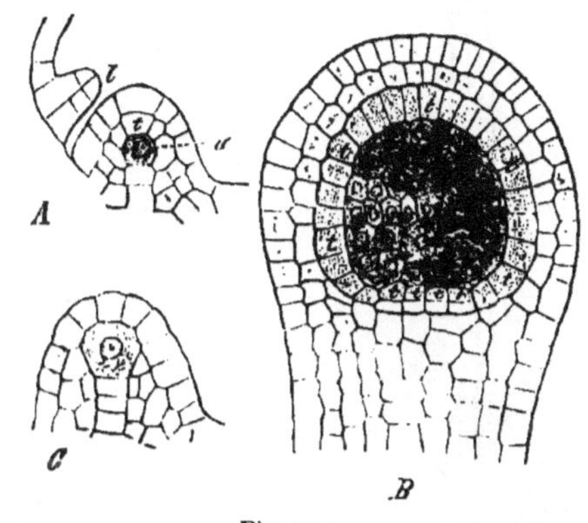

Fig. 104. (B. 425.)
A und B *Selaginella spinulosa*, l Ligula, t Tapetenzellen. C (nach JÖNSSON) Längsschnitt durch den Nucellus einer jungen Samenknospe von *Cuphea Zimapanii* mit hypodermalem Archespor.

In dem fertigen Sporangium liegen die Sporen frei, die Sporangienwand ist (wenn die Schichtzellen noch erhalten sind wie das gewöhnlich der Fall ist[1]) zweischichtig. Die Epidermiszellenwände sind verdickt, an dem Scheitel des Sporangiums sind die Zellen kleiner und dünnwandiger, hier reisst die Sporangienwand später in einer Längslinie auf. Die zerstörende Wirkung des sporenerzeugenden Gewebes resp. der jungen Sporen erstreckt sich übrigens nicht nur auf die Tapetenzellen, sondern auch auf das dem Sporenkomplex angrenzende Gewebe des Sporangienstieles.

Als Beispiel für die Entwicklung »eingesenkter« Sprossungen diene *Ophioglossum*. Das Sporophyll von *Ophioglossum* entspringt auf der Oberseite eines sterilen Blatttheils (vergl. den Querschnitt Fig. 107, 3). Es trägt an seinen

[1]) Zuweilen werden sie auch zusammengedrückt und sind dann an der reifen Sporangienwand nicht mehr oder nur in Spuren erkennbar.

beiden Kanten eingesenkt zwei Reihen von Sporangien, die im Reifestadium als Höhlungen im Blattgewebe erscheinen. Die Fig. 106 repräsentirt den Längsschnitt eines Sporangiums, dessen Sporenmutterzellen sich schon isolirt und in vier Tochterzellen getheilt haben, sie schwimmen in einer schaumigen Masse, die jedenfalls herstammt von den Zellen in der Umgebung des Sporangiums, welche bei dem Heranwachsen des letzteren zerdrückt und zerstört werden. Eigentliche Tapetenzellen besitzen die Ophioglossumsporangien nicht, falls man nicht die schmalen, aber durch ihren Inhalt nicht ausgezeichneten Zellen, die den sporogenen Zellkomplex seitlich und nach innen umgeben, dafür halten will. Sie entstehen durch Tangentialtheilungen der umgebenden Zellen. Die Zellen w, die sich schon durch ihre Form von den umgebenden Sporophyll-Parenchymzellen unterscheiden, repräsentiren den einzigen vom Sporophyllgewebe differenzirten Theil der Sporangienwand; sie entstanden durch Spaltung einer ursprünglich einschichtigen Wand. Zwischen den beiden im Längsschnitt getroffenen Zellreihen der letzteren öffnet sich später das Sporangium durch einen quer zur Längsachse des Sporophylls verlaufenden Riss.

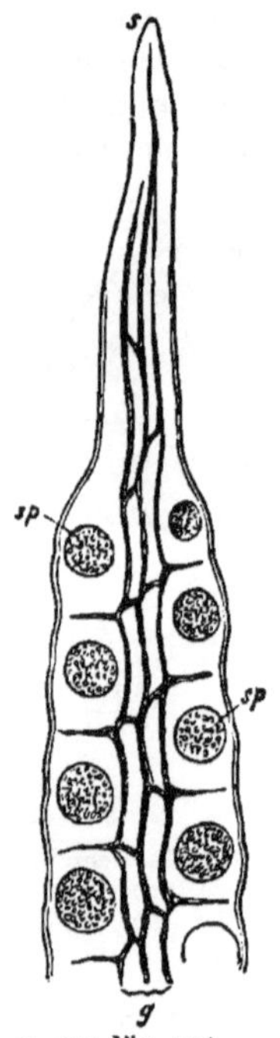

(B. 426.) Fig. 105.
Längsschnitt (parallel der Blattfläche des sterilen Blatttheiles) durch den fertilen Blatttheil von *Ophioglossum* (nach Sachs, etwa 10 mal vergr.), s freie Spitze des Sporophylls, sp die im Gewebe eingesenkten Sporangien, g g die Gefässbündel.

Auch hier geht das Sporangium aus Oberflächenzellen des Sporophylls hervor. Fig. 107, 1, zeigt auf dem Querschnitt des letzteren das jüngste zur Beobachtung gelangte Entwicklungsstadium eines Sporangiums. Es ist vierzellig, die Zellen ausgezeichnet durch grössere Zellkerne und dichten, feinkörnigen Inhalt, während die umgebenden Parenchymzellen grobkörnige Stärke führen. Offenbar sind die vier Zellen aus Quertheilung von zwei Oberflächenzellen hervorgegangen, vielleicht ursprünglich aus einer einzigen. Der Längsschnitt durch eine junge Sporangiumanlage lässt dieselbe auf eine Zelle ihrer Abstammung nach zurückführen, so dass also das *Ophioglossum*-Sporangium seiner Abstammung nach aus einer aus wenigen (2—3) Zellen bestehenden Zellreihe, die ihrerseits vielleicht von einer einzigen Zelle abstammen, abzuleiten ist. Wie Fig. 107, 2, ein älteres Stadium zeigt, bildet sich durch Theilung des Archespors ein Zellkomplex, derselbe aber erhebt sich nicht über die Oberfläche des Sporophylls, das Gewebe der letzteren wächst vielmehr mit der Sporangienanlage, und bildet so seitwärts und nach innen die Umhüllung derselben. Auch hier wird die Abgrenzung des sporogenen Zellkomplexes um so leichter und schärfer, je älter derselbe ist. Die Wandschicht wird hier relativ erst spät als deutlich vom sporogenen Zellcomplex unterschieden wahrnehmbar, sie bildet wie oben erwähnt, durch perikline Spaltung einige Schicht-Zellen. Im Wesentlichen verläuft also die Entwicklung der von *Selaginella* ähnlich, vor Allem insofern als auch hier das sporenerzeugende Gewebe auf ein Archespor sich zurückführen lässt. Solche »eingesenkte« Sporangien sind namentlich bei den Pollensäcken der Samenpflanzen häufig und auch hier ist ihre Entwicklung eine analoge. (Vergl. z. B. die a. a. O. gegebene Entwicklungsgeschichte der Pollensäcke von *Pinus silvestris*).

Es verhalten sich die »eingesenkten« Sporangien zu den freien ähnlich wie die unterständigen Fruchtknoten zu den oberständigen. Wie im ersteren Falle die Blüthenachse selbst sich an der Bildung der Fruchtknotenwand betheiligt, statt, wie sonst, den unteren Theil besonderer Sprossungen, der Fruchtblätter, zu diesem Zwecke auszubilden, so wird auch bei den »eingesenkten« Sporangien nur ein Theil der Wandung ausgebildet, die Hauptmasse aber von dem Gewebe des Sporophylls selbst umhüllt.

Es hätte für den hier verfolgten Zweck kein Interesse, die Sporangienentwicklung auch der übrigen Formen zu verfolgen. Es genüge der Hinweis darauf,

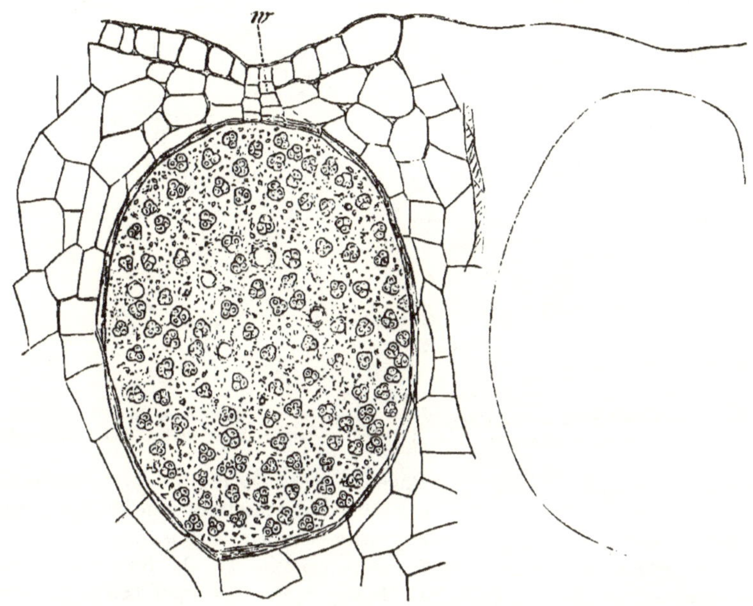

Fig. 106. (B. 427.)

Ophioglossum vulgatum. Theil eines tangentialen Längsschnittes durch ein Sporophyll, w die Wandschicht des dem Gewebe eingesenkten Sporangiums. Die Sporenmutterzellen desselben haben sich in vier »tetraëdrisch« angeordnete Tochterzellen getheilt. Die Tetraden schwimmen in einer von dem Protoplasma der angrenzenden zerstörten Zellen gebildeten Masse, die auch zahlreiche Stärkekörner enthält. An einzelnen Stellen sind die Tetraden herausgefallen und deshalb rundliche Lücken in der schleimigen Masse vorhanden.

dass wie in der citirten Arbeit nachgewiesen ist, der Entwicklungsgang der Marattiaceen, Equiseten, Lycopodiaceen und Ligulaten dem oben erwähnten homolog ist.

Nur von den letzteren mag eine Form noch erwähnt sein, weil hier die Uebereinstimmung mit Vorgängen wie wir sie auch bei Samenpflanzen antreffen, eine besonders auffallende ist und Mikrosporangien und Makrosporangien in ihrer Entwicklung sich mehr unterscheiden als sonst.

Die Sporangien von *Isoëtes lacustris* (vergl. Bd. I, pag. 316) sitzen auf dem Scheidentheil der Blätter. Sie werden schon sehr früh, wenn der Scheidentheil des Sporophylls noch kaum vorhanden ist, angelegt, und sitzen demselben mit breiter Basis auf. Die ersten Stadien von Makro- und Mikrosporangien sind auch hier übereinstimmend, das Archespor ist eine, unter der zu dieser Zeit einschichtigen Sporangienwand liegende (hypodermale) Zellschicht. In den Mikrosporangien spaltet sich das Archespor hauptsächlich durch perikline Zellwände, es geht aus demselben ein aus annähernd rechtwinklig gegen die Sporangienoberfläche verlaufenden Zellreihen zusammengesetzter Gewebecomplex hervor, der zunächst aus gleichartigen Zellen besteht. Einzelne Zellreihencomplexe aber verlieren bald ihren reichen Plasmagehalt und bleiben auch im Wachsthum hinter den anderen zurück — es treten lufterfüllte Intercellularräume zwischen ihnen

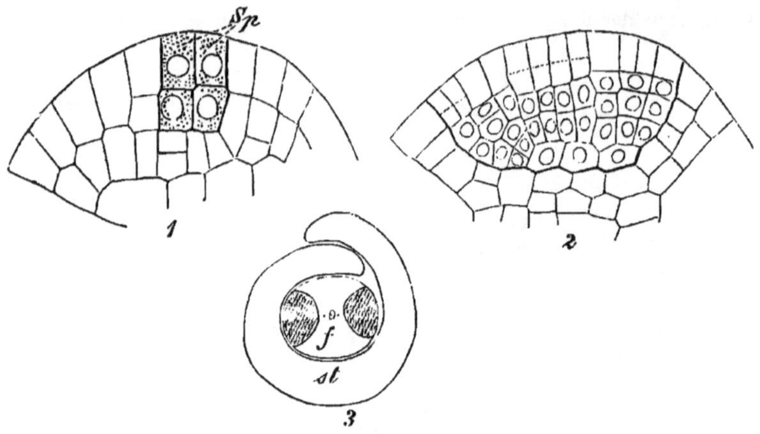

(B. 428.) Fig. 107.
Sporangienentwicklung von *Ophioglossum vulgatum* im Querschnitt des Sporophylls 3 schwach vergrössert, f fertiler Blatttheil (Sporophyll), st steriler Blatttheil.

auf, und sie werden so bald als Anlage der »*Trabeculae*« — d. h. der Zellreihencomplexe kenntlich, welche das Sporangium durchsetzen, eine Bildung, deren biologische Bedeutung übrigens noch genauer zu untersuchen ist, möglich, dass sie eine wenigstens theilweise ähnliche Rolle spielen, wie die Nährzellen in den Sporogonien von *Riella* (vergl. Bd. II. pag. 353). Die sporogenen Zellreihen trennen gegen die Sporangienwand[1]) hin eine, oder einige wenige Tapetenzellen ab (t, t Fig. 109 III), die anderen Tapetenzellen werden von den angrenzenden Zellreihen geliefert. Die Bildung der Sporen erfolgt auch hier je zu vieren aus einer Mutterzelle.

Anders verläuft die Entwicklung in den Makrosporangien. Hier finden wir auf einem mittleren Entwicklungsstadium keine umfangreichen sporogenen Zellcomplexe, sondern einzelne, im Sporangiumgewebe liegende grosse Zellen: die Mutterzellen der Sporen (Fig. 109 VII), die sich später abrunden, und auf das umgebende Gewebe eine zerstörende Einwirkung ausüben. Die Trabeculae finden sich auch hier. Von den Zellen, in welche das Archespor durch perikline Zellwände getheilt wurde, sind aber nur einzelne der untersten fertil, welche desshalb in das Gewebe des Sporangiums eingesenkt erscheinen[2]), die über demselben gelegenen Zellen bleiben steril — wir wollen sie die Schichtzellen nennen, und

[1]) Auch die Zellen der letzteren verdoppeln sich sehr häufig, wenngleich nicht so regelmässig wie bei *Lycopodium*.

[2]) Diese »Versenkung« ins Gewebe kehrt auch in den Makrosporangien der Samenpflanzen wieder. Abgesehen von der geschützten Lage, welche die sporogenen Zellen dadurch erhalten, dürfte es auch für die Ernährung der letzteren vortheilhaft sein, wenn sie von einer grösseren Anzahl steriler, später verdrängter Zellen umgeben sind.

werden ähnlichen Gebilden bei den Samenpflanzen wieder begegnen. Auch fehlt es dort nicht an Beispielen für die Bildung der Trabeculae, wenigstens glaube ich so die Scheidewände auffassen zu dürfen, welche in den Pollensäcken einiger Oenothereen (z. B. *Gaura*) auftreten.

Wenden wir uns nun zu den Samenpflanzen, so erscheint es geboten, die Entwicklung der Mikrosporangien gesondert von der der Makrosporangien darzustellen, schon desshalb, weil die ersteren sich an die Sporangien der »Gefässkrygtogamen« ganz unmittelbar anschliessen, während bei den Makrosporangien einige Modifikationen stattgefunden haben.

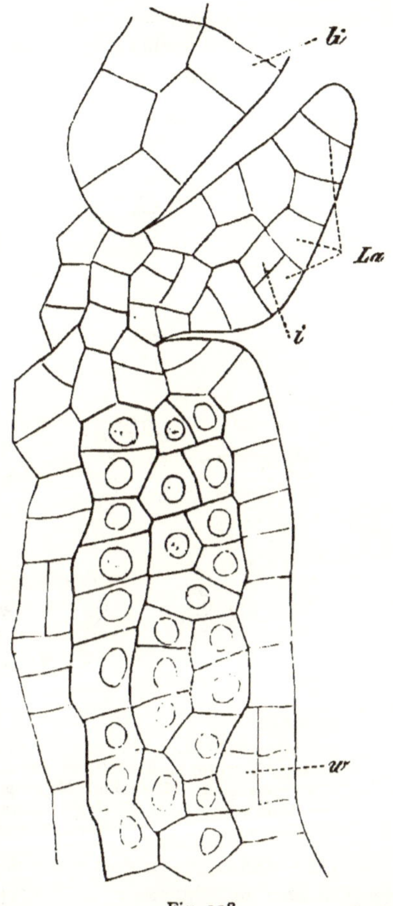

Fig. 108. (B. 429.)

Isoëtes lacustris Längsschnitt durch ein junges Sporangium dessen Archespor sich bereits durch Periklinen und Antiklinen gespalten hat. Bei w hat sich auch die Wandschicht verdoppelt. i unterer Theil der *ligula*, La Lippe (Labium). Als Wucherung aus dem unteren Theil derselben entspringt später der obere Theil des Indusiums (Velums) an der mit i bezeichneten Stelle.

Mikrosporangien der Gymnospermen.

A) Coniferen. Die Mikrosporangien sitzen hier der Hinterseite der Sporophylle auf, nur bei *Taxus* sind sie radiär um dasselbe vertheilt, wie bei *Equisetum*, sie hängen aber nicht, wie bei den letzteren, frei von dem oberen, schildförmigen Theil des Sporophylls herab, sondern sind dem Gewebe desselben eingesenkt, und dasselbe ist der Fall bei den Antheren von *Pinus Larix* und anderen, bei welchen die Pollensäcke längliche Wülste auf der Unterseite die Staubblätter darstellen, während sie bei *Araucaria* etc. als lange Säcke herabhängen. So verschieden aber auch die äussere Ausbildung der Mikrosporangien sein mag, so übereinstimmend mit den Sporangien der Gefässkryptogamen ist doch der Bau und die Entwicklung der Coniferenmikrosporangien. Die letztere ist allerdings nur bei wenigen Formen genauer verfolgt, allein wir haben Grund zu der Annahme, dass sie überall im Wesentlichen dieselbe sein werde. Zwei Beispiele mögen dieselbe erläutern.

Die Mikrosporangien der Cupressineen stehen auf der Unterseite der Staubblätter in Form ovoider Kapseln[1]), welche in ihrem ersten Entwicklungsstadium bedeckt sind von einem Auswuchs der Staubblattunterseite, welchen ich dem Indusium der Farne an die Seite gestellt habe. Ein Längsschnitt durch ein

[1]) Die Fig. 103 D stimmt mit dem Längsschnitt eines auf gleicher Entwicklungsstufe stehenden Cupressineen-Pollensackes fast ganz überein.

älteres Mikrosporangium von *Biota orientalis* gleicht sehr dem eines Sporangiums von *Lycopodium* oder *Selaginella;* man findet über einem kurzen dünnen Stiel die Sporangienkapsel, deren Hauptmasse gebildet wird von dem sporogenen Zellgewebe, welches umgeben ist von flach tafelförmigen Tapetenzellen und der, in diesem Falle zweischichtigen Sporangienwand. Die Untersuchung junger Entwicklungsstadien zeigt auch hier, dass (wenn wir vom axilen Längsschnitt aus-

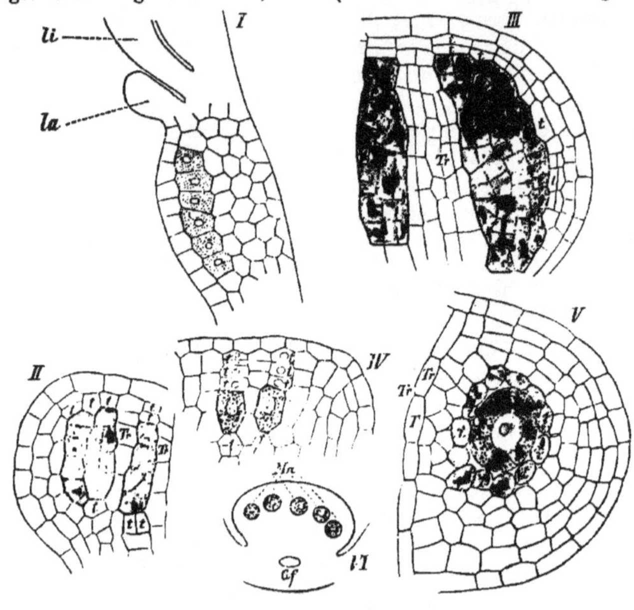

(B. 430.) Fig. 109.

Sporangienentwicklung von *Isoëtes lacustris*, II—VI Sporangienquerschnitte, Tr *Trabeculae*, das sporogene Gewebe ist schraffirt, II und III Mikrosporangien, IV—VI Makrosporangien. Ma in Fig. Makrosporen, Mutterzelle, an der vier Makrosporen hervorgehen. In V ist die Makrosporen-Mutterzelle isolirt und beginnt das umliegende Gewebe zu zerstören.

gehen) das Archespor die Endzelle einer der axilen Zellreihen eines Höckers ist, der sich über die Unterseite des Sporophylls hervorwölbt. Weiterhin theilt sich das Archespor in einen Zellcomplex, von welchem nach oben hin die Tapetenzellen abgetrennt werden, während die den sporogenen Zellcomplex seitlich und unten begrenzenden Tapetenzellen von dem angrenzenden Gewebe geliefert werden.

Bei *Pinus silvestris* sind die Sporangien in das Gewebe des Sporophylls versenkt, welch letzteres in seinen Jugendstadien wenig von einem jungen Laubblatte abweicht. Die Entwicklung der Sporangien verläuft hier aber ganz analog wie bei *Biota,* nur dass die Tapetenzellen sämmtlich von dem umliegenden Gewebe gebildet werden.

Auch für die Mikrosporangien der Gnetaceen dürfen wir wohl eine ähnliche Entwicklung annehmen[1]), wenngleich ein Archespor hier noch nicht nachgewiesen ist.

---

[1]) Vergl. STRASBURGER, Die Coniferen, pag. 132 ff.

2. Bei den Cycadeen[1]) stimmt schon die äussere Gestalt und Insertion der Mikrosporangien mit den Sporangien mancher Farne, namentlich denen der Marattiaceen überein. Die Mikrosporangien stehen wie die Sporangien der letzteren auf besonderen Gewebepolstern (Placenten), die sich auf der Unterseite eigenthümliche Sporophylle befinden. Ein Durchschnitt durch ein Sporangium (einen »Pollensack«) mittlerer Entwicklung zeigt eine mehrschichtige Sporangienwand und einem, von einer doppelten Lage schmaler, dünnwandiger Tapetenzellen umgebenen sporogenen Zellkomplex. Wie bei manchen Farnsporangien

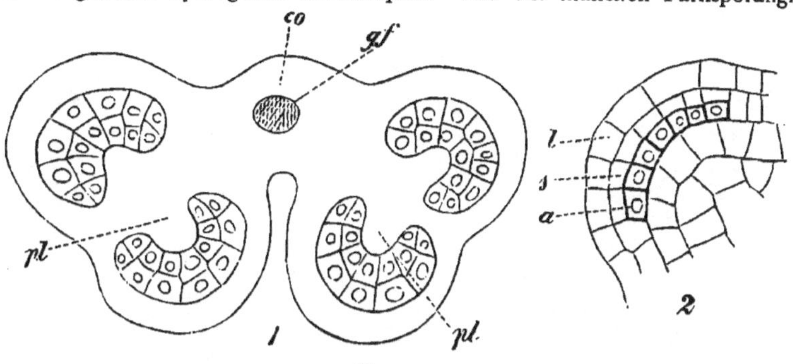

Fig. 110. (B. 481.)

Hyoscyamus albus. Ein Querschnitt durch eine Anthere, kurz vor Isolirung der Pollenmutterzellen, welche in jedem Pollenfach in doppelter Lage vorhanden sind. p Placentoïden, 2 Querschnitt durch eine junge Anthere (schematisch) e Epidermis, s erste Schichtzellenlage, a Archespor.

verdicken sich die Wände der äussersten Zellschicht der Sporangienwand besonders stark und bilden, wie WARMING hervorgehoben hat, eine Art Ring, wie er sich in ganz analoger Weise auch bei den Marattiaceen findet. Wie dort öffnen sich auch hier die Sporangien durch einen Längsriss. Was die Entwicklung betrifft, so zweifle ich nicht, dass sie ebenso verläuft, wie ich sie bei den Marattiaceen gefunden habe, d. h. dass das sporogene Gewebe hervorgeht aus einem hypodermalen Archespor. Gesehen ist dasselbe bis jetzt nicht, TREUB giebt als jüngstes Stadium des sporogenen Gewebes eine Zellgruppe an, die aber, wie ich glaube, aus Theilung e i n e r Archesporzelle hervorgegangen sind.

3. Angiospermen. Sind bei den Cycadeen noch einige Lücken in unserer Kenntniss der Mikrosporangienentwicklung vorhanden, so kennen wir um so besser durch WARMING's[2]) ausgezeichnete Untersuchungen die Entwicklung der Angiospermenmikrosporangien.

Ein Querschnitt durch den oberen angeschwollenen Theil eines Staubblattes einer mit normalen Antheren versehenen dikotylen oder monokotylen Pflanze zeigt früh schon einen vierkantigen Querschnitt — den vier Stellen entsprechend, an denen die Pollensäcke (»Lokulamente«), d. h. die Mikrosporangien auftreten (vergl. Fig. 110, 1). Die Antherenanlage besteht zu dieser Zeit aus embryonalem

[1]) WARMING, Bitrag til Cycadeernes Naturhistorie (K. D. Vidensk. Selsk. Forhandl. 1879. Ceratozamia brevifrons u. robusta). TREUB, recherches sur les Cycadées (Zamia muricata) Ann. du jard. botan. de Buitenzoorg, vol. II, pag. 52. s. auch Ann. des scienc. nat. botanique, 1882. pag. 212 ff.

[2]) WARMING, Untersuchungen über Pollen bildende Phyllome und Kaulome; HANSTEIN botan. Abhandl. II. Bd. 2. Heft.

Gewebe (»Urmeristem«), welches überzogen ist von der Epidermis. Wie WARMING nachgewiesen hat, geht das Archespor sowohl als die das sporogene Gewebe später nach aussen hin umgebenden Wandschichten hervor aus einer unter der Epidermis liegenden Zellreihe oder Zellschicht. Es theilt sich nämlich in jeder der vier Staubblattkanten eine unter der Epidermis liegende (hypodermale) Zellreihe oder Zellschicht durch perikline Wände (Fig. 110, 2). Von den dadurch entstandenen Zellen stellen die nach innen hin gelegenen das Archespor, die

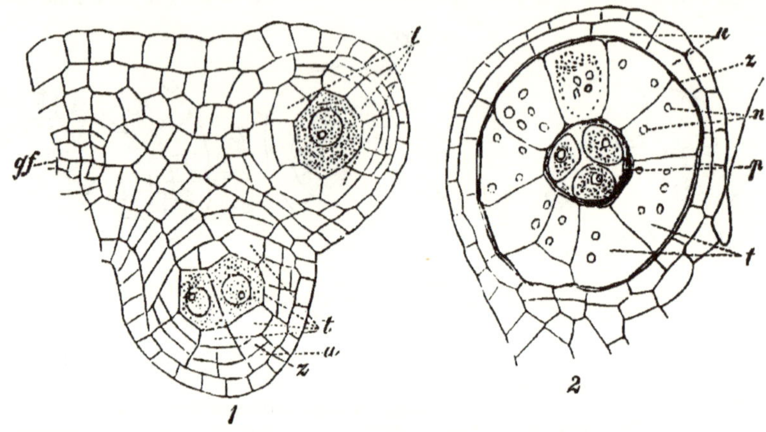

(B. 432.) Fig. 111.

Knautia arvensis. Antherenquerschnitte. 1 jüngeres, 2 älteres Stadium, in welch letzterem die nur in Einzahl auf dem Querschnitt vorhandene) Pollenmutterzelle p, sich bereits in vier Tochterzellen getheilt hat. t Tapetenzellen, u und z Schichtzellen, von denen z zusammengedrückt wird, u die Faserschicht der Wand bildet. In 2 sind die Tapetenzellen mehrkernig.

äusseren die Schichtzellen vor, die sich nun noch weiter durch perikline Wände spalten. Die innersten der aus ihnen hervorgegangenen Zellen gestalten sich später zu Tapetenzellen (t, t, Fig. 101 u. 111), während die anderen Tapetenzellen von den dem Archespor nach innen angrenzenden Zellen geliefert werden. Es ergeben sich die geschilderten Vorgänge, welche in allen Einzelnheiten denen der oben für die Sporangien der Gefässkryptogamen geschilderten entsprechen schon aus der Vergleichung der Figuren.

Bei *Hyoscyamus* ist, wie die Fig. 110, 2 zeigt, das Archespor eine Zellreihe. Das sporogene Gewebe, welches aus demselben hervorgeht, ist nicht sehr umfangreich, es besteht nur aus zwei Zelllagen und ist bogenförmig gekrümmt, so dass das Gewebe des Staubblattes in den Pollensack hineinragt. Diese Gewebepartien sind von CHATIN[1]) als »Placentoiden« bezeichnet worden, sie haben aber mit einer wirklichen Placenta nichts gemeinsam. Viel umfangreicher ist das sporogene Gewebe entwickelt bei *Symphytum* (Fig. 101), es geht auch hier aus einer Zellschicht (die im Querschnitt aus nur wenigen Zellen besteht) hervor (vergl. WARMING's Figuren von *Symphytum orientale*, a. a. O. Taf. 3 Fig. 1—8). Dagegen finden sich auch Fälle, in welchen die Archesporzellen direkt zu Pollenmutterzellen werden. So bei *Knautia arvensis* (Fig. 111). Das Archespor

---

1) CHATIN's Werk »de l'anthère« habe ich nicht vergleichen können, der Name »Placentoiden« ist ganz überflüssig.

ist hier eine Zellreihe, die Zellen derselben verdoppeln sich in einigen Pollensäcken durch eine Längswand (selten zwei), so in Fig. 111, 1 unten, und die beiden dadurch entstandenen Zellreihen werden nun zu Pollenmutterzellen, in anderen Fällen aber (Fig. 111, 2) unterbleibt diese Theilung und die Archesporzellen werden direkt zu Pollenmutterzellen.

Es ist in Fig. 111, 1, die äussere Umhüllung des Pollensacks gebildet von vier Zellschichten: den Tapetenzellen (t), zwei Lagen von Schichtzellen (u und z) und der Epidermis. Dass äussere Tapetenzellen und Schichtzellen aus Spaltung einer Zellenlage hervorgegangen sind, ist noch deutlich erkennbar. Die untere Schichtzellenlage (u) wird von den Tapetenzellen, die sich, wie Fig. 111, 2 zeigt, sehr vergrössern, später zusammengedrückt, die äussere bildet sich hier, wie bei vielen anderen Pollensäcken zur fibrösen Zellschicht (dem Endothecium) um. Die Zellenwände derselben sind auf ihrer Innenseite mit Verdickungsfasern[1]) besetzt. Es spielen diese (übrigens nicht bei allen Antheren vorhandenen) fibrösen Zellen eine Rolle bei dem Aufspringen der Staubbeutel; indem die Epidermis sich stärker beim Austrocknen zusammenzieht als die mit Verdickungsleisten versehenen Endothecium-Zellen entsteht eine Spannung, welche die Antherenwand an ihrer schwächsten Stelle, und diese pflegt der Trennungswand zwischen den beiden Pollenstöcken einer Antherenhälfte gegenüberzuliegen, aufreisst. Die erwähnte, aus mehreren Zellanlagen bestehende Trennungswand ist vorher schon entweder ganz oder nur in ihrem unteren Theile zerstört (vergl. Fig. 111, 2).

Die Tapetenzellen werden auch hier, etwa um die Zeit, wo die jungen Pollenkörner sich isoliren, aufgelöst. Vorher findet vielfach eine Vermehrung der Zellkerne in ihnen statt (Fig. 111, 2), welche in den von STRASBURGER[3]) untersuchten Fällen durch Fragmentation erfolgt. Das Protoplasma der Tapetenzellen wird von den heranwachsenden Pollenkörnern (Mikrosporen) aufgebraucht.

Die oben angeführten Beispiele werden genügen, um die Uebereinstimmung der Pollensackentwicklung mit der Sporangienentwicklung darzuthun, die mannigfachen Einzelfälle in der Ausbildung der Antherenwand, der Tapetenzellen etc. können wir hier um so eher ausser Betracht lassen, als sie organographisch von nur untergeordnetem Interesse sind.

Dass bei einigen der von WARMING untersuchten Pflanzen, (*Zannichellia, Gladiolus, Ornithogalum, Funkia ovata, Eschholtzia californica, Tropaeolum* Zweifel über die erste Differenzirung des Archespors blieben, kann den vielen klaren Fällen gegenüber zunächst nicht in Betracht kommen, möglich ist es ja auch, dass zuweilen mehr als eine Zellschicht sich zum Archespor gestaltet[4]), wenigstens giebt für *Tropaeolum* WARMING ein solches Verhalten an; ich gestehe aber, dass nach seinen Figuren mir die Zurückführung dieses Falles auf das gewöhnliche Schema keineswegs ausgeschlossen erscheint, namentlich wenn man annimmt, dass im Archespor sehr unregelmässig gestellte Theilungswände auftreten.

Die Stellung der Pollensäcke am Staubblatt der Angiospermen ist eine im Allgemeinen sehr übereinstimmende, obwohl sie im fertigen Zustand oft eine bei den einzelnen Formen recht differente zu sein scheint. Abgesehen von einigen Fällen; in welchen durch Verkümmerung[5]) etc. die Zahl der Pollenfächer eine

[1]) Bei einigen anderen Antheren sind die fibrösen Zellen viel zahlreicher und bilden mehrere Schichten.

[2]) Ihre Zellen scheinen zusammengedrückt, der Inhalt verschwunden oder unkenntlich.

[3]) STRASBURGER, Ueber Bau und Wachsthum der Zellhäute. Jena 1882. pag. 88.

[4]) Aehnlich ist ja auch das Archespor in den *Jungermannia*-Sporogonien nicht immer eine Zellschicht, sondern nach LEITGEB in einigen Fällen ein Zellkörper (vergl. Bd. II. pag. 354).

[5]) So kommen bei *Asclepias* nur die beiden der Vorderseite des Staubblattes angehörigen Fächer zur Anlegung. Bei einigen Orchideen (*Stanhopea, Trichopilia suavis*) sind die Antheren

kleinere oder durch Verwachsung etc. eine grössere ist, werden an dem jungen Staubblatt, dessen oberer, zum Staubbeutel werdender Theil vierkantig anschwillt, zwei hintere und zwei vordere Pollenfächer angelegt. Diese Stellung[1]) wird bei

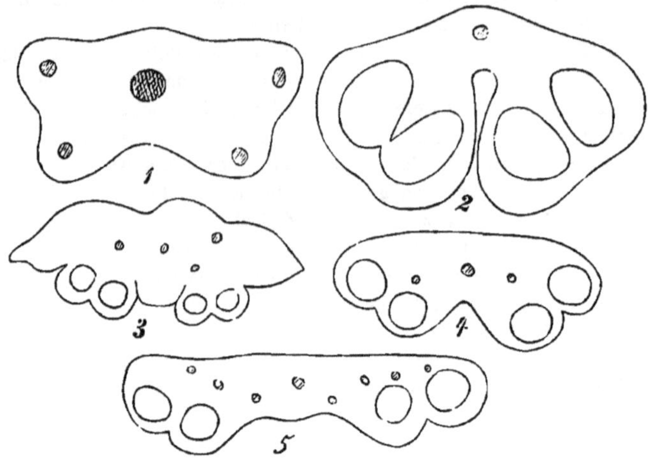

(B. 433.) Fig. 112.

Antherenquerschnitte 1 und 2 *Iris Pseudacorus*. 1 Sehr junge Anthere (Anfang Oktober vor der Blüthe), in welcher die Pollensäcke eben angelegt sind, 2 fast fertige Anthere im Juli. Die (nicht gezeichneten) Pollen sind ausgebildet, die Trennungswand zwischen den beiden Pollensäcken links theilweise schon zerstört. 3 *Nuphar luteum*, 4 u. 5 *Nymphaea alba*, Querschnitte derselben Anthere, 4 etwas oberhalb der Antherenmitte, 5 aus dem unteren Theil der Anthere, 1 ist viel stärker vergrössert als 2; 2, 3, 4, 5 sind bei derselben schwachen Vergrösserung gezeichnet. — Die reifen Irisantheren besitzen ein vorne aus 2, hinten aus 4—5 Schichten bestehendes Netzfasergewebe. — Die Epidermiszellen der Antherenwand bleiben da, wo dieselbe später aufreisst sehr klein und werden von den benachbarten, die papillenförmig auswachsen, überwölbt.

einer Anzahl Familien auch ferner beibehalten: die Antherenfächer sind deutlich so angeordnet, dass sie den vier Kanten des Staubblattes entsprechen. So bei Sambuceen, Papaveraceen, Ranunculaceen u. a.

Uebrigens findet keineswegs bei allen Angehörigen einer Familie dieselbe Stellung der Pollensäcke statt. Bei den meisten Angiospermen schneiden sich die Längstheilungsebenen der beiden Antherenhälften unter einem Winkel von 100—120°, so dass zwei Pollensäcke vorn, zwei seitlich stehen (Fig. 110 u. 111). So bei Compositen, Campunulaceen, Dipsaceen, Valerianeen etc. In einer letzten

---

nur scheinbar zweifächerig, sie sind vierfächerig angelegt, das sporogene Gewebe je zweier Fächer verdrängt aber frühzeitig die trennenden Zellschichten (vergl. ENGLER l. i. c.

[1]) Vergl. über die Stellungsverhältnisse der Pollensäcke, ENGLER, Beitrag zur Kenntniss der Antherenbildung der Metaspermen, PRINGSHEIM's Jahrb. X. — Es scheint mir von sehr wenig Belang zu sein, ob man — was am wahrscheinlichsten scheint — annimmt, dass zwei Pollensäcke des Staubblattes dem Blattrand, zwei der Blattoberseite angehören, oder ob man zwei Pollensäcke der Blattober-, zwei der Blattunterseite zuzählt, also den Blattrand zwischen je zwei Pollensäcken eine Antherenhälfte sich verlaufen denkt. Es ist auf derartige Stellungsverhältnisse im Allgemeinen sehr wenig Gewicht zu legen und bei den Staubblättern der Angiospermen treten so frühe schon Abweichungen von der Gestaltung der Laubblätter ein, dass die Entscheidung der genannten Frage mit Sicherheit kaum durchführbar erscheint.

Kategorie geht die Verschiebung der Pollensäcke noch weiter, es scheinen dieselben alle vier entweder auf der Innenseite (gegen das Blüthencentrum hin) zu stehen (introrse Antheren) oder auf der Aussenseite (extrorse) Antheren. An Uebergängen zu den oben genannten Insertionsarten fehlt es natürlich auch hier nicht. Introrse Antheren finden sich z. B. bei Nymphaeaceen (Fig. 111, 3—5), Juglandeen, Cornaceen, Orchideen, Zingiberaceen, extrorse bei Irideen (Fig. 113, 1, 2), Calycanthaceen, Tamariscineen, Aristolochieen u. a. Allein auch in diesen scheinbar so abweichenden Fällen zeigen die jugendlichen Stadien die gewöhnliche Stellung der Pollensäcke. Es geht dies aus der Vergleichung von Fig. 112, 1 mit Fig. 112, 2 hervor: die ursprüngliche Stellung der Pollensäcke ist die, dass zwei auf der Hinter-, zwei auf der Vorderseite liegen, die starke Entwicklung der Connectiv-Innenseite hat alle vier Pollensäcke auf die Aussenseite verschoben. Ganz analog ist die Entwicklung jedenfalls bei den extrorsen Antheren, von denen die von *Nuphar* besonders auffallend sind (Fig. 112, 3). Das Beispiel von *Nymphaea* zeigt, dass innerhalb ein und derselben Anthere die Entwicklung eine verschiedene sein kann (Fig. 112, 4, 5).

Erwähnt sein mag noch, dass bei einigen Onagrarieen die Pollensäcke durch Querplatten von sterilem Gewebe in über einander stehende Fächer abgetheilt sind.[1]) Bei *Clarkia* z. B. sind vier bis fünf, bei *Gaura biennis* sechs Theilfächer vorhanden, während andere Onagrarieen wie gewöhnlich einfache Fächer haben, so *Epilobium*, *Oenothera*, *Godetia* u. a. Es mag das Verhältniss hier angeführt sein, da es an das Vorkommen der »Trabeculae« in den *Isoëtes*-Sporangien erinnert, nur dass diese das Sporangium nicht in Fächer abtheilen, sondern dasselbe nur als Balken durchsetzen.

Auf die morphologische Deutung der Staubblätter brauchen wir hier nicht einzugehen, denn es ist klar und geht aus der ganzen obigen Darstellung hervor, dass die Staubblätter nur in relativ untergeordneten Punkten von anderen Sporophyllen abweichen. Wir müssen es also für einen durch die einseitige Berücksichtigung der Missbildungen veranlassten Irrthum halten, wenn z. B. A. Braun[2]) sagt: »Zahlreiche Beobachtungen an in Laubblatt übergehenden Staubblättern, sowie auch an manchen petaloidisch afficirten Staubblättern weisen darauf hin, dass die vier Staubsäcke einer Anthere nicht einer einfachen, sondern einer durch Emergenz verdoppelten und dadurch vierflügeligen Blattspreite angehören, die zwei vorderen (der Mittellinie der Bauchseite näheren) den Emergenzflügeln, die zwei hinteren (entfernteren) den ursprünglichen Blattflügeln[3]).« Es wurde bereits in dem allgemeinen Theil darauf hingewiesen, dass die erwähnten Missbildungen zu einem solchen Schlusse nicht berechtigen (pag. 118), der auf die Staubblätter der Cycadeen und Coniferen zudem gar nicht anwendbar ist, obwohl deren Analogie mit denen der Angiospermen nicht in Abrede gestellt werden kann. Wenn ein anderer Schriftsteller aus *Ophioglossum* die angiospermen Staubblätter hypothetisch abzuleiten sucht: »es entstand aus einem den Ophioglosseen und zwar *Ophioglossum* nächst stehenden Sporenblatte einerseits durch Verschmelzung der einzelnen Fächer zu einem Antherenfache und durch congenitales

[1]) Daniel Popoviciu Barcianu, Unters. über die Blüthenentwicklung der Onagraceen. Dissert. Leipzig 1874. pag. 21.

[2]) A. Braun, Die Frage nach der Gymnospermie der Cycadeen. Monatsber. der Berliner Akad. 1875.

[3]) »Vierflügelige« Blätter finden sich übrigens gelegentlich auch in der vegetativen Region, ein sehr auffallendes derartiges Gebilde fand ich z. B. einmal bei *Halianthus peploïdes*.

Zusammenwachsen beider Spreiten die Anthere« — so ist das ein Beispiel für die auf pag. 125 erwähnten »rêves de l'imagination.«

Entwicklungsgeschichte der Makrosporangien (Samenknospen) der Samenpflanzen.

Dass die Pollensäcke der Samenpflanzen nichts anderes sind, als Mikrosporangien, deren Mikrosporen statt Antheridien zu bilden die Befruchtung durch die Pollenschläuche bewerkstelligen, geht aus der obigen Darstellung zur Genüge hervor. Hofmeister's vergleichende Untersuchungen haben nun dargethan, dass bei den Coniferen das Homologon der Makrospore der »Embryosack« ist. Wie eine Makrospore von *Isoëtes* füllt er sich mit Prothalliumgewebe, das typisch gebaute Archegonien[1]) erzeugt, deren Eizellen durch die Pollenschläuche befruchtet werden. Nur werden diese Makrosporen nicht, wie bei *Isoëtes* aus dem Makrosporangium entlassen, sondern bleiben in demselben eingeschlossen. Das den Embryosack erzeugende Organ wurde soeben als »Makrosporangium« bezeichnet, die Berechtigung dieser Bezeichnung ergiebt sich eben daraus, dass der Embryosack eine Makrospore ist. Der Embryosack wird erzeugt in der Samenknospe, die sich später, nach der Befruchtung zum Samen gestaltet. Sie besteht in typischen Fällen aus einer durch ein oder zwei »Integumente« gebildeten Umhüllung, dem von diesen umschlossenen »Knospenkern« oder Nucellus und dem Stiele oder Funiculus. Die Integumente lassen an dem Scheitel der Samenknospe einen engen Gang, die Mikropyle, frei. Aus ihnen entsteht die Samenschale nach der Befruchtung. Sie haben die doppelte Aufgabe einmal das ebengenannte schützende Gewebe des Samens zu bilden, und dann die Leitung des Pollenschlauches zum Embryosack durch Bildung der Mikropyle zu sichern. Vergleicht man nun eine Samenknospe mit einem Makrosporangium der Gefässkryptogamen, so kann die Frage nur die sein: ist die ganze Samenknospe einem Makrosporangium homolog, oder nur ein Theil derselben, der Knospenkern oder Nucellus. Die anderen, daran sich anschliessenden Fragen sind von geringerer Bedeutung. Die Beantwortung der eben aufgestellten Frage wird sich aus der Entwicklungsgeschichte ergeben. Sie lässt sich aber mit einiger Wahrscheinlichkeit auch schon aus den fertigen Zuständen entnehmen. Fig. 113 stellt den Längsschnitt einer Cycadeen-Samenknospe dar. Vergleichen wir dieselbe mit einem Sporangium, so finden wir den wichtigsten Theil eines solchen in dem sporogenen Gewebe (Sp) von welchem eine Zelle dem Embryosack den Ursprung giebt. In dem oberen Niveau dieses sporogenen Gewebes geht das Integument (Int) ab. Denken wir uns in einem Sporangium den obern Theil der Wandschicht sehr verstärkt, und aus ihm eine wallartige, oben einen engen Gang, die Mikropyle, freilassende Wucherung hervorgegangen, so erhalten wir ein dem eben beschriebenen analoges Bild. Wir werden also jetzt schon mit einiger Wahrscheinlichkeit annehmen dürfen, dass die ganze Samenknospe einem Makrosporangium homolog ist, und dass das Integument diesem gegenüber eine Neubildung darstellt, die in dem besprochenen Falle vor allem zur Herstellung der Mikropyle wichtig ist. Die Entwicklungsgeschichte stimmt ganz damit überein. Sie soll für die Gymnospermen und Angiospermen an einigen Beispielen erläutert werden.

A) Samenknospenentwicklung der Cycadeen. Die allgemeinen Formverhältnisse der Cycadeensamenknospen erhellen aus der Fig. 113. Die Samen

---

[1]) Sie führten früher den von R. Brown aufgestellten Namen »*Corpusculum*«.

knospen stehen bei *Cycas* bekanntlich in Mehrzahl am Rande eigenthümlich ausgebildeter, aber in ihrer Gliederung im Wesentlichen mit den Laubblättern übereinstimmender Fruchtblätter (Sporophylle), während sie bei den übrigen Gattungen zu zweien (ebenfalls randständig) an eigenthümlich schuppenförmigen Fruchtblättern sich befinden. Die Seltenheit des Untersuchungsmateriales bringt es mit sich, dass wir über die Samenknospenentwicklung hier noch nicht in allen Einzelnheiten so gut unterrichtet sind, wie bei den Angiospermen, doch haben die Untersuchungen von WARMING[1]) und TREUB[2]) interessante Resultate zu Tage gefördert, deren Ergänzung wir wohl hoffen dürfen, seit man begonnen hat, auch in den Tropengegenden die Pflanzen entwicklungsgeschichtlich und biologisch zu untersuchen.

Am weitesten zurück gehen TREUB's Untersuchungen an *Ceratozamia longifolia*, die wir desshalb hier zum Ausgangspunkt wählen, sie bestätigen und ergänzen WARMING's Angaben. Die Sporophylle, oder Fruchtblätter resp. Carpelle sitzen der Zapfenspindel der weiblichen Blüthe anfangs mit breiter Basis auf, später verschmälert sich die letztere zu einem stielartigen Träger. Je eine Samenknospe entspringt dem Rand der Schuppe da, wo sie in ihre Insertionszone übergeht. Hier zeigt das Gewebe meristematische Beschaffenheit, es bilden sich zwei Auswüchse, die wir als die Anlagen zweier Samenknospen betrachten. Ein Längsschnitt durch dieselben zeigt nun ein ganz ähnliches Bild wie ein Querschnitt durch ein junges *Ophioglossum*-Sporangium: man findet unter der Epidermis eine Gruppe sporogener Zellen, hervorgegangen, wie wir mit Sicherheit annehmen dürfen, aus der Theilung von einer, oder einigen wenigen Archesporzellen. Das Auftreten derselben ist also die erste Differenzirung in der Samenknospenanlage: dieselbe unterscheidet sich zu dieser Zeit in nichts Wesentlichem von einer *Ophioglossum*-Sporangiumanlage. Zwischen der Epidermis und dem sporogenen Zellkomplex liegt eine Zellschicht (oder mehrere), die später eine abweichende Ausbildung erfährt, indem sie nicht mit in die Bildung des sporogenen Zellkomplexes eintritt, es sollen die Zellen derselben als Schichtzellen bezeichnet werden. An älteren Stadien treten zwei Veränderungen ein; es bildet sich durch

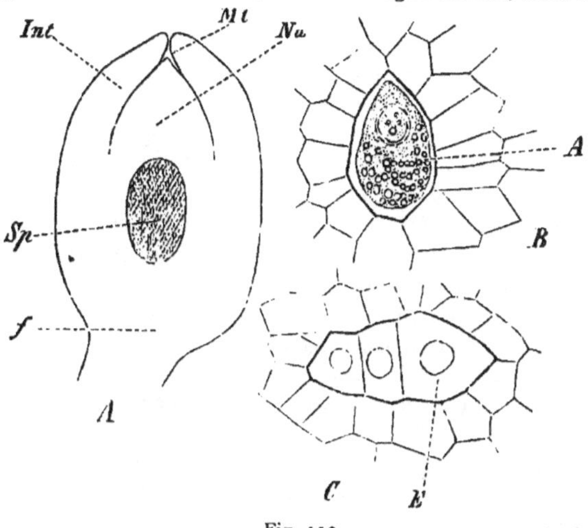

Fig. 113. (B. 434.)

Ceratozamia longifolia (nach TREUB), A medianer Längsschnitt durch eine junge Samenknospe Mi Mikropyle, Int Integument, Nu Nucellus, f funiculus, Sp sporogenes Gewebe (schraffirt) schwach vergr., B Embryosackmutterzelle (A) aus dem sporogenen Gewebe C Theilungen derselben (die Figur ist gegen A und B um 90° gedreht), die unterste, mit E bezeichnete Zelle wird zum Embryosack. (B. u. C. stark vergrössert.)

[1]) WARMING, undersogelser og betragtninger over Cycaderne (K. D. Vidensk. Selsk. Forh. Kjöbenhavn 1877, mit franz. Resumé; id. Bidrag til Cycadeernes Naturhistorie. ibid. 1879.

[2]) vergl. pag. 395.

Wachsthum und Spaltung der Schichtzellen eine den sporogenen Zellkomplex bedeckende Wucherung, und gleichzeitig erhebt sich um dieselbe ein Ringwall, die Anlage des Integuments. Die erwähnte Wucherung ist die Anlage des Nucellus, die nun ebenso wie das Integument heranwächst, auch die Zellenzahl des sporogenen Zellkomplexes nimmt zu, derselbe grenzt sich schärfer ab und ist umgeben von engen, in die Länge gestreckten Zellen[1]), von denen es aber fraglich erscheint, ob sie als den Tapetenzellen homolog betrachtet werden dürfen. Etwa in der Mitte desselben findet man eine grosse Zelle; die »Embryosackmutterzelle« (Fig. 113, B), sie theilt sich successive in gewöhnlich drei Zellen, Fig. 113, C, von denen die unterste die anderen verdrängend zum Embryosack heranwächst. Ganz ebenso wie eine junge Makrospore von *Isoëtes* z. B. übt der junge Embryosack nun eine zerstörende Einwirkung auf das umliegende Zellgewebe aus, er verdrängt den sporogenen Zellkomplex geradeso wie in einem *Selaginella*-Makrosporangium eine Makrosporenanlage alle übrigen verdrängt. Sogar die Membran des Embryosackes stimmt mit der einer Spore überein, sie ist in zwei Schichten differenzirt und cutikularisirt. Wenn der Embryosack (die Makrospore) herangewachsen ist, füllt er sich mit Prothallium (das ohne Zweifel ganz ähnlich wie das in einer Makrospore von *Isoëtes* vorhandene durch freie Zellbildung entsteht) und dieses erzeugt die weiblichen Geschlechtsorgane: die Archegonien. Als Besonderheit der Cycadeensamenknospen, die sich (wenngleich nicht so auffallend), aber auch bei einigen Coniferen findet, sei schliesslich noch hervorgehoben, dass sich in dem Nucellus durch Resorption unterhalb der Mikropyle frühe schon eine Aushöhlung, die Pollenkammer, bildet, deren Funktion schon in ihrem Namen angedeutet ist.

B. Bei den Coniferen treffen wir in einigen Fällen Strukturverhältnisse der Samenknospen an, die den für die Cycadeen geschilderten in wichtigen Beziehungen entsprechen. Es findet sich z. B., wie ich früher beschrieben habe, in Samenknospen mittlerer Entwicklung von *Callitris quadrivalvis* und *Cupressus sempervirens* ein »sporogener Zellcomplex« wenngleich nicht so umfangreich, wie der der Cycadeen, und eine sich vergrössernde Zelle desselben wird zum Embryosack[2]). Leider sind die ersten Entwicklungsstadien der Samenknospen auch hier unbekannt[3]), genauer untersucht sind dieselben nur für Formen, bei denen der sporogene Zellcomplex ein viel mehr reducirter ist. Wir dürfen wohl auch bei den Coniferen annehmen, dass die Anlage des sporogenen Zellcomplexes (resp. des Archespors) der der Integumente vorhergeht.

Am Genauesten kennen wir durch STRASBURGER die Entwicklung der Samenknospen von *Larix europaea* — freilich auch hier keineswegs lückenlos. In der Fig. 114 ist die dunkel gehaltene Zelle das Archespor, resp. die Mutterzelle des Embryosacks. Sie entstand offenbar dadurch, dass eine hypodermale Zelle sich vergrösserte, und nach oben hin eine Zelle abtrennte, die Schichtzelle (s). Die Epidermiszelle über derselben hat sich getheilt, und ebenso findet auch Wachsthum und Spaltung in der Schichtzelle und den seitlich angrenzenden sterilen Zellen statt, so dass die Embryosackmutterzelle in das Gewebe der Samenknospe

[1]) Vergl. das über die *Ophioglossum*-Sporangien oben Angegebene.

[2]) Ob direkt, oder wie bei der oben beschriebenen Cycadee liess sich bei dem untersuchten Material nicht entscheiden; gesehen wurde von Theilungen der »Embryosackmutterzelle« nichts.

[3]) Doch glaube ich für *Cupr. sempervirens*, soweit das dürftige mir vorgelegene Material ein Urtheil gestattet, den sporogenen Zellkomplex seiner Abstammung nach auf ein 1—2 zelliges hypodermales Archespor zurückführen zu können.

versenkt wird. Die erstere theilt sich in eine grössere untere und eine kleinere obere Zelle, welch letztere sich noch einmal spaltet. So entsteht also ein hier nur dreizelliger sporogener Zellcomplex, dessen unterste grössere Zelle die andern verdrängend zum Embryosack wird, der sich bedeutend vergrössert und mit Prothallium füllt. Ganz ähnlich, wie bei den Cycadeen, kommt also bei *Larix* (und ähnlich verhalten sich auch andere Abietineen) der Nucellus zu Stande durch Wachsthum und Spaltung der Schichtzellen und der Epidermiszellen[1]) der Samenknospe, Zellcomplexe, die in den Sporangien der Gefässkryptogamen zur Sporangienwand gehören: der freie Theil des Nucellus kommt also hier zu Stande durch eine mächtige Ausbildung der Sporangienwand, während das Integument dem Sporangium gegenüber eine Neubildung darstellt. Bei *Taxus, Gingko, Thuja, Gnetum Gnemon* finden sich nach STRASBURGER mehrere »Embryosackmutterzellen«. Es muss hier, wie bei *Rosa,* da die allerjüngsten Zustände nicht bekannt sind, dahingestellt bleiben, ob diese »Embryosackmutterzellen« zusammen ein wenigzelliges (aus einer Zellreihe resp. Zellschicht bestehendes Archespor) darstellen, oder schon ein sporogenes, aus Theilung eines einzelligen Archespors hervorgegangenes Gewebe. Es entwickelt sich aus diesen Embryosackmutterzellen (die, wie es scheint, nur noch eine Zweitheilung erfahren) aber nur *ein* Embryosack, wenngleich zuweilen mehrere angelegt, aber von dem einen, stärker wachsenden verdrängt werden.

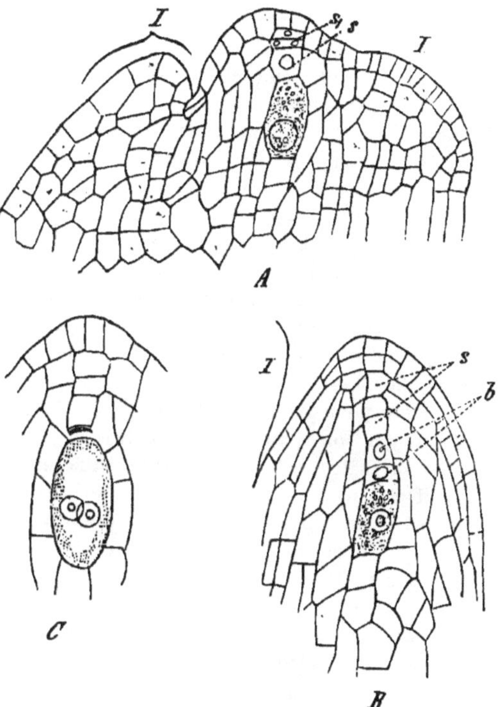

Fig. 114. (B. 435.)

Embryosack-Entwicklung von *Larix europaea*, nach STRASBURGER. A Längsschnitt durch eine junge Samenknospe mit Integumentanlage. I; s_1, s Schichtzellen (s_1 aus Spaltung einer Epidermiszelle entstanden). Das Archespor (die Embryosackmutterzelle) fällt auf durch ihre Grösse, ihren Stärkegehalt und ihren grossen Zellkern. (Anfang März) B Längsschnitt durch eine ältere Samenknospe. Aus der Embryosackmutterzelle sind drei Zellen hervorgegangen, die zwei oberen (b) werden später verdrängt. Die Zahl der Schichtzellen hat sich vermehrt. In C sind die beiden oberen Zellen verdrängt, die untere wird zur Makrospore (Embryosack), deren Kern sich verdoppelt hat.

Die äusseren Formveränderungen der Samenknospen und andere Entwicklungsvorgänge, die für den Nachweis der Homologie von Sporangium und Samen-

[1]) Ich sehe keinen Grund ein, irgend welchen Unterschied zu machen zwischen den von der »Embryosackmutterzelle« abgegebenen Schichtzellen (Tapetenzellen WARMING's und STRASBURGER's) und den durch Spaltung der Epidermis entstandenen.

knospe nicht wesentlich sind, können hier übergangen werden. Die Auffassung der geschilderten Entwicklungsvorgänge ist grösstentheils schon in der Beschreibung gegeben. Fraglich kann nur sein, wie die Theilungen der Embryosackmutterzelle aufzufassen sind. Entsprechen sie den Theilungen einer Sporenmutterzelle in Sporen (resp. Specialmutterzellen derselben) oder entspricht die zum Embryosack werdende Zelle, welche die andern verdrängt, einer ungetheilt bleibenden, direkt zur Spore werdenden Sporenmutterzelle? Im letzteren Falle sind die einzelnen Zellen, in welche die »Embryosackmutterzelle« zerfällt, Zellen des sporogenen Zellcomplexes, und die Bildung der Makrosporen bei den Samenpflanzen unterscheidet sich von der der Mikrosporen (und der Sporen der »Gefässkryptogamen«) dadurch, dass die für die Sporenbildung sonst charakteristische Viertheilung der Mutterzellen hier unterbleibt. Auf Grund von Erwägungen, die bei Besprechung der Samenknospenentwicklung der Angiospermen noch näher zu berühren sein werden, habe ich früher die letztere Ansicht aufgestellt, und finde auch nach den neueren Untersuchungen nichts, was gegen sie sprechen würde. Eine Consequenz derselben ist die Bezeichnung der Embryosackmutterzelle als »Archespor« in Fällen wie *Larix* etc. Es kann zwar, wie die Entwicklung einiger Angiospermenpollensäcke zeigt (Fig. 111), die Archesporzelle auch direkt zur Sporenmutterzelle werden, bei den Makrosporangien der genannten Coniferen dagegen geht nach unserer Auffassung aus derselben vielmehr ein mehr oder weniger reducirter sporogener Zellcomplex hervor, während die übrigen Zellen der Samenknospe steril bleiben, ebenso wie in einem *Isoëtes*-Makrosporangium die Mehrzahl der Zellen steril bleibt, ohne auch nur den Charakter von Sporenmutterzellen zu gewinnen, der den von den Makrosporen verdrängten Zellen im Sporangium der heterosporen Farne noch zukommt.

C. Der Ursprungsort det Angiospermensamenknospe[1]) ist bei der oben gegebenen Schilderung der Fruchtknotenentwicklung mehrfach berührt worden, hier genüge es desshalb, darauf zu verweisen, obwohl die Mannigfaltigkeit der Fälle in der erwähnten Darstellung keineswegs erschöpft ist. Es geht aber aus derselben soviel hervor, dass der Ursprungsort der Samenknospen ein verschiedener ist, sie gehören in der Mehrzahl der Fälle den Fruchtblättern resp. den von diesen gebildeten Placenten an, in andern entspringen sie auf einer von der Blüthenachsenspitze gebildeten Centralplacenta (Primulaceen) oder entstehen einzeln als terminale Neubildung auf der Blüthenachsenspitze, ähnlich wie das erste Antheridium einer männlichen Laubmoosblüthe. Im Folgenden halten wir uns zumeist an die Fälle, in denen die Samenknospen den Fruchtblättern oder wandständigen Placenten entspringen.

Die Samenknospen-Anlagen treten auf denselben hervor in Form kleiner Zäpfchen oder Höcker, deren Längsachse anfangs gerade ist, später, gewöhnlich kurz vor dem Auftreten der Integumente zeigen die Samenknospenanlagen vieler Pflanzen ein ungleichseitiges Wachsthum, das zu einer Krümmung der Längsachse führt und die Lagenverhältnisse einleitet, die sich bei anatropen, kampylotropen etc. Samenknospen finden[2]). Nur in sehr seltenen Ausnahmefällen gehen die Samenknospenanlagen aus der äussersten Zellschicht hervor. So nach den Abbildungen HOFMEISTER's bei *Balanophora* (Fig. 95). In allen anderen genauer untersuchten Fällen wird die Samenknospenanlage zuerst kenntlich durch Theilung der unter

[1]) Vergl. WARMING, de l'ovule. Ann. des scienc. nat. 1878. (Daselbst ältere Literatur.) STRASBURGER, Die Angiospermen und die Gymnospermen. Jena 1879.

[2]) Die äusseren Formverhältnisse der Samenknospen werden hier als bekannt vorausgesetzt, sie werden in jedem Lehrbuch erörtert.

der Epidermis liegenden Zellen: im einfachsten Fall, wie bei den Orchideen ist es eine einzige Zelle, die wächst, sich durch Querwände theilt und von der mitwachsenden Epidermis umhüllt die Samenknospenanlage bildet. Dass sich in anderen Fällen auch tiefer gelegene Zelllagen betheiligen (z. B. *Geum, Symphytum, Verbascum)*, braucht kaum hervorgehoben werden: es sind das unwichtige Differenzen, wie sie ebenso bei der Blattbildung sich finden (vergl. pag. 210.). Auch die Zellanordnungsverhältnisse in den Samenknospenanlagen können hier füglich unerörtert bleiben. Aus dem Ovularhöcker entwickeln sich die einzelnen Theile der fertigen Samenknospe. Die Integumente bilden die Grenze zwischen Knospenstiel *(funiculus)* und Knospenkern *(Nucellus)*, und zwar wird der Endtheil des Ovularhöckers zum Nucellus, unterhalb desselben sprossen die Integumente (resp. das Integument) hervor, in Form eines Ringwalls oder Kragens, der zwei oder mehr Zellschichten dick ist, und die Spitze des sich vergrössernden Ovularhöckers allmählich überwächst. Sind zwei Integumente vorhanden, so bildet sich das obere (innere) gewöhnlich zuerst, die Entwicklungsfolge ist also eine »basipetale«. Doch finden sich einige Ausnahmen, bei *Euphorbia* z. B. entsteht das äussere Integument zuerst, ebenso (nach WARMING a. a. O.) bei *Cuphea, Mahernia glabrata* und wahrscheinlich noch in anderen Fällen. Sehr häufig namentlich bei gekrümmten Ovularhöckern entstehen die Integumentanlagen nicht als geschlossener Ring, sondern treten zuerst auf der convexen Seite auf und diese Bevorzugung der convexen Seite spricht sich auch darin aus, dass nicht selten, namentlich auch bei anatropen Samenknospen, welche nur ein Integument besitzen, dasselbe auf der inneren Seite des Knospenkerns *(Nucellus)* schwach oder gar nicht entwickelt ist (Fig. 115,5). Es handelt sich dabei aber nicht etwa um eine »congenitale« Verwachsung von Integument und Funiculus, sondern um eine Hemmung der Ausbildung des Integuments auf der inneren Seite, die bei anderen ähnlich gebauten Samenknospen nicht stattfindet.

Dass der Rand der Integumentanlage in einigen Fällen nicht gerade abgeschnitten, sondern gelappt ist, sei hier nur deshalb erwähnt, weil dies Verhältniss früher bei der Discussion darüber, ob das Integument der Gymnospermensamenknospen nicht vielmehr als Fruchtknoten zu betrachten sei, eine Rolle spielte. Unter den Angiospermen ist der Rand des inneren Integuments z. B. in vier Lappen getheilt bei *Symplocarpus foetida*, von anderen Beispielen sei nur noch *Juglans regia* genannt (WARMING, a. a. O. Taf. 13. Fig. 11—13), ob die Integumentlappen nur durch lokal gesteigertes Wachsthum des ursprünglich geraden Integumentrandes oder gleich anfangs entstehen, ist nicht bekannt.

In vielen Fällen entsteht die Integumentanlage aus der äussersten Zellschicht des Ovularhöckers, so bei *Orchis, Monotropa, Centradenia floribunda, Primula chinensis* u. a., in anderen nehmen auch unter der Epidermis liegende Zellschichten an der Integumentbildung theil, so bei den mit einem meist sehr dickem Integument versehenen Samenknospen der Gamopetalen (z. B. *Symphytum, Lamium album, Lobelia* u. a., das Integument geht aber grösstentheils aus Theilungen der Epidermiszellen hervor, ebenso auch die inneren Integumente vieler mit zwei Integumenten versehenen Samenknospen; bei noch anderen endlich verdankt das Integument seine Entstehung hauptsächlich den unter der Epidermis gelegenen Zellen, eine Differenz, die zeigt, dass der verschiedenen Entstehungsart sehr wenig Bedeutung beizumessen ist. Wo zwei Integumente vorhanden sind, wird die Mikropyle entweder nur von dem inneren gebildet, oder es nimmt auch das äussere daran theil, während da, wo das eine, dicke Integument auf der dem

Funiculus zugekehrten Seite nicht zur Ausbildung gelangt, der letztere den Mikropylekanal ein Stück weit direkt begrenzt.

Oft schon vor dem Auftreten der Integumentanlagen oder gleichzeitig mit demselben treten in der Spitze des Ovularhöckers diejenigen Veränderungen ein, welche zur Bildung des Embryosackes führen. Das Charakteristische derselben lässt sich mit wenig Worten schildern. Es sei dabei an die in Fig. 115 für

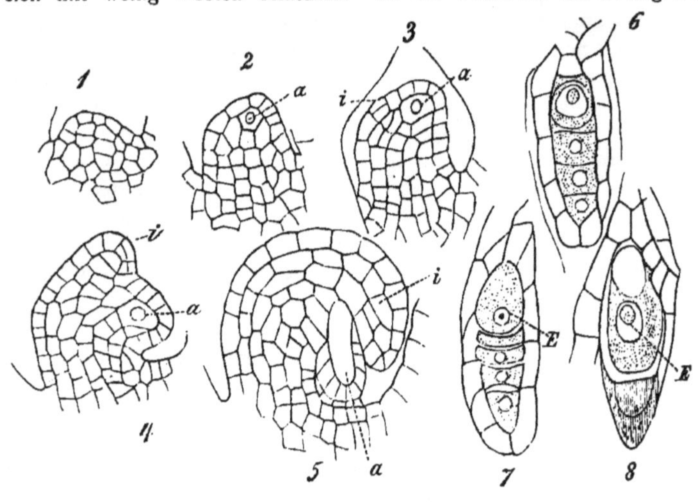

(B. 436.) Fig. 115.

Senecio vulgaris, Entwicklung der Samenknospe nach der Altersfolge beziffert. a Archespor (Embryosackmutterzelle) E in 6 und 7 Zelle, die zum Embryosack wird, i Integument. In 6 ist die Embryosackmutterzelle in vier Tochterzellen getheilt, die am weitesten von der Mikropyle abliegende (in der Figur die oberste) Zelle wird zum Embryosack, 1—5 nach WARMING, 6—8 nach STRASBURGER.

Senecio vulgaris dargestellten Entwicklungsvorgänge angeknüpft. In dem Stadium Fig. 115, 2 hat eine unter der Epidermis gelegene Zelle an der Spitze des Ovularhöckers grössere Dimensionen gewonnen, sie unterscheidet sich auch durch reicheren Plasmagehalt von den benachbarten Zellen. Es hat der Ovularhöcker auf diesem Stadium, wenn wir von der schon bemerkbaren Krümmung absehen, grosse Aehnlichkeit mit einem *Selaginella*-Sporangium, in welchem das Archespor eben deutlich wahrnehmbar ist (vergl. Fig. 104, A). In beiden Fällen zeichnet sich eine hypodermale Zelle (gewöhnlich die Endzelle der axilen Zellreihe) von den übrigen dnrch ihre Beschaffenheit aus und wächst auch stärker als diese. Bei *Selaginella* geht aus der Theilung derselben das sporogene Gewebe, bei den Samenknospen der Embryosack hervor. Da wir es hier offenbar mit homologen Gebilden zu thun haben, so sei auch hier der Kürze halber die Zelle a, Fig. 115 als »Archespor« bezeichnet. Fig. 115, 4 und 5 zeigen, dass dieselbe stärker wächst als die übrigen Zellen an der Spitze des Ovularhöckers, aus ihr geht der Nucellus fast ausschliesslich hervor. Derselbe hat in Fig. 115, 4, eine seitliche Lage, er scheint aus der die Spitze der jungen Samenknospe einnehmenden Integumentanlage hervorzugehen. Das ist aber nur scheinbar, wie die Vergleichung mit den jüngeren Entwicklungsstadien zeigt. Hier wie überall bildet der Nucellus vielmehr die Spitze des Ovularhöckers, er kann aber durch die massige Entwicklung des Integumentes bei anatropen Samenknospen zur Seite gedrängt werden. In Fig. 115, 5, besteht der Nucellus nur aus der langgezogenen mit dichtem Protoplasma und grossem Zellkern versehenen Archesporzelle und einer dieselbe umgebende Hüllschicht. Dann theilt sich das Archespor in zwei Zellen, und indem sich jede derselben noch einmal durch eine Querwand fächert, erhalten wir eine aus vier Zellen bestehende Zellreihe. Die Scheidewände derselben haben hier wie in anderen Fällen ein eigenthümlich gequollenes Aussehen. Von diesen vier Zellen entwickelt sich nur die unterste weiter, sie verdrängt die anderen, deren Reste man als stark lichtbrechende Kappe auf dem Scheitel des jungen Embryosackes noch wahrnehmen kann, und ebenso wird die äussere Zellschicht des Nucellus von dem heranwachsenden Embryosack zerstört. Auf die Weiterentwicklung desselben ist unten noch zurückzukommen, ebenso auf die Deutung des Beschriebenen.

Der Vorgang der Embryosackbildung spielt sich nun, wenn auch mit einigen mehr oder weniger wesentlichen Modificationen bei allen untersuchten Angiospermen in derselben Weise ab. Besonders häufig findet sich *Senecio* (und andern Gamopetalen) gegenüber die Differenz, dass vom Archespor durch eine Perikline zunächst eine Zelle abgetrennt wird, die wir wie bei den obigen Fällen als Schichtzelle[1]) bezeichnen wollen (Fig. 116, Ib t). Sie spaltet sich gewöhnlich durch antikline und perikline Wände und bildet so eine das Archespor bedeckende Gewebeschicht, die von dem heranwachsenden Embryosack später verdrängt wird. Besonders umfangreich ist diese bei den untersuchten Euphorbiaceen *(Euphorbia, Mercurialis)*: die Embryosackanlage liegt hier tief im Gewebe des Nucellus eingebettet, ähnlich wie das bei den Coniferen der Fall ist. Diese Ueberlagerung der Embryosackanlage, durch Gewebeschichten, welche dazu bestimmt sind, von ihm verdrängt zu werden, wird vielfach auch durch perikline Spaltungen der Epidermis an der Spitze des Nucellus verstärkt. Als Beispiele dafür nenne ich: *Aristolochia Clematitis* (WARMING, a. a. O., Taf. VIII., Fig. 20, 21), *Geum* (ibid. Taf. 10, 25), *Symphytum officinale*, (ibid. Taf. B, 20), *Rosa livida* (STRASBURGER, a. a. O. Taf. IV., 49).

Andere Differenzen beziehen sich auf die Theilungen des Archespors.[2]) Ungetheilt bleibt dasselbe, wie es scheint, nur in sehr seltenen Fällen, so nach TREUB und MELLINK bei *Tulipa Gesneriana* und *Lilium*: Hier wird also die Archesporzelle direkt zum Embryosack, weniger selten scheint die Zweitheilung zu sein, sie findet sich bei *Cornucopiae nocturnum, Commelyna stricta, Ornithogalum pyrenaicum* etc. (GUIGNARD a. a. O.). Bei *Agraphis*, wo sich das Arches-

[1]) Vergl. den analogen Entwicklungsvorgang in den Pollensäcken. Die Tendenz, das sporogene Gewebe mit anderen Gewebeschichten zu bedecken, ist sehr allgemein, die Theilungen, wodurch dieser Vorgang herbeigeführt wird, sind dagegen in den einzelnen Fällen verschieden. Ein Grund, die von den Embryosackmutterzellen abgetrennten Zellen als »Tapetenzellen« zu bezeichnen, wie WARMING und STRASBURGER dies thun, liegt nicht vor, da dieser Name für die charakteristisch ausgebildete Umhüllungsschicht des sporogenen Gewebes zu reserviren ist. Eine solche besitzt, wie es scheint zuweilen auch der Embryosack, z. B. bei *Alisma plantago*. Wo der Embryosack wie das in den Samenknospen der Gamopetalen der Fall zu sein pflegt, den Nucellus ganz verdrängt; ist die angrenzende innerste Integumentschicht häufig epithelähnlich ausgebildet (vergl. z. B. *Senecio vulgaris* bei WARMING, a. a. O. Taf. 12. Fig. 11 u. 12.)

[2]) TREUB et MELLINK, Archives néerlandaises, T. XV., FISCHER, Zur Kenntniss der Embryosackentwicklung einiger Angiospermen (Jenaische Zeitschrift für Naturw. 1880); JÖNSSON, om embryosäckens utveckling hos Angiospermerae. Lunds univers. Arsskrift, Taf. VI.; GUIGNARD, recherches sur le sac embryronaire des phanérogames Angiospermes (Ann. des scienc. nat. 6. sér. t. XIII.)

por ebenfalls nur in zwei Zellen theilt, wird die obere, nicht wie sonst die untere der aus dem Archespor hervorgegangenen Zellen zum Embryosack, auch die untere Zelle vergrössert sich und enthält vier Kerne, was als Andeutung zu einer Entwicklung zum Embryosack aufgefasst werden kann. Aehnliches findet sich namentlich auch bei den Gräsern, wo häufig eine Verdoppelung der Zellkerne in den vom Embryosack verdrängten Archesportochterzellen stattfindet. Ist dies nun auch kein sicherer Anhaltspunkt, da eine Kernvermehrung (durch Fragmentation) auch in den zum Zerfall bestimmten Tapetenzellen vorkommt, so geht doch aus allem Bekannten soviel mit grosser Wahrscheinlichkeit hervor, dass a priori jede der Tochterzellen des Archespors im Stande ist, ein Embryosack zu werden, und dass die best situirte, gewöhnlich die untere, die anderen verdrängt, ebenso wie in einem Makrosporangium von *Selaginella* eine Sporenmutterzelle über alle anderen die Ueberhand gewinnt. Die Berechtigung des eben aufgestellten Satzes ergiebt sich auch aus dem Verhalten von *Rosa*, welches STRASBURGER geschildert hat. Bei *R. livida* findet sich eine grössere Anzahl neben einander liegender Archesporzellen, die vielleicht aus Theilung einer einzigen hervorgegangen sind; sie zerfallen in eine Reihe von Zellen, meist vier, in manchen Fällen fünf, vielleicht selbst sechs. Gewöhnlich sind es die obersten dieser aus den Archesporzellen hervorgegangenen Zellen, die wachsen und sich zum Embryosack auszubilden beginnen, gelegentlich aber zeigt auch die weiter nach unten liegende Zelle dieselbe Tendenz, von all den

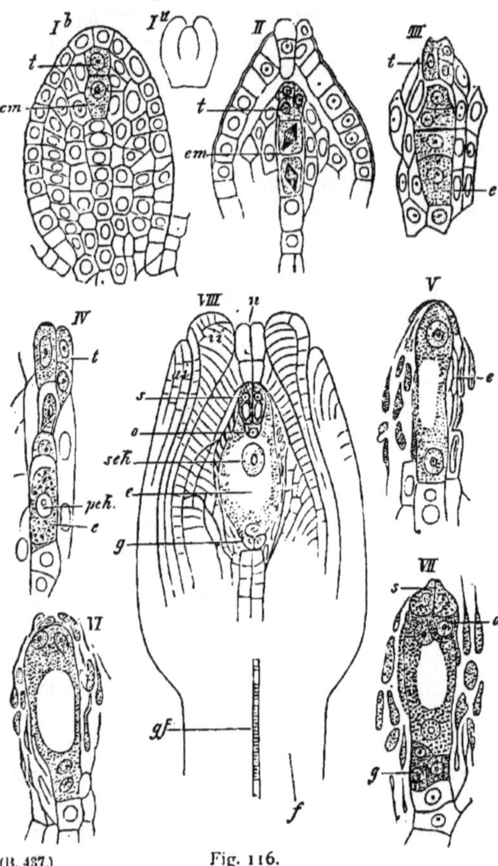

(B. 437.) Fig. 116.

Polygonum divaricatum, Samenknospen und Embryosackentwicklung nach STRASBURGER. 1 a Längsschnitt durch einen jungen Fruchtknoten: Die Samenknospe bildet den Abschluss der Blüthenachse. 1 b Längsschnitt durch eine Samenknospenanlage (vor Anlegung der Integumente), em Embryosackmutterzelle (Archespor), t Schichtzelle, II älteres Stadium, die Embryosackmutterzelle hat sich in zwei Zellen getheilt, in beiden ist der Kern in Theilung begriffen. Fig. III. Viergetheilte Embryosackmutterzelle (sporogener Zellkomplex); die unterste dieser Zellen (e) wird die andern verdrängend IV zum Embryosack. pek primärer Kern desselben, in Fig. V in zwei Tochterkerne getheilt, die in Fig. VI und VII den Eiapparat und die Gegenfüsslerinnen bilden. o Eizelle, s Gehilfinnen (Synergiden), g Gegenfüsslerzellen. Fig. VIII Längsschnitt durch eine befruchtungsfähige Samenknospe mit dem inneren (ii) und äusseren (ai) Integument, dem Nucellus m und dem in den Funiculus (f) eintretenden Gefässbündel (gf).

Embryosackanlagen kommt aber nur eine einzige zur Entwicklung und verdrängt die anderen, ein Fall, der zeigt, dass es von äusseren Verhältnissen abhängt, welche der Archespor-Tochterzellen zum Embryosack wird.

Eine Mehrzahl von Archesporzellen findet sich auch bei andern Rosaceen und bei einer Anzahl anderer Pflanzen so z. B. bei *Aesculus Hippocastanum, Paeonia arborescens, Calycanthus floridus* u. a. (vergl. die Abbildungen bei Jönsson a. a. O.). Es fallen diese Differenzen ebensowenig in's Gewicht wie bei den Pollensäcken, wo das Archespor bald eine Zellreihe bald — bei breiteren Pollensackanlagen — eine Zellschicht ist.

Die Vorgänge die im Embryosack zur Anlegung des Eiapparates führen, sind ebenfalls bei allen genauer untersuchten Pflanzen im Wesentlichen dieselben, und unterscheiden sich bedeutend von den in der Makrospore der Gymnospermen stattfindenden. Während bei den letzteren den Makrosporen von *Isoëtes* gegenüber eine wesentliche Differenz nicht stattfindet, lassen sich die Vorgänge im Embryosack der Angiospermen bis jetzt nicht mit Sicherheit auf analoge bei den Gefässkryptogamen zurückführen.

Der junge Embryosack besitzt einen Zellkern, dieser theilt sich bei weiterem Wachsthum; die beiden so entstandenen Kerne wandern in die beiden Enden des Embryosacks (Fig. 116 V) und theilen sich dort wiederholt, so dass in jedem Ende des Embryosackes nun also vier Zellkerne liegen (Fig. 116, VI). Zwei derselben rücken gegen die Mitte des Embryosacks und verschmelzen dort miteinander zum Embryosackkern, um die drei andern findet Zellbildung statt, so dass nun also an jedem Ende drei nackte Zellen liegen, die am Mikropylekanal gelegenen stellen den Eiapparat, die am andern Ende des Embryosacks die Gegenfüsslerzellen oder Antipoden dar. Die letzteren sind jedenfalls rudimentäre Organe, da sie keine weitere Entwicklung erfahren, sondern vor oder nach der Befruchtung zu Grunde gehen. Von den drei Zellen des Eiapparates ist nur eine einzige als Eizelle zu bezeichnen, sie ist gewöhnlich etwas tiefer im Embryosack inserirt, (Fig. 116, VIII, o) als die beiden andern, nach der Befruchtung zu Grunde gehenden, die Gehilfinnen oder Synergiden. Es genüge an diese durch Strasburger's Untersuchungen aufgeklärten Verhältnisse hier kurz zu erinnern — die kleinen bis jetzt beobachteten Abweichungen besitzen für unsere Zwecke keine Bedeutung.

Dagegen ist die Frage, wie die oben mitgetheilte Entwicklungsgeschichte der Samenknospen sich verhält zu der der Sporangien, hier noch etwas näher zu erörtern.

Die Frage kann auch hier nur die sein: ist die ganze Samenknospe einem Makrosporangium homolog, oder nur der Nucellus, derjenige Theil also, in welchem der Embryosack entsteht. Die letztere Ansicht wird auf Grund der Entwicklungsgeschichte besonders von Warming vertreten (von den auf teratologische Befunde gegründeten Deduktionen sehen wir hier ab vergl. pag. 119 ff.) Er stellte den Satz auf (a. a. O. pag. 224) »*que le nucelle est une création nouvelle sur le mamelon ovulaire, qui n'est lui-meme qu'un lobe du carpelle*«. Von der in den letzten Worten ausgesprochenen Theorie können wir hier, unter Verweisung auf das oben über die Entwicklung des Gynaeceums Mitgetheilte abstrahiren. Warming stützt sich dabei hauptsächlich auf die von ihm nachgewiesene Uebereinstimmung in der Entwicklung des Pollensackes und des Nucellus, der Pollensack aber ist ein auf dem Staubblatt entstehendes Mikrosporangium. Die direkte entwicklungsgeschichtliche Beobachtung nöthigt indess nicht zu der Annahme, dass der Nucellus eine Neubildung auf dem Ovularhöker sei. Wir sehen vielmehr nur, dass eine vorher schon vorhandene Zelle zum Archespor wird — gerade so wie z. B. bei *Selaginella*. Der Nucellus bildet deutlich die direkte Fortsetzung des Ovularhöckers, wenn man ihn als Neubildung auf demselben betrachten wollte, so müsste man auch das Sporangium von *Selaginella* als eine Neubildung auf dem Sporangienstiel auffassen, was natürlich von niemand geschieht.

Aus den hier nur kurz angedeuteten Gründen[1]) betrachte ich wie STRASBURGER die ganze Samenknospe als ein Makrosporangium, die Integumente aber den Gefässkryptogamen gegenüber als Neubildungen, der Funiculus entspricht dann dem Sporangienstiel. Diese Auffassung scheint mir, wenn man die bekannten Thatsachen überblickt, derzeit bei weitem die natürlichste zu sein.

---

2. Kapitel.

Entwicklung der Sexualorgane.

Die Besprechung der Fortpflanzungsorgane kann auf die Sporangien und die Sexualorgane, als deren wichtigste Beispiele wir die Oogonien resp. Archegonien und Antheridien der Archegoniaten benützen können, beschränkt werden, denn die Art und Weise der ungeschlechtlichen Fortpflanzung, so mannigfaltig sie auch ist, schliesst sich enge an die Entwicklung der Vegetationsorgane an. Bei einzelligen Pflanzen, wie z. B. bei den Conjugaten — (am deutlichsten den isolirt lebenden Desmidieen) ist mit jeder Zelltheilung eine Vermehrung der Individuenzahl verbunden, da die beiden Tochterzellen zu selbständig lebenden, der Mutterzelle gleichenden Zellen werden. Bei vielen Nostocaceen besteht die vegetative Vermehrung in einem Zerfallen des Vegetationskörpers in einzelne Stücke, die zu neuen Vegetationskörpern werden. Ein ganz ähnlicher Vorgang ist es, wenn bei höheren Gewächsen Theile der Pflanze sich ablösen und zu einer neuen Pflanze auswachsen. Es geschieht dies bei vielen auf dem Boden kriechenden Pflanzen indem die älteren, die Zweige verbindenden Theile absterben und die letzteren nun isolirt und zu selbständigen Pflanzen werden. So bei den thallosen, meist gabelig verzweigten Lebermoosen, bei den Lycopodien u. a. Und auf dasselbe kommt es hinaus, wenn in den Boden eindringende Ausläufer gebildet werden, deren Verbindung mit der Mutterpflanze dann gelöst wird, sei es nun, dass die letztere ganz abstirbt oder weiterwächst, ersteres ist der Fall bei *Circaea*, letzteres bei *Adoxa*. In beiden Fällen bildet die blühende Pflanze in den Boden eindringende Ausläufer, bei *Circaea alpina* stirbt der Spross, welcher geblüht hat ab, bei *Adoxa* wächst seine Spitze ebenfalls als Ausläufer weiter. Biologisch genau derselbe Vorgang findet bei einigen Wassermoosen statt (*Conomitrium Julianum* und *Cinclidotus aquaticus*) von denen SCHIMPER angiebt, dass bei ihnen Zweige vom Hauptstamm sich ablösen, und so zu neuen Individuen werden. Bei einigen phanerogamen Landpflanzen[2]) sind die sich ablösenden Zweige umgebildet zu kleinen Zwiebeln oder Knollen, so bei *Dentaria bulbifera*, *Lilium bulbiferum*, *Polygonum viviparum*,

---

[1]) Es kommen dazu noch Fälle, z. B. die Cycadeensamenknospen, wo das Integument oberhalb des sporogenen Zellkomplex abgeht.

[2]) Die »Absprünge« mancher Bäume, welche Zweigenden oder schmächtige Sprosse abwerfen (am auffallendsten *Taxodium distichum*) gehören natürlich nicht hierher, da die abgelösten Zweige keine weitere Entwicklung erfahren.

Saxifraga granulata u. a. Es werden diese Gebilde mit dem sehr verschiedenartige Organe umfassenden Namen »Brutknospen« bezeichnet. Als »Brutknospen« treten vielfach einzelne Zellen auf. In grösster Ausdehnung finden sich solche der ungeschlechtlichen Vermehrung dienende Brutzellen bekanntlich bei den Pilzen, deren ungeschlechtlich erzeugte Sporen oder Gonidien resp. Conidien hierher gehören[1]). Wir finden sie aber auch bei den Lebermoosen (vergl. Bd. I pag. 337). So tritt bei *Aneura* der zweigetheilte, mit einer Membran umgebene Inhalt vieler Thalluszellen als »Brutknospe« aus dem Thallus hervor, bei *Jungermannia ventricosa* bilden sich Brutzellen aus den Randzellen des Blattes, bei *Scapania nemorosa* u. a. auf der Spitze der Stämmchen etc. Als eine Weiterentwicklung dieser Brutzellen können wir die aus Zellkörpern bestehenden, aber ebenfalls ursprünglich einer einzigen Zelle hervorgehenden Brutknospen von *Marchantia* (Fig. 117), und *Blasia* betrachten, ähnlich wie die Sporen von *Pellia* z. B. schon innerhalb des Sporogons einen Theil der Keimung zurücklegen und als Zellkörper, statt wie andere Sporen als Einzelzellen ausgestreut werden, erfahren auch die Brutzellen von *Marchantia* u. a. noch im Zusammenhange mit der sie erzeugenden Pflanze eine höhere, sonst erst bei der Keimung eintretende Differenzirung. Sie sind aber keine metamorphen Sprosse, sondern eigenartig entwickelte, sich ablösende Gewebebestandtheile der Mutterpflanze. Es genügt an analoge Thatsachen bei den Laubmoosen zu erinnern, hinzuweisen auf die Fähigkeit fast

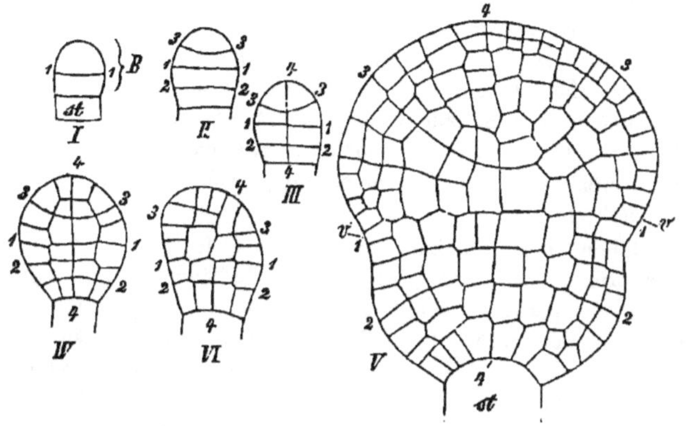

Fig. 117. (B. 438.)

Brutknospenentwicklung von *Marchantia polymorpha*. Die Brutknospe geht aus einer Zelle der Thallusrückenseite hervor, die sich zunächst theilt in eine Stielzelle und eine obere, aus welch letzterer, wie die Figuren zeigen, der aus zahlreichen Zellen bestehende Brutknospenkörper hervorgeht. Im jüngsten Stadium (I) ist derselbe (mit B bezeichnet) zweizellig.

[1]) Auch die Entwicklung der Brutzellen (Gonidien) der Thallophyten lässt sich auf die Ablösung einzelner Theile vom Vegetationskörper zurückführen. Es entstehen die ungeschlechtlich erzeugten Sporen entweder aus gewöhnlichen vegetativen Zellen oder auf besondern Trägern. Bei manchen *Vaucheria*-Arten z. B. *V. tuberosa* löst sich das durch eine Querwand abgegrenzte Endstück eines Schlauches als Brutknospe ab und wird zu einem neuen Thallus. Bei andern Arten derselben Gattung schlüpft der Inhalt der abgegrenzten Zelle als Schwärmspore aus. Dasselbe gilt bei *Oedogonium* für gewöhnliche vegetative Zellen, deren Protoplasmakörper sich von der Membran ablöst, und sie als Schwärmspore verlässt, während bei anderen z. B. *Ulothrix* eine Theilung des Plasmakörpers stattfindet, und jede einzelne Portion desselben zur Schwärmspore wird. Wo wie bei vielen Pilzen die Bildung besonderer Fruchtträger stattfindet, werden an, resp. in denselben die Sporen durch die als Abschnürung, freie Zellbildung etc. bezeichneten Zelltheilungsmodificationen gebildet. Man könnte die Erscheinungen der ungeschlechtlichen Vermehrung in zwei Kategorien: Theilung und Gemmenbildung (zu letzterer auch die Gonidien etc, gerechnet) eintheilen, allein scharfe Grenzen lassen sich auch hier nicht ziehen.

jeder Zelle des Laubmoosstämmchens unter Umständen zum Ausgangspunkt einer neuen Pflanze zu werden, nicht indem sie sich vom Gewebeverbande loslöst, sondern indem sie einen Protonemafaden treibt, an dem später als Seitenknospe die Anlage eines neuen Moosstämmchens auftreten kann. Auch die Vermehrung durch Adventivsprosse, wie sie bei manchen Pflanzen ganz normal auftritt, braucht hier nicht näher erörtert zu werden.

Ein Fall dagegen, der von dem eben beschriebenen des Ablösens von Zweigen und Brutknospen zu unterscheiden ist, aber mit ihm nicht selten combinirt vorkommt, ist der durch Ruhezellen oder Ruheknospen. Er tritt auf, um die Fortexistenz des Organismus auch unter ungünstigen Umständen zu sichern, vielfach aber stellt die Bildung solcher Ruhezustände auch eine, zu äusseren Faktoren zwar in Beziehung stehende, aber keineswegs direkt von ihnen abhängige Phase der Gesammtentwicklung dar. Hier haben wir nur die dabei auftretenden Formverhältnisse, ihrer Beziehung zur geschlechtlichen Fortpflanzung halber kurz zu berühren.

Einen der denkbar einfachsten Fälle bieten die Nostocaceen. Ihre Vegetationskörper wird gebildet durch Zellfäden (vergl. oben pag. 180), die aus lauter gleichartigen, durch Zweitheilung sich vermehrenden Zellen bestehen, zwischen die einzelne, nicht theilungsfähige und auch durch ihren Inhalt unterschiedene Grenzzellen oder Heterocysten eingestreut sind. Die Grenzzellen nehmen auch an der Fortpflanzung weiter keinen Antheil, die anderen Zellen dagegen dienen der Vermehrung entweder indem einzelne Fadenstücke als »Hormogonien« sich isoliren, sich eine Zeitlang frei bewegen und dann zum Ausgangspunkt einer nenen Nostoc-Kolonie werden oder indem sie zu Sporen werden. Bei der in Fig. 25, VII abgebildeten *Gloeotrichia* werden zur Sporenbildung nur ein oder zwei einer Grenzzelle angrenzende Zellen verwendet — die zur Spore werdende Zelle wächst mächtig heran und erhält einen dichten Inhalt und eine dunkel gefärbte resistente Membran. Sie macht einen Ruhezustand durch, um dann zu keimen. Ganz Analoges treffen wir auch bei höheren Pflanzen nur dass hier nicht mehr einzelne Zellen es sind, die den Ruhezustand durchmachen und sich entsprechend ausbilden, sondern Sprosse. So bei vielen Wasserpflanzen, bei der Bildung der Winter-Ruheknospen oder *hibernacula*. Bei *Utricularia* z. B. geht im Herbste alles zu Grunde bis auf die dicht mit Blättern umhüllten Endknospen, die auf den Grund des Wassers sinken. Aehnliche Knospen bilden sich bei *Myriophyllum* (am blühenden Sprosse sind es Seitenknospen der unteren Partie), bei *Hydrocharis* verhalten sich langgestielte Seitenknospen ebenso. Es ist aber, ebensowenig wie bei der Winterknospenbildung der Bäume die im Herbste stattfindende Temperaturverminderung, die direkte Ursache der Ruheknospenbildnng. Auch wenn man derartige Ruheknospen bei erhöhter Temperatur im Zimmer kultivirt, treiben sie zunächst nicht aus, sondern erst nach einer längeren Ruheperiode, *Utricularia* etwa im Januar, wo im Freien in unseren Gegenden die Entwicklung durch die niedrige Temperatur natürlich noch zurückgehalten wird[1]). Der Hauptsache nach aber ist es derselbe Vorgang wie bei der Bildung der Ruhesporen der Nostocaceen. Ueber die Faktoren, welche die Bildung der Ruhezustände veranlassen, sind wir ganz im Unklaren,

[1]) Bekanntlich kann ein früheres Austreiben der Holzgewächse etc. dadurch veranlasst werden, dass man die Ruheperiode künstlich früher eintreten lässt, ein Princip, das z. B. beim »Treiben« des Flieders etc. angewendet wird.

denn dieselben können, wie aus den obigen, kurzen Andeutungen hervorgeht, nicht direkt in eine Linie gestellt werden mit der Bildung von Dauerzuständen, wie sie in direkter Abhängigkeit von äusseren Faktoren namentlich in Folge von Austrocknung bei einzelnen Pflanzen, besonders auffällig den Myxomyceten, sich finden. Alle Bewegungszustände derselben haben die Fähigkeit, solche Dauerzustände bei Austrocknung durchzumachen. Die Schwärmer nehmen Kugelform an, und umgeben sich mit einer Membran, die sie unter geeigneten Bedingungen wieder verlassen. Aehnlich verhalten sich kleine Plasmodien, während die grösseren »Sklerotien“ bilden, die aus zahlreichen Zellen bestehen. Bei Aufhören des Ruhezustandes werden die Zellwände wieder aufgelöst und das Plasmodium gewinnt seine Beweglichkeit wieder. Analoge Fälle liessen sich auch sonst anführen, z. B. von manchen Moosprotonemen, welche bei Austrocknung in einzelne Zellen zerfallen, von denen einige dickwandig werden, reichen Protoplasmainhalt zeigen und bei Wiedereintritt günstiger Bedingungen weiter wachsen. Selbstverständlich steht das Auftreten von Ruhezuständen auch in den zuerst angeführten Beispielen in Beziehung zu äusseren Bedingungen, aber es bildet ein integrirendes, constant auftretendes Glied in dem Entwicklungsgang der betreffenden Pflanzen. In dem einen Falle, (bei der Bildung der Dauerzustände der Schleimpilze etc.) behält das Protoplasma offenbar seine Eigenschaften während der Ruheperiode der Hauptsache nach bei, denn es ist jederzeit entwicklungsfähig, im zweiten Falle gehen während der Ruheperiode bestimmte, uns unbekannte Veränderungen vor sich, nach deren Vollendung erst, vorausgesetzt, dass günstige äussere Bedingungen vorhanden sind, die Weiterentwicklung beginnt.

Vielfach (wie z. B. bei manchen Moosen) treten auch die Brutknospen gleich in Form von Ruhezuständen[1]) auf, oder die Ruheknospen funktioniren zugleich als vegetative Vermehrungsorgane, (z. B. bei *Sagittaria, Hydrocharis* u. a.) dann sind also die beiden hier unterschiedenen Fortpflanzungs-Weisen mit einander combinirt.

Sind wir über das Wesen der Ruhezustände sehr wenig unterrichtet, so gilt dies in noch höherem Grade von der sexuellen Fortpflanzung — alle Spekulationen über dieselbe kommen schliesslich über eine mehr oder minder glückliche Umschreibung der Thatsachen nicht hinaus. Charakteristisch für den Sexualprocess ist in den meisten Fällen[2]), dass zwei Zellen gebildet werden, die einzeln für sich nicht entwicklungsfähig sind, aber durch Verschmelzung eine neue Zelle, den Keim erzeugen, der sich zu einer neuen Pflanze entwickelt. Die beiden Sexualzellen, von denen sich bei höherer Differenzirung die eine als weiblich, die andere als männlich bezeichnen lässt, werden in neuerer Zeit als Gameten, das Produkt ihrer Verschmelzung als »Zygote« bezeichnet. Die folgende Darstellung hat sich mit der Form, der Entwicklung und den Bildungsstätten der Sexualzellen zu befassen.

§ 1. Entwicklung der Sexualzellen bei den Thallophyten. Die Sexualzellen der Thallophyten sind in den letzten Jahren so vielfältig Gegenstand

[1]) Das biologische Verhalten derselben, namentlieh die Frage nach der Nothwendigkeit einer Ruheperiode ist freilich meist nicht bekannt.

[2]) Die am wenigst differenzirten Sexualzellen können auch, ohne sich mit einander zu vereinigen, sich weiter entwickeln. Andrerseits giebt es auch höher differenzirte Sexualzellen, welche die im Texte erwähnte Eigenschaft verloren haben: die Eizellen von *Chara crinita* werden zu Oosporen, ohne von Spermatozoïden befruchtet zu sein, während dies für die Eizellen der anderen Characeen, soweit wir darüber unterrichtet sind, durchaus nothwendig ist.

der Untersuchung und Darstellung gewesen, dass wir uns hier mit einer kurzen Erwähnung derselben begnügen können, um so mehr, als diejenigen der Algen, welche die instruktivsten Verhältnisse bieten, schon im zweiten Bande dieses Handbuchs ausführlich erörtert worden sind. Es sind vor Allem einige allgemein-organographische Fragen, die hierbei in Betracht kommen, vor Allem das Verhältniss der Sexualorgane resp. Sexualzellen zum Vegetationskörper und die allmählich fortschreitende Differenzirung der Sexualzellen selbst.

Was den ersteren Punkt betrifft, so ist der einfachste Fall der, dass bei einzelligen Algen der Vegetationskörper selbst zur Sexualzelle wird. So bei den Desmidieen: der Sexualprozess besteht hier einfach in der Verschmelzung der Protoplasmakörper zweier Individuen.

Ob eine Desmidieenzelle, in welcher die ersten Vorbereitungen zur Copulation getroffen sind, vegetativ weiter leben kann, wenn dieselbe nicht stattfindet, ist mir nicht bekannt. Die beiden Sexualzellen treiben zum Zweck der Vereinigung ihrer Protoplasmainhalte Ausstülpungen gegen einander, die Copulationsfortsätze, die in ganz analoger Weise auch bei den Pollenkörnern der Samenpflanzen auftreten. Der Pollenschlauch ist auch nichts anderes, als ein Copulationsfortsatz, den die Mikrospore treibt. Schon bei den Conjugaten macht sich aber eine Differenzirung einerseits in dem Verhalten, andererseits in der Bildung der Sexualzellen geltend: bei *Spirogyra* z. B. pflegen die Zellen des einen der beiden copulirenden Fäden sich anders zu verhalten, als die des andern, die aus den Zellinhalten gebildeten Sexualzellen bleiben im Faden liegen, während die Gameten aus dem andern Faden zu ihnen herübertreten und mit ihnen verschmelzen. Die Differenz zwischen weiblichen und männlichen Gameten, die einander ganz gleichgestellt sind, ist hier aber offenbar noch keine scharf ausgeprägte. Bei *Sirogonium* wird schon nicht mehr die ganze vegetative Zelle zur Gametenbildung verwendet, und zugleich ist die männliche Sexualzelle hier kleiner als die weibliche (vgl. Fig. 22 pag. 288 Bd. II). Ein von dem der obengenannten offenbar nur äusserlich verschiedenes Verhalten ist es, wenn der Zelleninhalt einer einzelligen Alge sich theilt in eine Anzahl frei beweglicher Gameten: so bei verschiedenen Protococcaceen, oder wenn sämmtliche Zellen mehrzelliger Individuen zu Sexualzellen werden wie bei den Volvocineen *Pandorina* und *Eudorina*. In derselben Familie zeigt die Gattung *Volvox* selbst eine höhere Differenzirung dadurch, dass nur einzelne Zellen zu Sexualzellen sich gestalten, während die übrigen nur vegetative Funktionen ausüben. Eine derartige Differenzirung lässt sich in verschiedenem Grade in einzelnen Verwandtschaftsreihen verfolgen, bei den höheren Formen werden die Sexualzellen in besonderen, von den vegetativen Theilen scharf abgesetzten Organen gebildet, sei es, dass nur einzelne Zellen eines Zellfadens Sexualorgane produciren, wie bei *Oedogonium*, oder dass besondere Aussprossungen zu diesem Zwecke gebildet werden (wie bei *Vaucheria, Ectocarpus* etc.). Bei solchen Formen, die einen Vegetationspunkt besitzen, entstehen (wie es scheint mit einziger Ausnahme der Antheridien der unten zu erwähnenden *Coleochaete*-Species) die Sexualorgane aus den Vegetationspunkten, ein Verhältniss, das sich bei den folgenden Abtheilungen wiederholt.

Für das gegenseitige Verhältniss der beiden Sexualzellen stellte sich bei verschiedenem Verwandtschaftskreise bei Pilzen und Algen das Resultat heraus, dass bei den »nieder« stehenden Formen die Sexualzellen oder »Gameten« einander an Form und Grösse gleich sind, und dass von diesen ausgehend in mehr oder weniger sanfter Abstufung eine Differenzirung stattfindet, welche dahin führt, dass das männliche Sexualelement, welches in den meisten Fällen frei beweglich ist, und dann als Spermatozoid bezeichnet wird, um ein vielfaches kleiner ist als das weibliche, zur Zeit der Befruchtung bewegungslose, das Ei. Es vollzieht sich diese Differenzirung sowohl bei solchen Formen, die aktiv sich bewegen, als bei solchen, die unbewegliche Gameten besitzen. Den ersteren schliessen sich auch die Sexualzellen der Moose und Farne an, die Zelle bleibt hier zwar unbeweglich in ihrer Bildungsstätte liegen, und nur die Spermatozoiden schwimmen frei im Wasser umher, allein dasselbe treffen wir auch bei einer Anzahl grüner Algen. Bei *Ulothrix* sind die Gameten gleichgestaltete Schwärmsporen, die während der

Bewegung sich miteinander vereinigen, bei einer anderen Fadenalge, dem *Oedogonium*, bleiben die Eizellen in ihrer Bildungsstätte, dem Oogonium, liegen und werden von den kleinen, männlichen Schwärmsporen, den Spermatozoiden, aufgesucht. Wir können bei einer Anzahl grüner Algen die Copulation gleichgestalteter Schwärmsporen als den Ausgangspunkt betrachten. Von hier aus geht die Weiterentwicklung dann in zwei Richtungen vor sich: einmal sehen wir die weib-

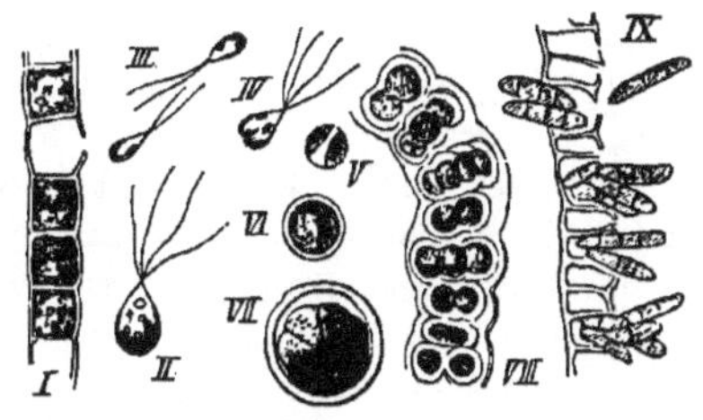

(B. 439.) Fig. 118.

Ulothrix, I Zellfaden mit ungeschlechtlicher Schwärmsporenbildung, II ungeschlechtliche Schwärmspore, III Zwei sexuelle Schwärmsporen (Gameten), IV Copulation derselben, V Vereinigungsprodukt der Gameten (Zygospore oder Zygote), unmittelbar nach der Copulation mit noch getrennten Farbstoffkörpern, VI Aeltere Zygospore im Ruhezustand, VII Keimung derselben: ihr Inhalt theilt sich in eine Anzahl Schwärmsporen (aus FALKENBERG, Die Algen. Bd. I des Handb. pag. 260).

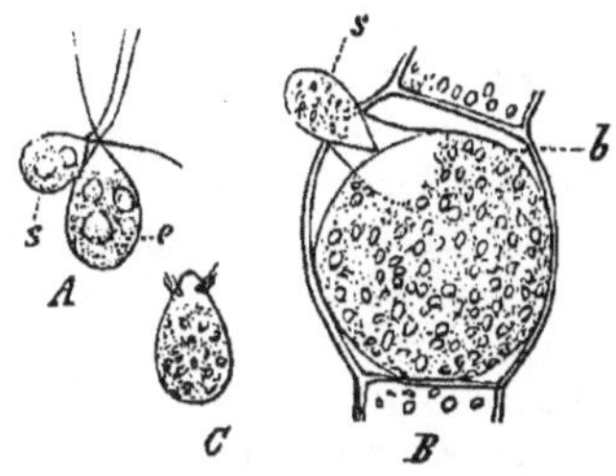

Fig. 119. (B. 440.)

Beginn der Copulation einer kleineren männlichen (s) und einer grösseren weiblichen Schwärmspore von *Phyllobium dimorphum* (nach KLEBS), B Befruchtung von *Oedogonium diplandrum*, e Eizelle, b Befruchtungsfleck, s Spermatozoid, C Spermatozoid etwas stärker vergrössert: es trägt unter dem farblosen Vorderende einen Kranz von Cilien. B und C nach JURANYI.

liche Schwärmspore an Grösse zunehmen: es kopulirt bei *Phyllobium* eine weibliche Schwärmspore mit einer kleinen männlichen und weiterhin sehen wir die weibliche Schwärmspore ihre aktive Bewegungsfähigkeit verlieren, entweder von Anfang an oder im Laufe der Entwicklung. Letzteres kommt namentlich bei den braunen Algen, den Phaeophyceen, in instructivster Weise vor: die grosse weibliche Schwärmspore von *Cutleria* verliert nach einiger Zeit ihre Cilien, rundet sich ab und wird zum ruhenden Ei, das von der kleinen, männlichen Schwärmspore, dem Spermatozoid, befruchtet wird. Das Ei von *Fucus* aber wird von Anfang an als bewegungslose, nackte Zelle aus dem Oogonium ausgestossen, bei den grünen Algen dagegen bleibt es in demselben liegen, und wird von den Spermatozoiden aufgesucht. Ueber den Bau der Eizellen und die Frage, in wieweit sie sich ihrer Struktur nach von den vegetativen Zellen unterscheiden, ist nur sehr wenig bekannt. Charakteristisch für dieselben ist das Vorhandensein eines sogen. Befruchtungs- oder Empfängnissfleckes: die Stelle, an welcher das Spermatozoid mit der Eizelle verschmilzt, ist von Farbstoffträgern entblösst und höchst wahrscheinlich auch sonst von der Substanz des Eies verschieden. Es entspricht dieser farblose Befruchtungsfleck (der an den Eiern von *Fucus* z. B. noch nicht nachgewiesen ist) dem farblosen vorderen Ende, welches bei den Schwärmsporen die Cilie trägt. Copulirende Schwärmsporen pflegen denn auch zunächst mit ihren farblosen Enden mit einander zu verschmelzen, bei *Cutleria*, wo das Ei anfangs ebenfalls als Schwärmspore auftritt, gestaltet sich das farblose Vorderende zum Befruchtungsfleck.

Die männlichen Schwärmsporen unterscheiden sich von vegetativen Schwärmsporen meist auffallend durch ihre Färbung, die von der grünen mehr oder minder abweicht oder doch nur schwach ausgeprägt ist (so z. B. bei den Spermatozoiden von *Coleochaete*, die nur einen schwachen »grünen Schimmer« (nach PRINGSHEIM) zeigen. Es scheint in einigen Fällen bei der Bildung der männlichen Schwärmsporen ein Zerfallen der Farbstoffkörper stattzufinden, jedenfalls sehr häufig eine Verfärbung derselben, falls nicht die Ausbildung des Farbstoffes überhaupt ganz unterbleibt. In den Eizellen dagegen bleiben die Farbstoffträger (Chromatophoren SCHMITZ's) wohl immer erhalten, wenngleich sie namentlich nach der Befruchtung häufig durch andere Inhaltsbestandtheile des Protoplasmas verdeckt werden. Bei *Oedogonium* z. B. ist es eine vegetative Zelle, die zum Oogonium wird, und zwar regelmässig die bei der Zelltheilung nach oben liegende.[1]) Sie schwillt kugelig an, ihr Inhalt contrahirt sich, löst sich dadurch von dem Membran ab und bildet die kugelige Eizelle (»Oosphaere«). Der farblose Befruchtungsfleck tritt an dem Oogonium entweder seitlich[2]) auf, und entspricht dann in seiner Lage dem farblosen Vorderende eines zur vegetativen Schwärmspore werdenden Plasmakörpers (denn auch dieser liegt der Mitte der Seitenwand der Schwärmsporenmutterzellle gegenüber, so dass also die Längsachse der Schwärmspore mit der des Zellfadens, in dem sie entsteht, sich kreuzt), oder es liegt der Befruchtungsfleck nahe an der oberen Querwand des Oogoniums, er bildet z. B. die Spitze der Eizelle bei *Oed. rivulare* (PRINGSHEIM a. a. O. Taf. III., Fig. 5).

Es lässt sich bezüglich der Entwicklung der Antheridien und Oogonien der besprochenen Algen eine Homologie der Entwicklung unschwer konstatiren, die aber meist dadurch verdeckt ist, dass in den Antheridien Theilungen stattfinden, welche in den Oogonien unterbleiben. Bei *Oedogonium* entsteht das Antheridium sowohl wie das Oogonium aus dem oberen Abschnitt bei einer Zelltheilung, nur ist das Antheridium von Anfang an als kleine scheibenförmige Zelle angelegt. Beim Oogonium wird der ganze Inhalt der Zelle zum Ei, der Inhalt des Antheridiums wird nur selten direkt zur männlichen Schwärmspore *(Oed. curvum)*, in der Regel findet eine Zweitheilung desselben statt.[3]) Ganz Aehnliches gilt für die Phaeophyceen (betreffs *Cutleria* vergl. Bd. II. pag. 214 ff., Fig. 8), bei denen sich die mit der Differenzirung in der Gestalt der Gameten parallel gehende Differenzirung in der Entwicklung von Oogonien und Antheridien theilweise sehr deutlich verfolgen lässt *(Ectocarpus* z. B. hat isogame Befruchtung, und die Sporangien, in denen die Gameten entstehen, stimmen mit den Oogonien und Antheridien von *Cutleria* der Hauptsache nach überein. Es gilt dies selbst noch für Formen wie *Fucus*, bei denen die Differenz zwischen Spermatozoiden und Eiern so ungemein gross ist.

Die Antheridien von *Fucus* stehen an Zellfäden, welche der Wandung der als »Conceptacula« bezeichneten Thallusgruben entspringen (vergl. Bd. II., pag. 211, Fig. 7). Die Oogonien entstehen aus der Endzelle eines solchen (nur

---

[1]) Es sind aber nicht etwa schon gebildete, vegetative Zellen, die zu Oogonien anschwellen, sondern die letzteren werden als solche gleich bei der Theilung einer Fadenzelle angelegt (vergl. PRINGSHEIM, Beitr. z. Morph. und Syst. der Algen, in dessen Jahrb. Bd. I. Die Bezeichnung Oogonium rührt von PRINGSHEIM her.

[2]) So bei *Oedogonium tumidulum*, PRINGSH., a. a. O. Taf. III. Fig. 5.

[3]) Die Uebereinstimmung der Spermatozoiden mit den vegetativen Schwärmsporen giebt sich, abgesehen von der übereinstimmenden Gestalt — die Grössendifferenz kann dabei ausser Acht bleiben — auch dadurch zu erkennen, dass auch die Längsachse der Spermatozoiden, wie es scheint, dieselbe Richtung zur Fadenachse hat, wie die der vegetativen Zoosporen. Von den Androsporen mag hier ganz abgesehen sein.

zweizelligen) Fadens, die Antheridien stellen Zellen dar, die als Auszweigungen an verzweigten Zellfäden entspringen. Sie enthalten[1]) ursprünglich nur einen Zellkern, das Protoplasma ist ausgezeichnet durch den Mangel an braunen Farbstoffkörpern. Es findet zunächst eine freie Vermehrung der Kerne durch wiederholte Zweitheilung statt, und es bilden sich auf diese Weise zahlreiche Zellkerne. Jeder derselben umgiebt sich dann mit Plasma, das sich am vorderen Ende stärker anhäuft als am hinteren. Jede der so gebildeten nackten Zellen wird zu einer kleinen männlichen Schwärmspore, einem Spermatozoid, das zwei Cilien, und in seinem Protoplasmakörper ein kleines Farbstoffkörperchen enthält. Auch im Oogonium findet eine Theilung des Zellinhaltes statt in acht Portionen (die durch wiederholte Zweitheilung entstehen), welche später als membranlose »Eier« aus dem Oogonium und Conceptaculum entleert werden.

Oedogonium und Fucus stimmen darin überein, dass der ganze Inhalt des Oogoniums zur Eibildung verwendet wird. Bei andern Algen wird vor der Befruchtung ein Theil der Plasmasubstanz der Eizelle abgeschieden, ein Vorgang, den wir wohl der Bildung der »Richtungskörper« an thierischen Eiern vergleichen dürfen (mehr noch stimmt die Bildung der Bauchkanalzellen der Archegoniaten damit überein). Die Abscheidung eines nicht zur Eibildung verwendeten Theiles des Oogonium-Inhaltes kommt schon bei Oedogoninm-Arten vor: für *Oed. diplandrum* giebt JURANYI[2]) an, dass ein Theil des die farblose Stelle am Oogonium-Inhalte bildenden Plasmas ausgestossen wird. Bei *Coleochaete*[3]) schwillt eine Zelle behufs der Oogonium-Bildung an und verlängert ihren oberen Theil in einen engen Schlauch; dieser ist von farbloser Plasmasubstanz erfüllt, die bei der Oeffnung ausgestossen wird (ob vorher eine Kerntheilung stattfindet und einer der Kerne mit ausgestossen wird, ist nicht bekannt). Auch bei *Vaucheria* findet sich ein ähnlicher Vorgang. Das Oogonium entsteht als papillenförmiger Auswuchs an dem ungegliederten Schlauche. In älteren Stadien, wo das Oogonium schon durch eine Querwand nach unten abgegrenzt ist, wird das obere Drittel von farbloser Substanz eingenommen, welche dann durch die gequollene Oogoniummembran hindurch einen Fortsatz treibt, der sich zu einer Kugel abrundet und vom Ei ausgestossen wird[4]). Vom *Characeen*-Oogonium werden am unteren Theil desselben eine oder mehrere kleine Zellen abgeschnitten (BRAUN's Wendungszellen); die Bedeutung derselben scheint, wie in den eben erwähnten Fällen darin zu liegen, dass ein Theil des Oogonium-Inhaltes von der Eibildung ausgeschlossen wird.

Schon bei einigen grünen Algen lässt sich die Entwicklung von Antheridien und Oogonien nicht mehr direkt parallelisiren. So bei *Coleochaete*. Die Oogonien entstehen hier wohl allgemein aus den Endzellen der Zellreihen, welche den Thallus zusammensetzen. Der Ursprung der Antheridien ist ein verschiedener, bei *Coleochaete scutata* bildet sich nach PRINGSHEIM eine ältere Zelle des scheibenförmigen Thallus, welche ihre (vegetative) Theilungsfähigkeit schon längst verloren hat, zum Antheridium um, indem sie sich in vier Zellen theilt, deren Inhalt sich je zu einem Spermatozoïd ausbildet; bei den andren *Coleochaete*-Arten entstehen die Antheridien als papillenförmige Sprossungen zu zwei oder drei an vegetativen Zellen, der Inhalt jeder Papille wird zum Spermatozoïd. Würden die Antheridien an der Endzelle einer Zellreihe nur zu zweien auftreten, oder entstünden beim Auftreten von drei Antheridien-Papillen zwei derselben aus Theilung einer Anlage, so könnte man sie allenfalls noch als Umbildungen von Gabelästen der Endzellen betrachten, wodurch sie dann mit den Oogonien

---

1) Das Folgende bezieht sich auf *Fucus vesiculosus* und *serratus* aus der Ostsee.

2) JURANYI, Jahrb. für wissensch. Bot. IX. pag. 1.

3) PRINGSHEIM, Beitr. zur Morphologie und Systematik der Algen in dessen Jahrb. II. Bd.

4) Vgl. V. ornithocephala. STRASBURGER, über Zellbildung und Zelltheilung. III. Aufl. pag. 90.

gleiche Entstehung zeigen würden, allein das erscheint nach den vorliegenden Daten ausgeschlossen.

Dasselbe gilt für die Characeen[1]), welche für das Studium der morphologischen Werthigkeit der Sexual-Organe und der Fortpflanzungs-Organe überhaupt interessante Anhaltspunkte bieten. Die Einzelentwicklung der Antheridien und der umhüllten, als Eiknospen bezeichneten, Oogonien von *Chara* ist eine durchaus abweichende, es fragt sich nur, ob die Stellungsverhältnisse übereinstimmen und ob sie durch Umbildung derselben vegetativen Theile entstehen, und dadurch eine ursprünglich gleiche Entstehung erkennen lassen.

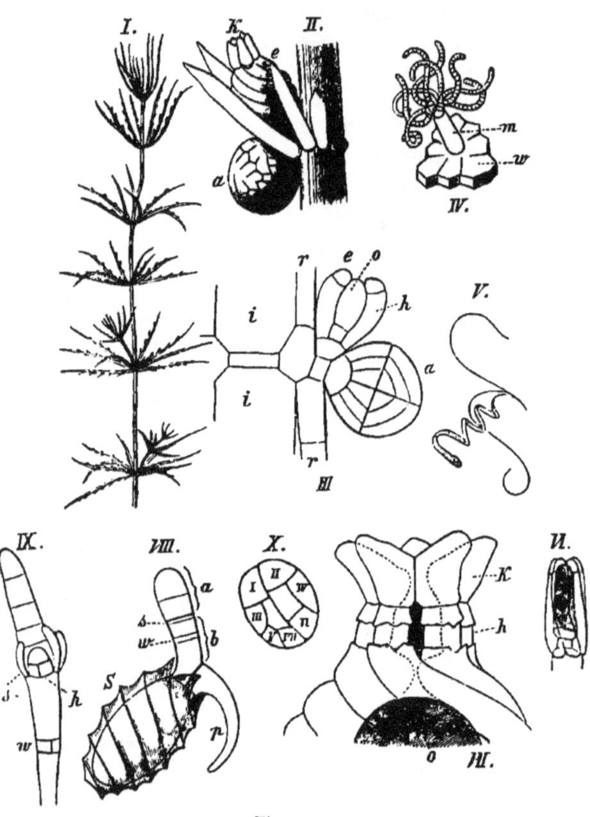

(B. 441.) Fig. 120.

(Aus Falkenberg, die Algen Bd II. des Handbuchs) I Spross von *Chara fragilis*, II Blatt von *Chara* mit Blättchenwirtel a Antheridium, e Eiknospe mit dem Krönchen K. III Optischer Längsschnitt durch einen Blattknoten, i Internodialzellen zwischen denselben die schmale Blattknotenzelle, a Antheridium, e Eiknospe mit den Hüllschläuchen h und dem Oogonium o, rr Rindenlappen. IV Eine Wandungszelle w des Antheridiums, m Manubrium mit den daran sitzenden Spermatozoïd-erzeugenden Fäden. V Spermatozoïd, VI Junge Eiknospe, VII Spitze der befruchtungsfähigen Eiknospe, VIII Keimung (p Hauptwurzel, s Stengelknoten, w Wurzelknoten, a Vorkeimspitze. IX Vorkeim, h Anlage des Hauptsprosses.

»Die Antheridien finden sich bei den Charen stets an den Blättern und entstehen durch eigenthümliche Entwicklung einer Endzelle des Blattes, sei es des Hauptstrahls oder eines Seitenstrahls. Bei den Nitellen mit einfach getheilten Blättern (*N. syncarpa, flexilis*) ist ein einziges, terminales Antheridium vorhanden, das den Hauptstrahl über der Ursprungsstelle der Seitenstrahlen begrenzt, somit der mittleren Zinke des meist dreigabeligen sterilen Blattes entspricht. Bei den Nitellen

[1]) Vergl. A. Braun, Ueber die Richtungsverhältnisse der Saftströme in den Zellen der Charen. Monatsber. der Berl. Akademie 1852 u. 1853 (speciell im letzteren Jahrg. pag. 53 ff.). Eine ausführliche Schilderung des Aufbaus und der Entwicklung hat Sachs gegeben, (s. Goebel, Grundzüge der Systematik etc. pag. 58 ff.), eine Diskussion über die Bedeutung der Sporenknospen (Eiknospen) Celakowsky in Flora 1878. No. 4 u. 5.

mit wiederholter Theilung der Blätter (*N. flabellata, gracilis* etc.) wiederholt sich das Antheridium gewöhnlich auch auf den Seitenstrahlen des Blattes, jedoch stets mit Ausnahme der Seitenstrahlen letzten Grades, welche nie Antheridien tragen, sondern die Antheridien als Gabelspitzen umgeben. Die Antheridien erscheinen daher bei den Nitellen gabelständig. Bei den Tolypellen befinden sich die Antheridien niemals auf dem Hauptstrahl des Blattes, sondern terminal auf den kürzesten einfachen Seitenstrahlen der unteren Blattgelenke oder auch im Grunde des Quirls selbst auf kurzen Stipularstrahlen[1]). Bei *Chara* sind die Antheridien seitlich und vertreten die Stelle der kleinen, eingliedrigen Seitenstrahlen des Blattes- (der Blättchen)- und zwar gewöhnlich die Stelle des innersten, dem Stengel zugewendeten Blättchens; seltener treten auf der einen oder auf beiden Seiten des Antheridiums noch weitere Antheridien statt Blättchen auf« (A. BRAUN a. O. pag. 53). — Die Theile des Vegetationskörpers, welche zur Bildung der Antheridien verwendet werden, sind also bald ein Seitenblättchen in toto, bald das Endglied eines Blattes bald eine Stipula; die Uebereinstimmung besteht im Grunde nur darin, das die Antheridien immer blattbürtig sind und aus Umbildungen von Blatttheilen hervorgehen. Dagegen hält BRAUN die Eiknospe für ein Gebilde mit dem »morphologischen Rang eines Sprosses«. »Die Lage der Sporenknöspchen ist bei den Characeen ebenso verschiedenartig, als die der Antheridien, doch erscheinen sie niemals gipfelständig auf dem Hauptstrahl des Blattes. Bei den Nitellen stehen sie bald einzeln, bald zu mehreren nebeneinander auf der Innenseite des Blattgelenks (Blattknotens) sei es des Hauptstrahles oder der Seitenstrahlen. Bei monöcischen Arten erhalten sie dadurch ihre Stelle unterhalb des Antheridiums. Bei manchen Tolypellen umgeben sie in grosser Zahl die auf kurzen Seitenstrahlen befindlichen Antheridien, sowohl an den Blattgelenken als am Grunde des Quirls. In der Gattung *Chara* stehen sie auf der Innenseite der Blattgelenke und zwar bei diöcischen Arten in der Achsel des innersten Foliolums — bei monöcischen Arten stehen sie in der Achsel des Antheridiums«. Diese axilläre Stellung (»wie der Zweig aus dem Basilarknoten des Blattes, so entspringt die Eiknospe aus dem Basilarknoten eines Blättchens; wie dem zweigtragenden Blatt der nach oben gehende Berindungslappen fehlt, so fehlen auch dem Blättchen, welches die Eiknospe trägt, die nach oben gehenden Berindungszellen« etc. pag. 69 a. a. O.) war es hauptsächlich, die BRAUN zu der oben erwähnten Deutung bestimmte. Dazu kommt, dass aus der unter dem Oogonium liegenden Zelle fünf Schläuche entspringen, ähnlich wie ein Blattwirtel an einem Sprossknoten entsteht. Dieser Punkt fällt hier indess nicht in Betracht. Denn die Gliederung von Blatt und Stamm ist bei den Charen eine so übereinstimmende, dass der Unterschied beider hauptsächlich nur in der begrenzten Entwicklungsfähigkeit beider besteht. Zudem fehlt der Basalzelle des Oogoniums, welche die Hüllschläuche erzeugt, ebenso wie den Blattknotenzellen die Halbirungswand, welche in den Stammknotenzellen auftritt. Vegetative Sprosse an der Stelle, wo die Eiknospen entspringen, kommen ferner nur ausnahmsweise vor (von BRAUN a. a. O. pag, 65 bei *Nitella flabellata* in einigen Fällen beobachtet) Es entspringt hier dann ein Spross an Stelle eines Blättchens, (denn in der That vertreten die Eiknospen der Nitellen offenbar die Stelle von Seitenblättchen) ein Vorkommniss, das indess auch sonst nicht ohne Beispiel dasteht. Jedenfalls aber zeigen die Nitellen, dass der axillären Stellung der Eiknospen bei *Chara* kein grosser Werth beizumessen ist, umsomehr als aus demselben Basilarknoten mit den Eiknospen auch zwei Blättchen entspringen[2]). Es liegt also keinerlei Nöthigung vor, die Eiknospen als metamorphe Sprosse zu betrachten, sondern sie können wie die Antheridien als blattbürtig angesehen werden, es sind die Oogonien Organe *sui generis*, die wie die Antheridien bei den einzelnen Arten verschiedene Theile des Blattes zu ihrer Bildung beanspruchen, bei den monöcischen Arten aber immer unterhalb der Antheridien stehen, woraus wie CELAKOVSKY hervorgehoben hat, die verschiedene Stellung

---

[1]) Als Stipula bezeichnet BRAUN einzellige Schläuche, die aus den Basilarknoten der Blätter entspringen; vergl. die Abbildungen von SACHS, Fig. 30, 31, 32 a. a. O., pag. 60 u. 61. Sie sind offenbar nichts anders als der erste, rudimentäre Blättchenwirtel.

[2]) Wie wenig Gewicht auf die Stellungsverhältnisse zu legen ist, zeigt auch der Umstand, dass am »Vorkeim« die Anlage des Hauptsprosses dieselbe Stellung hat wie die Blättchen des ersten Blattwirtels, (vergl. DE BARY, Zur Keimungsgeschichte der Charen. Bot. Zeit. 1875 pag. 377 ff. Taf. VI Fig. 42—45), während die Seitensprosse der Hauptpflanze axillär stehen.

der Eiknospen bei *Nitella* und *Chara* sich ergiebt[1]). Die teratologischen Befunde habe ich hier absichtlich unberücksichtigt gelassen. Sie sind in einigen Angaben A. BRAUN's niedergelegt. Er sah bei *Nitella syncarpa* Eiknospen, bei welchen die Hüllschläuche sich zum freien Quirl entwickelt hatten, während die sonst zum Oogonium werdende Zelle als verlängerte Zelle erschien, welche die den Endgliedern der Nitellen gewöhnliche, mit auffallender Schichtung der Zellhaut verbundene Zuspitzung zeigte.« »Hier hatte sich das aufgelöste Sporenknöspchen in einer, völlig der Blattnatur entsprechenden Weise abgeschlossen. Andererseits sah ich aber auch mehrmals (namentlich bei *Nitella flabellata)* gewöhnliche vegetative Sprosse mit völlig normaler Bildung des Stengels und der Blattquirle zwischen den Seitenstrahlen des Blattes (also an der Stelle, wo sonst die Sporenknöspchen sich befinden, erscheinen; doch fehlen bis jetzt Mittelstufen), durch welche die Möglichkeit der wirklichen Umbildung des Sporenknöspchens in solche vegetative Sprosse bestimmt nachgewiesen werden könnte.« Bei der grossen Uebereinstimmung von »Blatt« und Stamm bei den Charen ist auch eine direkte Umbildung einer Eiknospenanlage in einen Spross durchaus nicht undenkbar.

Auch die Sexualzellen selbst unterscheiden sich nun aber viel schärfer von den vegetativen, die Spermatozoïdbildung zeigt der vegetativen Schwärmsporenbildung (die aber bei *Chara* z. B. ganz fehlt) gegenüber bedeutende Differenzen. Indem wir den Aufbau des *Chara*-Antheridiums als bekannt voraussetzen resp. auf die Schilderung desselben im zweiten Bande dieses Handbuches verweisen, soll hier nur auf die Spermatozoidentwicklung kurz eingegangen werden. Charakteristisch für dieselbe ist die hervorragende Rolle, welche der Zellkern beim Aufbau des Spermatozoidkörpers spielt, der seiner Hauptmasse nach aus Zellkernsubstanz besteht, deren Uebertragung auf das Ei bei der Befruchtung von hervorragender Bedeutung erscheint.

Es geht der eben erwähnte Satz sowohl aus der Entwicklungsgeschichte als aus den chemischen Reactionen des fertigen Spermatozoids[2]) hervor. Das fadenförmige Spermatozoid von *Chara* (Fig. 120, V) zeigt 3—4 Windungen und trägt an seinem vorderen, zugespitzten Ende zwei lange Cilien, das hintere Ende des Schraubenbandes hat bei *Chara aspera* die Gestalt eines kugeligen oder ovalen Bläschens, in welche sich einige glänzende Tröpfchen (wahrscheinlich Fett) befinden. Das Schraubenband besteht seiner Hauptmasse nach aus einer Substanz, deren Reactionen mit denen der Nucleine, welche den wichtigsten Bestandtheil der Zellkerne ausmachen, übereinstimmt. Diese Hauptmasse des Schraubenbandes wird von einer dünnen Hülle umschlossen, welche weder von Pepsin noch von concentrirter Salzsäure, verdünnter Kochsalz- oder Sodalösung gelöst wird, auch der grösste Theil des hinteren Bläschens zeigt diese Reaction, besteht also wahrscheinlich wie die Hülle aus »Plastin«, während die Cilien ihrer Hauptmasse nach aus einer in Pepsin löslichen, in Kochsalz und concentrirter Salzsäure unlöslichen Substanz bestehen, von dem Schraubenband also ihrer chemischen Beschaffenheit nach verschieden sind. Das Schrauben-

---

[1]) Es lassen sich noch eine Anzahl von Gründen gegen die gewöhnliche Auffassung, dass die Eiknospen Sprossnatur besitzen, aufführen. So das regelmässige Vorkommen von fünf Hüllschläuchen, während die Zahl der Blätter resp. Blättchen in einem Quirl gewöhnlich eine andere ist. Ferner phylogenetische: wir müssen offenbar annehmen, dass die Oogonien ursprünglich nackt waren, wie bei anderen Chlorophyceen und die Umrindung erst später auftrat. Die wichtigsten Gründe aber sind die oben angeführten: die offenbare Homologie der Eiknospen von *Chara* und *Nitella* (obwohl letztere nicht axillär sind), ferner die Thatsache, dass vegetative Sprosse normal an Stelle der Eiknospen sich überhaupt nicht finden, und die von der der Stammknoten abweichende Theilung in der Basalzelle der Eiknospe.

[2]) Betr. derselben, vergl. ZACHARIAS, über die Spermatozoiden. Bot. Zeit. 1881, pag. 827 ff.

band also stimmt in seiner chemischen Zusammensetzung überein mit den »Köpfen« thierischer Spermatozoen, die Cilien mit den »Schwänzen« der ersteren, die ebenfalls aus Eiweisskörpern bestehen. Mit diesen mikrochemischen Ergebnissen stimmt auch die Entwicklungsgeschichte überein. Schon SCHACHT hatte erkannt, dass der Zellkern der Spermatozoid-Mutterzellen sich in hervorragender Weise bei der Spermatozoidbildung betheiligt. Neuere Angaben liegen vor von SCHMITZ und ZACHARIAS. Nach SCHMITZ[1]) bildet der Zellkern durch direkte Umgestaltung den Körper des Spermatozoids, indem seine peripherische Schicht sich verdichtet und zu einem spiralig eingerollten Bande spaltet. Nur das vordere, cilientragende Ende geht aus dem Protoplasma der Spermatozoidmutterzelle hervor. ZACHARIAS (a. a. O. pag. 849) lässt unentschieden, ob das Vorderende mit den Cilien die von SCHMITZ angegebene Entstehung zeige, oder vielleicht aus dem Kerne hervorgestreckt werde. Im Uebrigen kommt er im Wesentlichen zu ähnlichen Resultaten wie SCHMITZ, nur soll das hintere Bläschen höchst wahrscheinlich nicht aus dem Kernprotoplasma, sondern aus dem Zellprotoplasma hervorgehen.

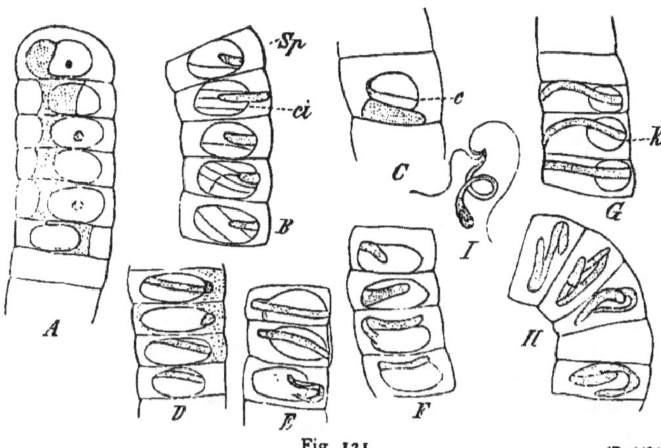

Fig. 121. (B. 442.)

Chara Spermatozoidentwicklung. In A liegt das Protoplasma dem Zellkern als breites Band auf einer Seite an. In C ist eine Zelle gezeichnet, in welcher die Cilienbildung bereits begonnen hat (eine Cilie läuft als feiner Faden über den Zellkern hin), das Zellplasma zur Bildung desselben (und des cilientragenden Vorderendes) aber noch nicht aufgebraucht ist. Auch in B sind die Cilien gezeichnet, in den andern Figuren nicht. In H fast fertige Spermatozoiden, I (nach SACHS) ein freigewordenes Spermatozoid von *Nitella flexilis.*

Meine eigenen Wahrnehmungen an zwei Charaspecies stimmen mit diesen Angaben nicht überein. Die Mutterzellen der Spermatozoiden sind in den Antheridien bekanntlich zu langen Zellfäden angeordnet, die man in Analogie mit thierischen Verhältnissen etwa als Spermatophoren bezeichnen könnte. Aus jeder Fadenzelle geht ein Spermatozoid hervor. Die jungen Spermatozoidmutterzellen zeigen einen relativ grossen Zellkern dem körnigen Protoplasma, von dem er sich scharf abhebt, in der Mitte eingebettet. Die folgenden Stadien wurden theils frisch, theils nach kurzer Einwirkung von Osmiumsäure und Färbung mit Essigsäure-Methylgrün oder Haematoxylin mittelst einer ZEISS'schen Oelimmersion untersucht. Die erste wahrgenommene Veränderung ist die, dass sich das Zellplasma in Form eines breiten Bandes an einer Seite des Zellkernes anlegt (Fig. 121, A), der dabei entweder seine centrale Lage in der Zelle beibehält oder mehr nach einer Seite derselben rückt. (ZACHARIAS dagegen giebt a. a. O. an, die Kerne rücken an eine Aussenwand der Zelle, das Plasma hingegen sammelt sich mehr an der entgegengesetzten

[1]) Untersuchungen über die Struktur des Protoplasma's und der Zellkerne. Sitz.-Ber. der niederrhein. Ges., 13. Juli 1880, pag. 31 des Sep.-Abdr.

Seite an). Zuerst entstehen nun die Cilien. Ehe von dem Körper des Spermatozoides irgend etwas zu sehen ist, sieht man feine Contouren über den Zellkern verlaufen. Die Cilien gehen also sicher aus dem Zellplasma hervor, das zu ihrer Bildung verbraucht wird, ohne dass ich über diesen Vorgang im Einzelnen etwas Näheres anzugeben wüsste. Die ersten Anfänge des Spermatozoidkörpers selbst erscheinen in Form eines stark lichtbrechenden Knopfes an einer Seite des Zellkerns. Untersucht man etwas ältere Stadien, so sieht man, wie der Körper des Spermatozoids in Form eines ziemlich breiten Bandes als Verlängerung jenes Knopfes aus dem Zellkern hervorwächst. Von einer »Spaltung« des peripherischen Theiles des Zellkerns habe ich hier also nichts gesehen. Würde eine solche stattfinden, so wäre zu erwarten, dass das junge Spermatozoid dem centralen Theile des Zellkerns dicht anliege. Dies ist aber, wie die Figuren zeigen nicht der Fall: das Spermatozoidband steht vielmehr vom Zellkern oft weit ab und legt sich der Zellwand an. Der Vorgang scheint nach dem Obigen vielmehr der zu sein, dass der Zellkern zuerst auf einer Seite einen bandförmigen Auswuchs bildet, der sich allmählich verlängert, wobei die übrige Substanz des Zellkerns (mit Ausnahme des farblosen Bläschens) zum Wachsthum dieses Bandes verwendet wird; man sieht dem entsprechend auch deutlich, wie der Zellkern mit dem Fortschreiten der Spermatozoidentwicklung an Volumen abnimmt. Später findet dann noch eine Verlängerung des Spermatozoidbandes statt. Das bläschenförmige Hinterende aber geht, wie mir in Uebereinstimmung mit SCHMITZ kaum zweifelhaft scheint, ebenfalls aus dem Zellkern hervor. Es wird also zur Spermatozoidbildung der ganze Zellinhalt verwendet, der aber eigenthümliche Umgestaltungen erleidet. Wahrscheinlich ist auch die Spermazoidentwicklung auch anderwärts eine ähnliche. Jedenfalls entsteht, wie schon HOFMEISTER und SCHACHT betonen, der Körper des Spermatozoids überall unter hervorragender Betheiligung des Zellkerns.

Es würde für die hier verfolgten Zwecke von wenig Belang sein, die Zelltheilungsfolgen, durch welche die Antheriden der Muscineen und »Gefässkryptogamen« zu Stande kommen, hier im Einzelnen zu schildern. Es genüge, daran zu erinnern, dass das fertige Antheridium im Wesentlichen überall denselben Bau hat: ein bei den verschiedenen Abtheilungen verschieden geformter, gestielter oder ungestielter Zellkörper, der aus einer Wandschicht und dem von derselben umschlossenen Complex von Spermatozoïd-Mutterzellen besteht, zuweilen wie bei den Marattiaceen, Lycopodiaceen und Ophioglosseen auch in das Gewebe der Geschlechtsgeneration versenkt ist. In der Entwicklung der Antheridien weichen Muscineen und Gefässkryptogamen ab. Bei letzteren erfolgt in der Antheridienanlage früh schon die Sonderung des Theiles, aus dem die Wand hervorgeht und desjenigen, der die Spermatozoïd-Mutterzellen liefert. Die letzteren lassen sich ihrer Abstammung nach auf eine Zelle, die »Centralzelle« des Antheridiums zurückführen. Bei den Muscineen ist dies nicht der Fall, es erfolgt die Scheidung von Wand und Inhalt später, bei den meisten Jungermannien gehen die Spermatozoïdmutterzellen aus zwei, bei den Marchantieen und Laubmoosen aus viel mehr übereinander gestellten Zellen hervor. Die Oogonien, hier Archegonien genannt, unterscheiden sich von denen der Algen hauptsächlich durch den Besitz eines ursprünglich geschlossenen, erst bei der Reife sich öffnenden Leitungsweges für die Spermatozoïden, des Oogonien-»Halses«. Charakteristisch ist auch für die ganze Archegoniatenreihe die Entwicklung der Eizelle: der Umstand, dass die im Bauchtheil des Archegonium liegende Centralzelle sich theilt in eine obere kleine, später zu Grunde gehende, die Bauchkanalzelle, und eine untere, die später sich zur Eizelle abrundet. Jenes von der Eizellanlage abgetrennte Stück lässt sich vergleichen mit den Richtungskörpern thierischer Eizellen, welche den neueren Angaben zu Folge ebenfalls Partieen der Eizelle darstellen, welche nach vorausgegangener Kerntheilung vom Ei ausgestossen werden und zu Grunde gehen. Auch bei den in Rede stehenden pflanzlichen Eizellen liegt der Modus des Befruchtungsaktes wohl überall darin, dass die Kernsubstanz des Spermatozoïds mit dem Kern der Eizelle verschmilzt und dadurch die Eizelle zur Embryobildung befähigt, während sie, wenn die Befruchtung nicht erfolgt, in normalen Fällen zu Grunde geht.

Was zunächst die Beziehungen der Sexualorgane der Archegoniaten zu den vegetativen Theilen betrifft, so werden die ersteren gewöhnlich als »metamorphosirte Trichome« bezeichnet, weil sie aus Oberflächenzellen hervorgehen, auch in einigen Fällen bezüglich ihrer Stellung mit Haargebilden übereinstimmen. Es ist das aber, wie schon früher hervorgehoben wurde, eine rein äusserliche, nur die Entstehungsart ins Auge fassende Benennung.

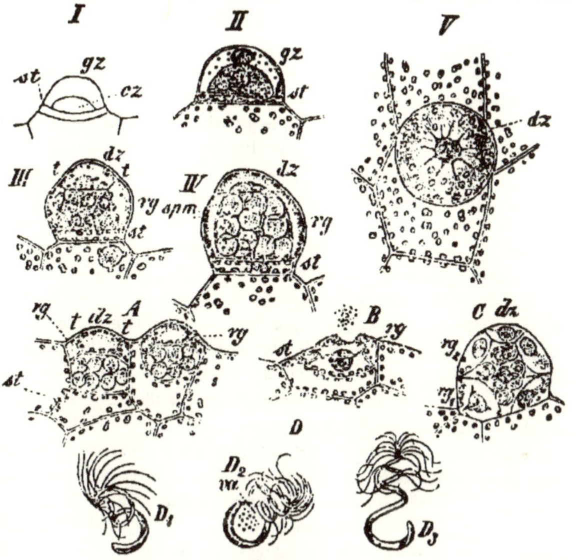

Fig. 122. (B. 443.)

Antheridien und Spermatozoïden homosporer Farne (I—V und A—B nach KNY) C und D nach SADEBECK. I—V Antheridienentwicklung von *Aneimia hirta* cz Centralzelle, gz Wandzelle (aus der die Wand hervorgeht) st Stiel, Spm Spermatozoïdmutterzellen, A—B Antheridien von *Ceratopteris thalictroïdes*, A zwei noch nicht geöffnete Antheridien, B ein schon geöffnetes, im Innern desselben ist eine Spermatozoïdmutterzelle mit schon entwickeltem Spermatozoïd zurückgeblieben. C Antheridium von *Gymnogramme sulfurea*, D ausgebildete Spermatozoïden, D, von *Pteris aquilina*, D2 und D3 von *Gymnogramme sulfurea*, va körnerführende Blase.

Auch in rein formaler Beziehung passt diese Bezeichnung nicht auf die ins Gewebe versenkten Antheridien der oben genannten Gefässkryptogamen und auf die Archegonien von *Anthoceros*, die ebenfalls vollständig ins Gewebe versenkt sind. Zudem stehen die Sexualorgane vielfach an Stellen, wo anderweitige Organe, namentlich »Trichome« gar nicht vorkommen. So bei den thallosen Lebermoosen, welche ihre Sexualorgane auf der Rückenseite des Thallus tragen, welcher bei *Riccia*, *Marchantia* etc. keinerlei Haarbildungen trägt, während bei *Pellia* z. B. auch die Thallus-Rückenseite schleimabsondernde, rasch vergängliche Papillen trägt.

Antheridien und Archegonien der thallosen Formen stimmen, von kleinen Verschiedenheiten abgesehen, in Bezug auf den Ort und die Art ihrer Anlegung überein[1]). Auch für die foliosen Formen hat LEITGEB[2]) eine solche, allerdings nicht ganz durchgreifende Uebereinstimmung nachgewiesen. Die Antheridien der beblätterten Lebermoose entstehen aus den seitenständigen Segmenten, sie stehen in den Blattachseln. Am Grunde des Blattes werden durch der Blattfläche parallele Theilungen Segmente herausgeschnitten, die sogleich nach ihrer Bildung zu den

[1]) Auch scheinbar abweichende Formen bilden keine Ausnahme. Bei *Marchantia* z. B. werden die Archegonien ebenso wie die Antheridien auf der Thallus-Oberseite angelegt, erst später erscheinen sie auf die Unterseite verschoben.

[2]) Untersuchungen über die Lebermoose. II, pag. 51.

papillösen Antheridienanlagen auswachsen, deren erste vor der Blattmitte steht. LEITGEB hebt hervor, dass die Stellung der Antheridien, z. B. bei *Radula* übereinstimme mit der von Haaren, wie sie bei Laubmoosen, in ähnlicher Entstehungsweise sich finden (vergl. Fig. 35, A, wo t die Anlage eines solchen Haares darstellt). Unter den foliosen Lebermoosen sind Haarpapillen bei sterilen Sprossen nur von *Scapania* bekannt, wo sie in ganz gleicher Weise wie die Antheridien angelegt werden, eine Thatsache, welche von LEITGEB (a. a. O. pag. 44) als besonders wichtiger Beleg für die Bezeichnung der Antheridien als metamorphosirter Trichome hervorgehoben wird. Ich kann aber auf die angeführte Thatsache um so weniger Gewicht legen, als sie, wie erwähnt, isolirt steht, ferner weil, wie wohl allgemein angenommen wird, die foliosen Jungermannien sich aus den thallosen herausgebildet haben, bei denen eine solche Uebereinstimmung mit den Haaren, wie oben erwähnt, nicht zu constatiren ist; drittens endlich, weil die Archegonienbildung uns zeigt, dass die Sexualorgane in ihrer Entstehung nicht an bestimmte Theile des Vegetationskörpers gebunden sind. Die Anlage der Archegonien tritt näher am Vegetationspunkt auf, als die der Antheridien. Vielfach erfolgt aber aus den fertilen Segmenten noch die Bildung von *Perianthien* (vergl. Bd. II, pag. 351). LEITGEB hat gezeigt, dass die aus den fertilen Segmenten sich entwickelnden Perianthiumtheile ihrem morphologischen Werth nach Blätter sind, welche in ihren Achseln die Archegonien ganz in gleicher Weise tragen, wie dies für die Antheridien der Fall ist«. (a. a. O. pag. 51.) Wo aber die Anlage des Archegoniums in noch frühere Stadien der Segmententwicklung fällt, also noch näher an die Spitze des Stämmchens rückt, wo sie in den Segmenten früher auftritt, als die Blattanlage und früher als die Halbirungswand, da bleibt für die Blattbildung kein Raum mehr, sie wird vollständig unterdrückt und auch die Stammscheitelzelle der fertilen Sprosse wird zur Archegonienbildung verwendet. Hier hört die Möglichkeit der Bezeichnung als »Trichome«, auch wenn man sich rein auf den formal-entwicklungsgeschichtlichen Standpunkt stellt, auf, ich finde in diesem Verhalten eine Bestätigung des früher aufgestellten Satzes, »dies Alles zeigt uns, dass wir es hier (bei den Sexualorganen) mit Organen *sui generis* zu thun haben, zu deren Bildung verschiedene Theile des Vegetationskörpers verwendet werden.« (pag. 130.) Antheridien und Archegonien der foliosen Lebermoose, wie die Archegoniaten überhaupt aber haben unzweifelhaft dieselbe morphologische Dignität. Es erinnert übrigens das Vorrücken der Archegonien gegen den Scheitel mit Unterdrückung der Blattbildung an die früher (Bd. II, pag. 339) geschilderte Brutknospenbildung von *Scapania nemorosa*. An den unteren Blättern der betreffenden Sprosse ist nur die Spitze des Blattoberlappens mit Brutkörnern besetzt, weiter oben verkümmern die Blätter immer mehr, bis schliesslich an Stelle jedes Blattes eine Brutkörner-Gruppe tritt.

Auch bei den Laubmoosen finden sich den eben geschilderten analoge Verhältnisse. *Fontinalis* ist eines der am Genauesten untersuchten Beispiele. Das erste Antheridium entsteht aus der Scheitelzelle, die folgenden, ähnlich wie am vegetativen Spross Blattanlagen, aus den Segmenten der ersteren, die weiteren regellos aus Oberflächen-Zellen, eine Thatsache, die zeigt, dass sogar an ein und derselben Pflanze der Ursprungsort der Sexualorgane ein verschiedener sein kann, dass derselbe für die »morphologische« Auffassung der Sexualorgane selbst mithin offenbar von untergeordneter Bedeutung ist. Archegonien und Antheridien stimmen bei den Archegoniaten insoweit bezüglich ihrer Entwicklung überein, als beiderlei Sexualorgane aus je einer Zelle hervorgehen, ferner darin, dass die Stellungsverhältnisse beider analoge zu sein pflegen[1]), obwohl bei den Prothallien der Gefässkryptogamen die Antheridien nicht wie die Archegonien an bestimmte, hinter dem Vegetationspunkt liegende Stellen gebunden sind. Auch darin kann man noch eine Uebereinstimmung sehen, dass bei den meisten Lebermoosen Antheridium- wie Archegonium-Anlagen sich zunächst in zwei Theile theilen, eine untere Zelle, aus der der Stiel, und eine obere, aus der der Antheridien- resp. Archegonienkörper hervorgeht. Dann aber werden die Zelltheilungen ganz

[1]) Eine Ausnahme bildet z. B. *Sphagnum*.

andere, was um so weniger auffallen kann, als die Antheridienbildung bei den einzelnen Formen auf keineswegs übereinstimmende Weise vor sich geht[1]), wogegen die Archegonienbildung bei allen übereinstimmend erfolgt. Bei den Laubmoosen geht die Uebereinstimmung in der Entwicklung von Antheridien und

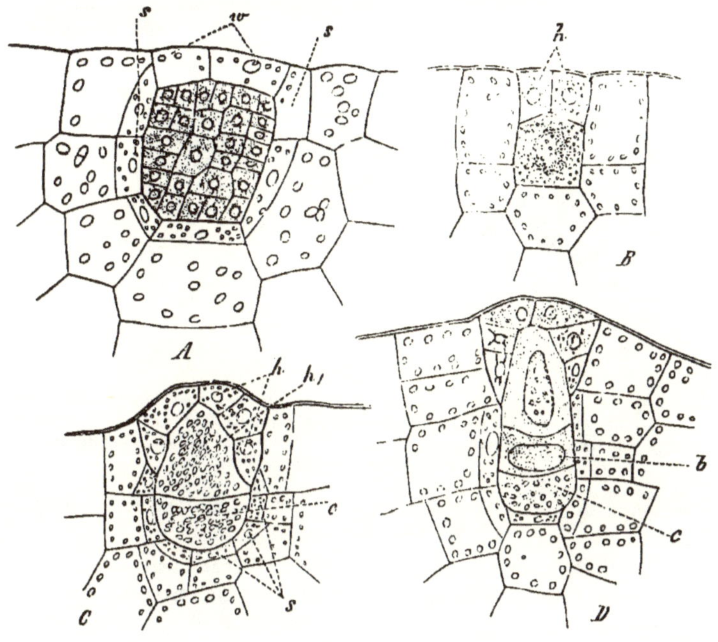

Fig. 123. (B. 444.)

Entwicklung der Sexualorgane von *Angiopteris pruinosa* β *hypoleuca* MIQ. A Durchschnitt durch ein Prothallium, welcher ein junges Antheridium getroffen hat. Die Anlage der Antheridien (welche sowohl auf der Ober-, als auf der Unterseite des Prothalliums entstehen können), erfolgt, indem eine Prothalliumzelle sich durch eine Perikline theilt, in eine obere Zelle, die Deckelzelle, w, die später noch weitere Theilungen erfährt, und eine untere, die Centralzelle, welche sich in die Spermatozoïdmutterzellen theilt. Die benachbarten Prothalliumzellen bilden durch Theilung eine Schicht von »Mantelzellen« um das Antheridium. Die Prothalliumzellen enthalten Chlorophyll und Stärkekörner. Ganz ähnlich verläuft wie Fig. B zeigt, die erste Anlegung der Archegonien, nur wird die Deckelzelle (h) hier zum »Hals«, der aus vier Zellreihen besteht, zwischen die sich ein Fortsatz der Centralzelle (h_1 in C) eindrängt — die Halskanalzelle. b Bauchkanalzelle, c Zelle, die später zur Eizelle wird. Die Abscheidung von »Mantelzellen« seitens des Prothalliumsgewebes, welchem das Archegonium eingesenkt ist, erfolgt ganz ähnlich wie bei den Antheridien. (Nach JONKMAN.)

Archegonien etwas weiter: es treten in der Archegonium-, wie der Antheridiumanlage zunächst zwei schiefe, nach entgegengesetzten Richtungen geneigte Wände auf (vergl. Fig. 26 B) die weiter folgenden Zelltheilungsprocesse, dagegen weichen in beiden Sexualorganen ab. Bei vielen Gefässkryptogamen stimmen Archegonien- und Antheridien-Anlagen insoweit überein, als sie auf einem jugendlichen Ent-

[1]) Es hängt dies zusammen mit der Gestalt der Antheridienanlage; in gestreckten Antheridien wie bei *Marchantia* pflegt zunächst Bildung von Querscheiben einzutreten, während in den mehr kugeligen Antheridien (z. B. der foliosen Jungermannien) eine andere Zelltheilungsfolge stattfindet.

wicklungsstadium (von der zuweilen auch fehlenden Stielbildung sehen wir hier ab) bestehen aus einer Centralzelle (c Fig.) und einer Wandungszelle. Bei den Archegonien liefert die Centralzelle die Eizelle (+ Bauchkanalzelle) und die Halskanalzelle, die Wandungszelle den Halstheil des Archegoniums, in welchen sich die Halskanalzelle später eindrängt; in den Antheridien liefert die Centralzelle die Spermatozoïd-Mutterzellen, die Wandungszelle die Wand. Der Ent-

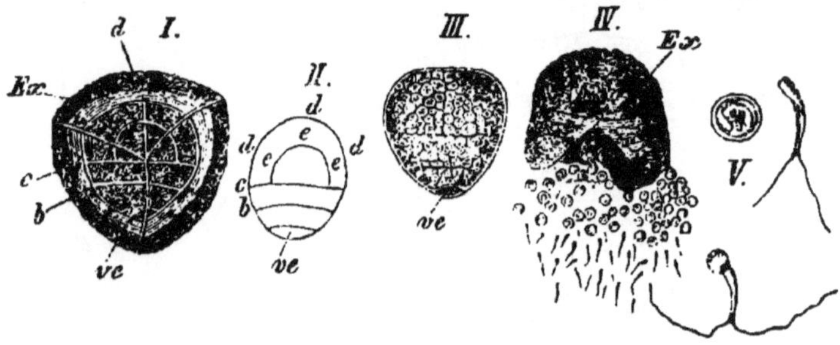

(B. 445.) Fig. 124.

Keimung der Mikrosporen von *Selaginella (Martensii* und *caulescens)* nach PFEFFER. In III ist die Mikrospore getheilt in die Prothalliumzelle (ve) und das Antheridium, welches aus einem Complex von Spermatozoidmutterzellen besteht IV Entleerung des Antheridiums, V Spermatozoiden.

wicklungsgang der beiderlei Sexualorgane weicht von dem der Antheridien und Archegonien der Moose beträchtlich ab[1]).

Bei den heterosporen Gefässkryptogamen ist bekanntlich die Produktion von Archegonien und Antheridien auf verschiedene Sporen vertheilt. Die Prothallienbildung tritt bei der Keimung derselben überall zurück, am meisten bei den kleinen männlichen Sporen, den Mikrosporen. Das Prothallium wird bei den heterosporen Farnen (Marsiliaceen und Salviniaceen nur durch eine einzige Zelle vertreten, ebenso auch bei den heterosporen Lycopodinen.[2]) Auch die Antheridien werden, denen der homosporen Formen gegenüber rudimentär: es fehlt die Bildung einer Wandschicht, das einzige Antheridium, welches gebildet wird, ist ein Complex von Spermatozoidmutterzellen. Die Bildung der weiblichen Sexualorgane, der Archegonien, dagegen stimmt mit der der homosporen Formen im Wesentlichen überein.

Dass bei den Samenpflanzen die Pollenkörner nichts anderes sind, als Mikrosporen, während der Embryosack der Makrospore entspricht, wurde oben bei Darstellung der Sporangienentwicklung hervorgehoben. An den Makrosporen der der Coniferen spielen sich denn auch Vorgänge ab, welche denen der heterosporen Gefässkryptogamen ganz entsprechen. Sie füllen sich wie z. B. eine Makrospore von *Isoëtes* mit Prothalliumgewebe, einzelne Zellen, die am Scheitel des letzteren liegen, werden zu Archegonien, die sich ganz ebenso entwickeln wie die

---

[1]) Wie die Fig. 123 zeigt, wird bei den ins Gewebe versenkten Archegonien wie Antheridien ein Theil der Wand von dem umgebenden Gewebe geliefert, ganz ebenso wie bei den eingesenkten Sporangien, z. B. *Ophioglossum*.

[2]) Ob die von MILLARDET angegebenen, später verdrängten zwei Zellen in der *Isoëtes*-Mikrospore als rudimentäre Wandschicht des Antheridiums betrachtet werden können, wird sich derzeit wohl kaum mit Sicherheit entscheiden lassen.

der anderen höheren Archegoniaten nur dass (abweichend von den Gefässkryptogamen) eine »Halskanalzelle« nicht gebildet wird, der Halstheil sich nicht zur Zeit der Befruchtung öffnet. Es theilt sich nämlich die Archegonium-Mutterzelle durch eine Querwand in eine untere grössere Zelle, die Centralzelle, die später die Bauchkanalzelle von sich abgliedert (vergl. Fig. 18, I). Im Aufbau des Halstheils finden sich kleine Variationen, die um so weniger in's Gewicht fallen können, als derselbe seine ursprüngliche Funktion, den Spermatozoiden als Leitungsweg zu dienen, hier ganz verloren hat. So finden wir denn die Halszelle öfters ganz ungetheilt bei *Abies canadensis*, bei andern erscheint der Hals von oben gesehen als Rosette, die aus vier bis acht Zellen zusammengesetzt ist (Cupressineen, Fig. 18, I), die ihrerseits in mehrere Etagen abgetheilt sein können, *Picea excelsa*, *Pinus Pinaster* etc. Eine ganz ähnliche Etagentheilung zeigt z. B. der Archegonienhals bei *Isoëtes lacustris.*[1]) Während bei letzterer Pflanze die die Eizelle umgebenden Zellen von den andern Prothalliumzellen sich nicht zu unterscheiden scheinen (nach den Abbildungen HOFMEISTER's), bilden die Zellen, welche die Eizellen der Coniferen-Archegonien umgeben, eine den Tapetenzellen in den Sporangien vergleichbare Hülle um dieselbe. Auch für diesen Vorgang fehlt es aber nicht an Beispielen bei den übrigen Archegoniaten: er findet sich bei Farnen (vergl. Fig. 123) und Equiseten, scheint aber den Lycopodinen zu fehlen.

Die Uebereinstimmung der Pollenkörner mit den Mikrosporen zeigt sich zunächst darin, dass eine Theilung in zwei Zellen auftritt (Fig. 18 IV.), von denen die eine, dem Antheridium entsprechende zum Pollenschlauch auswächst, während die andere sterile die Prothalliumzelle darstellt, die sich noch weiter theilen kann. Bei *Abies pectinata* ist z. B. das Prothallium ein aus zwei Zellen, bei der Cycadee *Ceratozomia longifolia* ein aus drei Zellen bestehender Zellkörper, in anderen Fällen bleibt das Prothallium einzellig wie bei den heterosporen Gefässkryptogamen.

Statt des Antheridiums bildet sich wie erwähnt der Pollenschlauch, und zwar in den normalen Fällen erst dann, wenn das Pollenkorn auf die Mikropyle der Samenknospen gelangt ist. Bei der Antheridienbildung der Gefässkryptogamen-Mikrosporen zerklüftet sich der Zellinhalt der Antheridienzellen in eine Anzahl Spermatozoidmutterzellen. Bei Gymnospermen-Pollenkörnern findet ein Vorgang statt, den man mit dem eben erwähnten in Parallele zu setzen berechtigt ist, obwohl er nur in rudimentärer Form auftritt.[2]) Der Zellkern der zum Pollenschlauch werdenden Zelle wandert in die Spitze derselben und theilt sich dort, um jeden der neuen Kerne findet Zellbildung statt, und die eine dieser Zellen pflegt sich (bei *Juniperus virginiana)* noch weiter zu theilen, die durch Theilung entstandenen nackten Zellen nehmen, sich in einer Ebene ausbreitend, das Ende des Pollenschlauches ein. Die Analogie dieser im Pollenschlauch gebildeten Zellen mit den Spermatozoidmutterzellen ist schon von HOFMEISTER hervorgehoben worden[3]), Spermatozoiden, die nur da auftreten, wo die Oeffnung der Sexualorgane im Wasser erfolgt, finden sich hier aber nicht, vielmehr tritt die befruchtende Substanz — wahrscheinlich die Bestandtheile einer der im Pollenschlauchende vor.

[1]) HOFMEISTER, Beitr. zur Kenntniss der Gefässkryptogamen. Abh. der Sächs. Ges. IV, pag. 127. Taf. 1, Fig. 2—6.

[2]) Vergl. neben den älteren Angaben HOFMEISTER's namentlich STRASBURGER, Ueber Befruchtung und Zelltheilung. pag. 17.

[3]) Vergl. Untersuchungen. pag. 132.

handenen nackten Zellen, vor Allem der Zellkern derselben — aus dem Pollenschlauche in die Eizelle über, um mit deren Kern zu verschmelzen. STRASBURGER fand in den Eizellen einen sphärischen, als Zellkern zu deutenden Ballen, der mit dem Kern der Eizelle verschmilzt, und offenbar aus dem Pollenschlauche stammt.

Die Struktur der Eizelle selbst ist übrigens noch keineswegs genügend erforscht, vor Allem die Natur der von HOFMEISTER für »Keimbläschen« gehaltenen, von STRASBURGER — wie ich glaube mit Unrecht — für Vacuolen erklärten Partien.

Mit dem eben kurz erwähnten Bau der Archegonien stimmen auch die der Cycadeen und der Gnetacee *Ephedra* im Wesentlichen überein. Bei einer anderen Gnetacee, der merkwürdigen *Welwitschia*[1]) dagegen findet eine weitere Reduktion der Archegonienbildung statt: es unterbleibt die Bildung eines Halstheiles, die Archegonien bestehen aus einer einzigen Zelle. Es wird die Membran des Embryosackes an seinem Scheitel aufgelöst, einzelne Prothalliumzellen, welche sich von den benachbarten durch ihre Grösse und ihren reicheren Protoplasmainhalt unterscheiden, wachsen schlauchförmig in das Samenknospengewebe hinein. Diese Zellen sind die Archegonien, die also weder einen Halstheil noch eine Bauchkanalzelle bilden, der Pollenschlauch legt sich ihnen seitlich an. Das schlauchförmige einzellige Archegonium besitzt eine zwiebelförmig angeschwollene Basis; es erinnert durch seine schlauchförmige Verlängerung sehr an analoge Vorkommnisse im Eiapparat der Angiospermen.

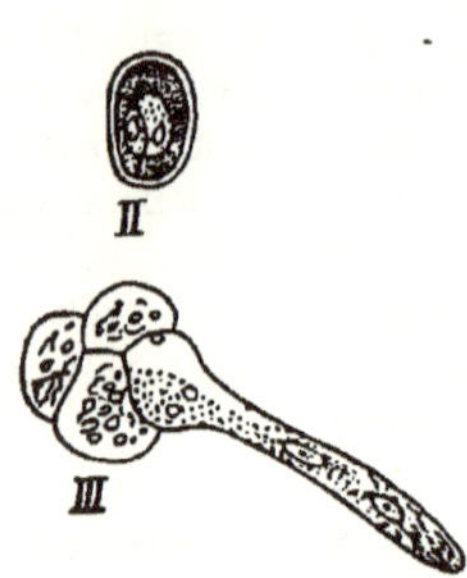

(B. 446.) Fig. 125.
II Pollenkorn von *Narcissus poeticus* vor dem Schlauchtreiben: durch eine uhrglasförmige Wand ist eine kleine Prothalliumzelle abgegrenzt worden. III Pollentetrade von *Orchis fusca*. Eine Zelle derselben hat einen Pollenschlauch getrieben, in welchen die beiden Kerne (der der Prothallium- und der der schlauchtreibenden Zelle) eingewandert sind. Nach STRASBURGER.

Bei den Angiospermen geht die Reduktion der Sexualorgane in Pollenkorn wie Embryosack noch weiter. Es sind zwar, wie STRASBURGER[2]) gefunden hat, die Vorgänge im Pollenkorn ähnlich wie in dem der Gymnospermen, es wird auch hier die Pollenzelle vor der Bestäubung getheilt in zwei Zellen, von denen die kleinere die Prothalliumzelle ist, sie kann durch weitere Theilungen zu einem 2—3 zelligen Gewebekörper werden, meistens aber bleibt sie einfach. Allein die Abgrenzung der Prothalliumzelle von dem übrigen Polleninhalt erfolgt hier nicht mehr (oder doch nur in seltenen Fällen) durch eine feste Cellulosewand, gewöhnlich ist es nur eine Schicht vom Hautplasma, welche die beiden Zellen von einander trennt. Diese Trennungsschicht wird bald aufgelöst, die Prothalliumzelle löst sich von der Innenwand des Pollenkornes ab, und wird dabei spindel- oder halbmondförmig, eine Erscheinung, die wohl schon als Rückbildung aufzufassen ist. Die frei schwimmende Prothalliumzelle kann sich noch theilen, und die so gebildeten Zellen wandern in den Pollenschlauch ein, wo sie schliesslich unsichtbar werden. Ihr weiteres Schicksal ist nicht bekannt. Von *Malva*, dessen

---

[1]) Vergl. STRASBURGER, Die Coniferen etc. pag. 95.

[2]) STRASBURGER, Ueber Befruchtung und Zelltheilung, Jena 1878. — Weitere Ausführungen bei ELFVING, Studien über d. Pollenkörner d. Angiospermen. Jen. Zeitschr. f. Naturw. Bd. XIII.

Pollenkorn zahlreiche Schläuche bildet, giebt STRASBURGER neuerdings an[1]), dass der Pollen-Zellkern in Stücke zerfalle, noch ehe die Schlauchbildung beginne. Die einzelnen Zellkerntheile wandern dann wohl in die Pollenschläuche ein, und einer tritt wahrscheinlich als »Spermakern« aus dem Pollenschlauchende in die Eizelle über, um mit dem Kern derselben zu verschmelzen, und so die Befruchtung der ersteren auszuführen.

Die Vorgänge in der Makrospore der Angiospermen lassen sich nach den neueren Untersuchungen, von unbedeutenden Abänderungen abgesehen, auf ein einfaches Schema zurückführen (vergl. Fig. 116 V—VIII). Der Embryosack enthält ursprünglich einen Zellkern, dieser theilt sich, die beiden Zellkerne rücken in die entgegengesetzten Enden des Embryosack, hier findet wiederholte Zweitheilung statt, so dass in jedem Ende des Embryosacks vier Zellkerne liegen. Von diesen rücken zwei einander entgegen gegen die Mitte des Embryosacks hin, und verschmelzen dort zum secundären Embryosackkern, um die drei andern findet Zellbildung statt, so dass also in jedem Embryosackende drei Gruppen nackter Zellen liegen: die im Mikropyle-Ende des Embryosacks liegende stellt den »Eiapparat« vor, die entgegengesetzte die Antipoden oder Gegenfüsslerzellen, die keine weitere Rolle spielen, sondern nach der Befruchtung zu Grunde gehen. Dasselbe Schicksal trifft regelmässig zwei der Zellen des Eiapparates, denn nur eine der drei ist die Eizelle, und zwar ist diese etwas tiefer im Embryosack orientirt und etwas grösser als die beiden andern, STRASBURGER's »Gehilfinnen« oder »Synergiden«. Was die Auffassung dieser Vorgänge betrifft, so liegt es wohl am nächsten, die Antipoden als rudimentäres Prothallium der Makrospore, den Eiapparat, oder wenigstens die Eizelle selbst, als einzellige Archegonien, wie bei *Welwitschia* aufzufassen. Wie bei letzterer Pflanze die rudimentären Archegonien, verlängern sich in einigen Fällen bei den Angiospermen die Gehilfinnen und durchbrechen die Embryosackwand. Die Rolle, welche die »Gehilfinnen« bei der Befruchtung spielen, ist noch keineswegs klar, es scheint aber, dass die befruchtende Substanz, die aus dem Pollenschlauch austritt (der »Spermakern«) direkt in die Eizelle übertritt, mit deren Kern er verschmilzt. In welcher Beziehung damit die Veränderungen, die in den Synergiden, oder in einer derselben stattfinden, stehen, ob von den Synergiden aufgenommener Pollenschlauchinhalt mit zur Ernährung der befruchteten Eizelle verwendet wird, wie STRASBURGER vermuthet (a. a. O. pag. 7) das muss vorläufig dahingestellt bleiben. Nur soviel sei betont, dass jedenfalls die Folgen der Befruchtung auch auf den (secundären) Embryosackkern sich erstrecken. Derselbe steht in allen von mir untersuchten Fällen mit der Eizelle durch einen Plasmastrang in Verbindung, so dass also stoffliche Einwirkung von dieser, resp. dem Pollenschlauch aus stattfinden kann. Es theilt sich der Embryosackkern nach der Befruchtung und leitet damit die Endospermbildung ein, deren Schilderung ebensowenig als die der mit dem Embryosack weiter vor sich gehenden Veränderungen hierhergehört. Die Embryoentwicklung ist schon am Beginn unserer Darlegung geschildert worden, und der Kreis der hier in Betracht gezogenen Gestaltungsverhältnisse damit geschlossen. Erwähnt sein mag hier nur noch die Thatsache des Zeugungsverlustes (der Apogamie) die in verschiedenen Verwandtschaftskreisen stattgefunden hat. Am Auffallendsten bei einigen Farnen (so *Pteris cretica, Aspidium filix mas var. cristatum* u. a.),

---

[1]) STRASBURGER, Ueber den Befruchtungsvorgang, S.-A. aus den Sitzber. der Niederrh. Ges. für Natur- und Heilk. 4. Dec. 1882. pag. 7.

für welche sie früher geschildert worden ist, und einigen Angiospermen. Bei *Funkia ovata*, *Nothoscordum fragrans*, *Citrus Aurantium*, *Mangifera indica* *Coelebogyne ilicifolia* geht wie STRASBURGER[1]) gefunden hat, der Embryo nicht aus der Eizelle hervor, sondern Zellen des Nucellus, welche (bei *Funkia)* den Scheitel des Embryosacks bedecken, wachsen zu Adventivembryonen aus, und zwar kommt, da eine grössere Anzahl von Nucellus-Zellen diese Aussprossung zeigen, Polyembryonie zu Stande. Die flüchtige Erwähnung dieser merkwürdigen Thatsache mag hier genügen: sie ist eines der auffallendsten Beispiele für die grosse, nicht in bestimmte Regeln fassbare Mannigfaltigkeit im Gestaltungsprocesse der Pflanzen, von der die obige Darstellung nur einen kleinen Bruchtheil schildert.

---

[1]) STRASBURGER, Ueber Befruchtung und Zelltheilung, Jena 1878 und über Polyembryonie, Jen. Zeitsch. für Naturwiss. Bd. XII.

Berichtigungen.

pag. 110, Zeile 3 von unten »zu einem normalen Laubsprosse« statt »zu einer normalen Laubblattanlage«.

pag. 111 in der Figurenerklärung »Blatttheile« statt Blattstiele.

ibid. Zeile 2 von unten »nur« statt »mir«.

pag. 112, in Anmerkung 2 muss es heissen »wo es sich nur um ein nicht constant gewordenes Verhältniss handelt. Im folgenden Satz statt »*O. cinnamomea*« *O. regalis*, und statt »Blattformen« Blattfiedern. Am Eingang des § 2 fehlt das Citat »vergl. SACHS, Geschichte der Botanik pag. 166 ff.«

pag. 117, Zeile 26 von oben Staubblattanlage statt Laubblattanlage.

pag. 171 Anmerkung 1 statt »même« zu lesen 1 mém.

pag. 231 in der ersten Zeile der Anmerkung statt »sie« »die Stipulae«.

pag. 257 ist die Entwicklung der Ranken nicht klar genug bezeichnet. Die Entwicklungsgeschichte zeigt, dass die Ranken von *Cobaea* dadurch entstehen, dass die obern Fiederblättchen sich verzweigen, während die untern einfach bleiben. Es geht dies aus den in der Fig. 126 dargestellten Entwicklungsstadien mit aller Deutlichkeit hervor. Im fertigen Zustand ist das Verhältniss kaum mehr erkennbar, da die Blattstiele des verzweigten Blattendtheiles sich sehr bedeutend strecken und zu den langen Rankenarmen werden, während die sehr klein bleibenden verkümmernden Blattspreiten sich umbiegen, und die Krallen darstellen, deren sich die *Cobaea*-Ranken zum Erfassen einer Stütze bedienen. Es ist also *Cobaea* ein sehr schönes Beispiel für die direkte (ontogenetische) Umbildung eines Organes in ein anderes, eine Thatsache, welche den Ausgangspunkt der oben dargelegten Anschauung von der Metamorphose bildet. Es haben die Ranken nicht nur »den morphologischen Werth« von Blatttheilen, sie sind morphologisch thatsächlich während eines

Fig. 126. (B. 447.)

Cobaea scandens, Entwicklung der Ranken, 1 junges, 2 älteres Stadium. Der über R gelegene Endtheil des jungen Blattes in 1 bildet sich zur Ranke um, deren erstes Fiederblättchen mit I bezeichnet ist.

jugendlichen Entwicklungsstadiums nichts anderes als Blattorgane. Dass metamorphe Blätter sich reicher verzweigen, als die gewöhnlichen Laubblattanlagen ist auch sonst nichts Seltenes, ich erinnere hier nur an die oben für *Botrychium* mitgetheilten Thatsachen, und Aehnliches findet sich auch bei andern Farnen.

pag. 348, Zeile 5 in § 2 »Fig. 86,5« vor »Fig. 84« zu stellen.

pag. 354, zweite Zeile von unten (in der Anmerkung) »dieser« statt unserer.

pag. 356, zweite Text-Zeile unter der Fig. fehlt nach »die Wurzeln« — dieser Pflanze.

pag. 364 in der Figurenerklärung ist das Wort »Ketten« zu streichen.

pag. 365, Zeile 3 von oben »dienen« statt »dient«, und Zeile 4 ibid. »gebildet werden« statt »gebildet wird«.

pag. 366, Zeile 9 von oben schwach statt »rasch« sich entwickeln.

Zu pag. 387, Anm. 1. Der Satz »Die Stellung auf der Fruchtblattunterseite ist der Natur der Sache nach ausgeschlossen« besitzt, obwohl er einer, wie es scheint, allgemein verbreiteten Annahme entspricht, keine allgemeine Giltigkeit. Eine solche Stellung findet sich nämlich in der That in Fruchtknoten, in welchen die Ränder von zwei oder mehr Fruchtblättern stark nach einwärts geschlagen, aber nur auf einer relativ kleinen Strecke verwachsen sind. So z. B. sehr deutlich bei *Erythraea*, deren Fruchtknoten bekanntlich aus zwei, relativ spät mit einander verwachsenden Fruchtblättern gebildet ist. Die eingeschlagenen Ränder derselben tragen, wie die (bei *Er. pulchella* verfolgte) Entwicklungsgeschichte zeigt, die Samenknospen auf der Fruchtblattunterseite und am Rande. Die flächenständigen Samenknospen entstehen im Allgemeinen zuerst. Analoge Fälle scheinen nicht selten zu sein, vergl. z. B. die Abbildungen bei LE MAOUT et DECAISNE, traité général etc. von Fagraea, pag. 188, Streptocarpus, pag. 207 u. a. — Die starke Einkrümmung der Fruchtblattränder von *Erythraea* erfolgt erst im Verlauf der Entwicklung; anfangs berühren sich dieselben. — Es ist damit constatirt, dass auch bei den Angiospermensamenknospen so ziemlich alle denkbaren Stellungsverhältnisse vorkommen: Rand, Oberseite und Unterseite des Fruchtblatts, Stellungen, welche an dem Sporophyll von *Osmunda* mit einander vereinigt sich finden.

Es mögen hier auch noch einige sinnentstellende Druckfehler in der Abhandlung über Muscineen Bd. II. pag. 315 ff. berichtigt sein.

pag. 325, Zeile 6 von unten »umwindend« statt »vermeidend«.

pag. 325 in der Figurenerklärung ist das Wort »*Corda*« zu streichen.

pag. 332, Zeile 4 von oben »Seitenränder« statt »Seitenbänder«.

pag. 344, Zeile 21 von unten Wand statt Rand.

pag. 349, Anmerkung 2 Brutknospenbehälter statt Brutknospenblätter.

pag. 351, Zeile 6 oben »auch« zu streichen.

pag. 360, Zeile 9 von oben hat der Satz zu lauten: »Ist die Lichtintensität zu gering, so wachsen die Keimschläuche zu bedeutender Länge heran, und gehen dann zu Grunde«.

pag. 363, Zeile 12 von oben: »dreireihig« statt »einreihig«.

pag. 380, Zeile 7 von unten »endlich« zu streichen.

pag. 382, Zeile 7 von oben »*subulata*« statt »*rubulata*«.

pag. 396, Zeile 3 oberhalb des Abschnitts »die *Phascacee* Archidium« statt »die *Phascacea* (Archidium)«.

www.ingramcontent.com/pod-product-compliance
Lightning Source LLC
Chambersburg PA
CBHW032300280326
41932CB00009B/644